주기율표 Periodic Table of the Elements

원소 기호 → C 6 ← 원자 번호
영어명 → Carbon
한글명 → 탄소
원자량 → 12.011

금속 (Metal)
준금속 (Semimetal)
비금속 (Nonmetal)

주기＼족	1A 1	2A 2	3B 3	4B 4	5B 5	6B 6	7B 7	8B 8	8B 9	8B 10	1B 11	2B 12	3A 13	4A 14	5A 15	6A 16	7A 17	8A 18
1	H 1 Hydrogen 수소 1.007																	He 2 Helium 헬륨 4.0026
2	Li 3 Lithium 리튬 6.941	Be 4 Beryllium 베릴륨 9.0122											B 5 Boron 붕소 10.811	C 6 Carbon 탄소 12.011	N 7 Nitrogen 질소 14.0067	O 8 Oxygen 산소 15.9994	F 9 Fluorine 플루오린 18.9984	Ne 10 Neon 네온 20.1797
3	Na 11 Sodium 소듐(나트륨) 22.9898	Mg 12 Magnesium 마그네슘 24.305											Al 13 Aluminium 알루미늄 26.9815	Si 14 Silicon 규소 28.0855	P 15 Phosphorus 인 30.9738	S 16 Sulfur 황 32.0650	Cl 17 Chlorine 염소 35.4533	Ar 18 Argon 아르곤 39.948
4	K 19 Potassium 포타슘(칼륨) 39.0983	Ca 20 Calcium 칼슘 40.078	Sc 21 Scandium 스칸듐 44.9559	Ti 22 Titanium 타이타늄 47.867	V 23 Vanadium 바나듐 50.9415	Cr 24 Chromium 크로뮴 51.9961	Mn 25 Manganese 망가니즈 54.938	Fe 26 Iron 철 55.845	Co 27 Cobalt 코발트 58.9332	Ni 28 Nickel 니켈 58.6934	Cu 29 Copper 구리 63.546	Zn 30 Zinc 아연 65.409	Ga 31 Gallium 갈륨 69.723	Ge 32 Germanium 저마늄 72.64	As 33 Arsenic 비소 74.9216	Se 34 Selenium 셀레늄 78.96	Br 35 Bromine 브로민 79.904	Kr 36 Krypton 크립톤 83.798
5	Rb 37 Rubidium 루비듐 85.4678	Sr 38 Strontium 스트론튬 87.62	Y 39 Yttrium 이트륨 88.9059	Zr 40 Zirconium 지르코늄 91.224	Nb 41 Niobium 나이오븀 92.9064	Mo 42 Molybdenum 몰리브데넘 95.94	Tc 43 Technetium 테크네튬 98.9063	Ru 44 Ruthenium 루테늄 101.07	Rh 45 Rhodium 로듐 102.9055	Pd 46 Palladium 팔라듐 106.42	Ag 47 Silver 은 107.8682	Cd 48 Cadmium 카드뮴 112.411	In 49 Indium 인듐 114.818	Sn 50 Tin 주석 118.71	Sb 51 Antimony 안티모니 121.76	Te 52 Tellurium 텔루륨 127.6	I 53 Iodine 아이오딘 126.9045	Xe 54 Xenon 제논 131.293
6	Cs 55 Cesium 세슘 132.9055	Ba 56 Barium 바륨 137.327		Hf 72 Hafnium 하프늄 178.49	Ta 73 Tantalum 탄탈럼 180.9479	W 74 Tungsten 텅스텐 183.84	Re 75 Rhenium 레늄 186.207	Os 76 Osmium 오스뮴 190.23	Ir 77 Iridium 이리듐 192.217	Pt 78 Platinum 백금 195.078	Au 79 Gold 금 196.9666	Hg 80 Mercury 수은 200.59	Tl 81 Thallium 탈륨 204.3833	Pb 82 Lead 납 207.2	Bi 83 Bismuth 비스무트 208.9804	Po 84 Polonium 폴로늄 208.9824	At 85 Astatine 아스타틴 209.9871	Rn 86 Radon 라돈 222.0176
7	Fr 87 Francium 프랑슘 223.0197	Ra 88 Radium 라듐 226.0254		Rf 104 Rutherfordium 러더포듐 261.1088	Db 105 Dubnium 더브늄 262.1142	Sg 106 Seaborgium 시보귬 266.1219	Bh 107 Bohrium 보륨 264.1247	Hs 108 Hassium 하슘 269.13	Mt 109 Meitnerium 마이트너륨 268.1388	Ds 110 Darmstadtium 다름스타튬 271.15	Rg 111 Roentgenium 뢴트게늄 272.1535	Cn 112 Copernicium 코페르니슘 (277)	Nh 113 Nihonium 니호늄 (284.18)	Fl 114 Flerovium 플레로븀 (289.19)	Mc 115 Moscovium 모스코븀 (288.19)	Lv 116 Livermorium 리버모륨 (293)	Ts 117 Tennessine 테네신 (294)	Og 118 Oganesson 오가네손 (294)

	주기															
란타넘족 (Lanthanides)	6	La 57 Lanthanum 란타넘 138.9055	Ce 58 Cerium 세륨 140.116	Pr 59 Praseodymium 프라세오디뮴 140.9077	Nd 60 Neodymium 네오디뮴 144.24	Pm 61 Promethium 프로메튬 146.9151	Sm 62 Samarium 사마륨 150.36	Eu 63 Europium 유로퓸 151.964	Gd 64 Gadolinium 가돌리늄 157.25	Tb 65 Terbium 터븀 22.9898	Dy 66 Dysprosium 디스프로슘 162.5	Ho 67 Holmium 홀뮴 164.93	Er 68 Erbium 어븀 167.259	Tm 69 Thulium 툴륨 168.9342	Yb 70 Ytterbium 이터븀 173.04	Lu 71 Lutetium 루테튬 174.967
악티늄족 (Actinides)	7	Ac 89 Actinium 악티늄 227.0278	Th 90 Thorium 토륨 232.0381	Pa 91 Protactinium 프로트악티늄 231.0359	U 92 Uranium 우라늄 238.0289	Np 93 Neptunium 넵투늄 237.0482	Pu 94 Plutonium 플루토늄 244.0642	Am 95 Americium 아메리슘 243.0614	Cm 96 Curium 퀴륨 247.0703	Bk 97 Berkelium 버클륨 247.0703	Cf 98 Californium 캘리포늄 251.0796	Es 99 Einsteinium 아인슈타이늄 252.083	Fm 100 Fermium 페르뮴 257.0951	Md 101 Mendelevium 멘델레븀 258.0984	No 102 Nobelium 노벨륨 259.101	Lr 103 Lawrencium 로렌슘 262.1097

SI Base Units

Base Quantity	Name of Unit	Symbol
Length	meter	m
Mass	kilogram	kg
Time	second	s
Electrical current	ampere	A
Temperature	kelvin	K
Amount of substance	mole	mol
Luminous intensity	candela	cd

Derived Units in the SI System

Physical Quantity	Name	Symbol	Units
Energy	joule	J	$kg\ m^2\ s^{-2}$
Force	newton	N	$kg\ m\ s^{-2}$
Power	watt	W	$kg\ m^2\ s^{-3}$
Electric charge	coulomb	C	A s
Electrical resistance	ohm	Ω	$kg\ m^2\ s^{-3}\ A^{-2}$
Electrical potential difference	volt	V	$kg\ m^2\ s^{-3}\ A^{-1}$
Electrical capacitance	farad	F	$kg^{-1}\ m^{-2}\ s^4\ A^2$
Frequency	hertz	Hz	s^{-1}

Prefixes Used with SI Units

Prefix	Symbol	Meaning
Peta-	P	10^{15} or 1,000,000,000,000,000
Tera-	T	10^{12} or 1,000,000,000,000
Giga-	G	10^{9} or 1,000,000,000
Mega-	M	10^{6} or 1,000,000
Kilo-	k	10^{3} or 1,000
Deci-	d	10^{-1} or 1/10
Centi-	c	10^{-2} or 1/100
Milli-	m	10^{-3} or 1/1,000
Micro-	μ	10^{-6} or 1/1,000,000
Nano-	n	10^{-9} or 1/1,000,000,000
Pico-	p	10^{-12} or 1/1,000,000,000,000
Femto-	f	10^{-15} or 1/1,000,000,000,000,000
Atto-	a	10^{-18} or 1/1,000,000,000,000,000,000

PHYSICAL CHEMISTRY for the Chemical Sciences

Raymond Chang | John W. Thoman, JR.

이공학도를 위한

물리화학

김유권 · 김창민 · 김학진 · 이영식 · 정병서 옮김

자유아카데미

저자 서문

화학을 위한 물리화학(Physical Chemistry for Chemical Sciences)은 학부 3학년 수준에서 1년 과정으로 물리화학을 배울 수 있도록 만들어진 책이다. 이 강의를 수강하는 학생들은 이미 일반화학과 유기화학을 이수하였을 것이다. 이 책에서는 물리화학의 일반적인 주제들을 적절한 수준에서 설명하였으며, 쉽게 읽히면서도 명쾌하게 이해될 수 있게 하는 데 주안점을 두었다. 물리화학의 많은 개념은 수학적으로 다루어져야 하지만, 물리적 의미를 이해할 수 있도록 설명하였다. 기본적인 미적분 지식만 있으면 필요한 수학 방정식을 푸는 데 큰 어려움이 없을 것이다. 연습문제를 풀기 위해 필요한 일부 적분값은, 화학 및 물리 핸드북이나 Mathematica 같은 소프트웨어를 이용하면 간편하게 구할 수 있을 것이다

이 책은 20개의 장으로 구성되어 있으며, 세 부분으로 나눌 수 있다. 1장에서 9장까지는 열역학과 이에 관련된 주제에 대한 것이다. 양자 역학과 분광학은 10~14장에서 다루어진다. 마지막 부분(15~20장)은 반응 속도론, 광화학, 분자간의 힘, 고체와 액체, 그리고 통계 열역학으로 이루어져 있다. 각 주제는 전통적인 순서로 배열되어 있으며, 열역학을 가장 앞부분에 놓았다. 열역학의 기본 개념은 일상생활에서 자주 접하면서도 또한 구체적인 예를 쉽게 찾을 수 있기 때문이다. 원자 및 분자 수준에서의 접근이 보다 더 중요하다고 생각하는 교수의 경우에는, 앞 두 부분의 순서를 바꾸어서 강의하여도 일관성을 유지하는 데 문제가 없다.

각 장에서는 원리를 소개하고 용어를 정의한 후에 예제, 적절한 응용 분야, 그리고 상세한 실험 방법을 수록하였다. 본문에서 다루지 못한 자세한 유도 과정 및 배경 설명은 각 장 뒤에 부록으로 수록하였다. 각 장의 끝에는 본문에 소개된 중요한 수식, 필요한 참고 문헌, 다양한 문제가 수록되어 있다. 짝수 문제에 대한 답은 책 뒷부분에 있다. 책 맨 뒤의 부록에는 화학에 관련된 수학과 물리의 기본 개념 그리고 열역학 데이터가 수록되어 있다. 또한 용어 정리는 개념에 대한 정의를 쉽게 확인하는 데 도움이 될 것이다. 앞표지와 뒤표지의 안쪽에는 이 책 전체에서 필요한 정보에 대한 표가 있다. 이 책은 2도 인쇄하여, 그림이나 도표를 쉽게 알아볼 수 있게 하였다.

Helen O. Leung와 Mark D. Marshall이 집필한 해답집(*Problems and Solutions to accompany Physical Chemistry for the Chemical Sciences*)에는 이 교재의 모든 문제에 대한 완벽한 풀이가 있다. 해답집을 활용하면 문제를 푸는 요령과 통찰력을 습득할 수 있을 것이다.

현대 과학에서는 새로운 연구 분야가 속속 등장하면서, 전통적인 학문 분야 간의 경계가 모호해지고 있다. 이 책을 공부함으로써, 고급 물리화학 공부를 위한 기초를 다질 수 있을 뿐만 아니라, 생물리화학, 재료과학, 대기화학 및 생물지구화학 등과 같은 대기화학 등의 학제간 분야도 접할 수 있을 것이다. 이 책이 물리화학을 공부하고 가르치는 데 큰 도움이 되기를 희망한다.

많은 도움이 되는 조언과 제안을 해 준 다음 분들에게 감사를 드린다.

Dieter Bingemann(Williams College),
George Bodner(Purdue University), Taina Chao(SUNY Purchase),
Nancy Counts Gerber(San Francisco State University),
Donald Hirsh(The College of New Jersey),
Raymond Kapral(University of Toronto),
Sarah Larsen(University of Iowa), David Perry(University of Akron),
Christopher Stromberg(Hood College), Robert Topper(The Cooper Union).

또한 University Science Books와 Bruce Armbruster와 Kathy Armbruster에게도 감사드린다. Wilsted & Yaylor의 Jennifer Uhlich가 제작 책임자였던 것은 큰 행운이었다. 그녀의 전문적인 안목과 배려 덕분에 우리의 원고가 훌륭한 최종본이 될 수 있었다. 또한 Laurel Muller는 전문적이면서도 예술적으로 본문과 그림을 적절히 배치하였으며, Robert Ishi와 Yvonne Tsang는 책을 품위 있게 디자인하였다. 마지막으로 이 일을 총괄하였으며 모든 작업을 일일이 챙긴 Jane Ellis에게 감사한다.

Raymond Chang
John W. Thoman, Jr.

역자 서문

화학은 물질의 특성과 변화를 연구하는 학문으로 그 중심에 물리화학이 있다. 물리화학은 변화 과정에 수반되는 에너지의 주고받음을 설명하는 열역학, 원자와 분자의 전자 구조에 관한 양자화학, 그리고 화학 반응의 속도를 연구하는 반응 속도론의 세 분야로 나누는 것이 일반적이다. 물리화학의 궁극적인 목표는 전자, 원자, 분자의 미시적 운동에 기초하여 눈에 보이는 거시적 현상을 설명하는 것이다. 따라서 물리화학 교과서에는 다양한 물리 법칙과 복잡한 수학적 유도 과정이 소개되어 있다. 이러한 이유로 많은 학생들이 물리화학을 배우기 어려운 과목으로 인식하고 있다. 또한 물리화학에서 다루는 내용이 너무 방대하기 때문에 물리화학을 강의하는 교수 입장에서도 정해진 시간에 효율적으로 강의할 수 있는 적절한 교재를 찾기가 쉽지 않았다. 본 교재는 수식을 최소화하면서도 기본 개념을 충실히 설명하고 있어 물리화학의 입문서로 적합하다고 생각되어 번역을 하게 되었다. 원저자는 서문에서 2학기에 걸쳐 공부할 수 있게 제작되었다고 하였지만, 보충 설명을 포함하면 3학기 강의에도 충분히 사용할 수 있는 내용으로 되어 있다.

본 교재의 번역에는 가능하면 평이한 문장을 사용하도록 노력하였다. 하지만 과학 교재의 특성상 복잡한 개념을 함축하여 설명하는 과정에서 난해한 문장들이 포함되어 있을 것으로 생각된다. 의미의 전달이 명확하지 않거나 번역이 잘못된 부분을 지적하여 주기를 부탁드린다. 출간 후에라도 수정사항이 있을 경우에는 자유아카데미 홈페이지(www.freeaca.com) 자료실에 제공할 예정이다. 끝으로 책의 번역을 처음부터 기획하고 끝까지 꼼꼼하게 검토해 준 자유아카데미 편집진에게 감사드린다.

2015. 11

역자 씀

차례

1장 서론 및 기체 법칙

2장 기체 분자 운동론

3장 열역학 제1법칙

4장 열역학 제2법칙

5장 Gibbs 에너지와 Helmholtz 에너지, 그 응용

6장 비전해질 용액

7장 전해질 용액

8장 화학 평형

9장 전기 화학

10장 양자 역학

11장 양자 역학의 응용: 분광학

12장 원자의 전자 구조

15장 화학 반응 속도론

16장 광화학

17장 분자간 힘

18장 고체 상태

19장 액체 상태

20장 통계 열역학

1장 서론 및 기체 법칙

어렵다, 어렵다, 아! 정말 어렵다.

– Woody Guthrie*

1.1 물리화학의 본질

물리화학은 정량적인 접근 방법으로 화학적 문제를 연구하는 학문으로, 특정한 모형과 가설을 이용하여 화학적인 현상을 설명하고 예측한다.

물리 화학이 해결하고자 하는 문제들은 복합적으로 얽혀 있기 때문에 다양한 방법으로 접근해야 한다. 예를 들어 열역학과 화학 반응 속도에 대한 연구에서는 거시적이며 현상학적인 방법을 이용한다. 그러나 분자의 운동 특성과 반응 메커니즘을 이해하기 위해서는 양자 역학에 기초한 분자 수준의 미시적인 접근이 필요하다. 변화가 일어나는 기본 단위는 분자이기 때문에, 모든 현상을 분자 단위에서 관찰하고 설명하는 것이 이상적이다. 그러나 원자와 분자에 대한 우리의 지식이 완벽하지 못하기 때문에, 모든 경우에 대해 분자 수준에서 접근하는 것은 불가능하다. 어떤 경우에는 정량적으로 완벽히 설명되지는 않지만, 합리적인 결과에 만족해야 할 때도 있다. 따라서 주어진 접근 방법의 범위와 한계를 염두에 두어야 한다.

1.2 기본 정의 몇 가지

기체 법칙을 공부하기 전에 이 책에서 계속 사용될 몇 가지 기본적인 용어를 정의해 둘 필요가 있다. **계**(system)는 우리의 관심 대상이며, 우주의 특정한 부분을 지칭하는 말이다. 용기에 들어 있는 헬륨 분자들이 계가 될 수 있으며, NaCl 용액, 테니스공, 샴 고양이 한 마리 등도 계가 될 수 있다. 계를 정의하게 되면, 계를 제외한 우주 전체를 **주위**(surroundings)라고 부르게 된다. 계는 일반적으로 세 가지로 분류한다. **열린 계**(open system)에서는 물질과 에너지를 주위와 교환할 수 있다. **닫힌 계**(closed system)에서는 물질은 교환되지 않고 에너지만 주고받을 수 있다. **고립계**(isolated system)에서는 물질과 에너지의 교환이 이루어지지 않는다(그림 1.1). 계를 완벽하게 정의하기 위해서는 압력, 부피, 온도, 성분과 같은 실험적인 변수가 필요하다.

계는 벽이나 표면 같은 확실한 경계에 의해 주위와 분리된다.

* "어렵다, 아! 정말 어렵다." Words and Music by Woody Guthrie. TRO-© Copyright 1952 Ludlow Music, Inc., New York, N.Y. Used by permission.

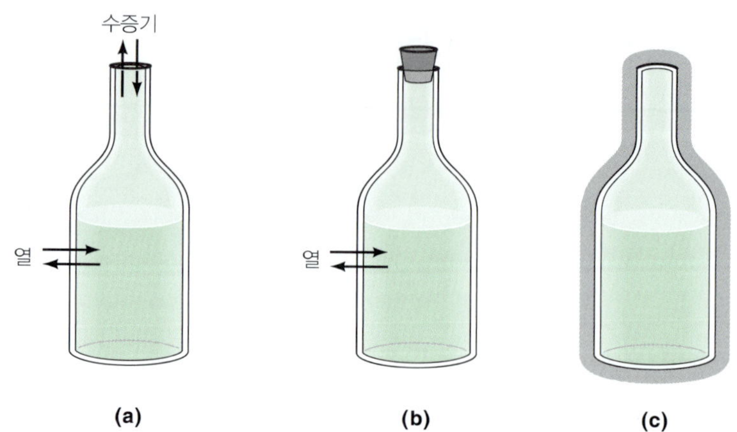

그림 1.1
(a) 열린 계에서는 물질과 에너지의 교환이 모두 가능하다. **(b)** 닫힌 계에서는 에너지의 교환은 일어나지만 물질의 교환은 일어나지 않는다. **(c)** 고립계에서는 물질과 에너지 교환이 모두 불가능하다.

이러한 값들로 **계의 상태**(state of the system)를 기술할 수 있다.

물질이 갖고 있는 대부분의 특성은 크기 성질과 세기 성질의 두 가지로 분류할 수 있다. 예를 들어 두 개의 비커에 들어 있는 온도와 부피가 동일한 물을 생각해 보자. 한 비커의 물을 다른 비커에 부어 두 계를 서로 합치면, 물의 부피와 질량이 두 배로 증가할 것이다. 반면에 물의 온도와 밀도는 변화가 없다. 계에 존재하는 물질의 양에 직접 비례하는 성질을 **크기 성질**(extensive property)이라고 하고, 양과 무관한 성질을 **세기 성질**(intensive property)이라고 한다. 크기 성질에는 질량, 면적, 부피, 에너지, 전하량 등이 있다. 온도와 밀도, 압력과 전위차 등은 세기 성질이다. 일반적으로 세기 성질은 두 종류의 크기 성질의 비로 정의됨에 유의하자.

$$\text{압력} = \frac{\text{힘}}{\text{면적}}$$

$$\text{밀도} = \frac{\text{질량}}{\text{부피}}$$

1.3 온도에 대한 열역학적 정의

다양한 분야의 과학에서 온도는 매우 중요한 양이라는 것은 잘 알려진 사실이다. 온도는 여러 가지 방법으로 정의할 수 있다. 일상생활에서는 차갑거나 뜨거운 정도에 대한 척도로 온도가 쓰인다. 그러나 과학에서는 더 정밀한 정의가 필요하다. 예를 들어 기체 A가 들어 있는 용기를 계라고 가정하자. 용기의 벽은 신축성이 있어서 쉽게 팽창하거나 수축할 수 있다. 또한 열은 주고받을 수 있지만 물질은 주고받을 수 없는 닫힌 계라고 가정하자. 계의 초기 압력과 부피는 각각 P_A와 V_A이다. 이제

이 용기를 압력과 부피가 P_B와 V_B인 비슷한 용기와 붙여 놓았다. 두 용기 사이에 열 교환이 일어나 열적 평형 상태에 도달하게 된다. 평형 상태에서 A와 B의 압력과 부피는 각각 P_A', V_A' 및 P_B', V_B'로 바뀌게 될 것이다. 압력과 부피가 P_B'와 V_B'인 B와 열적 평형 상태를 유지하면서, A의 압력과 부피를 P_A''와 V_A''로 바꾸어줄 수 있을 것이다. 실제로 평형을 유지하면서, 무한히 많은 압력–부피 조합 (P_A', V_A'), (P_A'', V_A''), (P_A''', V_A'''), …가 가능하다. 그림 1.2는 점들로 이루어진 선을 보여 준다.

A의 모든 상태들은 B와 열적 평형 상태에 있으므로, 어떤 특정한 변수 값이 같아야 할 것이다. 우리는 이 변수를 온도라고 한다. 앞에서 논의한 것은 다음과 같이 정리할 수 있다. 두 계가 제3의 계와 각각 열적 평형 상태에 있으면, 두 계도 역시 열적 평형 상태에 있어야 한다. 이것을 **열역학 제0법칙**(zeroth law of thermodynamics)이라고 한다. 그림 1.2의 곡선은 계 B와 열적 평형 상태에 있는 모든 상태를 나타내는 점의 집합이다. 이러한 곡선을 '같은 온도'라는 뜻의 **등온선**(isotherm)이라고 한다. 온도가 다르면 다른 등온선이 얻어진다.

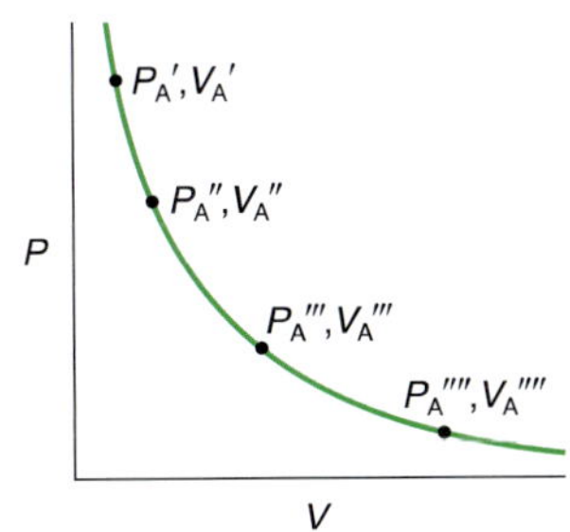

그림 1.2
일정한 온도에서 주어진 양의 기체에 대한 압력 대 부피 곡선. 이러한 그래프를 등온선이라고 한다.

1.4 단위

이 절에서는 화학에서 정량적 측정에 사용되는 단위를 설명한다.

과학자들은 오랫동안 십진법에 기초한 **미터 단위**(metric unit)로 측정값을 기록해 왔다. 1960년에 열린 국제 도량형 총회에서, **국제 단위계**(International Systems of Units, SI)라고 불리는 개정된 미터법이 제안되었다. SI계의 장점은 자연에서 측정되는 값에서 단위를 유도했다는 것이다. 예를 들어 SI계에서 미터(m)는 진공 속에서 빛이 1/299,792,458초 동안 진행한 거리로 정의한다. 시간의 단위인 초는 세슘 원자 내에서의 전자 전이에서 발생하는 특정 전자기파가 9,192,631,770번 진동에 걸리는 시간에 해당한다. 반면에 질량의 기본 단위인 킬로그램(kg)은 자연 현상에서 얻어지는 값이 아닌 인위적인 값으로 정해졌다. 1킬로그램은 프랑스의 Sevres에 있는 국제 도량형 기구에 보관되어 있는 백금–이리듐 합금으로 만들어진 추의 질량이다.

표 1.1 SI 기본 단위

기본량	단위 이름	기호
길이	meter	m
질량	kilogram	kg
시간	second	s
전류	ampere	A
온도	Kelvin	K
물질의 양	mole	mol
광도	candela	cd

표 1.2 SI와 미터 단위에 사용되는 접두사

접두사	기호	의미	보기
Tera-	T	1,000,000,000,000, 즉 10^{12}	1 terameter (Tm) $= 1 \times 10^{12}$ m
Giga-	G	1,000,000,000, 즉 10^{9}	1 gigameter (Gm) $= 1 \times 10^{9}$ m
Mega-	M	1,000,000, 즉 10^{6}	1 megameter (Mm) $= 1 \times 10^{6}$ m
Kilo-	k	1,000, 즉 10^{3}	1 kilometer (km) $= 1 \times 10^{3}$ m
Deci-	d	1/10, 즉 10^{-1}	1 decimeter (dm) $= 0.1$ m
Centi-	c	1/100, 즉 10^{-2}	1 centimeter (cm) $= 0.01$ m
Milli-	m	1/1,000, 즉 10^{-3}	1 millimeter (mm) $= 0.001$ m
Micro-	μ	1/1,000,000, 즉 10^{-6}	1 micrometer (μm) $= 1 \times 10^{-6}$ m
Nano-	n	1/1,000,000,000 즉 10^{-9}	1 nanometer (nm) $= 1 \times 10^{-9}$ m
Pico-	p	1/1,000,000,000,000, 즉 10^{-12}	1 picometer (pm) $= 1 \times 10^{-12}$ m

표 1.1은 7개의 SI 기본 단위이며, 표 1.2는 SI 단위와 함께 사용되는 접두사이다. 온도의 SI 단위 K는 ° 기호를 사용하지 않으며 300 K는 300 kelvins를 의미하는 복수 단위이다(1.5절에 Kelvin 온도 척도에 대해 자세히 설명되어 있음). 많은 물리량은 표 1.1의 기본 단위로부터 유도될 수 있다. 여기서는 몇 가지 예를 설명할 것이다.

힘

1 N은 사과 한 개에 가해지는 중력과 비슷한 힘이다.

힘의 SI 단위는 영국의 물리학자 Isaac Newton(1642~1726) 경의 이름을 딴 **뉴턴**(newton, N)이며, 1 kg의 질량을 1 m s^{-2}로 가속하는 데 필요한 힘으로 정의된다.

$$1 \text{ N} = 1 \text{ kg m s}^{-2}$$

압력

단위 면적당 가해지는 힘을 압력이라고 정의한다.

$$\text{압력} = \frac{\text{힘}}{\text{면적}}$$

압력의 SI 단위는 **파스칼**(pascal, Pa)이며, 프랑스의 수학자 겸 물리학자인 Blaise Pascal(1623~1662)에서 따 왔다.

$$1 \text{ Pa} = 1 \text{ N m}^{-2}$$

다음은 압력 단위 간의 정확한 환산 관계이다.

$$1 \text{ bar} = 1 \times 10^5 \text{ Pa} = 100 \text{ kPa}$$

$$1 \text{ atm} = 1.01325 \times 10^5 \text{ Pa} = 101.325 \text{ kPa}$$

$$1 \text{ atm} = 760 \text{ torr}$$

압력 단위 torr은 이탈리아의 수학자 Evangelista Torricelli(1608~1674)의 이름에서 유래한다. 표준 기압(1 atm)은 정상 녹는점과 끓는점을 정의할 때 사용되며, bar는 물리화학에서 표준 상태를 정의할 때 사용된다. 이 책에서는 이들 단위를 모두 사용할 것이다.

압력은 종종 수은 기둥의 높이(mmHg)로 나타낸다. 1 mmHg는 중력 가속도가 980.67 cm s^{-2}일 때 높이가 1 mm이고 밀도가 13.5951 g cm^{-3}인 수은 기둥의 압력으로, 1 torr에 해당한다.

$$1 \text{ mmHg} = 1 \text{ torr}$$

정밀하게 측정된 현재의 값을 사용하면, 1 mmHg는 1 torr보다 백만분의 0.142 만큼 더 크다. 도량형학에서 이 정도는 작은 차이가 아니다.

대기압은 기압계로 측정할 수 있다. 간단한 기압계는 그림 1.3과 같이 만들 수 있다. 한쪽 끝이 막힌 긴 유리관을 수은으로 채운 후, 관에 공기가 들어가지 않도록 조심스럽게 기울여 수은이 담긴 용기에 세운다. 일부 수은이 용기로 흘러내리면서 관의 윗부분에 진공이 만들어진다. 관에 남아 있는 수은의 무게와 용기의 수은 표면에 가해지는 공기의 압력이 같아지게 된다.

일반적으로 공기 압력을 측정하는 장치를 압력계라고 한다. 압력계의 측정 원리는 기압계와 비슷하다. 그림 1.4는 두 종류의 기압계를 보여 준다. 막힌 관 압력계는 대기압보다 낮은 압력을 측정하는 데 사용된다(그림 1.4a). 열린 관 압력계는 대기압과 같거나 높은 압력을 측정하는 데 적합하다(그림 1.4b).

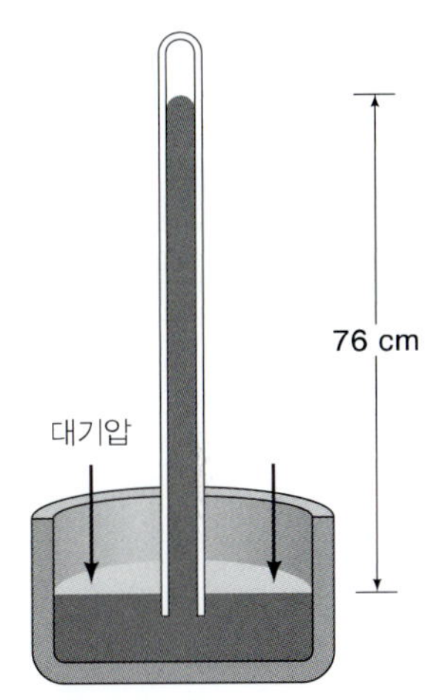

그림 1.3
대기압을 측정하는 데 사용되는 기압계. 관에 들어 있는 수은의 윗부분은 진공이다. 수은 기둥은 대기압으로 지탱된다.

에너지

에너지의 SI 단위는 줄(joule, J)[영국의 물리학자 James Prescott Joule(1818~1889)의 이름에서 따옴]이다. 에너지는 일을 할 수 있는 능력으로, 힘×거리에 해당하는 값이다.

$$1 \text{ J} = 1 \text{ N m}$$

화학에서는 종종 SI 단위가 아닌 칼로리(cal)를 에너지 단위로 사용하기도 한다.

$$1 \text{ cal} = 4.184 \text{ J} \ \ (\text{정확히})$$

대부분의 물리량에는 단위가 있으며, 물리량은 다음과 같이 나타내게 된다.

$$\text{물리량} = \text{수치} \times \text{단위}$$

예를 들어 진공에서의 빛의 속도는 다음과 같이 표기한다.

$$c = 3.00 \times 10^8 \text{ m s}^{-1}$$

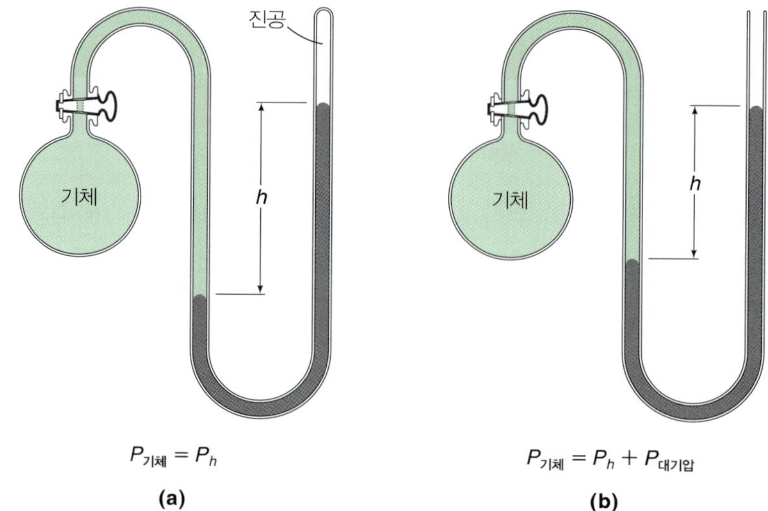

그림 1.4
기체의 압력을 측정하는 데 사용되는 두 종류의 압력계. **(a)** 기체 압력이 대기압보다 낮다. **(b)** 기체 압력이 대기압보다 높다.

따라서 다음 관계를 얻을 수 있다.

$$\frac{c}{\text{m s}^{-1}} = 3.00 \times 10^8$$

이러한 관계는 표나 그림에서 유용하게 사용될 것이다.

원자 질량, 분자 질량, 화학적 몰

국제적 협약으로, 양성자 6개와 중성자 6개로 이루어진 탄소-12 동위 원소의 원자 한 개의 질량을 정확히 12 원자 질량 단위(amu: atomic mass unit)로 정의하였다. 1 amu는 탄소-12 동위 원소 원자 1개의 질량을 12로 나눈 값이다. 수소 원자 1개의 질량의 실험적 측정값은 탄소-12 원자 질량의 8.400%에 해당된다. 따라서 수소의 원자 질량은 0.08400 × 12 = 1.008 amu가 된다. 유사한 실험에서 산소의 원자 질량은 16.00 amu, 철의 원자 질량은 55.85 amu로 측정되었다.

주기율표를 보면 탄소의 원자 질량은 12.00 amu가 아닌 12.01 amu로 표기되어 있다. 이러한 값을 갖게 되는 이유는, 탄소를 포함한 대부분의 원소가 자연계에서 한 개 이상의 동위 원소로 존재하기 때문이다. 따라서 원소의 원자 질량을 측정하는 것은 자연계에 존재하는 동위 원소 혼합물의 평균값을 구한다는 것을 의미한다. 예를 들어 탄소-12와 탄소-13의 자연에서의 존재비는 각각 98.90퍼센트와 1.10퍼센트이다. 탄소-13 원자 1개의 질량은 13.00335 amu이다. 따라서 탄소의 평균 원자 질량은 다음과 같다.

$$\text{탄소의 평균 원자 질량} = (0.9890)(12\ \text{amu}) + (0.0110)(13.00335\ \text{amu}) = 12.01\ \text{amu}$$

탄소-12 동위 원소의 양이 탄소-13에 비해 훨씬 많기 때문에, 탄소의 평균 질량은 12 amu에 더 가까운 값이 된다. 이러한 평균값을 **가중 평균**(weighted average)이라고 한다.

각 성분 원자의 원자 질량을 알면 분자의 질량을 계산할 수 있다. 따라서 H_2O의 분자 질량은 다음과 같이 구할 수 있다.

$$2(1.008\ \text{amu}) + 16.00\ \text{amu} = 18.02\ \text{amu}$$

물질 **1몰**(mole, 약자로 mol)은 정확히 탄소-12 동위 원소 12 g 안에 들어 있는 탄소 원자의 수만큼의 원자, 분자, 이온 등의 입자를 모아 놓은 것이다. 탄소-12 동위 원소 1몰에 들어 있는 탄소 원자의 수를 실험적으로 구하면 6.0221415×10^{23}이다. 이 수를 **Avogadro 수**(Avogadro's number)라고 한다[Amedeo Avogadro(1776~1856)는 이탈리아의 물리학자 겸 수학자였다]. Avogadro 수는 단위가 없지만, 이 수를 mol로 나누면 Avogadro 상수(N_A)가 된다.

$$N_A = 6.0221415 \times 10^{23}\ \text{mol}^{-1}$$

대부분의 경우 N_A 값은 $6.022 \times 10^{23}\ \text{mol}^{-1}$을 사용한다. 다음 예는 물질 1몰의 의미를 보여 준다.

1. 헬륨 원자 1몰은 6.022×10^{23}개의 He 원자로 이루어져 있다.
2. 물 1몰에는 6.022×10^{23}개의 H_2O 분자, 또는 $2 \times (6.022 \times 10^{23})$개의 H 원자와 6.022×10^{23}개의 O 원자가 들어 있다.
3. 1몰의 NaCl에는 6.022×10^{23}개의 NaCl 단위, 또는 6.022×10^{23}개의 Na^+ 이온과 6.022×10^{23}개의 Cl^- 이온이 들어 있다.

몰질량(molar mass)은 물질 1몰의 질량을 그램 또는 킬로그램으로 나타낸 값이다. 따라서 원자 상태 수소의 몰질량은 $1.008\ \text{g mol}^{-1}$, 수소 분자의 몰질량은 $2.016\ \text{g mol}^{-1}$이며, 헤모글로빈의 몰질량은 $65{,}000\ \text{g mol}^{-1}$이 된다. 많은 계산에서는 몰질량을 kg mol^{-1}로 표기하는 것이 편리하다.

1.5 이상 기체 법칙

물질은 기체 상태로 있을 때 그 특성을 연구하기가 가장 쉬우며, 기체의 거동에 대한 연구를 통해 많은 화학 및 물리 이론이 확립되었다. 이상 기체에 대해 먼저 살펴보자. 기체 분자 자체의 부피가 없으며, 분자 간에 인력이나 반발력이 없는 기체를 이상 기체라고 한다. 이상 기체로 이루어진 계의 상태를 규정지어 주는 변수들 사이의 관계를 나타내는 다음과 같은 식을 **상태 방정식**(equation of state)이라고 한다.

$$PV = nRT \tag{1.1}$$

여기서 n은 기체의 몰수이며, T는 절대 온도(K), R은 기체 상수이다. 이상 기체가 존재하지는 않지만, 온도가 높고(≥ 25°C) 압력이 낮으면(≤ 10 atm) 대부분 기체의 거동은 이 식에 대체적으로 일치한다.

이상 기체식은 영국의 화학자 Robert Boyle(1627~1691)과 프랑스의 물리학자 Jacques Charles(1746~1823), Joseph Gay-Lussac(1778~1850)의 연구 결과를 집약하여 만들어졌다. 이들 과학자들이 제안한 기체 법칙들은 식 1.1로 모두 설명할 수 있다. 예를 들어 온도와 기체의 양(n)이 일정할 때, 식 1.1은

$$PV = 상수$$

가 되며, 이는 **Boyle 법칙**(Boyle's law)이 된다. 압력과 기체의 양이 일정할 때에는 식 1.1은 다음과 같이 된다.

$$\frac{V}{T} = 상수$$

이 관계를 **Charles과 Gay-Lussac 법칙**[(law of Charles and Gay-Lussac) 또는 간단히 **Charles 법칙**(Charles' law)]이라고 한다. 부피와 기체의 양이 일정하면, Charles 법칙은 다음과 같은 형태가 된다.

$$\frac{P}{T} = 상수$$

Avogadro가 제안한 또 다른 기체 법칙은 압력과 온도가 일정할 때, 같은 부피 안에 들어 있는 기체 분자의 수는 같다는 것이다. 식 1.1로부터 이 법칙은 쉽게 유도된다.

$$\frac{V}{n} = 상수$$

Kelvin 온도 척도

앞에서 배운 것과 같이 이상 기체식은 압력이 낮을 경우에만 실제 기체에 적용할 수 있다. 따라서 P가 0에 가까워질 때, 식 1.1은 다음과 같이 된다.

$$T = \lim_{P \to 0} \frac{P\overline{V}}{R} \tag{1.2}$$

위 식에서 $\overline{V}$는 **몰부피**(molar volume)로, V/n에 해당하는 값이다. 식 1.2는 Kelvin 척도라고 하는 기본 온도 단위에 대한 정의이며, 이상 기체식에 기초한다. P와 $\overline{V}$는 0보다 작은 값이 될 수 없으므로 T의 최솟값은 0이다.

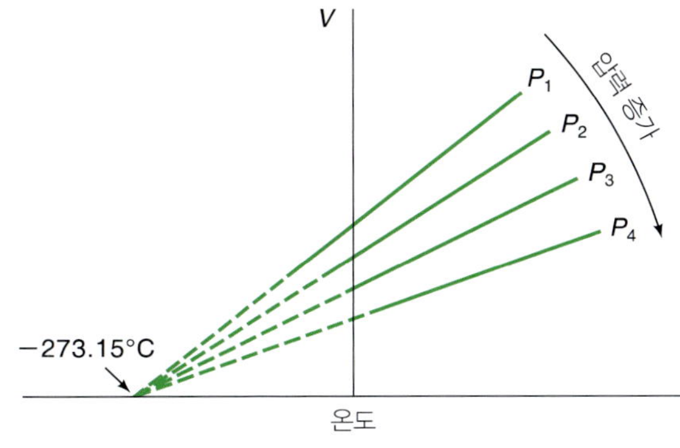

그림 1.5
일정한 양의 기체에 대하여, 서로 다른 압력하에서 온도(t°C) 변화에 따른 기체 부피에 대한 그림. 온도가 충분히 낮아지면 모든 기체는 결국 액화된다. 이 선들을 외삽하면 부피가 0, 온도가 −273.15℃인 점에 수렴하게 된다.

압력이 일정할 때, 온도 변화에 따른 기체 부피의 관계를 관찰하면 Kelvin과 섭씨 온도의 관계를 구할 수 있다. 주어진 압력하에서 온도에 따른 부피 변화를 그리면 직선이 된다. 이 선을 V가 0이 될 때까지 연장하면 온도 축과 만나는 절편 값이 −273.15°C가 된다. 압력을 바꾸어 주면 다른 직선이 얻어지지만, $V=0$에서의 온도 절편 값은 −273.15°C로 같은 값이 된다(그림 1.5). (실제 기체는 낮은 온도에서 액화되기 때문에, 실제 실험에서는 제한된 온도 범위에서만 부피를 측정할 수 있다.)

1848년에 스코틀랜드의 수학자 겸 물리학자인 William Thomson[Kelvin 경(1824~1907)]은 이 현상의 중요성을 인식하였다. 그는 −273.15°C를 **절대 영도**(absolute zero)라고 정의하였으며, 이 온도는 이론적으로 도달 가능한 가장 낮은 온도이다. 그는 또한 절대 영도에서 시작되는 절대 온도 척도를 만들었으며, 현재는 Kelvin 온도 척도라고 한다. Kelvin 척도에서 1 kelvin(K) 단위는 섭씨 온도 1도와 같은 값이다. 두 단위의 차이는 0도의 위치가 바뀐 것뿐이다. 두 단위의 관계는 다음 식과 같다.

$$T(\text{K}) = t(°\text{C}) + 273.15 \tag{1.3}$$

Kelvin 온도에서는 기호 (°)를 쓰지 않는다. 다음은 두 가지 단위로 나타낸 몇 가지 주요한 온도이다.

	Kelvin 단위	섭씨 단위
절대 영도	0 K	−273.15°C
물의 어는점	273.15 K	0°C
물의 끓는점	373.15 K	100°C

정상 끓는점과 어는점은 1기압에서 측정한 값이다.

일반적으로 K와 °C를 서로 환산할 때, 273.15 대신에 273을 사용한다. 이 책에서는 T는 절대(Kelvin) 온도, t는 섭씨 온도를 나타낼 때 사용한다. Kelvin 온도 단위는 이론적으로 중요하다. 기체 법칙의 문제나 열역학 계산에서는 절대 온도를 사용해야 한다.

기체 상수 R

상수 R의 값은 다음과 같이 구할 수 있다. 실험적으로 1몰의 이상 기체는 **표준 온도 압력**(standard temperature and pressure, STP)으로 정해진 1 atm, 273.15 K하에서 22.414 L의 부피를 갖는다. 따라서

$$R = \frac{(1\ \text{atm})(22.414\ \text{L})}{(1\ \text{mol})(273.15\ \text{K})} = 0.08206\ \text{L atm K}^{-1}\ \text{mol}^{-1}$$

이 된다. R을 J K^{-1} 단위로 나타내려면 다음의 환산 인자를 사용하면 된다.

$$1\ \text{atm} = 1.01325 \times 10^5\ \text{Pa} \quad (1\ \text{Pa} = 1\ \text{N m}^{-2})$$

$$1\ \text{L} = 1 \times 10^{-3}\ \text{m}^3$$

이 관계를 이용해서 R 값은 다음과 같이 바꿀 수 있다.

$$R = \frac{(1.01325 \times 10^5\ \text{N m}^{-2})(22.414 \times 10^{-3}\ \text{m}^3)}{(1\ \text{mol})(273.15\ \text{K})}$$

$$= 8.314\ \text{N m K}^{-1}\ \text{mol}^{-1}$$

$$= 8.314\ \text{J K}^{-1}\ \text{mol}^{-1} \qquad (1\ \text{J} = 1\ \text{N m})$$

두 R 값은 서로 같으므로, 다음 관계를 얻을 수 있다.

$$0.08206\ \text{L atm K}^{-1}\ \text{mol}^{-1} = 8.314\ \text{J K}^{-1}\ \text{mol}^{-1}$$

즉

$$1\ \text{L atm} = 101.3\ \text{J}$$

또한

$$1\ \text{J} = 9.872 \times 10^{-3}\ \text{L atm}$$

R을 bar 단위로 나타내려면 1 atm = 1.01325 bar의 환산 인자를 사용하면 된다.

$$R = (0.08206\ \text{L atm K}^{-1}\ \text{mol}^{-1})(1.01325\ \text{bar atm}^{-1})$$

$$= 0.08315\ \text{L bar K}^{-1}\ \text{mol}^{-1}$$

예제 1.1

폐로 들이마신 공기가 허파 꽈리라고 하는 아주 작은 주머니에 도달하면, 산소는 혈액 속으로 확산되게 된다. 허파 꽈리의 평균 반지름은 0.0050 cm이며, 공기에는 14 mol%의 산소가 포함되어 있다. 허파 꽈리의 압력이 1.0 atm, 온도가

37°C라고 가정하고 허파 꽈리 1개에 들어 있는 산소 분자의 개수를 구하시오.

답

허파 꽈리가 구형이라고 가정하면, 부피는

$$V = \frac{4}{3}\pi r^3 = \frac{4}{3}\pi(0.0050\ \text{cm})^3$$

$$= 5.2 \times 10^{-7}\ \text{cm}^3 = 5.2 \times 10^{-10}\ \text{L} \qquad (1\ \text{L} = 10^3\ \text{cm}^3)$$

허파 꽈리 1개 속의 공기 몰수는

$$n = \frac{PV}{RT} = \frac{(1.0\ \text{atm})(5.2 \times 10^{-10}\ \text{L})}{(0.08206\ \text{L atm K}^{-1}\ \text{mol}^{-1})(310\ \text{K})} = 2.0 \times 10^{-11}\ \text{mol}$$

허파 꽈리 내의 공기에서 산소 함량이 14%이므로 산소 분자의 수는 다음과 같다.

$$2.0 \times 10^{-11}\ \text{mol 공기} \times \frac{14\%\ O_2}{100\%\ \text{공기}} \times \frac{6.022 \times 10^{23}\ O_2\ \text{분자}}{1\ \text{mol}\ O_2}$$

$$= 1.7 \times 10^{12}\ O_2\ \text{분자}$$

1.6 Dalton의 부분 압력 법칙

지금까지는 순수한 기체에서의 압력－부피－온도 관계를 살펴보았다. 그런데 기체의 혼합물을 다루어야 하는 경우가 많다. 예를 들어 대기 중의 오존층 파괴에 대해 연구하려면 여러 가지 성분의 기체를 연구해야 한다. 두 가지 또는 그 이상의 서로 다른 기체로 이루어진 계의 전체 압력(P_T)은 각각의 기체가 전체 부피를 단독으로 차지할 때의 압력을 합한 값이 된다.

$$P_T = P_1 + P_2 + \cdots = \sum_i P_i \tag{1.4}$$

여기서 P_1, P_2, ... 는 성분 1, 2, ... 의 **부분**(partial) 압력이다. 식 1.4는 Dalton의 **부분 압력 법칙**(Dalton's law of partial pressure)이라고 하는데, 이는 영국의 화학자이며 교사였던 John Dalton(1766~1844)의 이름에서 따왔다.

두 가지 기체(1과 2)로 이루어진, 온도가 T이고 부피가 V인 계를 생각해 보자. 각 기체의 부분 압력 P_1과 P_2는 식 1.4로부터 다음과 같이 나타낼 수 있다.

$$P_1V = n_1RT \quad \text{즉} \quad P_1 = \frac{n_1RT}{V}$$

$$P_2V = n_2RT \quad \text{즉} \quad P_2 = \frac{n_2RT}{V}$$

여기서 n_1과 n_2는 두 기체의 몰수를 나타낸다. Dalton의 법칙에 따라 전체 압력은 다음과 같다.

$$\begin{aligned} P_T &= P_1 + P_2 \\ &= n_1\frac{RT}{V} + n_2\frac{RT}{V} \\ &= (n_1 + n_2)\frac{RT}{V} \end{aligned}$$

부분 압력을 전체 압력으로 나눈 후, 식을 다시 쓰면 다음과 같이 된다.

$$P_1 = \frac{n_1}{n_1 + n_2}P_T = x_1 P_T$$

$$P_2 = \frac{n_2}{n_1 + n_2}P_T = x_2 P_T$$

여기서 x_1과 x_2는 각각 기체 1과 2의 몰분율을 나타낸다. 몰분율(mole fraction)은 한 기체의 몰수를 전체 기체의 몰수로 나눈 값으로, 단위는 없다. 또한 정의에 의해 혼합물에서 몰분율을 모두 더한 값은 1이 되어야 한다.

$$\sum_i x_i = 1 \tag{1.5}$$

일반적으로 i번째 성분의 부분 압력(P_i)과 전체 압력은 다음과 같은 관계가 있다.

$$P_i = x_i P_T \tag{1.6}$$

각 기체의 부분 압력은 어떻게 구할 수 있는가? 기압계로 측정되는 값은 기체 혼합물의 전체 압력이다. 부분 압력을 구하기 위해서는 각 성분의 몰분율을 알아야 한다. 부분 압력을 측정하는 직접적인 방법은 질량 분석기를 사용하는 것이다. 질량 스펙트럼에서 각 피크의 상대적인 세기는 기체의 양, 즉 기체의 몰분율에 비례한다.

기체 법칙은 원자 이론의 발달에 결정적인 역할을 하였으며, 일상생활에서도 기체 법칙의 다양한 예를 발견할 수 있다. 여기서는 스쿠버 다이버에게 중요한 두 가지 예를 살펴보고자 한다. 바닷물의 밀도는 약 1.03 g mL^{-1}로, 순수한 물의 밀도 1.00 g mL^{-1}보다 약간 높다. 10 m 높이의 바닷물 기둥의 압력은 1 atm이다. 잠수부가 숨을 참고 빠르게 수면 위로 올라오게 되면 어떤 일이 일어나겠는가? 수심 12 m에서부터 수면으로 올라왔다면, 압력은 (12 m/10 m)×1 atm, 즉 1.2 atm 낮아진다. 온도가 일정하다고 가정하면, 잠수부가 수면에 도달했을 때 폐에 남아 있는 공기의 부피는 (1+1.2) atm/1 atm의 비율로, 즉 2.2배 증가하게 된다. 공기가 급격하게 팽창하게 되면 허파의 세포막이 손상되거나 파괴될 수 있으므로 잠수부는 중상을 입거나 죽을 수도 있다.

Dalton의 법칙은 스쿠버 다이빙에 직접 적용된다. 공기 중의 산소 부분 압력은 약 0.2 atm이다. 산소는 우리의 생존에 필수적이기 때문에, 정상적인 양보다 많은 양의 산소를 호흡하는 것이 해롭다고 생각하지 않을지도 모른다. 그러나 산소의 유독성은 잘 알려져 있다.* 생리학적으로 우리의 몸은 산소의 부분 압력이 0.2 atm일 때 그 기능이 가장 잘 일어난다. 이러한 이유로, 잠수할 때 사용하는 공기통의 산소 조성을 조절하게 된다. 예를 들어 수압과 기압을 합한 전체 압력이 4 atm인 깊이에서는, 산소 함량을 부피비로 5퍼센트로 맞추어 최적의 산소 부분 압력(0.05×4 atm = 0.2 atm)을 유지하도록 한다. 더 깊은 물속에서는 산소 비율을 더 줄여주어야 한다. 질소가 공기의 주성분이기 때문에, 공기통의 산소를 희석하는 기체로 먼저 질소를 생각할 수 있지만, 질소가 좋은 선택은 아니다. 질소의 부분 압력이 1 atm을 넘으면 많은 양의 질소가 혈액 속으로 녹아들어가 **질소 중독**(nitrogen narcosis)을 일으키게 된다. 이 현상은 알코올 중독과 비슷하며, 가벼운 두통과 판단력 저하 등이 일어날 수 있다. 질소 중독에 걸린 잠수부는 해저에서 춤을 추거나 상어를 뒤쫓는 등의 이상한 행동을 하기도 한다. 이러한 이유로, 공기통의 산소를 희석할 때는 일반적으로 헬륨이 사용된다. 비활성 기체인 헬륨은 질소에 비해 혈액에 훨씬 덜 녹으며, 중독 증상을 일으키지 않는다.

1.7 실제 기체

기체의 거동이 이상 기체와 다를 경우, 식 1.1은 실제 기체의 상태 방정식으로 바꾸어주어야 한다. 기체가 압축되면 분자들 간의 거리가 가까워지고 기체의 특성이 이상 기체와는 매우 달라진다. 이상 기체의 특성에서 벗어나는 정도를 측정하는 방법 중 하나는 기체의 압축 인자(compressibility factor, Z)를 압력에 대해 그리는 것이다. 식 1.1에서부터

$$PV = nRT$$

아래 식이 얻어진다.

$$Z = \frac{P\overline{V}}{RT} \tag{1.7}$$

이 식에서 $\overline{V}$는 기체의 몰부피(L mol^{-1})를 나타낸다. 이상 기체의 경우, 주어진 T에서 P가 어떤 값이 되어도 $Z = 1$이 된다. 그러나 실제 기체의 경우, 압축 인자는 압력의 영향을 크게 받는다(그림 1.6). 압력이 낮을 때, 대부분 기체의 압축 인자는 1에 가까워진다. 실제로 P가 0에 수렴할 때, 모든 기체에 대하여 $Z = 1$이 된다. 모든 실제

---

* 산소의 부분 압력이 2 atm을 넘으면 경련을 일으키고 혼수 상태에 빠지게 된다. 예전에는 미숙아를 산소 텐트에 넣어서 망막 세포가 손상되는 **후수정체 섬유 증식증**(retrolental fibroplasia)을 일으킨 경우들이 있었다. 망막 손상은 시력 저하나 실명으로 이어질 수 있다.

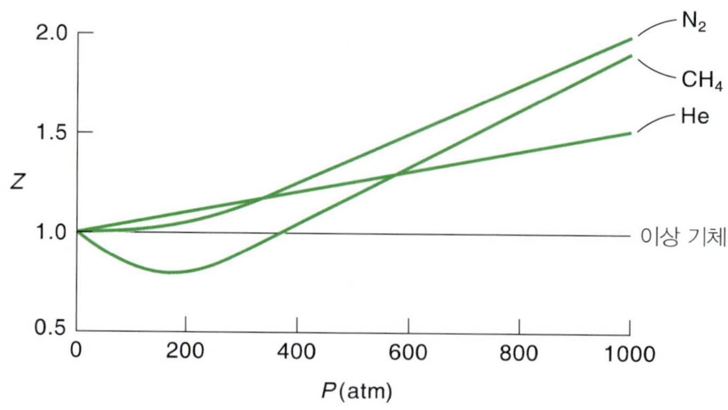

그림 1.6
273 K에서 압력 변화에 따른 실제 기체와 이상 기체의 압축 인자에 대한 그림. 이상 기체의 경우 압력이 아무리 높아져도 $Z = 1$임에 유의할 것.

기체는 낮은 압력하에서 이상 기체와 같이 거동하기 때문에 쉽게 예상할 수 있는 결과이다. 압력이 증가함에 따라 어떤 기체들은 $Z < 1$이 되는데, 이것은 이상 기체에 비해 압축이 쉽다는 것을 의미한다. 압력이 더 증가하게 되면, 모든 기체에 대해 $Z > 1$이 된다. 이 영역에서는 기체의 압축이 이상 기체에 비해 어렵다는 것을 의미한다. 이러한 경향은 우리가 알고 있는 분자 간에 작용하는 힘과 일치한다. 일반적으로 인력은 먼 거리에서 작용하는 반면에, 반발력은 가까운 거리에서만 작용한다(이 주제는 17장에서 자세히 다룬다). 분자들이 멀리 떨어져 있을 때에는(예를 들면 낮은 압력하에서), 서로 잡아당기는 힘이 주가 된다. 분자 간의 거리가 가까워지면서 반발력의 세기가 더 커지게 된다.

이상 기체식을 실제 기체에 맞도록 변형시키기 위해 오랜 기간 동안 상당한 노력을 해 오고 있으며, 수많은 식이 제안되었다. 이 책에서는 van der Waals 식, Redlich-Kwong 식, 비리알 상태 방정식 등 세 가지 상태 방정식을 설명하려고 한다.

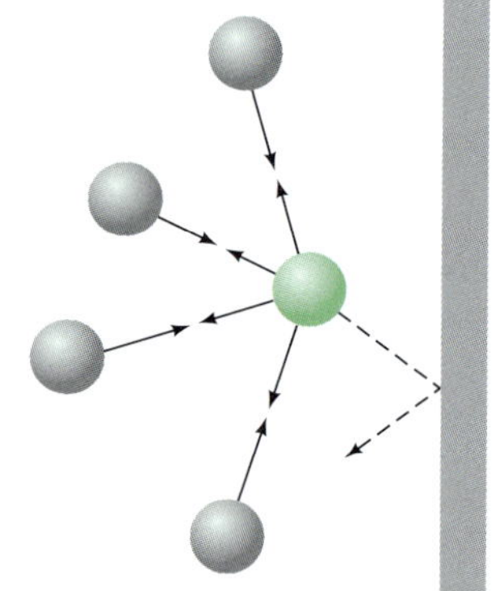

그림 1.7
분자 간에 작용하는 힘이 기체에 의한 압력에 미치는 영향. 벽 쪽으로 움직이는 분자(녹색 구)의 속력은 주위에 있는 분자들(회색 구)의 잡아당기는 힘에 의해 느려지게 된다. 결과적으로 분자의 충격량은 분자 간의 힘이 없을 때에 비해 작아지게 된다. 따라서 실제 기체의 측정된 압력은 이상 기체의 경우에 비해 작은 값이 된다.

van der Waals 식

van der Waals 상태 방정식(van der Waals equation of state)은 네덜란드의 물리학자 Johannes Diderick van der Waals(1837~1923)에 의해 제안되었다. 이 식은 기체 분자 자체의 크기와 인력을 고려하여 실제 기체에 적용할 수 있도록 하였다.

$$\left(P + \frac{an^2}{V^2}\right)(V - nb) = nRT \tag{1.8}$$

벽면에 미치는 압력은 기체 분자의 충돌 횟수와 충돌 시 벽에 전달되는 운동량에 의해 결정된다. 두 가지 값 모두 분자 간에 인력이 존재하면 작아지게 된다(그림 1.7). 두 값은 각각 기체의 밀도 n/V에 비례하여 작아지므로 분자 간의 인력에 의한 압력 감소는 다음과 같이 쓸 수 있다.

$$\text{분자 간의 인력에 의한 압력 감소} \propto \left(\frac{n}{V}\right)\left(\frac{n}{V}\right) = a\frac{n^2}{V^2}$$

여기서 a는 비례 상수이다.

식 1.8에서 P는 실험적으로 측정된 기체의 압력이며, $(P+an^2/V^2)$은 기체 분자 사이에 작용하는 힘이 없을 때의 압력임에 유의하라. an^2/V^2은 압력 단위이어야 하므로 a는 atm L^2 mol^{-2}의 단위를 갖게 된다. 분자 자체의 부피를 고려하면, 이상 기체에서의 V를 $(V-nb)$로 바꾸어주어야 한다. 여기서 nb는 기체 분자 n mol이 차지하는 유효 부피를 나타낸다. 따라서 nb는 부피의 단위를 가져야 하므로 b의 단위는 L mol^{-1}이 된다. a와 b는 기체마다 다른 고유한 상수 값이다. 표 1.3은 여러 가지 기체의 a와 b 값을 보여 준다. a 값은 인력의 크기와 어느 정도 관련이 있다. 끓는점을 분자 간의 인력을 가늠하는 척도로 생각하면(끓는점이 높을수록 분자 간의 인력이 세다), 각각의 물질의 a 값과 끓는점은 대략적인 상관관계가 있음을 알 수 있다. b 값을 설명하기는 쉽지 않다. b는 분자의 크기에 비례하지만, 명확한 연관성이 있는 것은 아니다. 예를 들어 헬륨의 b는 0.0237 L mol^{-1}인 반면에, 네온의 경우는 0.0174 L mol^{-1}이다. 이 값만 보면 헬륨이 네온보다 더 크다고 잘못 생각할 수도 있다. a와 b 값은 여러 가지 방법으로 구할 수 있다. 일반적인 방법은 임계 상태에 있는 기체에 van der Waals 식을 적용하는 것이다. 이것은 1.8절에서 다시 다루게 된다.

표 1.3 몇 가지 물질의 van der Waals 상수와 끓는점

물질	a(atm L^2 mol^{-2})	b(L mol^{-1})	끓는점(K)
He	0.0341	0.0237	4.2
Ne	0.214	0.0174	27.2
Ar	1.34	0.0322	87.3
H_2	0.240	0.0264	20.3
N_2	1.35	0.0386	77.4
O_2	1.34	0.0312	90.2
CO	1.45	0.0395	83.2
CO_2	3.60	0.0427	195.2
CH_4	2.26	0.0430	109.2
C_2H_6	5.47	0.0651	184.5
H_2O	5.54	0.0305	373.15
NH_3	4.25	0.0379	239.8

Redlich–Kwong 식

van der Waals 식은 역사적으로 중요한 의미가 있다. 이것은 기체의 비이상적 특성을 분자 수준에서 설명한 첫 번째 상태 방정식이다. van der Waals가 그의 해석을 처음 발표한 이후, 많은 유사한 식이 제안되었다. 그중에 Redlich–Kwong 식은 특히 유용하게 이용될 수 있다.

$$P = \frac{RT}{\overline{V} - B} - \frac{A}{\sqrt{T}(\overline{V})(\overline{V} + B)} \tag{1.9}$$

위 식에서 A와 B는 상수이다. Redlich–Kwong 식에도 van der Waals 식과 같이 각 기체에 해당하는 두 개의 상수가 있다. 이 식을 사용하면 광범위한 온도와 압력 범위에서 더 정확한 결과를 얻을 수 있다.

예제 1.2

에테인(C_2H_6)의 몰부피는 350 K에서 0.1379 L mol^{-1}이다. 다음 상태 방정식을 이용하여 기체의 압력을 구하시오. (a) 이상 기체식, (b) van der Waals 식, (c) Redlich–Kwong 식 (단, A=96.89 L^2 atm mol^{-2} K$^{0.5}$, B=0.04515 L mol^{-1}이다.)

답

(a) 식 1.1을 이용한다.

$$P = \frac{RT}{\overline{V}}$$

$$= \frac{(0.08206 \text{ L atm K}^{-1} \text{ mol}^{-1})(350 \text{ K})}{0.1379 \text{ L mol}^{-1}} = 208.3 \text{ atm}$$

(b) 식 1.8을 변형한 후, 표 1.3에 있는 에테인의 a와 b 값을 이용하면 압력을 구할 수 있다.

$$P = \frac{RT}{\overline{V} - b} - \frac{a}{\overline{V}^2}$$

$$= \frac{(0.08206 \text{ L atm K}^{-1} \text{ mol}^{-1})(350 \text{ K})}{(0.1379 \text{ L mol}^{-1} - 0.0651 \text{ L mol}^{-1})} - \frac{(5.47 \text{ L}^2 \text{ atm mol}^{-2})}{(0.1379 \text{ L mol}^{-1})^2}$$

$$= 106.9 \text{ atm}$$

(c) 식 1.9를 이용한다.

$$P = \frac{RT}{\overline{V} - B} - \frac{A}{\sqrt{T}(\overline{V})(\overline{V} + B)}$$

$$= \frac{(0.08206 \text{ L atm K}^{-1} \text{ mol}^{-1})(350 \text{ K})}{(0.1379 \text{ L mol}^{-1} - 0.04515 \text{ L mol}^{-1})} -$$

$$\frac{96.89\ \mathrm{L^2\ atm\ mol^{-2}\ K^{0.5}}}{\sqrt{350\ \mathrm{K}}(0.1379\ \mathrm{L\ mol^{-1}})(0.1379\ \mathrm{L\ mol^{-1}} + 0.04515\ \mathrm{L\ mol^{-1}})}$$

$$= 104.5\ \mathrm{atm}$$

COMMENT

실험적으로 측정된 값은 98.69 atm이다. 따라서 Redlich–Kwong 식으로 구한 결과가 실험값에 가장 근접한다(두 값의 차이는 6퍼센트임).

비리알 상태 방정식

기체의 비이상적 특성을 나타내는 또 다른 방법으로 **비리알 상태 방정식**(virial equation of state)이 있다. 이 식에서는 압축 인자를 몰부피($\overline{V}$)의 역수에 대한 급수 전개식으로 나타낸다.

'virial'은 라틴어로 'force(힘)'를 의미한다. 비이상 기체의 특성은 분자 간의 힘에 기인한다.

$$Z = 1 + \frac{B}{\overline{V}} + \frac{C}{\overline{V}^2} + \frac{D}{\overline{V}^3} + \cdots \qquad (1.10)$$

여기서 B, C, D, ...를 2차, 3차, 4차, ... 비리알 계수라고 한다. 1차 비리알 계수는 1이며, 이는 이상 기체와 같이 분자 간의 상호 작용이 없다는 것을 말한다. 둘째 항은 두 분자 사이의 상호 작용을 나타내며, 셋째 항은 세 개의 분자 간의 상호 작용에 대한 보정 값이다. 이 값들은 주어진 기체에 대한 $P-V-T$ 데이터로부터, 컴퓨터를 이용한 곡선 맞춤(curve fitting) 방법을 이용하여 구할 수 있다. 이상 기체의 경우 2차 및 그 이상의 비리알 계수는 모두 0이며, 식 1.10은 식 1.1과 같게 된다.

비리알 식을 나타내는 다른 방법은 압축 인자를 압력에 대한 급수 전개식으로 나타내는 것이다.

$$Z = 1 + B'P + C'P^2 + D'P^3 + \cdots \qquad (1.11)$$

P와 V는 서로 관련되어 있으므로 B와 B', C와 C', 등등 사이에는 상관관계가 있다(문제 1.62 참조). 각 식에서 계수 값은 급격히 감소한다. 예를 들어 압력이 0~10 atm 사이에서 식 1.11의 계수들은 $B' \gg C' \gg D'$가 되며, 온도가 매우 낮지 않다면 둘째 항만을 포함시키면 충분하다.

$$Z = 1 + B'P \qquad (1.12)$$

식 1.8과 1.10은 서로 다른 접근법을 보여 준다. van der Waals 식(Redlich-Kwong 식도 같음)에서는 분자 자체의 부피와 분자 간의 힘을 보정하여 기체의 비이상적 특성을 설명한다. 이러한 보정을 통해 이상 기체 상태 방정식보다는 훨씬 향상된 결과를 얻을 수 있지만, 식 1.8 역시 근사식이다. 그 이유는 분자 간의 힘에 대한 지식이 거시적인 특성을 정량적으로 설명할 수 있을 정도로 완벽하지는 못하기 때문이다. 반면에 식 1.10은 실제 기체와 일치하게 유도할 수 있는 반면에, 분자 간의 상호 작용에 대한 어떤 정보도 제공해 주지 못한다. 실험적으로 구한 계수 B, C, ... 등을 이용한 급수 전개식으로, 기체의 비이상적 거동과 일치하는 수학적 식을 쓸 수 있다. 이 계수들은 분자 간의 힘에 관련되어 있지만 어떠한 물리적인 의미도 갖고 있지 않다. 따라서 우리는 물리적으로 이해할 수는 있지만 근사적인 방정식과, 기체의 특성과 정확히 일치하지만 분자의 거동에 대해서는 아무것도 제공해 주지 않는 두 식 중 한 가지를 선택해야 한다.

예제 1.3

메테인의 온도와 압력이 각각 300 K, 100 atm이며, 2차 비리알 상수(B)의 값이 $-0.042\ \text{L mol}^{-1}$일 때, 메테인의 몰부피를 구하시오. 이 결과와 이상 기체식으로 구한 결과를 비교하시오.

답

식 1.10에서 계수 C와 D를 무시하고 계산하여 구한다.

$$
\begin{aligned}
Z &= 1 + \frac{B}{\overline{V}} \\
&= 1 + \frac{BP}{RT} \\
&= 1 + \frac{(-0.042\ \text{L mol}^{-1})(100\ \text{atm})}{(0.08206\ \text{L atm K}^{-1}\ \text{mol}^{-1})(300\ \text{K})} \\
&= 1 - 0.17 = 0.83
\end{aligned}
$$

$$
\begin{aligned}
\overline{V} &= \frac{ZRT}{P} \\
&= \frac{(0.83)(0.08206\ \text{L atm K}^{-1}\ \text{mol}^{-1})(300\ \text{K})}{100\ \text{atm}} \\
&= 0.20\ \text{L mol}^{-1}
\end{aligned}
$$

이상 기체의 경우에는

$$
\begin{aligned}
\overline{V} &= \frac{RT}{P} \\
&= \frac{(0.08206\ \text{L atm K}^{-1}\ \text{mol}^{-1})(300\ \text{K})}{100\ \text{atm}} \\
&= 0.25\ \text{L mol}^{-1}
\end{aligned}
$$

COMMENT
100 atm, 300 K에서 메테인은 CH_4 분자 사이의 인력 때문에 이상 기체에 비해 더 쉽게 압축이 된다($Z = 0.83$ 대 $Z = 1$).

1.8 기체의 응축과 임계 상태

기체가 액체로 응축되는 것은 쉽게 볼 수 있는 현상이다. 아일랜드의 화학자 Thomas Andrews(1813~1885)는 응축 과정에서의 압력–부피 관계에 대해 처음으로 정량적 연구를 하였다. 그는 일정한 양의 이산화 탄소에 대하여, 압력 변화에 따른 부피 변화를 여러 가지 다른 온도하에서 측정하여 그림 1.8에서 볼 수 있는 일련의 등온선을 구하였다. 압력이 높을 때, 곡선은 반비례 관계에 가까우며 Boyle 법칙을 만족한다. 온도가 낮아지면서 반비례 관계에서 벗어나게 되며, T_4가 되면 매우 다른 경향을 나타낸다. T_4 등온선을 오른쪽에서 왼쪽으로 따라가면, 압력이 증가함에 따라 부피가 감소하는 것을 확인할 수 있다. 그러나 반비례 곡선이 아니기 때문에 PV 값이 더 이상 상수가 아니다. 압력을 더욱 증가시키면 등온선과 점선으로 그린 곡선의 오른쪽 부분이 만나게 된다. 이 과정을 실험적으로 관찰한다면, 이 압력에서 액체 상태의 이산화 탄소가 만들어지는 것을 확인할 수 있을 것이다. 압력은 일정하게 유지되면서, 모든 기체가 액체로 변할 때까지 부피는 지속적으로 감소하게 된다. 이 점(수평으로 그어진 선이 점선의 왼쪽 부분과 만나는 점)을 지나면 계는 완전히 액체가 된다. 액체는 기체에 비해 압축이 훨씬 어렵기 때문에 압력을 더 증가시켜도 부피의 감소는 아주 작게 된다. 그림 1.9는 T_1에서 일어나는 이산화 탄소의 액화를 보여 준다.

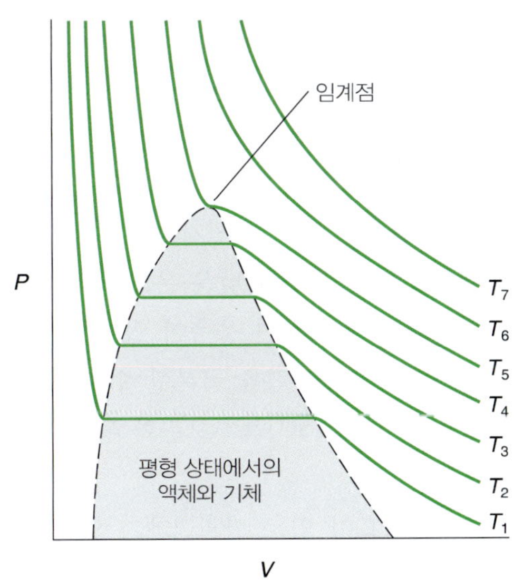

그림 1.8
여러 온도(T_1에서 T_7로 가면서 온도가 높아짐)에서의 이산화 탄소의 등온선. 온도가 높아짐에 따라, 임계점(T_5)에 도달할 때까지 수평으로 그어진 선의 범위가 좁아진다. 이 온도 이상에서는 압력을 아무리 높여주어도 이산화 탄소는 액화되지 않는다.

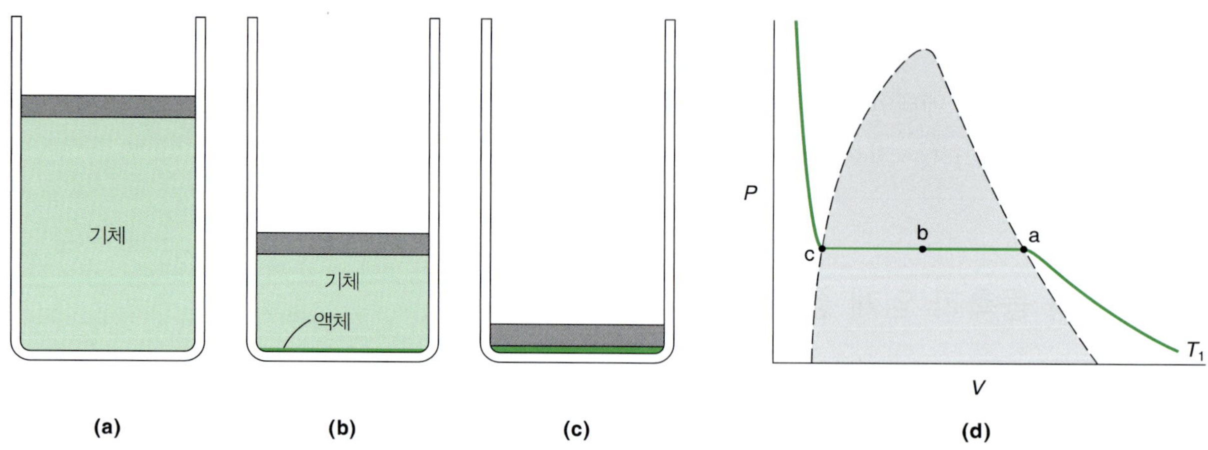

그림 1.9

T_1(그림 1.8 참조)에서 일어나는 이산화 탄소의 액화. (a)에서 첫 번째 액체 방울이 나타난다. (b)를 거쳐 (c)로 가면서 기체가 점차 액화되어 완전히 액체로 변하며, 이 과정에서 압력은 일정하게 유지된다. 액체는 잘 압축되지 않기 때문에, (c) 이후에는 압력이 높아져도 부피 감소가 크지 않다. (d)는 (a), (b), (c) 단계의 전체 과정을 보여 주는 그림이다.

수평선(기체와 액체가 공존하는 영역)에 해당하는 압력을 이 온도에서의 액체의 **평형 증기 압력**(equilibrium vapor pressure) 또는 간단히 **증기 압력**(vapor pressure)이라고 한다. 온도가 높아지면서 수평선의 범위가 좁아진다. 특정한 온도(그림 1.8의 T_5)에서 등온선은 점선과 접선으로 만나게 되며 한 가지 상만이 존재하게 된다. 수평선은 점이 되며 이 점을 **임계점**(critical point)이라고 한다. 이 점에서의 온도, 압력, 부피를 임계 온도(T_c), 임계 압력(P_c), 임계 부피(V_c)라고 한다. 임계 온도보다 높으면 아무리 압력을 높여 주어도 기체의 액화가 일어나지 않는다. 표 1.4는 몇몇 기체의 임계 상수를 보여 준다. 일반적으로 임계 부피는 몰 임계 부피($\overline{V}_c$)로 나타낸다. $\overline{V}_c$는 V_c/n으로 주어진다(n은 물질의 몰수).

응축이 일어나거나 임계 온도가 존재한다는 것은 기체의 비이상적 성질의 직접적인 결과이다. 즉 분자 간에 인력이 존재하지 않는다면 응축이 일어나지 않을 것이며, 분자 자체의 부피가 없다면 액체나 고체를 관찰할 수 없을 것이다. 앞에서 언급한 것과 같이, 분자들이 비교적 멀리 떨어져 있을 때에는 잡아당기는 힘이 주로 작용한다. 그러나 분자들이 가까워지면(예를 들어 액체에 압력을 가할 때) 반발하는 힘이 주가 되는데, 이 힘의 근원은 핵과 핵 및 전자와 전자 사이의 정전기적 반발력이다. 일반적으로, 인력은 어떤 특정한 거리에서 최대가 된다. T_c보다 낮은 온도에서는, 기체가 압축되어 인력이 작용하는 범위 내로 분자들이 모여지면 응축이 일어나게 된다. 온도가 T_c보다 높으면 기체 분자들의 운동 에너지가 인력을 극복할 수 있을 정도로 높기 때문에 응축은 일어나지 않는다. 그림 1.10은 헥사플루오린화 황(SF_6)의 임계 현상을 보여 준다.

van der Waals 상수 a, b와 임계 상수 사이에는 흥미 있는 상관관계가 있다. 식 1.8의 양변을 n으로 나눈 후 재배열하면 다음 식이 얻어진다.

표 1.4 몇 가지 물질의 임계 상수

물질	P_c (atm)	$\overline{V}_c$ (L mol^{-1})	T_c (K)
He	2.25	0.0578	5.2
Ne	26.2	0.0417	44.4
Ar	49.3	0.0753	151.0
H_2	12.8	0.0650	32.9
N_2	33.6	0.0901	126.1
O_2	50.8	0.0764	154.6
CO	34.5	0.0931	132.9
CO_2	73.0	0.0957	304.2
CH_4	45.4	0.0990	190.2
C_2H_6	48.2	0.1480	305.4
H_2O	217.7	0.0560	647.6
NH_3	109.8	0.0724	405.3
SF_6	37.6	0.2052	318.7

$$\overline{V}^3 - \left(b + \frac{RT}{P}\right)\overline{V}^2 + \frac{a\overline{V}}{P} - \frac{ab}{P} = 0 \tag{1.13}$$

여기서 $\overline{V}$는 몰부피이다. 이것은 3차방정식이며 $\overline{V}$는 세 개의 값을 갖게 된다. 온도가 T_c보다 낮을 때, $\overline{V}$는 세 개의 실근을 갖는다. 두 개는 그림 1.8의 수평선과 점선의 교차점에 해당하며, 세 번째 값은 물리적인 의미를 갖고 있지 않다. T_c보다 높은 온도에서 $\overline{V}$는 한 개의 실근과 두 개의 허근을 갖는다. T_c에서 $\overline{V}$는 실수인 삼중근을 갖게 된다.

허근은 $\sqrt{-1}$ 항을 갖는다.

$$(\overline{V} - \overline{V}_c)^3 = 0$$

즉

$$\overline{V}^3 - 3\overline{V}_c\overline{V}^2 + 3\overline{V}_c^2\overline{V} - \overline{V}_c^3 = 0 \tag{1.14}$$

식 1.13과 1.14의 $\overline{V}^3$, $\overline{V}^2$, $\overline{V}$의 계수를 비교하면 다음 식을 구할 수 있다.

$\overline{V}^2$에 대해
$$3\overline{V}_c = b + \frac{RT_c}{P_c} \tag{1.15}$$

$\overline{V}$에 대해
$$3\overline{V}_c^2 = \frac{a}{P_c} \tag{1.16}$$

또한
$$\overline{V}_c^3 = \frac{ab}{P_c} \tag{1.17}$$

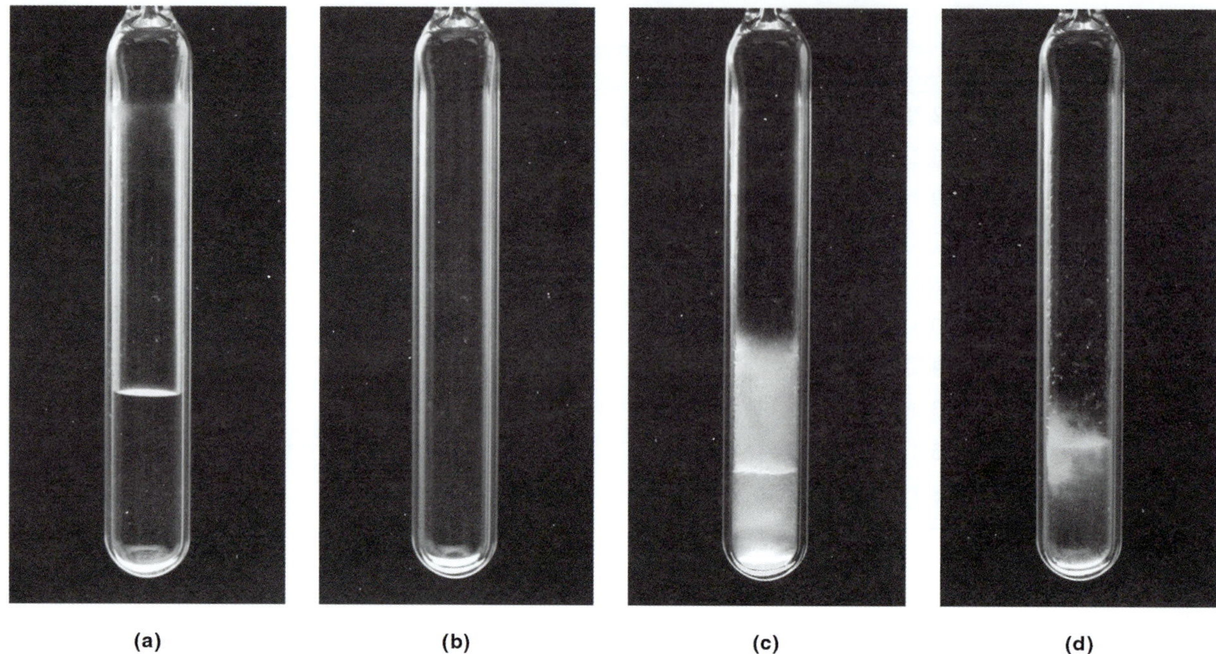

(a) (b) (c) (d)

그림 1.10
SF_6(T_c = 45.5℃, P_c = 37.6 atm)의 임계 현상. **(a)** 임계 온도보다 낮을 때에는 액체를 명확히 볼 수 있다. **(b)** 임계 온도보다 높으면, 액체상이 사라진다. **(c)** 임계 온도 바로 아래까지 냉각되었다. 물질이 뿌옇게 변하는 현상을 임계 혼탁이라고 하는데, 이는 임계 유체에서 밀도의 급격한 변동으로 빛이 산란되기 때문에 생기는 현상이다. **(d)** 액체상이 다시 나타난다.

위의 식 1.15, 1.16, 1.17로부터 다음 값을 구할 수 있다.

$$a = 3P_c\overline{V}_c^2 \tag{1.18}$$

$$b = \frac{\overline{V}_c}{3} \tag{1.19}$$

$$R = \frac{8a}{27T_cb} \tag{1.20}$$

따라서 어떤 물질의 임계 상수를 알면 a와 b 값을 구할 수 있다. 위의 세 개의 식 중 앞의 두 식으로 a와 b가 계산된다. 만약 van der Waals 식이 임계 영역에서 잘 맞는다면 두 식만을 사용하는 것에 문제는 없다. 그러나 실제로는 그렇지 못하다. P_c–T_c, T_c–$\overline{V}_c$, P_c–$\overline{V}_c$의 어떤 조합을 사용하는가에 따라 a, b 값은 크게 달라진다. 이 계산에서는 일반적으로 P_c와 T_c를 사용하는데, 이는 임계 상수 중 V_c가 가장 부정확한 값이기 때문이다. 따라서 식 1.19로부터 V_c를 구한 후,

$$\overline{V}_c = 3b \tag{1.21}$$

식 1.18에 대입하면 다음 식을 얻을 수 있다.

$$a = 3P_c(3b)^2 = 27P_c b^2 \tag{1.22}$$

식 1.22를 식 1.20에 대입하여 a와 b를 구하게 된다.

$$b = \frac{RT_c}{8P_c} \tag{1.23}$$

$$a = \frac{27R^2T_c^2}{64P_c} \tag{1.24}$$

van der Waals 식이 임계 영역에서 잘 맞지 않기 때문에 식 1.23과 1.24로 구하는 값은 근삿값이지만, 상수 a와 b를 구할 때 자주 사용된다. 따라서 표 1.3의 a와 b 값의 대부분은 표 1.4의 임계 상수와 식 1.23 및 1.24로부터 계산된 값이다. 위의 방법은 Redlich–Kwong 상수(A와 B)와 임계 상수의 상관관계를 구할 때도 사용된다. 그 결과는 이 책에 수록하지 않았다.

최근에 임계 온도 이상에서의 물질 상태를 말하는 초임계 유체(supercritical fluid, SCF)를 실제로 이용하는 것에 많은 관심이 높아지고 있다. 가장 많이 연구된 SCF는 이산화 탄소이다. 적당한 온도와 압력하에서, SCF CO_2는 커피 원두에서 카페인을 추출하거나 감자 칩에서 식용유를 제거하여 바삭하게 만들 때 사용된다. 또한 초임계 상태의 CO_2는 염화 탄화수소를 잘 녹이기 때문에 환경 정화에 사용되기도 한다. 초임계 상태의 CO_2, NH_3 및 헥세인이나 헵테인 같은 탄화수소는 크로마토그래피의 이동상으로 이용할 수 있다. 크로마토그래피로 항생제나 호르몬 등을 분리할 때, 고온에서 이루어지는 정상적인 크로마토그래피로는 열에 불안정한 항생제나 호르몬 등을 분리하기가 쉽지 않다. 이러한 경우 SCF CO_2는 효과적인 이동상이 될 수 있다.

1.9 대응 상태 법칙

van der Waals는 식 1.8로부터 놀라운 결과를 얻을 수 있다는 것을 보여 주었다. 먼저, 식 1.8을 몰부피 $\overline{V}$의 함수로 바꾸어 준다.

$$\left(P + \frac{a}{\overline{V}^2}\right)(\overline{V} - b) = RT \tag{1.25}$$

기체의 압력, 부피, 온도를 임계 상수로 나누어 주면 다음 값들을 얻게 된다.

$$P_R = \frac{P}{P_c} \qquad \overline{V}_R = \frac{\overline{V}}{\overline{V}_c} \qquad T_R = \frac{T}{T_c} \tag{1.26}$$

여기서 P_R, $\overline{V}_R$, T_R을 각각 환산 압력, 환산 부피, 환산 온도라고 한다. 식 1.25를 환산 변수로 나타내면 다음 식이 얻어진다.

$$\left(P_R P_c + \frac{a}{\overline{V}_R^2 \overline{V}_c^2}\right)(\overline{V}_R \overline{V}_c - b) = RT_R T_c \tag{1.27}$$

식 1.15, 1.16, 1.17로부터 다음 관계를 구할 수 있다.

$$P_c = \frac{a}{27b^2} \qquad \overline{V}_c = 3b \qquad T_c = \frac{8a}{27Rb} \tag{1.28}$$

식 1.27의 P_c, $\overline{V}_c$, T_c를 식 1.28 값으로 치환하면 다음 식이 얻어진다.

$$\left(P_R + \frac{3}{\overline{V}_R^2}\right)(3\overline{V}_R - 1) = 8T_R \tag{1.29}$$

식 1.29는 상수 a와 b를 포함하고 있지 않기 때문에 **모든** 물질에 적용할 수 있다. 식 1.29는 **대응 상태 법칙**(law of corresponding state)에 대한 수학적 표현이다. 이 식은 대응되는 조건 P_R, $\overline{V}_R$, T_R에서는 모든 기체의 특성이 서로 같다는 것을 보여 준다. 다른 말로 하면, 두 기체의 T_R과 P_R 값이 같다면, $\overline{V}_R$ 값도 서로 같다는 것을 의미한다.

예를 들어 압력이 6.58 atm이고 온도가 189 K인 질소 1몰과 14.3 atm, 456 K의 이산화 탄소 1몰을 비교해 보자. 이 조건에서 두 기체의 환산 압력(P_R=0.20)과 환산 온도(T_R=1.5)가 같기 때문에 두 기체는 서로 대응 상태에 있다. 따라서 두 기체의 환산 몰부피($\overline{V}_R$~20)는 같은 값이 된다. 다만 식 1.29는 원래의 van der Waals 식(식 1.25)의 한계를 넘지는 못한다는 것에 유의하자.

그림 1.11은 대응 상태 법칙을 잘 보여 준다. 다른 조건에서의 $P-V-T$ 데이터로부터 여러 가지 기체의 압축 인자 $Z(P\overline{V}/RT)$를 구하여 비교한 결과이다. 주어진 환산 온도(T_R)에서, P_R의 변화에 따른 다양한 기체의 Z 값은 같은 곡선에 대략 수렴하는 것을 알 수 있다. 이것은 같은 환산 압력과 온도에서 이 기체들의 압축률이 서로 같다는 것을 보여 준다.* 대응 상태 법칙은 극한 조건에 있는 기체에 대한 많은 정보를 쉽게 얻을 수 있기 때문에 공학에서 특히 유용하게 이용된다.

---

* $P = P_R P_c$, $\overline{V} = \overline{V}_R \overline{V}_c$, $T = T_R T_c$이므로 $Z = (P_R \overline{V}_R / T_R)(P_c \overline{V}_c / RT_c)$ 또는 $(P_R \overline{V}_R / T_R) Z_c$가 된다. 표 1.4에서 Z_c 값이 대략 비슷하게 됨을 확인할 수 있다. 따라서 P_R과 T_R이 같으면 기체의 $\overline{V}_R$은 비슷한 값이 되며, Z 값이 일치하게 된다.

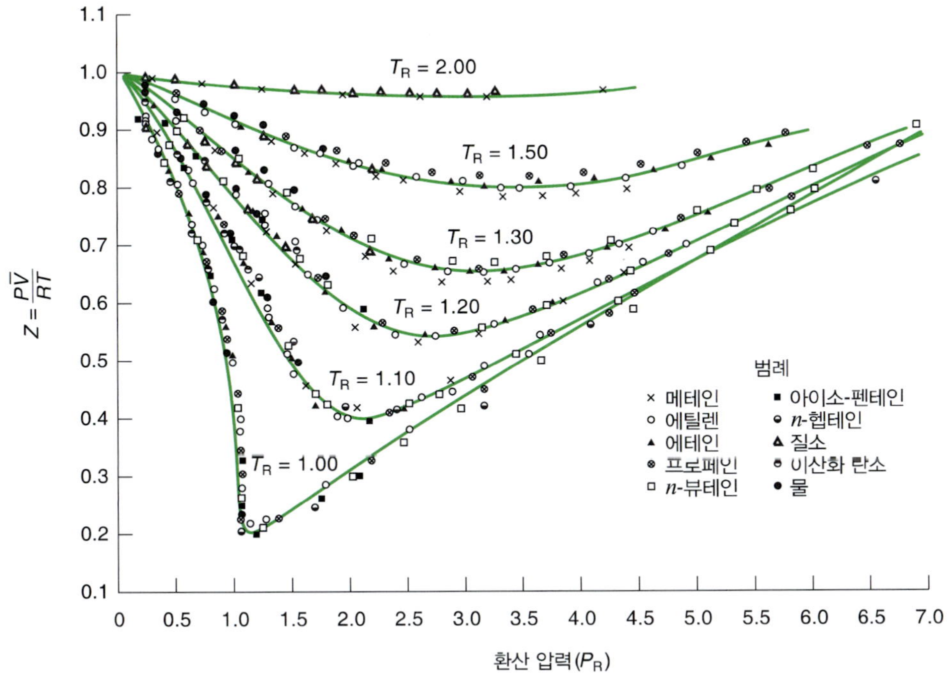

그림 1.11

환산 압력과 온도 변화에 따른 다양한 기체의 압축 인자(Z) 변화
[출처: Gouq-Jen Su, *Ind. Chem.* 38, 803 (1946).]

예제 1.4

그림 1.11을 이용하여 504°C, 435 atm에 있는 물의 몰부피를 구하시오.

답

표 1.4로부터 $P_R = 2.0$과 $T_R = 1.2$를 구할 수 있다. 그림 1.11에서 $Z \approx 0.60$이므로 몰부피는 다음과 같이 구할 수 있다.

$$\overline{V} = \frac{RTZ}{P} = \frac{(0.08206 \text{ L atm K}^{-1} \text{ mol}^{-1})(777 \text{ K})(0.60)}{435 \text{ atm}}$$

$$= 0.088 \text{ L mol}^{-1}$$

이상 기체식을 이용하여 구하면, $V = 0.15 \text{ L mol}^{-1}$이 된다.

■ Key Equations

$PV = nRT$	(이상 기체식)	(1.1)
$P_T = \sum_i P_i$	(Dalton의 부분 압력 법칙)	(1.2)
$Z = \frac{PV}{nRT} = \frac{P\overline{V}}{RT}$	(압축 인자)	(1.7)
$\left(P + \frac{an^2}{V^2}\right)(V - nb) = nRT$	(van der Waals 식)	(1.8)
$Z = 1 + \frac{B}{\overline{V}} + \frac{C}{\overline{V}^2} + \frac{D}{\overline{V}^3} + \cdots$	(비리알 식)	(1.10)
$Z = 1 + B'P + C'P^2 + D'P^3 + \cdots$	(비리알 식)	(1.11)
$\left(P_R + \frac{3}{\overline{V}_R^2}\right)(3\overline{V}_R - 1) = 8T_R$	(대응 상태 법칙)	(1.29)

참고문헌

표준 물리화학 교재

Atkins, P. W., and J. de Paula, *Physical Chemistry*, 8th ed. W. H. Freeman, New York, 2006.
Laidler, K. J., J. H. Meiser, and B. C. Sanctuary, *Physical Chemistry*, 4th ed., Houghton Mifflin Company, Boston, 2003.
Levine, I. N., *Physical Chemistry*, 5th ed., McGraw-Hill, New York, 2009.
McQuarrie, D. A., and J. D. Simon, *Physical Chemistry*, University Science Books, Sausalito, CA, 1997.
Noggle, J. H., *Physical Chemistry*, 3rd ed., Harper Collins College Publishers, New York, 1996.
Silbey, R. J., R. A. Alberty, and M. G. Bawendi, *Physical Chemistry*, 4th ed., John Wiley & Sons, New York, 2004.

물리화학의 역사적 발전

"One Hundred Years of Physical Chemistry," E. B. Wilson, Jr., *Am. Sci.* **74**, 70 (1986).
Laidler, K. J., *The World of Physical Chemistry*, Oxford University Press, New York, 1993.
Cobb, C., *Magick, Mayhem, and Mavericks: The Spirited History of Physical Chemistry*, Prometheus Books, Amherst, NY, 2002.

기체의 물리적 성질

Tabor, D., *Gases, Liquids, and Solids*, 3rd ed., Cambridge University Press, New York, 1996.
Walton, A. J., *The Three Phases of Matter*, 2nd ed., Oxford University Press, New York, 1983.

논문

"The van der Waals Gas Equation," F. S. Swinbourne, *J. Chem. Educ.* **32**, 366 (1955).
"A Simple Model for van der Waals," S. S. Winter, *J. Chem. Educ.* **33**, 459 (1959).
"The Critical Temperature: A Necessary Consequence of Gas Nonideality," F. L. Pilar, *J. Chem. Educ.* **44**, 284 (1967).
"The Cabin Atmosphere in Manned Space Vehicles," W. H. Bowman and R. M. Lawrence, *J. Chem. Educ.* **48**, 152 (1971).
"Comparisons of Equations of State in Effectively Describing *PVT* Relations," J. B. Ott, J. R. Goales, and H. T. Hall, *J. Chem. Educ.* **48**, 515 (1971).
"Scuba Diving and the Gas Laws," E. D. Cooke, *J. Chem. Educ.* **50**, 425 (1973).
"The Invention of the Balloon and the Birth of Modern Chemistry," A. F. Scott, *Sci. Am.* January 1984.
"Derivation of the Ideal Gas Law," S. Levine, *J. Chem. Educ.* **62**, 399 (1985).
"Supercritical Fluids: Liquid, Gas, Both, or Neither? A Different Approach," E. F. Meyer and T. P. Meyer, *J. Chem. Educ.* **63**, 463 (1986).
"The Ideal Gas Law at the Center of the Sun," D. B. Clark, *J. Chem. Educ.* **66**, 826 (1989).
"The Many Faces of van der Waals's Equation of State," J. G. Eberhart, *J. Chem. Educ.* **66**, 906 (1989).
"Applying the Critical Conditions to Equations of State," J. G. Eberhart, *J. Chem. Educ.* **66**, 990 (1989).
"Does a One-Molecule Gas Obey Boyle's Law?" G. Rhodes, *J. Chem. Educ.* **69**, 16 (1992).
"A Lecture Demonstration of the Critical Phenomenon," R. Chang and J. F. Skinner, *J. Chem. Educ.* **69**, 158 (1992).
"Mountain Sickness," C. S. Houston, *Sci. Am.* October 1992.
"Equations of State," M. Ross in *Encyclopedia of Applied Physics*, G. L. Trigg, Ed., VCH Publishers, New York, 1993, Vol. 6, p. 291.
"Past, Present, and Possible Future Applications of Supercritical Fluid Extraction Technology," C. L. Phelps, N. G. Smart, and C. M. Wai, *J. Chem. Educ.* **73**, 1163 (1996).
"Interpretation of the Second Virial Coefficient," J. Wisniak, *J. Chem. Educ.* **76**, 671 (1999).
"Virial Coefficients Using Different Equations of State," C. B. Wakefield and C. Phillips, *J. Chem. Educ.* **77**, 1371 (2000).
"The Thermometer—From the Feeling to the Instrument," J. Wisniak, *Chem. Educator* [Online] **5**, 88 (2000) DOI 10.1007/s0089700037a.
"Updated Principle of Corresponding States," D. Ben-Amotz and A. D. Gift, *J. Chem. Educ.* **81**, 142 (2004).
"The Determination of Absolute Zero: An Accurate and Rapid Method," J. Gordon, L. Williams, J. James, and R. Bernard, *Chem. Educator* [Online] **13**, 351 (2008) DOI 10.1333/s00897082170a.
"How Heavy Is a Balloon? Using the Gas Laws," B. O. Johnson and H. Van Milligan, *J. Chem. Educ.* **86**, 224A (2009).
"An Interesting Algebraic Rearrangement of Semi-empirical Gaseous Equations of State. Partitioning of the Compressibility Factor into Attractive and Repulsive Parts," F. Watson, *Chem. Educator* [Online] **15**, 10 (2010) DOI 10.1007/s00897102210a.
"Measurement of the Compressibility Factor of Gases: A Physical Chemistry Laboratory Experiment," T. D. Varburg, A. J. Bendelsmith, and K. T. Kuwata, *J. Chem. Educ.* **88**, 1166 (2011).
"A Simple Mercury-Free Laboratory Apparatus To Study the Relationship between Pressure, Volume, and Temperature in a Gas," D. McGregor, W. V. Sweeney, and P. Mills, *J. Chem. Educ.* **89**, 509 (2012).

문제

이상 기체 법칙

1.1 다음을 세기 성질과 크기 성질로 구분하시오.
힘, 압력(P), 부피(V), 온도(T), 질량, 밀도, 몰질량, 몰부피($\bar{V}$)

1.2 NO_2나 NF_2 같은 기체는 어떤 압력하에서도 Boyle 법칙을 따르지 않는다. 그 이유를 설명하시오.

1.3 0.85 atm, 66°C의 이상 기체가 팽창하여 부피, 온도, 압력이 각각 94 mL, 0.60 atm, 45°C가 되었다. 이 기체의 처음 부피는 얼마였겠는가?

1.4 어떤 볼펜에는 몸통에 작은 구멍이 있다. 이 구멍의 역할은 무엇인가?

1.5 이상 기체식을 이용하여 기체의 밀도로부터 기체의 몰질량을 계산하는 방법을 설명하시오.

1.6 STP(표준 온도 압력)하에서 0.280 L 기체의 무게가 0.400 g이었다. 기체의 몰질량을 구하시오.

1.7 태양에서 오는 해로운 방사선의 상당량은 성층권의 오존 분자에 흡수된다. 성층권의 오존 압력과 온도는 각각 1.0×10^{-3} atm, 250 K이다. 이 조건하에서 1.0 L의 공기 속에 들어 있는 오존 분자의 개수는 얼마인가? (단, 기체는 이상 기체라고 가정한다.)

1.8 733 mmHg, 46°C인 HBr의 밀도(g L^{-1} 단위로)를 계산하시오(단, 이상 기체라고 가정한다).

1.9 불순물이 섞인 $CaCO_3$ 3.00 g을 과량의 염산에 녹였을 때, 0.656 L의 CO_2가 발생하였다(20°C, 792 mmHg에서 측정). 시료에 들어 있는 $CaCO_3$의 질량 퍼센트를 구하시오.

1.10 수은의 포화 증기 압력은 300 K에서 0.00200 mmHg이며, 이 온도에서 공기의 밀도는 1.18 g L^{-1}이다. **(a)** 공기 중의 수은 증기 농도를 mol L^{-1} 단위로 구하시오. **(b)** 공기 중의 수은은 질량비로 몇 ppm(parts per million)인가?

1.11 신축성이 매우 좋은 풍선의 부피가 1.0 atm, 300 K에서 1.2 L였다. 이 풍선이 온도와 압력이 각각 250 K, 3.0×10^{-3} atm인 성층권까지 올라갔다면 최종 부피는 얼마인가? (단, 기체는 이상 기체라고 가정한다.)

1.12 탄산 수소 소듐($NaHCO_3$)을 베이킹 소다라고도 한다. 이것은 높은 온도에서 이산화 탄소를 방출하여 쿠키, 도넛, 빵 등이 부풀어지게 한다. **(a)** 5.0 g의 $NaHCO_3$를 1.3 atm에서 180°C로 가열하였을 때 발생하는 CO_2의 부피는 몇 L인가? **(b)** 탄산 수소 암모늄(NH_4HCO_3)도 발효제로 사용된다. $NaHCO_3$ 대신에 NH_4HCO_3를 발효제로 사용할 때의 장점과 단점을 말하시오.

1.13 pounds per square inch(psi)는 SI 단위는 아니지만, 압력 단위로 많이 사용된다. 1 atm=14.7 psi임을 보이시오. 자동차 타이어에 18°C의 낮은 온도에서 공기를 주입하여 타이어 압력계로 28.0 psi가 측정되었다. **(a)** 자동차가 달리면서 타이어의 온도가 32°C로 높아졌다면 타이어의 압력은 얼마이겠는가? **(b)** 이 압력을 처음의 압력 28.0 psi로 낮추려면 몇 퍼센트의 공기를 빼 주어야 하는가? 온도가 바뀌어도 타이어의 부피는 같다고 가정할 것. (타이어 압력계로 측정하는 값은 타이어 내부의 실제 공기 압력이 아니라 주위의 압력보다 초과되는 압력이다. 주위의 압력은 14.7 psi이다.)

1.14 **(a)** 부피가 0.98 L인 자전거 타이어가 있다. 압력이 5.0 atm이 되도록 채우기 위해서 필요한 1.0 atm, 22°C 공기의 부피는 얼마인가? (5.0 atm은 압력계의 측정값으로, 타이어 압력과 주위 압력의 차이값임에 유의할 것. 따라서 공기를 채우기 전에 타이어 압력은 0 atm이다.) **(b)** 압력계가 5.0 atm일 때, 타이어 내부의 전체 압력은 얼마인가? **(c)** 주위 압력이 1.0 atm일 때, 손펌프로 타이어에 공기를 주입하였다. 펌프를 압축할 때 펌프 내의 모든 공기는 타이어로 주입된다고 가정한다. 펌프의 부피가 타이어 부피의 33%일 때, 펌프질을 세 번한 후에 타이어 압력계로 측정되는 타이어 압력은 얼마인가?

1.15 한 학생이 수은 온도계를 깨뜨려 대부분의 수은이 실험실 바닥으로 흘렀다. 실험실의 크기는 길이가 15.2 m, 너비가 6.6 m, 높이가 2.4 m이다. **(a)** 20°C에서 실험실의 수은 증기의 질량(g으로)을 계산하시오. **(b)** 수은 증기 농도가 대기의 수은 규제값 0.050 mg Hg m^{-3}을 초과하는가? **(c)** 유출된 적은 양의 수은을 처리하는 방법은 황 분말을 그 위에 뿌리는 것이다. 이 방법을 쓰는 물리적, 화학적 이유는 무엇인가? (단, 수은의 증기 압력은 20°C에서 1.7×10^{-6} atm이다.)

1.16 질소는 여러 가지 기체 산화물을 형성한다. 그중에 하나는 764 mmHg, 150°C에서 측정했을 때, 밀도가 1.27 g L^{-1}이었다. 이 화합물의 화학식을 쓰시오.

1.17 이산화 질소(NO_2)는 NO_2와 N_2O_4의 혼합물로 존재하기 때문에 기체 상태에서 순수한 형태로 얻어지지 않는다. 25°C, 0.98 atm에서 이 기체 혼합물의 밀도가 2.7 g L^{-1}이었다면, 각 기체의 부분 압력은 얼마인가?

1.18 초고진공 펌프로 공기의 압력을 1.0 atm에서 1×10^{-12} mmHg까지 낮출 수 있다. 이 압력과 298 K에서 1 L 속에 들어 있는 공기 분자의 개수를 계산하시오. 이 결과를 1.0 atm, 298 K에서 1 L 속에 들어 있는 공기 분자수와 비교하시오(단, 기체는 이상 기체라고 가정한다).

1.19 온도가 8.4°C, 압력이 2.8 atm인 호수 바닥에 있던 반지름이 1.5 cm인 공기 방울이 수면으로 올라왔다. 수면의 온도와 압력이 각각 25.0°C, 1.0 atm일 때, 수면에 도달한 공기 방울의 반지름을 구하시오(단, 공기는 이상 기체라고 가정한다). [Hint: 반지름이 r인 구의 부피는 $(4/3)\pi r^3$이다.]

1.20 1.00 atm, 34.4°C인 공기의 밀도는 1.15 g L^{-1}이다. 공기가 질소와 산소만으로 이루어졌으며 이상 기체라고 가정하고, 공기의 조성(질량 퍼센트로)을 계산하시오. [Hint: 먼저 공기의 '몰질량'을 구한 후, 몰분율을 계산하여 O_2와 N_2의 질량비를 구할 것.]

1.21 포도당이 발효되면서 발생한 기체의 부피가 20.1°C, 1.0 atm에서 0.78 L이었다. 발효 온도가 36.5°C라면 이 기체의 부피는? (단, 기체는 이상 기체라고 가정한다.)

1.22 부피가 V_A 및 V_B인 두 개의 용기를 잠금 꼭지로 연결하였다. 두 용기에 들어 있는 기체의 몰수는 각각 n_A와 n_B이며, 두 기체의 초기 압력과 온도는 모두 P와 T이다. 잠금 꼭지를 열어 두 용기가 연결되었을 때의 압력이 P가 됨을 보이시오(단, 기체는 이상 기체라고 가정한다).

1.23 수면에서 건조 공기의 성분은 부피비로 78.03% N_2, 20.99% O_2, 0.033% CO_2이다. **(a)** 공기 시료의 평균 몰질량을 계산하시오. **(b)** N_2, O_2, CO_2의 부분 압력을 atm 단위로 구하시오(온도와 압력이 일정할 때, 기체의 부피는 기체의 몰수에 직접 비례한다).

1.24 무게가 3.50 g인 질소와 수소 혼합 기체의 부피가 300 K, 1.00 atm에서 7.46 L이었다. 두 기체의 질량 퍼센트를 구하시오(단, 기체는 이상 기체라고 가정한다).

1.25 부피가 645.2 m^3인 닫혀 있는 방의 상대 습도가 300 K에서 87.6%이었으며, 300 K에서 물의 증기 압력은 0.0313 atm이다. 공기 중에 있는 물의 질량을 구하시오. [Hint: 상대 습도는 $(P/P_s)\times 100\%$로 정의한다. P는 측정된 증기 압력이며, P_s는 그 온도에서의 포화 증기 압력이다.]

1.26 밀폐된 방에서 일어나는 질식사는 산소 결핍보다는 CO_2 중독에 의해 일어난다. CO_2의 농도가 부피비로 7% 이상이면 중독이 일어난다. 크기가 10×10×20 ft인 밀폐된 방에서 안전하게 머물 수 있는 시간은 얼마 동안인가? [출처: "Eco-Chem", J. A. Campbell, *J. Chem. Educ.* **49**, 538 (1972).]

1.27 두 이상 기체 A와 B의 혼합물이 들어 있는 플라스크가 있다. A의 양에 따라 계의 전체 압력이 어떻게 달라지는지를 그림을 그려 설명하시오. A의 몰분율에 대한 전체 압력의 변화를 그릴 것. B에 대한 변화도 같은 그래프에 그릴 것. A와 B의 전체 몰수는 같다.

1.28 헬륨과 네온 혼합 기체를 수상 포집하였다. 기체의 온도는 28.0°C, 압력은 745 mmHg이었다. 헬륨의 부분 압력이 368 mmHg라면 네온의 부분 압력은 얼마인가? (단, 28°C에서 물의 증기 압력은 28.3 mmHg 이다.)

1.29 지구의 한 곳에서 대기압이 떨어졌다면, 다른 어떤 곳에서는 증가해야 한다. 그 이유는 무엇인가?

1.30 소듐 금속 조각이 물속에서 완전히 반응하였다.

$$2Na(s) + 2H_2O(l) \rightarrow 2NaOH(aq) + H_2(g)$$

발생한 수소를 25.0°C에서 수상 포집하였다. 기체의 부피는 1.00 atm에서 246 mL였다. 이 반응에 사용된 소듐의 g수를 계산하시오(단, 25°C에서 물의 증기 압력은 0.0313 atm이다).

1.31 아연 금속 시료가 과량의 염산과 완전히 반응하였다.

$$Zn(s) + 2HCl(aq) \rightarrow ZnCl_2(aq) + H_2(g)$$

발생한 수소를 25.0°C에서 수상 포집하였다. 기체의 부피는 7.80 L, 압력은 0.980 atm이었다. 이 반응에서 소모된 아연 금속의 g수를 계산하시오(단, 25°C에서 물의 증기 압력은 23.8 mmHg이다).

1.32 심해 잠수에서는 헬륨을 산소와 혼합한다. 잠수부가 전체 압력이 4.2 atm인 깊이까지 잠수한다고 할 때, 기체 혼합물에서 산소의 부피 퍼센트를 계산하시오. 이 깊이에서 산소의 부분 압력은 0.20 atm으로 유지하였다.

1.33 암모니아(NH_3) 기체 시료가 가열된 철 섬유(iron wool)에 의해 질소와 수소로 완전히 분해되었다. 전체 압력이 866 atm일 때, N_2와 H_2의 부분 압력을 구하시오.

1.34 공기 중의 이산화 탄소의 부분 압력은 계절에 따라 변한다. 북반구에서 여름과 겨울 중 이산화 탄소의 부분 압력이 더 높은 계절은? 그 이유를 설명하시오.

1.35 건강한 성인은 숨을 내쉴 때마다 약 5.0×10^2 mL의 혼합 기체를 내어 놓는다. 37°C, 1.1 atm에서 이 부피 속에 들어 있는 분자의 수를 계산하시오. 이 기체 혼합물의 주요 성분을 적으시오.

1.36 다음 기체 혼합물의 부분 압력을 측정하기 위한 화학적 또는 물리적 방법(질량 분석법은 제외하고)에 대해 설명하시오. **(a)** CO_2와 H_2, **(b)** H_2와 N_2

1.37 스쿠버 다이버에게는 기체 법칙이 매우 중요하다. 33 ft 속 바닷물의 압력은 1 atm에 해당된다. **(a)** 다이버가 수심 36 ft에서부터 숨을 내쉬지 않고 재빠르게 수면으로 올라왔다. 수면에 도달할 때 허파의 부피는 몇 배 증가하는가? (단, 온도는 일정하다고 가정한다.) **(b)** 공기 중의 산소 부분 압력은 약 0.20 atm이다(공기 중에는 부피비로 20%의 산소가 있다). 심해 잠수의 경우에는, 산소의 부분 압력이 유지되도록 다이버가 호흡하는 공기의 조성을 바꾸어주어야 한다. 다이버에게 미치는 압력이 4.0 atm이라면, 산소의 비율은 부피 퍼센트로 얼마가 되어야 하는가?

1.38 잠금 꼭지로 연결된 1.00 L 용기와 1.50 L 용기를 같은 온도에서 각각 0.75 atm의 아르곤과 1.20 atm의 헬륨으로 채웠다. 잠금 꼭지를 열어 두 기체가 혼합된 후 전체 압력, 각 기체의 부분 압력, 각 기체의 몰분율을 구하시오(단, 이상 기체라고 가정한다).

1.39 무게가 5.50 g인 헬륨과 네온의 혼합물이 있다. 300 K, 1.00 atm에서 부피가 6.80 L일 때, 이 혼합물의 조성을 질량 퍼센트로 계산하시오.

실제 기체와 임계 상태

1.40 실제 기체는 이상 기체와 다르다는 것을 확인할 수 있는 두 가지 예를 들어 보시오.

1.41 다음 중 기체가 이상적으로 행동하기 위하여 가장 중요한 조건은?
(a) 낮은 압력과 낮은 온도, **(b)** 낮은 압력과 높은 온도, **(c)** 높은 압력과 높은 온도, **(d)** 높은 압력과 낮은 온도

1.42 벤젠의 van der Waals 상수 a와 b는 각각 18.00 atm L^2 mol^{-2}, 0.115 L mol^{-1}이다. 벤젠의 임계 상수를 계산하시오.

1.43 표 1.3의 값을 이용하여, 450 K에서 부피가 1.000 L인 용기에 들어 있는 이산화 탄소 2.500 mol에 의한 압력을 구하시오. 이상 기체라고 가정했을 때의 압력과 비교하시오.

1.44 표를 참조하지 말고, 다음 중 van der Waals 식의 b 값이 가장 크리라고 예상되는 기체를 고르시오.
CH_4, O_2, H_2O, CCl_4, Ne

1.45 그림 1.6을 보면, He의 경우에는 압력이 낮을 때도 기울기가 (+)값이다. 그 이유를 설명하시오.

1.46 300 K에서 N_2와 CH_4의 2차 비리알 계수(B)는 각각 -4.2 cm^3 mol^{-1}, -15 cm^3 mol^{-1}이다. 이 온도에서 어떤 기체가 더 이상 기체에 가깝겠는가?

1.47 400 K에서 CO_2의 2차 비리알 계수(B)가 -0.0605 L mol^{-1}일 때, 30 atm의 이산화 탄소의 몰부피를 구하시오. 이 결과를 이상 기체식으로 구한 결과와 비교하시오.

1.48 특정한 온도에서의 기체 특성을 나타내는 비리알 식 $Z = 1 + B'P + C''P^2$을 살펴보자. 아래의 P에 대한 Z 값의 그림으로부터 B'와 C''의 부호(< 0, $= 0$, > 0)를 예측하시오.

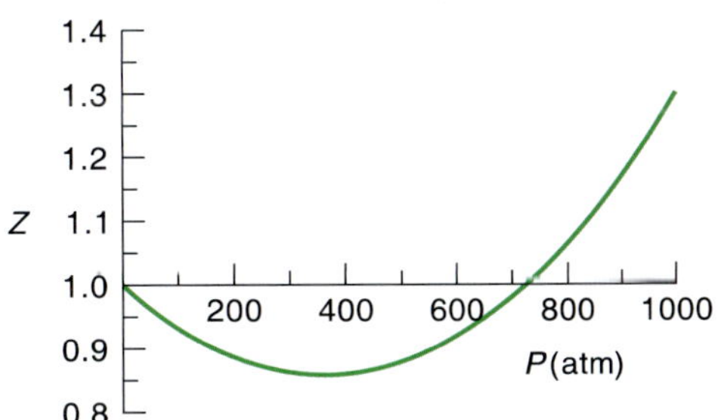

1.49 나프탈렌의 임계 온도와 임계 압력은 각각 474.8 K, 40.6 atm이다. 나프탈렌의 van der Waals 상수 a와 b를 구하시오.

1.50 임계점에서 $(\partial P/\partial \overline{V})_T = 0$, $(\partial^2 P/\partial \overline{V}^2)_T = 0$이다. 이 관계를 이용하여 van der Waals 상수 a와 b를 임계 상수로 나타내시오(이 문제를 풀기 위해서는 편미분에 대한 지식이 필요하다).

1.51 van der Waals 상수와 임계 상수의 관계로부터 $Z_c = P_c\overline{V}_c/RT_c = 0.375$가 됨을 보이시오. 이때 Z_c는 임계점에서의 압축 인자이다.

1.52 CO_2 소화기가 건물 밖에 놓여 있다. 겨울철에 소화기를 가볍게 흔들면 출렁거리는 소리를 들을 수 있다. 여름철에는 소화기를 흔들어도 아무 소리도 나지 않는다. 그 이유를 설명하시오(단, 소화기는 새는 곳이 없으며 한 번도 사용한 적이 없다고 가정한다).

추가 연습문제

1.53 해수면에서 단면적이 1.00 cm^2인 기압계로 측정되는 압력은 76.0 cm 높이의 수은 기둥의 압력과 같다. 이 수은 기둥의 압력은 지표면 1 cm^2에 가해지는 모든 기체의 압력에 해당된다. 수은의 밀도가 13.6 g cm^{-3}이고, 지구의 반지름이 6371 km일 때, 지구를 감싸고 있는 전체 공기의 질량은 몇 kg인가? (Hint: 반지름이 r인 구의 표면적은 $4\pi r^2$이다.)

1.54 우리가 숨을 쉴 때 들이마시는 공기에는 Wolfgang Amadeus Mozart(1756~1791)가 내쉰 공기의 분자가 항상 포함되어 있다고 알려져 있다. 다음 계산으로 이 말이 맞는지를 확인할 수 있다. **(a)** 공기 중에 있는 모든 분자의 수를 계산하시오(Hint: 문제 1.53의 결과와 공기의 몰질량이 29.0 g mol^{-1}임을 이용할 것).

(b) 숨을 쉴 때(들이마시거나 내쉴 때)의 공기 부피를 500 mL라고 가정하고, 체온인 37°C에서 한 번 숨 쉴 때 내어 놓는 분자의 개수를 구하시오. **(c)** Mozart의 생애가 정확히 35년이라고 가정했을 때, 이 기간 동안 그가 뱉어낸 분자의 개수는 얼마인가? (평균적으로 분당 12회 호흡한다고 가정) **(d)** Mozart가 뱉어낸 분자가 공기 중에서 차지하는 비율을 계산하시오. 우리가 한번 숨 쉴 때 들이마시는 Mozart 분자 개수는 얼마인가? 1자리의 유효 숫자만 사용할 것. **(e)** 이 계산 과정에서 이용된 중요한 세 가지 가정을 적으시오.

1.55 온도가 18.0°C이고 압력이 750 mmHg인 어느 날, 시약 창고 관리자가 부분적으로 채워진 25.0 gallon 아세톤 드럼통을 조사했을 때 15.4 gallon의 솔벤트가 남아 있었다. 드럼통을 단단히 닫은 후 위층의 유기 화학 실험실로 드럼통을 운반하던 조수가 드럼통을 떨어뜨렸다. 드럼통이 찌그러지면서 부피가 20.4 gallon으로 줄어들었다. 사고 후에 드럼통 내부의 압력은 얼마인가? 18.0°C에서 아세톤의 증기 압력은 400 mmHg이다(Hint: 드럼통 내부의 압력은 공기와 아세톤 압력을 합한 값이며, 드럼통을 닫을 때의 내부 압력은 대기압과 같다).

1.56 기압계 공식으로 알려진 식은 고도에 따른 압력 변화를 추정하는 데 유용하게 쓰일 수 있다. **(a)** 대기압이 고도에 따라 감소한다는 사실로부터, $dP = -\rho g dh$로 쓸 수 있다. ρ는 공기의 밀도, g는 중력 가속도 ($9.81\ \text{m s}^{-2}$), P는 압력, h는 고도임. 공기는 이상 기체이며 온도는 일정하다고 가정하고, 고도 h에서의 압력 P와 해수면에서의 압력 $P_0(h = 0)$ 사이에는 $P = P_0 e^{-g\mathcal{M}h/RT}$의 관계가 있음을 보이시오 (Hint: 이상 기체의 경우 $\mathcal{M}$이 몰질량일 때, $\rho = P\mathcal{M}/RT$가 된다). **(b)** 온도가 5.0°C로 일정하고 공기의 몰질량이 29.0 g mol^{-1}이라고 가정하고, 고도 5.0 km에서의 기압을 구하시오.

1.57 강체구 기체 모형(hard-sphere gas model)에서는 분자 자체는 부피를 갖지만 분자 간에 작용하는 힘은 없다고 가정한다. **(a)** 이상 기체의 $P-V$ 등온선과 강체구 기체의 등온선을 비교하시오. **(b)** b를 기체의 유효 부피로 가정하고, 이 기체의 상태 방정식을 쓰시오. **(c)** 이 식으로부터 강체구 기체의 $Z = P\overline{V}/RT$를 구하시오. 두 온도 T_1과 $T_2(T_2 > T_1)$에서 P에 대한 Z를 나타내는 곡선을 그린 후, Z축의 절편값을 표시하시오. **(d)** 압력 P가 일정할 때 T에 대한 Z의 값의 변화를 이상 기체와 강체구 기체의 경우에 대해 그리시오.

1.58 van der Waals 식에서 상수 b의 물리적 의미를 이해하는 방법 중의 하나는 '제외되는 부피'를 계산하는 것이다. 두 개의 유사한 구형 분자들이 가장 가깝게 접근할 수 있는 거리는 반지름을 더한 값($2r$)이라고 가정할 것. **(a)** 한 분자 주위에는 다른 분자의 중심이 더 이상 가까이 올 수 없는 영역이 있게 된다. 이 영역의 부피를 구하시오. **(b)** (a)의 결과를 이용하여, 1 mol의 분자에 의해 제외되는 부피를 구하시오. 이 값이 상수 b가 된다. 이 값은 같은 분자 1 mol이 차지하는 부피와 어떻게 다른가?

1.59 물 위에 불이 붙은 양초를 세운 후, 막혀 있는 유리관으로 양초를 덮고 변화를 살펴보는 실험을 생각해 보자. 여러분은 불이 꺼지면서 유리관으로 수위가 상승하는 것을 본 경험이 있을지도 모른다. 이 현상을 설명할 때, 초가 연소되면서 유리관 내부 산소가 소비되어 공기 부피가 감소되고, 따라서 수위가 상승하게 된다고 쉽게 생각할지 모른다. 그러나 산소가 줄어드는 것이 수위 상승의 주요인은 아니다. **(a)** 파라핀 왁스(양초)의 분자식이 $C_{12}H_{26}$이라고 가정할 때, 연소 반응식을 쓰고 균형을 맞추시오. 연소 생성물을 고려하면, 산소 소비에 따른 수위 상승 정도는 실제 관찰되는 변화에 훨씬 못미친다는 것을 보이시오. **(b)** 이 실험 기구 안에 갇혀 있는 산소 부피를 측정할 수 있는 화학적 방법에 대해 설명하시오(Hint: 강철솜 사용). **(c)** 불이 꺼진 후 관찰되는 수면 상승의 주요인은 무엇이겠는가?

1.60 van der Waals 식을 식 1.10 형태로 변형시키시오. 아래 식을 이용하여 van der Waals 상수(a와 b)와 비리알 상수(B, C, D)의 관계를 유도하시오.

$$\frac{1}{1-x} = 1 + x + x^2 + x^3 + \cdots \quad |x| < 1$$

1.61 Boyle 온도는 비리알 상수 B가 0일 때의 온도를 말한다. 따라서 이 온도에서 실제 기체는 이상 기체와 같이 행동한다. **(a)** 이러한 특성은 물리적으로 어떻게 이해할 수 있는가? **(b)** 문제 1.60에서 구한 van der Waals 식에 해당하는 B 값을 이용하여 아르곤의 Boyle 온도를 구하시오(단, $a = 1.345$ atm L^2 mol^{-2}, $b = 2.33 \times 10^{-2}$ L mol^{-1}이다).

1.62 식 1.10과 1.11을 이용하여 $B' = B/RT$이며, $C'' = (C-B^2)/(RT)^2$임을 보이시오(Hint: 먼저 식 1.10으로부터 P와 P^2에 대한 식을 구한 후, 이 값을 식 1.11에 대입할 것).

1.63 100°C, 1.0 atm에서 수증기 분자 사이의 거리(Å 단위로)를 근사적으로 구하시오(단, 수증기는 이상 기체라고 가정한다). 밀도가 0.96 g cm^{-3}인 100°C 물에 대해 같은 계산을 하시오. 두 결과를 비교 설명하시오(H_2O 분자의 지름은 약 3 Å임. 1 Å=10^{-8} cm).

1.64 용기 내에 들어 있는 메테인(CH_4)와 에테인(C_2H_6) 혼합물의 압력이 294 torr였다. 이 기체 혼합물이 공기 중에서 연소되어 CO_2와 H_2O가 생성되었다. 연소 전과 같은 부피와 온도에서 CO_2의 압력이 356 torr일 때, 각 기체의 몰분율을 구하시오.

1.65 온도가 300 K인 5.00 mol의 NH_3 기체가, 부피가 1.92 L인 용기에 들어 있으며 van der Waals 기체와 같이 행동한다고 가정하자. 이상 기체식을 이용하여 구한다면, 오차는 몇 퍼센트가 되겠는가?

1.66 부피가 20.2 L인 용기에 들어 있는 350 K, 6.63 atm의 기체 탄화수소가 과량의 산소와 반응하여 CO_2 205.1 g과 H_2O 168.0 g이 생성되었다. 이 탄화수소의 분자식은 무엇인가?

1.67 다음 중 질량이 더 큰 것은? (부피가 V, 온도가 T, 압력이 P인 공기) 대 (같은 부피, 온도, 압력의 공기와 수증기 혼합물)

1.68 **(a)** 액체에 의해 가해지는 압력 P(pascal 단위로)는 $P = hdg$가 됨을 보이시오 [단, h는 액체 기둥의 높이(m), d는 밀도(kg m^{-3}), g는 중력 가속도(9.81 m s^{-2})이다]. **(b)** 온도가 5.24°C인 호수 바닥에서 만들어진 공기 방울이 수면으로 올라오면서 부피가 6배로 증가하였다. 수면의 온도와 압력은 각각 18.73°C, 0.973 atm이며, 호수 물의 밀도는 1.02 g cm^{-3}이다. (a)의 식을 이용하여 호수의 깊이를 m 단위로 구하시오.

1.69 표 1.3의 van der Waals 상수를 이용하여 Ar 원자의 반지름을 pm 단위로 구하시오.

1.70 부피가 7.8 L인 밀폐된 플라스크에 물이 1.0 g 들어 있다. 물의 절반이 증기 상태로 바뀌는 온도는? (Hint: 물의 증기 압력 표 참조)

1.71 미시적인 상태에서의 이상 기체식(식 1.1)은 $PV=Nk_BT$로 쓸 수 있다 [(여기서 N은 분자의 개수이며 k_B는 Boltzmann 상수(1.381 × 10^{-23} J K^{-1})이다]. 273 K, 1.0 atm에서 공기 분자 사이의 평균 거리(nm 단위로)를 구하시오(Hint: 지름이 d이며 부피가 V/N인 구의 중심에 각 공기 분자가 있다고 가정할 것).

2장 기체 분자 운동론

존재하지도 않는데 이름이 있다는 것은 아이러니다. 엄밀히 말하면 '정지 상태(rest)'라는 것은 존재하지 않는다.

– Max Born*

기체 법칙에 대한 연구는 눈으로 확인할 수 있는 거시적인 방법으로 물리화학에 접근하는 대표적인 예이다. 기체 법칙을 기술하는 식은 상대적으로 간단하며, 실험 결과도 쉽게 얻을 수 있다. 그러나 기체 법칙으로 분자 수준에서 일어나는 과정을 이해할 수는 없다. van der Waals 식의 경우에는, 분자 간의 상호 작용에 기초하여 이상 기체에서 벗어나는 특성을 설명하려 하고 있지만, 그 접근 방법이 모호하다. 그 뿐만 아니라, '기체의 압력이 개개 분자의 운동과 어떤 관련이 있는가?' 또는 '일정한 압력하에서 기체를 가열하면 왜 부피가 늘어나는가?' 등과 같은 물음에 답을 주지 못한다. 따라서 미시적인 분자 운동 관점에서 거시적인 기체의 특성을 설명하고자 하는 것이 다음 단계의 연구가 될 것이다. 보다 정량적으로 기체 분자의 특성을 이해하기 위해서는 기체 분자 운동론에 대한 지식이 필요하다.

2.1 기체 모형

실험적 관찰 결과를 설명하는 이론을 정립하기 위해서는 먼저 실험 대상인 계를 정의해야 한다. 계가 너무 복잡하여 그 특성을 모두 이해할 수 없을 때에는, 여러 가지 가정을 사용하여 단순화시킨 모형이 필요하다. **기체 분자 운동론 모형**(model for the kinetic theroy of gas)은 다음과 같은 가정에 기초하고 있다.

1. 기체는 많은 수의 원자 또는 분자로 이루어져 있으며, 입자 사이의 거리는 입자의 크기에 비해 훨씬 멀다.
2. 분자는 질량은 있지만, 부피는 무시할 수 있을 정도로 작다.
3. 분자는 끊임없이 무질서한 운동을 하고 있다.
4. 분자와 분자, 분자와 용기의 벽 사이에 일어나는 충돌은 **탄성 충돌**(elastic)이며, 운동 에너지는 한 분자에서 다른 분자로 전달될 수 있지만 다른 에너지 형태로 바뀌지 않는다.
5. 분자 사이에는 인력이나 반발력 같은 힘이 작용하지 않는다.

---

* Born, M. *The Restless Universe*, 2nd ed., Dover., New York, 1951. Used by permission.

가정 2와 5는 1장에서 이상 기체를 정의할 때 사용하였으며, 다른 가정들은 이상 기체에서는 없는 것들이다. 개개 분자의 운동에 기초하여 압력이나 온도 같은 거시적 특성을 나타내는 식을 유도할 때 이런 가정들이 필요하다.

2.2 기체의 압력

기체 분자 운동론 모형을 이용하면, 분자의 운동으로부터 기체의 압력을 구할 수 있는 식을 유도할 수 있다. 한 변의 길이가 l인 정육면체 상자에 각각의 질량이 m인 이상 기체 분자 N개가 들어 있다고 가정하자. 상자 속의 기체 분자는 항상 무질서하게 운동하고 있다. 속도가 v인 특정한 분자의 운동을 관찰해 보자. 속도는 방향과 크기를 갖는 **벡터**(vector)양이기 때문에 서로 수직인 v_x, v_y, v_z 성분으로 분해할 수 있다. 세 성분은 분자의 x, y, z축 방향으로의 속도를 말하며, v는 이들을 더한 값이다(그림 2.1).

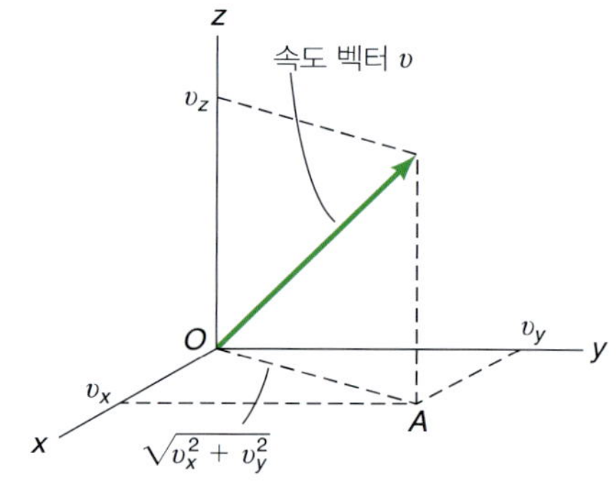

그림 2.1
속도 벡터 v와 속도의 x, y, z축 방향 성분

$\overline{OA}$는 속도 벡터가 xy 평면에 투영된 값이며, 피타고라스 정리로 그 길이를 구할 수 있다.

$$\overline{OA}^2 = v_x^2 + v_y^2$$

같은 방법으로

$$v^2 = \overline{OA}^2 + v_z^2$$
$$= v_x^2 + v_y^2 + v_z^2 \tag{2.1}$$

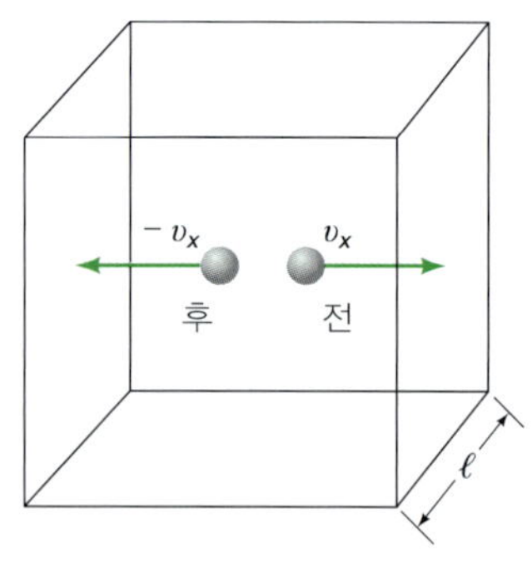

그림 2.2
v_x로 운동하는 분자가 상자의 벽면에 부딪힐 때의 속도 변화

우선 분자가 x 방향으로만 운동한다고 가정하자. 그림 2.2는 v_x의 속도(속도의 x축 성분)로 상자의 벽(yz 평면)에 부딪혔을 때 일어나는 변화를 보여 준다. 탄성 충돌이 일어나기 때문에, 충돌 후의 속도는 충돌 전에 비해 크기는 같고 방향은 반대가 된다. 질량이 m이면 운동량은 mv_x이며, 운동량의 **변화**는 다음과 같다.

$$mv_x - m(-v_x) = 2mv_x$$

분자가 왼쪽에서 오른쪽으로 움직일 때 v_x의 부호는 (+)이며, 반대로 움직일 때는 (−)이다. 충돌이 일어난 후 반대쪽 벽에 부딪힐 때까지 걸리는 시간은 l/v_x이며, $2l/v_x$ 후에는 같은 벽에 다시 와서 부딪힐 것이다.* 따라서 한쪽 벽면에서의 충돌 빈도(단위 시간당 충돌 횟수)는 $v_x/2l$이며, 단위 시간당 운동량 변화는 $(2mv_x)(v_x/2l)$이 된다. Newton의 운동 제2법칙에 따라

$$
\begin{aligned}
\text{힘} &= \text{질량} \times \text{가속도} \\
&= \text{질량} \times \text{거리} \times \text{시간}^{-2} \\
&= \text{운동량 시간}^{-1}
\end{aligned}
$$

따라서 분자 1개의 충돌 과정에서 벽면에 작용하는 힘(F)은 mv_x^2/l이 되며, N개의 분자에 의한 전체 힘은 Nmv_x^2/l이 된다. 압력(P)은 힘/면적이고, 면적(A)은 l^2이므로, 한 벽면에 미치는 전체 압력은

$$
\begin{aligned}
P &= \frac{F}{A} \\
&= \frac{Nmv_x^2}{l(l^2)} = \frac{Nmv_x^2}{V}
\end{aligned}
$$

즉

$$PV = Nmv_x^2 \tag{2.2}$$

여기서 V는 정육면체 상자의 부피(l^3과 같음)를 나타낸다. 매우 많은 수의 분자(예를 들어 N이 6×10^{23} 정도일 때)가 있을 경우에는 분자의 속도 분포가 매우 넓어진다. 따라서 식 2.2의 v_x^2을 평균값 $\overline{v_x^2}$으로 바꾸어주는 것이 더 적절하다. 식 2.1을 참조하면, 속도 성분의 제곱의 평균값과 속도 제곱의 평균값 $\overline{v^2}$ 사이에는 다음과 같은 관계가 있다.

$$\overline{v^2} = \overline{v_x^2} + \overline{v_y^2} + \overline{v_z^2}$$

$\overline{v^2}$을 **평균 제곱 속도**(mean square velocity)라고 하며, 다음과 같이 정의한다.

$$\overline{v^2} = \frac{v_1^2 + v_2^2 + \cdots + v_N^2}{N} \tag{2.3}$$

N이 매우 큰 수이면 분자 운동은 x, y, z축 방향으로 고르게 분포한다고 할 수 있다. 이는 다음을 의미한다.

$$\overline{v_x^2} = \overline{v_y^2} = \overline{v_z^2} = \frac{\overline{v^2}}{3}$$

* 이 사이에 다른 분자와의 충돌은 일어나지 않는다고 가정한다. 분자 간의 충돌을 고려한 더 엄밀한 계산에서도 같은 결과가 얻어진다.

식 2.2와 위의 식으로부터 다음 관계를 얻을 수 있다.

$$P = \frac{Nm\overline{v^2}}{3V}$$

병진 운동은 물체가 한 곳에서 다른 곳으로 이동하는 것이다.

분자와 분모에 2을 곱한 후, $\frac{1}{2}m\overline{v^2}$을 평균 운동 에너지 $\bar{E}_{\text{trans}}$(trans는 병진 운동을 의미한다)로 바꾸어주면 다음 식을 얻을 수 있다.

$$P = \frac{2N}{3V}\left(\frac{1}{2}m\overline{v^2}\right) = \frac{2N}{3V}\bar{E}_{\text{trans}} \tag{2.4}$$

이것은 N개의 분자에 의해 벽에 가해지는 압력이다. 어떤 방향(x, y, z)의 벽에 대해서도 같은 결과가 얻어진다. 압력이 평균 운동 에너지, 정확히 말하면 분자의 평균 제곱 속도에 정비례한다는 것을 확인할 수 있다. 이것의 물리적인 의미는, 속도가 커지면 충돌 횟수가 늘어나고 따라서 운동량 변화량이 더 커진다는 것이다. 즉 기체 분자 운동론을 적용하여 독립적인 물리량인 충돌 횟수와 운동량 변화량으로부터 $\overline{v^2}$과 압력의 관계를 찾아내었다.

2.3 운동 에너지와 온도

식 2.4와 이상 기체식(식 1.1)을 비교해 보자.

$$\begin{aligned} PV &= nRT \\ &= \frac{N}{N_{\text{A}}}RT \end{aligned}$$

즉

$$P = \frac{NRT}{N_{\text{A}}V} \tag{2.5}$$

여기서 N_{A}는 Avogadro 상수이다. 식 2.4와 2.5의 압력을 같은 값으로 놓으면 다음 관계가 성립한다.

$$\frac{2}{3}\frac{N}{V}\bar{E}_{\text{trans}} = \frac{N}{N_{\text{A}}}\frac{RT}{V}$$

즉

$$\bar{E}_{\text{trans}} = \frac{3}{2}\frac{RT}{N_{\text{A}}} = \frac{3}{2}k_{\text{B}}T \tag{2.6}$$

여기서 $R = k_{\text{B}}N_{\text{A}}$이며, k_{B}는 Boltzmann 상수로 그 값은 $1.3806488 \times 10^{-23}$ J K^{-1} 이다[오스트리아의 물리학자 Ludwig Eduard Boltzmann(1844~1906)의 이름에서 따

옴]. 대부분의 계산에서 k_B 값으로는 1.381×10^{-23} J K^{-1}을 사용하면 충분하다. 식 2.6에서 평균 운동 에너지가 절대 온도에 비례한다는 것을 확인할 수 있다.

식 2.6이 중요한 것은 분자 운동에 기초하여 기체의 온도를 설명할 수 있다는 것이다. 이러한 이유로 무질서한 분자 운동을 **열운동**(thermal motion)이라 부르기도 한다. 운동론은 모형에 대한 **통계적인** 처리 결과라는 것을 유의해야 한다. 단지 몇 개 분자의 운동 에너지와 온도를 연관시키는 것은 무의미하다. 또한 식 2.6의 결과는, 두 종류의 이상 기체가 같은 온도에 있으면 평균 운동 에너지도 **같다**는 것을 보여준다. 식 2.6에서 $\bar{E}_{trans}$는 분자의 크기, 몰질량, 기체의 양(N이 큰 수이면) 등과 같은 개개 분자의 특성과는 관계가 없다는 것을 확인할 수 있다.

$\overline{v^2}$은 측정 가능한 값이지만 실제로 측정하기는 매우 어렵다는 것은 쉽게 알 수 있을 것이다. $\overline{v^2}$의 값을 구하기 위해서는 모든 개개 분자의 속도를 측정한 후 제곱하여 평균을 구해야 한다(식 2.3 참조). 다행히 $\overline{v^2}$은 다른 양으로부터 그 값을 바로 구할 수 있다. 식 2.6으로부터 다음 식을 쓸 수 있다.

$$\frac{1}{2}m\overline{v^2} = \frac{3}{2}\frac{RT}{N_A} = \frac{3}{2}k_BT$$

따라서

$$\overline{v^2} = \frac{3RT}{mN_A} = \frac{3k_BT}{m}$$

또는

$$\sqrt{\overline{v^2}} = v_{rms} = \sqrt{\frac{3RT}{\mathcal{M}}} = \sqrt{\frac{3k_BT}{m}} \quad (\mathcal{M} = mN_A) \tag{2.7}$$

k_B는 분자의 질량과 관련되어 있으며, R은 몰질량과 관련되어 있음에 유의하라.

여기서 v_{rms}를 **제곱 평균근 속도**(root-mean-square velocity)*라고 하며, m은 분자 1개의 질량(kg 단위), $\mathcal{M}$은 몰질량(kg mol^{-1} 단위)이다. v_{rms}는 온도의 제곱근에 정비례하며, 분자 몰질량의 제곱근에 반비례함에 유의하라. 즉 무거운 분자는 느리게 운동한다.

2.4 Maxwell 분포 법칙

제곱 평균근 속도를 평균값으로 사용하면 많은 수의 분자를 다룰 때 편리하다. 예를 들어 1몰의 분자를 연구할 때 두 가지 이유 때문에 각각의 분자의 속도를 아는 것은 불가능하다. 첫째, 분자의 수가 너무 많기 때문에 각각의 분자를 추적할 수 있는 방

* 속도는 벡터양이기 때문에 분자의 평균 속도 $\bar{v}$는 0이 되어야 한다. (+) 방향으로 움직이는 분자의 수와 (−) 방향으로 움직이는 분자의 수는 같다. 반면에 v_{rms}는 스칼라양이므로 크기만 있고 방향이 없다.

법이 없다. 둘째, 분자 운동은 잘 정의된 값이지만 속도를 정확히 측정하는 것은 불가능하다. 따라서 개개 분자의 속도에 관심을 갖기보다는 다음과 같은 질문을 해볼 수 있다. '온도를 알고 있는 주어진 계에서 특정한 순간에 속도가 v에서 $v+\Delta v$ 사이에 있는 분자는 몇 개인가?' 또는 '기체 시료에서 특정한 순간에 특정한 속도(예를 들어 306.5 m s^{-1}과 306.6 m s^{-1} 사이)를 갖는 분자는 몇 개인가?'

전체 분자의 수는 매우 크기 때문에 분자 간의 충돌이 계속되면서 속도는 연속적으로 **분포**(distribution)된 값을 갖게 된다. 따라서 속도의 범위 Δv를 아주 작게 정할 수 있으며, 극단적으로는 dv가 되게 할 수 있다. 이 사실은 매우 중요하다. 속도가 v에서 $v+dv$ 사이에 있는 분자의 수를 계산할 때 급수 기호 대신 적분 기호를 사용할 수 있다는 것이다. 수학적으로 말하면, 많은 수를 하나하나 더하는 것보다 적분하는 것이 쉽다는 것이다. 속도 분포를 이용한 이와 같은 접근법은 1860년에 스코틀랜드의 물리학자 James Clerk Maxwell(1831~1879)이 처음 시도하였고, Boltzmann이 개선하였다. N개의 이상 기체 분자로 이루어진 계가 주위와 열적으로 평형 상태에 있을 때, x축을 따라 v_x에서 v_x+dv_x 사이의 속도로 움직이는 분자의 비율 dN/N은 다음과 같다.

$$\begin{aligned}\frac{dN}{N} &= \left(\frac{m}{2\pi k_B T}\right)^{1/2} e^{-mv_x^2/2k_BT}\, dv_x \\ &= f(v_x)\, dv_x \end{aligned} \tag{2.8}$$

이 식에서 m은 분자의 질량, k_B는 Boltzmann 상수, T는 절대 온도이다. 다음과 같이 주어지는 $f(v_x)$에 대한 식을 한 방향에 대한(x축에 대한) **Maxwell 속도 분포 함수**(Maxwell velocity distribution function)라고 한다.

$$f(v_x) = \left(\frac{m}{2\pi k_B T}\right)^{1/2} e^{-mv_x^2/2k_BT} \tag{2.9}$$

속도는 $-\infty$에서 $+\infty$까지임.

그림 2.3은 세 가지 다른 온도에서 구한 질소 기체의 v_x에 대한 $f(v_x)$ 그림이다. $v_x = 0$일 때 $f(v_x)$의 값이 최대라는 것이 분자가 정지하고 있다는 것을 의미하는 것은 아니다. 그보다는 x축에 수직인 방향으로 움직이기 때문에 x축 성분이 0이라는 것을 의미한다.

앞에서 언급한 것과 같이, 속도는 벡터양이다. 그러나 스칼라양인 분자의 속력(speed, c)만으로 충분한 경우가 많이 있다. 스칼라양은 크기만 있고 방향은 없다. 속력이 c에서 $c+dc$ 사이에 있는 분자의 비율 dN/N은 다음 식으로 나타낼 수 있다.

$$\begin{aligned}\frac{dN}{N} &= 4\pi c^2 \left(\frac{m}{2\pi k_B T}\right)^{3/2} e^{-mc^2/2k_BT}\, dc \\ &= f(c)dc \end{aligned} \tag{2.10}$$

여기서 $f(c)$를 **Maxwell 속력 분포 함수**(Maxwell speed distribution function)라고 한다.

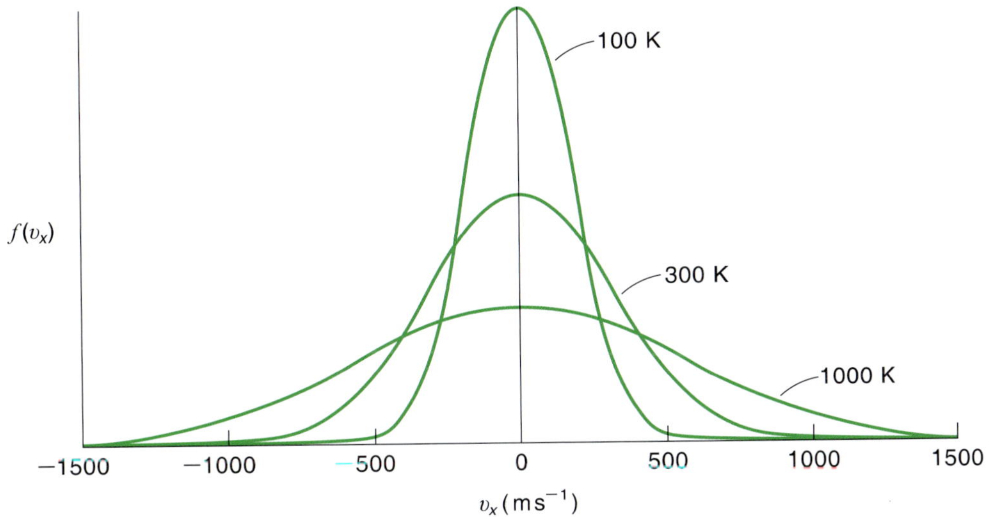

그림 2.3
세 가지 다른 온도에서 질소 분자의 x축 방향 속도 분포. 각 그림은 속도가 v_x에서 $v_x + dv_x$(및 $-v_x$에서 $-v_x - dv_x$) 사이에 있는 분자의 비율을 나타낸다. 분포 곡선은 $v_x = 0$을 중심으로 대칭이다.

$$f(c) = 4\pi c^2 \left(\frac{m}{2\pi k_B T}\right)^{3/2} e^{-mc^2/2k_B T} \tag{2.11}$$

그림 2.4는 속력 분포 곡선이 온도와 몰질량에 따라 어떻게 변하는가를 보여 준다. 주어진 온도에서 곡선의 모양은 다음과 같이 설명할 수 있다. 식 2.11에서 c 값이 작을 때에는 주로 c^2 값에 따라 함수 값이 변하게 되므로, c가 커지면서 $f(c)$도 증가한다. 반면에 c 값이 클 때에는 $e^{-mc^2/2k_B T}$ 항이 중요해진다. 두 개의 상반되는 값에 의해 곡선은 최고점에 이른 후, c 값이 더 커지면 지수 함수에 가깝게 함수 값이 줄어든다. $f(c)$의 최댓값에 해당하는 속력을 **최빈 속력**(most probable speed, c_{mp})이라고 하며, 이 속력을 갖는 분자의 수가 가장 많다는 것을 의미한다.

속력은 0에서 ∞ 사이의 값이다.

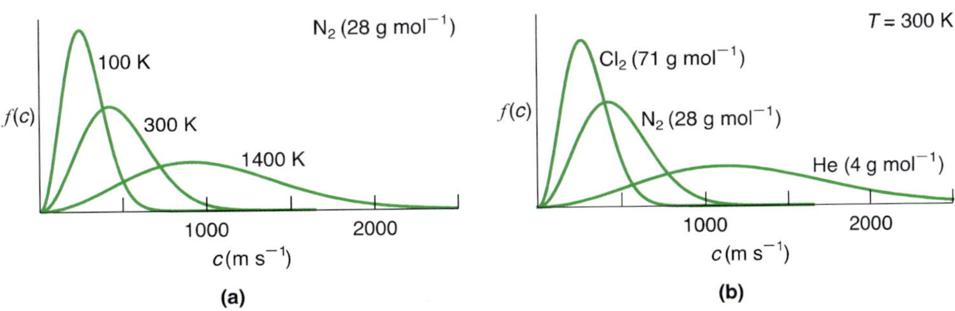

그림 2.4
(a) 온도에 따른 질소 기체의 속력 분포. 높은 온도에서는 더 많은 분자가 더 빠른 속력으로 움직인다. **(b)** 몰질량이 다른 기체의 속력 분포. 정해진 온도에서 가벼운 분자가 평균적으로 더 빨리 움직인다.

그림 2.4a는 온도에 따라 분포 곡선이 어떻게 바뀌는지를 보여 준다. 낮은 온도에서 분포는 범위가 다소 좁다. 온도가 올라가면 곡선은 납작해지는데, 이는 빠른 속력으로 운동하는 분자의 수가 늘어난다는 것을 의미한다. 분포 곡선이 온도에 따라 달라지는 것은 화학 반응 속도에서 중요한 의미를 갖는다. 15장에서 볼 수 있는 것과 같이, 반응이 일어나기 위해서는 분자가 최소한의 에너지, 즉 **활성화 에너지**(activation energy)를 갖고 있어야 한다. 온도가 낮을 때는 빠른 속력으로 운동하는 분자의 수가 적기 때문에 반응 속도가 느리다. 온도가 높아지면 빠른 속력의 분자수가 증가하여 반응 속도가 빨라진다. 그림 2.4b를 보면, 무거운 기체는 가벼운 기체에 비해 속력 분포 범위가 좁다는 것을 알 수 있다. 이것은 주어진 온도에서 무거운 기체는 가벼운 기체에 비해 평균적으로 느리게 움직이기 때문이다.

속력에 따른 분자의 수를 측정하면 Maxwell 분포를 실험적으로 확인할 수 있다. 이러한 목적으로 만들어진 장치 중의 하나는 V자 모양의 홈이 있는 두 개의 디스크를 한 축에 연결한 형태이다(그림 2.5). 오븐에서 방출되는 일정한 온도의 분자(또는 원자)들은 슬릿을 통과하면서 가는 살(beam) 형태로 모아진다. 축이 돌면서 첫 번째 디스크의 홈을 통과한 분자는, 두 번째 디스크에 도달할 때까지 걸리는 시간이 디스크의 홈이 한 번 회전할 때 걸리는 시간의 정수배에 해당할 경우에만 두 번째 홈을 통과할 수 있다. 검출기로 두 번째 홈을 통과한 분자의 수를 기록하게 된다. 회전 속도를 알면 두 홈을 통과하는 분자의 속력을 구할 수 있다. 분자의 수를 속력에 대해 그리면 그림 2.4와 같은 곡선을 얻을 수 있다.

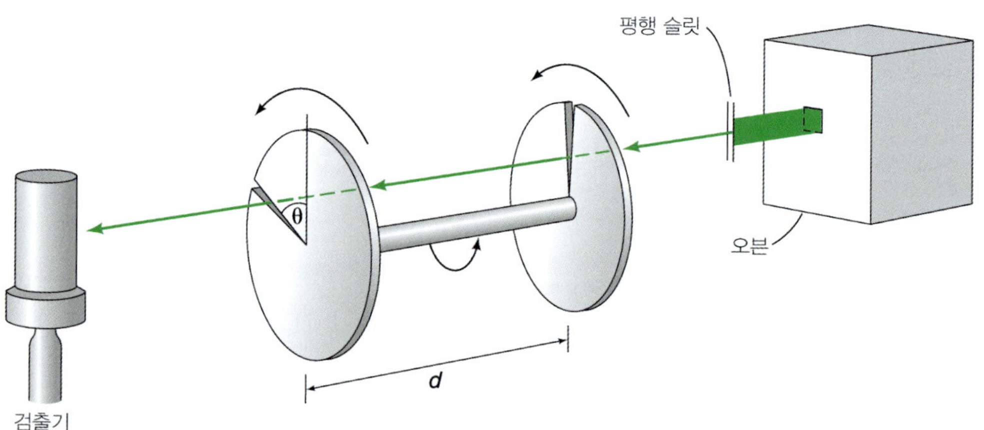

그림 2.5

설정한 온도의 오븐에서 방출되는 원자나 분자는 슬릿을 통과하며 좁은 살 형태로 모아진다. V자 모양의 홈이 있는 두 개의 회전 디스크가 같은 축에 물려 돌아가면서 분자살과 부딪히게 된다. 두 개의 홈은 θ각 만큼 어긋나 있다. 첫 번째 홈을 통과한 분자는 두 번째 홈을 통과해야만 검출기에 도달할 수 있다. 회전 속력과 d를 바꾸어주면 다른 속력의 분자가 검출기에 도달하게 할 수 있다. 이런 방법으로 속력에 대한 분자의 수를 나타내는 그림을 그릴 수 있으며, 이것이 Maxwell 속력 분포로 알려진 곡선이 된다.

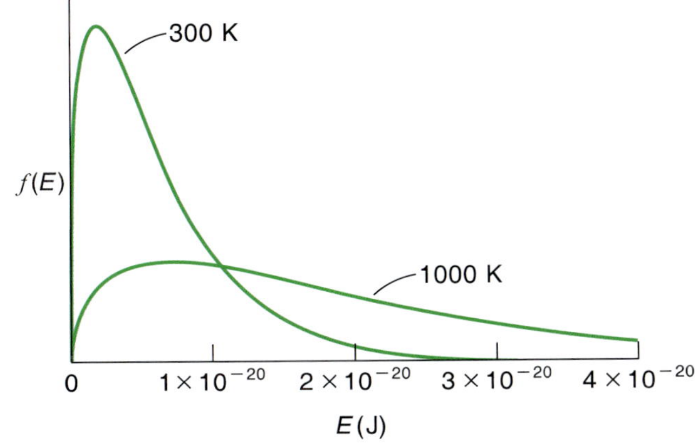

그림 2.6
300 K와 1000 K에서의 이상 기체의 에너지 분포 곡선. 각 곡선은 E와 $E+dE$ 사이의 에너지를 갖는 분자의 비율을 보여 준다.

운동 에너지와 속력은 $E = \frac{1}{2}mc^2$의 관계가 있으므로 에너지 분포 함수도 구할 수 있으며, 다음 식과 같다.

$$\frac{dN}{N} = 2\pi E^{1/2}\left(\frac{1}{\pi k_B T}\right)^{3/2} e^{-E/k_B T}\, dE$$
$$- f(E)dE \qquad (2.12)$$

여기서 dN/N은 운동 에너지가 E와 $E+dE$ 사이에 있는 분자의 비율을 말하며, $f(E)$는 에너지 분포 함수이다. 그림 2.6은 300 K와 1000 K에서의 에너지 분포 곡선을 보여 준다. 이러한 곡선은 어떠한 이상 기체에도 똑같이 적용됨에 유의하자. 앞에서 언급한 것과 같이, 온도가 같은 두 종류의 기체는 평균 운동 에너지 값이 서로 같으며 에너지 분포 곡선도 같다.

운동 에너지는 0에서 ∞ 사이의 값이다.

Maxwell 속도 분포 함수의 유용성은 기체 특성의 평균값을 구할 수 있게 해 준다는 것이다. 온도가 T일 때 많은 수의 분자의 평균 속력 $\bar{c}$를 예를 들어 보자. 특정한 속력을 갖는 분자의 비율에 그 속력을 곱한 후 모두 더하면 평균 속력을 구할 수 있다. 속력이 c와 $c+dc$ 사이에 있는 분자의 비율은 $f(c)dc$이므로, 속력과 비율의 곱은 $cf(c)dc$가 된다. 따라서 $c=0$에서 $c=\infty$까지 이 값을 적분해 주면 평균 속력 $\bar{c}$를 구할 수 있다.

$$\bar{c} = \int_0^\infty cf(c)dc \qquad (2.13)$$

식 2.11에서 다음 식을 유도할 수 있다.

$$\bar{c} = 4\pi\left(\frac{m}{2\pi k_B T}\right)^{3/2}\int_0^\infty c^3 e^{-mc^2/2k_B T}\, dc$$

정적분표를 이용하면 이 적분값을 쉽게 구할 수 있다.*

* 참조: *Handbook of Chemistry and Physics*, Haynes, W. M., Ed., 93rd ed., CRC Press, Boca Raton, FL, 2012.

$$\int_0^\infty x^3 e^{-ax^2} dx = \frac{1}{2a^2}$$

여기서

$$a = \frac{m}{2k_B T}$$

따라서

$$\bar{c} = 4\pi\left(\frac{m}{2\pi k_B T}\right)^{3/2} \times \frac{1}{2}\left(\frac{2k_B T}{m}\right)^2$$

$$= \sqrt{\frac{8k_B T}{\pi m}} = \sqrt{\frac{8RT}{\pi \mathcal{M}}} \tag{2.14}$$

앞에서 다룬 $v_{\rm rms}$는 제곱 평균근 속력 $c_{\rm rms}$*와 같은 값이며, 다음 적분값을 계산한 후 이 값의 제곱근을 구하면 된다(문제 2.18 참조).

$$\int_0^\infty c^2 f(c)dc$$

최빈 속도 $c_{\rm mp}$는 식 2.11의 분포 함수가 최대가 될 때의 c 값이다. 따라서 식 2.11의 분포 함수를 c에 대해 미분한 후, 이 미분값이 0이 될 때의 c 값을 구하면 다음과 같다.

$$c_{\rm mp} = \sqrt{\frac{2k_B T}{m}} = \sqrt{\frac{2RT}{\mathcal{M}}} \tag{2.15}$$

예제 2.1

300 K의 O_2에 대한 $c_{\rm mp}$, $\bar{c}$, $c_{\rm rms}$를 구하시오.

풀이

필요한 상수는 다음과 같다.

$$R = 8.314 \text{ J K}^{-1} \text{ mol}^{-1}$$

$$\mathcal{M} = 0.03200 \text{ kg mol}^{-1}$$

최빈 속도는 식 2.15로 구한다.

$$c_{\rm mp} = \sqrt{\frac{2 \times 8.314 \text{ J K}^{-1} \text{ mol}^{-1} \times 300 \text{ K}}{0.03200 \text{ kg mol}^{-1}}}$$

$$= \sqrt{1.56 \times 10^5 \text{ J kg}^{-1}}$$

* 속도 제곱의 평균값은 스칼라양이므로 $\overline{v^2} = \overline{c^2}$이며, $v_{\rm rms} = c_{\rm rms}$가 된다.

$$= \sqrt{1.56 \times 10^5 \text{ m}^2 \text{ s}^{-2}}$$
$$= 395 \text{ m s}^{-1}$$

비슷한 방법으로 $\bar{c}$와 c_{rms}를 구할 수 있다.

$$\bar{c} = \sqrt{\frac{8RT}{\pi \mathcal{M}}} = 446 \text{ m s}^{-1}$$
$$c_{\text{rms}} = \sqrt{\frac{3RT}{\mathcal{M}}} = 484 \text{ m s}^{-1}$$

COMMENT
계산 결과로부터 $c_{\text{rms}} > \bar{c} > c_{\text{mp}}$ 관계를 확인할 수 있다. 그림 2.4의 곡선은 비대칭이며 c_{mp}가 가장 작은 값이 된다. c_{rms}가 $\bar{c}$보다 큰 것은 식 2.3에서 c 값이 클수록 제곱값은 더 큰 값이 되기 때문이다.

끝으로, N_2와 O_2의 $\bar{c}$ 및 c_{rms}가 음속에 가깝다는 것에 유의하자. 음파는 압력파의 일종이다. 압력파가 전파되는 것은 분자의 운동, 즉 분자의 속력과 밀접한 관계가 있다.

2.5 분자 충돌과 평균 자유 행로

앞에서 구한 평균 속력 $\bar{c}$를 나타내는 식은 기체의 동적 과정에 대한 연구에 적용될 수 있다. 분자 간의 충돌에 의해 분자의 속력이 계속 변한다는 것을 우리는 알고 있다. 따라서 '분자 간의 충돌은 얼마나 자주 일어나는가?'라는 질문을 할 수 있다. 충돌 빈도는 기체의 밀도와 분자 속력, 즉 계의 온도에 따라 변한다. 기체 운동론 모형에서는 각각의 분자를 지름이 d인 강체구(hard sphere)라고 가정한다. 두 구 사이의 거리가 d(각 구의 중심에서부터)가 되었을 때 충돌이 일어난다.

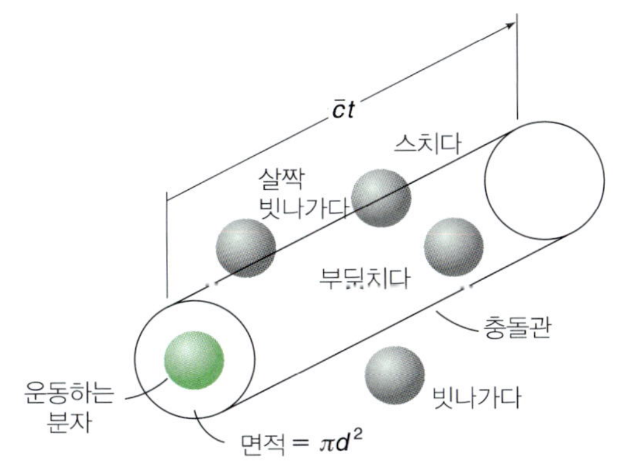

그림 2.7
충돌 단면적과 충돌관. 중심이 관 안에 있거나 관에 접촉하고 있는 분자는 움직이는 분자(녹색 구)와 충돌한다.

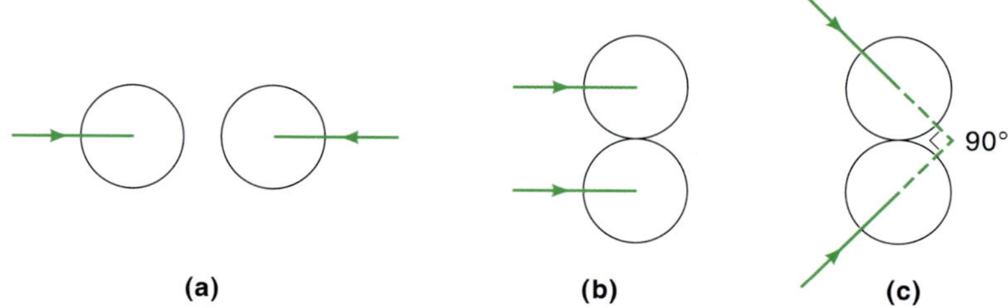

그림 2.8
세 가지 다른 방향으로 접근하여 충돌하는 두 분자. (a)와 (b)는 두 가지 극단적인 경우이며, (c)는 '평균적'인 충돌 방향을 나타낸다.

특정한 분자의 운동에 초점을 맞추어 보자. 가장 쉬운 접근법은 주어진 순간에 이 특정한 분자 이외의 다른 모든 분자는 정지하고 있다고 가정하는 것이다. 시간 t 동안 이 분자가 이동하는 거리는 $\bar{c}t$($\bar{c}$는 평균 속력)가 되며, 단면적이 πd^2인 충돌관을 쓸고 지나간다(그림 2.7). 원통의 부피는 $(\pi d^2)(\bar{c}t)$가 된다. 중심이 원통 안에 있는 모든 분자는 움직이는 분자와 충돌하게 된다. 부피 V 속에 N개의 분자가 있다고 가정하면, 기체의 수밀도(number density)는 N/V가 되며, **충돌 빈도**(collision frequency) Z_1은 $(\pi d^2)(\bar{c})(N/V)$가 된다. 충돌 빈도를 나타내는 식은 보정이 필요하다. 나머지 모든 분자가 그 위치에 정지되어 있는 것이 아니라면, $\bar{c}$를 **상대**(relative) 속력으로 바꾸어주어야 한다. 이 경우에서의 상대 속력은 그림 2.8c에서 볼 수 있는 것처럼 $\sqrt{2}\bar{c}$가 된다. 따라서 충돌 빈도는 다음과 같다.

$$Z_1 = \sqrt{2}\pi d^2 \bar{c}\left(\frac{N}{V}\right) \quad \text{collisions s}^{-1} \tag{2.16}$$

이것은 한 개의 분자가 1초 동안 충돌하는 횟수가 된다. 부피 V 속에 들어 있는 N개의 분자는 1초 동안 각각 Z_1번 충돌한다. 따라서 단위 부피, 단위 시간당 전체 이원 충돌(두 분자 사이의 충돌) 횟수 Z_{11}은 다음과 같다.

$$\begin{aligned} Z_{11} &= \frac{1}{2}Z_1\left(\frac{N}{V}\right) \\ &= \frac{\sqrt{2}}{2}\pi d^2 \bar{c}\left(\frac{N}{V}\right)^2 \quad \text{collisions m}^{-3}\text{ s}^{-1} \end{aligned} \tag{2.17}$$

식 2.17에서 인자 1/2을 곱한 것은 두 분자 사이의 충돌을 한 번만 계산하기 위해서이다. 압력이 매우 높지 않다면, 세 개 또는 그 이상의 분자가 동시에 충돌할 확률은 매우 낮다. 일반적으로 화학 반응 속도는 반응하는 분자들이 얼마나 자주 충돌하는가에 달려 있으므로, 식 2.17은 기체 상태 반응 속도론에 매우 중요하다. 15장에서 이 식에 대해 다시 논의하게 된다.

그림 2.9
연속 충돌 사이에 분자가 이동한 거리. 이 거리의 평균을 평균 자유 행로라고 한다.

연속 충돌 사이에 분자가 이동한 평균 거리는 충돌 빈도와 밀접한 연관이 있다. 이 거리를 **평균 자유 행로**(mean free path, λ)라고 하며(그림 2.9), 다음과 같이 정의

한다.

$$\lambda = (\text{평균 속력}) \times (\text{충돌 사이의 평균 시간})$$

충돌 사이의 평균 시간은 충돌 빈도의 역수가 된다.

$$\lambda = \frac{\bar{c}}{Z_1} = \frac{\bar{c}}{\sqrt{2}\pi d^2 \bar{c}(N/V)} = \frac{1}{\sqrt{2}\pi d^2 (N/V)} \tag{2.18}$$

평균 자유 행로는 기체의 수밀도(N/V)에 반비례함에 유의하라. 기체의 밀도가 높으면 분자는 단위 시간당 더 많은 충돌을 하게 되고, 따라서 충돌 사이의 이동 거리가 짧아지게 된다. 평균 자유 행로는 기체 압력의 함수로도 나타낼 수 있다. 이상 기체라고 가정하면,

$$P = \frac{nRT}{V}$$

$$= \frac{(N/N_A)RT}{V}$$

$$\frac{N}{V} = \frac{PN_A}{RT}$$

따라서 식 2.18은 다음과 같이 다시 쓸 수 있다.

$$\lambda = \frac{RT}{\sqrt{2}\pi d^2 PN_A} \tag{2.19}$$

λ가 T에 비례하고 압력에 반비례하는 것처럼 보이지만, 사실은 그렇지 않다. 기체의 부피와 양이 일정할 때, T와 P는 서로 상쇄되므로 λ는 기체의 밀도에만 의존한다.

예제 2.2

1.00 atm, 298 K에서 건조한 공기의 농도는 2.5×10^{19} molecules cm^{-3}이다. 공기가 질소 분자로만 이루어졌다고 가정하고 충돌 빈도, 이원 충돌 횟수, 평균 자유 행로를 구하시오. 질소의 충돌 지름은 3.75 Å이다(1 Å = 10^{-8} cm).

풀이

첫 번째 단계는 질소의 평균 속력을 계산하는 것이다. 식 2.4로부터 $\bar{c} = 4.8 \times 10^2$ m s^{-1}을 계산할 수 있다. 충돌 빈도는

$$Z_1 = \sqrt{2}\pi(3.75 \times 10^{-8}\ \text{cm})^2(4.8 \times 10^4\ \text{cm s}^{-1})(2.5 \times 10^{19}\ \text{molecules cm}^{-3})$$

$$= 7.5 \times 10^9\ \text{collisions s}^{-1}$$

'molecules'라는 단위가 'collisions'로 바뀐 것에 유의할 것. Z_1의 유도 과정에서 충돌 부피 내의 각 분자가 한 번의 충돌로 나타난다. 이원 충돌 횟수는 다음과 같다.

$$Z_{11} = \frac{Z_1}{2}\left(\frac{N}{V}\right)$$

$$= \frac{(7.5 \times 10^9 \text{ collisions s}^{-1})}{2} \times 2.5 \times 10^{19} \text{ molecules cm}^{-3}$$

$$= 9.4 \times 10^{28} \text{ collisions cm}^{-3} \text{ s}^{-1}$$

전체 이원 충돌 횟수를 계산할 때에도 molecules를 collisions로 바꾸어 주었다. 마지막으로, 평균 자유 행로는 다음과 같다.

$$\lambda = \frac{\bar{c}}{Z_1} = \frac{4.8 \times 10^4 \text{ cm s}^{-1}}{7.5 \times 10^9 \text{ collisions s}^{-1}}$$

$$= 6.4 \times 10^{-6} \text{ cm collision}^{-1}$$

$$= 640 \text{ Å collision}^{-1}$$

COMMENT

평균 자유 행로는 충돌당 거리 대신에 단순히 거리로만 나타내어도 된다. 이 경우 질소의 평균 자유 행로를 640 Å 또는 6.4×10^{-6} cm로 써도 된다.

2.6 기압 공식

이 절에서는 지구 중력장이 기체 분자의 분포와 대기압에 주는 영향에 대해 공부한다.

압력은 온도와 다르게 고도에 따라 직선적으로 변한다. 대기 중의 기체 분자는 중력에 대항하는 운동 에너지를 갖고 있기 때문에, 지구 중력에 끌려 지표면에 내려앉지는 않는다. 그러나 고도가 높아짐에 따라 공기 분자의 밀도는 낮아지게 된다. 단면적이 A인 공기 기둥을 생각해 보자(그림 2.10). 높이 h와 $h+dh$ 사이의 압력 차는, 부피가 Adh인 부분의 공기 무게에 의한 압력과 같다. 압력 = 힘/면적 이므로, dP는 다음과 같다.

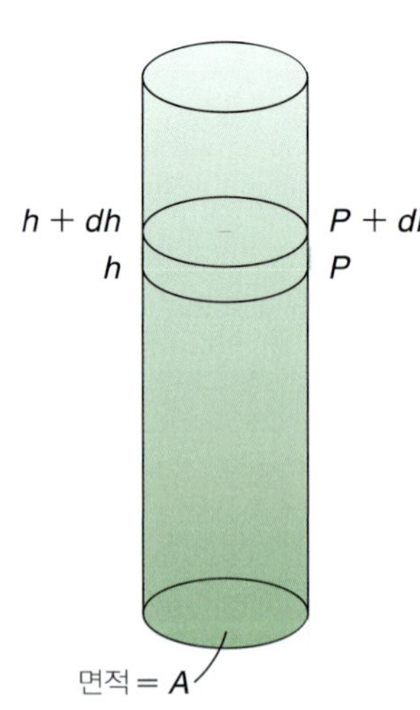

그림 2.10
지표면 위로 세워진, 단면적이 A인 가상의 공기 기둥

$$dP = -\frac{\rho g A dh}{A} = -\rho g dh \tag{2.20}$$

여기서 ρ는 공기의 밀도이며, g는 중력 가속도(9.81 m s^{-2})이다. (−) 부호는 높이가 증가하면 압력이 낮아진다는 것을 의미한다. 공기가 이상 기체라고 가정하면 P는,

$$P = \frac{nRT}{V} = \frac{m}{V}\frac{RT}{\mathcal{M}} = \rho\frac{RT}{\mathcal{M}}$$

즉

$$\rho = \frac{P\mathcal{M}}{RT} \tag{2.21}$$

여기서 m은 분자의 질량(한 종류의 분자만 있다고 가정)이며, $\mathcal{M}$은 몰질량이다. 식 2.21을 식 2.20의 ρ에 대입하면 다음 식이 얻어진다.

$$-\frac{dP}{P} = \frac{g\mathcal{M}}{RT}dh \tag{2.22}$$

온도가 일정하다고 가정하고, 식 2.22를 높이 0(해수면, 압력 = P_0)에서 특정한 높이 h(압력 = P)까지 적분한다.

$$\int_{P_0}^{P}\frac{dP}{P} = -\frac{g\mathcal{M}}{RT}\int_0^h dh$$

$$\ln\frac{P}{P_0} = -\frac{g\mathcal{M}h}{RT}$$

즉

$$P = P_0 e^{-g\mathcal{M}h/RT} \tag{2.23}$$

식 2.23을 **기압 공식**(barometric formula)이라고 하며, 다음과 같이 쓰기도 한다.

$$P = P_0 e^{-gmh/k_\mathrm{B}T} \tag{2.24}$$

여기서 k_B는 Boltzmann 상수이다. 이와 같은 등온(일정 온도) 대기압 모형에서, 압력은 지표면에서부터 고도가 높아짐에 따라 지수 함수로 낮아지게 된다. $k_\mathrm{B}T/gm$ 항의 단위는 길이이며, $h = k_\mathrm{B}T/gm$ 만큼 올라가면, $1/e$로 곱한 값만큼 압력이 낮아진다는 것을 의미하는 식 2.23이나 2.24를 이용하면 고도에 따른 압력을 추정할 수 있다.

예제 2.3

해수면에서의 산소 부분 압력은 25°C에서 0.20 atm이다. 고도 30 km(성층권)에서의 산소 부분 압력을 구하시오(단, 온도는 일정하다고 가정한다).

풀이

식 2.23을 이용한다.

$$P = 0.20 \text{ atm} \times \exp\left[-\frac{(9.81 \text{ m s}^{-2})(0.03200 \text{ kg mol}^{-1})(30 \times 10^3 \text{ m})}{(8.314 \text{ J K}^{-1} \text{ mol}^{-1})(298 \text{ K})}\right]$$

$$= 4.5 \times 10^{-3} \text{ atm}$$

COMMENT

성층권의 온도는 25°C보다 훨씬 낮지만(약 −23°C), 기압 공식으로 이곳에서의 산소 부분 압력을 추정할 수는 있다.

2.7 기체의 점도

지금까지는 평형 상태에서의 기체 분자 특성을 공부하였다. 이제부터는 관을 따라 흘러가는 기체의 유동 속도를 어떻게 측정할 수 있는가를 생각해 보자. 기체의 점도, 즉 흐름에 대한 저항은 기체에 따라 다르므로 주어진 온도와 밀도에서 기체의 유동 속도는 기체에 따라 달라진다.

기체 점도에 대한 간단한 식은 다음과 같이 기체 운동론으로부터 유도할 수 있다. 관을 따라 이루어지는 분자의 흐름은 그림 2.11과 같이 기체를 층(laminar)으로 나누어 분석할 수 있다. 각 층은 무시할 수 있을 정도로 얇은 두께로 이루어져 있다. 관의 표면과 접촉하고 있는 층은 표면과의 접착력으로 정지되어 있다. 다른 층의 속도는 표면으로부터 멀어지면서 증가하며, z축을 따라 속도의 기울기가 생기게 된다. 평균 자유 행로에 해당하는 λ 만큼 떨어져 있는 두 층을 생각해 보자. 느리게 움직이는 층의 속도를 v라고 하면, 빠르게 움직이는 층의 속도는 $v+\lambda(dv/dz)$가 된다. (dv/dz)는 속도의 기울기를 나타낸다. x축을 따라 일어나는 기체의 전체적인 흐름 외에, z축을 따라 이루어지는 상하 운동이 있다. 분자가 빠르게 움직이는 층에서 느린 층으로 이동하면, 여분의 운동량이 느린 층으로 전달되어 이 층의 유동 속도가 증가하게 된다. 분자가 느리게 움직이는 층에서 더 빠른 층으로 이동하면, 반대의 현상이 일어난다. 이 결과로 두 층 사이에 끌어당기는 힘 또는 마찰력이 생기게 되며 결과적으로 점성 효과로 나타난다. 속도 기울기를 유지하기 위해서는 x축을 따라 외부의 힘 F가 필요하며, 이 힘은 층의 면적 A와 속도 기울기에 비례한다.

기울기는 어떤 변수가 거리에 따라 변하는 정도를 나타내는 척도다. 다른 예로는 온도 기울기, 농도 기울기, 전기장 기울기 등이 있다.

$$F \propto A\left(\frac{dv}{dz}\right)$$

$$= \eta A\left(\frac{dv}{dz}\right) \tag{2.25}$$

여기서 비례 상수 η를 **점성 계수**(coefficient of viscosity) 또는 간단히 **점도**(viscosity)라고 하며, 단위는 N s m^{-2}가 된다.

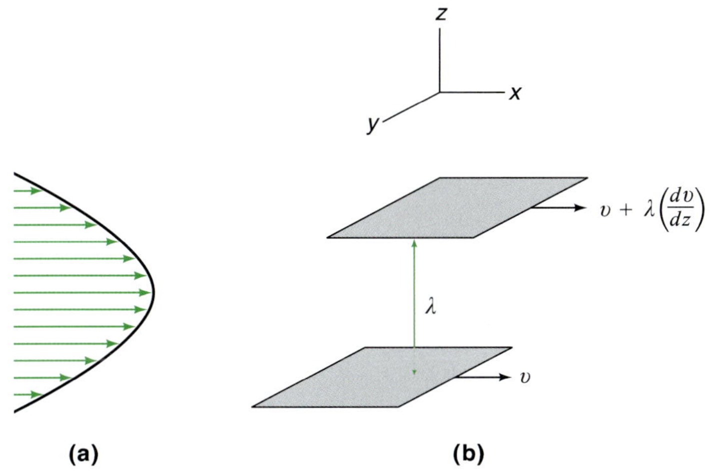

그림 2.11

(a) 관을 따라 일어나는 기체 층흐름의 앞쪽 모양. **(b)** 평균 자유 행로 λ 만큼 떨어진 두 층의 운동

다음으로 η에 대한 식을 구해 보자. 정지층(관의 벽)으로부터의 높이가 h인 특정한 층을 생각해 보자. 이 층에서 λ 만큼 떨어진(정지상 방향으로) 층에서 z축 방향으로 이동되는 모든 분자는 h에 도달하면서 첫 번째 충돌이 일어나며 처음으로 운동량이 전달되게 된다. 벽으로부터의 거리가 h인 층에 있는 분자의 유동 속도가 $h(dv/dz)$라면, λ cm 밑에 있는 층에 있는 분자의 유동 속도는 $(h-\lambda)(dv/dz)$가 된다. 따라서 더 느리게 흐르는 층에서 온 분자에 의해 전달되는 운동량은 $m(h-\lambda)(dv/dz)$가 된다. 비슷하게, 벽으로부터 $(h+\lambda)$ 위에 있는 층에서부터 이동되어 오는 분자의 경우에는 전달되는 운동량이 $m(h+\lambda)(dv/dz)$가 될 것이다. 점성 실험에서는 관을 따라 흘러가는 기체의 속도를 측정하지만, 기체 시료 내에서의 분자 운동은 무질서하게 일어난다. 따라서 기체 분자들은 x, y, z축 방향으로 각각 1/3씩 움직이고 있다고 근사적으로 가정할 수 있다. 결론적으로, 어떤 순간에서나 한 축을 따라서는 1/6의 분자는 위쪽으로 움직이고, 1/6의 분자는 아래쪽으로 움직일 것이다. 한 층에서 다음 층으로 이동하는 분자의 수는 단위 면적과 단위 초당 $(\frac{1}{6})(N/V)\bar{c}$가 된다($\bar{c}$는 평균 속력). 따라서 위쪽으로 이동하는 분자에 의해 전달되는 운동량은 단위 면적당 아래의 값이 된다.

$$\left(\frac{1}{6}\right)\left(\frac{N}{V}\right)\bar{c}m(h-\lambda)\left(\frac{dv}{dz}\right)$$

유사하게, 아래쪽으로 이동하는 분자에 의해 전달되는 운동량은 단위 면적당 다음 값이 된다.

$$\left(\frac{1}{6}\right)\left(\frac{N}{V}\right)\bar{c}m(h+\lambda)\left(\frac{dv}{dz}\right)$$

이 두 값의 차이, 즉 $(\frac{1}{3})(N/V)\bar{c}m\lambda(dv/dz)$가 단위 시간과 단위 면적당 전달되는 알짜

운동량이 된다. 이것은 F/A에 해당하므로

$$\frac{F}{A} = \frac{1}{3}\left(\frac{N}{V}\right)\bar{c}m\lambda\left(\frac{dv}{dz}\right)$$

식 2.25로부터

$$\frac{F}{A} = \eta\left(\frac{dv}{dz}\right)$$

두 식을 결합하면 다음 결과를 얻을 수 있다.

$$\eta = \frac{1}{3}\left(\frac{N}{V}\right)m\lambda\bar{c} \tag{2.26}$$

식 2.18을 식 2.26에 대입하면 최종적으로 다음 식이 얻어진다.

$$\eta = \frac{m\bar{c}}{3\sqrt{2}\pi d^2} \tag{2.27}$$

이 식은 점도는 밀도와 관계가 없다는 것을 보여 주며, 이것은 예상하지 않았던 결과이다. 식 2.26을 보면 기체의 밀도(N/V)가 높아지면 η 값이 커지는 것처럼 보인다. 그러나 아주 조밀한 기체의 경우에는 분자 간의 충돌 횟수가 증가하면서 평균 자유 행로가 짧아진다는 것에 주목할 필요가 있다. 점도에 기여하는 이 두 가지 상반되는 효과는 정확하게 상쇄된다. 또한 식 2.26과 2.27로부터 기체의 점도는 온도의 제곱근에 비례하여 증가하는 것을 알 수 있는데, 이것은 평균 속력 $\bar{c}$가 $\sqrt{T}$에 비례하기

표 2.1 288 K에서 몇 가지 기체의 점도와 충돌 지름[a]

기체	η (10^{-4} N s m^{-2})	충돌 지름(Å)
Ar	0.2196	3.64
Kr	0.2431	4.16
Hg	0.4700[b]	4.26
H_2	0.0871	2.74
공기	0.1796	3.72
N_2	0.1734	3.75
O_2	0.2003	3.61
CH_4	0.1077	4.14
CO_2	0.1448	4.59
H_2O	0.0926	4.60
NH_3	0.0970	4.43

[a] From Kennard, E. H. *Kinetic Theory of Gases*, Copyright 1938 by McGraw-Hill. Used with permission of McGraw-Hill, New York.

[b] 492.6 K에서의 값

때문이다(식 2.14 참조). 이는 우리가 액체에 대해 알고 있는 사실과 상반되는 결과이다. 예를 들어 뜨거운 시럽이 차가운 시럽에 비해 따르기가 더 쉽다는 것은 우리가 일상적으로 경험하는 것이다. 이렇게 명백히 상반되는 결과는, 기체의 점도가 운동량 전달에 의해 생긴다는 것을 알면 이해가 될 수 있다. 온도가 높아지면 전이가 빨라지고, 기체 층의 흐름을 유지하기 위해서 더 많은 힘이 필요하게 된다.

식 2.26과 2.27이 타당한 결과라는 것은 실험을 통해서 확인할 수 있다. 표 2.1은 여러 가지 기체의 점도와 분자 충돌 지름을 보여 준다. 기체 분자의 충돌 지름은 식 2.27로부터 계산할 수 있다.

예제 2.4

288 K에서 산소 기체의 점도를 계산하시오.

풀이

필요한 정보:

$$\bar{c} = 437 \text{ m s}^{-1}$$

$$d = 3.61 \text{ Å} = 3.61 \times 10^{-10} \text{ m (표 2.1로부터)}$$

$$m = 32.00 \text{ amu} \times 1.661 \times 10^{-27} \text{ kg amu}^{-1} = 5.315 \times 10^{-26} \text{ kg}$$

식 2.27을 이용한다.

$$\eta = \frac{(5.315 \times 10^{-26} \text{ kg})(437 \text{ m s}^{-1})}{3\sqrt{2}\pi(3.61 \times 10^{-10} \text{ m})^2}$$

$$= 1.34 \times 10^{-5} \text{ kg m}^{-1} \text{ s}^{-1} = 1.34 \times 10^{-5} \text{ N s m}^{-2}$$

COMMENT

식 2.27은 근사식이기 때문에 계산 결과는 표 2.1의 실험 결과와 차이가 있다. 보다 정밀한 식은 $\eta = m\bar{c}/2\sqrt{2}\pi d^2$이다. 이 식을 이용하여 계산한 결과는 $\eta = 2.00 \times 10^{-5}$ N s m^{-2}이다.

2.8 Graham의 확산과 분출 법칙

우리는 일상생활에서 분자 운동에 따른 현상을 볼 수 있다. 향수 냄새가 퍼지거나 헬륨으로 부풀린 고무풍선이 줄어드는 것은 각각 확산과 분출의 예이다. 이 과정에 대해 기체 분자 운동론을 적용할 수 있다.

기체가 확산되는 것은 분자 운동의 직접적인 증거이다. 확산이 일어나지 않는다면 향수 산업은 존재하지 않을 것이며, 스컹크는 단지 귀여운 털북숭이 동물일 뿐이

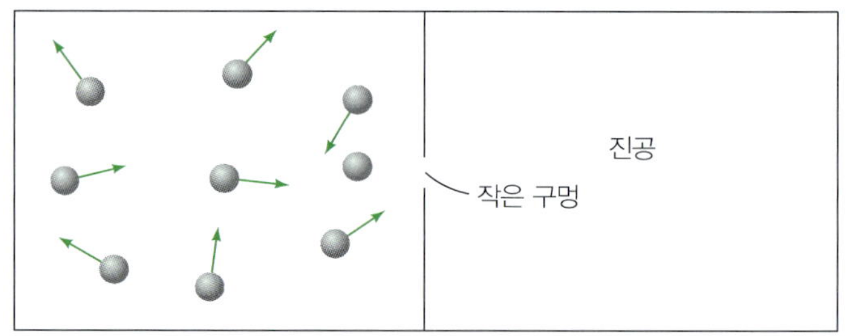

그림 2.12
분자가 작은 구멍(orifice)을 통해 진공으로 빠져나가는 분출 과정. 분출 조건은 기체 분자가 구멍을 통해 빠져나가는 동안에는 분자 간의 충돌이 일어나지 않아야 한다는 것이다. 그러기 위해서는 분자의 평균 자유 행로가 구멍의 크기 및 구멍이 뚫린 벽의 두께에 비해 길어야 한다. 또한 구멍을 통해 빠져나가는 분자가 방해를 받지 않도록 오른쪽 상자의 압력이 충분히 낮아야 한다.

다. 서로 다른 두 기체를 분리하고 있던 가림막을 제거한다면 두 기체는 바로 완벽하게 섞일 것이다. 이것은 열역학적으로 자발적인 과정이며 4장에서 자세히 다룬다. 분출 과정에서는 기체가 바늘구멍같이 작은 구멍을 통해 압력이 높은 곳에서 낮은 곳으로 빠져나간다(그림 2.12). 분출이 일어나기 위해서는 분자의 평균 자유 행로가 구멍의 지름보다 커야 한다. 그래야만 구멍에 도달한 기체가 다른 분자와의 충돌 없이 구멍을 빠져나갈 수 있다. 이 경우에 구멍을 통해 빠져나가는 기체 분자의 수는, 구멍과 면적이 같은 벽면에 부딪히는 분자의 수와 같아진다.

확산은 **대량 흐름**(bulk flow)이며, 분출은 **분자 흐름**(molecular flow)으로, 기본적인 분자 메커니즘은 아주 다르지만 같은 형태의 법칙을 만족한다. 스코틀랜드의 화학자 Thomas Graham(1805~1869)에 의해서 확산 법칙(1831년)과 분출 법칙(1864년)이 만들어졌다. 이 두 법칙은 온도와 압력이 일정할 때, 확산(또는 분출) 속도는 몰질량의 제곱근에 반비례한다는 것이다. 따라서 두 기체 1과 2 사이에는 다음 관계가 있다.

$$\frac{r_1}{r_2} = \sqrt{\frac{\mathcal{M}_2}{\mathcal{M}_1}} \tag{2.28}$$

여기서 r_1과 r_2는 두 기체의 확산(또는 분출) 속도를 말한다.

분출의 실제적인 예는 쉽게 찾을 수 있다. 앞에서 언급한 것과 같이, 헬륨이 채워진 풍선은 공기로 채워진 풍선에 비해 훨씬 더 빨리 기체가 빠진다. 정확한 분출 조건은 아니지만(팽창된 고무에 생기는 구멍이 충분히 작지 않기 때문에), 기본적으로 분출 과정이고 분출 속도는 식 2.28을 따른다. 풍선 안쪽의 압력은 대기압보다 크며, 팽창된 고무에는 작은 구멍들이 많이 생기기 때문에 기체 분자가 빠져나갈 수 있다. 분출을 응용한 과정으로 가장 잘 알려진 것은 우라늄 동위 원소인 ^{235}U와 ^{238}U를 분리하는 것이다. ^{235}U만이 핵분열을 하며, ^{235}U와 ^{238}U의 자연에서의 존재비는 각각 0.72%와 99.2%이다. 우라늄은 고체지만, 플루오린과 반응하여 상온에서 쉽게 기화되는 육플루오린화 우라늄(UF_6)이 만들어진다. $^{238}UF_6$는 $^{235}UF_6$에 비해 무겁기 때문에 분출 속도가 느리므로, 분출 방법으로 두 동위 원소를 분리할 수 있다.* 분리 지수라고 하는 s는 다음과 같이 정의할 수 있다.

$$s = \frac{^{235}UF_6\text{의 분출 속도}}{^{238}UF_6\text{의 분출 속도}}$$

식 2.28을 이용하면 s를 구할 수 있다.

$$s = \sqrt{\frac{238 + (6 \times 19)}{235 + (6 \times 19)}} = 1.0043$$

따라서 첫 단계 분출에서 분리 지수는 1에 거의 근접한다. 두 번째 분출 단계를 거치면 전체 분리 지수는 $(1.0043)^2$, 즉 1.0086으로 조금 향상된다. 일반적으로 n단계 분출 과정에서 s는 $(1.0043)^n$이 된다. n이 큰 수, 예를 들어 2000이면 U^{235} 동위 원소가 90% 이상 농축된 우라늄을 얻을 수 있다.

분출 연구에서는 분자들이 정해진 면적(구멍의 크기)에 부딪히는 빈도를 아는 것이 중요하다. 단위 시간, 단위 면적당 충돌수 Z_A는 다음과 같이 압력과 온도의 함수로 주어진다.

$$Z_A = \frac{P}{(2\pi m k_B T)^{1/2}} \tag{2.29}$$

여기서 P는 기체의 압력 또는 부분 압력이다. 이 식의 유도 과정은 부록 2.1에 수록되어 있다. 다음 예제에서 볼 수 있는 것과 같이, 이 식은 광합성 속도 연구에 유용하다.

예제 2.5

25°C에서 면적이 0.020 m^2인 나뭇잎의 한 면에 부딪히는 CO_2 분자의 양을 g 단위로 계산하시오(단, 공기 중의 CO_2 함량은 부피비로 0.033%이며, 대기압은 1.0 atm이라고 가정한다).

풀이

관련된 값들은 다음과 같다.

$$P = \frac{0.033}{100} \times 1.00\ \text{atm} \times \frac{101325\ \text{Pa}}{1\ \text{atm}} = 33.4\ \text{Pa}$$

$$m = 44.01\ \text{amu} \times 1.661 \times 10^{-27}\ \text{kg amu}^{-1} = 7.31 \times 10^{-26}\ \text{kg}$$

* 플루오린의 안정한 동위 원소는 한 가지밖에 없으므로 $^{235}UF_6$와 $^{238}UF_6$ 두 화학종만 분리하면 된다.

식 2.29를 사용한다.

$$Z_A = \frac{33.4 \text{ Pa}}{[2\pi(7.31 \times 10^{-26} \text{ kg})(1.381 \times 10^{-23} \text{ J K}^{-1})(298 \text{ K})]^{1/2}}$$

$$= 7.7 \times 10^{23} \text{ m}^{-2} \text{ s}^{-1}$$

환산 인자는 다음과 같다. 1 Pa = 1 kg m^{-1} s^{-2}, 1 J = 1 kg m^2 s^{-2}
1초 동안에 나뭇잎에 부딪히는 CO_2 분자의 수는

$$7.7 \times 10^{23} \text{ m}^{-2} \text{ s}^{-1} \times 0.020 \text{ m}^2 = 1.5 \times 10^{22} \text{ s}^{-1}$$

마지막으로, 1초 동안에 잎에 부딪히는 CO_2의 질량을 구한다.

$$1.5 \times 10^{22} \text{ molecules s}^{-1} \times 7.31 \times 10^{-23} \text{ g molecule}^{-1} = 1.1 \text{ g s}^{-1}$$

2.9 에너지 등분배

2.3절에서 평균 운동 에너지는 분자 한 개의 경우에는 $\frac{3}{2}k_BT$, 기체 1몰이 있으면 $\frac{3}{2}RT$가 됨을 배웠다. 에너지는 어떻게 분포되겠는가? 이 절에서는 분자 내에서의 에너지 분포에 대한 정리를 공부한다. 이 이론은 고전 역학에 기초하고 있기 때문에 기체 거동에 바로 적용될 수 있다.

에너지 등분배 정리(equipartition of energy theorem)에 따르면, 분자의 에너지는 모든 종류의 운동 또는 **자유도**(degree of freedom) 사이에 고르게 분포되어 있다. 일원자 기체의 경우, 위치를 정확히 정의하기 위해서는 각 원자마다 세 개의 좌표축 (x, y, z)이 필요하다. 이것은 각 원자는 세 방향으로 독립적인 병진 운동을 할 수 있다는 것이며(자유도 = 3), 각 방향의 평균 에너지는 $\frac{1}{2}k_BT$가 된다. 회전이나 진동같이 다른 종류의 운동도 가능하므로, 이 운동에 따른 자유도가 더해진다. N개의 원자로 이루어진 분자의 경우, 운동을 나타내기 위해서는 모두 $3N$개의 좌표가 필요하다. 3개의 축은 병진 운동(분자 무게 중심의 운동)을 나타내기 위해 필요하며, 나머지 $(3N-3)$개의 축은 회전과 진동을 나타낸다. 회전 운동은 분자의 무게 중심을 중심으로 일어난다. 분자의 무게 중심이 원점인 3개의 직교 좌표축을 생각하면, 각 축에 대한 회전각(3개의 각)으로 회전 운동을 정의할 수 있다. 따라서 진동에 대한 자유도는 $(3N-6)$이 된다. 만약 분자가 선형이라면, 두 개의 각으로 회전 운동을 정의할 수 있다. 왜냐하면, 선형 분자가 결합축을 중심으로 회전할 경우에는 원자의 위치가 바뀌지 않으므로 독립된 회전 운동이 아니다.* 따라서 HCl이나 CO_2 같은 선형 분자의

* 같은 이유로, 원자핵을 지나는 축을 중심으로 이루어지는 원자의 회전은 독립된 운동이 아니다. 따라서 원자는 분자와 같은 회전을 할 수 없으므로 회전 자유도를 갖고 있지 않다.

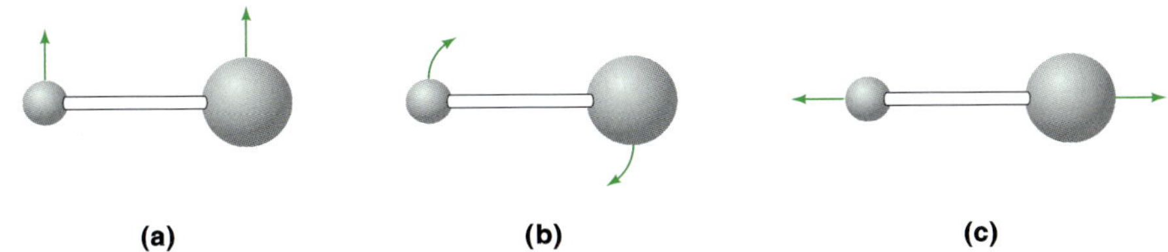

그림 2.13
HCl 같은 이원자 분자의 **(a)** 병진, **(b)** 회전, **(c)** 진동 운동

경우에는 진동에 대한 자유도가 $(3N-5)$가 된다. 그림 2.13은 이원자 분자의 병진, 회전 및 진동 운동을 보여 준다.

표 2.2는 분자의 종류에 따른 등분배 에너지를 보여 준다. 1몰 기체의 경우 각각의 병진 및 회전 운동 자유도마다 $\frac{1}{2}RT$의 에너지를 갖게 되고, 진동 자유도의 경우에는 RT의 에너지를 갖게 된다. 그 이유는 진동 에너지는 운동 에너지($\frac{1}{2}RT$)와 퍼텐셜 에너지($\frac{1}{2}RT$)로 이루어져 있기 때문이다. 결과적으로 1몰 이원자 분자 기체의 전체 에너지는 다음과 같다.

$$\bar{U} = \underset{\text{(병진)}}{\tfrac{3}{2}RT} + \underset{\text{(회전)}}{RT} + \underset{\text{(진동)}}{RT} = \tfrac{7}{2}RT \tag{2.30}$$

여기서 $\bar{U}$는 계의 내부 몰 에너지이다.

열용량을 측정하여 에너지 등분배 정리를 검정해 볼 수 있다. **비열**(specific heat)은 물질 1 g의 온도를 1°C 또는 1 K 올리는 데 필요한 열량이며, 단위는 J g^{-1} K^{-1}이다. 반면에 **열용량**(heat capacity, C)은 주어진 물질의 온도를 1 K 올리는 데 필요한 열량을 말한다. 열용량은 비열에 물질의 질량(g 단위로)을 곱한 값이 되며, 단위는 J K^{-1}이 된다. 열용량은 다음 식으로 정의할 수 있다.

$$C = \frac{\Delta U}{\Delta T} \tag{2.31}$$

그리스어 delta(Δ)는 '변화량' 또는 '(마지막 상태 − 처음 상태)'를 의미한다.

여기서 ΔU는 물질의 온도를 ΔT 만큼 올리는 데 필요한 에너지가 된다.

3장에서 자세히 배우겠지만, 물질의 열용량은 열을 가해주는 방법에 따라서도 다른 값을 갖게 된다. 예를 들어 기체를 일정한 부피에서 가열할 때와, 일정한 압력하에서 가열할 때의 C는 아주 다른 값이 된다. 압력이 일정할 경우에는 가열 과정에

표 2.2 1몰 기체에 대한 등분배 에너지

종류	병진	회전	진동
원자	$\frac{3}{2}RT$	–	–
선형 분자	$\frac{3}{2}RT$	RT	$(3N-5)\,RT$
비선형 분자	$\frac{3}{2}RT$	$\frac{3}{2}RT$	$(3N-6)\,RT$

서 기체가 팽창한다. 두 조건 모두 열용량 측정에서 중요하지만, 여기서는 부피가 일정할 때의 열용량(C_V)만 다루려고 한다. 부피가 일정할 때 무한소 변화가 일어났다면, 식 2.31은 다음과 같이 쓸 수 있다.

$$C_V = \left(\frac{\partial U}{\partial T}\right)_V \tag{2.32}$$

이 식에서 ∂는 편미분을 말하며, 아래 첨자 V는 일정 부피 과정이라는 것을 나타낸다.

화학자에게는 열용량을 1몰에 해당하는 값으로 나타내는 것이 편리하다. **몰열용량**(molar heat capacity, $\overline{C}$)은 열용량을 기체의 몰수로 나눈 C/n에 해당하는 값이다. 비열과 몰열용량은 모두 세기 성질인 반면에, 열용량은 물질의 양에 따라 달라지므로 크기 성질임에 유의하자.

일원자 기체 분자의 경우 1몰의 병진 운동 에너지는 $\frac{3}{2}RT$이므로 몰열용량은 다음 값이 된다.

$$\overline{C}_V = \left[\frac{\partial(\frac{3}{2}RT)}{\partial T}\right]_V = \frac{3}{2}R = 12.47\ \text{J K}^{-1}\ \text{mol}^{-1}$$

이원자 분자의 경우(식 2.30 참조), 몰열용량은 다음과 같다.

$$\overline{C}_V = \left[\frac{\partial(\frac{7}{2}RT)}{\partial T}\right]_V = \frac{7}{2}R = 29.10\ \text{J K}^{-1}\ \text{mol}^{-1}$$

다원자 분자의 $\overline{C}_V$도 같은 방법으로 구할 수 있다.

표 2.3에 여러 가지 기체의 열용량 실험값을 계산으로 구한 값과 비교하였다. 단원자 기체의 경우에는 정확하게 일치하지만, 분자의 경우에는 많은 차이가 있음을 알 수 있다. 이와 같은 차이를 설명하기 위해서는 양자 역학적 접근이 필요하다. 양자 역학에 따르면, 분자의 전자, 진동 및 회전 에너지는 양자화되어 있다(10장과 11

표 2.3 298 K 기체 몰열량의 계산에 의한 예상값과 실제 측정값

기체	계산값(J K^{-1} mol^{-1})	측정값(J K^{-1} mol^{-1})
He	12.47	12.47
Ne	12.47	12.47
Ar	12.47	12.47
H_2	29.10	20.50
N_2	29.10	20.50
O_2	29.10	21.05
CO_2	54.06	28.82
H_2O	49.87	25.23
SO_2	49.87	31.51

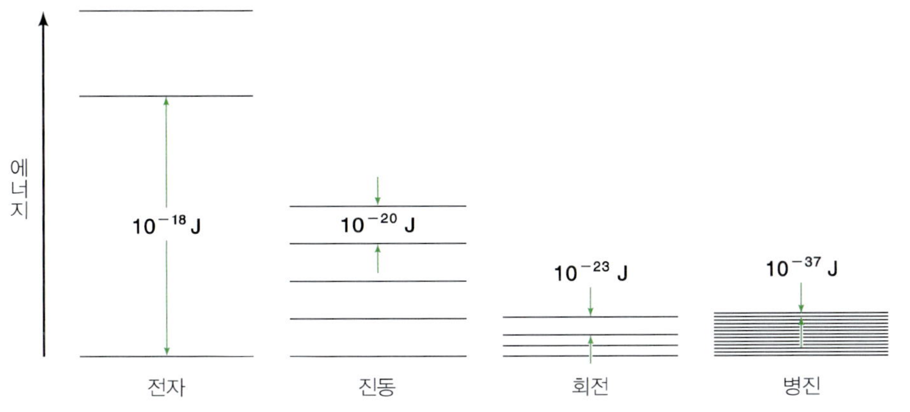

그림 2.14
병진, 회전, 진동 및 전자 에너지에 관련된 에너지 준위 사이의 간격

장에서 자세히 다룸). 따라서 그림 2.14에서 볼 수 있는 것과 같이, 분자의 에너지 준위는 각 운동 형태와 연관되어 있다. 전자 에너지 준위 사이의 간격은 회전 에너지 준위에 비해 훨씬 크다. 병진 에너지 사이의 간격은 너무 작아서 마치 연속된 에너지처럼 되어 있다. 실제로 대부분의 경우 병진 에너지는 연속된 값으로 다루어진다. 거시적인 환경에서 병진 운동은 양자 역학적인 현상이라기보다는 연속된 에너지 값을 갖는 고전적인 현상으로 취급된다.

이러한 에너지 준위와 열용량은 어떤 관계가 있겠는가? 계(예를 들어 기체 분자로 이루어진 시료)가 주위로부터 열을 흡수하면, 흡수된 에너지는 여러 종류의 분자 운동에 사용된다. 이러한 관점에서 **열용량**(heat capacity)은 에너지를 저장할 수 있는 용량이라는 의미의 **에너지 용량**(energy capacity)을 의미한다고 할 수 있다. 에너지의 일부는 진동 에너지로 저장될 수 있다. 즉 분자가 더 높은 준위의 진동을 하게 된다. 에너지는 전자 또는 회전 에너지로 저장될 수도 있다. 이 경우에도 분자는 더 높은 준위의 전자 또는 회전 에너지를 갖게 된다.

그림 2.14의 에너지 준위 사이의 간격을 보면, 회전 운동의 경우가 전자나 진동 운동에 비해 높은 에너지 준위로의 전이가 쉬워 보이는데, 실제로도 그렇다. 정량적으로, 두 에너지 준위 E_2와 E_1의 상대적인 점유율(그 에너지를 갖는 분자의 수) N_2/N_1은 Boltzmann **분포 법칙**(Boltzmann distribution law)으로 주어진다.

$$\frac{N_2}{N_1} = e^{-\Delta E/k_\mathrm{B}T} \tag{2.33}$$

여기서 $\Delta E = E_2 - E_1 (E_2 > E_1$으로 가정) 이며, k_B는 Boltzmann 상수, T는 절대 온도이다. 정해진 온도에서 계가 열적 평형 상태에 있을 때, $N_2/N_1 < 1$임을 식 2.33에서 확인할 수 있다. 이것은 높은 준위에 속한 분자의 수는 낮은 준위에 속한 분자의 수에 비해 **항상** 적다는 것을 의미한다(그림 2.15).

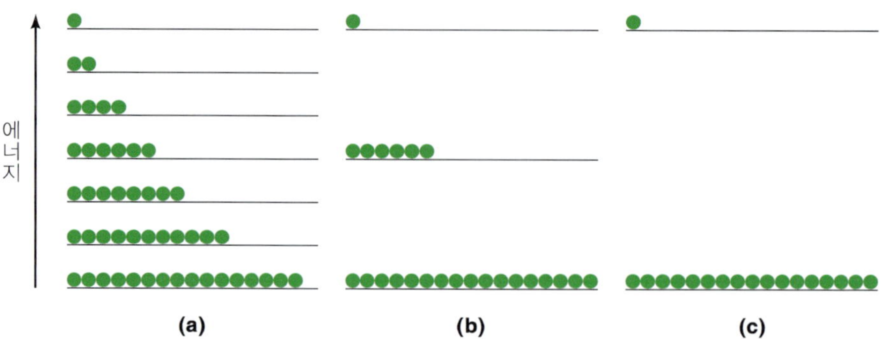

그림 2.15

세 종류의 에너지 준위에 대해서, 주어진 온도 T에서의 Boltzmann 분포를 보여 주는 정성적인 그림. 에너지 사이의 간격이 열에너지인 k_BT에 비해 매우 클 경우에는 거의 대부분의 분자가 바닥 상태 에너지 준위에 속한다는 것에 주목할 것.

식 2.33을 이용하여 간단한 계산을 해 볼 수 있다. 병진 운동의 경우 인접한 에너지 준위 사이의 간격 ΔE는 10^{-37} J 정도이므로, 298 K에서 $\Delta E/k_BT$의 값은 다음과 같다.

$$\frac{10^{-37}\ \text{J}}{(1.381\times10^{-23}\ \text{J K}^{-1})(298\ \text{K})}=2.4\times10^{-17}$$

이 값은 너무 작기 때문에 식 2.33의 오른쪽 지수 항은 1이 된다고 할 수 있다. 따라서 높은 에너지 준위에 속한 분자의 수는 바로 아래 준위의 분자 수와 차이가 없다. 이 결과의 물리적 의미는 병진 에너지가 양자화되어 있지 않으며, 분자는 어떤 값의 에너지를 흡수하더라도 병진 운동이 증가한다는 것이다.

회전 운동의 경우에도 ΔE가 k_BT에 비해 작은 값이므로 N_2/N_1이 1에 가까운 값이 된다(물론 1보다는 작은 값임). 이 결과는 분자들이 각 회전 에너지 준위에 거의 균일하게 분포되어 있다는 것을 의미한다. 회전 운동과 병진 운동의 차이는 회전 운동 에너지는 양자화되어 있다는 것이다.

진동 에너지의 경우는 매우 다르다. 에너지 준위 사이의 간격이 크므로($\Delta E > k_BT$), N_2/N_1의 비가 1보다 훨씬 작은 값이 된다. 따라서 298 K에서 대부분의 분자는 가장 낮은 진동 에너지 준위에 속하며, 더 높은 에너지 준위에 속한 분자의 비율은 아주 낮다. 끝으로, 전자 에너지 준위 사이의 간격은 매우 크기 때문에, 상온에서 거의 대부분의 분자가 가장 낮은 준위의 에너지를 갖게 된다.

지금까지의 논의에 기초하여, 열용량에 대하여 몇 가지 결론을 도출해 낼 수 있다. 상온에 있는 분자의 경우에는 병진 및 회전 운동만이 열용량과 관련되어 있다고 예상할 수 있다. O_2 분자를 예로 들어 보자. 진동 및 전자 에너지는 열용량에 기여하지 않는다고 가정하면, 계의 에너지는 다음과 같이 된다(식 2.30 참조).

$$\overline{U}=\tfrac{3}{2}RT+RT=\tfrac{5}{2}RT$$

따라서

$$\overline{C}_V = \tfrac{5}{2}R = 20.79\ \text{J K}^{-1}\ \text{mol}^{-1}$$

이렇게 계산한 값은 실험값 21.05 J K^{-1}에 근접한다(표 2.3 참조). 두 값의 차이는 진동 운동이 298 K에서의 $\overline{C}_V$에 어느 정도 기여하고 있다는 것을 의미한다. 다른 이원자 및 다원자 분자의 경우에도 병진 운동 및 회전 운동만을 고려하면, 열용량의 계산값은 실험값과 잘 맞게 된다. 그뿐만 아니라 온도가 높아지면 더 많은 분자들이 높은 진동 에너지 준위로 전이될 것으로 예상할 수 있다. 이와 같은 예상은 실험 결과로 확인된다. 일정한 부피의 O_2에 대한 다른 온도에서의 몰열용량 값은 다음과 같다.

T(K)	$\overline{C}_V$(J K^{-1} mol^{-1})
298	21.05
600	23.78
800	25.43
1000	26.56
1500	28.25
2000	29.47

온도가 높아짐에 따라 O_2의 $\overline{C}_V$ 측정값이 에너지 등분배 정리로 계산한 값에 가까워짐을 확인할 수 있다. 1500 K에서의 값은 29.10 J K^{-1} mol^{-1}에 거의 근접한다. 심지어 2000 K에서는 측정값이 계산값보다 더 커지게 된다. 이 온도에서는 전자 전이도 열용량에 기여하기 시작한다고 가정해야만 이것을 설명할 수 있다.

요약하면, 상온에서는 병진 및 회전 운동만이 열용량에 기여한다. 온도가 높아지면 진동 운동도 계산에 포함시켜야 한다. 전자 전이는 온도가 매우 높을 경우에만 $\overline{C}_V$ 값을 결정하는 데 있어 역할을 하게 된다. 그림 2.16은 이상적인 이원자 기체 분자의 몰열용량의 변화를 온도의 함수로 보여 준다. 이 그림에서 전자 전이에 의한 영향은 제외하였다.

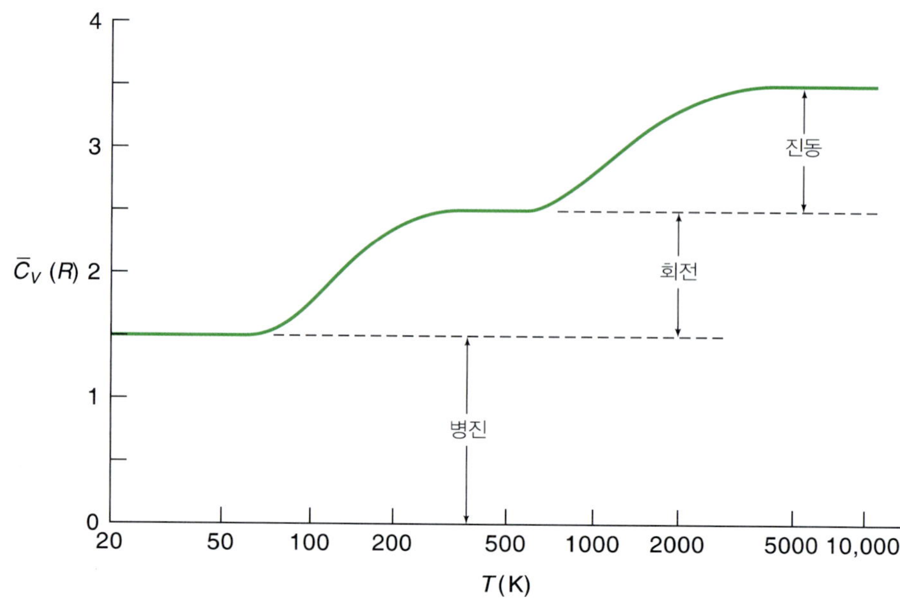

그림 2.16

온도의 함수로 나타낸 이원자 분자 이상 기체의 몰열용량($\bar{C}_V$). 낮은 온도($T < 100$ K)에서는 병진 운동만이 $\bar{C}_V$에 기여한다. 온도가 1000 K보다 높을 경우에는 진동 운동도 $\bar{C}_V$에 기여한다. 온도는 대수 단위이며, $\bar{C}_V$는 R 단위로 되어 있음에 유의할 것. 이 그림에서 전자 전이에 의한 영향은 제외되었다.

■ Key Equations

$\bar{E}_{\text{trans}} = \frac{3}{2}\frac{RT}{N_A} = \frac{3}{2}k_B T$	(평균 운동 에너지)	(2.6)
$v_{\text{rms}} = \sqrt{\frac{3k_B T}{m}} = \sqrt{\frac{3RT}{\mathcal{M}}}$	(제곱 평균근 속도)	(2.7)
$\frac{dN}{N} = \left(\frac{m}{2\pi k_B T}\right)^{1/2} e^{-mv_x^2/2k_B T}\, dv_x$	(Maxwell 속도 분포)	(2.8)
$\frac{dN}{N} = 4\pi c^2 \left(\frac{m}{2\pi k_B T}\right)^{3/2} e^{-mc^2/2k_B T}\, dc$	(Maxwell 속력 분포)	(2.10)
$\frac{dN}{N} = 2\pi E^{1/2} \left(\frac{1}{\pi k_B T}\right)^{3/2} e^{-E/k_B T}\, dE$	(Maxwell 에너지 분포)	(2.12)
$\bar{c} = \sqrt{\frac{8k_B T}{\pi m}} = \sqrt{\frac{8RT}{\pi \mathcal{M}}}$	(평균 속력)	(2.14)
$c_{\text{mp}} = \sqrt{\frac{2k_B T}{m}} = \sqrt{\frac{2RT}{\mathcal{M}}}$	(최빈 속력)	(2.15)
$Z_1 = \sqrt{2}\pi d^2 \bar{c}\left(\frac{N}{V}\right)$	(충돌 빈도)	(2.16)
$Z_{11} = \frac{\sqrt{2}}{2}\pi d^2 \bar{c}\left(\frac{N}{V}\right)^2$	(이원 충돌수)	(2.17)
$\lambda = \frac{1}{\sqrt{2}\pi d^2 (N/V)}$	(평균 자유 행로)	(2.18)
$P = P_0 e^{-gmh/k_B T}$	(기압 공식)	(2.24)
$\eta = \frac{m\bar{c}}{3\sqrt{2}\pi d^2}$	(기체 점도)	(2.27)
$\frac{r_1}{r_2} = \sqrt{\frac{\mathcal{M}_2}{\mathcal{M}_1}}$	(Graham의 확산 및 분출 법칙)	(2.28)
$C_V = \left(\frac{\partial U}{\partial T}\right)_V$	(일정 부피 열용량)	(2.32)
$\frac{N_2}{N_1} = e^{-\Delta E/k_B T}$	(Boltzmann 분포 법칙)	(2.33)

부록 2.1

식 2.29의 유도

x축을 따라 v_x의 속도로 운동하는 분자를 생각해 보자. 분자는 x축에 수직인 면적 A의 벽을 향해 가고 있다(그림 2.17). 분자가 벽으로부터 $v_x\Delta t$ 만큼 떨어져 있다면, Δt초 후에 벽에 부딪힐 것이다. 만약 용기 안에 있는 모든 분자의 속도가 $|v_x|$로 같다면, $Av_x\Delta t$ 부피 안의 모든 분자 중 속도의 x 성분이 (+)인 분자는 Δt 초 안에 벽에 부딪힐 것이다($|v_x|$는 v_x의 절댓값이다). 이 시간 동안 일어나는 전체 충돌 횟수는 부피에 수밀도(N/V)를 곱한 값인 $Av_x\Delta t(N/V)$가 된다. N은 전체 분자의 수이며, V는 상자의 부피이다. 그러나 속도의 분포를 고려해야 하기 때문에 이 값을 식 2.8에 따라 v_x의 가능한 모든 값에 대해 적분해야 한다. 따라서 Δt 초 사이에 일어나는 전체 충돌 횟수는 다음과 같다.

$$\left(\frac{N}{V}\right)A\Delta t\int_0^\infty v_x f(v_x)dv_x$$

단위 시간, 단위 면적당 충돌 횟수 Z_A는 식 2.9를 대입하여 구할 수 있다.

$$Z_A = \left(\frac{N}{V}\right)\int_0^\infty v_x f(v_x)dv_x$$

$$= \left(\frac{N}{V}\right)\left(\frac{m}{2\pi k_B T}\right)^{1/2}\int_0^\infty v_x\, e^{-mv_x^2/2k_BT}\, dv_x \quad (1)$$

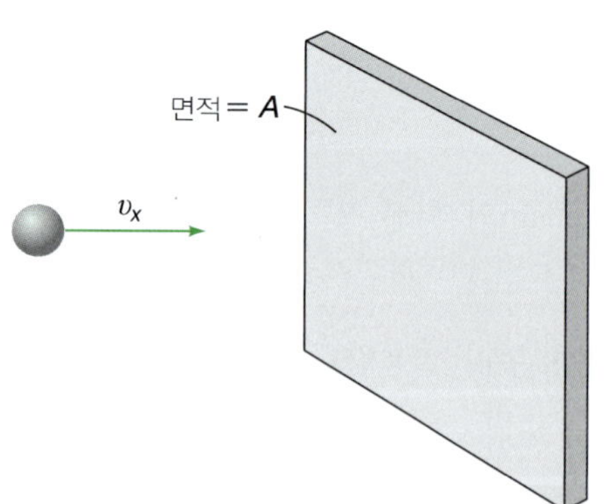

그림 2.17
면적이 A인 벽을 향해 (+) 방향으로(왼쪽에서 오른쪽으로) 움직이는 속도가 v_x인 분자. 거리가 $v_x\Delta t$ (v_x > 0) 이내에 있는 분자만 Δt초 사이에 벽에 부딪히게 된다.

위 정적분 값을 구한 후 식을 변형하면,

$$Z_A = \left(\frac{N}{V}\right)\left(\frac{k_B T}{2\pi m}\right)^{1/2} \tag{2}$$

이상 기체의 경우

$$\begin{aligned} PV &= nRT \\ &= \left(\frac{N}{N_A}\right)RT \end{aligned} \tag{3}$$

따라서

$$\begin{aligned} \left(\frac{N}{V}\right) &= \frac{PN_A}{RT} \\ &= \frac{P}{k_B T} \quad (R = k_B N_A) \end{aligned} \tag{4}$$

식 4를 식 2에 대입하면 식 2.29가 된다.

$$\begin{aligned} Z_A &= \frac{P}{k_B T}\left(\frac{k_B T}{2\pi m}\right)^{1/2} \\ &= \frac{P}{(2\pi m k_B T)^{1/2}} \end{aligned} \tag{5}$$

참고문헌

책

Hildebrand, J. H., *An Introduction to Molecular Kinetic Theory*, Chapman & Hall, London, 1963 (Van Nostrand Reinhold Company, New York).

Hirschfelder, J. O., C. F. Curtiss, and R. B. Bird, *The Molecular Theory of Gases and Liquids*, John Wiley & Sons, New York, 1954.

Tabor, D., *Gases, Liquids, and Solids*, 3rd ed., Cambridge University Press, New York, 1996.

Walton, A. J., *The Three Phases of Matter*, 2nd ed., Oxford University Press, New York, 1983.

논문

"Kinetic Energies of Gas Molecules," J. C. Aherne, *J. Chem. Educ.* **42**, 655 (1965).

"Kinetic Theory, Temperature, and Equilibrium," D. K. Carpenter, *J. Chem. Educ.* **43**, 332 (1966).

"Graham's Laws of Diffusion and Effusion," E. A. Mason and B. Kronstadt, *J. Chem. Educ.* **44**, 740 (1967).

"Heat Capacity and the Equipartition Theorem," J. B. Dence, *J. Chem. Educ.* **49**, 798 (1972).

"The Assumption of Elastic Collisions in Elementary Gas Kinetic Theory," B. Rice and C. J. G. Raw, *J. Chem. Educ.* **51**, 139 (1974).

"Velocity and Energy Distribution in Gases," B. A. Morrow and D. F. Tessier, *J. Chem. Educ.* **59**, 193 (1982).

"Temperature, Cool but Quick," S. M. Cohen, *J. Chem. Educ.* **63**, 1038 (1986).

"Applications of Maxwell-Boltzmann Distribution Diagrams," G. D. Peckham and I. J. McNaught, *J. Chem. Educ.* **69**, 554 (1992).

"Misuse of Graham's Laws," S. J. Hawkes, *J. Chem. Educ.* **70**, 836 (1993).

"Graham's Law and Perpetuation of Error," S. J. Hawkes, *J. Chem. Educ.* **74**, 1069 (1997).

"An Alternative Derivation of Gas Pressure Using the Kinetic Theory," F. Rioux, *Chem. Educator* [Online] **4**, 237 (2003) DOI 10.1333/s00897030704a.

문제

기체 분자 운동론

2.1 기체 분자 운동론으로 Boyle 법칙, Charles 법칙, Dalton 법칙을 설명하시오.

2.2 온도는 거시적(macroscopic) 개념인가, 미시적(microscopic) 개념인가? 설명하시오.

2.3 기체 분자 운동론을 기체에 적용할 때, 분자는 상자의 벽과 탄성 충돌을 한다고 가정하였다. 실제로는 기체의 온도가 일정하게만 유지되면, 비탄성 충돌이 일어나도 같은 결과를 얻게 된다. 그 이유를 설명하시오.

2.4 속력이 45,000 cm s^{-1}인 Ar 원자가, 면적이 4.0 cm^2인 벽에 90° 각도로 부딪히고 있다. 1초에 2.0×10^{23}개의 원자가 부딪힌다면, 벽에 미치는 압력은 몇 atm인가?

2.5 25°C에서 정육면체 상자에 He이 들어 있다. 원자들이 벽에 수직으로(90^o로) 초당 4.0×10^{22}번 부딪히고 있을 때, 벽에 미치는 힘과 압력을 구하시오(벽의 면적은 100 cm^2이고, 원자의 속력은 600 m s^{-1}이다).

2.6 20°C의 1몰 N_2 분자에 대해 평균 병진 운동 에너지를 구하시오.

2.7 He 원자의 온도를 얼마로 낮추면, 25°C의 O_2 분자와 같은 v_{rms}가 되겠는가?

2.8 CH_4의 c_{rms}는 846 m s^{-1}이다. 이 기체의 온도는 얼마인가?

2.9 온도가 250 K인 성층권에 있는 오존 분자의 c_{rms}를 구하시오.

2.10 25°C N_2 분자와 c_{rms}가 같아지려면, He의 온도는 몇 도가 되어야 하는가? N_2의 c_{rms}를 계산하지 말고 이 문제를 푸시오.

Maxwell 속력 분포

2.11 Maxwell 속력 분포를 유도하는 과정에서 어떤 가정들을 하였는가?

2.12 다음 속도 분포 함수를 그리시오. **(a)** 같은 온도의 He, O_2, UF_6, **(b)** 300 K와 1000 K에서의 CO_2

2.13 같은 그래프에 다음의 두 곡선을 그린 후, Maxwell 속력 분포 곡선(그림 2.4)의 최댓값에 대해 설명하시오. (1) c^2과 c (2) 300 K의 Ne에 대한 $e^{-mc^2/2k_BT}$와 c

2.14 20°C의 N_2 분자가 해수면에서 위로 방출되었다. 온도는 일정하고 다른 분자와의 충돌은 일어나지 않는다고 가정할 때, 이 분자가 정지하기 전까지 올라갈 수 있는 높이는 몇 m인가? [Hint: 분자가 올라갈 수 있는 높이 h는 운동 에너지와 퍼텐셜 에너지(mgh)를 같게 놓으면 구할 수 있다. 이때 m은 질량이며, g는 중력 가속도 (9.81 m s^{-2})이다.]

2.15 12개 입자의 속력(cm s^{-1})이 0.5, 1.5, 1.8, 1.8, 1.8, 1.8, 2.0, 2.5, 2.5, 3.0, 3.5, 4.0이다. 다음을 구하시오. **(a)** 평균 속력, **(b)** 제곱 평균근 속력, **(c)** 최빈 속력. 결과에 대해 설명하시오.

2.16 어떤 온도에서 용기에 들어 있는 기체 분자 6개의 속력이 2.0 m s^{-1}, 2.2 m s^{-1}, 2.6 m s^{-1}, 2.7 m s^{-1}, 3.3 m s^{-1}, 3.5 m s^{-1}이었다. 분자들의 제곱 평균근 속력과 평균 속력을 구하시오. 이 평균값들은 비슷하지만, 제곱 평균근 속력이 항상 더 크다. 그 이유는 무엇인가?

2.17 다음 그림은 두 가지 다른 온도(T_1과 T_2)에서 어떤 이상 기체의 Maxwell 속력 분포 곡선이다. T_2 값을 계산하시오.

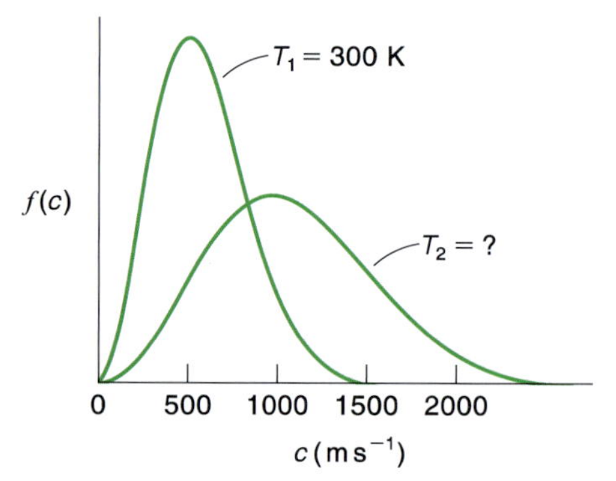

2.18 $\bar{c}$ 값을 구할 때 사용했던 방법으로, c_{rms}에 해당하는 식을 유도하시오(Hint: *Handbook of Chemistry and Physics* 등에 있는 정적 분표를 이용하여 적분값을 구하시오).

2.19 이 장에서 설명한 방법으로 c_{mp}에 해당하는 식을 구하시오.

2.20 298 K에서 Ar의 c_{rms}, c_{mp}, $\bar{c}$를 구하시오.

2.21 25°C에서 C_2H_6의 c_{mp}를 구하시오. 속력이 989 m s^{-1}인 분자의 수와 c_{mp} 값을 갖는 분자의 수의 비율은?

2.22 이상 기체의 최빈(most probable) 병진 에너지에 해당하는 식을 유도하시오. 이 결과를 같은 기체의 평균 병진 에너지와 비교하시오.

2.23 어떤 학생이 실험실 한쪽 구석 책상에서 진한 암모니아수 병의 뚜껑을 열면, 실험실의 다른 쪽 끝에서도 냄새를 맡을 수 있다. 냄새를 맡기까지에는 몇 분 정도가 소요되며, 분자의 속력을 고려할 때 이 시간은 매우 길게 느껴진다. 그 이유를 설명하시오.

2.24 기체의 평균 자유 행로는 다음 값에 따라 어떻게 변하는가? **(a)** 일정 부피하에서의 온도, **(b)** 밀도, **(c)** 일정한 온도하에서의 압력, **(d)** 일정한 온도하에서의 부피, **(e)** 분자의 크기

2.25 20개의 구슬이 들어 있는 상자를 격렬하게 흔들었다. 상자의 부피는 850 cm^3이며, 구슬의 지름은 1.0 cm일 때, 구슬의 평균 자유 행로를 구하시오.

2.26 300 K, 1.00 atm에서의 HI 분자의 평균 자유 행로와, 단위 시간에 단위 부피(L)에서 일어나는 이원 충돌 횟수를 구하시오(단, HI 분자의 충돌 지름은 5.10 Å이며, 기체는 이상 기체로 가정한다).

2.27 압력이 1.0×10^{-10} torr 정도일 때, 초고진공이라고 한다. 이 압력과 350 K에서 N_2 분자의 평균 자유 행로를 구하시오.

2.28 밀폐된 용기 속에 들어 있는 He 원자들이 2.74×10^4 m s^{-1}의 속력으로 동시에 움직이기 시작했다고 가정하자. 이후 원자들의 속력이 Maxwell 분포에 도달할 때까지 충돌이 일어나게 하였다. 평형 상태에 도달했을 때 기체의 온도는 얼마인가? (단, 기체와 주위의 열교환은 일어나지 않는다고 가정한다.)

2.29 다음 위치에서의 공기 분자의 충돌 횟수와 평균 자유 행로를 비교하시오. **(a)** 해수면($T = 300$ K, 밀도 $= 1.2 \times 10^{-3}$ g L^{-1}), **(b)** 성층권($T = 250$ K, 밀도 $= 5.0 \times 10^{-3}$ g L^{-1}). 공기의 몰질량은 29.0 g으로 하고, 충돌 지름은 3.71 Å이다.

2.30 40°C에서 수은(Hg) 증기의 Z_1과 Z_{11} 값을 $P = 1.0$ atm과 $P = 0.10$ atm에 대해 모두 구하시오. 이 두 값은 압력에 따라 어떻게 달라지는가?

기체의 점도

2.31 액체와 기체의 점도는 온도 변화에 따라 어떻게 달라지는가?

2.32 288 K에서 에틸렌의 평균 속력과 충돌 지름을 계산하시오(에틸렌의 점도는 288 K에서 99.8×10^{-7} N s m^{-2}이다).

2.33 21.0°C, 1.0 atm에서 이산화 황의 점도는 1.25×10^{-5} N s m^{-2}이다. 이 온도와 압력에서 SO_2 분자의 충돌 지름과 평균 자유 행로를 구하시오.

기체의 확산과 분출

2.34 식 2.14로부터 식 2.28을 유도하시오.

2.35 습지나 하수도에서는 특정 혐기성 박테리아에 의해 인화성 기체가 발생한다. 순수한 인화성 기체가 작은 구멍을 통해 12.6분에 걸쳐 분출된 것이 확인되었다. 같은 온도와 압력하에서, 산소가 분출되는 데 17.8분이 걸렸다. 이 기체의 몰질량을 구하고, 어떤 기체인지 추정하시오.

2.36 니켈로부터 분자식이 $Ni(CO)_x$인 기체 화합물이 합성되었다. 같은 온도와 압력하에서 메테인(CH_4)은 이 화합물보다 3.3배 더 빨리 분출되었다. x값은?

2.37 2.00분 동안에 작은 구멍을 통해 분출된 He의 양이 29.7 mL였다. 같은 온도와 압력하에서 같은 시간 동안 분출된 CO와 CO_2 혼합물의 양은 10.0 mL였다. 혼합물의 조성을 부피 퍼센트로 구하시오.

2.38 UF_6의 분출 과정을 이용하여 우라늄-235를 우라늄-238로부터 분리해 낼 수 있다. 처음 비율이 50:50인 혼합물이 한 번의 분출 과정을 거쳤을 때의 농축도는 몇 퍼센트가 되겠는가?

2.39 같은 몰수의 H_2와 D_2가 특정한 온도에서 작은 구멍으로 분출되었다. 구멍을 통과하는 기체의 성분은 몰분율로 얼마인가? 중수소의 몰질량은 2.014 g mol^{-1}이다.

2.40 부피가 V인 상자 속에 들어 있는 기체 분자가, 단면적이 A인 구멍을 통해 분출되는 속도(r_{eff})는 $(\frac{1}{4})\, n\, N_A\, \bar{c}A/V$로 주어진다. 여기서 n은 기체의 몰수이다. 부피가 30.0 L이고, 압력이 1,500 torr인 타이어가 날카로운 못 때문에 펑크가 났다. **(a)** 펑크 구멍의 지름이 1.0 mm일 때 분출 속도를 구하시오. **(b)** 타이어 공기의 반이 분출될 때까지 걸리는 시간은 얼마인가? (단, 분출 속도와 타이어의 부피는 일정하다고 가정한다.) 공기의 몰질량은 29.0 g이며, 온도는 32.0°C이다.

에너지 등분배

2.41 다음 분자의 각 자유도(병진, 회전, 진동)를 구하시오. **(a)** Xe, **(b)** HCl, **(c)** CS_2, **(d)** C_2H_2, **(e)** C_6H_6, **(f)** 9272개의 원자로 이루어진 헤모글로빈 분자

2.42 에너지 등분배 정리를 설명하시오. 이원자 분자와 다원자 분자의 경우에는 이 이론이 잘 맞지 않는 이유는 무엇인가?

2.43 온도가 298 K이고 부피는 같은(고정된 부피) Ar, CH_4, H_2 각 1몰에 500 J의 에너지를 공급하였다. 어떤 기체의 온도가 가장 높아지겠는가?

2.44 350 K에서 다음 분자의 평균 운동 에너지($\bar{E}_{trans}$)를 구하시오. **(a)** He, **(b)** CO_2, **(c)** UF_6. 결과에 대해 설명하시오.

2.45 네온 기체를 300 K에서 390 K로 가열하였다. 운동 에너지는 몇 퍼센트 증가하였는가?

2.46 병진과 회전 운동만 열용량에 기여한다고 가정하고, H_2, CO_2, SO_2의 $\bar{C}_V$를 구하시오. 그 결과를 표 2.3에 수록된 값과 비교하고, 그 차이를 설명하시오.

2.47 5°C의 암모니아 1몰을 90°C의 헬륨 3몰과 접촉시켰다. 암모니아의 $\bar{C}_V$는 $3R$이며, 부피는 변하지 않을 때, 기체의 최종 온도는?

2.48 인접한 회전, 진동, 전자 에너지 준위의 전형적인 간격은 각각 5.0×10^{-22} J, 5.0×10^{-20} J, 1.0×10^{-18} J이다. 각각의 에너지에 대하여, 298 K에서 두 인접한 에너지 준위에 속한 분자수의 비(높은 준위/낮은 준위)를 구하시오.

2.49 He 원자의 전자 에너지의 경우, 첫 번째 들뜬 에너지 준위는 바닥 상태 에너지 준위보다 3.13×10^{-18} J 더 높다. 전자 전이가 열용량에 상당한 기여를 하게 되는 온도를 어림잡아 구하시오. (첫 번째 들뜬 에너지 준위의 원자수가 바닥 상태 원자수의 5.0%가 되는 온도를 계산하면 됨.)

2.50 온도와 압력이 같은 1몰의 He와 N_2 기체가 있다. 다음 값이(만약 다르다면) 더 큰 기체는? **(a)** $\bar{c}$, **(b)** c_{rms}, **(c)** $\bar{E}_{trans}$, **(d)** Z_1, **(e)** Z_{11}, **(f)** 밀도, **(g)** 평균 자유 행로, **(h)** 점도

2.51 어떤 기체 산화물의 제곱 평균근 속력이 20°C에서 493 m s^{-1}이었다. 이 화합물의 분자식은 무엇인가?

2.52 298 K에서 SO_2의 $\bar{C}_V$는 CO_2보다 크다. 그러나 매우 높은 온도(>1000 K)에서는 CO_2의 $\bar{C}_V$가 SO_2보다 크다. 설명하시오.

2.53 반지름이 43.0 cm인 구형 풍선 속에 들어 있는 공기의 온도와 압력이 각각 24°C와 1.2 atm이다. 공기 분자의 전체 병진 운동 에너지를 구하시오. 이 에너지는 200 mL의 물을 20°C에서 90°C로 가열하는 데 충분한가? (물의 밀도는 1.0 g cm^{-3}이며, 비열은 4.184 J g^{-1} °C^{-1}이다.)

추가 연습문제

2.54 다음 장치는 원자와 분자의 속력을 측정하는 데 사용된다. 금속 원자살이 진공에서 회전하는 원통으로 향하도록 한다. 원통에 뚫려 있는 작은 슬릿을 통해 원자들이 목표 구역(target area)에 도달하게 된다. 원통이 회전하고 있기 때문에 다른 속력으로 움직이는 원자는 목표 구역의 다른 지점에 충돌한다. 시간이 지나면 목표 지점에 금속 층이 증착되며, 증착 층의 두께 변화는 Maxwell 속력 분포에 해당한다. 850°C에서 이루어진 한 실험에서, 슬릿과 정확히 반대쪽에 있는 점에서 2.80 cm 떨어진 지점에 비스무트(Bi) 원자들이 증착되었다. 원통의 지름은 15.0 cm이며 원통은 1초에 130번 회전한다. **(a)** 목표점이 움직이는 속도($m\ s^{-1}$)를 구하시오(Hint: 원의 둘레는 $2\pi r$이다. r은 반지름). **(b)** 목표점이 2.80 cm 움직이는 데 걸리는 시간(초)을 구하시오. **(c)** Bi 원자의 속력을 구하시오. 850°C에서 Bi 원자의 c_{rms}를 구한 후 (c)의 결과와 비교하고 그 차이에 대해 설명하시오.

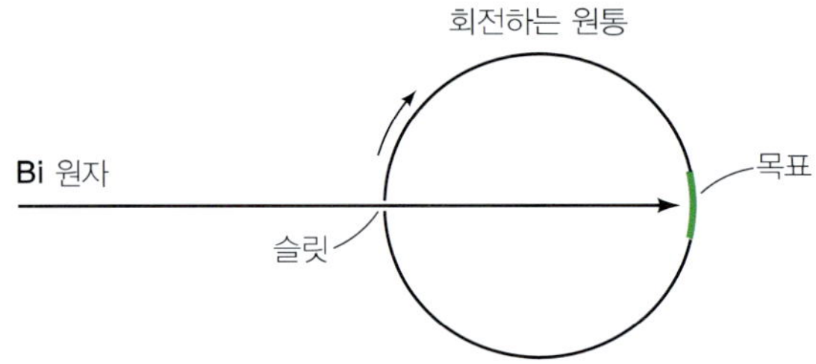

2.55 열용량에 대한 지식을 이용하여, 뜨겁고 눅눅한 공기가 뜨겁고 건조한 공기에 비해 더 불쾌하게 느껴지며, 차갑고 축축한 공기가 차갑고 건조한 공기에 비해 더 불편하게 느껴지는 이유를 설명하시오.

2.56 지구 중력장으로부터의 탈출 속도 v는 $(2GM/r)^{1/2}$로 주어진다. 이 식에서 G는 만유인력 상수($6.67 \times 10^{-11}\ m^3\ kg^{-1}\ s^{-2}$), M은 지구의 질량(6.0×10^{24} kg), r은 지구 중심에서부터 물체까지의 거리(m)이다. 열권(고도가 약 100 km이며, $T = 250$ K)에 있는 He와 N_2 분자의 평균 속력을 비교하시오. 어떤 분자의 탈출 가능성이 더 높은가? (지구의 반지름은 6.4×10^6 m이다.)

2.57 우주선을 타고 달 여행을 간다고 생각해 보자. 우주선의 공기는 부피비로 20%의 산소와 80%의 헬륨으로 이루어져 있다. 이륙 전에 어떤 사람이 공기가 조금씩 새는 것을 발견하였다. 만약 모르고 지나쳤다면 분출이 일어나 매일 0.050 atm씩 공기가 빠져나갈 수 있는 구멍이었다. 우주선의 온도는 22°C로 유지되고 부피는 1.5×10^4 L일 때, 공기의 누출을 그대로 두고 10일간 여행하려면, 비축해야 할 산소와 헬륨의 양은 몇 g인가? (Hint: $PV = nRT$를 이용하여 매일 잃어버리는 공기의 양을 먼저 계산해야 한다. 분출 속도는 기체의 압력에 비례한다. 분출이 일어나도 우주선의 압력과 기체의 평균 자유 행로는 변하지 않는다고 가정할 것.)

2.58 293 K에서 1300 m s^{-1}의 속력을 갖는 O_3 분자의 수와, 360 K에서 같은 속도를 갖는 O_3 분자 수의 비를 구하시오.

2.59 300 K, 1 atm에서 평형 상태에 있는 크립톤(Kr) 1.0몰의 충돌 빈도를 구하시오. 다음 변화 중 충돌 빈도를 더 증가시키는 것은? **(a)** 일정한 압력하에서 온도를 두 배로 높임. **(b)** 일정한 온도에서 압력을 두 배로 높임. (Hint: 표 2.1의 충돌 지름을 이용할 것.)

2.60 기체 분자 운동론의 지식을 이용하여 다음 경우를 설명하시오. **(a)** 부피가 V_1과 $V_2(V_2 > V_1)$인 두 개의 플라스크에 같은 온도, 같은 수의 헬륨 원자가 들어 있다. **(i)** 두 플라스크에 들어 있는 헬륨(He) 원자의 제곱 평균근(rms) 속도와 평균 운동 에너지를 비교하시오. **(ii)** 두 플라스크에 들어 있는 He 원자가 벽에 충돌하는 빈도와 힘을 비교하시오. **(b)** 온도가 T_1과 $T_2(T_2 > T_1)$인 부피가 같은 두 개의 플라스크에 같은 수의 He 원자가 들어 있다. **(i)** 두 플라스크에 들어 있는 He 원자의 rms 속력을 비교하시오. **(ii)** 두 플라스크에 들어 있는 He 원자가 벽에 충돌하는 빈도와 힘을 비교하시오. **(c)** 같은 수의 He 원자와 네온(Ne) 원자가 부피가 같은 두 개의 플라스크에 들어 있다. 두 기체의 온도는 모두 74°C이다. 다음은 타당한 설명인가? **(i)** He와 Ne의 rms 속력은 서로 같다. **(ii)** 두 기체의 평균 운동 에너지는 서로 같다. **(iii)** 각 He 원자의 rms 속력은 1.47×10^3 m s^{-1}이다.

2.61 엠파이어스테이트 빌딩 꼭대기 층(높이는 약 1225 ft)과 해수면에서 기압계로 측정되는 값을 비교하시오 (단, 온도는 20°C라고 가정한다).

2.62 뜨거운 공기가 상승하는 이유를 기체 분자 운동론으로 설명하시오.

2.63 지구 상에 있는 모든 기체 분자의 절반이 포함되는 해발 고도는 몇 m인가? (단, 평균 온도는 250 K으로 가정한다.)

2.64 두 이상 기체 A와 B를 다른 온도로 가열하였다. 만약 각각의 온도에서, 두 기체의 압력과 밀도가 서로 같다면, 평균 속도도 서로 같음을 보이시오.

2.65 He 원자가 25°C N_2 분자와 c_{rms} 값이 같아지는 온도는 얼마인가?

2.66 같은 온도에서 HI보다 c_{rms}가 2.82배 더 큰 기체는?

2.67 차원 분석으로 k_BT/mg의 단위는 길이가 됨을 보이시오.

3장 열역학 제1법칙

뜨거운 것이 좋아.

열역학(thermodynamics)은 열과 온도의 과학이다. 특히 열에너지가 역학적 에너지와 전기 에너지를 비롯한 다른 형태의 에너지로 변하는 과정을 설명해 준다. 열역학의 원리는 화학, 물리학, 생물학, 공학 등에 광범위하게 적용된다. 열역학이 과학의 강력한 도구가 될 수 있는 이유는 무엇일까? 열역학은 완벽하게 논리적이며, 복잡한 수학적 계산 없이도 그 원리를 적용할 수 있다. 계에 대한 실험 결과는 열역학적으로 체계화할 수 있으며, 추가적인 실험 없이 결론에 도달할 수 있게 해 준다. 특히 어떤 반응이 일어날 수 있는지, 반응의 최대 수득률은 얼마가 될지 등을 예측할 수 있게 해 준다.

열역학은 압력, 온도, 부피와 같은 성질들과 관련된 거시적인 과학이다. 분자 모형에 기초하여 거시적인 특성을 설명하는 양자 역학과는 달리, 열역학은 원자나 분자 개념에 기초하고 있지 않다. 실제로 원자 이론이 확립되기 훨씬 전에 열역학의 핵심 개념이 정립되었다. 이것은 열역학의 주요 장점 중의 하나이다. 반면에 복잡한 현상을 분자 수준에서 설명하고자 할 때에는 열역학 법칙에서 유도된 식은 적합하지 않다. 또한 열역학으로부터 화학 반응의 방향이나 반응 정도를 예측할 수 있지만, 반응 **속도**(rate)에 대해서는 전혀 알 수 없다. 반응 속도에 관한 것은 15장의 화학 반응 속도론에서 다루어진다.

이 장에서는 열역학 제1법칙을 소개하고 열화학에 관하여 설명하고자 한다.

3.1 일과 열

이 절에서는 열역학 제1법칙의 기반이 되는 두 개념인 열과 일에 대해 공부한다.

일

고전 역학에서, **일**(work)은 힘에 거리를 곱한 값으로 정의한다. 열역학에서의 일은 보다 미묘한 개념으로, 표면 변화에 의한 일, 전기적인 일, 자기적인 일 등을 포함한 광범위한 과정과 관련되어 있다(표 3.1).

표 3.1 일의 종류

일의 종류	표기[a]	기호의 의미
기계적 일	$f\ dx$	f: 힘, dx: 이동 거리
표면 일	$\gamma\ dA$	γ: 표면 장력, dA: 표면적의 변화량
전기적 일	$E\ dQ$	E: 전위차, dQ: 이동한 전하의 양
중력에 의한 일	$mg\ dh$	m: 질량, g: 중력 가속도, dh: 높이의 변화량
팽창 일	$P\ dV$	P: 압력, dV: 부피의 변화량

[a] d로 표기된 일의 양은 무한소 과정에서 발생하는 양이다.

일의 양을 쉽게 구할 수 있는 예로, 기체가 팽창하는 경우를 살펴보자. 무게와 마찰이 없는 피스톤이 장착된 실린더 내에 기체 시료가 들어 있다. 계의 온도 T는 일정하다고 가정한다. 그림 3.1과 같이 기체가 처음 상태(P_1, V_1, T)에서 마지막 상태(P_2, V_2, T)로 팽창하였다. 대기압은 없으며, 피스톤 위에 올려 있는 질량이 m인 추의 압력에 거슬러 기체의 팽창이 일어난다고 가정하자. 처음 높이 h_1에서 마지막 높이 h_2로 추를 밀어 올릴 때의 일의 양(w)은 다음과 같다.

$$\begin{aligned} w &= -\text{힘} \times \text{거리} \\ &= -\text{질량} \times \text{가속도} \times \text{거리} \\ &= -mg(h_2 - h_1) \\ &= -mg\Delta h \end{aligned} \tag{3.1}$$

g는 중력 가속도(9.81 m s^{-2})이며, $\Delta h = h_2 - h_1$이다. 질량 m의 단위는 킬로그램(kg), h의 단위는 미터(m)이므로 전체 단위는 에너지(J)가 된다. 식 3.1에서 마이너스 부호는 다음과 같은 의미가 있다. 팽창 과정에서 $h_2 > h_1$이며, w는 0보다 작은 값이다. 즉 계가 주위에 일을 해 주면 일은 (−)가 된다. 부피가 감소하는 경우에는 $h_2 < h_1$이므로 계에 일을 해 주게 되며, w는 (+)가 된다.

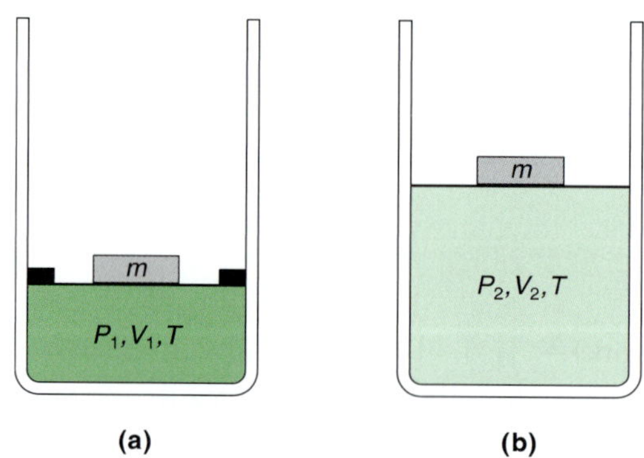

그림 3.1 기체의 등온 팽창. **(a)** 처음 상태, **(b)** 마지막 상태

일의 방향에 반대되는 외부의 압력 P_{ex}는 힘/면적이므로

$$P_{ex} = \frac{mg}{A}$$

이며, 일은 다음과 같다.

$$\begin{aligned} w = -P_{ex}A\Delta h &= -P_{ex}(V_2 - V_1) \\ &= -P_{ex}\Delta V \end{aligned} \tag{3.2}$$

여기서 A는 피스톤의 단면적이며, $A\Delta h$는 부피의 변화량이 된다. 식 3.2를 보면 팽창 과정에서의 일의 양은 외부의 압력 P_{ex}에 비례함을 알 수 있다. 일정한 온도 T에서 기체의 부피가 V_1에서 V_2로 늘어나며 일을 할 때, 팽창 과정의 조건에 따라 일의 양은 매우 다른 값이 된다. 극단적인 예로, 기체가 진공으로 팽창하는 경우를 생각해 보자(피스톤의 질량 m이 제거된 경우). $P_{ex} = 0$이므로 일의 양 $-P_{ex}\Delta V$도 0이 된다. 일반적인 경우에는 피스톤에 특정한 질량을 갖는 추를 올려놓아 외부의 압력을 일정하게 할 수 있다. 앞에서 본 것처럼 이 경우 일의 양은 $-P_{ex}\Delta V$가 된다($P_{ex} \neq 0$). 기체가 팽창하면서 기체 자체의 압력 P_{in}은 계속 감소하는 것에 유의하자. 기체가 팽창하기 위해서는 전 과정에서 $P_{in} > P_{ex}$이어야 한다. 예를 들어 온도 T에서 외부의 압력이 1 atm(P_{ex} = 1 atm)이면, P_{in} = 5 atm인 기체는 압력이 정확히 1 atm으로 낮아졌을 때 팽창을 멈출 것이다.

기체의 부피 변화가 같을 때 더 많은 일을 하도록 할 수 있을까? 질량이 매우 작은 동일한 추가 무한히 많이 쌓여, 피스톤에 5 atm의 압력이 걸려 있다고 가정하자. $P_{in} = P_{ex}$이므로 계는 기계적인 평형 상태에 있다. 추 한 개를 제거하면 극소량이지만 외부 압력이 감소하므로 $P_{in} > P_{out}$ 상태가 되고, P_{in}이 다시 P_{out}과 같아질 때까지 기체는 아주 조금 팽창할 것이다. 두 번째 추가 제거되면 기체는 다시 약간 팽창하게 된다. 이러한 과정을 계속하여 외부의 압력이 1 atm이 되면, 처음부터 외부의 압력이 1 atm으로 일정할 때와 같은 부피로 팽창하게 된다, 이 과정에서의 일의 양을 계산해 보자. 추를 하나씩 제거하는 과정에서 극소량의 일을 해 주게 되며, 그 양은 $-P_{ex}dV$가 된다. 여기서 dV는 무한소 부피 증가이다. 따라서 V_1에서 V_2로 팽창하는 과정에서 전체 일의 양은 다음과 같다.

$$w = -\int_{V_1}^{V_2} P_{ex}dV \tag{3.3}$$

이 과정에서 외부의 압력 P_{ex}는 상수가 아니므로 내부의 부피 변화 dV에 대한 적분은 불가능하나.* 그러나 모든 과정에서 P_{in}의 값은 P_{ex}에 비해 무한소만큼 크다.

$$P_{in} - P_{ex} = dP$$

---

* 만약 P_{ex}가 일정하다면, 적분값은 $-P_{ex}(V_2 - V_1)$ 또는 $-P_{ex}\Delta V$가 될 것이다.

따라서 식 3.3은 다음과 같이 쓸 수 있다.

$$w = -\int_{V_1}^{V_2} (P_{\text{in}} - dP)dV$$

$dPdV$는 두 무한소의 곱이므로 $dPdV \approx 0$으로 놓을 수 있으므로, 위 식은

$$w = -\int_{V_1}^{V_2} P_{\text{in}}dV \tag{3.4}$$

로 쓸 수 있다. P_{in}은 계(예를 들어 기체)의 압력이므로 특정한 상태식으로 나타낼 수 있고 식 3.4의 적분은 계산이 가능하다. 이상 기체의 경우

$$P_{\text{in}} = \frac{nRT}{V}$$

이므로

$$w = -\int_{V_1}^{V_2} \frac{nRT}{V}dV$$

$$= -nRT\ln\frac{V_2}{V_1} = -nRT\ln\frac{P_1}{P_2} \tag{3.5}$$

가 된다. n과 T가 일정할 때 $P_1V_1 = P_2V_2$임에 유의할 것.

식 3.5는 앞에서 구한 일의 양($-P_{\text{ex}}\Delta V$)과는 매우 다른 형태이며, 실제로 V_1에서 V_2로 부피가 팽창할 때 해 줄 수 있는 일의 **최댓값**(maximum)이 된다. 그 이유는 어렵지 않게 설명할 수 있다. 외부의 압력에 거슬러 팽창하는 과정에서 일을 하게 된다. 따라서 팽창의 전 과정에서 외부와 내부의 압력 차이를 무한히 작게 유지하면 일의 양은 최대가 된다. 이러한 조건에서의 팽창을 **가역**(reversible) 과정이라고 한다. 가역적이란 말은 외부의 압력이 극소량(dP) 커지면 팽창이 멈춘다는 의미이다. P_{ex}가 다시 dP 만큼 증가하면 역으로 압축이 일어난다. 따라서 가역적 과정에서는 계가 항상 평형 상태를 유지하며 변화가 일어난다.

화학 반응 속도론에서 **가역적**이란, 반응이 양쪽 방향으로 진행할 수 있다는 뜻이다.

가역 변화가 완료되려면 무한히 긴 시간이 걸릴 것이므로 실제로 관찰할 수는 없다. 기체가 매우 천천히 팽창하도록 하여 가역적인 조건에 근접하도록 계를 설정할 수는 있지만, 완전한 가역 변화를 실험적으로 실현하는 것은 불가능하다. 실험실에서는 비가역적인 **실제** 과정으로 연구할 수밖에 없다. 그러나 변화 과정에서 얻을 수 있는 최대한의 일의 양은 가역 과정을 통하여 계산할 수 있으므로, 가역 과정에 대한 연구는 매우 중요하다. 이 양은 화학적 및 생물학적 과정의 효율을 추정하기 위한 중요한 값이며, 4장에서 배우게 된다.

예제 3.1

압력이 15.0 atm, 온도가 300 K인 이상 기체 0.850몰이 등온 팽창하여 최종 압력이 1.00 atm이 되었다. 다음 조건에서 변화가 일어났을 때의 일의 양을 구하시오. (a) 진공으로 팽창, (b) 외부의 압력이 1.00 atm으로 일정, (c) 가역 변화

답

(a) $P_{ex} = 0$이므로 $-P_{ex}\Delta V = 0$이 되며, 이 경우 해 준 일은 없다.

(b) 외부의 압력에 반하여 팽창하므로 일을 해야 한다. 처음과 마지막 부피는 이상 기체식에서 구할 수 있다.

$$V_1 = \frac{nRT}{P_1} \qquad V_2 = \frac{nRT}{P_2}$$

또한 최종 압력이 외부 압력과 같아지므로 $P_{ex} = P_2$가 된다. 식 3.2를 이용하면 일의 양을 구할 수 있다.

$$\begin{aligned} w &= -P_2(V_2 - V_1) \\ &= -nRTP_2\left(\frac{1}{P_2} - \frac{1}{P_1}\right) \\ &= -(0.850 \text{ mol})(0.08206 \text{ L atm K}^{-1} \text{ mol}^{-1})(300 \text{ K})(1.00 \text{ atm}) \\ &\quad \times\left(\frac{1}{1.00 \text{ atm}} - \frac{1}{15.0 \text{ atm}}\right) \\ &= -19.5 \text{ L atm} \end{aligned}$$

환산 인자 1 L atm = 101.3 J을 이용하여 이 결과를 에너지 단위(J)로 바꾸어 준다.

$$\begin{aligned} w &= -19.5 \text{ L atm} \times \frac{101.3 \text{ J}}{1 \text{ L atm}} \\ &= -1.98 \times 10^3 \text{ J} \end{aligned}$$

(c) 등온 가역 과정에서의 일은 식 3.5를 이용하여 구할 수 있다.

$$\begin{aligned} w &= -nRT\ln\frac{V_2}{V_1} \\ &= -nRT\ln\frac{P_1}{P_2} \\ &= -(0.850 \text{ mol})(8.314 \text{ J K}^{-1} \text{ mol}^{-1})(300 \text{ K})\ln\frac{15.0 \text{ atm}}{1.00 \text{ atm}} \\ &= -5.74 \times 10^3 \text{ J} \end{aligned}$$

COMMENT

(b)와 (c)에서의 (−) 부호는 계가 주위에 일을 해 주었다는 것을 나타낸다. 예상한 대로 가역 팽창 과정에서 해 준 일의 양이 최대이다.

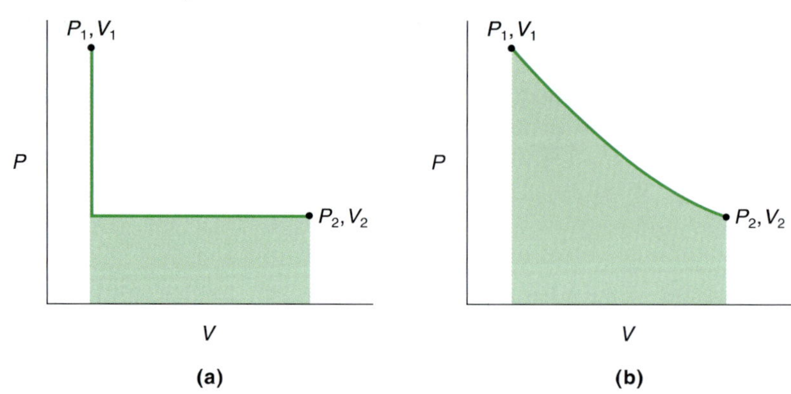

그림 3.2

P_1, V_1에서 P_2, V_2로의 기체의 등온 팽창. **(a)** 비가역 과정, **(b)** 가역 과정. 색칠한 부분의 면적은 각각의 변화 과정에서 해 준 일의 양을 나타낸다. 가역 과정에서의 일이 최대가 된다.

그림 3.2는 예제 3.1 (b)와 (c)에서 해 준 일의 양을 그림으로 보여 준다. 비가역 과정(그림 3.2a)에서 해 준 일의 양은 $P_2(V_2 - V_1)$이므로, 일의 양은 색칠한 직사각형의 면적이다. 가역 과정의 경우에는 일의 양은 곡선 아래 부분의 면적으로 나타낼 수 있다(그림 3.2b). 이 경우 외부 압력이 일정하게 유지되지 않으므로 면적은 훨씬 더 커지게 된다.

열역학에서 사용되는 몇 가지 용어에 대한 설명이 1쪽에 있다.

지금까지 배운 것에 기초하여, 일에 대하여 몇 가지 결론을 얻을 수 있다. 첫째, 일을 에너지 전달의 한 방식으로 이해해야 한다. 압력 차가 존재하면 기체는 팽창한다. 내부와 외부의 압력이 같아지면 일은 더 이상 이루어지지 않는다. 둘째, 일의 양은 어떤 과정으로 변화가 일어났느냐에 따라 달라진다. 즉 **경로**(path)(예를 들어 가역적 또는 비가역적)가 달라지면, 처음 상태와 마지막 상태가 같더라도 일의 양이 달라진다. 따라서 일은 계의 상태에 따라 값이 정해지는 **상태 함수**(state function)가 아니다. 계 자체가 갖고 있는 일의 능력 또는 일의 양 등은 성립할 수 없는 말이다.

상태 함수의 중요한 특성은, 계의 상태 변화에 따른 함수 값의 변화량은 경로에 관계없이 처음 상태와 마지막 상태에 의해서만 결정된다는 것이다. 처음 부피가 V_1(2 L)인 기체가 마지막 부피 V_2(4 L)로 등온 팽창한 경우를 생각해 보자. 부피 변화나 증가는 다음과 같다.

$$\begin{aligned}\Delta V &= V_2 - V_1 \\ &= 4\text{ L} - 2\text{ L} = 2\text{ L}\end{aligned}$$

이 변화는 다양한 방법으로 일어날 수 있다. 위에 설명한 것과 같이 2 L에서 바로 4 L로 팽창할 수도 있으며, 6 L로 팽창시켰다가 4 L로 압축시키는 방법 등등이 있다. 어떤 방법으로 변화가 일어났는가에 관계없이 부피 변화는 항상 2 L이다. 부피의 경우에서와 비슷한 방법으로, 압력과 온도도 상태 함수라는 것을 증명할 수 있다.

열

열(heat)은 온도가 다른 두 물체 사이에서 일어나는 에너지의 전달을 의미한다. 일과 마찬가지로, 열은 계의 경계면에서만 일어나며, 전달 과정에 따라 그 값이 달라진다. 에너지는 온도 차이가 있을 경우에만 뜨거운 물체에서 차가운 물체로 전달된다. 두 물체의 온도가 같을 경우에는 **열**이라는 말을 쓸 수 없다. 열은 계의 특성이 아니며, 상태 함수가 아니다. 따라서 열은 경로 함수이다. 1기압하에서 물 100.0 g의 온도를 20.0°C에서 30.0°C로 올렸다고 가정하자. 이 과정에서 전달된 열은 얼마인가? 가열 과정이 정해지지 않으면 답을 알 수 없다. 분젠 버너로 가열하여 물의 온도를 올릴 수도 있고, 물에 담그는 전열기를 이용할 수도 있다. 주위로부터 계로 전달되는 열 q는 다음과 같이 주어진다.

$$\begin{aligned} q &= ms\Delta T \\ &= (100.0\ \text{g})(4.184\ \text{J g}^{-1}\ \text{K}^{-1})(10.0\ \text{K}) \\ &= 4184\ \text{J} \end{aligned}$$

여기서 s는 물의 비열이다. 또 다른 방법으로는 계에 기계적인 일을 해 주어 온도를 올릴 수 있다. 예를 들어 자석 교반기로 물을 저어 주어, 마찰로 인한 열을 이용하여 정해진 온도까지 올라가도록 할 수도 있다. 이 경우 주위로부터의 열의 전달량은 0이다. 또는 20.0°C에서 25.0°C까지는 직접 가열한 후, 30°C까지는 물을 저어 주는 방법으로 온도를 높일 수도 있다. 이 경우 q는 0에서 4184 J 사이의 값이 될 것이다. 즉 계의 온도를 일정한 값만큼 올려 주는 방법은 무한히 많으며, 열의 양은 변화 과정의 경로에 따라 달라진다.

결론적으로, 일과 열은 상태 함수가 아니다. 이들은 에너지 전달의 척도이고, 그 값은 경로에 따라 달라진다. **열화학적 칼로리**(thermochemical calorie)와 기계적인 열에너지인 **줄**(joule) 간의 환산 인자는 정확히 다음과 같다.

$$1\ \text{cal} = 4.184\ \text{J} \qquad (\text{정확히})$$

예제 3.2

몸무게가 73 kg인 사람이 '열량'이 720 cal g^{-1}인 우유 500 g을 마셨다. 우유 에너지의 17%만 기계적인 일로 전환될 수 있다면, 이 사람은 우유로 흡수한 에너지로 얼마나 높이 올라갈 수 있겠는가?

답

기계적인 일을 위한 에너지 흡수량은

$$\Delta E = 0.17 \times 500\ \text{g} \times \frac{720\ \text{cal}}{1\ \text{g}} \times \frac{4.184\ \text{J}}{1\ \text{cal}} = 2.6 \times 10^5\ \text{J}$$

이 되며, 이 사람을 들어 올릴 때의 퍼텐셜 에너지는 다음과 같다.

$$\Delta E = 2.6 \times 10^5 \text{ J} = mgh$$

이 식에서 m은 사람의 질량이며, g는 중력 가속도 9.81 m s^{-2}, h는 미터 단위의 높이다. 1 J = 1 kg m^2 s^{-2}이므로, 높이는 다음과 같이 된다.

$$h = \frac{\Delta E}{mg}$$

$$= \frac{2.6 \times 10^5 \text{ kg m}^2 \text{ s}^{-2}}{73 \text{ kg} \times 9.81 \text{ m s}^{-2}} = 3.6 \times 10^2 \text{ m}$$

3.2 열역학 제1법칙

열역학 제1법칙(first law of thermodynamics)은, 에너지는 한 형태에서 다른 형태로 바뀔 뿐이며 창조되거나 소멸되지 않는다는 것을 말한다. 이 법칙을 에너지 보존 법칙이라고도 하며, 우주의 총 에너지는 일정하다고 말할 수도 있다. 일반적으로 우주의 에너지는 두 부분으로 나눌 수 있다.

$$E_{\text{우주}} = E_{\text{계}} + E_{\text{주위}}$$

주어진 과정에서 에너지 변화는

$$\Delta E_{\text{우주}} = \Delta E_{\text{계}} + \Delta E_{\text{주위}} = 0$$

또는

$$\Delta E_{\text{계}} = -\Delta E_{\text{주위}}$$

가 된다. 따라서 어떤 계에서 에너지 변화($\Delta E_{\text{주위}}$)가 일어나면, 계를 제외한 우주 전체(즉 주위)에서도 에너지 변화가 일어나야 한다. 주위의 에너지 변화량은 계의 에너지 변화량과 크기는 같고 부호는 반대가 되어야 한다. 한 곳의 에너지가 증가하였다면 다른 곳에서 에너지를 잃었다는 것이다. 또한 에너지는 한 형태에서 다른 형태로 바뀔 수 있기 때문에, 한 계에서 잃은 에너지가 다른 계에서는 다른 형태로 얻어질 수 있다. 예를 들어 발전소에서 연료가 연소되면서 잃은 에너지는 가정에서의 전기 에너지, 열, 빛 등의 형태로 바뀌게 된다.

일반적으로 화학에서 관심이 있는 것은 주위의 에너지 변화가 아니라 계와 관련된 에너지의 변화이다. 앞에서 공부한 대로 열과 일은 상태 함수가 아니기 때문에, 어떤 계가 얼마만큼의 열과 일을 갖고 있는가라고 묻는 것은 의미가 없다. 반면에 온도, 압력, 성분 등의 열역학적 변수에 의해서만 값이 정해지는 내부 에너지는 상태 함수이다. **내부**(internal)라는 수식어가 붙은 것은 계와 관련된 다른 에너지가 있다는 것을 의미한다. 예를 들어 계 전체가 움직이고 있다면 운동 에너지(K)를 가질 수 있으며 퍼텐셜 에너지(V)도 가질 수 있다. 따라서 계의 전체 에너지 $E_{\text{전체}}$는 다음과 같이 주어진다.

$$E_{\text{전체}} = K + V + U$$

여기서 U는 계의 내부 에너지를 의미한다. 내부 에너지는 병진, 회전, 진동, 전자, 핵에너지, 분자 간의 상호 작용 등의 모든 에너지를 포함한다. 우리가 다루는 대부분의 경우 계는 정지 상태에 있으며, 전기장이나 자기장과 같은 외부 영향을 받지 않는다고 가정한다. 따라서 K와 V는 0이며, $E_{\text{전체}} = U$라고 쓸 수 있다. 앞에 설명한 것과 같이, 열역학은 특정한 모형에 기초하고 있지 않기 때문에 U의 본질이 무엇인가를 알 필요는 없다. 실제로 U의 정확한 값을 구할 수 있는 방법은 없다. 우리가 관심 있는 것은 변화 과정에서 U가 얼마만큼 **변화**하는가에 대한 것이다. 내부 에너지도 에너지이기 때문에, 그 변화량 ΔU는

$$\Delta U = U_2 - U_1$$

로 나타낼 수 있다. 여기서 U_1과 U_2는 각각 변화 전과 후의 계의 내부 에너지를 말한다.

에너지가 열이나 일과 다른 점은, 처음 상태와 마지막 상태가 같으면 변화 과정에 관계없이 변화량이 같다는 것이다. 수학적으로 열역학 제1법칙은

$$\Delta U = q + w \tag{3.6}$$

P–V 형태의 일만 일어난다고 가정함.

로 나타낼 수 있으며, 변화량이 극히 작을 때(무한소 변화)에는 다음과 같이 쓸 수 있다.

$$dU = đq + đw \tag{3.7}$$

식 3.6과 3.7에서 볼 수 있는 것과 같이, 주어진 변화 과정에서의 계의 내부 에너지 변화량은 열과 일의 합으로 나타낼 수 있다. q는 계와 주위의 열교환을 말하며, w는 계가 한 일 또는 계에 해 준 일을 말한다. q와 w의 부호는 표 3.2에 요약되어 있다. q와 w의 경우에는 Δ라는 기호를 사용하지 않는 것에 유의하자. Δ는 마지막과 처음 상태와의 차이를 의미하므로 경로 함수인 열과 일에는 적용할 수 없다. 내부 에너지 변화 dU는 **완전 미분**(exact differential, 부록 3.1 참조)으로 $\int_1^2 dU$ 값을 경로에 관계없이 구할 수 있다. 그러나 $đ$로 나타낸 $đq$와 $đw$는 **불완전 미분**(inexact differential)을 말하며, 경로에 의존함에 유의해야 한다. 이 책에서는 대문자로 나타낸 열역학적 양(U, P, T, V 등)은 상태 함수이며, 소문자로 표기하는 열역학적 양(q와 w)은 경로 함수를 말한다.

표 3.2 일과 열의 부호

과정	부호
계가 주위에 일을 해 줌.	−
주위가 계에 일을 해 줌.	+
계가 주위로부터 열을 흡수함(흡열 과정).	+
주위가 계로부터 열을 흡수함(발열 과정).	−

식 3.6을 기체의 비가역 팽창에 적용해 보자. 외부 압력이 P로 일정할 때, 일은 $w = -P\Delta V$가 되며 다음 식과 같이 나타낼 수 있다.

$$\Delta U = q - P\Delta V$$

기체 팽창의 경우 $\Delta V > 0$이므로 계가 주위에 일을 해 주면서 계의 내부 에너지는 감소하게 된다. 기체가 주위로부터 열을 흡수한다면 $q > 0$이므로 계의 내부 에너지는 증가하게 된다. 표 3.2와 같이 부호를 사용해야 열역학 제1법칙의 수학적 식과 잘 맞는다.

열역학 제1법칙은 에너지 보존 법칙이다. 이것은 서로 다른 형태의 에너지 관계에 대한 광범위한 관찰과 연구를 통해 경험적으로 얻은 결과이다. 따라서 제1법칙은 쉽게 이해할 수 있으며 어떠한 실제 계에도 바로 적용할 수 있다. 예를 들어 일정 부피 단열 통열량계에서 일어나는 열화학적 변화를 살펴보자(그림 3.3). 이 장치는 물질의 연소열을 측정하는 데 사용된다. 시료는 단단히 밀폐된 두꺼운 벽의 스테인리스강 용기에 넣게 되며, 장치 전체는 주위와 열적으로 차단되어 있다[**단열**(adiabatic)이란 주위와 열의 교환이 없다는 것을 의미한다]. 스테인리스강 용기에 실험하고자 하는 물질을 넣은 후, 30 atm의 산소로 채운다. 시료에 접촉된 퓨즈에 전류를 통하면 불꽃이 발생하면서 물질의 연소가 일어난다. 열량계 내부 물통에 채워진 물의 온도가 상승하는 것을 측정하면 반응으로 발생하는 열을 구할 수 있다. 열량계의 열용량을 이용하여 연소 과정에서의 에너지 변화를 다음과 같이 구할 수 있다.

$$\begin{aligned}\Delta U &= q_V + w \\ &= q_V - P\Delta V \\ &= q_V \end{aligned} \qquad (3.8)$$

이 과정에서 부피는 일정하므로 $P\Delta V = 0$이 되며 $\Delta U = q_V$가 된다. 아래 첨자 V는 일정한 부피하에서 변화가 일어날 때의 q를 의미한다. 식 3.8이 이상하게 보일지도 모른다. ΔU가 발생한 열, 즉 상태 함수가 아닌 q와 같은 값이 된다. 그러나 이 경우에는 변화 과정의 경로가 한 가지로 제한이 되어 있다. 즉 일정한 부피하에서 변화가 일어나게 되므로, 일정량의 특정한 물질이 열량계 내에서 연소될 때 발생하는 열은 한 가지 값만을 갖게 된다.

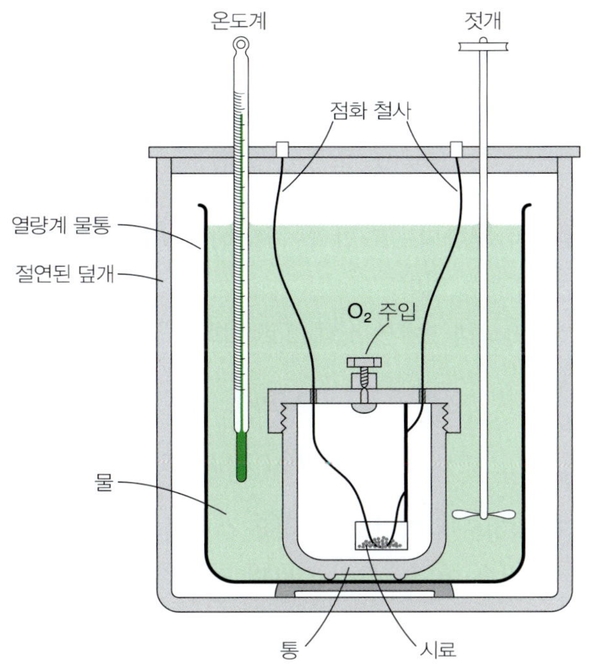

그림 3.3
일정 부피 통열량계. 열량계의 열용량은 통(bomb)과 물통의 열용량을 합한 값이다.

3.3 엔탈피

실험실에서 일어나는 대부분의 화학적 또는 물리적 변화 과정에서는, 부피보다는 압력이 일정하다. 이 경우에는

$$\Delta U = q + w = q_P - P\Delta V$$

또는

$$U_2 - U_1 = q_P - P(V_2 - V_1)$$

의 관계가 있다. 여기서 아래 첨자 P는 등압 과정을 의미한다. 위 식을 다시 정리하여 다음과 같이 쓸 수 있다.

$$q_P = (U_2 + PV_2) - (U_1 + PV_1) \quad (3.9)$$

앞에서 배운 것처럼 q는 상태 함수가 아니지만 U, P, V는 모두 상태 함수이다. 따라서 새로운 열역학 함수 **엔탈피**(enthalpy, H)를 다음과 같이 정의한다.

$$H - U + PV \quad (3.10)$$

여기서 U, P, V는 각각 계의 내부 에너지, 압력, 부피이다. 식 3.10의 모든 항은 상태 함수이며, H는 에너지 단위를 갖게 된다. 식 3.10을 이용하면 H의 변화는 다음 식과 같다.

$$\Delta H = H_2 - H_1 = (U_2 + P_2V_2) - (U_1 + P_1V_1)$$

등압 과정의 경우 $P_2 = P_1 = P$이므로, 식 3.9로부터 다음 관계를 얻게 된다.

$$\Delta H = (U_2 + PV_2) - (U_1 + PV_1) = q_P$$

이 경우에도 경로가 제한되므로(압력이 일정), 열(q_P)은 상태 함수인 H의 변화량과 직접 등식으로 놓을 수 있다.

일반적으로 계가 상태 1에서 상태 2로 변화할 때 엔탈피 변화량은 다음과 같다.

$$\begin{aligned}\Delta H &= \Delta U + \Delta(PV) \\ &= \Delta U + P\Delta V + V\Delta P + \Delta P\Delta V \qquad (3.11)\end{aligned}$$

압력이나 부피가 일정하지 않아도 이 식은 성립한다. 마지막 항 $\Delta P\Delta V$도 무시할 수 있을 정도로 작은 값은 아니다.* 식 3.11의 P와 V는 모두 계의 값이다. 내부의 압력(P_{in})과 외부의 압력(P_{ex})이 서로 같고, 변화 과정에서 압력이 일정하였다고 가정하면

$$P_{in} = P_{ex} = P$$

이 되므로 $\Delta P = 0$이 되고, 식 3.11은 다음과 같이 다시 쓸 수 있다.

$$\Delta H = \Delta U + P\Delta V \qquad (3.12)$$

같은 방법으로, 일정한 압력하에서 내부와 외부 압력이 서로 같은 상태에서 일어나는 엔탈피의 무한소 변화, 즉 dH는 다음과 같이 쓸 수 있다.

$$dH = dU + PdV$$

ΔU와 ΔH의 비교

ΔU와 ΔH의 차이는 무엇인가? 둘 다 에너지의 변화를 나타내지만, 변화의 조건이 다르기 때문에 그 값은 서로 다르다. 다음 반응을 생각해 보자. 2몰의 소듐이 물과 반응할 때 발생하는 열은 367.5 kJ이다.

$$2Na(s) + 2H_2O(l) \rightarrow 2NaOH(aq) + H_2(g)$$

일정한 압력하에서 반응이 일어난다면 $q_p = \Delta H = -367.5$ kJ이 된다. 내부 에너지는 식 3.12를 이용하여 구할 수 있다.

$$\Delta U = \Delta H - P\Delta V$$

---

* 무한소 변화의 경우에는 $dH = dU + PdV + VdP + dPdV$가 된다. $dPdV$는 무한히 작은 두 값의 곱이므로 이 값은 무시하고 $dH = dU + PdV + VdP$로 쓸 수 있다.

만약 온도가 25°C로 일정하고 액체의 부피 변화를 무시한다면, 발생한 H_2 1몰의 부피는 1 atm에서 24.5 L가 된다. 따라서 $-P\Delta V = -24.5$ L atm 또는 -2.5 kJ이 된다. 따라서

$$\Delta U = -367.5 \text{ kJ} - 2.5 \text{ kJ}$$
$$= -370.0 \text{ kJ}$$

계산 결과에서 볼 수 있듯이 ΔU와 ΔH는 약간 다르다. 이 반응에서 ΔH가 ΔU보다 작은 이유는 발생한 내부 에너지의 일부가 기체를 팽창시키는 일을 하며 소비되었기 때문이다. 발생한 H_2가 공기를 밀어내며 일을 해 주었으므로 열의 양이 감소하게 된다. 일반적으로 기체가 관련된 반응에서 ΔH와 ΔU의 차이는 $\Delta(PV)$ 또는 $\Delta(nRT)$ $= RT\Delta n$(T가 일정할 때)이 된다. Δn은 기체 몰수의 변화를 나타낸다.

$$\Delta n = n_{\text{생성물}} - n_{\text{반응물}}$$

위의 반응에서, $\Delta n = 1$ mol이다. 따라서 $T = 298$ K이면, $RT\Delta n$은 약 2.5 kJ이 된다. 이것은 큰 값은 아니지만 정밀한 실험에서는 무시할 수 있는 양은 아니다. 반면에 응집상(액체 및 고체)에서 일어나는 반응의 경우 일반적으로 ΔV는 작은 값이다 (1몰이 반응할 때, $\Delta V \leq 0.1$ L). 따라서 $P\Delta V = 0.1$ L atm 또는 10 J 정도가 되며, 이 값은 ΔU와 ΔH를 비교할 때 무시할 수 있을 정도로 작은 값이다. 기체를 포함하지 않은 반응 또는 $\Delta n = 0$인 반응에서는 엔탈피와 내부 에너지 변화량이 서로 같다고 해도 무방하다.

예제 3.3

일정 부피 통열량계 내에서 0.5122 g의 나프탈렌($C_{10}H_8$)이 연소되었다. 이 과정에서 내부 물통 안의 물 온도가 20.17°C에서 24.08°C로 상승하였다 (그림 3.3 참조). 물을 포함한 열량계의 열용량(C_V)이 5267.8 J K^{-1}일 때, 나프탈렌 연소 과정에서의 ΔU와 ΔH를 구하시오.

답

연소 반응은 다음과 같다.

$$C_{10}H_8(s) + 12O_2(g) \rightarrow 10CO_2(g) + 4H_2O(l)$$

발생한 열의 양은

$$C_V\Delta T = (5267.8 \text{ J K}^{-1})(3.91 \text{ K}) = 20.60 \text{ kJ}$$

이며, 나프탈렌의 몰질량이 128.2 g이므로 이 값을 다시 쓰면 다음과 같다.

$$q_V = \Delta U = -\frac{(20.60\ \text{kJ})(128.2\ \text{g mol}^{-1})}{0.5122\ \text{g}} = -5156\ \text{kJ mol}^{-1}$$

(−) 부호는 이 반응이 발열 반응이라는 것을 의미한다.
ΔH는 $\Delta H = \Delta U + \Delta(PV)$의 관계를 이용하여 구한다. 반응물과 생성물이 모두 응축상일 때, $\Delta(PV)$는 ΔH나 ΔU에 비해 무시할 수 있을 정도로 작은 값이다. 이상 기체라고 가정하면, $\Delta(PV) = \Delta(nRT) = RT\Delta n$이 된다. 여기서 Δn은 반응 과정에서의 기체 몰수의 변화를 말한다. 이 계산에서는 같은 조건에 있는 반응물과 생성물을 비교하기 때문에, T는 처음 온도를 사용한다. 이 반응에서 $\Delta n = (10-12)\ \text{mol} = -2\ \text{mol}$이므로

$$\begin{aligned}\Delta H &= \Delta U + RT\Delta n \\ &= -5156\ \text{kJ mol}^{-1} + \frac{(8.314\ \text{J K}^{-1}\ \text{mol}^{-1})(293.32\ \text{K})(-2)}{1000\ \text{J/kJ}} \\ &= -5161\ \text{kJ mol}^{-1}\end{aligned}$$

COMMENT

(1) 이 반응의 경우 ΔU와 ΔH의 차이는 매우 작다. 그 이유는 $\Delta(PV)$ (이 계산에서는 $RT\Delta n$)가 ΔU나 ΔH에 비해 작은 값이기 때문이다. 기체는 이상 기체라고 가정했기 때문에(응축상의 부피 변화는 무시함), 내부 에너지는 압력과 부피에 무관하다. 따라서 변화 과정에서 V가 일정할 때와 P가 일정할 때의 ΔU는 같은 값(-5156 kJ mol^{-1})이 된다. 마찬가지로, 일정 V 또는 일정 P하에서, $\Delta H = -5161$ kJ mol^{-1}로 같은 값이 된다. 그러나 열의 양 q는 경로에 따라 달라지므로, V가 일정할 때는 -5156 kJ mol^{-1}이며, P가 일정할 때는 5161 kJ mol^{-1}이 된다. (2) 이 계산에서는 생성물(H_2O와 CO_2)과 연소에 사용된 과량의 산소의 열용량은 무시하였다. 이 양은 열량계 자체의 열용량에 비해 매우 작은 값으로 전체 계산 값에 영향을 주지 않는다.

예제 3.4

다음 (a)와 (b)의 물리적 변화 과정에서 ΔH와 ΔU의 차이를 비교하시오.
(a) 1몰 얼음 → 1몰 물 (273 K, 1 atm), (b) 1몰 물 → 1몰 증기 (373 K, 1 atm). 얼음과 물의 몰부피는 273 K에서 각각 0.0196 L mol^{-1}과 0.0180 L mol^{-1}이며, 373 K에서 물과 증기의 몰부피는 각각 0.0188 L mol^{-1}과 30.61 L mol^{-1}이다.

답

두 경우 모두 일정 압력하에서의 변화이다.

$$\Delta H = \Delta U + \Delta(PV) = \Delta U + P\Delta V$$

즉

$$\Delta H - \Delta U = P\Delta V$$

(a) 얼음이 녹을 때의 몰부피 변화는 다음과 같다.

$$\begin{aligned}\Delta V &= \overline{V}(l) - \overline{V}(s) \\ &= (0.0180 - 0.0196)\ \text{L mol}^{-1} \\ &= -0.0016\ \text{L mol}^{-1}\end{aligned}$$

따라서

$$\begin{aligned}P\Delta V &= (1\ \text{atm})(-0.0016\ \text{L mol}^{-1}) \\ &= -0.0016\ \text{L atm mol}^{-1} \\ &= -0.16\ \text{J mol}^{-1}\end{aligned}$$

(b) 물이 끓을 때의 몰부피 변화는 다음과 같다.

$$\begin{aligned}\Delta V &= \overline{V}(g) - \overline{V}(l) \\ &= (30.61 - 0.0188)\ \text{L mol}^{-1} \\ &= 30.59\ \text{L mol}^{-1}\end{aligned}$$

따라서

$$\begin{aligned}P\Delta V &= (1\ \text{atm})(30.59\ \text{L mol}^{-1}) \\ &= 30.59\ \text{L atm mol}^{-1} \\ &= 3100\ \text{J mol}^{-1}\end{aligned}$$

COMMENT

이 예제는 $(\Delta H - \Delta U)$ 값이 응축상에서는 무시할 수 있을 정도로 작지만, 기체가 포함되면 상당한 양이 됨을 분명하게 보여 준다. 또한 (a)에서 $\Delta U > \Delta H$인 것은, 계의 내부 에너지 증가량이 계가 흡수한 열의 양보다 더 크다는 것을 의미한다. 이것은 얼음이 녹으면서 부피가 감소하게 되며, 결과적으로 주위가 계에 일을 해 주기 때문이다. (b)의 경우는 반대로 계의 부피가 증가하면서 증기가 주위에 일을 해 주게 된다.

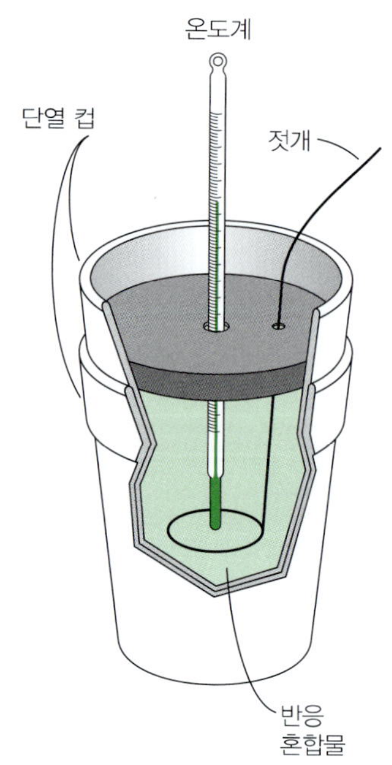

그림 3.4
두 개의 스티로폼 커피 컵으로 만든 일정 압력 열량계. 바깥쪽 컵은 반응하는 혼합물이 주위와 단열되도록 도와 준다. 이 실험에서는 부피를 알고 있는 같은 온도의 두 반응물을 열량계에 조심스럽게 부어 혼합시킨다. 온도 변화, 용액의 양, 열량계의 열용량으로부터 반응에서 발생하거나 흡수된 열의 양을 계산할 수 있다.

많은 물리적 변화(상전이 등)와 화학 반응(산－염기 중화 반응 등)에서 ΔH는 일정 압력 열량계로 측정할 수 있다. 그림 3.4와 같이 두 개의 스티로폼 커피 컵을 겹쳐놓으면 간단한 일정 압력 열량계로 사용할 수 있다. 실험 장치가 열려 있는 상태이므로, 압력이 일정하다. 따라서 변화 과정에서의 열의 양은 엔탈피 변화량과 같아지게 된다($q_P = \Delta H$). 열량계의 열용량과 온도 변화량을 알면 열, 즉 엔탈피 변화량을 구할 수 있다. 이러한 점에서 일정 압력 열량계는 일정 부피 열량계와 유사하다고 할 수 있다.

3.4 열용량 고찰

열용량의 개념은 2장에서 배웠다. 이 장에서는 화학적 및 물리적 변화 과정에서의 열 교환을 측정하는 열계량법에 대해 공부하였으며, 계산 과정에서 열용량을 이용하였다. 이 절에서는 열용량을 구하는 방법에 대해 보다 자세히 공부하게 될 것이다. 특히 기체의 열용량은 변화 과정에 따라 달라지는 것을 알게 될 것이다. 즉 압력이 일정한지, 부피가 일정한지에 따라 값이 달라진다.

열용량을 말할 때, 상변화는 없다고 가정한다.

어떤 물질에 열을 가하면 온도가 올라가게 된다는 것은 누구나 알고 있는 사실이다. 그러나 온도가 얼마만큼 높아지는가는, (1) 전달된 열의 양, (2) 물질의 양, (3) 물질의 화학적 본질 및 물리적 상태, (4) 물질에 에너지가 전달되는 조건 등과 같은 요인에 따라 달라진다. 일정한 양의 물질에 가해지는 열(q)과 온도 상승(ΔT)은 다음 식과 같은 관계가 있다.

$$q = C\Delta T$$

즉

$$C = \frac{q}{\Delta T} \tag{3.13}$$

여기서 비례 상수 C를 열용량이라고 한다. 온도 증가량은 물질의 양에 따라 달라지므로, 물질 1몰의 열용량, 즉 몰열용량 $\overline{C}$를 일반적으로 사용한다.

$$\overline{C} = \frac{C}{n} = \frac{q}{n\Delta T} \tag{3.14}$$

n은 물질의 몰수를 말한다. C는 크기 성질(extensive property)이지만, $\overline{C}$는 1몰에 대한 다른 값들과 같이 세기 성질(intensive property)이다.

열용량은 직접 측정할 수 있는 양이다. 물질의 양, 흡수된 열의 양, 온도 변화를 알면 식 3.14를 사용하여 $\overline{C}$ 값을 바로 계산할 수 있다. 그러나 주목해야 할 것은 이렇게 계산하는 값이 가열 조건에 따라 달라진다는 것이다. 다양한 가열 조건이 있지만, 여기서는 두 가지 중요한 경우, 즉 일정 부피와 일정 압력 조건만을 고려하고자 한다. 3.2절에서 이미 공부한 것과 같이, 일정한 압력하에서 계가 흡수한 열의 양은 내부 에너지 증가량과 같다. 즉 $\Delta U = q_V$가 된다. 따라서 부피가 일정할 때의 열용량 C_V는 다음과 같이 주어진다.

$$C_V = \frac{q_V}{\Delta T} = \frac{\Delta U}{\Delta T}$$

이 식을 편미분으로 나타내면

$$C_V = \left(\frac{\partial U}{\partial T}\right)_V \tag{3.15}$$

또는

$$dU = C_V dT \tag{3.16}$$

일정한 압력하에서 변화가 일어날 경우에는 $\Delta H = q_P$가 되므로, 일정 압력 열용량은 다음과 같다.

$$C_P = \frac{q_P}{\Delta T} = \frac{\Delta H}{\Delta T}$$

편미분으로 나타내면

$$C_P = \left(\frac{\partial H}{\partial T}\right)_P \tag{3.17}$$

또는

$$dH = C_P dT \tag{3.18}$$

C_V와 C_P의 정의에 따라, 일정 부피 또는 일정 압력 조건에서의 ΔU와 ΔH를 구할 수 있다. 식 3.16과 3.18을 온도 T_1에서 T_2 범위에 대해 적분하면

$$\Delta U = \int_{T_1}^{T_2} C_V dT = C_V(T_2 - T_1) = C_V \Delta T = n\overline{C}_V \Delta T \tag{3.19}$$

$$\Delta H = \int_{T_1}^{T_2} C_P dT = C_P(T_2 - T_1) = C_P \Delta T = n\overline{C}_P \Delta T \tag{3.20}$$

로 되며, n은 물질의 몰수이다. 위의 계산에서 C_V와 C_P는 온도에 무관한 상수라고 가정하였다. 그러나 항상 성립하는 것은 아니다. 온도가 낮을 때는 ($\leq$ 300 K), 2.9절에서 설명한 병진 운동 및 회전 운동에 의해서만 열용량이 결정된다. 높은 온도에서는 진동 에너지 준위 사이에서의 전이가 일어나게 되며, 열용량도 이에 따라 증가하게 된다. 온도에 따른 열용량 변화에 대한 연구에 따르면, 열용량은 $C_P = a + bT$ 식으로 나타낼 수 있다. 여기서 a와 b는 특정한 온도 범위에서 물질에 따라 달라지는 상수들이다. 정밀한 계산에서는 식 3.20에 이 식을 사용해야 한다. 그러나 대부분의 경우 온도 변화가 크지 않을 때에는(50 K 이하), C_P와 C_V가 온도에 무관한 상수라고 가정한다.

일반적으로 어떤 물질의 C_P와 C_V는 같은 값이 아니다. 등압 과정에서는 주위에 일을 해 주어야 하기 때문에 부피가 일정할 때에 비해 더 많은 열을 공급해 주어야 한다. 따라서 $C_P > C_V$의 관계가 있는데, 이것은 기체의 경우에만 적용된다. 액체나 고체의 경우에는 온도에 따른 부피 변화가 매우 작다. 결과적으로 부피 팽창에 따른 일의 양이 무시할 수 있을 정도로 작기 때문에, 응축상에서는 C_V와 C_P는 거의 같은 값이다.

이상 기체의 경우 C_P와 C_V의 차이가 얼마나 되는지를 알아보자. 다음 식으로부터 시작하자.

$$H = U + PV = U + nRT$$

온도의 무한소 변화(dT)에서, 이상 기체 일정량의 엔탈피 변화량은 다음과 같다.

$$\begin{aligned} dH &= dU + d(nRT) \\ &= dU + nRdT \end{aligned}$$

$dH = C_P dT$와 $dU = C_V dT$를 위의 식에 대입하면 다음 관계를 얻을 수 있다.

$$C_P dT = C_V dT + nRdT$$

$$C_P = C_V + nR$$

$$C_P - C_V = nR \tag{3.21a}$$

또는

$$\overline{C}_P - \overline{C}_V = R \tag{3.21b}$$

따라서 이상 기체의 경우 일정 압력 몰열용량은 일정 부피 몰열용량보다 기체 상수 R만큼 더 큰 값이다. 부록 B에 여러 가지 물질의 $\overline{C}_P$ 값을 수록하였다.

예제 3.5

55.40 g의 제논(Xe)을 300 K에서 400 K까지 가열할 때의 ΔU와 ΔH를 구하시오(단, Xe은 이상 기체이며, 일정 부피 열용량과 일정 압력 열용량은 온도에 무관하다고 가정한다).

답

제논은 일원자 기체이다. 2.9절에서 $\overline{C}_V = \frac{3}{2}R = 12.47\ \text{J K}^{-1}\ \text{mol}^{-1}$임을 확인하였다. 따라서 식 3.21b에 따라 $\overline{C}_P = \frac{3}{2}R + R = \frac{5}{2}R = 20.79\ \text{J K}^{-1}\ \text{mol}^{-1}$이 된다. Xe 55.40 g은 0.4219몰에 해당된다. 식 3.19와 3.20으로부터 ΔU와 ΔH를 구할 수 있다.

$$\begin{aligned}\Delta U &= n\overline{C}_V\Delta T \\ &= (0.4219\ \text{mol})(12.47\ \text{J K}^{-1}\ \text{mol}^{-1})(400 - 300)\text{K} \\ &= 526\ \text{J}\end{aligned}$$

$$\begin{aligned}\Delta H &= n\overline{C}_P\Delta T \\ &= (0.4219\ \text{mol})(20.79\ \text{J K}^{-1}\ \text{mol}^{-1})(400 - 300)\text{K} \\ &= 877\ \text{J}\end{aligned}$$

예제 3.6

압력이 일정할 때, 산소의 몰열용량은 특정한 온도 범위에서 $(25.7 + 0.0130\ T/\text{K})\ \text{J K}^{-1}\ \text{mol}^{-1}$로 주어진다. 산소 1.46몰을 298 K에서 367 K로 가열할 때의 엔탈피 변화량을 구하시오.

답

식 3.20을 이용한다.

$$\Delta H = \int_{T_1}^{T_2} n\overline{C}_P dT = \int_{298\text{ K}}^{367\text{ K}} (1.46\text{ mol})(25.7 + 0.0130\ T/\text{K})\text{ J K}^{-1}\text{ mol}^{-1}\, dT$$

$$= (1.46\text{ mol})\left[25.7T + \frac{0.130\ T^2}{2\text{ K}}\right]_{298\text{ K}}^{367\text{ K}} \text{J K}^{-1}\text{ mol}^{-1}$$

$$= 3.02 \times 10^3\text{ J}$$

3.5 기체의 팽창

이상 기체의 팽창 과정은 열역학 제1법칙을 적용해 볼 수 있는 좋은 대상이다. 이상 기체의 팽창이 화학적으로 중요하지는 않지만, 앞에서 유도한 식들을 적용해서 열역학적 값들의 변화를 구해볼 수 있다. 여기서는 등온 팽창과 단열 팽창의 두 가지 특수한 경우에 대해 논의할 것이다.

등온 팽창

등온(isothermal) 과정은 일정한 온도하에서 일어나는 변화이다. 일정한 온도하에서 가역 및 비가역 팽창 과정에 수반되는 일의 양에 대해서는 3.1절에서 자세히 공부하였기 때문에 여기서 다시 언급하지 않을 것이다. 대신에 열, 내부 에너지 및 엔탈피의 변화를 살펴보자.

등온 과정에서는 온도가 변하지 않기 때문에 내부 에너지 변화는 없다. 즉 $\Delta U = 0$이다. 이것은 이상 기체에서는 분자들 사이에 작용하는 힘이 없다는 사실에 기인한다. 결과적으로 전체 에너지는 분자 간의 거리에 무관하기 때문에 부피가 변하여도 바뀌지 않는다. 이것을 수학적으로 다음과 같이 나타낼 수 있다.

$$\left(\frac{\partial U}{\partial V}\right)_T = 0$$

이 편미분이 의미하는 것은, 온도가 일정할 때 부피 변화에 따른 계의 내부 에너지 변화량이 0이라는 것이다. 예를 들어 1몰의 일원자 이상 기체의 경우 $U = \frac{3}{2}RT$이므로 $[\partial(\frac{3}{2}RT)/\partial V]_T = 0$이 된다. 식 3.6으로부터

$$\Delta U = q + w = 0$$

즉

$$q = -w$$

따라서 등온 팽창 과정에서 이상 기체가 흡수한 열은, 기체가 주위에 해 준 일의 양과 같다. 예제 3.1에서, 일정한 온도(300 K)하에서 이상 기체의 압력이 15 atm에서

1 atm으로 감소하여 부피가 증가할 때 흡수한 열의 양을 계산하였다. (a)의 경우는 0, (b)는 1980 J, (c)는 5740 J이었다. 일의 양은 가역 과정에서 최대가 되기 때문에, (c)의 경우 열의 양이 최대가 된다는 것은 놀라운 것이 아니다.

마지막으로, 등온 과정에서의 엔탈피 변화량을 계산하고자 한다. 아래 관계로부터

$$\Delta H = \Delta U + \Delta(PV)$$

위에서 언급한 것과 같이 $\Delta U = 0$이며, T와 n이 일정할 때 PV는 상수이므로(Boyle 법칙), $\Delta(PV) = 0$이 되고, 따라서 $\Delta H = 0$이 된다. $\Delta(PV) = \Delta(nRT)$로 바꾸어 쓸 수도 있다. 온도가 일정하고 화학 반응도 일어나지 않기 때문에 n과 T는 상수이며 $\Delta(nRT) = 0$이 된다. 즉 이상 기체의 등온 변화에서 $\Delta H = 0$이다.

단열 팽창

그림 3.1과 같은 변화 과정에서 열의 교환이 일어나지 않도록 실린더를 주위와 완전히 차단하였다고 가정하자. 따라서 $q = 0$이며, 이러한 변화 과정을 **단열**(adiabatic) 변화라고 한다. 따라서 변화 과정에서 온도가 떨어지게 되며, T는 더 이상 상수가 아니다. 두 가지 경우를 살펴보자.

가역 단열 팽창. 가역적으로 팽창이 일어났다고 가정하자. 우리가 알아야 할 것은 처음과 마지막 상태에서 $P-V$의 관계에 대한 것과, 팽창 과정에서의 일의 양이다.

무한소 단열 팽창에 대한 제1법칙은 다음과 같이 쓸 수 있다.

$$\begin{aligned} dU &= đq + đw \\ &= đw = -PdV = -\frac{nRT}{V}\,dV \end{aligned}$$

즉

$$\frac{dU}{nT} = -R\frac{dV}{V}$$

$đq = 0$이며, 가역적으로 변화가 일어나기 때문에, 일의 양을 외부의 압력 대신에 내부의 압력으로 나타낼 수 있다. $dU = C_V dT$를 식에 대입하면 다음과 같다.

$$\frac{C_V dT}{nT} = \overline{C}_V \frac{dT}{T} = -R\frac{dV}{V} \tag{3.22}$$

식 3.22를 처음 상태에서 마지막 상태까지 직분하면

$$\int_{T_1}^{T_2} \overline{C}_V \frac{dT}{T} = -R\int_{V_1}^{V_2} \frac{dV}{V}$$

을 얻을 수 있으며, $\overline{C}_V$가 온도에 무관하다고 가정하면 다음과 같은 결과를 얻게 된다.

$$\overline{C}_V \ln \frac{T_2}{T_1} = R \ln \frac{V_1}{V_2}$$

이상 기체의 경우 $\overline{C}_P - \overline{C}_V = R$이므로

$$\overline{C}_V \ln \frac{T_2}{T_1} = (\overline{C}_P - \overline{C}_V) \ln \frac{V_1}{V_2}$$

로 바꾸어 쓸 수 있다. 양변을 $\overline{C}_V$로 나누면 다음과 같은 결과를 얻을 수 있다.

$$\begin{aligned} \ln \frac{T_2}{T_1} &= \left(\frac{\overline{C}_P}{\overline{C}_V} - 1 \right) \ln \frac{V_1}{V_2} \\ &= (\gamma - 1) \ln \frac{V_1}{V_2} \\ &= \ln \left(\frac{V_1}{V_2} \right)^{\gamma - 1} \end{aligned}$$

여기서 γ를 **열용량 비**(heat capacity ratio)라고 하며 아래와 같은 값을 갖는다.

$$\gamma = \frac{\overline{C}_P}{\overline{C}_V} \tag{3.23}$$

에너지 등분배 이론이 성립한다고 가정한다.

일원자 기체의 경우 $\overline{C}_V = \frac{3}{2}R$(2.8절 참조)이고 $\overline{C}_P = \frac{5}{2}R$이므로, $\gamma = \frac{5}{3}$, 즉 1.67이 된다. 이원자 분자의 경우 $\overline{C}_V = \frac{5}{2}R$이고 $\overline{C}_P = \frac{7}{2}R$이므로 $\gamma = \frac{7}{5}$, 즉 1.4가 된다. 위에 유도한 식을 다시 쓰면 다음과 같이 유용한 식을 얻을 수 있다.

$$\left(\frac{V_1}{V_2} \right)^{\gamma - 1} = \frac{T_2}{T_1} = \frac{P_2 V_2}{P_1 V_1} \qquad \left(\frac{P_1 V_1}{T_1} = \frac{P_2 V_2}{T_2} \right)$$

즉

$$\left(\frac{V_1}{V_2} \right)^{\gamma} = \frac{P_2}{P_1}$$

따라서 단열 변화의 경우 $P-V$ 관계는 다음과 같다.

$$P_1 V_1^{\gamma} = P_2 V_2^{\gamma} \tag{3.24}$$

이 식은 이상 기체가 가역적으로 단열 변화하는 경우에 한하여 적용된다. 식 3.24와 Boyle 법칙($P_1 V_1 = P_2 V_2$)의 차이는 지수 γ에 있다. 단열 팽창의 경우에는 온도가 일정하지 않기 때문에 이러한 차이가 생긴다.

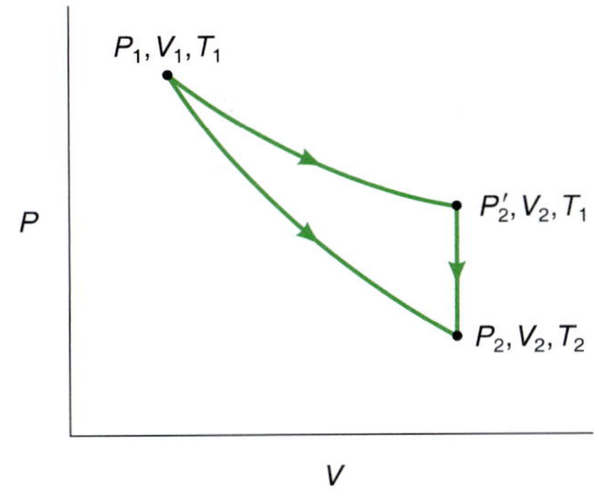

그림 3.5
U는 상태 함수이므로, 기체가 P_1, V_1, T_1에서 P_2, V_2, T_2로 직접 변화할 때와 간접적으로 변화할 때의 ΔU는 같은 값이다.

단열 과정에서의 일은 다음과 같이 주어진다.

$$\begin{aligned} w = \int_1^2 dU = \Delta U &= \int_{T_1}^{T_2} C_V dT \\ &= C_V(T_2 - T_1) \\ &= n\overline{C}_V(T_2 - T_1) \end{aligned} \tag{3.25}$$

기체가 팽창하기 때문에 $T_2 < T_1$이며, $w < 0$이다. $\overline{C}_V$는 온도에 무관한 상수라고 가정하였다.

부피가 일정하지 않은데도 식 3.25에 $\overline{C}_V$가 들어간 것이 이상하게 보일지 모른다. 그러나 단열 팽창(P_1, V_1, T_1에서 P_2, V_2, T_2로) 과정은 그림 3.5와 같이 두 단계로 나누어서 생각할 수 있다. 먼저 온도가 T_1일 때 기체가 P_1, V_1에서 P_2', V_2로 등온 팽창한다. 온도가 일정하기 때문에 $\Delta U = 0$이다. 다음 과정에서는 부피가 일정할 때, 압력이 P_2'에서 P_2로 낮아지면서 온도는 T_1에서 T_2로 변한다. 이 경우 $\Delta U = n\overline{C}_V(T_2 - T_1)$이 되며 식 3.25에서 구한 값이다. U는 상태 함수이기 때문에, 변화량을 직접 구하기 어려울 때에는 다른 경로를 이용하여 계산할 수 있다.

예제 3.1과 3.7은 가역 팽창 과정에서 해 준 일의 양이 단열 과정일 경우 등온 과정보다 더 적다는 것을 보여 준다. 등온 과정에서는 기체가 주위에 일을 하면서 잃게 되는 에너지는 열을 흡수하여 보충할 수 있지만, 단열 과정에서는 열의 흡수가 없기 때문에 온도가 내려가게 된다. 그림 3.6은 가역 등온 및 가역 단열 팽창의 차이를 보여 준다.

모든 가역 변화에서 같은 일을 하는 것이 아니라는 것을 이 차이가 보여 준다.

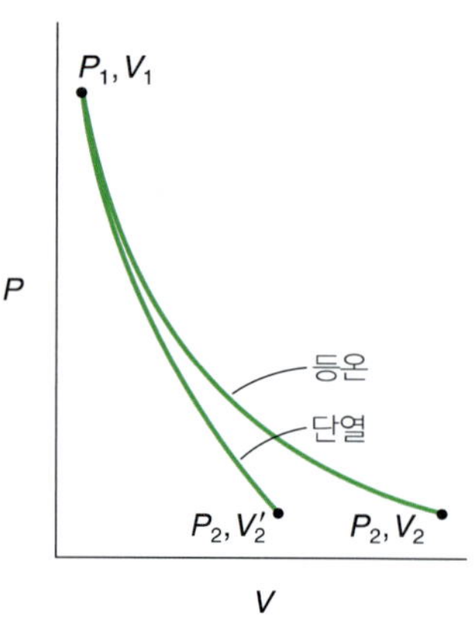

그림 3.6
이상 기체의 가역 단열 및 가역 등온 팽창 과정에서의 $P-V$ 그림. 각 과정에서 해 준 일의 양은 곡선 아래 부분의 면적이 된다. 단열 팽창의 경우 γ 값이 1보다 크기 때문에 곡선이 더 가파르다. 그 결과, 곡선 아래 부분의 면적이 등온 과정에 비해 더 작다.

예제 3.7

15.0 atm, 300 K의 일원자 이상 기체 0.850몰이 팽창하여 최종 압력이 1.00 atm이 되었다(예제 3.1 참조). 팽창 과정이 단열이며 가역적이라고 가정하고, 일의 양을 계산하시오.

답

먼저 최종 온도 T_2를 계산해야 한다. 이것은 세 단계를 거친다.
첫째, $V_1 = nRT_1/P_1$에서 V_1을 구한다.

$$V_1 = \frac{(0.850\ \text{mol})(0.08206\ \text{L atm K}^{-1}\ \text{mol}^{-1})(300\ \text{K})}{15.0\ \text{atm}}$$
$$= 1.40\ \text{L}$$

다음, 아래의 관계로부터 V_2를 구한다.

$$P_1V_1^{\gamma} = P_2V_2^{\gamma}$$
$$V_2 = \left(\frac{P_1}{P_2}\right)^{1/\gamma} V_1 = \left(\frac{15.0}{1.00}\right)^{3/5}(1.40\ \text{L}) = 7.11\ \text{L}$$

마지막으로, $P_2V_2 = nRT_2$이므로

$$T_2 = \frac{P_2V_2}{nR} = \frac{(1.00\ \text{atm})(7.11\ \text{L})}{(0.850\ \text{mol})(0.08206\ \text{L atm K}^{-1}\ \text{mol}^{-1})}$$
$$= 102\ \text{K}$$

따라서 ΔU, 즉 w를 구할 수 있다.

$$\Delta U = w = n\overline{C}_V(T_2 - T_1)$$
$$= (0.850\ \text{mol})(12.47\ \text{J K}^{-1}\ \text{mol}^{-1})(102 - 300)\ \text{K}$$
$$= -2.10 \times 10^3\ \text{J}$$

비가역 단열 팽창. 마지막으로, 단열 팽창이 비가역적으로 일어나면 어떻게 되는가를 살펴보자. 먼저 P_1, V_1, T_1인 이상 기체가 있으며, 외부의 압력은 P_2로 일정하다고 가정하자. 이 경우에도 $q = 0$이므로

$$\Delta U = n\overline{C}_V(T_2 - T_1) = w = -P_2(V_2 - V_1) \tag{3.26}$$

또한 이상 기체식을 쓰면

$$V_1 = \frac{nRT_1}{P_1},\ V_2 = \frac{nRT_2}{P_2}$$

V_1과 V_2를 식 3.26에 대입하면 다음 값을 얻게 된다.

$$n\overline{C}_V(T_2 - T_1) = -P_2\left(\frac{nRT_2}{P_2} - \frac{nRT_1}{P_1}\right)$$

따라서 초기 조건과 P_2를 알면 T_2를 구할 수 있고, 최종적으로 일을 구할 수 있다(문제 3.34 참조).

단열 팽창 과정에서의 온도 감소 또는 냉각 효과는 실생활에서 볼 수 있는 흥미있는 현상이다. 흔히 볼 수 있는 예로는, 탄산 음료수의 뚜껑이나 샴페인 병의 코르크 마개를 열 때 병 주둥이에서 볼 수 있는 안개가 있다. 뚜껑을 열기 전에 병은 이산화 탄소와 공기로 압축되어 있으며, 액체 윗부분은 수증기로 포화되어 있다. 뚜껑을 열면 기체가 밖으로 빠르게 배출된다. 이 과정이 너무 빠르게 일어나기 때문에 단열 팽창이라고 할 수 있다. 결과적으로 온도가 떨어지며, 응축된 수증기가 안개처럼 보인다.

3.6 Joule–Thomson 효과

앞 절에서 이상 기체의 내부 에너지는 부피에는 무관하며, 온도만의 함수라는 것을 배웠다. 따라서 이상 기체가 팽창될 때 일을 하지 않는다면(진공으로 팽창하는 경우), 온도의 변화도 일어나지 않는다. 결과적으로 내부 에너지는 변하지 않으며, $(\partial U/\partial V)_T = 0$이다. 실제 기체의 경우는 어떻게 될 것인가? 1845년에 영국의 물리학자 James Prescott Joule(1831~1879)은 이러한 의문점에 대한 답을 얻기 위하여 그림 3.7과 같은 실험을 하였다. 이 실험에서는 잠금 꼭지를 열어 기체가 진공으로 팽창되도록 하였다. 진공으로의 팽창이므로 일의 양은 0이다. Joule의 실험에서는 물의 온도 변화가 감지되지 않았다. 이것은 기체와 물 사이에 열의 교환이 일어나지 않는다는 것을 의미한다. 따라서 Joule은 온도가 일정할 때, 실제 기체의 내부 에너지도 이상 기체와 같이 부피와 무관하다고 결론지었다.

그런데 기체의 열용량에 비해 수조의 열용량이 너무 크기 때문에, 기체의 온도가 변하더라도 물의 온도 변화로 측정되기는 불가능하다는 것이 밝혀졌다. 1853년에

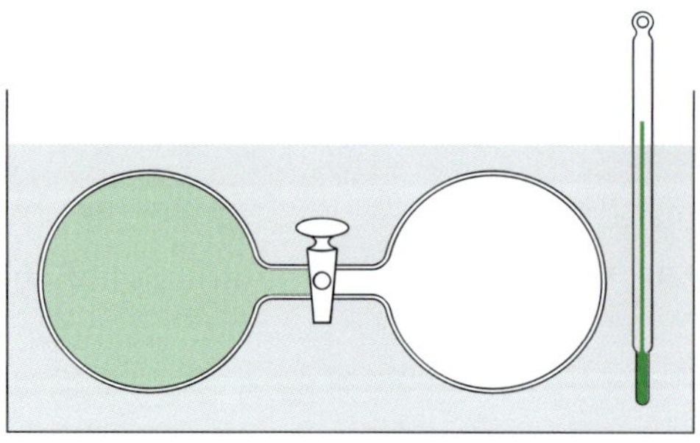

그림 3.7
Joule의 기체 팽창 실험. 기체가 진공으로 팽창할 때의 온도 변화를 온도계로 측정한다.

처음 실험에서, Joule은 다공성 차단벽으로 사용하기 위해 아내의 실크 스카프를 빌렸다.

William Thomson(Kelvin 경)은 Joule과 공동으로, 훨씬 더 정밀한 결과를 얻을 수 있는 연구를 수행하였다. 그림 3.8과 같이 피스톤을 왼쪽에서 오른쪽으로 밀면, 처음 상태가 P_1, V_1, T_1인 기체는 다공성 차단벽을 통해 압력 $P_2(P_2 < P_1)$에 거슬러 팽창한다. 기체의 이동은 느리게 일어나기 때문에 벽 양쪽의 압력은 P_1과 P_2로 일정하게 유지된다. 또한 장치 전체가 주위와 열적으로 차단되어 있기 때문에 팽창은 단열 과정이다. 즉 $q = 0$이다.

이 과정에서의 일의 양은 두 부분으로 이루어져 있다. 왼쪽에 있는 기체에 의한 일 w_L은 다음과 같다.

$$\begin{aligned} w_L &= -P_1(0 - V_1) \\ &= P_1V_1 \end{aligned}$$

왼쪽 기체의 최종 부피는 0이 된다. 또한 이 변화는 비가역 과정이기 때문에 일은 $-P\Delta V$가 된다. 기체가 차단벽을 통과한 후에는 일정한 압력 P_2에 거슬러 일을 하게 된다. 따라서 오른쪽에서의 일 w_R은 다음과 같다.

$$\begin{aligned} w_R &= -P_2(V_2 - 0) \\ &= -P_2V_2 \end{aligned}$$

따라서 실제 일의 양은

그림 3.8
Joule-Thomson 효과를 연구하기 위한 장치. 다공성 차단벽 왼쪽에 있는 기체(녹색 부분)의 처음 상태는 P_1, V_1, T_1이며, 오른쪽의 피스톤은 차단벽에 닿아 있다. 왼쪽의 피스톤을 P_1의 압력으로 천천히 밀면, 기체는 차단벽을 통해 압력 P_2를 거슬러 팽창하게 된다. 최종적으로 기체의 상태는 P_2, V_2, T_2가 된다. 이 장치는 주위와 열적으로 차단되어 있기 때문에 $q = 0$이다.

$$w = P_1V_1 - P_2V_2$$

이 되며, 내부 에너지는 다음과 같다.

$$\Delta U = U_2 - U_1 = q + w = w = P_1V_1 - P_2V_2$$

위 식을 변형하면

$$U_2 + P_2V_2 = U_1 + P_1V_1 \tag{3.27}$$

이 된다. 위의 식은 엔탈피의 정의($H = U+PV$)에 따라 다음과 같이 쓸 수 있다.

$$H_2 = H_1$$

이것은 기체의 팽창 과정에서 엔탈피가 일정하다는 것을 의미한다. 즉 $\Delta H = 0$이다.

Joule–Thomson 실험 결과는 기체의 팽창으로 온도가 낮아진다는 것을 보여 주었다. **Joule–Thomson 계수**(Joule–Thomson coefficient) μ_{JT}(단위는 K atm^{-1}임)는 다음과 같이 정의된다.

$$\mu_{JT} = \left(\frac{\partial T}{\partial P}\right)_H \tag{3.28}$$

이상 기체의 경우 μ_{JT}는 0이다.

이것은 엔탈피가 일정할 때, 압력 변화에 따른 온도의 변화량을 의미한다. 변화가 크지 않을 때는 다음과 같이 쓸 수 있다.

$$\mu_{JT} = \left(\frac{\Delta T}{\Delta P}\right)_H \tag{3.29}$$

식 3.28에 따라, P에 대한 T의 변화를 나타내는 곡선의 기울기로부터 μ_{JT}를 구할 수 있다. 그림 3.9a에서 점 a는 처음 상태(P_i와 T_i)에 해당한다. 대응하는 압력이 P_f(P_i보다 작은 값)라면, 온도는 T_f가 되며 점 b의 상태에 이르게 된다. 처음 상태의 압력과 온도는 같게 하고(P_i와 T_i), 대응 압력 P_f를 다르게 하면, 새로운 온도 T_f에 이르게 된다(점 c). 같은 과정을 반복하면 점 d, e, ... 등을 구할 수 있으며, 이 점들을 연결하면 매끄러운 곡선을 얻을 수 있다. 이 선상의 모든 점에서는 엔탈피가 모두 같기 때문에, 이 곡선을 **등엔탈피**(isenthalpic)선이라고 한다. 이 선에서, 점 d의 왼쪽에서는 접선의 기울기가 0보다 크다. μ_{JT} 값(접선의 기울기)이 0보다 크다는 것은 기체가 팽창하면서 냉각이 일어난다는 것을 의미한다. 즉 압력이 낮아지면 온도도 낮아지며 ΔT와 ΔP가 모두 음수이다. 점 d의 오른쪽으로는 반대되는 현상이 일어난다. 기울기는 음수이고, 따라서 μ_{JT}가 0보다 작다는 것은 기체가 팽창할 때 온도가 올라간다는 것을 의미한다. 분자 간의 상호 작용에 기초해서 보면, 온도가 내려가고 올라가는 현상에 대한 설명이 모두 가능하다. 기체가 다공성 격벽을 통과하면서, 인력을 극복하기 위하여 분자가 갖고 있었던 운동 에너지의 일부가 소비된다. 결과적으로 기체의 온도가 낮아지게 된다. 어떤 온도와 압력 조건하에서는 분자 간의 힘

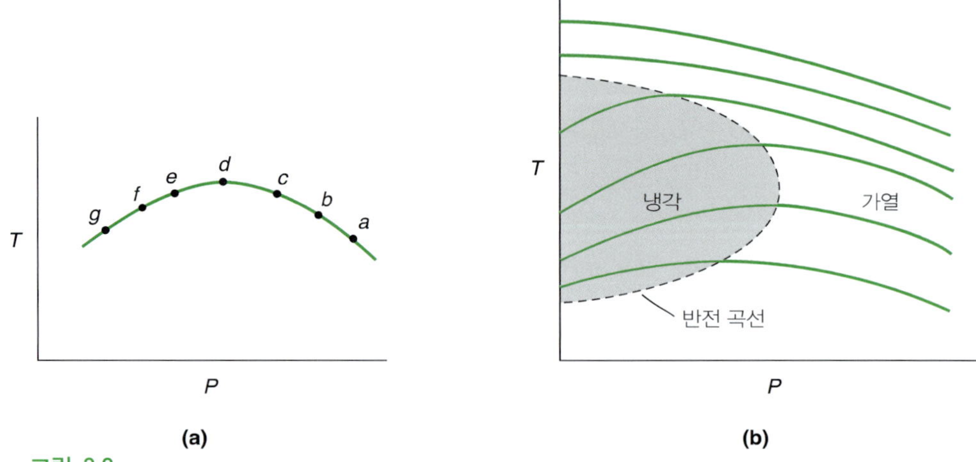

그림 3.9

(a) 일련의 Joule-Thomson 실험을 통해 얻은 등엔탈피선(본문 참조). 정해진 *P*와 *T*에서의 접선의 기울기가 Joule-Thomson 계수가 된다. **(b)** *T* 대 *P*의 등엔탈피선. 경계선은 등엔탈피선의 최고점($\mu_{JT}=0$)을 이은 선이다. [출처: Kirkwood, J. G. and I. Oppenheim, Chemical Thermodynamics, McGraw-Hill Book Company, New York (1961)]

보다는 분자의 크기를 더 고려해야 할 수도 있다. 분자 간의 거리가 아주 가까워지면 인력보다는 밀어내는 힘이 더 커지게 된다. 이 경우에는 팽창을 하면서 분자의 퍼텐셜 에너지가 낮아지게 되고, 방출되는 열이 주위에 전달된다. 곡선의 최고점인 *d*에서는 접선의 기울기가 0이 되며, 냉각이나 가열 효과가 상쇄된다. μ_{JT}가 0이 될 때의 온도를 **반전 온도**(inversion temperature)라고 한다.

T_i와 P_i 값이 달라지면, 새로운 등엔탈피선이 얻어진다. 위에서 설명한 것과 같은 방법으로, P_f를 바꾸어 주면서 T_f 값들을 측정하여 새로운 곡선을 그릴 수 있다. 이러한 실험을 반복하면 그림 3.9b와 같이 일련의 등엔탈피선을 구할 수 있다. 경계선은 각 등엔탈피선의 최고점을 이은 선이다. 경계선의 안쪽(망 부분)에서 μ_{JT}는 0보다 큰 값이며, 이 영역에 해당하는 *T*와 *P* 조합의 기체는 Joule-Thomson 실험 과정에서 냉각된다. 경계선 밖의 *T*와 *P*의 조합의 기체는 반대로 온도가 높아진다.

Joule-Thomson 효과는 기체의 액화에 실제적으로 이용되는 중요한 현상이다. 그림 3.9b를 보면, 초기 온도가 반전 온도보다 낮을 경우에만 기체 팽창에 의해 온도가 낮아진다. 헬륨과 수소를 제외하면, 대부분 기체의 최대 반전 온도는 상온보다 높다. 그림 3.10은 공업적으로 사용되는 Linde 공정을 보여 준다. 이 공정에서 질소(최대 반전 온도 = 348°C) 등의 기체는 상온에서 먼저 압축된 후 단열 팽창하게 된다. 냉각된 기체는 압축기로 재순환되면서 압축기에서 방출되는 기체의 온도를 낮추어 준다. 압축-팽창을 반복하면 기체의 온도는 질소의 끓는점인 −196°C에 도달하게 되고 액화가 일어나기 시작한다. 수소의 최고 반전 온도는 −68°C이기 때문에, Linde 공정으로 액화시키기 전에 액체 질소를 사용하여 온도를 낮추어 주어야 한다.

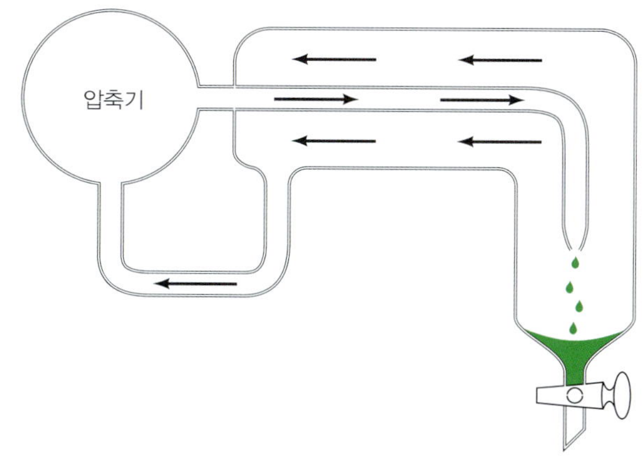

그림 3.10
기체의 액화에 사용되는 Linde 공정

예제 3.8

아르곤의 Joule–Thomson 계수는 0.32 K atm^{-1}이다. 30 atm, 50°C의 Ar이 작은 구멍을 통해 팽창하여 압력이 1 atm이 되었을 때, 기체의 최종 온도는?

답

Joule–Thomson 계수의 근사식(식 3.29)을 이용한다.

$$\mu_{\text{JT}} = \left(\frac{\Delta T}{\Delta P}\right)_H$$

$\Delta P = (1-30)$ atm, 즉 -29 atm을 대입하면

$$0.32 \text{ K atm}^{-1} = \frac{\Delta T}{-29 \text{ atm}}$$

$\Delta T = -9$ K이므로 최종 온도는 $(50-9)$°C, 즉 41°C가 된다.

3.7 열화학

이 절에서는 화학 반응에서의 에너지 변화를 연구하는 열화학에 열역학 제1법칙을 적용해 본다.

표준 생성 엔탈피

거의 대부분의 화학 반응에서는 에너지 변화가 수반된다. **반응 엔탈피**(enthalpy of reaction)는 특정한 온도와 압력의 반응물이 같은 온도와 압력의 생성물로 바뀔 때, 흡수하거나 방출한 열을 말한다. 일정 압력 과정에서 q_P는 반응 엔탈피 변화량, $\Delta_r H$와 같은 값이 된다. 'r'은 반응(reaction)을 의미한다. **발열 반응**(exothermic reaction)은 주위로 열을 방출하는 반응이며, $\Delta_r H$는 0보다 작은 값이 된다. **흡열 반응**(endothermic

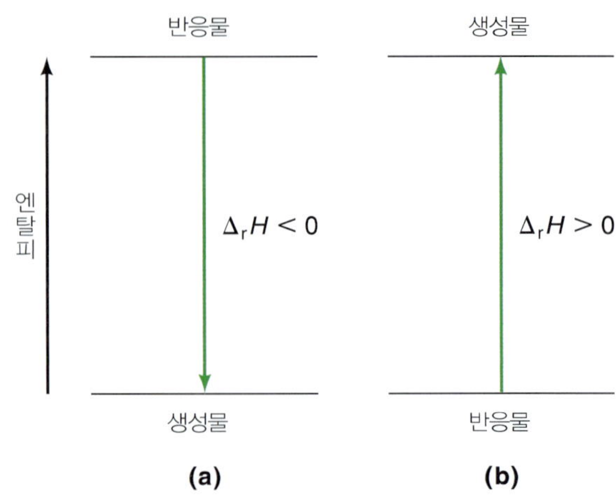

그림 3.11
(a) 발열 반응과 **(b)** 흡열 반응에서의 엔탈피 변화

reaction)의 경우에는 주위에서 열을 흡수하므로 $\Delta_r H$가 0보다 큰 값이다(그림 3.11).

다음 반응을 보자.

$$\text{C(흑연)} + O_2(g) \rightarrow CO_2(g)$$

1 bar, 298 K에서 흑연 1몰이 충분한 산소하에서 연소되어 같은 온도와 압력의 이산화 탄소 1몰이 만들어졌다.* 이 과정에서의 엔탈피 변화를 **표준 반응 엔탈피**(standard enthalpy of reaction)라고 하며, $\Delta_r H°$로 나타낸다. 단위는 kJ(몰 반응)$^{-1}$이다. 몰 반응이란 반응식의 계수에 해당하는 몰수의 반응물과 생성물이 관여된 반응을 말한다. 보통은 흑연의 연소 반응에서의 $\Delta_r H°$를 -393.5 kJ mol^{-1}로 표기한다. 이것은 표준 상태에 있는 반응물이 표준 상태의 생성물이 될 때의 엔탈피 변화를 의미한다. 표준 상태는 다음과 같이 정의한다. (1) 순수한 고체와 액체의 경우에는 정해진 온도에서 압력 P=1 bar인 상태를 말한다(1.4절 참조). (2) 순수한 기체의 경우에는 정해진 온도에서 압력이 1 bar인 가상의 이상 기체 상태를 말한다. 위 첨자 '°'는 표준 상태를 의미하는 기호이다.

표준 상태는 압력만 1 bar로 정의한다.

일반적으로 화학 반응에서의 표준 엔탈피 변화량은 생성물의 전체 엔탈피에서 반응물의 전체 엔탈피를 뺀 값으로 생각할 수 있다.

$$\Delta_r H° = \Sigma \nu \bar{H}° \text{ (생성물)} - \Sigma \nu \bar{H}° \text{ (반응물)}$$

여기서 $\bar{H}°$는 표준 몰엔탈피이며, ν는 화학량론적 계수이다. $\bar{H}°$의 단위는 kJ mol^{-1}이고, ν는 단위가 없다. 다음 가상의 반응을 생각해 보자.

$$a\text{A} + b\text{B} \rightarrow c\text{C} + d\text{D}$$

여기서 a, b, c, d는 물질 A, B, C, D의 화학량론적 계수이며, 표준 반응 엔탈피는

* 실제 연소 과정에서의 온도는 298 K보다 훨씬 높다. 그러나 측정하고자 하는 값은 1 bar, 298 K의 반응물이 1 bar, 298 K의 생성물이 될 때 교환되는 열의 전체 양이다. 따라서 반응 엔탈피는 생성물이 298 K로 냉각되면서 방출되는 열을 포함하는 값이다.

다음 식과 같이 된다.

$$\Delta_r H^\circ = c\overline{H}^\circ(\mathrm{C}) + d\overline{H}^\circ(\mathrm{D}) - a\overline{H}^\circ(\mathrm{A}) - b\overline{H}^\circ(\mathrm{B})$$

그러나 물질의 **절대**(absolute) 엔탈피 값을 구할 수 있는 방법은 없으며, 임의의 기준에 대한 **상대적인**(relative) 값만을 구할 수 있다. 이것은 지질학자가 산이나 계곡의 높이를 나타낼 때 직면하는 문제와 같다. 지질학에서는 임의의 높이, 즉 해수면을 '0' 미터라고 정한 후, 지질학적인 높이와 깊이를 이에 대한 상대적인 값으로 나타내는 것이 일반적이다. 화학자들도 임의의 값을 엔탈피의 기준값으로 정해 사용하고 있다.

엔탈피에서 '해수면'에 해당하는 것이 **표준 생성 몰엔탈피**(standard molar enthalpy of formation, $\Delta_f\overline{H}^\circ$)이다. 아래 첨자 'f'는 생성(formation)을 의미한다. 표준 생성 몰엔탈피는 화합물을 이루고 있는 원소로부터 1 bar와 298 K에서 그 화합물이 만들어질 때 발생하는 엔탈피 변화량으로 정의할 수 있다(표준 상태는 압력만을 정의한다는 것에 유의하자. 온도는 따로 지정해 주어야 하는데, $\Delta_f\overline{H}^\circ$는 일반적으로 298 K에서의 값이 사용된다). 이와 같은 가상의 반응에 대한 엔탈피 변화는 다음과 같이 쓸 수 있다.

$$\Delta_r H^\circ = c\Delta_f\overline{H}^\circ(\mathrm{C}) + d\Delta_f\overline{H}^\circ(\mathrm{D}) - a\Delta_f\overline{H}^\circ(\mathrm{A}) - b\Delta_f\overline{H}^\circ(\mathrm{B}) \qquad (3.30)$$

위의 식은 다음과 같이 쓸 수 있다.

$$\Delta_r H^\circ = \Sigma v\Delta_f\overline{H}^\circ(\text{생성물}) - \Sigma v\Delta_f\overline{H}^\circ(\text{반응물}) \qquad (3.31)$$

화학량론적 계수가 1이면 식 3.31에 나타내지 않는다.

식 3.31을 앞에서 언급한 흑연의 연소 반응에 다음과 같이 적용할 수 있다.

$$\Delta_r H^\circ = \Delta_f\overline{H}^\circ(\mathrm{CO_2}) - \Delta_f\overline{H}^\circ(\text{흑연}) - \Delta_f\overline{H}^\circ(\mathrm{O_2}) = -393.5\ \mathrm{kJ\ mol^{-1}}$$

편의상, 298 K에서 원소의 가장 안정한 동소체에 대한 $\Delta_f\overline{H}^\circ$를 0으로 놓는다.

동소체는 같은 원소로 이루어져 있지만 물리적 및 화학적 특성이 다른 물질을 말한다.

$$\Delta_f\overline{H}^\circ(\mathrm{O_2}) = 0$$

$$\Delta_f\overline{H}^\circ(\text{흑연}) = 0$$

1 bar, 298 K에서 산소와 탄소의 가장 안정한 형태는 O_2와 흑연이다. 오존이나 다이아몬드는 이 조건에서 가장 안정한 물질이 아니다. $\Delta_f\overline{H}^\circ(\mathrm{O_3}) = 142.7\ \mathrm{kJ\ mol^{-1}}$이며, $\Delta_f\overline{H}^\circ(\text{다이아몬드}) = 1.90\ \mathrm{kJ\ mol^{-1}}$이다. 흑연의 표준 연소 엔탈피는 다음과 같이 다시 쓸 수 있다.

$$\Delta_r H^\circ = \Delta_f\overline{H}^\circ(\mathrm{CO_2}) = -393.5\ \mathrm{kJ\ mol^{-1}}$$

따라서 CO_2의 표준 생성 몰엔탈피가 표준 반응 엔탈피와 같게 된다.

원소의 $\Delta_f\overline{H}^\circ$를 0으로 정하는 것이 특별한 것은 아니다. 앞에서 설명한 것과 같이 물질의 엔탈피의 절대적인 값을 구하는 것은 불가능하다. 임의의 기준값에 대한 **상대적인** 값만을 정할 수 있을 뿐이다. 열역학에서 주로 관심이 있는 것은 H의 변화량이다. 원소의 $\Delta_f\bar{H}°$로 어떤 값이나 부여할 수 있지만, 0으로 했을 때 계산이 간단해진다. 표준 생성 몰엔탈피로부터 표준 반응 엔탈피를 구할 수 있다는 것이 중요하다. $\Delta_f\bar{H}°$의 값은 아래 설명한 것과 같이 직접적으로 구하거나 간접적인 방법으로 구할 수 있다.

직접적 방법. 원소로부터 바로 합성할 수 있는 화합물의 경우에는 이 방법을 사용한다. 흑연과 O_2로부터 CO_2가 만들어지는 반응이 한 예이다. SF_6, P_4O_{10}, CS_2 같은 화합물도 원소로부터 직접 합성할 수 있다. 이 화합물들의 합성에 대한 반응식은 다음과 같다.

$$\text{S(사방형)} + 3\text{F}_2(g) \rightarrow \text{SF}_6(g) \qquad \Delta_r H° = -1209\ \text{kJ mol}^{-1}$$

$$4\text{P(흰인)} + 5\text{O}_2(g) \rightarrow \text{P}_4\text{O}_{10}(s) \qquad \Delta_r H° = -2984.0\ \text{kJ mol}^{-1}$$

$$\text{C(흑연)} + 2\text{S(사방형)} \rightarrow \text{CS}_2(l) \qquad \Delta_r H° = 87.86\ \text{kJ mol}^{-1}$$

S(사방형)과 P(흰인)은 1 bar와 298 K에서 황과 인의 가장 안정한 형태이며 $\Delta_f\bar{H}°$ 값은 0이다. CO_2의 경우와 같이, 세 반응에 대한 표준 반응 엔탈피($\Delta_r H°$)는 각 경우에서 생성된 화합물에 대한 $\Delta_f\bar{H}°$와 같다는 것을 볼 수 있다.

간접적인 방법. 대부분의 화합물은 원소로부터 바로 합성할 수 없다. 어떤 경우에는 반응 속도가 너무 느리거나 전혀 일어나지 않는다. 또한 부반응이 일어나, 원하는 화합물이 합성되지 않는 경우도 있다. 이러한 경우에는 $\Delta_f\bar{H}°$ 값은 Hess 법칙에 기초하여 간접적으로 구해야 한다. **Hess 법칙**[Hess's law, 스위스의 화학자 Germain Henri Hess(1802~1850)의 이름에서 따옴]은 다음과 같이 정의할 수 있다. 반응물에서 생성물이 만들어질 때, 반응이 한 단계로 일어나거나 또는 일련의 여러 단계를 거쳐 일어나는가에 관계없이, 엔탈피 변화량은 서로 같다. 다른 말로 하면, $\Delta_f\bar{H}°$ 값을 측정할 수 있는 각각의 반응 단계로 나누어 실행한 후 전체 반응의 $\Delta_f\bar{H}°$ 값을 계산할 수 있다는 것이다. Hess 법칙의 기본 원리는 엔탈피가 상태 함수이기 때문에 경로에 무관하다는 것이다.

Hess 법칙은 다음과 같이 쉽게 이해할 수 있다. 1층에서 엘리베이터를 타고 6층으로 올라간다고 가정하자. 6층으로 올라갈 때의 중력에 의한 퍼텐셜 에너지의 증가(전체 반응에서의 엔탈피 변화량에 해당)는 6층으로 바로 올라가거나, 각 층에서 멈추었다 올라가는 것(반응을 일련의 단계로 나누는 것에 해당)에 관계없이 같게 된다.

Hess 법칙을 일산화 탄소의 $\Delta_f\bar{H}°$ 값을 구하는 데 적용해 보자. 다음 반응식과 같이 각 원소로부터 CO를 직접 합성하는 방법을 생각할 수 있다.

$$\text{C(흑연)} + \tfrac{1}{2}\text{O}_2(g) \rightarrow \text{CO}(g)$$

그러나 흑연을 산소 속에서 연소시키면 CO_2가 동시에 만들어지기 때문에 이 방법은 불가능하다. 이러한 문제를 피하기 위해서, 반응이 완결되는(반응물이 완전히 반응하는) 다음과 같은 두 가지 반응을 따로따로 일어나게 한다.

(1) $\quad C(\text{흑연}) + O_2(g) \rightarrow CO_2(g) \qquad \Delta_r H° = -393.5 \text{ kJ mol}^{-1}$

(2) $\quad CO(g) + \frac{1}{2}O_2(g) \rightarrow CO_2(g) \qquad \Delta_r H° = -283.0 \text{ kJ mol}^{-1}$

먼저, 반응식 (2)의 방향을 바꾸어 보자.

(3) $\quad CO_2(g) \rightarrow CO(g) + \frac{1}{2}O_2(g) \qquad \Delta_r H° = +283.0 \text{ kJ mol}^{-1}$

반응의 방향을 바꾸면, $\Delta_r H°$의 부호가 바뀐다.

화학 반응식은 수학 방정식과 마찬가지로 서로 더하거나 뺄 수 있으므로, 식 (1)과 (3)을 더한다.

(4) $\quad C(\text{흑연}) + \frac{1}{2}O_2(g) \rightarrow CO(g) \qquad \Delta_r H° = -110.5 \text{ kJ mol}^{-1}$

따라서 $\Delta_f \overline{H}°(CO) = -110.5 \text{ kJ mol}^{-1}$이 된다. 이 과정을 다시 보면, CO_2를 합성하는 반응(반응 1)이 두 단계(반응 2와 4)를 거쳐 이루어진 것과 같다. 그림 3.12는 이 과정을 보여 준다.

Hess 법칙을 이용할 때의 일반적인 원칙은 일련의 화학 반응식들(각 단계에 해당하는)을 모두 더했을 때 다른 화합물들은 모두 소거되고 반응물과 생성물만 남아야 한다는 것이다. 이것은 원소들은 화살표의 왼쪽에, 원하는 화합물은 화살표의 오른쪽에 있어야 한다는 것이다. 이렇게 하기 위해서는 각 단계에 해당하는 반응식에 적당한 계수를 곱해야 할 때도 있다. 다음 예제는 이 과정을 보여 준다.

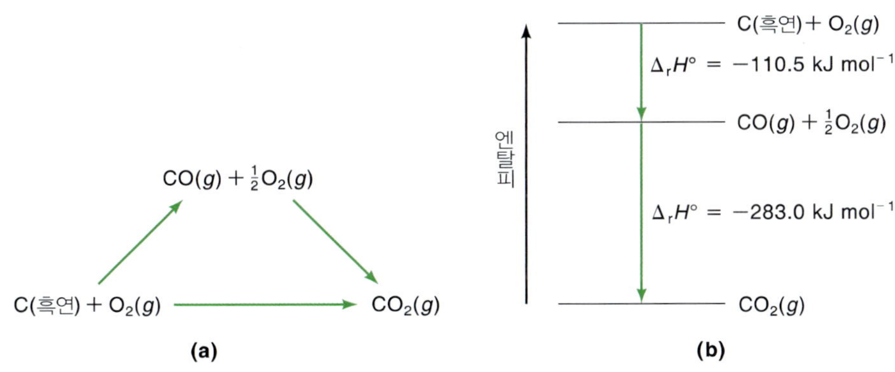

그림 3.12

(a) 흑연과 O_2로부터 CO_2를 생성하는 반응은 두 단계로 나눌 수 있다. **(b)** 전체 반응에서의 엔탈피 변화는 각 단계에서의 엔탈피 변화를 합한 값과 같다.

예제 3.9

아세틸렌(C_2H_2)의 표준 생성 몰엔탈피를 계산하시오.

$$2C(\text{흑연}) + H_2(g) \rightarrow C_2H_2(g)$$

연소 반응과 그에 해당하는 엔탈피 변화는 다음과 같다.

(1) $C(\text{흑연}) + O_2(g) \rightarrow CO_2(g)$ $\quad \Delta_r H° = -393.5\ \text{kJ mol}^{-1}$

(2) $H_2(g) + \frac{1}{2}O_2(g) \rightarrow H_2O(l)$ $\quad \Delta_r H° = -285.8\ \text{kJ mol}^{-1}$

(3) $2C_2H_2(g) + 5O_2(g) \rightarrow 4CO_2(g) + 2H_2O(l)$ $\quad \Delta_r H° = -2598.8\ \text{kJ mol}^{-1}$

답

우리가 원하는 것은 C와 H_2가 반응물이고, C_2H_2가 생성물인 반응식이므로, 식 1, 2, 3에서 O_2, CO_2, H_2O를 제거해야 한다. 또한 식 3은 O_2 5몰, CO_2 4몰, H_2O 2몰로 이루어져 있음에 유의하자. 먼저, C_2H_2가 생성물이 되도록 식 3의 역반응을 쓴다.

(4) $4CO_2(g) + 2H_2O(l) \rightarrow 2C_2H_2(g) + 5O_2(g)$ $\quad \Delta_r H° = +2598.8\ \text{kJ mol}^{-1}$

다음, 식 1의 양변에 4를, 식 2의 양변에는 2를 곱하여 서로 더한다.
4×(식 1)+2×(식 2)+(식 4)

$$\begin{array}{lll} & 4C(\text{흑연}) + 4O_2(g) \rightarrow 4CO_2(g) & \Delta_r H° = -1574.0\ \text{kJ mol}^{-1} \\ + & 2H_2(g) + O_2(g) \rightarrow 2H_2O(l) & \Delta_r H° = -571.6\ \text{kJ mol}^{-1} \\ + & 4CO_2(g) + 2H_2O(l) \rightarrow 2C_2H_2(g) + 5O_2(g) & \Delta_r H° = +2598.8\ \text{kJ mol}^{-1} \\ \hline & 4C(\text{흑연}) + 2H_2(g) \rightarrow 2C_2H_2(g) & \Delta_r H° = +453.2\ \text{kJ mol}^{-1} \\ \text{또는} & 2C(\text{흑연}) + H_2(g) \rightarrow C_2H_2(g) & \Delta_r H° = +226.6\ \text{kJ mol}^{-1} \end{array}$$

위의 식은 각 원소로부터 C_2H_2를 생성하는 반응식이므로, $\Delta_f \overline{H}°(C_2H_2) = \Delta_r H° = +226.6\ \text{kJ mol}^{-1}$이 된다(반응식을 2로 나누면, $\Delta_r H°$ 값은 반이 된다).

표 3.3은 여러 가지 무기 및 유기 화합물의 $\Delta_f \overline{H}°$ 값을 보여 준다(부록 B에는 보다 광범위한 목록이 있다.) $\Delta_f \overline{H}°$는 값뿐만 아니라 부호도 다르다는 것에 유의하자. 물을 비롯한 많은 화합물은 $\Delta_f \overline{H}°$ 값이 음수로, 구성 원소에 비해 엔탈피가 낮다(그림 3.13). 이러한 화합물은 양수의 $\Delta_f \overline{H}°$ 값을 갖는 화합물보다 더 안정한 경향이 있다. $\Delta_f \overline{H}°$ 값이 0보다 작은 화합물은 구성 원소로 분해될 때 에너지를 공급해 주어야 하지만, 0보다 큰 경우에는 에너지가 방출되기 때문이다.

표 3.3

298 K와 1 bar에서 유기 및 무기 화합물의 표준 생성 몰엔탈피

물질	$\Delta_f H°$ (kJ mol^{-1})	물질	$\Delta_f H°$ (kJ mol^{-1})
C(흑연)	0	$CH_4(g)$	−74.85
C(다이아몬드)	1.90	$C_2H_6(g)$	−84.7
$CO(g)$	−110.5	$C_3H_8(g)$	−103.8
$CO_2(g)$	−393.5	$C_2H_2(g)$	226.6
$HF(g)$	−273.3	$C_2H_4(g)$	52.3
$HCl(g)$	−92.3	$C_6H_6(l)$	49.04
$HBr(g)$	−36.4	$CH_3OH(l)$	−238.7
$HI(g)$	26.48	$C_2H_5OH(l)$	−277.0
$H_2O(g)$	−241.8	$CH_3CHO(l)$	−192.3
$H_2O(l)$	−285.8	$HCOOH(l)$	−424.7
$NH_3(g)$	−46.3	$CH_3COOH(l)$	−484.2
$NO(g)$	90.4	$C_6H_{12}O_6(s)$	−1274.5
$NO_2(g)$	33.9	$C_{12}H_{22}O_{11}(s)$	−2221.7
$N_2O_4(g)$	9.7		
$N_2O(g)$	81.56		
$O_3(g)$	142.7		
$SO_2(g)$	−296.1		
$SO_3(g)$	−395.2		

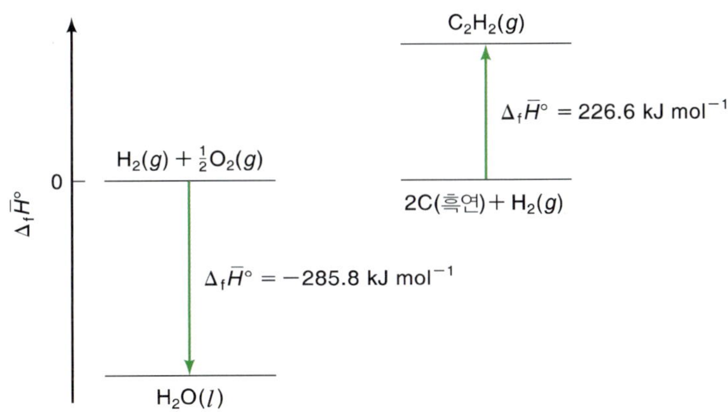

그림 3.13

$\Delta_f\overline{H}°$ 값이 음수 및 양수인 대표적인 두 화합물

예제 3.10

우리가 섭취하는 음식물을 단계적으로 분해하여 성장과 활동에 필요한 에너지로 만드는 과정을 대사 과정이라고 한다. 이 복잡한 과정의 전체 반응식은 포도당($C_6H_{12}O_6$)이 CO_2와 H_2O로 분해되는 반응식이다.

$$C_6H_{12}O_6(s) + 6O_2(g) \rightarrow 6CO_2(g) + 6H_2O(l)$$

298 K에서의 표준 반응 엔탈피를 구하시오.

답

식 3.31을 이용한다.

$$\Delta_r H° = [6\Delta_f \overline{H}°(CO_2) + 6\Delta_f \overline{H}°(H_2O)] - [\Delta_f \overline{H}°(C_6H_{12}O_6) + 6\Delta_f \overline{H}°(O_2)]$$

표 3.3의 $\Delta_f \overline{H}°$ 값을 대입하여 답을 구한다.

$$\begin{aligned}\Delta_r H° &= 6(-393.5\ \text{kJ mol}^{-1}) + 6(-285.8\ \text{kJ mol}^{-1}) - (-1274.5\ \text{kJ mol}^{-1}) \\ &\quad - 6(0\ \text{kJ mol}^{-1}) \\ &= -2801.3\ \text{kJ mol}^{-1}\end{aligned}$$

COMMENT

(1) 이 경우에서 반응 엔탈피를 연소 엔탈피라고도 한다. 1몰의 포도당이 대사 과정을 통해 단계적으로 분해될 때 발생하는 열의 양은, 공기 중에서 포도당이 연소될 때 발생하는 열의 양과 같다. (2) 표에서 $\Delta_f \overline{H}°$ 값을 찾을 때에는 화합물의 종류뿐만 아니라 맞는 상태의 화합물을 찾아야 한다. 예를 들어 298 K와 1 bar에서 액체 상태 물의 $\Delta_f \overline{H}°$ 값은 -285.8 kJ mol^{-1}인 반면에, 수증기의 경우에는 -241.8 kJ mol^{-1}이다. 두 값의 차이인 44.0 kJ mol^{-1}은 298 K에서의 물 1몰의 증발 엔탈피이다.

$$H_2O(l) \rightarrow H_2O(g) \qquad \Delta_{\text{증발}} \overline{H}° = 44.0\ \text{kJ mol}^{-1}$$

(3) 대사 과정은 많은 단계를 거치는 매우 복잡한 과정이다. 그러나 H가 상태 함수이기 때문에, 반응물과 최종 생성물의 $\Delta_f \overline{H}°$ 값을 이용하여 $\Delta_r \overline{H}°$ 값을 쉽게 구할 수 있다.

온도에 따른 반응 엔탈피 변화

어떤 온도, 예를 들어 298 K에서 표준 반응 엔탈피를 측정하였을 때, 350 K에서의 값을 알고 싶으면 어떻게 해야 하겠는가? 350 K에서 다시 실험을 하여 측정하는 방법이 있을 것이다. 다행히, 매번 실험을 하지 않아도 열역학 데이터 표를 이용하여 원하는 값을 구할 수 있다. 특정 온도에서의 엔탈피 변화는 어떤 반응에서나 다음 식과 같다.

$$\Delta_r H = \Sigma H(\text{생성물}) - \Sigma H(\text{반응물})$$

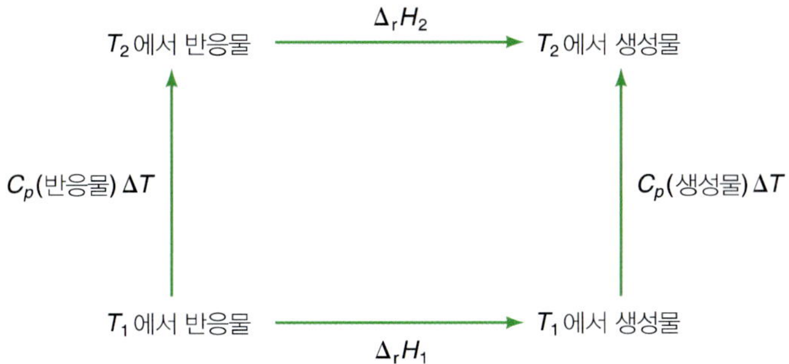

그림 3.14

Kirchhoff 법칙(식 3.33)을 보여 주는 그림. 엔탈피 변화는 $\Delta_r H_2 = \Delta_r H_1 + \Delta C_P(T_2 - T_1)$이며, ΔC_P는 반응물과 생성물의 열용량 차이이다.

반응 엔탈피($\Delta_r H$)가 온도에 따라 어떻게 변하는가를 보기 위하여, P를 상수로 놓고 위의 식을 온도 T로 미분한다.

$$\left(\frac{\partial \Delta_r H}{\partial T}\right)_P = \left(\frac{\partial \Sigma H(\text{생성물})}{\partial T}\right)_P - \left(\frac{\partial \Sigma H(\text{반응물})}{\partial T}\right)_P$$

$$= \Sigma C_P(\text{생성물}) - \Sigma C_P(\text{반응물})$$

$$= \Delta C_P \tag{3.32}$$

여기서 $(\partial H/\partial T)_P = C_P$로 놓았다. 식 3.22의 양변을 적분하면

$$\int_1^2 d\Delta_r H = \Delta_r H_2 - \Delta_r H_1 = \int_{T_1}^{T_2} \Delta C_P dT = \Delta C_P (T_2 - T_1) \tag{3.33}$$

여기서 $\Delta_r H_1$과 $\Delta_r H_2$는 각각 T_1과 T_2에서의 반응 엔탈피이다. 식 3.33을 Kirchhoff 법칙[Kirchhoff's law, 독일의 물리학자 Gustav Robert Kirchhoff(1824~1887)의 이름에서 따옴]이라고 한다. 이 식은 서로 다른 온도에서의 반응 엔탈피 차이는, 생성물과 반응물을 T_1에서 T_2로 가열할 때의 엔탈피 차이를 의미한다(그림 3.14). 이 식을 유도하는 과정에서 C_P 값들은 온도에 무관한 상수라고 가정한 것에 유의하라. C_P의 변화를 고려하려면, 적분 과정에서 C_P를 T의 함수로 나타내야 한다(3.4절 참조).

예제 3.11

다음 반응의 표준 반응 엔탈피 변화는 298 K, 1 bar에서 $\Delta_r H° = 285.4$ kJ mol^{-1}이다. 380 K에서의 $\Delta_r H°$를 구하시오(단, $\overline{C}_P$ 값들은 모두 온도에 무관한 상수라고 가정한다).

$$3O_2(g) \rightarrow 2O_3(g)$$

답

부록 B를 참조하면, 일정한 압력하에서 O_2와 O_3의 몰열용량은 각각 29.41 J K^{-1} mol^{-1}, 38.2 J K^{-1} mol^{-1}이다. 식 3.33을 이용하여 답을 구한다.

$$\Delta_r H^\circ_{380} - \Delta_r H^\circ_{298} = \Delta C_P (T_2 - T_1)$$

$$= \frac{[(2)38.2 - (3)29.4]\text{J K}^{-1}\text{ mol}^{-1}}{(1000\text{ J/kJ})} \times (380 - 298)\text{ K}$$

$$= -0.97\text{ kJ mol}^{-1}$$

$$\Delta_r H^\circ_{380} = \Delta_r H^\circ_{298} + (-0.97\text{ kJ mol}^{-1})$$

$$= (285.4 - 0.97)\text{ kJ mol}^{-1}$$

$$= 284.4\text{ kJ mol}^{-1}$$

COMMENT

$\Delta_r H^\circ_{380}$과 $\Delta_r H^\circ_{298}$의 차이가 크지 않음에 유의하라. 기체 반응의 경우에는, 생성물을 T_1에서 T_2로 가열하면서 얻게 되는 엔탈피는 반응물을 가열할 때 소모되는 엔탈피로 거의 상쇄된다.

3.8 결합 에너지와 결합 엔탈피

화학 반응 과정에서는 반응물과 생성물 분자의 결합이 끊어지고 새로 만들어지기 때문에, 반응의 열화학적 본질을 이해하기 위해서는 결합 에너지에 대한 자세한 지식이 필요하다. 결합 에너지는 두 원자 사이의 결합을 끊기 위해 필요한 에너지를 말한다. 298 K, 1 bar에서 일어나는 H_2 분자 1몰의 해리를 생각해 보자.

$$H_2(g) \rightarrow 2H(g) \qquad \Delta_r H^\circ = 436.4\text{ kJ mol}^{-1}$$

H−H 결합의 에너지는 436.4 kJ mol^{-1}이라고 간단하게 생각하기 쉽지만, 실제는 훨씬 복잡하다. 실제 측정되는 값은 H_2의 결합 엔탈피이며, 결합 에너지는 아니다. 이 두 값의 차이를 이해하기 위해서 결합 에너지의 의미를 먼저 생각해 보자.

그림 3.15는 H_2의 **퍼텐셜 에너지 곡선**(potential energy curve)을 보여 준다. 먼저 분자가 어떻게 만들어지는가에 대한 질문으로부터 시작해 보자. 두 개의 수소 원자가 아주 멀리 떨어져 있을 때에는 원자 간에 작용하는 힘이 없다. 원자 간의 거리 r이 작아지면서, 두 원자 사이에는 쿨롱 인력(전자와 원자핵 간)과 반발력(원자핵과 원자핵 및 전자와 전자 간)이 모두 작용하게 된다. 인력이 반발력에 비해 훨씬 크기 때문에, 원자 간의 거리가 줄어들면서 퍼텐셜 에너지가 낮아지게 된다. 퍼텐셜 에너

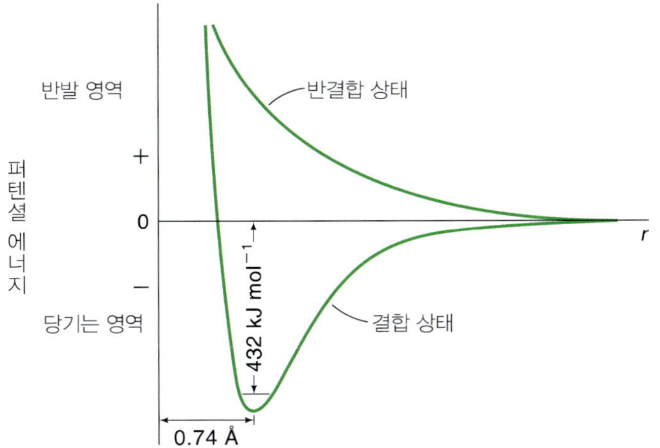

그림 3.15

H_2 분자의 퍼텐셜 에너지 곡선. 짧은 가로선은 최소 진동 에너지 준위를 나타낸다. 이 선과 곡선이 만나는 점은, 분자가 진동할 때의 최소 및 최대 결합 길이에 해당한다.

지가 가장 낮아질 때까지 거리가 줄어들고, H_2 분자가 만들어진다. 거리가 더 가까워지면 반발력이 더 커지게 되며, 퍼텐셜 에너지가 급격하게 증가한다. 기준 상태(영 퍼텐셜)는 두 원자가 무한히 떨어져 있는 경우에 해당된다. 속박 상태(예를 들면 H_2)에서 퍼텐셜 에너지는 0보다 작은 값이며, 결합이 형성되면서 에너지는 열의 형태로 방출된다.

그림 3.15에서 가장 중요한 부분은, 결합 상태에 해당하는 퍼텐셜 에너지 곡선의 최저점이다. 이 점에서 분자는 가장 안정하며, 이때의 길이를 **평형 길이**(equilibrium distance)라고 한다. 그러나 분자는 끊임없이 진동하고 있으며, 절대 영도에서도 진동한다. 또한 원자 내의 전자 에너지와 마찬가지로 진동 에너지는 양자화되어 있다. 최소 진동 에너지는 0이 아닌 $\frac{1}{2}h\nu$이며, 이것을 **영점 에너지**(zero-point energy)라고 한다. 여기서 ν는 H_2 분자의 기본 진동수이다. 결론적으로 두 개의 수소 원자는 퍼텐셜 에너지의 최저점에 고정되어 있지 않다. 대신에, H_2의 최저 진동을 나타내는 가로선 상태에 있다. 이 선과 퍼텐셜 에너지 곡선이 만나는 두 점은 진동할 때의 최소 길이와 최대 길이를 나타낸다. 따라서 평형 길이라는 말을 사용하며, 이 길이는 두 극단의 결합 길이의 평균 정도가 될 것이다. 최저 진동 에너지 준위부터 영 퍼텐셜 에너지까지의 수직 길이가 H_2의 결합 에너지에 해당된다.

다음의 두 가지 이유 때문에, 엔탈피 변화의 측정값(436.4 kJ mol^{-1})이 H_2의 결합 에너지와 정확히 일치한다고 할 수 없다. 첫째, 해리가 일어나면서 기체의 몰수는 두 배가 되며, 팽창에 따른 일을 주위에 해 주게 된다. 압력이 일정할 때, 엔탈피 변화량(ΔH)과 결합 에너지에 해당하는 내부 에너지 변화량(ΔU)과의 관계는 다음 식으로 나타낼 수 있다.

$$\Delta H = \Delta U + P\Delta V$$

둘째, 해리되기 전의 수소 원자는 진동, 회전, 병진 에너지를 갖고 있지만, 수소 원자는 병진 에너지만을 갖게 된다. 따라서 반응물의 전체 운동 에너지는 생성물의 운동 에너지와 달라진다. 이러한 운동 에너지는 결합 에너지와 직접적인 관계는 없지만, $\Delta_r H°$ 값에는 포함되어 있다. 따라서 결합 에너지의 이론적 기준은 명확하지만, 이러한 실질적인 이유로 화학 반응에서의 에너지 변화를 연구할 때에는 결합 엔탈피가 주로 사용된다.

결합 엔탈피와 결합 해리 엔탈피

H_2, N_2, HCl 같은 이원자 분자의 경우에는, 각 분자가 한 개의 결합으로만 이루어져 있기 때문에 엔탈피 변화는 그 결합에 의한 것이다.

$$N_2(g) \rightarrow 2N(g) \qquad \Delta_r H° = 941.4 \text{ kJ mol}^{-1}$$

$$HCl(g) \rightarrow H(g) + Cl(g) \qquad \Delta_r H° = 430.9 \text{ kJ mol}^{-1}$$

따라서 우리는 **결합 해리 엔탈피**(bond dissociation enthalpy)라는 용어를 사용할 것이다. 다원자 분자의 경우에는 그렇게 간단하지가 않다. 실험 결과에 의하면, H_2O에서 첫 번째 O−H 결합을 끊는 데 필요한 에너지는 두 번째 O−H 결합을 끊는 데 필요한 에너지와 다른 값이다.

$$H_2O(g) \rightarrow H(g) + OH(g) \qquad \Delta_r H° = 502 \text{ kJ mol}^{-1}$$

$$OH(g) \rightarrow H(g) + O(g) \qquad \Delta_r H° = 427 \text{ kJ mol}^{-1}$$

각각의 경우에서 한 개의 O−H 결합이 끊어지지만, 첫 번째 단계가 두 번째 단계에 비해 더 큰 흡열 반응이다. 두 $\Delta_r H°$ 값의 차이는, 첫 번째 O−H 결합이 끊어지면서 화학적 환경이 바뀌기 때문에 두 번째 O−H 결합 자체가 바뀌었다는 것을 의미한다. H_2O_2나 CH_3OH와 같이, 다른 화합물의 O−H 결합의 해리 과정을 조사한다면 또 다른 $\Delta_r H°$ 값이 얻어질 것이다. 따라서 다원자 분자의 경우에는 특정 결합의 결합 엔탈피의 **평균값**(average)만을 말할 수 있다. 예를 들어 10개의 서로 다른 다원자 분자의 O−H 결합 엔탈피를 구해 합한 후, 10으로 나누어 평균값을 구할 수 있다. **결합 엔탈피**(bond enthalpy)라는 용어를 사용할 때에는 평균값을 의미하는 것이며, **결합 해리 엔탈피**라는 용어를 사용할 때에는 정확히 측정된 값을 말한다. 표 3.4는 흔히 보는 화학 결합의 결합 엔탈피이다. 삼중 결합은 이중 결합보다 강하며, 이중 결합은 단일 결합보다 강하다는 것을 알 수 있다.

결합 엔탈피의 유용한 점은, 정확한 열역학적 데이터(예를 들어 $\Delta_f H°$ 값)가 없을 때 $\Delta_r H°$ 값을 추정할 수 있다는 것이다. 화학 결합을 끊기 위해서는 에너지가 필요하고, 결합이 만들어질 때에는 열이 방출된다. 따라서 끊어지거나 새로 만들어진 결합의 수와 그 결합에 해당하는 에너지로부터 $\Delta_r H°$ 값을 추정할 수 있다. **기체상**(gas phase)에서의 반응 엔탈피는 다음 식으로 나타낼 수 있다.

표 3.4 평균 결합 엔탈피(kJ mol^{-1})

결합	결합 엔탈피[a]	결합	결합 엔탈피
H−H	436.4	C−S	255
H−N	393	C=S	477
H−O	460	N−N	393
H−S	368	N=N	418
H−P	326	N≡N	941.4
H−F	568.2	N−O	176
H−Cl	430.9	N−P	209
H−Br	366.1	O−O	142
H−I	298.3	O=O	498.8
C−H	414	O−P	502
C−C	347	O=S	469
C=C	619	P−P	197
C≡C	812	P=P	490
C−N	276	S−S	268
C=N	615	S=S	351
C≡N	891	F−F	158.8
C−O	351	Cl−Cl	242.7
C=O[b]	724	Br−Br	192.5
C−P	264	I−I	151.0

[a] 이원자 분자의 결합 엔탈피는, 여러 화합물에서 얻은 값을 평균하는 다원자 분자와는 다르게, 직접 측정할 수 있는 값이므로 더 많은 유효 숫자를 갖는다.

[b] CO_2에서의 C=O의 결합 엔탈피는 799 kJ mol^{-1}이다.

$$\begin{aligned}\Delta_r H° &= \Sigma\text{BE(반응물)} - \Sigma\text{BE(생성물)} \\ &= \text{투입된 총 에너지} - \text{방출된 총 에너지} \qquad (3.34)\end{aligned}$$

다른 열역학 식과 다르게, 이 식에서의 Δ는 '처음 상태 − 마지막 상태'를 의미한다.

이 식에서 BE는 평균 결합 엔탈피(bond enthalpy)를 의미한다. 식 3.34에서 $\Delta_r H°$ 부호는 일반적인 관례를 따른다. 투입된 총 에너지가 방출된 총 에너지보다 더 크면 $\Delta_r H°$는 0보다 크며, 반응은 흡열 과정이다. 역으로, 방출된 에너지가 투입된 에너지보다 더 크면 $\Delta_r H°$는 음수가 되며, 반응은 발열 과정이다(그림 3.16). 반응물과 생성물이 모두 이원자 분자라면, 결합 해리 엔탈피가 정확히 알려져 있기 때문에 식 3.34로 정확한 결과를 얻을 수 있다. 반응물과 생성물의 일부 또는 전부가 다원자 분자라면, 계산에 사용되는 결합 엔탈피가 평균값이기 때문에 근사적인 결과만을 얻을 수 있다.

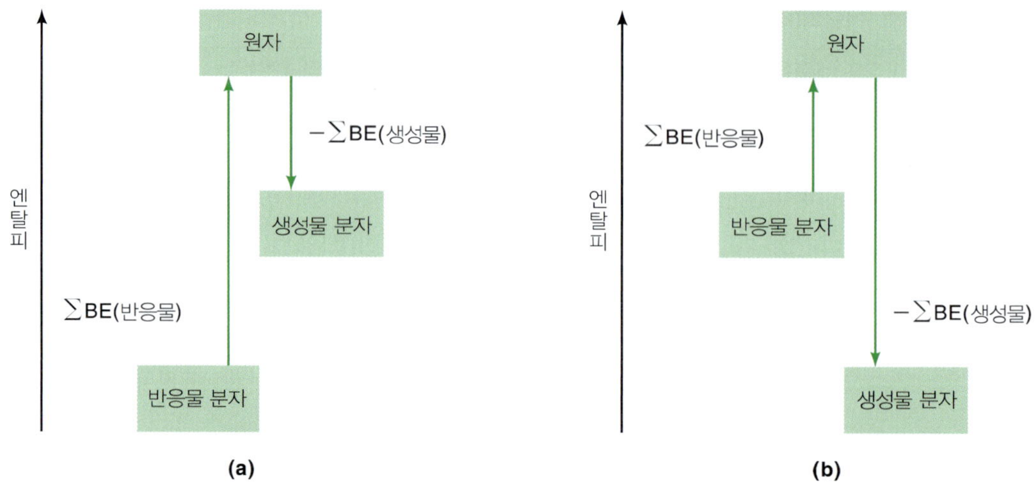

그림 3.16
(a) 흡열 반응과 **(b)** 발열 반응에서의 결합 엔탈피 변화

예제 3.12

표 3.4의 결합 엔탈피 값을 이용하여 298 K, 1 bar에서의 메테인의 연소 엔탈피를 구하시오.

$$CH_4(g) + 2O_2(g) \rightarrow CO_2(g) + 2H_2O(g)$$

여기서 얻은 결과와, 반응물과 생성물의 생성 엔탈피를 이용하여 계산한 결과를 비교하시오.

답
첫 단계로, 끊어진 결합과 새로 만들어진 결합의 수를 센다. 표를 만들면 편리하다.

끊어진 결합의 종류	끊어진 결합의 수	결합 엔탈피 (kJ mol^{-1})	엔탈피 변화 (kJ mol^{-1})
C−H	4	414	1656
O=O	1	498.8	997.6

만들어진 결합의 종류	만들어진 결합의 수	결합 엔탈피 (kJ mol^{-1})	엔탈피 변화 (kJ mol^{-1})
C=O	2	799	1598
O−H	4	460	1840

식 3.34를 이용하여 계산한다.

$$\begin{aligned}\Delta_r H^\circ &= [(1656\text{ kJ mol}^{-1} + 997.6\text{ kJ mol}^{-1}) - (1598\text{ kJ mol}^{-1} + 1840\text{ kJ mol}^{-1})] \\ &= -784.4\text{ kJ mol}^{-1}\end{aligned}$$

표 3.3의 $\Delta_f H°$ 값과 식 3.31을 이용하여 $\Delta_r H°$를 구한다.

$$\Delta_r H° = [\Delta_f H°(CO_2) + 2\Delta_f H°(H_2O)] - [\Delta_f H°(CH_4) + 2\Delta_f H°(O_2)]$$
$$= [-393.5 \text{ kJ mol}^{-1} + 2(-241.8 \text{ kJ mol}^{-1})] - [(-74.85 \text{ kJ mol}^{-1}) + 2(0)]$$
$$= -802.3 \text{ kJ mol}^{-1}$$

COMMENT

이 경우에는 결합 엔탈피를 이용해서 추정한 $\Delta_r H°$ 값은 실제 $\Delta_r H°$ 값에 가깝다. 일반적으로 발열량(또는 흡열량)이 큰 반응일수록 추정값은 실제 값에 더 근접하게 된다. 만약 실제 $\Delta_r H°$ 값이 작은 수이면(음수 또는 양수), 결합 엔탈피로 추정한 값은 신뢰하기 어렵다. 어떤 경우에는 부호조차 반대가 될 수도 있다.

■ Key Equations

$w = -P_{ex}\Delta V$	(비가역 기체 팽창에서의 일)	(3.2)
$w = -nRT\ln\frac{V_2}{V_1} = -nRT\ln\frac{P_1}{P_2}$	(이상 기체의 등온, 가역 팽창에서의 일)	(3.5)
$\Delta U = q + w$	(열역학 제1법칙)	(3.6)
$dU = đq + đw$	(열역학 제1법칙)	(3.7)
$H = U + PV$	(엔탈피의 정의)	(3.10)
$C_V = \left(\frac{\partial U}{\partial T}\right)_V$	(일정 부피 열용량)	(3.15)
$C_P = \left(\frac{\partial H}{\partial T}\right)_P$	(일정 압력 열용량)	(3.17)
$\Delta U = n\overline{C}_V\Delta T$	(내부 에너지 변화량)	(3.19)
$\Delta H = n\overline{C}_P\Delta T$	(엔탈피 변화량)	(3.20)
$C_P - C_V = nR$	(이상 기체의 열용량 차이)	(3.21)
$P_1V_1^{\gamma} = P_2V_2^{\gamma}$	(이상 기체의 단열, 가역 팽창)	(3.24)
$\mu_{JT} = \left(\frac{\partial T}{\partial P}\right)_H$	(Joule–Thomson 계수)	(3.28)
$\Delta_r H^\circ = \Sigma\nu\Delta_f\overline{H}^\circ(\text{생성물}) - \Sigma\nu\Delta_f\overline{H}^\circ(\text{반응물})$	(표준 반응 엔탈피)	(3.31)
$\Delta_r H_2 - \Delta_r H_1 = \Delta C_P(T_2 - T_1)$	(Kirchhoff 법칙)	(3.33)
$\Delta_r H^\circ = \Sigma\text{BE}(\text{반응물}) - \Sigma\text{BE}(\text{생성물})$	(표준 반응 엔탈피)	(3.34)

부록 3.1

완전 미분과 불완전 미분

함수 z가 변수 x와 y의 함수라고 가정해 보자.

$$z = f(x, y)$$

y가 일정할 때 x의 무한소 변화가 일어난다면, z의 변화 dz는 $dz = (\partial z/\partial x)_y dx$가 된다. 같은 방법으로 x가 상수일 때 y의 무한소 변화에 따른 z의 변화는 $dz = (\partial z/\partial y)_x dy$가 된다. 만약 x와 y가 모두 변한다면, z의 변화는 dx와 dy에 따른 변화를 합한 값이 된다.

$$dz = \left(\frac{\partial z}{\partial x}\right)_y dx + \left(\frac{\partial z}{\partial y}\right)_x dy \qquad (1)$$

여기서 dx와 dy 항을 모두 포함한 dz를 **전미분**(total differential)이라고 한다.

다음에서 전미분의 예를 살펴보자. 기체 1몰의 압력은 부피와 온도의 함수가 된다.

$$P = f(V, T)$$

이 함수에 대한 전미분 dP는 다음과 같다.

$$dP = \left(\frac{\partial P}{\partial V}\right)_T dV + \left(\frac{\partial P}{\partial T}\right)_V dT \qquad (2)$$

1몰의 van der Waals 기체의 압력 P는 식 1.8로부터 V와 T의 함수로 놓을 수 있다.

$$P = \frac{RT}{V - b} - \frac{a}{V^2}$$

V와 T에 관한 P의 편미분은 다음과 같다.

$$\left(\frac{\partial P}{\partial V}\right)_T = -\frac{RT}{(V-b)^2} + \frac{2a}{V^3}, \qquad \left(\frac{\partial P}{\partial T}\right)_V = \frac{R}{V-b}$$

이 값들을 식 2에 대입하면, van der Waals 기체의 전미분 dP를 다음과 같이 구할 수 있다.

$$dP = \left[-\frac{RT}{(V-b)^2} + \frac{2a}{V^3}\right]dV + \frac{R}{V-b}dT \qquad (3)$$

전미분은 **완전**(exact) 미분 또는 **불완전**(inexact) 미분으로 구분되며, 둘 사이에는 중요한 차이가 있다. 다음과 같은 미분을 예로 보자.

$$dz = M(x, y)dx + N(x, y)dy$$

다음 조건을 만족할 때를 완전 미분이라고 한다.

$$\left(\frac{\partial M}{\partial y}\right)_x = \left(\frac{\partial N}{\partial x}\right)_y$$

이 검정은 Euler 정리[스위스의 수학자 Leonhard Euler(1707~1783)의 이름에서 따옴]로 알려져 있다. 다음 함수를 예로 보자.

$$dz = (y^2 + 3x)dx + e^x dy$$

$M(x, y) = y^2 + 3x$, $N(x, y) = e^x$에 해당된다. Euler 정리를 적용하면

$$\left(\frac{\partial M}{\partial y}\right)_x = \left[\frac{\partial(y^2 + 3x)}{\partial y}\right]_x = 2y$$

그리고

$$\left(\frac{\partial N}{\partial x}\right)_y = \left(\frac{\partial e^x}{\partial x}\right)_y = e^x$$

따라서 dz는 완전 미분이 아니다.

반면에, 식 3의 dP는 다음 결과에서 볼 수 있는 것처럼 완전 미분이다.

$$\left[\frac{\partial\left(-\frac{RT}{(V-b)^2} + \frac{2a}{V^3}\right)}{\partial T}\right]_V = -\frac{R}{(V-b)^2}$$

그리고

$$\left[\frac{\partial\left(\frac{R}{V-b}\right)}{\partial V}\right]_T = -\frac{R}{(V-b)^2}$$

df가 완전 미분인가가 중요한 점은(f가 x와 y의 함수일 때), 완전 미분일 경우에는 적분값이 적분 한계에 의해서만 결정된다는 것이다.

$$\int_1^2 df = f_2 - f_1$$

그러나 $đf$가 불완전 미분일 경우에는 적분값을 직접 구할 수 없다.

$$\int_1^2 đf \neq f_2 - f_1$$

불완전 미분을 나타내는 기호로 $đf$를 사용한 것에 유의하라. 변수 x와 y의 사이의 함수 관계를 알지 못하면, 적분값 $\int_1^2 đf$를 구할 수 없다. 우리는 dU와 dH는 완전 미분이지만, $đw$와 $đq$는 불완전 미분인 것을 배웠다. 이것은 해 준 일이나 교환한 열의 양은 경로에 의존하며, 처음 상태와 마지막 상태로부터 구할 수 없다는 것이다. 중요한 결론은 열역학 함수 X가 상태 함수이면, dX가 완전 미분이 된다는 것이다.

연습 1

주어진 양의 이상 기체에 대해 $V = f(P,T)$로 나타낼 수 있다. dV는 완전 미분임을 증명하시오.

연습 2

연습 1의 결과를 이용하여 $đw = -PdV$에서의 $đw$는 불완전 미분임을 보이시오.

참고문헌

책

Hanson, R. M., and S. Green, *Introduction to Molecular Thermodynamics*, University Science Books, Sausalito, CA, 2008.

Klotz, I. M., and R. M. Rosenberg, *Chemical Thermodynamics: Basic Theory and Methods*, 5th ed., John Wiley & Sons, New York, 1994.

Levine, I. N., *Physical Chemistry*, 6th ed., McGraw-Hill, New York, 2009.

McQuarrie, D. A., and J. D. Simon, *Molecular Thermodynamics*, University Science Books, Sausalito, CA, 1999.

Rock, P. A., *Chemical Thermodynamics*, University Science Books, Mill Valley, CA, 1983.

논문

"What is Heat," F. J. Dyson, *Sci. Am.* September 1954.

"Perpetual Motion Machines," S. W. Angrist, *Sci. Am.* January 1968.

"The Definition of Heat," T. B. Tripp, *J. Chem. Educ.* **53**, 782 (1976).

"Conversion of Standard (1 atm) Thermodynamic Data to the New Standard-State Pressure, 1 bar (10^5 Pa)," *Bull. Chem. Thermodynamics* **25**, 523 (1982).

"Heat, Work, and Metabolism," J. N. Spencer, *J. Chem. Educ.* **62**, 571 (1985).

"Conversion of Standard Thermodynamic Data to the New Standard-State Pressure," R. D. Freeman, *J. Chem. Educ.* **62**, 681 (1985).

"General Definitions of Work and Heat in Thermodynamic Processes," E. A. Gislason and N. C. Craig, *J. Chem. Educ.* **64**, 660 (1987).

"Power From the Sea," T. R. Penney and P. Bharathan, *Sci. Am.* January 1987.

"Simplification of Some Thermochemical Calculations," E. R. Boyko and J. F. Belliveau, *J. Chem. Educ.* **67**, 743 (1990).

"Understanding the Language: Problem Solving and the First Law of Thermodynamics," M. Hamby, *J. Chem. Educ.* **67**, 923 (1990).

"Standard Enthalpies of Formation of Ions in Solution," T. Solomon, *J. Chem. Educ.* **68**, 41 (1991).

"Why There's Frost on the Pumpkin," W. H. Corkern and L. H. Holmes, Jr., *J. Chem. Educ.* **68**, 825 (1991).

"Bond Energies and Enthalpies," R. S. Treptow, *J. Chem. Educ.* **72**, 497 (1995).

"Thermochemistry," P. A. G. O'Hare, *Encyclopedia of Applied Physics*, Trigg, G. L., Ed., VCH Publishers, New York (1997), Vol. 21, p. 265.

"The Thermodynamics of Drunk Driving," R. Q. Thompson, *J. Chem. Educ.* **74**, 532 (1997).

"Heat Capacity, Body Temperature, and Hypothermia," D. R. Kimbrough, *J. Chem. Educ.* **75**, 48 (1998).

"How Thermodynamic Data and Equilibrium Constants Changed When the Standard-State Pressure Became 1 Bar," R. S. Treptow, *J. Chem. Educ.* **76**, 212 (1999).

"Stories to Make Thermodynamics and Related Subjects More Palatable," L. S. Bartell, *J. Chem. Educ.* **78**, 1059 (2001).

"First Law of Thermodynamics: Irreversible and Reversible Processes," E. A. Gislason and N. C. Craig, *J. Chem. Educ.* **79**, 193 (2002).

"H is for Enthalpy," H. C. Van Ness, *J. Chem. Educ.* **80**, 486 (2003).

"A Close Look at Temperature during the Free Expansion of a Dilute Monatomic Ideal Gas," D. Keeports, *Chem. Educator* **10**, 250 (2005).

"Mysteries of the First and Second law of Thermodynamics," R. Battino, *J. Chem. Educ.* **84**, 753 (2007).

"Effect of a Dynamic Learning Tutorial on Undergraduate Students' Understanding of Heat and the First Law of Thermodynamics," J. Barbera and C. E. Wieman, *Chem. Educator* [Online] **14**, 45 (2009) DOI 10.1333/s00897092193a.

"Heat of Combustion and GC-MS of Regular, Regular-Plus and Premium Gasoline: An Undergraduate Experiment," A. Gaquere-Parker, K. Lawson, M. Logue, K. Sutton, C. Richardson, and S. Gant, *Chem. Educator* [Online] **16**, 310 (2011) DOI 10.1333/s00897112401a.

문제

일과 열

3.1 상태 함수를 설명하시오. 다음 중 상태 함수인 것은? P, V, T, w, q

3.2 열은 무엇인가? 열에너지와 열의 차이점은? 열이 한 계에서 다른 계로 전달되기 위한 조건은 무엇인가?

3.3 1 L atm = 101.3 J임을 보이시오.

3.4 294 K에서 에테인 7.24 g의 부피는 4.65 L이었다. **(a)** 외부의 압력이 0.500 atm으로 일정할 때, 기체가 등온 팽창하여 부피가 6.87 L가 되었다. 일의 양을 구하시오. **(b)** 같은 팽창이 가역적으로 일어났다면, 일의 양은?

3.5 그림 3.1과 같은 장치 내에서, 드라이아이스(고체 이산화 탄소) 19.2 g이 승화(기화)되었다. 외부의 압력이 0.995 atm, 온도는 22°C로 일정할 때, 팽창에 의한 일의 양을 구하시오(단, 드라이아이스의 부피는 무시할 수 있을 정도로 작고, 기체는 이상 기체라고 가정한다).

3.6 다음 반응 과정에서의 일의 양을 구하시오.

$$\mathrm{Zn}(s) + \mathrm{H_2SO_4}(aq) \rightarrow \mathrm{ZnSO_4}(aq) + \mathrm{H_2}(g)$$

273 K, 1.0 atm하에서 수소 기체 1.0몰이 모아졌다(기체를 제외한 물질의 부피는 무시한다).

열역학 제1법칙

3.7 시속 60킬로미터로 달리던 트럭이 신호등 앞에서 완전히 정차하였다. 이러한 속도 변화는 에너지 보존 법칙에 위배되는가?

3.8 운전면허 시험 교본에는 속도가 2배 증가하면 제동 거리는 4배 증가한다고 나와 있다. 이것을 역학 및 열역학적으로 증명하시오.

3.9 열역학 제1법칙의 관점에서 다음 현상을 설명하시오. **(a)** 자전거 타이어에 손 펌프로 바람을 넣을 때, 내부 온도가 올라간다. 밸브 부분을 만져 보면 온도가 높아지는 것을 느낄 수 있을 것이다. **(b)** 압축 공기와 수증기의 혼합물을 20 atm의 압력으로 뿜어내면 제설기에서 인공눈이 만들어진다.

3.10 일정한 온도에서, 이상 기체를 85 N의 힘으로 0.24 m만큼 압축하였다. ΔU와 q를 구하시오.

3.11 온도가 298 K인 Ar 기체(이상 기체로 가정) 2몰이 있다. 내부 에너지를 10 J 증가시킬 수 있는 두 가지 방법을 제안하시오.

3.12 보온병 속에 들어 있는 우유를 계라고 가정하자. 이 보온병을 격렬하게 흔들었다. **(a)** 보온병을 흔들어서 우유의 온도가 높아질 수 있겠는가? **(b)** 열이 계로 흘러들어갔는가? **(c)** 계에 일을 해 주었는가? **(d)** 계의 내부 에너지가 변화하였는가?

ΔU와 ΔH

3.13 14.0 atm, 25°C의 암모니아 1.00몰이 피스톤이 달린 실린더에 들어 있다. 외부의 압력이 1.00 atm으로 일정할 때, 기체가 팽창하여 압력과 부피가 각각 1.00 atm 및 23.5 L가 되었다. **(a)** 시료의 최종 온도를 구하시오. **(b)** 이 과정에서의 q, w, ΔU를 구하시오.

3.14 2.0 atm, 2.0 L의 이상 기체가 등온 압축되어 4.0 atm, 1.0 L가 되었다. **(a)** 가역적, **(b)** 비가역적 변화에 대해 ΔU와 ΔH를 구하시오.

3.15 액체 아세톤이 끓는 온도에서 기화될 때의 에너지 변화에 대해 분자 수준에서 설명하시오.

3.16 포타슘 금속 조각을 물에 넣으면 다음 반응이 일어난다.

$$2K(s) + 2H_2O(l) \rightarrow 2KOH(aq) + H_2(g)$$

w, q, ΔU, ΔH의 부호를 예측하시오.

3.17 373.15 K, 1 atm에서 물과 수증기의 몰부피는 각각 1.88×10^{-5} m^3과 3.06×10^{-2} m^3이다. 물의 기화열이 40.79 kJ mol^{-1}일 때, 물 1몰이 기화될 때의 ΔH와 ΔU를 구하시오.

$$H_2O(l, 373.15\text{ K}, 1\text{ atm}) \rightarrow H_2O(g, 373.15\text{ K}, 1\text{ atm})$$

3.18 처음 상태로 되돌아오는 변화를 생각해 보자. 변화 과정에 기체가 포함되어 있으며, 기체의 압력은 변하지만 마지막에는 처음의 압력이 된다. $\Delta H = q_P$라고 할 수 있는가?

3.19 일원자 기체 1몰의 온도가 25°C에서 300°C로 높아졌다. ΔH를 구하시오.

3.20 300 K, 1 atm인 1몰의 이상 기체가 팽창하면서 외부에 200 J의 일을 해 주었다. 외부 압력이 0.20 atm으로 일정하였다면, 기체의 최종 압력은?

열용량

3.21 6.22 g의 구리 조각을 20.5°C에서 324.3°C로 가열하였다. Cu의 비열이 0.385 J g^{-1} $°C^{-1}$일 때, 구리가 흡수한 열(kJ 단위로)을 구하시오.

3.22 온도가 18.0°C인 10.0 g의 금판과, 온도가 55.6°C인 20.0 g의 철판을 서로 겹쳐 놓았다. 금과 철의 비열이 각각 0.129 J g^{-1} $°C^{-1}$과 0.444 J g^{-1} $°C^{-1}$일 때, 두 금속의 최종 온도는 몇 도가 되겠는가? 주위와의 열교환은 일어나지 않는다고 가정할 것. (Hint: 금이 얻은 열은 철이 잃은 열과 같다.)

3.23 일정 압력하에서 벤젠 24.6 g의 온도를 21.0°C에서 28.7°C로 올리는 데 330 J의 에너지가 필요하다. 일정 압력하에서 벤젠의 몰열용량은 얼마인가?

3.24 물의 몰증발열은 298 K에서는 44.01 kJ mol^{-1}이고, 373 K에서는 40.79 kJ mol^{-1}이다. 이와 같은 차이를 정성적으로 설명하시오.

3.25 질소의 일정 압력 몰열용량은 다음 식으로 나타낼 수 있다.

$$\overline{C}_P = (27.0 + 5.90 \times 10^{-3}\ T/\text{K} - 0.34 \times 10^{-6}\ T^2/\text{K}^2)\ \text{J K}^{-1}\ \text{mol}^{-1}$$

1몰의 질소를 25.0°C에서 125°C까지 가열할 때의 ΔH를 계산하시오.

3.26 분자식이 X_2Y인 기체의 열용량 비(γ)는 1.38이다. 분자의 구조가 어떻게 생겼다고 예측할 수 있겠는가?

3.27 기체의 열용량 비(γ)를 측정하는 한 방법은 그 기체 속에서 음속(c)을 측정하는 것이다.

$$c = \left(\frac{\gamma RT}{\mathscr{M}}\right)^{1/2}$$

이 식에서 $\mathscr{M}$은 기체의 몰질량이다. 25°C 헬륨 속에서 음속을 계산하시오.

3.28 다음 기체 중 298 K에서의 $\overline{C}_V$ 값이 가장 큰 것은? He, N_2, CCl_4, HCl

3.29 **(a)** 냉장고를 가장 효율적으로 사용하는 방법은 냉동 칸을 음식으로 가득 채우는 것이라고 한다. 이 말의 열화학적 근거는? **(b)** 뜨거운 커피나 차가 접시에 담겨 있을 때보다 보온병에 들어 있을 때 더 오랫동안 뜨겁게 유지되는 이유는?

3.30 19세기에 Dulong과 Petit는 고체 원소의 몰질량과 비열의 곱은 대략 25 J °C^{-1}인 것을 발견하였다. 이 관계를 Dulong과 Petit 법칙이라 하며, 금속의 비열을 추정하는 데 사용된다. 알루미늄(0.900 J g^{-1} °C^{-1}), 구리(0.385 J g^{-1} °C^{-1}), 철(0.444 J g^{-1} °C^{-1})에 대해 이 법칙을 적용해 보시오. 이 법칙에 잘 맞지 않는 금속은 무엇이며, 그 이유는?

기체 팽창

3.31 아래 그림은 기체의 $P-V$ 변화를 보여 주는 그림이다. 전체 일을 나타내는 식을 쓰시오.

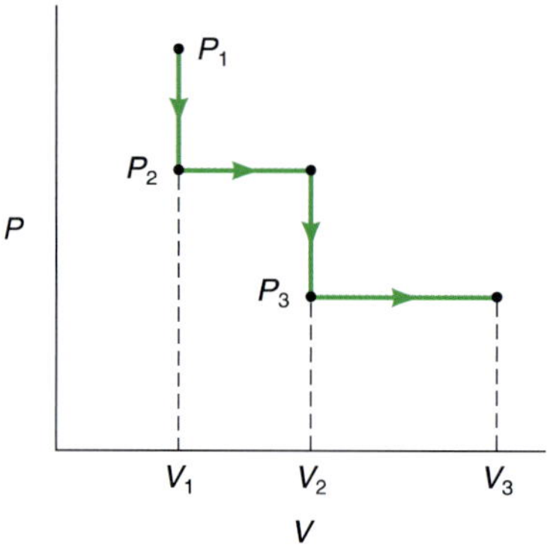

3.32 어떤 기체의 상태식이 $P[(V/n)-b]=RT$라고 가정하자. 가역적인 등온 팽창으로 부피가 V_1에서 V_2로 증가할 때의 최대한의 일을 나타내는 식을 구하시오.

3.33 1몰의 일원자 이상 기체가 가역적으로 단열 팽창하여 5.00 m^{3}에서 25.0 m^{3}가 되었을 때의 q, w, ΔU, ΔH를 구하시오. 처음 온도는 298 K이었다.

3.34 용기에 들어 있는 2.50 atm, 298 K의 네온 0.27몰이 두 가지 다른 방법으로 단열 팽창하였다. **(a)** 압력이 1.00 atm이 될 때까지 가역적으로, **(b)** 외부의 압력이 1.00 atm일 때, 각 경우에서의 최종 온도를 구하시오.

3.35 300 K, 15.0 atm의 일원자 이상 기체 1몰이 팽창하여 최종 압력이 1.00 atm이 되었다. 팽창은 다음 네 가지 다른 경로로 일어난다. 각 경우에 대해 q, w, ΔU, ΔH를 구하시오. **(a)** 등온 및 가역, **(b)** 등온 및 비가역, **(c)** 단열 및 가역, **(d)** 단열 및 비가역

열계량법

3.36 마그네슘 0.1375 g을 열용량이 1769 J °C^{-1}인 일정 부피 통열량계 내에서 연소시켰다. 열량계 내에는 정확히 300 g의 물이 들어 있으며, 온도 증가는 1.126°C였다. 마그네슘 연소로 발생한 열을 kJ g^{-1} 및 kJ mol^{-1} 단위로 나타내시오(물의 비열은 4.184 J g^{-1} °C^{-1}이다).

3.37 일정 부피 통열량계의 열용량을 구하는 표준 시약으로는 벤조산(C_6H_5COOH)이 주로 사용된다. 벤조산의 연소 엔탈피는 정확히 −3226.7 kJ mol^{-1}이다. **(a)** 0.9862 g의 벤조산을 열량계 내에서 연소시켰을 때, 온도가 21.84°C에서 25.67°C로 높아졌다. 열량계의 열용량은 얼마인가? **(b)** 이어진 실험에서, 0.4654 g의 포도당($C_6H_{12}O_6$)을 같은 열량계 내에서 연소시켰을 때, 온도가 21.22°C에서 22.28°C로 높아졌다. 포도당의 연소 엔탈피, 연소 과정에서의 $\Delta_r U$, 포도당의 생성 몰엔탈피를 구하시오.

3.38 0.862 *M* HCl 2.00×10^2 mL와 0.431 *M* $Ba(OH)_2$ 2.00×10^2 mL를 열용량이 453 J $°C^{-1}$인 일정 압력 열량계 내에서 혼합하였다. HCl과 $Ba(OH)_2$의 초기 온도는 20.48°C로 동일하였다. 아래와 같은 중화 반응에서 중화열은 −56.2 kJ mol^{-1}이다. 혼합 용액의 최종 온도는 얼마인가?

$$H^+(aq) + OH^-(aq) \rightarrow H_2O(l)$$

3.39 나프탈렌($C_{10}H_8$) 1몰이 298 K에서 일정 부피 통열량계 내에서 연소되면서 5150 kJ의 열이 발생하였다. 이 반응의 $\Delta_r U$와 $\Delta_r H$를 구하시오.

열화학

3.40 다음 반응에 대해 답하시오.

$$2CH_3OH(l) + 3O_2(g) \rightarrow 4H_2O(l) + 2CO_2(g) \qquad \Delta_r H° = -1452.8 \text{ kJ mol}^{-1}$$

다음 각 경우에서 $\Delta_r H°$는 얼마인가? **(a)** 식의 양변에 2를 곱하였다. **(b)** 생성물이 반응물이 되도록 반응의 방향을 반대로 하였다. **(c)** 물 대신에 수증기가 생성되었다.

3.41 다음 중 25°C에서의 표준 생성 엔탈피 값이 0이 아닌 것은? Na(*s*), Ne(*g*), $CH_4(g)$, $S_8(s)$, Hg(*l*), H(*g*)

3.42 수용액에서 H^+ 이온의 표준 생성 엔탈피를 0이라고 정하면, 다른 이온의 표준 생성 엔탈피를 구할 수 있다. 즉 $\Delta_f \overline{H}°[H^+(aq)] = 0$으로 정의한다. **(a)** 다음 반응을 이용하여 Cl^- 이온의 $\Delta_f \overline{H}°$를 구하시오.

$$HCl(g) \rightarrow H^+(aq) + Cl^-(aq) \qquad \Delta_r H° = -74.9 \text{ kJ mol}^{-1}$$

(b) HCl 용액과 NaOH 용액의 표준 중화 엔탈피는 −56.2 kJ이다. 25°C에서 OH^- 이온의 표준 생성 엔탈피를 계산하시오.

3.43 다음 반응에서 1.26×10^4 g의 암모니아가 생성되었다면, 방출되는 열의 양(kJ 단위로)을 구하시오(단, 25°C, 표준 상태인 조건에서 반응이 일어난다고 가정한다).

$$N_2(g) + 3H_2(g) \rightarrow 2NH_3(g) \qquad \Delta_r H° = -92.6 \text{ kJ mol}^{-1}$$

3.44 2.00 g의 하이드라진이 일정 압력 조건에서 분해될 때, 7.00 kJ의 열이 주위로 전달된다.

$$3N_2H_4(l) \rightarrow 4NH_3(g) + N_2(g)$$

이 반응의 $\Delta_r H°$ 값은 얼마인가?

3.45 다음 반응에 대해 생각해 보자.

$$N_2(g) + 3H_2(g) \rightarrow 2NH_3(g) \qquad \Delta_r H° = -92.6 \text{ kJ mol}^{-1}$$

2.0몰의 N_2가 6.0몰의 H_2와 반응하여 NH_3가 만들어졌다면, 25°C에서 외부의 압력 1.0 atm에 대해 한 일의 양(joule 단위로)을 구하시오(단, 반응이 완결된다고 가정한다).

3.46 퓨마르산과 말레산의 표준 연소 엔탈피(이산화 탄소와 물이 만들어지는 반응)는 각각 −1336.0 kJ mol^{-1}과 −1359.2 kJ mol^{-1}이다. 다음 이성질화 반응의 엔탈피를 구하시오.

3.47 다음 반응과 부록 B의 CO_2와 H_2O의 생성 엔탈피 값을 이용하여 나프탈렌($C_{10}H_8$)의 생성 엔탈피를 구하시오.

$$C_{10}H_8(s) + 12O_2(g) \rightarrow 10CO_2(g) + 4H_2O(l) \qquad \Delta_r H° = -5153.0 \text{ kJ mol}^{-1}$$

3.48 298 K에서 분자 상태 산소의 표준 생성 몰엔탈피는 0이다. 315 K에서는 얼마이겠는가? (Hint: 부록 B의 $\overline{C}_P$ 값을 참조)

3.49 다음 중 25°C에서 $\Delta_f \overline{H}°$ 값이 0이 아닌 것은? Fe(s), $I_2(l)$, $H_2(g)$, Hg(l), $O_2(g)$, C(흑연)

3.50 다음은 에틸렌의 수소화 반응이다.

$$C_2H_4(g) + H_2(g) \rightarrow C_2H_6(g)$$

온도가 298 K에서 398 K로 바뀔 때, 수소화 반응의 엔탈피는 어떻게 변하는가? ($\overline{C}_P^\circ$ 값은 C_2H_4: 43.6 J K^{-1} mol^{-1}, C_2H_6: 52.7 J K^{-1} mol^{-1}이다.)

3.51 부록 B의 데이터를 이용하여 298 K에서 다음 반응의 $\Delta_r\overline{H}°$ 값을 구하시오.

$$N_2O_4(g) \rightarrow 2NO_2(g)$$

350 K에서는 얼마가 되겠는가? 계산을 하기 위해서는 어떤 가정이 필요한가?

3.52 다음에 기초하여 다이아몬드의 표준 생성 엔탈피를 구하시오.

$$\text{C(흑연)} + O_2(g) \rightarrow CO_2(g) \qquad \Delta_r H° = -393.5 \text{ kJ mol}^{-1}$$
$$\text{C(다이아몬드)} + O_2(g) \rightarrow CO_2(g) \qquad \Delta_r H° = -395.4 \text{ kJ mol}^{-1}$$

3.53 광합성을 통해 물과 이산화 탄소로부터 포도당($C_6H_{12}O_6$)과 산소가 만들어진다.

$$6CO_2 + 6H_2O \rightarrow C_6H_{12}O_6 + 6O_2$$

(a) 이 반응의 $\Delta_r H°$는 실험적으로 어떻게 구할 수 있겠는가? **(b)** 태양광에 의해 1년 동안 지구 상에서 만들어지는 포도당의 양은 약 7.0×10^{14} kg이다. 이에 해당하는 $\Delta_r H°$ 값을 구하시오.

3.54 다음의 연소열을 이용하여,

$$CH_3OH(l) + \tfrac{3}{2}O_2(g) \rightarrow CO_2(g) + 2H_2O(l) \qquad \Delta_r H° = -726.4 \text{ kJ mol}^{-1}$$
$$\text{C(흑연)} + O_2(g) \rightarrow CO_2(g) \qquad \Delta_r H° = -393.5 \text{ kJ mol}^{-1}$$
$$H_2(g) + \tfrac{1}{2}O_2(g) \rightarrow H_2O(l) \qquad \Delta_r H° = -285.8 \text{ kJ mol}^{-1}$$

원소 상태의 물질로부터 메탄올(CH_3OH)의 생성 엔탈피를 구하시오.

$$\text{C(흑연)} + 2H_2(g) + \tfrac{1}{2}O_2(g) \rightarrow CH_3OH(l)$$

3.55 다음 반응의 표준 엔탈피 변화량은 436.4 kJ mol^{-1}이다.

$$H_2(g) \rightarrow H(g) + H(g)$$

원자 상태 수소(H)의 표준 생성 엔탈피를 계산하시오.

3.56 298 K에서 포도당의 산화 반응에 대하여 $\Delta_r\overline{H}°$와 $\Delta_r U°$의 차이를 계산하시오.

$$C_6H_{12}O_6(s) + 6O_2(g) \rightarrow 6CO_2(g) + 6H_2O(l)$$

3.57 알코올 발효 과정에서는 탄수화물이 에탄올과 이산화 탄소로 분해된다. 이 과정은 효소가 관련된 여러 단계를 거치지만 전체 반응은 다음과 같다.

$$C_6H_{12}O_6(s) \rightarrow 2C_2H_5OH(l) + 2CO_2(g)$$

탄수화물이 포도당이라고 가정하고, 이 반응의 표준 엔탈피 변화량을 구하시오.

결합 엔탈피

3.58 **(a)** 분자의 결합 엔탈피는 항상 기체 상태 반응으로 정의하는 이유를 설명하시오. **(b)** F_2의 결합 해리 엔탈피는 158.8 kJ mol^{-1}이다. 원자 상태 F(g)의 $\Delta_f\bar{H}°$ 값을 구하시오.

3.59 373 K에서 물의 몰증발 엔탈피와 H_2와 O_2의 결합 해리 엔탈피(표 3.4 참조)로부터 물 분자의 O−H 결합의 평균 결합 엔탈피를 구하시오.

$$H_2(g) + \tfrac{1}{2}O_2(g) \rightarrow H_2O(l) \qquad \Delta_rH° = -285.8 \text{ kJ mol}^{-1}$$

3.60 표 3.4의 결합 엔탈피값들을 이용하여 다음과 같은 에테인 연소 반응의 엔탈피를 구하시오.

$$2C_2H_6(g) + 7O_2(g) \rightarrow 4CO_2(g) + 6H_2O(l)$$

이 결과를 부록 B의 생성 엔탈피 값을 이용하여 계산한 값과 비교하시오.

추가 연습문제

3.61 1.00 atm하에서 17.0°C의 아세트산 결정 시료 2.10몰이, 17.0°C에서 녹은 후 118.1°C(정상 끓는점)까지 가열되었다. 이 시료는 계속해서 118.1°C에서 기화된 후, 다시 17.0°C로 급속히 냉각되어 재결정화되었다. 전 과정의 $\Delta_rH°$ 값을 구하시오.

3.62 다음 각 과정에서 q, w, ΔU, ΔH가 양수, 0, 또는 음수가 될지를 예측하시오. **(a)** 1 atm, 273 K에서 얼음이 녹음, **(b)** 1 atm, 정상 녹는점에서 사이클로헥세인이 녹음, **(c)** 이상 기체의 가역 등온 팽창, **(d)** 이상 기체의 가역 단열 팽창

3.63 Einstein의 특수 상대성 방정식은 $E = mc^2$으로, E는 에너지, m은 질량, c는 빛의 속력을 나타낸다. 이 방정식은 에너지 보존 법칙, 즉 열역학 제1법칙에 위배되는가?

3.64 표준 상태와 298 K(일반적으로)에서 원소가 가장 안정한 상태로 있을 때의 엔탈피 값을 임의로 0이라고 하면, 화학 변화에서의 엔탈피 변화를 다룰 때 편리하다. 그러나 이 방법은 한 가지 과정에 대해서는 적용할 수 없다. 그 과정은 무엇인가?

3.65 이상 기체 2몰이 298 K에서 등온 압축되어 압력이 1.00 atm에서 200 atm이 되었다. 이 변화가 다음 과정으로 일어날 때의 q, w, ΔU, ΔH를 구하시오. **(a)** 가역적으로, **(b)** 외부 압력이 300 atm으로 일정할 때

3.66 햄버거의 열량은 약 3.6 kcal g^{-1}이다. 어떤 사람이 1파운드의 햄버거를 점심으로 먹었다. 만약 몸에 저장되는 에너지가 전혀 없다면, 체온을 일정하게 유지하기 위하여 땀으로 증발시켜야 하는 물의 양은? (1파운드 = 454 g)

3.67 298 K, 1 atm에서 4.50 g의 CaC_2가 과량의 물과 반응하였다.

$$CaC_2(s) + 2H_2O(l) \rightarrow Ca(OH)_2(aq) + C_2H_2(g)$$

대기압에 거슬러 아세틸렌 기체가 한 일은 몇 joule인가?

3.68 옥시아세틸렌 불꽃은 금속 용접에 사용된다. 다음 반응으로 생기는 불꽃의 온도를 예측하시오.

$$2C_2H_2(g) + 5O_2(g) \rightarrow 4CO_2(g) + 2H_2O(g)$$

반응으로 생기는 열은 모두 생성물들을 가열하는 데 사용된다고 가정할 것. (Hint: 먼저 반응의 $\Delta_r H°$를 계산할 것. 다음에는 생성물들의 열용량을 이용하면 된다. 열용량은 온도에 무관하다고 가정함.)

3.69 부록 B의 $\Delta_f \overline{H}°$는 1 bar와 298 K에서의 값들이다. 1 bar와 273 K에 해당하는 $\Delta_f \overline{H}°$로 새로운 표를 만들려고 한다. 아세톤을 예로 들어, 표의 값들을 어떻게 환산할 것인가에 대해 설명하시오.

3.70 에틸렌과 벤젠의 수소화 반응 엔탈피를 298 K에서 구하였다.

$$C_2H_4(g) + H_2(g) \rightarrow C_2H_6(g) \qquad \Delta_r H° = -132 \text{ kJ mol}^{-1}$$
$$C_6H_6(g) + 3H_2(g) \rightarrow C_6H_{12}(g) \qquad \Delta_r H° = -246 \text{ kJ mol}^{-1}$$

만약 벤젠이 고립된 3개의 이중 결합으로 이루어져 있다고 가정하면, 벤젠의 수소화 반응 엔탈피는 얼마가 될 것인가? 이 가정하에 계산한 값과 실험값의 차이는 어떻게 설명될 수 있는가?

3.71 298 K에서 물의 몰 용융 및 증발 엔탈피는 각각 6.01 kJ mol^{-1}과 44.01 kJ mol^{-1}이다. 이 값들을 이용하여 얼음의 몰 승화 엔탈피를 추정하시오.

3.72 298 K에서의 표준 생성 엔탈피는 $HF(aq) = -320.1$ kJ mol^{-1}, $OH^-(aq) = -229.6$ kJ mol^{-1}, $F^-(aq) = -329.11$ kJ mol^{-1}, $H_2O(l) = -285.8$ kJ mol^{-1}이다. **(a)** HF(aq)의 중화 엔탈피를 구하시오.

$$HF(aq) + OH^-(aq) \rightarrow F^-(aq) + H_2O(l)$$

(b) 다음 반응의 엔탈피 변화는 -55.83 kJ mol^{-1}이다.

$$H^+(aq) + OH^-(aq) \rightarrow H_2O(l)$$

이 값을 이용하여 HF의 해리 엔탈피를 구하시오.

$$HF(aq) \rightarrow H^+(aq) + F^-(aq)$$

3.73 응축상에서 일어나는 반응의 경우에는, $\Delta_r H$와 $\Delta_r U$의 차이가 무시할 수 있을 정도로 작다는 것을 배웠다. 대기압하에서 일어나는 반응의 경우에는 이러한 가정이 잘 성립한다. 그러나 특정한 지질학적 변화에서는 압력이 아주 높기 때문에, $\Delta_r H$와 $\Delta_r U$ 값의 차이가 매우 클 수 있다. 지표면 밑에서 흑연이 서서히 다이아몬드로 변하는 것은 잘 알려진 예이다. 50,000 atm하에서 1몰의 흑연이 1몰의 다이아몬드로 변할 때의 $(\Delta_r H - \Delta_r U)$ 값을 구하시오(흑연과 다이아몬드의 밀도는 각각 2.25 g cm^{-3} 및 3.52 g cm^{-3}이다).

3.74 대사 과정에서 사람의 몸은 매일 약 1.0×10^4 kJ의 열을 방출한다. 인체를 50 kg의 물로 이루어진 고립계라고 가정했을 때, 체온은 얼마나 빨리 상승하겠는가? 정상적인 체온(98.6°F)을 유지하기 위해서는 얼마나 많은 양의 물을 땀으로 증발시켜야 하는가? 이 결과를 어떻게 해석할 수 있는가? (물의 증발열은 2.41 kJ g^{-1}로 가정한다.)

3.75 피스톤이 장착된 실린더에 들어 있는 이상 기체가 V_1에서 V_2로 단열 압축되었으며, 그 결과 기체의 온도는 상승하였다. 기체의 온도가 상승하는 이유에 대해 설명하시오.

3.76 정상 끓는점에서 물이 기화할 때, 물의 증발 엔탈피 중 팽창에 사용되는 비율을 계산하시오.

3.77 이산화 탄소 소화기를 마그네슘 화재에 사용하면 안 되는 이유를 열화학적 관점에서 설명하시오.

3.78 1.2×10^5 Pa의 헬륨으로 채워진 Goodyear 기구의 내부 에너지는, 빈 기구에 비해 얼마나 더 큰가? 팽창한 기구의 부피는 5.5×10^3 m^3이다. 이 내부 에너지를 21°C에 있는 10.0 ton의 구리를 가열하는 데 모두 사용한다고 할 때, 구리의 최종 온도를 구하시오.

3.79 다음 식들이 성립하는 조건은?

(a) $\Delta H = \Delta U + P\Delta V$, **(b)** $C_P = C_V + nR$, **(c)** $\gamma = \frac{5}{3}$, **(d)** $P_1 V_1^\gamma = P_2 V_2^\gamma$, **(e)** $w = n\overline{C}_V(T_2 - T_1)$, **(f)** $w = -P\Delta V$, **(g)** $w = -nRT\ln(V_2/V_1)$, **(h)** $dH = dq$

3.80 23.0°C, 752 mmHg의 에테인(C_2H_6)을 연소시켜, 855 g의 물을 25.0°C에서 98.0°C로 가열하고자 한다. 필요한 에테인의 부피는 얼마인가?

3.81 맨 윗줄이 q, w, ΔU, ΔH로 되어 있는 표를 만든 후, 다음 과정이 일어날 때, 각 값이 양수(+), 음수(−), 또는 0인지를 표시하시오. **(a)** 1 atm하에서 아세톤이 정상 녹는점에서 녹을 때, **(b)** 이상 기체의 비가역 등온 팽창, **(c)** 이상 기체의 단열 압축, **(d)** 소듐과 물의 반응, **(e)** 정상 끓는점에서 액체 암모니아가 끓음, **(f)** 일정한 외부 압력하에서 기체의 비가역 단열 팽창, **(g)** 이상 기체의 가역 등온 압축, **(h)** 일정한 부피의 기체 가열, **(i)** 0°C에서 물이 얼음.

3.82 다음 표현이 열역학적으로 맞는가, 틀리는가? **(a)** $\Delta U \approx \Delta H$ (기체와 높은 압력에서의 과정은 제외), **(b)** 기체가 압축될 때, 가역 과정에서 일의 양은 최대이다. **(c)** ΔU는 상태 함수이다. **(d)** 열린 계의 경우 $\Delta U = q + w$이다. **(e)** 기체의 C_V는 온도에 무관하다. **(f)** 실제 기체의 내부 에너지는 온도만의 함수이다.

3.83 이상 기체의 경우 $(\partial C_V/\partial V)_T = 0$임을 보이시오.

3.84 van der Waals 기체의 가역 등온 팽창에서의 일을 구하시오. 최종 결과에 포함된 계수 a와 b를 물리적으로 설명하시오.

Hint: $\ln(V-nb)$를 다음의 Taylor 급수로 전개하시오.

$$\ln(1 - x) = -x - \frac{x^2}{2} \dots \quad |x| \ll 1 \text{일 경우}$$

a는 인력, b는 반발력을 나타낸다는 것에 유의할 것.

3.85 이상 기체의 가역 단열 변화에서 다음 식이 성립함을 보이시오.

$$T_1^{C_V/R} V_1 = T_2^{C_V/R} V_2$$

3.86 2.0 atm, 300 K의 이상 기체 4.0 L가 등온 압축되어 최종 부피가 2.0 L가 되었다. **(a)** 가역 및 **(b)** 비가역 변화에 대해 일의 양을 계산하시오. 두 과정에 대한 그림을 그려 계산 결과를 확인하시오.

3.87 0.0500몰의 일원자 이상 기체가 다음 그림과 같은 사이클을 따라 가역적으로 변하였다. 각 단계 및 전 과정에서의 q, w, ΔU를 계산하시오.

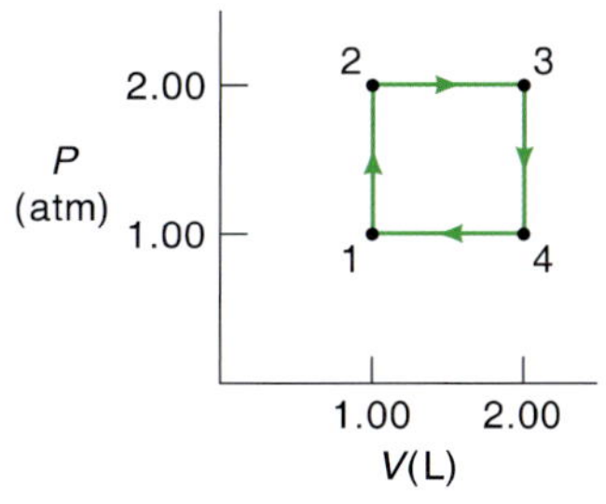

3.88 산-염기 이론에서는 $H^+(aq)$와 $H_3O^+(aq)$는 같은 화학종으로 다루어진다. 그러나 열화학에서는 서로 다른 화학종이다. $\Delta_f\bar{H}°[H^+(aq)]$와 $\Delta_f\bar{H}°[H_3O^+(aq)]$ 값은?

3.89 **(a)** van der Waals 기체가 V_1에서 V_2로 가역 등온 팽창할 때의 일(w)을 나타내는 식을 유도하시오. **(b)** 298 K에서 2.0몰의 Ne이 0.50 L에서 1.0 L로 가역 팽창할 때의 일을 (a)의 식을 이용하여 계산하시오. **(c)** (b)의 결과를 이상 기체와 비교하시오. 두 값의 차이에 대해 설명하시오.

4장 열역학 제2법칙

성벽 위에 앉아 있던 Humpty Dumpty(달걀 인형)
바닥에 떨어지며 박살이 났네.
성 안의 모든 사람 모여들었지만
부서진 조각을 다시 맞추지 못하였네.

3장에서 배웠듯이, 열역학 제1법칙에 따르면, 에너지는 창조되거나 소멸되지 않으며, 우주의 한 부분에서 다른 부분으로 흘러가거나 형태가 바뀔 뿐이다. 우주 에너지의 총량은 일정하다. 열역학 제1법칙은 화학 반응의 에너지론에 대한 연구에 있어서 엄청난 가치가 있지만 중요한 한계가 있다. 이 법칙을 통해 변화의 방향을 예측하지는 못한다. 이 법칙으로 에너지, 압력, 방출된 열, 행한 일 등등의 에너지 균형에 대해 알 수 있지만, 어떤 특정 변화가 정말로 일어날 수 있는지에 대해서는 전혀 알 수 없다. 이와 같은 정보는 열역학 제2법칙으로 알 수 있다.

이 장에서 **엔트로피**(entropy, *S*)라고 하는 새로운 열역학 함수를 소개하는데, 이는 열역학 제2, 제3법칙의 중심 개념이다. 엔트로피 변화 ΔS가 어떤 과정의 방향을 예측하는 데 기준이 된다는 것을 배울 것이다. 엔트로피 함수에 관한 논의에 앞서, 주어진 조건에서 스스로 일어나는 자발적 과정들을 살펴보기로 한다.

4.1 자발적 과정

커피에 넣은 설탕 덩어리가 녹고, 얼음 조각을 손에 쥐고 있으면 녹으며, 성냥은 공기 중에서 탄다. 일상생활에서 이런 **자발적**(spontaneous) 과정들을 너무 쉽게 볼 수 있어서 모두 열거하는 것은 거의 불가능하다. 흥미롭게도, 자발적 과정의 그 반대 과정은 동일한 조건하에서 결코 일어나지 않는다. 땅바닥의 나뭇잎이 혼자 힘으로 공중으로 떠올라 원래 나뭇가지로 돌아가는 일은 일어나지 않는다. 야구공이 유리창을 산산조각 내는 영화의 한 장면을 거꾸로 돌려 봤을 때 그런 과정이 불가능하다는 것을 알고 있기 때문에 웃음을 자아낸다. 얼음은 20°C, 1기압에서 녹는다. 그러나 동일한 온도와 압력에서 물이 자발적으로 얼음이 되지는 않는다. 그 이유는 무엇인가? 분명 방금 언급한 (그리고 셀 수 없을 만큼 더 많은) 변화들은 모두 열역학 제1법칙에 따라 둘 중 어느 방향으로도 일어날 수 있다는 것을 보일 수 있다. 그럼에도 불구하고 실제로 각 과정은 오직 한 방향으로만 일어난다. 많은 관찰을 통해 내린 결론은, 한 방향으로 자발적으로 일어나는 과정들은 그 반대 방향으로는 자발적으로 일어나지 않는다는 것이다. 그렇지 않다면, 아무 일도 일어나지 않을 것이다(그림 4.1).

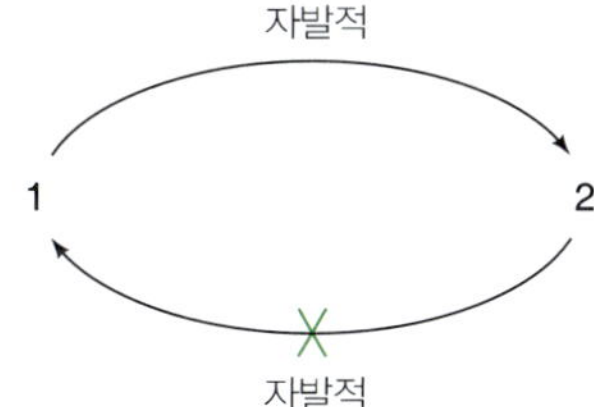

그림 4.1
상태 1에서 상태 2로의 변화가 자발적이라면, 동일한 조건에서 그 반대 과정, 즉 2에서 1로의 변화는 자발적일 수 없다.

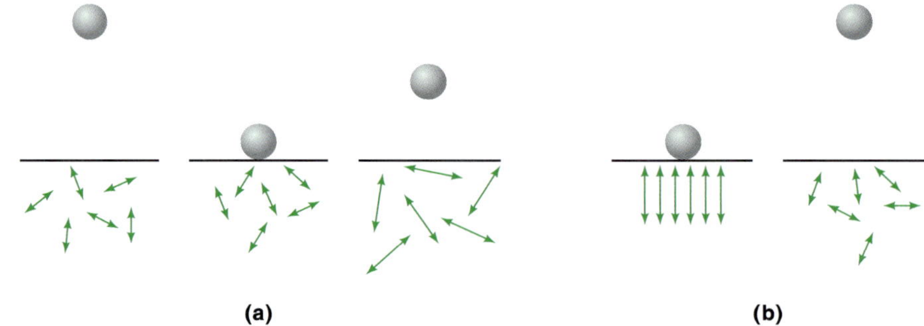

그림 4.2
(a) 자발적 과정. 낙하하는 공이 바닥을 치고 운동 에너지의 일부를 바닥에 있는 분자들에게 잃는다. 그 결과, 공은 그다지 높이 튀어 오르지 않고 바닥은 조금 가열된다. 화살표의 길이는 분자 진동의 상대적인 진폭을 나타낸다. **(b)** 불가능한 과정. 바닥에 정지해 있는 공이 바닥으로부터 열에너지를 흡수하여 자발적으로 공중으로 튀어 오르지 못한다.

어째서 자발적 과정의 역은 저절로 일어나지 않을까? 바닥 위 어느 정도 높이에 있는 고무공을 생각해 보자. 공을 놓으면 낙하한다. 공과 바닥 사이의 충격으로 인해 공은 위로 튀어 오르고 어떤 높이에 도달하면 다시 아래를 향하는 운동을 반복한다. 낙하하는 과정에서 공의 퍼텐셜 에너지는 운동 에너지로 바뀐다. 공이 처음 튀긴 후 이전만큼 높이 튀어 오르지 않는다(그림 4.2a). 공과 바닥 사이의 충돌은 비탄성이므로 튀길 때마다 공의 운동 에너지 일부가 바닥의 분자들 속으로 분산되기 때문이다. 공이 튀길 때마다 바닥은 아주 조금씩 뜨거워진다.* 이 에너지의 흡수 결과 바닥 분자들의 회전 및 진동 운동이 증가한다. 마침내 공은 운동 에너지를 전부 바닥에 잃어버리고 완전히 정지한다. 달리 말하면, 공의 원래 퍼텐셜 에너지가 운동 에너지로 바뀐 후, 다시 열로 분산되었다.

이제 그 반대 과정이 저절로 일어나는 데 무엇이 필요한지 생각해 보자. 즉 바닥에 놓여 있는 공이 바닥으로부터 열을 흡수하여 공중의 특정 높이까지 자발적으로 올라간다. 분명, 이런 과정은 제1법칙에 위배되지 않는다. 공의 질량이 m이고 공이 올라가는 바닥 위의 높이가 h이면, 다음 식이 성립한다.

$$\text{바닥으로부터 옮겨진 에너지} = mgh$$

여기서 g는 중력 가속도이다. 바닥의 열에너지는 무작위 분자 운동이다. 바닥으로부터 공을 들어올리기에 충분한 에너지를 전달하기 위해, 대부분 분자들은 그림 4.2b처럼 공 밑에 정렬하고 서로 같은 위상으로 진동해야 한다. 공이 움직이는 순간 이 분자들에 있는 모든 원자들은 적절한 에너지 전달을 위해 위쪽으로 움직여야 한다. 수백만 분자들이 이런 운동을 동시에 한다는 것을 상상할 수 있다. 그러나 전달되는 에너지 크기 때문에 이런 분자의 수는 Avogadro 수, 즉 6×10^{23} 정도여야 할 것이

* 실제로, 공의 온도와 주위 공기의 온도는 매 충격 후 약간 올라간다. 그러나 여기서는 바닥에 일어나는 일에만 관심을 둔다.

다. 분자 운동의 무작위 특성을 생각할 때, 이는 불가능하다. 실제로 공이 바닥에서 저절로 튀어 오르는 것을 본 사람은 여태껏 아무도 없었으며, 앞으로도 없을 것이다.

공이 바닥에서 저절로 튀어 오르는 일이 불가능하다는 생각은 많은 자발적 과정들의 특성을 이해하는 데 도움이 된다. 피스톤이 장착된 실린더 안에 있는 기체를 생각해 보자. 기체의 압력이 외부 압력보다 더 크면 기체는 압력이 외부와 같아질 때까지 팽창할 것이다. 이는 자발적 과정이다. 어떻게 하면 물리적 평형에 도달한 기체가 자발적으로 수축하는가? 대부분 기체 분자들은 동시에 피스톤으로부터 멀어져 실린더의 다른 부분을 향해 움직여야 한다. 실제로 어느 한 순간 많은 분자들이 그렇게 움직인다. 그러나 분자의 병진 운동이 완전히 무작위인 까닭에, 모두 같은 방향으로 움직이는 6×10^{23}개 분자들을 볼 수는 없다. 마찬가지로 균일한 온도의 금속 막대 한쪽 끝이 갑자기 뜨거워지고, 다른 쪽 끝은 차가워지는 일 역시 일어나지 않는다. 이러한 온도 변화가 일어나려면, 무작위로 진동하는 원자들 사이의 충돌로 인한 열운동이 한쪽 끝에서는 감소하고 다른 쪽 끝에서는 증가해야 하는데, 이는 있을 법하지 않다.

이 문제를 다른 관점에서 보고 어떤 변화가 자발적 과정에 수반되는지 살펴보자. 논리적으로 모든 자발적 과정은 계의 에너지가 감소하는 방향으로 일어난다고 가정할 수 있다. 이 가정은 물체가 아래로 떨어지고, 용수철은 풀리는 등등을 이해하는 데 도움이 된다. 그러나 에너지 변화만으로 어떤 과정이 자발적일지 예측할 수는 없다. 예를 들면 3장에서 진공에 대한 이상 기체의 팽창이 내부 에너지 변화를 가져오지 않는다는 것을 보았다. 그렇지만 그 과정은 자발적이다. 얼음이 20°C에서 자발적으로 녹을 때, 계의 내부 에너지는 실제로 **증가한다**. 사실, 많은 흡열 과정들은 자발적이고, 많은 발열 과정들이 비자발적이다. 에너지 변화가 자발적 과정의 방향을 나타내지 못한다면, 별도의 열역학 함수가 필요하다. 이 함수가 엔트로피(S)이다.

4.2 엔트로피

자발적 과정에 대한 논의는 거시적 사건에 기초하고 있다. 앞에서 본, 수축하는 기체의 경우, 분명 Avogadro 수만큼은 아니지만 동시에 특정한 방향으로 움직이는 수백만 분자를 상상할 수 있다. 분자들이 6×10^{23}개 만큼 많을 때, 거의 모든 분자들이 각기 다른 방향으로 움직이고 있다. 외부 영향이 없을 때 분자들 모두가 동시에 특정 방향으로 움직일 이유는 없다. 따라서 자발적 과정들을 이해하려면, 단지 소수의 분자 운동이 아니라 아주 많은 수의 **통계적**(statistical) 거동에 집중해야 한다. 이 절에서는 엔트로피에 대한 통계적 정의를 유도하고, 또한 엔트로피를 열역학적인 양으로 정의한다.

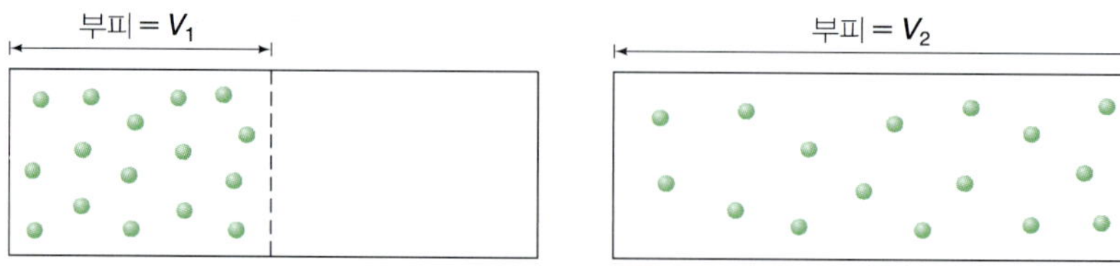

그림 4.3
용기의 부피 V_1과 V_2에 채워져 있는 N개의 헬륨 원자를 보여 준다.

엔트로피의 통계적 정의

그림 4.3의 He이 들어 있는 실린더에서 실린더 전체 부피 내에서 하나의 He 원자를 발견할 확률은 1인데, 이는 모든 He 원자들이 실린더 안에 있기 때문이다. 다른 한편으로, 실린더 부피의 절반에서 He 원자를 발견할 확률은 $\frac{1}{2}$이다. 두 개의 He 원자를 찾는다면, 그 둘 모두를 실린더에서 발견할 확률은 여전히 1이다. 그러나 둘 모두를 부피의 절반에서 발견할 확률은 $\left(\frac{1}{2}\right)\left(\frac{1}{2}\right)$, 즉 $\frac{1}{4}$이다.* $\frac{1}{4}$은 작지 않은 값이기 때문에 He 원자 모두를 주어진 시간에 같은 부분에서 발견하는 일은 놀랍지 않다. 그러나 He 원자들이 많아짐에 따라 모두를 부피의 절반에서 발견할 확률(p)이 점차 작아진다.

$$p = \left(\tfrac{1}{2}\right)\left(\tfrac{1}{2}\right)\left(\tfrac{1}{2}\right)\dots$$
$$= \left(\tfrac{1}{2}\right)^N$$

여기서 N은 존재하는 원자의 총 수이다. $N=100$이면, p는 다음과 같다.

$$p = \left(\tfrac{1}{2}\right)^{100} = 8 \times 10^{-31}$$

달리 보면, 이 확률은 무작위로 컴퓨터 자판을 두드리는 야생 원숭이가 단 한 번의 실수도 없이 세익스피어의 전 작품을 연달아 1.5경 번 두드리는 확률보다 작다(1경 = 10,000조).

N이 6×10^{23} 정도이면, 확률은 $\left(\frac{1}{2}\right)^{6\times10^{23}}$이 되는데, 이 값은 너무 작아서 실질적으로는 0이라고 할 수 있다. 이 간단한 계산 결과에는 매우 중요한 의미가 있다. 처음에 모든 He 원자들을 절반의 부피로 압축하였다가 그 기체가 자력으로 팽창하도록 하면, 원자들은 전체 부피에 균일하게 퍼지는데, 이는 이 상황의 확률이 가장 높기 때문이다. 따라서 자발적 변화의 방향은 기체가 작은 부피에서 큰 부피로, 또는 확률이 낮은 상태에서 확률이 가장 높은 상태로 옮겨가는 것이다.

이제 초기 상태와 최종 상태의 확률을 자발적 변화의 방향을 예측하는 방법으로, $S=kp$처럼 엔트로피가 확률에 정비례한다고 생각해 볼 수 있다. 여기서 k는 비례 상수이다. 그러나 이 표현은 적절하지 않다. 엔트로피는 U나 H와 같은 크기 성질이다. 분자의 수가 두 배가 되면 계의 엔트로피는 두 배가 된다. 그러나 방금 보았듯이,

* 두 독립 사건이 동시에 일어날 확률은 두 사건 확률의 곱이다. He 기체가 이상 기체로 행동하고, 따라서 부피의 절반에 있는 He 원자가 같은 부피 내에 있는 다른 He 원자의 존재에 어떤 방식으로도 영향을 주지 않는다고 가정한다.

두 독립적인 사건이 모두 일어날 확률은 각 사건이 일어날 확률의 곱이다. 분자가 하나에서 둘이 되면 확률은 p^2이 된다. 따라서 이 비례식으로는 (S에서 $2S$로의) 엔트로피 증가와 (p에서 p^2으로의) 확률 감소가 서로 연결되지 않는다. 이 어려움을 해결하는 방법의 하나는 다음과 같이 확률의 자연로그로 엔트로피를 표현하는 것이다.

$0 \le p \le 1$이기 때문에 $\ln p < 0$이며, $p^2 < p$이다.

$$S = k_B \ln p + a \tag{4.1}$$

여기서 k_B는 Boltzmann 상수(1.381×10^{-23} J K^{-1})이며, a는 값을 알 수 없는 상수이다. $\ln p$ 값에는 단위가 없기 때문에 엔트로피의 단위는 J K^{-1}이다. 식 4.1을 사용하여 엔트로피 절댓값을 계산하고도 싶지만 상수 a의 값을 알지 못하기 때문에 불가능하다. 그러나 식 4.1을 이용하여 계가 초기 상태 1에서 최종 상태 2로 변화할 때의 엔트로피 변화를 계산할 수 있다. 엔트로피는 상태 함수이기 때문에(엔트로피는 어떤 상태로 존재하는 확률에 의해서만 결정되고, 그 상태로 만들어지는 과정에는 무관하다.) $1 \to 2$ 과정에 대한 ΔS는 다음과 같다.

$$\begin{aligned}\Delta S &= S_2 - S_1 \\ &= (k_B \ln p_2 + a) - (k_B \ln p_1 + a) \\ &= k_B \ln \frac{p_2}{p_1}\end{aligned} \tag{4.2}$$

식 4.2를 그림 4.3의 상황에 적용하면 $p_2 = 1$, $p_1 = (\frac{1}{2})^N$이며, 엔트로피 변화는 다음과 같다.

$$\Delta S = k_B \ln \left[\frac{1}{(\frac{1}{2})^N} \right] = k_B \ln 2^N = N k_B \ln 2$$

$N = nN_A$의 관계를 이용하면, 위 식은 다음과 같이 된다. 여기서 n은 몰수, N_A는 Avogadro 수이다.

$$\Delta S = nN_A k_B \ln 2 = nR \ln 2$$

여기서

$$k_B = \frac{R}{N_A} = \frac{8.314 \text{ J K}^{-1} \text{ mol}^{-1}}{6.022 \times 10^{23} \text{ mol}^{-1}} = 1.381 \times 10^{-23} \text{ J K}^{-1}$$

그림 4.3에서 $V_2/V_1 = 2$임을 알 수 있으므로, 기체가 V_1에서 V_2로 팽창할 때 엔트로피 변화는 다음과 같다.

$$\Delta S = nR \ln \frac{V_2}{V_1} \tag{4.3}$$

계의 엔트로피는 온도 변화에도 영향을 받기 때문에 식 4.3은 등온 팽창에 대해서만 유효하다. 또한 S가 상태 함수이기 때문에, 가역이든 비가역이든 팽창이 일어나는 방식을 논할 필요는 없다.

예제 4.1

이상 기체 2.0몰이 초기 부피 1.5 L에서 2.4 L로 등온 팽창할 때 엔트로피 변화를 계산하시오. 또한 기체가 최종 부피에서 초기 부피로 자발적으로 수축할 확률을 예측하시오.

답

식 4.3으로부터 다음 결과를 얻는다.

$$\Delta S = nR \ln \frac{V_2}{V_1}$$

$$\Delta S = (2.0 \text{ mol})(8.314 \text{ J K}^{-1} \text{ mol}^{-1}) \ln \frac{2.4 \text{ L}}{1.5 \text{ L}}$$

$$= 7.8 \text{ J K}^{-1}$$

자발적 수축에 대한 확률을 계산하려면, 이 과정에서 -7.8 J K^{-1}과 같은 엔트로피 **감소**가 일어나야 한다. 이 과정을 $2 \rightarrow 1$이라고 하면, 식 4.2로부터 다음 결과가 얻어진다.

$$\Delta S = k_B \ln \frac{p_1}{p_2}$$

$$-7.8 \text{ J K}^{-1} = (1.381 \times 10^{-23} \text{ J K}^{-1}) \ln \frac{p_1}{p_2}$$

$$\ln \frac{p_1}{p_2} = -5.7 \times 10^{23}$$

즉

$$\frac{p_1}{p_2} = e^{-5.7 \times 10^{23}}$$

COMMENT

극도로 작은 이 비율은 이 과정이 저절로 일어날 확률이 없다는 것을 의미한다. 이는 2.4 L에서 1.5 L로 압축할 수 없다는 것이 아니라, 외부 힘을 이용해야 한다는 의미이다.

엔트로피의 열역학적 정의

식 4.1은 엔트로피의 통계적 공식이다. 엔트로피를 확률로 정의하면 분자 수준에서 이해할 수 있다. 그러나 일반적으로 이 식을 엔트로피 변화를 계산하는 데 사용하지는 않는다. 예를 들면 화학 반응이 일어나는 계와 같이 복잡한 계에 대해 확률 p를 계산하기는 너무 어렵다. 엔트로피 변화는 ΔH와 같은 다른 열역학적 양들의 변화로부터 편리하게 측정할 수 있다. 3.5절에서 등온 가역 팽창에서 이상 기체가 흡수한 열은 다음과 같음을 보았다.

$$q_{가역} = nRT \ln \frac{V_2}{V_1}$$

즉

$$\frac{q_{가역}}{T} = nR \ln \frac{V_2}{V_1}$$

위 식의 우변은 ΔS와 같기 때문에(식 4.3 참조), 다음 결과가 얻어진다.

$$\Delta S = \frac{q_{가역}}{T} \tag{4.4}$$

식 4.4는 가역 과정에서 계의 엔트로피 변화는 흡수한 열을 변화가 일어나는 온도로 나눈 것임을 보여 준다. 무한소 과정에 대해 다음과 같다.

$$dS = \frac{dq_{가역}}{T} \tag{4.5}$$

경로가 정의되었기 때문에 $đq_{가역}$보다는 $dq_{가역}$로 쓴다.

식 4.4와 4.5는 모두 엔트로피의 열역학적 정의이다. 이 식들은 기체의 팽창에 대해 유도되었지만, 모든 등온 변화에 적용할 수 있다. 이 정의는 아래 첨자가 나타내듯 가역 과정에 대해서만 유효하다. S가 경로에 무관한 상태 함수이지만 q는 경로에 따라 달라지므로 엔트로피를 정의하는 데 가역 경로를 표기해야 한다. 팽창이 비가역이라면 기체가 주위에 행한 일은 더 작으며, 기체가 주위로부터 흡수한 열도 작을 것이다. 즉 $q_{비가역} < q_{가역}$이다. 엔트로피 변화량은 같지만, 즉 $\Delta S_{가역} = \Delta S_{비가역} = \Delta S$이지만, $\Delta S > q_{비가역}/T$이다. 다음 절에서 이에 관하여 다시 논의한다.

4.3 Carnot 열기관

엔트로피에 대한 더 엄밀한 열역학적 정의에 대하여 프랑스 공학자 Carnot(Sadi Carnot 1796~1832)의 이름을 딴, Carnot 열기관을 통해 분석할 수 있다. 열을 기계적 일로 바꾸는 열기관은 현대의 산업화 사회의 핵심 역할을 하고 있다. 열기관에는 증기 기관차, 전기를 생산하는 증기 터빈, 자동차의 내연 기관 등이 포함된다. Carnot 열기관은 열기관의 작동에 대한 이상화된 모델이다. 이 모델에 반영된 것은 열역학적 효율의 개념인데, 이는 화학, 생물적 과정들을 연구하는 데 매우 중요하다.

Carnot 열기관에서는, 마찰이 없는 피스톤이 장착된 실린더에 1몰의 이상 기체가 들어 있으며, 여기서 일어나는 압력-부피 일(P-V work)로 나타낼 수 있다. 그림 4.4는 열기관과 열적 기계적 환경의 관계를 보여 준다. 기관의 한 순환은 네 단계로 되어 있다.

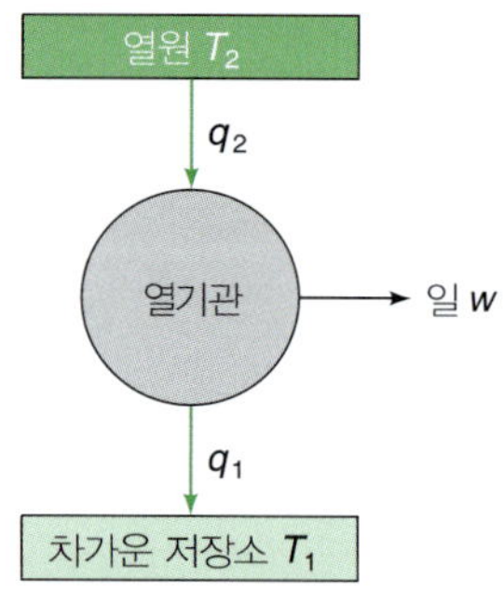

그림 4.4
열기관은 주위에 일을 하기 위하여 열원으로부터 열을 흡수하고 열의 일부를 찬 저장소로 배출한다.

단계 1. 온도 T_2인 기체가 열원으로부터 열 q_2를 흡수하고 V_1에서 V_2로 가역적으로 등온 팽창한다. 관련 변화는 다음과 같다.

$$\Delta U = 0 \qquad \text{(등온 과정, 이상 기체)}$$

$$\text{행한 일} = w_2 = -RT_2 \ln \frac{V_2}{V_1} \qquad (3.5)$$

$$\text{흡수한 열} = q_2 = RT_2 \ln \frac{V_2}{V_1} \qquad (\text{제1법칙으로부터 } q_2 = -w_2)$$

단계 2. 기체가 V_2에서 V_3로 가역적으로 단열 팽창한다. 이 과정에서 기체의 온도는 T_2에서 T_1으로 낮아진다. 관련 변화는 다음과 같다.

$$q = 0 \qquad \text{(단열 과정)}$$

$$\text{행한 일} = \Delta U = \overline{C}_V(T_1 - T_2) \qquad (3.25,\ \overline{C}_V\text{가 온도와 무관하다고 가정한다.})$$

단계 3. 기체가 V_3에서 V_4로 가역적으로 등온 압축된다. 이 과정에서 방출되는 열은 온도가 T_1인 찬 저장고로 배출된다. 관련 변화는 다음과 같다.

$$\Delta U = 0 \qquad \text{(등온 과정, 이상 기체)}$$

$$\text{행한 일} = w_1 = -RT_1 \ln \frac{V_4}{V_3} \qquad (3.5)$$

$$\text{방출된 열} = q_1 = RT_1 \ln \frac{V_4}{V_3} \qquad (q_1 = -w_1)$$

단계 4. 기체가 V_4에서 V_1로 가역적으로 단열 압축된다. 그 결과, 기체의 온도는 T_1에서 T_2로 높아진다. 관련 변화는 다음과 같다.

$$q = 0 \qquad \text{(단열 과정)}$$

$$\text{행한 일} = \Delta U = \overline{C}_V(T_2 - T_1) \qquad (3.25,\ \overline{C}_V\text{가 온도와 무관하다고 가정한다.})$$

그림 4.5는 Carnot 열기관의 작동에서 Carnot **순환**(Carnot cycle)이라고 하는 네 단계를 보여 준다.

전체 Carnot 순환을 요약하면 다음과 같다.

$$\Delta U(\text{순환}) = 0 \qquad (U\text{는 상태 함수이다.})$$

$$q(\text{순환}) = q_2 + q_1 \qquad (q_2\text{는 양, } q_1\text{은 음이다.})$$

$$\begin{aligned} w(\text{순환}) &= -RT_2 \ln \frac{V_2}{V_1} + \overline{C}_V(T_1 - T_2) - RT_1 \ln \frac{V_4}{V_3} + \overline{C}_V(T_2 - T_1) \\ &= -RT_2 \ln \frac{V_2}{V_1} - RT_1 \ln \frac{V_4}{V_3} \end{aligned}$$

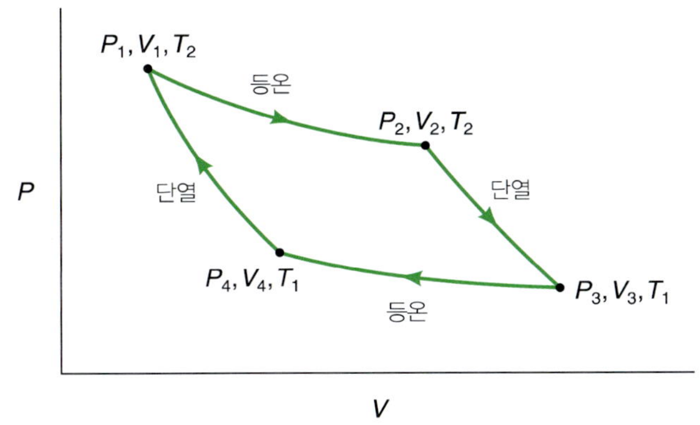

그림 4.5
Carnot 순환의 네 단계. 둘러싸인 면적은 열기관이 주위에 대해 한 일을 나타낸다. $T_2 > T_1$.

V_1, V_2, V_3, V_4 사이의 관계를 찾을 수 있다. 등온, 단열 과정들에 대한 압력과 온도의 관계는 다음과 같다.

$$P_1V_1 = P_2V_2 \qquad P_3V_3 = P_4V_4 \qquad \text{(Boyle 법칙)}$$
$$P_2V_2^\gamma = P_3V_3^\gamma \qquad P_1V_1^\gamma = P_4V_4^\gamma \qquad (3.24)$$

단열 관계들의 비를 구하여 다음과 같이 쓸 수 있다.

$$\frac{P_2V_2^\gamma}{P_1V_1^\gamma} = \frac{P_3V_3^\gamma}{P_4V_4^\gamma}$$

또는

$$\frac{P_2V_2}{P_1V_1} \times \frac{V_2^{\gamma-1}}{V_1^{\gamma-1}} = \frac{P_3V_3}{P_4V_4} \times \frac{V_3^{\gamma-1}}{V_4^{\gamma-1}}$$

따라서

$$\left(\frac{V_2}{V_1}\right)^{\gamma-1} = \left(\frac{V_3}{V_4}\right)^{\gamma-1}$$

즉

$$\frac{V_2}{V_1} = \frac{V_3}{V_4}$$

순환하는 동안에 이루어진 알짜 일은 다음과 같다.

$$w(\text{순환}) = -R(T_2 - T_1) \ln \frac{V_2}{V_1} \qquad (4.6)$$

열원으로부터 흡수한 열과 찬 저장소로 배출된 열은 다음과 같다.

$$q_2 = RT_2 \ln \frac{V_2}{V_1} \qquad (4.7)$$

$$q_1 = RT_1 \ln \frac{V_4}{V_3} = -RT_1 \ln \frac{V_2}{V_1} \tag{4.8}$$

따라서 한 번 순환되는 과정에 관련된 열과 일은 다음과 같다.

$$q(\text{순환}) = R(T_2 - T_1) \ln \frac{V_2}{V_1} = -w(\text{순환})$$

열역학적 효율

알짜 일과 흡수된 열에 대한 식으로부터 열기관의 효율을 결정할 수 있다. 효율은 출력과 입력의 비이므로, 열기관의 효율 η는 다음과 같이 쓸 수 있다.

$$\begin{aligned}\eta &= \frac{\text{열기관이 행한 알짜 일}(w)}{\text{열기관이 흡수한 열}(q_2)} \\ &= \frac{|w|}{q_2} \\ &= \frac{R(T_2 - T_1)\ln(V_2/V_1)}{RT_2 \ln(V_2/V_1)} \\ &= \frac{T_2 - T_1}{T_2} = 1 - \frac{T_1}{T_2}\end{aligned} \tag{4.9}$$

위 식에서, w는 0보다 작은 값(계가 주위에 일을 해줌)이기 때문에 부호를 뺀 크기만을 사용하였다. 식 4.9는 모든 열기관의 열역학적 효율을 정의한다. 이는 열원과 찬 저장소의 온도 차이를 열원의 온도로 나누는 것과 같다. 실제로 T_1이 0이거나 T_2가 무한대가 될 수 없기 때문에 열역학적 효율은 1(또는 100%)이 될 수 없다.*

절대 영도라는 온도는 실제로 절대 얻을 수 없다.

예제 4.2

발전소에서 전기 생산을 위하여 터빈을 돌리는 데 560°C로 가열된 수증기를 사용하고, 수증기는 38°C 냉각탑으로 배출된다. 이 과정의 최대 효율을 계산하시오.

답

온도를 절대 온도로 바꾼다. $T_2 = 833$ K, $T_1 = 311$ K. 식 4.9로부터 다음과 같이 쓸 수 있다.

$$\begin{aligned}\eta &= \frac{T_2 - T_1}{T_2} \\ &= \frac{833\text{ K} - 311\text{ K}}{833\text{ K}} \\ &= 0.63 \text{ 또는 } 63\%\end{aligned}$$

* 어떠한 경우에도 열을 모두 일로 바꿀 수 없다. 열의 일부는 폐열로 주위로 빠져나간다.

COMMENT
실제는 마찰, 열 손실, 다른 복잡한 요인들로 인해 증기 터빈의 최대 효율은 약 40%로 떨어진다. 따라서 발전소에서 태우는 석탄 1톤 중 0.4톤이 전기를 생산하고 나머지는 주위를 가열한다!

엔트로피 함수

앞에서 언급했듯이, Carnot 순환의 분석을 통해 알 수 있는 또 다른 중요한 사실은 엔트로피에 관한 것이다. 이 순환 과정에서 U의 전체 변화는 0이지만 일과 열은 상태 함수가 아니기 때문에 0이 아니다. 그러나 q/T 비를 살펴보면 다음을 알 수 있다.

$$\begin{aligned}\frac{q_2}{T_2}+\frac{q_1}{T_1}&=\frac{RT_2\ln(V_2/V_1)}{T_2}+\frac{-RT_1\ln(V_2/V_1)}{T_1}\\&=0\end{aligned}$$

순환 과정이 몇 개의 단계를 거쳐 완결되는가에 관계없이, 전체 순환 과정에서 열기관의 q/T 항의 합은 0이다. i 단계로 된 경우

$$\sum_i \frac{q_i}{T_i}=0$$

이 결과는 중요하다. 이는 다음과 같이 정의된 상태 함수 S가 있음을 시사한다.

$$\Delta S=\frac{q_{가역}}{T}$$

이 식은 식 4.4와 같다. 무한소 과정에 대해 다음이 성립한다.

$$dS=\frac{dq_{가역}}{T}$$

아래 첨자 '가역'은 그 과정이 가역적으로 일어남을 나타낸다. 따라서 순환 과정은 다음과 같이 나타낼 수 있다.

$$\sum_i \frac{q_i}{T_i}=\sum_i \Delta S_i=0$$

여기서 ΔS_i는 i번째 단계의 엔트로피 변화이다. S는 상태 함수이기 때문에 순환 과정에 대한 S의 변화는 0이다.

냉장고, 에어컨, 열펌프

일상생활에서 알 수 있듯이, 열은 뜨거운 물체에서 차가운 물체로 자발적으로 흐른

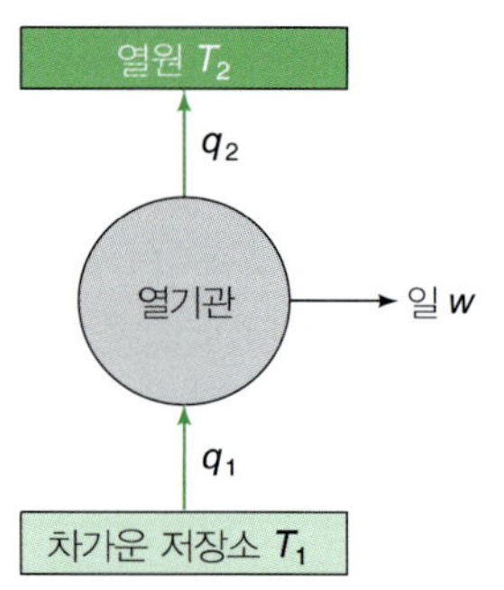

그림 4.6
반대 방향으로 작동하는 Carnot 열기관. 냉장고, 에어컨, 열펌프는 차가운 저장소로부터 열 q_1을 제거하고 열원에 열 q_2를 전달하기 위해 작동한다.

가장 널리 쓰이는 냉매인 프레온 가스(chlorofluorocarbons, CFCs)는 하이드로플루오로탄소(hydrofluorocarbon, HFCs)로 대체되고 있다.

다. 그러나 일을 해 주면, 자연의 경향에 거슬러 열이 그 반대 방향으로 흐르게 할 수 있다. 열 흐름의 방향을 반대로 하는 친숙한 장치들이 냉장고, 에어컨, 열펌프이다. 그림 4.6은 거꾸로 작동하는 Carnot 열기관을 보여 준다. 차가운 저장소로부터 열 q_1을 끄집어 내기 위하여 일을 하고 열 q_2가 열원에 저장된다. Carnot 순환에서처럼 에너지 보존 법칙으로 인해 다음 관계가 필요하다(식 4.6, 4.7, 4.8 참조).

$$-q_2 = q_1 + w$$

냉장고. 그림 4.7은 냉장고의 구성도를 보여 준다. **냉매**(refrigerant)라고 하는 기체 물질이 닫힌 계에서 순환한다. 순환 과정에서 냉매는 압축, 냉각, 팽창한다. 냉매가 냉장고 안에서 팽창할 때, 음식으로부터 열을 흡수한다. 냉매가 냉장고 바깥을 돌 때 압축되고 열을 주위로 방출한다. 이 때문에 냉장고가 켜져 있을 때, 냉장고의 바깥쪽 표면(보통 옆과 뒤)은 따뜻하다.

냉장고의 성능은 **성능 계수**(COP, coefficient of performance)로 등급을 매기는데, 이는 차가운 저장소로부터 빼낸 열과 해 준 일의 양의 비이다.

$$\text{COP} = \frac{q_1}{w} \qquad (q_1\text{과 } w\text{는 모두 양이다.}) \tag{4.10}$$

다음 단계는 COP를 열원의 온도(T_2)와 차가운 저장소의 온도(T_1)의 관계식으로 유도하는 것이다. 식 4.9로부터 다음 결과가 얻어진다.

$$\frac{w}{|q_2|} = 1 - \frac{T_1}{T_2} \qquad (q_2\text{는 음이다.}) \tag{4.11}$$

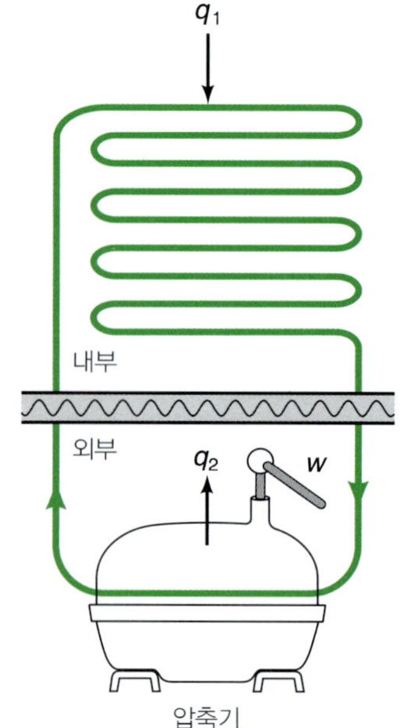

그림 4.7
냉장고 작동 원리. 팽창 코일은 냉장고 내부에, 압축기는 외부에 위치한다. 냉매 기체가 압축되면 온도가 높아지고, 열(q_2)이 기체에서 주위로 흐른다. 냉각 후 압축된 기체는 냉장고 안으로 흘러가면서 팽창되고 온도가 낮아진다. 열(q_1)은 음식으로부터 코일 안에 있는 기체로 흐른다. 팽창된 더운 기체가 압축기로 다시 들어오면서 순환이 반복된다.

따라서

$$\frac{T_1}{T_2} = 1 - \frac{w}{|q_2|} = \frac{|q_2| - w}{|q_2|} = \frac{q_1}{|q_2|} \tag{4.12}$$

식 4.12에 있는 마지막 항과 첫 항을 뒤집으면 다음과 같다.

$$\frac{|q_2|}{q_1} = \frac{T_2}{T_1}$$

또는

$$\frac{|q_2| - q_1}{q_1} = \frac{w}{q_1} = \frac{T_2 - T_1}{T_1}$$

최종 결과는 다음과 같다.

$$\mathrm{COP} = \frac{q_1}{w} = \frac{T_1}{T_2 - T_1} \tag{4.13}$$

이 식은 가역적으로 변화하는 이상 기체에 근거하여 유도되었기 때문에 식 4.13은 COP의 최댓값에 해당한다. 예를 들어, 냉장고의 온도가 273 K이고 방의 온도가 293 K이면, COP≈14이다. 실제, 냉장고의 COP 값은 2~6 범위인데, 이는 냉장고가 이상 조건에서 작동하지 않기 때문이다.

에어컨. 에어컨은 냉장고와 아주 비슷하게 작동한다. 이 경우 방 자체가 차가운 저장소이고, 열원은 실외가 된다. 에어컨의 성능 또한 COP 값으로 등급이 정해진다.

열펌프. 원칙적으로 열펌프와 냉장고(또는 에어컨)는 차이가 없다. 그러나 열펌프는 냉방보다 난방에 사용한다. **펌프**라는 말은 세 장비 모두에 적용되며, 차가운 저장소에서 열원으로 열이 전달되게 하는 것을 말한다. 이 과정은 지구의 중력에 거슬러 물을 위로 퍼 올리는 것과 유사하다.

열펌프가 보통 전열기보다 유리한 점을 다음 분석에서 알 수 있다. 난방에 500 J의 에너지를 사용할 수 있다고 해 보자. 이 에너지가 전열기에 전해지면, 500 J의 열이 난방에 쓰인다. 반면에, 열펌프는 열 q_1을 시원한 실외에서 따뜻한 실내로 퍼내는 일을 하는 데 에너지를 사용하고, 내부로 $-q_2 = q_1 + w$를 전달한다. 따라서 열펌프는 500 J 이상의 열을 난방에 사용한다. 열펌프의 성능 또한 성능 계수로 등급이 정해진다. 그러나 열펌프의 기능은 열을 전달하는 것이기 때문에, COP는 전달된 열 q_2에 대한 일의 비이다.

$$\mathrm{COP} = \frac{|q_2|}{w} \tag{4.14}$$

냉장고와 에어컨의 경우와 같은 방식으로, 다음 결과를 얻는다.

$$\text{COP} = \frac{T_2}{T_2 - T_1} \tag{4.15}$$

식 4.15와 식 4.13을 비교해 보면, 같은 T_1과 T_2에 대해 열펌프의 COP 값이 냉장고보다 크다는 것을 알 수 있다.

예제 4.3

바깥 온도가 각각 (a) 5°C, (b) −10°C일 때, 온도가 22°C로 유지되고 있는 집에 5000 J의 열을 전달하기 위해서는 열펌프가 얼마나 일을 해야 하는가?

답

먼저 w를 바깥 온도(T_1)와 안쪽 온도(T_2)로 나타내는 식을 유도해야 한다. 에너지 보존과 식 4.12로부터 다음 결과를 얻는다.

$$w = |q_2| - q_1 = |q_2| - |q_2|\left(\frac{T_1}{T_2}\right) = |q_2|\left(1 - \frac{T_1}{T_2}\right)$$

(a) $$w = 5000\ \text{J}\left(1 - \frac{278\ \text{K}}{295\ \text{K}}\right) = 288\ \text{J}$$

(b) $$w = 5000\ \text{J}\left(1 - \frac{263\ \text{K}}{295\ \text{K}}\right) = 542\ \text{J}$$

COMMENT

두 경우 모두에서 한 일의 양이 실내로 전달된 열보다 상당히 적다는 것을 알 수 있다. 예상했던 대로, 바깥 온도가 더 낮을 때(b 경우) 같은 양의 열을 전달하기 위해 더 많은 일을 해야 한다.

4.4 열역학 제2법칙

지금까지 엔트로피에 대한 논의는 계에 초점을 맞추었다. 엔트로피를 제대로 이해하기 위해서는 주위에서 어떤 일이 일어나는지도 알아야 한다. 주위의 크기와 포함된 물질의 양을 고려하면, 주위는 무한히 큰 저장소로 간주할 수 있다. 따라서 계와 주위 사이의 열과 일의 교환 결과, 주위의 성질은 단지 무한소만큼 변화한다. 무한소 변화가 가역 과정의 특징이기 때문에, 주위는 모든 변화 과정을 가역 과정으로 받아들인다. 따라서 계에서 일어나는 과정이 가역이든, 비가역이든 주위의 열 변화는 다음과 같이 쓸 수 있다.

$$(dq_{\text{주위}})_{\text{가역}} = (dq_{\text{주위}})_{\text{비가역}} = dq_{\text{주위}}$$

이 때문에 $dq_{\text{주위}}$에 대한 경로를 지정하지 않는다. 주위의 엔트로피 변화는 다음과 같다.

$$dS_{\text{주위}} = \frac{dq_{\text{주위}}}{T_{\text{주위}}}$$

그리고 유한한 등온 과정, 예를 들어 실험실에서 관찰되는 과정에 대해서는 다음과 같이 쓸 수 있다.

$$\Delta S_{\text{주위}} = \frac{q_{\text{주위}}}{T_{\text{주위}}}$$

이상 기체가 가역적으로 등온 팽창할 때, 주위로부터 흡수된 열은 $nRT_{\text{계}} \ln(V_2/V_1)$임을 앞에서 배웠다. 변화가 일어나는 전 과정에서 계는 주위와 열평형에 있기 때문에 $T_{\text{계}} = T_{\text{주위}} = T$이다. 따라서 주위가 계에 잃어버린 열은 $-nRT \ln(V_2/V_1)$이며, 이에 상응하는 엔트로피 변화는 다음과 같다.

$$\Delta S_{\text{주위}} = \frac{q_{\text{주위}}}{T}$$

우주(계 + 주위)의 전체 엔트로피 변화 $\Delta S_{\text{우주}}$는 다음과 같다.

$$\begin{aligned} \Delta S_{\text{우주}} &= \Delta S_{\text{계}} + \Delta S_{\text{주위}} \\ &= \frac{q_{\text{계}}}{T} + \frac{q_{\text{주위}}}{T} \\ &= \frac{nRT \ln(V_2/V_1)}{T} + \frac{[-nRT \ln(V_2/V_1)]}{T} = 0 \end{aligned}$$

따라서 가역적으로 변화가 일어날 때, 우주의 엔트로피 변화량은 0이다.

이제 팽창이 비가역적이면 무슨 일이 일어나는지 생각해 보자. 극단적인 경우, 기체가 진공에 대해 팽창한다고 생각해 보자. S가 상태 함수이기 때문에 계의 엔트로피 변화는 $\Delta S_{\text{계}} = nR \ln(V_2/V_1)$이다. 그러나 이 과정에서 아무런 일을 하지 않기 때문에 계와 주위 사이에 아무런 열도 교환되지 않는다. 따라서 $q_{\text{주위}} = 0$이고, $\Delta S_{\text{주위}} = 0$이다. 우주의 엔트로피 변화는 다음과 같다.

$$\begin{aligned} \Delta S_{\text{우주}} &= \Delta S_{\text{계}} + \Delta S_{\text{주위}} \\ &= nR \ln\left(\frac{V_2}{V_1}\right) > 0 \end{aligned}$$

$\Delta S_{\text{우주}}$에 대한 이 두 표현을 결합하면 다음 결과가 얻어진다.

$$\Delta S_{\text{우주}} = \Delta S_{\text{계}} + \Delta S_{\text{주위}} \geq 0 \tag{4.16}$$

엔트로피에 대하여 생각하기만 해도 우주의 엔트로피는 증가한다.

여기서 등호는 가역 과정에, 부등호는 비가역(즉 자발적) 과정에 적용된다. 식 4.16은 **열역학 제2법칙**(second low of thermodynamics)에 대한 수학적 기술이다. **고립계의 엔트로피는 비가역 과정에서는 증가하고, 가역 과정에서는 변화하지 않는다. 고립계의 엔트로피는 절대로 감소하지 않는다**(제2법칙에 대한 다양한 표현이 부록 4.1에 나와 있다). 따라서 $\Delta S_{계}$나 $\Delta S_{주위}$ 중 하나는 특정 과정에 대해 음수가 될 수도 있지만 그 합은 결코 0보다 작을 수 없다.

예제 4.4

20°C에서 이상 기체 0.50몰이 2.0 atm에 대하여 1.0 L에서 5.0 L로 등온 팽창할 때 $\Delta S_{계}$, $\Delta S_{주위}$, $\Delta S_{우주}$를 계산하시오.

답

초기 조건으로부터 기체의 압력이 12 atm임을 알 수 있다. 먼저 $\Delta S_{계}$를 계산한다. 등온 과정이며, 과정이 가역이든 비가역이든 $\Delta S_{계}$는 같기 때문에 식 4.3으로부터 다음과 같이 쓸 수 있다.

$$\begin{aligned}\Delta S_{계} &= nR\ln\frac{V_2}{V_1} \\ &= (0.50\text{ mol})(8.314\text{ J K}^{-1}\text{ mol}^{-1})\ln\frac{5.0\text{ L}}{1.0\text{ L}} \\ &= 6.7\text{ J K}^{-1}\end{aligned}$$

$\Delta S_{주위}$를 계산하려면 먼저 비가역 기체 팽창에서 한 일을 계산한다.

$$\begin{aligned}w &= -P\Delta V \\ &= -(2.0\text{ atm})(5.0 - 1.0)\text{L} \\ &= -8.0\text{ L atm} \\ &= -810\text{ J} \quad (1\text{ L atm} = 101.3\text{ J})\end{aligned}$$

$\Delta U = 0$이기 때문에 $q = -w = +810$ J이다. 따라서 주위가 잃은 열은 −810 J이다. 주위의 엔트로피 변화는 다음과 같다.

$$\begin{aligned}\Delta S_{주위} &= \frac{q_{주위}}{T} \\ &= \frac{-810\text{ J}}{293\text{ K}} \\ &= -2.8\text{ J K}^{-1}\end{aligned}$$

마지막으로 식 4.16으로부터 다음 결과를 얻을 수 있다.

$$\Delta S_{우주} = \Delta S_{계} + \Delta S_{주위}$$
$$= 6.7\ \text{J K}^{-1} - 2.8\ \text{J K}^{-1}$$
$$= 3.9\ \text{J K}^{-1}$$

COMMENT
이 결과는 자발적으로 변화가 일어난다는 것을 보여 주는데, 이는 기체의 초기 압력으로부터 예상할 수 있는 결과이다.

4.5 엔트로피 변화

엔트로피의 통계적 정의와 열역학적 정의 및 열역학 제2법칙을 살펴보았다. 이제부터는 다양한 변화 과정에서의 엔트로피 변화량을 구해보도록 한다. 이상 기체가 가역적으로 등온 팽창할 때 엔트로피 변화량은 $nR\ \ln(V_2/V_1)$이 되는 것을 이미 보았다. 이 절에서는 엔트로피 변화의 몇 가지 다른 예를 살펴볼 것이다.

이상 기체의 혼합에 따른 엔트로피 변화

그림 4.8은 T, P, V_A 상태의 이상 기체 n_A몰이 칸막이에 의해 T, P, V_B 상태의 이상 기체 n_B몰과 분리되어 있는 용기를 보여 준다. 칸막이를 제거하면, 기체들은 자발적으로 섞이고 계의 엔트로피는 증가한다. 혼합 엔트로피 $\Delta_{혼합}S$를 계산하기 위해 이 과정을 두 개의 등온 팽창으로 나누어 다룰 수 있다.

기체 A에 대해 $\quad \Delta S_A = n_A R \ln \frac{V_A + V_B}{V_A}$

기체 B에 대해 $\quad \Delta S_B = n_B R \ln \frac{V_A + V_B}{V_B}$

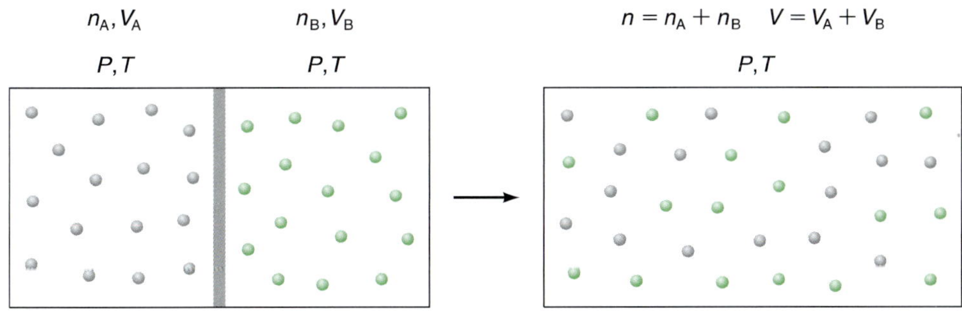

그림 4.8
같은 온도와 압력에서 두 이상 기체가 혼합되면 엔트로피가 증가한다.

따라서

$$\Delta_{혼합}S = \Delta S_A + \Delta S_B = n_A R \ln \frac{V_A + V_B}{V_A} + n_B R \ln \frac{V_A + V_B}{V_B}$$

Avogadro 법칙에 따라 온도와 압력이 일정할 때, 기체의 부피는 몰수에 비례하므로 위 식은 다음과 같이 바꾸어 쓸 수 있다.

$$\begin{aligned}\Delta_{혼합}S &= n_A R \ln \frac{n_A + n_B}{n_A} + n_B R \ln \frac{n_A + n_B}{n_B} \\ &= -n_A R \ln \frac{n_A}{n_A + n_B} - n_B R \ln \frac{n_B}{n_A + n_B} \\ &= -n_A R \ln x_A - n_B R \ln x_B \\ &= -R(n_A \ln x_A + n_B \ln x_B) \qquad (4.17)\end{aligned}$$

여기서 x_A와 x_B는 각각 A와 B의 몰분율이다. $x < 1$이기 때문에 $\ln x < 0$이며, 식 4.17의 우변은 당연히 0보다 큰 값이다. 이는 이 과정이 자발적이라는 사실과 일치한다.*

상전이에 의한 엔트로피 변화

얼음이 녹는 것은 익숙한 상변화이다. 0°C, 1 atm에서 얼음과 물은 평형을 이룬다. 이 조건에서 얼음이 녹는 동안 열을 가역적으로 흡수한다. 더구나 이 과정에서 압력이 일정하기 때문에, 흡수된 열은 계의 엔탈피 변화량과 같다. 즉 $q_{가역} = \Delta_{용융}H$이다. 여기서 $\Delta_{용융}H$를 **용융열** 또는 **용융 엔탈피**라고 한다. H는 상태 함수이기 때문에 경로를 기술할 필요가 없으며, 녹는 과정을 가역적으로 실행할 필요도 없다. 용융 엔트로피 $\Delta_{용융}S$는 다음과 같다.

$$\Delta_{용융}S = \frac{\Delta_{용융}H}{T_f} \qquad (4.18)$$

여기서 T_f는 녹는점 또는 용융점이다(얼음의 경우 273 K). 마찬가지로 증발 엔트로피 $\Delta_{증발}S$는 다음과 같이 쓸 수 있다.

$$\Delta_{증발}S = \frac{\Delta_{증발}H}{T_b} \qquad (4.19)$$

여기서 $\Delta_{증발}H$와 T_b는 각각 액체의 증발 엔탈피와 끓는점이다.

---

* A와 B가 이상 기체이기 때문에 분자들 사이에 작용하는 힘이 없으며, 따라서 혼합으로 인한 열 변화는 없다. 결과적으로 주위의 엔트로피 변화는 0이며, 이 과정의 변화 방향은 오로지 계의 엔트로피 변화에 달려 있다.

예제 4.5

물의 용융 엔탈피와 증발 엔탈피는 각각 6.01 kJ mol^{-1}과 40.79 kJ mol^{-1}이다. 정상 녹는점과 끓는점에서 물 1몰의 용융, 증발 엔트로피를 계산하시오.

답

식 4.18로부터 다음 결과를 얻는다.

$$\Delta_{\text{용융}}\overline{S} = \frac{\Delta_{\text{용융}}\overline{H}}{T_f}$$

$$= \frac{6.01 \times 1000 \text{ J mol}^{-1}}{273 \text{ K}} = 22.0 \text{ J K}^{-1} \text{ mol}^{-1}$$

식 4.19로부터 다음 결과를 얻는다.

$$\Delta_{\text{증발}}\overline{S} = \frac{\Delta_{\text{증발}}\overline{H}}{T_b}$$

$$= \frac{40.79 \times 1000 \text{ J mol}^{-1}}{373 \text{ K}} = 109.3 \text{ J K}^{-1} \text{ mol}^{-1}$$

COMMENT

(1) 일반적으로 엔트로피 값은 엔탈피 값보다 매우 작기 때문에 그 단위로 kJ K^{-1} mol^{-1}보다 J K^{-1} mol^{-1}을 사용한다. (2) 용융과 증발 모두에서 엔트로피가 증가한다. 얼음은 273 K에서 물과 평형에 있고, 물은 373 K에서 수증기와 평형 상태에 있기 때문에, 이 결과는 이상하게 보일 수 있다. 각 경우 엔트로피 변화를 0이라고 생각할 수 있다. 그러나 계산된 엔트로피 변화는 오직 계에 대한 것이다. 열은 평형 과정에서 가역적으로 흡수되기 때문에 용융과 증발에 의한 주위의 엔트로피 변화는 각각 $-\Delta_{\text{용융}}\overline{H}/T_f$와 $-\Delta_{\text{증발}}\overline{H}/T_b$이다. 따라서 각 경우 우주 엔트로피의 총 변화량은 0이다. (3) 위 결과는 같은 물질에 대해 $\Delta_{\text{증발}}\overline{S}$가 $\Delta_{\text{용융}}\overline{S}$보다 크다는 것을 보여 주며, 이는 일반적인 사실이다. 고체와 액체는 모두 응축상이기 때문에 상당한 정도의 고정된 구조 또는 질서를 갖고 있다. 결과적으로 고체에서 액체로 전이될 경우에는 분자의 무질서도 증가가 비교적 작다. 반면에 기체 상태 분자들의 배열은 완전히 무작위이고, 따라서 액체에서 증기로 변할 때에는 무질서도가 매우 크게 증가한다.

표 4.1에는 몇 가지 액체의 증발 엔트로피가 나와 있다. 흥미롭게도, 서로 다른 액체들이 대략 같은 몰증발 엔트로피(약 88 J K^{-1} mol^{-1})를 갖는다. 경험적으로 관찰되는 이러한 경향을 Trouton **규칙**(Trouton's rule)이라고 한다. 이 현상에 대한 분자 수준의 해석은, 대부분 액체와 거의 모든 기체가 유사한 구조를 갖고 있으므로 증발 과정에서 무질서도가 증가하는 정도가 비슷하며, 따라서 $\Delta_{\text{증발}}\overline{S}$ 값들이 유사하

표 4.1 몇 가지 물질의 끓는점(T_b), 몰증발 엔탈피($\Delta_{증발}\overline{H}$), 몰증발 엔트로피($\Delta_{증발}\overline{S}$)

물질	T_b(K)	$\Delta_{증발}\overline{H}$ (kJ mol^{-1})	$\Delta_{증발}\overline{S}$ (J K^{-1} mol^{-1})
브로민(Br_2)	331.8	30.0	90.4
에탄올(C_2H_5OH)	351.3	39.3	111.9
다이에틸 에터($C_2H_5OC_2H_5$)	307.6	26.0	84.5
헥세인(C_6H_{12})	341.7	28.9	84.6
수은(Hg)	630	59.0	93.7
메테인(CH_4)	109	9.2	84.4
물(H_2O)	373	40.79	109.4

다는 것이다. 표 4.1에서 예외는 물과 에탄올인데, 이들은 눈에 띄게 큰 $\Delta_{증발}\overline{S}$ 값을 보여 준다. 이 액체들은 수소 결합 때문에 보다 규칙적인 구조를 갖고 있으며, 따라서 끓는점에서 무질서도의 증가가 더 크게 된다.

온도 변화에 따른 엔트로피 변화

계의 온도가 T_1에서 T_2로 높아질 때, 엔트로피 역시 증가한다. 이 상관관계는 에너지의 흡수로 인한 것인데, 이 결과 분자들은 더 높은 병진, 회전, 진동 에너지 준위로 올라가고, 분자 수준에서 무질서도가 증가한다. 이때의 엔트로피 증가량은 다음과 같이 계산할 수 있다. S_1과 S_2를 상태 1과 2(T_1과 T_2로 규정된다)에서 계의 엔트로피라고 하자. 만일 열이 가역적으로 계에 전달되면, 무한소 양의 열 전달에 의한 엔트로피 증가는 식 4.5로 주어진다.

$$dS = \frac{dq_{가역}}{T}$$

T_2에서 엔트로피는 다음과 같다.

$$S_2 = S_1 + \int_{T_1}^{T_2} \frac{dq_{가역}}{T}$$

대부분의 변화 과정처럼, 일정한 압력하에서 변화가 일어난다고 가정하면 $dq_{가역} = dH$이며, 따라서 다음과 같이 쓸 수 있다.

$$S_2 = S_1 + \int_{T_1}^{T_2} \frac{dH}{T}$$

식 3.18에 따라 $dH = C_P dT$이며, 따라서 다음과 같이 쓸 수 있다.

$\int \frac{dx}{x} = \int d\ln x$를 기억하시오.

$$S_2 = S_1 + \int_{T_1}^{T_2} \frac{C_P}{T} dT = S_1 + \int_{T_1}^{T_2} C_P d\ln T \quad (4.20)$$

온도 범위가 작으면, C_P가 온도와 무관하다고 가정할 수 있다. 식 4.20은 다음과 같이 된다.

$$S_2 = S_1 + C_P \ln \frac{T_2}{T_1} \tag{4.21}$$

그리고 가열에 따른 엔트로피의 증가 ΔS는 다음과 같다.

$$\Delta S = S_2 - S_1 = C_P \ln \frac{T_2}{T_1}$$

$$= n\overline{C}_P \ln \frac{T_2}{T_1} \tag{4.22}$$

예제 4.6

일정한 압력하에서 물 200.0 g을 10°C에서 20°C로 가열할 때 엔트로피 증가를 계산하시오(일정한 압력하에서 물의 몰열용량은 75.3 J K^{-1} mol^{-1}이다).

답

물의 몰수는 200.0 g/18.02 g mol^{-1} = 11.1 mol이다. 식 4.22에 따라 엔트로피의 증가는 다음으로 같다.

$$\Delta S = n\overline{C}_P \ln \frac{T_2}{T_1}$$

$$= (11.1 \text{ mol})(75.3 \text{ J K}^{-1} \text{ mol}^{-1}) \ln \frac{293 \text{ K}}{283 \text{ K}}$$

$$= 29.0 \text{ J K}^{-1}$$

COMMENT

이 계산에서 $\overline{C}_P$는 온도와 무관하며, 물을 가열할 때 팽창이 일어나지 않아 아무 일도 하지 않는다고 가정하였다.

예제 4.6에서 물의 가열이 비가역적으로(실제처럼), 말하자면 분젠 버너를 사용하여 이루어졌다고 가정해 보자. 엔트로피 증가는 어떻게 될까? 경로에 관계없이 처음과 마지막 상태가 같다. 즉 10°C에서 20°C로 가열된 물은 200 g이다. 따라서 식 4.20의 우변에 대한 적분은 비가역 가열에 대한 ΔS에 해당한다. 이는 ΔS가 T_1과 T_2에만 의존하며, 경로에는 무관하다는 사실에 따라 당연한 결과이다. 따라서 가열이 가역적 또는 비가역적이든 ΔS는 29.0 J K^{-1}이다.

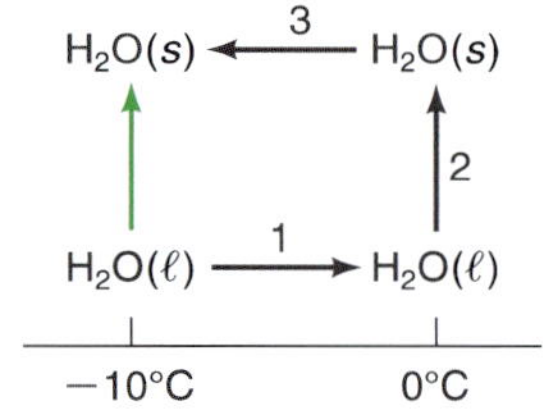

그림 4.9
−10°C에서 과냉각된 물이 자발적으로 어는 과정(녹색 화살표)을 3개 가역 경로(1, 2, 3)로 분해할 수 있다.

예제 4.7

과냉각된 물은 정상 어는점 아래로 냉각된 액체 물이다. 이 상태는 열역학적으로 불안정하며, 자발적으로 얼음으로 변화한다. 과냉각된 물 2.00몰이 −10°C, 1.0 atm에서 얼음으로 변화한다고 생각해 보자. 이 과정에 대한 $\Delta S_{계}$, $\Delta S_{주위}$, $\Delta S_{우주}$를 계산하시오(0°C과 −10°C 사이의 온도 구간에서 물과 얼음의 $\overline{C}_P$는 각각 75.3 J K^{-1} mol^{-1}, 37.7 J K^{-1} mol^{-1}이다).

답

두 상이 평형 상태로 존재할 수 있는 온도에서 일어나는 상변화만 가역적인 변화이다. −10°C 과냉각된 물과 −10°C 얼음은 평형 상태에 있지 않기 때문에, 과냉각된 물이 어는 과정은 비가역적이다. $\Delta S_{계}$를 계산하기 위하여 −10°C 과냉각된 물이 −10°C 얼음으로 바뀌는 과정을, 그림 4.9에 나와 있는 것처럼 일련의 가역적 단계들로 분해해야 한다.

단계 1. −10°C에 있는 과냉각된 물을 0°C까지 가역적으로 가열한다.

$$\underset{-10°\text{C}}{H_2O(l)} \rightarrow \underset{0°\text{C}}{H_2O(l)}$$

식 4.22로부터 다음 결과가 얻어진다.

$$\begin{aligned}\Delta S_1 &= n\overline{C}_P \ln \frac{T_2}{T_1} \\ &= (2.00 \text{ mol})(75.3 \text{ J K}^{-1} \text{ mol}^{-1}) \ln \frac{273 \text{ K}}{263 \text{ K}} \\ &= 5.62 \text{ J K}^{-1}\end{aligned}$$

단계 2. 0°C에서 물은 얼음이 된다.

$$\underset{0°\text{C}}{H_2O(l)} \rightarrow \underset{0°\text{C}}{H_2O(s)}$$

예제 4.5의 순서에 따라 다음의 결과가 얻어진다.

$$\begin{aligned}\Delta S_2 &= n\Delta_{\text{응용}}\overline{S} \\ &= -(2.00 \text{ mol})(22.0 \text{ J K}^{-1} \text{ mol}^{-1}) \\ &= -44.0 \text{ J K}^{-1}\end{aligned}$$

단계 3. 얼음을 0°C에서 −10°C까지 가역적으로 냉각한다.

$$\underset{0°\text{C}}{H_2O(s)} \rightarrow \underset{-10°\text{C}}{H_2O(s)}$$

다시 식 4.22로부터 다음 결과가 얻어진다.

$$\begin{aligned}\Delta S_3 &= n\overline{C}_P \ln \frac{T_2}{T_1} \\ &= (2.00\text{ mol})(37.7\text{ J K}^{-1}\text{ mol}^{-1}) \ln \frac{263\text{ K}}{273\text{ K}} \\ &= -2.81\text{ J K}^{-1}\end{aligned}$$

마지막으로

$$\begin{aligned}\Delta S_{\text{계}} &= \Delta S_1 + \Delta S_2 + \Delta S_3 \\ &= (5.62 - 44.0 - 2.81)\text{ J K}^{-1} \\ &= -41.2\text{ J K}^{-1}\end{aligned}$$

$\Delta S_{\text{주위}}$를 계산하기 위해 먼저 위 각 단계들에 대해 주위의 열 변화를 결정한다.

단계 1. 과냉각된 물이 얻은 열 = 계가 얻은 열로, 다음과 같다.

$$\begin{aligned}(q_{\text{주위}})_1 &= -n\overline{C}_P \Delta T \\ &= -(2.00\text{ mol})(75.3\text{ J K}^{-1}\text{ mol}^{-1})(10\text{ K}) \\ &= -1.5 \times 10^3\text{ J}\end{aligned}$$

단계 2. 물이 0°C에서 얼 때 열이 주위로 방출된다. 예제 4.5의 데이터를 사용하여 다음 결과를 얻는다.

$$\begin{aligned}(q_{\text{주위}})_2 &= n\Delta_{\text{용융}}\overline{H} \\ &= (2.00\text{ mol})(6010\text{ J mol}^{-1}) \\ &= 1.20 \times 10^4\text{ J}\end{aligned}$$

단계 3. 얼음을 0°C에서 −10°C로 냉각하는 것은 주위로 다음과 같은 열을 방출하는 것이다.

$$\begin{aligned}(q_{\text{주위}})_3 &= n\overline{C}_P \Delta T \\ &= (2.00\text{ mol})(37.7\text{ J K}^{-1}\text{ mol}^{-1})(10\text{ K}) \\ &= 754\text{ J}\end{aligned}$$

총 열 변화는 다음과 같다.

$$(q_{\text{주위}})_{\text{총}} = (q_{\text{주위}})_1 + (q_{\text{주위}})_2 + (q_{\text{주위}})_3$$
$$= (-1.5 \times 10^3 + 1.20 \times 10^4 + 754)\ \text{J}$$
$$= 1.12 \times 10^4\ \text{J}$$

과정이 가역이든 비가역이든 $\Delta S_{\text{주위}} = q_{\text{주위}}/T$임을 상기하면, -10°C에서 엔트로피 변화는 다음과 같다.

$$\Delta S_{\text{주위}} = \frac{1.12 \times 10^4\ \text{J}}{263\ \text{K}}$$
$$= 42.6\ \text{J K}^{-1}$$

마지막으로

$$\Delta S_{\text{우주}} = \Delta S_{\text{계}} + \Delta S_{\text{주위}}$$
$$= -41.2\ \text{J K}^{-1} + 42.6\ \text{J K}^{-1}$$
$$= 1.4\ \text{J K}^{-1}$$

COMMENT

이 결과($\Delta S_{\text{우주}} > 0$)는 과냉각된 물이 불안정하며, 그대로 두면 자발적으로 언다는 것을 확인해 준다. 이 과정에서 물이 얼음으로 바뀌기 때문에 계의 엔트로피가 감소한다. 그러나 주위로 방출된 열은 $\Delta S_{\text{주위}}$ 값을 증가시키며, 이는 $\Delta S_{\text{계}}$보다(크기에 있어서) 더 크고, 따라서 $\Delta S_{\text{우주}}$ 값은 0보다 큰 값이 된다.

4.6 열역학 제3법칙

보통 열역학에서는 ΔU, ΔH 같이, 열역학적인 값들의 변화에만 주로 관심이 있다. 실제로 내부 에너지와 엔탈피의 절대적인 값을 측정할 수 있는 방법은 없다. 그러나 엔트로피의 경우에는 절대적인 값을 구할 수 있다. 식 4.20을 통해 T_1과 T_2 사이의 온도 범위에서 일어나는 엔트로피 변화량을 구할 수 있다. 낮은 온도가 0 K, 즉 $T_1 = 0$ K이고, 높은 온도가 T라면 식 4.20은 다음과 같이 된다.

$$\Delta S = S_T - S_0 = \int_0^T \frac{C_P}{T} dT \qquad (4.23)$$

임의의 온도 T에서의 물질의 엔트로피는 0 K로부터 그 온도까지 증가되는 엔트로피를 합한 것과 같다. 식 4.23에 있는 적분값을 구하기 위하여 비열을 온도의 함수로 측정할 수 있는데, 상전이에 의한 엔트로피 변화도 포함해야 한다. 그러나 이 접근 방식에는 두 가지 어려움이 있다. 첫째, 0 K에서의 물질의 엔트로피, 즉 S_0를 알아야 한다. 둘째, 0 K와 측정 가능한 최저 온도 사이의 엔트로피 변화는 어떻게 알 수 있는가?

열역학 제3법칙은 첫 번째 어려움을 해결하는 데 도움을 준다. 열역학 제3법칙은 다음과 같다. **모든 물질은 0보다 큰 엔트로피를 갖지만, 0 K에서 엔트로피는 0이 될 수 있으며, 순수한 완전 결정의 엔트로피는 0이다.** 수학적으로 제3법칙은 다음과 같이 쓸 수 있다.

$$\lim_{T \to 0\,\mathrm{K}} S = 0 \qquad (\text{순수한 완전 결정 물질}) \tag{4.24}$$

0 K 이상인 온도에서 열운동은 물질의 엔트로피에 기여하며, 따라서 물질이 순수하고 완전 결정이더라도 엔트로피는 더 이상 0이 아니다. 제3법칙의 중요성은 이 법칙을 통해 아래에 논의된 엔트로피의 절대적인 값을 구할 수 있도록 한다는 것이다.

제3법칙 또는 절대 엔트로피

열역학 제3법칙을 통해 온도 T에서 물질의 엔트로피를 측정할 수 있다. 완전 결정 물질에 대해 $S_0 = 0$, 따라서 식 4.23은 다음과 같이 된다.

상전이에 의한 기여 또한 식 4.25에 포함되어야 한다.

$$S_T = \int_0^T \frac{C_P}{T} dT = \int_0^T C_P d\ln T \tag{4.25}$$

이제 원하는 온도 구간에 대한 비열을 측정할 수 있다. 측정하기 힘든 매우 낮은 온도($\leq$15 K)에서의 비열은 Debye 이론[네덜란드계 미국인 물리학자 Peter Debye (1884~1966)의 이름에서 따옴]에 따라 결정할 수 있다.

$$C_P = aT^3 \tag{4.26}$$

여기서 a는 주어진 물질에 따른 상수이다. 이 작은 온도 구간에 대한 엔트로피 변화는 다음과 같다.

$$\Delta S = \int_0^T \frac{aT^3}{T} dT = \int_0^T aT^2 dT$$

식 4.26은 오직 0 K 부근에서만 적용할 수 있다. 표 4.2에는 298.15 K에서의 HCl 기체의 표준 몰엔트로피($\overline{S}°$)를 구하는 단계들이 나와 있다. 식 4.25는 0 K에서 완전 결정체가 만들어지는 물질에 대해서만 유효하다. 그림 4.10은 온도 변화에 따른 엔트로피 변화의 일반적인 경향을 보여 준다.

식 4.25를 사용하여 계산한 엔트로피 값들은 기준 상태 없이 결정된 값이기 때문에 제3법칙 엔트로피 또는 절대 엔트로피라고 한다. 표 4.3에는 298 K에서 몇 가지 원소와 화합물의 절대 표준 몰엔트로피 값들이 나와 있다. 더 많은 데이터가 부록 B에 있다. 이들은 절대적인 값이기 때문에 $\overline{S}°$에 대하여 Δ 부호와 아래 첨자 "f"를 사용하지 않는다. 그러나 표준 생성 몰엔탈피($\Delta_f\overline{H}°$)에 대해서는 이 부호와 첨자를 사용한다.

편의상 표준 엔트로피 값을 지칭하는 데 '절대'를 생략할 것이다.

표 4.2 298.15 K에서 HCl의 몰엔트로피 결정하기[a]

기여	$\overline{S}^{\circ}_{T}$(J K^{-1} mol^{-1})
1. 0 K에서 16 K로 외삽 (식 4.26)	1.3
2. 16 K에서 98.36 K까지 고체 I에 대한 $\int \overline{C}_P \, d \ln T$	29.5
3. 98.36 K에서 고체 I → 고체 II 상전이 $\Delta\overline{H}/T = 1190 \text{ J mol}^{-1} / 98.36 \text{ K}$	12.1
4. 98.36 K에서 158.91 K까지 고체 II에 대한 $\int \overline{C}_P \, d \ln T$	21.1
4. 용융, 1992 J mol^{-1}/158.91 K	12.6
6. 158.91 K에서 188.07 K까지 액체에 대한 $\int \overline{C}_P \, d \ln T$	9.9
7. 증발, $\dfrac{16{,}150 \text{ J mol}^{-1}}{188.07 \text{ K}}$	85.9
8. 188.07 K에서 298.15 K까지 기체에 대한 $\int \overline{C}_P \, d \ln T$	13.5
	$\overline{S}^{\circ}_{298.15} = 185.9$[b]

[a] Moore, W. J. *Physical Chemistry*, 4th ed., ⓒ1972 Prentice-Hall, Englewood Cliffs, NJ 허락하에 게재함.
[b] 표준 상태가 1 bar가 아닌 1 atm이기 때문에 이 값은 표 4.3과 부록 B에 있는 값과 조금 다르다.

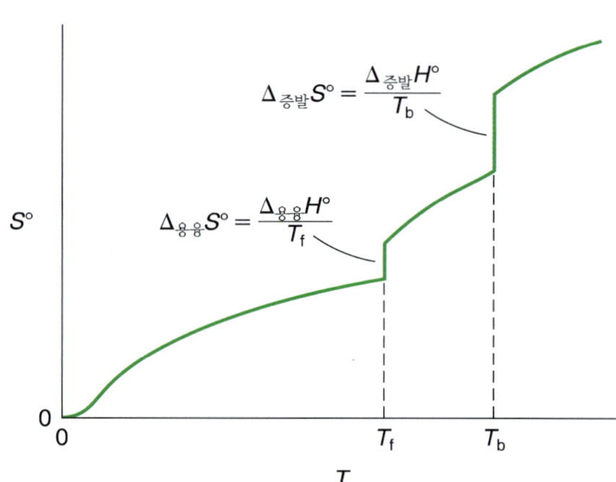

그림 4.10
0 K로부터 기체 상태 임의의 온도까지의 엔트로피 증가. S° 값에 대한 상전이(용융과 끓음)로 인한 기여에 주목하라.

화학 반응 엔트로피

이제 화학 반응에서 일어나는 엔트로피 변화를 계산해 보자. 반응 엔탈피처럼(식 3.31 참조), 가상 반응의 엔트로피 변화는 다음 식으로 주어진다.

$$aA + bB \rightarrow cC + dD$$

반응 계수가 1일 때에는 식 4.27에 나와 있지 않다.

$$\Delta_r S^{\circ} = c\overline{S}^{\circ}(C) + d\overline{S}^{\circ}(D) - a\overline{S}^{\circ}(A) - b\overline{S}^{\circ}(B)$$
$$= \Sigma\nu\overline{S}^{\circ}(\text{생성물}) - \Sigma\nu\overline{S}^{\circ}(\text{반응물}) \quad (4.27)$$

여기서 ν는 반응 계수이다. 이 과정은 다음 예제에 설명되어 있다.

표 4.3 몇몇 무기, 유기 물질에 대한 298 K, 1 bar에서의 표준 몰엔트로피

물질	$\bar{S}°$(J K^{-1} mol^{-1})	물질	$\bar{S}°$(J K^{-1} mol^{-1})
C(흑연)	5.7	$CH_4(g)$	186.2
C(다이아몬드)	2.4	$C_2H_6(g)$	229.5
$CO(g)$	197.9	$C_3H_8(g)$	269.9
$CO_2(g)$	213.6	$C_2H_2(g)$	200.8
$HF(g)$	173.5	$C_2H_4(g)$	219.5
$HCl(g)$	186.5	$C_6H_6(l)$	172.8
$HBr(g)$	198.7	$CH_3OH(l)$	126.8
$HI(g)$	206.3	$C_2H_5OH(l)$	161.0
$H_2O(g)$	188.7	$CH_3CHO(l)$	160.2
$H_2O(l)$	69.9	$HCOOH(l)$	129.0
$NH_3(g)$	192.5	$CH_3COOH(l)$	159.8
$NO(g)$	210.6	$C_6H_{12}O_6(s)$	210.3
$NO_2(g)$	240.5	$C_{12}H_{22}O_{11}(s)$	360.2
$N_2O_4(g)$	304.3		
$N_2O(g)$	220.0		
$O_2(g)$	205.0		
$O_3(g)$	237.7		
$SO_2(g)$	248.5		

예제 4.8

298 K에서 다음 반응들의 표준 몰엔트로피 변화를 계산하시오.

(a) $CaCO_3(s) \rightarrow CaO(s) + CO_2(g)$

(b) $2H_2(g) + O_2(g) \rightarrow 2H_2O(l)$

(c) $N_2(g) + O_2(g) \rightarrow 2NO(g)$

답

반응 엔트로피 변화는 식 4.27로 주어진다. 부록 B에 나와 있는 $S°$ 값들로부터 다음과 같이 계산된다.

$$\text{(a)}\quad \Delta_r S° = [\bar{S}°(CaO) + \bar{S}°(CO_2)] - \bar{S}°(CaCO_3)$$
$$= (39.8 + 213.6)\ J\ K^{-1}\ mol^{-1} - 92.9\ J\ K^{-1}\ mol^{-1}$$
$$= 160.5\ J\ K^{-1}\ mol^{-1}$$

$$\text{(b)}\quad \Delta_r S° = (2)\bar{S}°(H_2O) - [(2)\bar{S}°(H_2) + \bar{S}°(O_2)]$$
$$= (2)(69.9\ J\ K^{-1}\ mol^{-1}) - [(2)(130.6) + (205.0)]\ J\ K^{-1}\ mol^{-1}$$
$$= -326.4\ J\ K^{-1}\ mol^{-1}$$

(c) $\Delta_r S° = (2)\bar{S}°(NO) - [\bar{S}°(N_2) + \bar{S}°(O_2)]$

$$= (2)(210.6\ J\ K^{-1}\ mol^{-1}) - (191.5 + 205.0)\ J\ K^{-1}\ mol^{-1}$$

$$= 24.7\ J\ K^{-1}\ mol^{-1}$$

COMMENT

이 결과는 반응 (a)처럼 기체 분자들이 알짜로 증가하는 반응의 엔트로피는 상당히 증가하고, 반응 (b)에 대해서는 그 역이 성립하리라는 예상과 일치한다. (c)에서는 기체 분자의 수가 달라지지 않으므로, 엔트로피의 변화가 비교적 작다. 모든 엔트로피 변화는 계의 엔트로피 변화이다.

예제 4.9

25°C에서 암모니아의 합성에 대한 $\Delta S_{계}$, $\Delta S_{주위}$, $\Delta S_{우주}$를 계산하시오.

$$N_2(g) + 3H_2(g) \rightarrow 2NH_3(g) \qquad \Delta_r H° = -92.6\ kJ\ mol^{-1}$$

답

부록 B에 있는 데이터를 사용하고, 예제 4.8의 순서에 따라 반응 엔트로피 변화가 $-198\ J\ K^{-1}\ mol^{-1}$임을 알 수 있는데, 이는 $\Delta S_{계}$이다. $\Delta S_{주위}$를 계산하려면 계가 주위와 열평형에 있음에 유의하라. $\Delta H_{주위} = -\Delta H_{계}$이므로 다음 결과가 얻어진다.

$$\Delta S_{주위} = \frac{\Delta H_{주위}}{T}$$

$$= \frac{-(-92.6 \times 1000)\ J\ mol^{-1}}{298\ K} = 311\ J\ K^{-1}\ mol^{-1}$$

우주의 엔트로피 변화는 다음과 같다.

$$\Delta S_{우주} = \Delta S_{계} + \Delta S_{주위}$$

$$= -198\ J\ K^{-1}\ mol^{-1} + 311\ J\ K^{-1}\ mol^{-1}$$

$$= 113\ J\ K^{-1}\ mol^{-1}$$

COMMENT

$\Delta S_{우주}$가 0보다 큰 값이기 때문에 반응이 25°C에서 자발적임을 예측할 수 있다. 반응이 자발적이라고 해서 반응이 관찰할 만한 속도로 일어난다는 의미는 아니다. 사실, 암모니아 합성은 상온에서는 지극히 느리다. 열역학은 특정한 조건에서 반응의 자발성에 대하여 말해주지만, 그 속도에 대해서는 말해 주지 않는다. 반응 속도는 화학 반응 속도론(15장)의 주제이다.

4.7 엔트로피의 의미

이제까지 통계와 열역학적으로 엔트로피를 정의하였다. 열역학 제3법칙을 이용하면 물질의 절대 엔트로피를 결정할 수 있다. 물리적 과정과 화학 반응에서의 엔트로피 변화의 예들을 살펴보았는데, 실제로 엔트로피는 무엇인가?

간혹 엔트로피를 무질서나 무작위의 척도로 설명한다. 무질서도가 높을수록 계의 엔트로피는 크다. 이 의미들은 유용하지만 주관적인 개념이기 때문에 조심스럽게 사용해야 한다.* 다른 한편으로, 확률은 정량적인 개념이기 때문에 엔트로피를 확률과 연관시키는 것이 더 타당하다. 앞에서 기체 팽창을 확률의 의미로 살펴보았다. 자발적인 과정에서 계는 확률이 낮은 상태에서 확률이 더 높은 상태로 옮겨간다. 이때 엔트로피 변화는 식 4.2로 계산할 수 있다.

다음 단계는 엔트로피를 분자 수준에서 해석하는 것이다. 열역학에서 거시계의 상태, 즉 **거시 상태**(macrostate)는 P, V, T, n, V, H 같은 성질들로 설명할 수 있다. 반면에 미시계, 즉 **미시 상태**(microstate)는 원자, 분자 같은 계의 구성 입자의 성질과 연관된 변수들로 설명할 수 있는 조건에 해당한다. 그러나 덩어리(bulk) 상태에는 너무 많은 입자들이 있기 때문에 보통 덩어리 상태 물질의 각 미시 상태를 알기는 힘들다. 대신 온도, 압력, 부피, 에너지, 엔탈피 같은 거시적인 상태의 변수들을 개발하였는데, 이 변수들은 미시 상태의 평균 성질에 기초한다.

미시 상태를 고려하는 한 가지 방법은 계의 전체 상태를 구성하는 방법의 수와 연관시키는 것이다. 계의 상태가 만들어지는 방법의 수는 상태의 생성 확률을 결정한다. 미시 상태와 거시 상태의 관계를 살펴보기 위해 주사위 던지기를 생각해 보자. 주사위가 하나만 있다면, 1부터 6까지 중 하나에 해당하는 6개의 미시 상태가 존재한다. 각각이 나오는 방법이 한 가지만 있기 때문에 미시 상태는 거시 상태와 같다. 주사위가 두 개 있으면 상황은 달라진다. 여기서 거시 상태는 두 주사위의 합으로 정의되며, 2부터 12까지 존재한다. 그림 4.11에는 36(6×6)개의 미시 상태가 11개의 거시 상태로 나누어져 있다. 가장 확률이 높은 거시 상태는 서로 다른 6개의 미시 상태가 존재하는 7이다. 달리 표현하면, 주사위 두 개를 던져 7이 나오는 확률은 6/36이다. 거시 상태 2(또는 12)에는 하나의 미시 상태만 있으므로, 그 확률은 1/36이다. 여기서 중요한 점을 알 수 있다. 36개의 미시 상태를 가질 확률은 모두 같다. 합이 2보다 7이 더 많이 나오는 것은 단순히 7이 되는 경우의 수가 더 많기 때문이다.

4개 주사위의 경우, 합이 4에서 24인 총 21개의 거시 상태를 구성하는 1296(6×6×6×6)개의 미시 상태가 있다. 합이 4인 상태의 확률은 1/1296(가장 확률이 낮은 두 상태 중 하나로, 또 다른 상태는 합이 24인 상태)이며, 합이 14(가장 확률이 높은 거시 상태)인 상태의 확률은 146/1296이다. 주사위의 수가 더 많아지면 가장

---

* D. F. Styer, *Am. J. Phys*. **68**, 1090(2000)과 F. L. Lambert, *J. Chem. Educ*. **79**, 187(2002)를 참조하시오.

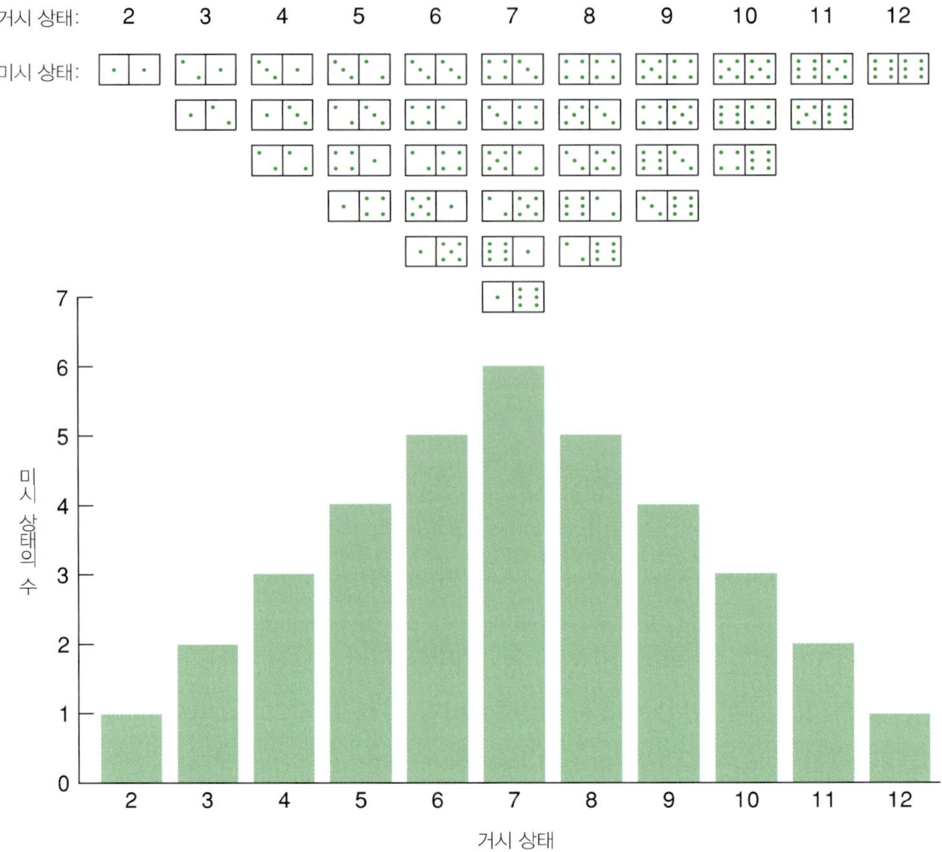

그림 4.11
두 주사위의 결합으로 나타나는 미시 상태와 해당 거시 상태

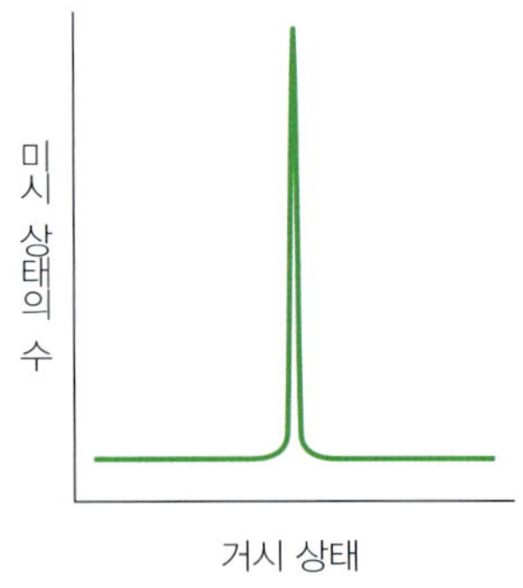

그림 4.12
Avogadro 수만큼의 주사위 경우, 가장 확률이 높은 거시 상태는 다른 거시 상태와 비교할 때 엄청나게 많은 미시 상태로 이루어져 있다.

확률이 높은 상태에 해당하는 미시 상태의 수는 급격히 늘어난다. 주사위의 수가 Avogadro 수에 근접하면 가장 확률이 높은 거시 상태의 수는 다른 거시 상태들과 비교할 때 엄청나게 큰 값이 된다. 따라서 이 경우에는 주사위를 던질 때마다 가장 확률이 높은 상태의 값이 나오게 될 것이다(그림 4.12).

이제 분자계를 생각해 보자. 상호 작용이 없는 똑같은 분자 3개가 있다. 전체 에너지를 3 단위로 제한할 때, 이 에너지를 갖게 분포하는 방법은 몇 가지가 되는지 알아보자. 분자들은 똑같지만 그 위치에 따라(예를 들어 결정 격자의 다른 곳에 위치하고 있다면) 구별할 수 있다. 분자 분포에는 10가지 방법(10개 미시 상태)이 있으며, 이들은 세 가지 다른 분포(세 가지 거시 상태)를 이룬다. 그림 4.13에 나와 있는 것처럼 이 거시 상태들을 I, II, III으로 구분하자. 세 거시 상태의 확률이 모두 같지 않다. 거시 상태 II의 확률은 I보다 6배, III보다 2배 크다.

분포하고 있는 미시 상태의 수(W)를 계산하는 일반식은 다음과 같다.

$$W = \frac{N!}{n_1!n_2!\dots} \tag{4.28}$$

여기서 N은 전체 분자의 수이며, n_1, n_2,...는 각 상태에 있는 분자의 수이다. 기호 !는 '계승'으로, N!은 다음과 같다.

$$N! = N(N-1)(N-2)\ldots 1$$

정의에 따라 0!=1이며, 식 4.28은 간단히 다음과 같이 쓸 수 있다.

$$W = \frac{N!}{\Pi_i n_i!} \tag{4.29}$$

여기서 Π_i는 i번째 분포에 해당하는 모든 값들의 곱이다.

식 4.29를 위 분자계에 적용하면 다음과 같다.

$$W_{\mathrm{I}} = \frac{3!}{3!} = \frac{3 \times 2 \times 1}{3 \times 2 \times 1} = 1$$

$$W_{\mathrm{II}} = \frac{3!}{1!1!1!} = \frac{3 \times 2 \times 1}{1 \times 1 \times 1} = 6$$

$$W_{\mathrm{III}} = \frac{3!}{2!1!} = \frac{3 \times 2 \times 1}{2 \times 1 \times 1} = 3$$

비어 있는 준위의 기여는 0!로 W 값에 영향을 주지 않는다.

N개 입자(여기서 N은 Avogadro 수 정도의 값이다)가 아주 많은 에너지 준위에 분포하는 평형 거시계를 생각해 보자. 주사위 던지기 경우처럼, 다른 거시 상태와 비교할 때 압도적인 수의 미시 상태를 갖는 하나의 분포, 즉 거시 상태가 존재한다. 여기에는 중요한 가정이 있는데, 모든 미시 상태의 확률은 똑같다는 **선험 확률 동등 원리**(principle of equal a priori probability)를 가정한다. 이는 확률이 낮은 거시 상태에 속하는 특정 미시 상태의 계를 발견할 확률은 확률이 높은 거시 상태에 속하는 미시 상태의 계를 발견할 확률과 같다는 의미이다. 가장 확률이 높은 거시 상태에는 훨씬 더 많은 미시 상태들이 있기 때문에 이런 분포를 갖는 계가 **항상** 발견될 것이다.

선험(a priori)이란 말은 '**경험에 의하지 않는**'이라는 의미이다.

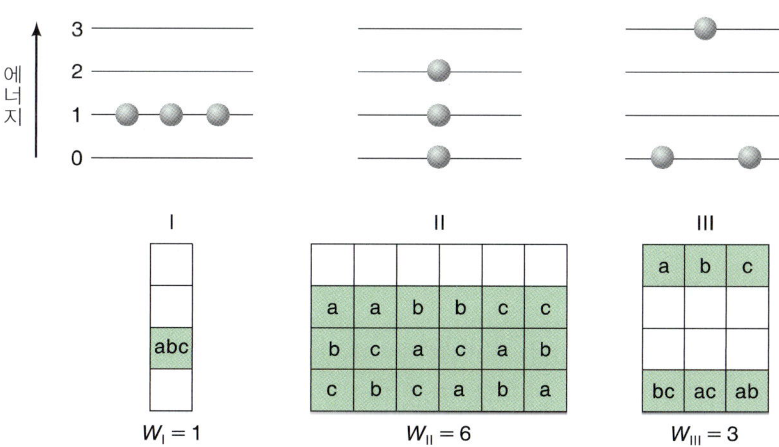

그림 4.13
전체 에너지가 3 단위인 제한 조건에서 세 분자의 배열

이에 따라 엔트로피에 관하여 다음과 같이 말할 수 있다. 엔트로피는 **분포**(distribution) 또는 가능한 분자 에너지 준위에서의 에너지 분산과 관련이 있다. 계는 미시 상태의 수가 가장 많고 에너지 분포 가능성이 가장 높은 거시 상태로 존재할 확률이 가장 높다. 열적 평형 상태에 있는 계는 항상 가장 확률이 높은 거시 상태에 있다. 분자들이 존재하는 에너지 준위의 수가 많아질수록 엔트로피가 커진다. W는 평형 상태에서 최대이기 때문에, 평형에 도달했을 때 엔트로피는 가장 큰 값을 갖게 된다. 앞에서 식 4.1은 엔트로피와 확률을 연관시키는 데 사용되었다. 계가 특정한 거시 상태로 존재할 확률은 그 상태를 구성하는 미시 상태의 수에 비례하기 때문에 엔트로피를 W로 표시하는 것이 더 적절하다.

$$S = k_B \ln W \tag{4.30}$$

오스트리아 Vienna에 있는 Ludwig Boltzmann의 묘비석에는 그의 유명한 식이 새겨져 있다. (John Simon의 허락하에 게재함.)

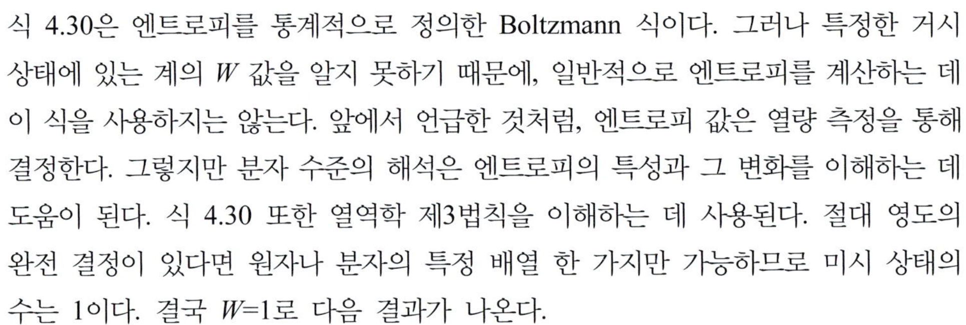

식 4.30은 엔트로피를 통계적으로 정의한 Boltzmann 식이다. 그러나 특정한 거시 상태에 있는 계의 W 값을 알지 못하기 때문에, 일반적으로 엔트로피를 계산하는 데 이 식을 사용하지는 않는다. 앞에서 언급한 것처럼, 엔트로피 값은 열량 측정을 통해 결정한다. 그렇지만 분자 수준의 해석은 엔트로피의 특성과 그 변화를 이해하는 데 도움이 된다. 식 4.30 또한 열역학 제3법칙을 이해하는 데 사용된다. 절대 영도의 완전 결정이 있다면 원자나 분자의 특정 배열 한 가지만 가능하므로 미시 상태의 수는 1이다. 결국 W=1로 다음 결과가 나온다.

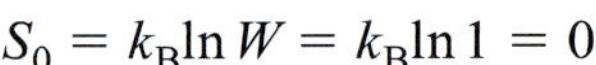

$$S_0 = k_B \ln W = k_B \ln 1 = 0$$

이제 앞에서 살펴본 변화들에 대해 엔트로피의 분자 해석을 적용해 보자.

기체의 등온 팽창

팽창할 때 기체 분자는 더 큰 부피에서 운동하게 된다. 10장에서 보겠지만, 분자의 병진 운동 에너지는 양자화되어 있으며, 각 에너지 준위의 에너지는 용기의 크기에 **반비례**한다. 따라서 부피가 클수록 에너지 준위의 간격은 작아지며 분자들은 다양한 에너지 준위에 분포하게 된다. 그 결과 분자들이 존재하는 에너지 준위의 수가 많아지며, 가장 확률이 높은 거시 상태에 해당하는 미시 상태의 수가 증가하여 엔트로피가 커진다.

기체의 등온 혼합

일정 온도에서 일어나는 두 기체의 혼합은 두 분리된 기체의 팽창으로 볼 수 있다. 따라서 엔트로피의 증가를 예측할 수 있다.

가열

물질의 온도가 높아질 때, 투입된 에너지는 낮은 준위의 분자 운동(병진, 회전, 진동)

을 높은 준위로 올리는 데 사용된다. 그 결과 분자가 존재하는 에너지 준위가 많아져서 엔트로피가 증가한다. 이는 일정한 부피에서 가열할 때 일어나는 일이다. 일정한 압력에서 가열하면 팽창에 의한 추가적인 엔트로피 변화가 수반된다. 일정 부피 조건과 일정 압력 조건의 차이는 기체일 경우에만 분명해진다.

상전이

고체 내에서, 분자들은 격자점을 중심으로 제한된 회전 운동과 함께 진동 운동을 하며, 병진 운동은 하지 않는다. 녹는점에서 분자들은 액체 상태가 되어 회전 운동과 병진 운동 자유도가 더 커진다. 상전이가 일어나면서 미시 상태의 수가 증가하게 되며, 계의 엔트로피는 증가한다. 끓는점에서는 응축된 상태에 있던 분자들이 자유 공간에서 제한 없이 운동을 할 수 있게 되므로 분자 운동이 현저하게 증가하게 된다. 이에 따른 미시 상태의 증가는 매우 크며, 엔트로피 증가 역시 그렇다.

화학 반응

예제 4.9에서 본 것처럼, 질소와 수소로부터 암모니아가 합성될 때 반응 단위당 기체 2몰이 감소하게 된다. 분자 운동이 감소함에 따라 미시 상태의 수가 줄어들게 되며, 계의 엔트로피 감소를 예상할 수 있다. 이 반응은 발열 반응이기 때문에 방출되는 열에너지는 주변 공기 분자들의 운동을 활성화시킨다. 공기 분자의 미시 상태 수가 증가하면서 주위의 엔트로피가 증가하게 된다. 주위의 엔트로피 증가량은 계의 엔트로피 감소량보다 큰 값이 된다. 따라서 반응은 자발적으로 일어난다. 응축 상태에서의 반응이나 기체 분자들의 수가 변하지 않는 반응에 대한 엔트로피 변화를 예측하는 것은 쉽지 않다.

4.8 잔여 엔트로피

앞에서 본 것처럼 절대 엔트로피 값은 열역학 제3법칙을 적용하여 결정할 수 있다. 절대 엔트로피 값은 298 K에서 분광학 데이터에 기초한 통계 열역학의 방법(20장 참조)을 사용하여 계산할 수도 있다. 일반적으로는 두 방법에서 비슷한 결과를 얻을 수 있다. 그러나 어떤 경우에는 제3법칙을 사용하여 실험적으로 정한 절대 엔트로피 값이 계산 값보다 작게 나온다. 이 차이는 0 K에서 물질의 **잔여 엔트로피**(residual entropy) 또는 '0보다 큰' 엔트로피 값에 기인한다.

잔여 엔트로피가 존재하게 되는 이유를 0 K의 일산화 탄소 결정을 통해 생각해 보자. 일산화 탄소는 쌍극자 모멘트($\mu = 0.12$ D)가 작아서 전하의 분리 정도가 미미하다. 그 결과 분자들은 그림 4.14처럼 무작위로 배열될 수 있다. 만일 방향의 선택성이 없다면, 분자 하나를 배열하는 경우의 수는 2 또는 2^1이 된다. 분자가 두 개이면 4, 즉 2^2, CO n몰의 경우에는 2^{nN_A}가지 방법으로 분자들을 배열할 수 있다. $R =$

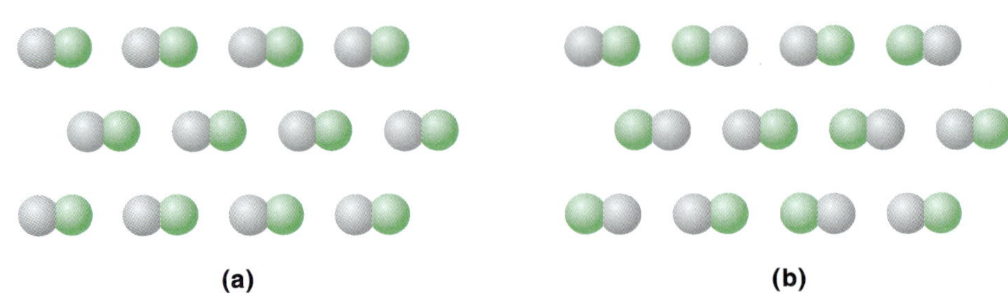

그림 4.14
(a) 결정상 일산화 탄소 분자의 완벽한 배열; 0 K에서 $S_0 = 0$, **(b)** 결정상 일산화 탄소 분자의 완벽하지 않은 배열; 0 K에서 $S_0 > 0$. 색깔; 회색이 C, 녹색이 O.

k_BN_A이므로, Boltzmann 식으로부터 CO 분자 1몰에 대한 잔여 엔트로피 값(S_0)를 계산할 수 있다.

$$\begin{aligned} S_0 &= k_B \ln W \\ &= k_B \ln 2^{nN_A} \\ &= nR \ln 2 \qquad (k_BN_A = R) \\ &= (1\text{ mol})(8.314\text{ J K}^{-1}\text{ mol}^{-1})\ln 2 \\ &= 5.8\text{ J K}^{-1} \end{aligned}$$

통계 열역학으로 계산한 298 K CO의 몰엔트로피는 제3법칙 엔트로피보다 4.2 J K^{-1} mol^{-1}이 더 큰데, 이는 0 K에서 잔여 엔트로피가 있음을 시사한다. 이 차이가 5.8 J K^{-1} mol^{-1}보다 작다는 사실은, 결정에서 CO 분자들의 배향이 완전한 무작위는 아님을 뜻한다.

잔여 엔트로피를 보여 주는 다른 예는 쌍극자 모멘트가 0.166 D인 산화 이질소(N_2O)이다. 이 경우 계산 값이 제3법칙 엔트로피보다 5.8 J K^{-1} mol^{-1} 만큼 더 크다. 산화 이질소는 원자 배열이 NNO인 선형 분자이다. 에너지 면에서 분자의 배향이 NNO이든 ONN이든 차이가 없다. CO처럼 Boltzmann 식은 잔여 엔트로피를 5.8 J K^{-1} mol^{-1}로 예상하는데, 이는 실험 결과와 잘 일치한다.

끝으로 물을 살펴보자. 298 K에서 통계 열역학과 수증기에 대한 분광학적 측정으로부터 계산된 몰엔트로피 값은 188.7 J K^{-1} mol^{-1}인 반면, 제3법칙 엔트로피는 185.3 J K^{-1} mol^{-1}이다. 3.4 J K^{-1} mol^{-1}의 차이는 0 K에서 얼음의 잔여 엔트로피에 기인한다. 미국 화학자 Pauling(Linus Pauling, 1901~1994)은 기하학적 모형에 기초하여 이 결과를 정확하게 설명하였다. N개의 H_2O 분자들로 구성된 얼음 결정에는 $2N$개의 H 원자들이 있다. 각각의 H 원자는 다른 두 곳에 위치할 수 있다. O 원자에 가깝거나(O—H 시그마 결합) 또는 먼 위치(O—H 수소 결합). 따라서 모두 2^{2N}가지 배열이 가능하다. 표 4.4에는 얼음에서 O 원자 주위에 4개의 H 원자를 배열하는 2^4, 즉 16가지 다른 방법들이 요약되어 있다. 이 중 10개의 배열에서는 O 원자와 공유 결합한 H 원자가 둘보다 많거나 적기 때문에 격자에 양 또는 음 전하가 남게 된다. 이와 같은 전하 분리는 에너지 면에서 불리하므로 0 K에서는 일어나지

Pauling은 유일하게 노벨상을 단독으로 두 번 수상한 사람이다. 1954년에 노벨 화학상, 1962년에 노벨 평화상을 수상하였다.

표 4.4 얼음에서 O 원자 주위에 있는 4 H 원자의 배열

상황	화학종	동등한 배열의 수
H 원자가 모두 O 원자에 시그마 결합	H_4O^{2+}	1
3 H 원자가 시그마 결합, 1 H 원자가 수소 결합	H_3O^+	4
2 H 원자가 시그마 결합, 2 H 원자가 수소 결합	H_2O	6
1 H 원자가 시그마 결합, 3 H 원자가 수소 결합	OH^-	4
4 H 원자가 모두 O 원자에 수소 결합	O^{2-}	1

않는다. 그림 4.15와 같이 나머지 6가지 배열이 가능하며, 그 결과 N개의 O 원자 주위에 H 원자들을 배열하는 2^{2N} 방법들은 $(6/16)^N$을 곱한 만큼 감소해야 한다. 즉

$$W = 2^{2N} \times \left(\frac{6}{16}\right)^N = \left(\frac{3}{2}\right)^N$$

H_2O 분자 n몰에 대해 $N = nN_A$이며, 잔여 엔트로피는 다음과 같다.

$$\begin{aligned}\overline{S}_0 &= k_B \ln\left(\frac{3}{2}\right)^{nN_A} \\ &= (8.314\ \mathrm{J\ K^{-1}\ mol^{-1}}) \ln\left(\frac{3}{2}\right) \quad (n = 1\ \mathrm{mol},\ k_B N_A = R) \\ &= 3.4\ \mathrm{J\ K^{-1}\ mol^{-1}}\end{aligned}$$

이는 실험 결과와 잘 일치한다.

잔여 엔트로피는 대부분 물질에 존재하지 않는다. 그럼에도 불구하고 잔여 엔트로피가 있을 때에는 실험적으로는 도달할 수 없는 0 K 결정상의 분자 배열을 연구할 수 있다.

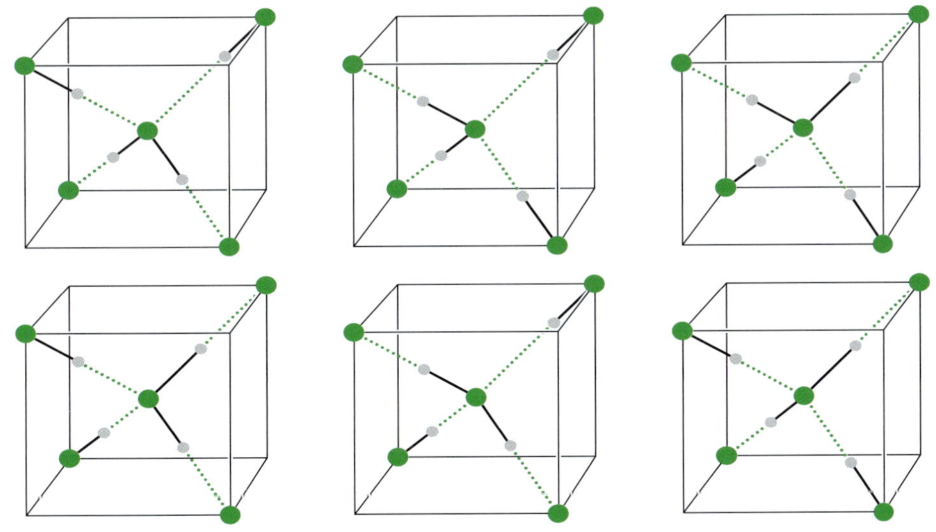

그림 4.15
중앙 O 원자 주위에 4 H 원자가 동등하게 배열한 6가지. 각 경우 O 원자는 2개의 시그마 결합과 2개의 수소 결합으로 수소 원자들과 사면체로 결합되어 있다.

■ Key Equations

$\Delta S = nR \ln \frac{V_2}{V_1}$	(등온 기체 팽창으로 인한 엔트로피 변화)	(4.3)
$\Delta S = \frac{q_{가역}}{T}$	(엔트로피의 열역학적 정의)	(4.4)
$dS = \frac{dq_{가역}}{T}$	(엔트로피의 열역학적 정의)	(4.5)
$\eta = \frac{T_2 - T_1}{T_2} = 1 - \frac{T_1}{T_2}$	(열역학적 효율)	(4.9)
$\Delta S_{우주} = \Delta S_{계} + \Delta S_{주위} \geq 0$	(열역학 제2법칙)	(4.16)
$\Delta_{혼합} S = -R(n_A \ln x_A + n_B \ln x_B)$	(등온 혼합으로 인한 엔트로피 변화)	(4.17)
$\Delta_{용융} S = \frac{\Delta_{용융} H}{T_f}$	(용융으로 인한 엔트로피 변화)	(4.18)
$\Delta_{증발} S = \frac{\Delta_{증발} H}{T_b}$	(증발로 인한 엔트로피 변화)	(4.19)
$\Delta S = S_2 - S_1 = n\overline{C}_P \ln \frac{T_2}{T_1}$	(일정 압력에서 가열로 인한 엔트로피 변화)	(4.22)
$\lim_{T \to 0\,\mathrm{K}} S = 0$	(열역학 제3법칙)	(4.24)
$S_T = \int_0^T \frac{C_P}{T} dT = \int_0^T C_P d\ln T$	(제3법칙 엔트로피)	(4.25)
$\Delta_r S° = \Sigma v\overline{S}°(\text{생성물}) - \Sigma v\overline{S}°(\text{반응물})$	(표준 반응 엔트로피)	(4.27)
$S = k_B \ln W$	(Boltzmann 식)	(4.30)

부록 4.1

열역학 제2법칙에 대한 다양한 표현

열역학 제2법칙은 가장 중요한 물리 법칙 중 하나이다. 오랜 세월에 걸쳐 다양한 분야의 과학자들이 이 법칙을 광범위하게 연구하고 적용해 왔다. 제2법칙을 다양한 방법으로 기술하였지만, 결국은 같은 내용이라는 것은 놀랍지 않다. 아래에는 익숙한 서술들이 나와 있다.

1. "어떤 외부 기관의 도움 없이 스스로 작동하는 기계는 온도가 더 높은 다른 물체로 열을 전달할 수 없으며, 열은 차가운 물체에서 따뜻한 물체로 저절로 이동하지 않는다." (Rudolf Julius Clausius, 1822~1888, 독일 물리학자)
2. "우주의 에너지는 일정하고, 엔트로피는 최대가 되도록 증가한다." (Clausius)
3. "엔트로피는 시간의 화살이다." (Arthur Stanley Eddington 경, 1882~1944, 영국 수학자 겸 천체 물리학자)
4. "고립계의 가장 안정한 상태는 엔트로피가 최대인 상태이다." (Enrico Fermi, 1901~1954, 이탈리아 물리학자)
5. "일반적으로, 독립된 모든 계는 가장 확률이 높은 상태로 변한다." (Gilbert Newton Lewis, 1875~1946, 미국 화학자)
6. "어떤 비가역 과정에서도 모든 관련 물체들의 총 엔트로피는 증가한다." (Lewis)
7. "어떤 과정이 실제 일어날 때, 관련된 모든 계를 원래 상태로 복원하는 수단을 발명하는 것은 불가능하다." (Lewis)
8. "열역학 제2법칙은 다음 이야기처럼 진실이다. 한 잔의 물을 바다에 뿌린 후, 다시 똑같은 물을 회수하는 것은 불가능하다." (James Clerk Maxwell)
9. "다른 물체들에 변화를 남기지 않고 계의 엔트로피를 줄이는 것은 어떤 식으로도 불가능하다." (Max Planck, 1858~1947, 독일 물리학자)
10. "기계적 일은 열로 완벽하게 바뀔 수 있다. 그러나 열은 일로 완벽하게 바뀔 수 없는데, 이는 어떤 양의 열이 일로 변환될 때마다 다른 양의 열이 이를 상쇄 보상하는 변화를 겪어야 하기 때문이다." (Planck)

참고문헌

책

Bent, H. A., *The Second Law*, Oxford University Press, New York, 1965.
Fenn, J. B., *Engines, Energy, and Entropy*, W. H. Freeman, New York, 1982.
Hanson, R. M., and S. Green, *Introduction to Molecular Thermodynamics*, University Science Books, Sausalito, CA, 2008.
Klotz, I. M., and R. M. Rosenberg, *Chemical Thermodynamics: Basic Theory and Methods,* 5th ed., John Wiley and Sons, New York, 1994.
von Baeyer, H. C., *Warmth Disperses and Time Passes*, Random House, New York, 1998.
McQuarrie, D. A., and J. D. Simon, *Molecular Thermodynamics*, University Science Books, Sausalito, CA, 1999.

논문

열역학 제2법칙(일반)

"The Second Law of Thermodynamics," H. A. Bent, *J. Chem. Educ.* **39**, 491 (1962).
"The Use and Misuse of the Laws of Thermodynamics," M. L. McGlashan, *J. Chem. Educ.* **43**, 226 (1966).
"The Scope and Limitations of Thermodynamics," K. G. Denbigh, *Chem. Brit.* **4**, 339 (1968).
"Conversion of Standard Thermodynamic Data to the New Standard-State Pressure," R. D. Freeman, *J. Chem. Educ.* **62**, 681 (1985).
"Student Misconceptions in Thermodynamics," M. F. Granville, *J. Chem. Educ.* **62**, 847 (1985).
"How Thermodynamic Data and Equilibrium Constants Changed When the Standard-State Pressure Became 1 Bar," R. S. Treptow, *J. Chem. Educ.* **76**, 212 (1999).
"Revitalizing Modern Thermodynamics Instruction within an Old Technique: A State Functions Table," P. A. Molina, *Chem. Educator* [Online] **12**, 137 (2007) DOI 10.1333/s00897072026a.
"The Long Arm of the Second Law," J. M. Rubi, *Sci. Am.* November 2008.

엔트로피

"Chance," A. J. Ayer, *Sci. Am.* October 1965.
"Maxwell's Demon," W. Ehrenberg, *Sci. Am.* November 1967.
"States, Indistinguishability, and the Formula $S = k \ln W$ in Thermodynamics," J. Braunstein, *J. Chem. Educ.* **46**, 719 (1969).
"Temperature-Entropy Diagrams," A. Wood, *J. Chem. Educ.* **47**, 285 (1970).
"The Arrow of Time," D. Layzer, *Sci. Am.* December 1975.
"Negative Absolute Temperature," W. G. Proctor, *Sci. Am.* August 1978.
"Reversibility and Returnability," J. A. Campbell, *J. Chem. Educ.* **57**, 345 (1980).
"Entropy and Unavailable Energy," J. N. Spencer and E. S. Holmboe, *J. Chem. Educ.* **60**, 1018 (1983).
"A Simple Method for Showing that Entropy is a Function of State," P. Djurdjevic and I. Gutman, *J. Chem. Educ.* **65**, 399 (1985).
"Entropy: Conceptual Disorder," J. P. Low, *J. Chem. Educ.* **65**, 403 (1988).
"Entropy Analyses of Four Familiar Processes," N. C. Craig, *J. Chem. Educ.* **65**, 760 (1988).
"Order and Disorder and Entropies of Fusion," D. F. R. Gilson, *J. Chem. Educ.* **69**, 23 (1992).
"Periodic Trends for the Entropy of Elements," T. Thoms, *J. Chem. Educ.* **72**, 16 (1995).
"Entropy Diagrams," N. C. Craig, *J. Chem. Educ.* **73**, 716 (1996).
"Thermodynamics and Spontaneity," R. S. Ochs, *J. Chem. Educ.* **73**, 952 (1996).

"*S* is for Entropy. *U* is for Energy. What Was Clausius Thinking?" I. K. Howard, *J. Chem. Educ.* **78**, 505 (2001).
"Disorder—A Cracked Crutch for Supporting Entropy Discussions," F. L. Lambert, *J. Chem. Educ.* **79**, 187 (2002).
"Entropy Is Simple, Qualitatively," F. L. Lambert, *J. Chem. Educ.* **79**, 1241 (2002).
"Entropy Explained: The Origin of Some Simple Trends," L. Watson and O. Eisenstein, *J. Chem. Educ.* **79**, 1269 (2002).
"Campbell's Rule for Estimating Entropy Changes in Gas-Producing and Gas-Consuming Reactions and Related Generalizations about Entropies and Enthalpies," N. C. Craig, *J. Chem. Educ.* **80**, 1432 (2003).
"Understanding Entropy with the Boltzmann Formula," F. Hynne, *Chem. Educator* [Online] **9**, 74 (2004) DOI 10.1333/s00897040755a.
"From Microstates to Thermodynamics," F. Hynne, *Chem. Educator* [Online] **9**, 262 (2004) DOI 10.1333/s00897040827a.
"Regarding Entropy Analysis," R. M. Hanson, *J. Chem. Educ.* **82**, 839 (2005).
"Mysteries of the First and Second Laws of Thermodynamics," R. Battino, *J. Chem. Educ.* **84**, 753 (2007). [Also see *J. Chem. Educ.* **86**, 31 (2009).]
"Rescaling Temperature and Entropy," J. Olmsted III, *J. Chem. Educ.* **87**, 1195 (2010).
"Entropy: Order or Information," A. Ben-Naim, *J. Chem. Educ.* **88**, 594 (2011).
"The Statistical Interpretation of Classical Thermodynamic Heating and Expansion Processes," S. F. Cartier, *J. Chem. Educ.* **88**, 1531 (2011).
"Demons, Entropy, and the Quest for Absolute Zero," M. G. Raizen, *Sci. Am.* March 2011.

열기관, 열펌프와 열역학적 효율

"Heat Pumps," J. F. Sandfoot, *Sci. Am.* May 1951.
"The Conversion of Energy," C. M. Summers, *Sci. Am.* September 1971.
"Energy Conversion: Better Living Through Thermodynamics," W. D. Metz, *Science* **188**, 820 (1975).
"Heat-Fall and Entropy," J. P. Lowe, *J. Chem. Educ.* **59**, 353 (1982).
"Demons, Engines, and the Second Law," C. H. Bennett, *Sci. Am.* November, 1987.
"The Conversion of Chemical Energy," D. J. Wink, *J. Chem. Educ.* **69**, 109 (1992).
"Steam Engines," S. Luchter, *Encyclopedia of Applied Physics,* Trigg, G. L., Ed., VCH Publishers, New York (1997), Vol. 19, p. 563.
"A Simple Approach to Heat Engine Efficiency," C. Salter, *J. Chem. Educ.* **77**, 127 (2000).
"Carnot Cycle Revisited," E. Peacock-López, *Chem. Educator* [Online] **7**, 127 (2002) DOI 10.1333/s00897020555a.
"Diesels Come Clean," S. Ashley, *Sci. Am.* March 2007.
"Warming *and* Cooling," M. Fischetti, *Sci. Am.* August 2008.
"Getting the Most from Energy," T. R. Casten and P. F. Schewe, *Am. Scientist* Jan–Feb 2009.

열역학 제3법칙과 잔여 엔트로피

"The Third Law of Thermodynamics, the Unattainability of Absolute Zero, and Quantum Mechanics," E. M. Loebl, *J. Chem. Educ.* **37**, 361 (1960).
"Ice," L. K. Runnels, *Sci. Am.* December 1966.
"The Third Law of Thermodynamics and the Residual Entropy of Ice," M. M. Julian, F. H. Stillinger, and R. R. Festa, *J. Chem. Educ.* **60**, 65 (1983).
"Demons, Entropy, and the Quest for Absolute Zero," M. G. Raizen, *Sci. Am.* March 2011.

문제

확률

4.1 기체가 (a) 분자 1개, (b) 분자 20개, (c) 분자 2백만 개로 구성되어 있을 때 기체의 모든 분자들이 용기의 반쪽에서 발견될 확률을 구하시오.

4.2 친구가 다음과 같은 대단한 사건을 전하였다고 생각해 보자. 무게가 500 g인 금속 덩어리가 자발적으로 원래 있었던 탁자로부터 1.00 cm 튀어 오르는 것을 목격하였다. 그는 그 금속 덩어리가 탁자로부터 열에너지를 흡수하여 자체 중력을 거슬러 올랐다고 주장하였다. **(a)** 이 과정이 열역학 제1법칙을 위반하는가? **(b)** 제2법칙에 대해서는 어떤가? 실내 온도가 298 K이고, 탁자는 충분히 커서 이 에너지 전달에 의해 온도는 변하지 않는다고 가정하시오(Hint: 먼저 이 과정으로 인한 엔트로피 감소를 계산하고, 다음에 이런 과정의 발생 확률을 추정하시오. 중력 가속도는 9.81 m s^{-2}이다).

Carnot 열기관

4.3 수력 발전소에 의한 전력 생산과 열기관의 작동을 비교해 보자. 어느 방법이 더 효율적인가? 그 이유를 설명하시오.

4.4 Carnot 순환에 대한 $P-V$ 도식을 $T-S$ 도식으로 바꾸시오. 둘러싸인 부분의 면적은 무엇인가?

4.5 무게가 1200 kg인 자동차의 내연 엔진은 옥테인(C_8H_{18})으로 작동하도록 설계되어 있는데, 옥테인의 연소 엔탈피는 5510 kJ mol^{-1}이다. 이 자동차가 언덕을 오를 때, 연료 1.0갤런으로 갈 수 있는 최대 높이를 미터로 계산하시오. 엔진 실린더 온도가 2200°C, 출구 온도는 760°C라고 가정하고, 모든 형태의 마찰을 무시하시오. 연료 1갤런의 질량은 3.1 kg이다. [Hint: 자동차가 수직 거리를 움직이는 데 행한 일은 mgh, 여기서 m은 자동차의 질량(kg 단위), g는 중력 가속도(9.8 m s^{-2}), h는 높이(m 단위)다.]

4.6 열기관이 210°C와 35°C 사이에서 작동한다. 2000 J의 일을 얻기 위해 열원으로부터 흡수해야 하는 최소 열량을 계산하시오.

열역학 제2법칙

4.7 다음 언급에 대해 논하시오. “엔트로피에 대해 생각하는 것조차도 우주의 엔트로피를 증가시킨다.”

4.8 다음은 열역학 제2법칙에 대한 많은 언급 중 하나이다.
열은 외부의 도움 없이 차가운 물체에서 따뜻한 물체로 흐를 수 없다.
T_1과 T_2 ($T_2 > T_1$)에 있는 두 계 1과 2를 가정하자. 만일 열량 q가 1에서 2로 자발적으로 흘렀다면, 그 과정은 우주의 엔트로피를 감소시켰음을 보이시오(단, 열이 매우 천천히 흘러서 가역적이라고 간주할 수 있다. 계 1이 잃어버린 열과 계 2가 얻은 열은 각각의 온도에 영향을 주지 않는다고 가정하시오).

4.9 인도양을 항해하는 배가 동력을 전달하는 열기관을 가동하기 위해 28°C인 따뜻한 바닷물을 끌어들이고, 사용한 물은 다시 바다로 방출한다. 이 설계가 열역학 제2법칙을 위반하는가? 만약 그렇다면, 이 열기관이 작동하도록 하기 위해서는 무엇을 고쳐야 하는가?

4.10 0 K보다 높은 온도 T에서 기체 분자들이 부단히 움직이고 있다. 이 '영구 운동'은 열역학 법칙들을 위반하는가?

4.11 열역학 제2법칙에 따르면, 고립계에서 일어나는 비자발적 과정에서는 엔트로피가 언제나 증가한다. 반면에 생체의 엔트로피는 작게 유지된다고 알려져 있다(예를 들어 아미노산으로 복잡한 단백질 분자를 합성하는 과정은 엔트로피 감소 과정이다). 제2법칙은 생체에서는 유효하지 않는가? 그 이유를 설명하시오.

4.12 뜨거운 여름 날, 어떤 사람이 냉장고 문을 열어 시원해지려 한다. 이는 열역학적으로 현명한 행동인가?

엔트로피 변화

4.13 에탄올의 몰증발열이 39.3 kJ mol^{-1}이고, 끓는점은 78.3°C이다. 에탄올 0.50몰이 증발할 때 $\Delta_{증발}S$를 계산하시오.

4.14 다음 과정에 대해 ΔU, ΔH, ΔS를 계산하시오.

$$25°C,\ 1\ atm\ 물\ 1몰 \rightarrow 100°C,\ 1\ atm\ 수증기\ 1몰$$

(373 K에서 물의 몰증발열은 40.79 kJ mol^{-1}이고, 물의 몰열용량은 75.3 J K^{-1} mol^{-1}이다. 몰열용량은 온도와 무관하며, 이상 기체와 같이 거동한다고 가정하시오.)

4.15 일정 압력에서 일원자 이상 기체 3.5몰을 50°C에서 77°C로 가열할 때 ΔS를 계산하시오.

4.16 일정 부피에서 이상 기체 6.0몰을 17°C에서 35°C로 가역적으로 가열할 때의 엔트로피 변화량을 계산하시오. 만일 가열이 비가역적이었다면, ΔS는 얼마인가?

4.17 이상 기체 1몰을 일정 압력에서 T에서 $3T$로 가열한 다음, 일정 부피에서 다시 T로 냉각하였다. **(a)** 전체 과정에 대한 ΔS를 유도하시오. **(b)** 온도 T에서 부피가 V에서 $3V$로 등온 팽창되는 과정이, 위의 전체 과정과 동등함을 보이시오. 여기서 V는 처음 부피이다. **(c)** **(a)** 과정에 대한 ΔS가 **(b)**에 대한 ΔS와 동일함을 보이시오.

4.18 25°C 물 35.0 g(A)과 86.0°C 물 160.0 g(B)을 혼합하였다. **(a)** 혼합이 단열적으로 진행되었을 때, 계의 최종 온도를 계산하시오. **(b)** A, B, 전체 계의 엔트로피 변화를 계산하시오.

4.19 염소 기체의 열용량은 다음과 같다.

$$\overline{C}_P = (31.0 + 0.008T/\text{K})\ \text{J K}^{-1}\ \text{mol}^{-1}$$

염소 기체 2몰을 일정 압력에서 300 K에서 400 K로 가열할 때 엔트로피 변화량을 계산하시오.

4.20 초기에 20°C, 1.0 atm에 있는 헬륨(He) 기체 시료가 1.2 L에서 2.6 L로 팽창하는 동시에 40°C로 가열되었다. 이 과정에 대해 엔트로피 변화를 계산하시오.

4.21 원자 폭탄 개발 초기 실험 중 하나는, ^{238}U이 아닌 ^{235}U가 핵분열 동위 원소임을 보여 주는 것이었다. $^{235}UF_6$와 $^{238}UF_6$를 분리하는 데 질량 분석기를 사용하였다. 자연 상태 ^{235}U와 ^{238}U의 함량은 각각 0.72%와 99.28%이며, ^{19}F는 100%이다. 기체 혼합물 100 mg의 분리 과정에 대한 ΔS를 구하시오.

4.22 298 K에서 이상 기체 1몰이 다음 두 조건에서 1.0 L에서 2.0 L로 등온 팽창한다. **(a)** 가역, **(b)** 외부 압력이 12.2 atm으로 일정. 두 경우에 대하여 $\Delta S_{계}$, $\Delta S_{주위}$, $\Delta S_{우주}$를 계산하시오. 그 결과가 합당한지에 대해 논하시오.

4.23 O_2와 N_2의 절대 몰엔트로피는 25°C에서 각각 205 J K^{-1} mol^{-1}과 192 J K^{-1} mol^{-1}이다. 같은 온도와 압력에서 O_2 2.4몰과 N_2 9.2몰로 이루어진 혼합물의 엔트로피는 얼마인가?

4.24 350°C, 2.4 atm에 있는 수증기 0.54몰이 처음 상태로 순환되는 과정에서 $q = -74$ J이었다. 이 과정의 ΔS를 계산하시오.

4.25 298 K에서 다음 반응의 엔트로피 변화의 부호를 예측하시오.

(a) $4Fe(s) + 3O_2(g) \rightarrow 2Fe_2O_3(s)$

(b) $O(g) + O(g) \rightarrow O_2(g)$

(c) $NH_4Cl(s) \rightarrow NH_3(g) + HCl(g)$

(d) $H_2(g) + Cl_2(g) \rightarrow 2HCl(g)$

4.26 앞 문제 반응들의 $\Delta_r S°$를 부록 B에 있는 데이터를 이용하여 계산하시오.

4.27 15.6°C에서 이상 기체 0.35몰이 1.2 L에서 7.4 L로 팽창하였다. 다음 조건에서 w, q, ΔU, ΔS를 계산하시오. **(a)** 등온 가역 팽창, **(b)** 외부 압력 1.0 atm에 대한 등온 비가역 팽창

4.28 300 K에서 이상 기체 1몰이 5.0 L에서 10 L로 등온 팽창하였다. 다음 조건에서 계, 주위, 우주의 엔트로피 변화를 비교하시오. **(a)** 등온 가역 팽창, **(b)** 외부 압력 2.0 atm에 대한 등온 비가역 팽창

4.29 수소의 열용량은 다음과 같이 표현된다.

$$\overline{C}_P = (1.554 + 0.0022T/\mathrm{K})\ \mathrm{J\ K^{-1}\ mol^{-1}}$$

수소 1.0몰을 300 K에서 600 K로 **(a)** 가역, **(b)** 비가역적으로 가열할 때 계, 주위, 우주의 엔트로피 변화를 계산하시오. [Hint: (b)에서 주위의 온도가 600 K라고 가정하시오.]

4.30 다음 반응을 생각해 보자.

$$N_2(g) + O_2(g) \rightarrow 2NO(g)$$

298 K에서 반응 혼합물, 주위, 우주의 $\Delta_r S°$를 계산하시오. 그 결과를 지구에서 어떻게 확신하는가?

열역학 제3법칙과 잔여 엔트로피

4.31 $\Delta_f \overline{H}°$ 값은 음, 0, 양이 될 수 있지만 $\overline{S}°$ 값은 오직 0 또는 양이다. 그 이유를 설명하시오.

4.32 다음 각 쌍에서 몰엔트로피가 더 큰 물질을 고르시오. **(a)** $H_2O(l)$, $H_2O(g)$ **(b)** $NaCl(s)$, $CaCl_2(s)$ **(c)** N_2(0.1 atm), N_2(1 atm) **(d)** C(다이아몬드), C(흑연) **(e)** $O_2(g)$, $O_3(g)$ **(f)** 에탄올(C_2H_5OH), 다이메틸에터(CH_3OCH_3) **(g)** $N_2O_4(g)$, $2NO_2(g)$ **(h)** 298 K $Fe(s)$, 398 K $Fe(s)$. (다른 언급이 없으면 온도는 298 K로 가정하시오.)

4.33 화학자가 한 화합물에 대해 제3법칙 엔트로피와 통계 열역학으로 계산한 엔트로피가 일치하지 않음을 발견하였다. **(a)** 어떤 값이 더 큰가? **(b)** 이 불일치의 근원이 되는 두 가지 이유를 제안하시오.

4.34 0 K에서 동일한 에너지의 분자 배향 방법이 다음 수와 같을 때, 고체의 잔여 몰엔트로피를 계산하시오. **(a)** 3, **(b)** 4, **(c)** 5

4.35 CH_3D 분자의 잔여 엔트로피가 10.1 J K^{-1} mol^{-1}로 측정되었다. 이에 대해 설명하시오.

4.36 298 K에서 $\bar{S}°$(흑연)이 $\bar{S}°$(다이아몬드)보다 큰 이유를 설명하시오(부록 B 참조). 이 관계가 0 K에서 유효한가?

추가 연습문제

4.37 엔트로피는 시간의 진행 방향을 결정하기 때문에 때로는 “시간의 화살”이라고 한다. 이에 관하여 설명하시오.

4.38 다음 식들이 적용될 수 있는 조건(들)을 기술하시오. **(a)** $\Delta S = \Delta H/T$, **(b)** $S_0 = 0$, **(c)** $dS = C_P\ dT/T$, **(d)** $dS = dq/T$

4.39 관련 표를 참조하지 말고, 다음 반응의 엔트로피 변화량이 양, 음 거의 0 중 어느 것인지 예측하시오.

(a) $N_2(g) + O_2(g) \rightarrow 2NO(g)$

(b) $2Mg(s) + O_2(g) \rightarrow 2MgO(s)$

(c) $2H_2O_2(l) \rightarrow 2H_2O(l) + O_2(g)$

(d) $H_2(g) + CO_2(g) \rightarrow H_2O(g) + CO(g)$

4.40 부피가 0.780 L인 용기에 들어 있는 25°C, 1.0 atm 네온이 1.25 L로 팽창하는 동시에 85°C로 가열되었다. 엔트로피 변화량을 계산하시오. 이상 기체라고 가정하시오. (Hint: S가 상태 함수이기 때문에 먼저 팽창에 대한 ΔS를 계산할 수 있다. 그리고 일정한 최종 부피에서 가열에 의한 ΔS를 계산하시오.)

4.41 성능 계수(COP)가 4.0인 가역 냉장고에서 0°C 물 1.0 kg을 얼리는 데 필요한 일은 얼마인가?

4.42 일원자 이상 기체 1몰을 400 K에서 300 K로 냉각하면서 2.0 atm에서 6.0 atm으로 압축하였다. 이 과정에 대해 ΔU, ΔH, ΔS를 계산하시오.

4.43 열역학의 세 법칙을 가끔 다음과 같이 서술한다. 제1법칙: 공짜로 얻을 수 있는 것은 없다. 제2법칙: 할 수 있는 최선은 비기는 것이다. 제3법칙: 비길 수도 없다. 이 서술들에 대해 과학적 근거를 논하시오. (Hint: 제3법칙에 따르면 0 K에 도달할 수 없다.)

4.44 다음 데이터를 이용하여, 수은의 정상 끓는점(K 단위로)을 결정하시오. 이 계산에 어떤 가정이 필요한가?

$$\text{Hg}(l):\quad \Delta_f\bar{H}° = 0\ (\text{정의에 따라})$$
$$\bar{S}° = 75.9\ \text{J K}^{-1}\ \text{mol}^{-1}$$
$$\text{Hg}(g):\quad \Delta_f\bar{H}° = 60.78\ \text{kJ mol}^{-1}$$
$$\bar{S}° = 175.0\ \text{J K}^{-1}\ \text{mol}^{-1}$$

4.45 Trouton 법칙을 참고로, 액체 HF의 $\Delta_{증발}\overline{H}°/T_b$ 비가 90 J K^{-1} mol^{-1}보다 상당히 작은 이유를 설명하시오.

4.46 다음 과정의 상세한 예를 설명과 함께 제시하시오. **(a)** 열역학적으로 자발적 과정, **(b)** 열역학 제1법칙에 위배되는 과정, **(c)** 열역학 제2법칙에 위배되는 과정, **(d)** 비가역 과정, **(e)** 평형 과정

4.47 이상 기체가 가역적으로 단열 팽창할 때, 기체의 팽창과 냉각이 엔트로피 변화에 기여한다. 이 두 기여의 크기는 같지만 부호가 반대임을 보이시오. 또한 기체의 단열 팽창이 비가역적으로 일어날 때에는 이 두 기여의 크기가 같지 않음을 보이시오. ΔS의 부호를 예측하시오.

4.48 0°C 냉장고가 20°C 부엌으로 열을 내보낸다. **(a)** 물 500 mL(대략 얼음 접시의 부피)를 얼리기 위해 필요한 일은 얼마인가? **(b)** 이 과정 동안 방출되는 열은 얼마인가? (물의 용융 몰엔탈피는 6.01 kJ mol^{-1}이고, 냉장고는 35% 효율로 작동된다.)

4.49 과열된 물은 끓지 않은 채로 100°C보다 높은 온도까지 가열된 액체 상태 물이다. 과냉각된 물처럼(예제 4.7 참조), 과열된 물은 열역학적으로 불안정하다. 110°C, 1.0 atm에 있는 과열된 물 1.5몰이 같은 온도, 압력의 수증기로 바뀔 때 $\Delta S_{계}$, $\Delta S_{주위}$, $\Delta S_{우주}$를 계산하시오(물의 증기 몰엔탈피는 40.79 kJ mol^{-1}이고, 100~110°C 온도 범위에서 물과 수증기의 열용량은 각각 75.5 J K^{-1} mol^{-1}과 34.4 J K^{-1} mol^{-1}이다).

4.50 톨루엔(C_7H_8)은 쌍극자 모멘트를 갖지만 벤젠(C_6H_6)은 무극성이다. 예상과 달리, 벤젠의 녹는점이 훨씬 높은 이유를 설명하시오. 톨루엔의 끓는점이 벤젠보다 높은 이유를 설명하시오.

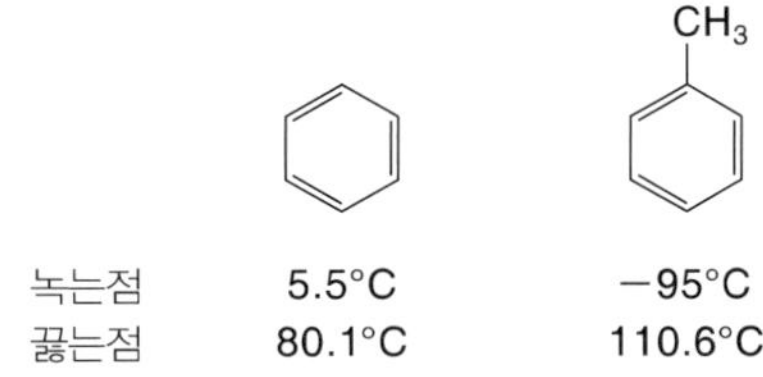

4.51 학생 기숙사 방이 점점 무질서하게 어질러지는 것과 엔트로피 증가를 연관시키는 비유의 정당성에 대하여 논하시오.

4.52 4.2절에서 실린더 절반에서 총 100개의 헬륨 원자 모두를 발견할 확률이 8×10^{-31}임을 보았다(그림 4.3 참조). 우주의 나이가 140억 년이라고 가정하고, 이런 일을 관찰할 수 있는 시간을 초 단위로 계산하시오.

4.53 298 K에서 Ar 2.0몰과 Xe 3.0몰로 이루어진 계의 엔트로피를 계산하시오.

4.54 300 K, 2.00 L인 아르곤 기체 2몰을 400 K, 6.00 L로 가열하였다. 이 과정의 ΔS를 계산하시오. 아르곤은 이상 기체이며, 비열 $\overline{C}_V$는 온도와 무관하다고 가정하시오.

4.55 Carnot 순환의 각 단계에 대하여 ΔS와 $\Delta S_{우주}$를 계산하시오.

4.56 72°C에서 어떤 반응이 자발적이다. 이 반응의 엔탈피 변화가 19 kJ mol^{-1}이라면, 이 반응의 ΔS는 최소 얼마인가?

4.57 총 에너지가 6 단위인 조건에서 8개의 구별이 가능한 입자들을 생각해 보자(그림 4.13 참조). 이 계의 분포를 (n_0,n_1,n_2,n_3)로 나타낼 때, 다음 분포들에 대하여 미시 상태의 수(W)를 계산하시오. **(a)** (6,0,0,2), **(b)** (5,1,1,1), **(c)** (4,2,2,0), **(d)** (2,6,0,0)

4.58 10개 분자가 5개의 에너지 준위에 똑같이 분포되어 있을 때 미시 상태의 수(W)를 계산하시오. 한 분자를 한 준위에서 빼내 다른 준위에 놓을 때 W 값은 얼마인가?

4.59 가장 높은 확률의 거시 상태에 연관된 미시 상태의 수는 엄청나게 큰 수이며, 이를 가늠하는 방법으로 Poincaré 순환 시간(Poincaré recurrence time)이 있다. Poincaré 순환 시간은 계가 한 번 속했던 미시 상태로 다시 돌아갈 때까지 걸리는 평균 시간을 말한다. Poincaré 순환 시간의 크기를 다음 예에서 추정할 수 있다. 무늬와 수가 특정한 순서로 되어 있는 카드 한 벌을 미시 상태로 정의한다고 가정해 보자. **(a)** 얼마나 많은 미시 상태가 있는가? **(b)** 매초 카드를 섞고 순서를 확인할 때, 특정한 순서가 다시 나올 때까지 얼마나 기다려야 하는가?

5장 Gibbs 에너지와 Helmholtz 에너지, 그 응용

수학은 언어다.

– Josiah Willard Gibbs*

앞장에서 엔트로피 함수와 열역학 제2 및 제3법칙을 배웠다. 원칙적으로는 이것으로 화학 및 물리적 과정을 연구하기 위한 모든 도구를 갖추었다고 할 수 있다. 그러나 구체적인 특정 조건에서 일어나는 변화를 계에 초점을 맞추어 설명하기 위하여, 화학 열역학의 기초가 되는 두 함수인 Gibbs 에너지와 Helmholtz 에너지를 살펴보고자 한다.

5.1 Gibbs 에너지와 Helmholtz 에너지

열역학 제1법칙으로 에너지 변화량을 구할 수 있으며, 열역학 제2법칙으로 어떤 과정이 자발적으로 일어날 수 있는지를 알 수 있다. 따라서 우리는 어떠한 상황에도다 적용할 수 있는 충분한 열역학적 정보를 갖게 되었다고 생각할 수 있다. 이는 원칙적으로 사실이지만, 지금까지 유도한 식들을 실질적으로 적용하는 것은 간단한 일이 아니다. 예를 들면 4장(식 4.16)에서 전개한 제2법칙을 사용하려면 계뿐만 아니라 주위의 엔트로피 변화도 계산해야 한다. 일반적으로 우리가 관심이 있는 것은 계에서 어떤 일이 일어나는가 하는 것이며, 주위의 변화에는 관심이 없다. 만약 $\Delta S_{우주}$가 아닌 계에 관한 열역학 함수들로부터 평형과 자발성을 알고 있으면 훨씬 더 편리할 것이다.

온도 T인 주위와 열역학적 평형을 이루고 있는 계를 생각해 보자. 계에서 변화가 일어나면서 무한소의 열 dq가 계에서 주위로 이동한다. 따라서 $-dq_{계} = dq_{주위}$이며, 식 4.16에 따라 총 엔트로피 변화는 다음과 같다.

$$\begin{aligned} dS_{우주} &= dS_{계} + dS_{주위} \geq 0 \\ &= dS_{계} + \frac{dq_{주위}}{T} \geq 0 \\ &= dS_{계} - \frac{dq_{계}}{T} \geq 0 \end{aligned}$$

* Gibbs는 고전 언어와 수학 중 어느 것을 학생들에게 가르치는 것이 더 좋은지에 관하여 예일대 교수들과 긴 토론을 한 끝에 이렇게 말하였다.

위 식의 우변에 있는 모든 양은 계에 관한 것이다. 만약 그 과정이 일정 압력에서 일어나면, $dq_{계} = dH_{계}$ 또는 다음과 같다.

$$dS_{계} - \frac{dH_{계}}{T} \geq 0$$

$x > 0$일 때 $-x < 0$이기 때문에 부등호의 부호가 바뀐다.

위 식에 $-T$를 곱한 결과는 다음과 같다.

$$dH_{계} - TdS_{계} \leq 0$$

'Gibbs 에너지'*[Gibbs energy, 미국의 물리학자 Josiah Willard Gibbs(1839~1903)의 이름에서 따옴]라고 하는 함수 G를 다음과 같이 정의한다.

$$G = H - TS \tag{5.1}$$

식 5.1에서 H, T, S는 모두 상태 함수이기 때문에 G 또한 상태 함수이다. 또한 엔탈피와 마찬가지로, G도 에너지 단위를 가진다.

일정 온도에서 계의 Gibbs 에너지의 무한소 변화는 다음과 같다.

$$dG_{계} = dH_{계} - TdS_{계}$$

$dG_{계}$를 평형과 자발성에 관한 판단 기준으로, 다음과 같이 사용할 수 있다.

$$dG_{계} \leq 0 \tag{5.2}$$

일정 온도와 압력에서 부등호는 자발적 과정을, 등호는 평형을 나타낸다.

다른 설명이 없으면 지금부터 Gibbs 에너지 변화에 관한 논의에서 계만 고려할 것이다. 따라서 아래 첨자 '계'를 생략할 수 있다. 1→2의 변화가 일정한 온도하에서 일어난다면, Gibbs 에너지 변화는 다음과 같다.

$$\Delta G = \Delta H - T\Delta S \tag{5.3}$$

또한 온도와 압력이 일정할 때 평형과 자발성의 조건은 다음과 같다.

$\Delta G = G_2 - G_1 = 0$ 평형인 계

$\Delta G = G_2 - G_1 < 0$ 1에서 2로 자발적인 과정

ΔG가 0보다 작은 과정은 **자유 에너지 감소**(exergonic)[그리스어 'work producing(일 생산)'에서 유래], ΔG가 0보다 큰 과정은 **자유 에너지 증가**(endergonic)[work consuming(일 소비)]라고 한다. $q = \Delta H$이기 위해서는 압력이 반드시 일정해야 하

---

* 전에는 Gibbs 에너지를 Gibbs **자유 에너지** 또는 그냥 **자유 에너지**라고 불렀다. 그러나 IUPAC(the International Union of Pure and Applied Chemistry)는 **자유**를 빼기로 결정하였다. 이것은 곧 논의할 Helmholtz 에너지에도 적용된다.

며, 식 5.3을 유도하기 위해서는 온도가 일정해야 한다. 일반적으로 과정 전체에서 압력이 일정하면 q를 ΔH로 바꾸어 쓸 수 있다. G는 상태 함수이므로 경로와 무관하다. 따라서 처음 상태와 마지막 상태의 온도와 압력이 같다면, 식 5.3을 어떤 과정에나 적용할 수 있다.

Gibbs 에너지는 엔탈피와 엔트로피가 결합되어 있기 때문에 유용하다. 몇몇 반응에서 엔탈피와 엔트로피는 상호 보완적이다. 예를 들어 ΔH가 음(발열 반응)이고 ΔS가 양이면(더 무질서해지면), $(\Delta H - T\Delta S)$, 즉 ΔG가 음이며, 이 과정은 왼쪽에서 오른쪽으로 진행한다. 어떤 반응에서는 엔탈피와 엔트로피가 서로 반대로 작용할 수 있으며, ΔH와 $(-T\Delta S)$는 서로 다른 부호를 갖게 된다. 이런 경우 ΔG의 부호는 ΔH와 $T\Delta S$의 크기에 의해 결정된다. 만약 $|\Delta H| \gg |T\Delta S|$이면, ΔG의 부호는 ΔH에 의해 결정되기 때문에, 엔탈피 주도 과정이라 부른다. 반대로 $|T\Delta S| \gg |\Delta H|$인 경우는 엔트로피 주도 과정이다. 표 5.1은 ΔH와 ΔS 값들이 온도에 따라 ΔG에 미치는 영향을 보여 준다.

비슷한 열역학 함수를 일정 온도, 부피 조건하에서 일어나는 과정들에 대해 유도할 수 있다. **Helmholtz 에너지**[Helmholtz energy, 독일의 생리학자이자 물리학자 Hermann Ludwig Helmholtz(1821~1894)의 이름에서 따옴] A는 다음과 같이 정의된다.

$$A = U - TS \tag{5.4}$$

여기서 모든 항은 계에 관한 것이다. G와 같이, A는 상태 함수이며 에너지 단위를 갖는다. Gibbs 에너지와 같은 순서에 따라, 온도와 부피가 일정할 때 평형과 자발성에 대한 기준들을 다음과 같이 쓸 수 있다.

$$dA_{\text{계}} \leq 0 \tag{5.5}$$

계를 나타나는 아래 첨자를 생략하면 다음 결과가 얻어진다.

$$\Delta A = \Delta U - T\Delta S \tag{5.6}$$

표 5.1 반응의 ΔG에 영향을 미치는 요소[a]

ΔH	ΔS	ΔG	예
+	+	낮은 온도에서 양, 높은 온도에서 음 높은 온도에서 정반응이 자발적, 낮은 온도에서 역반응이 자발적	$2HgO(s) \rightarrow 2Hg(l) + O_2(g)$
+	−	모든 온도에서 양. 모든 온도에서 역반응이 자발적	$3O_2(g) \rightarrow 2O_3(g)$
−	+	모든 온도에서 음. 모든 온도에서 정반응이 자발적	$2H_2O_2(l) \rightarrow 2H_2O(l) + O_2(g)$
−	−	낮은 온도에서 음, 높은 온도에서 양 낮은 온도에서 정반응이 자발적, 높은 온도에서 역반응이 자발적	$NH_3(g) + HCl(g) \rightarrow NH_4Cl(s)$

[a] ΔH와 ΔS는 모두 온도에 무관하다고 가정한다.

5.2 Helmholtz 에너지와 Gibbs 에너지의 의미

식 5.3과 5.6은 자발적 변화의 방향과 물리 화학적 평형의 성질을 다루는 데 유용한 기준이 된다. 덧붙여 말하면, 이 열역학 함수들은 주어진 과정에서 할 수 있는 일의 양을 결정할 수 있게 해 준다.

Helmholtz 에너지

일정한 온도하에서 일어나는 무한소 과정의 경우 식 5.4는 다음과 같이 쓸 수 있다.

$$dA = dU - TdS$$

가역적 변화에 대해 $dq_{가역} = TdS$(식 4.5 참조)이므로, 위의 식은 다음과 같이 된다.

$$dA = dU - dq_{가역}$$

열역학 제1법칙(식 3.7 참조)을 적용하면 다음과 같다.

$$\begin{aligned} dA &= dq_{가역} + dw_{가역} - dq_{가역} \\ &= dw_{가역} \end{aligned} \tag{5.7}$$

또는 한정된 과정에서는 다음과 같이 쓸 수 있다.

$$\Delta A = w_{가역} \tag{5.8}$$

$\Delta A < 0$이면 자발적이고, 이 변화가 가역적이면 $w_{가역}$는 계가 주위에 해 주는 일을 나타낸다(이 경우 앞의 관례에 따라 $w_{가역}$의 부호는 (−)가 된다). 더욱이 $w_{가역}$는 계가 해 줄 수 있는 최대한의 일이다.

식 5.6을 이용하여 일정 T, V에서 일어나는 두 가지 이상 기체 1과 2의 혼합 과정에 대한 ΔA 값을 계산해 보자. 이 과정은 등온 과정이므로 $\Delta U = 0$이며, 또한 식 4.17로부터 혼합 엔트로피는 $-R(n_1 \ln x_1 + n_2 \ln x_2)$이다. 따라서 다음과 같은 결과를 얻을 수 있다.

$$\begin{aligned} \Delta A &= \Delta U - T\Delta S \\ &= RT(n_1 \ln x_1 + n_2 \ln x_2) \end{aligned}$$

여기서 $x < 1$이므로 $\ln x < 0$이 되고, ΔA는 0보다 작은 값을 갖게 된다. 이 결과는 두 가지 이상 기체의 등온 혼합이 자발적 과정이라는 사실과 일치한다. 다음 예제는 화학 반응에서 얻을 수 있는 일의 최댓값을 식 5.6을 사용하여 결정하는 방법을 보여 준다.

예제 5.1

25°C에서 물과 이산화 탄소로부터 포도당이 만들어지는 대사 과정을 생각해 보자.

$$C_6H_{12}O_6(s) + 6O_2(g) \rightarrow 6CO_2(g) + 6H_2O(l)$$

포도당 1몰 연소와 관련된 변화는 열량 측정과 부록 B로부터 알 수 있다($\Delta_r U = -2801.3$ kJ mol^{-1}과 $\Delta_r S = 260.7$ J K^{-1} mol^{-1}). 일로 사용할 수 있는 에너지 변화는 얼마인가?

답

식 5.6을 사용하여 Helmholtz 에너지의 변화를 계산하면 다음과 같다.

$$\begin{aligned}\Delta_r A &= \Delta_r U - T\Delta_r S \\ &= -2801.3 \text{ kJ mol}^{-1} - (298 \text{ K})\left(\frac{260.7 \text{ J K}^{-1} \text{ mol}^{-1}}{1000 \text{ J/kJ}}\right) \\ &= -2879.0 \text{ kJ mol}^{-1}\end{aligned}$$

COMMENT

이 결과는 포도당(2879.0 kJ mol^{-1})을 생물학적으로 분해하여 얻을 수 있는 일의 최댓값이 실제로 내부 에너지 변화(2801.3 kJ mol^{-1})보다 크다는 것을 보여준다. 이는 이 과정에 엔트로피의 증가가 수반된다는 의미이다. 실제로는 이 일의 일부분만이 유용한 생물학적 활동으로 바뀐다.

Gibbs 에너지

Gibbs 에너지 변화와 일의 관계를 알아보기 위해, G에 대한 정의로부터 살펴보자.

$$G = H - TS$$

무한소 과정에서

$$dG = dH - TdS - SdT$$

또한

$$H = U + PV$$

$$dH = dU + PdV + VdP$$

열역학 제1법칙에 따라 다음 식이 얻어진다.

$$dU = đq + đw$$

그리고

$$dU = đq - PdV$$

여기서는 P–V 형태의 일만을 고려한다.

가역 과정에서 다음 관계가 성립한다.

$$dq_{가역} = TdS$$

따라서 다음 관계가 얻어진다.

$$dU = TdS - PdV \tag{5.9}$$

그리고

$$\begin{aligned} dH &= (TdS - PdV) + PdV + VdP \\ &= TdS + VdP \end{aligned}$$

최종적으로 다음 관계가 얻어진다.

$$\begin{aligned} dG &= (TdS + VdP) - TdS - SdT \\ &= VdP - SdT \end{aligned} \tag{5.10}$$

식 5.9는 열역학 제1법칙과 제2법칙을 결합한 것이며, 식 5.10은 온도와 압력에 따른 G의 변화를 보여 준다. 두 식은 열역학의 중요한 기본 방정식이다(더 많은 열역학적 관계들은 부록 5.1에 유도되어 있다).

식 5.10은 팽창에 의한 일이 일어나는 과정에서만 유효하다. 팽창에 의한 일 이외에 다른 일이 행해지면, 이 또한 고려해야 한다. 예를 들면 전자를 발생시켜 전기적 일($w_{전기}$)을 하는 화학 전지의 산화-환원 반응에서 식 5.9는 다음과 같이 달라진다.

$$dU = TdS - PdV + dw_{전기}$$

따라서

$$dG = VdP - SdT + dw_{전기}$$

일정 온도, 압력 조건에서 다음 관계가 얻어진다.

$$dG = dw_{전기,\ 가역}$$

한정된 변화의 경우에는 다음 결과가 얻어진다.

$$\Delta G = w_{전기,\ 가역} = w_{전기,\ 최대} \tag{5.11}$$

이 유도 과정에 따르면, ΔG는 온도와 압력이 일정할 때 가역 과정에서 얻을 수 있는 비팽창 일의 최댓값이다. 9장에서 전기 화학에 대해 논의할 때 식 5.11을 이용할 것이다.

예제 5.2

예제 4.5를 참고로, (a) 0°C, (b) 10°C, (c) −10°C의 얼음이 녹는 과정에 대한 ΔG를 계산하시오. 물의 용융 몰엔탈피와 몰엔트로피는 각각 6.01 kJ $\mathrm{mol^{-1}}$와 22.0 J $\mathrm{K^{-1}}$ $\mathrm{mol^{-1}}$이며, 온도와 무관하다고 가정하시오.

답

세 가지 경우에 대해 식 5.3이 필요하다.

(a) 얼음의 정상 녹는점에서

$$\begin{aligned}\Delta G &= \Delta H - T\Delta S \\ &= 6.01\ \mathrm{kJ} - 273\ \mathrm{K}\left(\frac{22.0\ \mathrm{J\ K^{-1}}}{1000\ \mathrm{J/kJ}}\right) \\ &= 0\end{aligned}$$

(b) 10°C에서

$$\begin{aligned}\Delta G &- 6.01\ \mathrm{kJ} - 283\ \mathrm{K}\left(\frac{22.0\ \mathrm{J\ K^{-1}}}{1000\ \mathrm{J/kJ}}\right) \\ &= -0.22\ \mathrm{kJ}\end{aligned}$$

(c) −10°C에서

$$\begin{aligned}\Delta G &= 6.01\ \mathrm{kJ} - 263\ \mathrm{K}\left(\frac{22.0\ \mathrm{J\ K^{-1}}}{1000\ \mathrm{J/kJ}}\right) \\ &= 0.22\ \mathrm{kJ}\end{aligned}$$

COMMENT

이들 결과는 0°C에서 계가 평형이므로 $\Delta G = 0$[경우 (a)]이고, 10°C에서 얼음이 자발적으로 녹으므로 $\Delta G < 0$[경우 (b)], −10°C에서 얼음이 자발적으로 녹지 않으므로 $\Delta G > 0$ [경우 (c)]인 우리의 경험과 일치한다.

예제 5.3

연료 전지에서 메테인 같은 천연가스는 연소 반응과 마찬가지로 이산화 탄소와 물을 생성하는 산화–환원 반응을 통해 전기를 발생시킨다(9.5절 참조). 25°C, 일정 압력에서 메테인 1몰로 얻을 수 있는 전기적 일의 최댓값을 계산하시오.

답

관련 반응은 다음과 같다.

$$\mathrm{CH_4}(g) + 2\mathrm{O_2}(g) \rightarrow \mathrm{CO_2}(g) + 2\mathrm{H_2O}(l)$$

부록 B에 있는 $\Delta_f\overline{H}°$와 $\overline{S}°$ 값으로부터 $\Delta_r H = -890.3$ kJ mol^{-1}, $\Delta_r S = -242.8$ J K^{-1} mol^{-1}임을 알 수 있다. 따라서 식 5.3으로부터 다음 결과가 얻어진다.

$$\Delta_r G = -890.3 \text{ kJ mol}^{-1} - 298 \text{ K}\left(\frac{-242.8 \text{ J K}^{-1} \text{ mol}^{-1}}{1000 \text{ J/kJ}}\right)$$
$$= -818.0 \text{ kJ mol}^{-1}$$

식 5.11로부터 다음 결과가 얻어진다.

$$w_{\text{전기, 최대}} = -818.0 \text{ kJ mol}^{-1}$$

따라서 계가 주위에 할 수 있는 전기적 일의 최댓값은 CH_4 1몰당 818.0 kJ이다.

COMMENT

관심을 끄는 두 가지: 첫째, 엔트로피 감소가 일어나기 때문에 전기적 일은 생성열보다 **작다**. 이는 무질서도가 감소하는 것에 대한 대가이다. 둘째, 연소 엔탈피가 열기관에서 일을 하는 데 사용되면, 열이 일로 바뀌는 효율은 식 4.9에 따라 제한된다. 원칙적으로, 전지는 열기관이 아니기 때문에 연료 전지에서 방출된 Gibbs 에너지는 모두 일로 전환될 수 있으며, 따라서 열역학 제2법칙의 제한을 받지 않는다.

마지막으로, 일반적인 변화 과정에서는 부피보다는 압력이 일정하게 유지된다. 따라서 Gibbs 에너지는 Helmholtz 에너지보다 더 자주 사용된다.

5.3 표준 생성 몰 Gibbs 에너지($\Delta_f\overline{G}°$)

엔탈피와 마찬가지로, Gibbs 에너지의 절댓값은 측정할 수 없으며, 편의에 따라 1 bar와 289 K에서 가장 안정한 동소체의 원자 구조를 표준 생성 Gibbs 에너지의 기준, 즉 0으로 한다. 다시 한 번 흑연의 연소를 예로 들어보자(3.7절 참조).

$$\text{C(흑연)} + O_2(g) \rightarrow CO_2(g)$$

1 bar에서 반응물이 생성물로 변한다면, 이 반응의 표준 몰 Gibbs 에너지 변화, 즉 $\Delta_r G°$는 다음과 같다.

$$\Delta_r G° = \Delta_f\overline{G}°(CO_2) - \Delta_f\overline{G}°(\text{흑연}) - \Delta_f\overline{G}°(O_2)$$
$$= \Delta_f\overline{G}°(CO_2)$$

또는

$$\Delta_f\overline{G}°(CO_2) = \Delta_r G°$$

흑연과 O_2의 $\Delta_f\overline{G}°$가 모두 0이기 때문이다. $\Delta_f G°$ 값을 결정하려면 식 5.3을 사용한다.

$$\Delta_r G° = \Delta_r H° - T\Delta_r S°$$

3장에서 $\Delta_r H°$ 값을 구하였으며, 그 값은 $-393.5 \text{ kJ mol}^{-1}$이다. $\Delta_r S°$ 값은 식 4.27과 부록 B의 자료를 이용하여 계산한다.

$$\begin{aligned}\Delta_r S° &= \overline{S}°(CO_2) - \overline{S}°(\text{흑연}) - S°(O_2) \\ &= (213.6 - 5.7 - 205.0) \text{ J K}^{-1} \text{ mol}^{-1} \\ &= 2.9 \text{ J K}^{-1} \text{ mol}^{-1}\end{aligned}$$

따라서

$$\begin{aligned}\Delta_r G° &= -393.5 \text{ kJ mol}^{-1} - 298 \text{ K}\left(\frac{2.9 \text{ J K}^{-1} \text{ mol}^{-1}}{1000 \text{ J/kJ}}\right) \\ &= -394.4 \text{ kJ mol}^{-1}\end{aligned}$$

최종적으로, 다음 결과가 나온다.

$$\Delta_f\overline{G}°(CO_2) = -394.4 \text{ kJ mol}^{-1}$$

이런 방법으로 대부분 물질의 $\Delta_f\overline{G}°$ 값을 결정할 수 있다. 표 5.2에는 몇몇 무기 및 유기 화합물의 $\Delta_f\overline{G}°$ 값이 나와 있다(더 많은 결과들이 부록 B에 있다).

표 5.2 몇몇 무기 및 유기 화합물의 1 bar, 298 K에서의 표준 생성 몰 Gibbs 에너지

물질	$\Delta_f\overline{G}°$(kJ mol^{-1})	물질	$\Delta_f\overline{G}°$(kJ mol^{-1})
C(흑연)	0	$CH_4(g)$	−50.79
C(다이아몬드)	2.87	$C_2H_6(g)$	−32.9
$CO(g)$	−137.3	$C_3H_8(g)$	−23.5
$CO_2(g)$	−394.4	$C_2H_2(g)$	209.2
$HF(g)$	−275.4	$C_2H_4(g)$	68.12
$HCl(g)$	−95.3	$C_6H_6(l)$	124.5
$HBr(g)$	−53.4	$CH_3OH(l)$	−166.3
$HI(g)$	1.7	$C_2H_5OH(l)$	−174.2
$H_2O(g)$	−228.6	$CH_3CHO(l)$	−128.1
$H_2O(l)$	−237.2	$HCOOH(l)$	−361.4
$NH_3(g)$	−16.6	$CH_3COOH(l)$	−389.9
$NO(g)$	86.7	$C_6H_{12}O_6(s)$	−910.6
$NO_2(g)$	51.84	$C_{12}H_{22}O_{11}(s)$	−1544.3
$N_2O_4(g)$	98.3		
$N_2O(g)$	103.6		
$O_3(g)$	163.4		
$SO_2(g)$	−300.1		
$SO_3(g)$	−370.4		

일반적으로

$$aA + bB \rightarrow cC + dD$$

유형의 반응에 대한 $\Delta_r G°$는 다음과 같다.

화학량론적 계수가 1일 때는 식 5.12에 나타내지 않는다.

$$\Delta_r G° = c\Delta_f \overline{G}°(C) + d\Delta_f \overline{G}°(D) - a\Delta_f \overline{G}°(A) - b\Delta_f \overline{G}°(B)$$
$$= \Sigma\nu\Delta_f \overline{G}°(\text{생성물}) - \Sigma\nu\Delta_f \overline{G}°(\text{반응물}) \tag{5.12}$$

여기서 ν는 화학량론적 계수이다. 뒷부분에서 $\Delta_r G°$ 값을 평형 상수와 전기 화학적 측정으로부터 결정할 수도 있다는 것을 배우게 된다.

Gibbs 에너지 변화는 두 부분(엔탈피와, 온도-엔트로피 곱)으로 이루어져 있기 때문에, 각 부분이 기여하는 정도를 비교하는 것이 도움이 된다. 그림 5.1에는 앞 절에 나온 연소 데이터를 이용하여 이들이 기여하는 정도를 벡터 도식으로 나타내었다.

$C_6H_{12}O_6$	$\Delta_r H° = -2801.3\ \text{kJ mol}^{-1}$	$-T\Delta_r S° = -77.7\ \text{kJ mol}^{-1}$	$\Delta_r G° = -2879.0\ \text{kJ mol}^{-1}$
CH_4	$\Delta_r H° = -890.3\ \text{kJ mol}^{-1}$	$-T\Delta_r S° = 72.3\ \text{kJ mol}^{-1}$	$\Delta_r G° = -818.0\ \text{kJ mol}^{-1}$

다음과 같은 의문을 가질 수 있을 것이다. 큰 음수인 $\Delta G°$가 가리키듯이, 포도당과 메테인의 연소가 자발적이라면, 이 물질들을 뚜렷한 변화 없이 어떻게 공기 중에서 보관할 수 있는가? 여기에 열역학의 한계가 있다. 열역학은 반응이 일어나는 **속도**에 관해서는 아무 것도 알려주지 않고, 단지 반응이 진행하는 **방향**만 말해 준다. 어떤 반응이 시작되려면, 반응물은 먼저 활성화 에너지 장벽을 넘을 수 있는 충분한 에너지를 가져야 한다. 실온에 보관된 포도당(또는 메테인) 분자에는 이런 에너지가 없기 때문에 안정하다. 15장에서 이에 관하여 더 논의할 것이다.

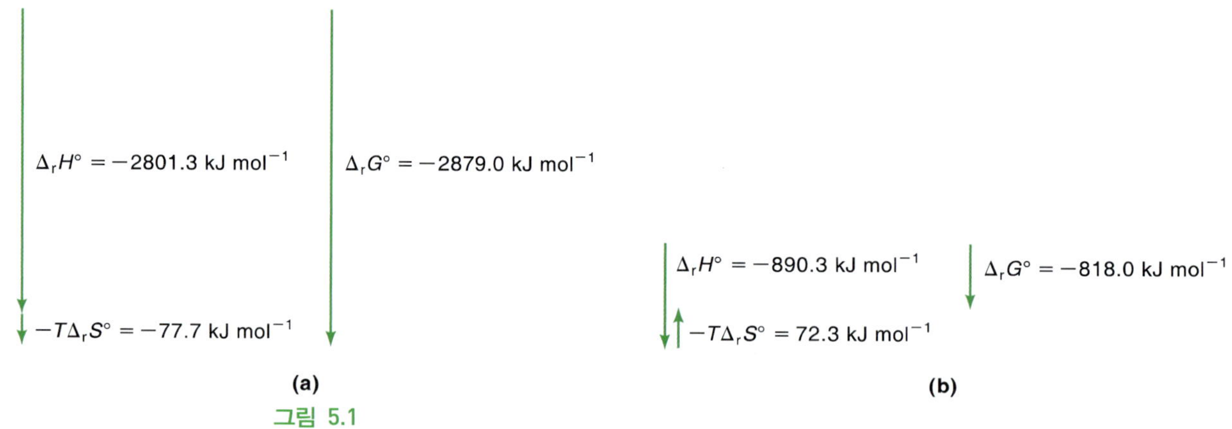

그림 5.1
벡터 도식은 298 K에서 **(a)** 포도당, **(b)** 메테인의 연소에 대한 $\Delta_r H°$, $-T\Delta_r S°$, $\Delta_r G°$ 변화를 보여 준다.

* 포도당 데이터는 예제 5.1에서 가져왔다. 기체의 몰수 변화가 없기 때문에 $\Delta n = 0$이며, 따라서 $\Delta_r U° = \Delta_r H°$, $\Delta_r A° = \Delta_r G°$이다.

5.4 온도와 압력에 따른 Gibbs 에너지 변화

Gibbs 에너지는 화학 열역학에서 중심적 역할을 하기 때문에 그 성질을 이해하는 것이 중요하다. 식 5.10은 Gibbs 에너지가 온도와 압력 모두의 함수라는 것을 나타낸다. 여기서는 G 값이 이들에 따라 어떻게 변화하는가를 살펴볼 것이다.

온도에 따른 G의 변화

식 5.10으로 시작하자.

$$dG = VdP - SdT$$

압력이 일정할 때, 이 식은 다음과 같다.

$$dG = -SdT$$

압력이 일정할 때, T에 대한 G의 변화는 다음과 같다.

$$\left(\frac{\partial G}{\partial T}\right)_P = -S \tag{5.13}$$

식 5.1은 다음과 같이 된다.

$$G = H + T\left(\frac{\partial G}{\partial T}\right)_P$$

위 식을 T^2으로 나누고 정리하면 다음과 같다.

$$-\frac{G}{T^2} + \frac{1}{T}\left(\frac{\partial G}{\partial T}\right)_P = -\frac{H}{T^2}$$

위 식의 좌변은 압력이 일정할 때, T에 대한 G/T의 편미분이다. 즉

$$\left[\frac{\partial\left(\frac{G}{T}\right)}{\partial T}\right]_P = -\frac{G}{T^2} + \frac{1}{T}\left(\frac{\partial G}{\partial T}\right)_P$$

따라서

$$\left[\frac{\partial\left(\frac{G}{T}\right)}{\partial T}\right]_P = -\frac{H}{T^2} \tag{5.14}$$

식 5.14를 Gibbs-Helmholtz 식이라고 한다. G와 H는 한정된 과정에 적용할 때 ΔG와 ΔH가 되며, 결국 다음과 같이 된다.

$$\left[\frac{\partial\left(\frac{\Delta G}{T}\right)}{\partial T}\right]_P = -\frac{\Delta H}{T^2} \tag{5.15}$$

식 5.15는 Gibbs 에너지 변화량이 온도에 따라 어떻게 달라지는가를 보여 준다. 따라서 평형과 엔탈피 변화의 온도 의존성을 보여 주기 때문에 중요하다. 8장에서 이 식에 대해 다시 논의할 것이다.

압력에 따른 *G*의 변화

압력 변화에 따른 Gibbs 에너지 변화를 관찰하기 위해서 다시 식 5.10을 사용한다. 온도가 일정할 때에는 다음과 같다.

$$dG = VdP$$

또는

$$\left(\frac{\partial G}{\partial P}\right)_T = V \tag{5.16}$$

부피는 항상 양의 값이기 때문에, 식 5.16은 온도가 일정할 때 계의 Gibbs 에너지는 압력에 따라 항상 증가한다는 것을 보여 준다. 계의 압력이 P_1에서 P_2로 증가할 때 Gibbs 에너지가 어떻게 증가하는지 살펴보자. 계가 상태 1에서 상태 2로 변할 때 G의 변화, 즉 ΔG는 다음과 같다.

$$\Delta G = \int_1^2 dG = G_2 - G_1 = \int_{P_1}^{P_2} VdP$$

이상 기체의 경우, $V = nRT/P$이므로 다음 결과가 얻어진다.

$$\Delta G = G_2 - G_1 = \int_{P_1}^{P_2} \frac{nRT}{P} dP$$

$$= nRT \ln \frac{P_2}{P_1} \tag{5.17}$$

$P_1 = 1$ bar(표준 상태)라면, G_1을 표준 상태에 대한 기호 $G°$로, G_2를 G로, P_2를 P로 바꾸어 쓸 수 있으므로 식 5.17은 다음과 같이 된다.

$$G = G° + nRT \ln \frac{P}{1\text{ bar}}$$

단위 몰당의 관계식은 다음과 같다.

$$\overline{G} = \overline{G}° + RT \ln \frac{P}{1\text{ bar}} \tag{5.18}$$

여기서 $\overline{G}$는 온도와 압력 모두의 함수이며, $\overline{G}°$는 온도만의 함수이다. 식 5.18은 이상 기체의 몰당 Gibbs 에너지를 압력과 연관시키는 식이 된다. 나중에 혼합물에서 한 물질의 Gibbs 에너지를 그 물질의 농도와 연관시키는 비슷한 식에 대해 배우게 된다.

예제 5.4

처음에 300 K, 1.50 bar인 이상 기체 0.590몰이 최종 압력 6.90 bar로 등온 압축되었다. 이 과정의 Gibbs 에너지 변화를 계산하시오.

답

식 5.17로부터 다음 결과를 얻는다.

$$P_1 = 1.50 \text{ bar}, \qquad P_2 = 6.90 \text{ bar}$$

따라서

$$\begin{aligned}\Delta G &= nRT \ln \frac{P_2}{P_1} \\ &= (0.590 \text{ mol})(8.314 \text{ J K}^{-1} \text{ mol}^{-1})(300 \text{ K}) \ln \frac{6.90 \text{ bar}}{1.50 \text{ bar}} \\ &= 2.25 \times 10^3 \text{ J}\end{aligned}$$

이제까지 기체에 주안점을 두어 압력 변화에 따른 Gibbs 에너지 변화를 공부하였다. 압력이 변하여도 고체와 액체의 부피는 거의 변하지 않는다고 가정할 수 있으므로 다음과 같이 나타낼 수 있다.

$$\begin{aligned}G_2 - G_1 &= \int_{P_1}^{P_2} V dP \\ &= V(P_2 - P_1) = V\Delta P\end{aligned}$$

즉

$$G_2 = G_1 + V\Delta P$$

부피 V는 일정하다고 할 수 있으므로 적분식 밖으로 꺼낼 수 있다. 일반적으로 액체와 고체의 Gibbs 에너지는 압력에 따라 별로 달라지지 않기 때문에, 지구 내부에서 일어나는 지질학적 변화나, 매우 높은 압력 조건에서 일어나는 특별한 실험을 제외하면 압력에 따른 Gibbs 에너지 변화를 무시할 수 있다.

5.5 Gibbs 에너지와 상평형

이 절에서는 Gibbs 에너지가 상평형 연구에 어떻게 응용되는지 살펴볼 것이다. 상(phase)은 계의 다른 부분들과 접촉해 있지만, 명확한 경계선으로 분리된 계의 균일한 부분이다. 상평형의 예는 얼거나 끓는 것과 같은 물리적 과정이다. 8장에서는 Gibbs 에너지를 화학 평형 연구에 적용할 것이다. 여기서의 논의는 단일 성분계에 한정한다.

어떤 온도와 압력에서 단일 성분계의 두 상, 예를 들면 고체와 액체가 평형에 있는 경우를 생각해 보자. 이 조건을 식으로 어떻게 나타낼 수 있을 것인가? 다음과 같이 Gibbs 에너지를 같게 둘 수 있을 것이다.

$$G_{\text{고체}} = G_{\text{액체}}$$

그러나 0°C에서 바닷물에 떠 있는 작은 얼음 조각과 같은 경우에는 이 식을 적용할 수 없다. 이 경우 물의 Gibbs 에너지가 얼음 조각의 Gibbs 에너지보다 훨씬 더 크다. 대신 세기 성질은 물질의 양과 무관하기 때문에, 두 물질이 평형 상태에 있을 때 세기 성질인 물질 1몰의 Gibbs 에너지(또는 몰당 Gibbs 에너지)가 서로 같아야 한다.

$$\overline{G}_{\text{고체}} = \overline{G}_{\text{액체}}$$

만약 온도와 압력 등의 외부 조건들이 달라져서 $\overline{G}_{\text{고체}} > \overline{G}_{\text{액체}}$인 상황이 되면, 아래 조건 때문에 일부 고체가 녹게 된다.

$$\Delta G = \overline{G}_{\text{액체}} - \overline{G}_{\text{고체}} < 0$$

반면에 $\overline{G}_{\text{고체}} < \overline{G}_{\text{액체}}$이면, 일부 액체는 자발적으로 응고한다.

고체, 액체, 증기의 몰 Gibbs 에너지가 온도와 압력에 따라 어떻게 변화하는지를 살펴보자. 식 5.13을 몰양으로 표시하면 다음과 같다.

$$\left(\frac{\partial \overline{G}}{\partial T}\right)_P = -\overline{S}$$

어떠한 상에서나 물질의 엔트로피는 항상 0보다 크기 때문에, 압력이 일정할 때 T에 대해 $\overline{G}$를 그리면 기울기가 음수가 된다. 한 물질의 세 가지 상에 대해 다음 관계가 성립한다.*

* 기체와 증기를 혼용해서 사용하지만, 엄격히 말하면 차이가 있다. 기체는 정상 온도와 압력에서 정상적으로 기체 상태인 물질이다. 증기는 정상 온도와 압력에서 액체나 고체인 물질의 기체 형태이다. 따라서 25°C, 1기압에서 수증기와 산소 기체라고 한다.

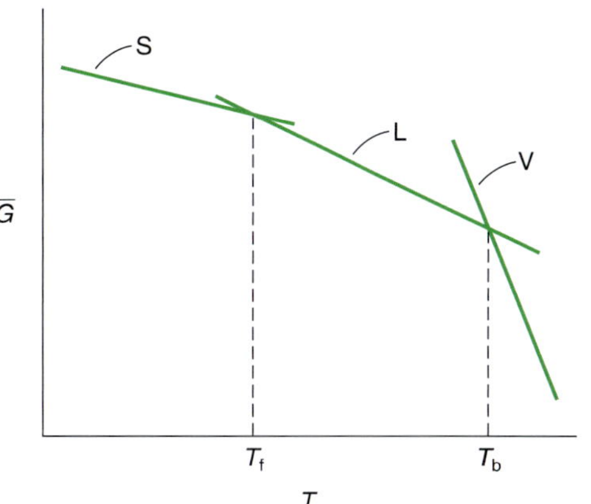

그림 5.2
일정 압력 조건에서 물질의 고체상(S), 액체상(L), 증기상(V)의 몰 Gibbs 에너지의 온도 의존성. 주어진 온도에서 가장 낮은 $\overline{G}$를 가진 상이 가장 안정한 상이다. 증기와 액체 선의 교차점은 끓는점(T_b), 고체와 액체 선의 교차점은 녹는점(T_f)이다.

$$\left(\frac{\partial \overline{G}_{고체}}{\partial T}\right)_P = -\overline{S}_{고체} \qquad \left(\frac{\partial \overline{G}_{액체}}{\partial T}\right)_P = -\overline{S}_{액체} \qquad \left(\frac{\partial \overline{G}_{증기}}{\partial T}\right)_P = -\overline{S}_{증기}$$

특정한 온도에서 물질의 몰엔트로피는 다음 순서로 작아진다.

$$\overline{S}_{증기} \gg \overline{S}_{액체} > \overline{S}_{고체}$$

이 차이는 그림 5.2의 선의 기울기에 반영되어 있다. 온도가 높을 때에는 증기 상태의 Gibbs 에너지가 가장 낮기 때문에, 증기 상태가 가장 안정하다. 온도가 낮아지면 액체 상태가 더 안정하게 되며, 더 낮은 온도에서는 고체가 가장 안정한 상이 된다. 액체와 증기의 선이 교차하는 점이 두 상이 평형에 있는 점, 즉 $\overline{G}_{증기} = \overline{G}_{액체}$이다. 이 점에 해당하는 온도가 T_b, 즉 끓는점이다. 비슷하게, 녹는점(용융점)인 T_f에서 고체와 액체가 평형 상태로 존재한다.

압력이 증가하면 상평형이 어떻게 달라지는가? 앞 절에서 물질의 Gibbs 에너지는 압력이 증가하면 항상 증가하게 되는 것을 배웠다(식 5.16 참조). 또한 주어진 압력 변화에 대하여 증기의 Gibbs 에너지 증가 정도가 가장 크며, 액체와 고체의 경우에는 증가 정도가 훨씬 작다. 이 결과는 식 5.16에서 나오며, 다음 식으로 표현된다.

$$\left(\frac{\partial \overline{G}}{\partial P}\right)_T = \overline{V}$$

증기의 몰부피는 액체나 고체에 비해 보통 천 배 이상 크다.

그림 5.3은 압력이 P_1에서 P_2로 커질 때 3가지 상에 대한 $\overline{G}$ 값 증가를 보여 준다. T_f와 T_b 값이 모두 커지게 되는데, 증기의 경우 Gibbs 에너지 증가가 매우 크기 때문에 T_b의 변화가 더 크다. 일반적으로, 외부 압력이 높아지면 끓는점과 녹는점이 모두 높아진다. 그림 5.3에는 나와 있지 않지만 그 역도 성립한다. 즉 압력이 낮아지면 녹는점과 끓는점이 모두 낮아진다. 녹는점에 대한 압력 효과에 관한 결론은, 액체의 몰부피가 고체의 몰부피보다 더 크다는 가정에 기초하고 있다. 이 가정이 대부분 성립하지만 모든 물질에 적용되는 것은 아니다. 중요한 예외는 물이다. 얼음이 물에

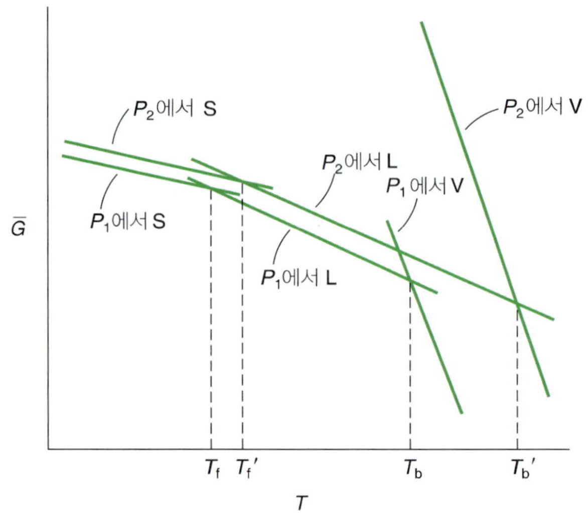

그림 5.3

압력 변화에 따른 Gibbs 에너지 변화. 대부분의 물질에서(물은 중요한 예외이다), 압력이 높아지면 녹는점과 끓는점이 모두 높아진다(여기서는 $P_2 > P_1$).

뜬다는 사실은 얼음의 몰부피가 액체 물의 몰부피보다 더 크다는 것을 의미한다. 물의 경우 압력이 증가하면 녹는점이 **낮아진다**. 물의 성질에 관해서는 추후에 더 논의할 것이다.

Clapeyron 식과 Clausius-Clapeyron 식

상평형을 정량적으로 이해하는 데 유용한 일반적인 관계를 유도할 것이다. α, β 두 상이 공존하고 있는 상태의 물질을 생각해 보자. 온도와 압력이 일정할 때의 평형 조건은 다음과 같다.

$$\overline{G}_\alpha = \overline{G}_\beta$$

따라서 다음 식으로 표시할 수 있다.

$$d\overline{G}_\alpha = d\overline{G}_\beta$$

두 상이 관련된 변화에서 dT와 dP의 관계를 알아보기 위해 식 5.10에서 시작해 보자.

$$d\overline{G}_\alpha = \overline{V}_\alpha dP - \overline{S}_\alpha dT = d\overline{G}_\beta = \overline{V}_\beta dP - \overline{S}_\beta dT$$

$$(\overline{S}_\beta - \overline{S}_\alpha)dT = (\overline{V}_\beta - \overline{V}_\alpha)dP$$

또는

$$\frac{dP}{dT} = \frac{\Delta\overline{S}}{\Delta\overline{V}}$$

여기서 $\Delta\bar{V}$와 $\Delta\bar{S}$는 각각 $\alpha\rightarrow\beta$ 상전이에서의 몰부피와 몰엔트로피의 변화이다. 평형 상태에서 $\Delta\bar{S}=\Delta\bar{H}/T$ 이기 때문에 위 식은 다음과 같이 된다.

$$\frac{dP}{dT}=\frac{\Delta\bar{H}}{T\Delta\bar{V}} \tag{5.19}$$

여기서 T는 상전이 온도이다(녹는점이나 끓는점일 수 있고, 또는 두 상이 평형으로 공존하는 또 다른 온도일 수도 있다). 식 5.19는 Clapeyron 식[프랑스 기술자 Benoit-Paul-Émile Clapeyron(1799~1864)의 이름에서 따옴]이다. 이 간단한 식을 이용하여 온도 변화에 따른 압력 변화의 비를, 쉽게 측정이 가능한 몰부피와 몰엔탈피의 변화량으로 나타낼 수 있다. 이 식은 흑연과 다이아몬드 같은 두 동소체 사이의 평형뿐만 아니라 용융, 증발, 승화에도 적용된다.

Clapeyron 식은 승화와 증발에 관한 근사식으로 표현될 수 있다. 이 경우 증기의 몰부피는 응축상의 몰부피보다 훨씬 더 크기 때문에 다음과 같이 쓸 수 있다.

$$\Delta_{\text{증기}}\bar{V}=\bar{V}_{\text{증기}}-\bar{V}_{\text{응축상}}\approx\bar{V}_{\text{증기}}$$

또한 기체는 이상 기체라고 가정하면 다음과 같다.

$$\Delta_{\text{증기}}\bar{V}=\bar{V}_{\text{증기}}=\frac{RT}{P}$$

식 5.19에서 $\Delta_{\text{증기}}\bar{V}$를 치환하면 다음과 같다.

$$\frac{dP}{dT}=\frac{P\Delta_{\text{증기}}\bar{H}}{RT^2}$$

또는

$$\frac{dP}{P}=d\ln P=\frac{\Delta_{\text{증기}}\bar{H}dT}{RT^2} \tag{5.20}$$

식 5.20은 Clausius-Clapeyron 식[독일의 물리학자 Rudolf Julius Clausius(1822~1888)의 이름에서 따옴]이다. 식 5.20을 P_1, T_1과 P_2, T_2 범위에서 적분하면 다음 식이 얻어진다.

$$\int_{P_1}^{P_2}d\ln P=\ln\frac{P_2}{P_1}=\frac{\Delta_{\text{증기}}\bar{H}}{R}\int_{T_1}^{T_2}\frac{dT}{T^2}=-\frac{\Delta_{\text{증기}}\bar{H}}{R}\left(\frac{1}{T_2}-\frac{1}{T_1}\right)$$

또는

$$\ln\frac{P_2}{P_1}=\frac{\Delta_{\text{증기}}\bar{H}}{R}\frac{(T_2-T_1)}{T_1T_2} \tag{5.21}$$

$\Delta_{\text{증기}}\bar{H}$는 온도와 무관하다고 가정한다. 부정적분(적분 구간 없이)을 하면, $\ln P$를 다음과 같이 온도의 함수로 표시할 수 있다.

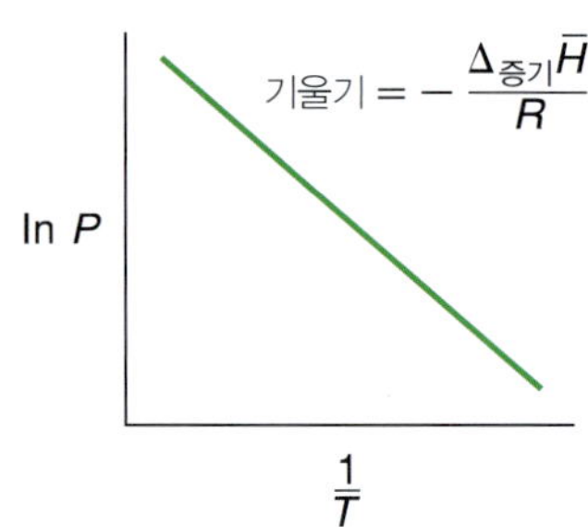

그림 5.4
액체의 $\Delta_{증기}\overline{H}$를 결정하기 위한 ln P와 $1/T$의 도시

$$\ln P = -\frac{\Delta_{증기}\overline{H}}{RT} + C \tag{5.22}$$

여기서 C는 상수이다. 따라서 ln P를 $1/T$에 대해 그리면 직선의 기울기(음의 값)가 $-\Delta_{증기}\overline{H}/R$이 된다(그림 5.4).

상도표

몇몇 익숙한 물질의 상평형을 검토해 보자. 고체, 액체, 증기가 공존하는 계의 조건은 온도와 압력을 축으로 하는 **상도표**(phase diagram)에 요약되어 있다. 물과 이산화탄소의 상평형을 살펴볼 것이다.

물. 그림 5.5는 물의 상도표이다. 여기서 S, L, V는 한 가지 상(고체, 액체, 증기)만 존재하는 영역을 나타낸다. 그러나 선상에서는 두 상이 공존한다. 이 선의 기울기는 dP/dT이다. 예를 들면, L과 V 영역을 분리하는 선은 온도에 따라 변화하는 물의 증기 압력을 보여 준다. 373.15 K에서 증기 압력은 1 atm이며, 이 조건은 물의 정상 끓는점을 나타낸다. L−V 선은 임계점에서 갑자기 끊어지는데, 이 점 넘어에서는 액체상이 존재하지 않는다. 물의 정상 어는점(얼음의 녹는점)은 S−L 선이 1 atm일 때의 온도로 정의되는데, 273.15 K가 된다. 마지막으로 삼중점이라고 하는 한 점에서는 세 가지 상이 모두 공존한다. 물의 삼중점은 $T = 273.16$ K, $P = 0.006$ atm이다.

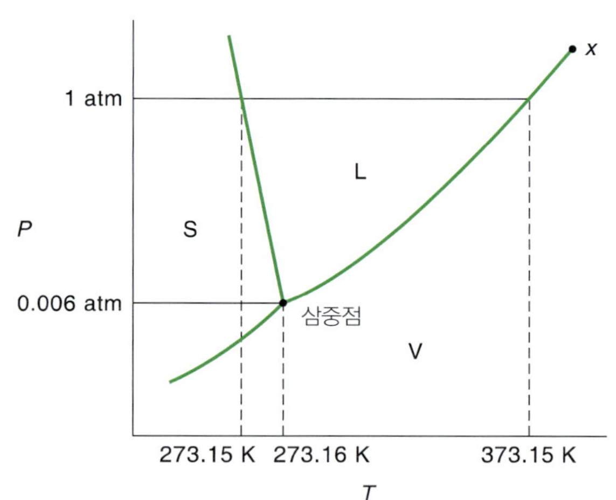

그림 5.5
물의 상도표. 고체−액체 선의 기울기는 0보다 작다. 액체−기체 선은 임계점 x (647.6 K, 217.7 atm)에서 멈춘다(그림은 척도에 맞게 그려져 있지 않다).

예제 5.5

$\Delta_{용융}\overline{H} = 6.01$ kJ mol^{-1}, $\overline{V}_L = 0.0180$ L mol^{-1}, $\overline{V}_S = 0.0196$ L mol^{-1}로부터 273.15 K에서의 S−L 선의 기울기를 atm K^{-1} 단위로 계산하시오.

답

Clapeyron 식(식 5.19)이 필요하다.

$$\frac{dP}{dT} = \frac{\Delta_{융용}\overline{H}}{T_f\Delta_{융용}\overline{V}}$$

환산 인자 $1\ J = 9.87 \times 10^{-3}$ L atm을 사용하면 다음 결과가 얻어진다.

$$\frac{dP}{dT} = \frac{(6010\ J\ mol^{-1})(9.87 \times 10^{-3}\ L\ atm\ J^{-1})}{(273.15\ K)(0.0180 - 0.0196)\ L\ mol^{-1}}$$

$$= -136\ atm\ K^{-1}$$

COMMENT

(1) 액체 상태 물의 몰부피는 얼음의 몰부피보다 작기 때문에 그림 5.5에서처럼 기울기는 음이다. 또한 $(\overline{V}_L - \overline{V}_S)$ 값이 작기 때문에 그 기울기는 아주 가파르다. (2) dT/dP 값을 계산하면 흥미로운 결과가 얻어지는데, 이 값은 녹는점을 압력의 함수로 변화(감소)시킨다. $dT/dP = -7.35 \times 10^{-3}$ K atm^{-1}은 압력이 1 atm씩 증가할 때마다 얼음의 녹는점이 7.35×10^{-3} K씩 낮아진다는 의미이다. 스케이트 날의 면적이 작기 때문에 스케이트를 타는 사람의 체중은 얼음에 상당한 압력(500 atm 정도)을 가한다. 얼음이 녹음에 따라 얼음과 스케이트 날 사이에 수막이 만들어져 윤활유와 같이 작용하여 스케이트를 탈 수 있다. 그러나 스케이트 날과 얼음 사이에서 만들어지는 마찰열로 인해 얼음이 녹는다는 것을 가리키는 연구 결과들이 있다. [앞의 500 atm은 잘못 계산된 값이다. 따라서 체중으로 인한 압력 증가로 인해 얼음이 녹는다는 설명은 옳지 않다. 또한 마찰열로 인해 얼음이 녹는다는 것도 정확한 설명이 아니다. 얼음의 표면은 그 특이한 성질로 인해 마찰이 매우 작다. 얼음 표면에 관한 많은 연구들이 진행 중이다. – 옮긴이]

예제 5.6

다음 데이터는 온도 변화에 따른 물의 증기 압력의 변화를 나타낸 것이다.

P(mmHg)	17.54	31.82	55.32	92.51	149.38	233.7
t(°C)	20	30	40	50	60	70

물의 몰 증발 엔탈피를 결정하시오.

답

식 5.22가 필요하다. 첫 번째 단계는 그림을 그리기 위하여 데이터를 적절한 형태로 변화시키는 것이다.

$\ln P$	2.865	3.460	4.013	4.527	5.007	5.454
K(T)	3.41×10^{-3}	3.30×10^{-3}	3.19×10^{-3}	3.10×10^{-3}	3.00×10^{-3}	2.92×10^{-3}

그림 5.6은 $1/T$에 대한 $\ln P$의 그림이다. 측정된 기울기로부터 다음 결과가 얻어진다.

$$-5090\ \text{K} = -\frac{\Delta_{\text{증발}}\overline{H}}{R}$$

또는

$$\begin{aligned}\Delta_{\text{증발}}\overline{H} &= (8.314\ \text{J K}^{-1}\ \text{mol}^{-1})(5090\ \text{K}) \\ &= 42.3\ \text{kJ mol}^{-1}\end{aligned}$$

COMMENT

(1) 정상 끓는점에서 측정된 물의 몰증발열은 40.79 kJ mol^{-1}이다. 그러나 $\Delta_{\text{증발}}\overline{H}^\circ$는 어느 정도 온도에 의존하기 때문에 20°C에서 80°C 사이의 평균값으로 취한다. (2) 이 데이터에 대한 그림에서 $\ln P$ 값에는 단위가 없다. 압력의 단위가 mmHg이든 atm이든, 같은 기울기가 얻어진다. atm과 mmHg 사이의 관계는 다음과 같다.

$$P' = CP$$

여기서 P'는 atm 단위의 압력, P는 mmHg 단위의 압력, C는 환산 인자이다. atm 단위의 압력으로 표현하면, 선의 기울기는 다음과 같다.

$$\begin{aligned}\text{기울기} = \frac{(\ln P_2' - \ln P_1')}{1/T_2 - 1/T_1} &= \frac{\ln CP_2 - \ln CP_1}{1/T_2 - 1/T_1} \\ &= \frac{\ln P_2 - \ln P_1}{1/T_2 - 1/T_1}\end{aligned}$$

따라서 압력이 atm 단위(P_1'와 P_2')이든 mmHg 단위(P_1과 P_2)이든, 기울기는 같다.

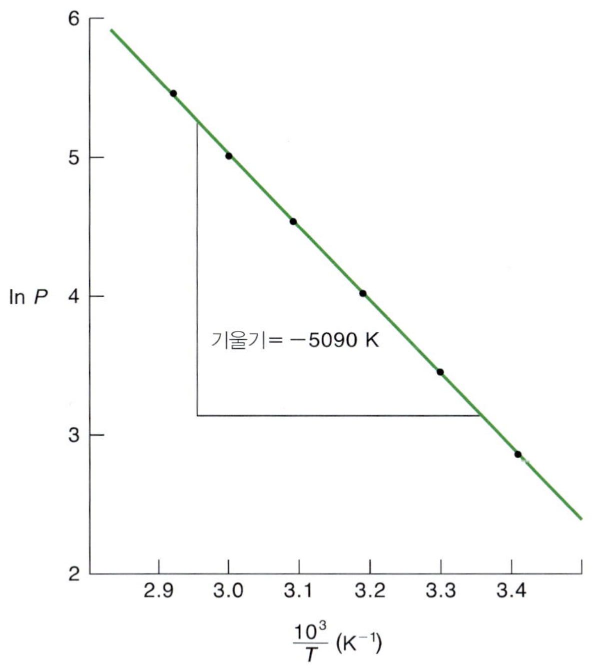

그림 5.6
ln P와 $1/T$의 그림. 직선의 기울기는 $-\Delta_{증발}\overline{H}/R$이다.

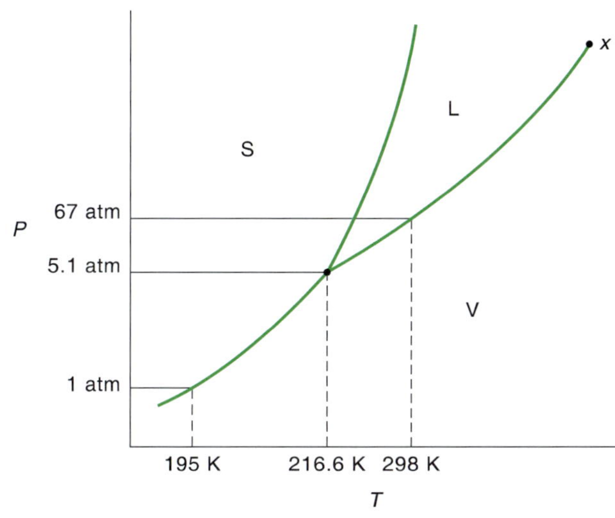

그림 5.7
이산화 탄소의 상도표. 고체–액체의 기울기는 다른 대부분의 물질들처럼 0보다 큰 값이다. 액체–기체 선은 임계점(304.2 K, 73.0 atm) x에서 멈춘다(그림은 척도에 맞게 그려져 있지 않다).

이산화 탄소. 그림 5.7은 이산화 탄소의 상도표이다. 물의 상도표와 이 상도표의 주된 차이는 CO_2의 S–L 선의 기울기가 0보다 크다는 점이다. $\overline{V}_{액체} > \overline{V}_{고체}$이기 때문에 0보다 큰 값이 되며, dP/dT 값도 0보다 큰 값이 된다. 액체 CO_2는 5 atm보다 낮은 압력에서는 안정하지 않다. 이 때문에 고체 CO_2를 대기압에서 녹지 않고 승화되는 '드라이아이스(dry ice)'라 부른다. 또한 고체 이산화 탄소는 얼음처럼 보인다(그림 5.8). 상온에서 액체 CO_2가 만들어질 수 있지만, 67 atm이라는 높은 압력의 금속 실린더 속에서만 가능하다.

Gibbs 상 규칙

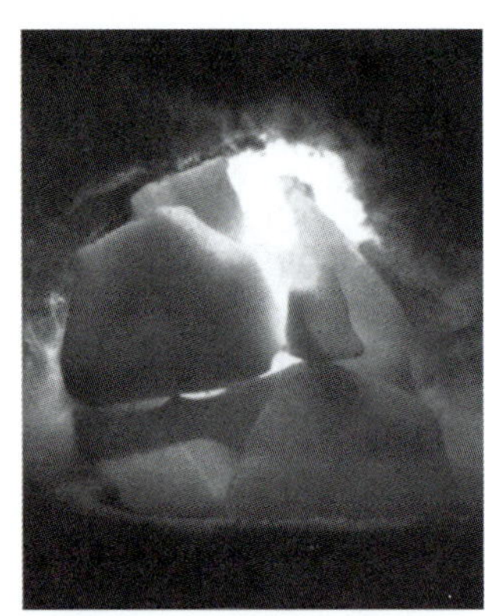

그림 5.8
1 atm에서 고체 이산화 탄소는 녹을 수 없다. 단지 승화할 뿐이다.

상평형에 대한 논의의 마무리로, Gibbs가 유도한 유용한 규칙을 생각해 보자(유도는 부록 5.2 참조).

$$f = c - p + 2 \tag{5.23}$$

여기서 c는 성분의 수, p는 계에 존재하는 상의 개수이다. **자유도**(degree of freedom) f는 평형에서 상의 개수에 변화를 주지 않고 독립적으로 변할 수 있는 세기 변수(압력, 온도, 조성)의 수이다. 예를 들면 단일 성분, 단일 상 계($c = 1$, $p = 1$)의 경우, 용기에 들어 있는 기체에서 압력과 온도가 독립적으로 변하여도 상의 수에는 변화가 없다. 따라서 $f = 2$, 즉 계의 자유도가 2라고 한다.

여기서 사용한 자유도라는 용어는 분자 운동에 관한 2장의 내용과는 그 의미가 다르다.

물($c = 1$)에 대한 상 규칙을 적용해 보자. 그림 5.5는 순수한 상 영역(S, L, V)에서 $p = 1$, $f = 2$인데, 이는 압력이 온도와 무관하게 변할 수 있다는 의미이다(자유도 2). 그러나 S−L, L−V, S−V의 경계에서는 $p = 2$, $f = 1$이다. 따라서 모든 P 값에 대해서 각각 하나의 T 값만 존재한다. 그리고 그 역이 성립한다 (자유도 1). 마지막으로, 삼중점에서 $p = 3$, $f = 0$이다(자유도 없음). 이 조건에서 계는 전체적으로 고정되고, 압력이나 온도는 달라질 수 없다. 이와 같은 계를 **불변**(invariant) 상태라고 하며, 온도−압력 그림에서 한 점으로 표시된다.

5.6 고무 탄성 열역학

이 절에서는 기체가 아닌 계 중에서, 쉽게 볼 수 있는 고무 밴드에 대해 열역학적 함수를 적용해 본다.

천연 고무는 폴리-시스-아이소프렌(poly-*cis*-isoprene)으로, 다음과 같은 단량체 단위가 반복된다.

$$\left(\begin{array}{c} CH_3 \quad\quad H \\ \diagdown \quad \diagup \\ C{=}C \\ \diagup \quad \diagdown \\ -CH_2 \quad\quad CH_2- \end{array} \right)_n$$

여기서 n은 수백에 해당한다. 탄성은 고무의 특성이다. 고무는 원래 길이의 10배 정도 늘어날 수 있으며, 외부의 힘이 없어지면 원래 길이로 되돌아간다. 이러한 특성은 긴 사슬 분자의 유연성에 기인한다. 덩어리 상태의 고무에서는 고분자 사슬이 서로 엉켜져 있다. 외부에서 작용하는 힘이 충분히 강하면, 각 사슬이 서로 빠져나가 탄성을 거의 잃게 된다. 1839년에 미국의 화학자 Goodyear(Charles Goodyear, 1800~1860)는 천연 고무를 황과 교차 결합 반응을 시키면 사슬이 빠져나가지 않게 되는 것을 발견하였는데, 이를 **가황**(vulcanization) 과정이라고 한다. 그림 5.9에서처럼 자연 상태(unstretched state)의 고무는 여러 가지 형태를 가지며, 가능한 형태의 수가 상대적으로 적은, 잡아 늘인 상태보다 더 큰 엔트로피를 갖는다.

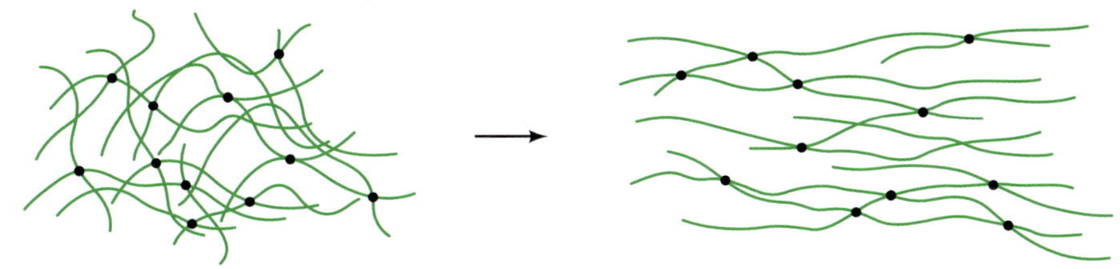

그림 5.9
늘어나지 않은 고무(왼쪽)는 늘인 고무(오른쪽)보다 더 많은 형태가 가능하다. 가황 고무 분자의 긴 사슬은 황의 결합(점으로 표시한)으로 서로 붙잡고 있어 빠져나가지 않는다.

고무 밴드를 힘 f로 탄성 한계 내에서 잡아 늘였을 때 행한 일 dw는 두 항으로 주어진다.

$$dw = f dl - PdV \tag{5.24}$$

첫 번째 항은 힘과 늘어난 길이의 곱이다. 그러나 두 번째 항은 매우 작은 값으로 보통 무시한다(고무 밴드를 잡아당기면 얇아지지만 길이가 늘어나 부피 변화 dV는 무시할 수 있다). 만약 고무 밴드를 서서히 늘이면 복원력은 전 과정에서 가해진 힘과 같으며, 이 과정을 가역적이라고 할 수 있다. 앞에서 일정 온도와 압력하에서 일어나는 과정의 최대 일은 Helmholtz 에너지 변화량과 같다는 것을 배웠다.

$$dw_{가역} = dw_{최대} = dA$$

또는

$$dA = f dl$$

복원력을 Helmholtz 에너지로 표현할 수 있다.

$$f = \left(\frac{\partial A}{\partial l}\right)_T \tag{5.25}$$

식 5.4로부터

$$A = U - TS$$

늘어난 길이가 l일 때 A의 변화는 다음과 쓸 수 있다.

$$\left(\frac{\partial A}{\partial l}\right)_T = \left(\frac{\partial U}{\partial l}\right)_T - T\left(\frac{\partial S}{\partial l}\right)_T \tag{5.26}$$

식 5.25를 5.26으로 치환하면 다음 결과가 얻어진다.

$$f = \left(\frac{\partial U}{\partial l}\right)_T - T\left(\frac{\partial S}{\partial l}\right)_T \tag{5.27}$$

식 5.27은 길이가 늘어남으로 인한 에너지 변화와 엔트로피 변화의 두 값이 복원력에 기여한다는 것을 보여 준다.*

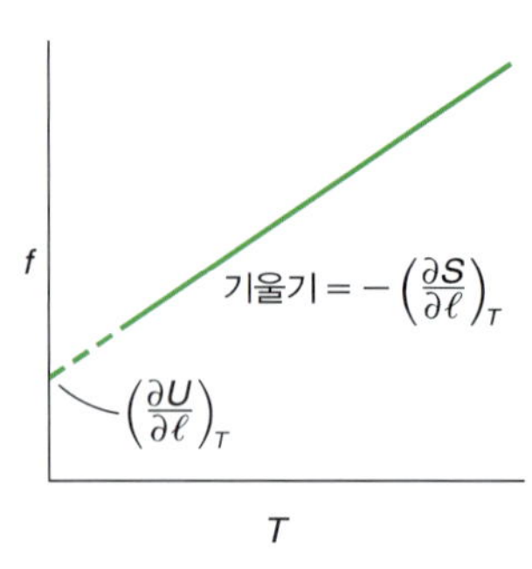

그림 5.10
온도(T)에 대한 고무 밴드의 복원력(f)의 도시

그림 5.10은 온도 T에 대해 힘 f를 그린 것이다. 직선의 기울기는 0보다 큰 값으로, $(\partial S/\partial l)_T$는 음수가 된다. 이 결과는 고분자 물질은 늘인 상태에서 더 규칙적으로 배열되므로 엔트로피가 감소한다는 사실과 일치한다. 실험 결과 또한 $(\partial U/\partial l)_T$ 항(y축 절편)이 $(\partial S/\partial l)_T$ 항보다 5~10배 더 작음을 보여 준다. 탄화수소 분자 사이의 인력은 비교적 작아서 고무 밴드가 늘어나더라도 밴드의 내부 에너지는 별로 변하지 않는다. 그러므로 복원력에 주로 영향을 미치는 것은 에너지가 아닌, 엔트로피이다. 늘어난 고무 밴드가 원위치로 되돌아가는 이유는 엔트로피가 증가하기 때문이다.

마지막으로, 고무 밴드의 늘어남과 기체의 압축 사이의 유사성에 주목하라. 고무와 기체가 이상적으로 거동하면, 다음과 같은 관계가 있다.

$$\left(\frac{\partial U}{\partial l}\right)_T = 0 \quad (\text{고무}), \qquad \left(\frac{\partial U}{\partial V}\right)_T = 0 \quad (\text{기체})$$

고무가 이상적인 거동을 한다는 말은 분자 간 인력이 고무 형태와 무관하다는 의미이며, 이상 기체에는 분자 간 인력이 존재하지 않는다는 의미이다. 비슷하게, 기체가 등온 압축될 때 엔트로피가 감소하는 것처럼, 일정 온도에서 고무 밴드의 엔트로피는 밴드가 늘어날 때 감소한다.

* 늘인 고무 밴드의 복원력에 대한 실험은 J. P. Byrne, *J. Chem. Educ.* **71**, 531(1994)을 참조하시오.

Key Equations

$G = H - TS$	(Gibbs 에너지의 정의)	(5.1)
$dG_{계} \leq 0$	(온도와 압력이 일정할 때)	(5.2)
$\Delta G = \Delta H - T\Delta S$	(온도와 압력이 일정할 때)	(5.3)
$A = U - TS$	(Helmholtz 에너지의 정의)	(5.4)
$dA_{계} \leq 0$	(온도와 부피가 일정할 때)	(5.5)
$\Delta A = \Delta U - T\Delta S$	(온도와 부피가 일정할 때)	(5.6)
$\Delta A = w_{가역}$	(최대 일과 ΔA의 관계)	(5.8)
$dU = TdS - PdV$	(열역학 제1법칙과 제2법칙의 결합)	(5.9)
$dG = VdP - SdT$	(온도와 압력에 따른 G의 변화)	(5.10)
$\Delta G = w_{전기,\ 최대}$	(전기적 일과 ΔG의 관계)	(5.11)
$\Delta_r G^\circ = \Sigma v \Delta_f \overline{G}^\circ(생성물) - \Sigma v \Delta_f \overline{G}^\circ(반응물)$	(반응에서의 표준 Gibbs 에너지 변화)	(5.12)
$\left[\dfrac{\partial\left(\dfrac{\Delta G}{T}\right)}{\partial T}\right]_P = -\dfrac{\Delta H}{T^2}$	(Gibbs-Helmholtz 식)	(5.15)
$\Delta G = nRT \ln \dfrac{P_2}{P_1}$	(압력 변화에 따른 이상 기체의 G의 변화)	(5.17)
$\overline{G} = \overline{G}^\circ + RT \ln \dfrac{P}{1\text{ bar}}$	(기체의 몰 Gibbs 에너지)	(5.18)
$\dfrac{dP}{dT} = \dfrac{\Delta \overline{H}}{T\Delta \overline{V}}$	(Clapeyron 식)	(5.19)
$\ln \dfrac{P_2}{P_1} = \dfrac{\Delta_{증기}\overline{H}}{R}\dfrac{(T_2 - T_1)}{T_1 T_2}$	(Clausius-Clapeyron 식)	(5.21)
$\ln P = -\dfrac{\Delta_{증기}\overline{H}}{RT} + C$	(Clausius-Clapeyron 식)	(5.22)
$f = c - p + 2$	(Gibbs 상 규칙)	(5.23)
$f = \left(\dfrac{\partial U}{\partial l}\right)_T - T\left(\dfrac{\partial S}{\partial l}\right)_T$	(늘어난 고무 밴드의 복원력)	(5.27)

부록 5.1

몇 가지 열역학적 관계

이 부록에서는 기본적인 열역학적 관계를 유도한다.

식 5.9와 5.10으로부터 다음 식을 구할 수 있다.

$$dU = -PdV + TdS \tag{1}$$

$$dG = VdP - SdT \tag{2}$$

dH와 dA에 대해서도 다음과 같은 비슷한 식을 얻을 수 있다. $H(H = U+PV)$의 정의와 식 1을 사용하여 다음과 같이 쓸 수 있다.

$$\begin{aligned} dH &= dU + PdV + VdP \\ &= -PdV + TdS + PdV + VdP \\ &= VdP + TdS \end{aligned} \tag{3}$$

$A(A = U-TS)$의 정의로부터 다음 결과가 얻어진다.

$$\begin{aligned} dA &= dU - TdS - SdT \\ &= -PdV + TdS - TdS - SdT \\ &= -PdV - SdT \end{aligned} \tag{4}$$

식 1로부터, U가 V와 S의 함수임을 알 수 있다. 따라서 완전 미분 dU를 다음과 같이 쓸 수 있다(부록 3.1 참조).

$$dU = \left(\frac{\partial U}{\partial V}\right)_S dV + \left(\frac{\partial U}{\partial S}\right)_V dS \tag{5}$$

식 1과 5의 dV와 dS의 계수를 비교하면 다음 결과가 얻어진다.

$$\left(\frac{\partial U}{\partial V}\right)_S = -P \tag{6}$$

$$\left(\frac{\partial U}{\partial S}\right)_V = T \tag{7}$$

비슷한 과정을 거쳐, dH에 대해 다음 결과가 얻어진다.

$$dH = \left(\frac{\partial H}{\partial P}\right)_S dP + \left(\frac{\partial H}{\partial S}\right)_P dS \tag{8}$$

식 3과 8의 dP와 dS의 계수를 비교하면 다음 결과가 얻어진다.

$$\left(\frac{\partial H}{\partial P}\right)_S = V \tag{9}$$

$$\left(\frac{\partial H}{\partial S}\right)_P = T \tag{10}$$

식 4로부터 다음 결과를 얻는다.

$$dA = \left(\frac{\partial A}{\partial V}\right)_T dV + \left(\frac{\partial A}{\partial T}\right)_V dT \tag{11}$$

식 4와 11의 dV와 dT의 계수를 비교하면 다음 결과가 얻어진다.

$$\left(\frac{\partial A}{\partial V}\right)_T = -P \tag{12}$$

$$\left(\frac{\partial A}{\partial T}\right)_V = -S \tag{13}$$

식 2로부터 다음 결과가 얻어진다.

$$dG = \left(\frac{\partial G}{\partial P}\right)_T dP + \left(\frac{\partial G}{\partial T}\right)_P dT \tag{14}$$

식 2와 14의 dP와 dT의 계수를 비교하여 다음 결과가 얻어진다.

$$\left(\frac{\partial G}{\partial P}\right)_T = V \tag{15}$$

$$\left(\frac{\partial G}{\partial T}\right)_P = -S \tag{16}$$

식 6, 9, 12, 13, 15, 16으로부터 4개 열역학적 함수(U, H, A, G)가 서로 다른 조건에서 압력, 부피, 온도에 따라 어떻게 변하는지 알 수 있다.

Maxwell 관계

1870년대에 Maxwell은 S와 P, V, T의 관계를 유도하였다. 식 1에서 출발하여 dU가 완전 미분 관계임을 알고, 다음과 같이 Euler 정리(부록 3.1 참조)를 적용한다.

$$-\left(\frac{\partial P}{\partial S}\right)_V = \left(\frac{\partial T}{\partial V}\right)_S \tag{17}$$

비슷한 방법으로, 식 3으로부터 다음 결과가 얻어진다.

$$\left(\frac{\partial V}{\partial S}\right)_P = \left(\frac{\partial T}{\partial P}\right)_S \tag{18}$$

식 4로부터 다음 결과가 얻어진다.

$$\left(\frac{\partial P}{\partial T}\right)_V = \left(\frac{\partial S}{\partial V}\right)_T \tag{19}$$

식 2로부터 다음 결과가 얻어진다.

$$\left(\frac{\partial V}{\partial T}\right)_P = -\left(\frac{\partial S}{\partial P}\right)_T \tag{20}$$

위에서 유도한 식의 유용한 점은 쉽게 알 수 없는 변수들 사이의 관계를 구할 수 있다는 것이며, 열역학 함수들이 P, V, T에 따라 어떻게 변화하는지를 연구할 수 있다는 것이다. 예를 들면 $(\partial S/\partial V)_T$는 측정하기 쉽지 않다. 그러나 식 19에 의하면, 이 양은 실험적으로 훨씬 쉽게 구할 수 있는 양인, 부피가 일정할 때 온도에 따른 계의 압력 변화$(\partial P/\partial T)_V$와 같다. 이들의 몇몇 관계를 이용하면, 온도가 일정할 때 부피 변화에 따른 내부 에너지의 변화를 나타내는 식인 **열역학적 상태 방정식**(thermodynamic equation of state)을 유도하는 것이 가능하다 (문제 5.41 참조).

부록 5.2

Gibbs 상 규칙의 유도

상 규칙을 유도하기 전에 **성분**(component, c)이라는 용어를 정의해 둘 필요가 있다. 성분의 수는 계의 모든 구성을 가능하게 하기 위해 필요한 구성 변수의 최소한의 수를 말하며, 다음과 같이 나타낸다.

$$c = s - r \tag{1}$$

여기서 s는 존재하는 구성 요소(원자, 분자, 이온 등)의 총 수, r은 구성을 제한하는 조건의 가짓수로, 성분 구성 변수들 사이에 존재하는 수학적 관계의 수이다. 다음 예는 식 1을 명확히 이해하는 데 도움을 준다.

예제 1 순수한 물. 조성의 수는 1($s = 1$)이다. 그리고 반응이 일어나지 않기 때문에 (물의 자동 해리는 무시한다.), $r = 0$, $c = 1$, 따라서 단일 성분계이다.

예제 2 물과 에탄올 혼합물. 여기서 조성의 수는 2($s = 2$)이다. 에탄올과 물 사이에 반응이 일어나지 않는다. 따라서 $r = 0$, $c = 2$이므로 2 성분계이다.

예제 3 암모니아 및 염화 수소와 평형 상태인 염화 암모늄. 처음에 NH_4Cl만 존재한다고 가정하자.

$$NH_4Cl(s) \rightleftharpoons NH_3(g) + HCl(g)$$

이 계의 구성 요소는 3($s = 3$)이다. 구성 요소들 사이에는 두 종류의 수학적 관계가 존재한다. 다음과 같은 평형 상수를 만족해야 하며,

$$K = [NH_3][HCl]$$

또한

$$[NH_3] = [HCl]$$

이어야 한다. 따라서 $r = 2$이므로 다음 결과가 얻어진다.

$$c = 3 - 2 = 1$$

즉 단일 성분계이다.

Gibbs 상 규칙

평형 상태 p개의 상(phase) 속에 c가지 성분이 있는 계를 생각해 보자. 임의의 한 상에 있는 계를 완전히 정의하는 데 몇 개의 농도 항이 필요한가? 한 개 성분($c=1$)만 있다면, 농도는 필요 없다. 둘 또는 그 이상의 성분이 있다면, $(c-1)$ 농도 항이 필요하다. 예를 들면 $c=2$라면, 어떤 한 성분의 몰분율만 알면 두 농도 모두 결정할 수 있다. 이와 같이 p개의 상에서의 농도를 모두 결정하려면 $p(c-1)$개의 농도 항이 필요하다. 온도와 압력이 정해져야 하므로, 두 개의 변수가 더해져 다음 식이 얻어진다.

$$\text{독립 세기 변수의 총 수} = p(c-1) + 2 \tag{2}$$

평형 상태에 있는 모든 상(α, β, γ,⋯)에서 한 성분의 몰 Gibbs 에너지는 같아야 하므로, 각 성분에 대해 이 조건을 적용하면 $(p-1)$개의 독립된 방정식이 얻어진다.* 예를 들면 한 성분이 두 상에 존재한다면, 평형에 관한 조건은 다음과 같다.

$$\overline{G}_\alpha = \overline{G}_\beta \quad \text{(1개의 식)}$$

세 가지 상에 있는 한 성분에 대해서는 다음과 같다.

$$\overline{G}_\alpha = \overline{G}_\beta$$

그리고

$$\overline{G}_\beta = \overline{G}_\gamma \quad \text{(2개의 식)}$$

($G_\alpha = G_\gamma$는 독립 식이 아닌 것에 유의할 것.) 각 식마다 식 2에서 구한 독립된 변수의 수를 하나씩 감소시킨다. c 성분에 대해서는 $c(p-1)$개의 식을 만족해야 한다. 세기 변수의 총 수와 독립 변수의 총 수의 차이는, 평형 상태에 있는 상의 수를 변화시키지 않으면서 독립적으로 바뀔 수 있는 변수의 수가 증가되며, 이를 자유도(f)라고 한다.

$$\begin{aligned} f &= [p(c-1)+2] - c(p-1) \\ &= c - p + 2 \end{aligned} \tag{3}$$

이 결과는 식 5.23이다.

* 상 규칙을 적절히 유도하려면 분몰 Gibbs 에너지 또는 화학 퍼텐셜을 사용해야 한다(6장 참조). 몰 Gibbs 에너지를 사용하기 때문에 이 결과는 단일 성분계에만 적용하지만, 다성분계에 대해 일반화할 수 있다.

참고문헌

책

Bent, H. A., *The Second Law*, Oxford University Press, New York, 1965.

Hanson, R. M., and S. Green, *Introduction to Molecular Thermodynamics*, University Science Books, Sausalito, CA, 2008.

Klotz, I. M., and R. M. Rosenberg, *Chemical Thermodynamics: Basic Theory and Methods*, 5th ed., John Wiley and Sons, New York, 1994.

McQuarrie, D. A., and J. Simon, *Molecular Thermodynamics*, University Science Books, Sausalito, CA, 1999.

Rock, P. A., *Chemical Thermodynamics*, University Science Books, Sausalito, CA, 1983.

논문

일반

"The Synthesis of Diamond," H. Hall, *J. Chem. Educ.* **38**, 484 (1961).

"The Second Law of Thermodynamics," H. A. Bent, *J. Chem. Educ.* **39**, 491 (1962).

"The Use and Misuse of the Laws of Thermodynamics," M. L. McGlashan, *J. Chem. Educ.* **43**, 226 (1966).

"The Scope and Limitations of Thermodynamics," K. G. Denbigh, *Chem. Brit.* **4**, 339 (1968).

"Thermodynamics of Hard Molecules," L. K. Runnels, *J. Chem. Educ.* **47**, 742 (1970).

"The Thermodynamic Transformation of Organic Chemistry," D. E. Stull, *Am. Sci.* **54**, 734 (1971).

"Introduction to the Thermodynamics of Biopolymer Growth," C. Kittel, *Am. J. Phys.* **40**, 60 (1972).

"High Pressure Synthetic Chemistry," A. P. Hagen, *J. Chem. Educ.* **55**, 620 (1978).

"Reversibility and Returnability," J. A. Campbell, *J. Chem. Educ.* **57**, 345 (1980).

"Student Misconceptions in Thermodynamics," M. F. Granville, *J. Chem. Educ.* **62**, 847 (1985).

"The True Meaning of Isothermal," D. Fain, *J. Chem Educ.* **65**, 187 (1988).

"The Conversion of Chemical Energy," D. J. Wink, *J. Chem. Educ.* **69**, 109 (1992).

"The Thermodynamics of Home-Made Ice Cream," D. L. Gibbon, K. Kennedy, N. Reading, and M. Quierox, *J. Chem. Educ.* **69**, 658 (1992).

"Spontaneity, Accessibility, Irreversibility, 'Useful Work': The Availability Function, the Helmholtz Function, and the Gibbs Function," R. J. Tykodi, *J. Chem. Educ.* **72**, 103 (1995).

"The Gibbs Function Controversy," S. E. Wood and R. Battino, *J. Chem. Educ.* **73**, 408 (1996).

"How Thermodynamic Data and Equilibrium Constants Changed When the Standard-State Pressure Became 1 Bar," R. S. Treptow, *J. Chem. Educ.* **76**, 212 (1999).

"Revitalizing Modern Thermodynamics Instruction with an Old Technique: A State Functions Table," P. A. Molina, *Chem. Educator* [Online] **12**, 137 (2007) DOI 10.1333/s00897072026a.

상평형

"The Triple Point of Water," F. L. Swinton, *J. Chem. Educ.* **44**, 541 (1967).

"Subtleties of Phenomena Involving Ice-Water Equilibria," L. F. Loucks, *J. Chem. Educ.* **63**, 115 (1986). Also see *J. Chem. Educ.* **65**, 186 (1988).

"Reappearing Phases," J. Walker and C. A. Vanse, *Sci. Am.* May 1987.

"Supercritical Phase Transitions at Very High Pressure," K. M. Scholsky, *J. Chem. Educ.* **66**, 989 (1989).
"The Direct Relation Between Altitude and Boiling Point," B. L. Earl, *J. Chem. Educ.* **67**, 45 (1990).
"Ice Under Pressure," R. Chang and J. F. Skinner, *J. Chem. Educ.* **67**, 789 (1990).
"The Critical Point and the Number of Degrees of Freedom," R. Battino, *J. Chem. Educ.* **68**, 276 (1991).
"Phase Diagrams of One-Component Systems," G. D. Peckham and I. J. McNaught, *J. Chem. Educ.* **70**, 560 (1993).
"Description of Regions in Two-Component Phase Diagrams," R. M. Rosenberg, *J. Chem. Educ.* **76**, 223 (1999).
"The Gibbs Phase Rule Revisited: Interrelationships between Components and Phases," J. S. Alper, *J. Chem. Educ.* **76**, 1567 (1999).
"Melting Below Zero," J. S. Wellaufer and J. G. Dash, *Sci. Am.* February 2000.
"On the Clausius-Clapeyron Vapor Pressure Equation," S. Velasco, F. L. Román, and J. A. White, *J. Chem. Educ.* **86**, 106 (2009).
"Nanotechnology Provides a New Perspective on Chemical Thermodynamics," R. G. Haverkamp, *J. Chem. Educ.* **86**, 50 (2009).
"Complexities of One-Component Phase Diagrams" A. Ciccioli and L. Glasser, *J. Chem. Educ.* **88**, 586 (2011).

문제

ΔG와 ΔA

5.1 15.6°C에서 이상 기체 0.35몰이 1.2 L에서 7.4 L로 팽창하였다. 외부 압력이 1.0 atm일 때 **(a)** 등온 가역 과정, **(b)** 등온 비가역 과정에서의 w, q, ΔU, ΔS, ΔG를 계산하시오.

5.2 조리할 때 사용되는 가정용 가스로 다음과 같이 만들어지는 '수성 가스'를 사용하였다.

$$H_2O(g) + C(\text{흑연}) \rightarrow CO(g) + H_2(g)$$

부록 B에 수록된 열역학적 양으로부터, 이 반응이 298 K에서 일어날지 예측하시오. 일어나지 않는다면, 반응이 일어날 수 있는 온도는 몇 도인가? ($\Delta_r H°$와 $\Delta_r S°$는 온도에 무관하다고 가정하시오.)

5.3 부록 B에 수록된 값을 이용하여, 다음 알코올 발효 반응의 $\Delta_r G°$ 값을 계산하시오.

$$\text{포도당}(aq) \rightarrow 2C_2H_5OH(l) + 2CO_2(g)$$

($\Delta_f \overline{G}°[\text{포도당}(aq)] = -914.5\ \text{kJ mol}^{-1}$)

5.4 부록 B를 참조하지 말고, 298 K에서 다음 반응의 ($\Delta_r G° - \Delta_r A°$)을 계산하시오.

$$C(s) + CO_2(g) \rightarrow 2CO(g)$$

이상 기체로 가정하시오.

5.5 근사적으로, 단백질은 자연 상태(생리학적 기능을 가진 상태) 또는 변성이 일어난 상태로 존재한다고 가정할 수 있다. 어떤 단백질 변성 과정의 표준 몰엔탈피와 엔트로피 변화는 각각 512 kJ mol^{-1}과 1.60 kJ K^{-1} mol^{-1}이다. 이들 값의 부호와 크기를 설명하고, 단백질 변성이 자발적으로 일어나는 온도를 계산하시오.

5.6 흙속 어떤 박테리아는 아질산염을 질산염으로 산화시켜 성장에 필요한 에너지를 얻는다.

$$2NO_2^-(aq) + O_2(g) \rightarrow 2NO_3^-(aq)$$

주어진 NO_2^-와 NO_3^-의 표준 생성 Gibbs 에너지는 각각 -34.6 kJ mol^{-1}, -110.5 kJ mol^{-1}이다. NO_2^- 1몰이 NO_3^- 1몰로 산화될 때 발생하는 Gibbs 에너지를 계산하시오.

5.7 다음 반응식으로 이루어지는 요소의 합성을 생각해 보자.

$$CO_2(g) + 2NH_3(g) \rightarrow (NH_2)_2CO(s) + H_2O(l)$$

부록 B의 자료로부터 298 K에서 $\Delta_r G°$ 값을 계산하시오(이상 기체로 가정하고, 10.0 bar의 압력에서 $\Delta_r G$ 값을 계산하시오. 요소의 $\Delta_f G°$는 -197.15 kJ mol^{-1}이다).

5.8 이 문제는 흑연에서 다이아몬드를 합성하는 과정에 대한 것이다.

$$C(\text{흑연}) \rightarrow C(\text{다이아몬드})$$

(a) 이 반응의 $\Delta_r H°$와 $\Delta_r S°$ 값을 계산하시오. 25°C 또는 어떤 다른 온도에서 이 반응이 자발적으로 일어나는가? **(b)** 밀도를 측정하여 흑연의 몰부피가 다이아몬드의 몰부피보다 2.1 cm^3 더 큰 것을 알았다. 흑연에 압력을 가하면 25°C 흑연이 다이아몬드로 변하겠는가? 가능하다면, 그 과정이 자발적으로 일어날 수 있는 압력을 계산하시오. [Hint: 식 5.16으로부터 일정한 온도에서의 변화에 대해 $\Delta G = (\overline{V}_{\text{다이아몬드}} - \overline{V}_{\text{흑연}})\ \Delta P$ 식을 유도하시오. 그리고 Gibbs 에너지가 감소하는 데 필요한 ΔP를 계산하시오.]

5.9 온도와 부피가 일정할 때의 자발적 과정에 대한 조건 $\Delta A_{\text{계}} < 0$ 유도를 위한 조건은 무엇인가?

5.10 298 K에서 벤젠의 표준 몰 연소 엔탈피로부터, 그 과정에 대한 $\Delta_r A°$ 값을 계산하시오. $\Delta_r A°$ 값과 $\Delta_r H°$ 값을 비교하고, 그 차이를 설명하시오.

5.11 어떤 학생이 용기 속에 A, B, C 세 성분을 각각 1 g씩 담았다. 일주일이 지난 후에도 아무런 변화가 일어나지 않음을 확인하였다. 반응이 일어나지 않는 이유에 대해 설명하시오(단, A, B, C를 완전히 섞이는 액체로 가정한다).

5.12 1 atm에서 다음 과정에 대한 ΔH, ΔS, ΔG의 부호를 예측하시오. **(a)** 암모니아가 -60°C에서 녹는다. **(b)** 암모니아가 -77.7°C에서 녹는다. **(c)** 암모니아가 -100°C에서 녹는다. (암모니아의 정상 녹는점은 -77.7°C이다.)

5.13 과포화 용액에서 아세트산 소듐은 자발적으로 결정화된다. ΔS와 ΔH의 부호에 대해 설명하시오.

5.14 어떤 학생이 부록 B에서 CO_2에 대한$\Delta_f \overline{G}°$, $\Delta_f \overline{H}°$, $\overline{S}°$ 값을 찾았다. 식 5.3에 이 값을 대입하였더니, 298K에서 $\Delta_f \overline{G}° \neq \Delta_f \overline{H}° - T\overline{S}°$임을 발견하였다. 이와 같은 계산은 무엇이 잘못되었는가?

5.15 어떤 반응이 72°C에서 자발적이다. 반응 엔탈피 변화가 19 kJ이라면, 이 반응의 $\Delta_r S$ (J/K)의 최솟값은 얼마인가?

5.16 어떤 반응의 $\Delta_r G°$ 값이 -122 kJ이었다. 이 반응의 반응물들을 혼합하면, 반응은 반드시 일어날 것인가?

상평형

5.17 수은의 증기 압력이 여러 온도에서 다음과 같이 조사되었다.

T(K)	P(mmHg)
323	0.0127
353	0.0888
393.5	0.7457
413	1.845
433	4.189

수은의 $\Delta_{증발}\overline{H}°$를 계산하시오.

5.18 체중 60.0 kg인 사람이 스케이트를 탈 때 얼음에 가해지는 압력은 300 atm이다. 어는점 내림을 계산하시오(몰부피는 다음과 같다. $\overline{V}_L = 0.0180\ \text{L mol}^{-1}$, $\overline{V}_S = 0.0196\ \text{L mol}^{-1}$).

5.19 물의 상도표(그림 5.5)를 이용하여 다음 변화의 방향을 예측하시오. **(a)** 물의 삼중점에서, 압력이 일정한 상태에서 온도를 낮추었다. **(b)** 물의 S−L 선 어느 지점에서, 온도가 일정한 상태에서 압력을 높였다.

5.20 물의 상도표(그림 5.5)를 이용하여 압력이 바뀌면 물의 끓는점과 어는점이 어떻게 변하는지를 예측하시오.

5.21 평형 상태에 있는 다음 계를 생각해 보자.

$$CaCO_3(s) \rightleftharpoons CaO(s) + CO_2(g)$$

몇 개의 상이 존재하는가?

5.22 다음 그림은 탄소의 대략적인 상도표이다. **(a)** 삼중점은 몇 개이며, 각 삼중점에 존재하는 상은 무엇인가? **(b)** 다이아몬드와 흑연 중 어느 것의 밀도가 더 큰가? **(c)** 흑연으로부터 합성 다이아몬드를 만들 수 있다. 상도표를 참고하여, 어떻게 다이아몬드를 만들지 설명하시오.

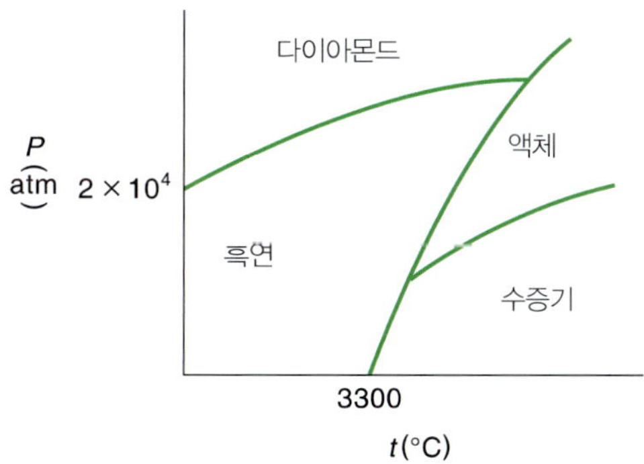

5.23 단일 성분계에 대한 다음 상도표에서 잘못된 것은 무엇인가?

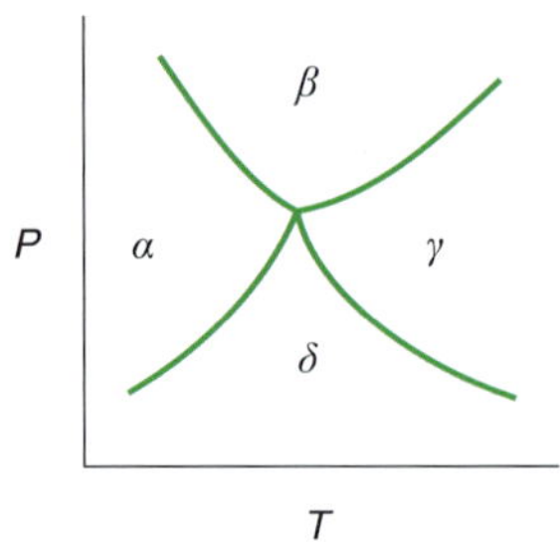

5.24 그림 5.4는 높은 온도에서는 직선이 아니다. 그 이유를 설명하시오.

5.25 콜로라도 파이크 피크의 높이는 해발 4,300 m이다. 산 정상에서 물의 끓는점은 몇 도인가? (Hint: 문제 2.24를 참조하시오. 공기의 몰질량은 29.0 g mol^{-1}, 물의 $\Delta_{증발}\overline{H}$는 40.79 kJ mol^{-1}이다.)

5.26 에탄올은 정상 끓는점이 78.3°C, 몰 증발 엔탈피가 39.3 kJ mol^{-1}이다. 30°C에서 에탄올의 증기 압력은 얼마인가?

5.27 다음 각각의 상황에서 성분의 수를 계산하시오.

(a) 자동 해리한 H^+와 OH^- 이온을 포함하는 물

(b) 닫힌 용기에서 일어나는 다음 반응의 경우

$$2NH_3(g) \rightleftharpoons N_2(g) + 3H_2(g)$$

(i) 모든 세 기체는 처음에 임의의 양으로 존재하지만, 온도는 반응이 일어나기에 너무 낮다.

(ii) (i)과 같지만, 평형이 이루어질 만큼 온도가 충분히 높다.

(iii) 처음에 NH_3만 존재하였다. 나중에 계는 평형에 도달하였다.

추가 연습문제

5.28 다음 식들이 적용되는 조건은 무엇인가?

(a) $dA \leq 0$ (평형과 자발성)

(b) $dG \leq 0$ (평형과 자발성)

(c) $\ln \frac{P_2}{P_1} = \frac{\Delta \overline{H}}{R} \frac{(T_2 - T_1)}{T_1 T_2}$

(d) $\Delta G = nRT \ln \frac{P_2}{P_1}$

5.29 질산 암모늄이 물에 용해될 때, 용액이 더 차가워졌다. 이 과정의 $\Delta S°$에 대하여 설명하시오.

5.30 단백질 분자는 아미노산으로 구성된 폴리펩타이드 사슬이다. 생리학적으로 기능하는 자연 상태에서, 단백질의 사슬들은 아미노산의 무극성기들이 단백질의 내부에 놓여 물과 접촉하지 않도록 접혀져 있다. 단백질이 변성될 때, 그 사슬이 펴지면서 무극성기들이 물과 접촉하게 된다. 이와 같은 변성의 결과 생기는 열역학적 양들의 변화는 메테인과 같은 탄화수소(무극성 물질)가 비활성 용매(벤젠 또는 사염화 탄소)에서 수용액으로 옮겨지는 변화와 같다.

(a) CH_4(비활성 용매) → $CH_4(g)$

(b) $CH_4(g)$ → $CH_4(aq)$

(a)의 변화에서는 $\Delta H°$와 $\Delta G°$가 근사적으로 각각 2.0 kJ mol^{-1}, −14.5 kJ mol^{-1} 이고, **(b)**의 변화에서는 각각 −13.5 kJ mol^{-1}, 26.5 kJ mol^{-1}이라면, 다음 반응에 따라 CH_4 1몰이 옮겨갈 때 $\Delta H°$와 $\Delta G°$를 계산하시오.

$$CH_4(\text{비활성 용매}) \rightarrow CH_4(aq)$$

결과에 대해 설명하시오. $T = 298$ K로 가정할 것.

5.31 폭이 0.5 cm 정도인 고무 밴드를 찾아 보자. 고무 밴드를 빠르게 잡아당긴 후 입술에 붙여 보라. 약간 따뜻한 느낌이 들 것이다. 또 반대로 해 보자. 고무 밴드를 잡아당기고 몇 초 간 정지한 후 재빨리 풀고 입에 고무 밴드를 붙여 보라. 약간 차가운 느낌이 들 것이다. 식 5.3을 이용하여, 이 현상을 열역학적으로 분석하시오.

5.32 고무 밴드의 한쪽 끝에 추를 매달고, 다른 끝을 링 스탠드에 묶은 후 수직으로 늘어뜨린다. 헤어드라이어 같은 것으로 가열하면, 고무 밴드는 약간 수축한다. 이에 대하여 설명하시오.

5.33 Ni나 Pt 같은 전이 금속 촉매를 이용하면 수소화 반응이 빨라진다. 수소 기체가 니켈 금속 표면에 흡착될 때 $\Delta_r H$, $\Delta_r S$, $\Delta_r G$의 부호를 예측하시오.

5.34 과냉각 얼음 시료가 −10°C에서 언다. 이 과정의 ΔH, ΔS, ΔG의 부호를 예측하시오. 모든 변화는 계에 관한 것이다.

5.35 벤젠의 끓는점은 80.1°C이다. **(a)** 벤젠의 $\Delta_{\text{증발}}\overline{H}$와 **(b)** 벤젠의 증기 압력은 74°C에서 얼마인가? (Hint: Trouton 규칙을 이용하시오.)

5.36 어떤 탄화수소 화합물(C_xH_y)을 합성하였을 때, 이 화합물의 $\Delta_f\overline{H}°$, $\overline{S}°$, $\Delta_f\overline{G}°$ 값을 결정하기 위해 무엇을 측정해야 하는지 간단히 설명하시오.

5.37 100°C, 1.00 atm에서 물 2.00몰이 증발할 때 ΔA와 ΔG를 계산하시오. 100°C에서 $H_2O(l)$의 몰부피는 0.0188 L mol^{-1}이다 (단, 이상 기체로 가정한다).

5.38 어떤 사람이 차를 끓이려고 전자레인지로 컵에 있는 물을 가열하였다. 레인지에서 컵을 꺼낸 후 뜨거운 물에 티백을 넣었다. 놀랍게도 물은 맹렬히 끓기 시작했다. 무슨 일이 일어났는지 설명하시오.

5.39 헬륨 기체 0.45몰이 25°C에서 가역적으로 등온 압축되어 1.0 atm이 되었다. **(a)** 이 과정의 w, ΔU, ΔH, ΔG 값을 계산하시오. **(b)** 이 과정이 자발적인지 판단하는 데 ΔG의 부호를 이용할 수 있는지 설명하시오. **(c)** 압축 과정에서 한 일의 최댓값은 얼마인가? (단, 이상 기체로 가정한다.)

5.40 아르곤(Ar)의 몰엔트로피는 다음과 같다.

$$\bar{S}° = (36.4 + 20.8 \ln T/\mathrm{K})\ \mathrm{J\ K^{-1}\ mol^{-1}}$$

Ar 1.0몰을 20°C에서 60°C까지 일정한 압력하에서 가열할 때 Gibbs 에너지 변화를 계산하시오(Hint: $\int \ln x\ dx = x \ln x - x$ 관계를 이용하시오).

5.41 다음 열역학적 상태 방정식을 유도하시오.

$$\left(\frac{\partial U}{\partial V}\right)_T = -P + T\left(\frac{\partial P}{\partial T}\right)_V$$

(a) 이상 기체와 **(b)** van der Waals 기체에 이 식을 적용하시오. 그 결과를 설명하시오(Hint: 열역학적 관계에 대해 부록 5.1을 참조하시오).

6장 비전해질 용액

> 아이오딘이 포함된 벤젠 용액을 냉각하면 붉은색이 진해지지만,
> 가열하면 아이오딘 증기의 보라색에 가까워진다.
> 모두 예상하듯이, 이는 온도가 높아지면 용해도가 감소되는 것을 보여 준다.
>
> – J. H. Hildebrand와 C. A. Jenks*

흥미롭고 유용한 많은 화학 및 생물학적 과정들이 용액 속에서 일어나기 때문에 용액에 대한 연구는 매우 중요하다. 일반적으로 두 가지 또는 그 이상의 성분으로 이루어진 단일 상의 균일 혼합물을 용액으로 정의한다. 기체 용액(예를 들면 공기)이나 고체 용액(예를 들면 땜납)도 있지만, 대부분의 용액은 액체이다. 이 장에서는 이상 및 비이상 비전해질 용액(이온을 포함하지 않는 용액)의 열역학적 특성과 이 용액들의 총괄성에 관하여 살펴본다.

6.1 농도 단위

용액을 정량적으로 이해하려면 용매에 녹아 있는 용질의 양이나 용액의 농도를 알아야 한다. 화학자들은 여러 가지 농도 단위를 사용하는데, 각 단위는 장점과 한계를 갖고 있다. 일반적으로 용액의 용도에 적절한 농도 단위를 사용한다. 이 절에서는 네 가지 농도 단위, 즉 중량 백분율, 몰분율, 몰농도, 몰랄 농도를 정의한다.

중량 백분율

용액 내 용질의 중량 백분율[percent by weight, 질량 백분율(percent by mass)이라고도 한다]은 다음과 같이 정의한다.

$$\text{중량 백분율} = \frac{\text{용질의 무게}}{\text{용질의 무게} + \text{용매의 무게}} \times 100\% = \frac{\text{용질의 무게}}{\text{용액의 무게}} \times 100\% \qquad (6.1)$$

몰분율(x)

몰분율(mole fraction)의 개념은 1.7절에서 소개하였다. 용액의 한 성분 i의 몰분율 x_i는 다음과 같이 정의한다.

---

* J. H. Hildebrand and C. A. Jenks, *J. Am. Chem. Soc.*, **42**, 2180(1920).

$$x_i = \frac{\text{성분 } i \text{ 의 몰수}}{\text{모든 성분의 몰수}}$$

$$= \frac{n_i}{\sum_i n_i} \tag{6.2}$$

몰분율에는 단위가 없다.

몰농도(M)

몰농도(molarity)는 용액 1 L에 녹아 있는 용질의 몰수로 정의한다. 즉

$$\text{몰농도} = \frac{\text{용질의 몰수}}{\text{용액의 부피(L)}} \tag{6.3}$$

따라서 몰농도의 단위는 리터당 몰수(mol L^{-1})이다. 전통적으로 몰농도는 대괄호 [ ]로 나타낸다.

몰랄 농도 (m)

몰랄 농도(molality)는 용매 1 kg에 녹아 있는 용질의 몰수로 정의한다. 즉

$$\text{몰랄 농도} = \frac{\text{용질의 몰수}}{\text{용매의 질량(kg)}} \tag{6.4}$$

따라서 몰랄 농도의 단위는 용매 kg당 몰수(mol kg^{-1})이다.

이제 이 네 가지 농도의 유용성을 비교해 보자. 중량 백분율은 용질의 분자량을 알 필요가 없는 장점이 있다. 이 단위는 분자량이나 순도를 모르는 거대 분자를 자주 다루는 생화학자들에게 유용하다(단백질이나 DNA 용액에 대한 일반적인 단위는 mg mL^{-1}이다). 더구나 용액 내 용질의 중량 백분율은 무게로 정의되기 때문에 온도와 무관하다. 몰분율은 기체의 부분 압력(1.7절 참조)이나 용액의 증기 압력(뒤에 살펴볼 것이다)을 공부하는 데 유용하다. 몰농도는 가장 보편적으로 쓰이는 농도의 단위 중 하나이다. 몰농도의 장점은 일반적으로 용매의 무게를 측정하는 것보다는 정확하게 눈금이 새겨진 부피 플라스크를 이용하여 용액의 부피를 측정하는 것이 더 쉽다는 것이다. 가장 큰 단점은 일반적으로 온도가 높아짐에 따라 용액의 부피도 증가하므로 온도에 따라 값이 변한다는 것이다. 또 몰농도로부터 용액 중 용매의 양을 알 수 없다. 한편, 몰랄 농도는 용매의 무게에 대한 용질의 몰수 비이므로 온도와 무관하다. 이런 이유로, 용액의 총괄성(6.7절 참조)처럼 온도 변화가 수반되는 연구에서는 몰랄 농도를 많이 사용한다.

6.2 분몰량

온도와 압력이 일정할 때 단일 성분계의 크기 성질은 존재하는 물질의 양에만 의존한다. 예를 들어, 물의 부피는 존재하는 물의 양에 의해 결정된다. 그렇지만 부피를 몰량으로 나타내면 세기 성질이 된다. 따라서 1 atm, 298 K에서 물의 몰부피는, 존재하는 물의 양에 관계없이 0.018 L mol^{-1}이다. 용액에서는 기준이 다르다. 정의에 따라, 용액에는 최소한 두 가지 성분이 있다. 용액의 크기 성질은 온도, 압력, 조성에 따라 달라진다. 용액의 성질을 다룰 때에는 몰량을 사용할 수 없다. 대신, **분몰량**(partial molar quantity)을 사용해야 한다. 아마 이해하기 가장 쉬운 분몰량은 아래에 나와 있는 **분몰부피**(partial molar volume)일 것이다.

분몰부피

298 K에서 물과 에탄올의 몰부피는 각각 0.018 L와 0.058 L이다. 각 액체를 0.5몰씩 섞으면 총 부피는 0.018 L/2와 0.058 L/2의 합인 0.038 L가 되리라 생각할 수 있다. 그러나 부피는 0.036 L밖에 되지 않는다. 부피가 줄어드는 것은 서로 다른 분자들 사이의 상호 작용이 같지 않기 때문이다. 물과 에탄올 분자 사이의 인력이 물 분자들 사이 또는 에탄올 분자들 사이의 인력보다 강하기 때문에, 전체 부피는 각각의 부피를 합한 것보다 작아진다. 서로 다른 분자들 사이의 상호 작용이 더 약하면 팽창이 일어나게 되며, 최종 부피는 각각의 부피를 합한 것보다 더 커진다. 동종과 이종 분자 사이의 상호 작용이 같은 경우에만 부피의 단순 증가가 일어난다. 최종 부피가 각각의 부피의 합과 같으면, 이 용액을 **이상**(ideal) 용액이라고 한다. 그림 6.1은 물–에탄올 용액의 전체 부피를 몰분율의 함수로 나타낸 것이다. 실제(비이상) 용액에서 각 성분의 분몰부피는 다른 성분의 영향을 받는다.

부피가 줄어들면 바텐더에게는 금전적으로 손해이다.

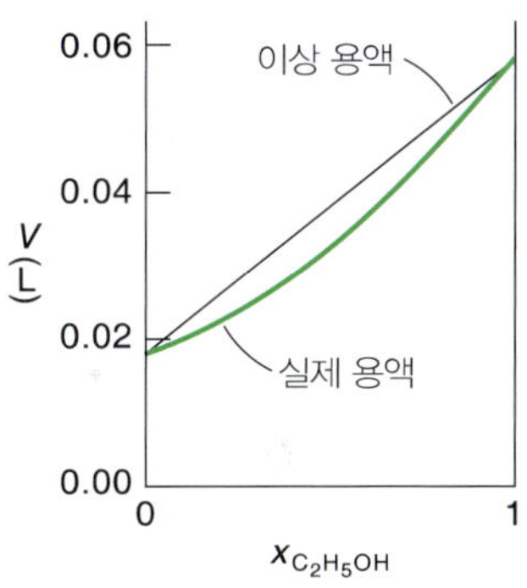

그림 6.1
에탄올의 몰분율 함수로 나타낸 물-에탄올의 전체 부피. 임의의 농도에서 몰수의 합은 1이다. 직선은 이상 용액에서 몰분율에 따른 부피 변화를 나타낸다. 곡선은 실제 변화를 나타낸다. V는 $x_{C_2H_5OH}=0$에서 물의 몰부피, $x_{C_2H_5OH}=1$에서 에탄올의 몰부피이다.

일정한 온도와 압력하에서 용액의 부피는 존재하는 물질들의 몰수의 함수이다. 즉

$$V = V(n_1, n_2, \ldots)$$

이성분계에 대해서 전미분 dV는 다음과 같다.

$$\begin{aligned} dV &= \left(\frac{\partial V}{\partial n_1}\right)_{T,P,n_2} dn_1 + \left(\frac{\partial V}{\partial n_2}\right)_{T,P,n_1} dn_2 \\ &= \overline{V}_1 dn_1 + \overline{V}_2 dn_2 \end{aligned} \tag{6.5}$$

여기서 $\overline{V}_1$과 $\overline{V}_2$는 성분 1과 성분 2의 분몰부피이다. 예를 들면 분몰부피 $\overline{V}_1$은 T, P, 성분 2의 몰수가 일정할 때, 성분 1의 몰수에 따른 부피 변화 비율이다. 달리 말하면, 성분 1을 1몰 첨가하여도 농도 변화가 일어나지 않을 정도로 부피가 큰 용액에 성분 1을 1몰 첨가할 때 일어나는 부피 변화를 $\overline{V}_1$이라고 할 수 있다. $\overline{V}_2$도 비슷하게 해석할 수 있다. 식 6.5를 적분하면 다음 식이 된다.

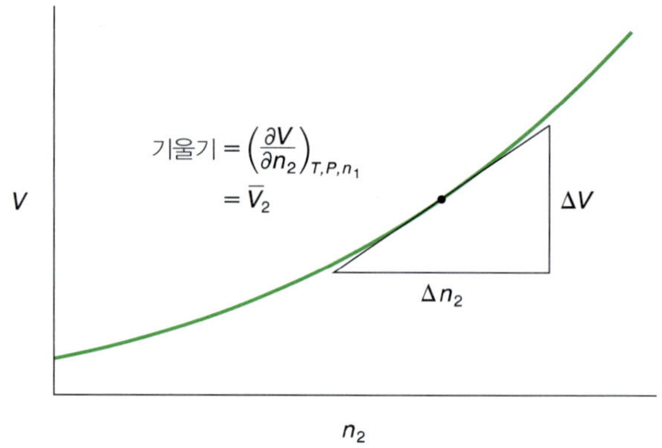

그림 6.2

분몰부피의 결정. 이성분계 용액의 부피를 성분 2의 몰수 n_2의 함수로 측정한다. 온도, 압력, 성분 1의 몰수가 일정할 때, 특정 n_2에서의 기울기가 분몰부피 $\overline{V}_2$이다.

$$V = n_1\overline{V}_1 + n_2\overline{V}_2 \tag{6.6}$$

이 식을 이용하면 각 성분의 몰수와 분몰부피의 곱을 합하여 용액의 부피를 계산할 수 있다(문제 6.55 참조).

그림 6.2는 분몰부피를 측정하는 방법을 보여 준다. 물질 1과 2로 구성된 용액을 생각해 보자. $\overline{V}_2$를 측정하려면 주어진 온도, 압력 조건에서 성분 1의 몰수는 고정되어 있지만(즉 n_1이 고정되고) 성분 2의 몰수가 다른 일련의 용액들을 준비한다. 측정한 용액의 부피 V를 n_2에 대해 그렸을 때, 성분 2의 조성에 대한 곡선의 기울기가 그 농도에서의 $\overline{V}_2$이다. 일단 $\overline{V}_2$를 측정하면 식 6.6을 이용하여 동일한 조성에서의 $\overline{V}_1$을 계산할 수 있다.

$$\overline{V}_1 = \frac{V - n_2\overline{V}_2}{n_1}$$

그림 6.3은 에탄올–물 용액에서의 에탄올과 물의 분몰부피를 보여 준다. 한 성분의 분몰부피가 커지면 다른 성분의 분몰부피는 작아진다. 이 관계는 **모든** 분몰량의 특징이다.

분몰 Gibbs 에너지

분몰량을 이용하여 임의의 조성을 갖는 용액의 부피, 에너지, 엔탈피, Gibbs 에너지와 같은 크기 성질의 총량을 나타낼 수 있다. 용액의 성분 i의 분몰 Gibbs 에너지 $\overline{G}_i$는 다음과 같이 주어진다.

$$\overline{G}_i = \left(\frac{\partial G}{\partial n_i}\right)_{T,P,n_j} \tag{6.7}$$

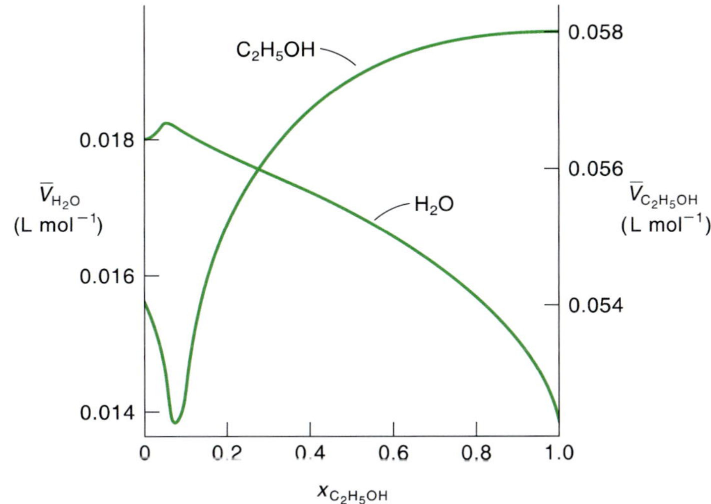

그림 6.3

에탄올의 몰분율 함수로 나타낸 물과 에탄올의 분몰부피. 물(왼쪽)과 에탄올(오른쪽)의 척도가 다르다.

여기서 n_j는 i를 제외한 나른 성분들의 전체 몰수를 나타낸다. $\overline{V}_i$를 정의한 것처럼 $\overline{G}_i$를 정의할 수 있다. 즉 일정한 온도와 압력하에서, 특정한 조성을 갖고 있는 매우 많은 양의 용액에 성분 i를 1몰 첨가할 때 일어나는 Gibbs 에너지의 증가량으로 생각할 수 있다. 분몰 Gibbs 에너지를 특히 **화학 퍼텐셜**(chemical potential, μ)이라고도 한다.

$$\overline{G}_i = \mu_i \tag{6.8}$$

이성분계 용액의 전체 Gibbs 에너지는 식 6.6의 부피에 대한 식과 유사하게 나타낼 수 있다.

$$G = n_1\mu_1 + n_2\mu_2 \tag{6.9}$$

화학 퍼텐셜을 이용하여 다성분계의 평형과 자발성에 대한 기준을 설정할 수 있다. 이는 단일 성분계에서 몰 Gibbs 에너지로 변화의 자발성을 판단하는 것과 같다. 성분 i가 dn_i 몰 만큼 이동함에 따라 화학 퍼텐셜이 μ_i^{A}인 초기 상태 A가 화학 퍼텐셜이 μ_i^{B}인 최종 상태로 바뀌었다고 가정하자. 일정한 온도와 압력하에서 변화가 일어날 때, Gibbs 에너지 변화량 dG는 다음과 같다.

$$\begin{aligned} dG &= \mu_i^{\text{B}} dn_i - \mu_i^{\text{A}} dn_i \\ &= (\mu_i^{\text{B}} - \mu_i^{\text{A}}) dn_i \end{aligned}$$

만약 $\mu_i^{\text{B}} < \mu_i^{\text{A}}$이면 $dG < 0$이므로, dn_i 몰이 A에서 B로 자발적으로 이동할 것이다. $\mu_i^{\text{B}} > \mu_i^{\text{A}}$이면 $dG > 0$이므로, B에서 A로의 이동이 자발적이다. 후에 보겠지만, 이동은 어느 한 상에서 다른 상으로, 또는 하나의 화학적 상태에서 다른 화학적 상태로 변화하는 것을 의미한다. 이동은 확산, 증발, 승화, 응축, 결정화, 용액의 형성, 화학 반응 등에 의해 일어날 수 있다. 변화 과정에 관계없이, 각 경우에서 높은 μ_i에서 낮은 μ_i로 이동이 일어난다. 이러한 특성이 **화학 퍼텐셜**이라는 이름을 설명해 준다. 역학에서의 자발적 변화는 항상 퍼텐셜 에너지가 높은 쪽에서 낮은 쪽으로 일어난다. 열역학에서는 에너지와 엔트로피 요인을 모두 고려해야 하기 때문에, 역학적인 변화처럼 단순하지 않다. 하지만 일정한 온도와 압력하에서 자발적 변화는 항상 계의 Gibbs 에너지가 감소하는 방향으로 일어난다. 그러므로 열역학에서의 Gibbs 에너지의 역할은 역학에서의 퍼텐셜 에너지와 유사하다. 이 때문에 몰 Gibbs 에너지나 분몰 Gibbs 에너지를 화학 퍼텐셜이라고 한다.

6.3 혼합 과정에서의 열역학

용액의 형성은 열역학 원리에 따른다. 이 절에서는 기체에 초점을 맞추어 혼합에 따른 열역학적 양들의 변화를 살펴본다.

계의 조성에 따른 Gibbs 에너지의 변화는 식 6.9로 주어진다. 기체가 자발적으로 혼합될 때 조성이 변화하게 되며, 계의 Gibbs 에너지가 감소한다. 5.4절에서 이상 기체에 대한 몰 Gibbs 에너지를 다음 식으로 나타내었다(식 5.18).

$$\overline{G} = \overline{G}^\circ + RT \ln \frac{P}{1 \text{ bar}}$$

이상 기체의 혼합에서, i번째 성분의 화학 퍼텐셜은 다음과 같다.

$$\mu_i = \mu_i^\circ + RT \ln \frac{P_i}{1 \text{ bar}} \tag{6.10}$$

여기서 P_i는 혼합물 내 성분 i의 부분 압력이고, μ_i°는 성분 i의 부분 압력이 1 bar일 때 그 성분의 표준 화학 퍼텐셜이다. 온도가 T이고 압력이 P인 n_1몰의 기체 1과, 같은 온도와 압력에 있는 n_2몰의 기체 2가 혼합되는 경우를 생각해 보자. 혼합되기 전, 계의 전체 Gibbs 에너지는 식 6.9로 주어지는데, 여기서 화학 퍼텐셜은 몰 Gibbs 에너지와 같다.

간단한 표기를 위하여 '1 bar'는 생략하였다. 결과적으로 얻어지는 P 값은 단위가 없다.

$$G = n_1\overline{G}_1 + n_2\overline{G}_2 = n_1\mu_1 + n_2\mu_2$$

$$G_{\text{초기}} = n_1(\mu_1^\circ + RT \ln P) + n_2(\mu_2^\circ + RT \ln P)$$

혼합이 이루어진 후에 각 기체의 부분 압력은 P_1과 P_2($P_1 + P_2 = P$)가 되며, 작용하며 Gibbs 에너지는 다음과 같다.*

$$G_{\text{최종}} = n_1(\mu_1^\circ + RT \ln P_1) + n_2(\mu_2^\circ + RT \ln P_2)$$

* 혼합 결과 부피가 변하지 않는 경우에만 $P_1 + P_2 = P$이다. 즉 $\Delta_{\text{혼합}}V = 0$. 이 조건은 이상 용액에 대해 성립한다.

혼합 Gibbs 에너지 $\Delta_{혼합}G$는 다음과 같다.

$$\begin{aligned}\Delta_{혼합}G &= G_{최종} - G_{초기} \\ &= n_1RT\ln\frac{P_1}{P} + n_2RT\ln\frac{P_2}{P} \\ &= n_1RT\ln x_1 + n_2RT\ln x_2\end{aligned}$$

여기서 $P_1 = x_1P$, $P_2 = x_2P$이며, x_1과 x_2는 각각 1과 2의 몰분율이다(순수한 상태와 혼합물에 대한 표준 화학 퍼텐셜 $\mu°$는 동일하다). 또한 아래 관계로부터 식 6.11이 얻어진다.

$$x_1 = \frac{n_1}{n_1 + n_2} = \frac{n_1}{n}, \qquad x_2 = \frac{n_2}{n_1 + n_2} = \frac{n_2}{n}$$

여기서 n은 전체 몰수이다.

$$\Delta_{혼합}G = nRT(x_1\ln x_1 + x_2\ln x_2) \tag{6.11}$$

x_1과 x_2가 모두 1보다 작기 때문에 $\ln x_1$과 $\ln x_2$는 모두 음수가 되며, $\Delta_{혼합}G$도 0보다 작은 값이 된다. 이 결과는 일정한 온도와 압력하에서 기체는 자발적으로 혼합될 것이라는 예상과 일치한다.

이제 혼합에 따른 다른 열역학적 양들도 계산할 수 있다. 식 5.10으로부터 압력이 일정할 때 다음 결과가 얻어진다.

$$\left(\frac{\partial G}{\partial T}\right)_P = -S$$

그러므로 압력이 일정할 때 식 6.11을 온도에 대해 미분하면 혼합 엔트로피를 얻을 수 있다.

$$\begin{aligned}\left(\frac{\partial \Delta_{혼합}G}{\partial T}\right)_P &= nR(x_1\ln x_1 + x_2\ln x_2) \\ &= -\Delta_{혼합}S\end{aligned}$$

또는

$$\Delta_{혼합}S = -nR(x_1\ln x_1 + x_2\ln x_2) \tag{6.12}$$

이 결과는 식 4.17과 일치한다. 식 6.12의 (−) 부호로 $\Delta_{혼합}S$는 0보다 큰 값이 되며, 자발적 과정에서의 엔트로피 변화와 일치한다. 혼합 엔탈피는 식 6.3을 정리하면 얻어진다.

$$\begin{aligned}\Delta_{혼합}H &= \Delta_{혼합}G + T\Delta_{혼합}S \\ &= 0\end{aligned}$$

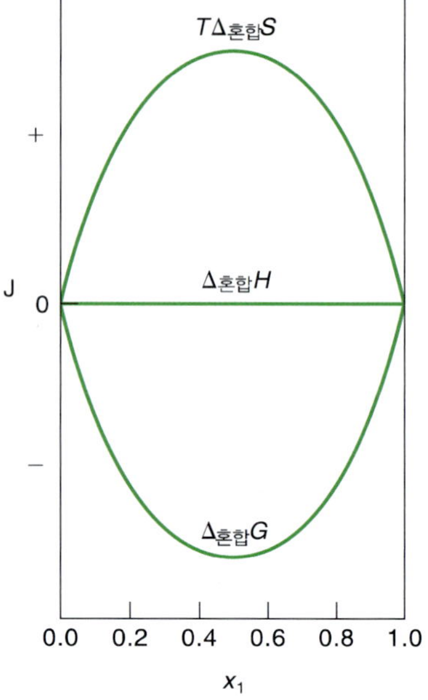

그림 6.4
이상 용액을 형성하는 두 성분이 혼합될 때, 조성 x_1에 따른 $T\Delta_{\text{혼합}}S$, $\Delta_{\text{혼합}}H$, $\Delta_{\text{혼합}}G$.

이상 기체 분자들간에는 상호 작용이 없다. 따라서 혼합에 따라 열을 흡수하거나 방출하지 않기 때문에 이 결과는 놀랍지 않다. 그림 6.4에서는 이성분계에 대한 $\Delta_{\text{혼합}}G$, $T\Delta_{\text{혼합}}S$, $\Delta_{\text{혼합}}H$를 조성의 함수로 나타내었다. 최댓값($T\Delta_{\text{혼합}}S$에 대한)과 최솟값($\Delta_{\text{혼합}}G$에 대한) 모두 $x_1 = 0.5$일 때이다. 이 결과는 기체를 같은 양만큼 혼합할 때 무질서도가 최대가 되며, 혼합 Gibbs 에너지는 최소가 된다는 의미이다(문제 6.57 참조).

몰분율이 같은 이성분 용액에서 반대 과정이 일어나면, 계의 Gibbs 에너지는 증가하고 엔트로피는 감소하므로 주위로부터 계에 에너지를 공급해 주어야 한다. 초기에 $x_1 \approx x_2$인 경우에는 $\Delta_{\text{혼합}}G$와 $T\Delta_{\text{혼합}}S$ 곡선은 거의 평평하여(그림 6.4 참조) 분리가 쉽게 일어난다. 그러나 용액이 점차 한 성분으로, 예를 들어 성분 1로 농축되면 곡선이 가파르게 된다. 이 경우 성분 1과 성분 2를 분리하기 위해서는 상당량의 에너지를 공급해 주어야 한다. 예를 들면 적은 양의 유해 화학 물질로 오염된 호수를 정화하는 과정에서 이런 어려움에 부딪힌다. 같은 논리는 화합물의 정제에도 적용된다. 95% 순도를 가지는 화합물을 만들기는 쉽지만, 고체 상태 전자 제품에 활용되는 실리콘 결정처럼 99% 또는 그 이상의 순도에 도달하려면 훨씬 많은 노력이 필요하다.

다른 예로, 바닷물에서 금을 채굴할 수 있을지를 생각해 보자. 대략 바닷물 1 mL당 4×10^{-12} g의 금이 있을 것으로 추정된다. 이 양은 별 것 아닌 것처럼 보이지만, 전체 바닷물의 부피 1.5×10^{21} L를 곱하면 존재하는 금의 양은 6×10^{12} g, 즉 6백만 톤에 이른다. 불행하게도 바닷물의 금 농도가 아주 낮을 뿐만 아니라, 금은 바닷물에 존재하는 60여 종의 원소들 중 하나일 뿐이다. 바닷물에 처음부터 아주 낮은 농도로 존재하는 한 성분을 분리하는 것(즉 그림 6.4 곡선의 가파른 부분에서 시작하는 것)은 실제로 아주 어려운(그리고 고비용의) 일이다.

예제 6.1

25°C, 1 atm에서 아르곤 1.6몰과 질소 2.6몰을 혼합할 때 Gibbs 에너지와 엔트로피 변화를 계산하시오. 이상 기체라고 가정하시오.

답

아르곤과 질소의 몰분율은 다음과 같다.

$$x_{\text{Ar}} = \frac{1.6}{1.6 + 2.6} = 0.38, \quad x_{\text{N}_2} = \frac{2.6}{1.6 + 2.6} = 0.62$$

식 6.11로부터 다음 결과를 얻는다.

$$\begin{aligned}\Delta_{\text{혼합}} G &= nRT(x_1 \ln x_1 + x_2 \ln x_2) \\ &= (4.2 \text{ mol})(8.314 \text{ J K}^{-1} \text{ mol}^{-1})(298 \text{ K})[(0.38) \ln 0.38 + (0.62) \ln 0.62] \\ &= -6.9 \text{ kJ}\end{aligned}$$

$\Delta_{\text{혼합}} S = -\Delta_{\text{혼합}} G/T$이므로 다음과 같다.

$$\begin{aligned}\Delta_{\text{혼합}} S &= -\frac{-6.9 \times 10^3 \text{ J}}{298 \text{ K}} \\ &= 23 \text{ J K}^{-1}\end{aligned}$$

COMMENT

이 예제에서는 기체를 혼합할 때 기체의 온도와 압력이 동일하다. 기체의 초기 압력이 다르면 두 가지 요인, 즉 혼합 그 자체와 압력의 변화가 $\Delta_{\text{혼합}} G$에 영향을 준다. 문제 6.58에서 이런 경우를 다룬다.

6.4 휘발성 액체의 이성분계 혼합물

6.3절에서 기체 혼합물에 대하여 구한 결과를 이상 용액에도 적용할 수 있다. 용액을 다루려면 각 성분의 화학 퍼텐셜을 어떻게 나타내는지 알아야 한다. 두 휘발성 액체, 즉 쉽게 측정될 수 있을 정도로 증기 압력이 높은 액체로 이루어진 용액을 생각해 보자.

밀폐된 용기 안에서 증기와 평형을 이루고 있는 액체로부터 시작해 보자. 계는 평형 상태에 있기 때문에 액체상과 기체상의 화학 퍼텐셜이 같아야 한다. 즉

$$\mu^*(l) = \mu^*(g)$$

여기서 별표는 순수한 성분을 나타낸다. 더욱이, 이상 기체의 $\mu^*(g)$ 표현식으로부터 다음과 같이 쓸 수 있다.[†]

† 이 식은 식 5.18에서부터 나온다. 순수한 물질의 경우 화학 퍼텐셜은 몰 Gibbs 에너지와 같다.

$$\mu^*(l) = \mu^*(g) = \mu^\circ(g) + RT \ln \frac{P^*}{1 \text{ bar}} \tag{6.13}$$

여기서 $\mu^\circ(g)$는 $P^* = 1$ bar에서의 표준 화학 퍼텐셜이다. 이성분계 용액의 두 성분이 각각의 증기와 평형 상태에 있으면, 각 성분은 액체와 증기에서 동일한 화학 퍼텐셜을 갖게 된다. 따라서 성분 1에 대하여 다음과 같이 쓸 수 있다.

$$\mu_1(l) = \mu_1(g) = \mu_1^\circ(g) + RT \ln \frac{P_1}{1 \text{ bar}} \tag{6.14}$$

여기서 P_1은 성분 1의 부분 압력이다. $\mu^\circ(g) = \mu_1^\circ(g)$이므로, 앞의 두 식을 결합하면 다음 관계가 얻어진다.

$$\begin{aligned}
\mu_1(l) &= \mu_1^\circ(g) + RT \ln \frac{P_1}{1 \text{ bar}} \\
&= \mu_1^*(l) - RT \ln \frac{P_1^*}{1 \text{ bar}} + RT \ln \frac{P_1}{1 \text{ bar}} \\
&= \mu_1^*(l) + RT \ln \frac{P_1}{P_1^*}
\end{aligned} \tag{6.15}$$

즉 성분 1이 용액을 형성했을 때의 화학 퍼텐셜을, 순수한 액체 상태에서의 화학 퍼텐셜과 용액 및 순수한 액체의 증기 압력으로 나타내었다.

Raoult 법칙

프랑스 화학자 Raoult[Francois Marie Raoult(1830~1901)]은 어떤 용액의 경우 식 6.15의 P_1/P_1^* 비율이 성분 1의 몰분율과 같다는 것을 발견하였다. 즉

$$\frac{P_1}{P_1^*} = x_1$$

즉

$$P_1 = x_1 P_1^* \tag{6.16}$$

Raoult 법칙(Raoult's law)으로 알려진 식 6.16에 따르면, 용액의 한 성분의 증기 압력은 순수한 액체의 증기 압력에 몰분율을 곱한 값과 같다. 식 6.16을 식 6.15에 대입하면 다음 식이 얻어진다.

$$\mu_1(l) = \mu_1^*(l) + RT \ln x_1 \tag{6.17}$$

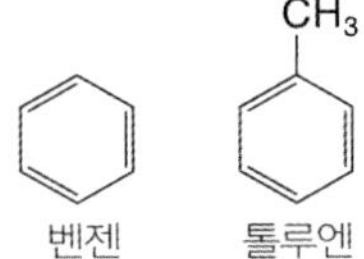

순수한 액체($x_1 = 1$이므로 $\ln x_1 = 0$)에서는 $\mu_1(l) = \mu_1^*(l)$ 이다. Raoult 법칙을 따르는 용액을 **이상 용액**(ideal solution)이라고 한다. 이상 용액에 가까운 예가 벤젠–톨루엔 혼합물이다. 그림 6.5는 벤젠의 몰분율에 따른 증기 압력을 보여 준다.

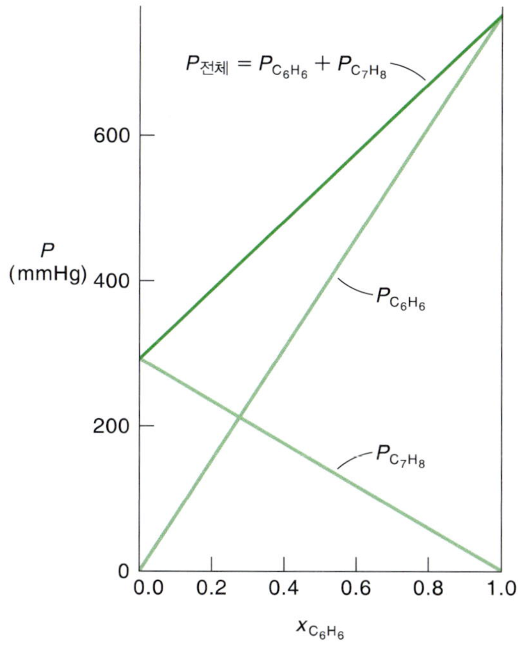

그림 6.5
80.1°C에서 벤젠 몰분율에 따른 벤젠-톨루엔 혼합물의 전체 증기 압력

예제 6.2

액체 A와 B는 이상 용액을 형성한다. 45°C에서 순수한 A와 B의 증기 압력은 각각 66 torr와 88 torr이다. 이 온도에서 A의 몰 백분율이 36%인 용액과 평형을 이루는 증기의 조성을 계산하시오.

답

$x_A = 0.36$이고, $x_B = 1 - 0.36 = 0.64$이므로 Raoult 법칙에 따라 다음과 같다.

$$P_A = x_A P_A^* = 0.36(66 \text{ torr}) = 23.8 \text{ torr}$$

$$P_B = x_B P_B^* = 0.64(88 \text{ torr}) = 56.3 \text{ torr}$$

전체 증기 압력 P_T는 다음과 같다.

$$P_T = P_A + P_B = 23.8 \text{ torr} + 56.3 \text{ torr} = 80.1 \text{ torr}$$

최종적으로, 증기상의 A와 B의 몰분율 x_A^v와 x_B^v는 다음과 같다.

$$x_A^v = \frac{P_A}{P_T} = \frac{23.8 \text{ torr}}{80.1 \text{ torr}} = 0.30$$

$$x_B^v = \frac{P_B}{P_T} = \frac{56.3 \text{ torr}}{80.1 \text{ torr}} = 0.70$$

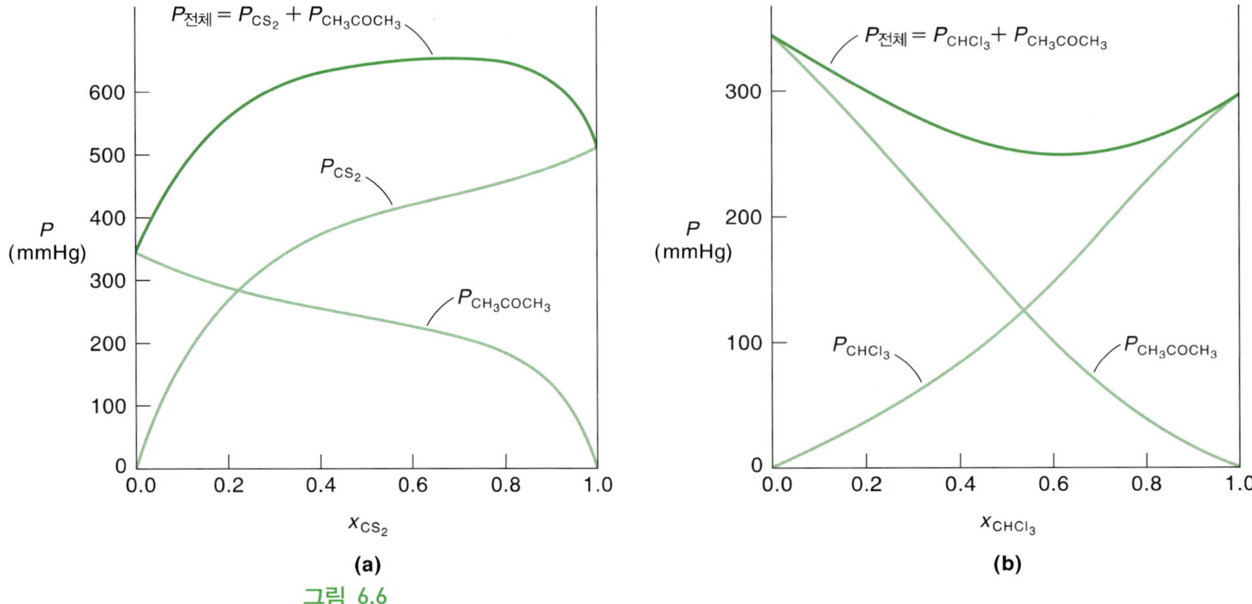

그림 6.6

비이상 용액이 Raoult 법칙으로부터 벗어나는 정도. **(a)** Raoult 법칙으로부터 양의 편차: 35.2°C 이황화 탄소-아세톤 계, **(b)** 음의 편차: 25.2°C 클로로폼-아세톤 계(From Hildebrand, J. and R. Scott, *The Solubility of Noneletrolytes* © 1950, Litton Educational Publishing, Van Nostrand Reinhold company의 허락하에 게재함.)

이상 용액에서는 분자의 종류에 관계없이 모든 분자 사이에 작용하는 힘이 같다. 벤젠과 톨루엔 분자는 모양과 전자 구조가 유사하므로 이런 요구 조건에 근접한다. 이상 용액에서 $\Delta_{혼합}H = 0$, $\Delta_{혼합}V = 0$이다. 그러나 대부분 용액은 이상적으로 거동하지 않는다. 그림 6.6은 Raoult 법칙으로부터 양 또는 음의 편차를 보여 준다. 양의 편차(그림 6.6a)는, 서로 다른 분자 사이의 상호 작용이 같은 분자 사이의 상호 작용보다 작아, 이상 용액에 비해 분자들이 용액으로부터 이탈하려는 경향이 큰 경우에 해당한다. 따라서 용액의 증기 압력은 이상 용액의 증기 압력보다 크다. 반대 경우가 Raoult 법칙으로부터 음의 편차(그림 6.6b)를 보이는 경우이다. 이 경우 서로 다른 분자 사이의 인력이 같은 분자 사이보다 커서 용액의 증기 압력이 이상 용액의 증기 압력보다 작다.

Henry 법칙

용질과 용매 사이에는 뚜렷한 구분이 없다. 가능한 경우에는 성분 1을 용매, 성분 2를 용질로 부를 것이다.

용액의 한 성분이 과량 존재할 때(이 성분을 용매라고 한다), 그 성분의 증기 압력은 식 6.16으로 상당히 정확하게 나타낼 수 있다. 그림 6.7에는 이황화 탄소−아세톤 계에 대해 Raoult 법칙을 적용할 수 있는 구간이 나와 있다. 반면에, 적은 양으로 존재하는 성분(이 성분을 용질이라고 한다)의 증기 압력은 식 6.16의 예측에서 크게 벗어난다. 그렇지만 용질의 증기 압력도 다음 식과 같이 농도에 비례하여 변화한다.

$$P_2 = Kx_2 \tag{6.18}$$

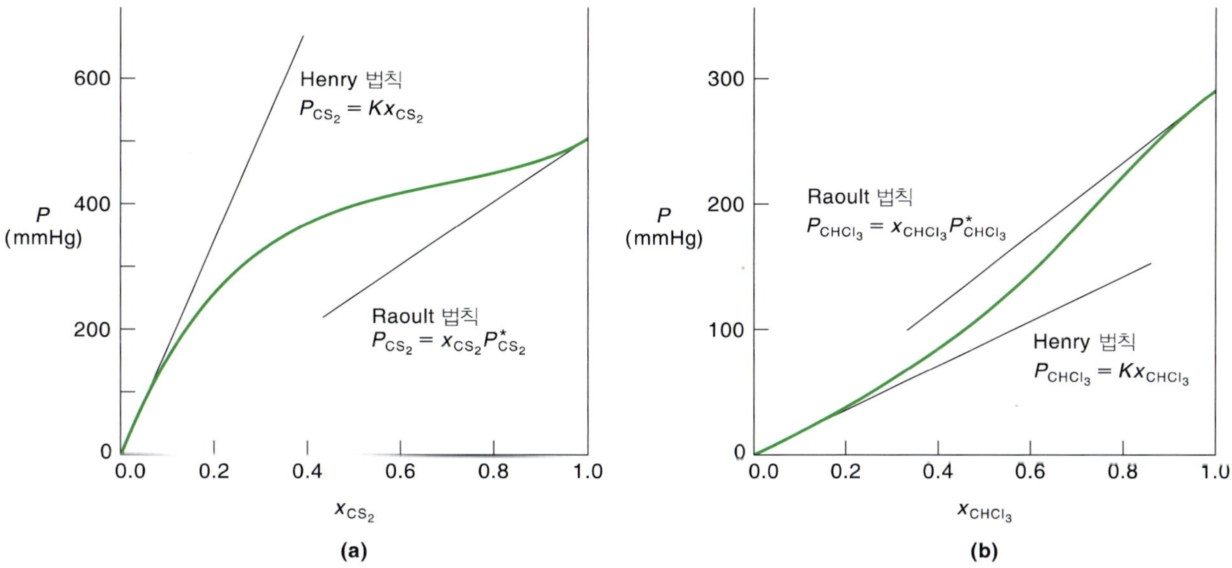

그림 6.7
이성분계에 대해 Raoult 법칙과 Henry 법칙을 적용할 수 있는 구간을 보여 주는 그림(그림 6.6 참조). Henry 법칙 상수는 y(압력)축의 절편으로부터 구할 수 있다.

식 6.18은 Henry 법칙[영국의 화학자 William Henry(1775~1836)의 이름에서 따옴]으로, Henry 법칙 상수 K는 압력의 단위를 갖는다. Henry 법칙은 용질의 몰분율과 용질의 부분 압력(증기 압력)을 관계지어 준다. 또는 Henry 법칙을 다음과 같이 나타낼 수 있다.

$$P_2 = K'm \tag{6.19}$$

여기서 m은 용액의 몰랄 농도이며, 상수 K'의 단위는 용매에 대하여 atm mol^{-1} kg이다. 표 6.1에는 298 K에서 물에 대한 여러 가지 기체의 K와 K'값들이 나와 있다. Henry 법칙은 기체가 아닌 휘발성 용질을 포함한 용액에도 적용되지만 일반적으로 액체-기체 용액에 대한 법칙이다. 이 법칙은 화학 및 생물학적 계에서 실제로 중요하기 때문에 좀 더 알아볼 필요가 있다. 탄산음료나 샴페인 병을 열었을 때 기포가

표 6.1 298 K에서 물에 대한 몇 가지 기체의 Henry 법칙 상수

기체	K(torr)	K' (atm mol^{-1} kg H_2O)
H_2	5.54×10^7	1311
He	1.12×10^8	2649
Ar	2.80×10^7	662
N_2	6.80×10^7	1610
O_2	3.27×10^7	773
CO_2	1.24×10^6	29.3
H_2S	4.27×10^5	10.1

발생하는 것은 부분 압력이 낮아짐에 따라 기체(대부분 CO_2)의 용해도를 보여 주는 좋은 예이다. 잠수부들이 수면으로 너무 빨리 올라올 때 겪는 색전증(혈류에 기포가 발생)도 Henry 법칙을 보여 주는 예이다. 해수면 40 m 아래에서의 압력은 6 atm 정도이다. 이때 혈장 내 질소의 용해도는 해수면에서의 용해도의 6배인 약 0.8×6 atm/1610 atm mol^{-1} kg, 즉 3.0×10^{-3} mol(kg $H_2O)^{-1}$이다. 잠수부가 너무 빨리 수면 위로 올라오면 용해된 질소 기체가 끓기 시작한다. 가장 경미한 증상은 어지러움이며, 심할 경우 죽음에 이를 수도 있다.* 헬륨은 질소에 비해 혈장에 잘 녹지 않기 때문에 심해 잠수 탱크에 사용되는 산소를 희석하는 데 사용한다.

Henry 법칙에서 벗어나는 여러 가지 경우가 있다. 앞에서 언급한 것처럼, 먼저 이 법칙은 묽은 용액에만 적용된다. 둘째, 용해된 기체가 화학적으로 반응하면 용해도가 매우 커진다. CO_2, H_2S, NH_3, HCl 같은 기체들은 물과 반응하므로 용해도가 매우 크다. 세 번째 경우로는 혈액 내 산소의 용해를 예로 들 수 있다. 일반적으로 산소는 물에 거의 녹지 않지만(표 6.1 참조), 용액에 헤모글로빈이나 마이오글로빈이 포함되어 있으면 용해도는 급격하게 증가한다.

예제 6.3

298 K에서 공기 중 CO_2의 부분 압력이 3.3×10^{-4} atm일 때, 물에서 CO_2의 몰랄 용해도를 계산하시오.

답

용질(이산화 탄소)의 몰분율은 식 6.18로 주어진다.

$$x_{CO_2} = \frac{P_{CO_2}}{K}$$

물 1000 g에 녹아 있는 CO_2의 몰수는 작으므로, 다음과 같이 몰분율을 추산할 수 있다.

$$x_{CO_2} = \frac{n_{CO_2}}{n_{CO_2} + n_{H_2O}} \approx \frac{n_{CO_2}}{n_{H_2O}}$$

그러므로

$$n_{CO_2} = \frac{P_{CO_2} n_{H_2O}}{K}$$

* Henry 법칙에 대한 흥미로운 예로 다음을 참조하시오. T. C. Loose, *J. Chem. Educ.*, **48**, 154(1971); W. J. Ebel, *J. Chem. Educ.*, **50**, 559(1973); D. R. Kimbrough, *J. Chem. Educ.*, **76**, 1509(1999).

최종적으로 표 6.1에서 CO_2의 K 값을 찾아서 다음과 같이 쓸 수 있다.

$$n_{CO_2} = (3.3 \times 10^{-4} \times 760)\ \text{torr} \times \frac{1000\ \text{g}}{18.01\ \text{g mol}^{-1}} \times \frac{1}{1.24 \times 10^6\ \text{torr}}$$

$$= 1.12 \times 10^{-5}\ \text{mol}$$

이는 1000 g, 즉 1 kg의 H_2O에 있는 CO_2의 몰수이므로, 몰랄 농도는 1.12×10^{-5} mol (kg H_2O)$^{-1}$이다.

달리, 식 6.19를 이용하여 다음과 같이 쓸 수 있다.

$$m = \frac{P_{CO_2}}{K'}$$

$$= \frac{3.3 \times 10^{-4}\ \text{atm}}{29.3\ \text{atm mol}^{-1}\ \text{kg H}_2\text{O}} = 1.12 \times 10^{-5}\ \text{mol (kg H}_2\text{O)}^{-1}$$

COMMENT

물에 녹아 있는 이산화 탄소는 탄산으로 바뀌므로, 공기에 오랫동안 노출된 물은 산성이 된다.

6.5 실제 용액

6.4절에서 지적한 것처럼, 대부분의 용액은 이상적으로 거동하지 않는다. 비이상 용액을 다룰 때 곧바로 나타나는 문제점은 용매와 용질 성분에 대한 화학 퍼텐셜을 어떻게 쓸 것인가이다.

용매

먼저 용매의 경우를 살펴보자. 앞에서 본 것처럼, 이상 용액에서 용매의 화학 퍼텐셜은 다음 식(식 6.17 참조)으로 주어진다.

$$\mu_1(l) = \mu_1^*(l) + RT \ln x_1$$

여기서 $x_1 = P_1/P_1^*$이며, P_1^*은 온도 T에서 순수한 성분 1의 평형 증기 압력이다. 표준 상태는 순수한 액체이며, $x_1 = 1$일 때 성립된다. 비이상 용액의 경우에는 다음과 같다.

$$\mu_1(l) = \mu_1^*(l) + RT \ln a_1 \tag{6.20}$$

여기서 a_1을 용매의 **활동도**(activity)라고 한다. 비이상성은 용매–용매와 용매–용질 분자 간의 상호 작용이 다르기 때문에 발생한다. 따라서 비이상성 정도는 용액의 조성에 따라 달라지며, 용매의 활동도는 용매의 '유효' 농도 역할을 한다. 용매의 활동도를 다음과 같이 증기 압력으로 나타낼 수 있다.

표 6.2 273 K에서 물-요소 용액에서의 물의 활동도[a]

요소의 몰랄 농도 m_2	물의 몰분율 x_1	물의 증기 압력 P_1(atm)	물의 활동도 a_1	물의 활동도 계수 γ_1
0	1.000	6.025×10^{-3}	1.000	1.000
1	0.982	5.933×10^{-3}	0.985	1.003
2	0.965	5.846×10^{-3}	0.970	1.005
4	0.933	5.672×10^{-3}	0.942	1.010
6	0.902	5.501×10^{-3}	0.913	1.012
10	0.847	5.163×10^{-3}	0.857	1.012

[a] 데이터는 National Research Council, *International Critical Tables of Numerical Data: Physics, Chemistry, and Technology*, vol.3. © 1928 McGraw-Hill. 허락하에 게재함. 용질(요소)은 비휘발성이다.

$$a_1 = \frac{P_1}{P_1^*} \tag{6.21}$$

여기서 P_1은 (비이상) 용액에서 성분 1의 부분 증기 압력이다. 활동도는 다음과 같이 농도(몰분율)과 연관지을 수 있다.

$$a_1 = \gamma_1 x_1 \tag{6.22}$$

여기서 γ_1을 **활동도 계수**(activity coefficient)라고 한다. 이제 식 6.20을 다음과 같이 쓸 수 있다.

$$\mu_1(l) = \mu_1^*(l) + RT\ln\gamma_1 + RT\ln x_1 \tag{6.23}$$

γ_1은 이상성으로부터 편차를 나타내는 척도이다. $x_1 \to 1$, $\gamma_1 \to 1$인 극단적인 경우, 활동도와 몰분율은 같다. 물론 이 조건은 이상 용액의 경우에는 모든 농도에서 적용된다.

식 6.21은 용매의 활동도를 구하는 수단이 된다. 일정 조성의 범위에 걸쳐 용매 증기의 P_1을 측정하면 P_1^*이 주어진 경우에 각 조성에서 a_1값을 계산할 수 있다.* 표 6.2에는 여러 가지 농도의 물-요소 용액에서 물의 활동도가 나와 있다.

용질

이제 용질을 살펴보자. 전체 농도 범위에서 두 성분이 모두 Raoult 법칙을 따르는 이상 용액은 드물다. 화학적 상호 작용이 없는 묽은 비이상 용액에서 용매는 Raoult 법칙을 따르고, 용질은 Henry 법칙을 따른다.** 이런 용액을 종종 '이상적인 묽은 용액'이라고 한다. 이상 용액의 경우, 용질의 화학 퍼텐셜도 Raoult 법칙으로 주어진다.

---

* P_1 값을 결정하려면 전체 압력 P를 측정해야 하며, 또한 혼합물의 조성을 알아야 한다. 식 1.6을 사용하여 부분 압력 P_1을 계산할 수 있다. 즉 $P_1 = x_1^{\mathrm{v}}P$이다. 여기서 x_1^{v}는 증기상 용매의 몰분율이다.

** 이상 용액의 경우, Raoult 법칙과 Henry 법칙은 같아진다. 즉 $P_2 = Kx_2 = P_2^*x_2$이다.

$$\mu_2(l) = \mu_2^*(l) + RT\ln x_2$$
$$= \mu_2^*(l) + RT\ln\frac{P_2}{P_2^*}$$

이상적인 묽은 용액에서는 Henry 법칙이 적용된다. 즉 $P_2 = Kx_2$이므로

$$\mu_2(l) = \mu_2^*(l) + RT\ln\frac{K}{P_2^*} + RT\ln x_2$$
$$= \mu_2^\circ(l) + RT\ln x_2 \tag{6.24}$$

여기서 $\mu_2^\circ(l) = \mu_2^*(l) + RT\ln(K/P_2^*)$이다. 식 6.24는 식 6.17과 같은 형태로 보이지만, 표준 상태를 선택하는 데 중요한 차이점이 있다. 식 6.24에 따르면, $x_2 = 1$인 순수한 용질을 표준 상태로 정의한다. 그러나 식 6.24는 묽은 용액에만 적용된다. 이 두 조건을 어떻게 동시에 만족시킬 수 있는가? 이 어려움은 표준 상태가 실제 상태가 아닌, 가상적인 상태임을 인식하면 쉽게 해결될 수 있다. 그러므로 식 6.24로 정의한 표준 상태는 증기 압력이 $K(x_2 = 1$일 때 $P_2 = K)$인 가상적인 순수한 성분 2이다. 어떤 의미에서 이는 '몰분율이 1인 무한히 묽은 상태'이다. 즉 용질의 몰분율은 1이지만, 성분 1 용매에 대해 무한히 묽힌 상태이다. 일반적으로 비이상 용액(묽은 용액이라는 한계를 벗어나서)의 경우 식 6.24는 다음과 같이 변형된다.

$$\mu_2(l) = \mu_2^\circ(l) + RT\ln a_2 \tag{6.25}$$

여기서 a_2는 용질의 활동도이다. 용매의 경우처럼 $a_2 = \gamma_2 x_2$이며, 여기서 γ_2는 용질의 활동도 계수이다. $x_2 \to 0$일 때 $a_2 \to x_2$ 또는 $\gamma_2 \to 1$이 된다. 이제 Henry 법칙은 다음과 같다.

$$P_2 = Ka_2 \tag{6.26}$$

농도는 일반적으로 몰분율 대신 몰랄 농도(또는 몰농도)로 나타낸다. 몰랄 농도로 나타내면 식 6.24는 다음과 같다.

$$\mu_2(l) = \mu_2^\circ(l) + RT\ln\frac{m_2}{m^\circ} \tag{6.27}$$

여기서 $m^\circ = 1\ \text{mol kg}^{-1}$이므로 비 m_2/m°에는 단위가 없다. 여기서 표준 상태는 1몰랄 농도이지만 용액이 이상적으로 거동하는 상태로 정의된다. 또한 이 표준 상태는 실제 도달할 수 없는 가상 상태이다(그림 6.8). 비이상 용액에 대해서는 식 6.27을 다음과 같이 쓸 수 있다.

$$\mu_2(l) = \mu_2^\circ(l) + RT\ln a_2 \tag{6.28}$$

여기서 $a_2 = \gamma_2(m_2/m^\circ)$이다. $m_2 \to 0$인 극단적인 경우, $a_2 \to m_2/m^\circ$ 또는 $\gamma_2 \to 1$이 된다(그림 6.8b 참조).

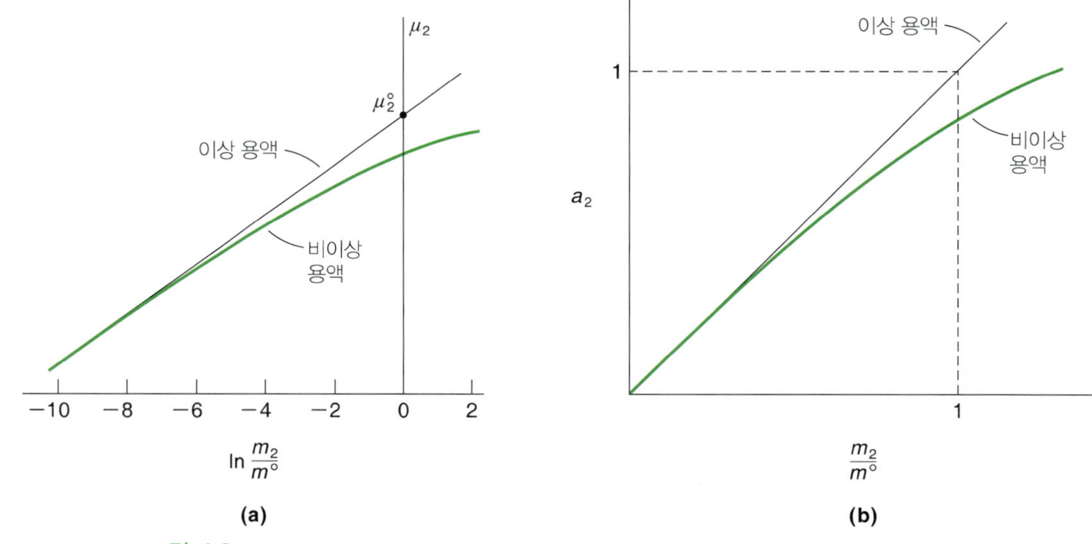

그림 6.8

(a) 비이상 용액에서 몰랄 농도의 로그 값에 따른 나타낸 용질의 화학 퍼텐셜. (b) 비이상 용액에서 몰랄 농도의 함수로 나타낸 용질의 활동도. 표준 상태에서 $m_2/m^\circ = 1$이다.

Henry 법칙을 이용하여 식 6.24와 6.27을 유도하였지만, 휘발성과 관계없이 임의의 용질에 적용할 수 있다. 이 표현들은 총괄성(6.7절 참조)을 설명하거나 8장에서 배울 평형 상수를 유도할 때 유용하다.

6.6 이성분계의 상평형

총괄성을 알아보기 전에, 두 성분을 포함하는 용액의 성질에 상도표와 상 규칙을 적용해 보자.

증류

두 성분으로 이루어진 휘발성 액체 용액은 분별 증류를 통해 분리할 수 있는데, 이는 실험실이나 산업 공정에서 많이 이용된다. 이 과정을 활용하기 위해서는 이성분 액체 혼합물의 증기–액체 평형에 압력과 온도가 어떤 영향을 미치는지 이해해야 한다.

압력–조성 도표

용액의 증기 압력을, 몰분율의 함수와 용액과 평형 상태에 있는 증기의 조성의 함수로 나타내는 상도표를 먼저 그려 보자. 벤젠–톨루엔 이상 용액을 예로 들어, Raoult 법칙으로 두 성분의 증기 압력을 나타낼 수 있다.

$$P_b = x_b P_b^*, \quad P_t = x_t P_t^*$$

여기서 x_b와 x_t는 각각 용액 내 벤젠과 톨루엔의 몰분율이고, 별표는 순수한 성분을 나타낸다. 전체 압력 P는 다음과 같다.

$$\begin{aligned} P &= P_b + P_t \\ &= x_b P_b^* + x_t P_t^* \\ &= x_b P_b^* + (1 - x_b) P_t^* \\ &= P_t^* + (P_b^* - P_t^*) x_b \end{aligned} \tag{6.29}$$

그림 6.9a는 x_b에 따른 P가 직선이 됨을 보여 준다.

다음으로 증기상 벤젠의 몰분율 x_b^v의 함수로 P를 나타내고자 한다. 식 1.6에 따르면 증기상 벤젠의 몰분율은 다음과 같다.

$$x_b^v = \frac{P_b}{P} = \frac{x_b P_b^*}{P_t^* + (P_b^* - P_t^*) x_b}$$

이 식을 x_b에 대해 풀면 평형에 있는 증기상 몰분율 x_b^v에 해당하는 용액 내 벤젠의 몰분율에 대해 다음 식을 얻을 수 있다.

$$x_b = \frac{x_b^v P_t^*}{P_b^* - (P_b^* - P_t^*) x_b^v} \tag{6.30}$$

다시, 식 1.6과 Raoult 법칙을 이용하면 다음 결과가 얻어진다.

$$P_b = x_b^v P = x_b P_b^*$$

식 6.30을 이용하면 다음과 같이 쓸 수 있다.

$$P = \frac{x_b P_b^*}{x_b^v} = \frac{P_b^* P_t^*}{P_b^* - (P_b^* - P_t^*) x_b^v} \tag{6.31}$$

그림 6.9b는 x_b^v에 따른 P의 변화를 보여 준다.

그림 6.9c는 식 6.29와 6.31을 결합하여 그린 결과이다. 직선 윗부분에서 계는 액체 상태이다(이 결과는 높은 압력에서 액체가 더 안정하다는 예상과 일치한다). 곡선의 아랫부분, 즉 낮은 압력에서 계는 증기 상태에 있다. 두 선 사이에 있는 점(두 선 사이의 영역)에서는 액체와 기체가 공존한다.

이제 초기에 그림 6.9c의 점 a에서 액체로 존재하는 벤젠–톨루엔 계를 생각해 보자. Gibbs의 상 규칙에 따라, 이성분 단일상 계의 자유도는 다음과 같다.

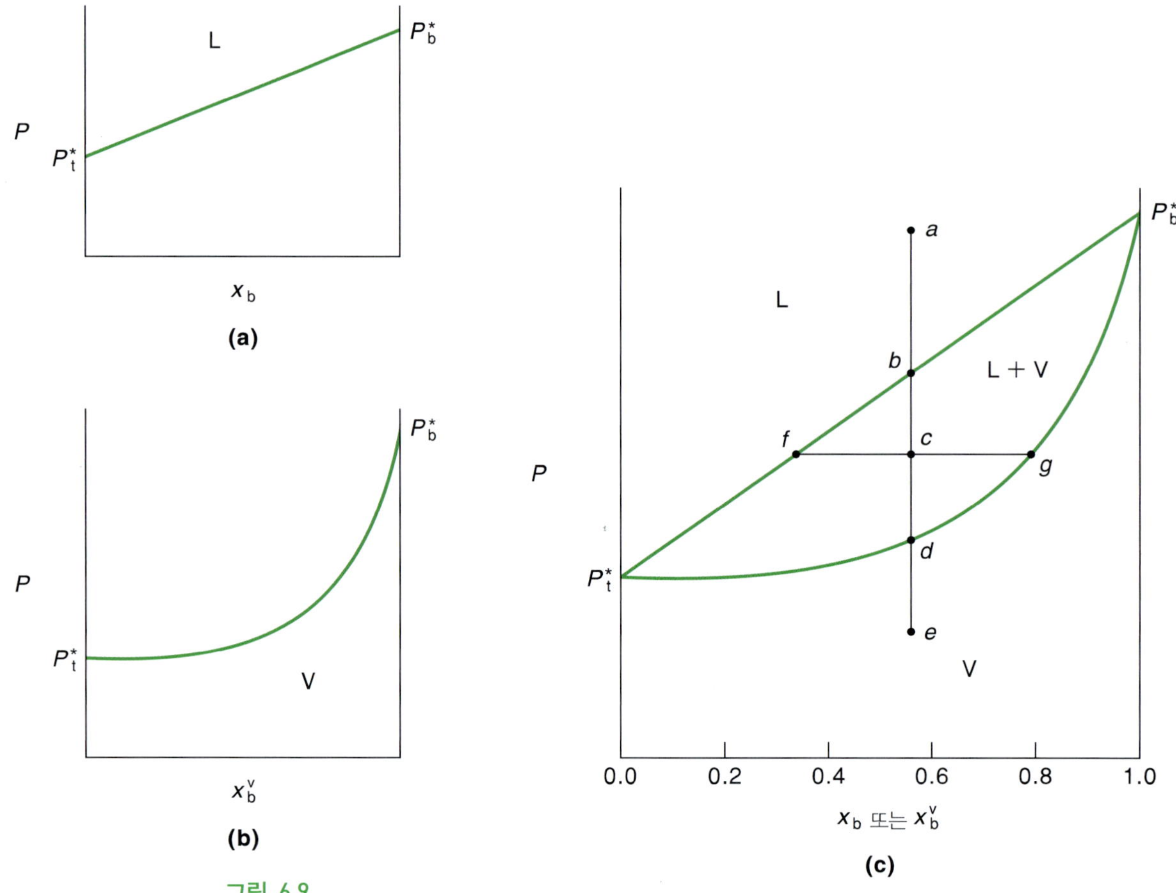

그림 6.9

23°C에서 벤젠-톨루엔 용액의 조성과 압력의 함수로 나타낸 액체(L)-기체(V) 상도표. **(a)** 용액 내 벤젠의 몰분율에 대한 증기 압력. **(b)** 증기상 벤젠의 몰분율에 대한 증기 압력. **(c)** (a)와 (b)의 결합. 직선의 윗부분에서 계는 완전한 액체 상태이다. 곡선의 아랫부분에서 계는 완전한 기체 상태이다. 두 선으로 둘러싸인 영역에서는 액체와 기체가 공존한다. 점 *c*에서 액체의 조성은 $x_b = 0.30$, 기체의 조성은 $x_b^v = 0.80$이다.

$$
\begin{aligned}
f &= c - p + 2 \\
&= 2 - 1 + 2 = 3
\end{aligned}
$$

온도와 몰분율이 일정하면 자유도는 1이다. 그러므로 일정 온도와 조성에서(점 *a*에서) 압력을 낮추면 점 *b*에 도달한다. 이 점에서 액체는 기체와 평형을 이루며 존재한다 (이 점에서 액체가 증발하기 시작한다). 압력을 더욱 낮추면 점 *c*에 도달한다. 수평 "대응선"은 액체의 조성은 *f*, 기체의 조성은 *g*임을 나타낸다. 평형에 있는 액체와 기체의 상대적 양은 지렛대 법칙으로 주어진다(그림 6.10).

$$n_L \ell_L = n_V \ell_V \tag{6.32}$$

여기서 n_L과 n_V는 각각 액체와 기체의 몰수이며, ℓ_L과 ℓ_V는 그림 6.10에서 정의된 길이이다. 점 *c*에서 성분과 상이 각각 2개이므로 자유도는 다음과 같다.

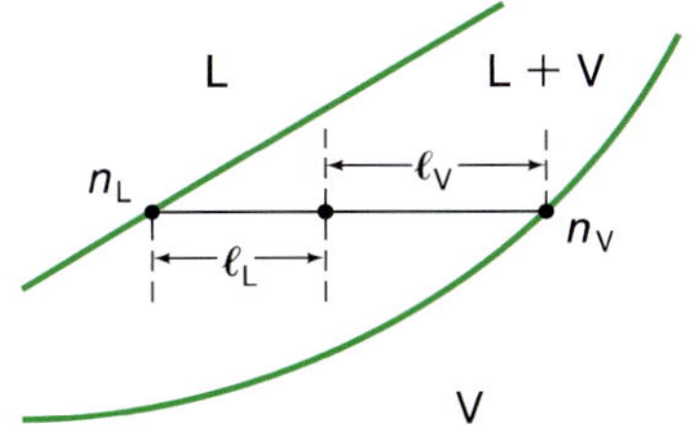

그림 6.10

지렛대 법칙은 2상계의 각 상에 존재하는 몰비가 $n_L\ell_L = n_V\ell_V$이라고 한다. 여기서 ℓ_L과 ℓ_V은 계 전체 조성에 해당되는 점으로부터 대응선의 각 끝점까지의 거리이다.

$$
\begin{aligned}
f &= 2 - 2 + 2 \\
&= 2
\end{aligned}
$$

따라서 일정한 온도에서는 자유도가 1이며, 특정한 압력을 선택하면 액체와 기체의 조성은 (대응선으로 나타낸 것처럼) 고정된다.

그림 6.11에는 일정 온도에서 톨루엔으로부터 벤젠을 분리하는 방법이 나와 있다. 용액이 증발하기 시작할 때까지(점 a) 압력을 낮출 수 있다. 이 점에서 몰분율은 각각 $x_b = 0.2$, $x_t = 1 - 0.2 = 0.8$이다. 용액과 평형을 이루는 기체의 조성(점 b)은 $x_b^v = 0.5$, $x_t^v - 0.5$이다. 그러므로 기체상에는 액체상보다 벤젠이 농축되어 있다. 이제 증기를 응축($b \to c$)시킨 후 다시 증발($c \to d$)시키면, 기체상에서 벤젠의 몰분율이 한층 높아진다. 일정 온도에서 이 과정을 반복하면 결국에는 벤젠과 톨루엔을 분리할 수 있다.

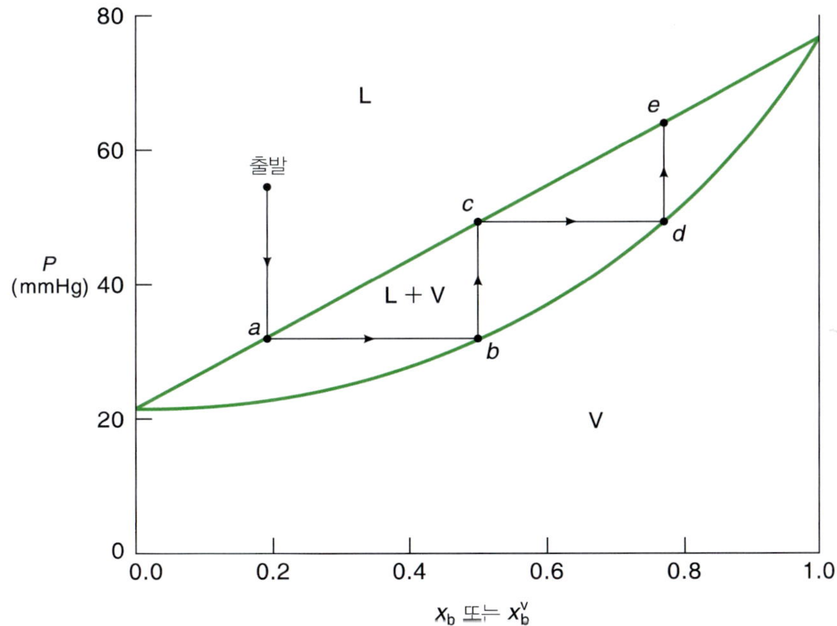

그림 6.11

23°C에서 벤젠-톨루엔 계의 압력-조성 도표

온도-조성 도표

실제로 증류는 일정 온도 조건보다 일정 압력 조건에서 더 수월하게 수행할 수 있다. 그러므로 **온도-조성** 또는 **끓는점 도표**를 알아볼 필요가 있다. 온도와 조성의 관계는 복잡하므로 보통 실험을 통해 결정한다.

벤젠-톨루엔 계를 참고로 그림 6.12와 그림 6.9를 비교해 보면, 액체와 기체 영역이 바뀌었으며 액체와 증기 곡선 모두 직선이 아님을 알 수 있다. 휘발성이 더 강한 성분인 벤젠의 증기 압력이 더 높으므로 끓는점이 더 낮다. 그림 6.9는 일정한 온도에서 압력이 높으면 액체가 안정한 상임을 보여 준다. 유사하게, 그림 6.12는 일정한 압력에서 온도가 낮을 때 안정한 상이 액체임을 보여 준다. 분별 증류 중에 용액은 증발이 시작될 때까지 가열된다($a \rightarrow b$). 벤젠이 농축된 증기는 응축되고($b \rightarrow c$), 다시 증발한다($c \rightarrow d$). 이 과정을 반복하면 결국 두 성분은 완전히 분리된다. 이 과정을 **분별 증류**(fractional distillation)라고 한다. 증발과 응축하는 각각의 과정을 **이론단**(theoretical plate)이라고 한다.

실험실에서 화학자들은 휘발성 액체를 분리하기 위해 그림 6.13과 같은 장치를 이용한다. 벤젠-톨루엔 용액이 담긴 둥근바닥 플라스크를 조그만 유리구슬로 채워진 긴 관에 연결한다. 용액이 끓으면 관의 아랫부분에 있는 구슬에 기체가 응축하여 액체는 증류 플라스크로 떨어진다. 시간이 흐르면 구슬도 점차 뜨거워져, 증기가 천천히 위쪽으로 빠져나간다. 충진된 물질(구슬)들이 수많은 이론단 역할을 하여 벤젠-톨루엔 혼합물은 연속적인 증발-응축 과정을 거친다. 각 단계에서 관 내부의 기체 조성은 더 휘발성이 강한 물질, 즉 끓는점이 낮은 성분(이 경우에는 벤젠)으로 농축된다. 관의 윗부분으로 상승하는 기체는 기본적으로 순수한 벤젠이며, 이를 응축시켜 채집 플라스크에 모은다. 석유 정제에서도 유사한 방법을 사용한다. 원유는

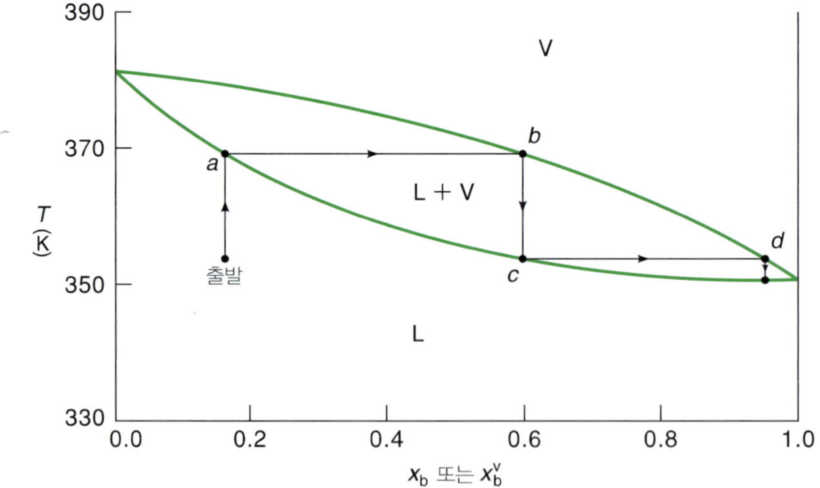

그림 6.12

1 atm에서 벤젠-톨루엔 계의 온도-조성 도표. 벤젠과 톨루엔의 끓는점은 각각 80.1°C와 110.6°C이다.

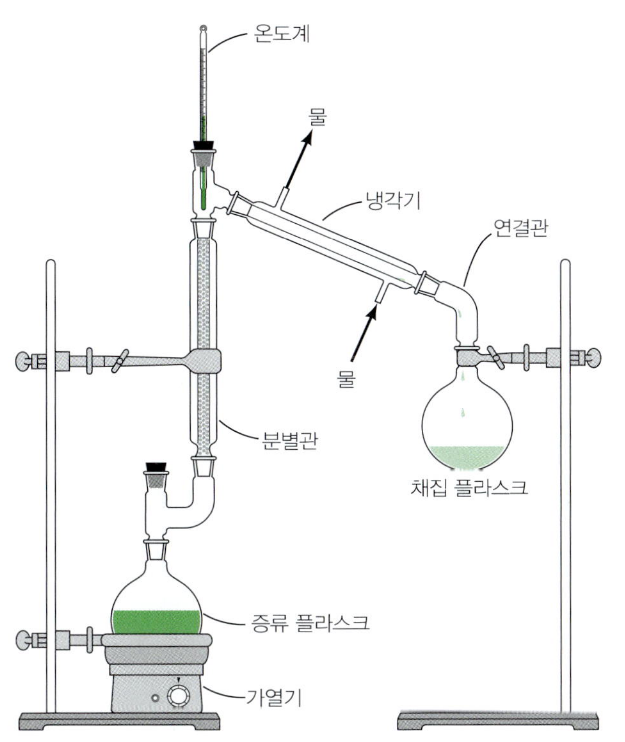

그림 6.13
분별 증류의 실험 장치. 분별관에는 응축-증발 단계의 이론단으로 작용하는 수많은 유리구슬이 들어 있다.

수많은 성분으로 구성된 혼합물이다. 80 m 정도의 높이로 수많은 이론단을 갖는 증류탑에서 원유를 가열하고 응축시켜 끓는점 범위별로 분리할 수 있다.

불변 끓음 혼합물

대부분의 용액은 이상 용액이 아니기 때문에 실험적으로 얻어지는 온도-조성 도표는 그림 6.12보다 복잡하다. 계가 Raoult 법칙에서 양(+)의 편차를 보이면, 곡선은 최저 끓는점을 갖는다. 역으로, Raoult 법칙에서 음(−)의 편차를 보이면 최고 끓는점이 나타난다(그림 6.14). 전자의 예로는 아세톤-이황화 탄소, 에탄올-물, *n*-프로판올-물 등이 있다. 최고 끓는점을 보이는 계는 훨씬 드물다. 알려진 예 중에는 아세톤-클로로폼과 염산-물 등이 있다. 이런 경우 단순한 분별 증류로는 혼합물을 순수한 성분으로 완전히 분리할 수 없다.

그림 6.14a에 나와 있는 다음 단계들을 생각해 보자. 점 a로 표시된 조성의 용액을 가열한다. 응축된 증기($b \rightarrow c$)에는 성분 1의 양이 증가하게 되고, 용기에 남아 있는 용액은 성분 2로 농축된다. 따라서 증류가 진행됨에 따라 용기에 남아 있는 용액의 조성은 왼쪽으로 이동하고(성분 2로 농축), 끓는점이 높아진다. 용액이 끓은 후 그 기체가 응축되고, 응축된 기체가 다시 끓는 과정이 반복되면 같은 조성을 갖는 증류액이 얻어지게 된다. 이러한 증류액을 **불변 끓음 혼합물**(azeotrope)이라고 한다('변하지 않고 끓는다'는 의미의 그리스어에서 유래). 결국 용기 안에 남아 있는 용액의 끓는점은 순수한 성분 2의 끓는점 (즉 T_2)에 도달한다. 일단 불변 끓음 혼합물의 증류액이 얻어지면 증류를 더 진행해도 더 이상 분리되지 않고 일정한 온도에서 끓는다.

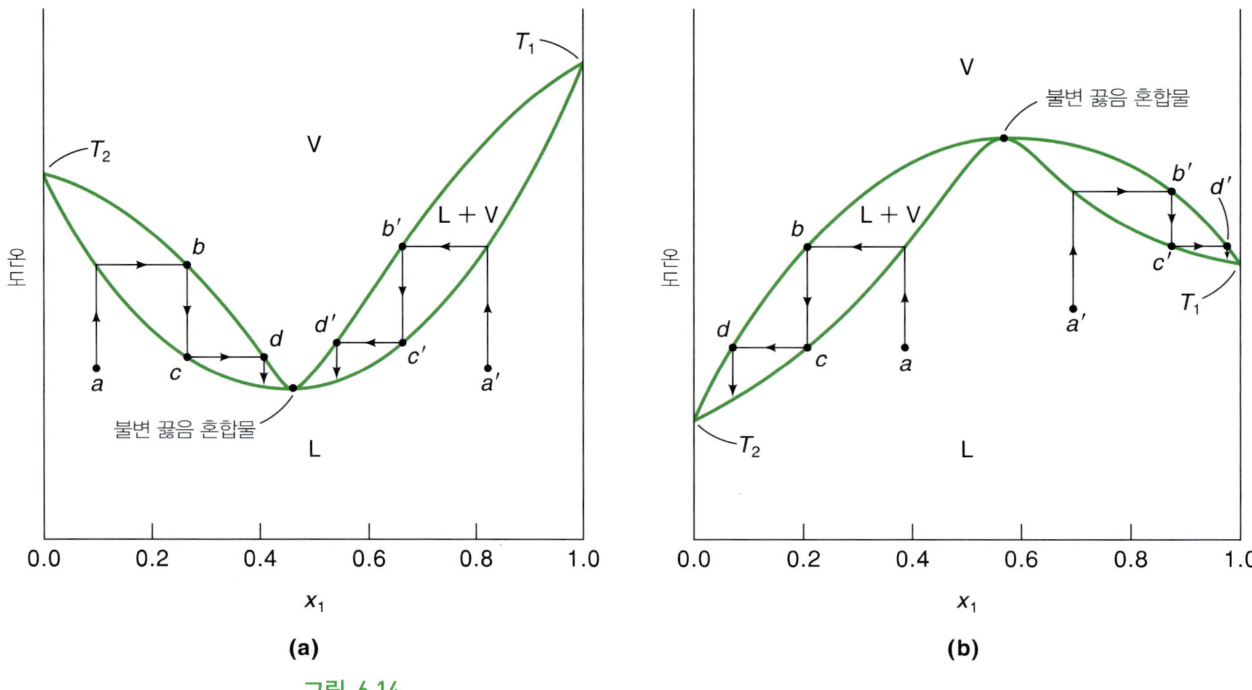

그림 6.14
불변 끓음 혼합물 **(a)** 최저 끓는점, **(b)** 최고 끓는점

점 a'에서 시작해서 동일한 증발–응축 과정이 반복되면 기체는 성분 2의 양이 증가하면서 동일한 불변 끓음 혼합물이 얻어지게 되며, 용액의 끓는점은 성분 1의 끓는점에 도달할 것이다. 최고 끓는점을 갖는 계(그림 6.14b) 역시 비슷하게 설명되는데, 순수한 성분의 증류액이 얻어지고 용기 내에는 불변 끓음 혼합물이 남는 것이 다르다.

불변 끓음 혼합물이 형성되면 마치 단일 성분이 증류되는 것처럼 보이지만, 그렇지 않다는 것을 쉽게 확인할 수 있다. 표 6.3에서 볼 수 있는 것처럼, 불변 끓음 혼합물의 조성은 압력에 따라 변한다.

표 6.3 압력에 따른 HCl – 물 불변 끓음 혼합물의 조성과 끓는점의 변화[a]

P(torr)	조성(HCl 중량 백분율)	끓는점(°C)
760	20.222	108.584
700	20.360	106.424
500	20.916	97.578

[a] W. D. Bonner and R. E. Wallace, *J. Am. Chem. Soc.* **52**, 1747(1930).

고체-액체 평형

두 가지 물질을 포함하는 액체 용액을 충분히 낮은 온도로 냉각하면 고체가 생긴다. 이 온도를 용액의 어는점이라고 하는데, 이는 용액의 조성에 따라 달라진다. 다음 절에 나와 있는 것처럼, 용액의 어는점은 항상 용매의 어는점보다 낮다.

그림 6.15에 보여 주는 안티모니(Sb)와 납(Pb)으로 구성된 이성분계를 생각해 보자. 이 계에 대한 고체-액체 상도표이다. 이 상도표는 일정한 압력에서 조성이 다른 일련의 용액의 녹는점을 측정하여 만들어진 것이다. 비대칭의 V자 곡선이 어는점 곡선이며, 이 곡선 위에서 계는 액체이다(Pb와 Sb의 녹는점은 각각 328°C와 631°C이다). 일정한 압력하에서 점 *a*의 용액을 냉각시키면 어떻게 될지 생각해 보자. 점 *b*에 도달하면 용액은 얼기 시작하고, 용액으로부터 분리된 고체는 순수한 Sb이다. 온도를 더 낮추면, 더 많은 Sb가 얼어 용액은 점차 Pb로 더욱 농축된다. 예를 들어 점 *c*의 용액 조성은 대응선 *gch*를 그어서 얻을 수 있다. 이 점에서 용액의 조성은 점 *h*에서 *x*축에 수직선을 투영하여 얻어진다. 용액의 온도를 계속 낮추면 점 *d*에 도달한다. 이 온도에서 용액의 조성은 점 *e*로 주어진다.

이제 점 *i*의 용액을 냉각시켜 보자. 점 *j*에서 용액이 얼기 시작하여 고체 Pb가 형성된다. 더 냉각하면 점 *k*에 도달한다. 이 점에서 용액의 조성은 역시 점 *e*가 된다. 점 *e*를 **공융점**(eutectic point)이라고 한다. 공융점은 다음과 같은 특징을 갖고 있다. (1) 이 점은 액체 용액이 존재할 수 있는 가장 낮은 온도이며, (2) 이 점에서 용액으로부터 분리되는 고체는 용액과 **동일한** 조성을 갖는다. 이런 측면에서, 공융점을 갖는 용액은 순수한 화합물과 비슷하게 거동한다. 그러나 공융 혼합물의 조성은 외부 압력에 따라 달라지기 때문에 여러 압력에서 어는 현상을 조사하면 순수한 액체와

공융점은 246° C이다.

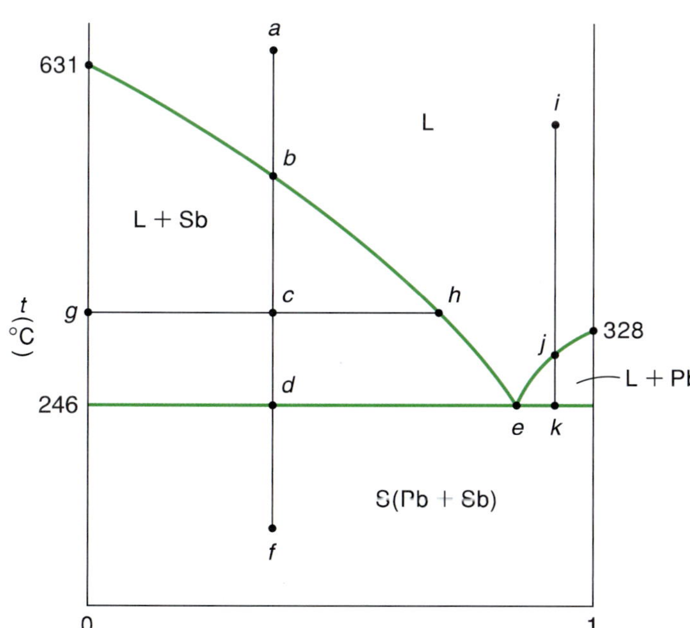

그림 6.15
납-안티모니 계의 고체-액체 상도표. 공융점은 *e*이다.

쉽게 구분할 수 있다.

공융점에서는 두 개의 성분(Pb와 Sb)과 세 개의 상(고체 Pb, 고체 Sb, 용액)이 존재하므로, 자유도 f는 다음과 같다.

$$\begin{aligned} f &= c - p + 2 \\ &= 2 - 3 + 2 \\ &= 1 \end{aligned}$$

그런데 자유도 1은 압력을 명시하는 데 사용된다. 결과적으로 공융점에서는 온도나 조성을 변화시킬 수 없다.

잘 알려진 공융 혼합물로, 전기 회로판을 만드는 데 사용되는 땜납이 있다. 땜납은 대략 33%가 납, 67%가 주석이며, 183°C에서 녹는다(주석은 232°C에서 녹는다).

6.7 총괄성

용액의 일반적인 성질에는 증기 압력 내림, 끓는점 오름, 어는점 내림, 삼투압 등이 있다. 이러한 현상은 공통되는 이유로 나타나기 때문에 일반적으로 **총괄성**(colligative property) 또는 **공통 성질**(collective property)이라고 한다. 총괄성은 용질 분자의 분자량이나 크기가 아닌, 용질의 몰수에 의해서 결정된다. 이러한 현상을 설명하는 식을 유도하기 위하여 중요한 세 가지 가정을 한다. (1) 용액은 이상적인 묽은 용액으로, 용매는 Raoult 법칙을 따른다. (2) 용액은 묽은 용액이다. (3) 용액은 비전해질로 구성되어 있다. 앞에서와 같이 이성분계의 경우만 고려한다.

증기 압력 내림

설탕 수용액과 같이 용매 1과 **비휘발성** 용질 2로 이루어진 용액을 생각해 보자. 용액이 이상적인 묽은 용액이므로 Raoult 법칙을 적용한다.

$$P = x_1 P_1^*$$

$x_1 = 1 - x_2$이므로 위 식은 다음과 같이 된다.

$$P_1 = (1 - x_2) P_1^*$$

이 식을 정리하면 다음과 같다.

$$P_1^* - P_1 = \Delta P = x_2 P_1^* \tag{6.33}$$

여기서 ΔP는 순수한 용매의 증기 압력에 비해 감소한 증기 압력이며, 용질의 몰분율에 비례한다.

용질이 존재하면 용액의 증기 압력은 왜 낮아지는가? 이는 분자 사이의 상호 작용 변화에 기인하는 것으로 생각할 수 있다. 그러나 용질−용매와 용매−용매 간의 상호 작용 차이가 없는 이상 용액에서도 증기 압력 내림 현상이 나타나기 때문에 이 생각은 옳지 않다. 엔트로피 효과가 더 신빙성이 있다. 어느 물질이든지(일정한 온도에서) 기체 상태의 엔트로피가 액체 상태에 비해 크기 때문에, 용매가 증발하면 우주의 엔트로피는 증가한다. 6.3절에서 배운 것과 같이, 용액이 만들어지는 과정에서 엔트로피가 증가한다. 이는 순수한 용매에 존재하지 않는 불규칙성 또는 무질서에 대한 추가적인 자유도가 용액에 존재한다는 의미이다. 따라서 용액에서 용매가 증발할 경우에는, 순수한 용매가 증발할 경우에 비해 엔트로피 증가가 **더 작다**. 결과적으로, 용액의 경우에는 용매가 증발하려는 경향이 더 낮아지며, 용액은 순수한 용매보다 낮은 증기 압력을 갖는다(문제 6.40 참조).

끓는점 오름

용액의 끓는점은 용액의 증기 압력이 외부 압력과 같아지는 온도이다. 앞의 설명에서, 비휘발성 용질을 첨가하면 증기 압력은 낮아지고 용액의 끓는점은 상승할 것으로 예상할 수 있다. 실제로 그렇다.

비휘발성(nonvolatile) 용질을 포함하는 용액의 끓는점 오름은 용질의 존재로 인한 용매의 화학 퍼텐셜 변화에 기인한다. 식 6.17에 따르면, 용액 내 용매의 화학 퍼텐셜은 순수한 용매의 화학 퍼텐셜보다 $RT \ln x_1$만큼 작다. 이 변화가 용액의 끓는점에 어떤 영향을 미치는지는 그림 6.16에서 볼 수 있다. 실선은 순수한 용매를 나타낸다. 용질은 비휘발성이기 때문에 증발하지 않는다. 따라서 증기 곡선은 순수한 증기 곡선과 같다. 한편, 액체상에는 용질이 있기 때문에 용매의 화학 퍼텐셜은 감소한다(점선을 보라). 증기를 나타내는 곡선이 액체(순수한 용매 또는 용액) 곡선과 교차하는 점

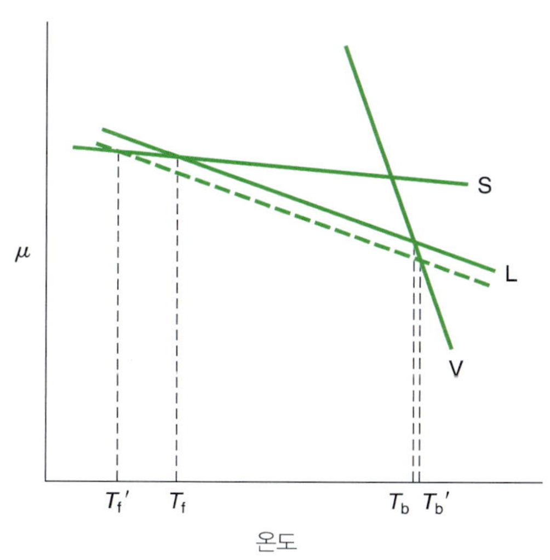

그림 6.16
온도에 따른 화학 퍼텐셜의 그림으로 용액의 총괄성을 보여 준다. 녹색 점선은 용매상을 나타낸다. T_b와 T_b'는 각각 용매와 용액의 끓는점, T_f와 T_f'는 각각 용매와 용액의 어는점을 나타낸다.

이 각각 순수한 용매와 용액의 끓는점에 해당한다. 용액의 끓는점(T_b')은 순수한 용매의 끓는점(T_b)보다 높아지게 된다.

이제 끓는점 오름 현상을 정량적으로 살펴보자. 끓는점에서 용매 증기는 용액 내 용매와 평형을 이루므로 다음 관계가 성립한다.

$$\mu_1(g) = \mu_1(l) = \mu_1^*(l) + RT \ln x_1$$

또는

$$\Delta\mu_1 = \mu_1(g) - \mu_1^*(l) = RT \ln x_1 \tag{6.34}$$

여기서 $\Delta\mu_1$은 끓는점 T에서 용액으로부터 용매 1몰이 증발하는 데 수반되는 Gibbs 에너지 변화량이다. 그러므로 $\Delta\mu_1 = \Delta_{증발}\overline{G}$로 쓴다. 식 6.34를 T로 나누면 다음 관계가 얻어진다.

$$\frac{\Delta_{증발}\overline{G}}{T} = \frac{\mu_1(g) - \mu_1^*(l)}{T} = R \ln x_1$$

Gibbs-Helmholz 식(식 5.15)으로부터 다음과 같은 관계를 얻을 수 있다.

$$\frac{d(\Delta G/T)}{dT} = -\frac{\Delta H}{T^2} \quad \text{(압력이 일정할 때)}$$

또는

$$\frac{d(\Delta_{증발}\overline{G}/T)}{dT} = \frac{-\Delta_{증발}\overline{H}}{T^2} = R\frac{d(\ln x_1)}{dT}$$

여기서 $\Delta_{증발}\overline{H}$는 용액에서 일어나는 용매의 몰 증발 엔탈피이다. 묽은 용액이므로, $\Delta_{증발}\overline{H}$는 순수한 용매의 몰 증발 엔탈피와 같다고 가정한다. 마지막 식을 정리하면 다음과 같다.

$$d \ln x_1 = \frac{-\Delta_{증발}\overline{H}}{RT^2} dT \tag{6.35}$$

x_1과 T의 관계식을 구하기 위해 식 6.35를 용액과 순수한 용매의 끓는점인 T_b'과 T_b 구간에서 적분한다. 용매의 몰분율은 T_b'에서 x_1, T_b에서 1이므로 다음과 같이 된다.

$$\int_{\ln 1}^{\ln x_1} d \ln x_1 = \int_{T_b}^{T_b'} \frac{-\Delta_{증발}\overline{H}}{RT^2} dT$$

또는

$$\ln x_1 = \frac{\Delta_{증발}\overline{H}}{R}\left(\frac{1}{T_b'} - \frac{1}{T_b}\right)$$

$$= \frac{-\Delta_{증발}\overline{H}}{R}\left(\frac{T_b' - T_b}{T_b'T_b}\right)$$

$$= \frac{-\Delta_{증발}\overline{H}}{R}\frac{\Delta T}{T_b^2} \qquad (6.36)$$

여기서 $\Delta T = T_b' - T_b$이다. 식 6.36을 얻기 위하여 두 가지 가정을 하였으며, 두 가정은 모두 T_b'와 T_b의 차이가 작다(불과 몇 도 정도)라는 사실에 기초한다. 첫 번째 $\Delta_{증발}\overline{H}$는 온도와 무관하며, 두 번째 $T_b' \approx T_b$이므로 $T_b'T_b \approx T_b^2$으로 가정하였다.

식 6.36에 따라, 끓는점 오름 ΔT는 용매 농도(x_1)의 함수로 주어진다. 그러나 일반적으로 용액에 존재하는 용질의 양으로 농도를 나타내므로 다음 식으로 바꾸어 쓴다.

$$\ln x_1 = \ln(1 - x_2) = \frac{-\Delta_{증발}\overline{H}}{R}\frac{\Delta T}{T_b^2}$$

여기서*

$$\ln(1 - x_2) = -x_2 - \frac{x_2^2}{2} - \frac{x_2^3}{3}\cdots$$

$$\approx -x_2 \quad (x_2 \ll 1)$$

이제

$$\Delta T = \frac{RT_b^2}{\Delta_{증발}\overline{H}}x_2$$

몰분율 x_2를 몰랄 농도(m_2)와 같이 좀 더 자주 사용하는 농도로 변환하기 위해 다음 식을 이용한다.

$$x_2 = \frac{n_2}{n_1 + n_2} \approx \frac{n_2}{n_1} = \frac{n_2}{w_1/\mathcal{M}_1} \quad (n_1 \gg n_2)$$

여기서 w_1은 kg 단위로 나타낸 용매의 질량, $\mathcal{M}_1$은 kg mol^{-1} 단위의 용매의 몰질량이다. n_2/w_1은 용액의 몰랄 농도 m_2이므로, $x_2 = \mathcal{M}_1 m_2$가 되어 다음 결과가 얻어진다.

$$\Delta T = \frac{RT_b^2\mathcal{M}_1}{\Delta_{증발}\overline{H}}m_2 \qquad (6.37)$$

* 이 멱급수의 전개는 Maclaurin 수열이다. x_2 값이 작을 때(≤ 0.1), 이 관계가 성립한다.

식 6.37에서 우변 분수 부분의 모든 값은 주어진 용매에 대하여 상수이므로, 다음 결과가 얻어진다.

$$K_{\mathrm{b}} = \frac{RT_{\mathrm{b}}^2 \mathcal{M}_1}{\Delta_{\text{증발}}\overline{H}} \tag{6.38}$$

여기서 K_b를 **몰랄 끓는점 오름 상수**(molal boiling-point elevation constant)라고 한다. K_b의 단위는 K mol^{-1} kg이다. 정리하면 다음 식이 된다.

$$\Delta T = K_{\mathrm{b}} m_2 \tag{6.39}$$

6.1절에서 언급한 것처럼, 몰랄 농도는 온도와 무관하므로 끓는점 오름을 나타내기에 적합한 농도이다.

그림 6.17은 순수한 물과 수용액의 상도표를 보여 준다. 비휘발성 용질을 가하면, 모든 온도에서 용액의 증기 압력이 감소한다. 결과적으로 1 atm에서 용액의 끓는점은 373.15 K보다 높아진다.

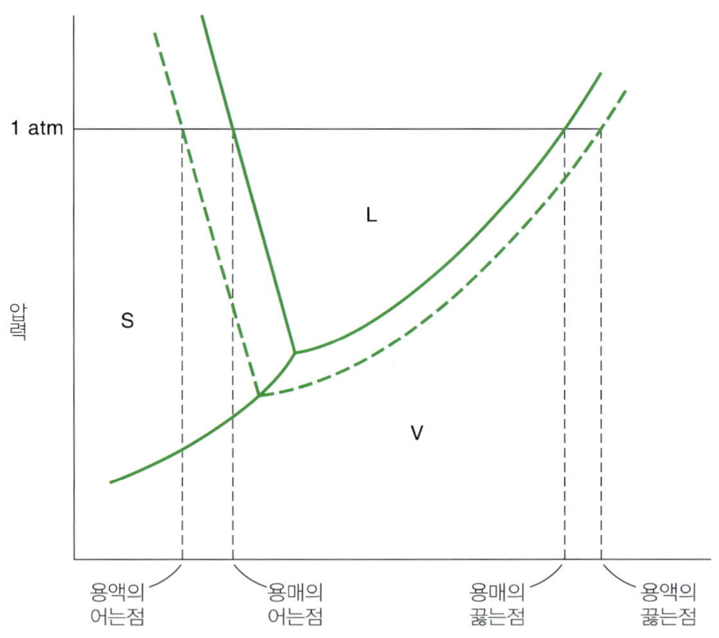

그림 6.17
순수한 물(녹색 실선)과 비휘발성 용질이 포함된 수용액 내의 물(녹색 점선)의 상도표. (두 축은 척도에 맞게 그려져 있지 않다.)

어는점 내림

화학자가 아니면 끓는점 오름 현상을 볼 기회는 거의 없지만, 어는점 내림은 추운 지방에 사는 사람들은 쉽게 볼 수 있는 현상이다. 겨울철 도로의 얼음은 염을 뿌리면 쉽게 녹는다.* 염을 뿌리게 되면 물의 어는점이 낮아진다.

어는점 내림에 대한 열역학적 해석은 끓는점 오름과 유사하다. 용액이 얼 때 용액으로부터 분리된 고체가 용매로만 구성되어 있다고 가정하면, 고체의 화학 퍼텐셜에 대한 곡선은 변하지 않는다(그림 6.16 참조). 결과적으로, 고체에 대한 실선과 용액 내 용매에 대한 점선은 순수한 용매의 어는점(T_f) 아래의 한 점(T_f')에서 교차한다. 끓는점 오름에서와 똑같은 과정을 따르면, 어는점 내림 ΔT(즉 $T_f - T_f'$, 여기서 T_f와 T_f'은 각각 순수한 용매와 용액의 어는점이다)는 다음과 같다.

$$\Delta T = K_f m_2 \tag{6.40}$$

여기서 다음 식으로 주어지는 K_f는 **몰랄 어는점 내림 상수**(molal freezing point depression constant)이다.

$$K_f = \frac{RT_f^2 \mathscr{M}_1}{\Delta_{용융} \overline{H}} \tag{6.41}$$

여기서 $\Delta_{용융}\overline{H}$는 용매의 몰 용융 엔탈피이다.

그림 6.17을 이용해도 어는점 내림 현상을 이해할 수 있다. 1 atm에서 용액의 어는점은 점선(고체와 액체 상 사이)과 1 atm에서의 수평선과의 교차점에 놓인다. 끓는점 오름의 경우 용질이 비휘발성이어야 하지만, 어는점 내림의 경우에는 그런 제약 조건이 적용되지 않는다. 이에 대한 증거는 부동액으로 에탄올(끓는점 = 351.65 K)이 사용되는 것이다.

식 6.39나 6.40을 사용하면 용질의 몰질량을 결정할 수 있다. 일반적으로, 어는점 내림이 실험하기 훨씬 쉽기 때문에 화합물의 몰질량을 측정하는 데 자주 사용된다. 표 6.4에는 여러 가지 용매에 대한 K_b와 K_f가 나와 있다.

어는점 내림 현상은 일상생활과 생물학적 계에서 쉽게 볼 수 있다. 앞에서 언급한 것처럼 염화 소듐, 염화 칼슘과 같은 염을 인도나 차도의 얼음을 녹이는 데 사용한다. 유기 화합물인 에틸렌 글라이콜 [$CH_2(OH)CH_2(OH)$]은 자동차의 부동액이나 비행기의 제빙에 널리 쓰인다. 최근에는 극지방의 찬 얼음물 속에 사는 물고기가 살아남는 방법에 관한 연구가 눈길을 끈다. 바닷물의 어는점은 빙하 주변 바닷물의 온도인 −1.9°C이다. 이 어는점 내림은 1몰랄 농도에 해당하는데, 이는 적절한 생리 기능

---

* 소금이 흔히 사용되는 염인데, 소금은 시멘트를 훼손하고 많은 식물들에게 해롭다. "Freezing Ice Cream and Making Caramel Topping", J. O. Olson and L. H. Bowman, *J. Chem. Educ.*, **53**, 49(1976) 참조

표 6.4 몇 가지 용매의 몰랄 끓는점 오름 상수와 몰랄 어는점 내림 상수

용매	K_b(K mol^{-1} kg)	K_f(K mol^{-1} kg)
H_2O	0.51	1.86
C_2H_5OH	1.22	1.99
C_6H_6	2.53	5.12
$CHCl_3$	3.63	4.68
CH_3COOH	2.93	3.90
CCl_4	5.03	29.8

에는 너무 높다. 예를 들면 이 농도는 삼투압 균형에 변화를 준다(삼투압에 관한 다음 절 참조). 녹아 있는 염이나 다른 물질들이 어는점을 총괄적으로 낮추기 때문에, 극지방 물고기의 혈액에 존재하는 단백질에는 특별한 보호 효과가 있다. 이 단백질들은 아미노산과 당을 모두 가지고 있어 당단백질(glycoprotein)이라고 한다. 물고기 혈액에 있는 당단백질의 농도는 매우 낮아(약 4×10^{-4} m), 이들의 작용을 총괄성으로 설명하지 못한다. 이 단백질들은 작은 얼음 결정이 만들어지기 시작하면 그 표면에 흡착할 수 있어서, 결정의 크기가 생물학적 피해를 줄 정도로 커지는 것을 막는 것으로 알려져 있다. 따라서 이 물고기 혈액의 어는점은 −2°C 이하이다.

예제 6.4

물 316.0 g에 설탕($C_{12}H_{22}O_{11}$) 45.20 g을 녹인 용액의 (a) 끓는점과, (b) 어는점을 계산하시오.

답

(a) 끓는점: $K_b = 0.51$ K mol^{-1} kg이며, 이 용액의 몰랄 농도는 다음과 같다.

$$m_2 = \frac{(45.20\text{ g})(1000\text{ g/1 kg})}{(342.3\text{ g mol}^{-1})(316.0\text{ g})} = 0.418\text{ mol kg}^{-1}$$

식 6.39로부터 다음 결과가 얻어진다.

$$\begin{aligned}\Delta T &= K_b m_2\\ &= (0.51\text{ K mol}^{-1}\text{ kg})(0.418\text{ mol kg}^{-1})\\ &= 0.21\text{ K}\end{aligned}$$

따라서 용액은 (373.15+0.21) K, 즉 373.36 K에서 끓는다.

(b) 어는점: 식 6.40으로부터 다음 결과가 얻어진다.

$$\begin{aligned}\Delta T &= K_f m_2\\ &= (1.86\text{ K mol}^{-1}\text{ kg})(0.418\text{ mol kg}^{-1})\end{aligned}$$

$= 0.78\ \mathrm{K}$

따라서 용액은 (273.15−0.78) K, 즉 272.37 K에서 언다.

COMMENT
농도가 같은 수용액의 경우, 어는점 내림은 항상 끓는점 오름보다 크다. 그 이유는 식 6.38과 6.41을 비교하면 알 수 있다.

$$K_\mathrm{b} = \frac{RT_\mathrm{b}^2 \mathcal{M}_1}{\Delta_{\text{증발}}\overline{H}} \qquad K_\mathrm{f} = \frac{RT_\mathrm{f}^2 \mathcal{M}_1}{\Delta_{\text{용융}}\overline{H}}$$

물의 경우 $T_\mathrm{b} > T_\mathrm{f}$이며, 물의 $\Delta_{\text{증발}}\overline{H}$는 40.79 kJ $\mathrm{mol^{-1}}$이고 $\Delta_{\text{용융}}\overline{H}$는 6.01 kJ $\mathrm{mol^{-1}}$밖에는 안 된다. 분모의 $\Delta_{\text{증발}}\overline{H}$ 값이 크므로 K_b가 작아지고, 따라서 ΔT는 작아진다.

삼투압

그림 6.18은 **삼투**(osmosis) 현상을 보여 준다. 장치의 왼쪽 칸에는 순수한 용매가 담겨져 있고, 오른쪽 칸에는 용액이 담겨 있다. 두 칸은 용매 분자는 통과시키고 용질 분자는 오른쪽에서 왼쪽으로 통과시키지 않는 **반투막**(semipermeable membrane)(예: 셀로판)으로 나뉘어 있다. 실질적으로, 이 계에는 서로 다른 두 개의 상이 있다. 평형 상태에서 오른쪽 관에 있는 용액의 높이가 왼쪽 관에 있는 순수한 용매의 높이보다 h만큼 높다. 이 과잉의 수압을 **삼투압**(osmotic pressure)이라고 한다. 이제 다음과 같이 삼투압에 대한 식을 유도해 보자.

μ_1^L과 μ_1^R을 각각 왼쪽과 오른쪽에 있는 용매의 화학 퍼텐셜이라고 하자. 처음, 평형이 이루어지기 전에는 다음 식이 성립한다.

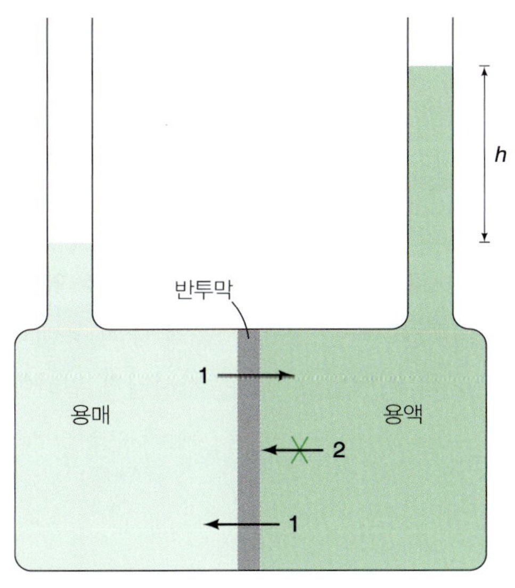

그림 6.18
삼투압 현상을 보여 주는 장치. 여기서 1은 용매, 2는 용질 분자를 가리킨다.

$$\mu_1^{\mathrm{L}} = \mu_1^* + RT \ln x_1$$
$$= \mu_1^* \qquad (x_1 = 1)$$

또한

$$\mu_1^{\mathrm{R}} = \mu_1^* + RT \ln x_1 \qquad (x_1 < 1)$$

따라서

$$\mu_1^{\mathrm{L}} = \mu_1^* > \mu_1^{\mathrm{R}} = \mu_1^* + RT \ln x_1$$

μ_1^{L}은 순수한 용매의 표준 화학 퍼텐셜 μ_1^*과 동일하며, 부등호는 $RT \ln x_1$이 음의 값이라는 것을 나타낸다. 그 결과, 평균적으로 더 많은 용매 분자들이 왼쪽에서 오른쪽으로 막을 통과하여 이동할 것이다. 오른쪽 칸에 있는 용액이 용매로 희석되면 Gibbs 에너지가 감소하고 엔트로피가 증가하므로, 이 과정은 자발적이다. 용매의 흐름이 정확하게 두 관의 수압 차이와 균형을 이루면 평형에 도달한다. 이 추가 압력으로 인하여 용액 내 용매에 대한 화학 퍼텐셜 μ_1^{R}이 증가한다. 식 5.16으로부터 다음과 같은 사실을 알고 있다.

$$\left(\frac{\partial G}{\partial P}\right)_T = V$$

일정 온도에서 압력에 따른 화학 퍼텐셜의 변화에 대해서도 유사한 식을 쓸 수 있다. 따라서 오른쪽 칸에 있는 용매에 대하여 다음 식이 성립한다.

$$\left(\frac{\partial \mu_1^{\mathrm{R}}}{\partial P}\right)_T = \overline{V}_1 \qquad (6.42)$$

여기서 $\overline{V}_1$은 용매의 분몰부피이다. 묽은 용액의 경우, $\overline{V}_1$이 대략적으로 순수한 용매의 몰부피 $\overline{V}$와 같다. 압력이 외부 대기압 P에서 $(P+\Pi)$로 증가할 때 오른쪽 용액 칸의 용매에 대한 화학 퍼텐셜의 증가($\Delta\mu_1^{\mathrm{R}}$)는 다음 식으로 주어진다.

$$\Delta\mu_1^{\mathrm{R}} = \int_P^{P+\Pi} \overline{V}\, dP = \overline{V}\Pi$$

액체의 부피는 압력에 따라 별로 변하지 않으므로 $\overline{V}$를 상수라고 가정할 수 있다. 그리스 문자 Π는 삼투압을 나타낸다. **용액의 삼투압**이라는 용어는 용액 중의 용매의 화학 퍼텐셜, 대기압하에 있는 순수한 용매의 화학 퍼텐셜값까지 증가시키기 위하여 용액에 가해야 하는 압력을 의미한다.

평형 상태에서는 다음 식이 성립해야 한다.

$$\mu_1^{\mathrm{L}} = \mu_1^{\mathrm{R}} = \mu_1^* + RT\ln x_1 + \Pi\overline{V}$$

$\mu_1^{\mathrm{L}} = \mu_1^*$이므로 다음 식이 주어진다.

$$\Pi\overline{V} = -RT\ln x_1 \tag{6.43}$$

Π를 용질의 농도와 연관시키기 위하여 다음 단계를 거친다. 끓는점 오름에서 사용한 과정으로부터

$$\begin{aligned} -\ln x_1 &= -\ln(1 - x_2) \\ &\approx x_2 \quad (x_2 \ll 1) \end{aligned}$$

또한

$$x_2 = \frac{n_2}{n_1 + n_2} \approx \frac{n_2}{n_1} \quad (n_1 \gg n_2)$$

여기서 n_1과 n_2는 각각 용매와 용질의 몰수이다. 이제 식 6.43은 다음과 같이 된다.

$$\begin{aligned} \Pi\overline{V} &= RTx_2 \\ &= RT\left(\frac{n_2}{n_1}\right) \end{aligned} \tag{6.44}$$

식 6.44에 $\overline{V} = V/n_1$을 대입하면

$$\Pi V = n_2RT \tag{6.45}$$

V의 단위가 리터이면, 다음 관계가 얻어진다.

식 6.46은 서로 다른 농도를 갖는 두 개의 유사한 용액에도 적용된다.

$$\begin{aligned} \Pi &= \frac{n_2}{V}RT \\ &= MRT \end{aligned} \tag{6.46}$$

여기서 M은 용액의 몰농도이다. 일반적으로 삼투압은 일정한 온도하에서 측정하므로, 여기에서는 몰농도가 편리한 농도 단위이다. 또한 식 6.46을 다음과 같이 쓸 수 있다.

$$\Pi = \frac{c_2}{\mathcal{M}_2}RT \tag{6.47}$$

즉

$$\frac{\Pi}{c_2} = \frac{RT}{\mathcal{M}_2} \tag{6.48}$$

여기서 c_2는 g L^{-1}로 나타낸 용질의 농도이고, $\mathcal{M}_2$는 용질의 몰질량이다. 식 6.48을 이용하면 삼투압을 측정하여 몰질량을 결정할 수 있다.

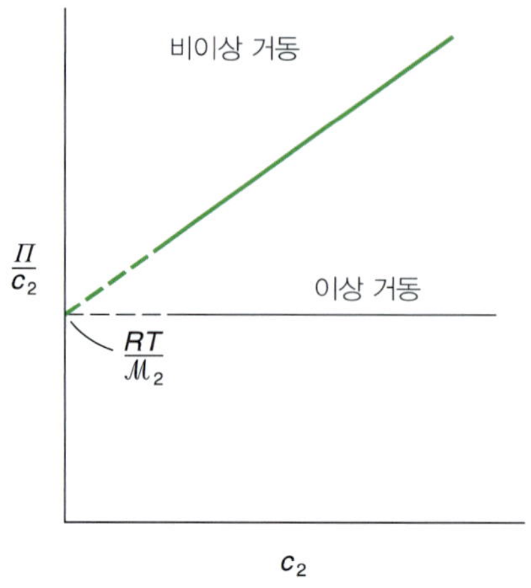

그림 6.19
이상 용액과 비이상 용액에 대하여 삼투압 측정을 이용한 용질의 몰질량 결정. y축의 절편($c_2 \rightarrow 0$일 때)이 몰질량 값이 된다.

식 6.48은 이상 거동 가정하여 유도하였기 때문에 몰질량을 결정하기 위해서는 여러 농도에서 Π를 측정하여 농도가 0이 되도록 외삽하는 것이 바람직하다(그림 6.19). 비이상 용액의 경우 임의의 농도 c_2에서 삼투압은 다음 식으로 주어진다.

식 6.49와 식 1.10을 비교하시오.

$$\frac{\Pi}{c_2} = \frac{RT}{\mathcal{M}_2}(1 + Bc_2 + Cc_2^2 + Dc_2^3 + \cdots) \tag{6.49}$$

여기서 B, C, D를 각각 이차, 삼차, 사차 비리알 계수(virial coefficient)라고 한다. 비리알 계수의 크기는 $B \gg C \gg D$이다. 묽은 용액에서는 이차 비리알 계수만 감안해도 된다. 이상 용액에서는 비리알 계수들이 모두 0이므로 식 6.49는 식 6.48와 같아진다.

삼투 현상은 잘 알려진 현상이지만, 관련 메커니즘은 정확하게 이해되고 있지 못하다. 몇몇 경우, 반투막이 분자체와 같은 역할을 하여 큰 용질 분자를 가로막고 작은 용매 분자만 통과시킨다. 또 다른 경우에는 막에 대한 용매의 용해도가 용질보다 크기 때문에 삼투 현상이 일어난다. 따라서 각각의 계를 개별적으로 살펴보아야 한다. 앞의 논의는 열역학의 유용성과 한계를 모두 보여 준다. 간단히 화학 퍼텐셜 차이로, 용질의 몰질량과 실험적으로 측정할 수 있는 양인 삼투압과 연관된 편리한 식을 유도하였다. 그러나 열역학은 특정 모델을 기초로 하지는 않기 때문에 식 6.47로부터 삼투 현상의 메커니즘에 관한 정보를 얻을 수는 없다.

예제 6.5

오른쪽 칸에는 헤모글로빈 20 g이 포함된 1리터의 용액, 왼쪽 칸에는 순수한 물이 있는 장치를 생각하자(그림 6.18 참조). 평형에서 오른쪽 관의 물 높이는 왼쪽 관에 있는 용매의 높이보다 77.8 mm 높다. 헤모글로빈의 몰질량은 얼마인가? 계의 온도는 298 K로 일정하다.

답

헤모글로빈의 몰질량을 결정하기 위하여 먼저 용액의 삼투압을 계산해야 한다.

$$\text{압력} = \frac{\text{힘}}{\text{면적}}$$

$$= \frac{Ah\rho g}{A} = h\rho g$$

여기서 A는 관의 단면적, h는 오른쪽 관의 액체 높이, ρ는 용액의 밀도, g는 중력 가속도이다. 상수들은 다음과 같다.

$$h = 0.0778 \text{ m}$$

$$\rho = 1 \times 10^3 \text{ kg m}^{-3}$$

$$g = 9.81 \text{ m s}^{-2}$$

(묽은 용액의 밀도는 물의 밀도와 같다고 가정한다.) 삼투압을 파스칼(N m^{-2}) 단위로 표시하면 다음과 같다.

$$\Pi = 0.0778 \text{ m} \times 1 \times 10^3 \text{ kg m}^{-3} \times 9.81 \text{ m s}^{-2}$$

$$= 763 \text{ kg m}^{-1} \text{ s}^{-2}$$

$$= 763 \text{ N m}^{-2}$$

식 6.47로부터 다음 결과가 얻어진다.

$$\mathcal{M}_2 = \frac{c_2}{\Pi} RT$$

$$= \frac{(20 \text{ kg m}^{-3})(8.314 \text{ J K}^{-1} \text{ mol}^{-1})(298 \text{ K})}{763 \text{ N m}^{-2}} \times \frac{1 \text{ N m}}{1 \text{ J}}$$

$$= 65 \text{ kg mol}^{-1}$$

예제 6.5에서 높이 7.8 cm는 쉽게 측정할 수 있는 양이기 때문에, 몰질량을 결정하는 데 끓는점 오름이나 어는점 내림 방법보다는 삼투압 측정 방법이 더 정밀하다. 같은 용액의 끓는점 오름은 1.6×10^{-4}°C, 어는점 내림은 5.8×10^{-4}°C로 매우 작은

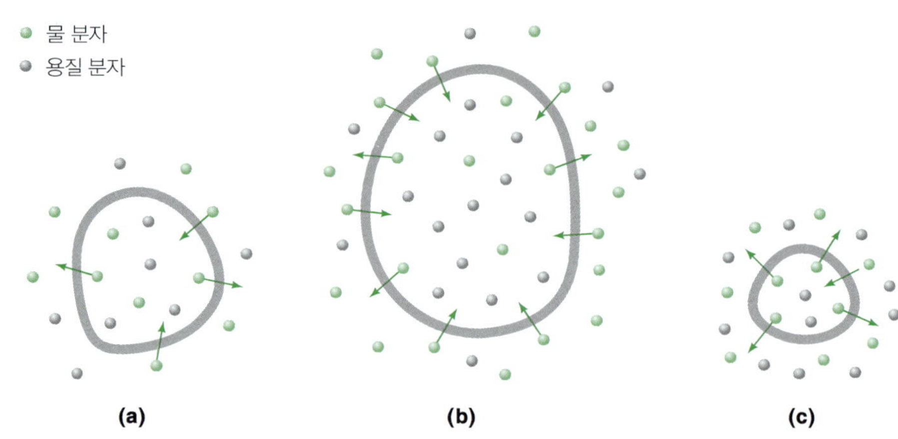

그림 6.20

(a) 등장성 용액, **(b)** 저장성 용액, **(c)** 고장성 용액에서의 세포. 세포는 (a)에서는 변함이 없고 (b)에서는 팽창하며, (c)에서는 수축한다.

고분해능 질량 분석기는 거대 분자의 분자량을 결정하는 데 널리 쓰이는 편리한 방법이다.

값으로, 정확하게 측정하기 어렵다. 대부분의 단백질은 헤모글로빈보다 용해도가 작지만 단백질의 분자량은 일반적으로 삼투압 측정을 통해 결정한다. 삼투압 측정의 단점은 평형에 도달하는 데 수시간 또는 수일이 걸린다는 점이다.

삼투압 현상은 화학 및 생물학적 계에서 많이 볼 수 있다. 농도가 같아서 삼투압도 같은 두 용액을 **등장성**(isotonic)이라고 한다. 삼투압이 다른 두 용액의 경우, 농도가 높은 용액을 **고장성**(hypertonic), 농도가 낮은 용액을 **저장성**(hypotonic)이라고 한다 (그림 6.20). 반투막에 의해 외부 환경으로부터 보호되는 적혈구의 내용물을 알아보기 위하여 생화학자들은 **용혈**(hemolysis)이라는 기술을 사용한다. 적혈구 세포를 저장성 용액에 넣으면 물이 세포 속으로 들어간다. 세포는 팽창하여 결국 터지고, 헤모글로빈과 다른 단백질들을 방출한다. 한편, 세포를 고장성 용액에 넣으면 삼투 현상에 의해 높은 농도인 주위 용액으로 세포 내의 물이 빠져나온다. **돌기 모양 만들기**(crenation)라고 알려진 이 과정은 세포를 수축시켜 결국 작용을 멈추게 한다.

포유류의 신장은 매우 효율적인 삼투 장치이다. 그 주기능은 혈액 속 신진대사 배설물과 이물질을 삼투 현상에 의해 외부의 고농축된 소변 쪽으로 반투막을 통해 제거하는 일이다. 이 방법으로 손실된 생물학적으로 중요한 이온(Na^+와 Cl^- 등)이 활발하게 동일한 막을 통해 혈액 속으로 되돌려진다. 신장을 통한 물의 손실은 항이뇨 호르몬(ADH; antidiuretic hormone)에 의해 조절된다. 이 호르몬은 시상 하부와 뇌하수체에 의해 혈액에 분비된다. ADH가 적거나 분비되지 않으면, 많은 물(보통의 10배 정도)이 매일 소변으로 빠져나간다. 한편, 혈액 속에 ADH가 너무 많으면, 막을 통한 물의 투과성이 감소하여 소변의 부피는 보통의 절반에 불과할 수도 있다. 이렇게 신장−ADH의 결합은 물과 작은 배설물 분자의 손실 속도를 조절한다.

민물 어류의 체액에 있는 물의 화학 퍼텐셜은 주위 물의 화학 퍼텐셜보다 낮아, 아가미의 막을 통한 삼투 현상으로 물을 끌어들일 수 있다. 남는 물은 소변으로 배설된다. 해양 경골 어류에서는 반대 현상이 일어난다. 아가미의 막을 통한 삼투 현상으로 체내 수분을 농도가 높은 주변에 잃는다. 이 어류들은 손실을 보충하기 위해 바닷물을 마신다.

삼투압은 식물에서 물을 위로 끌어올리는 주된 메커니즘이다. 나뭇잎은 **증산 작용**(transpiration)에 의해 끊임없이 주위에 물을 잃기 때문에 잎에 있는 유체의 농도가 높아진다. 그러면 삼투 작용에 의해 발생하는 10~15 atm의 높은 삼투압으로 가장 큰 나무의 끝까지 줄기와 가지를 통해 물을 끌어올린다.* 잎의 움직임은 삼투압과 연관이 있는 재미있는 현상이다. 빛이 있을 때 어떤 과정들을 통해 잎 세포의 염 농도가 높아지며, 삼투압이 증가하면서 세포가 확장되어 잎이 빛을 향한다.

역삼투. 삼투 현상과 연관된 현상으로 **역삼투**(reverse osmosis)가 있다. 그림 6.18의 용액이 들어 있는 칸에 평형 삼투압보다 높은 압력을 가하면 순수한 용매가 용액 쪽에서 용매 칸으로 이동한다. 이 삼투 과정의 역현상에 의하여 용액을 구성하는 성분의 분리가 일어난다. 역삼투압의 중요한 응용은 물의 탈염이다. 이 장에서 설명한 여러 가지 기술을 적용하면, 적어도 원리상으로는 바닷물로부터 순수한 물을 얻을 수 있다. 예를 들어, 바닷물을 증발시키거나 결빙시켜 순수한 물을 얻을 수 있다. 그러나 이런 과정에는 액체에서 기체, 또는 액제에서 고체로의 상 전이 과정이 포함되므로, 상당한 에너지가 필요하다. 역삼투에는 상전이가 포함되지 않아 많은 양의 물을 다루는 데 경제적이다.** NaCl의 농도가 대략 0.7 M인 해수는 약 30 atm의 삼투압을 갖는다. 해수로부터 순수한 물 50%를 회수하기 위하여 역삼투를 유발하려면, 추가적으로 60 atm을 해수 쪽 칸에 가해야 한다. 대규모 탈염의 성패는 물은 통과시키지만 녹아 있는 염은 통과시키지 않고 오랫동안 높은 압력을 견딜 수 있는 적절한 막의 선택에 달려 있다.

---

* "Entropy Makes Water Run Uphill-in Trees", P. E. Steveson, *J. Chem. Educ.*, **48**, 837 (1971) 참조

** "Desalination of Water by Reverse Osmosis", C. E. Hecht, *J. Chem. Educ.*, **44**, 53(1967) 참조

Key Equations

$V = n_1\overline{V}_1 + n_2\overline{V}_2$	(분몰부피로 나타낸 용액의 부피)	(6.6)
$\overline{G}_i = \mu_i = \left(\dfrac{\partial G}{\partial n_i}\right)_{T,P,n_j}$	(화학 퍼텐셜의 정의)	(6.7)
$\Delta_{\text{혼합}}G = nRT(x_1 \ln x_1 + x_2 \ln x_2)$	(혼합 과정에서의 Gibbs 에너지)	(6.11)
$\Delta_{\text{혼합}}S = -nR(x_1 \ln x_1 + x_2 \ln x_2)$	(혼합 엔트로피)	(6.12)
$P_1 = x_1 P_1^*$	(Raoult 법칙)	(6.16)
$\mu_1(l) = \mu_1^*(l) + RT \ln x_1$	(이상 용액에서 용매의 화학 퍼텐셜)	(6.17)
$P_2 = Kx_2$	(Henry 법칙)	(6.18)
$P_2 = K'm$	(Henry 법칙)	(6.19)
$a_1 = \dfrac{P_1}{P_1^*}$	(용매의 활동도)	(6.21)
$a_1 = \gamma_1 x_1$	(활동도 계수의 정의)	(6.22)
$\mu_2(l) = \mu_2^\circ(l) + RT \ln a_2$	(실제 용액에서 용질의 화학 퍼텐셜)	(6.25)
$\mu_2(l) = \mu_2^\circ(l) + RT \ln \dfrac{m_2}{m^\circ}$	(이상 용액에서 용질의 화학 퍼텐셜)	(6.27)
$\Delta P = x_2 P_1^*$	(증기 압력 내림)	(6.33)
$\Delta T = K_b m_2$	(끓는점 오름)	(6.39)
$\Delta T = K_f m_2$	(어는점 내림)	(6.40)
$\Pi = MRT$	(삼투압)	(6.46)

참고문헌

논문

일반

"Ideal Solutions," W. A. Oates, *J. Chem. Educ.* **46**, 501 (1969).
"Standard States of Real Solutions," A. Lainez and G. Tardajos, *J. Chem. Educ.* **62**, 678 (1985).
"Thermodynamics of Mixing of Ideal Gases: A Persistent Pitfall," E. F. Meyer, *J. Chem. Educ.* **64**, 676 (1987).
"Understanding Chemical Potential," M. P. Tarazona and E. Saiz, *J. Chem. Educ.* **72**, 882 (1995).
"Thermodynamics of Mixing of Real Gases," S. Sattar, *J. Chem. Educ.* **77**, 1361 (2000).
"Applying Chemical Potential and Partial Pressure Concepts To Understanding the Spontaneous Mixing of Helium and Air in a Helium-Inflated Balloon," J.-Y. Lee, H.-S. Yoo, J. S. Park, K.-J. Hwang, and J. S. Kim, *J. Chem. Educ.* **82**, 288 (2005).
"An Undergraduate Experiment Using Differential Scanning Calorimetry: A Study of the Thermal Properties of a Binary Eutectic Alloy of Tin and Lead," R. P. D'Amelia, D. Clark, and W. Nirode, *J. Chem. Educ.* **89**, 548 (2012).

상평형

"The Mechanism of Vapor Pressure Lowering," K. J. Mysels, *J. Chem. Educ.* **32**, 179 (1955).
"Deviations from Raoult's Law," M. L. McGlashan, *J. Chem. Educ.* **40**, 516 (1963).
"Removal of an Assumption in Deriving the Phase Change Formula $T = K \cdot m$," F. E. Schubert, *J. Chem. Educ.* **56**, 259 (1979).
"Reappearing Phases," J. S. Walker and C. A. Vause, *Sci. Am.* May 1987.
"The Direct Relation Between Altitude and Boiling Point," L. Earl, *J. Chem. Educ.* **67**, 45 (1990).
"Henry's Law: A Historical View," J. J. Carroll, *J. Chem. Educ.* **70**, 91 (1993).
"Phase Diagrams for Aqueous Systems," R. E. Treptow, *J. Chem. Educ.* **70**, 616 (1993).
"Journey Around a Phase Diagram," N. K. Kildahl, *J. Chem. Educ.* **71**, 1052 (1994).
"Henry's Law and Noisy Knuckles," D. R. Kimbrough, *J. Chem. Educ.* **76**, 1509 (1999).
"Thermodynamics of Water Superheated in the Microwave Oven," B. H. Erne, *J. Chem. Educ.* **77**, 1309 (2000).
"From Chicken Breath to the Killer Lake of Cameroon: Uniting Seven Interesting Phenomena with a Single Chemical Underpinning," R. DeLorenzo, *J. Chem. Educ.* **78**, 191 (2001).
"Henry's Law: A Retrospective," R. M. Rosenberg, *J. Chem. Educ.* **81**, 1647 (2004).
"Determining the Pressure Inside an Unopened Carbonated Beverage," H. de Grys, *J. Chem. Educ.* **82**, 116 (2005).

총괄성

"The Kidney," H. W. Smith, *Sci. Am.* January 1953.
"Desalting Water by Freezing," A. E. Snyder, *Sci. Am.* December 1962.
"Desalination of Water by Reverse Osmosis," C. E. Hecht, *J. Chem. Educ.* **44**, 53 (1967).
"Demonstrating Osmotic and Hydrostatic Pressures in Blood Capillaries," J. W. Ledbetter, Jr., and H. D. Jones, *J. Chem. Educ.* **44**, 362 (1967).
"Reverse Osmosis," M. J. Suess, *J. Chem. Educ.* **48**, 190 (1971).
"Desalination," R. F. Probstein, *Am. Sci.* **61**, 280 (1973).
"Colligative Properties," F. Rioux, *J. Chem. Educ.* **50**, 490 (1973).

"Osmotic Pressure in the Physics Course for Students of the Life Sciences," R. K. Hobbie, *Am. J. Phys.* **42**, 188 (1974).
"A Biological Antifreeze," R. E. Feeney, *Am. Sci.* **62**, 172 (1974).
"Colligative Properties of a Solution," H. T. Hammel, *Science* **192**, 748 (1976).
"Antarctic Fishes," J. T. Eastman and A. C. DeVries, *Sci. Am.* November 1986.
"The Freezing Point Depression Law in Physical Chemistry," H. F. Franzen, *J. Chem. Educ.* **65**, 1077 (1988).
"Regulating Cell Volume," F. Lang and S. Waldegger, *Am. Sci.* **85**, 456 (1997).
"Transporting Water in Plants," M. J. Canny, *Am. Sci.* **86**, 152 (1998).
"An After-Dinner Trick," *J. Chem. Educ.* **79**, 480A (2002).
"A Greener Approach for Measuring Colligative Properties," S. M. McCarthy and S. W. Gordon-Wylie, *J. Chem. Educ.* **82**, 116 (2005).
"Fresh From the Sea," M. Fischetti, *Sci Am.* September 2007.

문제

농도 단위

6.1 중량 백분율로 5.00%인 요소 수용액을 만들려면 20.0 g 요소에 물 몇 g을 가해야 하나?

6.2 2.12 mol kg^{-1}인 황산 수용액의 몰농도는 얼마인가? (이 용액의 밀도는 1.30 g cm^{-3}이다.)

6.3 1.50 M 에탄올 수용액의 몰랄 농도를 계산하시오(이 용액의 밀도는 0.980 g cm^{-3}이다).

6.4 실험실에서 사용하는 고농도 황산의 농도는 중량 백분율로 98.0%이다. 이 용액의 밀도가 1.83 g cm^{-3}일 때, 이 황산 용액의 몰랄 농도와 몰농도를 계산하시오.

6.5 0.25 mol kg^{-1}인 설탕 용액을 중량 백분율로 환산하시오(이 용액의 밀도는 1.2 g cm^{-3}이다).

6.6 밀도가 순수한 용매와 거의 같은 묽은 수용액은 몰농도와 몰랄 농도가 같다. 0.010 M인 요소 수용액 [$(NH_2)_2CO$]에 대해 이 서술이 옳음을 보이시오.

6.7 당뇨병 환자의 혈당(포도당)은 혈액 100 mL당 포도당 0.140 g 정도이다. 포도당 40 g을 섭취할 때마다 혈당은 혈액 100 mL당 포도당 0.240 g 정도로 높아진다. 포도당을 섭취하기 전후 혈액 1 mL당 포도당의 몰수와 혈중 포도당의 총 몰수와 그램수를 계산하시오(혈액의 총 부피는 5.0 L로 가정하시오).

6.8 일반적으로 알코올 음료의 세기는 부피를 기준으로 에탄올 백분율의 두 배인 ‘proof’로 나타낸다. 75-proof 진(gin) 2쿼트에 들어 있는 알코올의 그램수를 계산하시오. 진의 몰랄 농도는 얼마인가? (에탄올의 밀도는 0.80 g cm^{-3}이고, 1쿼트 = 0.946 L이다.)

혼합 과정에서의 열역학

6.9 액체 A와 B는 비이상 용액을 형성한다. 다음 경우를 분자 수준에서 해석하시오.
$\Delta_{\text{혼합}}H > 0$, $\Delta_{\text{혼합}}H < 0$, $\Delta_{\text{혼합}}V > 0$, $\Delta_{\text{혼합}}V < 0$

6.10 다음 과정의 엔트로피 변화를 계산하시오. **(a)** 질소 1몰과 산소 1몰의 혼합. **(b)** 아르곤 2몰, 헬륨 1몰, 수소 3몰의 혼합. (a)와 (b)는 모두 일정 온도(298 K) 조건에서 일어나며, 기체는 이상 기체라고 가정하시오.

6.11 25°C, 1 atm에서, 기체 상태의 메테인과 에테인의 제3법칙에 의한 절대 엔트로피는 각각 186.19 J K^{-1} mol^{-1}과 229.49 J K^{-1} mol^{-1}이다. 각 기체 1몰을 포함하는 '용액'의 제3법칙 절대 엔트로피를 계산하시오(기체는 이상 기체라고 가정하시오).

Henry 법칙

6.12 기체의 용해도에 대한 Henry 법칙을 표현하는 또 다른 방법으로 부피가 일정한 용액에 용해되는 기체의 부피는 주어진 온도에서 압력에 무관하다는 것을 증명하시오.

6.13 땅 밑 900 ft에서 일하는 광부가 점심시간에 청량음료를 마셨다. 놀랍게도 그 음료는 김빠진 것처럼 보였다(뚜껑을 열었을 때 기포 발생이 그리 많지 않았다). 점심 바로 후에 승강기를 타고 땅 위로 올라 왔다. 올라오는 동안 금방 트림할 것 같았다. 이 상황을 설명하시오.

6.14 25°C에서 물에 대한 산소의 Henry 법칙 상수는 773 atm mol^{-1} kg이다. 부분 압력이 0.2 atm일 때 물 속 산소의 몰랄 농도를 계산하시오. 37°C에서 혈중 산소의 용해도는 25°C 물에 대한 용해도와 같다고 가정하고, 헤모글로빈 분자 없이 생존할 수 있는 방법을 설명하시오(체내 혈액의 총 부피는 약 5 L이다).

6.15 37°C에서 부분 압력이 0.8 atm일 때 혈중 N_2의 용해도는 5.6×10^{-4} mol L^{-1}이다. 심해 잠수부는 N_2의 부분 압력이 4.0 atm인 압축 공기를 이용하여 호흡한다. 체내 혈액의 총 부피를 5.0 L로 가정하고, 잠수부가 N_2의 부분 압력이 0.8 atm인 수면으로 올라올 때 배출되는 N_2 기체의 양을 계산하시오.

화학 퍼텐셜과 활동도

6.16 다음 어느 경우에 화학 퍼텐셜이 더 높은가? 둘이 같으면 '같다'고 답하시오. **(a)** 물의 정상 녹는점에서 $H_2O(s)$와 $H_2O(l)$, **(b)** −5°C, 1 bar $H_2O(s)$와 −5°C, 1 bar $H_2O(l)$, **(c)** 25°C, 1 bar 벤젠과 25°C, 1 bar 톨루엔 0.1 M 용액에 존재하는 벤젠

6.17 에탄올과 *n*-프로판올은 이상 용액을 형성한다. 끓는점(78.3°C)에서 몰분율이 0.4일 때, 순수한 에탄올을 기준으로 용액 내 에탄올의 화학 퍼텐셜을 계산하시오.

6.18 Gibbs 상 규칙(식 5.23)을 화학 퍼텐셜을 이용하여 유도하시오.

6.19 다음 데이터는 35.2°C에서 이황화 탄소-아세톤 용액의 증기 압력이다. Raoult 법칙과 Henry 법칙으로부터의 편차에 근거하여 두 성분의 활동도 계수를 계산하시오(Hint: 먼저 그래프를 사용하여 Henry 법칙 상수를 결정하시오).

x_{CS_2}	0	0.20	0.45	0.67	0.83	1.00
P_{CS_2}(torr)	0	272	390	438	465	512
$P_{C_3H_6O}$(torr)	344	291	250	217	180	0

6.20 포도당($C_6H_{12}O_6$; 몰질량 180.2 g) 73 g을 물 966 g에 녹여 용액을 만들었다. 용액이 −0.66°C에서 언다고 할 때, 이 용액 내 포도당의 활동도 계수를 구하시오.

6.21 어떤 묽은 용액의 삼투압은 20°C에서 12.2 atm이다. 용액 내 용매와 순수한 물의 활동도 차이를 계산하시오. 용액의 밀도는 물과 같다고 가정하시오(Hint: 화학 퍼텐셜을 몰분율 x_1으로 나타내고, 삼투압 방정식 $\Pi V = n_2RT$를 다시 쓰시오. 여기서 n_2는 용질의 몰수이고, $V = 1$ L이다).

6.22 포도당의 몰분율이 0.080인 포도당 수용액의 수증기압이 45°C에서 65.76 mmHg이다. 용액 내 물의 활동도와 활동도 계수를 계산하시오(45°C에서 순수한 물의 증기 압력은 71.88 mmHg이다).

6.23 A는 휘발성이고, B는 비휘발성인 이성분 액체 혼합물을 생각해 보자. 몰분율로 표시한 용액의 조성은 $x_A = 0.045$와 $x_B = 0.955$이다. 혼합물에서 A의 증기 압력은 5.60 mmHg이고, 같은 온도에서 순수한 A의 증기 압력은 196.4 mmHg이다. 이 농도에서 A의 활동도 계수를 계산하시오.

총괄성

6.24 식 6.39를 유도함에 있어서 중요한 가정들을 열거하시오.

6.25 액체 A(b.p. = $T_A°$)와 액체 B(b.p. = $T_B°$)는 이상 용액을 형성한다. 서로 다른 양의 A와 B를 혼합하여 만든 용액의 끓는점 범위를 예측하시오.

6.26 36.4°C에서 에탄올과 *n*-프로판올 혼합물은 이상 용액이다. **(a)** 에탄올과 *n*-프로판올 혼합물이 36.4°C, 72 mmHg에서 끓을 때, 혼합물 속의 *n*-프로판올 몰분율을 그래프를 이용하여 결정하시오. **(b)** *n*-프로판올의 몰분율이 0.60일 때, 36.4°C에서 총 증기 압력은 얼마인가? **(c)** **(b)**의 기체 조성을 계산하시오. (36.4°C에서 에탄올과 *n*-프로판올의 평형 증기 압력은 각각 108 mmHg와 40.0 mmHg이다.)

6.27 0.10 *M* 요소 50 mL와 0.20 *M* 요소 50 mL가 각각 담겨 있는 두 비커 1과 2를 298 K로 유지되는 단단히 밀폐된 큰 병 속에 두었다. 평형에 도달했을 때 용액 내 요소의 몰분율을 계산하시오. 용액은 이상 용액이라고 가정하시오(Hint: Raoult 법칙을 이용하고, 평형에서 두 용액 내 요소의 몰분율이 동일하다는 것을 주목하시오).

6.28 298 K에서 순수한 물의 증기 압력은 23.76 mmHg이고, 바닷물의 증기 압력은 22.98 mmHg이다. 바닷물에는 NaCl만 있다고 가정하고 농도를 추산하시오(Hint: 염화 소듐은 강한 전해질이다).

6.29 추운 기후에서 나무들이 −60°C의 낮은 온도에 노출되어 있다. 이 온도에서 나무 몸통에 얼지 않고 남아 있을 수용액의 농도를 추산하시오. 합리적인 농도인가? 얻은 결과에 대하여 설명하시오.

6.30 잼과 꿀을 대기압하에서 부패하지 않고 오랫동안 보관할 수 있는 이유를 설명하시오.

6.31 끓는점 곡선의 양과 음의 편차와, 불변 끓음 혼합물의 형성에 대하여 분자 수준에서 설명하시오.

6.32 아세톤 내 벤조산의 어는점 내림 측정을 통하여 벤조산의 몰질량이 122 g인 것을 알았다. 아세톤 대신 벤젠을 사용한 경우 244 g이 얻어졌다. 이 차이를 설명하시오(Hint: 용매−용질과 용질−용질 사이의 상호 작용을 고려하시오).

6.33 차량의 라디에이터 내에 사용하는 일반적인 부동액은 에틸렌 글라이콜 $CH_2(OH)CH_2(OH)$이다. 겨울에 가장 추운 날 온도가 −20°C라면, 라디에이터 내 물 6.5 L에는 에틸렌 글라이콜 몇 mL를 첨가해야 하는가? 여름에 물이 끓는 것을 방지하기 위하여 라디에이터에 이 물질을 계속 사용하겠는가? (에틸렌 글라이콜의 밀도와 끓는점은 각각 1.11 g cm^{-3}과 470 K이다.)

6.34 정맥 주사의 경우, 주사하는 용액의 농도가 혈액 혈장의 농도에 비슷하도록 매우 주의해야 한다. 그 이유를 설명하시오.

6.35 가장 큰 나무는 캘리포니아의 삼나무로 알려져 있다. 삼나무의 높이가 105 m라 가정하고 뿌리에서 꼭대기까지 물을 끌어올리는 데 필요한 삼투압을 추산하시오.

6.36 액체 A와 B의 혼합물은 이상 용액이다. 84°C에서 A 1.2몰과 B 2.3몰이 포함된 용액의 증기 압력은 331 mmHg이다. 용액에 B를 더 넣자, 증기 압력이 347 mmHg로 높아졌다. 84°C에서 순수한 A와 B의 증기 압력을 계산하시오.

6.37 물고기는 아가미를 통해 물속에 용해된 공기로 호흡한다. 대기 중 산소와 질소의 부분 압력이 각각 0.2 atm과 0.80 atm이라고 가정하고, 298 K에서 물속 산소와 질소의 몰분율을 계산하시오. 결과를 설명하시오.

6.38 액체 A(몰질량 100 g mol^{-1})와 B(몰질량 110 g mol^{-1})는 이상 용액을 형성한다. 55°C에서 A와 B의 증기 압력은 각각 95 mmHg와 42 mmHg이다. 동일한 무게의 A와 B를 혼합하여 용액을 만들었다. **(a)** 용액 내 각 성분의 몰분율을 계산하시오. **(b)** 55°C 용액으로부터 만들어진 증기 중 A와 B의 부분 압력을 계산하시오. **(c)** (b)의 증기 일부가 액체로 응축되었다. 액체에서 각 성분의 몰분율과, 55°C에서 액체에 의한 각 성분의 증기 압력을 계산하시오.

6.39 달걀 흰자에서 추출한 라이소자임의 몰질량은 13,930 g mol^{-1}이다. 이 단백질 0.1 g(정확한 양)을 298 K에서 물 50 g에 녹였다. 이 용액의 증기 압력 내림, 어는점 내림, 끓는점 오름, 삼투압을 계산하시오 (298 K에서 순수한 물의 증기 압력은 23.76 mmHg이다).

6.40 순수한 용매에 비하여 용액 내 용매의 증기 압력이 낮으며, 낮아지는 정도는 농도에 비례한다는 사실을 설명하기 위하여 다음 논리가 자주 사용된다. 모든 경우에 동적 평형이 존재하므로 용매 분자가 액체로부터 증발하는 속도는 언제나 응축하는 속도와 같다. 응축 속도는 기체의 부분 압력에 비례하고, 증발 속도는 순수한 용매에서는 감소하지 않지만 용액의 표면에서는 용질 분자에 의해 감소한다. 그리하여 탈출 속도는 용질의 농도에 비례하여 감소하며, 평형을 유지하기 위해서는 응축 속도가 낮아져야 하므로 증기상의 부분 압력도 낮아져야 한다. 이 설명이 왜 틀린지 설명하시오. [출처: K.J. Mysels, *J. Chem. Educ.*, 32, 179 (1955)]

6.41 질량이 0.458 g인 화합물을 아세트산 30.0 g에 녹였다. 이 용액의 어는점은 순수한 용매의 어는점보다 1.50 K 낮아졌다. 이 화합물의 몰질량을 계산하시오.

6.42 어떤 온도에서 두 요소 수용액의 삼투압이 각각 2.4 atm과 4.6 atm이다. 같은 온도에서 동일한 부피의 두 용액을 혼합하여 만든 용액의 삼투압은 얼마인가?

6.43 어떤 법화학자에게 흰색 가루를 분석하도록 하였다. 그녀는 이 물질 0.50 g을 벤젠 8.0 g에 녹였다. 이 용액은 3.9°C에서 얼었다. 이 화학자는 그 물질이 코카인($C_{17}H_{21}NO_4$)이라고 결론지을 수 있을까? 이 분석에서는 어떤 가정들이 사용되는가? (벤젠의 어는점은 5.5°C이다.)

6.44 ‘지효성’ 약은 일정한 속도로 체내에서 약을 방출하여, 약의 농도가 갑자기 높아져서 해로운 부작용을 일으키거나, 농도가 너무 낮아 약효가 나타나지 않게 되는 현상을 방지한다. 이러한 원리에 의해 작동하는 일약의 도식이 아래에 나와 있다. 어떻게 작동하는지 설명하시오.

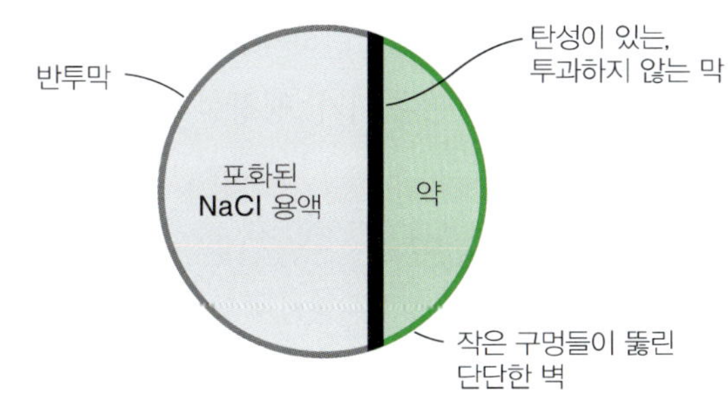

6.45 비휘발성 유기 화합물 Z를 이용하여 두 가지 용액을 만들었다. 용액 A는 물 100 g에 Z 5.00 g이, 용액 B는 벤젠 100 g에 Z 2.31 g이 용해되어 있다. 물의 정상 끓는점에서 용액 A의 증기 압력은 754.5 mmHg이고, 용액 B는 벤젠의 정상 끓는점에서 같은 증기 압력을 갖는다. 이 용액 A와 B에 용해된 Z의 몰질량을 계산하고, 그 차이를 설명하시오.

6.46 아세트산(CH_3COOH)은 물 분자와 수소 결합을 하는 극성 분자이다. 따라서 물에 대한 용해도가 크다. 또한 아세트산은 수소 결합을 할 수 없는 무극성 용매인 벤젠(C_6H_6)에도 녹는다. 벤젠 80 g에 CH_3COOH 3.8 g을 녹인 용액의 어는점은 3.5°C이다. 용질의 몰질량을 계산하고, 그 구조를 제시하시오 (Hint: 아세트산 분자들은 자기들끼리 수소 결합을 할 수 있다).

6.47 85°C에서 A의 증기 압력은 566 torr, B의 증기 압력은 250 torr이다. 압력이 0.6 atm일 때 85°C에서 끓는, A와 B의 혼합물 조성을 계산하시오. 또한 증기 혼합물의 조성도 계산하시오(이상 용액이라고 가정하시오).

6.48 다음 설명이 옳은지 그른지 판단하고, 판단 이유를 설명하시오. **(a)** 용액의 한 성분이 Raoult 법칙을 따르면, 다른 성분도 같은 법칙을 따라야 한다. **(b)** 이상 용액의 경우 분자 사이의 힘이 작다. **(c)** 3.0 *M* 에탄올 수용액 15.0 mL를 3.0 *M* 에탄올 55.0 mL와 혼합하면 총 부피는 70.0 mL가 된다.

6.49 어떤 온도에서 액체 A와 B가 이상 용액을 형성한다. 이 온도에서 순수한 A와 B의 증기 압력은 각각 450 torr와 732 torr이다. **(a)** 용액의 증기 시료를 응축시킨다. 원래 용액에 A 3.3몰과 B 8.7몰이 있었다고 가정하고, 응축액의 조성을 몰분율로 계산하시오. **(b)** 평형에서 A와 B의 부분 압력을 측정할 수 있는 방법을 제시하시오.

6.50 비이상 용액은 성분 사이의 불균일한 상호 작용의 결과이다. 이를 바탕으로, 액체 화합물의 라셈 혼합물(racemic mixture)이 이상 용액으로 거동할 것인지 설명하시오.

6.51 물의 몰랄 끓는점 오름 상수(K_b)를 계산하시오(물의 몰 증발 엔탈피는 100°C에서 40.79 kJ mol^{-1}이다).

6.52 다음 현상들을 설명하시오. **(a)** 농축 소금물(바닷물)에 담근 오이가 피클로 찌그러든다. **(b)** 신선한 물에 담근 당근은 부피가 팽창한다.

추가 연습문제

6.53 혈장과 소변 내 요소 농도가 각각 0.005 mol kg^{-1}과 0.326 mol kg^{-1}이고, 37°C에서 신장에서 혈장으로부터 소변으로 물 1 kg당 0.275몰의 요소가 빠져나갈 때 Gibbs 에너지 변화를 계산하시오.

6.54 **(a)** 이성분 용액에서 성분 A의 분몰부피에 대한 다음 표현 중 옳지 않은 것은? 그 이유를 설명하고, 바르게 고치시오.

$$\left(\frac{\partial V_m}{\partial n_A}\right)_{T, P, n_B} \quad \left(\frac{\partial V_m}{\partial x_A}\right)_{T, P, x_B}$$

(b) 이 혼합물의 몰부피(V_m)가 다음과 같이 주어질 때

$$V_m = [0.34 + 3.6x_A x_B + 0.4x_B(1 - x_A)] \text{ L mol}^{-1}$$

A의 분몰부피 식을 유도하고, $x_A = 0.20$에서의 값을 계산하시오.

6.55 25°C에서 몰분율이 0.5일 때 벤젠–사염화 탄소 용액의 분몰부피는 각각 $\overline{V}_b = 0.106$ L mol^{-1}, $\overline{V}_c = 0.100$ L mol^{-1}이며, 여기서 아래 첨자 b와 c는 C_6H_6와 CCl_4를 나타낸다. **(a)** 각각 1몰씩 혼합하여 만든 용액의 부피는 얼마인가? **(b)** 몰부피가 $C_6H_6 = 0.089$ L mol^{-1}과 $CCl_4 = 0.097$ L mol^{-1}일 때, CCl_4와 C_6H_6를 각각 1몰씩 혼합하면 부피 변화는 얼마인가? **(c)** C_6H_6와 CCl_4 사이의 분자 간 힘의 성질에 대하여 무엇을 유추할 수 있는가?

6.56 톨루엔에 녹아 있는 폴리메틸 메타아크릴레이트의 삼투압을 298 K에서 일련의 농도에 대해 측정하였다. 고분자의 몰질량을 그래프를 이용하여 결정하시오.

Π(atm)	8.40×10^{-4}	1.72×10^{-3}	2.52×10^{-3}	3.23×10^{-3}	7.75×10^{-3}
c(g L^{-1})	8.10	12.31	15.00	18.17	28.05

6.57 벤젠과 톨루엔은 이상 용액을 형성한다. 혼합 엔트로피가 최대가 되기 위해서 각 성분의 몰분율이 0.5가 되어야 함을 보이시오.

6.58 25°C, 0.8 atm인 He 2.6몰과 25°C, 2.7 atm인 Ne 4.1몰을 혼합하였다. 이 과정에 대한 Gibbs 에너지 변화를 계산하시오. 이상 기체라고 가정하시오.

6.59 두 비커를 밀폐된 용기 안에 두었다. 처음에 비커 A에는 벤젠(C_6H_6) 100 g에 나프탈렌($C_{10}H_8$) 0.15몰, 비커 B에는 벤젠 100 g에 미지의 화합물 31 g이 들어 있었다. 평형에 도달했을 때 비커 A에서는 손실이 7.0 g 발생하였다. 이상 용액이라고 가정하고 미지의 화합물의 몰질량을 계산하시오. 사용한 가정들을 열거하시오.

6.60 디너파티 후 마술로, 한 사람이 얼음 한 덩어리를 띄운 물 한 잔과 실을 내왔다. 그리고 손님들에게 얼음을 실로 묶지 말고 실을 이용하여 얼음을 꺼내보라고 하였다. 어떻게 할 수 있는지 설명해 보시오.

6.61 한 학생이 탄산음료에 녹아 있는 이산화 탄소의 압력을 측정하기 위하여 다음 실험을 하였다. 먼저, 탄산음료 병의 무게를 달고(853.5 g), 뚜껑을 조심스럽게 열어 CO_2 기체가 방출되도록 하였다. 그리고 탄산음료의 부피를 측정하였다(452.4 mL). 25°C에서 물에 대한 CO_2의 Henry 법칙 상수는 3.4×10^{-2} mol L^{-1} atm^{-1}임을 감안하여, 원래 병에 있던 CO_2의 압력을 계산하시오. 여러 가지 오차의 원인에 대하여 논하시오.

6.62 **(a)** 용액의 몰랄 농도(m)와 몰농도(M)의 다음 관계식을 유도하시오.

$$m = \frac{M}{d - \dfrac{M\mathscr{M}}{1000}}$$

여기서 d는 용액의 밀도(g/mL)이고, $\mathscr{M}$은 용질의 몰질량이다(g/mol). (Hint: 먼저, 용액의 질량과 용질의 질량의 차이인 용매의 질량을 kg 단위로 나타내시오.) **(b)** 묽은 수용액에서 m은 근사적으로 M과 같음을 보이시오.

6.63 298 K에서 포도당 용액의 삼투압은 10.50 atm이다. 이 용액의 어는점을 계산하시오(이 용액의 밀도는 1.16 g/mL이다).

6.64 건조한 공기에는 몰분율로 산소 21%, 질소 79%가 있다. 25°C, 1 atm에서 물 1000 g에 녹아 있는 이 두 기체의 질량을 계산하시오.

7장 전해질 용액

> 연과 연실이 비에 젖어 전기가 잘 통할 수 있게 되었을 때, 실 끝에 달린 열쇠에 손을 갖다 대면 전깃불이 튀는 것을 볼 수 있을 것이다.
>
> – Benjamin Franklin*

모든 생물학적 계와 많은 화학적 계는 다양한 이온을 포함한 수용액이다. 많은 경우에 반응 속도는 존재하는 이온의 종류와 농도에 따라 크게 달라진다. 따라서 용액 내 이온의 거동을 명확히 이해하는 것이 중요하다.

전해질은 용매(보통 물)에 용해되었을 때, 전기를 전도시키는 용액이 만들어지는 물질을 말한다. 전해질에는 산, 염기, 염 등이 있다. 이 장에서는 이온의 전도도, 해리, 용액 내 이온의 열역학과 전해질 용액의 이론과 총괄성에 대하여 살펴본다.

7.1 용액의 전기 전도

몇 가지 기본 정의

전해질은 전기를 통하기 때문에, 용액 내 이온의 거동을 간단하면서도 직접적인 방법으로 연구할 수 있다. 몇 가지 기본 정의를 살펴보자.

Ohm 법칙. Ohm 법칙[Ohm's law, 독일의 물리학자 George Simon Ohm(1787~1854)의 이름에서 따옴]에 따르면, 특정 매질을 흐르는 전류(I)는 매질에 가해지는 전압 또는 전기 퍼텐셜 차이(V)에 비례하고, 매질의 저항(R)에 반비례한다. 즉

$$I = \frac{V}{R} \tag{7.1}$$

여기서 I의 단위는 암페어(A), V의 단위는 볼트(V), R의 단위는 옴(Ω)이다.

저항 (R). 특정 매질의 저항(resistance)은 매질의 기하학적 구조에 따라 달라진다. 즉 길이(l)에 비례하고, 매질의 단면적(A)에 반비례한다.

---

* Labaree L. W. et al., Eds. *Benjamine Franklin* 논문집, Yale University Press, New Haven, CT, 1961. vol 4, 367쪽 허락하에 게재함.

$$R \propto \frac{l}{A}$$

$$= \rho \frac{l}{A} \tag{7.2}$$

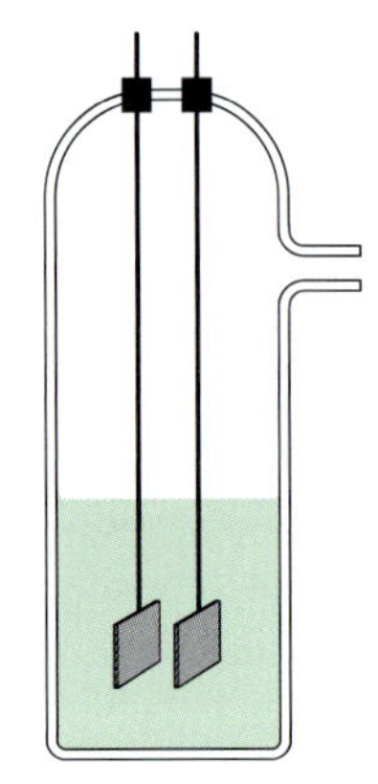

그림 7.1
전도도 측정 용기. 전극은 백금으로 되어 있다.

여기서 비례 상수 ρ는 **비저항**(specific resistance 또는 resistivity)이라고 한다. R의 단위는 옴(Ω), l의 단위는 센티미터 또는 미터, A의 단위는 제곱센티미터 또는 제곱미터이므로, ρ의 단위는 Ω cm 또는 Ω m이다. 비저항은 매질을 구성하는 물질의 특징에 따라 나타나는 성질이다.

전도도 (*C*). 전도도(conductance)는 저항의 역수이다.

$$C = \frac{1}{R} = \frac{1}{\rho}\frac{A}{l} = \kappa\frac{A}{l} \tag{7.3}$$

여기서 κ는 **비전도율**(specific conductance)로 $1/\rho$과 같다. 전도도의 SI 단위는 시멘스[S, 독일의 물리학자 Werner von Simens(1816~1892)의 이름에서 따옴]이며, 1 S = 1 Ω^{-1}이다. 비전도율의 단위는 Ω^{-1} cm^{-1} 또는 Ω^{-1} m^{-1}이다.

전기 전도도의 예전 단위는 ('ohm'을 뒤집은) mho였다.

그림 7.1은 전형적인 전도도 측정 용기이다.* 전도도는 식 7.3으로 주어진다. **용기 상수**(cell constant)라고 하는 비 l/A는 모든 용액에 대해 같은 값을 갖는다. 여기서 A는 전극의 면적, l은 전극 간 거리이다. 실제로, κ값을 알고 있는 염화 포타슘 표준 용액의 전도도를 측정하여 용기 상수를 보정한다.

예제 7.1

어떤 용액의 전도도가 0.689 Ω^{-1}이다. 용기 상수가 0.255 cm^{-1}일 때 비전도율을 계산하시오.

답

식 7.3으로부터 다음 결과가 얻어진다.

$$\kappa = C\frac{l}{A}$$

$$= 0.689\ \Omega^{-1} \times 0.255\ \text{cm}^{-1}$$

$$= 0.176\ \Omega^{-1}\ \text{cm}^{-1}$$

(용기 상수와 실험적으로 결정된 전도도로부터) 비전도율을 쉽게 측정할 수 있지만, 전해질 용액의 전도 과정을 연구하는 데 사용할 수 있는 가장 좋은 척도는 아니다. 예를 들어 일정한 부피의 용액 내에 존재하는 이온의 수가 다르기 때문에 농도가

* 전해질 용액의 경우, 관례적으로 저항보다는 전도도를 사용한다.

다른 용액의 비전도율은 다르다. 이 때문에 전도도를 몰량으로 나타내는 것이 좋다. **몰전도도**(molar conductivity)(Λ)는 다음과 같이 정의한다.

$$\Lambda = \frac{\kappa}{c} \tag{7.4}$$

여기서 c는 용액의 몰농도이다. Λ의 단위로는 Ω^{-1} mol^{-1} cm^{2}가 편리하지만, SI 단위는 Ω^{-1} mol^{-1} m^{2}이다.

예제 7.2

0.0560 M KCl 수용액이 담겨 있는 용기의 전도도는 0.0239 Ω^{-1}이다. 같은 용기를 0.0836 M NaCl 수용액으로 채우면 전도도는 0.0285 Ω^{-1}이다. KCl의 몰전도도가 1.345×10^2 Ω^{-1} mol^{-1} cm^{2}일 때, NaCl 용액의 몰전도도를 계산하시오.

답

용기 상수가 필요하다. 첫 단계는 KCl 용액의 비전도율을 계산하는 것이다. 식 7.4로부터 다음 결과가 얻어진다.

$$\begin{aligned}\kappa &= \Lambda c \\ &= 1.345 \times 10^2\ \Omega^{-1}\ \text{mol}^{-1}\ \text{cm}^2 \times \frac{0.0560\ \text{mol}}{1\ \text{L}} \times \frac{1\ \text{L}}{1000\ \text{cm}^3} \\ &= 7.53 \times 10^{-3}\ \Omega^{-1}\ \text{cm}^{-1}\end{aligned}$$

식 7.3으로부터 용기 상수를 결정한다.

$$\begin{aligned}\frac{l}{A} &= \frac{\kappa}{C} = \frac{7.53 \times 10^{-3}\ \Omega^{-1}\ \text{cm}^{-1}}{0.0239\ \Omega^{-1}} \\ &= 0.315\ \text{cm}^{-1}\end{aligned}$$

식 7.3을 정리하여 NaCl의 비전도율을 결정한다.

$$\begin{aligned}\kappa &= \frac{l}{A}C \\ &= (0.315\ \text{cm}^{-1})(0.0285\ \Omega^{-1}) \\ &= 8.98 \times 10^{-3}\ \Omega^{-1}\ \text{cm}^{-1}\end{aligned}$$

마지막으로, NaCl 용액의 몰전도도는 다음과 같다(식 7.4 참조).

$$\begin{aligned}\Lambda &= \frac{\kappa}{c} = \frac{8.98 \times 10^{-3}\ \Omega^{-1}\ \text{cm}^{-1}}{0.0836\ \text{mol L}^{-1}} \times \frac{1000\ \text{cm}^3}{1\ \text{L}} \\ &= 1.07 \times 10^2\ \Omega^{-1}\ \text{mol}^{-1}\ \text{cm}^2\end{aligned}$$

식 7.4를 보면, Λ가 용액의 농도와 무관할 것으로 예상된다(κ는 농도에 정비례하지만, κ/c는 일정해야 한다). 그러나 정밀하게 측정한 결과는 그렇지 않다. 독일의 화학자 Friedrich Wilhelm Kohlrausch(1840~1910)는 특정 온도에서 강전해질의 경우 몰전도도와 농도 사이에 다음과 같은 관계식이 존재한다는 것을 발견하였다.

강전해질은 용액에서 이온으로 완전히 해리되는 물질이다.

$$\Lambda = \Lambda_0 - B\sqrt{c} \tag{7.5}$$

여기서 Λ_0는 무한히 묽은 용액 상태에서의 몰전도도이다. 즉 $c \to 0$일 때 $\Lambda \to \Lambda_0$이며, B는 주어진 전해질에 대한 상수이다. 그러므로 Λ_0는, Λ_0를 $\sqrt{c}$에 대해 도시한 후 농도가 0이 될 때까지 외삽하여 쉽게 얻을 수 있다(그림 7.2). 약전해질의 경우에는 낮은 농도에서 곡선이 가파르기 때문에 이 방법이 적합하지 않다(CH_3COOH에 대한 그림을 보라).

표 7.1에는 여러 가지 전해질의 Λ_0가 나와 있다. 같은 양이온이나 음이온을 포함한 두 전해질의 Λ_0 차이를 살펴보면 흥미로운 경향이 나타난다.

$$\Lambda_0^{\mathrm{KCl}} - \Lambda_0^{\mathrm{NaCl}} = 23.4\ \Omega^{-1}\ \mathrm{mol}^{-1}\ \mathrm{cm}^2$$

$$\Lambda_0^{\mathrm{KNO_3}} - \Lambda_0^{\mathrm{NaNO_3}} = 23.4\ \Omega^{-1}\ \mathrm{mol}^{-1}\ \mathrm{cm}^2$$

이 차이와 비슷한 관찰 내용으로부터, Kohlrausch는 무한히 묽은 상태에서의 몰전도도를 음이온과 양이온에 의한 기여도로 나눌 수 있다고 제안하였다.

$$\Lambda_0 = \nu_+\lambda_0^+ + \nu_-\lambda_0^- \tag{7.6}$$

여기서 λ_0^+와 λ_0^-는 무한히 묽은 상태의 몰 이온 전도도이며, ν_+와 ν_-는 화학식에서 양이온과 음이온의 수이다. 식 7.6을 **Kohlrausch의 독립적 이동 법칙**(Kohlrausch's law of independent migration)이라고 한다. 이는 무한히 묽은 용액 상태에서의 몰전도도는 양이온과 음이온이 독립적으로 기여하여 나타난다는 것을 의미이다.

이들은 모두 1:1 전해질로, $\nu_+ = \nu_- = 1$이다.

$$\Lambda_0^{\mathrm{KCl}} - \Lambda_0^{\mathrm{NaCl}} = \lambda_0^{\mathrm{K^+}} + \lambda_0^{\mathrm{Cl^-}} - \lambda_0^{\mathrm{Na^+}} - \lambda_0^{\mathrm{Cl^-}} = \lambda_0^{\mathrm{K^+}} - \lambda_0^{\mathrm{Na^+}}$$

또한

$$\Lambda_0^{\mathrm{KNO_3}} - \Lambda_0^{\mathrm{NaNO_3}} = \lambda_0^{\mathrm{K^+}} + \lambda_0^{\mathrm{NO_3^-}} - \lambda_0^{\mathrm{Na^+}} - \lambda_0^{\mathrm{NO_3^-}} = \lambda_0^{\mathrm{K^+}} - \lambda_0^{\mathrm{Na^+}}$$

표 7.2에는 여러 이온의 몰전도도가 나와 있다.

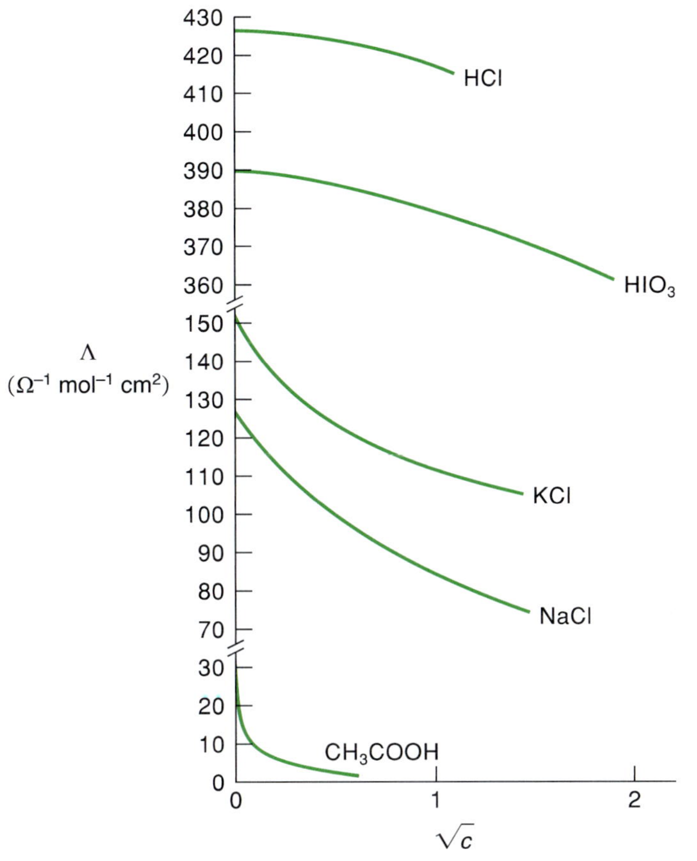

그림 7.2
여러 전해질의 몰전도도를 농도(mol L^{-1})의 제곱근에 대해 그림.

표 7.1 298 K에서 물속에서의 여러 가지 전해질의 무한히 묽은 상태의 몰전도도[a]

전해질	$\Lambda_0(\Omega^{-1}\ \text{mol}^{-1}\ \text{cm}^2)$
HCl	426.16
CH_3COOH	390.71
LiCl	115.03
NaCl	126.45
AgCl	137.20
KCl	149.85
$LiNO_3$	110.14
$NaNO_3$	121.56
KNO_3	144.96
$CuSO_4$	267.24
CH_3COONa	91.00

[a] Λ_0를 $\Omega^{-1}\ \text{mol}^{-1}\ \text{m}^2$ 단위로 나타내려면 자료의 값에 10^{-4}를 곱하라. 따라서 HCl의 Λ_0는 426.16 $\Omega^{-1}\ \text{mol}^{-1}\ \text{cm}^2$ 또는 $4.2616\times10^{-2}\ \Omega^{-1}\ \text{mol}^{-1}\ \text{m}^2$이다.

표 7.2 298 K에서 몇 가지 이온의 이온 전도도와 이온 이동도

이온	λ_0[a] (Ω^{-1} mol^{-1} cm^2)	이온 이동도[b] (10^{-4} cm^2 s^{-1} V^{-1})	이온 반지름(Å)
H^+	349.81	36.3	
Li^+	38.68	4.01	0.60
Na^+	50.10	5.19	0.95
K^+	73.50	7.62	1.33
Rb^+	77.81	7.92	1.48
Cs^+	77.26	7.96	1.69
NH_4^+	73.5	7.62	
Mg^{2+}	106.1	5.50	0.65
Ca^{2+}	119.0	6.17	0.99
Ba^{2+}	127.3	6.59	1.35
Cu^{2+}	107.2	5.56	0.72
OH^-	198.3	20.50	
F^-	55.4	5.74	1.36
Cl^-	76.35	7.91	1.81
Br^-	78.14	8.10	1.95
I^-	76.88	7.95	2.16
NO_3^-	71.46	7.41	
HCO_3^-	44.50	4.61	
CH_3COO^-	40.90	4.24	
SO_4^{2-}	160.0	8.29	

[a] Robinson R. A. Stokes, R. H. *Electrolyte Solutions*; Academic Press, New York, 1959. 허락하에 게재함.

[b] Adamson, A. W. A *textbook of Physical Chemistry*, Academic Press, New York, 1973. 허락하에 게재함.

해리도

특정 농도에서 전해질은 부분적으로만 해리된다. 무한히 묽은 용액 상태에서는 약전해질이나 강전해질 모두 완전히 해리된다. 1887년에 스웨덴의 화학자 Svante August Arrhenius(1859~1927)는 전해질의 **해리도**(degree of dissociation, α)를 다음과 같은 간단한 관계식으로 계산할 수 있다고 제안하였다.

$$\alpha = \frac{\Lambda}{\Lambda_0} \tag{7.7}$$

여기서 Λ는 α값의 기준이 되는 특정 농도에서의 몰전도도이다. 식 7.7을 이용하여, 독일의 화학자 Wilhelm Ostwald(1853~1932)는 산의 해리 상수를 측정하는 방법을 보여 주었다. 평형에서 농도가 c(mol L^{-1})인 약산 HA를 생각해 보면, 다음 식이 적

용된다.

$$\begin{array}{ccccc} \text{HA} & \rightleftharpoons & \text{H}^+ & + & \text{A}^- \\ c(1-\alpha) & & c\alpha & & c\alpha \end{array}$$

여기서 α는 해리된 HA의 비율이다. 해리 상수 K_a는 다음 식으로 주어진다.

$$K_a = \frac{[H^+][A^-]}{[HA]} = \frac{c^2\alpha^2}{c(1-\alpha)} = \frac{c\alpha^2}{(1-\alpha)}$$

식 7.7의 α에 대한 식을 이용하면 다음 식이 얻어진다.

$$K_a = \frac{c\Lambda^2}{\Lambda_0(\Lambda_0 - \Lambda)} \tag{7.8}$$

식 7.8을 정리하면 다음 식이 얻어진다.

$$\frac{1}{\Lambda} = \frac{1}{K_a\Lambda_0^2}(\Lambda c) + \frac{1}{\Lambda_0} \tag{7.9}$$

식 7.9를 Ostwald의 **희석 법칙**(Ostwald dilution law)이라고 한다. K_a 값은 식 7.8로부터 직접 얻거나, 좀 더 정확하게 $1/\Lambda$를 Λc에 대하여 그리면(그림 7.3) 식 7.9로부터 그 값을 구할 수 있다. 물론 식 7.8만 적용하려면 Λ_0를 알아야 한다.

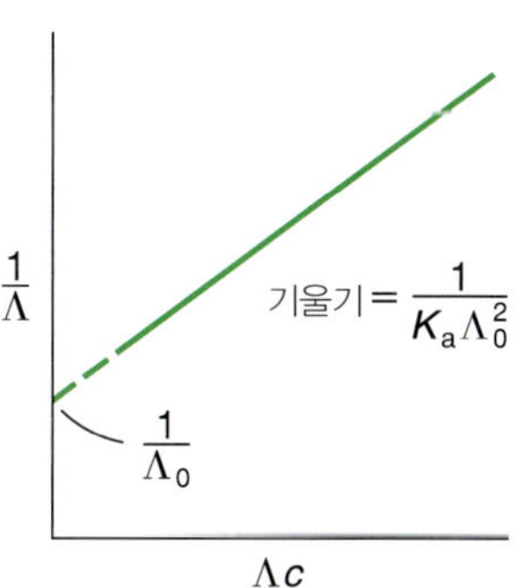

그림 7.3
식 7.9에 따른 그래프를 통한 K_a의 결정

예제 7.3

298 K에서 0.10 M 아세트산 수용액의 몰전도도는 5.2 Ω^{-1} mol^{-1} cm^{2}이다. 아세트산의 해리 상수를 계산하시오.

답

표 7.1로부터 $\Lambda_0 = 390.71\ \Omega^{-1}\ \text{mol}^{-1}\ \text{cm}^2$이므로, 식 7.8로부터 다음과 같이 쓸 수 있다.

$$K_a = \frac{(0.10\ \text{mol L}^{-1})(5.2\ \Omega^{-1}\ \text{mol}^{-1}\ \text{cm}^2)^2}{(390.71\ \Omega^{-1}\ \text{mol}^{-1}\ \text{cm}^2)(390.71 - 5.2)\Omega^{-1}\ \text{mol}^{-1}\ \text{cm}^2}$$

$$= 1.8 \times 10^{-5}\ \text{mol L}^{-1}$$

이온 이동도

용액의 몰전도도는 이온의 움직임이 얼마나 수월한가에 달려 있다. 그런데 이온 속도는 전기장의 세기(E)에 의존하므로 상수는 아니다.* 한편 단위 전기장에 대한 이온 속도로 정의되는 **이온 이동도**(ionic mobility, u)는 상수이다. 따라서 양이온의 이

* 예를 들어 전해 전지에서 2.0 cm 간격으로 놓여 있는 두 전극의 퍼텐셜 강하가 5.0 V라면, 전기장은 5.0 V/2.0 cm, 즉 2.5 V cm^{-1}이다.

온 이동도 u_+는 다음과 같다.

$$u_+ = \frac{v_+}{E} \tag{7.10}$$

여기서 v_+는 전기장 E에서 움직이는 양이온의 속도이다. 이온 이동도의 단위는 (cm s^{-1})/V cm^{-1} 또는 cm^2 s^{-1} V^{-1}이다. 이것은 다음과 같이 무한히 묽은 상태의 이온 전도도와 연관된다.

$$u_+ = \frac{\lambda_0^+}{F}, \quad u_- = \frac{\lambda_0^-}{F} \tag{7.11}$$

여기서 F는 패러데이 상수[영국의 화학자이자 물리학자인 Michael Faraday(1791~1867)의 이름에서 따옴]이다.*

표 7.2에는 298 K에서의 다양한 이온들의 이온 이동도가 나와 있다. H^+와 OH^-의 이동도는 다른 이온들에 비해 월등히 크다. 이 값이 큰 것은 수소 결합 때문이다. 양성자는 물속에서 수화되므로 그 이동을 다음과 같이 나타낼 수 있다.

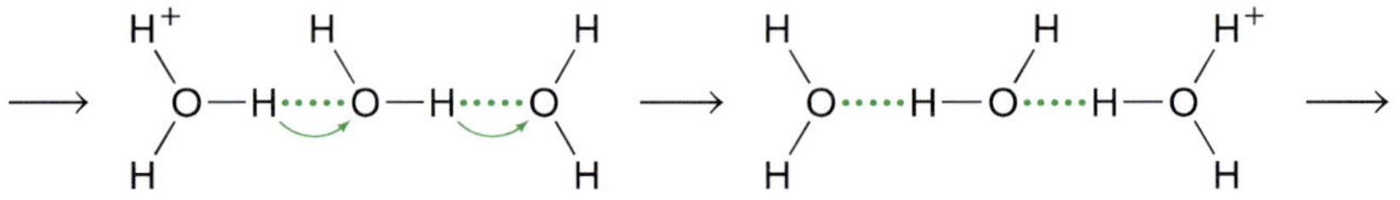

$$\longrightarrow \; H^+H\text{–}O\text{–}H\cdots O(H)\text{–}H\cdots OH_2 \;\longrightarrow\; H_2O\cdots H\text{–}O(H)\cdots H\text{–}OH\,H^+ \;\longrightarrow$$

비슷하게, 수산화 이온도 나타낼 수 있다.

$$\longleftarrow \; {}^-O(H)\cdots H\text{–}O(H)\cdots H\text{–}O(H) \;\longleftarrow\; (H)O\text{–}H\cdots O(H)\text{–}H\cdots O(H)^- \;\longleftarrow$$

각 경우, 이온은 광범위한 수소 결합 망을 따라 움직이므로 이동도가 매우 크다.

이온 이동도는 단백질과 핵산을 정제하거나 확인하는 기술인 전기 이동(electrophoresis)에 활용된다.

예제 7.4

25°C에서 물속 염화 이온의 이동도가 7.91×10^{-4} cm^2 s^{-1} V^{-1}이다. (a) 무한히 묽은 상태에서 이 이온의 몰전도도를 계산하시오. (b) 전기장이 20 V cm^{-1}이라면, 4.0 cm 간격의 두 전극 사이를 이동하는 데 걸리는 시간은 얼마인가?

답

(a) 1 C s^{-1} = 1 A, A/V = Ω^{-1}(Ohm 법칙)이므로, 식 7.11로부터 다음 결과가 얻어진다.

* 전자 1몰의 전하는 96,485 C인데, 이를 1 F(패러데이)라고 한다. 대부분 계산에서 96,500 C mol^{-1}을 사용한다.

$$\begin{aligned} \lambda_0^- &= Fu_- \\ &= (96500\ \mathrm{C\ mol^{-1}})(7.91 \times 10^{-4}\ \mathrm{cm^2\ s^{-1}\ V^{-1}}) \\ &= 76.3\ \mathrm{C\ s^{-1}\ V^{-1}\ mol^{-1}\ cm^2} \\ &= 76.3\ \Omega^{-1}\ \mathrm{mol^{-1}\ cm^2} \end{aligned}$$

(b) 먼저, 식 7.10으로 주어지는 음이온의 속도를 계산하면 다음과 같다.

$$\begin{aligned} \upsilon_- &= Eu_- \\ &= (20\ \mathrm{V\ cm^{-1}})(7.91 \times 10^{-4}\ \mathrm{cm^2\ s^{-1}\ V^{-1}}) \\ &= 1.58 \times 10^{-2}\ \mathrm{cm\ s^{-1}} \end{aligned}$$

이로부터 다음 결과가 얻어진다.

$$\begin{aligned} \text{시간} &= \frac{\text{거리}}{\text{속도}} \\ &= \frac{4.0\ \mathrm{cm}}{1.58 \times 10^{-2}\ \mathrm{cm\ s^{-1}}} \\ &= 2.5 \times 10^2\ \mathrm{s} \\ &= 4.2\ \mathrm{min} \end{aligned}$$

전도도 측정의 응용

전도도는 정밀하게 측정하기가 쉽기 때문에 응용 범위가 넓다. 아래에 두 가지 예가 나와 있다.

산-염기 적정 앞에서 언급한 것처럼, H^+와 OH^-의 전도도는 다른 이온들보다 매우 크다. HCl 용액의 전도도를 가해 준 NaOH 용액의 함수로 도시하면 그림 7.4와 같은 적정 곡선이 얻어진다. 초기에는 H^+ 이온이 전도도가 낮은 Na^+ 이온으로 대체되기 때문에 용액의 전도도는 감소한다. 이러한 경향이 당량점에 도달할 때까지는 지속된다. 이후에는 과량의 OH^- 이온으로 인해 전도도가 증가한다. 산이 아세트산과 같은 약전해질이면 곡선 앞부분의 기울기는 그다지 가파르지 않으며(실제로는 전도도가 처음부터 곧바로 증가한다) 당량점을 결정하는 데 불확실성이 크다.

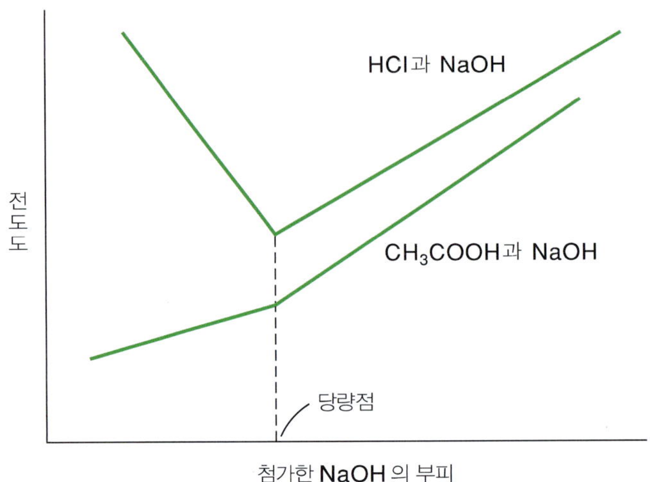

그림 7.4
전도도 측정으로 관찰한 산－염기 적정. 강산－강염기 적정(HCl과 NaOH)과 약산－강염기 적정(CH_3COOH과 NaOH)의 차이에 주목하라.

용해도 결정 전도도 측정으로부터 아세트산의 해리 상수를 결정하는 방법을 배웠다. 같은 방법을 적용하여 난용성 염의 용해도를 결정할 수 있다. 298 K 물에서 AgCl (1:1 전해질)의 몰용해도(mol L^{-1})와 용해도곱에 관심이 있다고 생각해 보자. 식 7.4로부터 다음과 같이 쓸 수 있다.

$$\Lambda = \frac{\kappa}{c} = \frac{\kappa}{S}$$

여기서 S는 mol L^{-1}로 표시한 몰용해도이다. AgCl은 난용성 염이기 때문에 용액의 농도가 낮으므로 $\Lambda \approx \Lambda_0$로 가정한다.

$$S = \frac{\kappa}{\Lambda} \approx \frac{\kappa}{\Lambda_0}$$

포화 AgCl 용액의 비전도율은 $1.86 \times 10^{-6}\ \Omega^{-1}\ \text{cm}^{-1}$이다. 그러나 물은 약전해질이기 때문에 물 자체에 의한 기여는 빼야 한다(물의 κ값은 $6.0 \times 10^{-8}\ \Omega^{-1}\ \text{cm}^{-1}$).

$$\kappa(\text{AgCl}) = (1.86 \times 10^{-6}) - (6.0 \times 10^{-8}) = 1.8 \times 10^{-6}\ \Omega^{-1}\ \text{cm}^{-1}$$

표 7.1에 따르면 AgCl의 $\Lambda_0 = 137.2\ \Omega^{-1}\ \text{mol}^{-1}\ \text{cm}^2$이다. 최종적으로 다음 결과가 얻어진다.

$$S = \frac{\kappa}{\Lambda_0} = \frac{1.8 \times 10^{-6}\ \Omega^{-1}\ \text{cm}^{-1}}{137.2\ \Omega^{-1}\ \text{mol}^{-1}\ \text{cm}^2} \times \frac{1000\ \text{cm}^3}{1\ \text{L}}$$
$$= 1.3 \times 10^{-5}\ \text{mol L}^{-1}$$

AgCl의 용해도곱 K_{sp}는 다음과 같다.

$$K_{sp} = [Ag^+][Cl^-] = (1.3 \times 10^{-5})(1.3 \times 10^{-5})$$
$$= 1.7 \times 10^{-10}$$

7.2 분자 수준에서 본 용해 과정

NaCl이 물에는 녹지만 벤젠에는 녹지 않는 이유는 무엇인가? NaCl은 Na^+ 이온과 Cl^- 이온이 정전기적 힘에 의해 결정 격자에 고정된 안정한 화합물이다. NaCl이 수용액 속에 녹아들어 가려면 이 강한 인력을 극복해야 한다. NaCl의 물에 대한 용해 과정에 대해서는 두 가지 의문점을 갖게 된다. 이온은 물 분자와 어떤 상호 작용을 하며, 다른 이온과는 어떤 상호 작용을 하는가?

물은 극성 분자이기 때문에 이온 결합 화합물에 대해서 좋은 용매이며, 수화(hydration)를 일으키는 이온–쌍극자 상호 작용을 통하여 이온을 안정화시킨다. 일반적으로 작은 이온이 큰 이온보다는 더 효과적으로 수화된다. 작은 이온이 전하 밀도가 더 높기 때문에 극성 물 분자와의 상호 작용이 더 크다.* 그림 7.5에는 수화에 대한 도식적인 그림이 나와 있다. 이온의 종류에 따라 수화하는 물 분자의 수가 다르기 때문에 이온의 **수화수**(hydration number)를 이해할 필요가 있다. 이 수는 전하에 비례하고 이온의 크기에 반비례한다. '**수화구**(hydration sphere)' 내의 물 분자와 덩어리 상태의 물 분자를 핵자기 공명과 같은 분광학적 방법으로 관찰해 보면 서로 다른 성질을 볼 수 있다.** 그리고 두 종류의 물 분자 사이에는 동적 평형이 존재한다. 이온에 따라서 수화구 내에 머무르는 H_2O 분자의 평균 수명이 판이하게 다르다. 예를 들어 다음 이온의 수화구 내 H_2O의 평균 수명을 생각해 보자. Br^- : 10^{-11} s, Na^+ : 10^{-9} s, Cu^{2+} : 10^{-7} s, Fe^{2+} : 10^{-5} s, Al^{3+} : 7 s, Cr^{3+} : 1.5×10^5 s(42 h)

용해된 이온과 물 분자 사이의 이온–쌍극자 상호 작용(17장 참조)은 물의 여러 가지 덩어리 성질에 영향을 미칠 수 있다. Li^+, Na^+, Mg^{2+}, Al^{3+}, Er^{3+}, OH^-, F^- 등과 같이 크기가 작으며 다중 전하를 띤 이온들을 흔히 **구조–형성 이온**(structure-making ion)이라고 한다. 이들 이온들의 강한 전기장은 물 분자를 분극시켜 1차 수

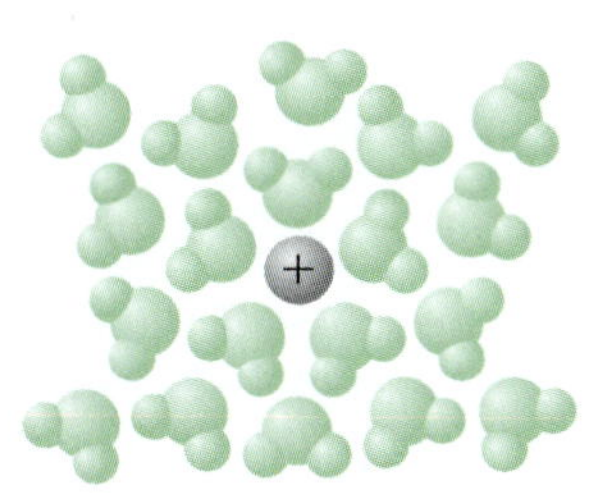

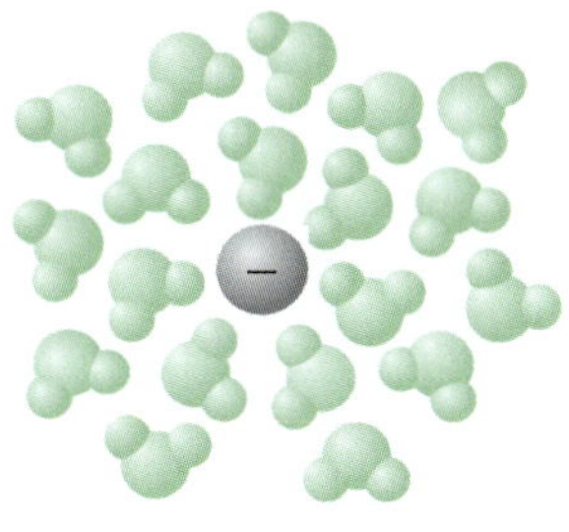

그림 7.5
양이온과 음이온의 수화. 일반적으로 양이온과 음이온은 수화구 내 특정한 수만큼의 물 분자와 결합되어 있다.

---

* 정전기 이론에 따르면, 반지름 r인 대전된 구 표면의 전기장은 ze/r^2에 비례한다. 여기서 z는 전하수, e는 전자의 전하이다.

** 이온의 수화구 내 물 분자는 개별적인 병진 운동을 하지 않는다. 물 분자는 이온과 함께 움직인다.

화층 위로 질서를 이룬 구조가 추가적으로 만들어질 수 있다. 이 상호 작용으로 인해 용액의 점도가 증가한다. 한편 K^+, Rb^+, Cs^+, NH_4^+, Cl^-, NO_3^-, ClO_4^- 등과 같이 큰 크기의 1가 이온들은 **구조-파괴 이온**(structure-breaking ion)이다. 표면 전하가 확산되어 전기장이 약하기 때문에, 이들 이온은 1차 수화층 너머의 물 분자를 분극시킬 수 없다. 결과적으로 이러한 이온 용액의 점도는 일반적으로 순수한 물의 점도보다 작다.

용액 내 수화된 이온의 유효 반지름은 결정이나 이온의 반지름보다 상당히 크다. 예를 들어 Li^+, Na^+, K^+의 이온 반지름은 K^+ 쪽으로 갈수록 커지지만, 이 이온들의 수화 반지름은 각각 3.66Å, 2.80Å, 1.87Å이다. 이온의 이동도는 수화 반지름에 반비례한다. 표 7.2는 이를 잘 보여 준다. 양성자는 크기가 매우 작기 때문에 강하게 수화될 것으로 예상되는데, 양성자는 수소 결합을 통해 빠르게 이동한다.

이제 앞에서 제기한 의문점으로 돌아가자. 이온들은 어떻게 상호 작용하는가? Coulomb 법칙[프랑스의 물리학자 Charles Augustin de Coulomb(1736~1806)의 이름에서 따옴]에 따르면 진공에서 Na^+ 이온과 Cl^- 이온 사이의 힘(F)은 다음과 같다.

$$F = \frac{q_{Na^+} q_{Cl^-}}{4\pi\varepsilon_0 r^2} \tag{7.12}$$

여기서 ε_0는 **진공 유전율**(permittivity of vacuum, 8.854×10^{-12} C^2 N^{-1} m^{-2}), q_{Na^+}와 q_{Cl^-}은 이온의 전하, r은 간격이다. 인자 $4\pi\varepsilon_0$는 SI 단위를 사용하기 때문에 나타난다. 그림 7.6에서처럼 극성인 물속에서 쌍극자 분자들은 양극은 음극, 음극은 양극을 향하도록 배열한다. 이 배열은 매질의 **유전 상수**(dielectric constant) (부록 7.1 참조)가 ε일 때, 양전하와 음전하의 유효 전하를 $1/\varepsilon$ 만큼 감소시킨다. 따라서 진공이 아닌 매질에서 식 7.12는 다음과 같다.

$$F = \frac{q_{Na^+} q_{Cl^-}}{4\pi\varepsilon_0 \varepsilon r^2} \tag{7.13}$$

표 7.3에는 여러 가지 용매의 유전 상수가 나와 있다. 온도가 높아짐에 따라 ε은 항상 감소한다. 예를 들어 343 K에서 물의 유전 상수는 약 64로 줄어든다. 물의 큰 유전 상수 때문에 Na^+와 Cl^- 사이의 인력이 감소하여 용액 속에서 두 이온은 멀어진다.

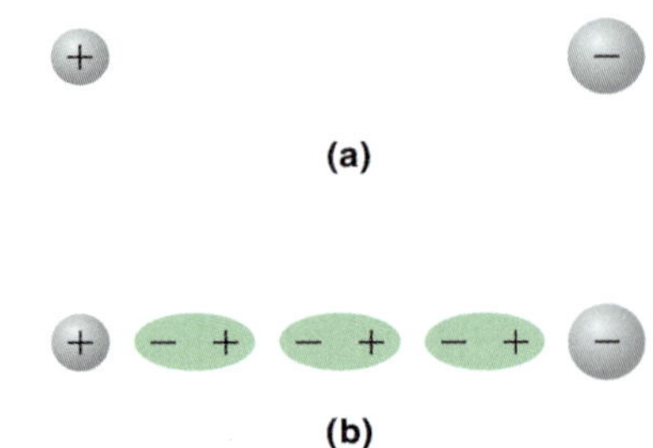

그림 7.6
(a) 양이온과 음이온의 진공에서의 분리, **(b)** 같은 이온들의 물속에서의 분리. 극성 물 분자의 배열은 과장되어 있다. 열운동 때문에 극성 분자들은 부분적으로만 배열된다. 이 배열로 인해 전기장이 감소하여 두 이온 사이의 인력이 감소한다.

표 7.3 298 K에서 몇 가지 순수한 액체의 유전 상수

액체	유전 상수 ε^a
H_2SO_4	101
H_2O	78.54
$(CH_3)_2SO$ (다이메틸설폭사이드)	49
$C_3H_8O_3$ (글리세롤)	42.5
CH_3NO_2 (나이트로메테인)	38.6
$HOCH_2CH_2OH$ (에틸렌 글라이콜)	37.7
CH_3CN (아세토나이트릴)	36.2
CH_3OH	32.6
C_2H_5OH	24.3
CH_3COCH_3 (다이메틸 에터)	20.7
CH_3COOH	6.2
C_6H_6	4.6
$C_2H_5OC_2H_5$ (다이에틸 에터)	4.3
CS_2	2.6

[a] 유전 상수에는 단위가 없다.

용매의 유전 상수에 따라 용액 내 이온들의 '구조'가 결정된다. 용액에서 전기적 중성을 유지하려면, 음이온은 양이온 부근에 있어야 한다. 두 이온의 근접성에 따라 '자유' 이온 또는 '이온쌍'으로 생각할 수 있다. 자유 이온은 적어도 1개 또는 여러 개 물 분자 층으로 둘러싸인다. 이온쌍에서는 양이온과 음이온이 서로 가까우며, 두 이온 사이에 용매 분자가 존재하지 않거나 몇 개만 존재한다. 일반적으로 자유 이온과 이온쌍은 상당히 다른 화학적 반응성을 갖는, 열역학적으로 다른 화학종이다. NaCl과 같이 묽은 1:1 전해질 수용액의 경우, 이온들은 자유 이온일 것이다. 중성의 이온쌍은 전기를 전도시키지 못하므로, $CaCl_2$와 Na_2SO_4와 같은 다가 전해질의 전도도의 측정 결과는 이온쌍의 형성을 암시한다. 두 상반된 요소에 의해 용액 내 이온들의 구조가 결정된다. 이들은 음이온과 양이온 사이의 인력에 따른 퍼텐셜 에너지와 k_BT 정도의 크기를 갖는 각 이온의 운동 에너지 또는 열에너지를 말한다.

이제 NaCl이 벤젠에 녹지 않는 이유를 쉽게 이해할 수 있다. 무극성 분자인 벤젠은 Na^+와 Cl^- 이온을 효과적으로 용매화시키지 못한다. 또한 유전 상수가 작다는 것은 양이온과 음이온이 개별적으로 용액 속으로 녹아들어 가려는 경향이 거의 없다는 의미이다.

예제 7.5

(a) 진공과 (b) 25°C 물에서 정확히 1 nm(10Å) 떨어져 있는 Na^+와 Cl^- 이온 사이의 힘을 N 단위로 계산하시오. Na^+와 Cl^- 이온의 전하는 각각 1.602×10^{-19} C과 -1.602×10^{-19} C이다.

답

식 7.12와 7.13, 표 7.3으로부터 다음과 같이 얻어진다.

(a)
$$F = \frac{(1.602 \times 10^{-19}\ \mathrm{C})(-1.602 \times 10^{-19}\ \mathrm{C})}{4\pi(8.854 \times 10^{-12}\ \mathrm{C^2\ N^{-1}\ m^{-2}})(1)(1 \times 10^{-9}\ \mathrm{m})^2}$$
$$= -2.31 \times 10^{-10}\ \mathrm{N}$$

(b)
$$F = \frac{(1.602 \times 10^{-19}\ \mathrm{C})(-1.602 \times 10^{-19}\ \mathrm{C})}{4\pi(8.854 \times 10^{-12}\ \mathrm{C^2\ N^{-1}\ m^{-2}})(78.54)(1 \times 10^{-9}\ \mathrm{m})^2}$$
$$= -2.94 \times 10^{-12}\ \mathrm{N}$$

COMMENT

예상대로, 진공에서 수용액으로 바뀌면 이온들 사이의 인력은 약 80분의 1로 감소한다. 힘의 부호가 음(−)인 것은 인력을 나타낸다.

7.3 용액 내 이온의 열역학

이 절에서는 이온 결합 화합물과 관련된 용해 과정의 열역학적 변수와 수용액에서 이온 형성에 관한 열역학적 함수들을 살펴볼 것이다.

일정한 압력하에서 NaCl의 용해는 다음과 같이 나타낼 수 있다.

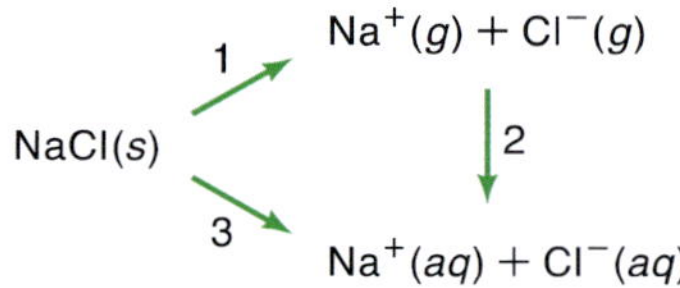

과정 1의 엔탈피 변화는 이온을 결정 격자로부터 무한히 멀리 떼어놓는 데 필요한 에너지에 해당된다. 이 에너지를 **격자 에너지**(lattice energy, U_0)라고 한다. 과정 3의 엔탈피 변화는 용액의 엔탈피 $\Delta_{용액}\overline{H}°$로, 많은 양의 물에 NaCl이 용해될 때 흡수되거나 방출하는 열이다. 과정 2의 수화 엔탈피 $\Delta_{수화}\overline{H}°$는 Hess 법칙으로 주어진다.

$$\Delta_{수화}\overline{H}° = \Delta_{용액}\overline{H}° - U_0$$

$\Delta_{용액}\overline{H}°$ 값은 실험적으로 측정할 수 있고, 격자 구조를 알고 있으면 U_0 값을 추정할 수 있다. NaCl의 경우 $U_0 = 787$ kJ mol^{-1}이고, $\Delta_{용액}\overline{H}° = 3.8$ kJ mol^{-1}이므로

$$\Delta_{수화}\overline{H}° = 3.8 - 787 = -783\ \mathrm{kJ\ mol^{-1}}$$

따라서 물에 Na^+와 Cl^- 이온이 수화되면 많은 열을 방출한다.

위에서 결정한 수화 엔탈피는 두 이온 모두와 관련되어 있다. 간혹 각각의 이온에 대한 값이 필요하다. 실제로는 분리하여 연구할 수 없지만, 다음과 같이 그 값들을

얻을 수 있다. 다음 과정의 수화 엔탈피는 이론적인 방법을 통해 1089 kJ mol^{-1}로 추산된다.

$$H^+(g) \rightarrow H^+(aq)$$

이 값을 출발점으로 하여, F^-, Cl^-, Br^-, I^- 음이온의 $\Delta_{수화}\overline{H}°$를 계산하고(HF, HCl, HBr, HI의 데이터로부터), 또 Li^+, Na^+, K^+ 양이온의 $\Delta_{수화}\overline{H}°$을 얻을 수 있다(알칼리 금속 할로젠 화합물의 데이터로부터). 표 7.4에는 여러 이온들의 $\Delta_{수화}\overline{H}°$가 나와 있다. 기체 이온의 수화는 발열 과정이므로 모든 $\Delta_{수화}\overline{H}°$ 값은 음이다. 또한 이온 전하/반지름과 수화 엔탈피 사이의 상관 관계를 알 수 있다. 작은 이온의 경우 같은 전하를 갖는 큰 이온보다 (절댓값이) 큰 $\Delta_{수화}\overline{H}°$ 값을 갖는다. 이온이 작을수록 전하가 밀집되어 있어 물 분자와 더 강하게 상호 작용한다. 또한 이온의 전하가 클수록 $\Delta_{수화}\overline{H}°$ 값이 커진다.

관심을 둘 만한 또 다른 양은 수화 엔트로피 $\Delta_{수화}\overline{S}°$이다. 수화 과정을 통해 각 이온 주위에 물 분자에 질서가 만들어지므로 $\Delta_{수화}\overline{S}°$도 음의 값이다. 표 7.4에서 나와 있는 것처럼, 이온 반지름에 따른 표준 $\Delta_{수화}\overline{S}°$는 $\Delta_{수화}\overline{H}°$와 밀접하게 연관되어 있다. 마지막으로, 용액의 엔트로피 $\Delta_{용액}\overline{S}°$에는 두 가지 기여 요소가 있다. 첫째, 수화 과정으로 인해 엔트로피가 감소한다. 둘째, 고체가 용액 내를 자유롭게 움직일 수 있는 이온으로 분리될 때, 엔트로피가 증가한다. $\Delta_{수화}\overline{S}°$의 부호는 상반되는 이 두 요인의 크기에 달려 있다.

$H^+(g)$ 이온의 수화 엔트로피는 -109 J K^{-1} mol^{-1}로 추정된다.

표 7.4 298 K에서 기체 이온의 수화에 대한 열역학적 값

이온	$-\Delta_{수화}\overline{H}°$ (kJ mol^{-1})	$-\Delta_{수화}\overline{S}°$ (J k^{-1} mol^{-1})	이온 반지름(Å)
H^+	1089	109	—
Li^+	520	119	0.60
Na^+	405	89	0.95
K^+	314	51	1.33
Ag^+	468	94	1.26
Mg^{2+}	1926	268	0.65
Ca^{2+}	1579	209	0.99
Ba^{2+}	1309	159	1.35
Mn^{2+}	1832	243	0.80
Fe^{2+}	1950	272	0.76
Cu^{2+}	2092	259	0.72
Fe^{3+}	4355	460	0.64
F^-	506	151	1.36
Cl^-	378	96	1.81
Br^-	348	80	1.95
I^-	308	60	2.16

용액 내 이온 형성에 대한 엔탈피, 엔트로피, Gibbs 에너지

각각의 이온들은 별개로 연구할 수 없으므로 개별 이온의 표준 몰 생성 엔탈피 $\Delta_f \overline{H}°$ 값을 측정할 수 없다. 이 문제를 해결하려면, 수소 이온 생성에 대한 값을 0, 즉 $\Delta_f \overline{H}°[H^+(aq)] = 0$으로 정한 후, 이를 기준으로 다른 이온의 $\Delta_f \overline{H}°$ 값을 추정한다. 다음 반응을 생각해 보자.

$$\tfrac{1}{2}H_2(g) + \tfrac{1}{2}Cl_2(g) \rightarrow H^+(aq) + Cl^-(aq) \quad \Delta_r H° = -167.2 \text{ kJ mol}^{-1}$$

실험적으로 측정 가능한 이 반응의 표준 반응 엔탈피는 다음과 같이 나타낼 수 있다.

$$\Delta_r H° = \Delta_f \overline{H}°[H^+(aq)] + \Delta_f \overline{H}°[Cl^-(aq)] - (\tfrac{1}{2})(0) - (\tfrac{1}{2})(0)$$

따라서

$$\Delta_r H° = \Delta_f \overline{H}°[Cl^-(aq)]$$

즉

$$\Delta_f \overline{H}°[Cl^-(aq)] = -167.2 \text{ kJ mol}^{-1}$$

일단 $\Delta_f \overline{H}°[Cl^-(aq)]$ 값을 결정하면, 다음 반응의 표준 반응 엔탈피 $\Delta_r H°$로부터 $\Delta_f \overline{H}°[Na^+(aq)]$를 결정할 수 있으며, 다른 이온의 값도 결정할 수 있다.

$$Na(s) + \tfrac{1}{2}Cl_2(g) \rightarrow Na^+(aq) + Cl^-(aq)$$

표 7.5에는 몇 가지 일반적인 양이온과 음이온의 $\Delta_f \overline{H}°$ 값이 나와 있다. 이 표에서 두 가지를 주목할 필요가 있다. 먼저 298 K 수용액의 표준 상태는 1 bar의 압력하에서 1몰랄 농도를 갖는 이상 용액으로 정의되는 가상의 상태를 말하며, 이때 용질(이온)의 활동도는 1이다. 즉 농도는 1 *m*이지만 이온들 사이의 상호 작용을 무시할 수 있을 만큼 무한히 묽은 용액의 특성을 갖고 있다. 둘째, 모든 $\Delta_f \overline{H}°$ 값들은 $\Delta_f \overline{H}°[H^+(aq)] = 0$인 기준에 대한 **상대적인** 값이다.

비슷하게, 즉 임의로 $\Delta_f \overline{G}°[H^+(aq)]$와 $\overline{S}°[H^+(aq)]$ 값을 0으로 하여, 298 K에서 이온의 표준 생성 몰 Gibbs 에너지와 표준 몰 엔트로피를 결정할 수 있다. 이 값들이 표 7.5에 수록되어 있다. 수용액 내 이온의 엔트로피 값은 H^+ 이온에 대한 상대적인 값이므로 양이거나 음이다. 예를 들어 $Ca^{2+}(aq)$의 엔트로피는 -53.1 J K^{-1} mol^{-1}이고, $NO_3^-(aq)$의 엔트로피는 146.4 J K^{-1} mol^{-1}이다. 엔트로피의 크기와 부호는 용액 내에서 $H^+(aq)$와 비교하여, 이온 주위에 물 분자들이 배열하는 정도에 영향을 받는다. 크기가 작고 전하가 큰 이온들은 음의 엔트로피를 갖는 반면, 1가 전하를 갖는 이온들은 양의 엔트로피 값을 갖는다.

표 7.5 298 K, 1 bar에서 수용액 내 이온의 열역학적 데이터

이온	$\Delta_f \overline{H}°(\text{kJ mol}^{-1})$	$\Delta_f \overline{G}°(\text{kJ mol}^{-1})$	$\overline{S}°(\text{J K}^{-1}\ \text{mol}^{-1})$
H^+	0	0	0
Li^+	−278.5	−293.8	14.23
Na^+	−239.7	−261.9	50.9
K^+	−252.4	−283.3	102.5
Mg^{2+}	−466.9	−454.8	−138.1
Ca^{2+}	−542.8	−553.6	−53.1
Fe^{2+}	−89.1	−78.9	−137.7
Zn^{2+}	−153.9	−147.2	−112.1
Fe^{3+}	−48.5	−4.7	−315.9
OH^-	−229.6	−157.3	−10.75
F^-	−329.1	−276.5	−13.8
Cl^-	−167.2	−131.2	56.5
Br^-	−121.6	−104.0	82.4
I^-	−55.2	−51.57	111.3
CO_3^{2-}	−677.1	−527.8	−56.9
NO_3^-	−206.6	−110.5	146.4
PO_4^{3-}	−1277.4	−1018.7	−221.8

예제 7.6

다음의 표준 반응 엔탈피를 이용하여 $\Delta_f H°[Na^+(aq)]$ 값을 계산하시오.

$$Na(s) + \tfrac{1}{2}Cl_2(g) \rightarrow Na^+(aq) + Cl^-(aq) \qquad \Delta_r H° = -406.9\ \text{kJ mol}^{-1}$$

답

표준 반응 엔탈피는 다음과 같다.

$$\Delta_r H° = \Delta_f \overline{H}°[Na^+(aq)] + \Delta_f \overline{H}°[Cl^-(aq)] - (0) - (\tfrac{1}{2})(0)$$

$$-406.9\ \text{kJ mol}^{-1} = \Delta_f \overline{H}°[Na^+(aq)] - 167.2\ \text{kJ mol}^{-1}$$

따라서

$$\Delta_f \overline{H}°[Na^+(aq)] = -239.7\ \text{kJ mol}^{-1}$$

7.4 이온 활동도

용액 내 전해질의 화학 퍼텐셜 표기법을 살펴보자. 먼저, 농도를 몰랄 농도로 나타낸 이상 전해질 용액을 살펴본다.

NaCl 이상 용액의 화학 퍼텐셜 μ_{NaCl}은 다음과 같다.

$$\mu_{NaCl} = \mu_{Na^+} + \mu_{Cl^-} \tag{7.14}$$

양이온과 음이온은 분리하여 다룰 수 없기 때문에, μ_{Na^+}와 μ_{Cl^-}를 분리하여 측정할 수 없다. 그렇지만 양이온과 음이온의 화학 퍼텐셜은 다음과 같이 나타낼 수 있다.

각 m항은 $m°[1\ mol\ (kg\ H_2O)^{-1}]$로 나누기 때문에 로그 항에는 단위가 없다.

$$\mu_{Na^+} = \mu^{\circ}_{Na^+} + RT \ln m_{Na^+}$$

$$\mu_{Cl^-} = \mu^{\circ}_{Cl^-} + RT \ln m_{Cl^-}$$

여기서 $\mu^{\circ}_{Na^+}$와 $\mu^{\circ}_{Cl^-}$는 이온들의 표준 화학 퍼텐셜이다. 식 7.14는 다음과 같이 쓸 수 있다.

$$\mu_{NaCl} = \mu^{\circ}_{NaCl} + RT \ln m_{Na^+} m_{Cl^-}$$

여기서

$$\mu^{\circ}{}_{NaCl} = \mu^{\circ}_{Na^+} + \mu^{\circ}_{Cl^-}$$

일반적으로, $M_{\nu_+}X_{\nu_-}$ 형태의 염은 다음과 같이 해리된다.

$$M_{\nu_+}X_{\nu_-} \rightleftharpoons \nu_+ M^{z_+} + \nu_- X^{z_-}$$

여기서 ν_+와 ν_-는 각 분자당 양이온과 음이온의 수이고, z_+와 z_-는 양이온과 음이온의 전하수이다. NaCl의 경우, $\nu_+ = \nu_- = 1$, $z_+ = +1$, $z_- = -1$이다. $CaCl_2$의 경우 $\nu_+ = 1$, $\nu_- = 2$, $z_+ = +2$, $z_- = -1$이다. 화학 퍼텐셜은 다음과 같다.

$$\mu = \nu_+ \mu_+ + \nu_- \mu_- \tag{7.15}$$

여기서

각 m항은 $m°$로 나눈다.

$$\mu_+ = \mu^{\circ}_+ + RT \ln m_+$$

그리고

$$\mu_- = \mu^{\circ}_- + RT \ln m_-$$

다음 관계에 의해 양이온과 음이온의 몰랄 농도는 초기 용액에 용해된 염의 몰랄 농도 m과 연관되어 있다.

$$m_+ = \nu_+ m \quad m_- = \nu_- m$$

식 7.15에 μ_+와 μ_-에 대한 식을 대입하면 다음이 얻어진다.

$$\mu = (\nu_+ \mu^{\circ}_+ + \nu_- \mu^{\circ}_-) + RT \ln m_+^{\nu_+} m_-^{\nu_-} \tag{7.16}$$

평균 이온 몰랄 농도(mean ionic molality, $m_\pm$)는 각 이온의 몰랄 농도에 대한 기하 평균(부록 A 참조)으로 정의한다.

$$m_{\pm} = (m_{+}^{\nu_{+}} m_{-}^{\nu_{-}})^{1/\nu} \tag{7.17}$$

여기서 $\nu = \nu_{+} + \nu_{-}$이므로 식 7.16은 다음과 같다.

$$\mu = (\nu_{+}\mu_{+}^{\circ} + \nu_{-}\mu_{-}^{\circ}) + \nu RT \ln m_{\pm} \tag{7.18}$$

또한 평균 이온 몰랄 농도는 용액의 몰랄 농도 m으로 나타낼 수 있다. $m_{+} = \nu_{+}m$이고, $m_{-} = \nu_{-}m$이므로 다음이 얻어진다.

$$\begin{aligned} m_{\pm} &= [(\nu_{+}m)^{\nu_{+}}(\nu_{-}m)^{\nu_{-}}]^{1/\nu} \\ &= m[(\nu_{+}^{\nu_{+}})(\nu_{-}^{\nu_{-}})]^{1/\nu} \end{aligned} \tag{7.19}$$

예제 7.7

$Mg_3(PO_4)_2$의 화학 퍼텐셜에 대한 표현을 용액의 몰랄 농도를 이용하여 나타내시오.

답

$Mg_3(PO_4)_2$에 대하여 $\nu_{+} = 3$, $\nu_{-} = 2$이므로 $\nu = 5$이다. 평균 이온 몰랄 농도는 다음과 같다.

$$m_{\pm} = (m_{+}^{3} m_{-}^{2})^{1/5}$$

화학 퍼텐셜은 다음과 같다.

$$\mu_{Mg_3(PO_4)_2} = \mu^{\circ}_{Mg_3(PO_4)_2} + 5RT \ln m_{\pm}$$

식 7.19로부터 다음 결과가 얻어진다.

$$\begin{aligned} m_{\pm} &= m(3^3 \times 2^2)^{1/5} \\ &= 2.55m \end{aligned}$$

따라서

$$\mu_{Mg_3(PO_4)_2} = \mu^{\circ}_{Mg_3(PO_4)_2} + 5RT \ln 2.55m$$

대부분의 전해질 용액은 비전해질 용액과는 달리 이상 용액을 형성하지 않는다. 전하를 띠지 않은 화학종 사이의 분자 간 힘은 $1/r^7$에 비례하며, 여기서 r은 간격이다. 실질적으로 0.1 m 농도 비전해질 용액이 이상적이라고 생각한다. 그러나 Coulomb 법칙에 따르면, 이온 사이의 힘은 $1/r^2$에 비례한다(그림 7.7). 이 의존성은 매우 묽은 용액(예를 들어 0.05 m)에서도, 이온 사이의 정전기력은 이상적인 거동으로부터 벗

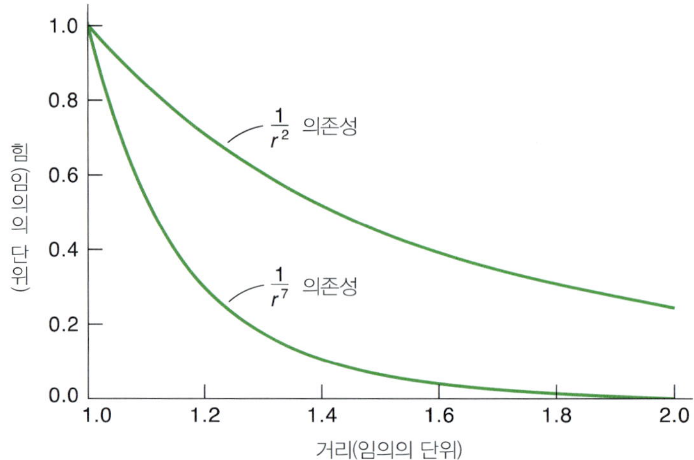

그림 7.7
인력의 거리 r 의존성 비교: 이온 사이의 정전기력($1/r^2$)과 분자 사이의 van der waals 힘($1/r^7$).

어나기에 충분하다는 것을 의미한다. 그러므로 대부분의 경우 몰랄 농도를 활동도로 대체해야 한다. 평균 이온 몰랄 농도와 유사하게 **평균 이온 활동도**(mean ionic activity, $a_\pm$)는 다음과 같이 정의한다.

$$a_\pm = (a_+^{\nu_+} a_-^{\nu_-})^{1/\nu} \tag{7.20}$$

여기서 a_+와 a_-는 각각 양이온과 음이온의 활동도이다. 평균 이온 활동도와 평균 이온 몰랄 농도는 **평균 이온 활동도 계수**(mean ionic activity coefficient, $\gamma_\pm$)에 의해 서로 연관된다.

$$a_\pm = \gamma_\pm m_\pm \tag{7.21}$$

여기서

$$\gamma_\pm = (\gamma_+^{\nu_+} \gamma_-^{\nu_-})^{1/\nu} \tag{7.22}$$

비이상 전해질 용액의 화학 퍼텐셜은 다음과 같다.

$$\begin{aligned}\mu &= (\nu_+\mu_+^\circ + \nu_-\mu_-^\circ) + \nu RT\ln a_\pm \\ &= (\nu_+\mu_+^\circ + \nu_-\mu_-^\circ) + RT\ln a_\pm^\nu \\ &= (\nu_+\mu_+^\circ + \nu_-\mu_-^\circ) + RT\ln a\end{aligned} \tag{7.23}$$

여기서 전해질의 활동도 a는 다음 식에 의해 평균 이온 활동도와 연관된다.

$$a = a_\pm^\nu$$

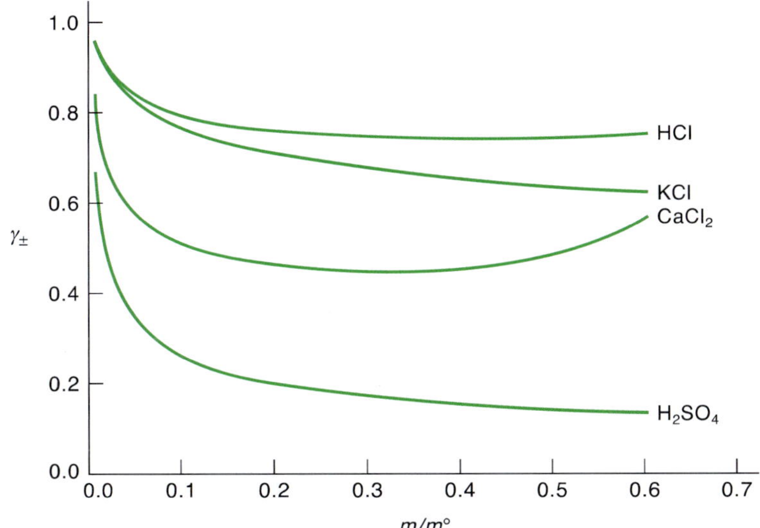

그림 7.8
여러 가지 전해질의 몰랄 농도 m에 대한 평균 활동도 계수 $\gamma_\pm$의 도시. 무한히 묽은 용액($m \to 0$)에서 평균 활동도 계수는 1에 접근한다.

$\gamma_\pm$의 실험값은 어는점 내림, 삼투압 측정*, 전기 화학적 방법(9장 참조)으로 얻을 수 있다. 그러므로 $a_\pm$ 값은 식 7.21로부터 계산할 수 있다. 무한히 묽은 상태의 경우 ($m \to 0$)에는 다음과 같다.

$$\lim_{m \to 0} \gamma_\pm = 1$$

그림 7.8에는 여러 가지 전해질에서 m에 대한 $\gamma_\pm$의 도시가 나와 있다. 매우 낮은 농도에서 모든 전해질에 대해 $\gamma_\pm$는 1에 접근한다. 전해질의 농도가 높아지면 이상적인 거동으로부터의 편차가 나타난다. 묽은 용액의 농도에 따른 $\gamma_\pm$의 변화는 다음에 논의할 Debye-Hückel 이론으로 설명할 수 있다.

예제 7.8

KCl, Na_2CrO_4, $Al_2(SO_4)_3$의 활동도(a)에 대한 식을 몰랄 농도와 평균 이온 활동도 계수를 이용하여 표현하시오.

답

$a = a_\pm^\nu = (\gamma_\pm m_\pm)^\nu$의 관계식이 필요하다.

KCl: $\nu = 1 + 1 = 2$, $m_\pm = (m^2)^{1/2} = m$

따라서 $a_{KCl} = m^2\gamma_\pm^2$

* $\gamma_\pm$ 측정에 대한 자세한 내용을 알고자 하면 1장에 수록된 표준 물리화학 교재를 참고하라.

Na_2CrO_4: $\nu = 2 + 1 = 3$, $m_\pm = [(2m)^2(m)]^{1/3} = 4^{1/3}m$

따라서 $a_{Na_2CrO_4} = 4m^3\gamma_\pm^3$

$Al_2(SO_4)_3$: $\nu = 2 + 3 = 5$, $m_\pm = [(2m)^2(3m)^3]^{1/5} = 108^{1/5}m$

따라서 $a_{Al_2(SO_4)_3} = 108m^5\gamma_\pm^5$

7.5 전해질의 Debye-Hückel 이론

지금까지 전해질 용액의 이상적인 성질로부터의 편차를 경험적으로 다루었다. 활동도 계수와 주어진 농도로부터 구한 이온 활동도를 이용하여 화학 퍼텐셜, 평형 상수 등을 구할 수 있다. 이러한 접근 방법에서 용액 내에서의 이온 거동에 대한 물리적 설명을 고려하지 않고 있다. 1923년에 Debye와 독일의 화학자 Walter Karl Hückel(1895~1980)은 전해질 용액에 대한 지식을 크게 확장한 정량적인 이론을 제시하였다. 비교적 단순한 모형에 기초한 Debye-Hückel 이론을 이용하면 용액의 특성에 기초하여 $\gamma_\pm$값을 계산할 수 있다.

Debye와 Hückel 방법의 수학적 세부 내용은 여기에서 제시하기에는 너무 복잡하다(관심 있는 학생은 1장에 수록된 표준 물리화학 교과서를 참조하라). 대신에, 기초가 되는 가정과 최종 결과를 설명할 것이다. Debye와 Hückel은 다음 가정으로부터 시작하였다. (1) 용액에서 전해질은 완전히 이온으로 해리된다. (2) 묽은 용액으로 그 농도가 0.01 m 또는 그 이하이다. (3) 평균적으로 각 이온은 반대 전하를 띤 이온으로 둘러싸여 **이온 분위기**(ionic atmosphere)가 만들어진다(그림 7.9a). 이 가정으로부터 시작하여, Debye와 Hückel은 이온 분위기에 존재하는 다른 이온들에 의한, 각 이온에서의 평균 전기 퍼텐셜을 계산하였다. 그런 다음, 이온의 Gibbs 에너지를 각 이온의 활동도 계수와 연관시켰다. γ_+와 γ_-를 직접 측정할 수 없기 때문에 다음과 같이 전해질의 평균 이온 활동도 계수를 이용하여 최종 결과를 나타낸다.

$$\log \gamma_\pm = -0.509|z_+z_-|\sqrt{I} \tag{7.24}$$

여기서 | |는 곱 z_+z_-의 부호를 제외한 크기만을 나타낸다. 그러므로 $CuSO_4$의 경우 $z_+ = 2$, $z_- = -2$이지만 $|z_+z_-| = 4$이다. **이온 세기**(ionic strength)라고 하는 양 I는 다음과 같이 정의된다.

$$I = \frac{1}{2}\sum_i m_i z_i^2 \tag{7.25}$$

여기서 m_i와 z_i는 각각 전해질의 i번째 이온의 몰랄 농도와 전하이다. 이 양은 미국의 화학자 Gilbert Newton Lewis(1875~1946)가 처음 도입하였으며, 전해질 용액에서 관찰되는 비이상성은 각 이온들의 화학적 성질보다는 전하의 **전체** 농도에 주로

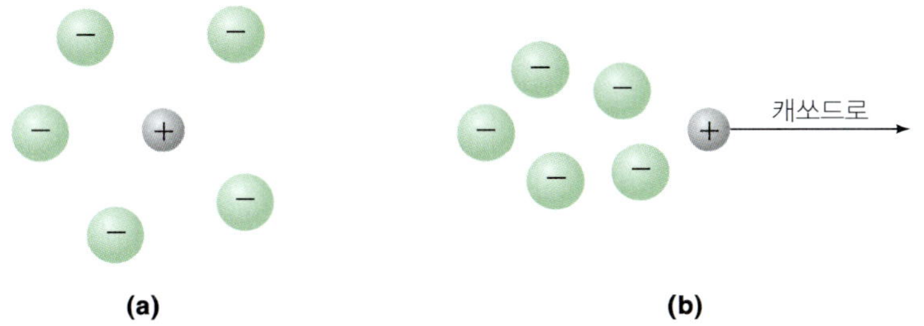

그림 7.9
(a) 용액 내에서 양이온을 둘러싼 이온 분위기. **(b)** 전도도 측정에서는 캐쏘드로 움직이는 양이온은 뒤에 남게 되는 이온 분위기에 의한 자기장에 의해 지체된다.

기인한다. 식 7.25를 이용하면, 보편적인 기준에 따라 모든 전해질에 대한 이온 농도를 나타낼 수 있으므로 각각의 이온을 구별할 필요가 없어진다. 식 7.24를 Debye-Hückel **한계 법칙**(Debye–Hückel limiting law)이라고 한다. 이 식은 298 K에서 수용액 전해질에 적용된다. 식 7.24의 우변에는 단위가 없다. 따라서 I 항은 $m°$[1 mol (kg H_2O)$^{-1}$]로 나눈 것으로 가정한다.

'한계'는 법칙을 매우 묽은 용액에 대해서만 적용한다는 의미이다.

예제 7.9

298 K에서 0.010 m $CuSO_4$ 수용액의 평균 활동도 계수($\gamma_\pm$)를 계산하시오.

답

용액의 이온 세기는 식 7.25로 주어진다.

$$I = \tfrac{1}{2}[(0.010\ m) \times 2^2 + (0.010\ m) \times (-2)^2]$$
$$= 0.040\ m$$

식 7.26으로부터 다음 결과가 얻어진다.

$$\log \gamma_\pm = -0.509(2 \times 2)\sqrt{0.040}$$
$$= -0.407$$

즉

$$\gamma_\pm = 0.392$$

실험적으로, 같은 농도에서 $\gamma_\pm$가 0.41로 관찰된다.

식 7.24를 적용할 때 두 가지를 염두에 두어야 한다. 첫째, 여러 가지 전해질을 포함하는 용액에서, 용액 내 **모든** 이온들이 이온 세기에 기여하지만, z_+과 z_-는 $\gamma_\pm$를 계산하고자 하는 특정 전해질의 이온 전하만 나타낸다. 둘째, 식 7.24는 각각의 양이온이나 음이온의 이온 활동도 계수를 계산하는 데 사용할 수 있다. 그러므로 i번째 이온에 대하여 다음과 같이 쓴다.

$$\log \gamma_i = -0.509 z_i^2 \sqrt{I} \qquad (7.26)$$

여기서 z_i는 이온의 전하이다. 이 방법으로 계산한 γ_+와 γ_-는 식 7.22와 같이 $\gamma_\pm$와 연관된다.

그림 7.10은 다양한 이온 세기에서 log $\gamma_\pm$의 계산값과 측정값을 보여 준다. 식 7.24는 묽은 용액에는 잘 맞지만, 높은 전해질 농도에서는 편차가 커지는 것을 설명하기 위해 변형되어야 한다. 농도가 높은 용액을 다루기 위하여 여러 가지 개선과 변형이 이루어졌다.

실험적으로 결정된 $\gamma_\pm$ 값과 Debye–Hückel 이론을 이용하여 계산한 결과가 일반적으로 잘 일치하는 것은 용액에서 이온 분위기가 존재한다는 것을 뒷받침한다. 이 모형은 매우 강한 전기장 내에서 전도도를 측정하는 실험으로 확인할 수 있다. 실제로, 이온들은 전도도 용기 내에서 직선으로 이동하지 않고 지그재그로 움직인다. 미시적으로, 용매는 연속적인 매질이 아니다. 실제로 각 이온은 용매가 비어 있는 한 용매 구멍에서 다른 구멍으로 건너뛴다. 이온이 용액을 가로질러 가면서 이온 분위기는 반복적으로 파괴되고 다시 형성된다. 이온 분위기는 즉각적으로 다시 형성되지는 않

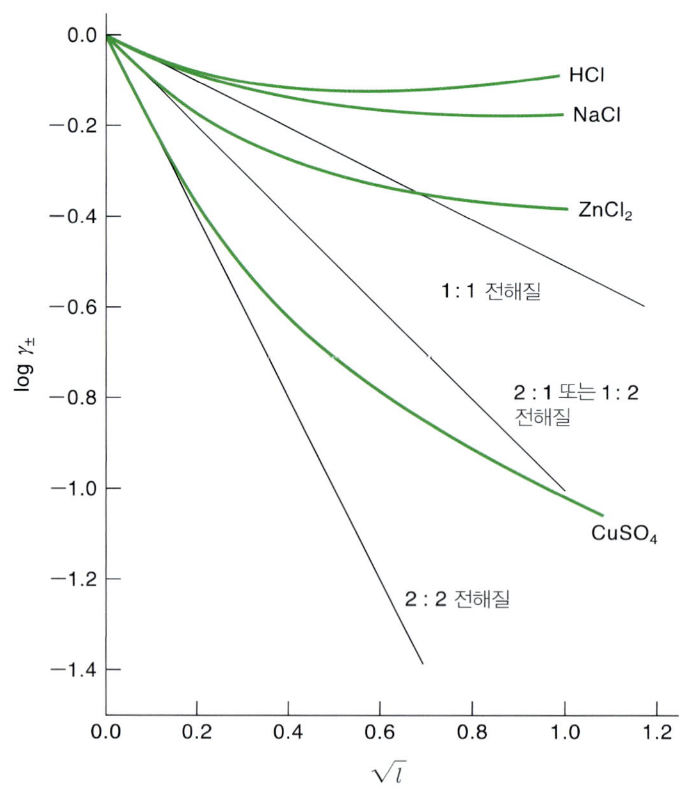

그림 7.10
여러 전해질에 대한 log $\gamma_\pm$의 $\sqrt{I}$ 의존도. 직선들은 식 7.24로 예측한 값들이다.

으며, 0.01 m 용액에서 대략 10^{-7}초 정도의 **이완 시간**(relaxation time)이 필요하다. 전도도를 측정하는 일반적인 환경에서, 이온의 속도는 충분히 느려 이온에 작용하는 주위의 정전기력이 이동을 지연시켜서 전도도를 떨어뜨린다(그림 7.9b). 매우 강한 전기장(대략 2×10^5 V cm^{-1})에서 전도도를 측정하면, 이온의 속도는 대략 10 cm s^{-1}이 될 것이다. 0.01 m 용액의 이온 분위기 반지름은 대략 5Å, 즉 5×10^{-8} cm이므로 이온이 이 이온 분위기에서 빠져 나오기 위해 필요한 시간은 5×10^{-8} cm/(10 cm s^{-1}), 즉 5×10^{-9} s이며, 이는 이완 시간보다 상당히 짧다. 결과적으로 이온은 이온 분위기에 의한 지연 효과의 영향을 받지 않고 자유롭게 용액 내를 움직일 수 있다. 이러한 자유로운 움직임 때문에 전도도가 뚜렷하게 증가한다. 이러한 현상을 1927년에 처음 실험한 독일의 물리학자 Wien(Wilhelm Wien, 1864~1928)의 이름을 따서 **Wien 효과**(wien effect)라고 한다. Wien 효과는 이온 분위기가 존재하는 것에 대한 매우 강력한 증거이다.

염용과 염석 효과

단백질의 용해도를 연구에 Debye-Hückel 한계 법칙을 적용할 수 있다. 수용액에 내한 단백질의 용해도는 온도, pH, 유전 상수, 이온 세기, 매질의 다른 특성 등에 따라 달라지지만, 이 절에서는 이온 세기의 영향에 초점을 맞출 것이다.

먼저, 무기 화합물 AgCl의 용해도에 이온 세기가 미치는 영향을 알아보자. 용해 과정의 평형은 다음과 같다.

$$\mathrm{AgCl}(s) \rightleftharpoons \mathrm{Ag}^+(aq) + \mathrm{Cl}^-(aq)$$

이 과정에 대한 **열역학적** 용해도곱 K°_{sp}는 다음과 같다.

$$K^\circ_{sp} = a_{Ag^+} a_{Cl^-}$$

이온 활동도는 다음과 같이 이온의 농도와 관련이 있다.

$$a_+ = \gamma_+ m_+, \quad a_- = \gamma_- m_-$$

그러므로

$$\begin{aligned} K^\circ_{sp} &= \gamma_{Ag^+} m_{Ag^+} \gamma_{Cl^-} m_{Cl^-} \\ &= \gamma_{Ag^+} \gamma_{Cl^-} K_{sp} \end{aligned}$$

여기서 $K_{sp} = m_{Ag^+} m_{Cl^-}$는 **겉보기**(apparent) 용해도곱이다. 열역학적 용해도곱과 겉보기 용해도곱의 차이는 다음과 같다. 겉보기 용해도곱은 몰랄 농도로(또는 다른 농도 단위로) 나타낸다. 포화 용액을 만들기 위해 정해진 양의 물에 용해시켜야 하는 AgCl의 양을 알면 겉보기 용해도곱을 쉽게 계산할 수 있다. 그러나 정전기력으로 인해, 녹아 있는 이온들은 근접한 이웃 이온들의 영향을 받는다. 결과적으로 실제 또는 유효 이온의 수는 용액의 농도로부터 계산한 값과 다르다. 예를 들어 어떤 양이온과 음이온이 단단한 이온쌍을 형성하면, 열역학적인 관점에서는 용액 내 화학종의 개수는 두 개가 아니라 하나이다. 그러므로 열역학적 용해도곱은 일반적으로 겉보기 용해도곱과 다른 실제 값이 된다. 다음 이유로 인해 아래 결과가 얻어진다.

$$\gamma_{\mathrm{Ag^+}}\gamma_{\mathrm{Cl^-}} = \gamma_\pm^2$$

양변에 로그를 취하고 정리하면, 다음 결과가 얻어진다.

$$K_{\mathrm{sp}}^\circ = \gamma_\pm^2 K_{\mathrm{sp}}$$

$$-\log\gamma_\pm = \log\left(\frac{K_{\mathrm{sp}}}{K_{\mathrm{sp}}^\circ}\right)^{1/2} = 0.509|z_+z_-|\sqrt{I}$$

위 식의 마지막 관계가 Debye-Hückel 한계 법칙이다. 용해도곱은 몰용해도(S)와 직접 연관된다. 1:1 전해질의 경우,

$$(K_{\mathrm{sp}})^{1/2} = S,\quad (K_{\mathrm{sp}}^\circ)^{1/2} = S^\circ$$

여기서 S와 S°는 단위가 mol $\mathrm{L^{-1}}$인 겉보기 용해도와 열역학적 용해도이다. 최종적으로, 전해질의 용해도와 용액의 이온 세기의 관계를 보여 주는 다음 식이 얻어진다.

$$\log\frac{S}{S^\circ} = 0.509|z_+z_-|\sqrt{I} \tag{7.27}$$

$\log S$를 $\sqrt{I}$에 대해 그리면 S° 값을 결정할 수 있다. $\log S$ 축($I = 0$)의 절편이 $\log S^\circ$이므로 S°을 결정할 수 있다.

AgCl이 순수한 물에 용해되면, 그 용해도(S)는 1.3×10^{-5} mol $\mathrm{L^{-1}}$이다. AgCl을 KNO_3 용액에 녹이면, 식 7.27에 따라 용액의 이온 세기가 증가하기 때문에 용해도가 증가한다. KNO_3 용액에서 이온 세기는 두 농도, 즉 AgCl에 의한 것과 KNO_3에 의한 것의 합이 된다. 이온 세기가 증가함에 따라 용해도가 증가하는 것을 **염용 효과**(salting-in effect)라고 한다.

식 7.27은 이온 세기가 아주 크지 않을 경우에만 적용된다. 용액의 이온 세기가 더 커지면 다음 식으로 대체해야 한다.

$$\log\frac{S}{S^\circ} = -K'I \tag{7.28}$$

여기서 K'는 그 값이 용질의 성질과 존재하는 전해질에 따라 달라지는 값으로, 0보다 큰 상수이다. 용질 분자가 클수록 K'값도 커진다. 식 7.28은 이온 세기가 큰 영역에서 용해도 비가 I에 따라 감소하는 것을 나타낸다(음의 부호에 주목하라). 용액의 이온 세기가 증가함에 따라 용해도가 감소하는 것을 **염석 효과**(salting-out effect)라고 한다. 이 현상은 수화 현상을 이용하여 설명할 수 있다. 수화는 용액 속에서 이온

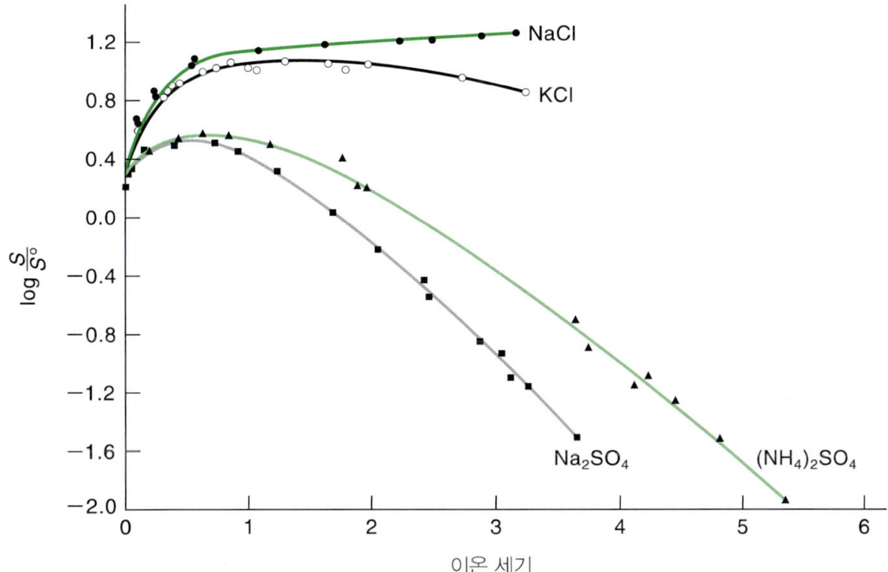

그림 7.11
다양한 무기염의 존재하에서 말의 헤모글로빈에 대한 log(*S*/*S*°) 대 이온 세기의 도시. *I*=0일 때 모든 곡선은 log(*S*/*S*°) 축상의 0으로 접근하여 *S*=*S*°가 된다(Cohn, E.; Edsall, J. *Proteins, Amino Acids, and Peptides* ⓒ Litton Educational Publishing, 1943. Van Nostrand Reinhold, New York의 허락하에 게재함.)

을 안정화시키는 과정이다. 염의 농도가 높을 때 사용 가능한 물 분자의 수가 감소하므로 이온 결합 화합물의 용해도도 감소한다. 염석 효과는 단면적이 커서 물에 대한 용해도가 이온 세기에 민감한 단백질에서 특히 두드러진다. 식 7.27과 7.28을 조합하면 다음과 같은 근사식이 얻어진다.

$$\log \frac{S}{S^\circ} = 0.509|z_+z_-|\sqrt{I} - K'I \tag{7.29}$$

식 7.29는 광범위한 이온 세기 범위에서 적용할 수 있다.

그림 7.11은 다양한 무기염의 이온 세기가 말의 헤모글로빈 용해도에 미치는 영향을 보여 준다. 이 단백질은 이온 세기가 작을 때에는 염용 효과를 보여 준다.* 곡선은 I가 증가함에 따라 최대인 점을 통과하며, 이온 세기가 더 증가하면 용해도가 감소하는 음의 기울기를 보인다. 이 영역에서, 식 7.29의 두 번째 항의 영향이 더 커지게 된다. 이런 추세는 Na_2SO_4와 $(NH_4)_2SO_4$ 같은 염에서 가장 두드러진다.

염석 효과의 실질적인 가치는 용액으로부터 단백질을 침전시킬 수 있다는 데 있다. 또한 이 효과를 이용하여 단백질을 정제할 수도 있다. 그림 7.12는 황산 암모늄 존재하에서 여러 단백질의 염석 효과 범위를 보여 준다. 단백질의 용해도는 수화 정도에 민감하지만, 물 분자의 결합 능력은 모든 단백질에 대하여 같지 않다. 특정 이온

* I가 1보다 작으면, $\sqrt{I} > I$이다. 그러므로 이온 세기가 작을 때에는 식 7.29의 첫 번째 항이 지배적이다.

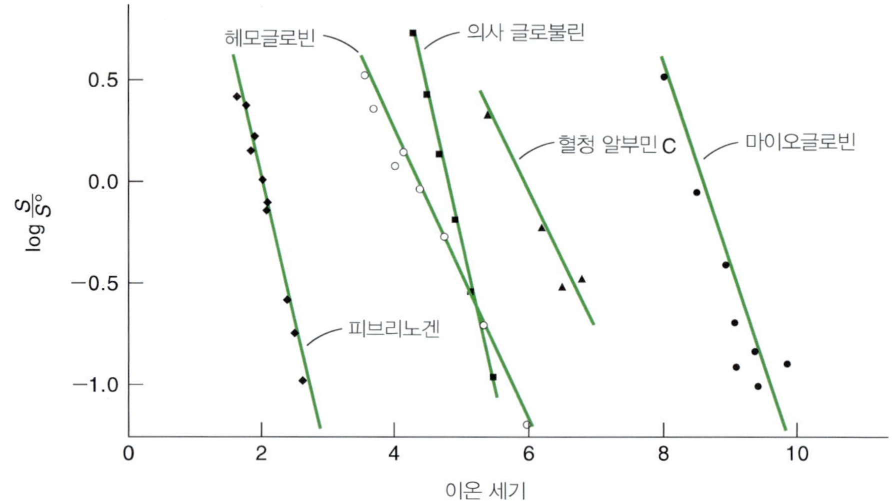

그림 7.12

염석 효과를 보여 주는 황산 암모늄 수용액 내 여러 가지 단백질의 이온 세기에 따른 log ($S/S°$)의 도시 [Cohn, E. J. *Chem, Rev.* **19**, 241(1936). Williams & Wilkins, Baltimore 허락하에 게재함.]

세기에서 서로 다른 단백질들의 상대적인 용해도를 이용하면 단백질을 선택적으로 침전시킬 수 있다. 단백질을 염석시키기 위해서는 이온 세기가 커야 하지만, 좁은 이온 세기 범위에서 침전이 일어나므로 정밀한 분리가 가능하다.

7.6 전해질 용액의 총괄성

전해질 용액의 총괄성은 용액에 존재하는 이온의 수에 영향을 받는다. 예를 들어 0.01 m NaCl 수용액의 어는점 내림은 NaCl이 완전히 해리된다고 가정할 때, 0.01 m 설탕 용액의 두 배가 될 것으로 예상할 수 있다. 완전히 해리되지 않는 염에 대한 관계식은 더 복잡하지만, 이것을 이용하면 전해질의 해리 정도를 측정할 수 있는 다른 방법을 얻을 수 있다.

van't Hoff 인자[네덜란드의 화학자 Jacobus Hendricus van't Hoff(1852~1911)의 이름에서 따옴]라고 하는 인자 i를 다음과 같이 정의한다.

$$i = \frac{\text{평형에 있는 용액 내 실제 입자 수}}{\text{해리 전 용액 내 입자의 수}} \tag{7.30}$$

용액에 N 단위의 전해질이 포함되어 있고, α가 해리도이면

$$\begin{array}{ccccc} M_{\nu_+}X_{\nu_-} & \rightleftharpoons & \nu_+M^{z_+} & + & \nu_-X^{z_-} \\ N(1-\alpha) & & N\nu_+\alpha & & N\nu_-\alpha \end{array}$$

평형 상태에서 용액에는 $N(1-\alpha)$ 만큼의 해리되지 않은 입자와 $(N\nu_+\alpha + N\nu_-\alpha)$, 즉 $N\nu\alpha$ 만큼의 이온이 존재한다. 이때 van't Hoff 인자는 다음과 같다.

$$i = \frac{N(1-\alpha) + N\nu\alpha}{N} = 1 - \alpha + \nu\alpha$$

그리고

$$\alpha = \frac{i-1}{\nu - 1} \tag{7.31}$$

강한 전해질의 경우, i는 근사적으로 전해질 한 단위에서 만들어지는 이온의 수와 같다. 예를 들면 NaCl과 $CuSO_4$의 경우 $i \approx 2$, K_2SO_4와 $BaCl_2$의 경우 $i \approx 3$이다. 용액의 농도가 커지면 이온쌍이 만들어지므로 i 값은 작아진다.

이온쌍이 존재하면 용액에 존재하는 자유 입자의 수가 감소하기 때문에 총괄성에도 영향을 준다. 이온의 전하가 크고 매질의 유전 상수가 낮을 때 이온쌍이 잘 만들어진다. $Ca(NO_3)_2$ 수용액에서 Ca^{2+} 이온과 NO_3^- 이온은 다음과 같이 이온쌍을 만든다.

$$Ca^{2+}(aq) + NO_3^-(aq) \rightleftharpoons Ca(NO_3)^+(aq)$$

이온쌍 형성에 대한 평형 상수는 정확하게 알지 못하기 때문에, 전해질 용액의 총괄성은 쉽게 계산할 수 없다. 최근 연구에서 많은 전해질 용액의 총괄성 편차가 이온쌍 형성보다 수화의 결과로 밝혀졌다.* 전해질 용액에서 이온들은 수화구에 많은 물 분자들을 붙잡아둘 수 있다. 따라서 수용액에서 자유로운 물 분자의 수는 감소한다. 용액의 농도(몰랄 농도나 몰농도)를 계산할 때 수화구에 존재하는 물 분자의 정확한 수를 용매 전체의 물 분자에서 빼면 총괄성의 편차는 없어진다.

예제 7.10

298 K에서 0.01 m $CaCl_2$ 용액과 0.01 m 설탕 용액의 삼투압이 각각 0.605 atm과 0.224 atm이다. $CaCl_2$에 대한 van't Hoff 인자와 해리도를 계산하시오. 이상 거동을 가정하시오.

답

삼투압에 관한 한, 염화 칼슘과 설탕의 주된 차이는 $CaCl_2$만 이온(Ca^{2+}와 Cl^-)으로 해리된다는 것이다. 그렇지 않다면, 같은 농도의 $CaCl_2$ 용액과 설탕 용액은 삼투압이 같을 것이다. 용액의 삼투압은 존재하는 입자수에 비례하므로 다음과 같이 $CaCl_2$ 용액에 대한 van't Hoff 인자를 계산할 수 있다. 식 7.30으로부터 다음 결과가 얻어진다.

$$i = \frac{0.605\ \text{atm}}{0.224\ \text{atm}} = 2.70$$

* A. A. Zavitsas, *J. Phys. Chem.* **105**, 7805 (2001).

$CaCl_2$에 대하여 $\nu_+ = 1$, $\nu_- = 2$이므로, $\nu = 3$이 되어 해리도는 다음과 같다.

$$\alpha = \frac{2.70 - 1}{3 - 1} = 0.85$$

마지막으로, 비전해질 용액의 총괄성을 결정하기 위한 식(식 6.39, 6.40, 6.46)을 전해질 용액에 사용하려면, 다음과 같이 변형해야 한다.

$$\Delta T = K_b(im_2) \tag{7.32}$$

$$\Delta T = K_f(im_2) \tag{7.33}$$

$$\Pi = iMRT \tag{7.34}$$

전해질 용액에 대하여 이상 거동을 가정하였기 때문에, 활동도 대신 농도를 사용하였다.

Donnan 효과

Donnan 효과[영국의 화학자 Frederick George Donnan(1870~1956)의 이름에서 따옴]는 삼투압에서 출발한다. 이 효과는 이온들은 자유롭게 통과시키지만 거대 분자는 통과시키지 않는 막의 한쪽에 거대 분자 전해질이 존재할 때, 막을 통과할 수 있는 작은 이온들이 평형 상태에서 막 양쪽에 걸쳐 어떻게 분포하는가를 설명해 준다.

물과 작은 이온은 확산할 수 있지만, 단백질은 확산할 수 없는 반투막으로 나뉜 용기를 생각해 보자. 다음 세 경우가 가능하다.

경우 1. 단백질 용액이 왼쪽 칸에, 물이 오른쪽 칸에 놓여 있다. 단백질은 중성이라고 가정한다.* 단백질 용액의 농도를 c(mol L^{-1})라 하면, 식 6.46에 따라 삼투압은 다음과 같다.

$$\Pi_1 = cRT$$

따라서 삼투압을 측정하여 단백질 분자의 분자량을 쉽게 결정할 수 있다.

경우 2. 이 경우, 단백질은 강한 전해질인 소듐염 Na^+P^-의 음이온이다. 농도가 c인 단백질 용액이 왼쪽 칸에, 순수한 물이 오른쪽 칸에 놓여 있다. 전기적 중성을 유지하기 위하여 모든 Na^+ 이온은 왼쪽 칸에 남는다. 이제 용액의 삼투압은 다음과 같이 된다.

---

* 단백질은 양쪽성이다. 즉 산성과 염기성 성질을 모두 갖고 있다. 매질의 pH에 따라 단백질은 음이온, 양이온, 중성 물질로 존재할 수 있다.

$$\Pi_2 = (c + c)RT = 2cRT$$

$\Pi_2=2\Pi_1$이므로, 이 경우 결정되는 분자량은 실제 분자량의 절반이다(식 6.47로부터 $\mathscr{M}_2=c_2RT/\Pi$이므로, Π가 두 배가 되면 $\mathscr{M}_2$는 절반이 된다). 실제로 단백질 이온에는 20~30개의 순 음(또는 양)전하가 있기 때문에 상황은 훨씬 복잡하다. 삼투압을 이용하여 단백질의 분자량을 결정하던 초기에는, 해리 과정을 이해하고 그 영향을 보정하기 전이었기 때문에 결과가 형편없이 부정확하였다(부록 7.2 참조).

경우 3. 경우 2와 비슷한 장치에서 시작하여 NaCl(농도가 b mol L^{-1}인)을 오른쪽 칸에 첨가한다(그림 7.13a). 평형에서 Na^+ 이온과 Cl^- 이온 일정량 x(mol L^{-1})가 막을 통해 오른쪽에서 왼쪽으로 확산되어 그림 7.13b에서와 같은 최종 상태에 도달한다. 막의 양쪽은 전기적으로 중성이어야 한다. 각 칸에서 양이온의 수는 음이온의 수와 같다. 평형 조건으로부터 두 칸에 있는 NaCl의 화학 퍼텐셜은 서로 같다고 할 수 있다(식 7.23 참조).

$$(\mu_{\text{NaCl}})^{\text{L}} = (\mu_{\text{NaCl}})^{\text{R}}$$

또는

$$(\mu^\circ + 2RT\ln a_\pm)^{\text{L}}_{\text{NaCl}} = (\mu^\circ + 2RT\ln a_\pm)^{\text{R}}_{\text{NaCl}}$$

양변의 표준 화학 퍼텐셜 μ°는 같으므로 다음이 얻어진다.

$$(a_\pm)^{\text{L}}_{\text{NaCl}} = (a_\pm)^{\text{R}}_{\text{NaCl}}$$

식 7.20으로부터 다음 결과가 얻어진다.

$$(a_{\text{Na}^+}a_{\text{Cl}^-})^{\text{L}} = (a_{\text{Na}^+}a_{\text{Cl}^-})^{\text{R}}$$

용액이 묽으면 이온의 활동도는 해당 농도로 바꿀 수 있다. 즉 $a_{\text{Na}^+} = [\text{Na}^+]$, $a_{\text{Cl}^-} = [\text{Cl}^-]$이다. 따라서

$$([\text{Na}^+][\text{Cl}^-])^{\text{L}} = ([\text{Na}^+][\text{Cl}^-])^{\text{R}}$$

또는

$$(c + x)x = (b - x)(b - x)$$

x에 대해 풀면 다음 식이 얻어진다.

$$x = \frac{b^2}{c + 2b} \tag{7.35}$$

식 7.35는 오른쪽에서 왼쪽으로 확산한 NaCl의 양 x가, 왼쪽 칸에 있는 비확산성

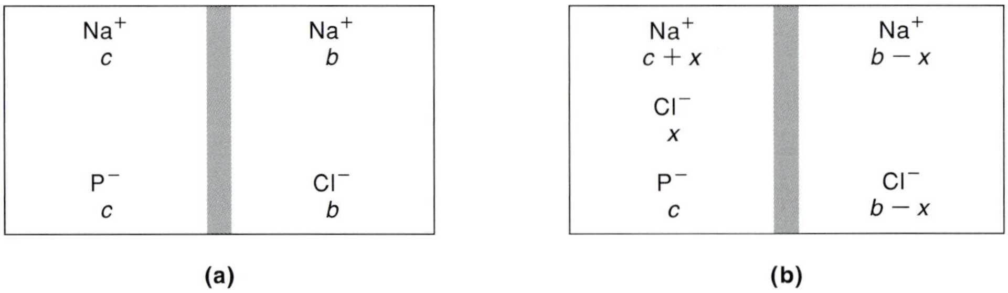

Na$^+$ c	Na$^+$ b
P$^-$ c	Cl$^-$ b

(a)

Na$^+$ $c+x$	Na$^+$ $b-x$
Cl$^-$ x	
P$^-$ c	Cl$^-$ $b-x$

(b)

그림 7.13

Donnan 효과의 도시적인 표현. **(a)** 확산 시작 이전. **(b)** 평형 상태. 왼쪽과 오른쪽 칸을 분리하는 막은 P$^-$ 이온을 제외한 모든 물질을 통과시킨다. 두 칸의 부피는 같으며, 일정하다고 가정한다.

이온(P$^-$)의 농도 c에 반비례한다는 의미이다. 이 확산성 이온(Na$^+$와 Cl$^-$)의 불균일한 분포가 Donnan 효과의 결과이다.

이 경우 단백질 용액의 삼투압은 왼쪽 칸과 오른쪽 칸의 입자 수의 차이로 결정된다.

$$\Pi_3 = [\underbrace{(c + c + x + x)}_{\text{왼쪽 칸}} - \underbrace{2(b - x)}_{\text{오른쪽 칸}}]RT = (2c + 4x - 2b)RT$$

식 7.35로부터

$$\Pi_3 = \left(2c + \frac{4b^2}{c + 2b} - 2b\right)RT = \left(\frac{2c^2 + 2cb}{c + 2b}\right)RT$$

위 식에 두 가지 극단적인 경우를 적용할 수 있다. $b \ll c$이면 $\Pi_3 = 2cRT$이므로 경우 2와 결과가 같다. 한편 $b \gg c$이면 $\Pi_3 = cRT$가 되어 경우 1과 같다. 오른쪽 칸에 NaCl이 존재하므로, 경우 2에 비해 단백질 용액의 삼투압이 감소하고, 그 결과 Donnan 효과가 최소화된다. NaCl의 양이 아주 많으면, Donnan 효과는 효과적으로 제거된다. 일반적으로 $\Pi_1 \le \Pi_3 \le \Pi_2$이다. 단백질은 흔히 이온이 포함된 완충 용액에서 연구하므로, 순수한 물이 용매인 경우보다 작은 삼투압이 측정된다. 표 7.6은 298 K에서 여러 농도의 NaCl 시료에 대한 Donnan 효과와 그에 대응하는 삼투압을

표 7.6 Donnan 효과와 삼투압

초기 농도		평형 농도		
왼쪽 칸	오른쪽 칸	왼쪽 칸		
c = [Na$^+$] = [P$^-$]	b = [Na$^+$] = [Cl$^-$]	$(c+x)$ = [Na$^+$]	c = [P]	x = [Cl$^-$]
0.1	0	0.1	0.1	0
0.1	0.01	0.1008	0.1	0.00083
0.1	0.1	0.1333	0.1	0.0333
0.1	1.0	0.576	0.1	0.476
0.1	10.0	5.075	0.1	4.975
[P] = 0.1	0	0	[P] = 0.1	0

보여 준다.

Donnan 효과를 제거하는 다른 방법은 **등전점**(isoelectric point)이라고 하는, 단백질의 알짜 전하가 없는 pH를 선택하는 것이다. 이 pH에서, 모든 확산 가능한 이온의 분포가 두 칸에서 항상 같다. 대부분의 단백질은 등전점에서 가장 적게 녹기 때문에 이 방법을 적용하기는 쉽지 않다.

이상 용액이라고 가정하고, 용액의 부피나 pH에 변화가 없다고 가정하여 Donnan 효과를 쉽게 설명할 수 있었다. 또한 단순화하기 위하여, 식 7.35를 유도할 때 공통적으로 확산 가능한 이온 Na^+를 사용하였다.

Donnan 효과에 대한 이해는 생체 기관의 막에 걸친 이온의 분포와 막 퍼텐셜을 이해하는 데 필수적이다(9장 참조).

평형 농도 오른쪽 칸		오른쪽에서 왼쪽으로 이동한 NaCl의 %	삼투압 (atm)	경우
$(b-x)=[Na^+]$	$(b-x)=[Cl^-]$			
0	0	0	4.90	2
0.00917	0.00917	8.3	4.48	3
0.0667	0.0667	33.3	3.26	3
0.524	0.524	47.6	2.56	3
5.025	5.025	49.75	2.46	3
0	0	0	2.45	1

Key Equations

$\Lambda = \dfrac{\kappa}{c}$	(몰전도도)	(7.4)
$\Lambda_0 = \nu_+\lambda_0^+ + \nu_-\lambda_0^-$	(Kohlrausch의 독립적 이동 법칙)	(7.6)
$\dfrac{1}{\Lambda} = \dfrac{1}{K_a\Lambda_0^2}(\Lambda c) + \dfrac{1}{\Lambda_0}$	(Ostwald의 희석 법칙)	(7.9)
$F = \dfrac{q_A q_B}{4\pi\varepsilon_0 r^2}$	(Coulomb 법칙)	(7.12)
$m_\pm = (m_+^{\nu_+} m_-^{\nu_-})^{1/\nu}$	(평균 이온 몰랄 농도)	(7.17)
$a_\pm = (a_+^{\nu_+} a_-^{\nu_-})^{1/\nu}$	(평균 이온 활동도)	(7.20)
$a_\pm = \gamma_\pm m_\pm$	($\gamma_\pm$의 정의)	(7.21)
$\gamma_\pm = (\gamma_+^{\nu_+} \gamma_-^{\nu_-})^{1/\nu}$	(평균 이온 활동도 계수)	(7.22)
$\log \gamma_\pm = -0.509\lvert z_+ z_-\rvert\sqrt{I}$	(Debye-Hückel 한계 법칙)	(7.24)
$I = \frac{1}{2}\sum_i m_i z_i^2$	(이온 세기)	(7.25)
$\log \dfrac{S}{S^\circ} = 0.509\lvert z_+ z_-\rvert\sqrt{I}$	(염용 효과)	(7.27)
$\log \dfrac{S}{S^\circ} = -K'I$	(염석 효과)	(7.28)

부록 7.1

정전기

전하(q_A)는 그 주위에 **전기장**(E)을 만든다. 전기장은 그 공간 안에 있는 다른 전하(q_B)에 힘을 미친다. Coulomb 법칙에 따르면, 진공에서 거리가 r인 두 전하 사이의 퍼텐셜 에너지(V)는 다음과 같다.

퍼텐셜 에너지 V의 단위는 J 또는 전자 볼트(eV)이다.
1 eV = 1.602×10^{-19} J

$$V = \frac{q_A q_B}{4\pi\varepsilon_0 r} \tag{1}$$

그리고 두 전하 사이의 정전기력 F는 다음과 같다.

$$F = \frac{q_A q_B}{4\pi\varepsilon_0 r^2} \tag{2}$$

여기서 ε_0는 진공의 유전 상수이다. 전기장은 단위 양전하에 대한 정전기력이다. 따라서 q_A에 의한 q_B에서의 전기장은 F를 q_B로 나눈 것과 같다.

$$E = \frac{q_A q_B}{4\pi\varepsilon_0 r^2 q_B} = \frac{q_A}{4\pi\varepsilon_0 r^2} \tag{3}$$

E는 q_A에서 q_B로 향하는 벡터이며, 단위는 V m^{-1} 또는 V cm^{-1}이다.

전기장의 또 다른 중요한 성질은 전기장에서 단위 양전하의 퍼텐셜 에너지인 **전기 퍼텐셜**(electronic potential, ϕ)로, 단위는 J/C 또는 V이다(1 J = 1 C × 1 V). 전기장 E 내에 있는 단위 양전하가 받는 힘은 E의 크기와 같다. 전하를 일정 거리 dr 만큼 이동시키면, 퍼텐셜 에너지는 $qEdr$, 또는 $q = 1$ C일 때 Edr 만큼 변화한다. 반발력의 퍼텐셜 에너지는 전기장을 만드는 양전하 q_A에 단위 양전하가 접근함에 따라 증가하므로, 퍼텐셜 에너지의 변화 $d\phi$는 $-Edr$이다(음의 부호는 dr이 감소함에 따라 $-Edr$이 양의 값이 되도록 한다. 따라서 두 양전하 사이의 반발력이 증가한다). 전하 q_A에서 거리 r인 지점의 전기 퍼텐셜은 무한히 멀리 떨어져 있는 단위 양전하를 거리 r까지 옮길 때 일어나는 퍼텐셜 에너지 변화이다.

$$\phi = -\int_{r=\infty}^{r=r} Edr = -\int_{r=\infty}^{r=r} \frac{q_A}{4\pi\varepsilon_0 r^2} dr = \frac{q_A}{4\pi\varepsilon_0 r} \tag{4}$$

$r = \infty$에서 $\phi = 0$이다. 식 4로부터 전기장 내의 점 1과 2 사이의 전기 퍼텐셜 차이는 단위 전하를 점 1에서 2로 옮기는 데 필요한 일로 정의할 수 있다. 즉

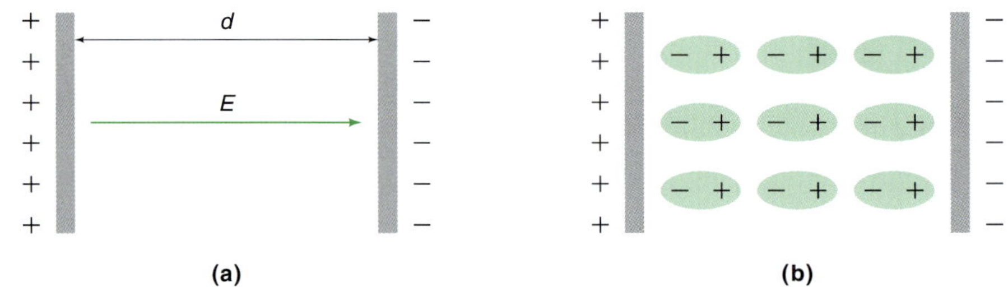

그림 7.14

(a) 축전기의 전하 분리. 전기장 E는 거리 d 만큼 분리된 양극에서 음극으로 향한다. 두 판 사이가 진공이면 유전 상수는 ε_0이다. **(b)** 축전기 내에서의 쌍극자 배향. 배향 정도는 과장되게 그려져 있다. 유전 물질은 축전기 판 사이의 자기장을 약화시키며, 매질의 유전 상수는 ε이다.

$$\Delta\phi = \phi_2 - \phi_1 \tag{5}$$

일반적으로 이 차이를 점 1과 2 사이의 전압이라고 한다.

유전 상수(ε)와 축전 용량(C)

크기가 같고 반대 전하를 띠고 있는 평평한 두 판[**축전기**(capacitor)라고 한다]이 평행하게 놓인 사이에 비전도 물질[**유전체**(dielectric)라고 한다]을 놓으면, 물질은 분극된다. 그 이유는 그림 7.14처럼, 판들의 전기장이 유전체의 영구 쌍극자를 배향시키거나 쌍극자 모멘트를 유발하기 때문이다. 물질의 **유전 상수**(dieletric constant)는 다음과 같이 정의된다.

$$\varepsilon = \frac{E_0}{E} \tag{6}$$

여기서 E_0와 E는 각각 축전지 판 사이의 공간에 유전체가 없는 경우(진공)와 유전체가 존재하는 경우의 전기장이다. 쌍극자(또는 유도 쌍극자)의 배향으로 인해 축전지 판 사이의 전기장이 약화되므로, $E < E_0$, $\varepsilon > 1$이 된다. 수용액 내 이온들의 경우, 이렇게 전기장이 약해지면 양이온과 음이온 사이의 인력이 감소한다(그림 7.6 참조).

축전기의 **축전 용량**(capacitance, C)은 두 판 사이에 주어진 전기 퍼텐셜 차이에 대한 전하 저장 능력의 척도이다. 즉 퍼텐셜 차이에 대한 전하의 비이다. 두 판 사이의 공간이 유전체로 채워진 경우(C)와 진공인 경우(C_0)의 축전기의 축전 용량은 다음과 같다.

$$C = \frac{Q}{\Delta\phi} \tag{7}$$

그리고

$$C_0 = \frac{Q}{\Delta\phi_0} \tag{8}$$

d가 판 사이의 간격일 때, $\Delta\phi = Ed$이므로 식 6을 다음과 같이 쓸 수 있다.

$$\varepsilon = \frac{(\Delta\phi_0/d)}{(\Delta\phi/d)} = \frac{(Q/C_0)}{(Q/C)} = \frac{C}{C_0} \tag{9}$$

축전 용량은 실험적으로 측정할 수 있는 양이므로 물질의 유전 상수를 결정할 수 있다. 단위는 패러데이(F)이며 1 F = 1 C/V이다. 식 9의 비 C/C_0 때문에 ε은 단위가 없는 양이다.

부록 7.2

다중 전하를 띤 단백질을 포함하는 Donnan 효과

등전점 이외의 pH에서 단백질은 양 또는 음의 알짜 전하를 띠게 되며, 이때 추가적인 인자, 즉 전하가 중성이 되도록 하는 상대 이온을 고려해야 한다. 이 장에서는 단백질이 하나의 음전하만을 띤 간단한 경우를 생각하였다. 여기서는 단백질이 많은 음전하(z)를 띤 경우를 다룬다. 단백질 $Na_z^+P^{z-}$이 강전해질이라고 가정하면 다음과 같다.

$$Na_z^+P^{z-} \rightarrow zNa^+ + P^{z-}$$

그림 7.13을 참조로, 두 경우를 생각해 보자.

경우 1

왼쪽 칸에는 단백질 용액을, 오른쪽 칸에는 물을 넣는다. 용액의 삼투압(Π_1)은 다음과 같다.

$$\Pi_1 = (z + 1)cRT$$

여기서 c는 단백질 용액의 몰농도이다. 일반적으로 z는 30 정도이므로, 이 장치를 이용하여 단백질의 몰질량을 결정하면 실제 값의 $\frac{1}{30}$ 정도밖에 안 되는 값을 얻는다.

경우 2

단백질 용액을 왼쪽 간, NaCl 용액을 오른쪽에 넣는나. 한 성분의 화학 퍼텐셜이 전체 계에 걸쳐 같아야 한다는 조건은 물뿐만 아니라 NaCl에도 적용된다. 평형에 도달하려면, NaCl은 오른쪽에서 왼쪽으로 이동한다. 실제 이동한 NaCl의 양을 계산할 수 있다. $Na_z^+P^{z-}$의 초기 몰농도는 c이고, NaCl의 초기 몰농도는 b이다. 평형에서 농도는 다음과 같다.

$$[P^{z-}]^L = c, \quad [Na^+]^L = (zc + x), \quad [Cl^-]^L = x$$

그리고

$$[Na^+]^R = (b - x), \quad [Cl^-]^R = (b - x)$$

여기서 x는 오른쪽에서 왼쪽으로 이동한 NaCl의 양이다.

평형에서 $(\mu_{NaCl})^L = (\mu_{NaCl})^R$이고 묽은 용액이므로, 활동도를 농도로 바꾸면 다음과 같다.

$$([Na^+][Cl^-])^L = ([Na^+][Cl^-])^R$$

또는

$$(zc + x)(x) = (b - x)(b - x)$$

$$x = \frac{b^2}{zc + 2b}$$

양쪽의 용질 농도 차이에 비례하는 삼투압(Π_2)은 다음과 같다.

$$\Pi_2 = [\underbrace{(c + zc + x + x)}_{\text{왼쪽 칸}} - \underbrace{(b - x + b - x)}_{\text{오른쪽 칸}}]RT$$

즉

$$\Pi_2 = (c + zc - 2b + 4x)RT$$

x를 대입하면 다음을 얻는다.

$$\Pi_2 = \left(c + zc - 2b + \frac{4b^2}{zc + 2b}\right)RT$$

$$= \frac{zc^2 + 2cb + z^2c^2}{zc + 2b}RT \qquad (1)$$

식 1은 pH와 부피가 달라지지 않는다는 가정하에 유도하였다. 다음은 두 가지 극한의 경우이다.

만약 $b \ll zc$이면(염의 농도가 단백질 농도보다 훨씬 낮으면), 다음 결과가 얻어진다.

$$\Pi_2 = \frac{zc^2 + z^2c^2}{zc}RT = (zc + c)RT$$

$$= (z + 1)cRT$$

$$= \Pi_1$$

만약 $b \gg z^2c$이면(염의 농도가 단백질 농도보다 훨씬 높으면)*, 다음 결과가 얻어진다.

$$\Pi_2 = \frac{2cb}{2b}RT = cRT \qquad (2)$$

이 극한의 경우, 삼투압은 순수한 등전 단백질의 값에 접근한다. 실제로는 첨가한

* 실제로 $c \leq 1 \times 10^{-4}$ M이고, $z \leq 30$이므로, $z^2c \lesssim 0.1$ M이다. 따라서 이 극한의 경우가 성립하려면 첨가한 염의 농도가 약 1 M이어야 한다.

염이 Donnan 효과를 감소시킨다(염의 농도가 충분히 높으면 Donnan 효과는 완전히 없어진다). 이런 조건하에서 삼투압 측정으로 결정한 분자량은 실제 값에 근접할 것이다.

참고문헌

책

Hunt, J. P., *Metal Ions in Aqueous Solution,* W. A. Benjamin, Menlo Park, CA, 1963.

Pass, G., *Ions in Solution*, Clarendon Press, Oxford, 1973.

Robinson, R. A., and R. H. Stokes, *Electrolyte Solutions*, 2nd ed. Academic Press, New York, 1959.

Tombs, M. P., and A. R. Peacocke, *The Osmotic Pressure of Biological Macromolecules*, Clarendon Press, New York, 1975.

Wright, M. R., *An Introduction to Aqueous Electrolyte Solutions*, John Wiley & Sons, New York, 2007

논문

"Ion Pairs and Complexes: Free Energies, Enthalpies, and Entropies," J. E. Prue, *J. Chem. Educ.* **46**, 12 (1969).

"On Squid Axons, Frog Skins, and the Amazing Uses of Thermodynamics," W. H. Cropper, *J. Chem. Educ.* **48**, 182 (1971).

"Osmotic Pressure in the Physics Course for Students of the Life Sciences," R. K. Hobbie, *Am. J. Phys.* **42**, 188 (1974).

"Electrolyte Theory and SI Units," R. I. Holliday, *J. Chem. Educ.* **53**, 21 (1976).

"The Motion of Ions in Solution Under the Influence of an Electric Field," C. A. Vincent, *J. Chem. Educ.* **53**, 490 (1976).

"Thermodynamics of Ion Solvation and Its Significance in Various Systems," C. M. Criss and M. Salomon, *J. Chem. Educ.* **53**, 763 (1976).

"The Donnan Equilibrium and Osmotic Pressure," R. Chang and L. J. Kaplan, *J. Chem. Educ.* **54**, 218 (1977).

"Ionic Hydration Enthalpies," D. W. Smith, *J Chem. Educ.* **54**, 540 (1977).

"Paradox of the Activity Coefficient $\gamma_{\pm}$," E-I Ochiai, *J. Chem. Educ.* **67**, 489 (1990).

"Standard Enthalpies of Formation of Ions in Solution," T. Solomon, *J. Chem. Educ.* **68**, 41 (1991).

"Determination of the Thermodynamic Solubility Product, K°_{sp}, of PbI_2 Assuming Nonideal Behavior," D. B. Green, G. Rechtsteiner, and A. Honodel, *J. Chem. Educ.* **73**, 789 (1996).

"Properties of Water Solutions of Electrolytes and Nonelectrolytes," A. A. Zavitsas, *J. Phys. Chem.* B, **105**, 7805 (2001).

"The Definition and Unit of Ionic Strength," T. Solomon, *J. Chem. Educ.* **78**, 1691 (2001)

"The Conductivity of Strong Electrolytes: A Computer Simulation in LabVIEW," A. Belletti, R. Borromei, and G. Ingletto, *Chem. Educator* [Online] **13**, 224 (2008) DOI 10.1333/s00897082144a.

문제

이온 전도도

7.1 0.010 M NaCl 용액의 저항은 172 Ω이다. 용액의 몰전도도가 153 Ω^{-1} mol^{-1} cm^2이라면, 용기 상수는 얼마인가?

7.2 문제 7.1의 용기를 사용하여 실험한 학생이 0.086 M KCl 용액의 저항을 측정하여 20.4 Ω을 얻었다. 이 용액의 몰전도도를 계산하시오.

7.3 전도도 용기의 용기 상수(l/A)가 388.1 m^{-1}이다. 25°C에서 4.8×10^{-4} mol L^{-1} 염화 소듐 수용액의 저항이 6.4×10^4 Ω이고, 순수한 물은 7.4×10^6 Ω이다. 이 농도에서 용액 내 NaCl의 몰전도도를 계산하시오.

7.4 일반적으로 약한 전해질에 대한 Λ_0를 측정하기가 어렵다면, 표 7.1의 자료로부터 어떻게 CH_3COOH의 Λ_0를 유추하겠는가? [Hint: CH_3COONa, HCl, NaCl을 생각하라.]

7.5 물의 염도를 간단하게 측정하는 방법은 전도도가 염화 소듐에 의한 것으로 가정하고 전도도를 측정하는 것이다. 특정 실험에서 시료 용액의 저항이 254 Ω이라는 것을 확인하였다. 같은 용기에서 측정한 0.050 M KCl 용액의 저항이 467 Ω이었다. 용액 내 NaCl의 농도를 추정하시오. [Hint: 먼저 R을 Λ, c와 연관시키는 식을 유도하고, Λ 대신 Λ_0를 사용하라.]

7.6 전도도 용기는 두 개의 전극으로 이루어져 있는데, 각각의 단면적은 4.2×10^{-4} m^2이고 간격은 0.020 m이다. 용기를 6.3×10^{-4} M KNO_3 용액으로 채웠을 때 용기의 저항이 26.7 Ω이다. 용액의 몰전도도는 얼마인가?

7.7 그림 7.4를 참고로, 적정에 사용한 산이 약산인 경우, 첨가한 NaOH 부피에 대한 전도도의 기울기가 처음부터 곧바로 증가하는 이유를 설명하시오.

용해도

7.8 **(a)** 물과 **(b)** 6.5×10^{-5} M $MgSO_4$ 용액에 대한 $BaSO_4$의 용해도(g L^{-1}의 단위로)를 계산하시오($BaSO_4$의 용해도곱은 1.1×10^{-10}이다. 이상 용액으로 가정하시오).

7.9 AgCl의 열역학적 용해도곱은 1.6×10^{-10}이다. **(a)** 0.020 M KNO_3 용액과 **(b)** 0.020 M KCl 용액에서 $[Ag^+]$는 얼마인가?

7.10 문제 7.9를 참고로, 298 K에서 포화 용액을 만들기 위한 다음 과정의 $\Delta G°$를 계산하시오. [Hint: 잘 알려진 식 $\Delta G° = -RT \ln K$를 사용하라.]

$$\mathrm{AgCl}(s) \rightleftharpoons \mathrm{Ag}^+(aq) + \mathrm{Cl}^-(aq)$$

7.11 25°C에서 CdS와 CaF_2의 겉보기 용해도곱은 각각 3.8×10^{-29}와 4.0×10^{-11}이다. 이 화합물들의 용해도(g/용액 100 g)를 계산하시오.

7.12 옥살산 [$(COOH)_2$]은 많은 식물과 시금치를 포함한 채소에 존재하는 독성 화합물이다. 옥살산 칼슘은 물에 약간만 녹으므로(25°C에서 $K_{sp} = 3.0 \times 10^{-9}$) 섭취하면 요로 결석이 생길 수 있다. **(a)** 물에 대한 옥살산 칼슘의 겉보기 용해도곱과 열역학적 용해도곱, **(b)** 0.010 M $Ca(NO_3)_2$ 용액 내 칼슘 이온과 옥살산 이온의 농도를 계산하시오. **(b)**의 용액은 이상 거동이라고 가정하시오.

이온 활동도

7.13 다음 전해질에 대한 평균 활동도, 평균 활동도 계수, 평균 몰랄 농도를 각 이온의 양(a_+, a_-, γ_+, γ_-, m_+, m_-)을 이용하여 나타내시오. KI, $SrSO_4$, $CaCl_2$, Li_2CO_3, $K_3Fe(CN)_6$, $K_4Fe(CN)_6$ [Hint: $Fe(CN)_6^{4-}$ 이온은 착이온이다.]

7.14 298 K에서 다음 용액의 이온 세기와 평균 활동도 계수를 계산하시오.
(a) 0.10 m NaCl, **(b)** 0.010 m $MgCl_2$, **(c)** 0.10 m $K_4Fe(CN)_6$

7.15 0.010 m H_2SO_4 용액의 평균 활동도 계수는 0.544이다. 평균 이온 활동도는 얼마인가?

7.16 25°C에서 0.20 m $Mg(NO_3)_2$ 용액의 평균 이온 활동도 계수는 0.13이다. 이 화합물의 평균 몰랄 농도, 평균 이온 활동도, 활동도를 계산하시오.

Debye-Hückel 한계 법칙

7.17 Debye–Hückel 한계 법칙은 2:2 전해질보다 1:1 전해질에 더 적합하다. 그 이유를 설명하시오.

7.18 Debye 반지름이라고 하는, 이온 분위기의 크기는 $1/\kappa$이며, κ는 다음과 같다.

$$\kappa = \left(\frac{e^2 N_A}{\varepsilon_0 \varepsilon k_B T}\right)^{1/2} \sqrt{I}$$

여기서 e는 전자 전하, N_A는 Avogadro 상수, ε_0는 진공에서의 유전율(8.854×10^{-12} C^2 N^{-1} m^{-2}), ε은 용매의 유전 상수, k_B는 Boltzmann 상수, T는 절대 온도, I는 이온 세기이다(1장에 수록된 물리화학 교과서 참조). 25°C, 0.010 m Na_2SO_4 용액의 Debye 반지름을 계산하시오.

7.19 평균 활동도, 평균 몰랄 농도, 평균 활동도 계수를 정의할 때, 산술 평균보다 기하 평균을 선호하는 이유를 설명하시오.

총괄성

7.20 0.010 m 아세트산 용액의 어는점 내림은 0.0193 K이다. 이 농도에서 아세트산의 해리도를 계산하시오.

7.21 이온 결합 화합물인 $Co(NH_3)_5Cl_3$의 0.010 m 수용액의 어는점 내림은 0.0558 K이다. 이 화합물의 구조에 관하여 설명하시오(화합물을 강전해질로 가정할 것).

7.22 37°C에서 혈장의 삼투압은 약 7.5 atm이다. 용해된 물질의 전체 농도와 혈장의 어는점을 추정하시오.

7.23 298 K에서 0.0020 m $MgCl_2$ 수용액의 이온 세기를 계산하시오. Debye-Hückel 한계 법칙을 이용하여 **(a)** 이 용액에서 Mg^{2+}와 Cl^- 이온의 활동도 계수와, **(b)** 이들 이온의 평균 활동도 계수를 추정하시오.

7.24 그림 7.13을 참조하여, 298 K에서 다음 경우의 삼투압을 계산하시오. **(a)** 왼쪽 칸에는 1 L 용액에 헤모글로빈 200 g이 들어 있고, 오른쪽 칸에는 순수한 물이 담겨 있는 경우. **(b)** 왼쪽 칸에는 **(a)**와 같은 헤모글로빈 용액이, 오른쪽 칸에는 NaCl 6.0 g이 포함된 1 L 용액이 있는 경우. 용액의 pH는 헤모글로빈 분자가 Na^+Hb^- 형태로 있을 때와 같다고 가정하라(헤모글로빈의 몰질량은 65,000 g mol^{-1}이다).

추가 연습문제

7.25 다음 데이터로부터 KI의 용해열을 계산하시오.

	NaCl	NaI	KCl	KI
격자 에너지(kJ mol^{-1})	87	700	716	643
용해열(kJ mol^{-1})	3.8	−5.1	17.1	?

7.26 표 7.2의 자료로부터, 물의 Λ_0을 계산하시오. 물의 비전도율(κ)은 $5.7\times10^{-8}\ \Omega^{-1}\ m^{-1}$이다. 298 K에서 물의 이온곱($K_w$)을 계산하시오.

7.27 이 장(그림 7.2와 7.11 참조)과 6장(그림 6.19의 Π 측정 참조)에서 농도의 함수로 주어지는 값을 용질의 농도가 0이 될 때까지 외삽하였다. 외삽한 값의 물리적 의미와 순수한 용매에 대해 얻은 값과 다른 이유를 설명하시오.

7.28 **(a)** 식물의 뿌리 세포는 흙에 있는 물과 비교할 때 저장성인 용액을 포함하고 있다. 따라서 물은 삼투 현상에 의해 뿌리로 이동할 수 있다. 얼음을 녹이기 위하여 길 위에 뿌린 염($NaCl$과 $CaCl_2$)이 근처의 나무에 해로운 이유를 설명하시오. **(b)** 소변은 신장의 집합관을 떠나 밖으로 배출되기 직전에, 혈액과 세포에서보다 훨씬 높은 농도의 염을 포함한 체액 사이를 통과하게 된다. 이 작용이 인체가 물을 보존하는 데 도움이 되는 이유를 설명하시오.

7.29 매우 긴 관의 한쪽 끝이 반투막으로 밀봉되어 있다. 신선한 물이 막을 통과하려면 최소한 바다 속에 얼마나 깊이 담가야 하는가? 미터로 답하시오. 해수의 온도는 20°C이며, 해수는 0.70 M NaCl 용액으로 가정하라. 해수의 밀도는 1.03 g cm^{-3}이다.

7.30 **(a)** Debye–Hückel 한계 법칙을 이용하여 25°C에서 2.0×10^{-2} m Na_3PO_4 용액의 $\gamma_\pm$ 값을 계산하시오. **(b)** Na_3PO_4 용액에 대한 γ_+와 γ_-를 계산하고, 이 값이 **(a)**에서 구한 $\gamma_\pm$와 같음을 보이시오.

8장 화학 평형

화학적 평형을 이루고 있는 계에서, 평형에 관련된 한 가지 변수의 값을 바꾸면, 그 변수의 값을 되돌리는 방향으로 변화가 일어난다.

– Henri-Louis Le Châtelier

6장과 7장에서 전해질 및 비전해질 용액의 물리적 평형 등에 대해 논의한 다음, 이 장에서는 기체 및 응축상에서의 화학 평형에 초점을 맞추고자 한다. 평형은 시간이 경과하여도 변화가 일어나지 않는 상태를 말한다. 평형에 이르면 반응물과 생성물의 농도가 일정하게 유지된다. 그러나 반응물 분자에서 생성물 분자가 계속 만들어지고, 생성물 분자에서 반응물 분자가 또한 만들어지고 있기 때문에 분자 수준에서 보면 많은 활동이 실제적으로 일어나고 있다. 이 과정은 동적 평형의 한 예이다. 열역학 법칙은 다른 반응 조건에서의 평형 조성을 예측하게 해 준다.

8.1 기체에서의 화학 평형

이 절에서는 기체 상태에서 일어나는 반응에 대해서 반응 물질의 농도와 온도를 Gibbs 에너지 변화와 관련지어 주는 식을 유도한다. 우선 모든 기체가 이상 기체인 경우를 고려한다.

이상 기체

가장 단순한 화학 평형인

$$\mathrm{A}(g) \rightleftharpoons \mathrm{B}(g)$$

의 예로는 시스–트랜스 이성질화 반응, 라셈화 반응, 사이클로프로페인 고리 열림 반응을 통해서 프로펜을 만드는 반응 등이 있다. 반응의 진행은 **반응 진척도**(extent of reaction)라고 하는 ξ(그리스 문자 xi)에 의해 측정될 수 있다. 아주 작은 양의 A가 B로 바뀌면 A의 변화량은 $dn_\mathrm{A} = -d\xi$이며 B의 변화량은 $dn_\mathrm{B} = +d\xi$인데, 여기서 dn은 몰수 변화를 나타낸다. 온도와 압력이 일정할 때 Gibbs 에너지 변화는 다음과 같이 주어진다.

$$\begin{aligned} dG &= \mu_A dn_A + \mu_B dn_B \\ &= -\mu_A d\xi + \mu_B d\xi \\ &= (\mu_B - \mu_A) d\xi \end{aligned} \tag{8.1}$$

이때 μ_A와 μ_B는 각각 A와 B의 화학 퍼텐셜이다. 식 8.1은 다음과 같이 다시 쓸 수 있다.

$$\left(\frac{\partial G}{\partial \xi}\right)_{T,\,P} = \mu_B - \mu_A \tag{8.2}$$

kJ(반응 mol)$^{-1}$보다는 간단히 kJ mol^{-1} 단위를 사용한다.

$(\partial G/\partial \xi)_{T,P}$는 반응 몰당 Gibbs 에너지 변화인 $\Delta_r G$로 나타내고, 그 단위는 kJ mol^{-1}이다.

반응 중에 화학 퍼텐셜은 조성에 따라 변한다. 반응은 G가 감소하는 방향, 즉 $(\partial G/\partial \xi)_{T,P} < 0$으로 진행한다. 따라서 정반응 (A → B)는 $\mu_A > \mu_B$일 때 자발적인 반면, 역반응 (B → A)는 $\mu_B > \mu_A$일 때 자발적이다. 평형에서는 $\mu_A = \mu_B$이므로

$$\left(\frac{\partial G}{\partial \xi}\right)_{T,\,P} = 0$$

이 된다.

그림 8.1은 Gibbs 에너지를 반응 진척도에 대해 나타낸 그림이다. 일정한 T와 P에서,

$\Delta_r G < 0$ 정반응이 자발적이다.
$\Delta_r G > 0$ 역반응이 자발적이다.
$\Delta_r G = 0$ 반응계가 평형 상태이다.

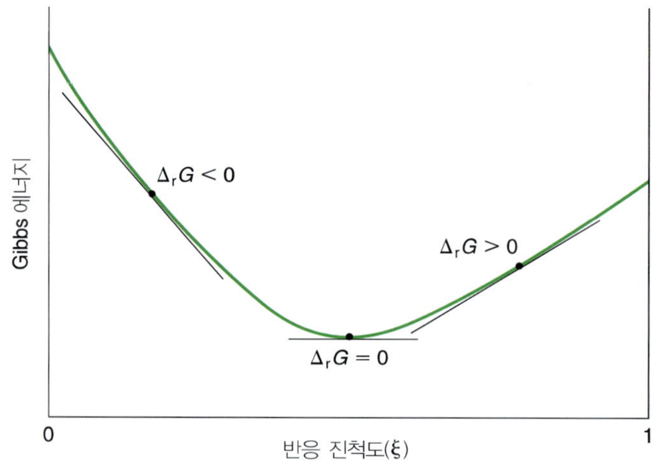

그림 8.1
Gibbs 에너지를 반응 진척도에 대해 나타낸 그림. 반응계가 평형 상태에 있으면 접선의 기울기가 0이다.

이제 좀 더 복잡한 경우를 생각해 보자.

$$aA(g) \rightleftharpoons bB(g)$$

여기서 a와 b는 화학량론 계수이다. 식 6.10에 따르면 혼합물에서 i번째 성분의 화학 퍼텐셜은 각 성분이 이상적으로 행동한다고 가정하면 다음과 같이 주어진다.

$$\mu_i = \mu_i^\circ + RT\ln\frac{P_i}{P^\circ}$$

이때 P_i는 혼합물에서 성분 i의 부분 압력, μ_i°는 성분 i의 표준화학 퍼텐셜, $P^\circ =$ 1 bar이다. 따라서 다음과 같이 쓸 수 있다.

$$\mu_A = \mu_A^\circ + RT\ln\frac{P_A}{P^\circ} \tag{8.3a}$$

$$\mu_B = \mu_B^\circ + RT\ln\frac{P_B}{P^\circ} \tag{8.3b}$$

반응 Gibbs 에너지 변화 $\Delta_r G$는 다음과 같이 나타낼 수 있다.

$$\Delta_r G = b\mu_B - a\mu_A \tag{8.4}$$

식 8.3을 식 8.4에 대입하면 다음 식이 된다.

$$\Delta_r G = b\mu_B^\circ - a\mu_A^\circ + bRT\ln\frac{P_B}{P^\circ} - aRT\ln\frac{P_A}{P^\circ} \tag{8.5}$$

반응의 표준 Gibbs 에너지 변화 $\Delta_r G^\circ$는 생성물과 반응물의 표준 Gibbs 에너지 차이로 다음과 같이 주어진다.

$$\Delta_r G^\circ = b\mu_B^\circ - a\mu_A^\circ$$

따라서 식 8.5를 다음과 같이 쓸 수 있다.

$$\Delta_r G = \Delta_r G^\circ + RT\ln\frac{(P_B/P^\circ)^b}{(P_A/P^\circ)^a} \tag{8.6}$$

정의에 의해서, 평형에서는 $\Delta_r G = 0$이므로, 식 8.6은 다음과 같이 된다.

$$0 = \Delta_r G^\circ + RT\ln\frac{(P_B/P^\circ)^b}{(P_A/P^\circ)^a}$$

$$0 = \Delta_r G^\circ + RT\ln K_P$$

즉

$$\Delta_r G^\circ = -RT\ln K_P \tag{8.7}$$

평형 상수 K_P(이때 아래 첨자 P는 농도가 압력으로 표현되었음을 나타낸다)는 다음과 같이 주어진다.

$$K_P = \frac{(P_B/P°)^b}{(P_A/P°)^a} = \frac{P_B^b}{P_A^a}(P°)^{a-b} \tag{8.8}$$

식 8.7은 화학 열역학에서 가장 중요하고 유용한 식 중 하나이다. 이 식은 매우 간단한 형태로 평형 상수 K_P와 표준 반응 Gibbs 에너지 변화 $\Delta_r G°$를 연관시킨다. 특정 온도에서 $\Delta_r G°$가 반응물과 생성물의 종류와 온도에 따라서만 변하는 상수임을 명심하라. 여기서 $\Delta_r G°$는 압력이 1 bar, 온도가 T인 반응물 A가 같은 온도에서 압력이 1 bar인 생성물 B로 바뀔 때 반응 몰당 표준 Gibbs 에너지 변화이다. 그림 8.2는 $\Delta_r G < 0$인 반응에서 Gibbs 에너지를 반응 진척도에 따라 보여 준다. 반응물과 생성물이 혼합되지 않을 경우, 반응이 진행됨에 따라 Gibbs 에너지는 비례적으로 감소하여 최종적으로 반응물이 생성물로 완전히 전환될 것이다. 그러나 식 6.11에서처럼, $\Delta_{mix}G$는 0보다 작은 값이다. 따라서 실제 반응 경로의 Gibbs 에너지는 혼합되지 않는 경우보다 낮을 것이다. 그 결과 Gibbs 에너지가 최솟값(minimum)을 가지는 평형점은, 반응물이 생성물로 완전히 바뀌려는 경향과 반응물이 생성물과 섞이려는 두 상반되는 경향이 절충된 위치가 된다.

식 8.7은 $\Delta_r G°$의 값을 알 경우 평형 상수 K_P를 계산할 수 있으며, 반대의 경우도 가능하다는 것을 보여 준다. 표준 반응 Gibbs 에너지는 5.3절에서 논의한 바와 같이, 생성물과 반응물의 표준 생성 Gibbs 에너지($\Delta_f \overline{G}°$) 차이일 뿐이다. 따라서 어떤 반응을 정의하고 나면, 부록 B에 수록된 $\Delta_f \overline{G}°$ 값과 식 8.7을 사용하여 평형 상수를 계산할 수 있다. 이 값들은 모두 298 K에서의 값이라는 점을 기억하라. 이 장의 뒷부

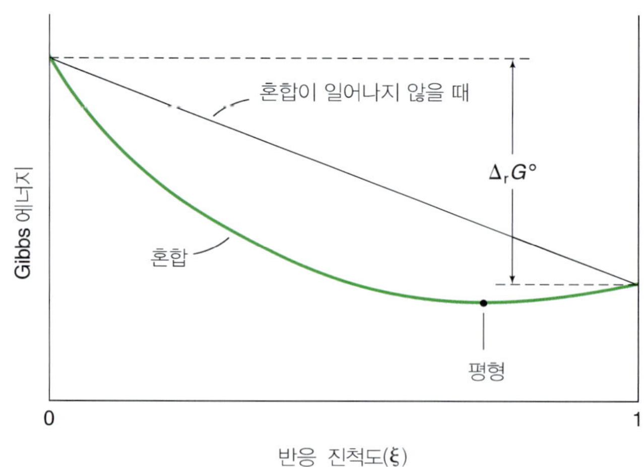

그림 8.2

$\Delta_r G° < 0$으로 가정한 $a\text{A}(g) \rightleftharpoons b\text{B}(g)$ 반응의 전체 Gibbs 에너지 대 반응 진척도. 평형에서는 반응물보다 생성물 쪽으로 치우쳐져 있다. Gibbs 에너지가 최소인 지점에 위치하는 평형점은 $\Delta_r G°$와 혼합 Gibbs 에너지 사이의 절충임을 주목하라.

분(8.5절)에서 298 K에서의 K_P 값을 알면 다른 온도에서의 값을 계산하는 법을 배울 것이다.

마지막으로 평형 상수는 온도만의 함수($\mu°$가 온도에만 의존하므로)이고 단위가 없는 수임을 주목하라. 이는 K_P 식에서 각 압력항은 그 표준값인 1 bar로 나누어져서 압력 단위만 상쇄되고 P값 자체는 바뀌지 않았다는 사실에 근거하고 있다.

예제 8.1

부록 B에 수록된 열역학 데이터를 이용하여 298 K에서 다음 반응의 평형 상수를 계산하시오.

$$\mathrm{N_2}(g) + 3\mathrm{H_2}(g) \rightleftharpoons 2\mathrm{NH_3}(g)$$

답

반응식에 대한 평형 상수는 다음과 같이 주어진다.

$$K_P = \frac{(P_{\mathrm{NH_3}}/P°)^2}{(P_{\mathrm{N_2}}/P°)(P_{\mathrm{H_2}}/P°)^3}$$

K_P 값을 계산하기 위해서 식 8.7과 $\Delta_r G°$ 값이 필요하다. 식 5.12와 부록 B로부터

$$\begin{aligned}\Delta_r G° &= 2\Delta_f \overline{G}°(\mathrm{NH_3}) - \Delta_f \overline{G}°(\mathrm{N_2}) - 3\Delta_f \overline{G}°(\mathrm{H_2}) \\ &= (2)(-16.6\ \mathrm{kJ\ mol^{-1}}) - (0) - (3)(0) \\ &= -33.2\ \mathrm{kJ\ mol^{-1}}\end{aligned}$$

식 8.7을 이용하면

$$-33{,}200\ \mathrm{J\ mol^{-1}} = -(8.314\ \mathrm{J\ K^{-1}\ mol^{-1}})(298\ \mathrm{K})\ln K_P$$

$$\ln K_P = 13.4$$

즉

$$K_P = 6.6 \times 10^5$$

COMMENT

만약 반응을 다음과 같이 쓰면,

$$\tfrac{1}{2}\mathrm{N_2}(g) + \tfrac{3}{2}\mathrm{H_2}(g) \rightleftharpoons \mathrm{NH_3}(g)$$

$\Delta_r G°$ 값은 $-16.6\ \mathrm{kJ\ mol^{-1}}$이 되고, 평형 상수는 다음과 같이 계산된다.

$$K_P = \frac{(P_{NH_3}/P°)}{(P_{N_2}/P°)^{1/2}(P_{H_2}/P°)^{3/2}} = 8.1 \times 10^2$$

따라서 균형 맞춘 화학식에 n을 곱할 때면 평형 상수 K_P는 K_P^n으로 바뀌게 된다. 따라서 $n = \frac{1}{2}$인 경우 K_P는 $K_P^{1/2}$로 바뀌었다.

식 8.7 자세히 보기

표준 Gibbs 에너지 변화 $\Delta_r G°$는 일반적으로 0이 아니다. 식 8.7에 따르면, $\Delta_r G°$가 음의 값이면 평형 상수는 1보다 크게 된다. 실제로 온도가 일정하고 $\Delta_r G°$가 더 큰 음수라면 K_P 값은 더 커진다. $\Delta_r G°$가 양의 값이라면, 그 반대가 성립한다. 이때는 평형 상수가 1보다 작다. 물론, $\Delta_r G°$가 양수라는 것이 반응이 일어나지 않는다는 뜻은 아니다. 예를 들어 $\Delta_r G° = 10$ kJ mol^{-1}이고 $T = 298$ K라면, $K_P = 0.018$이다. 0.018이 비록 1에 비해서는 작은 값이지만, 다량의 반응물을 사용한다면 평형 상태에서 상당한 양의 생성물을 얻을 수 있다. $\Delta_r G° = 0$인 특별한 경우도 있는데, 이 경우는 평형에서 생성물과 반응물이 동등하게 선호되는 것을 의미하며 $K_P = 1$에 해당된다.

$\Delta_r G°$와 그에 따라 K_P에 영향을 주는 요소를 살펴볼 필요가 있다. 식 5.3에서

$$\Delta_r G° = \Delta_r H° - T\Delta_r S°$$

이므로, 온도 T에서 평형 상수는 두 항 즉, 엔탈피 변화와 엔트로피 변화에 온도를 곱한 값에 의해서 결정된다. 상온 또는 그 이하의 온도에서 많은 발열 반응($\Delta_r H° < 0$)은 위 식 오른쪽의 첫 번째 항이 주도한다. 이 말은 K_P가 1보다 크고, 반응물보다는 생성물이 선호된다는 뜻이다. 흡열 반응($\Delta_r H° > 0$)인 경우는 $\Delta_r S° > 0$이고 높은 온도에서 반응이 진행될 때만 평형 상태 조성에서 생성물이 선호될 것이다. 다음 반응에서 A → B 단계가 흡열 반응이라고 가정해 보자.

$$A \rightleftharpoons B$$

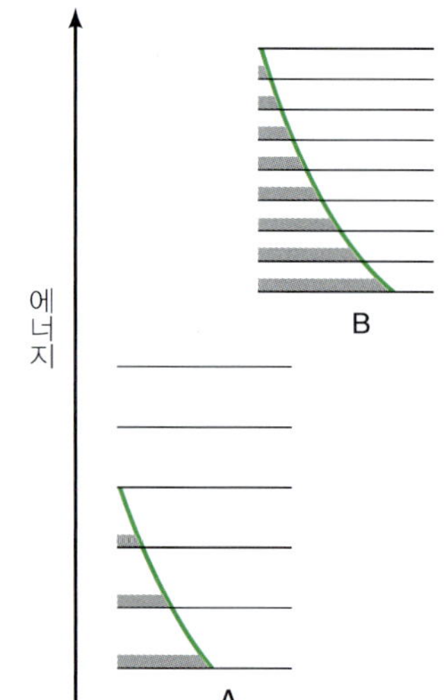

그림 8.3
B의 에너지 준위의 점유율이 A에 비해 더 크다. 따라서 B에는 더 많은 미시 상태가 존재하고, B의 엔트로피가 A의 엔트로피보다 크다. A → B 반응이 흡열 반응이라 하더라도 평형에서 B가 더 많게 된다.

그림 8.3에서 보는 것처럼, A의 에너지 준위가 B의 에너지 준위보다 낮으므로 A에서 B로 바뀌는 것은 에너지를 고려하면 선호되지 않는다. 사실 이것은 모든 흡열 반응의 성질이다. 그러나 B의 에너지 준위가 촘촘하게 존재한다면 Boltzmann 분포 법칙(식 2.33 참조)에 따라 B에는 A보다 더 많은 분자들이 분포하게 된다. 그 결과 B의 엔트로피가 A의 엔트로피보다 크기 때문에 $\Delta_r S° > 0$이 된다. 온도가 충분히 높아지면 $T\Delta_r S°$ 항이 $\Delta_r H°$ 항보다 커지게 되므로 $\Delta_r G°$는 음의 값을 가지게 된다.

$\Delta_r H°$와 $T\Delta_r S°$의 상대적인 중요성을 보여 주는 예로, 석회석($CaCO_3$)의 열분해를 생각해 보자.

$$\mathrm{CaCO_3}(s) \rightleftharpoons \mathrm{CaO}(s) + \mathrm{CO_2}(g) \qquad \Delta_r H^\circ = 177.8\ \mathrm{kJ\ mol^{-1}}$$

부록 B에 있는 데이터로부터 $\Delta_r S^\circ = 160.5\ \mathrm{J\ K^{-1}\ mol^{-1}}$임을 알 수 있다. 298 K에서는

$$\begin{aligned}\Delta_r G^\circ &= 177.8\ \mathrm{kJ\ mol^{-1}} - (298\ \mathrm{K})(160.5\ \mathrm{J\ K^{-1}\ mol^{-1}})(1\ \mathrm{kJ}/1000\ \mathrm{J}) \\ &= 130.0\ \mathrm{kJ\ mol^{-1}}\end{aligned}$$

$\Delta_r G^\circ$ 값이 큰 양수이기 때문에, 이 반응은 298 K에서 생성물이 만들어지는 것이 선호되지 않는다고 결론내릴 수 있다. 실제로 상온에서 CO_2의 평형 압력은 매우 낮아서 거의 측정할 수 없을 정도이다. $\Delta_r G^\circ$를 음수로 만들려면 $\Delta_r G^\circ = 0$이 되는 온도를 알아야 한다. 즉

$$0 = \Delta_r H^\circ - T\Delta_r S^\circ$$

즉

$$\begin{aligned}T &= \frac{\Delta_r H^\circ}{\Delta_r S^\circ} \\ &= \frac{(177.8\ \mathrm{kJ\ mol^{-1}})(1000\ \mathrm{J}/1\ \mathrm{kJ})}{160.5\ \mathrm{J\ K^{-1}\ mol^{-1}}} \\ &= 1108\ \mathrm{K}\ \text{또는}\ 835^\circ\mathrm{C}\end{aligned}$$

835°C보다 높은 온도에서는 $\Delta_r G^\circ$가 음수가 되고, 이 반응에서 CaO와 CO_2 생성이 선호되는 쪽으로 바뀔 것이다. 예를 들어 840°C, 즉 1113 K에서는

$$\begin{aligned}\Delta_r G^\circ &= \Delta_r H^\circ - T\Delta_r S^\circ \\ &= 177.8\ \mathrm{kJ\ mol^{-1}} - (1113\ \mathrm{K})(160.5\ \mathrm{J\ K^{-1}\ mol^{-1}})\left(\frac{1\ \mathrm{kJ}}{1000\ \mathrm{J}}\right) \\ &= -0.8\ \mathrm{kJ\ mol^{-1}}\end{aligned}$$

이 계산에 대해서 두 가지를 주목할 필요가 있다. 첫째, 25°C에서의 $\Delta_r H^\circ$와 $\Delta_r S^\circ$ 값을 사용하여 그보다 훨씬 높은 온도에서의 변화에 대해 계산한다는 것이다. $\Delta_r H^\circ$와 $\Delta_r S^\circ$는 온도에 따라 변하기 때문에, 이 방법은 정확한 $\Delta_r G^\circ$ 값을 주지는 못하지만 대략적인 값을 계산하는 데 쓸모가 있다. 둘째, 835°C 이하에서는 아무 일도 일어나지 않다가 835°C가 되면 갑자기 $CaCO_3$가 분해되기 시작한다고 생각해서는 안 된다는 것이다. 이것은 실제와는 매우 다른 생각이다. $\Delta_r G^\circ$가 835°C 이하의 어떤 온도에서 양수라는 뜻은 CO_2가 전혀 생성되지 않는다는 뜻이 아니라, 생성된 CO_2 기체의 압력이 1 bar보다 작다는 뜻이다. 835°C의 중요성은 이 온도에서 CO_2의 평형 압력이 1 bar에 도달한다는 것이다. 계의 온도가 835°C보다 높아지면 CO_2의 평형 압력은 1 bar를 넘는다.

$\Delta_r G°$와 $\Delta_r G$의 비교

모든 반응물들이 표준 상태(즉 모두 1 bar)에 있는 기체 상태 반응을 가정하자. 반응이 시작되자마자 반응물도 생성물도 더 이상 표준 상태 조건으로 존재하지는 않는다. 왜냐하면 각자의 압력이 1 bar가 아니기 때문이다. 표준 상태가 아닌 조건에서는 반응의 방향을 예측하기 위해서는 $\Delta_r G°$가 아닌 $\Delta_r G$를 사용해야 한다.

표준 Gibbs 에너지 변화($\Delta_r G°$)와 식 8.6을 이용하여 $\Delta_r G$를 구할 수 있다. $\Delta_r G$ 값은 두 항, 즉 $\Delta_r G°$와 농도에 따라 변하는 항으로 결정된다. 주어진 온도에서 $\Delta_r G°$ 값은 고정되어 있지만, $\Delta_r G$ 값은 기체의 부분 압력에 따라 바뀔 수 있다. 비록 반응물과 생성물의 압력으로 구성되는 지수는 평형 상수와 같은 형태로 보이지만, P_A와 P_B가 평형 상태에서의 부분 압력이 아니라면 그 값은 평형 상수가 아니다. 일반적으로 식 8.6은 다음과 같이 쓸 수 있다.

$\Delta_r G°$가 아니라 $\Delta_r G$의 부호가 자발적 반응의 방향을 결정한다.

$$\Delta_r G = \Delta_r G° + RT \ln Q \tag{8.9}$$

여기서 Q는 **반응 지수**(reaction quotient)이며, $\Delta_r G = 0$이 아니라면 $Q \neq K_P$이다. 식 8.6과 8.9의 유용성은, 반응 물질의 농도가 주어진다면 이 식이 자발적 변화의 방향을 제시해 준다는 점이다. 만일 $\Delta_r G°$가 큰 양수이거나 큰 음수일 경우(예를 들어 50 kJ mol^{-1} 이상), 반응물이나 생성물 중 하나가 상당히 과량으로 존재하며 식 8.9의 $RT \ln Q$ 항이 $\Delta_r G°$와 크기는 비슷하나 부호만 반대인 경우가 아니라면, 반응의 방향 (또는 $\Delta_r G$의 부호)은 주로 $\Delta_r G°$에 의해서 결정된다. 만일 $\Delta_r G°$가 작은 양수 또는 음수라면(예를 들어 10 kJ mol^{-1} 이하), 반응은 어느 쪽으로도 진행될 수 있다.*

예제 8.2

다음 반응의 평형 상수(K_P)는 298 K에서 0.113이고 이는 표준 Gibbs 에너지 변화 5.40 kJ mol^{-1}에 해당된다.

$$N_2O_4(g) \rightleftharpoons 2NO_2(g)$$

어떤 실험에서, 초기 압력이 각각 P_{NO_2} = 0.122 bar, $P_{N_2O_4}$ = 0.453 bar였다. 이 압력 조건에서 $\Delta_r G$를 계산하고 알짜 반응의 방향을 예측하시오.

답

알짜 반응의 방향을 결정하기 위해서 식 8.9와 주어진 $\Delta_r G°$ 값을 이용하여 비

* 혹은 Q를 K_P와 비교하여 반응 방향을 결정할 수 있다. 식 8.7과 식 8.9로부터 $\Delta_r G = RT \ln(Q/K_P)$를 유도할 수 있다. 따라서 $Q < K_P$라면, $\Delta_r G$는 음수이고 그 반응은 정방향으로(화학식의 왼쪽에서 오른쪽으로) 진행될 것이다. 만약 $Q > K_P$라면, $\Delta_r G$는 양수이다. 이 경우 반응은 역방향으로(화학식의 오른쪽에서 왼쪽으로) 진행될 것이다.

표준 상태 조건에서 Gibbs 에너지 변화($\Delta_r G$)를 계산할 필요가 있다. 반응 지수 Q에서 부분 압력은 표준 상태 압력인 1 bar로 나눈 값을 사용하기 때문에 부분 압력이 단위가 없이 사용된다는 데 주의하라.

$$\begin{aligned}\Delta_r G &= \Delta_r G^\circ + RT \ln Q \\ &= \Delta_r G^\circ + RT \ln \frac{P_{NO_2}^2}{P_{N_2O_4}} \\ &= 5.40 \times 10^3 \text{ J mol}^{-1} + (8.314 \text{ J K}^{-1} \text{ mol}^{-1})(298 \text{ K}) \times \ln \frac{(0.122)^2}{0.453} \\ &= 5.40 \times 10^3 \text{ J mol}^{-1} - 8.46 \times 10^3 \text{ J mol}^{-1} \\ &= -3.06 \times 10^3 \text{ J mol}^{-1} = -3.06 \text{ kJ mol}^{-1}\end{aligned}$$

$\Delta_r G < 0$이기 때문에, 알짜 반응은 왼쪽에서 오른쪽으로 일어나 평형에 도달하게 된다.

COMMENT

비록 $\Delta_r G^\circ > 0$이지만, 반응 초기에 생성물의 농도(압력)가 반응물의 농도보다 작아서 생성물이 형성되는 쪽을 선호하며 진행할 수 있다.

실제 기체

실제 기체의 평형 상수는 어떤 형태를 가질 것인가? 1장에서 살펴본 바와 같이, 실제 기체는 이상 기체식으로 설명할 수 없으며, van der Waals 식과 같은 보다 정확한 상태 방정식을 필요로 한다. 그러나 van der Waals 식을 사용하여 모든 기체의 P 값을 계산하고, 이것을 평형 상수식에 대입하면 최종적으로 얻는 식은 매우 다루기 힘들고 거추장스러운 형태가 될 것이다. 그래서 6장에서 농도를 대신해서 활동도를 사용한 것처럼 문제를 단순화시키는 방법을 채택한다. 실제 기체의 경우, 부분 압력을 대체하기 위해 **퓨가시티**(fugacity, f)라고 하는 새로운 변수를 정의한다. 식 8.3은 이상 기체에만 적용하고, 실제 기체에 대해서는 다음과 같이 표현해야 한다.

$$\mu = \mu^\circ + RT \ln \frac{f}{P^\circ} \tag{8.10}$$

퓨가시티는 압력과 같은 단위를 갖는다. 그림 8.4는 압력 변화에 따른 기체의 퓨가시티 변화를 보여 준다. 낮은 압력에서는 기체가 이상적으로 행동하므로 퓨가시티는 압력과 같으나, 압력이 증가함에 따라 편차가 발생하게 된다. 그림에서 보는 바와 같이, 압력이 1 bar일 때 이상 기체의 퓨가시티도 1 bar이다. 실제 기체의 경우, 퓨가시티에 대한 표준 상태는 저압에서 1 bar 압력까지 기체가 이상적으로 행동하였을 때, 퓨가시티가 1 bar가 되는 상태로 정의한다. 일반적으로

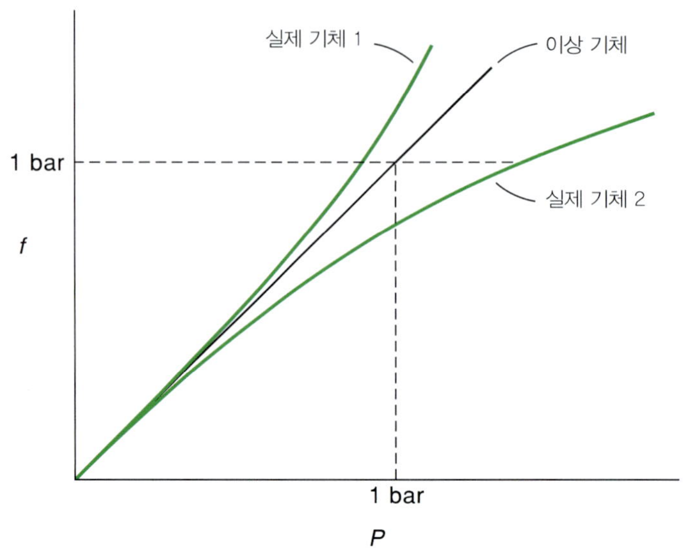

그림 8.4
실제 기체와 이상 기체에 대한 퓨가시티(f)와 압력(P)의 관계. 기체의 표준 상태는 압력이 1 bar 이면서 이상 기체처럼 행동하는 가상적인 상태이다.

$\gamma < 1$인 경우는 분자간 인력이 더 강한 경우이다. 반대로 $\gamma > 1$인 경우는 분자간 반발력이 더 강한 경우이다.

$$\lim_{P \to 0} f = P$$

이고, **퓨가시티 계수**(fugacity coefficient) γ는 다음과 같이 주어진다.

$$\gamma = \frac{f}{P} \tag{8.11}$$

또한

$$\lim_{P \to 0} \gamma = 1$$

압력은 직접 측정할 수 있으나 퓨가시티는 계산으로만 구할 수 있다. 퓨가시티와 압력의 상관관계는 부록 8.1에서 논의한다.

식 8.10에서 시작하여, 앞에서 언급한 가상적 반응($a\text{A} \rightleftharpoons b\text{B}$)의 평형 상수 K_f(첨자 f는 퓨가시티를 나타낸다)를 유도할 수 있다.

$$K_\text{f} = \frac{(f_\text{B}/1\ \text{bar})^b}{(f_\text{A}/1\ \text{bar})^a} \tag{8.12}$$

$f = \gamma P$이기 때문에 식 8.12는 다음과 같이 다시 쓸 수 있다.

$$K_\text{f} = \frac{\gamma_\text{B}^b (P_\text{B}/1\ \text{bar})^b}{\gamma_\text{A}^a (P_\text{A}/1\ \text{bar})^a} = K_\gamma K_P \tag{8.13}$$

이때 K_γ는 $\gamma_\text{B}^b/\gamma_\text{A}^a$로 주어지고, K_P는 $(P_\text{B}^b/P_\text{A}^a)\,(1\ \text{bar})^{a-b}$로 표현된다. 식 8.12와 식 8.13에서 정의된 K_f는 **열역학적 평형 상수**(thermodynamic equilibrium constant)라고

표 8.1 450°C에서 $\frac{1}{2}N_2(g) + \frac{3}{2}H_2(g) \rightleftharpoons NH_3(g)$ 반응에 대한 평형 상수[a]

전체 압력(bar)	P_{NH_3}(bar)	P_{N_2}(bar)	P_{H_2}(bar)	K_P	K_γ	$K_f(K_P K_\gamma)$
10.2	0.204	2.30	7.67	0.0064	0.994	0.0064
30.3	1.76	6.68	21.9	0.0066	0.975	0.0064
50.6	4.65	10.7	35.2	0.0068	0.95	0.0065
101.0	16.6	19.4	65.0	0.0072	0.89	0.0064
302.8	108	42.8	152	0.0088	0.70	0.0062
606	326	56.5	223	0.0130	0.50	0.0065

[a] A. J. Larson, *J. Am. Chem.* Soc. **46**, 367 (1924)의 데이터

하는데, 이것은 정확한 결과를 제공한다. 반면에 K_P는 주어진 온도에서 일정한 값(상수)이 아니라 압력에 따라 변하기 때문에 **겉보기 평형 상수**(apparant equilibrium constant)라고 한다. 이상 기체 반응에서 K_f는 K_P와 같다. 이 두 값의 차이에 대한 예로서, 고온 고압의 질소와 수소로부터 암모니아를 합성하는 반응을 생각해 보자.

$$\tfrac{1}{2}N_2(g) + \tfrac{3}{2}H_2(g) \rightleftharpoons NH_3(g)$$

표 8.1은 이 반응이 각기 다른 압력에서의 겉보기 평형 상수와 열역학적 평형 상수를 나타낸 것이다. 전체 압력이 낮은 경우에는 K_P가 K_f와 상당히 비슷한데, 이는 기체들이 꽤 이상적으로 행동하는 것을 알려 준다. 전체 압력이 300 bar를 넘는 경우에는 둘 사이에 상당한 편차가 보인다. 한편 열역학적 평형 상수는 압력이 바뀌어도 비교적 일정한 값을 유지한다. K_f 값이 조금 변하는 것은 기체들의 퓨가시티를 결정하는 데 생긴 불확실성 때문이다.

8.2 용액에서의 반응

용액에서 화학 평형을 다루는 것은 기체 상태에서 다루는 것과 유사하지만, 농도는 몰랄 농도나 몰농도로 나타내는 것이 보통이다. 이번에는 용액 상태에서 일어나는 가상의 반응으로부터 시작한다.

$$a\text{A} \rightleftharpoons b\text{B}$$

여기서 A와 B는 비전해질 용질이다. 이상적으로 행동한다고 가정하고 용질의 농도를 몰랄 농도로 나타내면, 식 6.27로부터

$$\mu_\text{A} = \mu_\text{A}^\circ + RT \ln \frac{m_\text{A}}{m^\circ}$$

여기서 m°는 1 mol (용매 kg)$^{-1}$을 나타낸다. 비슷한 식을 B에 대해서도 쓸 수 있다. 8.1절에서 이상 기체에 대해서 한 것과 같은 과정으로 다음과 같은 표준 Gibbs 에너지 변화를 얻게 된다.

$$\Delta_r G^\circ = -RT \ln K_m \tag{8.14}$$

이때

$$K_m = \frac{(m_B/m^\circ)^b}{(m_A/m^\circ)^a}$$

용질의 농도를 몰농도로 나타내면, 평형 상수는 다음 형태로 된다.

$$K_c = \frac{([B]/1\,M)^b}{([A]/1\,M)^a}$$

여기서 대괄호는 mol L^{-1}을 나타낸다. 이때도 K_m과 K_c는 각각의 농도 항을 그 표준 상태 값(1 m 또는 1 M)으로 나누어 주었기 때문에 단위가 없는 양이다. 비평형 반응의 경우 Gibbs 에너지 차이는 다음과 같이 주어진다.

$$\Delta_r G = \Delta_r G^\circ + RT \ln Q$$

이때 Q는 반응 지수이다.

이상적으로 행동하지 않는 용액의 경우, 농도를 활동도로 바꾸어 주어야 한다. 식 6.25에서 i번째 성분의 화학 퍼텐셜은 다음과 같이 쓴다.

$$\mu_i = \mu_i^\circ + RT \ln a_i$$

농도를 활동도로 치환하는 것은 압력 대신 퓨가시티를 사용하는 것과 유사하다. 위 화학 퍼텐셜 식에서 출발하여 열역학적 평형 상수 K_a를 얻는다.

$$K_a = \frac{a_B^b}{a_A^a} \tag{8.15}$$

$a = \gamma m$이므로, 식 8.15는 다음과 같이 쓸 수 있다.

$$K_a = \frac{\gamma_B^b}{\gamma_A^a} \times \frac{(m_B/m^\circ)^b}{(m_A/m^\circ)^a} = K_\gamma K_m \tag{8.16}$$

여기서 K_γ는 (γ_B^b/γ_A^a)이며, 이상적으로 행동하지 않는 용액 반응의 겉보기 평형 상수 K_m은 $(m_B^b/m_A^a)(m^\circ)^{a-b}$이다.

8.3 불균일 평형

지금까지 균일 평형, 즉 단일 상에서 일어나는 반응에 대해 논의하였다. 여기서는 반응물과 생성물이 두 개 이상의 상에 존재하는 불균일 평형에 대해서 논의할 것이다.

닫힌 계에 있는 탄산 칼슘의 열분해를 생각해 보자.

$$CaCO_3(s) \rightleftharpoons CaO(s) + CO_2(g)$$

두 개의 고체와 한 개의 기체가 세 개의 분리된 상을 구성한다. 이 반응의 평형 상수는 다음과 같이 나타낼 수 있다.

$$K_c' = \frac{[CaO][CO_2]}{[CaCO_3]}$$

그러나 통상적으로는 평형 상수식에 고체의 농도는 포함시키지 않는다. 순수한 고체의 농도는 고체에 존재하는 전체 몰수를 그 고체 부피로 나눈 비율이다. 만일 고체의 일부가 제거된다면 고체의 몰수는 감소할 테지만 그 부피 또한 감소한다. 고체 물질을 더해도 상황이 비슷하다. 고체의 몰수가 증가하지만 부피도 증가한다. 이런 이유로 몰수를 부피로 나눈 비율은 항상 변하지 않고 일정하다. 따라서 평형 상태에 고체 일부가 존재하는 한, 생성된 CO_2와 CaO의 양은 반응 초기에 사용된 $CaCO_3$의 양에 관계없이 일정하다. 위에서 주어진 평형 상수식은 다음과 같이 쓸 수 있다.

$$\frac{[CaCO_3]}{[CaO]}K_c' = [CO_2]$$

$[CaCO_3]$와 [CaO]는 모두 상수이므로 왼쪽에 있는 모든 항은 상수가 되어 다음과 같이 쓸 수 있다.

$$K_c = [CO_2]$$

여기서 K_c는 $[CaCO_3]K_c'/[CaO]$로 결정되는 '새로운' 평형 상수이다. 더 편리하게는 CO_2의 압력을 측정하여 다음과 같이 얻을 수 있다.

$$K_P = P_{CO_2}$$

$[CO_2]$는 표준 상태 값 1 *M*로 나누고, P_{CO_2}는 표준 상태 값 1 bar로 나누기 때문에 K_c와 K_P는 모두 단위가 없다. 평형 상수 K_c와 K_P는 간단하게 서로 연관되어 있다(문제 8.1 참조).

겉보기 평형 상수 대신 열역학적 평형 상수로 나타내면 비균일 평형을 더 쉽게 다룰 수 있다. 농도를 활동도로 치환하면 다음과 같은 결과를 얻는다.

$$K_a = \frac{a_{CaO}a_{CO_2}}{a_{CaCO_3}}$$

관례적으로 표준 상태(즉 1 bar에서)에서 순수한 고체(또는 순수한 액체)의 활동도는 1로 한다. 즉 $a_{CaO} = 1$, $a_{CaCO_3} = 1$이다. 일반적인 압력 조건에서 일어나는 반응에 대해서는 이들 활동도 값이 1로부터 눈에 띄게 달라지지 않을 것이므로, 평형 상수를 CO_2 기체의 퓨가시티를 이용하여 다음과 같이 표현한다.

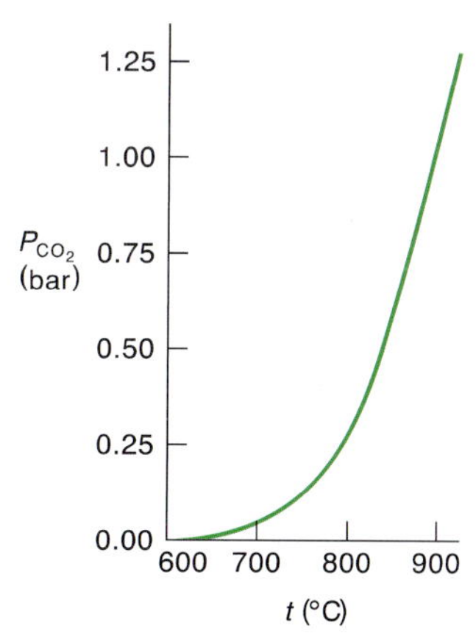

그림 8.5
CaO와 $CaCO_3$가 존재할 때 CO_2의 평형 압력(*P*)을 온도(*t*)에 대해서 그린 그림

$$K_a = \frac{f_{CO_2}}{1 \text{ bar}}$$

또는 이상적으로 행동한다고 가정하면

$$K_P = \frac{P_{CO_2}}{1 \text{ bar}}$$

여기서 퓨가시티와 압력은 bar 단위이다. 그림 8.5는 $CaCO_3$ 분해 반응에서 CO_2의 평형 압력을 온도의 함수로 나타낸 것이다.

예제 8.3

다음 반응의 298 K에서의 평형 상수를 계산하시오. 부록 B에 수록된 자료를 이용하시오.

$$2H_2(g) + O_2(g) \rightleftharpoons 2H_2O(l)$$

답

열역학적 평형 상수는 다음과 같이 주어진다.

$$K_a = \frac{a_{H_2O}^2}{(f_{H_2}/1 \text{ bar})^2(f_{O_2}/1 \text{ bar})} = \frac{1}{f_{H_2}^2 f_{O_2}}(1 \text{ bar})^3$$

기체는 이상 기체라고 가정하면

$$K_P = \frac{1}{P_{H_2}^2 P_{O_2}}(1 \text{ bar})^3$$

반응의 표준 Gibbs 에너지 변화는

$$\begin{aligned} \Delta_r G^\circ &= 2\Delta_f \overline{G}^\circ(H_2O) - 2\Delta_f \overline{G}^\circ(H_2) - \Delta_f \overline{G}^\circ(O_2) \\ &= (2)(-237.2 \text{ kJ mol}^{-1}) - 2(0) - (0) \\ &= -474.4 \text{ kJ mol}^{-1} \end{aligned}$$

마지막으로, 식 8.7로부터

$$-474.4 \times 10^3 \text{ J mol}^{-1} = -(8.314 \text{ J K}^{-1} \text{ mol}^{-1})(298 \text{ K}) \ln K_P$$

$$K_P = 1.4 \times 10^{83}$$

K_P 값이 매우 크다는 것은 반응이 거의 완결된다는 것을 뜻한다.

용해도 평형

불균일 평형의 또 다른 예는 거의 녹지 않는 염과 그 이온으로 이루어진 포화 용액이다. 예를 들어 염화 은이 물에 녹으면 다음과 같은 평형이 이루어진다.

$$AgCl(s) \rightleftharpoons Ag^+(aq) + Cl^-(aq)$$

이 과정에 대한 평형 상수를 활동도를 이용해서 쓰면 다음과 같다.

$$K_a = \frac{a_{Ag^+}a_{Cl^-}}{a_{AgCl}}$$

고체 AgCl의 활동도는 1이기 때문에, 위의 식은 다음과 같이 쓸 수도 있다.

$$K_a = K_{sp} = a_{Ag^+}a_{Cl^-}$$

이때 K_{sp}는 **용해도곱**(solubility product)이라고 한다. 이온의 농도는 대개 매우 작기 때문에 K_{sp}를 계산할 때는 활동도 대신에 농도를 사용해도 관계가 없다.

예제 8.4

25°C에서 포화된 AgCl 용액에서 Ag^+ 이온과 Cl^- 이온의 농도는 각각 1.27×10^{-5} M이다. 다음 과정에 대해서 K_{sp}와 $\Delta_r G°$를 계산하시오.

$$AgCl(s) \rightleftharpoons Ag^+(aq) + Cl^-(aq)$$

답

AgCl에 대한 용해도곱을 활동도 대신 농도를 사용해서 나타내면 다음과 같다.

$$\begin{aligned} K_{sp} &= [Ag^+][Cl^-] \\ &= (1.27 \times 10^{-5})(1.27 \times 10^{-5}) \\ &= 1.61 \times 10^{-10} \end{aligned}$$

식 8.14에서

$$\begin{aligned} \Delta_r G° &= -RT \ln K_{sp} \\ &= -(8.314 \text{ J K}^{-1} \text{ mol}^{-1})(298 \text{ K}) \ln 1.61 \times 10^{-10} \\ &= 5.59 \times 10^4 \text{ J mol}^{-1} \\ &= 55.9 \text{ kJ mol}^{-1} \end{aligned}$$

$\Delta_r G°$가 큰 양수라는 사실은 이 과정이 반응물 쪽으로 치우친 평형이라는 것을 의미한다. 이 결과는 AgCl의 용해도가 작은 것과 일관성이 있다.

8.4 다단계 평형과 짝진 반응

지금까지는 비교적 단순한 반응들을 다루었다. 더 복잡한 경우는 한 평형 과정에서의 생성물이 두 번째 평형 과정에 관여하는 경우이다.

$$\begin{aligned} &(1)\quad A + B \rightleftharpoons C + D \\ &(2)\quad \qquad C \rightleftharpoons E \end{aligned}$$

반응 (1)에서 만들어진 생성물 중의 하나는 계속 반응하여 생성물 E를 만든다. 반응 (1)의 평형 상수 K_1은 다음과 같이 주어진다.

$$K_1 = \frac{[C][D]}{[A][B]}$$

마찬가지로, 반응 (2)에 대해서는 다음과 같다.

$$K_2 = \frac{[E]}{[C]}$$

전체 반응은 반응 (1)과 반응 (2)의 합이다.

$$\begin{aligned} &(1)\quad A + B \rightleftharpoons C + D \\ &(2)\quad \qquad C \rightleftharpoons E \\ \hline &(3)\quad A + B \rightleftharpoons D + E \end{aligned}$$

그리고 여기에 해당하는 평형 상수 K_3는 다음과 같다.

$$K_3 = \frac{[D][E]}{[A][B]}$$

K_1과 K_2를 곱해도 같은 식이 된다.

$$\begin{aligned} K_1K_2 &= \frac{[C][D]}{[A][B]} \times \frac{[E]}{[C]} \\ &= \frac{[D][E]}{[A][B]} \end{aligned}$$

따라서

$$K_3 = K_1K_2$$

다단계 평형에 대한 중요한 사실을 알 수 있다. **만약 한 반응이 두 개 이상의 반응을 합하여 표현될 수 있다면, 전체 반응에 대한 평형 상수는 각 단계 반응에 대한 평형 상수의 곱으로 주어진다.**

수용액에서 이양성자산의 해리는 다단계 평형의 많은 예 중 하나이다. 25°C에서 탄산(H_2CO_3)의 평형 상수는 다음과 같다.

$$H_2CO_3 \rightleftharpoons H^+ + HCO_3^- \qquad K_1 = \frac{[H^+][HCO_3^-]}{[H_2CO_3]} = 4.2 \times 10^{-7}$$

$$HCO_3^- \rightleftharpoons H^+ + CO_3^{2-} \qquad K_2 = \frac{[H^+][CO_3^{2-}]}{[HCO_3^-]} = 4.8 \times 10^{-11}$$

전체 반응은 두 반응의 합이다.

$$H_2CO_3 \rightleftharpoons 2H^+ + CO_3^{2-}$$

그리고 전체 반응에 대한 평형 상수는 다음과 같이 주어진다.

$$K_3 = \frac{[H^+]^2[CO_3^{2-}]}{[H_2CO_3]}$$

또는 다음과 같다.

$$\begin{aligned} K_3 &= K_1K_2 \\ &= (4.2 \times 10^{-7})(4.8 \times 10^{-11}) \\ &= 2.0 \times 10^{-17} \end{aligned}$$

전체 반응과 각각의 반응에 대한 표준 Gibbs 에너지 변화 사이의 관계식을 만들 수 있다. 따라서 다음과 같은 식이 성립하고

$$-RT \ln K_3 = -RT \ln K_1 - RT \ln K_2$$

다음과 같은 결과를 얻을 수 있다.

$$\Delta_r G_3^\circ = \Delta_r G_1^\circ + \Delta_r G_2^\circ$$

짝진 반응의 원리

많은 화학적 반응과 생물학적 반응은 자유 에너지가 증가하는 과정($\Delta_r G^\circ > 0$)으로, 평형이 생성물 쪽으로 치우쳐 있지 않다. 그러나 어떤 경우에는 이런 반응을 자유 에너지가 감소하는 반응($\Delta_r G^\circ < 0$)과 짝지어 줌으로써 상당한 정도로 진행시킬 수 있다. 구리를 광석 Cu_2S에서 추출하는 화학 공정을 생각해 보자. 반응의 $\Delta_r G^\circ$가 큰 양의 값이므로, 광석만을 가열하는 것으로는 구리의 수득률이 그리 크지 못하다.

$$Cu_2S(s) \rightarrow 2Cu(s) + S(s) \qquad \Delta_r G^\circ = 86.2 \text{ kJ mol}^{-1}$$

그러나 Cu_2S의 열분해와, 황이 이산화 황으로 산화되는 반응을 짝지으면 결과가 극

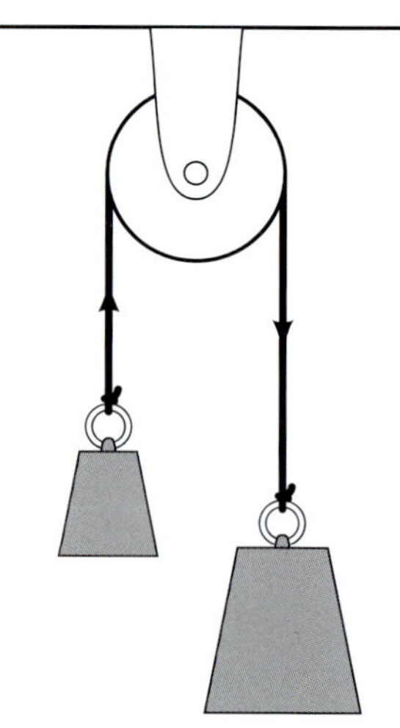

그림 8.6
짝진 반응에 대한 기계적인 비유. 일반적으로 추는 중력의 영향으로 아래로 떨어진다(자발적 과정). 그러나 가벼운 추는 위로 올라갈 수 있는데(비자발적 과정), 이것은 더 무거운 추가 떨어지는 것과 짝지어져 있기 때문이다. 마찬가지로 큰 음의 $\Delta_r G°$를 가진 반응은, 작은 양의 $\Delta_r G°$를 가진 반응이 비자발적 방향으로 일어나게 할 수 있다.

적으로 변한다.

$$Cu_2S(s) \rightarrow 2Cu(s) + S(s) \qquad \Delta_r G° = 86.2 \text{ kJ mol}^{-1}$$

$$S(s) + O_2(g) \rightarrow SO_2(g) \qquad \Delta_r G° = -300.1 \text{ kJ mol}^{-1}$$

$$\text{전체: } Cu_2S(s) + O_2(g) \rightarrow 2Cu(s) + SO_2(g) \qquad \Delta_r G° = -213.9 \text{ kJ mol}^{-1}$$

이 짝진 반응의 대가는 SO_2 생성에 따른 산성비이다.

전체 반응의 Gibbs 에너지 변화는 두 반응의 Gibbs 에너지 변화의 합과 같다. 황의 산화에 대한 Gibbs 에너지 변화가 0보다 작은 값이면서 Cu_2S가 분해되는 과정에 대한 양의 Gibbs 에너지 변화보다 상당히 크기 때문에, 전체 반응의 Gibbs 에너지 변화는 0보다 매우 작은 값이 되므로 Cu가 쉽게 생성된다. 그림 8.6은 짝진 반응의 기계적인 비유를 보여 준다.

짝진 반응은 생물학적 계에서 중요한 역할을 한다. 예를 들어 포도당($C_6H_{12}O_6$)으로 대표되는 음식물 분자들은 사람의 몸속 대사 과정에서 상당한 양의 Gibbs 에너지를 내어 놓고 이산화 탄소와 물로 바뀐다.

$$C_6H_{12}O_6 + 6O_2 \rightarrow 6CO_2 + 6H_2O \qquad \Delta_r G° = -2880 \text{ kJ mol}^{-1}$$

살아 있는 세포 안에서, 이 반응은 단일 단계(공기 중에서 포도당을 태우는 경우에 해당된다)로 일어나지 않는다. 대신 포도당 분자는 효소의 도움을 받아 여러 단계를 거쳐 분해된다. 이 과정에서 방출되는 Gibbs 에너지의 대부분은 아데노신 이인산(ADP, adenosine diphosphate)과 인산에서 아데노신 삼인산(ATP, adenosine triphosphate)을 합성하는 데 쓰인다.

$$ADP + H_3PO_4 \rightarrow ATP + H_2O \qquad \Delta_r G° = +31 \text{ kJ mol}^{-1}$$

ATP의 역할은 세포가 필요로 할 때까지 Gibbs 에너지를 저장하는 것이다. 적당한 조건이 되면, ATP는 가수 분해를 거쳐 ADP와 인산이 되면서 31 kJ mol^{-1}의 Gibbs 에너지를 내놓는다. 이 에너지는 단백질 합성과 같은 에너지적으로 선호되지 않는 반응이 일어나게 하는 데 쓰인다.

단백질은 아미노산의 고분자이다. 단백질 분자를 단계별로 합성하려면 각각의 아미노산을 연결하는 것이 필요하다. 알라닌과 글리신에서 다이펩타이드(두 개의 아미노산이 연결된 조각) 알라닐글리신이 만들어지는 과정을 생각해 보자.

$$\text{알라닌} + \text{글리신} \rightarrow \text{알라닐글리신} \qquad \Delta_r G^\circ = +29 \text{ kJ mol}^{-1}$$

이 반응은 생성물이 만들어지는 것을 선호하지 않기 때문에, 평형에서 적은 양의 다이펩타이드만 만들어질 것이다. 그러나 효소의 도움을 받으면 이 반응은 다음과 같이 ATP의 가수 분해와 짝을 이룰 수 있다.

$$\text{ATP} + H_2O + \text{알라닌} + \text{글리신} \rightarrow \text{ADP} + H_3PO_4 + \text{알라닐글리신}$$

전체 Gibbs 에너지 변화는 $\Delta_r G^\circ = (-31+29)$ kJ mol^{-1}, 즉 -2 kJ mol^{-1}로, 짝진 반응은 생성물이 만들어지는 것을 선호한다는 것을 의미한다(그림 8.7).

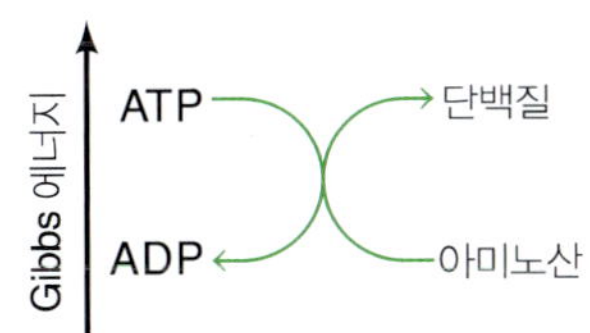

그림 8.7
단백질 합성에서 일어나는 Gibbs 에너지 변화의 도식적 표현

마지막으로, 짝진 반응은 다단계 평형을 포함할 수도 그렇지 않을 수도 있다는 것에 주의하라. 즉 한 반응의 생성물이 꼭 다른 반응에 참여하지 않아도 된다. 이런 경우, 짝지어지는 방법은 효소의 도움으로 가능해진다.

8.5 평형 상수에 대한 온도, 압력, 촉매의 영향

많은 산업적 공정이 추구하는 것은 최소의 기간에 최적의 수득률을 얻는 것이며, 가능하면 비용을 줄일 수 있는 적절한 조건을 찾는 것이다. 따라서 평형 상수가 온도나 압력 같은 외부 요인에 의해 어떻게 영향을 받는지 공부하는 것은 실용적으로 매우 중요하다. 여기서는 온도, 압력, 촉매 사용이 평형 상수에 미치는 영향을 공부한다.

온도의 영향

식 8.7이 어떤 온도에서나 표준 Gibbs 에너지 변화를 평형 상수와 연관시켜 주기는 하지만, 입수할 수 있는 열역학적 자료의 양을 생각하면 298 K에서의 K_P 값을 계산하는 것이 가장 쓸모가 많다. 그러나 실제에 있어서는 반응이 298 K 이외의 온도에서 일어날 수 있으므로 그 온도에서의 $\Delta_r G^\circ$ 값을 알아야 하거나, 또는 K_P 값을 계산하는 다른 방법을 찾아야만 한다. 다음 질문을 생각해 보자. 만약 온도 T_1에서 반응의 평형 상수 K_1을 알고 있다면, 같은 반응에 대해서 온도가 T_2일 때 반응의 평형 상수 K_2를 알 수 있는가? 그 대답은 그렇다이다.

평형 상수와 온도 사이의 매우 유용한 관계식을 다음과 같이 유도할 수 있다. 식 8.7을 표준 상태에서 변화에 대한 Gibbs-Helmholtz 식(식 5.15)에 대입하면 다음이 얻어진다.

$$\left[\frac{\partial\left(\frac{\Delta_r G^\circ}{T}\right)}{\partial T}\right]_P = -\frac{\Delta_r H^\circ}{T^2}$$

$$\left[\frac{\partial\left(\frac{-RT\ln K}{T}\right)}{\partial T}\right]_P = -\frac{\Delta_r H^\circ}{T^2}$$

$$\left(\frac{\partial \ln K}{\partial T}\right)_P = \frac{\Delta_r H^\circ}{RT^2} \tag{8.17}$$

식 8.17은 van't Hoff 식으로 알려져 있다. $\Delta_r H^\circ$가 온도와 무관하다고 가정하면, 이 식은 다음과 같이 적분된다.

$$\ln\frac{K_2}{K_1} = \frac{\Delta_r H^\circ}{R}\left(\frac{1}{T_1} - \frac{1}{T_2}\right)$$

$$= \frac{\Delta_r H^\circ}{R}\left(\frac{T_2 - T_1}{T_1 T_2}\right) \tag{8.18}$$

왜냐하면 다음과 같이 유도되기 때문이다.

$$\ln K = -\frac{\Delta_r G^\circ}{RT}$$

$$\Delta_r G^\circ = \Delta_r H^\circ - T\Delta_r S^\circ$$

따라서

$$\ln K = -\frac{\Delta_r H^\circ}{RT} + \frac{\Delta_r S^\circ}{R} \tag{8.19}$$

식 8.19는 van't Hoff 식의 또 다른 형태로, $\Delta_r S^\circ$는 반응의 표준 엔트로피 변화이다.* 따라서 $\ln K$를 $1/T$에 대해서 그리면 기울기가 $-\Delta_r H^\circ/R$이고, 수직축 절편이 $\Delta_r S^\circ/R$인 직선을 얻는다(그림 8.8). 이것은 화학 반응의 $\Delta_r H^\circ$ 값과 $\Delta_r S^\circ$ 값을 구하는 네 사용되는 방법이다. $\Delta_r H^\circ$와 $\Delta_r S^\circ$가 온도와 무관하다면 이 그래프는 직선이 됨에 유의하라. 비교적 좁은 온도 범위(이를테면, 50 K 이하)에 대해서는 이 방법은 꽤 좋은 근삿값을 제공한다.

식 8.18로부터 몇 가지 흥미로운 사실을 알 수 있다. 정반응이 흡열 반응(즉 $\Delta_r H^\circ$가 양)이고 $T_2 > T_1$이면, 식 8.18의 좌변은 0보다 큰 값이며, 이는 $K_2 > K_1$임을 의미한다. 반대로 정반응이 발열 반응(즉 $\Delta_r H^\circ$가 음)이면 식 8.18의 좌변은 0보다 작아지며, $K_2 < K_1$이 된다. 따라서 온도를 올리면 흡열 반응에서는 평형을 왼쪽에서 오른쪽으로 이동시키고(생성물 형성이 유리하다), 발열 반응에서는 평형을 오른쪽에서 왼쪽으로 이동시킨다고(반응물 형성이 유리하다) 결론내릴 수 있다. 이 결과는

---

* 만약 $\Delta_r H^\circ$가 온도와 무관하다면, 생성물과 반응물 사이의 열용량 변화도 0이며, 이는 $\Delta_r S^\circ$도 온도와 무관하다는 것을 의미한다. $\Delta_r S^\circ/R$ 항은 식 8.17을 부정적분할 때의 적분 상수이다.

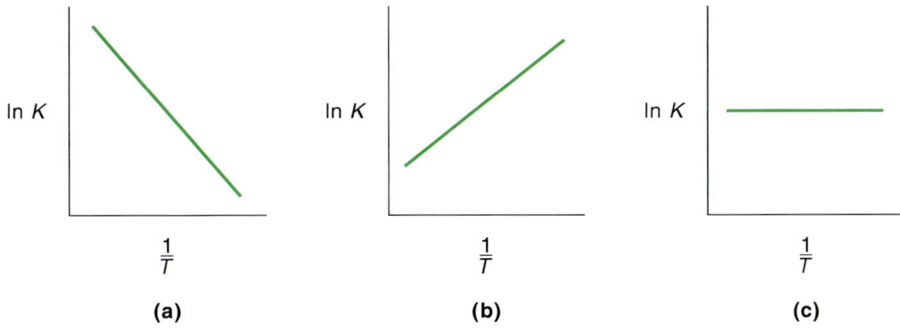

그림 8.8
van't Hoff 식에 따라 그린 $1/T$에 대한 ln K 그래프. 기울기는 $-\Delta_r H°/R$이며, 세로축(ln K) 절편은 $\Delta_r S°/R$과 같다. **(a)** $\Delta_r H° > 0$, **(b)** $\Delta_r H° < 0$, **(c)** $\Delta_r H° = 0$. 모든 경우에 $\Delta_r H°$은 온도와 무관하다고 가정하였다.

Le Châtelier 원리[Le Châtelier's principle, 프랑스의 화학자 Henri Louis Le Châtelier (1850~1936)의 이름에서 따옴]와 부합된다. 이 원리는 외부에서 평형인 계에 스트레스를 가하면 계는 그 스트레스를 부분적으로 상쇄시키는 쪽으로 자신을 조절하여 새로운 평형을 만들려고 한다는 것이다. 이 경우에 '스트레스'는 온도 변화이다.

예제 8.5

기체상인 아이오딘 분자의 해리 반응에 대한 평형 상수가 다음 온도에서 측정되었다.

$$I_2(g) \rightleftharpoons 2I(g)$$

이 반응의 $\Delta_r H°$와 $\Delta_r S°$를 그래프를 이용하여 구하시오.

T(K)	872	973	1073	1173
K_P	1.8×10^{-4}	1.8×10^{-3}	1.08×10^{-2}	0.0480

답

식 8.19를 이용한다. 먼저 다음 표를 만든다.

$1/T$(K^{-1})	1.15×10^{-3}	1.03×10^{-3}	9.32×10^{-4}	8.53×10^{-4}
ln K_P	−8.62	−6.32	−4.53	−3.04

그다음, ln K_P를 $1/T$에 대해서 그린다(그림 8.9). 데이터 점들이 직선 위에 놓이고, 그 직선의 식은 ln $K_P = -1.875 \times 10^4$ K/T + 12.954이 된다. $\Delta_r H°$가 온도와 무관하다고 가정하면, 다음 식이 성립한다

$$-\frac{\Delta_r H°}{R} = -1.875 \times 10^4 \text{ K}$$

또는

$$\Delta_r H^\circ = 1.56 \times 10^2 \text{ kJ mol}^{-1}$$

세로축 절편은 $\Delta_r S^\circ/R$과 같으므로

$$\begin{aligned}\Delta_r S^\circ &= 12.954(8.314 \text{ J K}^{-1} \text{ mol}^{-1})\\ &= 108 \text{ J K}^{-1} \text{ mol}^{-1}\end{aligned}$$

압력의 영향

압력이 변할 때 평형 상수는 어떻게 변하는지에 대한 질문은 평형 상수 K_P와 $\Delta_r G^\circ$의 관계를 말해 주는 식 8.7로부터 답을 얻을 수 있다. $\Delta_r G^\circ$는 특정 압력(1 bar)에 있는 반응물에 대해서 정의되므로, 실험의 압력 조건이 바뀌더라도 변하지 않는다. 그러나 겉보기 평형 상수 K_P는 이상 기체의 반응에서만 압력과 무관하다. 실제 기체를 포함하고 있는 반응의 겉보기 평형 상수는 압력에 따라 변한다. 반면에, 열역학적 평형 상수 K_f는 이상 기체나 실제 기체 여부에 관계없이 압력과 무관하다. 이상 기체를 포함하는 반응에 대해서는 $K_f = K_P$이므로, 일정 온도 T에서 다음과 같이 쓸 수 있다.

$$\left(\frac{\partial K_P}{\partial P}\right)_T = 0$$

K_P가 압력에 영향을 받지 않는다는 사실이 압력이 바뀌어도 평형 상태에 있는 여러 기체의 양이 변하지 않는다는 것을 의미하지는 않는다. 이 사실을 잘 보여 주기 위하여 평형 상태의 이상적인 기체 반응을 고려해 보자.

$$\begin{array}{ccc} \text{A}(g) & \rightleftharpoons & 2\text{B}(g) \\ n(1-\alpha) & & 2n\alpha \end{array}$$

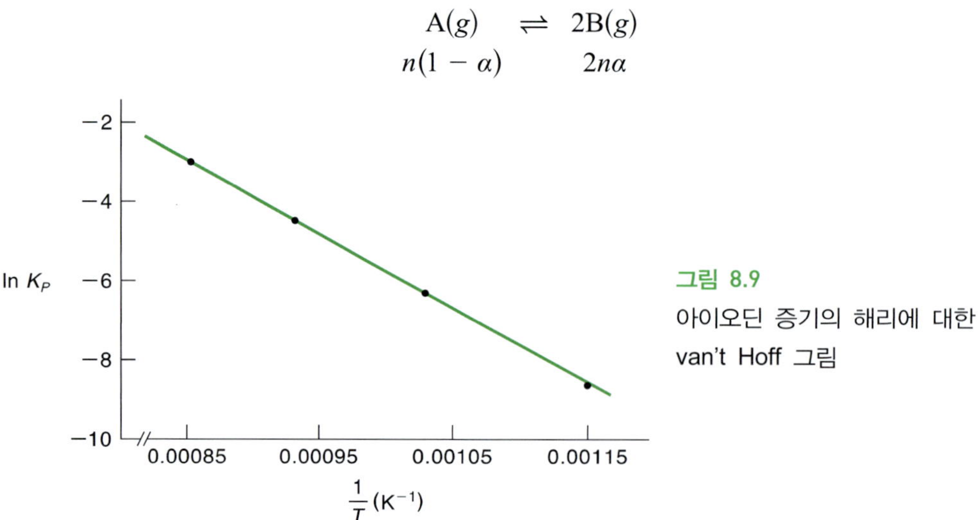

그림 8.9
아이오딘 증기의 해리에 대한 van't Hoff 그림

여기서 n은 A의 초기 몰수이며, α는 A 분자의 해리율이다. 평형 상태에 존재하는 모든 분자의 몰수를 더해 보면 $n(1+\alpha)$이므로, A와 B의 몰분율은 다음과 같다.

$$x_A = \frac{n(1-\alpha)}{n(1+\alpha)} = \frac{(1-\alpha)}{(1+\alpha)}$$

$$x_B = \frac{2n\alpha}{n(1+\alpha)} = \frac{2\alpha}{(1+\alpha)}$$

또한 A와 B의 부분 압력은 다음과 같다.

$$P_A = \frac{(1-\alpha)}{(1+\alpha)}P, \quad P_B = \frac{2\alpha}{(1+\alpha)}P$$

여기서 P는 계의 전체 압력이다. 평형 상수는 다음과 같이 주어진다.

간단히 하기 위해, K_P에서 $P°$항을 생략한다.

$$K_P = \frac{P_B^2}{P_A} = \left(\frac{2\alpha}{1+\alpha}P\right)^2 \bigg/ \frac{(1-\alpha)}{(1+\alpha)}P$$

$$= \left(\frac{4\alpha^2}{1-\alpha^2}\right)P$$

마지막 식을 정리하면

$$\alpha = \sqrt{\frac{K_P}{K_P + 4P}}$$

K_P는 상수이므로 α값은 P에만 의존한다. P가 큰 값이면 α는 작아지고, P가 작은 값이면 α는 커지게 된다. 이러한 예측은 다시 한 번 Le Châtelier 원리를 상기시킨다. 만일 계에 가해진 스트레스가 압력의 증가라면, 평형은 더 적은 수의 분자를 생산하는 쪽으로 이동하게 되는데, 이 예에서는 오른쪽에서 왼쪽으로의 변화이므로 α는 감소된다. 압력을 감소시킬 경우에는 그 반대가 성립한다.

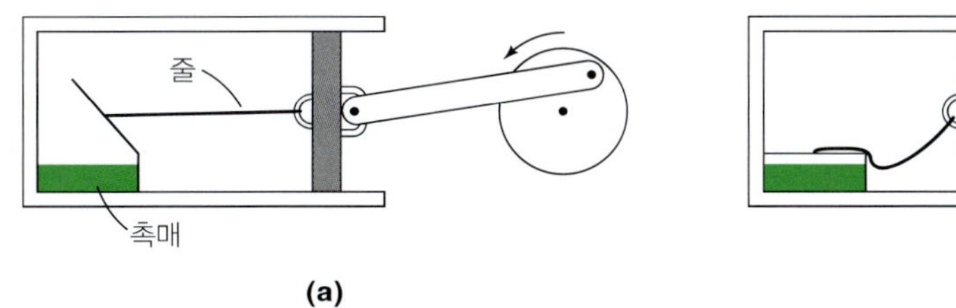

그림 8.10
기체 반응의 평형 위치를 한쪽 방향으로만 옮길 수 있는 가상의 촉매를 사용한 가상적인 영구 기관

촉매의 효과

정의에 따르면, 촉매는 자신은 소모됨이 없이 반응 속도를 증가시키는 물질이다. 평형 상태에 있는 반응계에 촉매를 첨가하면 평형을 특정한 방향으로 이동시킬 수 있을 것인가? 이 질문에 답하기 위하여 다시 머릿속으로 다음 기체상 평형을 고려해 보자.

$$A(g) \rightleftharpoons 2B(g)$$

역반응(2B→A)에 유리하지만 정반응(A→2B)에는 효과가 없는 촉매가 존재한다고 가정하자. 그런 경우에는 그림 8.10에 나타낸 것과 같은 장치를 구성할 수 있다. 움직일 수 있는 피스톤이 설치된 실린더 내부에 작은 상자가 놓여 있다. 상자의 뚜껑은 끈으로 피스톤에 연결되어 있으므로 피스톤의 움직임에 따라 닫히거나 열릴 수 있다. 실린더 내부에 기체 A와 기체 B의 평형 혼합물을 가지고 시작한 후 상자 속에 촉매를 첨가한다(그림 8.10a). 평형은 즉시 A를 생성하는 쪽으로 이동하게 된다. A 1몰을 생성하기 위하여 B 2몰이 소모되므로 실린더 내부의 전체 분자수는 감소하게 되어 결국 내부 기체 압력도 감소된다. 따라서 피스톤은 내부 압력과 외부 압력이 다시 균형을 이룰 때까지 외부 압력에 의해 안쪽으로 밀려들어 가게 된다. 이 단계에서 상자 뚜껑은 떨어져서 닫히게 된다(그림 8.10b). 촉매가 없다면 기체들은 점차적으로 처음 농도로 되돌아가게 되고, B가 늘어나면 그 결과 분자수가 증가하여 뚜껑이 들어올려질 때까지 왼쪽에서 오른쪽으로 피스톤을 움직인다. 이 전체 과정이 다시 반복될 것이다.

이 이야기에 대해서 전체적으로 무엇인가 이상한 점을 알아차렸을 것이다. 여기서 피스톤은 에너지를 넣어 주지도 않고 화학 물질을 실제로 소모하지 않으면서도 일을 수행할 수 있다. 그러한 장치를 영구 운동 기관이라고 한다. 그러나 영구 운동 기관은 열역학 법칙에 위배되므로 제작이 불가능하다. 이 장치를 만들 수 없는 이유는 그 역반응 속도를 증가시키지 않고 한쪽 방향 속도만 증대시킬 수 있는 촉매가 없기 때문이다. 이 단순한 예로부터 얻는 중요한 결론은 촉매가 평형의 위치를 이동시킬 수는 없다는 것이다.* 평형이 아닌 반응 혼합물의 경우에는 촉매가 정반응과 역반응 과정의 속도를 모두 증가시켜서 반응이 평형에 더 빨리 도달하게 하지만, 촉매가 없더라도 궁극적으로는 같은 평형 상태가 얻어지게 된다.

---

* 촉매가 정반응 속도와 역반응 속도를 모두 빠르게 한다는 사실은 미시적 가역성의 원리(15장 참조)에 의해서도 예상할 수 있다.

8.6 리간드 및 금속 이온과 고분자의 결합

단백질이나 막 표면의 특정한 수용체 자리와 작은 분자(리간드)의 상호 작용은 가장 광범위하게 연구되는 생화학 현상 중의 하나이다. 이러한 가역적인 상호 작용의 예는 단백질에 존재하는 산성 또는 염기성 작용기들에 의한 양성자 결합과 방출, Mg^{2+}나 Ca^{2+}와 같은 양이온과 단백질이나 핵산과의 결합, 항체–항원 반응, 마이오글로빈 또는 헤모글로빈에 의한 산소의 가역적인 결합 등을 들 수 있다. 이러한 과정들은 효소가 기질 및 억제제와 결합하는 것과 밀접하게 연관되어 있다.

이 절에서는 평형 개념을 용액 속에서 리간드 및 금속 이온과 거대 분자의 결합에 관한 연구에 적용하고자 한다. 두 가지 경우를 생각해 보자. 거대 분자가 분자당 하나의 결합 자리를 가지고 있는 경우와 분자당 n개의 **대등하면서도 독립적인**(equivalent and independent) 결합 자리가 있는 경우이다. 여기에서는 엄격하게 열역학적으로 문제에 접근하므로, 거대 분자의 구조를 논의하거나 결합에 관여하는 공유 결합 힘 또는 분자 사이에 작용하는 힘의 성질에 대하여 논의할 필요는 없다.

고분자당 하나의 결합 자리

이 경우는 거대 분자의 결합 자리 P가 한 분자(또는 이온)의 리간드 L과 결합하는 가장 단순한 경우이다. 반응은 다음과 같이 나타낼 수 있고

$$\mathrm{P} + \mathrm{L} \rightleftharpoons \mathrm{PL}$$

이 결합 반응의 평형 상수 K_a는 다음과 같다.

$$K_\mathrm{a} = \frac{[\mathrm{PL}]}{[\mathrm{P}][\mathrm{L}]}$$

이상 거동을 가정하고 활동도 대신 농도를 사용한다.

보통은 해리 상수 K_d를 사용하는 것이 더 편리하다.

$$K_\mathrm{d} = \frac{[\mathrm{P}][\mathrm{L}]}{[\mathrm{PL}]} \tag{8.20}$$

K_d 값이 작을수록 착물 PL은 더욱 '단단하다'. 두 평형 상수는 간단한 관계식 $K_\mathrm{a}K_\mathrm{d}=1$로 서로 연관되어 있다.

K_d 값을 결정하기 위하여 **결합 자리의 포화 분율**(fractional saturation of site)이라고 하는 양 Y를 다음과 같이 정의한다.

$$Y = \frac{\text{P에 결합된 L의 농도}}{\text{모든 형태로 있는 P의 전체 농도}}$$

$$= \frac{[\mathrm{PL}]}{[\mathrm{P}] + [\mathrm{PL}]} \tag{8.21}$$

Y값의 범위는 $[PL] = 0$일 때 0이 되고, $[P] = 0$일 때 1로 바뀐다. 예를 들어 $Y = 0.5$일 때 P 분자의 절반은 L과 착물을 형성하고 나머지 절반은 자유로운 상태이므로, $[P] = [PL]$이고, $[L] = K_d$이다. K_d 값을 결정하기 위해서는 먼저 식 8.20을 다음과 같이 재정리해야 한다.

$$[PL] = \frac{[P][L]}{K_d}$$

[PL]에 대한 식을 식 8.21에 대입하면 다음 식을 얻는다.

$$Y = \frac{[P][L]/K_d}{[P] + [P][L]/K_d}$$

$$= \frac{[L]}{[L] + K_d} \tag{8.22}$$

[L]은 평형 상태에서 자유로운 형태인 리간드의 농도임을 명심하라. Y값(식 8.21 참조)은 다음 방법으로 구할 수 있다. 초기 농도 $[L]_0$인 L을, 농도가 $[P]_0$인 P에 첨가한다. $[L]_0$는 알고 있고 질량 보존에 의해 $[L] + [PL] = [L]_0$이므로 평형에서 [PL]이나 [L] 중의 하나를 측정할 수 있다. $[P] + [PL] = [P]_0$, 즉 $[P] = [P]_0 - [PL]$이므로 [P] 값은 따로 측정할 필요가 없다. 이제 [L]과 [PL]을 결정하는 실험적인 방법을 논의하자.

식 8.22의 역수를 취하면

$$\frac{1}{Y} = 1 + \frac{K_d}{[L]} \tag{8.23}$$

$1/Y$ 대 $1/[L]$ 그래프는 기울기가 K_d인 직선이다. 다른 방법으로는, 식 8.22를 다음과 같이 정리할 수 있고

$$\frac{Y}{[L]} = \frac{1}{K_d} - \frac{Y}{K_d} \tag{8.24}$$

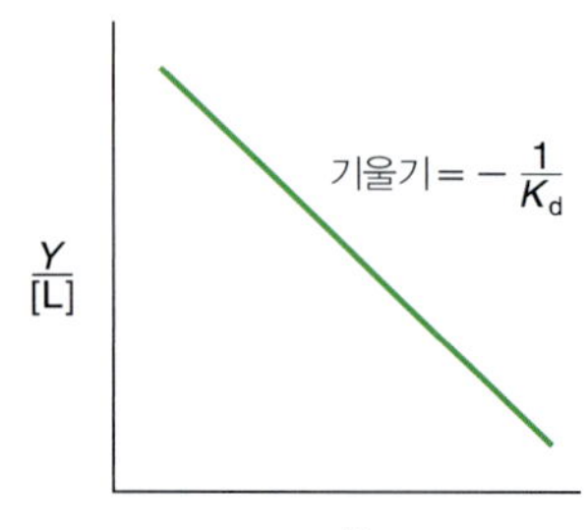

그림 8.11
식 8.24에 따라 Y/[L]을 Y에 대해서 그린 그래프

이 경우 $Y/[L]$을 Y에 대해서 그린 그래프는 기울기가 $-1/K_d$인 직선이 된다(그림 8.11).

거대 분자당 n개의 대등한 결합 자리

이제 거대 분자가 n개의 대등한 결합 자리를 갖는 경우를 생각해 보자. 즉 각 결합 자리는 같은 분자에 있는 다른 결합 자리들이 점유되었는지 여부에 관계없이 동일한 K_d 값을 갖는다. 우선 $n=2$인 경우를 고려한 다음, 그 결과를 $n > 2$인 경우로 일반화하고자 한다.

만일 거대 분자가 두 개의 대등한 결합 자리를 가지고 있다면, 두 개의 결합 평형이 있게 된다.

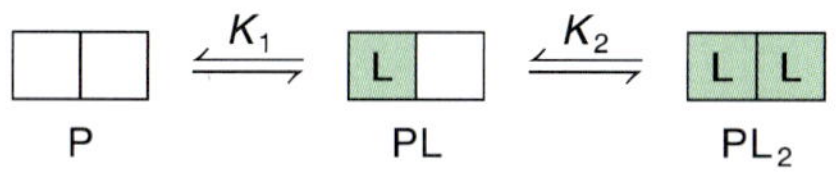

그림 8.12
리간드 L이 두 개의 대등한 결합 자리를 가진 거대 분자와 연속적으로 결합한다.

$$P + L \rightleftharpoons PL \qquad K_1 = \frac{[P][L]}{[PL]}$$

$$PL + L \rightleftharpoons PL_2 \qquad K_2 = \frac{[PL][L]}{[PL_2]}$$

여기서 K_1과 K_2는 해리 상수(그림 8.12)이다. 이번에는 Y를 다음과 같이 정의한다.

$$Y = \frac{\text{P에 결합된 L의 농도}}{\text{모든 형태로 있는 P의 전체 농도}}$$

$$= \frac{[PL] + 2[PL_2]}{[P] + [PL] + [PL_2]} \tag{8.25}$$

이때 PL_2는 P 한 분자에 두 분자의 L이 결합되어 있으므로 그 농도에 2를 곱하여 주어야만 함에 주의하라. 다음 두 식을 식 8.25에 대입하여

$$[PL] = \frac{[P][L]}{K_1}, \qquad [PL_2] = \frac{[P][L]}{K_2}$$

다음과 같이 나타낼 수 있다.

$$Y = \frac{[P][L]/K_1 + 2[P][L]^2/K_1K_2}{[P] + [P][L]/K_1 + [P][L]^2/K_1K_2}$$

$$= \frac{[L]/K_1 + 2[L]^2/K_1K_2}{1 + [L]/K_1 + [L]^2/K_1K_2} \tag{8.26}$$

두 개의 자리가 서로 독립적이며 같은 해리 상수를 가지고 있으므로, 처음에는 K_1이 K_2와 같은 값으로 보일 수도 있다. 그러나 이것은 통계적인 이유 때문에 사실이 아니다. 주어진 어떤 결합 자리의 해리 상수를 K라 하자[이 때의 K를 **고유 해리 상수**(intrinsic dissociation constant)라고 한다]. 그러면 L이 P에 붙는 방법은 두 가지가 있고, PL로부터 떨어지는 방법은 한 가지이므로 $2K_1 = K$가 된다(만약 단 하나의 자리만 존재한다면 K_1은 K와 같아질 것이다). L이 결합된 후에는 L이 PL에 붙는 방법은 한 가지이고, PL_2로부터 떨어지는 방법은 두 가지이므로 $K_2 = 2K$이다. i번째 해리 상수 K_i와 K 사이의 일반적인 상관관계는 다음과 같이 주어진다.

$$K_i = \left(\frac{i}{n - i + 1}\right)K \tag{8.27}$$

위의 예에서는 $i = 1$, 2이고 $n = 2$이므로 식 8.27로부터

$$K_1 = \frac{K}{2}, \qquad K_2 = 2K$$

따라서 순수한 통계적 해석만으로도 두 번째 해리 상수가 첫 번째 해리 상수보다 4배, 즉 $K_2 = 4K_1$임을 알 수 있다(부록 8.2 참조). K가 다음과 같이 각 해리 상수의 기하 평균임을 주목하라.

$$K = \sqrt{K_1 K_2} \tag{8.28}$$

이제 식 8.26을 다음과 같이 나타낼 수 있다.

$$\begin{aligned} Y &= \frac{2[\mathrm{L}]/K + 2[\mathrm{L}]^2/K^2}{1 + 2[\mathrm{L}]/K + [\mathrm{L}]^2/K^2} \\ &= \frac{(2[\mathrm{L}]/K)(1 + [\mathrm{L}]/K)}{(1 + [\mathrm{L}]/K)^2} = \frac{2[\mathrm{L}]}{[\mathrm{L}] + K} \end{aligned} \tag{8.29}$$

식 8.29는 두 개의 대등한 자리에 대해서 얻어진 결과이다.

일반적으로 n개의 대등한 자리에 대해서는*

$$Y = \frac{n[\mathrm{L}]}{[\mathrm{L}] + K} \tag{8.30}$$

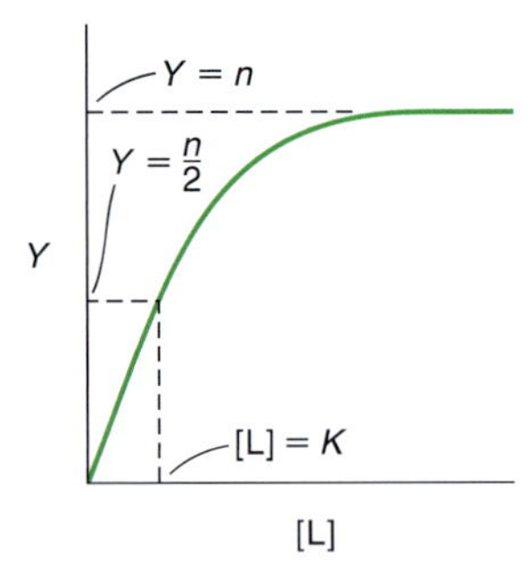

그림 8.13
포화 분율(Y) 대 리간드 농도([L]) 그림

식 8.30은 그래프로 나타내기에 적절한 몇 가지 형태로 재정리될 수 있다. 여기서는 가장 보편적인 세 가지 과정을 살펴본다.

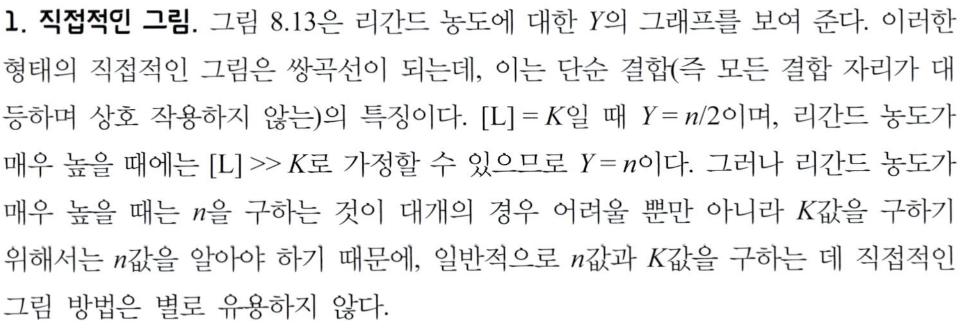

1. 직접적인 그림. 그림 8.13은 리간드 농도에 대한 Y의 그래프를 보여 준다. 이러한 형태의 직접적인 그림은 쌍곡선이 되는데, 이는 단순 결합(즉 모든 결합 자리가 대등하며 상호 작용하지 않는)의 특징이다. $[\mathrm{L}] = K$일 때 $Y = n/2$이며, 리간드 농도가 매우 높을 때에는 $[\mathrm{L}] >> K$로 가정할 수 있으므로 $Y = n$이다. 그러나 리간드 농도가 매우 높을 때는 n을 구하는 것이 대개의 경우 어려울 뿐만 아니라 K값을 구하기 위해서는 n값을 알아야 하기 때문에, 일반적으로 n값과 K값을 구하는 데 직접적인 그림 방법은 별로 유용하지 않다.

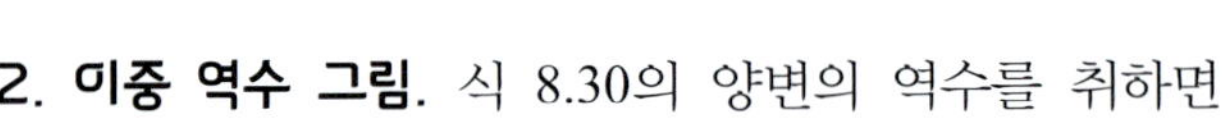

2. 이중 역수 그림. 식 8.30의 양변의 역수를 취하면

$$\frac{1}{Y} = \frac{1}{n} + \frac{K}{n[\mathrm{L}]} \tag{8.31}$$

위 식에 따르면 $1/[\mathrm{L}]$에 대한 $1/Y$의 그림은 기울기가 K/n이고 세로축 절편이 $1/n$인 직선이 된다(그림 8.14). 이 그림은 Hughes-Klotz 그림으로 알려져 있다.

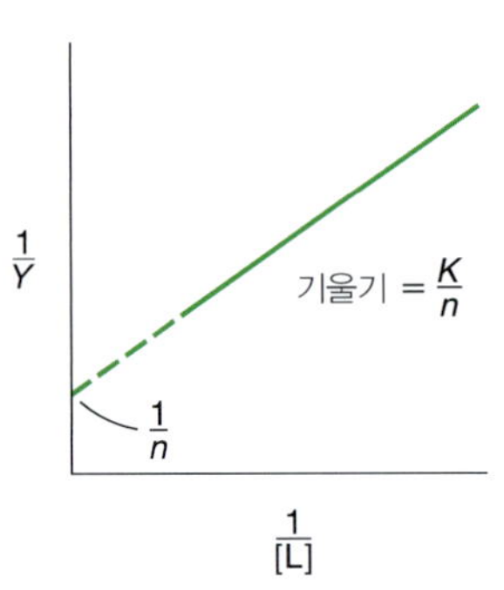

그림 8.14
$1/Y$ 대 $1/[\mathrm{L}]$ 그림. 이 그림은 Hughes-Klotz 그림으로 알려져 있다.

* n개의 대등한 자리에 대해서 $K = (K_1 K_2 K_3 \cdots K_n)^{1/n}$이다.

3. Scatchard 그림. 식 8.30으로 시작하면 다음 식들을 얻게 된다.

$$Y[\mathrm{L}] + KY = n[\mathrm{L}]$$

$$\frac{Y[\mathrm{L}]}{K} + Y = \frac{n[\mathrm{L}]}{K}$$

$$Y = \frac{n[\mathrm{L}]}{K} - \frac{Y[\mathrm{L}]}{K}$$

즉

$$\frac{Y}{[\mathrm{L}]} = \frac{n}{K} - \frac{Y}{K} \tag{8.32}$$

식 8.32는 Scatchard 식으로 알려져 있다[미국 화학자 George Scatchard(1892~1973)의 이름에서 따옴]. 따라서 $Y/[\mathrm{L}]$을 Y에 대해 그리면, 기울기가 $-1/K$이고 가로축 절편이 n인 직선이 된다(그림 8.15).

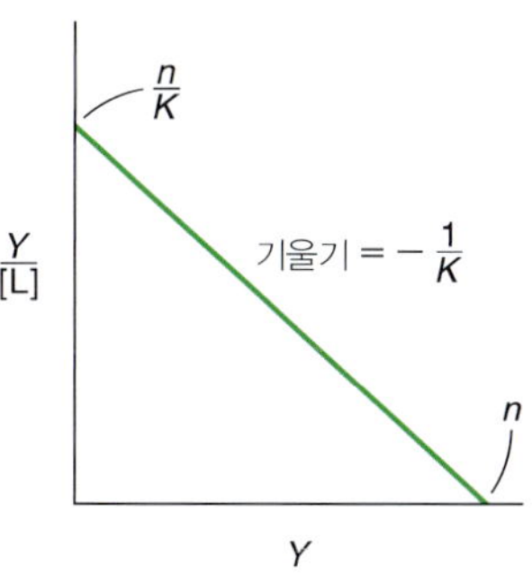

그림 8.15
$Y/[\mathrm{L}]$ 대 Y 그림. 이 그래프는 Scatchard 그림으로 알려져 있다.

평형 투석

리간드와 거대 분자의 결합에 대한 이론적인 면들을 설명했으므로, 이제 n값과 K값을 구하는 실험 방법–**평형 투석**(equilibrium dialysis)에 대해 살펴보자.

투석은 단백질 용액에서 작은 이온과 다른 용질 분자들을 반투막을 통해 교환하는 과정이다. 황산 암모늄을 이용한 염석 기법으로 용액 속의 헤모글로빈을 침전시키는 실험(7.5절 참조)을 가정해 보자. 단백질은 $(NH_4)_2SO_4$ 염으로부터 다음과 같이 분리할 수 있다. 침전물은 물 또는 완충 용액에 용해된다. 이 단백질 용액을 셀로판 주머니에 넣은 후, 이를 다시 같은 완충 용액이 들어 있는 비커에 담근다(그림 8.16). NH_4^+ 이온과 SO_4^{2-} 이온은 크기가 충분히 작아서 셀로판 막을 통해 확산될 수 있지만, 단백질 분자는 그렇지 못하기 때문에 주머니 속의 이온들은 화학 퍼텐셜이 더 낮은 주머니 바깥의 용액 속으로 들어가게 된다.

$$(\mu_{\mathrm{NH}_4^+})_{\text{내부}} > (\mu_{\mathrm{NH}_4^+})_{\text{외부}}$$

$$(\mu_{\mathrm{SO}_4^{2-}})_{\text{내부}} > (\mu_{\mathrm{SO}_4^{2-}})_{\text{외부}}$$

주머니로부터 바깥으로 나오는 이온의 흐름은 주머니 바깥의 양이온과 음이온의 화학 퍼텐셜이 주머니 내부의 화학 퍼텐셜과 같아져서 평형에 도달할 때까지 계속된다. 필요하면 비커에 담긴 완충 용액을 계속 바꿔줌으로써 모든 $(NH_4)_2SO_4$를 제거할 수 있다.

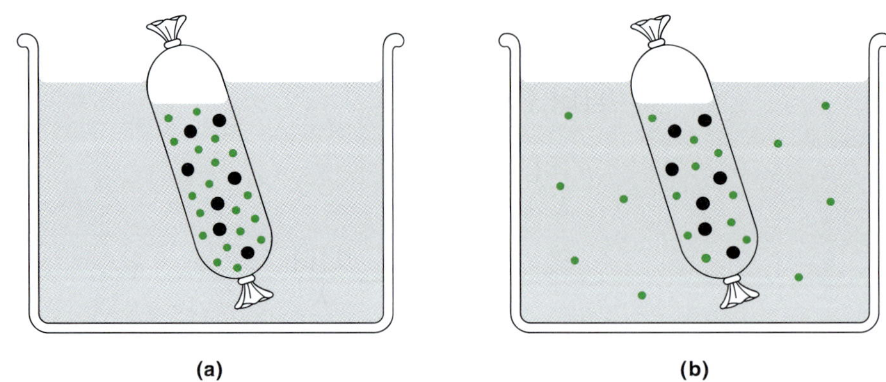

그림 8.16
투석 실험. 작은 점은 리간드를 나타내며, 큰 점은 단백질을 나타낸다. **(a)** 투석을 시작할 때, **(b)** 평형에 이르면 일부 작은 이온들이 셀로판 주머니 외부로 확산되었다. 비커 속의 완충 용액을 계속하여 교체해 주면, 이 과정으로 단백질에 붙어 있지 않은 모든 작은 이온들을 제거할 수 있다.

위에 설명한 과정을 거꾸로 진행시켜 이온이나 작은 리간드와 단백질과의 결합을 연구할 수도 있다. 이 경우에는 리간드가 없는 단백질을 셀로판 주머니 속의 완충 용액(상 1)에 넣은 다음, 이를 다시 농도를 알고 있는 리간드(L)를 포함하고 있는 유사한 완충 용액(상 2) 속에 담근다. 평형에서는 자유(비결합) 리간드의 화학 퍼텐셜(μ_L)이 두 개의 상에서 같아야 하므로(그림 8.17) 다음과 같이 쓸 수 있다.

$$(\mu_L)_1^{\text{비결합}} = (\mu_L)_2^{\text{비결합}} \tag{8.33}$$

$$(\mu^\circ + RT \ln a_L)_1^{\text{비결합}} = (\mu^\circ + RT \ln a_L)_2^{\text{비결합}} \tag{8.34}$$

양쪽에서의 표준 화학 퍼텐셜 μ°가 같기 때문에

$$(a_L)_1^{\text{비결합}} = (a_L)_2^{\text{비결합}} \tag{8.35}$$

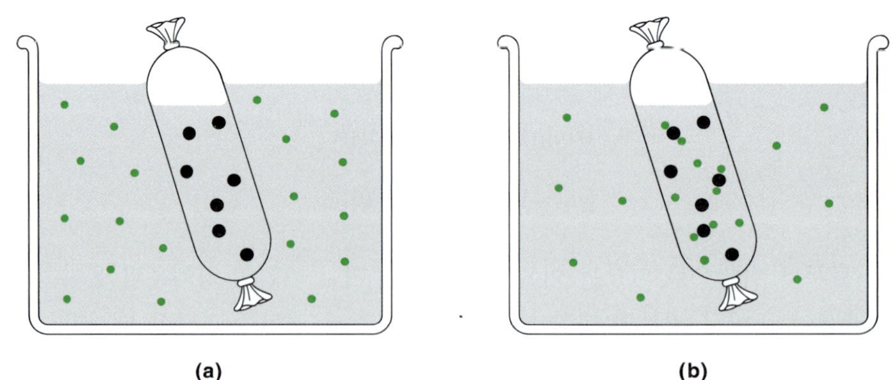

그림 8.17
평형 투석. 작은 점은 리간드를 나타내며, 큰 점은 단백질을 나타낸다. **(a)** 처음에 단백질 용액을 담고 있는 셀로판 주머니가 리간드 분자를 가진 완충 용액에 담겨 있다. **(b)** 평형에서는 일부 리간드 분자가 주머니 안으로 확산되어 단백질 분자와 결합하였다.

용액의 농도가 묽으면, 활동도를 농도로 치환할 수 있으므로 다음과 같이 쓸 수 있다.

$$[\mathrm{L}]_1^{\text{비결합}} = [\mathrm{L}]_2^{\text{비결합}} \tag{8.36}$$

그러나 주머니 내부의 전체 리간드 농도는

$$[\mathrm{L}]_1^{\text{전체}} = [\mathrm{L}]_1^{\text{결합}} + [\mathrm{L}]_1^{\text{비결합}} \tag{8.37}$$

따라서 단백질 분자와 결합한 리간드의 농도는 다음과 같다.

$$[\mathrm{L}]_1^{\text{결합}} = [\mathrm{L}]_1^{\text{전체}} - [\mathrm{L}]_1^{\text{비결합}} \tag{8.38}$$

식 8.38의 우변 첫 항은 비커에서 주머니를 꺼낸 다음에 주머니 속에 있는 용액을 분석하여 얻을 수 있다. 둘째 항은 비커에 남아 있는 용액에 남아 있는 리간드의 농도를 측정하여 구한다(상 1과 상 2에서 비결합 리간드의 농도가 같음을 기억하라). 이제 평형 투석 기법을 사용하여 어떻게 고유 해리 상수 K와 결합 자리수 n 모두를 얻을 수 있는지 알아보자. 상 1의 단백질 농도와 상 2의 리간드 농도를 알고 시작한다고 가정하자. 평형에서 Y는 다음과 같이 주어진다(식 8.25 참조).

$$Y = \frac{[\mathrm{L}]_1^{\text{결합}}}{[\mathrm{P}]^{\text{전체}}} \tag{8.39}$$

여기서 $[\mathrm{P}]^{\text{전체}}$는 단백질 용액의 초기 농도이다. 단백질 용액과 리간드 용액의 농도를 달리하면서 실험을 되풀이하면, Hughes-Klotz 그림이나 Scatchard 그림으로부터 K값과 n값을 구할 수 있다. 식 8.31과 식 8.32의 $[\mathrm{L}]$은 평형에서의 비결합 리간드 농도인데 우리의 경우에는 $[\mathrm{L}]_1^{\text{비결합}}$임을 명심해야 한다.

평형 투석 기법은 약물, 호르몬 및 기타 작은 분자들을 단백질이나 핵산에 결합시키는 데 효과적으로 사용되어 왔다. 리간드가 비전해질이라고 암묵적으로 가정하였기 때문에, 평형에서 상 1과 상 2에서의 비결합 리간드의 농도가 같은 것에 주목하라. 만일 리간드가 전해질이라면 투석 데이터를 분석할 때 Donnan 효과를 적용시켜야만 할 것이다.

Key Equations

$\Delta_r G^\circ = -RT \ln K_P$	($\Delta_r G^\circ$와 K_P의 관계)	(8.7)
$\Delta_r G = \Delta_r G^\circ + RT \ln Q$	(반응 Gibbs 에너지 변화)	(8.9)
$\gamma = \dfrac{f}{P}$	(퓨가시티 계수)	(8.11)
$\ln \dfrac{K_2}{K_1} = \dfrac{\Delta_r H^\circ}{R}\left(\dfrac{T_2 - T_1}{T_1 T_2}\right)$	(van't Hoff 식)	(8.18)
$\ln K = -\dfrac{\Delta_r H^\circ}{RT} + \dfrac{\Delta_r S^\circ}{R}$	(van't Hoff 식)	(8.19)

부록 8.1

퓨가시티와 압력의 상관관계

8.1절에서 언급한 바와 같이 퓨가시티는 실제 기체, 특히 고압 상태의 기체를 포함하는 화학 평형 연구에서 압력을 나타내기 위해 고안된 양이다. 단순하게 생각하기 위하여 순수한 기체에 대하여 압력과 퓨가시티 사이의 상관관계를 유도하지만, 그 결과는 혼합물의 부분 압력에 바로 적용할 수 있다.

이상 기체의 Gibbs 에너지는 다음과 같이 표현된다(식 5.18 참조).

$$\overline{G}_{\text{이상}} = \overline{G}^\circ + RT\ln\frac{P}{1\text{ bar}} \tag{1}$$

Gilbert Lewis는 실제 기체에 대해서도 유사한 식을 사용할 수 있다고 제안하였다.

$$\overline{G}_{\text{실제}} = \overline{G}^\circ + RT\ln\frac{f}{1\text{ bar}} \tag{2}$$

여기서 f는 기체의 퓨가시티이다. 퓨가시티는 압력과 같은 단위를 가지지만 실험을 통해 측정될 수는 없다. 기체 압력이 0에 접근하면 기체는 이상 기체에 가까워지며, 퓨가시티와 압력은 같은 값이 된다.

다음 단계는 다른 온도, 다른 압력 상태에 있는 기체의 퓨가시티를 계산하는 방법을 찾는 것이다. 표준 상태의 이상 기체에 대해서는 $P = 1$ bar이다. 1 bar 상태의 실제 기체는 표준 상태에 있지 않으나 그 차이가 작기 때문에 식 1과 식 2의 $\overline{G}^\circ$ 값이 같다고 가정한다(그림 8.4 참조). 그러면

$$\overline{G}_{\text{실제}} - \overline{G}_{\text{이상}} = RT\ln\frac{f}{P} \tag{3}$$

$(\overline{G}_{\text{실제}} - \overline{G}_{\text{이상}})$을 얻기 위하여 식 5.16을 1몰당 값으로 나타내면,

$$\left(\frac{\partial \overline{G}}{\partial P}\right)_T = \overline{V} \tag{4}$$

또는 다음과 같다.

$$d\overline{G} = \overline{V}dP$$

이 식은 이상 기체와 실제 기체 모두에 적용된다. 이상 기체에 대해서는 $P\overline{V}_{\text{이상}} = RT$ 이므로 아래의 결과를 얻는다.

$$d\overline{G}_{\text{이상}} = \overline{V}_{\text{이상}}\,dP$$

$$= \left(\frac{RT}{P}\right)dP \tag{5}$$

$$d\overline{G}_{\text{실제}} = \overline{V}_{\text{실제}}\,dP \tag{6}$$

또한 실제 기체의 몰당 부피 $\overline{V}_{\text{실제}}$는 직접 측정하거나 실제 기체에 대한 상태 방정식을 사용하여 계산할 수 있다. 따라서

$$d(\overline{G}_{\text{실제}} - \overline{G}_{\text{이상}}) = \left(\overline{V}_{\text{실제}} - \frac{RT}{P}\right)dP$$

$\overline{G}_{\text{실제}} - \overline{G}_{\text{이상}}$(압력과 퓨가시티가 같을 때)이 되는 $P = 0$과 임의의 압력 P 사이의 적분은 다음과 같다.

$$\int_0^P d(\overline{G}_{\text{실제}} - \overline{G}_{\text{이상}}) = \overline{G}_{\text{실제}} - \overline{G}_{\text{이상}}$$

$$= \int_0^P \left[\overline{V}_{\text{실제}} - \left(\frac{RT}{P}\right)\right]dP \tag{7}$$

식 3을 식 7에 대입하면

$$\ln\frac{f}{P} = \frac{1}{RT}\int_0^P \left[\overline{V}_{\text{실제}} - \left(\frac{RT}{P}\right)\right]dP$$

$$= \int_0^P \left(\frac{\overline{V}_{\text{실제}}}{RT} - \frac{1}{P}\right)dP \tag{8}$$

또는

$$\ln f = \ln P + \int_0^P \left(\frac{\overline{V}_{\text{실제}}}{RT} - \frac{1}{P}\right)dP \tag{9}$$

식 9의 적분값은 온도 T에서 압력에 따른 $\overline{V}_{\text{실제}}$의 값을 알고 있을 경우에는 그래프를 그려 구할 수 있다. 다른 방법으로는, 만일 $\overline{V}_{\text{실제}}$를 상태 방정식에 따라 압력의 함수로 나타낼 수 있다면, 적분값을 해석적으로 구할 수 있다. 다음 예제는 두 번째 방법을 보여 준다.

예제 1

암모니아에 대한 만족할 만한 상태식은 $b = 0.0379\ \text{L mol}^{-1}$인 수정된 van der Waals 식 $P(\overline{V}-b) = RT$이다(이 식은 강체구 기체 모형이라고 불린다). 298 K에서 압력이 50 atm일 때 기체의 퓨가시티를 계산하시오.

답

$\overline{V}_{실제} = (RT/P) + b$이므로, 식 8을 다음과 같이 나타낼 수 있다.

$$\ln\frac{f}{P} = \int_0^{50\ \text{atm}} \left(\frac{b}{RT}\right) dP$$

$$= \frac{(0.0379\ \text{L mol}^{-1})(50\ \text{atm})}{(0.08206\ \text{L atm K}^{-1}\ \text{mol}^{-1})(298\ \text{K})} = 0.0775$$

따라서 다음 결과가 얻어진다.

$$f = Pe^{0.0775}$$

$$= (50\ \text{atm})(1.08)$$

$$= 54\ \text{atm}$$

COMMENT

압력이 높으므로 암모니아가 이상적으로 거동할 것이라고 기대할 수 없다. 퓨가시티 계수 γ, 즉 f/P는 54/50 또는 1.1이다.

부록 8.2

K_1과 K_2 사이의 상관관계 및 고유 해리 상수 K

대등하지만 서로 독립적인 두 개의 결합 자리를 갖는 고분자(P)를 생각해 보자. 이 두 개의 자리는 구별되기 때문에 (1)과 (2)로 표시할 수 있다고 가정하자. 이 자리는 서로 대등하므로 리간드(L)의 해리 평형 상수, 즉 **고유 해리 상수**(intrinsic dissociation constant, K)는 다음 두 과정에 대해 같다.

$$\mathrm{P} + \mathrm{L} \rightleftharpoons \mathrm{PL}^{(1)} \qquad K = \frac{[\mathrm{P}][\mathrm{L}]}{[\mathrm{PL}^{(1)}]}$$

$$\mathrm{P} + \mathrm{L} \rightleftharpoons \mathrm{PL}^{(2)} \qquad K = \frac{[\mathrm{P}][\mathrm{L}]}{[\mathrm{PL}^{(2)}]}$$

PL의 전체 농도는 다음과 같이 주어진다.

$$\begin{aligned}[\mathrm{PL}] &= [\mathrm{PL}^{(1)}] + [\mathrm{PL}^{(2)}] \\ &= \frac{[\mathrm{P}][\mathrm{L}]}{K} + \frac{[\mathrm{P}][\mathrm{L}]}{K} \\ &= \frac{2[\mathrm{P}][\mathrm{L}]}{K} \end{aligned} \tag{1}$$

결합 평형은 다음과 같이 표현할 수 있다.

$$\mathrm{P} + \mathrm{L} \xrightleftharpoons{K_1} \mathrm{PL} \quad (\,1\text{ 또는 }2\,)$$

여기서

$$K_1 = \frac{[\mathrm{P}][\mathrm{L}]}{[\mathrm{PL}]} \tag{2}$$

식 1을 2에 대입하면, 다음이 얻어진다.

$$K_1 = \frac{[\mathrm{P}][\mathrm{L}]}{2[\mathrm{P}][\mathrm{L}]/K} = \frac{K}{2} \tag{3}$$

고유 해리 상수의 정의로 돌아가서 리간드가 자리 (1)과 자리 (2)에 차례대로 결합한다고 가정하면 다음과 같다.

$$P + L \rightleftharpoons PL^{(1)} \qquad K = \frac{[P][L]}{[PL^{(1)}]}$$

$$PL^{(1)} + L \rightleftharpoons PL_2^{(1)(2)} \qquad K = \frac{[PL^{(1)}][L]}{[PL_2^{(1)(2)}]}$$

$$\text{전체: } P + 2L \rightleftharpoons PL_2^{(1)(2)}$$

전체 반응에 대한 (해리) 평형 상수는 각 단계의 평형 상수의 곱이다.

$$K_{전체} = K^2 = \frac{[P][L]^2}{[PL_2^{(1)(2)}]} \tag{4}$$

또는

$$[PL_2^{(1)(2)}] = \frac{[P][L]^2}{K^2} \tag{5}$$

K_2와 K 사이의 상관관계를 유도하기 위해서

$$PL(1 \text{ 또는 } 2) + L \overset{K_2}{\rightleftharpoons} PL_2^{(1)(2)}$$

여기서

$$K_2 = \frac{[PL][L]}{[PL_2^{(1)(2)}]} \tag{6}$$

식 1과 식 5를 식 6에 대입하면 최종 결과에 이르게 된다.

$$K_2 = \frac{(2[P][L]/K)[L]}{[P][L]^2/K^2} = 2K \tag{7}$$

또한

$$K_2 = 4K_1 \tag{8}$$

참고문헌

책

Hanson, R. M., and S. Green, *Introduction to Molecular Thermodynamics*, University Science Books, Sausalito, CA, 2008.

Klotz, I. M., and R. M. Rosenberg, *Chemical Thermodynamics*, 6th ed., John Wiley & Sons, New York, 2000.

McQuarrie, D. A., and J. Simon, *Molecular Thermodynamics*, University Science Books, Sausalito, CA, 1999.

Rock, P., *Chemical Thermodynamics*, University Science Books, Sausalito, CA, 1983.

논문

일반

"Some Observations Concerning the van't Hoff Equation," J. T. MacQueen, *J. Chem. Educ.* **44**, 755 (1967).

"High Altitude Acclimatization," R. C. Plumb, *J. Chem. Educ.* **48**, 75 (1971).

"Effect of Ionic Strength on Equilibrium Constants," M. D. Seymour and Q. Fernando, *J. Chem. Educ.* **54**, 225 (1977).

"Clarifying the Concept of Equilibrium in Chemically Reacting Systems," W. F. Harris, *J. Chem. Educ.* **59**, 1034 (1982).

"On the Dynamic Nature of Chemical Equilibrium," M. L. Hernandez and J. M. Alvarino, *J. Chem. Educ.* **60**, 930 (1983).

"Le Châtelier's Principle—a Redundant Principle?" R. T. Allsop and N. H. George, *Educ. Chem.* **21**, 82 (1984).

"Le Châtelier's Principle and the Law of van't Hoff," J. Gold and V. Gold, *Educ. Chem.* **22**, 82 (1985).

"A Better Way of Dealing with Chemical Equilibrium," R. J. Tykodi, *J. Chem. Educ.* **63**, 582 (1986).

"The Effect of Temperature and Pressure on Equilibria: A Derivation of the van't Hoff Rules," H. R. Kemp, *J. Chem. Educ.* **64**, 482 (1987).

"Entropy of Mixing and Homogeneous Equilibrium," S. R. Logan, *Educ. Chem.* **25**, 44 (1988).

"Equilibrium, Free Energy, and Entropy: Rates and Differences," J. J. MacDonald, *J. Chem. Educ.* **67**, 380 (1990).

"Equilibria and $\Delta G°$," J. J. MacDonald, *J. Chem. Educ.* **67**, 745 (1990).

"Chemical Equilibrium," A. A. Gordus, *J. Chem. Educ.* **68**, 138, 215, 291, 397, 566, 656, 759, 927 (1991).

"Reaction Thermodynamics: A Flawed Derivation," F. M. Horuack, *J. Chem. Educ.* **69**, 112 (1992).

"The Conversion of Chemical Energy," D. J. Wink, *J. Chem. Educ.* **69**, 264 (1992).

"Practical Calculation of the Equilibrium Constant and the Enthalpy of Reaction at Different Temperature," K. Anderson, *J. Chem. Educ.* **71**, 474 (1994).

"Teaching Chemical Equilibrium and Thermodynamics in Undergraduate General Chemistry Classes," A. C. Banerjee, *J. Chem. Educ.* **72**, 879 (1995). Also see *J. Chem. Educ.* **73**, A261 (1996).

"Thermodynamics and Spontaneity," R. S. Ochs, *J. Chem. Educ.* **73**, 952 (1996).

"Free Energy Versus Extent of Reaction," R. S. Treptow, *J. Chem. Educ.* **73**, 51 (1996). Also see *J. Chem. Educ.* **74**, 22 (1997).

"The Iron Blast Furnace: A Study in Chemical Thermodynamics," R. S. Treptow and L.

Jean, *J. Chem. Educ.* **75**, 43 (1998).

"A Mechanical Analogue for Chemical Potential, Extent of Reaction, and the Gibbs Energy," S. V. Glass and R. L. DeKock, *J. Chem. Educ.* **75**, 190 (1998).

"The Temperature Dependence of $\Delta G°$ and the Equilibrium Constant, K_{eq}; Is There a Paradox?" F. H. Chappie, *J. Chem. Educ.* **75**, 342 (1998).

"How Thermodynamic Data and Equilibrium Constants Changed When the Standard-State Pressure Became 1 Bar," R. S. Treptow, *J. Chem. Educ.* **76**, 212 (1999).

"The Use of Extent of Reaction in Introductory Courses," S. G. Canagaratna, *J. Chem. Educ.* **77**, 52 (2000).

"Illustrating Chemical Concepts with Coin Flipping," R. Chang and J. W. Thoman, Jr., *Chem. Educator* [Online] **6**, 360 (2001) DOI 10.1007/s00897010524a.

"Determining the Enthalpy, Free Energy, and Entropy for the Solubility of Salicylic Acid with the van't Hoff Equation: A Spectrophotometric Determination of of K_{eq}," J. C. Barreto, T. Dubetz, D. W. Brown, P. D. Barreto, C. M. Coates, and A. Cobb, *Chem. Educator* [Online] **12**, 18 (2007) DOI 10.1333/s00897072002a.

퓨가시티

"The Fugacity of van der Waals Gas," J. S. Winn, *J. Chem. Educ.* **65**, 772 (1988).

"An Alternative View of Fugacity," L. L. Combs, *J. Chem. Educ.* **69**, 218 (1992).

"Fugacity—More Than a Fake Pressure," M. C. A. Donkersloot, *J. Chem. Educ.* **69**, 290 (1992).

"Fugacity and Activity in a Nutshell," J. D. Ramshaw, *J. Chem. Educ.* **72**, 601 (1995).

"An Alternate Method of Introducing Fugacity," M. Jemal, *Chem. Educator* [Online] **4**, 1 (1999) DOI 10.1007/s00897990284a.

결합 평형

"Equilibrium Dialysis," S. A. Katz, C. Parfitt, and R. Purdy, *J. Chem. Educ.* **47**, 721 (1970).

"Spectroscopic Determination of Protein-Ligand Binding Constants," A. Orstan and J. F. Wojcik, *J. Chem. Educ.* **64**, 814 (1987).

"Dialysis," R. H. Barth, *Encyclopedia of Applied Physics*, Trigg, G. L., Ed., VCH Publishers, New York (1992), Vol. 4, p. 533.

"Analysis of Receptor-Ligand Interactions," A. D. Atlie and R. T. Raines, *J. Chem. Educ.* **72**, 119 (1995).

"A Thermodynamic Study of Azide Binding to Myoglobin," A. T. Marcoline and T. E. Elgren, *J. Chem. Educ.* **75**, 1622 (1998).

문제

화학 평형

8.1 기체 반응의 평형 상수는 압력항만으로(K_P), 농도항만으로(K_c), 또는 몰분율만으로(K_x) 나타낼 수 있다. 아래의 가상 반응에 대하여

$$aA(g) \rightleftharpoons bB(g)$$

다음 관계식들을 유도하시오.

(a) $K_P = K_c(RT)^{\Delta n}(P°)^{-\Delta n}$, **(b)** $K_P = K_x P^{\Delta n}(P°)^{-\Delta n}$.

(여기서 Δn은 생성물과 반응물의 몰수 차이이며, P는 계 전체의 압력이다. 이상 기체라고 가정하시오.)

8.2 1024°C에서 산화 구리(II) (CuO)의 분해 반응으로부터 생성되는 산소 기체의 압력이 0.49 bar이다.

$$4CuO(s) \rightleftharpoons 2Cu_2O(s) + O_2(g)$$

(a) 이 반응의 K_P 값은 얼마인가? **(b)** 1024°C에서 0.16몰의 CuO가 2.0 L 플라스크 안에 놓여 있을 때 분해될 CuO의 분율을 계산하시오. **(c)** 1.0몰의 CuO 시료가 사용된다면, 분해 분율은 어떻게 되는가? **(d)** 평형을 성립시키는 최소량의 CuO는 몰 단위로 얼마인가?

8.3 기체 이산화 질소는 실제로는 이산화 질소(NO_2)와 사산화 이질소(N_2O_4)의 혼합물로 존재한다. 74°C, 1.3 atm에서 이러한 혼합물의 밀도가 2.3 g L^{-1}이라면 각 기체들의 부분 압력과 N_2O_4의 해리에 대한 K_P 값을 계산하시오.

8.4 공업용을 목적으로 생산되는 수소의 약 75%는 **수증기 개질**(steam-reforming) 공정으로 생산된다. 이 과정은 제1 개질, 제2 개질이라고 하는 두 단계로 일어난다. 첫 번째 단계에서는 약 30 atm의 수증기와 메테인이 800°C 니켈 촉매하에서 가열되어 수소와 일산화 탄소가 만들어진다.

$$CH_4(g) + H_2O(g) \rightleftharpoons CO(g) + 3H_2(g) \qquad \Delta_r H° = 206 \text{ kJ mol}^{-1}$$

두 번째 단계는 나머지 메테인을 수소로 전환시키기 위하여 약 1000°C에서 공기의 존재하에 진행된다.

$$CH_4(g) + \tfrac{1}{2}O_2(g) \rightleftharpoons CO(g) + 2H_2(g) \qquad \Delta_r H° = 35.7 \text{ kJ mol}^{-1}$$

(a) 첫 번째 단계와 두 번째 단계 모두에서 어떤 온도, 압력 조건이 생성물 형성에 유리한가? **(b)** 첫 번째 단계의 평형 상수 K_c는 800°C에서 18이다. **(i)** 이 반응의 K_P 값을 계산하시오. **(ii)** 메테인과 수증기의 부분 압력이 초기에 각각 15 atm이었다면, 평형에 도달한 후 각 기체들의 압력은 얼마가 되겠는가?

8.5 250°C에서 K_P=1.05인 다음 반응에 대하여 물음에 답하시오.

$$PCl_5(g) \rightleftharpoons PCl_3(g) + Cl_2(g)$$

2.50 g의 PCl_5를 진공인 0.500 L 플라스크 속에 넣고 250°C로 가열하였다. **(a)** 해리되지 않았을 때 PCl_5의 압력을 계산하시오. **(b)** 평형에서 PCl_5의 부분 압력을 계산하시오. **(c)** 평형에서의 전체 압력은 얼마인가? **(d)** PCl_5의 해리도는 얼마인가? (해리도는 해리된 PCl_5의 분율이다.)

8.6 수은의 증기 압력은 26°C에서 0.002 mmHg이다. **(a)** $Hg(l) \rightleftharpoons Hg(g)$ 과정에 대한 K_c와 K_P 값을 계산하시오. **(b)** 어떤 화학자가 온도계를 깨뜨려서 수은을 가로, 세로, 높이가 각각 6.1 m, 5.3 m, 3.1 m인 실험실 바닥에 쏟았다. 평형에서 기화된 수은의 질량을 g 단위로 계산하고, 수은 증기의 농도를 mg m^{-3} 단위로 계산하시오. 이 농도가 안전 한계치 0.05 mg m^{-3}을 초과하는가? (실험실 내 집기와 기타 물품의 부피는 무시하시오.)

8.7 밀폐된 용기 내에서 0.20몰의 이산화 탄소가 과량의 흑연과 함께 특정 온도까지 가열되어 다음과 같은 평형에 도달하였다.

$$C(s) + CO_2(g) \rightleftharpoons 2CO(g)$$

이와 같은 조건에서 기체들의 평균 몰질량이 35g mol^{-1}이었다. **(a)** CO와 CO_2의 몰분율을 계산하시오. **(b)** 전체 압력이 11 atm이라면 K_P 값은 얼마인가? (Hint: 평균 몰질량은 각 기체의 몰분율에 그 기체의 몰질량을 곱한 것을 모두 합한 값이다.)

van't Hoff 식

8.8 $CaCO_3$의 열분해를 생각해 보자.

$$CaCO_3(s) \rightleftharpoons CaO(s) + CO_2(g)$$

CO_2의 평형 기체 압력은 700°C에서 22.6 mmHg, 950°C에서 1829 mmHg이다. 표준 반응 엔탈피를 계산하시오.

8.9 다음 반응을 생각해 보자.

$$CO_2(g) + H_2(g) \rightleftharpoons CO(g) + H_2O(g)$$

960 K에서의 평형 상수는 0.534이고, 1260 K에서는 1.571이다. 반응 엔탈피는 얼마인가?

8.10 드라이아이스(고체 CO_2)의 증기 압력이 −80°C에서는 672.2 torr이고, −70°C에서는 1486 torr이다. CO_2의 몰승화열을 계산하시오.

8.11 자동차 배기가스의 일산화 질소(NO)는 공기 오염의 주요인이다. 부록 B에 수록된 자료를 이용하여 다음 반응의 25°C에서의 평형 상수를 계산하시오.

$$N_2(g) + O_2(g) \rightleftharpoons 2NO(g)$$

$\Delta_r H°$와 $\Delta_r S°$ 모두 온도와 무관하다고 가정하시오. 1500°C에서의 평형 상수를 계산하시오. 이 온도는 자동차가 어느 정도 달린 후 엔진 실린더 내부의 온도라고 할 수 있다.

△G°와 K

8.12 298 K에서 다음 평형 상수에 대한 $\Delta_r G°$ 값을 계산하시오. 1.0×10^{-4}, 1.0×10^{-2}, 1.0, 1.0×10^{2}, 1.0×10^{4}

8.13 부록 B에 수록된 자료를 이용하여 298 K에서 HCl의 합성에 대한 평형 상수 K_P를 계산하시오.

$$H_2(g) + Cl_2(g) \rightleftharpoons 2HCl(g)$$

화학 평형이 다음과 같이 표현되면 K_P 값은 얼마인가?

$$\tfrac{1}{2}H_2(g) + \tfrac{1}{2}Cl_2(g) \rightleftharpoons HCl(g)$$

8.14 298 K, 1 atm에서 N_2O_4가 NO_2로 해리되는 반응은 16.7%가 해리되면 완결된다.

$$N_2O_4(g) \rightleftharpoons 2NO_2(g)$$

이 반응에 대한 평형 상수와 표준 Gibbs 에너지 변화를 계산하시오(Hint: α를 해리도로 하고, $K_P = 4\alpha^2 P/(1-\alpha^2)$임을 보이시오. 여기서 P는 전체 압력이다).

8.15 기체 상태 *cis*- 및 *trans*-2-뷰텐의 표준 생성 Gibbs 에너지는 각각 67.15 kJ mol^{-1}과 64.10 kJ mol^{-1}이다. 298K에서 기체 이성질체들의 평형 압력 비율을 계산하시오.

8.16 탄산 칼슘의 분해 반응을 생각해 보자.

$$MgCO_3(s) \rightleftharpoons MgO(s) + CO_2(g)$$

(a) 위 반응에 대한 평형 상수식(K_P)을 쓰시오. **(b)** 이산화 탄소의 부분 압력이 1 bar가 될 때까지는 분해 속도가 느리다. 분해가 자발적으로 일어나는 온도를 계산하시오($\Delta_r H°$와 $\Delta_r S°$는 온도와 무관하다고 가정하시오. 계산 시 부록 B의 자료를 이용하시오).

8.17 부록 B의 데이터를 사용하여 25°C에서 다음 반응의 평형 상수(K_P)를 계산하시오.

$$2SO_2(g) + O_2(g) \rightleftharpoons 2SO_3(g)$$

60°C에서의 K_P를 계산하시오. **(a)** van't Hoff 식(식 8.17)을 이용하시오. **(b)** Gibbs-Helmholtz 식(식 6.15)을 이용하여 60°C에서 $\Delta_r G°$를 구하고 같은 온도에서의 K_P를 구하시오. **(c)** 60°C에서의 $\Delta_r G°$와 같은 온도에서의 K_P를 구하기 위해서, $\Delta_r G° = \Delta_r H° - T\Delta_r S°$를 사용하시오. 각각의 경우에 사용된 가정에 대해 말하고, 얻어진 결과를 비교해 보시오(Hint: 식 5.15로부터 다음 관계식을 유도할 수 있다).

$$\frac{\Delta_r G_2}{T_2} - \frac{\Delta_r G_1}{T_1} = \Delta_r H\left(\frac{1}{T_2} - \frac{1}{T_1}\right)$$

Le Châtelier 법칙

8.18 다음 반응을 생각해 보자.

$$2NO_2(g) \rightleftharpoons N_2O_4(g) \qquad \Delta_r H° = -58.04 \text{ kJ mol}^{-1}$$

다음의 각 경우에 평형인 계에 어떤 일이 일어날지 예측하시오. **(a)** 온도를 증가시킬 때, **(b)** 계의 압력을 증가시킬 때, **(c)** 압력을 일정하게 유지하면서 비활성 기체를 첨가시킬 때, **(d)** 일정 부피에서 계에 비활성 기체를 첨가시킬 때, **(e)** 촉매를 첨가시킬 때

8.19 문제 8.14를 참조하여 전체 압력이 10 atm일 경우의 N_2O_4 해리도를 계산하시오. 자신이 얻은 결과에 대해 설명하시오.

8.20 어떤 온도에서 NO_2와 N_2O_4의 평형 압력이 각각 1.6 bar, 0.58 bar이다. 온도는 일정하게 유지한 채 용기의 부피를 2배로 증가시켜서 다시 평형에 이르렀다면, 각 기체의 부분 압력은 어떻게 될 것인가?

8.21 달걀 껍데기는 대부분 다음 반응에 의해 생성되는 탄산 칼슘($CaCO_3$)으로 이루어져 있다.

$$Ca^{2+}(aq) + CO_3^{2-}(aq) \rightleftharpoons CaCO_3(s)$$

탄산 이온은 대사 과정 중에 생산되는 이산화 탄소에 의해 제공된다. 닭들이 더 많이 헐떡거리는 여름에 달걀 껍데기가 얇아지는 이유를 설명해 보시오. 이 상황에 대한 해결책을 제시하시오.

8.22 광합성은 다음 식으로 나타낼 수 있다.

$$6CO_2(g) + 6H_2O(l) \rightleftharpoons C_6H_{12}O_6(s) + 6O_2(g) \qquad \Delta_r H° = 2801 \text{ kJ mol}^{-1}$$

다음과 같은 변화가 생기면 평형이 어떻게 영향을 받을지 설명하시오. **(a)** CO_2 부분 압력이 증가될 때, **(b)** 혼합물로부터 O_2를 제거시킬 때, **(c)** 혼합물로부터 $C_6H_{12}O_6$(포도당)를 제거시킬 때, **(d)** 물을 더 첨가시킬 때, **(e)** 촉매를 첨가시킬 때, **(f)** 온도를 감소시킬 때, **(g)** 식물에게 더 많은 햇빛이 비출 때

8.23 대기압 25°C에서 어떤 기체가 가열되면 색깔이 짙어진다. 150°C 이상으로 가열하면 색깔이 희미해지며, 550°C에서는 거의 색을 감지할 수 없다. 그러나 550°C에서 계의 압력을 증가시키면 부분적으로 색깔이 회복된다. 다음 시나리오 중 어떤 것이 위의 설명과 가장 잘 부합되는가? 선택한 이유를 설명하시오. **(a)** 수소와 브로민의 혼합물, **(b)** 순수한 브로민, **(c)** 이산화 질소와 사산화 이질소의 혼합물(Hint: 브로민은 불그스름하고 이산화 질소는 갈색이며, 나머지 기체들은 무색이다.)

8.24 금속 소듐은 공업적으로는 용융된 염화 소듐을 전기 분해하여 얻는다. 이때 환원 전극에서의 반응은 $Na^+ + e^- \rightarrow Na$이다. 용융된 염화 포타슘을 사용하면, 금속 포타슘도 전기 분해하여 얻을 수 있을 것으로 예측할 수 있다. 그러나 용융된 염화 포타슘에 금속 포타슘이 용해되기 때문에 포타슘을 회수하기가 어렵다. 더구나 포타슘은 실험 온도에서 쉽게 기화하여 유해한 환경 조건을 만든다. 그래서 포타슘은 892°C에서 소듐 증기 존재하에 용융된 염화 포타슘을 증류하여 제조한다.

$$Na(g) + KCl(l) \rightleftharpoons NaCl(l) + K(g)$$

포타슘이 소듐보다 강력한 환원제임을 고려하여, 이 접근 방식이 유효한 이유를 설명하시오(소듐과 포타슘의 끓는점은 각각 892°C와 770°C이다).

8.25 고도가 높은 지역에 살고 있는 사람들은 해수면 근처에 사는 사람들보다 적혈구 세포 속의 헤모글로빈 함량이 높다. 그 이유를 설명하시오.

결합 평형

8.26 식 8.21로부터 식 8.23을 유도하시오.

8.27 칼슘 이온이 어떤 단백질과 결합하여 1:1 복합체를 생성한다. 실험을 통해 다음과 같은 자료를 얻었다.

전체 Ca^{2+}(μM)	60	120	180	240	480
단백질에 결합된 Ca^{2+}(μM)	31.2	51.2	63.4	70.8	83.4

그래프를 이용하여 Ca^{2+}–단백질 복합체의 해리 상수를 구하시오. 각 실험에서 단백질의 농도는 96 μM로 유지하였다 ($1\ \mu M = 1 \times 10^{-6}\ M$).

8.28 평형 투석 실험 결과, 자유 리간드, 결합한 리간드, 그리고 단백질의 농도가 각각 1.2×10^{-5} *M*, 5.4×10^{-6} *M*, 4.9×10^{-6} *M*이었다. PL $\rightleftharpoons$ P+ L 반응에 대한 해리 상수를 계산하시오(단백질 분자당 한 개의 결합 자리가 있다고 가정하시오).

추가 연습문제

8.29 일정 상태(steady state)와 평형 상태(equilibrium state)의 두 가지 중요한 차이점은?

8.30 본문에서 지금까지 다루어 온 내용에 기초하여, 어떤 과정의 $\Delta_r G°$ 값을 계산하는 방법을 가능한 한 많이 설명하시오.

8.31 물에 대한 *n*-헵테인의 용해도는 25°C에서 용액 1 L당 0.050 g이다. 같은 온도에서 2.0 g L^{-1} 농도로 *n*-헵테인을 물에 용해시키는 가상적인 과정에 대한 Gibbs 에너지 변화는 얼마인가? (Hint: 우선 평형 과정으로부터 $\Delta_r G°$ 값을 계산하고, 그다음으로 식 8.6을 이용하여 $\Delta_r G$ 값을 계산하시오.)

8.32 물리화학에서 용액의 표준 상태는 1 *M*이다. 그러나 생물학적 계에서는 생리적인 pH가 약 7이기 때문에 표준 상태를 1×10^{-7} *M*로 정의한다. 결과적으로 이 두 경우에 H^+ 이온을 흡수하거나 방출하는 등에 대한 표준 Gibbs 에너지 변화량이 달라지게 된다. 이것은 어떤 표준 상태를 사용되는지에 달려 있다. 그러므로 $\Delta_r G°$를 $\Delta_r G°'$로 바꿔야 하며, ′은 생물학적 과정의 표준 Gibbs 에너지 변화임을 나타낸다.
(a) 다음 반응을 생각해 보자.

$$A + B \rightarrow C + xH^+$$

이때 *x*는 화학량론 계수이다. $\Delta_r G°$와 $\Delta_r G°'$의 관계를 도출하되, 같은 과정에 대한 $\Delta_r G$는 어떤 표준 상태를 이용하는지에 관계없이 같다는 것에 유의하시오. 그 역과정에 대해서도 같은 결과를 도출하시오.

$$C + xH^+ \rightarrow A + B$$

(b) NAD^+와 NADH는 니코틴아마이드 아데닌 다이뉴클레오타이드의 산화 및 환원 형태이고, 대사 경로에서의 두 가지 주요 화합물이다. NADH의 산화는 다음과 같다.

$$NADH + H^+ \rightarrow NAD^+ + H_2$$

$\Delta_r G°$는 298 K에서 −21.8 kJ mol^{-1}이다. 화학적 및 생물학적 표준 상태를 이용하여 [NADH] = 1.5×10^{-2} *M*, $[H^+] = 3.0\times10^{-5}$ *M*, $[NAD^+] = 4.6\times10^{-3}$ *M*, $P_{H_2} = 0.010$ bar일 때의 $\Delta_r G$를 계산하시오.

8.33 문제 8.32를 통해 $\Delta_r G^{\circ\prime}$은 O_2나 CO_2 같은 기체를 얻거나 방출하는 반응에도 적용될 수 있다는 것을 짐작할 수 있다. 이러한 경우에 생화학적 표준 상태는 $P_{O_2} = 0.2$ bar, $P_{CO_2} = 0.0004$ bar인데, 여기서 0.2 bar와 0.0004 bar는 각각 공기 중에서 O_2와 CO_2의 부분 압력이다. **(a)** A, B, C가 분자 물질인 다음 반응을 생각해 보자.

$$A(aq) + B(aq) \rightarrow C(aq) + CO_2(g)$$

310 K에서 이 반응에 대한 $\Delta_r G^\circ$와 $\Delta_r G^{\circ\prime}$ 사이의 관계를 유도하시오. **(b)** 헤모글로빈(Hb)에 산소가 결합하는 것은 매우 복잡한 과정이지만 다음 반응으로 나타낼 수 있다.

$$Hb(aq) + O_2(g) \rightarrow HbO_2(aq)$$

이 반응의 $\Delta_r G^\circ$ 값이 20°C에서 -11.2 kJ mol^{-1}이라면, 이 반응에서의 $\Delta_r G^{\circ\prime}$ 값은 얼마인가?

8.34 25°C에서 AgCl의 K_{sp} 값은 1.6×10^{-10}이다. 60°C에서의 K_{sp} 값은 얼마인가?

8.35 많은 탄화수소들이 분자식은 같으나 구조가 다른 화합물인 구조 이성질체로 존재한다. 예를 들어 뷰테인과 아이소뷰테인은 모두 같은 분자식 C_4H_{10}을 갖는다. 뷰테인의 표준 생성 Gibbs 에너지가 -15.9 kJ mol^{-1}이고 아이소뷰테인은 -18.0 kJ mol^{-1}이라면, 25°C 평형 혼합물에서 이들 분자의 몰 백분율을 계산하시오. 그 결과는 곧은 사슬 탄화수소(즉 C 원자가 일직선으로 배열된 탄화수소)가 가지 사슬 탄화수소보다 덜 안정하다는 사실을 뒷받침하는가?

8.36 평형계 $3A \rightleftharpoons B$를 생각해 보자. 다음 상황에 대해서 시간 경과에 따른 A와 B의 농도 변화를 설명하시오. **(a)** 처음에 A만 존재할 때, **(b)** 처음에 B만 존재할 때, **(c)** 처음부터 A와 B 모두 존재할 때(A가 더 높은 농도로). 각 경우에 평형에서는 B의 농도가 A의 농도보다 높은 것으로 가정하시오.

8.37 25°C에서 다음 반응으로부터

$$\text{fumarate}^{2-} + NH_4^+ \rightarrow \text{aspartate}^- \qquad \Delta_r G^\circ = -36.7 \text{ kJ mol}^{-1}$$

$$\text{fumarate}^{2-} + H_2O \rightarrow \text{malate}^{2-} \qquad \Delta_r G^\circ = -2.9 \text{ kJ mol}^{-1}$$

아래 반응의 표준 Gibbs 에너지 변화와 평형 상수를 계산하시오.

$$\text{malate}^{2-} + NH_4^+ \rightarrow \text{aspartate}^- + H_2O$$

8.38 폴리펩타이드는 나선형이나 무작위 코일 형태 중 하나로 존재한다. 나선형에서 무작위 코일로의 전이에 대한 평형 반응의 평형 상수는 40°C에서 0.86이고, 60°C에서 0.35이다. 이 반응에 대한 $\Delta_r H^\circ$와 $\Delta_r S^\circ$값을 구하시오.

8.39 한 학생이 얼음 조각들을 물과 함께 유리컵에 넣어두었다. 몇 분 후에 얼음 조각 몇 개가 함께 녹아 붙은 것을 보았다. 그 이유를 설명하시오.

8.40 14.6 g의 암모니아 시료를 밀폐된 4.00 L 플라스크에 넣고 375°C로 가열하였다. 평형에 도달했을 때 모든 기체의 몰농도를 계산하시오(375°C에서 반응 $2NH_3(g) \rightleftharpoons N_2(g) + 3H_2(g)$의 평형 상수 K_c는 0.83이다).

8.41 1.0몰의 N_2O_4를 진공 용기에 넣고 일정한 온도에서 평형이 되도록 하였다.

$$N_2O_4(g) \rightleftharpoons 2NO_2(g)$$

반응물의 평균 몰질량은 70.6 g mol^{-1}이다. **(a)** 기체의 몰분율을 계산하시오. **(b)** 전체 압력이 1.2 atm일 때 위 반응의 K_P를 계산하시오. **(c)** 같은 온도에서 부피를 감소시켜 압력이 4.0 atm으로 증가한다면, 몰분율은 어떻게 되겠는가?

8.42 다음 반응에서

$$C(s) + CO_2(g) \rightleftharpoons 2CO(g)$$

평형 상수(K_P)는 727°C에서 1.9이다. 0.012몰의 CO_2와 0.025몰의 CO를 얻으려면 반응계의 전체 압력을 얼마로 해야 하는가?

8.43 다음 표는 다양한 온도에서 아래 반응의 평형 상수를 나타낸 것이다.

$$2NO(g) + O_2(g) \rightleftharpoons 2NO_2(g)$$

K_P	138	5.12	0.436	0.0626	0.0130
T(K)	600	700	800	900	1000

위 반응에 대한 $\Delta_r H°$를 그래프를 그려 구하시오.

8.44 일정한 온도에서 다음 반응을 생각해 보자.

$$A_2 + B_2 \rightleftharpoons 2AB$$

A_2 1몰과 B_2 3몰의 혼합물이 평형에 도달하여 AB x몰을 얻었다. A_2 2몰을 추가하여 AB x몰을 다시 생산하였다. 위 반응의 평형 상수는 얼마인가?

8.45 일정한 온도에서 평형 부분 압력은 각각 $P_{NH_3} = 321.6$ atm, $P_{N_2} = 69.6$ atm, $P_{H_2} = 208.8$ atm이다. **(a)** 예제 8.1의 반응의 K_P 값을 계산하시오. **(b)** $\gamma_{NH_3} = 0.782$, $\gamma_{N_2} = 1.266$, $\gamma_{H_2} = 1.243$일 때 열역학적 평형 상수를 구하시오.

8.46 아이오딘은 물에 잘 녹지 않지만 사염화 탄소에는 잘 녹는다. I_2의 두 상 사이의 분배 평형 상수(분배 계수라고도 한다)는 20°C에서 83이다.

$$I_2(aq) \rightleftharpoons I_2(CCl_4)$$

(a) 한 학생이 0.030 L의 CCl_4를 0.032 g의 I_2가 담긴 수용액 0.200 L에 첨가하였다. 혼합물을 잘 섞은 후에 두 상태가 분리되도록 하였다. 수용액에 남아 있는 I_2의 분율을 계산하시오. **(b)** 또 다른 0.030 L의 CCl_4로 I_2의 추출을 반복하였다. 수용액에 남아 있는 원래 용액의 I_2의 분율을 계산하시오. **(c)** 0.060 L의 CCl_4를 사용하여 한 번에 추출한 결과와 **(b)**의 결과를 비교하시오. 그 차이에 대해서 설명하시오.

8.47 다음 평형계를 생각해 보자.

$$N_2O_4(g) \rightleftharpoons 2NO_2(g) \qquad \Delta_r H^\circ = 58.0 \text{ kJ mol}^{-1}$$

(a) 일정한 온도에서 반응계의 부피가 변할 때, $1/V$에 대한 P의 그래프는 위의 계에서 어떻게 나타나는지 설명하시오. **(b)** 압력이 일정하고 반응계의 온도가 변할 때, T에 대한 V의 그래프는 위의 계에서 어떻게 나타나는지 설명하시오.

8.48 이 장에서 나온 적절한 식을 사용하여 60°C에서 물의 증기 압력을 추정하시오.

8.49 다음 반응에서

$$I_2(g) \rightleftharpoons 2I(g)$$

평형 상수(K_P)는 872 K에서 1.8×10^{-4}이고, 1173 K에서 0.048이다. I_2의 결합 엔탈피를 계산하시오.

9장 전기 화학

프로메테우스는 불을, 패러데이는 전기를 인류에게 선물하였다.

– Sir William Lawrence Bragg

전기 화학 반응에서는 전기 분해 반응이 거꾸로 일어난다. 전기 분해는 전기 에너지를 화학 에너지로 바꾸는 데 비하여, 전기 화학 반응은 화학 에너지를 곧바로 전기 에너지로 바꾼다. 전기 화학 반응과 일반적인 반응을 쉽게 구분할 수 있는 차이점이 있다. 전기 화학 반응에 대한 Gibbs 에너지 변화는 전기적인 일의 최댓값과 같고, 그 양을 쉽게 측정할 수 있다.

이 장에서는 전기 화학의 기본 원리와 응용에 대해 공부하게 된다.

9.1 전기 화학 전지

아연 금속 조각을 $CuSO_4$ 용액에 담그면 두 가지 현상이 일어난다. 즉 아연 금속 일부는 Zn^{2+} 이온의 형태로 용액 속에 녹아들어 가고, Cu^{2+} 이온 일부는 금속 구리로 바뀌어 전극에서 석출된다. 이렇게 자발적으로 일어나는 산화-환원 반응을 다음과 같이 나타낸다.

$$Zn(s) + Cu^{2+}(aq) \rightarrow Zn^{2+}(aq) + Cu(s)$$

이때 푸른색의 $CuSO_4$ 용액은 색깔이 옅어진다. 비슷한 반응으로, 구리선을 $AgNO_3$ 용액에 담그면 구리선 표면에 금속 은이 덮여지고, 수화된 Cu^{2+} 이온들이 존재하기 때문에 용액은 점점 푸른색을 띠게 된다. 만일 두 실험에 사용된 금속을 서로 바꾸어 주면, 아무런 변화도 일어나지 않게 될 것이다.

그림 9.1에서 보는 바와 같이 금속 아연과 금속 구리를 각각 $ZnSO_4$ 용액이 들어 있는 그릇과 $CuSO_4$ 용액이 들어 있는 그릇에 담근다고 생각해 보자. 그리고 이 용액이 들어 있는 두 그릇을 NH_4NO_3나 KCl과 같은 비활성 전해질 용액이 들어 있는 **염다리**(salt bridge)라고 하는 관으로 서로 연결해 보자. 이때 염다리의 양쪽 끝에 소결판(sintered disc)을 끼워 넣거나, 한천과 같이 전해질 용액과 섞이는 젤라틴류의 물질을 이용해서 염다리 속에 들어 있는 용액이 양쪽 그릇으로 흘러들어 가는 것을 것을 막아 준다. 금속선으로 두 전극을 연결하면 아연 전극에서 구리 전극으로 전자

한천은 다당류의 한 종류이다.

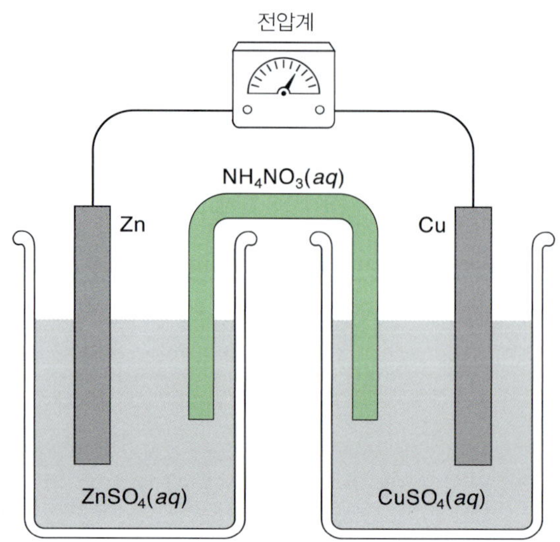

그림 9.1
갈바니 전지의 모식도. 전자는 외부 회로를 통해 아연 전극에서 구리 전극으로 흐른다. 용액 속에서는 음이온(SO_4^{2-}, NO_3^-)이 아연 산화 전극 쪽으로 이동하는 한편, 양이온(Zn^{2+}, Cu^{2+}, NH_4^+)은 구리 환원 전극 쪽으로 이동한다.

들이 전선을 통해 흐른다. 이와 동시에 왼쪽 그릇에 담겨져 있는 아연은 녹아서 Zn^{2+} 이온을 형성하게 되고, 구리 전극 표면에는 Cu^{2+} 이온이 금속 구리로 바뀌어서 달라붙게 될 것이다. 염다리를 설치하는 것은 양쪽 그릇에 들어 있는 용액들 사이의 전기 회로를 완성하고, 이온들이 한쪽 그릇에서 다른 쪽 그릇으로 쉽게 움직일 수 있도록 하기 위한 것이다.

위에서 언급된 장치는 **갈바니 전지**(galvanic cell) 또는 **볼타 전지**(voltaic cell)의 일종인 **다니엘 전지**(Daniell cell)로 알려져 있는 것이다. 갈바니 전지의 원리는 산화-환원 반응에 기초하고 있다. 아연-구리 전지에서 산화-환원 반응을 다음과 같이 각 전극에서의 **반쪽 전지 반응**(half-cell reaction)으로 나타낼 수 있다.

$$\text{산화 전극:} \qquad Zn(s) \rightarrow Zn^{2+}(aq) + 2e^-$$

$$\text{환원 전극:} \quad Cu^{2+}(aq) + 2e^- \rightarrow Cu(s)$$

아연 전극을 **산화 전극**(anode)이라고 하는데, 여기서 산화 반응(전자를 잃음)이 일어난다. 한편 구리 전극은 **환원 전극**(cathode)이라고 하는데, 여기서는 환원 반응(전자를 얻음)이 일어난다. 다니엘 전지를 **전지 표기법**으로 나타내면 다음과 같다.

$$Zn(s)|ZnSO_4(1.00\ M)||CuSO_4(1.00\ M)|Cu(s)$$

여기서 한 줄 수직선은 상의 경계를 나타내고, 두 줄 수직선은 염다리를 나타낸다. 관례에 따라 산화 전극을 이중 수직선의 왼쪽에 먼저 쓰고, 다른 요소들은 산화 전극에서 환원 전극으로 가면서 배치된 순서대로 나타낸다. 전지 표기법에서는 일반적으로 용액의 농도를 표시한다.

산화 전극에서 환원 전극으로 전자들이 흐르는 것은 두 전극 사이에 전기 퍼텐셜 차이가 있기 때문인데, 이러한 전위의 차이를 전지 전압 또는 전지 전위라고 한다. 전지 전압의 일반적인 용어는 전지의 기전력(electromotive force), 즉 emf(E)라고 한다. 기전력은 이름에도 불구하고 전압의 크기이지, 힘은 아니다. 298 K에서 $CuSO_4$와 $ZnSO_4$의 몰농도가 같을 때 다니엘 전지의 $E = 1.104$ V이다.

전지의 기전력은 보통 전위차계(그림 9.2)로 측정한다. 측정하려고 하는 전지의 기전력보다 큰 기전력을 가진 전지 S를 저항이 큰 균일한 철사(AB)의 양쪽 끝에 연결한 다음, 전지 X를 A와 검류계에 연결한다. 여기서 검류계는 전류의 흐름을 알 수 있는 장치이다. 일반적인 실험에서는 검류계의 한쪽 끝(화살표)을 AB를 따라 움직이다가 검류계에서 전류의 흐름이 0이 되는 점 C를 찾는다. 이 점에서 AC를 통한 전지 S의 전위는 측정하고자 하는 전지 X의 기전력 E_x와 정확하게 같다. 그러고 나서 기전력 값(E_w)이 정확하게 잘 알려진 전지 W로 이 과정을 다시 반복한다. 이때 새로운 균형점을 C′이라고 하면 다음과 같이 쓸 수 있다.

$$\frac{E_x}{E_w} = \frac{AC}{AC'}$$

보통은 W가 Weston 전지 (298 K에서 $E_w = 1.018$ V)이기 때문에 다음과 같이 된다.

$$E_x = 1.018 \text{ V} \times \frac{AC}{AC'}$$

전기 화학 반응에서 열역학적 양을 계산하는 데는 전지의 emf를 정확하게 측정하는 것이 핵심이다.

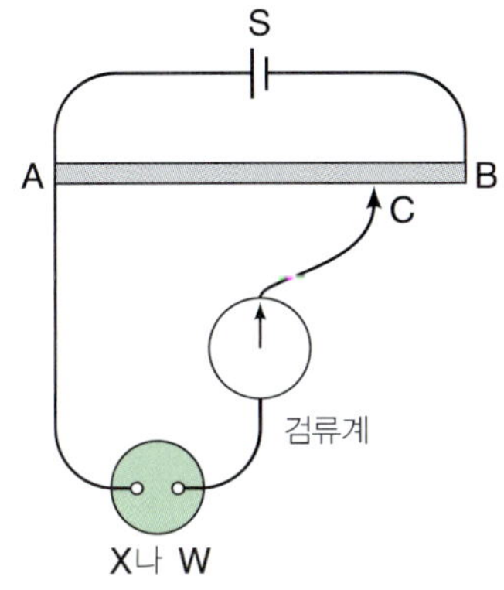

그림 9.2
전위차계를 이용한 전지의 기전력 측정

9.2 단일 전극 전위

이온 한 개의 활동도를 알아내는 것이 불가능한 것처럼, 단일 전극의 전위도 측정할 수 없다. 두 개의 전극이 있어야만 회로를 완성할 수 있다. 관례적으로 **표준 수소 전극**(standard hydrogen electrode, SHE라고도 함. 그림 9.3 참조)을 기준으로 하여 모든 전극의 전위를 측정한다. 온도 298 K에서 H_2의 압력이 1 bar이고, H^+ 이온의 몰농도가 1 M(더 정확하게는 활동도가 1)일 때 SHE의 전위는 편의상 임의대로 0으로 정한다.

$$H^+(1\ M) + e^- \rightleftharpoons \tfrac{1}{2}H_2(1\ \text{bar}) \qquad E^\circ = 0\ \text{V}$$

이중 화살표는 SHE가 환원 전극이나 산화 전극 어느 것으로도 작용할 수 있다는 것을 나타내는 것이다. 이때 측정된 기전력은 다른 전극의 전위이다. 그렇지만 전극 전위를 측정하기 위해서 반드시 표준 수소 전극을 이용해야만 할 필요는 없다. 앞으로 알게 되겠지만, SHE를 기준으로 검정된 다른 전극을 사용하여 또 다른 전극의 표준 환원 전위를 측정하는 것이 더 편리할 때가 많다.

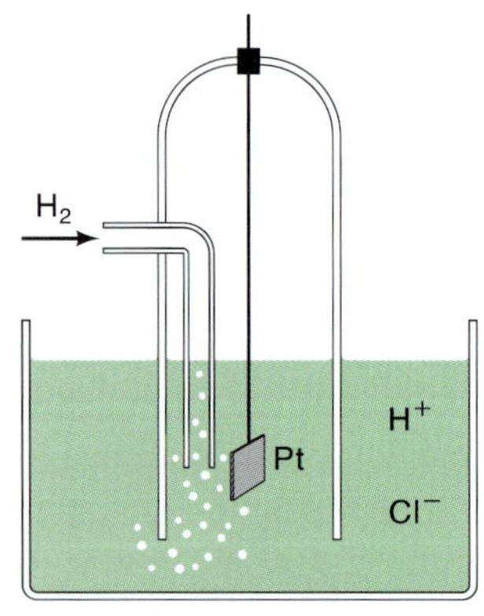

그림 9.3
수소 기체 전극의 모식도. H^+ 이온이 존재하는 용액 속에 수소 기체를 뿜어 준다. 용액 속에 담겨 있는 금속 백금 표면에서는 반쪽 전지의 산화-환원 반응이 일어난다.

몇 가지 자주 쓰이는 반쪽 전지 반응에 대한 **표준 환원 전위**(standard reduction potential) $E°$가 표 9.1에 수록되어 있다. 환원 전위의 양의 값이 클수록 더 강한 산화제이다. 따라서 F_2는 전자를 얻으려는 경향이 가장 크기 때문에 가장 강한 산화제이고, F^- 이온은 가장 약한 환원제이다. 가장 약한 산화제는 Li^+ 이온인데, 그 이유로 금속 리튬은 가장 강한 환원제가 된다. 표준 환원 전위는 온도가 298 K일 때, 수용액의 경우는 용액 속에 녹아 있는 각 성분들의 농도가 1 *M*이고, 기체의 경우는 압력이 1 bar인 조건에서 측정된 값이다.

전극 전위는 세기 성질이어서 그 값은 물질의 종류, 농도, 온도에만 영향을 받고 전극의 크기나 존재하는 용액의 양에는 아무런 관계가 없다는 점을 명심하라. 또한 반쪽 전지 반응은 가역적이다. 조건에 따라서는 어떤 하나의 전극이 산화 전극으로도 환원 전극으로도 작용할 수 있다. 하나의 반쪽 전지 반응을 반대로 일어나게 하면 $E°$의 절댓값은 변하지 않고 부호만 반대로 된다. 예를 들면 다음과 같다.

$$Sr^{2+}(aq) + 2e^- \rightarrow Sr(s) \qquad E° = -2.899\ \text{V}$$

또한

$$Sr(s) \rightarrow Sr^{2+}(aq) + 2e^- \qquad E° = 2.899\ \text{V}$$

임의의 전기 화학 전지에 대한 표준 전극 전위는 표 9.1에 있는 데이터를 이용하여 쉽게 알아낼 수 있다. 관례에 따라 갈바니 전지의 emf($E°$)는 다음과 같이 나타낸다.

$$E° = E°_{\text{환원 전극}} - E°_{\text{산화 전극}} \tag{9.1}$$

여기서 $E°_{\text{환원 전극}}$와 $E°_{\text{산화 전극}}$는 모두 표준 환원 전위에 해당한다. 다니엘 전지를 예로 들면

$$\begin{aligned}
&\text{산화 전극 반응:} && Zn(s) \rightarrow Zn^{2+}(aq) + 2e^- \\
&\text{환원 전극 반응:} && Cu^{2+}(aq) + 2e^- \rightarrow Cu(s) \\
&\text{전체 반응:} && Zn(s) + Cu^{2+}(aq) \rightarrow Zn^{2+}(aq) + Cu(s)
\end{aligned}$$

따라서 다음과 같이 전지의 emf를 계산한다.

$$\begin{aligned}
E° &= 0.342\ \text{V} - (-0.762\ \text{V}) \\
&= 1.104\ \text{V}
\end{aligned}$$

끝으로, 전극 반응이 진행됨에 따라 산화 전극과 환원 전극이 담겨 있는 그릇 속의 용액은 농도가 달라져서 용질들은 더 이상 표준 상태의 농도를 유지할 수 없게 된다는 사실을 잊어서는 안 된다. 그렇기 때문에 전지의 emf 값은 오직 초기 측정값만을 가리키는 것이다.

표 9.1 298 K(pH=0)[a]에서 반쪽 전지의 표준 환원 전위($E°$)

전극	전극 반응	$E°$ (V)
$Pt\|F_2\|F^-$	$F_2(g) + 2e^- \rightarrow 2F^-$	+2.87
$Pt\|Co^{3+}, Co^{2+}$	$Co^{3+} + e^- \rightarrow Co^{2+}$	+1.92
$Pt\|Ce^{4+}, Ce^{3+}$	$Ce^{4+} + e^- \rightarrow Ce^{3+}$	+1.72
$Pt\|MnO_4^-, Mn^{2+}$	$MnO_4^- + 8H^+ + 5e^- \rightarrow Mn^{2+} + 4H_2O$	+1.507
$Pt\|Mn^{3+}, Mn^{2+}$	$Mn^{3+} + e^- \rightarrow Mn^{2+}$	+1.54
$Au\|Au^{3+}$	$Au^{3+} + 3e^- \rightarrow Au$	+1.498
$Pt\|Cl_2\|Cl^-$	$Cl_2(g) + 2e^- \rightarrow 2Cl^-$	+1.36
$Pt\|Cr_2O_7^{2-}, Cr^{3+}$	$Cr_2O_7^{2-} + 14H^+ + 6e^- \rightarrow 2Cr^{3+} + 7H_2O$	+1.23
$Pt\|Tl^{3+}, Tl^+$	$Tl^{3+} + 2e^- \rightarrow Tl^+$	+1.252
$Pt\|O_2, H_2O$	$O_2(g) + 4H^+ + 4e^- \rightarrow 2H_2O$	+1.229
$Pt\|Br_2, Br^-$	$Br_2 + 2e^- \rightarrow 2Br^-$	+1.087
$Pt\|Hg^{2+}, Hg_2^{2+}$	$2Hg^{2+} + 2e^- \rightarrow Hg_2^{2+}$	+0.92
$Hg\|Hg^{2+}$	$Hg^{2+} + 2e^- \rightarrow Hg$	+0.851
$Ag\|Ag^+$	$Ag^+ + e^- \rightarrow Ag$	+0.800
$Pt\|Fe^{3+}, Fe^{2+}$	$Fe^{3+} + e^- \rightarrow Fe^{2+}$	+0.771
$Pt\|I_2, I^-$	$I_2 + 2e^- \rightarrow 2I^-$	+0.536
$Pt\|O_2, OH^-$	$O_2(g) + 2H_2O + 4e^- \rightarrow 4OH^-$	+0.401
$Pt\|Fe(CN)_6^{3-}, Fe(CN)_6^{4-}$	$Fe(CN)_6^{3-} + e^- \rightarrow Fe(CN)_6^{4-}$	+0.36
$Cu\|Cu^{2+}$	$Cu^{2+} + 2e^- \rightarrow Cu$	+0.342
$Pt\|Hg\|Hg_2Cl_2\|Cl^-$	$Hg_2Cl_2 + 2e^- \rightarrow 2Hg + 2Cl^-$	+0.268
$Ag\|AgCl\|Cl^-$	$AgCl + e^- \rightarrow Ag + Cl^-$	+0.222
$Pt\|Sn^{4+}, Sn^{2+}$	$Sn^{4+} + 2e^- \rightarrow Sn^{2+}$	+0.151
$Pt\|Cu^{2+}, Cu^+$	$Cu^{2+} + e^- \rightarrow Cu^+$	+0.153
$Ag\|AgBr\|Br^-$	$AgBr + e^- \rightarrow Ag + Br^-$	+0.0713
$Pt\|H_2\|H^+$	$2H^+ + 2e^- \rightarrow H_2$	0.0
$Pb\|Pb^{2+}$	$Pb^{2+} + 2e^- \rightarrow Pb$	−0.126
$Sn\|Sn^{2+}$	$Sn^{2+} + 2e^- \rightarrow Sn$	−0.138
$Co\|Co^{2+}$	$Co^{2+} + 2e^- \rightarrow Co$	−0.277
$Tl\|Tl^+$	$Tl^+ + e^- \rightarrow Tl$	−0.336

전극	전극 반응	$E°$ (V)
$Pb\|PbSO_4\|SO_4^{2-}$	$PbSO_4 + 2e^- \rightarrow Pb + SO_4^{2-}$	−0.359
$Cd\|Cd^{2+}$	$Cd^{2+} + 2e^- \rightarrow Cd$	−0.403
$Pt\|Cr^{3+}, Cr^{2+}$	$Cr^{3+} + e^- \rightarrow Cr^{2+}$	−0.41
$Fe\|Fe^{2+}$	$Fe^{2+} + 2e^- \rightarrow Fe$	−0.447
$Zn\|Zn^{2+}$	$Zn^{2+} + 2e^- \rightarrow Zn$	−0.762
$Pt\|H_2O\|H_2, OH^-$	$2H_2O + 2e^- \rightarrow H_2 + 2OH^-$	−0.828
$Mn\|Mn^{2+}$	$Mn^{2+} + 2e^- \rightarrow Mn$	−1.180
$Al\|Al^{3+}$	$Al^{3+} + 3e^- \rightarrow Al$	−1.662
$Mg\|Mg^{2+}$	$Mg^{2+} + 2e^- \rightarrow Mg$	−2.372
$Na\|Na^+$	$Na^+ + e^- \rightarrow Na$	−2.714
$Ca\|Ca^{2+}$	$Ca^{2+} + 2e^- \rightarrow Ca$	−2.868
$Sr\|Sr^{2+}$	$Sr^{2+} + 2e^- \rightarrow Sr$	−2.899
$Ba\|Ba^{2+}$	$Ba^{2+} + 2e^- \rightarrow Ba$	−2.905
$K\|K^+$	$K^+ + e^- \rightarrow K$	−2.931
$Li\|Li^+$	$Li^+ + e^- \rightarrow Li$	−3.05

[a] 데이터 출처는 *CRC Handbook of Chemistry and Physics*, 94th ed., Taylor-Francis/CRC Press, Boca Raton, FL, 2013.

9.3 전기 화학 전지의 열역학

전지에 관련된 전기 화학 에너지를 $\Delta_r G$와 연관시키기 위해서는 전지가 다음과 같이 가역적으로 작동해야 한다. 만일 어떤 전지의 전위와 크기는 같고 방향이 반대인 외부 전위를 그 전지에 작용시킨다면 그 전지에서는 아무런 반응도 일어나지 않는다. 이때 외부 전위가 무한히 작은 만큼 변하면, 정반응 또는 역반응이 일어난다. 이와 같은 조건을 만족하는 전지를 **가역 전지**(reversible cell)라고 하는데, 여기서 언급하고 있는 내용은 3.1절에서 논의한 기체의 가역 팽창과 유사한 것이다. 물론 전지가 일반적인 조건 아래 있을 때 가역적으로 작동하는 경우는 없다. 만일 그런 일이 일어난다면 전지를 통한 전류의 흐름이 생기지 않을 것이다. 전지의 기전력을 측정해 보면 역반응이 일어날지를 알아볼 수 있다. 실제로 앞에서 설명한 바와 같이 (그림 9.2 참조), 전위의 균형점에서는 전류의 알짜 흐름은 일어나지 않는다.

한 전극에서 다른 전극으로(다시 말해서 산화 전극에서 환원 전극으로) 전자들이 이동되는 전기 화학 전지 반응을 생각해 보자. 이때 반응의 몰당 전하량 Q(단위는 쿨롱)는 다음과 같이 주어진다.

$$Q = \nu F$$

여기서 ν는 화학량론 계수이고, F는 Faraday 상수로 전자 1몰이 옮긴 전하량으로서 다음과 같은 값이다.

$$\begin{aligned} \text{Faraday 상수} &= \text{전자의 전하량} \times \text{1몰의 전자수} \\ &= 1.6022 \times 10^{-19}\ \text{C} \times 6.022 \times 10^{23}\ \text{mol}^{-1} \\ &= 96{,}485\ \text{C mol}^{-1} \end{aligned}$$

앞에서 언급했듯이, 아주 정확한 계산이 아닐 경우라면 보통 Faraday 상수값으로 96,500 C mol^{-1}을 쓰고 있다. 원칙적으로는, 전기 화학 전지가 작동할 때 생성되는 전류는 모두 일을 하는 데 쓰여질 수 있다. 그때 전지 반응에 의해서 행할 수 있는 일의 양은 전위와 전하량의 곱 $-\nu FE$로 주어지는데, 여기서 전위는 기전력인 E(단위는 볼트)이고 전하량(단위는 쿨롱)은 νF이다. 그리고 일과 전위 및 전하량의 단위 관계는 1 J = 1 V × 1 C이며, 마이너스 부호는 전지가 주위에 일을 해 주었다는 것을 의미한다. 이는 3.1절에서 설정한 개념과 일치한다.

일정한 온도와 압력하에서, 가역 전지의 경우 $-\nu FE$는 그 전지가 해 준 일의 최대량이고, 이것은 전지 반응이 일어나는 계의 Gibbs 에너지 감소와 같은 양(식 5.11 참조)이다.

$$\Delta_r G = -\nu FE \tag{9.2}$$

반응 과정에 대한 $\Delta_r G$(또는 $\Delta_r G^\circ$)는 전기 화학적 측정에 의해 가장 직접적으로 결정할 수 있다.

여기서 $\Delta_r G$는 전지 반응에서 생성물의 Gibbs 에너지와 반응물의 Gibbs 에너지의 차이다. 식 9.2는 다음과 같이 변형시켜서 쓸 수도 있다.

$$E = \frac{-\Delta_r G}{\nu F} \tag{9.3}$$

온도와 압력이 일정할 때, 반응식의 정방향으로 자발적인 반응이 일어나려면 $\Delta_r G$ 값이 음수여야 한다는 사실을 기억하라. 식 9.3에 따르면, 이러한 조건은 기전력 E가 양수라는 말과 같다. 그러므로 어떤 전기 화학 전지에 대한 E의 값이 양수일 경우 그 전지는 갈바니 전지이고, 전지 반응은 반응식이 쓰여 있는 방향으로 진행된다. 전기 화학 전지 반응의 표시된 방향에 대한 E의 값이 음수일 때는 정반응은 전해 반응이다. 전기 분해와 같은 비자발적인 반응이 지속되려면, E보다 큰 외부 전압을 전지에 가해 주어야 한다.

식 9.3의 특별한 경우는 전지 반응의 반응물과 생성물들이 모두 표준 상태로 유지되고 있을 때인데, 이럴 경우의 emf를 표준 기전력이라고 하고, E°로 나타낸다. 표준 기전력은 다음과 같이 표준 Gibbs 에너지 변화와 연관된다.

$$E^\circ = \frac{-\Delta_r G^\circ}{\nu F} \tag{9.4}$$

$\Delta_r G°$는 식 8.7에서 보는 바와 같이 평형 상수와 연관되기 때문에 다음과 같은 관계를 얻을 수 있다.

$$E° = \frac{RT \ln K}{\nu F} \tag{9.5}$$

또는

$$K = e^{\nu F E°/RT} \tag{9.6}$$

결과적으로 $E°$의 값을 알면 산화–환원 전지 반응의 평형 상수를 계산해 낼 수 있다.

예제 9.1

표준 상태 조건에서 다음 반응이 자발적으로 일어날지의 여부를 예상하시오. 또 25°C에서 평형 상수를 계산하시오.

$$\mathrm{Sn}(s) + 2\mathrm{Ag}^+(aq) \rightleftharpoons \mathrm{Sn}^{2+}(aq) + 2\mathrm{Ag}(s)$$

답

전체 과정을 두 개의 반쪽 반응으로 나타내면 다음과 같다.

$$\begin{array}{ll} \text{산화 반응:} & \mathrm{Sn}(s) \rightarrow \mathrm{Sn}^{2+}(aq) + 2e^- \\ \text{환원 반응:} & \underline{2[\mathrm{Ag}^+(aq) + e^- \rightarrow \mathrm{Ag}(s)]} \\ \text{전체:} & \mathrm{Sn}(s) + 2\mathrm{Ag}^+(aq) \rightarrow \mathrm{Sn}^{2+}(aq) + 2\mathrm{Ag}(s) \end{array}$$

표 9.1에서 찾을 수 있는 이들 반쪽 반응에 대한 표준 환원 전위와, 식 9.1을 이용하여 전체 반응에 대한 $E°$ 값을 계산할 수 있다.

$$\begin{aligned} E° &= 0.800\ \mathrm{V} - (-0.138\ \mathrm{V}) \\ &- 0.938\ \mathrm{V} \end{aligned}$$

$E°$가 양수값이기 때문에 표준 상태 조건에서 이 반응은 자발적으로 일어난다.

또한 $\nu = 2$(전체 반응에서 움직이는 전자가 2개임)이므로 식 9.6에 대입하면 다음과 같이 쓸 수 있다.

$$\begin{aligned} K &= \exp\left[\frac{(2)(96500\ \mathrm{C\ mol^{-1}})(0.938\ \mathrm{V})}{(8.314\ \mathrm{J\ K^{-1}\ mol^{-1}})(298\ \mathrm{K})}\right] \\ &= 5.4 \times 10^{31} \end{aligned}$$

이 반응이 자발적으로 일어나는지를 알아보는 또 다른 방법은 다음과 같다.

$$\begin{aligned}\Delta_r G^\circ &= -\nu FE^\circ \\ &= -(2)(96500\ \mathrm{C\ mol^{-1}})(0.938\ \mathrm{V}) \\ &= -1.81 \times 10^5\ \mathrm{C\ V\ mol^{-1}} \\ &= -181\ \mathrm{kJ\ mol^{-1}}\end{aligned}$$

$\Delta_r G^\circ$가 큰 음수값을 갖는다는 것은 표준 상태 조건에서 이 반응이 자발적으로 일어난다는 사실을 말해 준다.

예제 9.2

다음과 같은 전극 전위를 근거로 하여

$$Fe^{2+}(aq) + 2e^- \rightarrow Fe(s) \qquad (1) \qquad E_1^\circ = -0.447\ \mathrm{V}$$

$$Fe^{3+}(aq) + e^- \rightarrow Fe^{2+}(aq) \qquad (2) \qquad E_2^\circ = 0.771\ \mathrm{V}$$

다음 반쪽 반응의 표준 환원 전위를 계산하시오.

$$Fe^{3+}(aq) + 3e^- \rightarrow Fe(s) \qquad (3) \qquad E_3^\circ = ?$$

답

처음 두 개의 반쪽 반응을 합하면 식 3이 되기 때문에 $E_1^\circ + E_2^\circ$를 계산해서 0.324 V인 것처럼 보일지 모르지만 사실은 그렇지 않다. 왜냐하면 emf는 크기 성질이 아니기 때문에, $E_3^\circ = E_1^\circ + E_2^\circ$로 쓸 수가 없는 것이다. 한편 Gibbs 에너지는 크기 성질이기 때문에, 각 반쪽 반응에 대한 Gibbs 에너지 변화를 합쳐 전체 반응에 대한 Gibbs 에너지 변화를 얻을 수 있게 된다.

$$\Delta_r G_3^\circ = \Delta_r G_1^\circ + \Delta_r G_2^\circ$$

여기에 $\Delta_r G^\circ = -\nu FE^\circ$의 관계를 대입하면 다음과 같이 된다.

$$\nu_3 FE_3^\circ = \nu_1 FE_1^\circ + \nu_2 FE_2^\circ$$

또는

$$\begin{aligned}E_3^\circ &= \frac{\nu_1 E_1^\circ + \nu_2 E_2^\circ}{\nu_3} \qquad (\nu_1 = 2, \nu_2 = 1, \nu_3 = 3) \\ &= \frac{(2)(-0.447\ \mathrm{V}) + (1)(0.771\ \mathrm{V})}{3} \\ &= -0.041\ \mathrm{V}\end{aligned}$$

식 9.4를 이용하면 물과 반응하는 일부 알칼리 토금속 또는 알칼리 금속의 $E°$ 값을 결정할 수 있다. 리튬의 표준 환원 전위를 결정하고자 한다고 생각해 보자.

$$\mathrm{Li}^+(aq) + e^- \rightarrow \mathrm{Li}(s) \qquad E° = ?$$

리튬은 물과 반응하여 수소 기체와 수산화 리튬을 생성하기 때문에 리튬 전극을 물속에 직접 담글 수는 없지만 다음과 같은 전기 화학적 반응을 상상할 수 있다.

이 반응은 비자발적이다.

$$\mathrm{Li}^+(aq) + \tfrac{1}{2}\mathrm{H}_2(g) \rightarrow \mathrm{Li}(s) + \mathrm{H}^+(aq)$$

이때 리튬 전극에서는 리튬 이온들이 환원되고, 수소 전극에서는 H_2 분자들이 산화된다. 이제 부록 B에 있는 데이터를 이용하여 다음과 같이 $\Delta_r H°$와 $\Delta_r S°$ 값을 계산할 수 있다.

$$\begin{aligned}\Delta_r H° &= \Delta_f \bar{H}°[\mathrm{Li}(s)] + \Delta_f \bar{H}°[\mathrm{H}^+(aq)] - \Delta_f \bar{H}°[\mathrm{Li}^+(aq)] - (\tfrac{1}{2})\Delta_f \bar{H}°[\mathrm{H}_2(g)] \\ &= (0) + (0) - (-278.5\ \mathrm{kJ\ mol^{-1}}) - (\tfrac{1}{2})(0) \\ &= 278.5\ \mathrm{kJ\ mol^{-1}}\end{aligned}$$

$$\begin{aligned}\Delta_r S° &= \bar{S}°[\mathrm{Li}(s)] + \bar{S}°[\mathrm{H}^+(aq)] - \bar{S}°[\mathrm{Li}^+(aq)] - (\tfrac{1}{2})\bar{S}°[\mathrm{H}_2(g)] \\ &= 28.03\ \mathrm{J\ K^{-1}\ mol^{-1}} + (0) - (14.23\ \mathrm{J\ K^{-1}\ mol^{-1}}) - (\tfrac{1}{2})(130.6\ \mathrm{J\ K^{-1}\ mol^{-1}}) \\ &= -51.5\ \mathrm{J\ K^{-1}\ mol^{-1}}\end{aligned}$$

따라서 온도가 298 K일 때 다음과 같이 된다.

$$\begin{aligned}\Delta_r G° &= \Delta_r H° - T\Delta_r S° \\ &= 278.5\ \mathrm{kJ\ mol^{-1}} - (298\ \mathrm{K})\left(\frac{-51.5\ \mathrm{J\ K^{-1}\ mol^{-1}}}{1000\ \mathrm{J/kJ}}\right) \\ &= 293.8\ \mathrm{kJ\ mol}^{\ 1}\end{aligned}$$

결국 식 9.4로부터 다음과 같이 $E°$ 값을 얻게 된다.

이 계산에서는 보다 정확한 Faraday 상수값을 사용하고 있다.

$$\begin{aligned}E° &= \frac{-\Delta_r G°}{\nu F} \\ &= \frac{-293.8 \times 1000\ \mathrm{J\ mol^{-1}}}{96485\ \mathrm{C\ mol^{-1}}} \\ &= -3.05\ \mathrm{V}\end{aligned}$$

같은 방법으로, 물과 반응하는 다른 금속과 플루오린(F_2)에 대한 $E°$ 값도 계산할 수 있다(문제 9.32 참조).

Nernst 식

이제는 전지의 emf를 온도나 반응 물질의 농도와 같은 변수와 연관시킬 수 있는 식을 유도해 낼 수 있게 되었다. 다음과 같은 전지 반응에 대해서

$$a\mathrm{A} + b\mathrm{B} \rightarrow c\mathrm{C} + d\mathrm{D}$$

Gibbs 에너지 변화는 다음과 같이 나타낼 수 있다(식 8.6 참조).

$$\Delta_r G = \Delta_r G^\circ + RT \ln \frac{a_\mathrm{C}^c a_\mathrm{D}^d}{a_\mathrm{A}^a a_\mathrm{B}^b}$$

여기서 a는 각 물질의 활동도를 나타낸다. 이 식 전체를 $-\nu F$로 나눈 다음, 식 9.3과 식 9.4를 모두 적용시키면 다음과 같은 식을 얻게 된다.

$$E = E^\circ - \frac{RT}{\nu F} \ln \frac{a_\mathrm{C}^c a_\mathrm{D}^d}{a_\mathrm{A}^a a_\mathrm{B}^b} \tag{9.7}$$

식 9.7은 Nernst 식[Nernst equation, 독일의 화학자 Walter Hermann Nernst(1864~1941)의 이름에서 따옴]이라고 하는데, 여기서 E는 실제로 측정된 전지의 emf이고, E°는 반응물과 생성물들의 활동도가 모두 1인 표준 상태에 있을 때 전지의 emf 값이다. 평형에서는 $E=0$이므로 식 9.7은 다음과 같이 된다.

$$E^\circ = \frac{RT}{\nu F} \ln K = \frac{-\Delta_r G^\circ}{\nu F}$$

대부분의 전기 화학 전지는 실온 또는 실온에 가까운 온도에서 작동시키기 때문에 $R = 8.314\ \mathrm{J\ K^{-1}\ mol^{-1}}$, $T = 298\ \mathrm{K}$, $F = 96{,}500\ \mathrm{C\ mol^{-1}}$을 대입하면 RT/F의 값을 알아낼 수 있는데, 계산된 값은 다음과 같다.

$$\frac{(8.314\ \mathrm{J\ K^{-1}\ mol^{-1}})(298\ \mathrm{K})}{96500\ \mathrm{C\ mol^{-1}}} = 0.0257\ \mathrm{J\ C^{-1}}$$
$$= 0.0257\ \mathrm{V}$$

결국 식 9.7은 다음과 같이 나타낼 수 있다.

$$E = E^\circ - \frac{0.0257\ \mathrm{V}}{\nu} \ln \frac{a_\mathrm{C}^c a_\mathrm{D}^d}{a_\mathrm{A}^a a_\mathrm{B}^b} \tag{9.8}$$

예제 9.3

다음과 같은 반응이 298 K에서 $[Cd^{2+}] = 0.15\ M$, $[Fe^{2+}] = 0.68\ M$일 때 표시된 방향으로 자발적인 반응이 일어날지의 여부를 예측하시오.

$$Cd(s) + Fe^{2+}(aq) \rightarrow Cd^{2+}(aq) + Fe(s)$$

답

이 반응에 대한 반쪽 반응들은 다음과 같다.

$$\text{산화 전극: } Cd(s) \rightarrow Cd^{2+}(aq) + 2e^-$$

$$\text{환원 전극: } Fe^{2+}(aq) + 2e^- \rightarrow Fe(s)$$

식 9.1과 표 9.1을 적용하여 다음과 같이 쓸 수 있다.

$$\begin{aligned} E° &= -0.447\ V - (-0.403\ V) \\ &= -0.044\ V \end{aligned}$$

반응이 일어나는 용액을 이상 용액이라고 가정하고, 고체의 활동도가 1이라는 사실을 상기하면 이 반응에 대한 Nernst 식은 다음과 같다.

$$\begin{aligned} E &= -0.044\ V - \frac{0.0257\ V}{2} \ln\frac{[Cd^{2+}]}{[Fe^{2+}]} \\ &= -0.044\ V - \frac{0.0257\ V}{2} \ln\frac{0.15\ M}{0.68\ M} \\ &= -0.025\ V \end{aligned}$$

E가 음수값이기 때문에 이 반응은 표시된 방향으로는 자발적으로 일어나지 않고, 전지 반응은 다음과 같아야 한다.

$$Fe(s) + Cd^{2+}(aq) \rightarrow Fe^{2+}(aq) + Cd(s)$$

예제 9.3에서 반응이 표시된 방향으로 자발적으로 일어나려면 $[Cd^{2+}]/[Fe^{2+}]$의 비가 어떻게 되어야 할까?. 이에 대한 답을 알아내기 위하여 우선 E의 값을 평형 상태에 해당하는 0이라고 놓고, Nernst 식을 다음과 같이 써서 풀어 본다.

$$0 = -0.044\ V - \frac{0.0257\ V}{2} \ln\frac{[Cd^{2+}]}{[Fe^{2+}]}$$

또는

$$\frac{[Cd^{2+}]}{[Fe^{2+}]} = 0.033 = K$$

따라서 $[Cd^{2+}]/[Fe^{2+}]$의 비가 0.033보다 작아져서 E가 양수값이 될 때 비로소 이 반응은 처음 표시된 방향으로 자발적으로 일어나게 될 것이다.

EMF의 온도 의존성

전지 반응에 대한 열역학적 값들은 emf의 온도 의존성을 알아봄으로써 얻을 수가 있는데, 다음과 같은 관계에서 시작해 보자.

$$\Delta_r G° = -\nu FE°$$

$\Delta_r G°$를 일정한 압력 조건에서 온도에 관하여 미분하면 다음과 같다.

$$\left(\frac{\partial \Delta_r G°}{\partial T}\right)_P = -\nu F\left(\frac{\partial E°}{\partial T}\right)_P$$

식 5.13에서 G와 S를 변수로 나타내면 다음과 같다.

$$\left(\frac{\partial \Delta_r G°}{\partial T}\right)_P = -\Delta_r S°$$

그러므로 다음과 같은 관계가 성립된다.

$$\Delta_r S° = \nu F\left(\frac{\partial E°}{\partial T}\right)_P \tag{9.9}$$

따라서 온도에 따른 $E°$의 변화로부터,* 전지 반응의 표준 엔트로피 변화를 알 수 있다. 다니엘 전지에 대하여 $(\partial E°/\partial T)_P$ 값을 결정하고자 한다고 생각해 보자. 이때 가장 간단한 방법은 $[Zn^{2+}]$=1.00 M, $[Cu^{2+}]$=1.00 M(표준 상태)이 되도록 용액을 만든 다음, 여러 다른 온도에서 전지의 emf를 측정하는 것이다. 일단 특정 온도에서 $\Delta_r S°$와 $\Delta_r G°$를 알기만 하면, 다음과 같은 관계로부터 $\Delta_r H°$ 값을 계산해 낼 수 있다.

$$\Delta_r G° = \Delta_r H° - T\Delta_r S°$$

또는

$$\begin{aligned}\Delta_r H° &= \Delta_r G° + T\Delta_r S° \\ &= -\nu FE° + \nu FT\left(\frac{\partial E°}{\partial T}\right)_P \qquad (10.10)\end{aligned}$$

일반적으로 $\Delta_r H°$와 $\Delta_r S°$는 거의 (50 K 이하의 범위에서) 온도에 영향을 받지 않으

* 자동차 배터리의 경우 온도에 따른 emf의 변화는 5×10^{-4} V K^{-1} 정도로 아주 작은 것이 보통인데, 이것으로 추운 날 아침 자동차의 시동을 걸지 못하는 일이 생기는 이유를 설명하기는 어렵다. 이 문제의 실질적인 요인에 대한 재미있는 설명은 L. K. Nash, *J. Chem. Educ.*, **47**, 382 (1970)을 참조하시오.

나, 알고 있는 바와 같이 $\Delta_r G°$는 온도에 따라 현저하게 달라진다. 열계량법을 쓰지 않고 반응의 엔탈피 변화를 결정할 때에는 식 9.10을 적용하면 된다는 사실을 기억하라.

9.4 전극의 종류

전기 화학 전지에서의 어떤 산화–환원 반응이 일어나느냐에 따라 사용되는 전극의 종류가 매우 다양하다. 전극의 종류에 대하여 몇 가지 예를 들어보면 다음과 같다.

금속 전극

금속 전극은 특정 금속 조각이 그 금속의 양이온을 포함하고 있는 용액에 담겨져서 만들어지는데, 이 경우의 전극 반응은 다음과 같다.

$$M^{z+}(aq) + ze^- \rightleftharpoons M(s)$$

여기서 z는 금속 양이온의 전하수이다. 다니엘 전지는 금속(Zn과 Cu) 전극을 사용한다. 앞에서 살펴본 바와 같이, 알칼리 금속이나 몇몇 알칼리 토금속(Ca, Sr, Ba)처럼 물과 반응을 잘 일으키는 금속들은 전극으로 사용할 수 없기 때문에, 이런 경우는 전지 반응에 대한 $\Delta_r H°$와 $\Delta_r S°$를 먼저 결정한 다음, 298 K에서 $\Delta_r G°$ 값을 계산하고, 최종적으로 식 9.4에 따라 $E°$의 값을 계산해 냄으로써 표준 환원 전위(표 9.1 참조)를 알아내게 되는 것이다.

기체 전극

앞에서 언급한 표준 수소 전극(그림 9.3 참조)은 기체 전극의 하나로 $Pt|H_2(g)|H^+(aq)$로 표시한다. 이때 비활성 금속인 백금은 두 가지 목적으로 사용되는데, 하나는 H_2를 수소 원자 상태로 해리시키는 데(또는 H 원자들을 H_2로 재결합시키는 데) 촉매로 작용하는 것이고, 또 하나는 외부 회로로 전자들이 이동하도록 전도체의 역할을 하는 것이다. 수소 기체 전극의 반응은 다음과 같다.

$$2H^+(aq) + 2e^- \rightleftharpoons H_2(g)$$

이 외에도 기체 전극에는 염소(Cl_2) 전극과 산소(O_2) 전극이 있다.

금속–불용성 염 전극

금속–불용성 염 전극은 특정 금속 조각의 표면에 그 금속의 불용성 염을 입혀서 만들 수 있다. 이 전극은 염의 음이온을 포함하고 있는 용액에 잠겨 있다. 일반적인 예가 은–염화 은 전극인 $Ag(s)|AgCl(s)|Cl^-(aq)$으로, 이 경우 Cl^- 이온은 KCl이나 HCl 용액을 통해 공급된다. 이 전극의 반응은 다음과 같다.

$$\mathrm{AgCl}(s) + e^- \rightleftharpoons \mathrm{Ag}(s) + \mathrm{Cl}^-(aq)$$

이러한 종류의 전극 중 가장 흔하게 쓰이는 것은 그림 9.4에서 보여 주고 있는 **칼로멜 전극**(calomel electrode)이다. 칼로멜 전극은 액체 수은이 칼로멜[염화 수은(I), 즉 Hg_2Cl_2]의 한쪽 부분과 접촉되어 있고, 칼로멜의 다른 쪽 부분은 Cl^- 이온을 포함하고 있는 용액(KCl 용액)과 접촉되어 있도록 구성된다. 칼로멜 전극은 $\mathrm{Pt}(s) \mid \mathrm{Hg}(l) \mid \mathrm{Hg_2Cl_2}(s) \mid \mathrm{Cl}^-(aq)$로 표시하며, 이 전극의 반응은 다음과 같다.

$$\mathrm{Hg_2Cl_2}(s) + 2e^- \rightleftharpoons 2\mathrm{Hg}(l) + 2\mathrm{Cl}^-(aq)$$

흔히 쓰이는 것처럼 KCl 포화 용액을 사용할 경우에는 **포화 칼로멜 전극**(saturated calomel electrode)이라고 하는데, 이 경우의 Cl^- 이온 농도는 일정한 온도에서 고정된다. 전기 화학 연구에서는 기준 전극으로 포화 칼로멜 전극이 많이 활용되고 있다. 우선 SHE로 칼로멜 전극을 검정하고 나서, 검정된 칼로멜 전극을 이용하여 다양한 전극들의 표준 환원 전위를 결정할 수 있다.

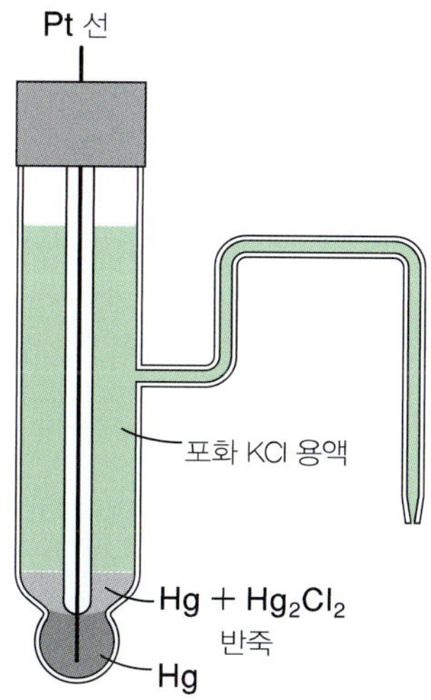

Pt 선
포화 KCl 용액
$Hg + Hg_2Cl_2$ 반죽
Hg

그림 9.4
포화 칼로멜 전극. 옆으로 나와 있는 수직관에는 한천이 들어 있다. 한천은 KCl 용액이 전지 칸(그림에 보이지 않는)으로 흘러가는 것을 막는다.

유리 전극

가장 광범위하게 쓰이고 있는 전극 중에 유리 전극이 있는데, 이 전극은 H^+ 이온에만 작용하기 때문에 사실은 **이온 선택성 전극**(ion selective electrode)의 하나이다. 유리 전극의 기본 골격은 그림 9.5에 제시되어 있는데, 끝부분은 H^+ 이온만 통과할 수 있는 특수한 유리로 된 매우 얇은 전구 모양 또는 막으로 이루어져 있다. Ag | AgCl 전극은 Cl^- 이온을 포함하고 있는 완충 용액(pH가 일정하게 유지)에 담겨 있다. 완충 용액과 pH가 다른 용액 속에 이 전극을 담그면, 얇은 막 양쪽에 전위차가 생기고 이는 두 pH 값의 차이를 나타내는 척도가 된다.*

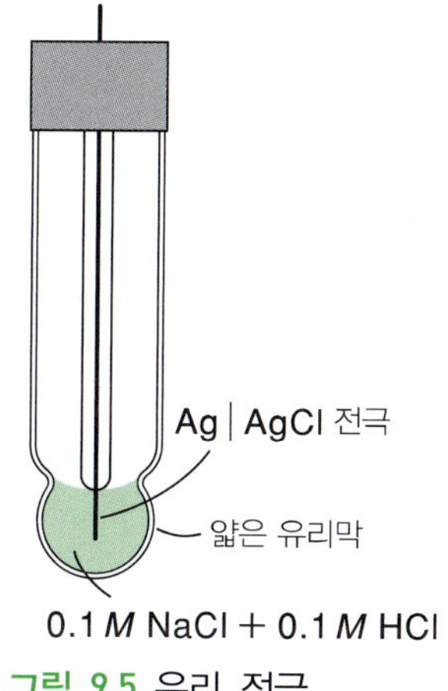

그림 9.5 유리 전극

이온 선택성 전극

유리 전극 외에도 Li^+, Na^+, K^+, Ca^{2+}, NH_4^+, Ag^+, Cu^{2+} 등의 양이온과 할로젠화 이온, S^{2-}, CN^- 등의 음이온에 선택적으로 작용하는 여러 가지 전극들이 있다. 이러한 특수 전극들을 이용하면 emf를 정확하고도 쉽게 측정할 수 있기 때문에, 이온 선택성 전극은 의학 연구에서 환경 연구에 이르기까지 광범위한 분야에서 간편하게 사용되는 분석 장비이다. 이 책에서는 이온 선택성 전극에 대한 자세한 작용 원리를 다루지 않을 것이니, 관심 있는 사람들은 이 장 끝에 수록되어 있는 참고문헌을 참조하기 바란다.

* 유리 전극에 대한 자세한 설명은 R. A. Durst, *J. Chem. Educ.* **44**, 175(1967)과 M. Dole, *ibid*, 57, 134 (1980)를 참조하시오.

9.5 전기 화학 전지의 종류

앞에서 논의한 갈바니 전지는 현재 사용 중인 여러 종류의 전기 화학 전지들 중 하나이다. 이제 농도차 전지와 연료 전지의 두 가지 예를 살펴보자.

농도차 전지

농도차 전지는 전극으로 사용된 금속과 용액 속에 포함되어 있는 이온의 종류는 같고 단지 용액의 농도만 다른 것이다. 한 예로서 다음과 같은 $ZnSO_4$ 농도차 전지를 생각해 보자.

$$Zn(s)|ZnSO_4(0.10\ M)||ZnSO_4(1.0\ M)|Zn(s)$$

전극 반응은 다음과 같이 된다.

농도차 전지에서는 환원 전극 쪽 칸에 더 진한 용액이 있다는 점에 주의하라. 왜냐하면 그쪽이 전자를 받아들일 경향성이 더 크기 때문이다.

$$\text{산화 전극:}\quad Zn(s) \rightarrow Zn^{2+}(0.10\ M) + 2e^-$$

$$\text{환원 전극:}\quad Zn^{2+}(1.0\ M) + 2e^- \rightarrow Zn(s)$$

$$\text{전체:}\quad Zn^{2+}(1.0\ M) \rightarrow Zn^{2+}(0.10\ M)$$

이 반응은 용액이 묽어지는 과정이기 때문에 전극 반응이 진행됨에 따라 산화 전극이 담긴 용액은 Zn^{2+} 이온의 농도가 점점 높아지는 반면, 환원 전극이 담긴 용액은 Zn^{2+} 이온의 농도가 점점 낮아진다. 결국 양쪽 용액의 농도가 같아지면 전지는 작동되지 않는다. 온도가 298 K일 때 이 전지의 초기 emf는 다음과 같다.

$$E = E^\circ - \frac{RT}{\nu F}\ln\frac{[Zn^{2+}]_{\text{묽은}}}{[Zn^{2+}]_{\text{진한}}}$$

$$= 0 - \frac{0.0257\ V}{2}\ln\frac{0.10\ M}{1.0\ M}$$

$$= 0.030\ V$$

전지에서 사용된 전극이 모두 같기 때문에 Nernst 식에서 $E^\circ = 0$임을 명심하라. 일반적으로 농도차 전지는 emf 값이 작아서 실용성이 없다. 그러나 나중에 공부할 막 전위 문제를 연구하는 데 있어서는 농도차 전지의 작동에 대한 이해가 중요하다.

연료 전지

지금까지는 주요 에너지원이 화석 연료인데, 불행하게도 화석 연료가 연소되는 과정은 극단적인 비가역 과정이므로 열역학적으로 효율이 낮다. 그렇지만 연료 전지는 연소 과정을 가역적으로 만들어 더 많은 양의 화학적 에너지를 유용한 일로 바꾸어 줄 수 있다. 더군다나 연료 전지는 열기관처럼 작동하는 것이 아니므로 에너지 변환에 있어서 열기관의 열역학적 한계(식 4.9 참조)와 같은 문제가 없다.

가장 단순한 수소-산소 연료 전지를 생각해 보자. 이 전지는 H_2SO_4 또는 NaOH 같은 전해질 용액과 두 개의 비활성 전극으로 구성되어 있다. 산화 전극이 담겨져 있는 용액에는 수소 기체를 뿜어 주고, 환원 전극이 담겨져 있는 용액에는 산소 기체를 뿜어 주는데, 이때에는 다음과 같은 반응이 일어난다.

산화 전극: $H_2(g) + 2OH^-(aq) \rightarrow 2H_2O(l) + 2e^-$

환원 전극: $\frac{1}{2}O_2(g) + H_2O(l) + 2e^- \rightarrow 2OH^-(aq)$

전체: $H_2(g) + \frac{1}{2}O_2(g) \rightarrow H_2O(l)$

298 K에서 이 전지의 $E°$는 1.229 V 이다.

보는 바와 같이, 이 전지의 전체 반응은 공기 중에서 수소가 연소하는 반응과 똑같다. 두 전극 사이에는 전위차가 형성되고, 두 전극을 연결하고 있는 전선을 통해 전자들이 산화 전극에서 환원 전극으로 흐르게 된다.

전극은 두 가지 기능을 가지고 있다. 첫째, 산화 전극은 전자의 발생원으로 작용하고, 환원 전극은 전자를 받아들인다. 둘째, 전극의 표면에서는 분자들이 원자 상태로 해리되도록 도와준다. 이러한 물질들을 **전극 촉매**(electrocatalyst)라고 하는데, 백금(Pt), 이리듐(Ir), 로듐(Rh)과 같은 금속은 좋은 전극 촉매이다.

또 다른 종류의 연료 전지는 그림 9.6에 나타낸 것과 같은 프로페인-산소 연료 전지인데, 이 경우의 반쪽 전지 반응은 다음과 같다.

산화 전극: $C_3H_8(g) + 6H_2O(l) \rightarrow 3CO_2(g) + 20H^+(aq) + 20e^-$

환원 전극: $5O_2(g) + 20H^+(aq) + 20e^- \rightarrow 10H_2O(l)$

전체: $C_3H_8(g) + 5O_2(g) \rightarrow 3CO_2(g) + 4H_2O(l)$

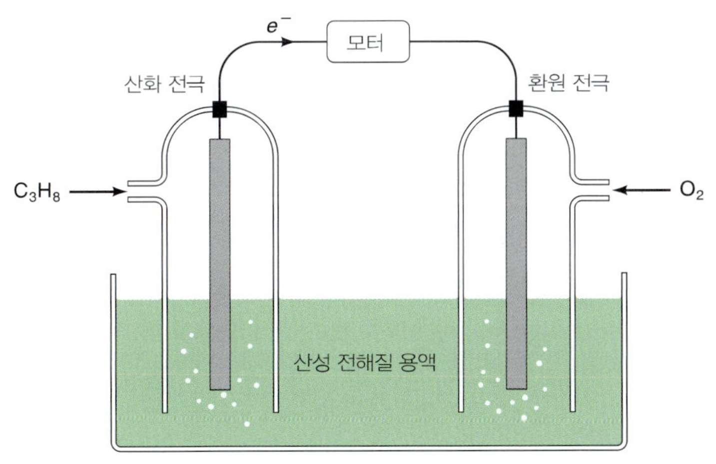

그림 9.6
프로페인-산소 연료 전지 개념도

전체 반응은 프로페인이 산소 중에서 연소하는 것과 동일하다. 전지를 잘 설계하면 프로페인-산소 연료 전지의 효율을 내연 기관 효율의 약 2배인 70% 정도로 높일 수 있다. 이 외에도 연료 전지는 소음, 진동, 열손실 따위의 전통적인 발전 설비에서 항상 수반되는 문제점들을 만들지 않고도 전기를 생산해 낼 수 있다. 이러한 매력적인 장점들 때문에 가까운 미래에 연료 전지가 대규모로 사용될 가능성이 높다. 현재는 여러 종류의 기체에 적합한 전기 촉매를 찾아내는 데에 많은 노력을 기울이고 있는 중이다.

9.6 EMF 측정법의 응용

이제는 emf 측정에 관한 두 가지 중요한 응용 분야에 대해서 알아보자.

활동도 계수 결정

이온의 활동도 계수를 결정하는 데 가장 편리하고 정확한 방법 중의 하나는 emf를 측정하는 것이다. 한 예로서 다음과 같은 전지를 생각해 보자.

$$\mathrm{Pt}|\mathrm{H_2}(1\ \mathrm{bar})|\mathrm{HCl}(m)|\mathrm{AgCl}(s)|\mathrm{Ag}$$

이 전지에 대한 전체 반응은 다음과 같다.

$$\tfrac{1}{2}\mathrm{H_2}(g) + \mathrm{AgCl}(s) \rightarrow \mathrm{Ag}(s) + \mathrm{H^+}(aq) + \mathrm{Cl^-}(aq)$$

그리고 온도가 298 K일 때 이 전지의 emf는 다음과 같다.

$$E = E° - 0.0257\ \mathrm{V}\ \ln\frac{a_{\mathrm{H^+}}a_{\mathrm{Cl^-}}a_{\mathrm{Ag}}}{f_{\mathrm{H_2}}^{1/2}\,a_{\mathrm{AgCl}}}$$

Ag와 AgCl은 모두 고체이기 때문에 활동도가 1이고, 압력이 1 bar인 수소 기체의 퓨가시티도 대략 1이라고 할 수 있으므로, 위의 emf 식은 다음과 같이 간단한 식으로 된다.

$$E = E° - 0.0257\ \mathrm{V}\ \ln a_{\mathrm{H^+}}a_{\mathrm{Cl^-}}$$

식 7.21을 적용하면 다음과 같은 관계를 얻어낼 수 있다.

$$\begin{aligned} a_{\mathrm{H^+}}a_{\mathrm{Cl^-}} &= \gamma_\pm^2 m_\pm^2 \\ &= \gamma_\pm^2 m^2 \end{aligned}$$

HCl과 같은 1:1 전해질의 경우에는 $m_\pm = m$이므로, 이 전지의 emf는 다음과 같이 나타낼 수 있다.

$$E = E° - 0.0257 \text{ V} \ln(\gamma_{\pm} m)^2$$
$$= E° - 0.0514 \text{ V} \ln m - 0.0514 \text{ V} \ln \gamma_{\pm}$$

위의 식은 다음과 같은 식으로 정리할 수 있다.

$$E + 0.0514 \text{ V} \ln m = E° - 0.0514 \text{ V} \ln \gamma_{\pm}$$

HCl의 몰랄 농도를 변화시키면서 각 몰랄 농도에서 E 값을 측정하면, 여러 가지 몰랄 농도에서의 ($E + 0.0514$ V ln m)의 값을 계산할 수 있다. 이때 계산된 ($E + 0.0514$ V ln m)의 값을 m에 대해서 그리고, 그 곡선을 $m = 0$일 때의 값으로 외삽시켜 추정하면 $E°$ 값이 결정된다. 왜냐하면 $m = 0$일 때 $\gamma_{\pm} = 1$이고, ln $\gamma_{\pm} = 0$이 되기 때문이다. 이렇게 해서 $E°$의 값을 알기만 하면 m의 특정값에 대한 평균 이온 활동도 계수를 알아낼 수 있다 (문제 9.34 참조).

pH 결정

emf를 측정해서 pH를 결정하는 것은 표준화된 방법이다. 실제로 수소 전극을 직접 사용하여 pH를 결정하는 것은 현실적이지 않기 때문에, 가장 좋은 방법은 유리 전극과 칼로멜 전극을 적절하게 사용하는 것이다. 다음과 같은 전지를 생각해 보자 (그림 9.4 참조).

$$\underbrace{Ag(s)|AgCl(s)|HCl(aq), NaCl(aq)}_{\text{유리 전극}} \; \underbrace{|HCl(aq)|}_{\text{pH를 모르는 용액}} \; \underbrace{Cl^-(aq)|Hg_2Cl_2(s)|Hg(l)|Pt(s)}_{\text{포화 칼로멜 전극}}$$

온도가 298 K일 때 이 전지 배열의 emf E는 다음과 같다.

$$E = E_{기준} - 0.0591 \text{ V} \log a_{H^+}$$
$$= E_{기준} + 0.0591 \text{ V pH}$$

pH의 정의에 따라서 ln을 log로 바꾸었다.

여기서 pH $= -\log a_{H^+}$이고, $E_{기준}$는 유리 전극과 칼로멜 전극 사이의 표준 전위차이다. 실제로 매우 정밀한 연구가 아니라면 a_{H^+}를 $[H^+]$로 대치시켜도 무방하다. 위의 식을 재배열하여 다음과 같이 쓸 수 있다.

$$\text{pH} = \frac{E - E_{기준}}{0.0591 \text{ V}}$$

pH가 정확하게 알려진 많은 용액들에 대해서 측정한 E로 $E_{기준}$의 값을 결정할 수 있다. 일단 $E_{기준}$가 결정되면 유리 전극과 칼로멜 전극을 조합하여 다른 용액에 대한 E의 값을 측정해서 pH를 결정할 수 있다. 이와 같은 조합으로 만든 장치를 pH 미터라고 한다.

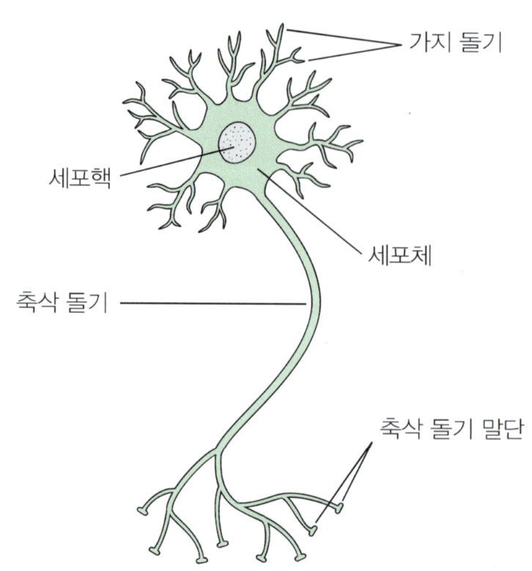

그림 9.7
세포체와 축삭 돌기 및 가지 돌기로 이루어져 있는 뉴런(neuron, 신경세포)의 개요도. 가지 돌기는 다른 신경세포로부터 신경 자극을 세포체 쪽 한 방향으로 받아들이고, 축삭 돌기는 세포체로 들어온 신경 자극을 인접한 신경세포로 전달한다.

9.7 막전위

여러 종류의 세포는 세포막의 양쪽에 전위가 형성되어 있다. 신경세포나 근육 세포 같은 세포들은 세포막을 따라 전위의 변화를 전달할 수가 있기 때문에 자극에 반응할 수 있다고 알려져 있다. 이 절에서는 막전위의 본질에 대해서 간략히 알아보기로 한다.

사람의 신경세포는 세포체와 축삭 돌기로 이루어져 있는데, **축삭 돌기**(axon)는 지름이 약 10^{-5}~10^{-3} cm인 가늘고 긴 섬유 조직으로 되어 있어서 세포체로부터 인접한 신경세포로 자극을 전달한다(그림 9.7). 전형적인 신경세포의 이온 분포가 표 9.2에 나타나 있다. 축삭 돌기의 막은 그 구조가 다른 세포막과 비슷하고, 성분은 세포체 내의 유체와 비슷하다. 막을 사이에 두고 양쪽의 이온 농도가 다르기 때문에 생기는 전위를 **막전위**(membrance potential)라고 한다.

막전위가 어떻게 해서 생기는지를 알아보기 위해서 그림 9.8에 나타낸 간단한 화학적 시스템을 생각해 보자. 그림 9.8a는 K^+ 이온은 통과시키지만 Cl^- 이온은 통과시키지 않는 얇은 막을 사이에 두고, 양쪽에 농도가 각각 0.01 *M*인 KCl 용액이 들

표 9.2 전형적인 신경세포막 양쪽의 주요 이온 분포

이온	농도(m*M*)	
	세포 내부	세포 외부
Na^+	15	150
K^+	150	5
Cl^-	10	110

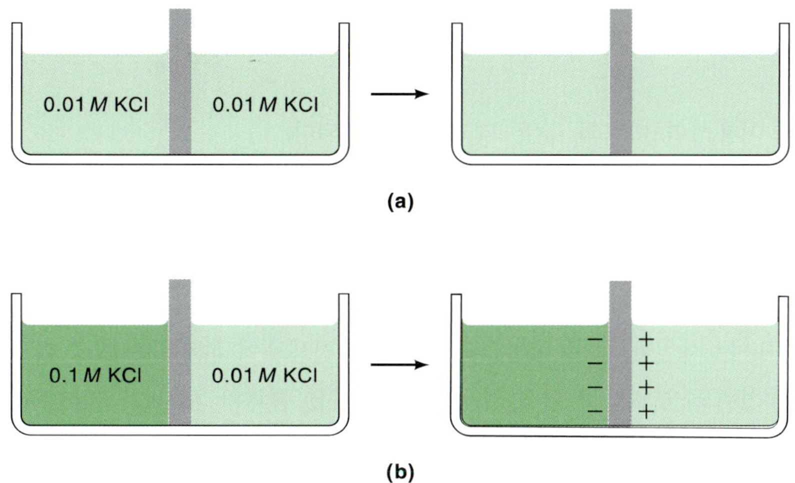

그림 9.8
K^+ 이온만 통과시킬 수 있는 막에 의해서 그릇이 두 부분으로 나누어져 있다. **(a)** 두 부분의 농도가 같기 때문에 이 경우는 막을 통한 이온들의 알짜 흐름이 없고 전위차도 생기지 않는다. **(b)** 두 부분의 농도 차 때문에 K^+ 이온은 왼쪽에서 오른쪽으로 이동한다. 평형에 이르렀을 때 왼쪽에는 음전하가 과량으로 존재하고 오른쪽에는 양전하가 과량으로 존재하기 때문에 막을 중심으로 양쪽에 전위차가 형성된다. 막전위는 적은 비율의 K^+ 이온만이 침어해서 형성된다.

어 있는 경우를 나타내고 있다. K^+는 상대 이온(Cl^-) 없이도 막을 통과하여 이동한다. 막 양쪽의 농도가 같기 때문에 K^+ 이온은 어느 쪽 방향으로도 알짜 이동이 일어나지 않으므로 막 양쪽의 전위는 같다. 그림 9.8b는 막 왼쪽의 농도가 오른쪽 농도의 10 배인 경우를 나타낸 것인데, 이 경우에는 더 많이 들어 있는 왼쪽의 K^+ 이온이 오른쪽으로 확산되어 오른쪽의 양전하를 증가시킴으로써 막 양쪽에 전위차가 생기게 된다. 막의 오른쪽에서 여분의 양전하들이 더 이상 양전하가 들어오지 못하도록 밀어내기 시작하고, 왼쪽에서는 과량으로 존재하는 음전하가 K^+ 이온을 자기들 곁에 붙잡아두려는 정전기적 인력이 작용할 때 K^+ 이온의 이동은 멈추게 된다. 이렇게 해서 평형 상태에 이르렀을 때 막 양쪽의 전하 분포가 다르기 때문에 생겨나는 전위차가 K^+ 이온의 평형 막전위(또는 막전위)이다.*

K^+ 이온에 대한 막전위는 다음과 같이 계산할 수 있다. 한 종류의 이온에 대한 298 K에서의 Nernst 식은 다음과 같다.

$$E_{K^+} = E^\circ_{K^+} - \frac{0.0257\ \text{V}}{\nu}\ \ln[K^+]$$

편의상 신경세포(또는 다른 생체 세포) 내부의 전위를 E_{in}으로 나타내고, 세포 외부의 전위를 E_{ex}로 나타낸다. 다시 말해서 막전위는 $E_{in}-E_{ex}$로 주어진다. K^+ 이온에 대해서는 $\nu = 1$이므로 막전위 ΔE_{K^+}는 다음과 같다.

* 막이 특정 이온(이 경우는 Cl^-)을 통과시킬 수 없을 경우에는, 그 이온은 막전위에는 전혀 영향을 미치지 못한다.

$$\Delta E_{K^+} = E_{K^+,in} - E_{K^+,ex} = 0.0257 \text{ V} \ln \frac{[K^+]_{ex}}{[K^+]_{in}}$$

표 9.2를 이용하면 다음과 같은 결과를 얻게 된다.

$$\Delta E_{K^+} = 0.0257 \text{ V} \ln \frac{5 \text{ m}M}{150 \text{ m}M} = -8.7 \times 10^{-2} \text{ V} = -87 \text{ mV}$$

그림 9.9에 나타낸 것과 같은 장치를 이용하면 신경세포의 막전위는 대략 −70 mV에 불과하다는 사실을 알 수 있다. 그렇지만 신경세포에 존재하는 Na^+ 이온 때문에 생기는 막전위도 있으므로 실제 결과는 위의 계산 결과와 일치하지 않는다. Na^+ 이온의 농도는 세포 외부에서 훨씬 더 높기 때문에 Na^+ 이온은 세포 속으로 들어가려고 할 것이고, 결국은 세포 내부에 더 많은 양전하가 존재하도록 한다. 표 9.2를 다시 이용하면 다음과 같이 된다.

$$\Delta E_{Na^+} = 0.0257 \text{ V} \ln \frac{[Na^+]_{ex}}{[Na^+]_{in}}$$

$$= 0.0257 \text{ V} \ln \frac{150 \text{ m}M}{15 \text{ m}M} = 5.9 \times 10^{-2} \text{ V} = 59 \text{ mV}$$

그러나 신경세포막은 Na^+ 이온보다는 K^+ 이온을 훨씬 더 잘 통과시킬 수 있으므로 측정된 전위는 K^+ 이온에 대한 막전위값에 가깝게 된다.

계속해서 약간의 Na^+ 이온이 세포 속으로 들어가서 K^+ 이온이 세포 밖으로 빠져나오는 효과를 상쇄시키기 때문에, K^+ 이온에 대하여 실험적으로 측정한 막전위의 값은 생체 세포의 K^+ 이온에 대한 막전위값과 다르다는 사실을 명심해야 한다. 그러한 이온의 알짜 이동이 일어난다면, 세포 속 Na^+ 이온 농도는 점진적으로 증가하지 않으며, 또한 세포 밖 체액의 K^+ 이온 농도가 점진적으로 감소하는 이유는 무엇일까? 그 이유는 세포막에 ATP 가수 분해에서 생기는 에너지를 이용하여 Na^+ 이온은 세포 밖으로 내보내고 K^+ 이온은 세포 속으로 끌어들이는 Na^+ −K^+ ATPase라고 하는 특수한 막 단백질이 있기 때문이다.

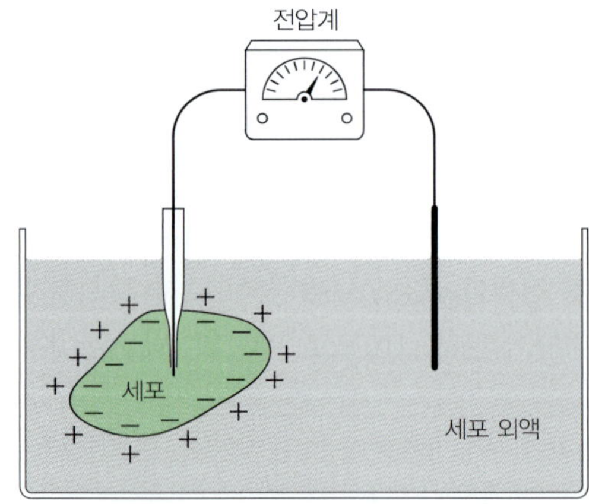

그림 9.9
세포의 막전위를 측정하기 위한 장치

Goldman 식

Nernst 식을 이용하면 한 번에 한 종류의 이온에 대해서만 막전위를 계산할 수 있다. 그러나 같은 막을 사이에 두고 농도가 다르게 분포되어 있는 여러 종류의 이온들에 대해서는 Nernst 식을 적용할 수 없다. 이러한 경우에 막전위를 계산하려면 Nernst 식을 확장시켜서 각종 이온들의 상대적인 투과성을 동시에 취급할 수 있도록 일반화시킨 Goldman 식[미국의 생물리학자인 David Eliot Goldman(1910~1998)의 이름에서 따옴]을 적용해야 한다. Goldman 식을 298 K에서의 신경세포에 적용하면 다음과 같은 식으로 된다.

$$E_\mathrm{m} = 0.0257\ \mathrm{V}\ \ln\frac{[\mathrm{K}^+]_\mathrm{ex}P_{\mathrm{K}^+} + [\mathrm{Na}^+]_\mathrm{ex}P_{\mathrm{Na}^+} + [\mathrm{Cl}^-]_\mathrm{ex}P_{\mathrm{Cl}^-}}{[\mathrm{K}^+]_\mathrm{in}P_{\mathrm{K}^+} + [\mathrm{Na}^+]_\mathrm{in}P_{\mathrm{Na}^+} + [\mathrm{Cl}^-]_\mathrm{in}P_{\mathrm{Cl}^-}} \tag{9.11}$$

P_ion은 단위가 m/s이지만, 보통 P_ion의 상대값에 더 관심이 많다.

여기서 E_m은 막전위이고, P_ion은 그 이온의 막투과도이다. 안정된(흥분하지 않은) 상태에 있는 신경세포막은 K^+ 이온의 투과도가 Na^+ 이온에 비해서 대략 100배나 더 크고, Cl^- 이온은 거의 투과시키지 못한다. 즉 $P_{\mathrm{Cl}^-} \approx 0$이다. 이러한 조건하에서는 식 9.11은 다음과 같이 된다.

$$\begin{aligned} E_\mathrm{m} &= 0.0257\ \mathrm{V}\ \ln\frac{[\mathrm{K}^+]_\mathrm{ex}P_{\mathrm{K}^+} + [\mathrm{Na}^+]_\mathrm{ex}P_{\mathrm{Na}^+}}{[\mathrm{K}^+]_\mathrm{in}P_{\mathrm{K}^+} + [\mathrm{Na}^+]_\mathrm{in}P_{\mathrm{Na}^+}} \\ &= 0.0257\ \mathrm{V}\ \ln\frac{[\mathrm{K}^+]_\mathrm{ex}P_{\mathrm{K}^+}/P_{\mathrm{Na}^+} + [\mathrm{Na}^+]_\mathrm{ex}}{[\mathrm{K}^+]_\mathrm{in}P_{\mathrm{K}^+}/P_{\mathrm{Na}^+} + [\mathrm{Na}^+]_\mathrm{in}} \end{aligned} \tag{9.12}$$

또한 $P_{\mathrm{K}^+}/P_{\mathrm{Na}^+} \approx 100$이므로 다음과 같이 쓸 수 있다.

$$\begin{aligned} E_\mathrm{m} &= 0.0257\ \mathrm{V}\ \ln\frac{5\ \mathrm{m}M \times 100 + 150\ \mathrm{m}M}{150\ \mathrm{m}M \times 100 + 15\ \mathrm{m}M} \\ &= -81\ \mathrm{mV} \end{aligned}$$

이 값은 실험적으로 구한 막전위의 값과 비슷하다.

활동 전위

만일 신경세포가 전기적으로, 화학적으로, 또는 기계적으로 자극을 받게 되면 세포막은 K^+ 이온보다 Na^+ 이온을 훨씬 더 잘 통과시킬 수 있어서 $P_{\mathrm{K}^+}/P_{\mathrm{Na}^+} \approx 0.17$이 된다. K^+ 이온에 대한 막투과도는 처음에는 크게 변하지 않지만, Na^+ 이온에 대한 투과도는 600배나 증가한다. 신경세포가 자극을 받으면 약간의 Na^+ 이온들이 세포 속으로 밀려들어 오는 원인이 되어서 결국 막전위의 변화를 일으키게 된다[이때 세포막은 **감극**(depolarized) 되었다고 한다]. 이 사실을 식 9.12에 적용하면 다음과 같이 쓸 수 있다.

$$E_m = 0.0257 \text{ V} \ln \frac{5 \text{ m}M \times 0.17 + 150 \text{ m}M}{150 \text{ m}M \times 0.17 + 15 \text{ m}M}$$

$$= 34 \text{ mV}$$

아주 짧은 시간(1 ms 미만)에 막전위는 −70 mV에서 약 35 mV(내부가 플러스)로 변하였다가 즉시 원래의 값으로 되돌아간다(그림 9.10). 이러한 막전위의 갑작스런 상승을 **활동 전위**(action potential)라고 한다.

막전위가 그토록 빨리 안정된 원래 상태의 값으로 되돌아가는 원인은 무엇일까? 거기에는 두 가지 요인이 관련된다. 첫째는 Na^+ 이온이 세포 속으로 흘러든 다음에는 Na^+ 이온의 투과도가 급격하게 감소하고, 둘째는 K^+ 이온에 대한 막투과도는 안정된 상태의 값에 비해서 짧은 시간 동안(약 1 ms) 증가한다. 이 때문에 실제로는 세포가 다음 신호를 받아들일 때 다시 '들뜰' 준비가 되는 정상치로 되돌아오기 전에 막전위는 미리 −70 mV 이하로 내려간다(그림 9.10 참조). 세포 내에 초과되어 존재하는 소량의 Na^+ 이온들은 결국 세포 밖으로 퍼내어지게 된다.

활동 전위의 발생은 신경세포막의 내부와 주변의 좁은 영역에서 일어난다. 그러고 나서 신경세포의 축삭 돌기를 따라 활동 전위가 전파된다. 그림 9.7을 살펴보면 축삭 돌기가 마치 작용을 하는 것으로 생각하게 된다. 사실 축삭 돌기는 피복 전선과 유사한 구조를 갖고 있다. 축삭 돌기는 중심에 전해질 용액이 들어 있고, 그 주위가 전기 절연체로 작용하는 막으로 둘러싸여 있다. 그러나 축삭 원형질(axoplasm, 축삭 돌기 속에 있는 세포질)의 전기 저항은 같은 크기의 구리보다 1억 배 정도 더 크다. 그렇기 때문에 축삭 돌기는 좋은 전기 전도체는 아니라고 할 수 있다. 그런데도 신경세포의 특정한 위치에서 발생한 활동 전위는, 크기의 손실 없이 급속히 이동된다는 것은 잘 알려진 사실이다. 그림 9.11은 활동 전위가 전달되는 메커니즘을 보여주고 있다. Na^+ 이온의 유입에 따른 감극으로 활동 전위가 한 지점에서 발생하면, 그 주변에 있는 막전위도 서서히 감극된다. 이렇게 느린 감극 작용에 의해 인접한 막의 전위가 **문턱값 전위**(threshold potential)*라고 하는 특정값 아래로 떨어지게 되면, Na^+ 이온에 대한 막의 투과도가 급격히 증가하게 되며, Na^+ 이온의 세포 내 유입이 K^+ 이온의 유출보다 더 커지게 된다. 그 결과, 전위는 더 큰 양의 값으로 되고, 이 위치에 활동 전위가 생겨난다. 활동 전위가 발생한 원래의 위치에서 멀어지면서 이러한 감극 작용이 계속 반복되게 된다. 이런 식으로 활동 전위는 크기의 변화 없이 신경세포를 따라 이동해 갈 수 있는 것이다. 사람의 신경계에서 활동 전위가 축삭 돌기를 따라 이동할 수 있는 가장 빠른 속도는 대략 30 m s^{-1}이다.

활동 전위는 **신경의 연접부**(synaptic junction; 신경세포 사이의 연결 부분)나 **신경근육 연결부**(neuromuscular junction; 신경세포와 근육 세포 사이의 연결 부분)에 닿

* 문턱값 전위는 서서히 일어나는 감극 현상이 폭발적인 감극 현상으로 바뀌는 전위값이다. 안정된 막전위는 대략 −30 mV에서 −50 mV 사이인데, 문턱값 전위는 이보다 약 20~40 mV 더 높다.

을 때까지 축삭 돌기를 따라 이동한다. 활동 전위가 신경 세포의 연접부에 닿으면 **신경 전달 물질**(neurotransmitter)을 방출하는데, 신경 전달 물질은 시냅스 소포(synaptic vesicle)에 존재하는 아세틸콜린 같은, 작고 확산이 가능한 분자이다. 방출된 아세틸콜린 분자는 막의 투과도를 크게 변화시키는 연접 뒷막(postsynaptic membrane) 쪽으로 확산되어 간다. Na^+ 이온과 K^+ 이온의 전도도가 모두 현저하게 증가하고 결국 Na^+ 이온들의 안쪽으로의 유입은 커지고 K^+ 이온의 유입은 작아진다. Na^+ 이온이 유입되게 되면 다시 연접 뒷막을 감극시켜서 인접 축삭 돌기 속의 활동 전위를 발생시킨다. 마지막으로 아세틸콜린은 아세틸콜린 분해 효소에 의해 아세트산과 콜린으로 가수 분해된다.

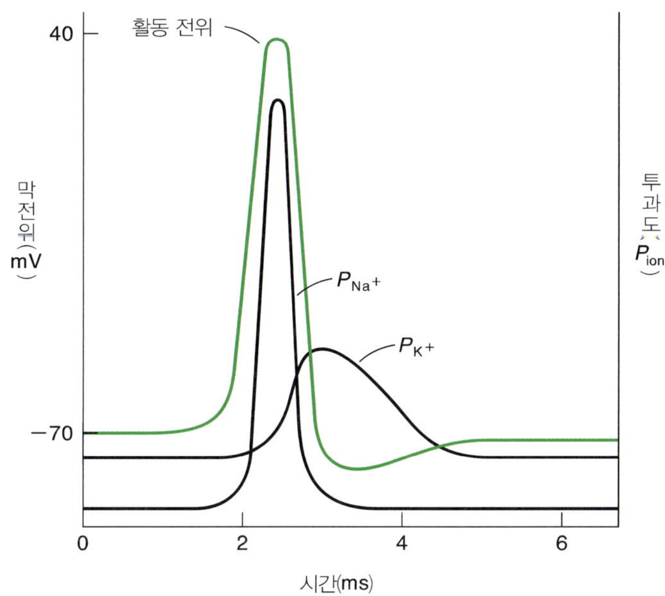

그림 9.10
활동 전위의 상승과 하강 및 그때의 Na^+ 이온과 K^+ 이온에 대한 막 투과도 변화

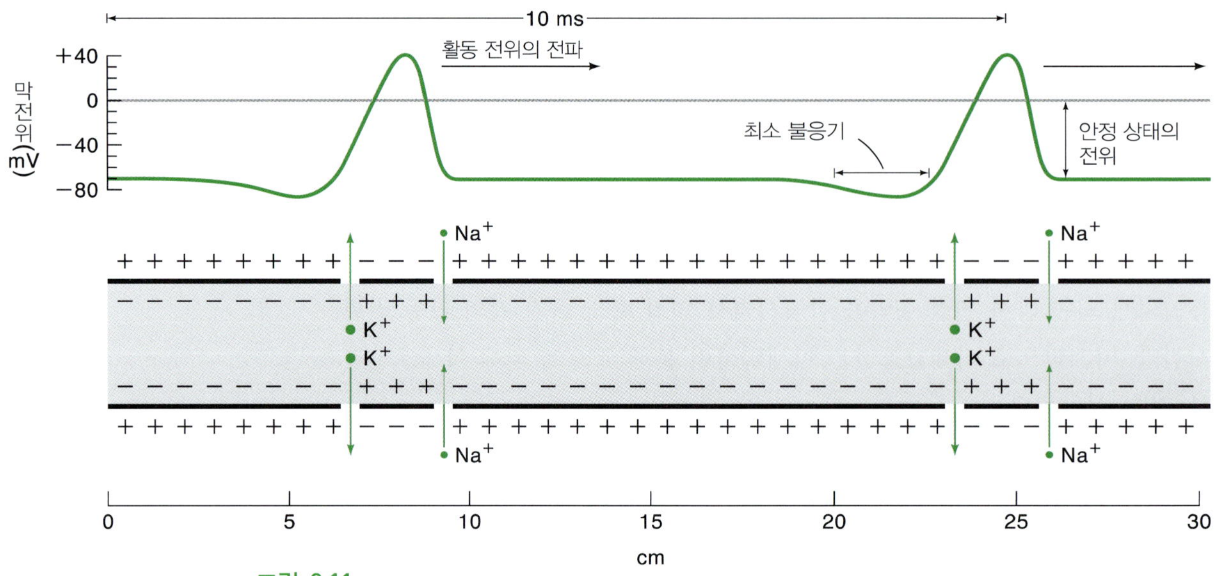

그림 9.11

축삭 돌기를 따라 일어나는 신경 신호의 전파는 축삭 돌기 막 양쪽의 전압 차이에 의해서 통제되는 경로를 통해 K^+ 이온이 빠져나옴에 따라, Na^+ 이온이 집중적으로 흘러들어 가는 일과 동시에 일어난다. 축삭 돌기를 따라 흘러가는 신경 신호를 넘겨 주는 전기적인 사건은 보통 세포체에서 생겨나는데, 세포체에서 뻗어 나온 축삭 돌기의 막 사이로 음전위가 약간 감소함과 동시에 시작된다. 전압이 약간 달라지면 Na^+의 경로가 열리고 전압 변화가 커진다. 막의 안쪽면이 양전하로 덮일 때까지 Na^+ 이온이 흘러들어 가는 것을 가속화하는데, 전압이 역전되면 Na^+의 경로는 닫히고, 대신 K^+의 경로가 열려서 K^+ 이온들이 빠져나오는 즉시 음전위로 되돌아간다. 활동 전위로 알려진 전압 역전은 스스로 축삭 돌기를 따라 전달되어 나아간다. 짧은 불응기(refractory period)가 경과한 다음에야 두 번째의 신호가 일어날 수 있다(불응기는 활동 전위가 일어나는 동안과 그다음 활동 전위가 일어날 때까지 흥분성 막이 다시 흥분될 수 없는 기간이다). 신호 전파 속도(impulse-propagation speed)는 오징어의 거대 축삭 돌기에서 측정된 것이다.

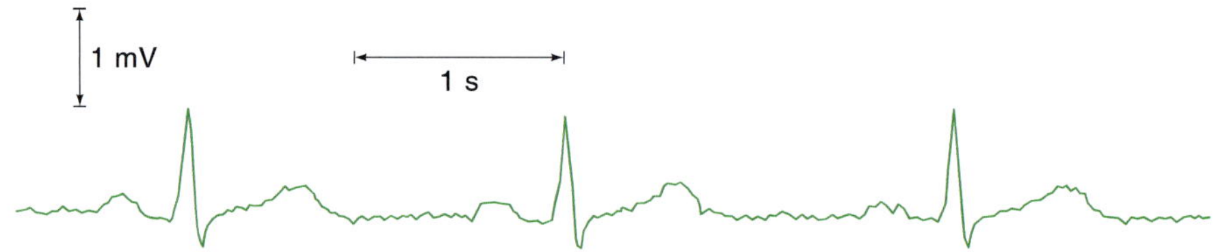

그림 9.12

환자의 EKG 출력 인쇄. 여기에 나타난 것은 심방과 심실에서의 감극 작용과 재편극 작용 때문에 그림 9.11에서의 활동 전위보다 더 복잡하다. 이 자료는 피부 표면에서 측정된 것이기 때문에 활동 전위의 크기는 심장에서 측정된 것보다 훨씬 작다.

$$CH_3-\overset{\overset{\displaystyle O}{\|}}{C}-O-CH_2-CH_2-\overset{+}{N}(CH_3)_3 + H_2O \longrightarrow HO-CH_2-CH_2-\overset{+}{N}(CH_3)_3 + CH_3COO^- + H^+$$

아세틸콜린 콜린

같은 방식으로 신경세포에서 생겨난 활동 전위가 근육 세포까지 전달될 수 있는 것이다. 심장의 근육 세포에서는 심장이 고동칠 때마다 큰 활동 전위가 발생되는데, 이러한 전위는 가슴에 전극을 부착시켜서 탐지할 수 있을 만큼 충분한 전류를 생성한다. 이 신호를 증폭시켜서 움직이는 그래프용지에 기록하거나 오실로스코프에 나타나게 해서 볼 수가 있다. **심전도**(electrocardiogram, ECG, 독일어의 심장을 뜻하는 *kardio*를 써서 EKG라고도 함.)라고 하는 이 기록은 심장 질환을 진단하는 데 있어서 대단히 유용하게 쓰이고 있다(그림 9.12).

Key Equations

$E^\circ = E^\circ_{\text{환원 전극}} - E^\circ_{\text{산화 전극}}$	(전지의 표준 기전력)	(9.1)
$\Delta_r G = -\nu FE$	($\Delta_r G$와 전지의 기전력의 관계)	(9.2)
$E^\circ = \dfrac{-\Delta_r G^\circ}{\nu F}$	($\Delta_r G^\circ$와 전지의 표준 기전력의 관계)	(9.4)
$E^\circ = \dfrac{RT \ln K}{\nu F}$	(E°와 평형 상수의 관계)	(9.5)
$E = E^\circ - \dfrac{RT}{\nu F} \ln \dfrac{a_C^c a_D^d}{a_A^a a_B^b}$	(Nernst 식)	(9.7)
$E = E^\circ - \dfrac{0.0257\ \text{V}}{\nu} \ln \dfrac{a_C^c a_D^d}{a_A^a a_B^b}$	(298 K에서 Nernst 식)	(9.8)
$\Delta_r S^\circ = \nu F\left(\dfrac{\partial E^\circ}{\partial T}\right)_P$	($\Delta_r S^\circ$와 온도에 따른 E° 변화의 관계)	(9.9)
$\Delta_r H^\circ = -\nu FE^\circ + \nu FT\left(\dfrac{\partial E^\circ}{\partial T}\right)_P$	(전기 화학 반응의 표준 엔탈피 변화)	(9.10)

참고문헌

책

Brett, C. M. A., and A. M. Oliveira Brett, *Electrochemistry: Principles, Methods, and Applications*, Oxford University Press, New York, 1993.

Compton, R. G., and G. H. W. Sanders, *Electrode Potentials*, Oxford Science Publications, New York, 1996.

Rieger, P. H., *Electrochemistry*, Prentice-Hall, Englewood Cliffs, NJ, 1987.

Sawyer, D. T., A. Sobkowiak, and J. L. Roberts, Jr., *Electrochemistry for Chemists*, John Wiley & Sons, New York, 1995.

논문

일반

"Fuel Cells—Electrochemical Converters of Chemical to Electrical Energy," J. Weissbart, *J. Chem. Educ.* **38**, 267 (1961).

"Mechanisms of Oxidation-Reduction Reactions," H. Taube, *J. Chem. Educ.* **45**, 452 (1968).

"Fuel Cells—Present and Future," D. P. Gregory, *Chem. Brit.* **5**, 308 (1969).

"Equivalence Point Potential in Redox Titrations," A. H. A. Heyn, *J. Chem. Educ.* **47**, 240 (1970).

"Thermodynamic Parameters from an Electrochemical Cell," C. A. Vincent, *J. Chem. Educ.* **47**, 365 (1970).

"Electrochemical Principles Involved in a Fuel Cell," A. K. Vijh, *J. Chem. Educ.* **47**, 680 (1970).

"Ion-Selective Electrodes in Science, Medicine and Technology," R. A. Durst, *Am. Sci.* **59**, 353 (1971).

"Electrochemical Cells for Space Power," R. M. Lawrence and W. H. Bowman *J. Chem. Educ.* **48**, 359 (1971).

"On the Relationship Between Cell Potential and Half-Cell Reactions," D. N. Bailey, A. Moe, Jr., and J. N. Spencer, *J. Chem. Educ.* **53**, 77 (1976).

"Dental Filling Discomforts Illustrates the Electrochemical Potential of Metals," R. E. Treptow, *J. Chem. Educ.* **55**, 189 (1978).

"Ion and Bio-Selective Membrane Electrodes," G. A. Rechnitz, *J. Chem. Educ.* **60**, 282 (1983).

"Cathodes, Terminals, and Signs," J. J. MacDonald, *Educ. Chem.* **25**, 52 (1988).

"Alleviating the Common Confusion caused by Polarity in Electrochemistry," P. J. Morgan, *J. Chem. Educ.* **66**, 912 (1989).

"Electrochemical Measurements in General Chemistry Lab Using a Student-Constructed Ag-AgCl Reference Electrode," M. K. Ahn, D. J. Reuland, K. D. Chadd, *J. Chem. Educ.* **69**, 74 (1992).

"The Nernst Equation," A. S. Feiner and A. J. McEvoy, *J. Chem. Educ.* **71**, 493 (1994).

"Tendency of Reaction, Electrochemistry, and Units," R. L. DeKock, *J. Chem. Educ.* **73**, 995 (1996).

"Electric Potential Distribution in an Electrochemical Cell," P. Millet, *J. Chem. Educ.* **73**, 956 (1996).

"Students' Misconceptions in Electrochemistry," M. J. Sanger and T. J. Greenbowe, *J. Chem. Educ.* **74**, 819 (1997).

"The Future of Fuel Cells," (Three articles), *Sci. Am.* July (1999).

"Textbook Error: Short Circuiting an Electrochemical Cell," J. M. Bonicamp and R. W. Clark, *J. Chem. Educ.* **84**, 731 (2007).

"Gassing Up With Hydrogen," S. Satayapal, J. Petrovic, and G. Thomas, *Sci. Am.* April 2007.
"Insights Obtained Through the Study of a Concentration Cell," R. Toomey, E. DePierro, and F. Garafalo, *Chem. Educator* [Online] **12**, 67 (2007) DOI 10.1333/s00897072008a.
"Use of a Commercial Silver-Silver Chloride Electrode for the Measurement of Cell Potentials to Determine Mean Ionic Activity Coefficients," C. A. Kauffman, A. L. Muza, M. W. Porambo, and A. L. Marsh, *Chem. Educator* [Online] **15**, 178 (2010) DOI 10.1007/s00897102272a.

생체 전기 화학

"The Nerve Axon," P. F. Baker, *Sci. Am.* March 1966.
"Biogalvanic Cells," W. D. Hobey, *J. Chem. Educ.* **49**, 413 (1972).
"Electron Transfer in Chemical and Biological Systems," N. Sutin, *Chem. Brit.* **8**, 148 (1972).
"Neurotransmitters," I. Axelrod, *Sci. Am.* June 1974.
"Electrochemistry in Organisms. Electron Flow and Power Output," T. P. Chirpith. *J. Chem. Educ.* **52**, 99 (1975).
"Membrane Electrode Probes for Biological Systems," G. A. Rechnitz, *Science* **190**, 234 (1975).
"Chemistry and Nerve Conduction," K. A. Rubinson, *J. Chem. Educ.* **54**, 345 (1977).
"Ion Channels in the Nerve-Cell Membrane," R. D. Keynes, *Sci. Am.* March 1979.
"The Neuron," C. F. Stevens, *Sci. Am.* September 1979.
"The Transport of Substances in Nerve Cells," J. H. Schwartz, *Sci. Am.* April 1980.
"Davy's Electrochemistry: Nature's Protochemistry," P. Mitchell. *Chem. Brit.* **17**, 14 (1981).
"The Release of Acetylcholine," Y. Dunant and M. Israel, *Sci. Am.* April 1985.
"Bio-Electrochemistry," H. A. O. Hill, *Pure Appl. Chem.* **59**, 743 (1987).
"Classical Neurotransmitters and Their Significance within the Nervous System," A. Veca and J. H. Dreisbach, *J. Chem. Educ.* **65**, 108 (1988).

문제

전기 화학 전지의 기전력

9.1 다음 반응에 대하여 298 K에서의 표준 emf를 계산하시오.

$$Fe(s) + Tl^{3+} \rightarrow Fe^{2+} + Tl^{+}$$

9.2 $CuSO_4$와 $ZnSO_4$의 농도가 각각 0.50 M과 0.10 M일 때 298 K에서 다니엘 전지의 emf를 계산하시오. 만일 농도 대신 활동도를 적용한다면 emf는 어떻게 되겠는가? (해당되는 농도에서 $CuSO_4$와 $ZnSO_4$의 $\gamma_{\pm}$ 값은 각각 0.068과 0.15이다.)

9.3 어떤 전극의 반쪽 반응은 다음과 같다.

$$Al^{3+}(aq) + 3e^{-} \rightarrow Al(s)$$

이 전극을 통해 흘러간 전하의 양이 1.00 F일 때, 생성될 수 있는 알루미늄은 몇 그램인지 계산하시오.

9.4 표준 상태가 아닌 조건에서 작동하고 있는 다니엘 전지를 생각해 보자. 이 전지의 반응에 2를 곱하였다고 가정하자. Nernst 식에 있는 다음의 값은 각각 어떠한 영향을 받게 되는가? **(a)** E, **(b)** $E°$, **(c)** Q, **(d)** $\ln Q$, **(e)** v

9.5 실험실에서 학생에게 비커를 두 개씩 주었는데, 비커 하나에는 0.15 M Fe^{3+}와 0.45 M Fe^{2+}로 된 용액이 들어 있고, 또 하나의 다른 비커에는 0.27 M I^{-}와 0.050 M I_2로 된 용액이 들어 있다. 백금선을 각각의 용액에 담갔을 때 **(a)** 25°C에서 표준 수소 전극을 기준으로 각 전극의 전위를 계산하시오. **(b)** 이들 두 전극을 서로 연결하고, 염다리를 사용해서 두 비커 속의 용액이 연결되도록 해 주었을 때 일어나게 될 화학 반응을 예측하시오.

9.6 표 9.1에 있는 $Cu^{2+}|Cu$와 $Pt|Cu^{2+}, Cu^{+}$의 표준 환원 전위를 이용하여 $Cu^{+}|Cu$에 대한 표준 환원 전위를 계산하시오.

전기 화학 전지의 열역학과 Nernst 식

9.7 다음 표의 세 번째 칸에서 전지 반응이 자발적일지의 여부를 판단하고, 표를 완성하시오.

E	$\Delta_r G$	전지 반응
+		
	+	
0		

9.8 다음과 같은 반응에 대하여 25°C에서의 $E°$, $\Delta_r G°$, K를 계산하시오.

(a) $Zn + Sn^{4+} \rightleftharpoons Zn^{2+} + Sn^{2+}$

(b) $Cl_2 + 2I^- \rightleftharpoons 2Cl^- + I_2$

(c) $5Fe^{2+} + MnO_4^- + 8H^+ \rightleftharpoons Mn^{2+} + 4H_2O + 5Fe^{3+}$

9.9 다음 반응에 대한 평형 상수는 25°C에서 6.56×10^{17}이다.

$$Sr + Mg^{2+} \rightleftharpoons Sr^{2+} + Mg$$

반쪽 전지 $Sr \mid Sr^{2+}$와 $Mg \mid Mg^{2+}$로 이루어진 전지에 대하여 $E°$ 값을 계산하시오.

9.10 두 개의 수소 전극으로 이루어진 농도차 전지를 생각해 보자. 25°C에서 이 전지의 emf는 0.0267 V임을 알아내었다. 산화 전극에서 수소 기체의 압력이 4.0 bar일 경우, 환원 전극에서의 수소 기체의 압력은 얼마인가?

9.11 2.0 M KBr과 0.050 M Br_2 혼합 용액에 백금선 조각을 넣어 만든 반쪽 전지와 0.38 M Mg^{2+} 용액 속에 마그네슘 금속을 넣어 만든 또 하나의 반쪽 전지로 구성된 전기 화학 전지가 있다. **(a)** 산화 전극과 환원 전극은 각각 어느 쪽인가? **(b)** 이 전기 화학 전지의 emf는 얼마인가? **(c)** 자발적인 전지 반응은 무엇인가? **(d)** 이 전지 반응의 평형 상수는 얼마인가? (온도는 25°C라고 가정한다.)

9.12 표 9.1에 있는 $Sn^{2+} \mid Sn$과 $Pb^{2+} \mid Pb$에 대한 표준 환원 전위를 이용하여 온도가 25°C일 때 평형에서의 $[Sn^{2+}] / [Pb^{2+}]$의 비를 계산하시오. 그리고 이 반응에 대한 $\Delta_r G°$ 값을 계산하시오.

9.13 다음과 같은 전지를 생각해 보자.

$$Ag(s)|AgCl(s)|NaCl(aq)|Hg_2Cl_2(s)|Hg(l)|Pt(s)$$

(a) 반쪽 전지 반응을 쓰시오. **(b)** 여러 온도에서 이 전지에 대한 표준 emf는 다음과 같다.

T(K)	291	298	303	311
$E°$(mV)	43.0	45.4	47.1	50.1

온도가 298 K일 때 이 반응에 대한 $\Delta_r G°$, $\Delta_r S°$, $\Delta_r H°$의 값을 각각 계산하시오.

9.14 298 K에서 다음과 같은 농도차 전지의 emf를 계산하시오.

$$Mg(s)|Mg^{2+}(0.24\ M)||Mg^{2+}(0.53\ M)|Mg(s)$$

9.15 346 mL의 0.100 M $AgNO_3$ 용액과 접촉하고 있는 은 전극과, 288 mL의 0.100 M $Mg(NO_3)_2$ 용액과 접촉하고 있는 마그네슘 전극으로 이루어진 전기 화학 전지가 있다.
(a) 25°C에서 이 전지에 대한 E 값을 계산하시오. **(b)** 은 전극에 1.20 g의 은이 석출될 때까지 이 전지를 통해 전류가 흘렀다. 이때 전지에 대한 E의 값을 계산하시오.

막전위

9.16 신경세포막이 Na^+보다 K^+를 훨씬 잘 투과시키는 것을 보여 주는 실험에 대해 설명하시오.

9.17 다음과 같은 두 용액을 분리시키려면 K^+ 이온만을 통과시킬 수 있는 막을 이용하면 된다.

$$\alpha\ \ [KCl] = 0.10\ M \qquad [NaCl] = 0.050\ M$$

$$\beta\ \ [KCl] = 0.050\ M \qquad [NaCl] = 0.10\ M$$

25°C에서 막전위를 계산하고, 어느 용액의 음전위가 더 큰지를 결정하시오.

9.18 그림 9.8b를 참조하여 다음 문제를 해결하시오. **(a)** 25°C에서 K^+ 이온에 의해 발생된 막전위를 계산하시오. **(b)** 생체 막은 전형적으로 전기 용량이 대략 1 μF cm^{-2}임이 알려져 있다. 막의 단위 면적(1 cm^2) 당 전하량은 쿨롱 단위로 얼마인지 계산하시오(전기 용량의 단위에 대해서는 부록 7.1 참조). **(c)** 위의 **(b)**에서 구한 전하량을 K^+ 이온의 수로 환산하시오. **(d)** 위의 **(c)**에서 얻은 결과를 왼쪽 그릇에 들어 있는 용액 1 cm^3 속의 K^+ 이온 수와 비교해 보시오. 막전위를 형성하는 데 필요한 K^+ 이온의 상대적인 수에 관하여 어떠한 결론을 내릴 수 있는가?

추가 연습문제

9.19 다음 반쪽 전지 반응에 대한 $E°$ 값을 살펴보고

$$Ag^+ + e^- \rightarrow Ag$$

$$AgBr + e^- \rightarrow Ag + Br^-$$

25°C에서 AgBr의 용해도곱 상수(K_{sp})를 결정하는 데 있어서 이 값들이 어떻게 이용되는지를 설명하시오.

9.20 잘 알려진 유기 화합물의 산화–환원계는 퀴논–하이드로퀴논 쌍이다. pH가 8 미만인 수용액에서는 다음과 같이 반응한다.

$$\text{Q} + 2H^+ + 2e^- \longrightarrow \text{HQ} \qquad E° = 0.699 \text{ V}$$

퀴논 (Q) 하이드로퀴논 (HQ)

이 계는 퀸하이드론 QH(같은 몰수의 Q와 HQ로 이루어진 복합체)를 물에 녹여서 제조할 수 있고, 퀸하이드론 용액에 백금선 조각을 담가 퀸하이드론 전극을 구성할 수 있다. **(a)** 이 쌍의 전극 전위에 대하여 $E°$와 수소 이온 농도의 항으로 나타내는 식을 유도하시오. **(b)** 퀴논–하이드로퀴논 쌍을 포화 칼로멜 전극과 연결했을 때 전지의 emf는 0.18 V임을 알았다. 이러한 전지 배열에서 포화 칼로멜 전극은 산화 전극으로 작용한다. 온도는 25°C라고 가정하여 퀸하이드론 용액의 pH를 계산하시오.

9.21 땅속에 묻은 철 파이프가 녹스는 것을 방지할 수 있는 한 가지 방법은, 마그네슘이나 아연 막대와 전선으로 연결해 놓는 것이다. 이 방법의 전기 화학적 원리는 무엇인가?

9.22 알루미늄의 표준 환원 전위는 철보다 더 큰 음의 값을 갖는다. 그런데도 알루미늄은 철과는 달리 쉽게 녹슬거나 부식되지 않는다. 이에 대하여 설명하시오.

9.23 다니엘 전지에 대한 $\Delta_r S°$ 값은 -21.7 J K^{-1} mol^{-1}임이 알려져 있다. 전지의 온도 변화율$(\partial E°/\partial T)_P$과 80°C에서 전지의 emf를 계산하시오.

9.24 오랫동안, 수은(I) 이온이 용액 속에서 Hg^+로 존재하는지, Hg_2^{2+}로 존재하는지 분명하지 않았다. 두 가지 가능성을 판별하기 위하여 다음과 같은 계를 설정하자.

$$Hg(l)|\text{용액 A}||\text{용액 B}|Hg(l)$$

여기서 용액 A에는 1 L 속에 질산 수은(I)이 0.263 g 들어 있고, 용액 B에는 1 L 속에 질산 수은(I)이 2.63 g 들어 있다. 이 전지의 emf를 측정한 값이 18°C에서 0.0289 V였다면, 수은 이온의 상태에 대해서 어떠한 사실을 알아낼 수 있을까?

9.25 다음과 같은 표준 환원 전위를 이용하여 25°C에서의 이온곱 상수 K_w ($[H^+][OH^-]$) 값을 계산하시오.

$$2H^+(aq) + 2e^- \rightarrow H_2(g) \qquad E° = 0.00 \text{ V}$$

$$2H_2O(l) + 2e^- \rightarrow H_2(g) + 2OH^-(aq) \qquad E° = -0.828 \text{ V}$$

9.26 다음과 같은 데이터를 이용하여

$$2Hg^{2+}(aq) + 2e^- \rightarrow Hg_2^{2+}(aq) \qquad E° = 0.920 \text{ V}$$

$$Hg_2^{2+}(aq) + 2e^- \rightarrow 2Hg(l) \qquad E° = 0.797 \text{ V}$$

25°C에서 다음 과정에 대한 $\Delta_r G°$ 값을 계산하시오.

$$Hg_2^{2+}(aq) \rightarrow Hg^{2+}(aq) + Hg(l)$$

[위의 반응은 산화 상태인 한 원소가 산화도 되고 환원도 되는 **불균등화 반응**(disproportionation)의 한 예이다.]

9.27 두 가지 금속 X와 Y의 표준 전극 전위의 크기는 다음과 같다.

$$X^{2+} + 2e^- \rightarrow X \qquad |E°| = 0.25 \text{ V}$$

$$Y^{2+} + 2e^- \rightarrow Y \qquad |E°| = 0.34 \text{ V}$$

여기서 ‖ 표시는 $E°$ 값의 크기만(부호를 뺀 절댓값)을 나타낸다. X와 Y의 반쪽 전지를 서로 연결하면 X에서 Y로 전자가 흐른다. X를 SHE에 연결하면 X에서 SHE로 전자가 흐른다. **(a)** $E°$의 값이 양(+)인 것은 어느 것이고, 음(−)인 것은 어느 것인가? **(b)** X와 Y로 이루어진 전지의 표준 emf는 얼마인가?

9.28 다음과 같이 구성된 전기 화학 전지가 있다. 한쪽의 반쪽 전지는 1.0 M Sn^{2+}와 1.0 M Sn^{4+}를 포함하고 있는 용액 속에 담긴 백금선으로 되어 있고, 다른 쪽의 반쪽 전지는 1.0 M Tl^+ 용액 속에 탈륨 막대가 담겨 있다. **(a)** 각 반쪽 전지의 반응식과 전체의 반응식을 쓰시오. **(b)** 25°C에서 평형 상수는 얼마인가? **(c)** Tl^+ 용액의 농도가 10배 증가할 경우 전지 전압은 얼마일까?

9.29 표 9.1에 있는 Au^{3+}의 표준 환원 전위를 이용하여 다음 물음에 답하시오.

$$Au^+(aq) + e^- \rightarrow Au(s) \qquad E° = 1.69 \text{ V}$$

(a) 금이 공기 중에서 녹슬지 않는 이유는 무엇인가? **(b)** 다음과 같은 불균등화 반응이 자발적으로 일어날 수 있을까?

$$3Au^+(aq) \rightarrow Au^{3+}(aq) + 2Au(s)$$

(c) 금과 플루오린 기체 사이의 반응을 예측하시오.

9.30 그림 9.1에 나타낸 다니엘 전지를 생각해 보자. 그림에서는 산화 전극이 음(−)이고, 환원 전극이 양(+)인 것으로 되어 있다(전자는 산화 전극에서 환원 전극으로 흐름). 그런데 용액 속의 음이온은 산화 전극 쪽으로 움직여가고 있으므로, 음이온에게는 마치 산화 전극이 양인 것처럼 보여야만 한다. 산화 전극은 동시에 (−)와 (+)로 될 수가 없다. 이러한 모순되는 상황에 대하여 설명해 보시오.

9.31 다음과 같은 반응에 대하여 25°C에서 평형을 유지하는 데 필요한 H_2의 압력(bar 단위로)을 계산하시오.

$$\mathrm{Pb}(s) + 2\mathrm{H}^+(aq) \rightleftharpoons \mathrm{Pb}^{2+}(aq) + \mathrm{H}_2(g)$$

용액은 pH가 1.60인 완충 용액이고 $[\mathrm{Pb}^{2+}] = 0.035\ M$이다.

9.32 부록 B의 데이터와 $\Delta_f\overline{G}°[\mathrm{H}^+(aq)] = 0$인 관계를 이용하여 소듐(Na)과 플루오린($F_2$)의 표준 환원 전위를 결정하시오(소듐처럼 플루오린도 물과 격렬하게 반응한다).

9.33 표 9.1에 있는 데이터를 이용하여 $Fe^{2+}(aq)$에 대한 $\Delta_f\overline{G}°$ 값을 결정하시오.

9.34 다음과 같은 전지를 생각해 보자.

$$\mathrm{Pt}|\mathrm{H}_2(1\ \mathrm{bar})|\mathrm{HCl}(m)|\mathrm{AgCl}(s)|\mathrm{Ag}$$

25°C에서 여러 가지 몰랄 농도에 대한 emf 값이 다음과 같다.

m(mol kg^{-1})	0.124	0.0539	0.0256	0.0134	0.00914	0.00562	0.00322
E(V)	0.342	0.382	0.418	0.450	0.469	0.493	0.521

(a) 그래프를 그려서 $E°$ 값을 결정하시오. 그 값을 표 9.1에 있는 $E°$ 값과 비교해 보시오. **(b)** 0.124 m일 때 HCl의 평균 활동도 계수($\gamma_\pm$)를 계산하시오.

9.35 농도차 전지는 두 전지 용기의 농도가 같아지면 작동을 멈춘다. 그때 농도를 바꾸지 않고 다른 변수를 바꾸어서 다시 emf를 발생시킬 수 있는가? 그 이유를 설명하시오.

9.36 다음 반응을 생각해 보자.

$$\mathrm{Mg}(s) + 2\mathrm{AgNO}_3(aq) \rightarrow \mathrm{Mg(NO_3)_2}(aq) + 2\mathrm{Ag}(s)$$

이 반응에 대한 $\Delta_rG°$, $\Delta H°$, $\Delta_rS°$ 값을 **(a)** 열역학적으로, **(b)** 전기 화학적으로 측정하는 방법을 설명하시오. 두 방법을 비교하시오.

9.37 온도 300 K에서 작동하는 수소–산소 연료 전지와, 600 K(열원)와 300 K(냉각로) 사이에서 작동하는 가역 열기관의 효율을 비교하시오(Hint: 수소 연소에 대한 $\Delta_rH°$를 계산하고 식 4.9를 활용할 것).

9.38 온도 298 K에서 프로페인–산소 연료 전지의 $E°$를 계산하시오(프로페인의 $\Delta_f\overline{G}°$ 값은 23.49 kJ mol^{-1}이다).

9.39 Mg/Mg^{2+}와 Cu/Cu^{2+} 반쪽 전지로 이루어진 갈바니 전지가 25°C에서 표준 상태에서 작동하고 있으며, 반쪽 전지 용기 각각의 부피는 218 mL이다. 이 전지를 통해 31.6시간 동안 0.22 A의 전류가 흘렀다. **(a)** Cu는 몇 g 석출되었는가? **(b)** [Mg^{2+}]는 얼마인가? (부피는 변하지 않는다고 가정할 것.)

9.40 Co^{2+}의 농도가 각각 0.10 *M*과 2.0 *M*인 Co/Co^{2+} 농도차 전지를 생각해 보자. **(a)** 25°C에서 $E_{전지}$를 계산하시오. **(b)** $E_{전기}$가 0.020 V로 떨어졌을 때, 용기 속 용액의 농도는 얼마인가? (용기 속 용액의 부피는 1.00 L로 일정하다고 가정할 것.)

10장 양자 역학

오늘 나는 Newton의 업적에 버금가는 중요한 발견을 하였다.

– 1900년에 Max Planck가 그의 아들에게*

지금까지는 물질의 본체 성질(bulk property)을 주로 다루었다. 열역학은 화학 변화에 대한 중요한 정보를 주지만, 분자 수준에서 어떤 일이 일어나는지를 설명하지 못한다. 이제 원자와 분자의 성질에 대해 자세히 살펴보도록 하자. 그러려면 양자 역학에 친숙해질 필요가 있다. 19세기 후반으로 접어들면서, 고전 물리학 이론으로는 설명할 수 없는 실험 결과들이 관측되었다. 1900년에 독일의 물리학자 Max Planck는 이런 실험적 관찰 결과를 설명하기 위해서 양자 이론을 제안하였다. 이 장에서는 양자 이론이 정립되게 된 역사적인 과정에 대해 공부한다. 양자 현상의 많은 부분은 빛과 물질의 상호 작용을 연구하는 분광법을 통해 알게 되었다. 따라서 파동의 성질과 빛의 파동성을 논의하면서 이 단원을 시작한다.

10.1 빛의 파동성

17세기에 Newton은 유리 프리즘을 사용하여 백색광은 여러 성분 색으로 분리될 수 있으며, 이들을 역프리즘으로 합쳐 주면 백색광이 되는 것을 입증하였다. 간섭 효과를 포함한 그 후의 실험들로 빛의 파동성이 증명되었다. 빛이 파동이라는 것은 Maxwell의 이론적 업적을 통해 정설로 받아들여졌기 때문에, 파동에 대해서 설명하는 것부터 시작한다.

가장 간단한 일차원 파동은 다음과 같은 형태의 사인파이다.

$$A = A_0 \sin(\nu t + \phi) \tag{10.1}$$

이때 A_0는 파의 크기(진폭)이고, ν는 파의 진동수(단위는 s^{-1} 또는 헤르츠, Hz), t는 시간, ϕ는 위상(그림 10.1)이다. 위상은 0°에서 360° (0에서 2π)에 해당하는 각도이다. 위상은 파동 주기가 시작점부터 얼마만큼 지나왔는지를 나타내는 비율을 표시한다. 가시광선 파동의 진동수는 상당히 큰 값이므로(10^{14} s^{-1} 크기), 나노미터 단위로 나타낸 파장 λ로 빛을 나타낸다. 파장은 파동에서 연속한 최대점 또는 최소점 사이의

---

* Cropper, H. W. The *Quantum Physicists*, Oxford University Press, New York, 1970, 허락하에 게재함.

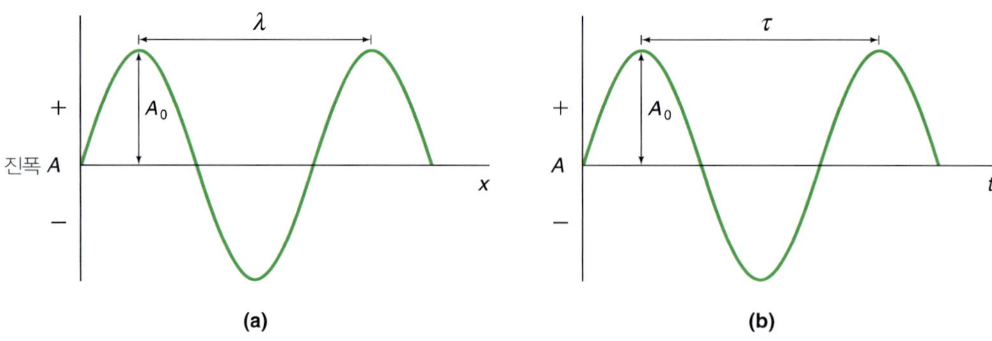

그림 10.1
진폭이 A_0인 사인파. **(a)** 공간 영역에서 표현된 경우, **(b)** 시간 영역에서 표현된 경우. τ는 진동의 주기이다.

거리이다. 파동의 주기 τ는 최대점 사이의 시간으로, 진동수의 역수이다.

$$\tau = \frac{1}{\nu} \tag{10.2}$$

파동은 거리 λ를 시간 τ에 진행하기 때문에, 파동의 속력 u는 다음과 같다.

속력(또는 벡터 속도)을 ν(그리스 문자 뉴)와 구별하기 위해 u를 쓴다.

$$\begin{aligned} u &= \frac{\lambda}{\tau} \\ &= \lambda\nu \end{aligned} \tag{10.3}$$

빛의 속력 c는 통과하는 매질에 따라 달라지지만, 대부분의 경우에 3.00×10^8 m s^{-1}로 생각할 수 있다.

두 파동이 합쳐지면 각각의 진폭을 더하거나 뺀다. 프랑스의 수학자 Jean Baptiste Fourier(1768~1830)는 어떤 파형이든지 사인파의 합으로 표시될 수 있다는 것을 증명하였다. 사인파를 더할 때, 상대적인 위상(또는 **위상차**)을 반드시 고려해야 한다. 예를 들면 파동의 꼭대기와 골짜기가 모두 일치하는가 아니면 그렇지 않은가? 진폭과 진동수가 같은 두 파동을 더하면 보강 간섭(constructive interference)이나 상쇄 간섭(destructive interference)이 나타난다(그림 10.2). 오디오 시스템용 소음 제거 헤드폰은 외부 소음의 파동과 위상이 다른 음파를 만들어 내어 시끄러운 비행기 엔진 소음 등을 줄인다.

간섭 현상은 빛이 파동이라는 것을 보여 주는 명백한 증거이며, 영국의 물리학자 Thomas Young(1773~1829)이 유명한 두 개의 슬릿 실험(그림 10.3)을 통해 처음으로 보여 주었다. 단색의(monochromatic, 단일 파장), 결맞는(coherent, 모든 파동의 위상이 일치) 광원이 두 개의 좁은 슬릿 S_1과 S_2를 비춘다. 광원은 보통 전구에 컬러 필터를 부착하고, 작은 구멍을 통해서 하나의 색깔과 방향성을 얻는다. 두 슬릿에서 나온 빛의 파동은 다양한 정도로 간섭한다. 왜냐하면 두 슬릿으로부터 파동이 이동한 거리가 달라 위상차가 발생하기 때문이다. 이러한 두 파동 사이에서 생기는 간섭이 빛의 진행 방향과 수직으로 놓인 스크린 위에 연속적으로 변하는 밝고 어두운 띠를 만든다.

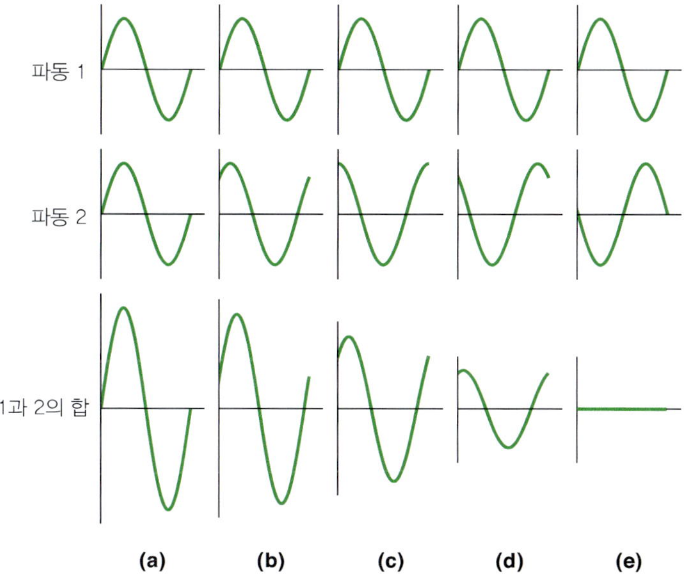

그림 10.2
같은 파장과 진폭을 가진 두 파의 간섭. **(a)** 위상이 같은 두 파의 완전한 보강 간섭을 나타낸다. **(b)~(d)** 두 파의 위상이 부분적으로 차이가 있다. **(e)** 두 파의 위상이 서로 완전히 반대인 경우 완전한 상쇄 간섭이 일어난다.

1873년에 Maxwell은 빛이 전자기 복사의 한 형태임을 입증하였다. 전자기 복사는 전기장 성분과 자기장 성분으로 이루어져 있다(그림 10.4). 전자기 복사는 라디오파에서 감마선까지 포함한다(그림 10.5). 이 장의 뒷부분에서 배우겠지만, 전자기 스펙트럼의 여러 영역은 원자나 분자의 여러 다른 화학적, 물리적 성질을 측정하는 데 사용될 수 있다.

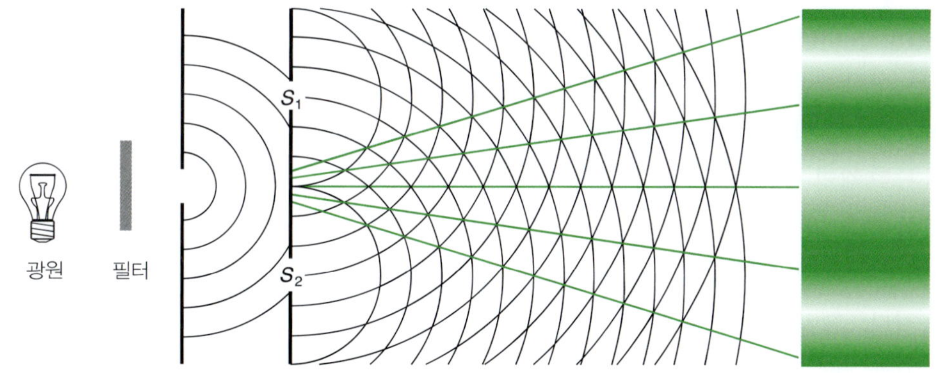

그림 10.3
Young의 두 개의 슬릿 실험은 간섭 현상을 보여 준다. 스크린 상에는 밝은 띠와 어두운 띠가 교대로 나타난다. 밝은 띠는 광원으로부터 거리가 멀어짐에 따라 밝기가 줄어든다. 동심원은 파면(wave front)을 나타내며 인접한 파면과는 파장만큼 떨어져 있다.

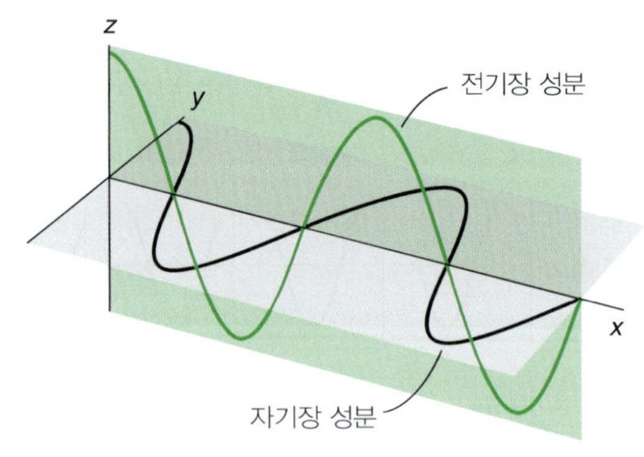

그림 10.4
전자기파의 전기장 성분과 자기장 성분. 파동은 x축 방향으로 진행한다. 전자기파는 선형 편광되어 있고 전기장 성분은 x-z 평면에 놓여 있고, 자기장 성분은 x-y 평면에 놓여 있다.

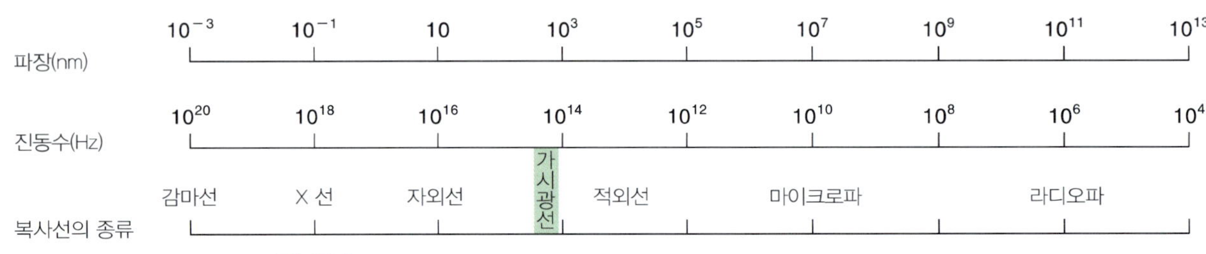

그림 10.5
전자기 복사의 유형. 400 nm(보라)에서 750 nm(빨강) 파장의 범위가 가시광선이다.

10.2 흑체 복사와 Planck 양자 이론

1800년대에 온도에 따라 물체의 색깔이 달라진다는 것이 밝혀졌다. 철, 구리, 은, 금과 같은 물체들은 상온(~300 K)에서 특징적인 외양을 가지고 있지만, 1000 K까지 가열되면 빨갛게 달아오른다. 온도가 더 높아지면 붉은색에서 파란색에 이르는 빛을 낸다. 달구어진 백열전구의 텅스텐 필라멘트는 ~3000 K까지 온도가 높아지며 흰색으로 보인다.

과학자들은 이 현상을 이론적으로 설명하기 위해서 많은 노력을 기울였다. 1859년에 독일의 물리학자 Gustov Kirchoff(1824~1887)는 쪼여진 빛의 모든 색을 흡수할 수 있는 이상적인 물질을 가정하였다. 그런 물질은 빛을 전혀 반사하지 않을 것이고, 따라서 검은색으로 보일 것이다. 이런 이유로 **흑체**(blackbody)라는 이름을 얻게 되었다. 흑체의 좋은 예는 속이 비어 있는 용기에 뚫려 있는 바늘구멍이다. 바늘구멍으로 들어간 빛은 용기 내부에서 여러 번 반사되면서 결국 내벽에 흡수되기 때문에 소멸된 것처럼 보인다. 흑체는 주변과 열적 평형에 있기 때문에 완벽한 방출체이기도 하다. 그림 10.6은 다른 온도에서 흑체의 스펙트럼 복사 에너지 밀도 ρ_λ(J m^{-4} 단위)와 파장의 관계를 보여 준다.

많은 과학자들은 고전 역학을 사용하여 복사 분포를 온도의 함수로 설명하려고 하였다. 영국의 물리학자 Lord Rayleigh(1842~1919)는 영국의 수학자이자 물리학자인 Sir James Hopwood Jeans(1877~1946)의 도움을 받아 흑체에서 방출되는 빛은 모든 가능한 진동수를 가진 진동자(원자나 분자)의 집합체로부터 발생한다고 가정하고, 스펙트럼 복사 에너지 밀도와 파장의 관계식을 다음과 같이 제안하였다.

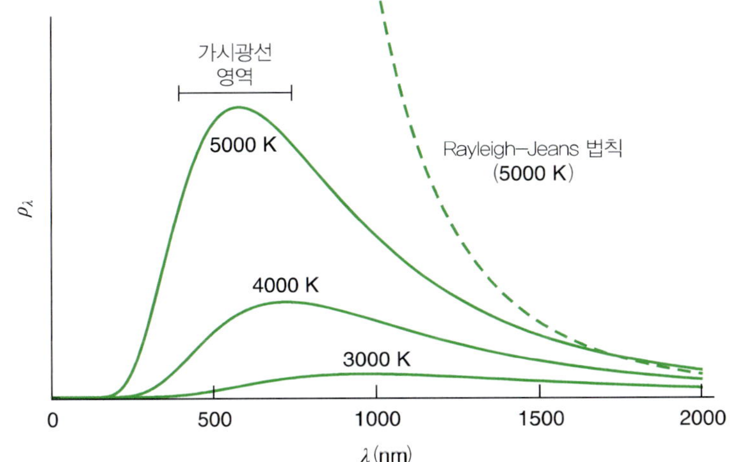

그림 10.6
흑체의 방출 스펙트럼. 그림에서 볼 수 있는 것처럼 Rayleigh-Jeans 법칙은 긴 파장(적외선) 영역에서는 실험 곡선과 일치하지만, 짧은 파장 영역에서는 완전히 실패하였다. 그러나 Planck 법칙은 모든 온도, 모든 파장에서 곡선들을 완벽하게 예측한다.

$$\rho_\lambda = \frac{8\pi k_B T}{\lambda^4} \tag{10.4}$$

이때 k_B는 Boltzmann 상수이고, T는 절대 온도이다. 식 10.4는 Rayleigh-Jeans 법칙으로 알려져 있다. 이 식은 적외선 영역에서는 실험 결과와 매우 잘 일치하였지만, 가시광선 영역에서는 잘 일치하지 않았으며, 자외선 영역에서는 복사 에너지 밀도가 무한대로 커지게 되었다.

짧은 파장에서 고전 이론이 흑체 복사를 설명하는 데 실패한 것을 '자외선 파탄(ultraviolet catastrophe)'이라고 한다.

이 고전적 이론의 실패를 해결하기 위해서 독일의 물리학자 Max Planck(1858~1947)는 고전 물리학과는 획기적으로 다른 가정을 하게 되었다. 그는 진동자가 내놓는 에너지는 임의의 값을 가질 수 없고, 대신 그가 **양자**(quanta)라고 이름 붙인 작은 불연속적인 양으로만 방출할 수 있다고 제안하였다. Planck는 이를 이용해서 **모든** 파장에서 실험 데이터와 아주 잘 일치하는 수식을 유도하였다.

$$\rho_\lambda = \frac{8\pi hc}{\lambda^5}\frac{1}{e^{\frac{hc}{\lambda k_B T}} - 1} \tag{10.5}$$

식 10.5는 Planck 분포 법칙*이라고 알려져 있고, 여기서 h는 Planck 상수로서 6.626×10^{-34} J s이다. 고전적 관점에서는 에너지는 연속적으로 변화될 수 있다. Planck의 모델에서 흑체가 진동자에 의해 내놓을 수 있는 에너지는 오직 특정한 불연속적 값만을 가질 수 있다.

$$E = nh\nu \qquad n = 0, 1, 2, \ldots \tag{10.6}$$

위 식이 뜻하는 것은 에너지(E)는 진동수의 정수배로 양자화된다는 것이다. 이것은 획기적인 결과였다. 이제는 더 이상 에너지가 아무 값이나 가질 수 있다고 할 수 없

* Planck 복사 법칙을 흥미 있게 설명한 다음 논문을 참고하기 바란다. T. A. Lehman, *J. Chem. Educ*. **49**, 832 (1972)

게 되었다. 에너지는 특정한 값만을 가질 수 있다고 가정함으로써, 이론학자들이 수십 년간 도전해 왔던 실험 결과를 Planck는 완벽하게 설명할 수 있었다. 그의 주목할 만한 통찰력은 양자론의 기초가 되었다.

10.3 광전 효과

광전 효과(photoelectric effect)는 고전적 이론으로는 설명할 수 없는 또 다른 실험 결과였다. 어떤 진동수의 빛을 깨끗한 금속 표면에 쪼여 주면 금속에서 전자가 방출된다. 이 실험을 통해 다음과 같은 현상을 관찰할 수 있었다. (1) 방출되는 전자(광전자)의 수는 빛의 세기에 비례한다. (2) 방출되는 전자의 운동 에너지는 입사광의 진동수에 비례한다. (3) 빛의 진동수가 **문턱 진동수**(threshold frequency, ν_0)라고 하는 값보다 낮으면 아무리 밝은 광원을 사용해도 전자는 방출되지 않는다. 그림 10.7은 광전 효과를 연구하는 장치를 나타낸 것이다.

1920년대 미국의 물리화학자 Gilbert Newton Lewis(전자 점 구조도를 그의 이름을 따서 부른다)는 전자, 양성자 등과 어울리는 '광자(photon)'라는 용어를 제안하였다.

빛의 파동 이론에 의하면, 복사 에너지는 진폭의 제곱에 비례한다. 따라서 에너지는 복사의 진동수가 아닌 세기와 관련이 있다. 이것은 실험에서 관찰되는 두 번째 사실과 모순된다. 1905년에 독일계 미국인 물리학자 Albert Einstein(1879~1955)은 빛이 광자라고 하는 입자로 이루어져 있다고 가정하여 광전 효과를 설명할 수 있었다. 광자 한 개의 에너지는 다음과 같이 주어진다.

$$E_{\text{광자}} = h\nu \tag{10.7}$$

이때 h는 Planck 상수이고, ν는 빛의 진동수이다. 따라서 충분한 에너지를 가진 광자 한 개가 금속 표면에 충돌하면 전자 한 개가 방출된다. 에너지 보존 법칙에 따르면, 들어가는 에너지와 나오는 에너지가 같아야 한다. ν가 문턱 진동수 이상이면, 다음 관계식이 성립해야 한다.

$$h\nu = \Phi + \tfrac{1}{2}m_e u^2 \tag{10.8}$$

여기서 m_e는 전자의 질량이고, u는 방출된 전자의 속도이다. Φ는 **일함수**(work function)라고 하는데, 금속 표면에 전자가 얼마나 단단하게 잡혀 있는가를 나타낸다. 일함수는 광전 효과에서 관찰되는 문턱 특성을 설명한다. 만약 광자의 에너지가 일함수보다 작으면, 표면에서 전자는 방출되지 않는다. 문턱 진동수에서 방출되는 전자의 운동 에너지는 0이다. 문턱 진동수보다 높으면, 방출된 전자의 운동 에너지는 빛

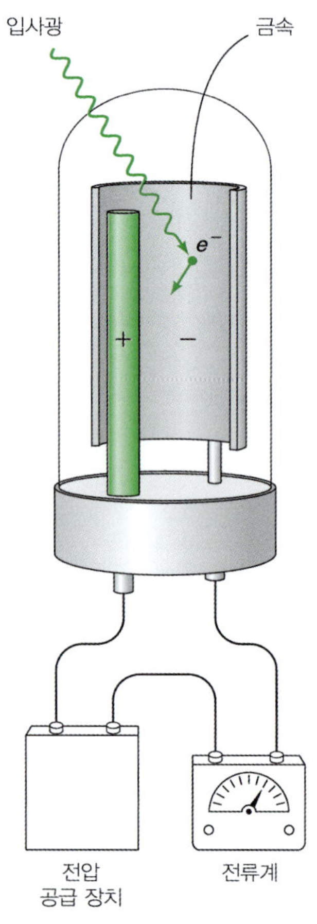

그림 10.7
광전관(phototube)은 광전 효과를 연구하기 위해서 광자를 검출하는 실제 장치이다. 특정한 파장의 빛을 진공관 속 깨끗한 금속 표면(photocathode, 광음극)에 쪼여 준다. 방출된 전자는 양극(anode)으로 끌려가고 전자 흐름이 전류계에 기록된다. 방출 전자의 운동 에너지를 측정하기 위하여 가해 주는 지연 전위(retarding potential)를 위한 격자판은 나타내지 않았다.

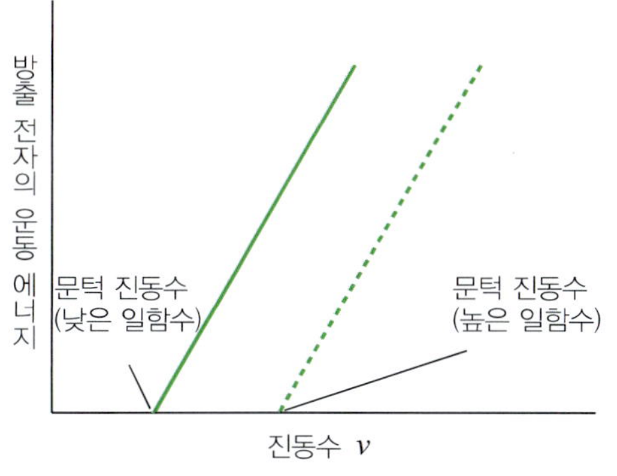

그림 10.8
두 종류의 다른 금속에서, 입사광의 진동수에 따른 방출 전자의 운동 에너지. 각 직선의 x 절편은 문턱 진동수에 해당하고, 문턱 진동수는 금속의 일함수에 비례한다.

의 진동수에 비례한다. 빛의 세기는 광자수에 따라 커진다—빛이 밝을수록 더 많은 전자가 방출된다. 문턱 진동수 이상에서는 광자 한 개가 한 개의 광전자를 만들어내어, 빛의 세기가 커질수록 더 많은 전자가 만들어지고 광전류도 커진다.

식 10.8을 이용하면, 방출되는 전자의 운동 에너지를 쪼여 준 복사선의 진동수의 함수로 그릴 때 x축 절편이 일함수와 연관되어 있다는 것을 알게 된다(그림 10.8). 사실 이것은 금속 표면의 일함수를 측정하는 간편한 방법이다. Einstein 식에 따르면, 이 그래프의 기울기는 Planck 상수 h와 같아야 한다. 따라서 광전 효과 실험은 이 기본 상수를 다른 방법으로 결정하게 해 준다.

광전 효과는 입력된 빛에 전기적으로 반응하는 카메라 측광기 등의 **광검출기**(photodector)에서 실질적으로 사용된다. 대부분의 광검출기는 UV나 가시광선에 반응한다. 적색에서 작용하는 광검출기는 일함수가 낮은 금속이나 합금으로 만들어진다.

예제 10.1

광전자 증배관(photomultiplier tube, PMT)은 광전 효과를 응용한 전자기 복사선 검출기이다. 먼저, 특정한 파장의 광자가 광음극에 충돌한다. 방출된 전자는 전자 증배관에서 증폭되어 전류계로 측정된다. 햇빛에서 사용 가능한(solar-blind) PMT에 일함수가 4.0 eV인 광음극이 사용되었다고 할 때 측정할 수 있는 최대 파장을 계산하시오. 이 파장은 전자기 스펙트럼에서 어느 영역에 속하는가? (1 eV=1.602×10^{-19} J이다.)

답
측정할 수 있는 최대 파장을 계산하기 위해서, 식 10.8과 광전자의 운동 에너지가 0이 되는 조건을 이용해서 측정할 수 있는 광자의 최소 진동수를 계산한다.

$$\nu = \frac{\Phi}{h}$$

$$= \frac{(4.0\ e\text{V} \times 1.602 \times 10^{-19}\ \text{J}\ e\text{V}^{-1})}{6.626 \times 10^{-34}\ \text{J s}}$$

$$= 9.67 \times 10^{14}\ \text{s}^{-1}$$

그러고 나서 진동수를 파장으로 바꾼다.

$$\begin{aligned}\lambda &= \frac{c}{\nu} \\ &= \frac{(3.00 \times 10^8 \text{ m s}^{-1})(10^9 \text{ nm m}^{-1})}{(9.67 \times 10^{14} \text{ s}^{-1})} \\ &= 310 \text{ nm}\end{aligned}$$

이 파장은 전자기 스펙트럼에서 자외선 영역에 속한다. 이 측정기는 가시광선에는 둔감하게 반응해서 '햇빛에서 사용 가능(solar-blind)'하다.

빛에 대한 질문에 한 가지 답은 나왔지만 식 10.8에서 또 다른 질문이 제기된다. "빛이란 무엇인가?" 빛이 파동이라는 것은 쉽게 확인할 수 있는 사실이다. 그러나 광전 효과는 입자성을 갖는 광자로만 설명할 수 있다. 빛이 파동성과 입자성을 둘 다 가질 수 있을까? 이 개념은 양자 이론을 제시할 당시는 이상하고 낯선 개념이었지만, 과학자들은 미시 입자(microscopic particle)가 거시적 물체와 전혀 다르게 거동한다는 것을 깨닫기 시작하였다.

10.4 수소 원자의 방출 스펙트럼과 Bohr 이론

20세기 초에 관찰된 몇몇 실험 결과들도 양자 이론으로만 설명할 수 있었다. 이번에는 양자 역학의 확실한 시작점을 제공하였던 원자 방출 스펙트럼을 알아보자.

원자는 높은 온도나 전기 방전에 의해 특정 진동수를 갖는 전자기 복사선을 방출한다는 것은 오랫동안 잘 알려진 사실이었다. 그림 10.9에는 수소 원자의 방출 스펙트럼을 연구하는 장치를 나타내었다. 수소 원자의 스펙트럼은 일련의 선명한 선들로 이루어져 있다. 여기서 원자가 달라지면 관찰되는 스펙트럼의 진동수도 달라진다. 초기에는 이러한 선이 나타나는 근본 원인을 이해할 수 없었지만, 이 현상을 이용하여 먼 곳에 있는 별이나 미지 시료 속에 들어 있는 원소를 이미 알려진 원소의 스펙트럼과 비교해서 확인하는 데 이용하였다.

스웨덴의 물리학자 Johannes Rydberg(1854~1919)는 실험 데이터를 바탕으로 수소 원자의 방출 스펙트럼에 나타나는 모든 선들과 일치하는 다음과 같은 공식을 만들었다.

$$\tilde{\nu} = \frac{1}{\lambda} = \tilde{R}_{\text{H}}\left(\frac{1}{n_{\text{f}}^2} - \frac{1}{n_{\text{i}}^2}\right) \tag{10.9}$$

식 10.9는 Rydberg 식으로 알려져 있다. 여기서 $\tilde{\nu}$는 파수(센티미터나 미터당 들어가는 파동의 수로서 분광학에서 많이 사용하는 단위)이고, $\tilde{R}_{\text{H}}$는 Rydberg 상수

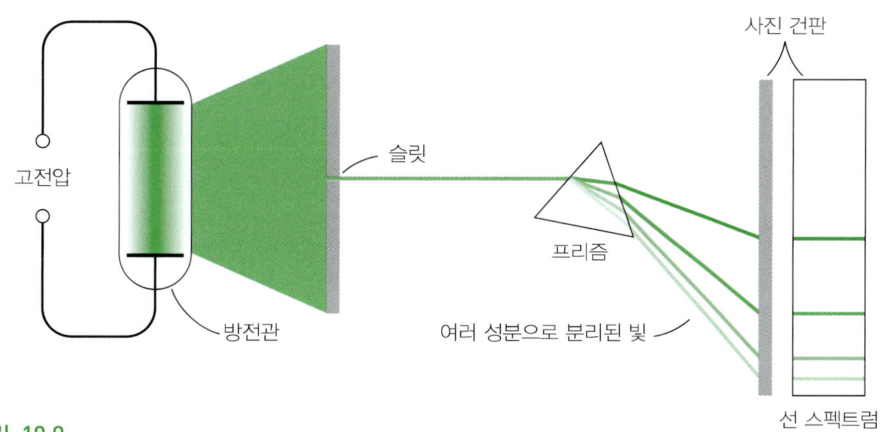

그림 10.9
원자나 분자의 방출 스펙트럼을 연구하기 위한 실험 개념도. 두 개의 전극이 들어 있는 방전관 속에 연구하려는 기체(수소)를 넣는다. H_2 분자가 음극에서 양극으로 흐르는 전자와 충돌하여 H 원자로 해리된다. H 원자는 들뜬 상태로 생성되며, 빛을 방출하면서 재빨리 바닥 상태로 떨어진다. 방출되는 빛을 프리즘을 이용하여 여러 성분으로 분해시킨다. 색을 띠는 각 성분은 파장에 따라 특정한 위치로 초점이 모여져서 스크린(또는 사진 건판)에 슬릿 이미지가 형성된다. 색을 띠는 슬릿 이미지를 스펙트럼 선이라고 한다.

(109,737 cm^{-1})이며, n_i와 n_f는 정수이다($n_i > n_f$). 방출선은 n_f 값에 따라 분류할 수 있다. 수소의 방출 스펙트럼에서 나타나는 5가지 계열을 발견자의 이름을 따서 표 10.1에 나열하였다.

원자의 구조는 19세기 초 영국의 물리학자 Josheph John Thomson(1856~1940)과 뉴질랜드의 물리학자 Ernest Rutherford(1871~1937) 등의 연구를 바탕으로 잘 이해할 수 있게 되었다. Rutherford는 금속 박막에 α 입자를 충돌시키는 실험을 통해, 원자는 양성자라고 하는 양의 하전을 띠는 입자로 되어 있는 핵으로 구성되어 있음을 발견하였다. 또한 핵의 안정성을 감안해서 중성 입자를 가정했는데, 나중에 이 중성자는 영국의 물리학자 James Chadwick(1891~1972)이 발견하였다. 원자는 전기적으로 중성이기 때문에 각 원자 속에는 양성자의 수만큼 음의 하전을 띤 입자인 전자가 같은 수로 들어 있어야만 한다. 전자는 핵 바깥의 원형 궤도를 따라 빠른 속도로 회전 운동을 한다고 믿었다. 이 모형은 태양 주위를 도는 행성의 운동과 유사하여 그럴듯하게 보였지만 심각한 문제점을 안고 있었다. 고전 물리학 법칙에 따르

표 10.1 수소 원자의 방출 스펙트럼 계열

계열	n_f	n_i	계열
Lyman	1	2, 3, ⋯	자외선
Balmer	2	3, 4, ⋯	가시광선, 자외선
Paschen	3	4, 5, ⋯	적외선
Brackett	4	5, 6, ⋯	적외선
Pfund	5	6, 7, ⋯	적외선

면, 그와 같은 전자는 순식간에 에너지를 잃고 나선 운동으로 핵에 흡수되면서 전자기 복사가 일어나게 된다. Planck의 양자 가설과 빛이 광자로 이루어져 있다는 개념을 근거로 1913년에 덴마크의 물리학자 Neils Bohr(1885~1962)는 수소 원자의 방출 스펙트럼을 설명할 수 있는 새로운 모형을 제시하였다.

Bohr의 출발점은 원자 속의 전자가 핵을 중심으로 반지름 r인 원형 궤도를 따라 움직인다는 일반적인 모형이었다. 전자의 원형 궤도를 유지하는 힘(F)은 양성자와 전자 사이의 인력으로, Coulomb 법칙에 따라 다음과 같이 주어진다.

$$F = \frac{Ze^2}{4\pi\varepsilon_0 r^2} \tag{10.10}$$

여기서 Z는 원자 번호(핵에 있는 양성자의 수)*이고, e는 전자의 전하이며, ε_0는 진공 속에서의 유전율(부록 7.1 참조)이고, r은 궤도의 반지름이다. 쿨롱 인력은 다음의 원심력과 균형을 이룬다.

$$F = \frac{m_e u^2}{r} \tag{10.11}$$

여기서 m_e는 전자 질량이고, u는 순간 속도로서 임의의 순간에 전자가 원형 궤도의 접선 방향으로 움직인다고 생각하는 것이다. 위 두 식으로부터 다음 식이 얻어진다.

$$\frac{Ze^2}{4\pi\varepsilon_0 r^2} = \frac{m_e u^2}{r} \tag{10.12}$$

전자의 총에너지 E는 운동 에너지와 퍼텐셜 에너지의 합으로서 다음과 같이 주어진다.

$$E = \tfrac{1}{2}m_e u^2 - \frac{Ze^2}{4\pi\varepsilon_0 r} \tag{10.13}$$

퍼텐셜 에너지의 항 앞에 있는 음의 부호는 전자와 핵 사이의 상호 작용이 인력이라는 것을 나타내는 것이다. 식 10.12에서 다음 식을 얻을 수 있다.

$$m_e u^2 = \frac{Ze^2}{4\pi\varepsilon_0 r} \tag{10.14}$$

식 10.14를 식 10.13에 대입하면 다음과 같이 된다.

$$\begin{aligned} E &= \tfrac{1}{2}m_e u^2 - m_e u^2 \\ &= -\tfrac{1}{2}m_e u^2 \end{aligned} \tag{10.15}$$

---

* 여기서 원자 번호를 사용하면 최종 결과를 He^{+}와 Li^{2+}와 같은 수소꼴 원자(일전자계)에도 적용할 수 있다.

여기서 Bohr는 양자 이론에 바탕을 가설을 도입하였다. 즉 전자의 각운동량($m_e ur$, 부록 A 참고)은 양자화되어 있으며, 다음 식으로 주어지는 특정값만 가질 수 있다는 것이었다.

$$m_e ur = n\frac{h}{2\pi} \quad n = 1, 2, 3, \ldots$$
$$= n\hbar \tag{10.16}$$

여기서 n은 양자수(quantum number)이다.

이때 $\hbar$ (h bar)는 $h/2\pi$이다(나중에 알게 되겠지만 이 기호는 양자 역학의 많은 식에서 사용된다). 식 10.14를 식 10.16으로 나누면 다음 식이 된다.

$$u = \frac{Ze^2}{2nh\varepsilon_0} \tag{10.17}$$

식 10.17을 식 10.15에 대입하면 다음 식을 얻는다.

$$E_n = -\frac{m_e Z^2 e^4}{8h^2\varepsilon_0^2}\frac{1}{n^2} \quad n = 1, 2, 3, \ldots \tag{10.18}$$

n 값(1, 2, 3,...)에 따라 E 값이 달라지기 때문에 식 10.18에서 E에 아래 첨자 n을 첨가하였음을 유의하라. 이 식에서 음의 부호는 전자와 양성자가 무한대로 떨어져 있을 때의 에너지를 0으로 정하면, 전자가 가질 수 있는 에너지는 이보다 작다는 것을 의미한다. E_n이 음의 값으로 더 커질수록 전자와 양성자의 인력이 더 강해진다. 따라서 가장 안정한 상태는 $n = 1$일 때이며, 이것을 **바닥 상태**(ground state)라고 한다.

궤도 반지름에 대한 식도 다음과 같이 유도할 수 있다. 식 10.16과 10.17에서 다음 식을 얻는다.

$$r_n = \frac{n\hbar}{m_e u}$$
$$= \frac{n\hbar}{m_e} \times \frac{2nh\varepsilon_0}{Ze^2}$$
$$= \frac{n^2 h^2 \varepsilon_0}{Z\pi m_e e^2} \tag{10.19}$$

여기서 r_n은 n번째 궤도의 반지름이다. 전자의 에너지는 양자화되어 있으므로 특정한 궤도만 가능하다고 생각할 수 있다. r_n 값이 n에 따라서 한정되므로 식 10.19에서 이 사실을 확인할 수 있다. 한편, 오비탈의 크기는 n^2에 따라 증가함을 알 수 있다.

예제 10.2

수소 원자에서 Bohr **반지름**으로 알려진 최소 궤도 반지름을 계산하시오.

답

식 10.19와 다음 상수를 이용한다.

$$\varepsilon_0 = 8.8542 \times 10^{-12}\ \mathrm{C^2\ N^{-1}\ m^{-2}} \qquad h = 6.626 \times 10^{-34}\ \mathrm{J\ s}$$

$$m_e = 9.109 \times 10^{-31}\ \mathrm{kg} \qquad e = 1.602 \times 10^{-19}\ \mathrm{C}$$

$n = 1$일 때 r은 다음과 같이 주어진다.

$$r = \frac{(1)^2(6.626 \times 10^{-34}\ \mathrm{J\ s})^2(8.8542 \times 10^{-12}\ \mathrm{C^2\ N^{-1}\ m^{-2}})}{(1)\pi(9.109 \times 10^{-31}\ \mathrm{kg})(1.602 \times 10^{-19}\ \mathrm{C})^2}$$

$$= 5.29 \times 10^{-11}\ \mathrm{m}$$

$$r = 0.529\ \text{Å}$$

여기서 $1\ \text{Å} = 1 \times 10^{-10}$ m이다.

COMMENT

옹스트롬(Å)은 SI 단위는 아니지만 분자들의 결합 길이가 보통 1 Å 규모이므로, 원자와 분자의 크기를 기술하는 데 많이 사용한다.

식 10.18로부터 수소 원자의 방출 스펙트럼을 분석하는 기본식을 유도할 수 있다. Bohr 이론의 관점에서 보면, 전자가 높은 에너지 준위에서 낮은 에너지 준위로 전이되면서 광자가 방출된다. 전자 전이의 이러한 **공명 조건**(resonance condition)은 다음 식으로 표현된다.

$$\Delta E = E_\mathrm{f} - E_\mathrm{i} = h\nu \tag{10.20}$$

여기서 E_i와 E_f는 전이와 관련되는 처음과 마지막 준위의 에너지이고, $h\nu$는 방출되는 광자의 에너지이다. 흡수 과정에서는 정확히 반대 현상이 일어난다(그림 10.10). 전자가 높은 준위에서 낮은 준위로 떨어지는 방출 과정에 식 10.18을 적용하면 다음과 같이 된다.

$$\Delta E = E_\mathrm{f} - E_\mathrm{i} = \left(\frac{m_e Z^2 e^4}{8h^2\varepsilon_0^2}\right)\left(\frac{1}{n_\mathrm{i}^2} - \frac{1}{n_\mathrm{f}^2}\right) \tag{10.21}$$

여기에 대응하는 파수는 다음과 같다.

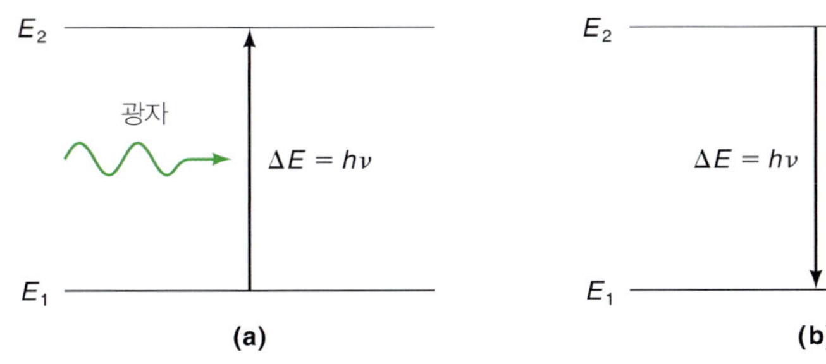

그림 10.10
원자 또는 분자의 에너지 준위와 전자기 복사의 상호 작용. **(a)** 흡수, **(b)** 방출. 각 경우에 광자의 에너지($h\nu$)는 두 준위의 에너지 차이인 ΔE와 같다.

$$\tilde{\nu} = \frac{1}{\lambda} = \frac{\nu}{c} = \frac{\Delta E}{hc} = \left(\frac{m_e Z^2 e^4}{8ch^3\varepsilon_0^2}\right)\left(\frac{1}{n_i^2} - \frac{1}{n_f^2}\right)$$

$$= \tilde{R}_H\left(\frac{1}{n_i^2} - \frac{1}{n_f^2}\right) \tag{10.22}$$

여기서 Z=1일 때 Rydberg 상수는 다음과 같이 주어진다(문제 10.13 참조).

$$\tilde{R}_H = \frac{m_e e^4}{8ch^3\varepsilon_0^2} = 109{,}737.31568539\ \text{cm}^{-1} \tag{10.23}$$

보통의 계산에서는 $\tilde{R}_H$는 109,737 cm^{-1} 값을 사용할 것이다. 식 10.21과 10.22에서 ΔE와 $\tilde{\nu}$의 부호에 대한 보충 설명은 다음과 같다. 흡수 과정에서는 $n_f > n_i$이므로 ΔE와 $\tilde{\nu}$는 모두 양수가 된다. 방출 과정에서는 $n_f < n_i$이므로 ΔE는 음의 값이며, 계에서 주위로 에너지가 방출된다는 사실과 일치한다. 그러나 $\tilde{\nu}$도 음의 값이 되지만 특별한 물리적 의미는 없다. 전이가 흡수 과정이거나 방출 과정이거나 관계없이 $\tilde{\nu}$ 계산값이 항상 양수가 되게 하려면 $[(1/n_i^2) - (1/n_f^2)]$의 절댓값을 취하면 된다.

그림 10.11에는 수소 원자의 에너지 준위 도표를, 표 10.1에는 일부 방출 스펙트럼 계열을 나타내었다.

예제 10.3

수소 원자에서 $n = 4 \rightarrow 2$ 전이의 파장을 nm 단위로 계산하시오.

답

이것은 방출 과정이다. $n_f = 2$이므로, 이 선 스펙트럼은 Balmer 계열에 속한다. 식 10.22에서 다음과 같이 $\tilde{\nu}$의 절댓값을 계산한다.

$$\tilde{\nu} = (109{,}737\ \text{cm}^{-1})\left|\left(\frac{1}{4^2} - \frac{1}{2^2}\right)\right|$$

$$= 2.058 \times 10^4\ \text{cm}^{-1}$$

수직선은 절댓값을 나타낸다.

따라서

$$\lambda = \frac{1}{\tilde{\nu}} = \frac{1}{2.058 \times 10^4\ \text{cm}^{-1}}$$

$$= 4.86 \times 10^{-5}\ \text{cm}$$

$$= 486\ \text{nm}$$

COMMENT

Balmer 계열에는 이 전이를 포함해서 가시광선 영역에 4개의 선 스펙트럼이 나타난다. 486 nm 파장은 푸른 녹색으로 보인다.

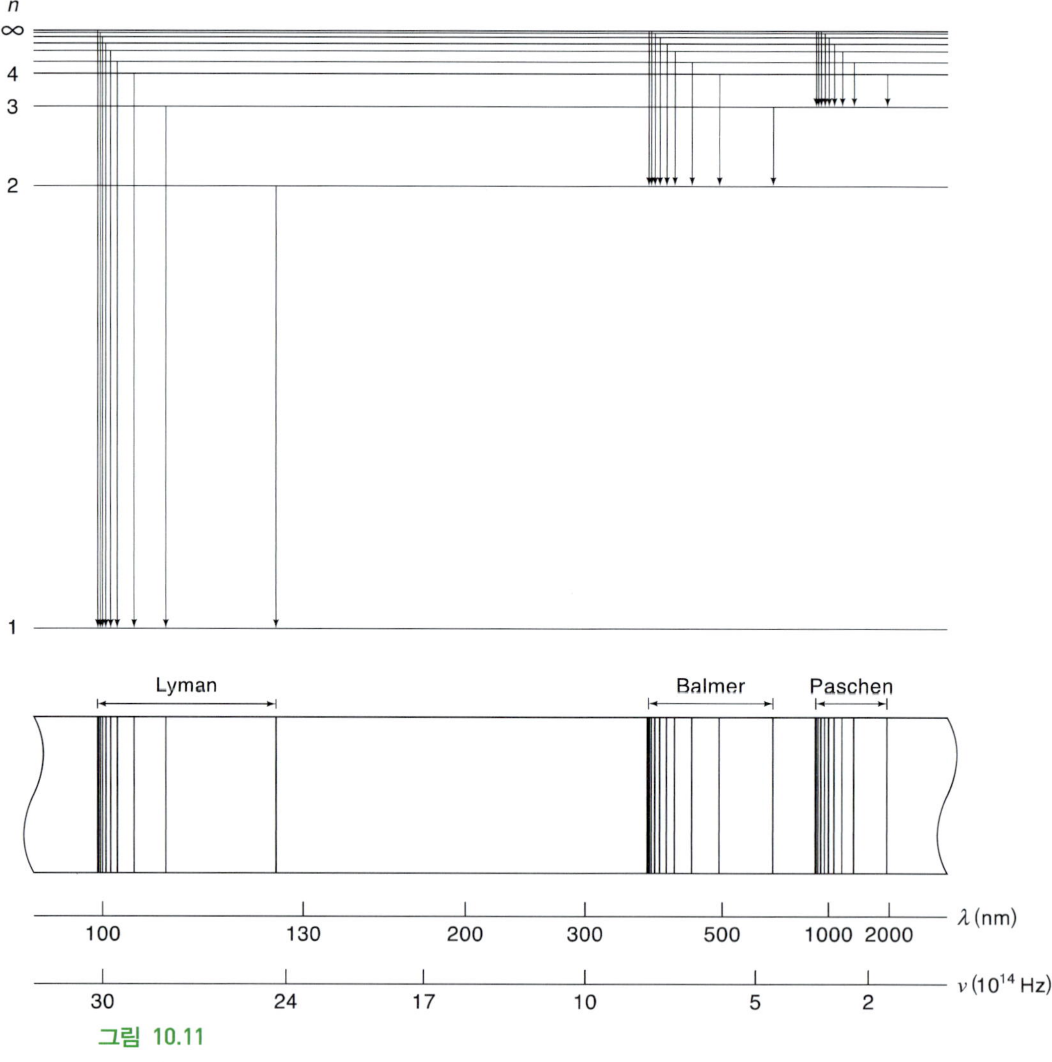

그림 10.11

수소 원자의 에너지 준위와 일부 방출 스펙트럼(McQuarrie, D. A. and J. D. Simon, *Physical Chemistry*, University Science Books, Sausalito, CA, 1997에서 발췌함.)

10.5 de Broglie 가설

물리학자들은 Bohr 이론을 신기하게 생각하며 관심을 갖기 시작하였다. 수소 원자의 에너지가 왜 양자화되어야 하는지가 의문이었다. 이 질문을 더 정확하게 표현한다면 다음과 같다. Bohr 원자에 있는 전자는 왜 핵 주위의 특정한 궤도에서만 회전하고 있는가? 그 후 10년 동안 Bohr 자신은 물론, 아무도 이를 논리적으로 설명할 수 없었다. 1924년에 프랑스의 물리학자 Louis de Broglie(1892~1977)가 그 해답을 찾았다.

de Broglie는 Prince 지위를 가지고 있는 귀족 가문 출신이었다.

de Broglie는 전자기파의 에너지에 대한 Einstein–Planck 식과 파동의 운동량에 대한 고전 역학의 식으로부터 입자성과 파동성을 연관시키는 식을 유도하였다. 두 식은 다음과 같다.

$$E = h\nu$$

$$p = \frac{E}{c} \tag{10.24}$$

여기서 p는 운동량이고, c는 빛의 속도이다. E를 $h\nu = hc/\lambda$로 바꾸면 다음과 같은 de Broglie 식을 유도할 수 있다.

Einstein의 특수 상대성 이론에 따르면, 광자는 정지 질량이 0이다. 그러나 움직일 때는 질량을 가지고, 따라서 운동량도 가진다.

$$p = \frac{h}{\lambda}$$

$$\lambda = \frac{h}{p} = \frac{h}{mu} \tag{10.25}$$

식 10.25는 속도 u로 움직이는 질량 m인 입자는 파장이 λ인 파동의 성질을 갖게 된다는 것을 의미한다.

식 10.25는 1927년에 미국의 물리학자 Clinton Davisson(1881~1958) 및 Lester Germer(1896~1972)와 1928년에 영국의 물리학자 G. P. Thomson(1892~1975)에 의해 실험적으로 확인되었다. Thomson은 알루미늄 박막에 전자를 쪼여 주면, 파동인 X선에 의해 만들어지는 무늬와 비슷한 동심원 무늬가 스크린에 나타나는 것을 관찰하였다. 그림 10.12는 X선과 전자가 알루미늄 박막을 통과하면서 만들어지는 회절 무늬를 보여 준다.

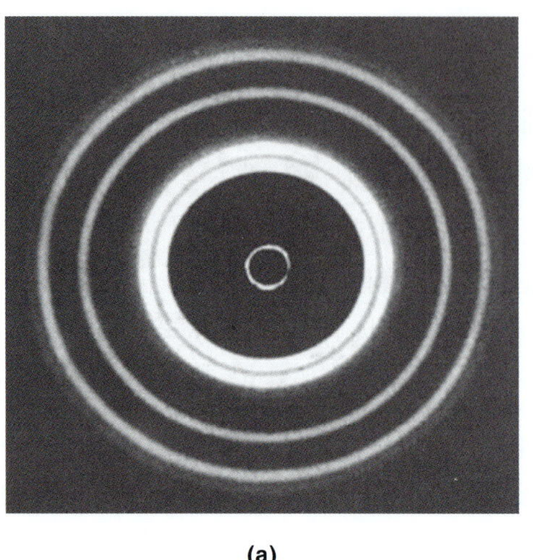

(a)

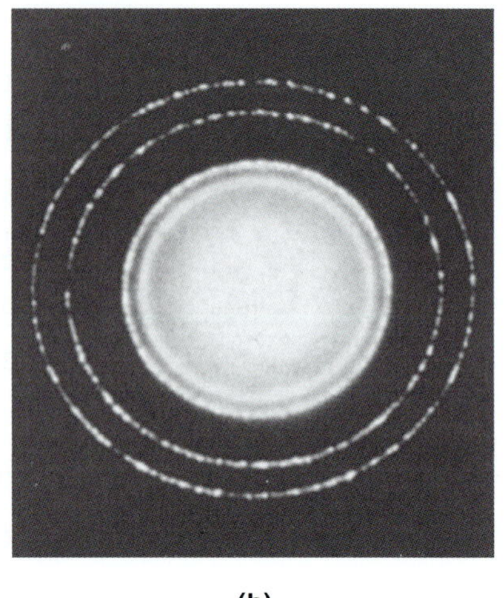

(b)

그림 10.12
(a) 알루미늄 박막의 X선 회절 무늬. **(b)** 알루미늄 박막의 전자 회절 무늬. 이렇게 두 무늬가 비슷하게 나타나는 것은 전자가 X선과 같이 거동하며, 파동성을 갖고 있다는 것을 보여 주는 현상이다. (Copyright 2013 Education Development Center, Newton, MA. Reprinted with permission, all other rights reserved.)

예제 10.4

테니스에서 가장 빠른 서브의 속도는 약 150 mph, 즉 68 m s^{-1} 이다. 이 속도로 날아가는 6.0×10^{-2} kg인 테니스공과 관련된 파장을 계산하시오. 같은 속도로 움직이는 전자에 대해서도 같은 계산을 해 보시오.

답
식 10.25를 이용하면 다음과 같이 계산된다.

$$\lambda = \frac{6.626 \times 10^{-34}\ \text{J s}}{(6.0 \times 10^{-2}\ \text{kg})(68\ \text{m s}^{-1})}\left(\frac{1\ \text{kg m}^2\ \text{s}^{-2}}{1\ \text{J}}\right)$$

따라서

$$\lambda = 1.6 \times 10^{-34}\ \text{m}$$

원자의 크기가 1×10^{-10} m 정도이므로 이 파장은 매우 짧은 것이다. 따라서 이러한 테니스공의 파동성은 현존하는 측정 장치로는 검출할 수가 없다.
전자의 경우는 다음과 같다.

$$\begin{aligned}\lambda &= \frac{6.626 \times 10^{-34}\ \text{J s}}{(9.109 \times 10^{-31}\ \text{kg})(68\ \text{m s}^{-1})}\left(\frac{1\ \text{kg m}^2\ \text{s}^{-2}}{1\ \text{J}}\right)\\ &= 1.1 \times 10^{-5}\ \text{m} = 1.1 \times 10^{4}\ \text{nm}\\ &= 11\ \mu\text{m}\end{aligned}$$

이 파장은 적외선 영역에 속한다.

COMMENT
이 예제를 통해 de Broglie 식은 전자, 원자, 분자와 같은 초미세 입자의 경우에만 중요하다는 것을 알 수 있다. 거시적 물체의 파동성을 관찰할 수는 없다.

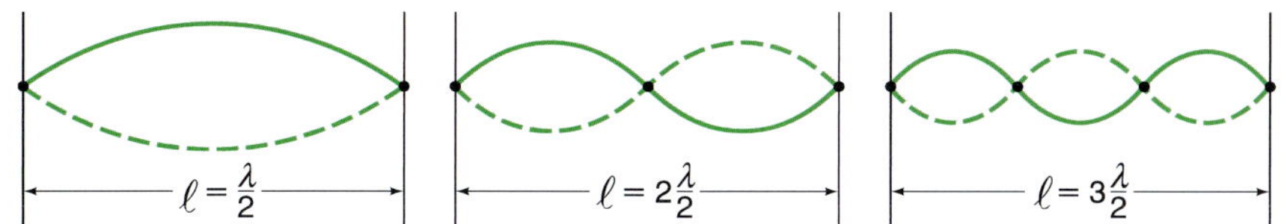

그림 10.13
기타 줄을 튕길 때 생기는 정상파. 줄의 길이 ℓ은 파장 절반값에 정수를 곱한 것($n\lambda/2$)과 같아야 한다.

de Broglie에 따르면 핵에 잡혀 있는 전자는 **정상파**(standing wave)처럼 거동하고 있다. 주변의 예를 들어 보면, 기타 줄을 튕겨 정상파를 만들 수 있다. 정상파는 줄을 따라서 이동할 수가 없어서 정지되어 있는 파동으로 불린다(그림 10.13). 또한 **마디**(node)라고 하는 지점, 즉 파의 진폭이 0인 지점에서는 줄이 전혀 움직이지 않는다. 진동수가 커질수록 정상파의 파장은 짧아지고 마디의 수는 증가한다. 그림 10.13에서 알 수 있듯이, 줄의 가능한 운동에 대해 특정한 파장만 가지게 된다. de Broglie는 수소 원자 내에서 전자가 정상파처럼 거동한다면 파의 길이는 궤도의 원둘레와 정확히 일치해야 한다고 주장하였다(그림 10.14). 그렇지 않으면 그 파는 연속적으로 궤도를 돌 때마다 부분적으로 상쇄될 것이다. 그러면 최종적으로 파의 진폭이 0이 되어 그 파동이 존재하지 않게 된다.

허용된 궤도의 원둘레($2\pi r$)와 전자의 파장(λ)의 관계는 다음 식으로 주어진다.

$$2\pi r = n\lambda \qquad n = 1, 2, 3, \ldots$$

식 10.25의 λ에 이 식을 대입하면 다음 결과를 얻는다.

$$2\pi r = n\frac{h}{m_e u}$$

위 식을 재배열하면 다음과 같다.

$$m_e ur = n\hbar$$

$\hbar$는 $h/2$임을 기억하라.

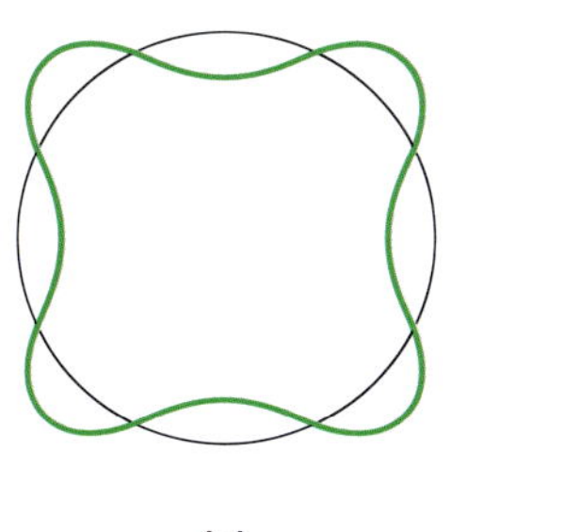
(a)

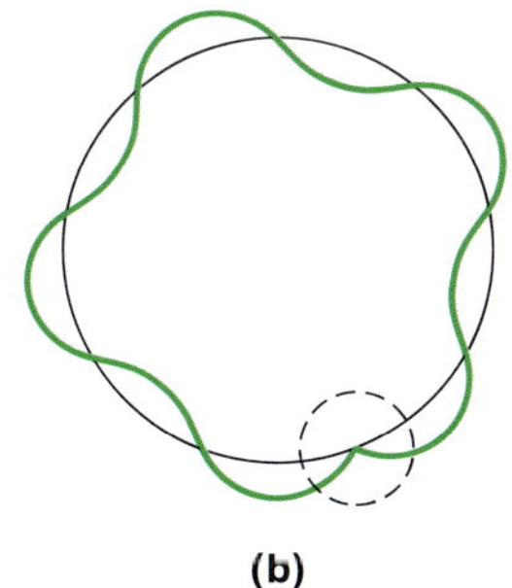
(b)

그림 10.14
(a) 궤도의 원둘레는 파장의 정수배(이 경우 4)와 같다. 이것이 허용된 궤도이다. **(b)** 궤도의 원둘레가 파장의 정수배와 같지 않다. 그 결과 전자의 파동은 자신과 보강 간섭을 하지 않는다. 이것은 허용되지 않은 궤도이다.

이것은 식 10.16과 같은 것이다. 따라서 de Broglie 가정에 따르면 각운동량은 양자화되고 수소 원자의 에너지 상태도 양자화된다.

전자의 파동성을 응용한 것으로 전자 현미경이 있다. 인간의 눈은 파장이 약 400 nm에서 700 nm인 빛에 반응한다. 작은 물체의 구조를 상세하게 볼 수 있는 능력은 광학 체계의 분해능과 관계가 있다. 물체를 분리된 개체로 구분할 수 있는 최소 거리가 분해능이다. 두 물체의 간격이 이 거리보다 짧으면 흐려져 하나로 보이게 된다. 육안으로 구분할 수 있는 한계는 약 0.1 mm이며, 이보다 짧으면 개개의 물체를 구분할 수가 없다. 반면에, 빛을 이용한 광학 현미경의 한계는 200 nm, 즉 0.2 μm이다. 광학 현미경을 이용하면 보라색(400 nm) 파장의 절반 크기를 갖는 물체까지 볼 수 있지만, 그보다 작은 것은 볼 수 없다는 것을 의미한다. 전자살은 가시광선보다 100,000배 정도 더 짧은 파장에 대응하는 성질을 가지므로 전자 현미경의 분해능은 훨씬 더 좋아진다. 전자살을 가속 정전기장(전위차가 V볼트인 두 평행판) 사이에서 가속될 때, 전자가 갖게 되는 퍼텐셜 에너지 $e\mathrm{V}$는 다음과 같이 운동 에너지와 같다고 할 수 있다.

사람의 머리카락은 지름이 0.1 mm이다.

$$e\mathrm{V} = \tfrac{1}{2}m_e u^2$$

또는 다음과 같다.

$$u = \sqrt{\frac{2e\mathrm{V}}{m_e}}$$

여기서 e는 전자의 전하이다. 식 10.25에 속도에 대한 위 식을 대입하면 다음 식이 된다.

$$\lambda = \frac{h}{\sqrt{2m_e e\mathrm{V}}} \tag{10.26}$$

예제 10.5

1.00×10^3 V의 전압으로 가속된 전자의 파장을 구하시오.

답

식 10.26을 이용하면 다음과 같이 주어진다.

$$\lambda = \frac{6.626 \times 10^{-34}\ \mathrm{J\ s}}{\sqrt{2(9.109 \times 10^{-31}\ \mathrm{kg})(1.602 \times 10^{-19}\ \mathrm{C})(1000\ \mathrm{V})}}$$

환산 인자 1 J = 1 C × 1 V를 이용하면 다음과 같은 결과를 얻는다.

$$\lambda = 3.88 \times 10^{-11}\ \mathrm{m}$$
$$= 0.0388\ \mathrm{nm}$$

킬로볼트나 메가볼트 범위의 전압을 얻는 것은 상대적으로 쉽기 때문에 아주 짧은 파장을 얻을 수 있다. 이처럼 전자 현미경에서는 가시광선 대신에 전자살을 사용한다는 점이 광학 현미경과 다르다. 파장이 짧을수록 분해능은 더 좋아지게 된다. 이러한 방법을 이용하여 무거운 원자뿐만 아니라 큰 분자들도 '볼' 수가 있다. X선 회절법에 비해 전자 현미경이 가지는 중요한 장점은 전자가 전하를 띠고 있으므로 전기장과 자기장으로 쉽게 초점을 맞출 수 있어서 이미지를 만들 수 있다는 점이다. X선은 전하를 띠지 않으므로 이렇게 초점을 맞출 수 없으며, X선을 초점으로 모을 수 있는 렌즈는 아직 알려진 것이 없다.

10.6 Heisenberg 불확정성 원리

1927년에 독일의 물리학자 Werner Heisenberg(1901~1976)는 양자 역학의 철학적 기초가 되는 매우 중요한 원리를 제안하였다. 입자의 위치와 운동량을 **동시에** 측정할 때 생기는 불확정성을 서로 곱해 주면, 이 곱은 Planck 상수를 4π로 나누어 준 것과 근사적으로 일치한다고 추정하였다. 이를 수식으로 표현하면 다음과 같다.

$$\Delta x \Delta p \geq \frac{h}{4\pi} \tag{10.27}$$

여기서 Δ는 '어떤 성질의 불확정성'을 나타낸다. 따라서 Δx는 위치의 불확정성이고, Δp는 운동량의 불확정성이다. 물론 측정한 위치와 운동량의 불확정성이 크면, 그 곱은 $h/4\pi$보다도 더 크다. **Heisenberg 불확정성 원리**(Heisenberg uncertainty principle)를 수학으로 표현하는 식 10.27의 중요성은 위치와 운동량을 정밀하게 측정할 수 있는 여건에서도 불확정성의 한계는 항상 $h/4\pi$로 주어진다는 점이다.

불확정성 원리가 존재해야 하는 이유를 개념적으로 이해할 수 있다. 계에 대한 측정을 하게 되면 그 계에 반드시 어떤 교란이 일어나게 된다. 양자 역학적 물체인 전자의 위치를 결정하려 한다고 가정해 보자. 거리 Δx 안에서 전자의 위치를 파악하려면 $\lambda \approx \Delta x$ 크기의 파장을 가진 빛을 이용하게 된다. 광자와 전자가 상호 작용(충돌)하는 동안에 광자의 운동량($p = h/\lambda$)의 일부가 전자에 전달된다. 따라서 전자를 '보기' 위한 작용이 그 전자의 운동량에 변화를 주게 된다. 전자를 더 정확히 보려면 파장이 더 짧은 빛을 사용해야 한다. 따라서 광자는 더 큰 운동량을 갖게 되므로 전자의 운동량에 더 큰 변화를 일으키게 된다. 근본적으로, Δx를 작게 할수록 동시에 운동량의 불확정성(Δp)은 더 증가한다. 마찬가지로 전자의 운동량을 가능한 한 정확하게 측정하려는 실험에서는 위치의 불확정성이 동시에 커지게 된다. 이러한 불확정성은 부정확한 측정이나 실험 기술로 인해 생긴 결과가 **아니고** 측정 자체가 갖고 있는 근본적 특성임을 명심하라.

거시적 물체의 경우에는 어떻게 될까? 양자 역학적인 계에 비해 명확한 크기를 가지는 야구공과 같은 물체의 위치와 운동량을 측정할 때는 관측의 상호 작용으로 생기는 불확정성을 완전히 무시할 수 있다. 따라서 거시적 물체의 위치와 운동량은 동시에 정확하게 측정할 수 있다. Planck 상수는 매우 작은 값이므로 원자 수준의 입자를 취급할 때만 중요한 것이다.

예제 10.6

(a) 예제 10.2에서 수소 원자의 Bohr 반지름은 0.529Å, 즉 0.0529 nm임을 알 수 있었다. 이 궤도에서 전자의 위치를 반지름 1%의 정확도로 알 수 있다고 가정하고, 전자 속도의 불확정성을 계산하시오. (b) 야구공(0.15 kg)을 100 mph 속도로 던졌을 때 6.7 kg m s^{-1}의 운동량을 갖는다. 이 운동량을 측정할 때에 불확정성이 운동량의 1.0×10^{-7}일 경우 야구공에 대한 위치의 불확정성을 계산하시오.

답

(a) 전자에 대한 위치의 불확정성은 다음과 같다.

$$\begin{aligned} \Delta x &= 0.01 \times 0.0529 \text{ nm} \\ &= 5.29 \times 10^{-4} \text{ nm} \\ &= 5.29 \times 10^{-13} \text{ m} \end{aligned}$$

식 10.27에서 운동량의 불확정성은 다음과 같이 주어진다.

$$\begin{aligned} \Delta p &= \frac{h}{4\pi\Delta x} \\ &= \frac{6.626 \times 10^{-34} \text{ J s}}{4\pi(5.29 \times 10^{-13} \text{ m})}\left(\frac{\text{kg m}^2 \text{ s}^{-2}}{\text{J}}\right) \\ &= 9.97 \times 10^{-23} \text{ kg m s}^{-1} \end{aligned}$$

$\Delta p = m_e \Delta u$이므로 속도의 불확정성은 다음과 같다.

$$\begin{aligned} \Delta u &= \frac{9.97 \times 10^{-23} \text{ kg m s}^{-1}}{9.1095 \times 10^{-31} \text{ kg}} \\ &= 1.1 \times 10^{8} \text{ m s}^{-1} \end{aligned}$$

따라서 전자 속도의 불확정성은 빛의 속도 (3×10^{8} m s^{-1})와 크기가 비슷함을 알 수 있다. 이 정도의 불확정성으로는 전자 속도를 거의 알 수가 없다.

(b) 야구공에 대한 위치의 불확정성은 다음과 같다.

$$\begin{aligned} \Delta x &= \frac{h}{4\pi\Delta p} \\ &= \frac{6.626 \times 10^{-34} \text{ J s}}{4\pi \times 1.0 \times 10^{-7} \times 6.7 \text{ kg m s}^{-1}}\left(\frac{\text{kg m}^2 \text{ s}^{-2}}{\text{J}}\right) \\ &= 7.9 \times 10^{-29} \text{ m} \end{aligned}$$

이것은 영향을 미치지 못하는 매우 작은 값이다.

COMMENT

거시적 물체에서는 불확정성 원리를 무시할 수 있지만, 전자와 같이 질량이 아주 작은 물체에서는 대단히 중요하다. 불확정성의 최솟값을 얻으려면 식 10.27에서 같거나 크다는 부호(≥)보다는 등호 (=)를 사용하였다는 것을 기억하라.

마지막으로, Heisenberg 불확정성 원리는 에너지와 시간의 관계로도 나타낼 수 있다. 다음 관계로부터

$$\begin{aligned}\text{운동량} &= \text{질량} \times \text{속도} \\ &= \text{질량} \times \frac{\text{속도}}{\text{시간}} \times \text{시간} \\ &= \text{힘} \times \text{시간}\end{aligned}$$

다음과 같은 식이 얻어진다.

$$\begin{aligned}\text{운동량} \times \text{거리} &= \text{힘} \times \text{거리} \times \text{시간} \\ &= \text{에너지} \times \text{시간}\end{aligned}$$

또는

$$\Delta x \Delta p = \Delta E \Delta t$$

여기서 ΔE는 계가 임의의 상태에 있을 때 갖게 되는 에너지의 불확정성이고, Δt는 계가 그 상태에 있을 동안의 시간이다. 여기서 식 10.27는 다음과 같이 쓸 수 있다.

$$\Delta E \Delta t \geq \frac{h}{4\pi} \tag{10.28}$$

따라서 한정된 시간 범위에서 절대 정확도($\Delta E = 0$를 갖는)로 그 입자의 운동 에너지를 측정할 수는 없다. 식 10.28은 스펙트럼 선의 너비를 추정하는 데 특히 유용하다 (11.1절 참조). 양자 역학적 언어로 표현하면, 운동량과 위치, 에너지와 시간은 서로 **짝쌍**(conjugate pair)을 형성하게 된다. 이 부분에 대해서는 11장에서 다시 배울 것이다.

10.7 양자 역학의 가설

수소 원자에 대한 Bohr 이론은 양자 이론의 초기 업적 중의 하나이다. 그러나 다전자 원자(두 개 이상의 전자를 가지고 있는 원자)의 방출 스펙트럼이나 자기장 속에 있는 원자의 거동을 설명하기에는 그의 이론이 적합하지 않다는 것이 곧 확인되었

양자 역학에서 '다전자'는 두 개 이상의 전자를 의미한다.

다. 게다가 전자가 잘 정의된 궤도상에서 핵 주위를 회전한다는 개념은 불확정성 원리와도 일치하지 않는다. 초미세 입자에 대해서도 거시적 물체에 적용되는 Newton 식에 버금가는 일반적인 식이 절실히 필요하게 되었다. 1926년에 오스트리아의 물리학자 Erwin Schrödinger(1887～1961)가 de Broglie의 파동 개념을 이용하여 그와 같은 식을 유도하였다. 그 식에 대해서는 10.8절에서 자세히 다루게 된다. 여기서는 양자 역학을 확립하기 위하여 가설(postulate)을 사용할 것이다. Newton 법칙이나 열역학 법칙처럼, 이 가설들은 다른 원리에서 유도될 수 없다. 그러나 이런 가설은 단순하면서도 실험적 관찰과 일치하는 결과를 예측하게 해 준다.

가설 1: 계의 상태는 함수 $\Psi(\tau,t)$로 완벽하게 기술할 수 있다.

계를 설명하는 함수를 상태 함수 또는 **파동 함수**(wave function)라고 한다. 이 함수는 공간 좌표 τ와 시간 t로 표현된다(여기서 일반 공간 좌표를 표시하기 위해서 τ를 사용한다). 일차원에 있는 입자에 대해서는 보통 공간 좌표로 x를 써서 파동 함수는 $\Psi(x,t)$가 된다. 삼차원 공간에 있는 입자라면 Cartesian 좌표계 (x, y, z)를 사용하므로 파동 함수는 네 개의 변수를 갖는 $\Psi(x, y, z, t)$가 된다. 여기서는 파동 함수의 시간에 대한 부분을 잠시 무시하고, **정상 상태**(stationary state)라고 하는 시간 독립(time-independent) 파동 함수 $\psi(\tau)$부터 알아보자.

파동 함수 ψ는 실수 함수일 수도 있고 **복소수**(complex number) 함수일 수도 있다. 복소수는 실수부와 **허수**(imaginary)부로 이루어져 있다. $i = \sqrt{-1}$인 i를 포함한 숫자를 허수라고 한다. 복소수에 대해서는 ψ^*를 ψ의 **켤레복소수**(complex conjugate) 관계라고 한다. **켤레복소수**는 ψ의 i가 있는 부분을 모두 $-i$로 바꾸어주면 된다. 예를 들어 a와 b가 실수 상수라고 하자. 만약 ψ가 복소수 함수로 $a + ib$로 주어지면, $\psi^* = a - ib$가 되고 $\psi^*\psi = (a + ib)(a - ib) = a^2 + b^2$이 된다. 곱 $\psi^*\psi$는 ψ의 **절댓값 제곱**(squared magnitude)이라고 하는데, 항상 양수이며 실수이다. 절댓값 제곱은 $|\psi|^2$으로 쓸 수 있다. 만약 ψ가 i가 포함되지 않은 실수 함수라면 $\psi^* = \psi$이고 $|\psi|^2 = \psi^2$이다.

파동 함수는 양자 역학적 관점에서 우리가 알고자 하는 모든 것에 대한 정보를 갖고 있다는 점에서 유용하다. 파동 함수 자체는 아무런 물리적 의미가 없다. 그러나 1926년에 독일의 물리학자인 Max Born(1882～1970)은 $|\psi|^2$을 그 계의 확률 분포 또는 **확률 밀도**(probability density)로 해석될 수 있다고 제안하였다. 만약 $\psi(x)$가 입자를 설명하는 파동 함수라면, $|\psi(x)|^2dx$는 그 입자를 x와 $x + dx$ 사이에서 발견할 확률이다. $|\psi|^2$를 확률에 연결시킨 이 개념은 파동 이론과 비교되어 나온 것이었다. 파동 이론에 따르면, 빛의 세기는 파동 진폭의 제곱 A^2에 비례한다. 광자가 존재할 수 있는 곳은 그 밝기(세기)가 가장 큰 곳일 것이다. 즉 그곳은 A^2이 가장 큰 곳이다. 마찬가지 논의로, 전자를 핵 주위에서 발견할 가능성이 더 높은 것처럼, $|\psi|^2$의 크기가 큰 곳에서 그 입자를 발견할 가능성이 높다.

더 일반화시키면, $d\tau$가 미세한 단위 부피라면, 확률은 $|\psi|^2\, d\tau$로 쓸 수 있다. 일차원에서는 $d\tau = dx$이다. 삼차원에서 $d\tau = dxdydz$이다. 일반적으로 간편하게 $d\tau$를 쓰는

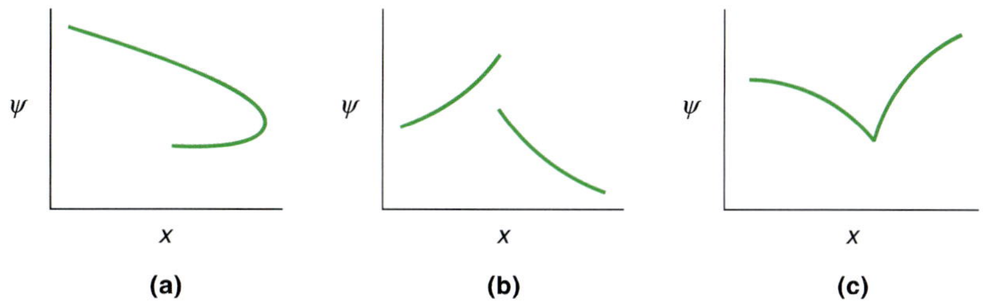

그림 10.15
허용되지 않는 파동 함수. **(a)** 파동 함수가 단일값이 아니다. **(b)** 파동 함수가 불연속이다. **(c)** 파동 함수의 도함수가 불연속이다. $d\psi/dx$에 끊어짐이 있다.

데, 이는 특정한 좌표계에 한정되지 않고 사용할 수 있기 때문이다.

$|\psi|^2$ 또는 $\psi^*\psi$를 확률 밀도로 해석하게 되면 파동 함수로 받아들일 수 있는 함수의 종류에 약간의 제약이 생긴다. 1과 2 사이의 영역에 놓여 있는 입자에 대한 확률 (P)을 계산하려면, 확률 밀도를 다음과 같이 적분한다.

$$P = \int_1^2 \psi^* \psi \, d\tau$$

입자는 이 영역 어딘가에는 존재해야 하므로, 전체 영역에 대해서 발견될 확률은 1이 되어야 한다.

$$\int_{\text{전체 영역}} \psi^* \psi \, d\tau = 1 \qquad (10.29)$$

식 10.29를 **정규화 조건**(normalization condition)이라고 한다.

모든 공간에 대해서 적분했을 때 유한한 숫자가 되는 함수가 되려면 모든 점에서 유한한 단일값을 가지며, '적절하게 행동(well behaved)'해야 한다. 수학적으로 적절하게 행동한다는 뜻은 연속이고 **이차 적분이 가능**(quadratically integrable)하다는 것을 의미한다. 두 번째 조건은 ψ과 $d\psi/dx$가 연속이라는 것을 의미한다. 그림 10.15에는 파동 함수로 적당하지 않는 몇 가지 예를 보여 준다.

가설 2: 고전 역학에서 관찰 가능한 모든 물리량에 대응하는 양자 역학적 선형 Hermitian 연산자가 있다.

연산자(operator)는 함수를 조작하는 단순한 수학적 도구이다. 수학 기호 위에 꺽쇠 기호를 써서 연산자를 표시한다. 다음 예에서 변수 x에 대한 함수 $f(x)$와 $g(x)$에 대해 생각해 보자. 관례적으로 연산자는 자신의 오른쪽에 쓰인 함수(f)에 대해서 연산을 하고 그 결과로 새로운 함수(g)가 만들어진다.

$$\hat{A}f(x) = g(x)$$

이때 $\hat{A}$가 연산자이다. 예를 들어 $f(x) = x^2$이고 $\hat{A}$는 d/dx라면 다음과 같이 된다.

$$\hat{A}f(x) = \frac{d(x^2)}{dx} = 2x = g(x)$$

선형(linear) 연산자는 다음의 조건을 만족한다.

$$\hat{A}[c_1 f(x) + c_2 g(x)] = c_1 \hat{A}f(x) + c_2 \hat{A}g(x) \tag{10.30}$$

이때 c_1과 c_2는 상수이다.

Hermitian 연산자와 연관된 몇 가지 특성은 양자 화학에서 매우 유용하게 사용된다. Hermitian 연산자가 다음과 같은 고유 함수-고윳값(eigenfunction - eigenvalue) 방정식을 만족할 때,

$$\hat{A}f(x) = af(x) \tag{10.31}$$

방정식 양쪽의 함수 f(고유 함수)는 같은 함수이며, a는 실수이다. 예를 들면 $\hat{A} = d/dx$이고, $f(x) = e^{ax}$라고 하자.

$$\hat{A}f(x) = \frac{d}{dx}(e^{ax}) = ae^{ax} = af(x)$$

따라서 이것은 고유 함수-고윳값 관계식이 되고 고윳값은 a이다.

예제 10.7

다음 연산자와 함수는 고유 함수-고윳값 관계를 만족하는가? 만족한다면 고윳값은 얼마인가?

	연산자	함수
(a)	$\times C$ (상수)	$f(x)$
(b)	$\frac{d}{dx}$	e^{ax^2}
(c)	$\frac{d^2}{dx^2}$	$\sin ax$

답

(a) 주어진 함수에 C를 곱하여 $Cf(x)$를 얻는다. 따라서 $f(x)$는 이 연산자에 대한 고유 함수이고, 그때의 고윳값은 C이다.

(b) $\frac{d}{dx}(e^{ax^2}) = 2ax\, e^{ax^2}$

등호 오른쪽의 함수가 다르므로, 이것은 고유 함수-고윳값 관계가 아니다.

(c) $\frac{d^2}{dx^2}(\sin ax) = -a^2 \sin ax$

처음 함수가 다시 얻어졌으므로 고유 함수-고윳값 관계이다. 고윳값은 $-a^2$이다.

파동 함수 ψ와 마찬가지로 Hermitian 연산자 자체도 복소수일 수 있다. 기술적으로 말하자면, Hermitian 연산자는 다음 조건을 만족해야만 한다.

$$\int_{\text{전체 영역}} \psi_i^* \hat{A} \psi_j d\tau = \int_{\text{전체 영역}} \psi_j \hat{A}^* \psi_i^* d\tau \tag{10.32}$$

이때 연산의 순서가 중요하다. 연산자는 자신의 오른쪽에 있는 함수에 대해서 작용한다. 결레복소수 연산자($\hat{A}^*$)는 연산자($\hat{A}$)의 i를 $-i$로 바꾸어 얻는다.

Hermitian 연산자의 두 번째 중요한 성질은 그 고윳값들이 **직교 정규**(orthonormal)한다는 것이다. 다시 말하면 전체 영역에 대해서 다음을 적분하면 0 아니면 1이 된다.

$$\int_{\text{전체 영역}} \psi_i^* \psi_j d\tau = 0 \qquad i \neq j \text{일 때}$$

$$\int_{\text{전체 영역}} \psi_i^* \psi_j d\tau = 1 \qquad i = j \text{일 때}$$

다음 **지교 정규화 조건**(orthonormalization condition)은 Krönecker 델타, δ_{ij}($i \neq j$일 때 $\delta_{ij}=0$, $i=j$일 때 $\delta_{ij}=1$)를 써서 간단하게 표시할 수 있다.

$$\int_{\text{전체 영역}} \psi_i^* \psi_j d\tau = \delta_{ij} \tag{10.33}$$

가설 3: 계가 ψ_n 상태에 있을 때 관찰 가능한 양이 a_n이라면, 고유 함수–고윳값 관계 $\hat{A}\psi_n = a_n\psi_n$을 만족한다.

아래 첨자 n은 방정식의 모든 해를 나타내는 것이며, 각각의 해는 양자수 n으로 구별된다. 수소 원자의 경우 각 파동 함수 ψ_n은 특정한 원자 오비탈을 나타내며, 연산자를 이용하여 특정한 고윳값 a_n을 얻는다. 이 고윳값은 그 오비탈의 에너지에 해당된다. 어떤 계에 대해 한 번 측정했을 때 얻어지는 값을 **관측 가능량**(observable)이라고 한다. 관측 가능량에 대응하는 연산자의 고윳값은 실제로 측정되는 양이므로 **실수**가 되어야 한다. 이것은 양자 역학적 연산자가 Hermitian 연산자인 것과 관련이 있다.

근본적으로, 우리가 측정하는 모든 것은 양자화되어 있다. 어떤 경우 양자화되어 있는 값들의 간격이 매우 좁아서 관찰될 수 없는 경우도 있지만 양자화 개념은 항상 유효하다. 이 가정은 어떤 값은 특정한 측정 결과로 얻어질 수 **없다는** 것을 뜻한다. 거시적 계의 비유로 육면체 주사위를 생각해 보자. 주사위를 던지면 여섯 면 중의 한 면이 위로 오게 될 것이다. 따라서 주사위의 고윳값은 1, 2, 3, 4, 5, 6 중의 하나라고 할 수 있다. 주사위를 던져서 2.3이나 2.7182, 3.14159를 얻을 수 없다. 관찰 가능한 값은 정수 1에서 6까지이다.

가설 4: 파동 함수 ψ_n으로 나타내는 상태에 대해서 연산자 $\hat{A}$에 해당하는 물리량의 연속된 측정 결과에 대한 평균 또는 기댓값(expectation value)은 다음과 같이 주어진다.

$$\langle a \rangle = \frac{\int \psi_n^* \hat{A} \psi_n d\tau}{\int \psi_n^* \psi_n d\tau} \tag{10.34}$$

이때 $\langle a \rangle$는 a에 대한 기댓값을 표시한다.

이 가설은 ψ_n이 그 연산자의 고유 함수 여부에 상관없이 성립한다. 다시 주사위의 비유를 사용해 보자. 육면체 주사위가 정확하게 만들어진 것이라면 1에서 6이 나올 가능성은 모두 같다. 주사위를 여러 번 던진다면 어떤 결과를 얻게 될까? 주사위를 여러 번 던진다면 평균적으로 3.5[(1+2+3+4+5+6)/6에 해당]를 얻는다고 할 수 있지만, 이 값은 주사위를 한 번 던져서는 절대 얻을 수 없는 값이다.

주사위 한 개를 던지고 컵으로 가렸을 경우는 어떤가? 컵을 들어 주사위를 보기 전에 주사위는 어떤 숫자를 보여 주고 있었을까? 기댓값이 3.5라고 하지만 주사위 숫자는 정수여야 한다. 이 숨겨진 주사위를 설명하는 파동 함수를 쓸 수 있을까? 양자 역학적 용어로 주사위가 **중첩**(superposition) 상태에 있다고 말한다. 즉 6가지 상태가 모두 가능하다는 것이다. 따라서 다음과 같이 표현한다.

$$\Psi_{\text{숨겨진 주사위}} = \frac{1}{\sqrt{6}}(\psi_1 + \psi_2 + \psi_3 + \psi_4 + \psi_5 + \psi_6)$$

$$= \frac{1}{\sqrt{6}} \sum_{n=1}^{6} \psi_n$$

이때 ψ_n은 n이 윗면에 나올 상태를 말한다. 인수 $1/\sqrt{6}$은 주사위의 각 면이 나올 확률을 모두 더하면 1이 되도록 만들어주는 단순한 정규화 상수이다. 이 상황은 Schrödinger에 의해서 설명된 유명한 양자 역학의 패러독스이다. Schrödinger의 가상의 실험에서, 고양이 한 마리가 밀폐된 상자에 들어가 있는데, 이 안에는 치사량의 독가스(HCN)가 들어 있는 밀봉한 시약병과 방사성 물질이 있다. 만약 단 하나의 원자핵이라도 붕괴하여 α 입자를 방출하면, 시약병이 깨지게 되는 기계 장치가 작동되어 독가스가 고양이를 죽이게 될 것이다. 그러나 밀폐된 상자를 열어보는 것말고는 고양이가 죽었는지 살았는지 알아볼 방법이 없다면, 그런 일이 일어났는지를 알 방법은 없다. 따라서 양자 역학적으로 표현한다면, 그 고양이는 살아 있으면서 죽어 있는 상태이고, 두 상태의 중첩으로 표현된다.

$$\Psi_{\text{고양이}} = \frac{1}{\sqrt{2}}(\psi_{\text{죽은}} + \psi_{\text{살아 있는}})$$

코펜하겐 해석은 Bohr와 Heisenberg가 1927년경 코펜하겐에서 만든 양자 역학의 해석 방식이다.

이때 $1/\sqrt{2}$는 정규화 상수이다. 코펜하겐 해석에 따르면, 고양이를 설명하는 파동 함수는 그 상태를 알 수 없을 때에만 중첩되어 있고, 일단 측정(이 경우에는 밀폐된 상자를 열어 고양이의 상태를 확인하는 것)을 하고 나면 두 고유 함수(살아 있거나 죽어 있거나) 중 하나로 **수렴**(collapse)된다.(Schrödinger의 고양이는 설명을 위한 것으로 실제 고양이는 중첩된 상태도 아니라는 것을 명심하라. 고양이가 죽었다가 다시 살아나거나 할 수 없기 때문이다. 그러나 Schrödinger의 고양이는 대중 문화에서도 회자되며, 이 가상의 사고 실험은 중첩 상태의 의미를 토론하게 하는 역할을 하고 있다.)

가설 5: 시간 의존 Schrödinger 방정식에 의해서 계의 파동 함수는 시간에 따라 변한다.

$$\hat{H}\Psi_n(\tau,t) = i\hbar\frac{\partial\Psi_n(\tau,t)}{\partial t} \tag{10.35}$$

이때 $\hat{H}$는 Hamiltonian 연산자[아일랜드의 수학자인 William Hamilton(1805~1865)의 이름에서 따옴]로, 다음 절에서 더 자세하게 다룰 것이다. 이 가설을 사용할 때 시간 의존 파동 함수는 시간 독립 파동 함수와 시간 의존 함수의 곱으로 쓸 수 있다.

$$\Psi_n(\tau,t) = \psi_n(\tau)e^{-iE_nt/\hbar} \tag{10.36}$$

이때 E_n은 계의 n번째 에너지이다. 공간(τ)과 시간(t) 변수를 분리하면 수학적 처리가 더 간단해진다. 예를 들어 계가 $\Psi_n(\tau,t)$ 고유 상태에 있다면 확률 밀도는 시간과 무관하기 때문이다.

$$\begin{aligned}\Psi_n^*(\tau,t)\Psi_n(\tau,t)d\tau &= \psi_n^*(\tau)e^{iE_nt/\hbar}\psi_n(\tau)e^{-iE_nt/\hbar}d\tau\\ &= \psi_n^*(\tau)\psi_n(\tau)d\tau\end{aligned}$$

시간 독립 양자 역학은 정상 상태(stationary state) 사이의 전이 확률을 설명하는 데 쓰일 수 있다. 분광학적 선택 규칙(selection rule)도 시간 독립 양자 역학을 써서 유도될 수 있다. 이 책에서는 자세한 유도 과정 없이, 시간 의존 양자 역학을 응용한 결과들을 주로 사용할 것이다.

10.8 Schrödinger 파동 방정식

앞의 가설에서 특정한 계에 대한 파동 함수를 아는 것이 중요한 것을 배웠다. Schrödinger는 파동 역학의 접근 방법을 양자 역학에 처음으로 적용하였다. 시간 독립 Schrödinger 파동 방정식 또는 그냥 Schrödinger 방정식이라고 불리는 식은 다음과 같이 믿기 힘들 정도로 단순하게 보인다.

$$\hat{H}\psi = E\psi \tag{10.37}$$

여기서 $\hat{H}$는 Hamiltonian 연산자이고, ψ는 파동 함수, E는 계의 에너지이다. 파동 함수를 구하기 위해서는 이 Hamiltonian 연산자에 대한 고유 함수–고윳값 문제를 풀기만 하면 되는 것이다. 불행하게도 대부분의 화학적 계의 경우에, Schrödinger 방정식이 완벽하게 풀리지 않는다. 그러나 완벽하게 풀어 해석적인 해를 구할 수 있는 몇몇 모형 계가 있다. 먼저 이런 계에 대해서 알아본다. 이러한 계에 대한 문제를 풀면서 양자 역학의 기본 원리를 이해할 수 있으며, 더 복잡한 계에 대한 근사적인 해를 얻는 기초가 될 수 있을 것이다.

Hamiltonian 연산자 $\hat{H}$는 계의 전체 에너지에 해당하는 연산자이다. 고전 역학에서 총에너지 E는 운동 에너지(K)와 퍼텐셜 에너지(V)의 합이다.

$$E = K + V \tag{10.38}$$

Hamiltonian 연산자는 마찬가지로 운동 에너지 연산자와 퍼텐셜 에너지 연산자의 합으로 쓸 수 있다.

$$\hat{H} = \hat{K} + \hat{V} \tag{10.39}$$

표 10.2에는 에너지, 운동량, 위치 등에 해당하는 기본적인 양자 역학적 연산자들이 나와 있다. 이들은 앞으로 필요할 때 사용될 것이다.

일차원에서 움직이고 있는 질량 m인 입자부터 생각해 보자. 편의상 입자를 x축 위에서 움직인다고 하면, 이것은 **직선 위의 입자**(particle on a line)로 된 계에 해당한다. 이 입자의 에너지 E는 운동 에너지와 퍼텐셜 에너지의 합으로 주어진다.

$$\begin{aligned} E &= \tfrac{1}{2}mu^2 + V(x) \\ &= \frac{p^2}{2m} + V(x) \end{aligned}$$

이때 $V(x)$는 퍼텐셜 에너지 함수이고, u는 입자의 속도, p는 입자의 운동량이다. 총에너지 E는 상수이지만 운동 에너지와 퍼텐셜 에너지는 위치 x의 함수이다. 표 10.2에서 Hamiltonian 연산자는 다음과 같다.

표 10.2 고전 역학에서 물리량과 그에 대응하는 양자 역학 연산자

물리량		연산자	
이름	기호	기호	연산[a]
위치	x	$\hat{X}$	x를 곱한다.
운동량	p_x	$\hat{P}_x$	$-i\hbar\dfrac{\partial}{\partial x}$
운동 에너지	K_x	$\hat{K}_x$	$-\dfrac{\hbar^2}{2m}\dfrac{\partial^2}{\partial x^2}$
	K	$\hat{K}$	$-\dfrac{\hbar^2}{2m}\nabla^2$
퍼텐셜 에너지	$V(x)$	$\hat{V}_x$	$V(x)$를 곱한다.
	$V(x, y, z)$	$\hat{V}$	$V(x, y, z)$를 곱한다
총에너지	E	$\hat{H}$	$-\dfrac{\hbar^2}{2m}\nabla^2 + V(x, y, z)$
z 방향에 대한 각운동량	L_z	$\hat{L}_z$	$-i\hbar\dfrac{\partial}{\partial \phi} = -i\hbar\left(x\dfrac{\partial}{\partial y} - y\dfrac{\partial}{\partial x}\right)$

[a] 직교 좌표계에서는 $\nabla^2 = \left(\dfrac{\partial^2}{\partial x^2} + \dfrac{\partial^2}{\partial y^2} + \dfrac{\partial^2}{\partial z^2}\right)$이다.

$$\hat{H} = \frac{-\hbar^2}{2m}\frac{d^2}{dx^2} + V(x)$$

직선 위의 입자에 대한 Schrödinger 방정식은 다음과 같다.

$$\frac{-\hbar^2}{2m}\frac{d^2\psi(x)}{dx^2} + V(x)\psi(x) = E\psi(x)$$

전기장, 자기장, 중력장이 존재하지 않는 **자유 공간**(free space)에 있는 입자의 경우, 퍼텐셜 에너지 V는 모든 곳에서 일정하다. 힘은 $-dV(x)/dx$로 정의되기 때문에 자유 공간에서는 $V(x)$ = 상수일 것이다. 그 상수를 0으로 한다면 위의 식은 다음과 같이 간단해진다.

$$\frac{-\hbar^2}{2m}\frac{d^2\psi(x)}{dx^2} = E\psi(x) \qquad -\infty < x < \infty \tag{10.40}$$

이것은 이차 미분방정식으로, 어렵지 않게 풀리는 방정식이다. 사인, 코사인, 지수함수는 이 방정식의 해가 될 가능성이 매우 높다. 이 방정식에 대한 두 시험적 해를 확인해 보자.

$$\psi(x) = Ae^{+ikx} \tag{10.41a}$$

또한

$$\psi(x) = Ae^{-ikx} \tag{10.41b}$$

이때 A와 k는 상수이다. 첫 번째 파동 함수의 에너지를 구하기 위해서 식 10.41a를 식 10.40에 대입한다.

$$\begin{aligned}\frac{-\hbar^2}{2m}\frac{d^2\psi(x)}{dx^2} &= \frac{-\hbar^2}{2m}\frac{d^2Ae^{ikx}}{dx^2}\\ &= (ik)^2\frac{-\hbar^2}{2m}(Ae^{ikx})\\ &= \frac{k^2\hbar^2}{2m}\psi(x)\end{aligned}$$

이 시험 파동 함수는 Hamiltonian 연산자의 유효한 고유 함수이고, 고윳값 E는 아래와 같이 주어진다.

$$E = \frac{k^2\hbar^2}{2m} \tag{10.42}$$

이는 에너지 양자화가 일어나지 않는 흥미로운 결과이다. 상수 k는 어느 값이든지 가질 수 있고, 따라서 에너지도 어떤 값이든지 허용된다. 두 번째 파동 함수(식 10.41b)에 대해서 같은 계산을 해보아도 결과는 같다.

예제 10.8

표 10.2에서 직선 위에 있는 일차원 입자에 대한 운동량 연산자는 다음과 같다.

$$\hat{P}_x = -i\hbar\frac{d}{dx}$$

파동 함수가 식 10.41로 주어지는 이 입자에 대한 운동량 p_x를 계산하시오.

답

식 10.41a에 주어진 파동 함수가 운동량 연산자의 고유 함수인지 확인한다.

$$\begin{aligned}\hat{P}_x\psi(x) &= -i\hbar\frac{d\psi(x)}{dx} \\ &= -i\hbar\frac{d(Ae^{+ikx})}{dx} \\ &= \hbar k(Ae^{+ikx}) \\ &= \hbar k\psi(x)\end{aligned}$$

그 결과 고윳값이 $\hbar k$인 고유 함수−고윳값 관계식을 얻는다. 두 번째 파동 함수(식 10.41b)에 같은 계산을 하면 고윳값 $-\hbar k$를 얻는다. 이들 상태로 설명되는 입자의 운동량은 $\hbar k$와 $-\hbar k$이다.

COMMENT

위의 파동 함수는 입자의 두 가지 경우를 설명한다. +와 − 부호는 오른쪽과 왼쪽으로 움직이는 입자를 나타낸다. 자유 입자는 어느 쪽으로든 움직일 수 있다. 입자가 많아지면 이들이 오른쪽이나 왼쪽 중 어느 한쪽을 더 선호하여 움직이지 않으므로 평균 운동량은 0이 될 것이다. 즉 $\langle P_x \rangle = 0$이다.

10.9 일차원 상자 속 입자

Schrödinger 방정식을 이용하면, 직선을 따라 자유롭게 운동하는 입자의 에너지를 구할 수 있다는 것을 배웠다. 이번에는 입자가 직선의 일부 구간에서만 움직일 수 있다고 하면 어떤 일이 일어나는지 생각해 보자. 이 문제는 **일차원 상자 속 입자**(particle in a one-dimensional box)라고 불린다. 매우 간단한 계이지만 더 복잡한 계에 대한 통찰력을 제공해 준다. 상자 속 입자 문제의 장점은 그 해를 쉽게 구할 수 있으며, 그 결과는 양자 역학의 기본 개념 대부분을 잘 보여 준다는 것이다. 앞으로 알게 되겠지만, 상자 속 입자 문제를 연구하면 많은 화학계나 생물계를 이해하는 데 도움이 된다.

질량 m인 입자가 길이 L인 일차원 상자 속에 들어 있다고 생각해 보자. 입자는

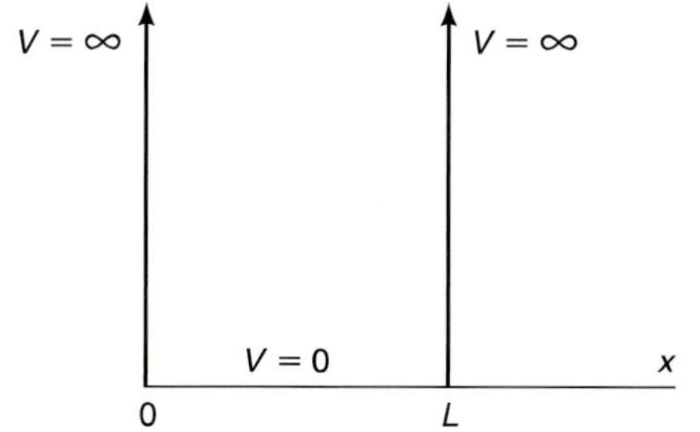

그림 10.16
무한대의 퍼텐셜 장벽을 가진 일차원 상자

상자 내부(또는 직선 구간)에서 퍼텐셜 에너지가 0이라고 가정한다. 즉 $V = 0$이다. 입자는 운동 에너지만 갖는다. 상자의 양 끝에서 퍼텐셜 에너지가 무한대이며, 따라서 벽이나 상자 외부에서는 입자를 발견할 수 없다. 편의상 직선 구간이 원점에서 시작한다고 하면 x는 $0 \leqq x \leqq L$로 제한된다(그림 10.16). 이때 Schrödinger 방정식은 자유 입자(식 10.40 참조)에 대한 것과 같지만, x 값이 상자 크기에 의해 제한을 받는다는 차이가 있다.

$$\frac{-\hbar^2}{2m}\frac{d^2\psi(x)}{dx^2} = E\psi(x) \qquad 0 \le x \le L \tag{10.43}$$

입자는 직선 구간으로 제한받기 때문에, 직선 이외의 영역에서 발견될 확률은 없다. 따라서 다음과 같이 쓸 수 있다.

$$\psi(x) = 0 \qquad x < 0,\ x > L\text{인 경우}$$

모든 양자 역학 문제와 마찬가지로, 이제 입자가 가질 수 있는 E 값과 ψ를 구해야 한다. 자유 입자 문제에서는 지수함수가 Schrödinger 방정식을 만족한다는 것을 알았다. 상자 속 입자 Schrödinger 방정식에서는 조금 다른 시험 파동 함수를 시도해 본다.

$$\psi(x) = A\sin(kx) + B\cos(kx) \tag{10.44}$$

삼각함수와 지수함수는 다음과 같은 관계가 있다.
$\cos(x) + i\sin(x) = e^{ix}$
$\cos(x) - i\sin(x) = e^{-ix}$

여기서 A, B, k는 결정되어야 할 상수이다. 상자 속 입자에 대한 Schrödinger 방정식의 해는 자유 입자에 대한 것과 비슷하지만, 상자의 밖에서 무한대 퍼텐셜을 가지고 있는 조건 때문에 만들어지는 **경계 조건**(boundary condition)이 있다. 퍼텐셜이 무한대이면, 파동 함수는 0이 되어야 한다. 그러면서 파동 함수는 연속이 되어야 하므로 상자의 양끝, 즉 직선 구간의 양끝에서 역시 0이 되어야 한다.

$$\psi(x) = 0 \qquad x \le 0\text{일 때}$$
$$\psi(x) = 0 \qquad x \ge L\text{일 때}$$

$x = 0$에서 $\sin(0) = 0$이고 $\cos(0) = 1$이다. 따라서 식 10.44에 있는 B는 0이 되고 시험 파동 함수는 다음과 같이 간단히 된다.

$$\psi(x) = A\sin(kx) \tag{10.45}$$

이제 상수 k를 구해야 한다. x에 관해 ψ를 미분하면 다음과 같이 된다.

$$\frac{d\psi(x)}{dx} = kA\cos(kx)$$

한 번 더 미분하면 다음과 같다.

$$\begin{aligned}\frac{d^2\psi(x)}{dx^2} &= -k^2A\sin(kx)\\ &= -k^2\psi(x)\end{aligned} \tag{10.46}$$

식 10.43과 식 10.46에서 다음 식을 얻을 수 있다.

$$k^2 = \frac{2mE}{\hbar^2}$$

즉

$$k = \left(\frac{2mE}{\hbar^2}\right)^{1/2} \tag{10.47}$$

식 10.47을 식 10.45에 대입하면 다음과 같다.

$$\psi(x) = A\sin\left[\left(\frac{2mE}{\hbar^2}\right)^{1/2}x\right] \tag{10.48}$$

이제 상수 k와 B 값을 구했으니, 상수 A의 값을 구해야 한다. 수학적으로 A는 어떤 값이나 가질 수 있고, 식 10.48을 만족시키는 수없이 많은 해가 가능하다. 그러나 물리적으로 $\psi(x)$는 앞에서 말한 경계 조건을 만족해야 한다. 그래서 $x = L$에서

$$\psi(L) = 0$$

이고, 이를 식 10.48에 대입하면 다음과 같다.

$$0 = A\sin\left[\left(\frac{2mE}{\hbar^2}\right)^{1/2}L\right] \tag{10.49}$$

$A = 0$인 경우는 전체 영역에서 $\psi(x) = 0$이 되어 상자 속에서 입자를 발견할 확률이 전혀 없다는 뜻이 되는 자명한 해(trivial solution)이므로 무시한다. 이때 다음 식에 유의하라.

$$\sin\pi = \sin 2\pi = \sin 3\pi = \cdots = 0$$

일반해는 다음과 같다.

$$\left[\left(\frac{2mE}{\hbar^2}\right)^{1/2} L\right] = n\pi \qquad n = 1, 2, 3, \ldots$$

따라서 다음과 같이 다시 쓸 수 있다.

$$E_n = \frac{1}{2m}\left(\frac{n\pi\hbar}{L}\right)^2$$

$$= \frac{n^2h^2}{8mL^2} \qquad n = 1, 2, 3, \ldots \tag{10.50}$$

이때 E_n은 n번째 준위의 에너지이다.

여기에 해당되는 파동 함수는 다음과 같다.

$$\psi_n(x) = A\sin\left(\frac{n\pi x}{L}\right) \qquad n = 1, 2, 3, \ldots \tag{10.51}$$

이때 아래 첨자 n은 여러 개의 해가 존재한다는 것을 보여 주기 위해서 사용되었다.

다음 단계는 정규화 상수 A를 결정하는 것이다. 입자는 반드시 상자 속 어딘가에는 있어야 하므로 $x - 0$과 $x - L$ 사이에서 입자를 발견할 확률을 모두 더하면 1이 되어야 한다. 따라서 다음과 같은 **정규화 조건**이 성립한다.

$$\int_0^L \psi^*(x)\psi(x)dx = 1 \tag{10.52}$$

여기서 $\psi^*(x)\psi(x)$는 확률 밀도이고, $\psi^*(x)\psi(x)dx$는 x와 $x + dx$ 사이에서 입자를 발견할 확률이다. 파동 함수(식 10.51)를 정규화 조건(식 10.52)에 대입하면 다음과 같이 된다.

$$A^2\int_0^L \sin^2\left(\frac{n\pi x}{L}\right)dx = 1 \tag{10.53}$$

위의 정적분을 구하면 **정규화 상수**(normalization constant) A*를 구할 수 있다.

$$A^2\left(\frac{L}{2}\right) = 1$$

또는 다음과 같이 쓸 수 있다.

$$A = \left(\frac{2}{L}\right)^{1/2} \tag{10.54}$$

최종적으로 일차원 상자 속 입자에 대한 **정규화된** 파동 함수를 구할 수 있다.

---

* 이 정적분은 다음 관계식을 이용하여 계산할 수 있다.

$$\int \sin^2(ax)dx = \frac{x}{2} - \frac{\sin(2ax)}{4a}$$

$$\psi_n(x) = \left(\frac{2}{L}\right)^{1/2} \sin\left(\frac{n\pi x}{L}\right) \quad n = 1, 2, 3, \ldots \tag{10.55}$$

그림 10.17에는 허용된 에너지 준위 E_n을 ψ와 ψ_n^2과 함께 그림으로 나타내었다. 이 모형에서 얻을 수 있는 몇 가지 중요한 결론은 다음과 같다.

1. 입자의 에너지(운동 에너지)는 식 10.50에 따라 양자화되어 있다.

2. 최저 에너지 준위는 0이 아니고 $h^2/8\,mL^2$이 된다. Heisenberg 불확정성 원리로 이 **영점 에너지**(zero-point energy)를 설명할 수 있다. 입자가 갖는 운동 에너지가 0이면 그 속도도 0이라는 뜻이다. 그렇다면 결과적으로 운동량을 결정하는 데에는 불확정성이 없어지게 되고, 식 10.27에 따르면 Δx는 무한대가 된다. 상자 크기가 한정되어 있어서 입자의 위치를 결정하는 불확정성은 L을 초과할 수 없으므로 운동 에너지가 0이 되면 Heisenberg 불확정성 원리를 어기게 된다. 영점 에너지가 있다는 뜻은 최저 운동 에너지가 0이 아니라는 뜻이기 때문에, 입자가 결코 정지 상태에 있을 수 없다는 것을 명심하라.

3. 입자의 파동성은 ψ_n(식 10.55)으로 설명되지만, 확률은 ψ_n^2으로 주어지며 항상 양수이다(파동 함수는 그림 10.13에 나타낸 진동하는 줄에서 정상파처럼 보인다). $n = 1$일 때 $x = L/2$에서 최대 확률을 가지며, $n = 2$일 때는 $x = L/4$과 $x = 3L/4$에서 최대, $x = L/2$에서는 확률이 0이 된다. 여기서 ψ(따라서 ψ^2)가 0인 지점을 **마디**라고 한다. **마디 정리**(node theorem)에 따르면, 일반적으로 에너지가 증가하면 마디의 수는 증가한다.

더 정확히 말하자면, 마디는 파동 함수가 0을 지나가는 곳이다. 그런 점에서 상자의 $x = 0$과 $x = L$ 지점인 양쪽 끝은 마디가 아니다.

4. 고전 역학에서 입자를 발견할 확률은 운동 에너지와 관계없이 상자 내의 모든 위치에서 같다. 확률 밀도값은 어디서나 $1/L$로 일정하다. 양자 역학적 해는 상자의 양쪽 끝에서 ψ와 ψ^2이 불연속이 되지 않기 위해서 상자 속에서 일정한 확률 밀도를 가질 수 없다. 만약 양자수 n이 매우 크게 된다면, 확률 밀도 함수는 균일해 보이기 시작할 것이다(그림 10.18). 이것은 **대응 원리**(corresponding principle)를 보여 주는 것으로, 양자수가 커져서 극한에 이르면 양자 역학적 결과와 고전 역학적 결과가 일치한다는 것이다. 양자수가 매우 클 때의 극한은 **고전적 한계**(classical limit)로 알려져 있다.

5. 계의 에너지는 입자의 질량에 반비례한다(식 10.50). 거시적 물체의 경우 m이 매우 크기 때문에 이웃해 있는 에너지 준위와의 차이가 매우 작게 된다. 이것은 계의 에너지가 실질적으로는 양자화되어 있지 않고, 연속적으로 변할 수 있음을 의미한다. 에너지는 L^2에 반비례하므로, 분자를 거시적 크기의 용기에 넣게 되면 그 에너지는 양자화되기보다 연속적으로 변하게 될 것

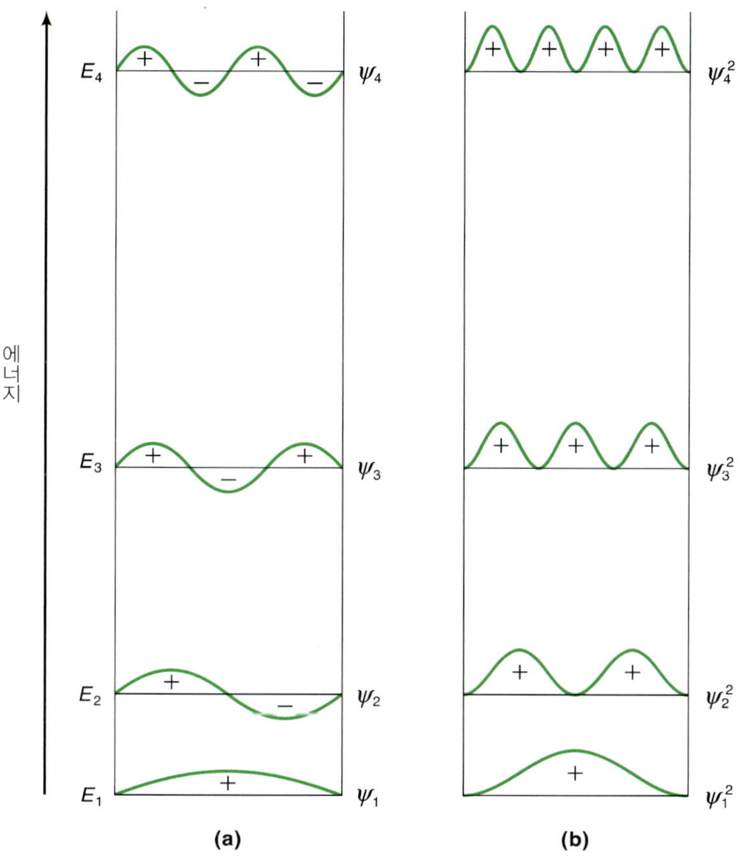

그림 10.17
일차원 상자 속 입자의 처음 네 가지 에너지 준위에 대한 **(a)** ψ, **(b)** ψ^2 그림. 단위가 없는 ψ와 ψ^2의 부호는 +와 −로 표시되어 있다. 가로선은 가능한 에너지 준위를 표시한다. 에너지 준위는 에너지 단위(예를 들면 J)를 가진다.

이다. 이러한 결과는 앞서 2장에서 기체의 병진 운동 에너지를 유도할 때와 비슷한 경우이다. 요약하면 거시계를 취급할 때 양자 역학적 효과는 더 이상 존재하지 않으며 고전 역학으로도 잘 설명할 수 있게 된다.

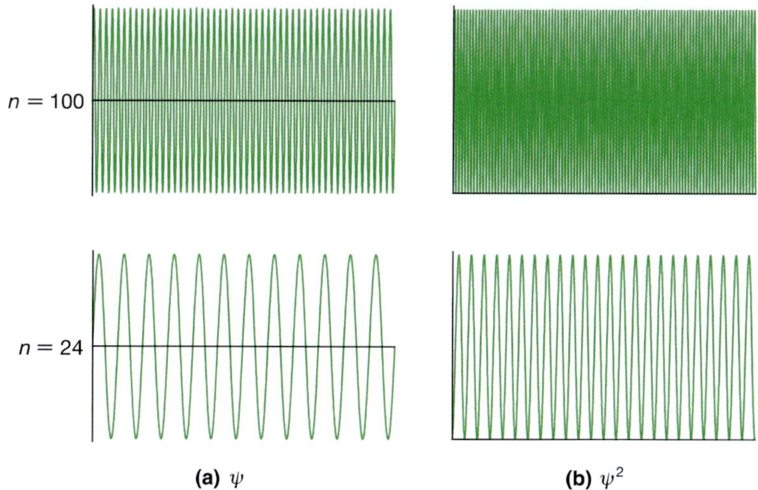

그림 10.18
일차원 상자 속 입자의 높은 에너지 준위에 대한 **(a)** ψ, **(b)** ψ^2 그림. 양자수가 아주 커지면 확률 밀도 ψ^2은 고전적(거시적) 입자에서 기대되는 균일한 분포와 닮아간다.

예제 10.9

전자를 원자 하나의 크기 정도인 길이 0.10 nm의 일차원 상자 속에 넣었다. (a) 전자가 $n=2$와 $n=1$ 상태일 때 에너지 차이를 계산하시오. (b) 길이 10 cm인 용기에 들어 있는 N_2 분자에 대해서 (a)의 계산을 반복하시오. (c) $n=1$ 상태에 대해서 (a)의 경우에 $x=0$와 $x=L/2$ 사이에서 전자를 발견할 확률을 계산하시오.

답

(a) 식 10.50에서 $n=1$과 $n=2$ 상태 사이의 에너지 차이 ΔE는 다음과 같다.

$$\begin{aligned}\Delta E &= E_2 - E_1 \\ &= \frac{2^2h^2}{8mL^2} - \frac{1^2h^2}{8mL^2} \\ &= \frac{(4-1)(6.626\times10^{-34}\ \text{J s})^2}{8(9.109\times10^{-31}\ \text{kg})\left[(0.10\ \text{nm})\left(\frac{10^{-9}\ \text{m}}{\text{nm}}\right)\right]^2}\left(\frac{\text{kg m}^2\ \text{s}^{-2}}{\text{J}}\right) \\ &= 1.8\times10^{-17}\ \text{J}\end{aligned}$$

이 에너지 차이는 수소 원자의 $n=1$과 $n=2$ 상태 간의 차이와 비교해 볼 수 있다(식 10.28 참조).

(b) N_2 분자의 질량은 4.65×10^{-26} kg이므로 다음과 같이 쓸 수 있다.

$$\begin{aligned}\Delta E &= E_2 - E_1 \\ &= \frac{(4-1)(6.626\times10^{-34}\ \text{J s})^2}{8(4.65\times10^{-26}\ \text{kg})\left[(10\ \text{cm})\left(\frac{10^{-2}\ \text{m}}{\text{cm}}\right)\right]^2}\left(\frac{\text{kg m}^2\ \text{s}^{-2}}{\text{J}}\right) \\ &= 3.5\times10^{-40}\ \text{J}\end{aligned}$$

이 에너지 차이는 (a)보다 10^{-23}배 정도로 작은데, N_2 분자의 병진 에너지가 거의 연속적으로 변함을 의미한다. 이 결과는 본문에 있는 것처럼 분자를 거시적인 용기 안에 넣으면 병진 운동이 고전 역학 법칙을 따른다는 설명을 확인해 준다.

(c) $x=0$와 $x=L/2$ 사이에서 전자를 발견할 확률(P)은 다음 식으로 주어진다.

$$P = \int_0^{L/2} \psi^*\psi dx = \int_0^{L/2} \psi^2 dx$$

식 10.55에 있는 정규화된 파동 함수를 이용하여 $n=1$로 두면 다음과 같다.

$$P = \frac{2}{L}\int_0^{L/2} \sin^2\left(\frac{x\pi}{L}\right)dx$$

이것은 적분표(431쪽에 있는 각주 참조)를 이용하여 계산할 수 있다.

$$P = \frac{2}{L}\left[\frac{x}{2} - \frac{\sin(2\pi x/L)}{(4\pi/L)}\right]_0^{L/2}$$

$$= \frac{1}{2}$$

이것은 고전 역학과 양자 역학 모두에서 예상된 결과이다.

일차원 상자 속 입자의 문제에서는 초미세 입자가 **구속 상태**(bound state)에 있을 때, 즉 그 움직임이 퍼텐셜 장벽 때문에 제한을 받을 때에는 에너지값이 양자화되는 것을 보여 준다. 이것은 원자 속에 있는 전자의 경우에 그대로 적용된다. 삼차원 상자 속 입자 모형을 이용하면 여러 가지 원자의 성질을 예측할 수 있다. 예를 들면 수소 원자에 있는 전자는 갇혀 있는 상태이기 때문에 그 에너지가 양자화되어야 한다. 이 경우와 관련된 계에 대해서도 간단히 설명할 것이다.

폴리엔의 전자 스펙트럼

일차원 상자 속 입자 모형을 폴리엔의 전자 스펙트럼 해석에 응용할 수 있다. 폴리엔은 중요한 콘쥬게이션 π계 (C—C와 C=C 결합이 교대로 있음)로서 광합성이나 시각 기능에서 중요한 역할을 하고 있다. 4개의 π 전자가 있는 가장 간단한 폴리엔인 뷰타다이엔을 생각해 보자.

$$H_2C{=}\overset{H}{C}{-}\overset{H}{C}{=}CH_2$$

다른 폴리엔처럼 뷰타다이엔도 모양이 직선은 아니지만, π 전자는 일차원 상자 속에서 움직이는 입자처럼 분자를 따라서 움직인다고 간주한다. 퍼텐셜 에너지는 탄소 사슬을 따라 일정하지만, 사슬 끝 쪽에서는 현저히 증가한다. 따라서 π 전자의 에너지는 양자화되어 있다. 이것을 **자유 전자 모형**(free electron model)이라고 하며, 이를 이용하여 에너지 준위의 차이를 계산하고 전자 전이와 관련되는 파장을 예측할 수 있다.

뷰타다이엔에는 4개의 π 전자가 있다. 이들은 분자가 전자 에너지 바닥 상태에 있을 때 에너지가 가장 낮은 두 개의 π 오비탈을 차지한다(그림 10.19). **Pauli 배타 원리**(12.8절 참조)에 따르면 각 에너지 준위에 있는 두 전자의 스핀 방향은 반대가 되어야 한다. 우리가 관심을 가지는 전자 전이는 채워진 최고 준위에서 비어 있는 최저 준위로 들뜨는 현상과 관계가 있는데, 이는 이 전이가 실험적으로 쉽게 측정되는 것이기 때문이다. 뷰타다이엔의 경우에는 $n = 2$에서 $n = 3$으로의 전이에 해당한다. 식 10.50으로부터 이러한 전자 전이 파장을 나타내는 식을 유도할 수 있다. N이

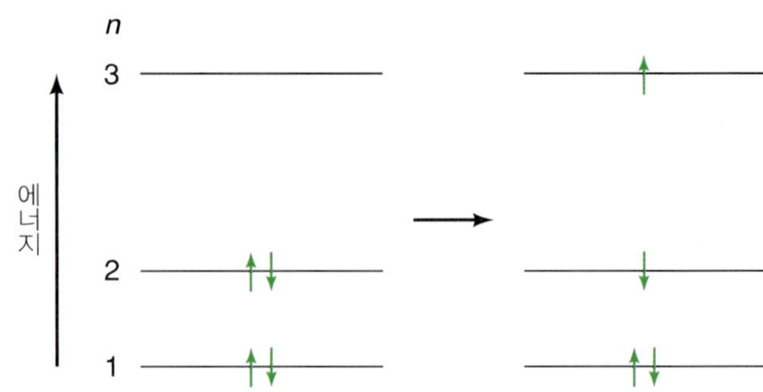

그림 10.19
뷰타다이엔의 π 오비탈 에너지 준위. 전자 전이의 에너지가 가장 낮은 경우는, 채워진 최고 준위에서 비어 있는 최저 준위로의 전이이다.

탄소 원자의 수일 때, 채워진 에너지 준위의 수는 $N/2$이다. 이 수($N/2$)는 채워진 최고 준위의 양자수와 같다. 따라서 $N/2$ 준위에서 $(N/2)+1$ 준위 간의 전이가 되고, 에너지 차이는 다음과 같이 주어진다.

$$\Delta E = \frac{[(N/2)+1]^2h^2}{8m_eL^2} - \frac{(N/2)^2h^2}{8m_eL^2}$$

$$= \left[\left(\frac{N}{2}+1\right)^2 - \left(\frac{N}{2}\right)^2\right]\frac{h^2}{8m_eL^2}$$

$$= (N+1)\frac{h^2}{8m_eL^2} \tag{10.56}$$

$c = \lambda\nu$와 $\Delta E = h\nu$ 관계식을 이용하여 파장에 대한 다음 식을 유도할 수 있다.

$$\lambda = \frac{hc}{\Delta E} = \frac{8m_eL^2c}{h(N+1)} \tag{10.57}$$

뷰타다이엔의 경우 $N=4$이다. 분자의 길이 L을 계산하기 위해 C—C 결합에 대한 결합 길이 154 pm(1.54 Å)와 C=C 결합에 대한 결합 길이 135 pm(1.35 Å)를 사용한다. 여기에 양쪽 끝에서는 C 원자의 반지름과 같은 길이(77 pm)를 더해 준다. 따라서 분자의 길이는 $(2\times135\text{ pm}) + 154\text{ pm} + (2\times77\text{ pm}) = 578\text{ pm}$, 즉 5.78×10^{-10} m이다. 따라서 전자 전이 파장은 다음과 같이 주어진다.

$$\lambda = \frac{8(9.109\times10^{-31}\text{ kg})(5.78\times10^{-10}\text{ m})^2(3.00\times10^8\text{ m s}^{-1})}{(6.626\times10^{-34}\text{ J s})(4+1)}$$

$$= 2.20\times10^{-7}\text{ m} = 220\text{ nm}$$

실험에서 측정된 파장은 217 nm이다. 이 모형의 단순성을 감안하면, 예측한 결과가 실험과 상당히 잘 일치함을 알 수 있다.

10.10 이차원 상자 속 입자

구속 상태에 있는 입자에 대한 논의를 이차원으로 확대해 보자. 이차원 상자 속 입자 모형에서 입자는 두 개의 독립된 직교 좌표 x와 y로 움직일 수 있다. 퍼텐셜 에너

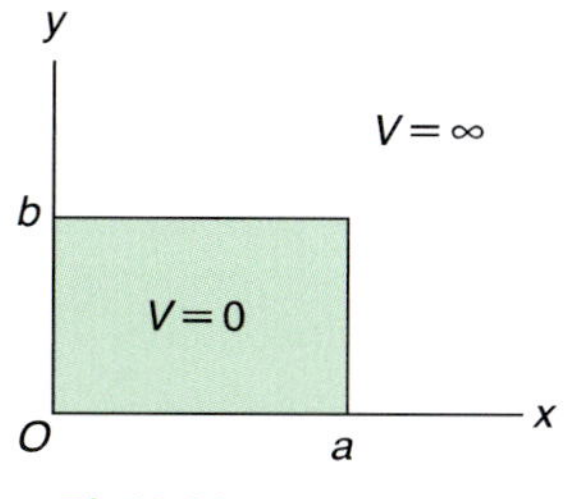

그림 10.20
이차원 상자 속 입자

지는 입자가 상자 속에 있으면 0이고, 그 외의 곳에서는 무한대이다(그림 10.20). 목표는 이번에도 입자에 대한 파동 함수와 그에 대응하는 에너지를 구하는 것이다.

시간 독립 Schrödinger 방정식으로부터 시작하면

$$\hat{H}\psi(x, y) = E\psi(x, y) \qquad 0 \le x \le a, 0 \le y \le b$$

이때 a와 b는 상자의 크기이고, 퍼텐셜 0인 모형이므로 $V = 0$이다. Schrödinger 방정식은 이번에도 운동 에너지 항으로만 표현된다.

$$\hat{K}\psi(x, y) = E\psi(x, y)$$

$$-\frac{\hbar^2}{2m}\left[\frac{\partial^2}{\partial x^2} + \frac{\partial^2}{\partial y^2}\right]\psi(x, y) = E\psi(x, y) \tag{10.58}$$

두 변수 x와 y 때문에 앞의 경우보다는 좀 더 복잡한 상황이 되었다. 식 10.58을 풀기 위해서 변수 x와 y가 서로 독립적으로 변한다고 가정하면, **변수 분리**(separation of variable)를 할 수 있다.

$$\psi(x, y) = X(x)Y(y) \tag{10.59}$$

함수 $X(x)$는 x 좌표에만 의존하는 함수이고, $Y(y)$는 y 좌표에만 의존하는 함수이다. 파동 함수(식 10.59)를 Schrödinger 방정식(식 10.58)에 대입하면 다음과 같다.

$$-\frac{\hbar^2}{2m}\left[\frac{\partial^2 X(x)Y(y)}{\partial x^2} + \frac{\partial^2 X(x)Y(y)}{\partial y^2}\right] = EX(x)Y(y)$$

여기서 각 항을 함수 $X(x)Y(y)$로 나눈다. 그리고 나서 정리하면 다음과 같다.

$$\left[\frac{1}{X(x)}\frac{\partial^2 X(x)}{\partial x^2} + \frac{1}{Y(y)}\frac{\partial^2 Y(y)}{\partial y^2}\right] = -\frac{2mE}{\hbar^2} \tag{10.60}$$

이제 x에 의존하는 항은 모두 등호 왼쪽에, y에 의존하는 항은 모두 등호 오른쪽에 모아 쓸 수 있다. X는 x만의 함수로 y에는 의존하지 않는다는 것을 기억하라. 함수 X는 변수 y에 대해서는 상수라고 말할 수 있다. 마찬가지로 함수 $Y(y)$는 x에 대해서 상수로 볼 수 있고, 식 10.60은 다음과 같이 다시 쓸 수 있다.

$$\frac{1}{X(x)}\frac{\partial^2 X(x)}{\partial x^2} = -\frac{2mE}{\hbar^2} - \frac{1}{Y(y)}\frac{\partial^2 Y(y)}{\partial y^2}$$

변수 x와 y가 분리되어 등식의 양쪽에 배치되었다. 이제 두 개의 독립된 일차 미분 방정식을 풀면 된다. 왜냐하면 Y와 y가 x에 대해서 상수이기 때문에 다음과 같이 쓸 수 있기 때문이다.

$$\frac{1}{X(x)}\frac{\partial^2 X(x)}{\partial x^2} = 상수 \tag{10.61}$$

이것은 식 10.40과 유사한 것이다. 일차원 상자 속 입자에 대한 결과를 이용하면, 그 해는 다음과 같다.

$$X_{n_x}(x) = \left(\frac{2}{a}\right)^{1/2} \sin\left(\frac{n_x \pi x}{a}\right) \qquad n_x = 1, 2, 3, \ldots \tag{10.62}$$

또한

$$E_{n_x} = \frac{n_x^2 h^2}{8ma^2} \tag{10.63}$$

여러 개의 해가 있으므로 이들을 양자수 n_x로 구별하였는데, 아래 첨자 x는 x 방향을 나타낸다. 함수 $Y(y)$에 대한 처리 방식도 마찬가지이다.

$$Y_{n_y}(y) = \left(\frac{2}{b}\right)^{1/2} \sin\left(\frac{n_y \pi y}{b}\right) \qquad n_y = 1, 2, 3, \ldots \tag{10.64}$$

또한

$$E_{n_y} = \frac{n_y^2 h^2}{8mb^2} \tag{10.65}$$

일차원 파동 함수들(식 10.62와 식 10.64)을 합하면, 평면에 갇힌 입자에 대한 이차원 파동 함수를 얻는다.

$$\psi_{n_x,n_y}(x,y) = \left(\frac{4}{ab}\right)^{1/2} \sin\left(\frac{n_x \pi x}{a}\right) \sin\left(\frac{n_y \pi y}{b}\right) \tag{10.66}$$

전체 에너지는 일차원 경우에 대한 에너지의 합이다.

$$E_{n_x,n_y} = \frac{n_x^2 h^2}{8ma^2} + \frac{n_y^2 h^2}{8mb^2} \tag{10.67}$$

이제 이차원 상자의 모양(정사각형이나 직사각형)이 입자의 파동 함수와 에너지에 어떻게 영향을 끼치는지 알아보자. 상자가 정사각형 모양이면 $a = b$이고 파동 함수와 에너지는 다음과 같이 주어진다.

$$\psi_{n_x,n_y}(x,y) = \frac{2}{a} \sin\left(\frac{n_x \pi x}{a}\right) \sin\left(\frac{n_y \pi y}{b}\right)$$

또한

$$E_{n_x,n_y} = \frac{(n_x^2 + n_y^2) h^2}{8ma^2}$$

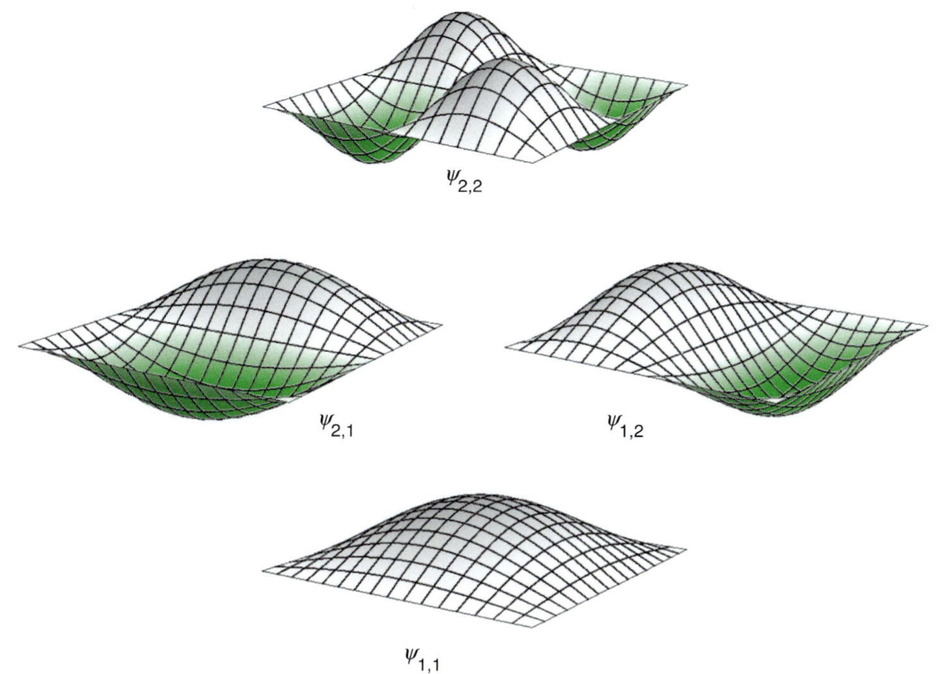

그림 10.21 $a = b$인 이차원 상자 속 입자에 대한 파동 함수 일부

일차원 상자 속 입자에서와 마찬가지로 바닥 상태 파동 함수 $\psi_{1,1}(x,y)$는 마디가 없고, 첫 번째 들뜬 상태 파동 함수는 한 개의 마디가 있다(그림 10.21). 정사각형 퍼텐셜이기 때문에 x, y 좌표는 대칭적으로 연관되어 있고, 첫 번째 들뜬 상태는 이중으로 **미분화**(degenerate)되어 있다. 미분화되어 있는 상태들은 같은 에너지를 가진다. 파동 함수 $\psi_{2,1}(x,y)$는 x축에 마디가 한 개 있고, 파동 함수 $\psi_{1,2}(x,y)$는 y축에 마디가 한 개 있지만, 두 상태의 에너지는 같다. 바닥 상태에 대한 확률 밀도(그림 10.22)는 입자가 상자의 한가운데 있을 가능성이 높고, 끝 쪽에서는 가능성이 낮다는 것을 보여 준다. 그러나 첫 번째 들뜬 상태에서는 입자가 상자 가운데가 아닌 좌우 양쪽 중 한 곳에서 발견될 가능성이 높다는 것을 보여 준다. n_x와 n_y 양자수가 아주 커지면, 확률 밀도 함수는 고전적 극한 경우처럼 상자 속 어디서나 균일한 확률을 가지는 것으로 수렴할 것이다.

에너지 준위 미분화도(degeneracy) 패턴은 상자의 두 변 a와 b의 상대적인 크기에 의존한다(그림 10.23). 정사각형 상자($a = b$)에서는 $n_x = n_y$인 모든 상태에 대해서 단일 미분화도($g = 1$)를 가지고, $n_x \neq n_y$인 모든 상태에 대해서는 같은 에너지를 가지면서 양자수가 서로 바뀐 두 번째 상태($g = 2$)가 존재한다. 이차원 상자가 직사각형($a \neq b$)이면 미분화가 없고, 두 파동 함수 $\psi_{1,2}(x,y)$와 $\psi_{2,1}(x,y)$는 다른 에너지를 가진다. 그러나 a가 b의 정수배라면 **우연성** 미분화가 발생할 수 있다. 이러한 논의를 분자계에 적용하면, 벤젠과 같이 대칭성이 높은 분자는 톨루엔이나 나프탈렌 같은 분자에 비해서 미분화된 전자 에너지 준위를 가질 가능성이 높다고 할 것이다. 이 예측은 실제로 잘 맞는다.

미분화도를 나타내는 기호는 g이다.

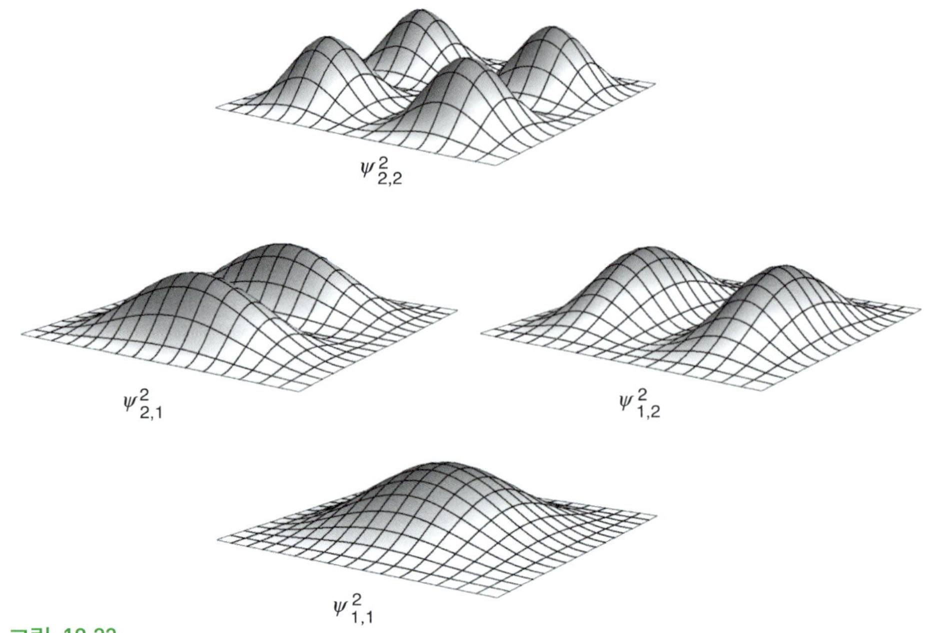

그림 10.22

$a = b$인 이차원 상자 속 입자에 대한 확률 밀도

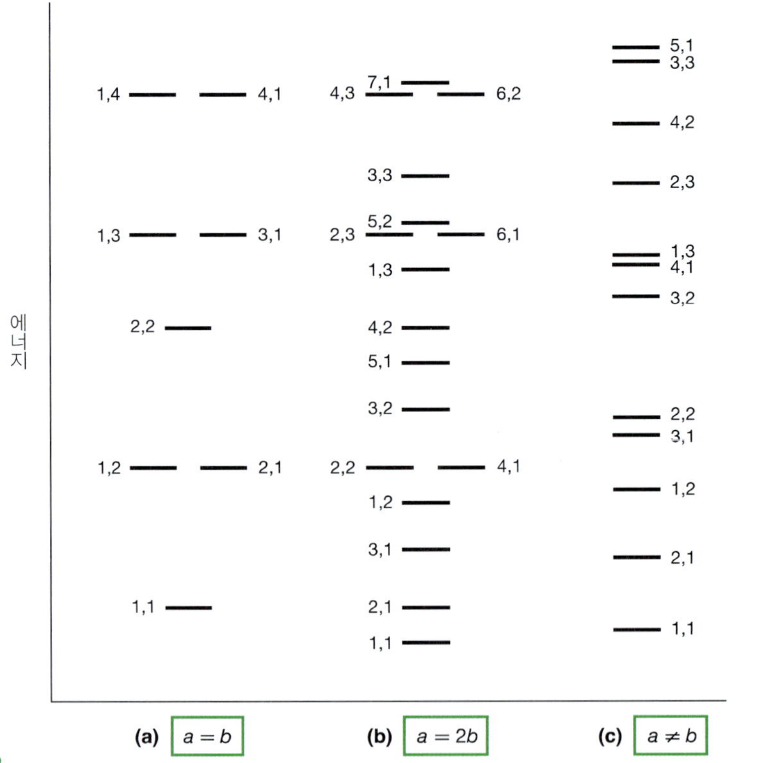

그림 10.23

(a) $a = b$인 이차원 상자 속 입자의 에너지 준위(임의의 단위). 파동 함수 $\psi_{1,2}$와 $\psi_{2,1}$은 이중으로 미분화되어 있음을 알 수 있다. 이것은 상자가 정사각형이기 때문에, 단순히 90° 회전시키면 $\psi_{1,2}$가 $\psi_{2,1}$로 바뀌는 사실에 기인한다. **(b)** $a = 2b$인 이차원 상자 속 입자의 에너지 준위. $\psi_{2,2}$와 $\psi_{4,1}$과 같은 몇몇 파동 함수는 미분화되어 있다. **(c)** a가 b의 정수배가 아닌 이차원 상자 속 입자의 에너지 준위. 이 경우에는 미분화가 존재하지 않는다.

일차원 또는 이차원 상자 속 입자 문제에서 볼 수 있는 일반적인 경향이 있다. 앞에서 이야기한 것처럼 각 좌표축마다 하나의 양자수가 존재한다. 복잡한 유도 과정을 거치지 않더라도, 삼차원 상자 속 입자에 대한 Schrödinger 방정식의 해는 에너지와 파동 함수가 세 개의 양자수(n_x, n_y, n_z라고 부를 수 있겠다.)에 의존할 것이다. 이 사실은 일반적인 원리임이 나중에 알려졌는데 입자의 운동을 설명하는 **자유도**(degree of freedom, 2.9절 참조) 한 개에 하나의 양자수가 존재한다는 것이다.

두 번째 일반적 경향은, 변수를 수학적으로 분리할 때 파동 함수는 단일 변수 파동 함수들의 곱으로 나타낼 수 있고, 에너지는 단일 좌표 에너지들의 합으로 쓸 수 있다는 것이다. 따라서 삼차원 상자 속 입자에 대해서 다음과 같은 해와 에너지를 예측할 수 있다.

$$\psi_{n_x,n_y,n_z}(x, y, z) = X(x)Y(y)Z(z)$$
$$E_{n_x,n_y,n_z} = E_{n_x} + E_{n_y} + E_{n_z}$$

이때 n은 다음과 같은 독립적인 양자수이다.

$$n_x = 1, 2, 3, \ldots, \qquad n_y = 1, 2, 3, \ldots \qquad n_z = 1, 2, 3, \ldots$$

공간 좌표는 다음과 같이 제한된다.

$$0 \le x \le a \qquad 0 \le y \le b \qquad 0 \le z \le c$$

우리가 얻은 결과를 삼차원적으로 구속된 수소 원자에 적용하면, 전자의 에너지는 양자화되어 있고 그 파동 함수는 세개의 양자수에 의해 결정될 것이다.

10.11 고리 위 입자

마지막으로 입자가 고리를 이루는 선 위에서만 운동하는 경우를 살펴보자. 이러한 구속 상태를 **고리 위 입자**(particle on a ring) 모형이라고 한다. 이 구조에서 입자는 2차원 평면에 있으며, 고리의 중심에서부터의 거리가 일정해야 한다(그림 10.24). 입자의 퍼텐셜 에너지는 고리 위에서는 0이고 다른 곳에서는 무한대이다. 상자 속 입자 모형에서처럼 퍼텐셜이 0인 모형이기도 하다.

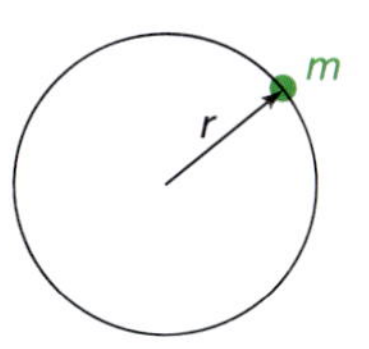

그림 10.24
고리 위 입자 문제

고리를 x–y 평면에 놓고 시작하자. 이차원 상자 속 입자에서와 마찬가지로 Schrödinger 방정식은 운동 에너지 연산자만으로 나타낼 수 있다(식 10.58 참조).

$$-\frac{\hbar^2}{2m}\left[\frac{\partial^2}{\partial x^2} + \frac{\partial^2}{\partial y^2}\right]\psi(x, y) = E\psi(x, y)$$

고리 위 입자 문제는 **변수 변환**(transformation of variable)으로 단순화시킬 수 있다. x–y 평면에 있는 좌표계를 반지름 r과 각도 ϕ인 극좌표계로 바꾸는 것이다(그림 10.25). 극좌표계를 쓰면 r은 상수이기 때문에 파동 함수는 단일 변수인 각도 ϕ만의 함수가 된다.

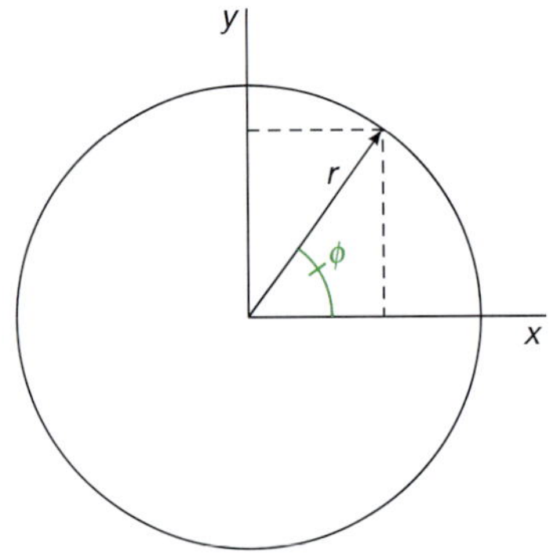

그림 10.25
이차원 극좌표계. 평면 위에 있는 임의의 점은 반지름 $r = \sqrt{x^2 + y^2}$과 각도 $\phi = \arctan(y/x)$로 정의된다. $x = r \cos \phi$, $y = r \sin \phi$이다.

$$\psi = \psi(\phi)$$

극좌표계에서는 운동 에너지 연산자는 다음과 같이 바뀌게 된다.

$$\hat{K} = \frac{-\hbar^2}{2I}\frac{d^2}{d\phi^2} \tag{10.68}$$

이때 I는 **관성 모멘트**(moment of inertia)로 다음과 같이 주어진다.

관성 모멘트는 원운동에서의 질량에 해당된다.

$$I = mr^2 \tag{10.69}$$

Schrödinger 방정식은 다음과 같이 쓸 수 있다.

$$\frac{-\hbar^2}{2I}\frac{d^2\psi(\phi)}{d\phi^2} = E\psi(\phi) \tag{10.70}$$

앞의 경우에서와 마찬가지로, 이 방정식에 대한 해는 경계 조건에 의해서 제한된다. 첫째, 파동 함수는 입자가 있는 고리 위를 제외한 다른 모든 곳에서는 0이어야 한다. 둘째, 한 바퀴 돌고 난 후에 파동 함수의 값과 위상이 완벽하게 일치해야 한다. 그렇지 않으면 파동 함수는 자신과 상쇄 간섭이 일어나 결국 0으로 수렴할 것이다. 보강 간섭을 위한 경계 조건은 다음과 같다.

식 10.71은 ψ가 단일값을 가져야 한다는 조건을 만족시킨다.

$$\psi(\phi) = \psi(\phi + 2\pi) \tag{10.71}$$

이때 각도 ϕ는 rad(부록 A 참조)으로 표시된다. 익숙한 삼각함수인 사인과 코사인이 이 경계 조건과 Schrödinger 방정식(식 10.70)을 만족한다. 그러나 더 일반적인 해가 있는데, 다음과 같은 Euler의 관계식을 이용한다.

$$e^{\pm i\phi} = \cos\phi \pm i \sin\phi \tag{10.72}$$

Schrödinger 방정식의 해는 다음과 같은 형태가 될 것이다.

$$\psi_m(\phi) = Ae^{im\phi} \qquad m = 0, \pm1, \pm2, \ldots \tag{10.73}$$

이때 A는 정규화 상수이고, m은 양자수이다. 이 경우에도 경계 조건을 적용하는 과정에서 양자수가 얻어지게 되는 것을 알 수 있다. 미분방정식의 해는 파동 함수들의 집합이며, 각각의 함수는 특정한 양자수 m으로 구별된다. 이 양자수는 상자 속 입자 경우와는 달리 m은 (양의 정수뿐만 아니라) 0과 음의 정수가 될 수 있다.

A를 결정해야 하기 때문에 식 10.73은 아직 완벽한 해가 아니다. 고리 위 어딘가에서 입자를 발견할 확률은 1이 된다.

$$\int_{\text{전체 영역}} \psi^* \psi d\tau = 1 \tag{10.74}$$

고리 위 입자 문제에서 $d\tau = d\phi$이고, 정규화 조건은 다음과 같다.

$$\int_0^{2\pi} \psi_m(\phi)^* \psi_m(\phi) d\phi = 1 \tag{10.75}$$

A에 대해서 풀기 위해서 식 10.73을 식 10.75에 대입하면 다음과 같다.

$$\int_0^{2\pi} Ae^{-im\phi} Ae^{im\phi} d\phi = 1$$

$$A^2 \int_0^{2\pi} d\phi = 1$$

$$A^2 (2\pi) = 1$$

따라서 정규화 상수는 다음과 같이 주어진다.

$$A = (2\pi)^{-1/2}$$

파동 함수는 최종적으로 다음과 같다.

$$\psi_m(\phi) = (2\pi)^{-1/2} e^{im\phi} \qquad m = 0, \pm 1, \pm 2, \ldots \tag{10.76}$$

복소수 파동 함수는 그래프로 그리기 어려워서 종종 파동 함수의 실수부만 그려 나타낸다. 마디 정리에 맞게 바닥 상태 파동 함수의 실수부에는 마디가 없고 고리 위에서 같은 값을 가진다. 첫 번째 들뜬 상태에 대한 파동 함수의 실수부는 한 개의 마디를 가진다 (그림 10.26a). 파동 함수 실수부의 제곱(그림 10.26b)도 양자수가 증가함에 따라 마디수가 증가한다. 확률 밀도 함수는 파동 함수의 제곱에 해당하는 값으로, 파동 함수와 자신의 켤레복소수를 곱한 함수이다. 그림 10.26c에서 볼 수 있는 것처럼, 이 함수는 모든 양자 상태에서 같아지게 된다.

이제 구해야 할 것은 에너지로 파동 함수(식 10.76)를 Schrödinger 방정식(식 10.70)에 대입하여 ϕ에 대해서 두 번 미분하면 된다.

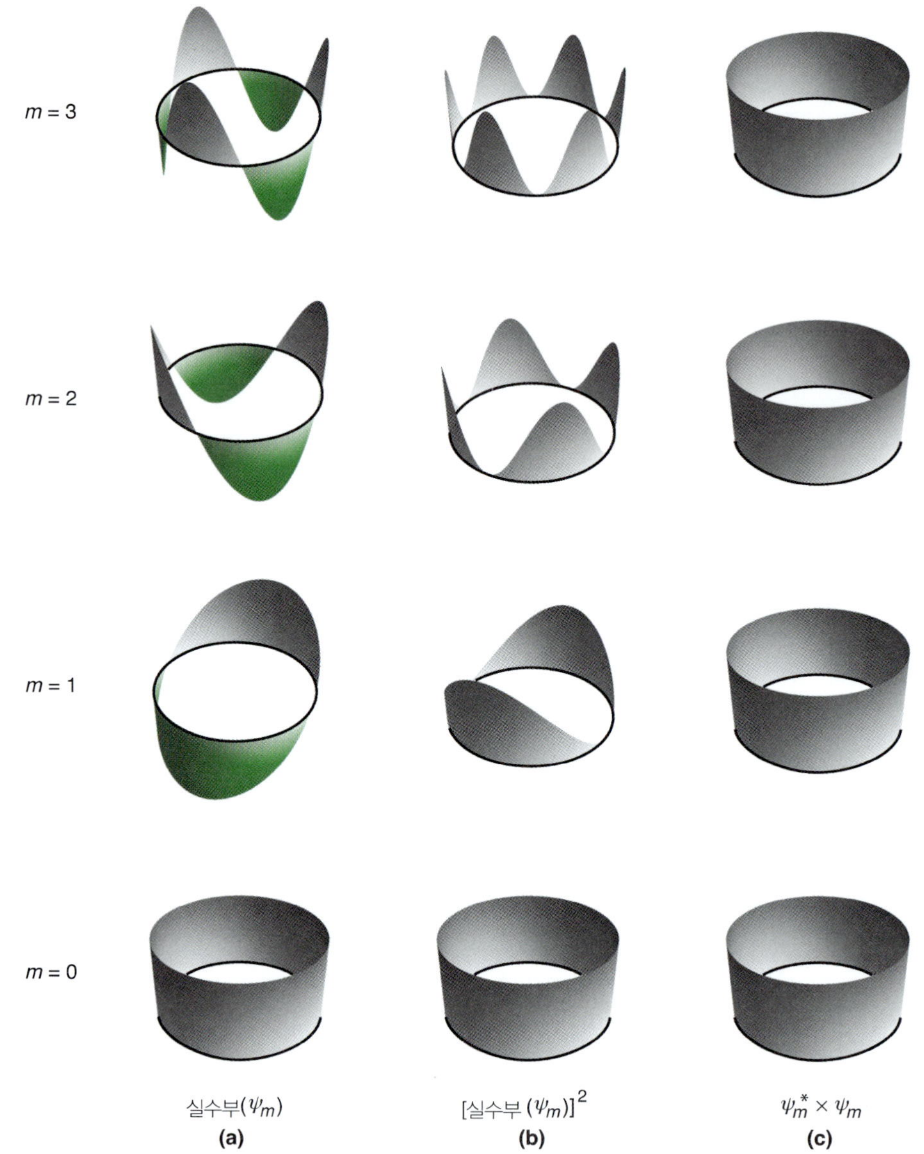

그림 10.26

(a) 고리 위 입자에 대한 파동 함수의 실수부. **(b)** 파동 함수의 실수부의 제곱. **(c)** 파동 함수의 절댓값의 제곱(파동 함수와 그 켤레복소수의 곱)으로 주어지는 확률 밀도

우리가 구한 파동 함수가 고유 함수임을 확인할 수 있다.

$$\frac{-\hbar^2}{2I}\frac{d^2}{d\phi^2}\left[(2\pi)^{-1/2}e^{im\phi}\right] = E\left[(2\pi)^{-1/2}e^{im\phi}\right]$$

$$\frac{-\hbar^2}{2I}\frac{d}{d\phi}\left[im(2\pi)^{-1/2}e^{im\phi}\right] = E\left[(2\pi)^{-1/2}e^{im\phi}\right]$$

$$\frac{\hbar^2 m^2}{2I}\left[(2\pi)^{-1/2}e^{im\phi}\right] = E\left[(2\pi)^{-1/2}e^{im\phi}\right]$$

식의 양변을 $\psi_m(\phi)$으로 나누어주면 에너지를 얻을 수 있다.

$$E_m = \frac{\hbar^2}{2I}m^2 \tag{10.77}$$

여기서 흥미로운 사실을 확인할 수 있다. 바닥 상태는 미분화도가 1인 반면에(g = 1), 모든 들뜬 상태는 이중으로 미분화($g = 2$)되어 있다. m = 0인 경우를 제외하고는 양수 m 값을 가지는 상태와 음수 m 값을 가지는 상태에 대한 에너지가 같기 때문이다. 에너지 준위는 m^2에 따라서 증가하지만 에너지 준위 간의 간격($\Delta E = E_{m+1} - E_m$)은 m에 비례한다(그림 10.27).

고리 위 입자 모형은 양자수가 0이나 음의 정수가 될 수 있다는 점에서 상자 속 입자 모형과 다르다. m에 대한 양의 정수와 음의 정수에 대해서 간단히 물리적 해석을 해 보면, 이 값이 고리 위에서 시계 방향과 시계 반대 반향으로 움직이는 경우에 해당된다고 할 수 있다. 다른 영향이 없다면 어느 부호가 어느 방향인지는 임의로 정해지지만 상대적인 부호는 그렇지 않다. 보강 간섭과 상쇄 간섭을 고려할 때는 상대적인 부호가 중요해진다. 양자수가 0이 될 수 있다는 것도 특별하게 보일지 모른다. 앞의 상자 속 입자 문제에서는 양자수가 0이면 에너지도 0이 되어 Heisenberg 불확정성 원리에 위배되는 상황이 되었다. 고리 위 입자계에서는 양자수가 $m = 0$이면 입자의 속도는 0이지만 입자의 위치는 고리 위에 있다는 것만 알 수 있고 더 이상은 알 수가 없다. 각도 ϕ는 임의의 값을 가질 수 있기 때문이다. 따라서 Heisenberg 불확정성 원리에 위배되지 않는다.

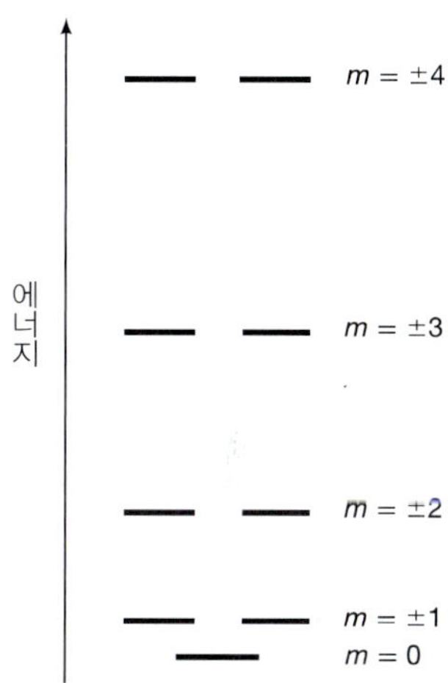

그림 10.27
고리 위 입자에 대한 에너지 준위 그림

10.12 양자 역학적 터널링

일차원 상자 속 입자 주위의 퍼텐셜 벽이 무한대로 높지 않으면 어떤 일이 일어날까? 입자가 갖는 운동 에너지가 장벽의 퍼텐셜 에너지와 같거나 그보다 크게 되면 입자는 빠져나가게 된다. 더 놀라운 사실은 운동 에너지가 장벽 꼭대기에 도달할 만큼 충분하지 않더라도 상자의 외부에서 입자가 발견된다는 것이다. 이 현상을 **양자 역학적 터널링(quantum mechanical tunneling)**이라고 하며, 고전 역학에서는 유사한 현상이 없다. 이것은 입자의 파동성으로 인해 생기는 결과이다. 양자 역학적 터널링은 화학과 생물학의 많은 중요한 현상과 관련이 있다.*

양자 역학적 터널링 현상은 1928년 러시아계 미국 물리학자 G. Gamow(1904~1968)가 α 붕괴를 설명하기 위해서 제안하였다. 이 현상은 핵이 자발적으로 붕괴하여 다음과 같이 헬륨의 원자핵(He^{2+})인 α 입자를 방출하는 것이다.

$$^{238}_{92}\mathrm{U} \rightarrow {}^{234}_{90}\mathrm{Th} + \alpha \qquad t_{1/2} = 4.51 \times 10^9\ \mathrm{yr}$$

* 흥미로운 양자 역학적 터널링 사례에 대해서는 W. T. Scott, *J. Chem. Educ.* **48**, 524 (1971)을 참고하시오.

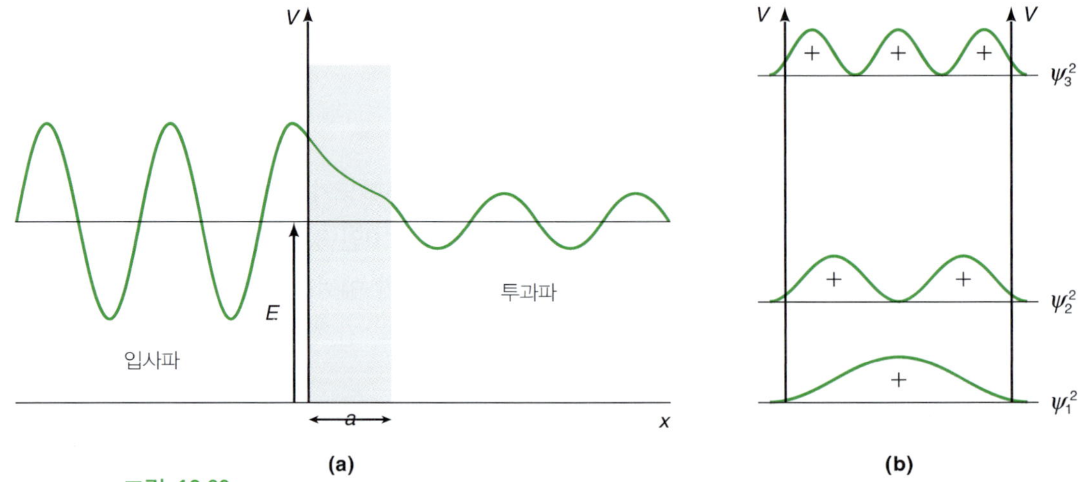

그림 10.28

(a) 유한한 퍼텐셜 장벽을 통한 터널링을 보여 주는 그림. 입자는 왼쪽에서 오른쪽으로 움직인다. 입사되는 입자의 파동은 대부분 반사된다. 파의 극히 일부가 장벽을 투과하여 장벽 너머에서 진폭이 감소된 형태로 나타난다. **(b)** 유한한 퍼텐셜 장벽을 가진 일차원 상자 속 입자에 대한 ψ^2 그림. 그림 10.17b와는 달리, 상자 외부로 곡선이 확장된 것에 유의하라. 입자가 상자 벽 속에서 발견될 확률이 약간 있다는 것을 의미한다.

핵물리학과 핵화학에서 사용하는 단위는 eV 또는 MeV (1×10^6 eV)이며, 여기서 1 eV = 1.602×10^{-19} J이다.

여기서 물리학자들은 다음과 같은 난관에 직면하게 되었다. U-238 붕괴에서 방출하는 α 입자의 운동 에너지는 약 4 MeV이며, 쿨롱 장벽은 250 MeV 정도이다(α 입자가 핵의 중앙에 있다고 가정하면, 다른 양성자에 의해 둘러싸여 있어 상자 속에 들어 있는 입자처럼 행동한다. 다른 양성자에 의한 정전기 반발로 퍼텐셜 장벽이 만들어진다. 퍼텐셜 장벽의 높이는 핵의 반지름과 원자 번호로 계산할 수 있다). 그렇다면 α 입자가 이 장벽을 어떻게 극복하고 핵에서 빠져나올 수 있는가에 대한 의문이 자연스럽게 제기되었다. Gamow는 양자 역학적인 입자인 α 입자는 파동성을 가지며 그림 10.28에 나타낸 것처럼 퍼텐셜 장벽을 투과한다고 제안하였다. 이러한 설명이 맞는 것으로 판명되었다. 일반적으로 퍼텐셜 장벽의 높이가 유한한 경우에는 상자 외부에서 입사를 발견할 확률이 항상 조금은 있다.

질량 m인 입자가 장벽을 뚫고 나갈 확률(P)은 다음 값에 비례한다.*

$$P \propto \exp\left\{-\frac{4\pi a}{h}[2m(V-E)]^{1/2}\right\} \qquad V > E \tag{10.78}$$

여기서 exp는 지수함수, V는 퍼텐셜 장벽의 높이, E는 입자의 에너지, a는 장벽의 두께를 의미한다. $V = \infty$ 또는 $a = \infty$인 경우가 아니라면 입자는 빠져나갈 확률이 아주 작더라도 존재한다. 이것은 반감기가 매우 큰 U-238의 α 붕괴의 경우에 해당된다. 물리적으로 P 값이 아주 작은 것은 α 입자가 핵에서 빠져나가려면 장벽과 수없

* 식 유도에 대해서는 다음을 참고하라. F. L. Pilar, *Elementary Quantum Chemistry*, 2nd 2ed., McGraw-Hill, New York, 1990.

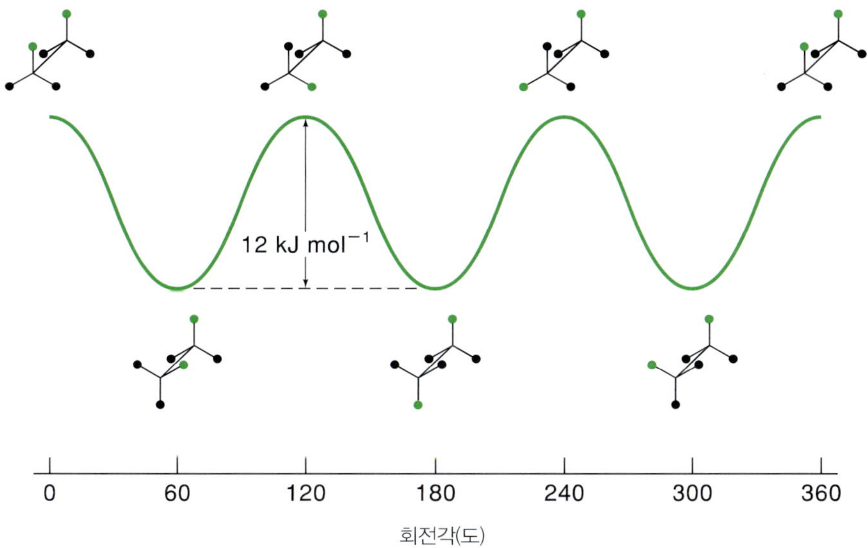

그림 10.29
에테인의 내부 회전에 대한 퍼텐셜 에너지 그림. 두 개의 H 원자는 C−C 결합에 대한 회전을 좀 더 분명하게 나타내기 위해 녹색으로 표시하였다.

이 많이 충돌하다가 그중의 한 번이 성공함을 의미한다. 식 10.78에 나타낸 것처럼 양자 역학 터널링은 전자, 양성자, 수소 원자와 같은 가벼운 입자에서 (V와 a 값의 상대적 크기에 따라) 잘 일어난다.

화학 반응에 대한 에너지 준위도에서는 생성물을 형성하기 위해서 활성화 에너지 장벽을 넘을 수 있는 충분한 에너지를 가지고 있는 반응물 분자가 있어야 한다고 기술한다(그림 15.11). 그러나 어떤 경우(예를 들면 전자 교환 반응)에는 이용할 수 있는 에너지가 충분하지 못해도 반응이 진행된다. 이러한 결과는 양자 역학적 터널링 때문에 일어난다. 또 다른 예로서 에테인의 내부 회전을 생각해 보자. 에테인에 있는 C—C 결합의 회전은 아주 빠르지만 완전히 자유롭지는 못하다. 그림 10.29에는 에테인의 형태 변화에 따른 퍼텐셜 에너지의 변화를 나타내었다. 메틸기가 들어 있는 화합물의 분광학적 연구 결과에 의하면, 온도가 매우 낮아서 분자들이 퍼텐셜 에너지 장벽을 넘을 수 있는 충분한 운동 에너지를 갖지 않는 경우에도 C—C 결합의 회전은 여전히 일어남을 알 수 있다. 이 현상도 양자 역학적 터널링에 의한 것이다.

주사 터널 현미경

양자 역학 터널링 효과를 실제로 응용한 것이 그림 10.30에 있는 주사 터널 현미경(scanning tunneling microscope, STM)이다. STM에서는 끝이 날카로운 텅스텐 바늘을 통해 전자의 터널링이 일어난다. 원자 수준의 해상도를 얻기 위해서, 그 끝은 텅스텐 원자 한 개로 되어 있다. 바늘과 시료 표면 사이에 전압을 일정하게 유지하면서, 공간을 통해 전자의 터널 현상이 일어나도록 한다. 원자 몇 개 정도의 높이에서 바늘이 시료 위를 지나도록 하면서 터널 전류 I를 측정한다. 이 전류는 시료로부터 거리 s가 증가함에 따라 지수함수적으로 감소하기 때문에 높이에 매우 민감하다.

$$I \propto e^{-s} \qquad (10.79)$$

전기적 피드백 회로를 이용하여, 탐침과 시료 표면과의 수직 거리가 일정하게 유지되도록 조정할 수 있다. 시료 표면 위치에 따른 조정 정도를 기록한 후, 삼차원 채색 영상으로 표시한다. STM은 화학, 생물학, 재료과학 분야의 연구에 아주 유용한 기기 중 하나지만, 표면에서의 전도성이 있어야만 한다. 원자힘 현미경(atomic force microscope, AFM)은 비전도성 표면에 대해서 표면 높낮이 정보를 제공한다.

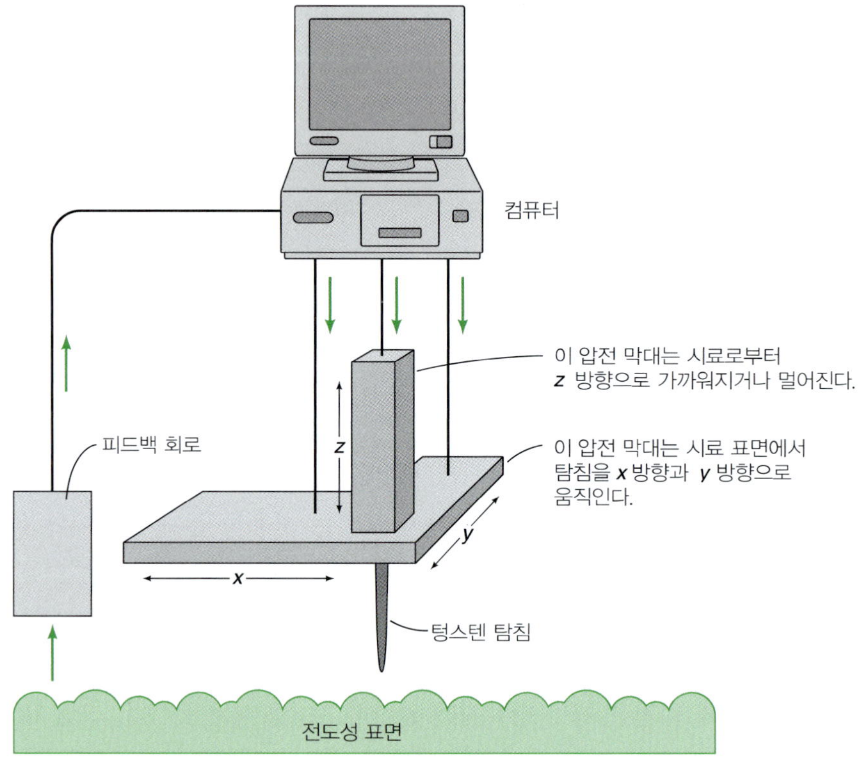

그림 10.30

주사 터널 현미경. 탐침과 시료 사이에 낮은 전압이 걸릴 때 터널 전류가 흐른다. 이 전압을 공급하는 피드백 회로가 전류를 감지하고 탐침과 시료(전도성 표면) 사이의 거리를 일정하게 유지하도록 압전 이동 장치(z 방향)에 가해지는 전압을 변화시킨다. 금속 표면에서 탐침이 x 방향과 y 방향으로 움직이도록 컴퓨터로 조정된 전압이 가해진다.

■ Key Equations

$u = \lambda \nu$	(파동의 속도)	(10.3)
$E = nh\nu \qquad n = 0, 1, 2, \ldots$	(Planck의 양자론)	(10.6)
$h\nu = \Phi + \frac{1}{2}m_e u^2$	(광전 효과)	(10.8)
$E_n = -\frac{m_e Z^2 e^4}{8h^2\varepsilon_0^2}\frac{1}{n^2}$	(수소 원자의 전자 에너지)	(10.18)
$\Delta E = E_\text{f} - E_\text{i} = h\nu$	(공명 조건)	(10.20)
$\tilde{\nu} = \tilde{R}_\text{H}\left(\frac{1}{n_\text{i}^2} - \frac{1}{n_\text{f}^2}\right)$	(수소 원자의 전자 전이에 대한 파수)	(10.22)
$\lambda = \frac{h}{mu} = \frac{h}{p}$	(입자의 de Broglie 파장)	(10.25)
$\Delta x \Delta p \geq \frac{h}{4\pi}$	(Heisenberg 불확정성 원리)	(10.27)
$\Delta E \Delta t \geq \frac{h}{4\pi}$	(Heisenberg 불확정성 원리)	(10.28)
$\int_{\text{전체 영역}} \psi_i^* \psi_j d\tau = \delta_{ij}$	(직교정규화 조건)	(10.33)
$\hat{H}\psi = E\psi$	(Schrödinger 파동 방정식)	(10.37)
$E_n = \frac{n^2h^2}{8mL^2}$	(일차원 상자 속 입자의 에너지)	(10.50)
$\psi_n(x) = \left(\frac{2}{L}\right)^{1/2} \sin\left(\frac{n\pi x}{L}\right)$	(일차원 상자 속 입자의 파동 함수)	(10.55)
$E_{n_x,n_y} = \frac{n_x^2h^2}{8ma^2} + \frac{n_y^2h^2}{8mb^2}$	(이차원 상자 속 입자의 에너지)	(10.67)
$I - mr^2$	(관성 모멘트)	(10.69)
$E_m = \frac{\hbar^2}{2I}m^2$	(고리 위 입자의 에너지)	(10.77)

부록 10.1

양자 역학의 브래킷 표기법

이 장과 대부분의 물리화학 교과서에서는 대수(적분)적 표기법을 기반으로 하고 있다. 1930년대에 영국의 물리학자 Paul Dirac(1902~1984)는 원자 구조, 화학 결합, 분광학 등을 다루는 브래킷(bracket) 표기법이라는 것을 제안하였다. 이 표기법에서는 계의 파동 함수는 킷(ket)이라고 하는 물리량 $|\psi\rangle$으로 주어진다. 따라서 다음과 같이 쓰던 고유 함수–고윳값 표현을

$$\hat{A}\psi = a\psi$$

다음과 같이 바꾸어 쓴다.

$$\hat{A}|\psi\rangle = a|\psi\rangle$$

Dirac은 브라(bra)라는 표기법으로 켤레복소수 ψ^*를 $\langle\psi|$로 표기하고 * 표시를 브라 쪽에 표기하지 않았다. 그러면 직교정규화 조건(식 10.33)은 다음과 같이 쓸 수 있다.

$$\langle\psi_i|\psi_j\rangle = \delta_{ij}$$

이때 적분은 전체 영역에 대해서 하는 것으로 이해한다. 마찬가지로 기댓값(식 10.34 참조)은 다음과 같이 나타낸다.

$$\langle a\rangle = \frac{\langle\psi_n|\hat{A}|\psi_n\rangle}{\langle\psi_n|\psi_n\rangle}$$

$\langle a\rangle$에서 $\langle\ \rangle$ 표시는 측정값으로부터 얻어진 a의 평균값을 의미하는 것이고, 브래킷 표기법과는 상관없다는 점에 주의하라.

보는 바와 같이, Dirac 표기법은 귀찮은 적분 표시를 사용하지 않기 때문에 더 짧고 간단하다.

참고문헌

책

Atkins, P. W., *Quanta: A Handbook of Concepts*, Oxford University Press, New York, 1991.

Bell, R. P., *The Tunnel Effect in Chemistry*, Chapman and Hall, London, 1980.

Cropper, W. H., *The Quantum Physicists*, Oxford University Press, New York, 1970.

DeVault, D., *Quantum-Mechanical Tunneling in Biological Systems*, 2nd ed., Cambridge University Press, New York, 1984.

Feynman, R. P., R. B. Leighton, and M. Sands, *The Feynman Lectures on Physics*, Volumes I, II, and III, Addison-Wesley, Reading, MA, 1963.

Herzberg, G., *Atomic Spectra and Atomic Structure*, Dover Publications, New York, 1944.

Hochstrasser, R. M., *Behavior of Electrons in Atoms*, W. A. Benjamin, Menlo Park, CA, 1964.

Karplus, M., and R. N. Porter, *Atoms and Molecules: An Introduction for Students of Physical Chemistry*, W. A. Benjamin, New York, 1970.

Pilar, F. L., *Elementary Quantum Chemistry*, 2nd ed., McGraw-Hill Book Company, New York, 1990.

Ratner, M. A., and G. C. Schatz, *Introduction to Quantum Mechanics in Chemistry*, Prentice-Hall, Upper Saddle River, NJ, 2001.

논문

양자 이론

"The Limits of Measurement," R. Furth, *Sci. Am.* July 1950.

"The Quantum Theory," K. K. Darrow, *Sci. Am.* March 1952.

"What Is Matter?" E. Schrödinger, *Sci. Am.* September 1953.

"The Principle of Uncertainty," G. Gamow, *Sci. Am.* January 1958.

"The Bohr Atomic Model: Niels Bohr," A. B. Garrett, *J. Chem. Educ.* **39**, 534 (1962).

"Quantum Theory: Max Planck," A. B. Garrett, *J. Chem. Educ.* **40**, 262 (1963).

"Demonstration of the Uncertainty Principle," W. Laurita, *J. Chem. Educ.* **45**, 461 (1968).

"Particles, Waves, and the Interpretation of Quantum Mechanics," N. D. Christoudouleas, *J. Chem. Educ.* **52**, 573 (1975).

"The Mass of the Photon," A. S. Goldhaber and M. M. Nieto, *Sci. Am.* May 1976.

"The Spectrum of Atomic Hydrogen," T. W. Hänsch, A. L. Schawlow, and G. W. Series, *Sci. Am.* March 1979.

"Centrifugal Force and the Bohr Model of the Hydrogen Atom," B. L. Haendler, *J. Chem. Educ.* **58**, 719 (1981).

"Does Quantum Mechanics Apply to One or Many Particles?" F. Castano, L. Lain, M. N. Sanchez Rayo, and A. Torre, *J. Chem. Educ.* **60**, 377 (1983).

"Illustrating the Heisenberg Uncertainty Principle," G. D. Peckham, *J. Chem. Educ.* **61**, 868 (1984).

"Dice Throwing as an Analogy for Teaching Quantum Mechanics," B. de Barros Neto, *J. Chem. Educ.* **61**, 1044 (1984).

"Perspectives on the Uncertainty Principle and Quantum Reality," L. S. Bartell, *J. Chem. Educ.* **62**, 192 (1985).

"On Introducing the Uncertainty Principle," G. M. Muha and D. W. Muha, *J. Chem. Educ.* **63**, 525 (1986).

"Exercises in Quantum Mechanics," F. Rioux, *J. Chem. Educ.* **64**, 789 (1987).

"Heisenberg, Uncertainty, and the Quantum Revolution," D. C. Cassidy, *Sci. Am.* May 1992.

"On a Relation Between the Heisenberg and de Broglie Principles," O. G. Ludwig, *J. Chem. Educ.* **70**, 28 (1993).

"The Duality in Matter and Light," B.-G. Englert, M. O. Scully, and H. Walther, *Sci. Am.* December 1994.

"Using Natural and Artificial Light Sources to Illustrate Quantum Mechanical Concepts," G. A. Rechtsteiner and J. A. Ganske, *Chem. Educator* [Online] **3**, 1430 (1998) DOI 10.1333/s00897980230a.

"Introducing the Uncertainty Principle Using Diffraction of Light Waves," P. L. Muiño, *J. Chem. Educ.* **77**, 1025 (2000).

"The Dirac (Bracket) Notation in the Undergraduate Physical Chemistry Curriculum: A Pictorial Introduction," F. A. Khan and J. E. Hansen, *Chem. Educator* [Online] **5**, 113 (2000) DOI 10.1333/s00897000379a.

"The Planck Radiation Law: Exercises Using the Cosmic Background Radiation Data," S. Bluestone, *J. Chem. Educ.* **78**, 215 (2001).

"Using Optical Transforms to Teach Quantum Mechanics," F. Rioux and B. J. Johnson, *Chem. Educator* [Online] **9**, 12 (2004) DOI 10.1333/s00897040748a.

"Bohr Model Calculations for Atoms and Ions," F. Rioux, *Chem. Educator* [Online] **12**, 250 (2007) DOI 10.1333/s00897072061a.

"Determining Planck's Constant Using the Vernier LabQuest Interface and Power Amplifier," T. Thanel and M. Morgan, *Chem. Educator* [Online] **16**, 62 (2011) DOI 10.1333/s00897112347a.

"Comparing the Spectral Temperature of Incandescent and Compact Fluorescent Light Bulbs," R. C. Dudek, N. T. Anderson, and J. M. Donnelly, *Chem. Educator* [Online] **16**, 76 (2011) DOI 10.1333/s00897112348a.

일차원 상자 속 입자와 고리 위 입자

"A Particle in a Chemical Box," K. M. Jinks, *J. Chem. Educ.* **52**, 312 (1975).

"On the Momentum of a Particle in a Box," G. M. Muha, *J. Chem. Educ.* **63**, 761 (1986).

"How Do Electrons Get Across Nodes?" P. G. Nelson, J. *Chem. Educ.* **67**, 643 (1990).

"The Two-Dimensional Particle in a Box," G. L. Breneman, *J. Chem. Educ.* **67**, 866 (1990).

"Determination of Carbon-Carbon Bond Length From the Absorption Spectra of Cyanine Dyes," R. S. Moog, *J. Chem. Educ.* **68**, 506 (1991).

"More About the Particle-in-a Box System: The Confinement of Matter and the Wave-Particle Dualism," K. Volkamer and M. W. Lerom, *J. Chem. Educ.* **69**, 100 (1992).

"Visible Spectra of Conjugated Dyes: Integrating Quantum Chemical Concepts with Experimental Data," G. M. Shalhoub, *J. Chem. Educ.*, **69**, 1317 (1992).

"An Alternative Derivation of the Energy Levels of the 'Particle on a Ring' System," A. Vincent, *J. Chem. Educ.* **73**, 1001 (1996).

"Evaluating Experiment with Computation in Physical Chemistry: The Particle-in-a-Box Model with Cyanine Dyes," J. R. Bocarsly and C. W. David, *Chem. Educator* [Online] **2**, 1 (1997) DOI 10.1333/s00897970135a.

"Alternative Compounds for the Particle in a Box Experiment," B. D. Anderson, *J. Chem. Educ.* **74**, 985 (1997).

"Localization and Spread of the Particle in a Box," J. J. C. Mulder, *Chem. Educator* [Online] **7**, 71 (2002) DOI 10.1333/s00897020545a.

"Semiconductor Nanocrystals: A Powerful Visual Aid for Introducing the Particle in a Box," T. Kippeny, L. A. Swafford, and S. J. Rosenthal, *J. Chem. Educ.* **79**, 1094 (2002).

"Residual or Zero-Point Energy in Quantum Systems: Another View for Two Well-Known Cases," F. Enriquez and J. J. Quirante, *Chem. Educator* [Online] **8**, 238 (2003) DOI 10.1333/s00897030697a.

양자 역학적 터널링

"Quantum Chemical Reactions in the Deep Cold," V. I. Goldanskii, *Sci. Am.* February 1980.

"The Scanning Tunneling Microscope," G. Binnig and H. Rohrer, *Sci. Am.* August 1985.

"Electron Transfer in Biology," R. J. P. Williams, *Molec. Phys.* **68**, 1 (1989).

"Electron-Tunneling Pathways in Proteins," D. Beratan, J. N. Onuchic, J. R. Winkler, and H. B. Gray, *Science* **258**, 1740 (1992).

"Scanning Tunneling Microscopy," C. M. Lieber, *Chem. & Eng. News*, April 18, 1994.

"Quantum Mechanical Tunneling Through Barriers: A Spreadsheet Approach," A. Cedillo, *J. Chem. Educ.* **77**, 528 (2000).

"Localization and Spread of the Particle in a Box," J. J. C. Mulder, *Chem. Educ.* **7**, 1 (2002).

"Atomic Scale Imaging: A Hands-On Scanning Probe Microscopy Laboratory for Undergraduates," C.-J. Zhong, L. Han, M. M. Maye, J. Luo, N. N. Kariuki, W. E. Jones, Jr., *J. Chem. Educ.* **80**, 194 (2003).

"Potential Barriers and Tunneling," M. Ellison, *J. Chem. Educ.* **81**, 608 (2004).

"Electron Tunneling, a Quantum Probe for the Quantum World of Nanotechnology," K. W. Hipps and L. Scudiero, *J. Chem. Educ.* **82**, 704 (2005).

"The Particle Inside a Ring: A Two-Dimensional Quantum Problem Visualized by Scanning Tunneling Microscopy," M. D. Ellison, *J. Chem. Educ.* **85**, 1282 (2008).

"Thinking Outside the (Particle in a) Box: Tunneling, Uncertainty and Dimensional Analysis," N. C. Blank, K. Clemons, R. Crowdis, C. Estridge, M. Foster, S. Gash, B. Gish, B. Gollihue, C. Henzman, D. Hernandez, T. Ijaz, A. Ivey, J. Jones, A. Loveless, S. Roberts, T. Sauley, E. Velasco, C. Wilson, M. M. Blackburn, H. E. Montgomery, Jr., *Chem. Educator* [Online] **15**, 134 (2010) DOI 10.1007/s00897102266a.

문제

양자 이론

10.1 파장이 500 nm인 빛(광자) 에너지를 계산하시오.

10.2 아연 금속 표면에서 전자를 제거하는 데 필요한 문턱 진동수는 8.54×10^{14} Hz이다. 금속에서 전자를 제거하는 데 필요한 최소 에너지를 계산하시오.

10.3 수소 원자에 대해서 $n = 2$와 3일 경우의 Bohr 궤도 반지름을 계산하시오.

10.4 수소 원자에서 전자가 $n = 5$ 준위에서 $n = 3$ 준위로 전이될 때 관계되는 진동수와 파장을 계산하시오.

10.5 다음 경우의 파장은 얼마인가? **(a)** 속도 1.50×10^{8} cm s^{-1}로 움직이는 전자, **(b)** 1500 cm s^{-1}로 움직이는 60 g의 테니스공

10.6 깨끗한 금속 표면에 450 nm(푸른빛)와 560 nm(노란빛)의 레이저를 따로 쪼여 주는 광전 효과 실험을 하여 방출되는 전자의 수와 운동 에너지를 측정하였다. 전자를 더 많이 발생시키는 레이저는 어느 것인가? 운동 에너지가 큰 전자를 방출시키는 레이저는 어느 것인가? (두 레이저의 진동수는 모두 문턱 진동수를 초과하며, 각 레이저에 의해 금속 표면에 도착하는 광자의 수는 같다고 가정한다.)

10.7 과학자가 태양 표면의 온도를 추정하는 방법을 설명하시오(Hint: 태양의 복사를 흑체 복사로 간주한다).

10.8 광전 효과 실험에서는 특정한 금속에서 전자를 방출하는 데 필요한 것보다 더 큰 진동수를 갖는 광원을 사용한다. 그러나 금속 표면의 같은 곳에 오랫동안 빛을 쪼여주고 나면, 빛의 진동수를 일정하게 유지하더라도 방출되는 전자의 최대 운동 에너지는 감소하는 것을 알았다. 이 사실을 합리적으로 설명하시오.

10.9 정지 상태에 있는 양성자를 3.0×10^{6} V의 전위차를 통해 정지 상태로부터 가속시켰다. 이때의 최종 파장을 계산하시오.

10.10 원자 궤도에서 회전하는 전자의 위치를 결정하는 데 있어서 불확정성 값이 0.4Å이다. 이때 속도의 불확정성을 구하시오.

10.11 체중이 77 kg인 사람이 1.5 m s^{-1}의 속도로 뛰고 있다. **(a)** 이 사람의 운동량과 파장을 계산하시오. **(b)** 운동량을 ±0.05%까지 측정할 수 있다면 임의의 순간에 위치를 결정하는 불확정성을 구하시오. **(c)** Planck 상수가 1 J s였다면 이 상황에서 발생하는 변화를 예측하시오.

10.12 회절 현상은 슬릿의 크기와 파장의 크기가 비슷할 때 언제든지 관측될 수 있다. 체중이 84 kg인 사람이 폭 1 m인 문을 통해 지나갈 때 '회절'되기 위해서는 얼마나 빨리 움직여야 하는지 속도를 구하시오.

10.13 **(a)** 수소 원자의 경우 식 10.18의 등호 오른쪽 첫째항이 2.18×10^{-18} J이 됨을 보이시오. **(b)** 식 10.23을 이용하여 Rydberg 상수를 cm^{-1} 단위로 계산하시오. 뒤표지 안쪽에 있는 상수를 이용하시오(Hint: 교재에 주어진 $\tilde{R}_H$ 상수의 유효 숫자 여섯 자리까지 값을 얻으려면 다른 모든 상수는 적어도 유효 숫자 7자리까지 고려할 필요가 있다. 실제 $\tilde{R}_H$ 상수의 유효 숫자는 14자리까지 알려져 있다).

10.14 Lyman 계열과 Balmer 계열의 스펙트럼선은 겹쳐지지 않는다. Lyman 계열의 가장 긴 파장과 Balmer 계열의 가장 짧은 파장을 nm 단위로 계산해서 앞 문장을 증명하시오.

10.15 He^+ 이온에는 한 개의 전자만 들어 있으므로 수소 원자꼴 이온이다. He^+ 이온의 Balmer 계열에 있는 네 가지 전이 파장을 커지는 순서로 계산하시오. H 원자에서의 전이와 그 파장을 비교해 보시오. 그 차이점에 대해 설명하시오(He^+의 Rydberg 상수는 8.72×10^{-18} J이다).

10.16 수소 원자의 들뜬 상태에 있는 전자는 두 가지 다른 방식으로 바닥 상태로 되돌아갈 수 있다. 첫 번째는 파장 λ_1인 광자가 방출되는 직접 전이이고, 두 번째는 파장 λ_2인 광자를 방출하고 중간 들뜬 상태를 경유하는 것이다. 이러한 중간 들뜬 상태는 파장 λ_3인 또 다른 광자를 방출하며 바닥 상태로 감쇠한다. λ_1과 λ_2, λ_3 사이의 관계식을 유도하시오.

10.17 사람 눈의 망막은 입사하는 복사 에너지가 최소 4.0×10^{-17} J 정도 되어야 빛을 감지할 수 있다. 파장이 600 nm인 빛의 경우, 이 에너지는 몇 개의 광자에 해당되는가?

10.18 물 시료 368 g이 이산화 탄소 레이저로부터 복사되는 1.06×10^4 nm 적외선을 흡수한다. 흡수된 복사선은 모두 열로 바뀐다고 가정한다. 이 파장에서 물의 온도를 5.00°C 증가시키는 데 필요한 광자의 수를 계산하시오.

10.19 성층권에서 오존(O_3)은 분해 반응 $O_3 \rightarrow O + O_2$을 일으켜 태양으로부터 나오는 유해한 방사선을 흡수한다. **(a)** 부록 B를 참고하여 이 과정에 대한 $\Delta_r H°$ 값을 계산하시오. **(b)** 광화학적으로 오존의 분해 반응을 일으킬 수 있는 에너지를 갖는 광자의 최대 파장을 nm 단위로 계산하시오.

10.20 과학자들은 양자수 n이 수백에 달하는 성간 수소 원자를 발견하였다. 수소 원자가 $n = 236$에서 $n = 235$로 전이할 때 방출되는 빛의 파장을 계산하시오. 이 파장은 전자기 복사 스펙트럼의 어느 영역에 해당되는가?

10.21 학생들이 수소의 방출 스펙트럼을 기록하면서 Balmer 계열에 있는 한 개의 스펙트럼 선은 Bohr 이론으로 설명할 수 없다는 것을 알았다. 기체 시료는 순수하다고 가정하고 어떤 화학종 때문에 이 선이 나타나는지를 설명하시오.

10.22 19세기 중반에 물리학자들은 태양의 (연속) 방출 스펙트럼을 연구하면서 나타났던 일련의 흡수선이 지구 상에서 얻을 수 있는 어떠한 밝은 방출선과도 일치하지 않는 것을 발견하였다. 따라서 이러한 선들은 아직 알려지지 않은 원소에서 생긴 것이라고 결론을 내렸다. 후에 이 원소는 헬륨으로 확인되었다. **(a)** 어두운 흡수선이 생기는 원인은 무엇인가? 이 선들은 헬륨의 방출선과 어떠한 관계가 있는가? **(b)** 헬륨이 지구 상의 대기에서 검출되기 힘든 이유는 무엇인가? **(c)** 지구 상에서 헬륨을 가장 잘 검출할 수 있는 곳은 어디인가?

10.23 660 nm에서 얼음 5.0×10^2 g을 녹이기 위해 흡수해야 하는 광자의 수는 몇 개인가? 광자 한 개가 얼음에서 물로 변환시킬 수 있는 평균적인 H_2O 분자의 수를 계산하시오(Hint: 0°C에서 얼음 1 g을 녹이는 데 334 J이 필요하다).

양자 역학의 가설

10.24 파동 함수의 코펜하겐 해석을 대체하는 것은 이른바 '다세계(many worlds)' 해석이다. 양쪽 해석 모두 관측되는 결과와 일치한다. 각 해석에 대해 알아보고 어느 쪽 해석을 선호하는지 설명하시오.

10.25 다음 중 연산자 $\frac{d^2}{dx^2}$에 대한 고유 함수를 고르시오.

(a) $f(x) = x^3$, **(b)** $f(x) = e^{6x}$, **(c)** $f(x) = \ln x$, **(d)** $f(x) = \sin x$, **(e)** $f(x) = e^{-ix}$, **(f)** $f(x) =$ 상수

10.26 주어진 함수 $f(x)$에 대해 다음 중 Hermitian 연산자를 고르시오.

(a) $\frac{d^2}{dx^2}$, **(b)** $\frac{d}{dx}$, **(c)** 항등 연산자, **(d)** 실수 상수를 곱한다, **(e)** x를 곱한다.

10.27 다음 각 함수에 대해, 주어진 구간에서 파동 함수로 성립하는지를 확인하고, 성립하지 않는 경우 그 이유를 설명하시오.

(a) $f(x) = e^{-ix}$ $[0, \infty]$, **(b)** $f(x) = ae^{-x^2}$ $[-\infty, \infty]$, **(c)** $f(x) = a\sin(x)$ $[0, 2\pi]$,
(d) $f(x) = a\sin(x)$ $[0, \frac{\pi}{2}]$, **(e)** $f(x) = \frac{1}{x}$ $[0, \infty]$

10.28 다음 쌍으로 주어진 함수에 대해, 주어진 구간에서 직교하는 것을 고르시오.
(a) $f(x) = \sin(x),\ g(x) = \cos(x)\ [-\infty, \infty]$, **(b)** $f(x) = \sin(x),\ g(x) = \cos(x)\ [0, 2\pi]$,
(c) $f(x) = e^{i\pi x},\ g(x) = e^{i2\pi x}\ [-1, 1]$, **(d)** $f(x) = e^{i\pi x},\ g(x) = e^{-i\pi x}\ [-1, 1]$,
(e) $f(x) = ix,\ g(x) = -ix\ [-1, 1]$

10.29 다음 함수들은 연산자 $\frac{d^2}{dx^2}$에 대한 고유 함수들이다. 각 고유 함수에 대해 고윳값을 구하시오.
(a) $f(x) = e^{ax}$, **(b)** $f(x) = \cos(\omega x)$, **(c)** $f(x) = a\sin(\omega x)$, **(d)** $f(x) = ae^x$

10.30 다음 함수 중 주어진 구간에서 정규화된 것을 고르시오.
(a) $f(x) = \frac{1}{\sqrt{a}}\ [0, a]$
(b) $f(x) = x\ [0, 1]$
(c) $f(x) = \sqrt{\frac{2}{a}}\sin\frac{5\pi x}{a}\ [0, a]$
(d) $f(x) = \frac{1}{\sqrt{\pi}}e^{-ax^2}\ [-\infty, \infty]$
(e) $f(x) = \left(\frac{a}{\pi}\right)^{1/4}e^{-ax^2/2}\ [-\infty, \infty]$

일차원 상자 속 입자

10.31 식 10.50의 단위가 에너지가 됨을 보이시오.

10.32 식 10.50에 따르면 에너지는 상자 길이의 제곱에 반비례한다. Heisenberg 불확정성 원리를 이용하여 이 관계식을 설명하시오.

10.33 일차원 상자의 길이가 L일 때, $L/4$와 $3L/4$ 사이에서 입자를 발견할 확률을 구하시오. 입자는 최저 에너지 준위에 들어 있다고 가정하시오.

10.34 de Broglie 관계식을 이용하여 식 10.50을 유도하시오(Hint: 먼저 n번째 준위에 있는 입자의 파장을 상자 길이로 표현하시오).

10.35 일차원 상자 속에 있는 입자의 파동 함수가 가지는 중요한 성질은 다음 식과 같이 직교성을 갖는 것이다. 이는 다음과 같이 표현되거나

$$\int_{\text{전체 영역}} \psi_n^* \psi_m d\tau = 0 \quad m \neq n$$

특별히 일차원 상자의 경우 다음과 같이 표현된다.

$$\int_0^L \psi_n \psi_m dx = 0 \quad m \neq n$$

식 10.55의 ψ_1와 ψ_2를 이용하여 이것을 증명하시오.

10.36 식 10.57을 이용하여 $N = 6$, 8, 10일 때 폴리엔의 전자 전이 파장을 계산하시오. 분자 길이 L에 따른 λ의 변화에 대해서도 설명하시오.

10.37 폴리엔을 일차원 상자 속 입자로 간주하고, 이 상자에서 $n = 1$에서 $n = 2$ 전자 전이가 일어날 것으로 생각되는 위치를 예측하시오. 그 이유를 설명하시오.

10.38 본문에서 설명하였듯이, 일차원 상자 속에서 입자를 발견할 확률은 $\int \psi^* \psi \, dx$로 주어진다. 그러나 범위가 좁을 경우에는 적분하지 않고 확률을 $\psi^* \psi \Delta x$로 계산할 수 있다. 길이가 2.000 nm인 상자 속에서 $n = 1$인 전자를 생각해 보자. **(a)** 0.500~0.502 nm 사이와, **(b)** 0.999~1.001 nm 사이에서 전자를 발견할 확률을 계산하시오. 계산 결과와 근사식의 타당성에 대해 설명하시오.

이차원 상자 속 입자

10.39 크기가 $a \times b$인 이차원 상자에서 $a = 2b$인 경우와 $a > 2b$인 경우, 입자의 에너지 준위가 어떻게 달라지는지 설명하시오.

10.40 이차원 상자 속 입자는 어떠한 조건에서 에너지 준위가 미분화될지 설명하시오.

고리 위 입자

10.41 고리 위 입자에 대한 양자수 $m = 0$의 의미를 설명하시오. Heisenberg 불확정성 원리를 이용하여 $m = 0$을 해석하시오.

10.42 양자수 $m = 3$일 때, 지름이 10 pm인 고리 위에 있는 전자의 각운동량을 계산하시오. 각운동량의 벡터가 가리키는 방향은 어디인가?

10.43 132 pm 지름을 가진 고리(대략 벤젠 분자의 크기) 위에서 양자수가 $m = 0$, 1, 2인 운동을 하고 있는 전자의 속도를 계산하시오.

10.44 전자는 빛의 속도 c에 가까운 속도로 움직이기 때문에, 무거운 원자의 핵심부 전자 에너지를 계산하기 위해서는 Einstein의 상대성 이론이 필요하다. 예를 들어 양자수가 $m = 0$, 1, 2일 때, 지름이 2.0 pm인 고리 위에서 움직이는 전자의 비상대론적 속도를 계산하시오. 계산된 전자의 속도는 c와 어떻게 차이

가 나는가? (2.0 pm는 금 원자의 1*s* 원자 오비탈의 크기 정도이며, 상대성 이론 없이는 금의 색상을 설명할 수 없음을 명심하라. 양자수가 커지면 속도가 *c*보다 클 것으로 예측되지만, 실제 전자의 속도는 절대로 *c*를 넘지 않는다.)

추가 연습문제

10.45 슈퍼마켓의 바코드 스캐너 등에서 사용되는 632.8 nm(빨간색) 헬륨 네온 레이저로 1.5 *e*V의 일함수를 가지고 있는 표면을 비추었을 때, 표면에서 방출되는 전자의 운동 에너지를 전자 볼트 단위로 계산하시오. 543.5 nm(초록색) 헬륨 네온 레이저에 대해서도 같은 과정의 계산을 하시오.

10.46 텅스텐의 일함수는 4.55 *e*V이다. 진공 상태에서 깨끗한 텅스텐 표면으로부터 광전자를 방출할 수 있는 가장 긴 파장을 계산하시오.

10.47 두 원자가 충돌할 때 운동 에너지의 일부는 한 개 또는 양쪽 원자 내에서 전자 에너지로 변환될 수 있다. 평균 운동 에너지($\frac{3}{2}k_BT$)가 어떤 허용된 전자 전이의 에너지와 같으면, 적절한 수의 원자가 비탄성 충돌을 통해 들뜬 전자 상태로 올라갈 수 있는 충분한 에너지를 흡수할 수 있다. **(a)** 298 K의 기체 시료 내에서 원자당 평균 운동 에너지를 계산하시오. **(b)** 수소 원자에서 $n = 1$과 $n = 2$ 준위의 에너지 차이를 계산하시오. **(c)** 평균적 충돌에 의해 $n = 1$에서 $n = 2$ 준위로 수소 원자가 들뜨는 것이 가능한 온도를 계산하시오.

10.48 다음과 같은 물의 광해리 반응을 통해 수소를 발생시킬 수 있다고 제안되었다.

$$H_2O(g) \xrightarrow{h\nu} H_2(g) + \frac{1}{2}O_2(g)$$

열역학 데이터를 이용하여 물의 분해 반응에 대한 $\Delta_rH°$ 값을 계산했더니 285.8 kJ mol^{-1}이었다. 필요한 에너지를 제공하기 위한 빛의 최대 파장을 nm 단위로 계산하시오. 이론적으로 이 과정에 대한 에너지원으로 햇빛을 이용할 수 있을지 설명하시오.

10.49 붕괴와 양자 역학적 터널링에 대한 설명을 바탕으로, 방사성 붕괴에서 방출되는 α 입자의 에너지와 반감기 사이의 관계식을 제안하시오.

10.50 텅스텐 필라멘트 전구에서는 공급된 전기 에너지 중 일부만 가시광선으로 변환되고, 나머지 에너지는 적외선 복사로 나타난다. 75 W 전구에서 공급되는 에너지의 15.0%가 가시광선 빛으로 변환된다. 빛의 파장이 550 nm일 때, 전구에서 초당 방출되는 광자의 수를 계산하시오(1 W=1 J s^{-1}).

10.51 수소 원자에 있는 전자가 바닥 상태에서 $n = 4$ 상태로 전이되었다. 다음 사항이 사실인지 거짓인지를 말해보시오. **(a)** $n = 4$ 상태는 첫 번째 들뜬 상태이다. **(b)** 바닥 상태보다 $n = 4$ 상태에서 전자를 떼어내

는 데(이온화) 더 많은 에너지가 필요하다. **(c)** 바닥 상태보다 $n = 4$ 상태에 있는 전자가 평균적으로 핵에서 더 멀리 떨어져 있다. **(d)** $n = 4$에서 $n = 1$ 상태로 전자가 떨어질 때 방출되는 빛의 파장이 $n = 4$에서 $n = 2$로 떨어지는 경우보다 더 길다. **(e)** $n = 1$에서 $n = 4$ 상태로 갈 때 원자가 흡수하는 파장은 $n = 4$에서 $n = 1$ 상태로 될 때 방출하는 파장과 같다.

10.52 어떤 원소의 이온화 에너지는 412 kJ mol^{-1}이다. 그러나 이 원소의 원자가 첫 번째 들뜬 상태에 있으면 이온화 에너지는 불과 126 kJ mol^{-1}이다. 이러한 정보를 바탕으로 첫 번째 들뜬 상태에서 바닥 상태로 전이할 때 방출되는 빛의 파장을 계산하시오.

10.53 일광욕을 하는 데에 필요한 자외선의 범위는 320~400 nm 영역이다. 320~400 nm 구간에서 초당 단위제곱센티미터당 지표면에 조사되는 광자수가 2.0×10^{16}개이고, 노출되는 피부 면적이 0.45 m^2일 때, 이 복사선에 2시간 동안 노출된 사람이 흡수하는 총에너지를 J 단위로 계산하시오. 이 복사의 절반은 흡수되고, 그 나머지 절반은 신체에 의해 반사되었다고 가정하시오(Hint: 광자의 에너지를 계산하는 데 360 nm의 평균 파장을 사용하시오).

10.54 1996년에 물리학자들은 수소 원자의 반원자(antiatom)를 만들었다. 일반 원자와 반물질적으로 동등한 반원자는 모든 구성 입자의 전하가 반대이다. 따라서 반원자의 핵은 양성자와 질량은 같지만 음의 전하를 띤 반양성자로 되어 있고, 전자는 질량은 같지만 양의 전하를 띤 반전자(포지트론 positron이라고도 불린다)로 구성된다. 반수소 원자의 에너지 준위, 방출 스펙트럼, 오비탈은 수소 원자와 다를 것으로 예상하는가? 수소의 반원자가 수소 원자와 충돌할 경우 무슨 일이 생길지 서술하시오.

10.55 깨끗한 세슘 금속 조각에 가시광선을 쪼여주는 광전 효과 실험을 하였다. 광전자에 의한 전류가 정확하게 0이 되도록 지체(retarding) 전압을 가하여, 방출되는 전자의 운동 에너지를 결정하였다. e가 전자의 전하이고, V가 지체 전위이면 $eV = \frac{1}{2}m_e u^2$일 때 이러한 조건이 성립된다. 실험에서 얻은 결과는 다음과 같았다.

λ(nm)	405	435.8	480	520	577.7	650
V(볼트)	1.475	1.268	1.027	0.886	0.667	0.381

식 10.3을 재배열하면 다음과 같다.

$$\nu = \frac{\Phi}{h} + \frac{e}{h}V$$

그래프를 그려서 h와 Φ 값을 결정하시오.

10.56 식 2.7을 이용하여 300 K에서 N_2 분자의 de Broglie 파장을 계산하시오.

10.57 허파 꽈리(alveoli)는 허파 속에 있는 매우 작은 공기 주머니이다. 그 평균 지름은 5.0×10^{-5} m이다. 허파 꽈리에 들어 있는 산소 분자(5.3×10^{-26} kg)의 속도에 대한 불확정성을 계산하시오(Hint: 이 분자의 위치 불확정성의 최대는 허파 꽈리의 지름으로 주어진다).

10.58 태양은 개기 일식 동안에 관측될 수 있는 코로나(corona)라고 하는 기체상 물질의 흰색 구로 둘러싸여 있다. 코로나의 온도는 섭씨 수백만도 정도로 높아서 분자를 해리시키고 원자에 있는 일부 또는 모든 전자를 떼어낼 수 있을 정도이다. 천문학자들이 코로나의 온도를 추정할 수 있는 한 가지 방법은 특정한 원소의 이온에서 방출되는 스펙트럼을 연구하는 것이다. 예를 들어 Fe^{14+} 이온의 방출 스펙트럼을 기록하고 분석하였다. Fe^{13+}를 Fe^{14+}로 변환시키는 데 3.5×10^4 kJ mol^{-1}이 필요하다는 것을 알고 있을 때 태양 코로나의 온도를 추정하시오(Hint: 기체 1몰의 평균 운동 에너지는 $\frac{3}{2}RT$이다).

10.59 주기적 경향을 이용하여, 아연과 바나듐 중 어느 것이 더 민감한 적색 감응형(저에너지 광자 감지가 가능하다는 뜻) 광전 음극을 만들 수 있는지 서술하시오.

10.60 진공 상태에 있는 깨끗한 금속 표면에 1 W의 주황색 빛과 1 W의 보라색 빛을 쬐였다. 각 광원의 광자 에너지가 금속의 일함수를 넘는다고 가정한다. **(a)** 표면에 주황색 빛을 쬐였을 때 방출되는 광자의 수는 보라색 빛을 쬐였을 때보다 (많다, 적다, 같다). **(b)** 표면에 주황색 빛을 쬐였을 때 방출되는 광자의 운동 에너지는 보라색 빛을 쬐였을 때보다 (크다, 작다, 같다).

10.61 태양의 전자기 스펙트럼에서 가시광선 영역에 속하는 전자기 복사선의 비율을 계산하시오. 태양은 5800 K의 흑체 복사체로 가정하고 X선과 감마선의 전자기 복사 영역은 무시한다(Hint: 전자기 스펙트럼의 가시광선 영역은 400에서 750 nm 사이로 가정하고 적분한다. Mathmatica, Maple, Mathcad 등의 프로그램을 사용하면 문제를 푸는 데 도움이 된다).

10.62 2006년에 John C. Mather와 Geroge F. Smoot는 흑체의 발견과 우주 극초단파 배경 복사의 방향성에 관한 연구로 노벨 물리학상을 수상하였다. 알려진 우주의 탄생과 연관이 되어 있기 때문에, 천문학에서 우주 배경의 미묘한 변화에 대한 연구가 활발하게 이루어지고 있다. 우주의 '빈' 공간에서 발생하는 배경 복사선은 2.7 K 흑체로 간주할 수 있다. 이 복사선의 최대 방출 파장은 얼마인지 계산하시오. 배경 복사는 전자기 스펙트럼의 어느 영역에 해당되는가?

10.63 다음과 같은 상자 속 입자를 생각해 보자.

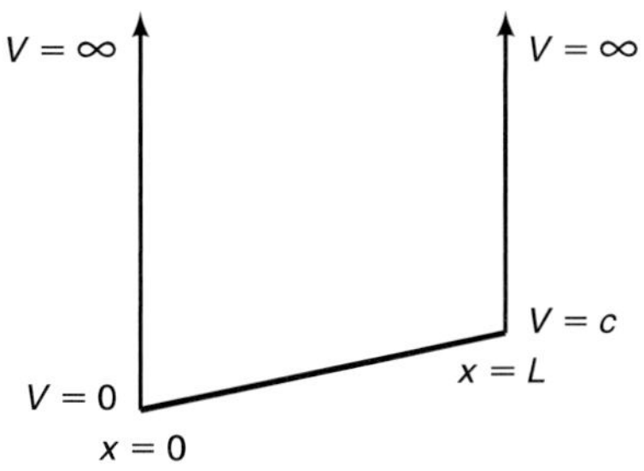

이 입자의 퍼텐셜 에너지는 상자 속의 어떤 위치에서든 0이 아니며, 위치 x에 따라 변한다. **(a)** 이 계에 대한 Schrödinger 방정식을 쓰시오. **(b)** n 값에 관계없이 ψ_n은 분명히 상자 중심에 대해 대칭이 아닐 것이다. 상자 전체에서 $V = 0$인 일차원 상자에서 $n = 10$일 때 파동 함수가 다음 그림과 같다.

이때 문제의 상자에서 대응하는 파동 함수를 스케치하시오. 자신의 스케치에 대해 물리적 해석을 하시오(Hint: 파동의 진폭과 파장 모두 일정하지 않다).

10.64 일차원 상자 안의 입자를 생각해 보자. 입자의 바닥 상태 ψ_1과 첫 번째 들뜬 상태 ψ_2는 아래와 같은 식으로 나타낼 수 있다. 각 파동 함수에 대해 위치의 기댓값 $\langle x \rangle$, 위치 제곱의 기댓값 $\langle x^2 \rangle$, 운동량의 기댓값 $\langle p \rangle$, 운동량 제곱의 기댓값 $\langle p^2 \rangle$을 계산하시오.

(a) $\psi_1(x) = \sqrt{\dfrac{2}{a}} \sin \dfrac{\pi x}{a}$ **(b)** $\psi_2(x) = \sqrt{\dfrac{2}{a}} \sin \dfrac{2\pi x}{a}$ $\quad 0 \le x \le a$

10.65 표준편차 σ_x는 그 불확실성(Δx)을 나타내는 데 쓰일 수 있다. 표준편차는 분산의 제곱근이며, 다음 공식을 이용하여 계산할 수 있다.

$$\sigma_x = (\langle x^2 \rangle - \langle x \rangle^2)^{1/2}$$

문제 10.64의 결과를 이용하여 일차원 상자 안에 있는 입자의 위치와 운동량의 불확정성을 바닥 상태와 들뜬 상태로 나누어 계산하고, Heisenberg 불확정성 원리와 비교하여 서술하시오.

10.66 다음 그림은 기체 상태인 어떤 수소꼴 이온의 방출 스펙트럼이다. 모든 선은 전자가 들뜬 상태에서 $n = 2$ 상태로 전자 전이될 때 얻어진 결과이다.

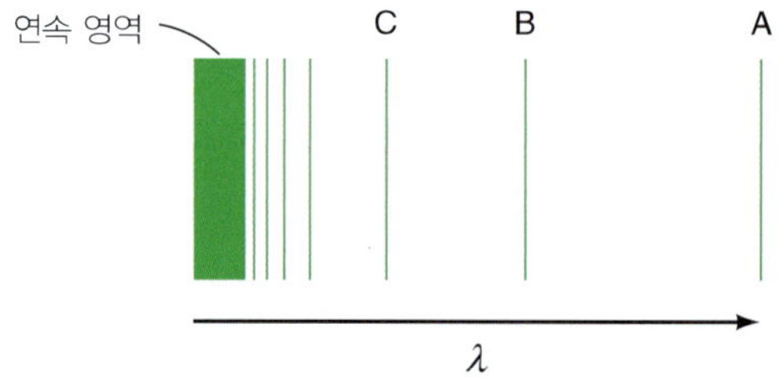

(a) 선 B, C는 어떤 전자 전이와 연관이 있는가? **(b)** 선 C의 파장이 27.1 nm라고 할 때, 선 A, B의 파장을 계산하시오. **(c)** $n = 4$ 상태에 있는 이온에서 전자를 떼어내는 데 필요한 에너지를 계산하시오. **(d)** 연속 상태의 물리적 중요성이 무엇인지 서술하시오(Hint: 계산에서는 수소 원자의 Rydberg 상수를 사용하시오).

10.67 20세기 초, 일부 과학자들은 핵에 전자와 양성자가 모두 포함되어 있을 것이라고 생각하였다. Heisenberg 불확정성 원리를 이용하여 전자가 핵 내부에 갇힐 수 없는 이유를 서술하시오. 양성자에 대해서도 동일한 계산을 하고 결과에 대해 설명하시오.

10.68 벤젠 분자는 동그란 고리 모양에 가까운 육각형 대칭 구조이다. 따라서 고리 위 입자 모형을 적용하여 벤젠의 전자 구조를 짐작할 수 있다. **(a)** 벤젠의 C−C 결합 길이에서 고리의 반지름이 132 pm인 것을 알 수 있다. 식 10.77을 이용하여 이 계의 전이 파수를 cm^{-1} 단위로 나타내시오. **(b)** $m = 1$ 상태에서 $m = 2$ 상태로의 (또는 동등한 $m = -1$ 상태에서 $m = -2$ 상태로의) 전이 파수를 계산하시오. **(c)** 이 전이의 실험값은 37,900 cm^{-1}이다. 예상된 값과 측정된 값 사이의 차이에 대해 서술하시오.

10.69 다음 그림은 흑체 복사라고 볼 수 있는 태양의 복사를 보여 준다. Wien 법칙에 따르면, 흑체 복사에서 최대 세기를 가지는 파장은 다음 조건을 만족한다.

$$\lambda_{최대} = \frac{b}{T}$$

이때 b는 상수(2.898×10^6 nm K)이고, T는 복사선을 방출하는 물체의 절대 온도이다. **(a)** 태양 표면 온도를 추정하시오. **(b)** 이 곡선은 지구 상에서 생물학적으로 어떤 중요한 두 가지 결과를 보여 주는가?

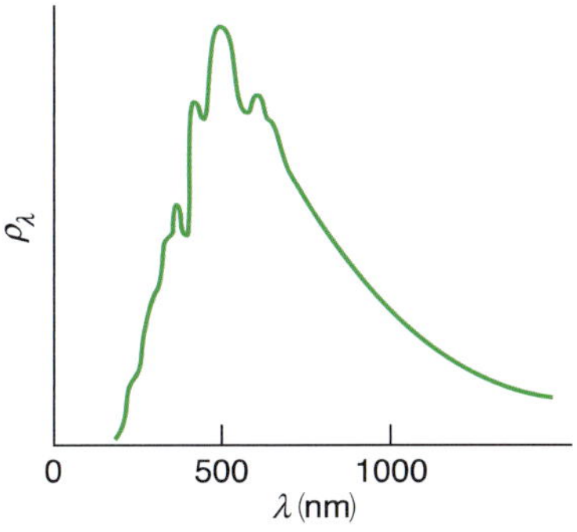

10.70 다음은 크기가 $a \times 2a$인 이차원 상자 속 입자에 대한 파동 함수를 등고선 그래프로 그린 것이다. 에너지가 증가하는 순서로 번호를 붙이고, 만약 미분화된 경우가 있다면 찾아내시오.

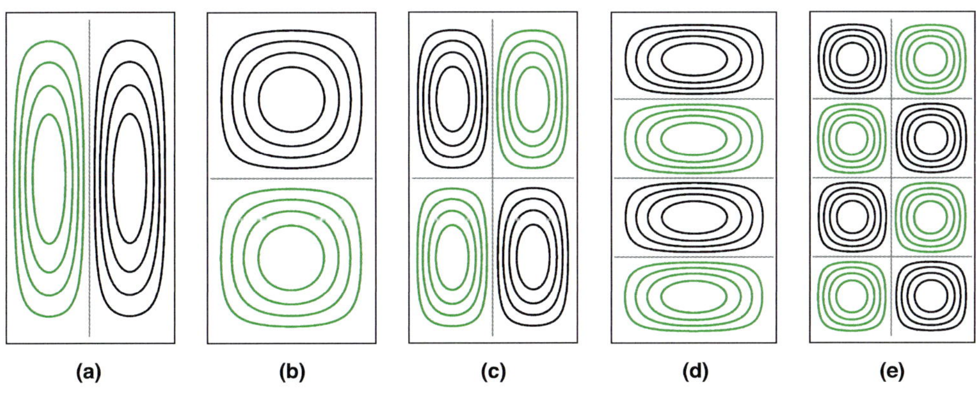

10.71 **(a)** 수소 원자의 바닥 상태에 있는 전자는 평균 속도 5×10^6 m s^{-1}로 움직인다. 속도의 불확정성이 1%라면, 위치에 대한 불확정성은 얼마인가? 바닥 상태에 있는 수소 원자의 반지름이 5.29×10^{-11} m라고 주어진다면, 자신의 결과에 대해서 설명하시오. 전자의 질량은 9.1094×10^{-31} kg이다. **(b)** 3.2 g짜리 탁구공이 50 mph로 움직이면 운동량은 0.073 kg m s^{-1}이다. 운동량 측정 시 불확정성이 운동량의 1.0×10^{-7}배라고 할 때, 탁구공의 위치에 대한 불확정성을 계산하시오.

10.72 수소 원자 방출 스펙트럼의 파장이 1280 nm이다. 이 방출 스펙트럼에 해당되는 처음과 나중 상태는 무엇인가?

10.73 올빼미는 눈으로 빛의 세기가 5.0×10^{-13} W m^{-2}인 경우도 검출할 수 있을 만큼 야간 시력이 좋다. 올빼미 눈의 동공 지름이 9.0 mm이고, 빛의 파장이 500 nm일 때, 올빼미의 눈이 검출할 수 있는 초당 광자수를 계산하시오(1 W = 1 J s^{-1}).

10.74 유리 회전 접시가 없는 전자레인지에 큰 초콜릿 바를 포장을 벗겨서 넣고 1분 정도 가열하였더니 약 6 cm 간격으로 일정하게 자국이 있는 것을 발견하였다. 이 사실을 바탕으로, 마이크로파의 진동수가 2.45 GHz일 때 빛의 속도를 계산하시오.

10.75 어떤 움직이는 입자의 위치에 대한 최소 불확정성은 그 입자의 de Broglie 파장과 같다. 입자의 속도가 1.2×10^5 m s^{-1}이라면, 속도의 최소 불확정성은 얼마인가?

10.76 광전 효과 실험에서, 아연 금속 표면에서 전자의 방출이 일어나게 하기 위해서는 351 nm 파장이 필요함을 관찰되었다. 313 nm 파장의 빛을 사용하여 실험할 때 방출되는 전자의 속도를 계산하시오.

10.77 Large Hardon Collider(유럽 입자 가속기)에서 양성자가 빛의 속도의 99.5%의 속도로 움직일 때 양성자의 질량을 계산하시오. Einstein의 특수 상대성 이론에 따르면, 움직이는 입자의 질량은 자신의 정지 질량과 다음 관계를 갖는다.

$$m_{\text{움직임}} = m_{\text{정지}} \Big/ \sqrt{1 - (u/c)^2}$$

이때 u는 입자의 속도이고, 광자는 정지 질량이 0이다. 계산 결과를 양성자의 정지 질량에 대한 %로도 표현해 보시오.

11장 양자 역학의 응용: 분광학

움직임보다 내면을 더 잘 표현하는 것은 없다.

Martha Graham*

10장에서 Schrödinger 방정식을 풀어서 상자 속 입자 모형에 대한 파동 함수를 해석적으로 구하고, 파동 함수에 해당하는 에너지 준위를 구하였다. 이 장에서는 강체 회전자(rigid rotor)와 조화 진동자(harmonic oscillator)를 양자 역학적으로 설명하고자 한다. 이 둘은 각각 분자의 회전과 진동에 대한 유용한 모형이며 분광학의 두 영역인 마이크로파 분광학과 적외선 분광학에 응용된다. 또 Raman 분광법에 대해서도 소개한다. 많은 물리화학 교과목들은 실험을 포함하고 있는데, 분광학 실험은 양자 역학적 원리를 보여 주는 중요한 방법이다. 우선 분광학의 일반적 용어들에 대하여 친숙해질 필요가 있다.

11.1 분광학 용어

우선 분광학에서 자주 사용하는 용어들에 대하여 살펴보자.

흡수와 방출

분광법은 흡수(absorption) 방식과 방출(emission) 방식의 두 가지로 나눌 수 있다. 흡수와 방출 과정에 대한 기본 식은 다음과 같다.

$$\Delta E = E_2 - E_1$$
$$= h\nu \quad (11.1)$$

여기서 E_1과 E_2는 전이와 관련된 두 양자 준위의 에너지(그림 10.10 참조), h는 Planck 상수, ν는 빛의 진동수를 나타낸다. 분광학적 전이가 일어나기 위해서는 광자의 에너지가 원자 또는 분자 에너지 준위의 차이와 일치해야 한다. 마이크로파 분광법, 적외선 분광법, 전자 분광법, 핵자기 공명법(nuclear magnetic resonance), 전자 스핀 공명법(electron spin resonance)은 대개 흡수 방식을 사용한다. 형광(fluorescence)과 인광(phosphorescence)은 방출 과정이다. **레이저**(laser; **l**ight **a**mpi-

* Martha Graham(1894~1991)은 미국의 무용가이자 안무가였다.

fication by **s**timulated **e**mission of **r**adiation)는 자극 방출이라는 특수한 형태의 방출 과정에 대한 머리글자를 딴 말이다.

단위

스펙트럼선의 위치는 전이가 일어나는 두 준위의 에너지 차이에 해당한다. 스펙트럼선의 위치는 서로 교환될 수 있는 여러 가지 단위로 나타낸다.

1. **파장**(wavelength). 파장(λ)은 미터(m)로 나타내지만 자외선－가시광선(UV－vis) 분광법에서는 나노미터(nm) 단위가 사용된다.

$$1\ \text{nm} = 1 \times 10^{-9}\ \text{m}$$

2. **진동수**(frequency). 진동수(ν)는 초당 파수인 s^{-1} 또는 Hz로 나타낸다.

3. **파수**(wavenumber). 파수($\tilde{\nu}$)는 단위 길이당 들어 있는 파의 수이다.

$$\tilde{\nu} = \frac{1}{\lambda} = \frac{\nu}{c} \tag{11.2}$$

여기서 c는 빛의 속도이다. 파수는 대개 센티미터의 역수(cm^{-1})로 표시한다. 파수로 표시되는 변수에는 ~ 표시를 붙이기도 한다.

4. **에너지**(energy). 스펙트럼선은 에너지 단위로 보고하기도 한다. 이를 읽을 때 전이 에너지가 다음과 같은 한 개의 전이당 에너지로 표시했는지,

$$E = h\nu = \frac{hc}{\lambda} = hc\tilde{\nu} \tag{11.3a}$$

아니면 다음과 같은 1몰의 전이에 대한 에너지로 표시했는지 주의하라.

$$E = N_A h\nu = \frac{N_A hc}{\lambda} = N_A hc\tilde{\nu} \tag{11.3b}$$

이때 N_A는 Avogadro 상수이다. 에너지는 파수에 비례한다는 사실에 주목하라. 에너지는 진동수에도 비례한다. 그러나 진동수는 파수와 달리 너무 큰 값이기 때문에 잘 사용하지 않는다. 예를 들어 헬륨－네온 레이저(슈퍼마켓 바코드 스캐너에 사용된다) 특유의 빨간 빛은 다음과 같이 나타낼 수 있다.

'≙' 표시는 '~에 해당된다'는 뜻으로 사용되었다.

$$633\ \text{nm} \triangleq 4.74 \times 10^{14}\ \text{Hz} \triangleq 1.58 \times 10^{4}\ \text{cm}^{-1} \triangleq 3.14 \times 10^{-19}\ \text{J} \triangleq 189\ \text{kJ mol}^{-1}$$

스펙트럼의 영역

분광법에서는 전자기 스펙트럼 거의 전체를 이용하여 원자나 분자의 성질을 연구 분석한다(그림 11.1). 화학과 생물학 연구에서 주로 사용하는 분광법은 적외선, 가시

γ선	X선	자외선(UV)	가시광선	적외선	마이크로파	라디오파

파장(nm)	0.0003	0.03	10	30	400	800	1000	3×10^5	3×10^7	3×10^{11}	3×10^{13}
진동수(Hz)	1×10^{21}	1×10^{19}	3×10^{16}	1×10^{16}	8×10^{14}	4×10^{14}	3×10^{14}	1×10^{12}	1×10^{10}	1×10^6	1×10^4
파수(cm^{-1})	3×10^{10}	3×10^8	1×10^6	3×10^5	3×10^4	1.3×10^4	1×10^4	33	3	3×10^{-5}	3×10^{-7}
에너지 (kJ mol^{-1})	4×10^8	4×10^6	1.2×10^4	4×10^3	330	170	125	0.4	4×10^{-3}	4×10^{-7}	4×10^{-9}

관측되는 현상	핵전이	내부 전자 전이 $\sigma^* \leftarrow \sigma$	최외각 전자 전이 $\pi^* \leftarrow \pi$, $\pi^* \leftarrow n$	분자의 진동	분자의 회전, 전자 스핀 공명	핵자기 공명
분광법의 종류	Mössbauer	UV	UV, 가시광선	IR, Raman	마이크로파, ESR	NMR

그림 11.1
분광법의 종류. Mössbauer 분광학은 이 책에서 다루지 않는다.

광선, 자외선, 핵자기 공명, 형광이다. 그러나 이해를 돕기 위해서 마이크로파 분광학, 전자 스핀 공명, 인광에 대해서도 다룰 것이다.

선너비

모든 스펙트럼선은 유한한, 0이 아닌 선너비를 가지며, 보통 스펙트럼선의 반높이에서 선의 너비로 정의한다. 분광학적 전이와 관련된 두 상태의 에너지가 정확히 정의되어 있다면 이들의 에너지 차이도 정확한 값으로 측정되어지는 양이다. 이러한 경우에는 극한의 선너비를 가진 선이 관측될 것이다. 그러나 실제로는 여러 가지 현상 때문에 모든 스펙트럼선은 어느 정도의 선너비를 갖게 된다(그림 11.2). 가장 기본적인 세 가지 메커니즘에 대하여 살펴보자.

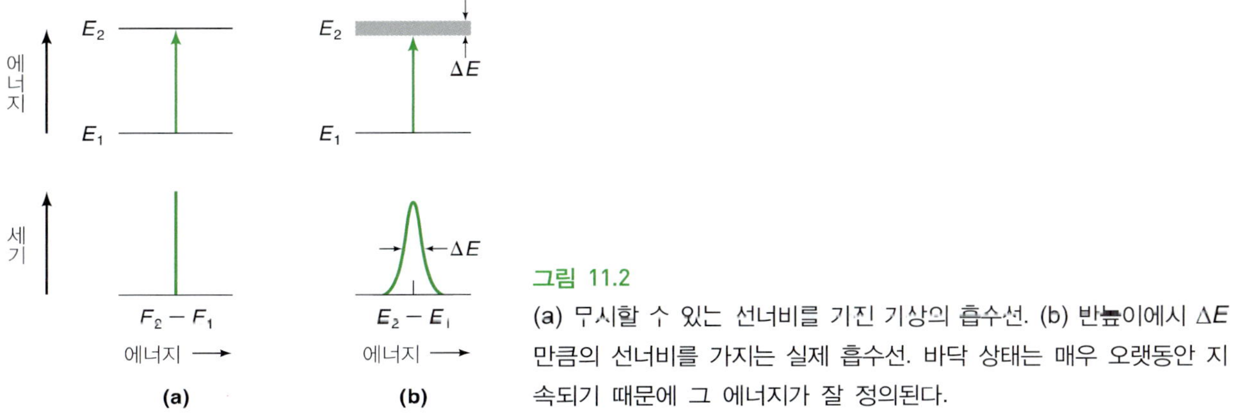

그림 11.2
(a) 무시할 수 있는 선너비를 가진 가상의 흡수선. (b) 반높이에서 ΔE 만큼의 선너비를 가지는 실제 흡수선. 바닥 상태는 매우 오랫동안 지속되기 때문에 그 에너지가 잘 정의된다.

자연 선너비. 스펙트럼선의 자연 선너비(natural linewidth)는 Heisenberg 불확정성 원리에 따라 발생하며, 다음과 같이 나타낼 수 있다(식 10.28 참조).

$$\Delta E \Delta t \geq \frac{h}{4\pi} \tag{11.4}$$

이 식은 에너지의 불확정성(선너비를 표현하는 또 다른 표현 방식)과 특정한 상태에 있는 계의 수명의 불확정성 사이의 관계식이다. 즉 특정한 상태에 있는 계의 에너지를 더 오랫동안 측정할수록(Δt가 클수록), 이 상태의 자연 선너비는 더 작아진다(ΔE가 더 작다). 두 상태 간의 전이를 측정할 경우에는 각 상태의 수명을 고려해야 한다. 실제로는 둘 중의 한 상태만 고려하면 충분하다. 예를 들어 흡수 과정에서 나중 상태(들뜬 상태)는 유한한 수명 t_{ex}를 가진다. 따라서 수명, Δt를 결정하는 지속 시간은 t_{ex}를 초과할 수 없다. 그러므로 이 상태의 에너지에 대한 불확정성은 다음과 같이 주어진다.

$$\Delta E \geq \frac{h}{4\pi \Delta t} = \frac{h}{4\pi t_{ex}}$$

$E = h\nu$이므로 $\Delta E = h\Delta\nu$이다. 따라서

$$\Delta \nu = \frac{1}{4\pi \Delta t} = \frac{1}{4\pi t_{ex}} \tag{11.5}$$

여기서 등호는 $\Delta\nu$의 최솟값을 구할 때 사용한다. 어떤 상태에 대한 에너지의 불확정성은 스펙트럼선의 선너비로 자연 선너비라고 부른다. 자연 선너비는 계의 고유한 성질로, 온도나 농도와 같은 외부 조건에 영향을 받지 않는다(좁힐 수 없다). 자연 선너비는 전이의 종류에 따라 크게 달라진다. 예를 들어 회전 에너지 준위 사이에서 일어나는 전이의 경우에 들뜬 상태의 전형적인 수명은 약 10^3초이다. 이것은 약 8×10^{-5} Hz(전이 진동수는 10^{10} Hz 크기)의 자연 선너비에 해당한다. 반면, 들뜬 전자 상태의 수명은 10^{-8}초 정도이므로 진동수의 불확실성은 약 8×10^{6} Hz이다. 전자 전이의 진동수가 8×10^{14} Hz라면, 이것은 1억분의 1에 불과하다.

도플러 효과. 실험으로 측정한 스펙트럼선의 실제 선너비는 들뜬 상태의 수명으로부터 예측된 자연 선너비에 비해 매우 크다. 그렇다면 선너비를 넓게 하는 다른 원인이 있을 것이다. 스펙트럼선의 도플러 넓어짐은 Doppler 효과(Doppler effect)[오스트리아의 물리학자 Christian Doppler(1803~1853)의 이름에서 따옴]의 흥미로운 결과이다. 방출되는 복사선의 진동수는 검출기에 대한 원자 또는 분자의 상대적인 속도에 따라 달라진다.* 관측자에게 다가오는 기차의 기적소리가 실제 진동수보다 높

* 같은 결론을 흡수 과정에 대해서도 내릴 수 있다. 즉 도플러 효과는 방출과 흡수 스펙트럼선 모두에 대해서 그 선너비에 영향을 미친다(선너비를 증가시킨다).

은 진동수로 들리고, 관측자로부터 멀어져 가는 기차의 기적소리는 실제 진동수보다 낮은 진동수로 들리는 것도 같은 이유이다. 도플러 효과를 나타내는 식은 다음과 같다.

$$\nu = \nu_0\left(1 \pm \frac{u}{c}\right) \tag{11.6}$$

여기서 ν_0는 분자에서 방출된 복사선의 진동수, ν는 검출기가 관찰한 복사선의 진동수, u는 시료 속 분자들의 평균 속도, c는 빛의 속도이다. 그리고 ± 부호는 분자들이 검출기에 다가오는지(+) 또는 멀어지는지(−)를 나타낸다.

Doppler 효과 때문에 흡수선이 얼마나 넓어지는지를 대략적으로 예상할 수 있다. 식 2.7을 사용하여 온도 300 K에서 N_2 분자의 제곱 평균근 속도를 계산하면 517 m s^{-1}가 얻어진다. 이 값을 식 11.6에 대입하면

$$\begin{aligned}\nu &= \nu_0\left(1 \pm \frac{517 \text{ m s}^{-1}}{3.00 \times 10^8 \text{ m s}^{-1}}\right) \\ &= \nu_0(1 \pm 1.72 \times 10^{-6})\end{aligned}$$

N_2 분자의 경우에 전자 전이는 대략 1×10^{15} Hz 정도에서 일어난다. 이 진동수(ν_0)를 식에 대입하면, 총 진동수 변이(±)는 약 2×10^9 Hz이다. 이 값은 자연 선너비보다 약 400배 큰 값이다. 온도가 높아질수록 분자들의 속도 분포가 넓어지기 때문에 Doppler 효과에 의한 선너비도 넓어진다. 이 효과를 줄이려면 낮은 온도의 시료에서 스펙트럼을 측정해야 한다.

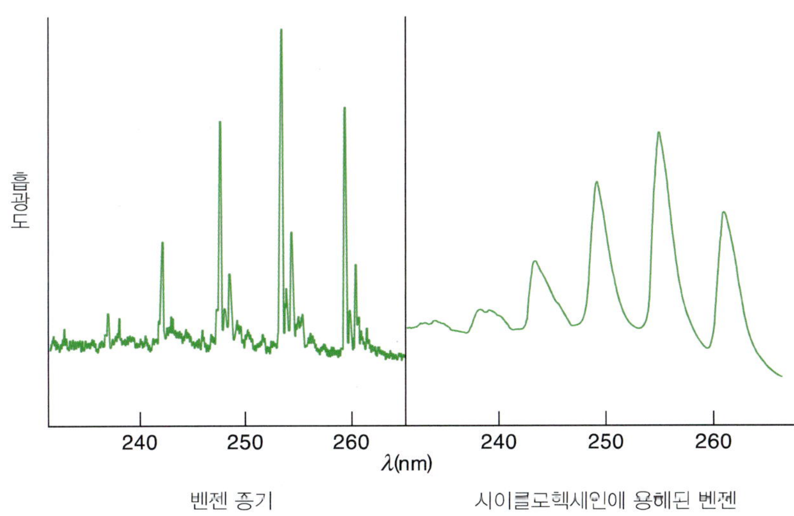

그림 11.3

벤젠의 전자 흡수 스펙트럼. 왼쪽: 벤젠 증기, 오른쪽: 사이클로헥세인에 용해된 벤젠. 사이클로헥세인은 이 파장 영역에서 흡수가 거의 없다(Varian Associates, Palo Alto, CA의 허락하에 게재).

압력 효과. 스펙트럼선의 선너비에 영향을 주는 또 다른 인자는 압력 또는 분자들의 충돌 넓어짐이다. 분자들이 충돌하면 들뜬 상태가 비활성화될 수 있으므로, 들뜬 상태의 수명이 짧아진다. 충돌 사이의 평균 시간을 t라고 하고, 각 충돌마다 두 상태 사이에서 전이가 일어난다면, Heisenberg 불확정성 원리에 따른 선너비 넓어짐 $\Delta\nu$는 $1/(4\pi t)$이 된다. 2.5절을 참조하면 $t = 1/Z_1$이고, 여기서 Z_1은 충돌 빈도이다. Z_1은 압력에 비례하기 때문에 압력이 증가하면 스펙트럼선이 넓어진다. 그림 11.3은 기체 상태와 용액에 녹아 있는 벤젠의 전자 흡수 스펙트럼이다. 용액에서 충돌 빈도가 더 크기 때문에 스펙트럼선이 훨씬 넓다. 충돌에 의한 선너비 넓어짐을 최소화하려면 스펙트럼을 가능한 한 낮은 압력의 증기 상태에서 측정해야 한다.

다른 선너비 넓어짐 메커니즘. 반응 속도에 관련된 해리, 회전, 전자 및 양성자 전달 반응과 같은 현상도 선너비 넓어짐에 기여할 수 있다. 이와 관련된 몇 가지 예는 나중에 살펴보기로 하자. 같은 스펙트럼 영역에서 여러 종류의 전이가 일어나면, 흡수선이 넓어진 것처럼 보일 수 있다. 예를 들어 벤젠과 같은 다원자 분자는 전자기 스펙트럼의 자외선 영역에서 하나의 순수한 전자 전이만 일어나는 것이 아니다. 오히려 진동 및 회전 전이와 동시에 전자 전이가 일어난다(rovibronic transition). 마찬가지로 진동 전이와 동시에 일어나는 회전 전이(rovibrational transition)가 분리되지 못해서 적외선 스펙트럼이 넓은 흡수선을 가진 것처럼 보이기도 한다.

분해도

분해도(resolution)는 선너비와 관련되어 있으며, 두 개의 스펙트럼선을 서로 분리되는 정도를 말한다(그림 11.4). 모든 분광학 방법에서 기계의 **분해능**(resolving power, R)은 서로 인접해 있는 스펙트럼선들을 구별할 수 있는 능력을 나타낸다. 분해능이 높은 기기에서는 서로 인접한 선들이 분리되어 나타나지만, 분해능이 낮은 기기에서는 그들을 분리해 내지 못한다. 인접한 두 선의 파장 간격을 $\Delta\lambda$라고 하면, 분해능은 다음과 같다.

$$R = \frac{\lambda}{\Delta\lambda} \tag{11.7a}$$

여기서 λ는 두 스펙트럼선의 평균 파장이다. 같은 식을 진동수로 나타내면 다음과 같다.

$$R = \frac{\nu}{\Delta\nu} \tag{11.7b}$$

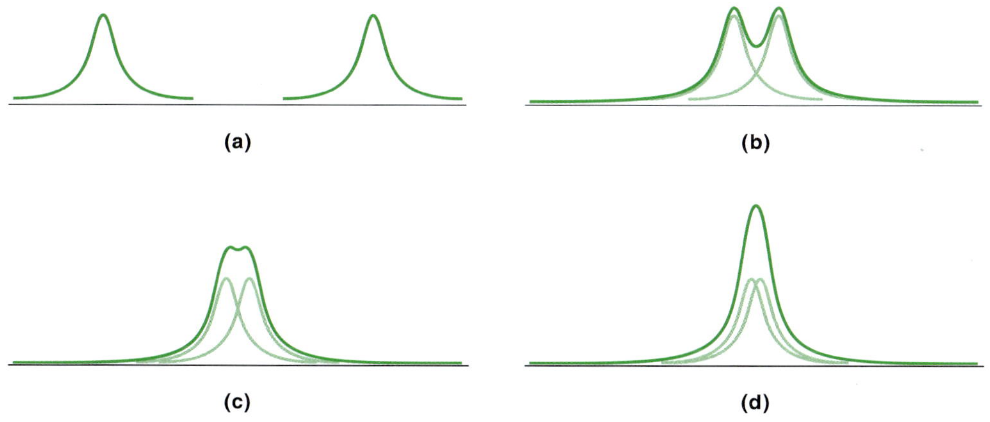

그림 11.4
(a) 잘 분리된 두 개의 흡수선. (b)~(d) 두 흡수선의 중첩. 중첩된 두 선의 합이 관찰되는 스펙트럼의 선 모양이다.

세기

흡수선의 세기에 영향을 미치는 인자들은 여러 가지가 있고, 그 세기는 분광학적 전이에 참여하는 분자의 수와 관련이 있다. 1917년에 발표된 Einstein의 이론을 살펴보자. 2개 준위의 에너지 차이가 $\Delta E=E_n-E_m$인 계가 있다고 가정하자. 분자가 $\Delta E=h\nu$를 만족하는 진동수 ν인 복사선을 흡수하면, 분자는 낮은 준위 m에서 높은 준위 n으로 전이한다. 높은 준위로 올라가는 전이 속도 N_{mn}은 낮은 상태에 있는 분자의 수 N_m에 비례하고, 또한 이 진동수의 **스펙트럼 복사 에너지 밀도**(spectral radiant energy density, 단위는 J s m^{-3}) ρ_ν에 비례한다. 따라서

$$\begin{aligned} N_{mn} &\propto N_m\rho_\nu \\ &= B_{mn}N_m\rho_\nu \end{aligned} \tag{11.8}$$

여기서 B_{mn}은 **자극 흡수의 Einstein 계수**(Einstein coefficient of stimulated absorption, 단위는 J^{-1} m^3 s^{-2})이다. 스펙트럼 복사 에너지 밀도는 전이를 일으키는 데 적절한 진동수를 가진 빛의 양을 말한다. Einstein은 복사선이 한편으로는 들뜬 상태의 분자를 자극하여 낮은 상태로 전이시킬 수 있다는 것을 깨달았다. 이 과정을 자극 방출(stimulated emission)이라고 하고 그 속도 N_{nm}은 다음과 같다.

$$N_{nm} = B_{nm}N_n\rho_\nu \tag{11.9}$$

이때 B_{nm}은 **자극 방출의 Einstein 계수**(Einsten coefficient of stimulated emission), N_n은 들뜬 상태의 분자수이다. 들뜬 상태 n의 밀도가 낮은 상태 m보다 더 높은 상태에서 진동수 ν인 빛이 비춰지면, 들뜬 상태의 분자들이 바닥 상태로 전이될 수가 있다. 들뜬 상태에서 낮은 상태로 전이하도록 자극하는 복사선의 진동수는 흡수 복사선의 진동수와 **동일하며**, 두 계수 B_{mn}과 B_{nm}은 서로 같다. 한편 들뜬 상태의 분자는

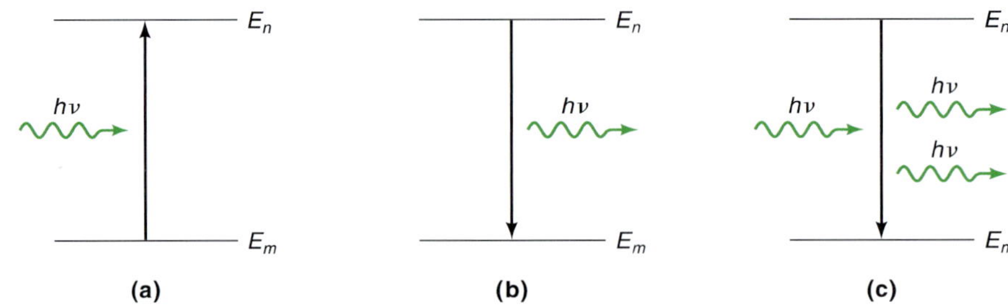

그림 11.5
(a) 자극 흡수. (b) 자발 방출. (c) 자극 방출. 흡수 또는 방출한 광자의 에너지는 $h\nu$이다.

자발적 방출로 에너지를 잃을 수 있는데, 그 속도는 복사선의 진동수에 무관하다. 자발적 방출 속도는 $A_{nm}N_n$이며, 여기서 A_{nm}은 **자발 방출의** Einstein **계수**(Einsten coefficient of spontaneous emission)로, 단위는 s^{-1}을 사용한다. 이들 세 종류의 전이를 그림 11.5에 요약해 놓았다. 평형 상태일 때 m 준위에서 n 준위로 전이하는 분자의 수와 n 준위에서 m 준위로 전이하는 분자의 수는 같다. 따라서

$$N_m B_{mn} \rho_\nu = N_n B_{nm} \rho_\nu + N_n A_{nm}$$

또는 $B_{mn} = B_{nm}$이므로

$$\rho_\nu = \frac{A_{nm}}{B_{nm}}\left(\frac{N_n}{N_m - N_n}\right)$$

$$= \frac{A_{nm}}{B_{nm}}\left(\frac{1}{\dfrac{N_m}{N_n} - 1}\right) \tag{11.10}$$

N_n/N_m은 Boltzmann 분포 법칙(식 2.33 참조)으로 주어진다.

$$\frac{N_n}{N_m} = e^{-h\nu/k_B T} \tag{11.11}$$

따라서

$$\frac{N_m}{N_n} = e^{h\nu/k_B T} \tag{11.12}$$

식 11.12를 식 11.10에 대입하면

$$\rho_\nu = \frac{A_{nm}}{B_{nm}}\left(\frac{1}{e^{h\nu/k_B T} - 1}\right) \tag{11.13}$$

Planck가 구한 단위 진동수당 스펙트럼 복사 에너지 밀도는 다음과 같다.

$$\rho_\nu = \frac{8\pi h\nu^3}{c^3}\left(\frac{1}{e^{h\nu/k_B T} - 1}\right) \tag{11.14}$$

식 11.14를 식 11.13에 대입하면 Einstein 계수 A와 B 사이의 관계식을 얻을 수 있다.

$$A_{nm} = B_{nm}\frac{8\pi h\nu^3}{c^3} \tag{11.15}$$

A_{nm}이 진동수에 따라 변한다는 사실에 주목하라. 전자 분광학에서는 ν 값이 크기 때문에 일반적으로 자발적 방출의 확률이 자극 방출의 확률보다 매우 크다. 이 때문에 앞에서 언급한 바와 같이, 들뜬 전자 상태의 수명이 짧다. 마이크로파 분광법이나 자기 공명 분광법에서처럼 진동수가 훨씬 작은 경우에는 자극 방출이 더 우세하다. 14장에서 자극 방출 현상을 다시 다룰 것이다.

흡수 스펙트럼이나 방출 스펙트럼에 관계없이, 모든 스펙트럼은 실제로 개별 분자들의 매우 많은 전이가 중첩된 것임을 기억하라. 대부분의 분광기는 단 하나의 분자가 흡수 또는 방출하는 에너지를 측정할 수 있도록 설계되어 있지 않다. 한 개의 분자와 한 개의 전자기파 광자 사이의 상호 작용은 하나의 전이만 일으킬 수 있으므로 스펙트럼에는 한 개의 선만 나타날 것이다. 한 개 이상의 스펙트럼선으로 이루어진 대부분의 실제 스펙트럼은 모든 전이에 대한 통계적 합이다.

특별히 고안된 장치는 충분한 에너지를 가진 단일 광자를 측정할 수 있다. 단일 분자로부터 나오는 광자를 측정하는 것은 매우 어렵다.

선택 규칙

복사선의 진동수가 공명 조건($\Delta E = h\nu$)을 만족시킬 경우에도 원자 또는 분자의 두 에너지 준위 사이에서 전이가 반드시 특정한 **선택 규칙**(selection rule)을 만족할 경우에만 전이가 관찰된다는 것을 실험적으로 알게 되었다. 이 선택 규칙은 시간 의존 양자 역학으로 설명할 수 있다. 선택 규칙에 의해 전이가 일어날 확률에 따라 **허용**(allowed) 전이(확률이 높음)와 **금지**(forbiden) 전이(확률이 낮음)로 구분할 수 있다. 엄격하게 말하면 금지 전이는 특정한 가정하에서 일어날 확률이 0이다. 실험적으로는 허용 전이와 금지 전이의 확률 차이는 백만 배 이상이다. 예상할 수 있는 금지된 전이로 스핀-금지 전이와 대칭-금지 전이가 있다.

스핀-금지 전이. 스핀-금지 전이는 **스핀 다중도**(spin multiplicity)의 변화와 관련이 있다. 스핀 다중도는 $(2S+1)$로 주어지는데, 여기서 S는 계의 스핀 양자수를 나타낸다(표 11.1). S 값은 외부 자기장이 존재할 때 쌍을 이루지 않은 스핀들을 배열할 수 있는 방법의 수이다. 전이 과정에서 스핀 다중도가 변하지 않아야 된다는 것이 스핀에 관한 선택 규칙이다. 즉 $\Delta S = 0$이어야 한다. 예를 들어 단일항(singlet) 상태에서 삼중항(triplet) 상태로, 또는 그 반대로 일어나는 전이는 이론적으로 금지된다.

대칭-금지 전이. 전이의 세기에 대한 정량적인 값은 다음과 같은 **전이 쌍극자 모멘트**(transition dipole moment) μ_{ij}로 주어진다.

표 11.1 원자와 분자들의 스핀 다중도

홀전자수	전자 스핀 S	$2S+1$	다중도
0	0	1	단일항(singlet)
1	$\frac{1}{2}$	2	이중항(doublet)
2	1	3	삼중항(triplet)
3	$\frac{3}{2}$	4	사중항(quartet)
⋮	⋮	⋮	⋮

$$\mu_{ij} = \int_{\text{전체 영역}} \psi_i \hat{\mu} \psi_j d\tau \qquad (11.16)$$

여기서 ψ_i와 ψ_j는 각각 i와 j 상태의 파동 함수이고, $\hat{\mu}$는 이들 두 상태를 잇는 전이 쌍극자 모멘트 연산자이다. 적분은 모든 공간 좌표에 대하여 행하고, $d\tau$는 무한소 부피($d\tau = dxdydz$)를 나타낸다. 허용 전이가 되기 위해서는 $\psi_i \hat{\mu} \psi_j$가 우함수여야 한다.* $\hat{\mu}$는 좌표를 나타내는 1차함수이기 때문에, ψ_i와 ψ_j가 서로 다른 대칭성(우함수−기함수 또는 기함수−우함수)을 가져야만 이들의 곱이 우함수가 될 수 있다.

분광학에서는 관행적으로, 높은 에너지 상태는 왼쪽에 쓰고 화살표가 왼쪽으로 향하면 흡수, 화살표가 오른쪽으로 향하면 방출로 표시한다. 그러나 이 관행은 종종 무시되곤 한다.

수소 원자의 전자 전이를 예로 들어 전이 쌍극자 모멘트에 대하여 더 자세히 살펴보자. 쌍극자 모멘트 벡터는 전이가 일어나는 동안 전자 전하의 이동을 나타낸다는 점에서 물리적으로 중요하다. 그림 11.6은 수소 원자의 전자가 $1s$에서 $2s$와 $2p$ 상태로 전이할 때 전하가 이동하는 모습을 보여 준다. 그림에서 $2s \leftarrow 1s$ 전이는 금지된다는 것을 알 수 있다. 왜냐하면 전하가 재분포되어도 구형의 대칭성을 갖고 있기

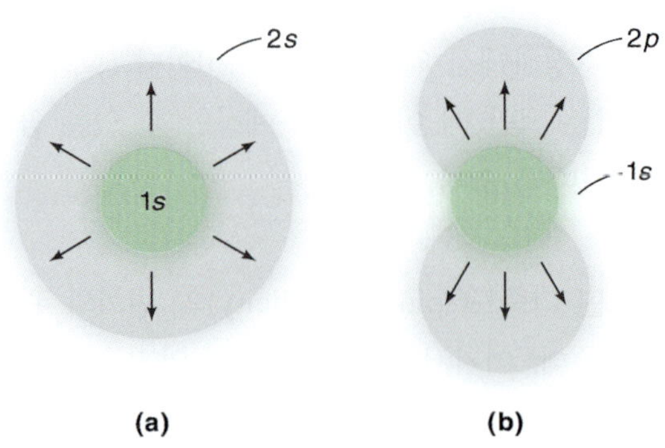

그림 11.6
(a) $2s \leftarrow 1s$ 전이의 경우에 전하가 구형으로 이동하므로 관련된 쌍극자 모멘트는 없다. 따라서 이 전이는 대칭−금지 전이이다.
(b) $2p \leftarrow 1s$ 전이가 일어나면 전하가 이동하면서 쌍극자 모멘트가 생성된다. 따라서 이 전이는 허용 전이이다.

* 우함수 $f(x)$는 x의 부호를 바꾸어도 그 값이 변하지 않는 함수, 즉 $f(x)=f(-x)$이다. 기함수는 이와 반대로, $f(x)=-f(-x)$이다. 따라서 x^2은 우함수이고, x^3은 기함수이다.

때문이다. 반면에 전하 재분포로 쌍극성이 되는 $2p \leftarrow 1s$ 전이는 허용된다. 이러한 관찰로부터 선택 규칙을 $\Delta\ell = \pm 1$로 일반화시킬 수 있다. 여기서 ℓ은 각운동량 양자수이다. 선택 규칙을 알아보는 또 다른 방법은 각운동량 보존을 살펴보는 것이다. 각 광자는 한 단위의 각운동량을 가지고 있기 때문에, 단일 광자 과정에서는 각운동량이 변하지 않는 전이($\Delta\ell = 0$, 예를 들어 $2s \leftarrow 1s$)는 금지된다. 마찬가지로 수소 원자의 $3d \leftarrow 1s$ 전이도 두 단위의 각 운동량 변화($\ell = 2 \leftarrow \ell = 0$)가 요구되기 때문에 단일 광자 과정에서는 금지된 전이가 된다.

이 선택 규칙에서 벗어나는 경우가 있는데, 그 메커니즘은 여기서 언급하기에는 너무 복잡하다. 이러한 이유로 금지 전이로 예상했던 전이가 실제 스펙트럼에서 약한 선으로 나타나기도 한다.

신호-대-잡음비

신호를 검출하는 방식 때문에, 얻어지는 스펙트럼에는 전자 신호의 무작위적인 요동이 포함되게 되는데, 이를 **잡음**(noise)이라고 한다. 신호의 민감도는 시료의 신호와 잡음을 얼마나 쉽게 구별할 수 있느냐로 나타낸다. 강한 신호의 경우에도 잡음의 세기가 비슷한 정도로 강할 경우에는 검출이 쉽지 않게 된다. 실제 측정에서는, 단위 없이 숫자로 표시되는 신호-대-잡음비(S/N ratio)를 최대화할 필요가 있다. 신호-대-잡음비를 높이는 효율적인 방법은 같은 시료의 스펙트럼을 되풀이 측정하여 더하는 신호평균법이다. 이론적으로 N개의 스펙트럼을 평균하면 신호의 세기는 N배 증가하고, 잡음은 $\sqrt{N}$배 증가한다. 따라서 신호-대-잡음비는 $(N/\sqrt{N})$ 또는 $\sqrt{N}$배 증가한다. 예를 들어 같은 스펙트럼을 10번 측정하면 신호-대-잡음비를 $\sqrt{10}$배, 즉 3.2배 증가시킬 수 있다.

Beer-Lambert 법칙

빛의 흡수를 정량적으로 연구하는 데 유용한 식은 Beer-Lambert 법칙이다. 단색광의 복사선, 즉 한 파장의 복사선을 용액과 같은 균질한 매질에 통과시킨다고 생각해 보자. 여기서 I_0와 I를 각각 입사광과 투과광의 **세기**(intensity)라고 하고, I_x를 어떤 위치 x에서 빛의 세기라고 하자(그림 11.7). 빛의 세기가 감소한 정도를 나타내는 미분값 $-dI_x$는 $I_x dx$에 비례한다. 즉

빛의 세기는 단위 면적과 시간당 광자수($cm^{-2}\ s^{-1}$)로 측정한다.

$$\begin{aligned} -dI_x &\propto I_x dx \\ &= kI_x dx \qquad (11.17) \end{aligned}$$

여기서 I_x는 위치 x에서 빛의 세기이고, k는 흡수 매질의 성질과 관련된 상수이다. 식 11.17을 재배열하면

$$\frac{dI_x}{I_x} = -kdx$$

이를 적분하면

$$\ln I_x = -kx + C \tag{11.18}$$

여기서 C는 적분 상수이다. $x=0$에서 $I_x=I_0$이므로 $C=\ln I_0$이다. 흡수 매질의 총 길이를 고려하면 I_x를 I(투과광의 세기)로, x를 경로 길이 b로 치환할 수 있다. 따라서

$$\ln I = -kb + \ln I_0$$

$$-\ln\frac{I}{I_0} = kb$$

또는

$$-\log\frac{I}{I_0} = k'b \tag{11.19}$$

여기서 $k=2.030k'$이다. I/I_0를 **투광도**(T, transmittance)라고 하는데, 이것은 매질을 통과하여 투과된 빛의 양을 나타낸다. 식 11.19는 다음과 같이 더 편리한 형태로 표현할 수 있다.

$$-\log T = \varepsilon bc$$

또는

$$A = \varepsilon bc \tag{11.20}$$

여기서 A는 **흡광도**(absorbance), ε는 **몰흡광 계수**(molar absorptivity 또는 molar extinction coefficient), b는 **경로 길이**(pathlength)로 단위는 cm이고, c는 농도(mol L^{-1})이다.

Beer 법칙 외우는 법: 유리가 두꺼워질수록(b), 맥주가 진해질수록(c), 빛이 조금만 통과한다(T).

식 11.20은 독일의 천문학자 Wilhelm Beer(1797~1850)와 독일의 수학자 Johann Heinrich Lambert(1728~1777)의 이름을 따서 Beer-Lambert 법칙이라고 한다. 이 식은 Beer 법칙, Beer-Lambert-Bouger 법칙이라고도 불리는데, 프랑스의 수학자이자 천문학자인 Pierre Bouger(1698~1758)의 이름을 딴 것이기도 하다. 흡광도는 투광도에 밑수 10의 로그를 취하고 음의 부호를 붙인 값과 같다. 따라서 투광도가

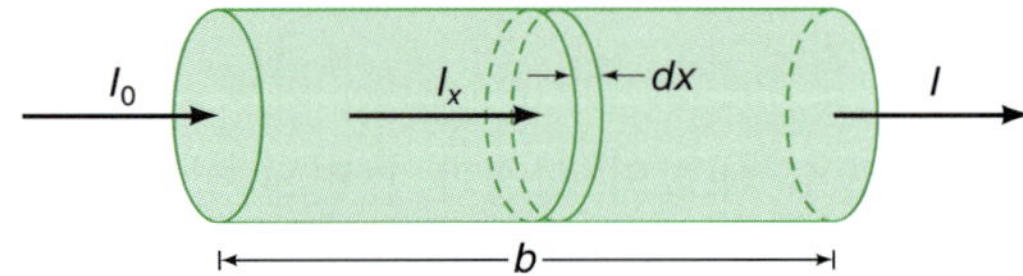

그림 11.7
경로 길이가 b인 균질한 매질에 의한 빛의 흡수

작을수록(즉 $-\log T$ 값이 클수록) 더 많은 빛을 흡수한다. 흡광도는 단위가 없는 양이며, ε은 단위가 L mol^{-1} cm^{-1}이다. 이론적으로 A는 0보다 큰 어떠한 값도 가능하지만, 자외선-가시광선 분광기에서 A는 보통 0.001에서 3 사이 값으로 나타난다. 통상적인 정량적 측정의 경우에는 시료의 농도나 경로의 길이를 조정하여 A가 0.1에서 0.9 사이의 값이 되도록 하는 것이 좋다.

Beer-Lambert 법칙은 모든 종류의 흡수 분광학에서 정량적인 기초가 되는 법칙이다. 용질 분자들 사이에서 이합체화(dimerization)나 이온쌍 형성과 같은 상호 작용이 일어나지 않는 한, Beer-Lambert 법칙은 성립한다. 식 11.20을 이용한 흥미로운 예는 맥박 산소농도계(oximeter)이다. 이 기기는 환자의 혈액을 뽑지 않고도 헤모글로빈 분자가 결합한 산소와 결합한 정도를 측정할 수 있는 기기이다. 빛을 손가락 끝에 쪼여 여러 파장에서 혈액의 흡광도를 측정한다. 옥시헤모글로빈(oxyhemoglobin)과 디옥시헤모글로빈(deoxyhemoglobin)의 몰흡광 계수 값은 알려져 있으므로, 측정한 흡광도로부터 혈액 속에 있는 옥시헤모글로빈의 비율을 구할 수 있다.

11.2 마이크로파 분광학

이 절에서는 분자의 회전 운동을 공부한다. 복잡함을 피하기 위해서 주로 이원자 분자에 대해서 집중적으로 논의한다.

강체 회전자 모형

근사적으로 이원자 분자를 두 점질량 m_1과 m_2가 일정한 거리 r 만큼 떨어져 있는(그림 11.8a) 강체 회전자(rigid rotor)로 취급할 수 있다. 분자는 모든 방향으로 움직일 수 있다. 순수한 회전만을 고려하려면 회전이 일어나는 중심점인 **질량 중심**(center of mass)을 찾아야 한다. 질량 m_1은 질량 중심에서 r_1 만큼 떨어져 있고, 질량 m_2는 r_2 만큼 떨어져 있다. 이런 이원자 분자에 대해서 다음이 성립한다.

강체 회전자 모형의 또 다른 이름은 구 위 입자(particle on a sphere) 모형이다.

$$r = r_1 + r_2$$

질량 중심의 위치는 시소의 받침대 위치라고 할 수 있는데, 회전 질량이 서로 같은 곳이다.

$$m_1 r_1 = m_2 r_2$$

r, m_1, m_2를 안다면 r_1과 r_2는 다음과 같이 산술적으로 구해진다.

$$r_1 = \frac{(m_2/m_1)r}{1 + (m_2/m_1)}$$

$$r_2 = \frac{(m_1/m_2)r}{1 + (m_1/m_2)}$$

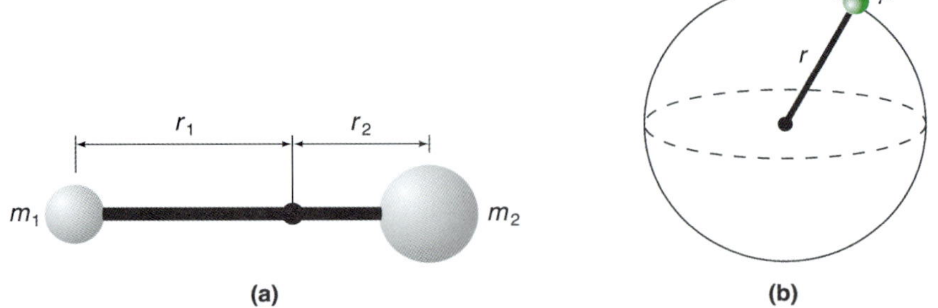

그림 11.8

강체 회전자 모형. (a) 두 점질량이 일정한 거리 r만큼 떨어져 있다. 두 점질량은 질량 m_1에서 r을 따라서 r_1만큼 거리에 있는 질량 중심에 대해서 자유롭게 회전할 수 있다. (b) (a)와 동등한 계. 환산 질량 μ가 한 점을 중심으로 일정한 거리 r을 유지하며 회전한다.

계의 운동 에너지는 회전 운동 에너지(표 11.2)로 **관성 모멘트**(moment of interia, I)에 의존한다.

$$\begin{aligned} I &= \textstyle\sum_i m_i r_i^2 \\ &= \mu r^2 \end{aligned} \tag{11.21}$$

여기서 μ는 환산 질량으로 다음과 같이 정의한다.

$$\frac{1}{\mu} = \frac{1}{m_1} + \frac{1}{m_2} \tag{11.22}$$

또는

$$\mu = \frac{m_1 m_2}{m_1 + m_2} \tag{11.23}$$

회전하는 계의 운동 에너지는

$$K = \frac{1}{2} I u_{회전}^2 \tag{11.24}$$

여기서 $u_{회전}$는 각속도로, 단위 시간당 회전수 단위를 말한다.

이제 회전 운동을 하는 계에 대하여 Schrödinger 식을 쓰고, 이 식을 풀어 에너지와 파동 함수를 구한다.

표 11.2 직선 및 회전 운동계

직선 운동				회전 운동			
질량	m		kg	관성 모멘트	I	mr^2	kg m^{-2}
속도	u		m s^{-1}	각속도	$u_{회전}$	u/r	cycle s^{-1}
운동량	p	mu	kg m s^{-1}	각운동량	ℓ	$Iu_{회전}$	kg m^2 s^{-1}
운동 E	K	$\frac{mu^2}{2}$	kg m^2 s^{-2}	회전 운동 E	K	$\frac{Iu_{회전}^2}{2}$	kg m^2 s^{-2}

$$\hat{H}\psi = E\psi$$

$$[\hat{K} + \hat{V}]\psi = E\psi$$

제한이 없는 회전 운동을 가정하면, 퍼텐셜 에너지 항은 0이고, 계에 대한 운동 에너지 연산자만 고려하면 된다.

$$\hat{K}\psi = E\psi$$

$$-\frac{\hbar^2}{2I}\left(\frac{\partial^2\psi}{\partial x^2} + \frac{\partial^2\psi}{\partial y^2} + \frac{\partial^2\psi}{\partial z^2}\right) = E\psi \tag{11.25}$$

위 식은 질량 대신에 관성 모멘트를 사용한다는 점을 제외하고는 삼차원 상자 속 입자에 대한 Schrödinger 방정식과 비슷한 모양이다. 식 11.25에서 괄호 속에 있는 항은 자주 사용되기 때문에 Laplace 연산자라고 한다(여기서는 파동 함수 ψ에 대해서 작용한다). Laplace 연산자는 기호로 ∇^2(del squared)이다. 직교 좌표계에서는

$$\nabla^2 = \frac{\partial^2}{\partial x^2} + \frac{\partial^2}{\partial y^2} + \frac{\partial^2}{\partial z^2} \tag{11.26}$$

식 11.22는 다음과 같이 쓸 수 있다.

$$-\frac{\hbar^2}{2I}\nabla^2\psi = E\psi \tag{11.27}$$

식 11.27에 대한 해는 약간 복잡하다. 여기서는 식을 푸는 방법만을 간단히 설명하고 그 결과에 집중하고자 한다. 식 11.27은 세 개의 변수(x, y, z)를 가지고 있지만 서로 독립적이지 않다. 강체 회전자 모형은 환산 질량 μ가 반지름 r인 구 위에서 자유롭게 움직이는 것과 같다(그림 11.8b 참조). 이와 유사한 관점으로 보면, 점질량의 위치, 즉 강체 회전자의 방향을 표시하는 데 두 개의 변수만 필요하다(지도의 경도와 위도로 생각할 수 있다). 먼저, 변수를 구면 극 좌표계로 변환시키면, 일정한 거리 r이 상수가 되며 회전자의 방향을 기술하는 두 개의 각도와 분리될 수 있다(그림 11.9). 관례적으로, 각도 θ는 여위도(co-latitude)라고 하는데, z축(북극에 해당)으로부터의 각도를 나타낸다. 각도 ϕ는 방위각(azimuth)이라고 하며, x축에 대한 경도를 나타낸다. 이렇게 좌표계가 바뀌면 Laplace 연산자는 다음과 같이 된다.

$$\nabla^2 = \frac{1}{r^2}\frac{\partial}{\partial r}\left(r^2\frac{\partial}{\partial r}\right) + \frac{1}{r^2\sin\theta}\frac{\partial}{\partial\theta}\left(\sin\theta\frac{\partial}{\partial\theta}\right) + \frac{1}{r^2\sin^2\theta}\left(\frac{\partial^2}{\partial\phi^2}\right) \tag{11.28}$$

새로운 변수를 도입하면

$$\beta = \frac{2IE}{\hbar^2} \tag{11.29}$$

식 11.27, 11.28, 11.29를 합하여 정리하면 다음 방정식을 얻는다.

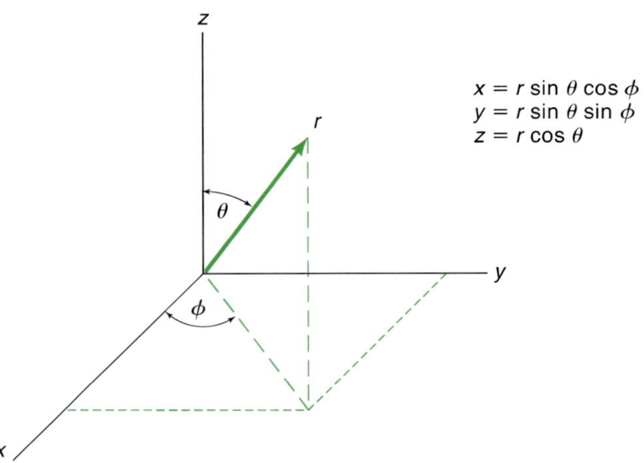

그림 11.9
구면 극좌표계($0 \leq r \leq \infty$, $0 \leq \theta \leq \pi$, $0 \leq \phi \leq 2\pi$)와 직교 좌표계 사이의 관계. 강체 회전자는 환산 질량 μ가 원점에서 일정한 거리 r에 있는 점질량으로 볼 수 있다.

$$\sin\theta\frac{\partial}{\partial\theta}\left(\sin\theta\frac{\partial\psi}{\partial\theta}\right) + \left(\frac{\partial^2\psi}{\partial\phi^2}\right) + (\beta\sin^2\theta)\psi = 0 \tag{11.30}$$

식 11.28에 있는 항 중에서 r이 상수이므로 r에 대한 편미분은 0이 된다. 이제 두 변수 θ와 ϕ로만 이루어진 미분방정식을 얻었다. 이차원 상자 속 입자(10.11절 참조)에서 했던 것과 마찬가지로 이 미분방정식은 변수들이 독립적이어서 분리될 수 있다고 가정하여 풀 수 있다.

$$\psi(\theta,\phi) = \Theta(\theta)\Phi(\phi) \tag{11.31}$$

전체 파동 함수 $\psi(\theta,\phi)$는 하나의 변수만을 가지는 두 함수 Θ와 Φ의 곱으로 가정할 수 있다. 식 11.31을 식 11.30에 대입하면, $\psi(\theta,\phi)$를 변수 분리할 수 있다는 것을 알게 된다. 이 함수를 식에 넣어 계산하면,

$$\left[\frac{\sin\theta}{\Theta(\theta)}\frac{d}{d\theta}\left(\sin\theta\frac{d\Theta(\theta)}{d\theta}\right) + \beta\sin^2\theta\right] + \left[\frac{1}{\Phi(\phi)}\frac{d^2\Phi(\phi)}{d\phi^2}\right] = 0 \tag{11.32}$$

첫 번째 대괄호 안에 있는 항은 θ에만 의존하고, 두 번째 대괄호 안에 있는 항은 ϕ에만 의존한다.

이제 식 11.32를 두 부분으로 나누어 푼다. 두 번째 대괄호 안에 있는 부분은 낯익은 형태일 것이다. 10.10절에서 풀었던 고리 위 입자와 같다. 그 해는 다음과 같은 형태이다.

$$\Phi(\phi) = Ae^{im\phi} \qquad m = 0, \pm1, \pm2, \ldots \tag{11.33}$$

이때 A는 정규화 상수이고 m은 양자수이다. 식 11.32의 첫 번째 괄호 안에 있는 부분은 훨씬 풀기 어렵다. 다행히 수학자들은 이런 종류의 미분방정식을 양자 역학이 만들어지기도 전에 풀어 놓았다. 이 식을 풀면 양자화된 일련의 해가 얻어지는데, 이들은 프랑스의 수학자 Adrien-Marie Legendre(1752~1853)의 이름을 따서 Legendre 연관 다항식(assoicated Legendre polynomial)이라고 한다. 우리의 목표는

표 11.3 구면 조화 함수 일부

ℓ	m_ℓ	$Y_\ell^{m_\ell}(\theta,\phi)$[a]
0	0	$\left(\frac{1}{4\pi}\right)^{1/2}$
1	0	$\left(\frac{3}{4\pi}\right)^{1/2}\cos\theta$
1	±1	$\mp\left(\frac{3}{8\pi}\right)^{1/2}(\sin\theta)e^{\pm i\phi}$
2	0	$\left(\frac{5}{16\pi}\right)^{1/2}(3\cos^2\theta - 1)$
2	±1	$\mp\left(\frac{15}{8\pi}\right)^{1/2}(\sin\theta)(\cos\theta)e^{\pm i\phi}$
2	±2	$\left(\frac{15}{32\pi}\right)^{1/2}(\sin^2\theta)e^{\pm 2i\phi}$

[a] $Y_1^1(\theta,\phi)$와 $Y_2^1(\theta,\phi)$에서 음의 부호는 단순한 약속이다.

$\psi(\theta,\phi)$, 즉 Legendre 다항식과 고리 위 입자 파동 함수(식 11.33)를 곱한 것을 구하는 것이다. 강체 회전자 파동 함수에 대한 완전한 해는 구면 조화 함수(spherical harmonics) $Y_\ell^{m_\ell}(\theta,\phi)$로 알려져 있는 양자화된 함수들의 집합이다.

$$\psi_{\ell,m_\ell}(\theta,\phi) = Y_\ell^{m_\ell}(\theta,\phi) \quad \ell = 0, 1, 2, \ldots \quad m_\ell = 0, \pm1, \pm2, \ldots, \pm\ell \qquad (11.34)$$

m_ℓ에서 아래 첨자는 m과 ℓ을 연결해 준다.

강체 회전자를 설명하는 두 개의 변수(θ와 ϕ)가 있고, 따라서 두 개의 양자수 ℓ과 m_ℓ이 있다. 10.10절에서 논의했던 것처럼, 이 계는 두 개의 자유도가 있다는 점도 명심하라. 구면 조화 함수의 처음 몇 개를 조사해 보면(표 11.3과 그림 11.10), 함수 집합 전체의 경향을 알 수 있다. 즉 마디의 수는 양자수 ℓ에 의해서 결정되고, 마디의 방향은 양자수 m_ℓ에 의해서 결정된다. 강체 회전자의 경우, 각 마디의 모양은 원이다.

강체 회전자의 에너지 준위

강체 회전자 파동 함수 $\psi_{\ell,m_\ell}(\theta,\phi)$에 대한 해를 구했으므로, Schrödinger 방정식을 이용하여 각 파동 함수에 해당되는 에너지 E_ℓ을 구할 수 있다.

$$\hat{H}\psi_{\ell,m_\ell}(\theta,\phi) = E_\ell\psi_{\ell,m_\ell}(\theta,\phi) \quad \ell = 0, 1, 2, \ldots \quad m_\ell = 0, \pm1, \pm2, \ldots, \pm\ell \qquad (11.35)$$

에너지에 아래 첨자 ℓ을 표시한 것은, 에너지가 양자수 ℓ에 의존하고 양자수 m_ℓ에는 의존하지 않기 때문이다. 그 결과는 다음과 같다.

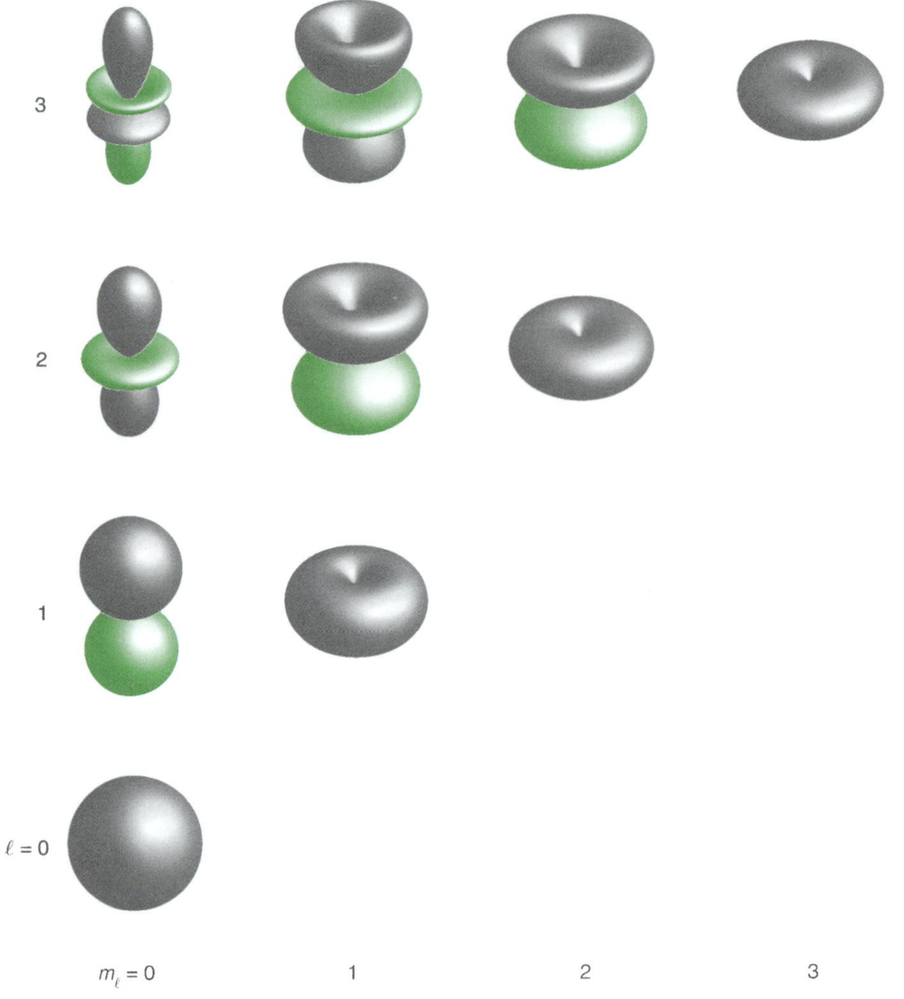

그림 11.10
처음 10개의 구면 조화 함수 $Y_\ell^{m_\ell}(\theta,\phi)$에 대한 그림. 원점으로부터의 거리는 파동 함수의 크기를 나타낸다. 회색과 녹색은 파동 함수의 위상(부호)을 표시한다.

식 11.29에서 $\beta = \ell(\ell + 1)$이다.

$$E_\ell = \ell(\ell + 1)\frac{\hbar^2}{2I} \qquad \ell = 0, 1, 2, \ldots \tag{11.36}$$

에너지 준위 안에서, 각 에너지 상태는 독특한 양자수 m_ℓ로 표시된다. 양자수 m_ℓ은 $-\ell$에서 $+\ell$까지 변하며 $(2\ell+1)$개의 다른 값을 가진다. 각 에너지 준위 E_ℓ은 $(2\ell+1)$개의 에너지 상태를 가지므로 에너지 준위의 미분화도 g는 $(2\ell+1)$이다.

양자수 ℓ은 계의 전체 에너지와 연관된다. 강체 회전자와 연관된 퍼텐셜 에너지가 없기 때문에, ℓ은 (회전) 운동 에너지를 나타낸다. 따라서 ℓ은 **각운동량 양자수**(angular momentum quantum number)라고 한다. 각운동량의 크기(어떤 점에서는 회전자가 얼마나 빨리 돌고 있는가)를 결정하기 위해서, 각운동량 제곱 연산자 $\hat{L}^2$을 사용한다. 강체 회전자 파동 함수는 각운동량 제곱 연산자의 고유 함수이다.

$$\hat{L}^2\psi_{\ell,m_\ell}(\theta,\phi) = \hbar^2\ell(\ell + 1)\psi_{\ell,m_\ell}(\theta,\phi) \tag{11.37}$$

따라서 각운동량 크기의 제곱은 다음과 같다.

$$L^2 = \hbar^2 \ell(\ell + 1) \tag{11.38}$$

그렇다면 각운동량의 크기는

$$L = \hbar\sqrt{\ell(\ell + 1)} \tag{11.39}$$

각운동량 벡터가 가리키는 방향, 또는 강체 회전자가 회전하고 있는 방향이 어디인지 알고자 할 것이다. 그러나 Heisenberg 불확정성 원리 때문에 이 양에 대한 정보는 제한적이다. 방향을 정확하게 측정할 수 있다면 각운동량의 불확정성이 0이 되기 때문에 이것은 불가능하다. 따라서 각운동량의 세 개의 직교 좌표 중 오직 한 좌표에 대해서만 정밀하게 측정할 수 있다. 관례적으로 z축 성분을 측정한다. z 성분을 선택한 이유는 단순하다. 즉 강체 회전자 파동 함수가 각운동량 연산자의 z 성분 $\hat{L}_z$의 고유 함수이기 때문이다. 직교 좌표계에서는 각운동량 연산자의 z 성분은 복잡하게 보이지만(표 10.2), 구면 극좌표계에서는 훨씬 단순해진다.

$$\hat{L}_z = -i\hbar\frac{\partial}{\partial\phi} \tag{11.40}$$

강체 회전자 파동 함수는 고유 함수–고윳값 관계식을 만족하기 때문에

$$\hat{L}_z\psi_{\ell,m_\ell}(\theta,\phi) = \hbar m_\ell \psi_{\ell,m_\ell}(\theta,\phi) \tag{11.41}$$

여기서 고윳값은 각운동량의 허용된 z 성분이다.

$$L_z = \hbar m_\ell \tag{11.42}$$

이제 강체 회전자 양자수 ℓ과 m_ℓ에 대해서 물리적 의미를 더 부여할 수 있다. 계의 전체 에너지, 계의 운동 에너지, 총 각운동량, 회전 속도 등은 ℓ을 이용하여 나타내고, 회전의 방향은 m_ℓ로 나타낸다.

마이크로파 스펙트럼

마이크로파 스펙트럼은 회전 에너지 준위 사이에서 일어나는 전이의 결과에서 얻어진다. 이들 전이는 강체 회전자 모형을 이용하여 잘 설명할 수 있다. 일반적인 분광학적 표기법에서는 양자수 ℓ이 회전 양자수 J로 대체된다. 따라서 회전 에너지는 다음과 같이 주어진다(식 11.36 참조).

$$\begin{aligned} E_J &= \frac{\hbar^2}{2I}J(J + 1) \qquad J = 0, 1, 2, \ldots \\ &= BhJ(J + 1) \end{aligned} \tag{11.43}$$

여기서 B는 **회전 상수**(rotational constant)로 $\hbar/4\pi I$이다. 회전 상수의 단위는 Hz 또는 s^{-1}이다. 파수 형태로 쓰면 cm^{-1} 단위로 표시되는데 물결무늬(~)를 붙인다.

$$\tilde{B} = \frac{B}{c} \tag{11.44}$$

여기서 c는 빛의 속도이다.

낮은 에너지 준위에서 높은 에너지 준위로의 전이는 시료 분자에 적절한 마이크로파 진동수를 쪼여 유도할 수 있다. 전이 규칙이 $\Delta J = \pm 1$이기 때문에 모든 전이가 다 허용되는 것은 아니다. 이 전이 규칙은 시간 의존 양자 역학을 써서 유도한 것이지만 다음과 같은 논의로 이해할 수 있다. 광자는 단일 단위의 각운동량을 가지고 있으며, 에너지와 마찬가지로 각운동량도 보존된다. 따라서 단일 광자를 흡수하면 분자는 각운동량을 한 단위만큼 증가시킬 수 있다. 즉 $\Delta J = +1$이다. 광자가 방출되는 경우에는 $\Delta J = -1$이다. 식 11.36에서 $J=0$에서 $J=1$ 준위로 전이할 때 에너지 변화 ΔE는 다음과 같다.

$$\begin{aligned} \Delta E_{회전} &= E_1 - E_0 \\ &= 2Bh \end{aligned}$$

$J=2 \leftarrow J=1$ 전이에 대해서 ΔE는 다음과 같은 식으로 얻어진다.

$$\Delta E_{회전} = Bh[2(2+1) - 1(1+1)] = 4Bh$$

이 결과들을 다음과 같이 일반화시킬 수 있다. J'와 J''를 각각 높은 준위와 낮은 준위의 회전 양자수라고 하자. 두 준위의 에너지 차이는 다음과 같다.

$$\begin{aligned} \Delta E_{회전} &= BJ'(J'+1)h - BJ''(J''+1)h \\ &= Bh[J'(J'+1) - J''(J''+1)] \end{aligned}$$

여기서 $J' \quad J''=1$이기 때문에 위 식은 다음과 같아진다.

$$\Delta E_{회전} = 2BhJ' \qquad J' = 1, 2, 3, \ldots \tag{11.45}$$

따라서 $J=1 \leftarrow 0$, $2 \leftarrow 1$, $3 \leftarrow 2$, ...등의 흡수 에너지 차이는 $2Bh$, $4Bh$, $6Bh$, ...이므로 $2Bh$ 만큼씩 동일한 간격으로 떨어진 회전 스펙트럼선들이 얻어진다(그림 11.11).

분해능이 높다면, 회전 스펙트럼에서 J 값이 증가함에 따라 이웃한 선들 사이의 간격이 좁아지는 것을 볼 수 있다. 높은 에너지 준위에서 분자는 회전이 빨라지고, 그 결과 원심력 때문에 핵간 결합 길이가 다소 늘어난다. 결합 길이 r이 늘어나면 관성 모멘트 I가 증가하고, 회전 에너지 $E_{회전}$는 작아진다(식 11.43 참조). 더 정확한 값을 구하려면 식 11.43에 다음과 같이 새로운 항을 더해 주면 된다.

$$E_J = BhJ(J+1) - Dh[J(J+1)]^2 \tag{11.46}$$

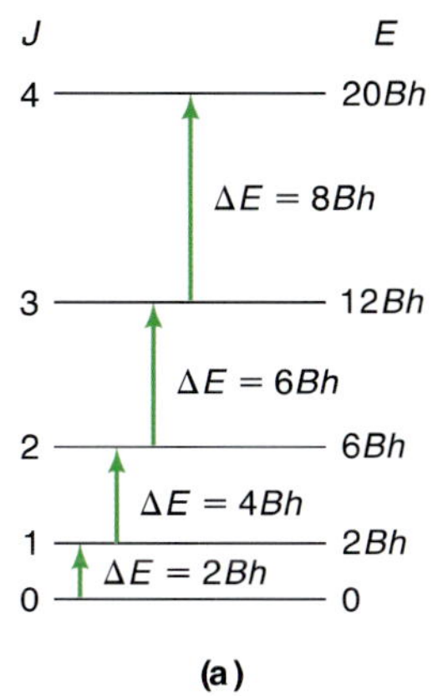

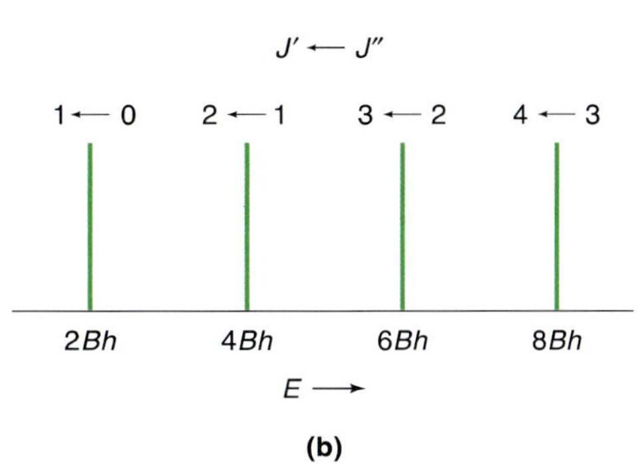

그림 11.11
(a) 이원자 분자의 마이크로파 전이에서 허용된 공명 조건. 에너지 준위의 미분화도는 여기에 표시되지 않았다. (b) 마이크로파 흡수 스펙트럼에서 간격이 일정한 회전 스펙트럼 흡수선들. 실제로는 이 흡수선들이 똑같은 세기를 갖는 것은 아니다.

여기서 D는 **원심 일그러짐 상수**(centrifugal distortion constant)이며, 회전 상수 B보다 약 1/1000 정도로 작은 값을 가진다. 따라서 J 값이 크지 않다면 두 번째 항을 무시할 수 있다.

마이크로파 분광법은 분자의 구조를 결정하는 데 매우 중요한 도구이다. 서로 인접한 선들의 간격을 측정하여 회전 상수 B를 구하면, 관성 모멘트와 핵간 거리 r을 구할 수 있다.

예제 11.1

일산화 탄소의 마이크로파 스펙트럼은 일정한 간격(1.15×10^{11} Hz)의 선들로 이루어져 있다. $^{12}C^{16}O$의 결합 길이를 구하시오.

답

그림 11.12에서 이웃한 흡수선들과의 간격이 $2Bh$임을 알 수 있다. 이 값은 $\Delta E_{회전}$와 같다. 따라서 에너지 차이를 진동수 단위로 나타내면 다음과 같다.

$$\Delta\nu = \frac{\Delta E_{회전}}{h} = 2B = 2\left(\frac{\hbar}{4\pi I}\right)$$

관성 모멘트 I에 대하여 풀면

$$\begin{aligned} I &= \frac{\hbar}{2\pi\Delta\nu} \\ &= \frac{(1.055 \times 10^{-34}\ \text{J s})}{2\pi(1.15 \times 10^{11}\ \text{s}^{-1})}\left(\frac{\text{kg m}^2\ \text{s}^{-2}}{\text{J}}\right) \\ &= 1.46 \times 10^{-46}\ \text{kg m}^2 \end{aligned}$$

식 11.21로부터

$$I = \mu r^2 = \frac{m_1 m_2}{m_1 + m_2} r^2$$

수학적인 계산을 하면,

$$r = \left[\frac{I(m_1 + m_2)}{m_1 m_2}\right]^{1/2}$$

$$= \left\{\frac{(1.46 \times 10^{-46}\ \text{kg m}^2)[(0.0120 + 0.0160)\ \text{kg mol}^{-1}](6.022 \times 10^{23}\ \text{mol}^{-1})}{(0.0120\ \text{kg mol}^{-1})(0.0160\ \text{kg mol}^{-1})}\right\}^{1/2}$$

$$= 1.13 \times 10^{-10}\ \text{m}$$

$$= 1.13\ \text{Å}$$

COMMENT

정밀한 결과를 얻기 위해서, 평균 원자량을 사용하지 않고 개별 동위 원소(여기서는 ^{12}C와 ^{16}O)의 질량을 사용한다. 마이크로파 분광법으로 결합 길이를 다섯 자릿수 이상까지 결정할 수 있다.

다원자 분자의 마이크로파 스펙트럼은 분석하기에 매우 복잡하기 때문에 더 수준 높은 책에서 다루어져야 한다. 삼차원 분자(그리고 비선형 분자)는 세 개의 회전 자유도와 세 개의 회전 양자수, 세 개의 회전 상수(A, B, C)를 가진다는 데 유의하라. 세 개의 회전 자유도를 x, y, z 좌표축에 대한 회전으로 보아도 좋다. 여기서 선형 삼원자 분자인 황화 카보닐(OCS)에 대해 간단하게 살펴보자. OCS는 두 개의 회전 자유도를 가지고 있지만 그 둘은 서로 같으므로 OCS의 회전은 한 개의 회전 양자수로 기술된다. CO 분자와 같이, OCS 분자의 마이크로파 스펙트럼은 균등한 간격의 선들을 보인다. 그러나 OCS 분자에는 두 개의 결합이 있기 때문에 관성 모멘트도 두 개의 미지수 r_{CO}와 r_{CS}로 주어진다. 이 문제는 동위 원소를 치환해도 결합 길이는 변하지 않는다고 가정하면 해결된다. 따라서 $^{16}O^{12}C^{32}S$와 $^{16}O^{12}C^{34}S$의 마이크로파 스펙트럼으로부터 각각의 분자에 해당되는 두 개의 관성 모멘트를 구할 수 있고, 두 개의 미지수가 있는 두 개의 연립방정식을 풀면 두 개의 결합 길이를 구할 수 있다.

선형 분자에서 결합축에 대한 회전은 원자들의 위치를 바꾸지 못하기 때문에 회전 자유도로 간주되지 않는다.

무극성 분자(예를 들어 N_2, O_2와 같은 동핵 이원자 분자)는 마이크로파 영역의 복사선을 흡수하지 않으므로 **마이크로파 비활성**(microwave inactive)이라고 한다. CO와 같은 극성 분자가 다른 특성을 보이는 이유를 알아보기 위해서 전자기파의 진동하는 전기장과 쌍극자 사이의 상호 작용을 알아보자(그림 11.12). 그림 11.12a에서 쌍극자의 음전하 끝부분은 파동의 진행에 따라(파동의 값이 0보다 큰 부분), 시계 방향으로 회전한다. 만약 분자가 180° 회전하여 파동이 반 주기 만큼 이동하였다면(그림 11.12b), 쌍극자의 양전하 끝부분은 파동의 값이 0보다 작은 영역으로 이동하고, 음전하 부분은 위쪽으로 밀어올려 진다. 복사선의 진동수가 분자의 회전수와 다르다면 쌍극자는 복사선을 흡수할 수 없고, 더 빠른 회전이 일어날 수 없다. 이와 같이 낮은 회전 에너지 준위에서 높은 에너지 준위로 바뀌는 전이의 양자 역학

(a)

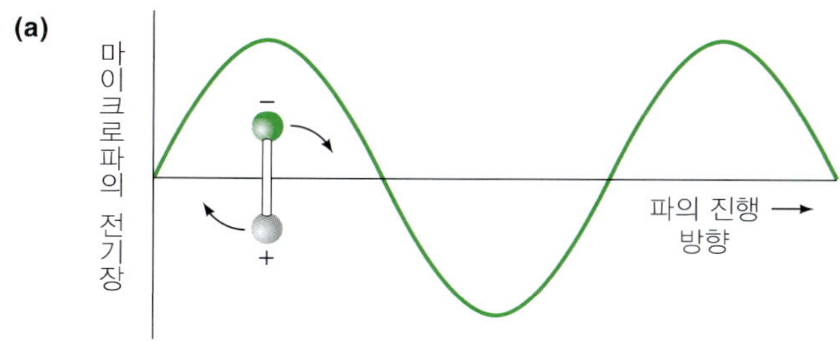

(b)

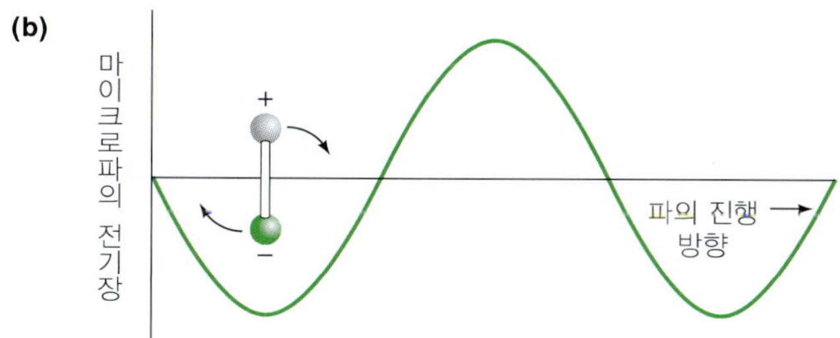

그림 11.12

마이크로파의 전기장 성분과 전기 쌍극자의 상호 작용. (a) 파(0보다 큰 영역)가 진행하면 쌍극자의 음전하 쪽이 끌려가면서 시계 방향으로 회전한다. (b) 분자가 회전할 때 파도 반파장 진행하여 쌍극자의 음전하 끝부분이 이제 파의 값이 0보다 작은 영역에 위치하게 되므로 다시 회전하게 된다. 따라서 분자는 더 빠르게 회전하게 된다. 무극성 분자의 경우에는 이러한 상호 작용이 일어나지 않는다.

적 결과를 고전 역학적인 파의 성질로 설명하면 이해하기 쉬워진다. 또한 무극성 분자들이 복사선의 전기장과 상호 작용하지 않기 때문에 무극성 분자는 마이크로파 비활성이라는 것도 설명된다.

다음에는 스펙트럼선의 세기에 대하여 살펴보자. 앞에서 살펴본 바와 같이, 흡수 분광학에서 선의 세기는 Boltzmann 분포에 기초를 두고 있다. 회전 스펙트럼에서는 또 다른 인자, 즉 회전 에너지 준위의 미분화도를 고려해 주어야 한다. 회전 양자수가 J인 회전 에너지 준위에는 $(2J+1)$개의 상태들이 있다. 외부 전기장이 없을 때, 이 미분화도를 Boltzmann 식에 포함시켜야 한다. 따라서 $J=J$ 준위의 입자수(N_J)와 $J=0$ 준위의 입자수(N_0)의 비는 다음과 같다.

$$\frac{N_J}{N_0} = (2J+1)e^{-\Delta E/k_BT} = (2J+1)e^{-(E_J - E_0)/k_BT}$$
$$= (2J+1)e^{-BhJ(J+1)/k_BT}$$

그림 11.13은 300 K에서 CO 분자의 N_J/N_0를 J에 대하여 나타낸 것이다. 처음에 J 값이 작을 때 지수항은 1에 가깝고, 따라서 N_J/N_0는 1보다 크다. J가 커지면 (E_J-E_0) 값 때문에 N_J/N_0는 감소하기 시작한다. CO의 마이크로파 흡수 스펙트럼에서 선들의 세기는 그림 11.13과 유사하다.

마이크로파 분광학은 보통 기체 상태에 있는 분자에만 적용할 수 있다. 용액에서는 분자들의 충돌 빈도가 분자의 회전 속도보다 매우 크다. 결국 분자들이 완전한

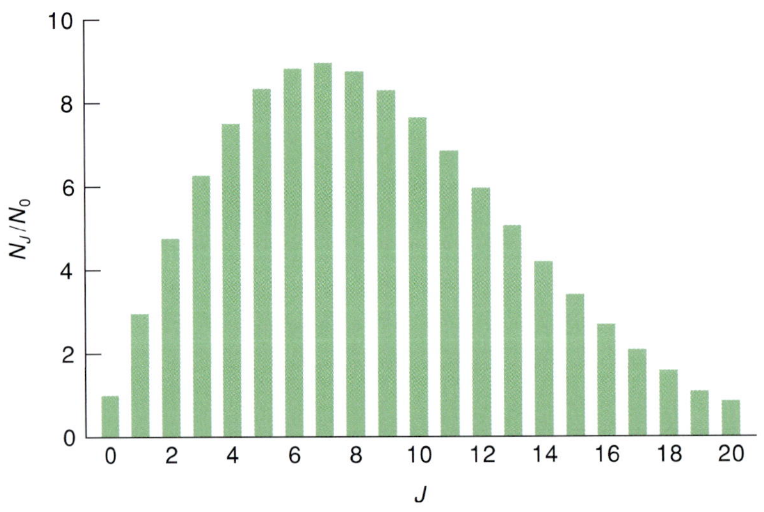

그림 11.13
온도 300 K에서 CO 첫 20개 상태의 회전 양자수(J)에 대한 입자수 분포비(N_J/N_0)

회전 운동을 할 수 없으므로 마이크로파 스펙트럼이 얻어지지 않는다.

11.3 적외선 분광학

마이크로파 분광학을 공부했으므로, 이번에는 분자의 진동 운동을 다루는 적외선(IR) 분광학을 살펴본다. 먼저 완벽한 해를 구할 수 있는 또 다른 양자 역학적 모형이 필요하다. 바로 조화 진동자이다.

조화 진동자

고전 역학(즉 Newton 역학)의 법칙을 따르는 계로부터 시작할 필요가 있다. 그림 11.14를 보면, 질량 m인 물체가 용수철에 달려 있다. Hooke 법칙[영국의 자연철학자이자 물리학자인 Robert Hooke(1635~1703)의 이름에서 따옴]에 따르면 물체에 작용하는 힘 F는 평형 위치로부터 벗어난 거리인 x에 비례한다.

$$F \propto -x$$
$$= -kx \qquad (11.47)$$

여기서 k는 **힘상수**(force constant)로, 단위는 N m^{-1}이고 용수철의 뻣뻣한 정도를 나타낸다. 음의 부호는 힘이 x의 반대 방향으로 작용하고 있음을 뜻한다. x가 양의 값이면(즉 용수철이 늘어나면) F는 음의 값이며, 음의 값은 물체를 위로 끌어올리려는 복원력이 작용함을 의미한다. 용수철이 압축되는 과정에서는 그 반대가 성립한다. 만약에 물체를 아래로 잡아당겼다가 놓으면 **단순 조화 운동**(simple harmonic motion)이라는 주기적인 진동 운동이 일어난다. 특정한 시간 t에서의 변위 x는 사인 함수로 주어진다.

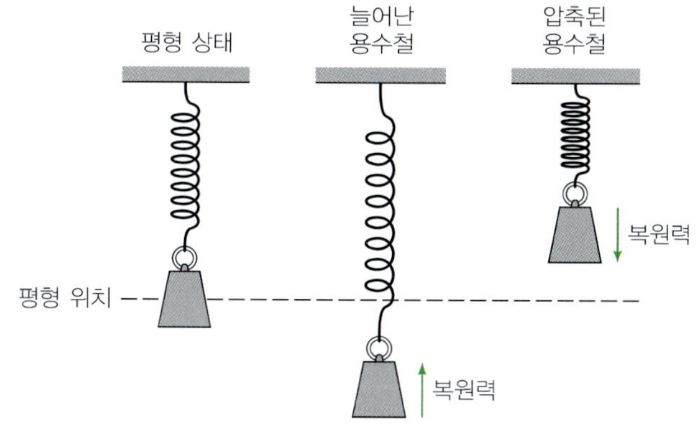

그림 11.14
조화 진동자에서는 용수철에 달려 있는 추를 잡아당겼다가 놓으면 단순 조화 운동이 일어난다. 이때 중력은 무시하며, 이상적인 용수철은 Hooke 법칙 $F = -kx$를 따른다.

$$x = A \sin 2\pi \nu t \tag{11.48}$$

여기서 A는 진동의 진폭이고, ν는 초당 진동한 수(Hz), 즉 진동수와 같은 값을 가지는 상수이다.

$$\nu = \frac{1}{2\pi}\sqrt{\frac{k}{m}} \tag{11.49}$$

식 11.49의 등호 오른쪽 항은 모두 상수이기 때문에, 이 식은 특성 진동수나 자연 주파수는 한 개만이 존재함을 보여 준다. 한 진동 주기 동안 물체의 운동 에너지는 용수철의 퍼텐셜 에너지로 변환되고 그 역과정도 일어난다. 계의 퍼텐셜 에너지 V는 다음과 같이 주어진다.

$$V = \frac{1}{2}kx^2 \tag{11.50}$$

단순 조화 운동의 결과를 이원자 분자의 진동 운동에 적용하기 위해서, 식 11.49에서 질량 m을 환산 질량 μ로 치환한다.

$$\nu = \frac{1}{2\pi}\sqrt{\frac{k}{\mu}} \tag{11.51}$$

여기서 ν는 분자의 기본 진동수이다. 만약 어떤 이원자 분자가 조화 진동자처럼 운동한다면, 분자의 위치 에너지는 다음과 같이 주어진다.

$$V = \frac{1}{2}k(r - r_e)^2 \tag{11.52}$$

여기서 r은 두 원자 사이의 거리이고, r_e은 평형 결합 길이이다. 따라서 변위 x는 다음과 같이 주어진다.

$$x = r - r_e$$

V를 x에 대해서 그리면 포물선이 얻어진다.

식 11.52로 계산한 퍼텐셜 에너지와 일산화 탄소(CO)와 같은 실제 분자의 퍼텐셜

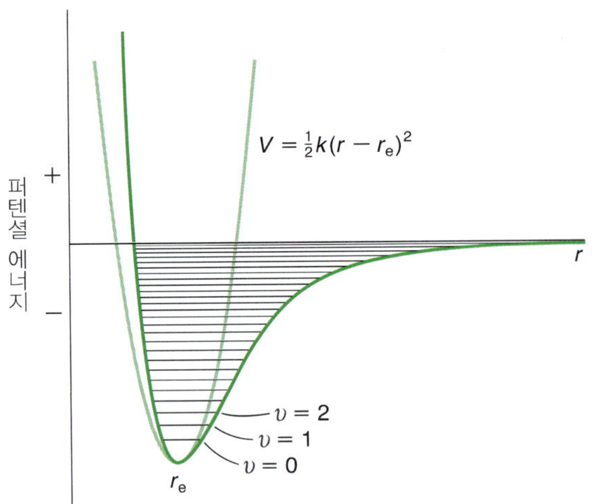

그림 11.15

이원자 분자의 퍼텐셜 에너지 곡선. 대칭 곡선은 식 11.52로 주어지고, 다른 곡선은 분자의 실제 퍼텐셜 에너지를 나타낸다. $\upsilon=0$에서 r 축까지의 수직 거리가 분자의 결합 해리 에너지이다. 수평선은 진동 에너지 준위를 표시한다.

에너지를 그림 11.15에 비교하여 놓았다. r_e로부터 변위가 작을 때 두 곡선은 잘 일치하며, 이때 진동은 조화 진동 운동으로 설명할 수 있다. 그러나 분자의 진동 에너지가 커지면서 r이 증가하면 뚜렷한 차이가 나타나기 시작한다. 이 영역에서는 압축과 늘어남이 동등하지 않게 되어, 진동은 **비조화**(anharmonic) 진동이 된다. 이것은 나중에 다시 설명한다.

조화 진동자의 양자 역학적 해

양자 역학적 계에 대한 에너지와 파동 함수를 구하기 위해서는 비슷한 과정을 거친다. 먼저, 일차원 조화 진동자에 대한 Schrödinger 방정식을 쓰는 것에서 시작한다.

$$\hat{H}\psi(x) = E\psi(x)$$

$$(\hat{K} + \hat{V})\psi(x) = E\psi(x)$$

그리고 나서 운동 에너지와 퍼텐셜 에너지 연산자를 치환한다.

$$\left(-\frac{\hbar^2}{2\mu}\frac{d^2}{dx^2} + \frac{1}{2}kx^2\right)\psi(x) = E\psi(x) \qquad (11.53)$$

식 11.53을 풀면, 조화 진동자의 에너지가 양자화된 결과를 얻게 된다.

$$E_\upsilon = \left(\upsilon + \frac{1}{2}\right)h\nu \qquad \upsilon = 0, 1, 2, \ldots \qquad (11.54)$$

진동 양자수 υ(vee)와 **진동수** ν(nu)를 구별하라.

여기서 υ는 진동 양자수이다. 상자 속 입자 모형에서처럼(그러나 고리 위 입자 모형과는 달리) 가장 낮은 진동 에너지($\upsilon=0$)는 0이 아니다. 조화 진동자의 바닥 상태

에너지는 $h\nu/2$이다. 이것은 분자가 절대 영도에서도 진동 운동을 하고 있음을 의미한다. 이 **영점**(zero-point) 에너지는 Heisenberg 불확정성 원리와 일치한다. 만약 분자가 진동하고 있지 않다면 이 분자의 에너지와 운동량은 0이어야 한다. 그럴 경우 운동량의 불확정성은 0이 되므로 위치의 불확정성(두 원자의 위치)은 무한대가 되어야 한다. 그러나 두 원자는 일정한 거리만큼 떨어져 있기 때문에, 위치의 불확정성은 결합 길이 정도이며 무한대는 아니다. 고전적인 조화 진동자는 진동하지 않는 바닥 상태를 가지고 운동량 $p=0$이며 $\Delta p=0$이지만, 이는 양자 역학과 맞지 않는다.

양자 역학적 조화 진동자는 에너지 준위가 $h\nu$씩 일정한 간격으로 분리되어 있다(그림 11.16). 공명 조건은 다음과 같다.

$$\Delta E = h\nu$$

따라서 어떤 양자 역학적 조화 진동자를 바닥 진동 상태에서 첫 번째 들뜬 진동 상태로 만들기 위해서는,

$$\begin{aligned}\Delta E &= E_1 - E_0 \\ &= \hbar\left(\frac{k}{\mu}\right)^{1/2}\end{aligned} \tag{11.55}$$

전이 파수는 다음과 같다.

$$\tilde{\nu} = \frac{1}{2\pi c}\left(\frac{k}{\mu}\right)^{1/2} \tag{11.56}$$

실제 분자에서 $\tilde{\nu}$는 400~3000 cm^{-1} 범위에 들어가고, 이는 전자기 스펙트럼에서 적외선 영역에 속한다.

조화 진동자의 E_υ에 해당되는 파동 함수는 다음과 같이 주어진다.

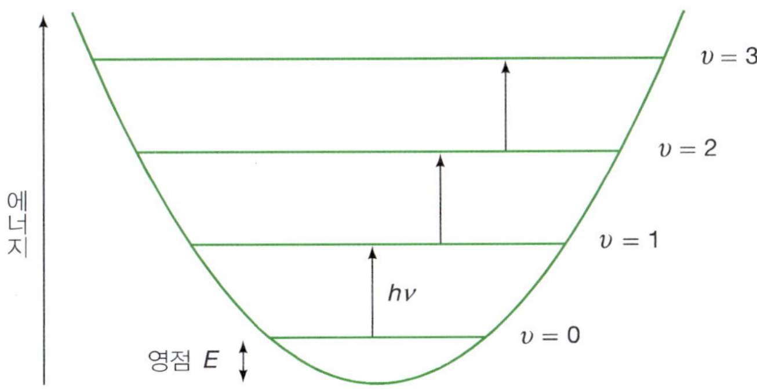

그림 11.16

양자 역학적 조화 진동자의 에너지 준위. 에너지 준위 사이의 간격은 $h\nu$이며, 영점 에너지는 $h\nu/2$이다. 대칭 곡선은 식 11.52로 주어진다.

표 11.4 Hermite 다항식 함수[a] 중 처음 몇 개

$H_0(\xi) = 1$
$H_1(\xi) = 2\xi$
$H_2(\xi) = 4\xi^2 - 2$
$H_3(\xi) = 8\xi^3 - 12\xi$

[a] 변수 ξ는 $\alpha^{1/2}x$와 같다. ξ는 $(k\mu)^{1/4}\hbar^{-1/2}x$와도 같다.

$$\psi_\upsilon(x) = N_\upsilon H_\upsilon(\alpha^{1/2}x)e^{-\alpha x^2/2} \qquad \upsilon = 0, 1, 2, \ldots \tag{11.57}$$

이때 α는 다음과 같다.

$$\alpha = \left(\frac{k\mu}{\hbar^2}\right)^{1/2} \tag{11.58}$$

정규화 상수 N_υ는 다음과 같다.

$$N_\upsilon = \frac{1}{(2^\upsilon \upsilon!)^{1/2}}\left(\frac{\alpha}{\pi}\right)^{1/4} \tag{11.59}$$

0! = 1임을 기억하라.

여기서 $\upsilon! = 1 \times 2 \times 3 \times \cdots \times \upsilon$이다. $H_\upsilon(\alpha^{1/2}x)$는 Hermite 다항식으로 알려진 일련의 함수들(표 11.4)인데, 조화 진동자 파동 함수의 특징적 모양의 기본이 된다(그림 11.17). $H_\upsilon(\alpha^{1/2}x)$는 $\alpha^{1/2}x$를 변수로 하는 υ번째 다항식이다. 파동 함수 ψ_υ에는 υ개의 마디가 있다. 조화 진동자의 바닥 상태 파동 함수($\upsilon = 0$)는 마디가 없는 가우스 함수 형태를 가진다.

$$\psi_0(x) = \left(\frac{\alpha}{\pi}\right)^{1/4} e^{-\alpha x^2/2} \tag{11.60}$$

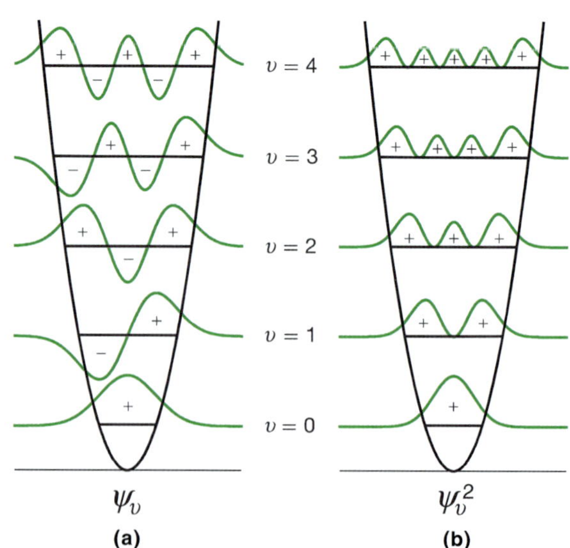

그림 11.17
(a) 조화 진동자의 처음 몇 에너지 준위에 대한 파동 함수.
(b) 이에 해당되는 확률 밀도(파동 함수의 제곱)

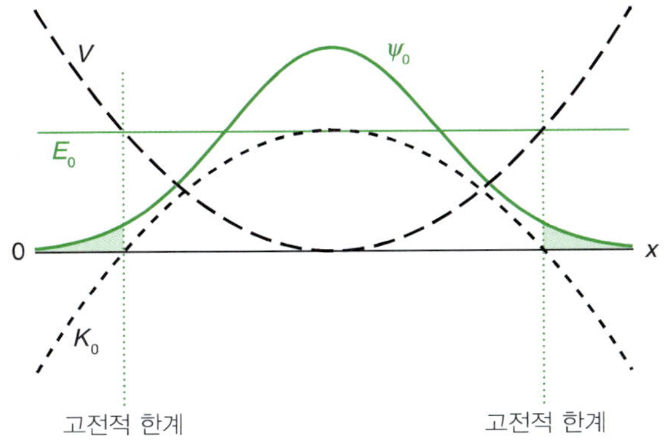

그림 11.18
양자 역학적 조화 진동자에서의 터널링. 녹색 수평선은 영점 에너지$(\frac{1}{2}h\nu)$를 나타내고, 색칠한 영역은 $K_0<0$인 고전적으로 허용되지 않는 영역이다.

터널링과 조화 진동자 파동 함수

양자 역학적 조화 진동자에서 파동 함수는(따라서 그 확률 밀도 함수도) 에너지 준위가 퍼텐셜 에너지 곡선과 교차하는 지점 밖에서 0이 아닌 값을 가진다. 바닥 상태 $\psi_0(x)$를 생각해 보자(그림 11.18). $h\nu/2$에 있는 수평선은 전체 에너지 E_0이고 위치 x와는 관계가 없다. 퍼텐셜 에너지(V)는 위치의 함수로 $V=kx^2$이고, 운동 에너지(K_0)는 전체에너지에서 퍼텐셜 에너지를 뺀 $K_0=E_0-V$이다. **고전적 반환점**(classical turning point)은 용수철에 연결되어 있는 추가 양쪽 극단에 위치할 때를 말하며, 운동 에너지가 0이 되어 계의 에너지는 모두 퍼텐셜 에너지가 되는 점이다. 그러나 양자 역학적 조화 진동자는 고전적 반환점 너머 '마이너스 운동 에너지'가 되는 영역에서도 확률 밀도를 가진다. 이것은 10.12절에서 다루었던 양자 역학적 터널링 현상이다. α 입자 붕괴는 상자 속 입자 모형으로 설명할 수 있었지만, IR 스펙트럼에서 양자 역학적 터널링의 직접적인 증거로 볼 수는 없다. 실험적으로 구한 퍼텐셜 에너지 곡선이 단순 조화 진동자 모형에서 구한 곡선과 약간 다르다는 것이 부분적으로나마 터널링으로 인한 결합 결이의 변화(증가) 때문일 것이다(퍼텐셜 곡선이 비대칭인 또 다른 이유는 비조화 때문인데, 뒤에서 간단히 설명한다).

양자 역학적 조화 진동자가 고전적 조화 진동자와 다른 또 한 가지는 확률이 최대가 되는 위치에 관한 것이다. 양자 역학적 조화 진동자가 바닥 상태의 에너지를 가질 때, 가장 확률이 높은 위치는 평형 위치이다. 파동 함수의 최댓값과 파동 함수 제곱(확률 밀도 함수)의 최댓값은 $x=0$인 곳이다(그림 11.17). 반대로 고전적 조화 진동자는 평형 위치에 존재할 가능성이 가장 낮고, 반환점 근처에서 발견될 가능성이 가장 높다. 고전적 진동자는 $x=0$에서 가장 빨리 움직이고, 반환점에서는 가장 느리게 움직인다. 따라서 반환점은 가장 확률이 높은 위치에 해당된다. 이 상황은 양자 역학적 조화 진동자가 들뜬 상태에 있을 때에는 달라진다. 진동 양자수 υ가 매우 커지면 확률 밀도 함수는 고전적 확률 밀도 함수와 비슷해지며(그림 11.19), 진동자는 평형 위치($x=0$)에서 벗어나 고전적 반환점 근처에서 발견될 확률이 높아진다.

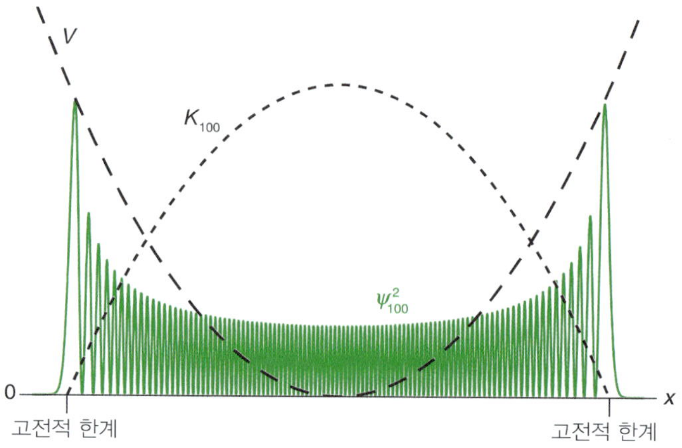

그림 11.19
양자 역학적 조화 진동자의 $v=100$ 상태에 대한 확률 밀도

IR 스펙트럼

조화 진동자 모형은 분자의 기본 진동수를 예측하는 데 사용될 수 있으며, 이들의 전이가 전자기 스펙트럼의 적외선 영역에서 일어난다는 것을 알았다. 따라서 조화 진동자 모형은 적외선 스펙트럼을 해석하는 데 매우 유용하다. 다음 예에서 보듯이 IR 스펙트럼에서 구한 기본 진동수로부터 화학 결합의 뻣뻣함(결합의 세기에 관련)에 대한 정보를 얻을 수 있다.

예제 11.2

$H^{35}Cl$ 분자의 기준 진동수는 2886 cm^{-1}이다. 이 분자의 힘상수를 구하시오.

답

가장 먼저 ^{35}Cl을 이용하여 분자의 환산 질량을 계산한다.

$$\begin{aligned}\mu &= \frac{m_H m_{Cl}}{m_H + m_{Cl}} \\ &= \frac{(0.001008\ \text{kg mol}^{-1})(0.03497\ \text{kg mol}^{-1})}{(0.001008 + 0.03497)\text{kg mol}^{-1}(6.022\times10^{23}\ \text{mol}^{-1})} \\ &= 1.627\times10^{-27}\ \text{kg}\end{aligned}$$

식 11.51을 재배열하고 $\nu = c\tilde{\nu}$를 이용하면,

$$\begin{aligned}k &= 4\pi^2c^2\tilde{\nu}^2\mu \\ &= 4\pi^2(2.998\times10^{10}\ \text{cm s}^{-1})^2(2886\ \text{cm}^{-1})^2(1.627\times10^{-27}\ \text{kg}) \\ &= 480.8\ \text{kg s}^{-2}\end{aligned}$$

$1\ N=1\ kg\ m\ s^{-2}$이므로

$$k = 480.8\ \text{N m}^{-1}$$

COMMENT
힘상수는 결합을 단위 길이(1 m 또는 1 Å)만큼 늘이는 데 필요한 힘을 나타낸다. 당연히 단일 결합보다 이중 결합의 힘상수가 크고, 이중 결합보다 삼중 결합의 힘상수가 크다. 예를 들어 C−C 결합의 k 값은 대략 450 N m^{-1}, C=C 결합의 k 값은 대략 930 N m^{-1}, C≡C 결합의 k 값은 대략 1600 N m^{-1}이다. k=500 N m^{-1} 인 용수철은 몸무게가 50 kg인 사람에 의해서 1 mm 정도 변형된다. 이런 뻣뻣함은 픽업 트럭의 충격 흡수용 스프링에 요구되는 정도이다.

분자는 정확히 조화 진동자처럼 진동하고 있지는 않다. 예를 들어 결합 길이 r이 평형 결합 길이를 지나 증가할수록 화학 결합은 약해지고 결국에는 결합이 끊어진다. 단순 조화 진동자의 경우 r은 음의 값을 가질 수 있지만, 실제 분자의 경우 r은 0보다 큰 값이어야 한다. 그림 11.15와 같은 비대칭적인 퍼텐셜 곡선을 사용하면 실제 분자의 진동에 보다 가까운 설명을 할 수 있다. 각 수평선은 진동 에너지 준위를 나타낸다. 진동 운동의 비조화성 때문에 υ가 증가함에 따라 이웃 준위들 사이의 간격은 좁아진다. 이를 고려하려면 식 11.54를 다음과 같이 고쳐 주어야 한다.

$$E_\upsilon = \left(\upsilon + \frac{1}{2}\right)h\nu - x_e\left(\upsilon + \frac{1}{2}\right)^2 h\nu \qquad (11.61)$$

x_e는 좌표가 아닌 상수이다.

여기서 x_e는 **비조화 상수**(anharmonicity constant)이다. 회전 운동에 의한 원심 일그러짐(centrifugal distortion) 경우에서처럼, 식 11.61의 두 번째 항은 무시할 수 있는데, 이는 x_e가 이원자 분자의 경우 0.002에서 0.02 범위에 있기 때문이다. 진동 양자수 υ가 증가할수록 비조화 항의 중요성이 커진다.

진동 에너지 준위 사이의 전이에 대한 **선택 규칙**은 $\Delta\upsilon = \pm 1$이다. 이 말은 진동 양자수가 한 단위만큼 바뀔 때만 전이가 허용된다는 것을 뜻한다. 이 선택 규칙은 앞에서 논의했던 다른 규칙과 마찬가지로, 시간 의존 양자 역학에서 유도될 수 있다. 보통 진동 에너지 준위 사이의 간격이 크기 때문에, 대부분 분자들은 실온에서 바닥 에너지 준위 상태에 있다. 따라서 IR 복사선을 흡수하는 전이는 거의 언제나 $\upsilon=1 \leftarrow 0$ 전이[**기본 띠**(fundamental band)라고 한다]이다. 만약 분자가 조화 진동자처럼 운동한다면 **고온 띠**(hot band, 선의 세기가 온도가 증가함에 따라 증가하기 때문에)라고 하는 $\upsilon=2 \leftarrow 1$ 전이도 기본 띠와 같은 진동수에서 일어난다. 만약 비조화성이 커지면, 스펙트럼에서 고온 띠는 기본 띠보다 약간 낮은 진동수에서 나타나며 둘을 구별할 수 있게 된다. 비조화성의 또 다른 결과는 선택 규칙이 깨지면서 $\upsilon=2 \leftarrow 0$, $3 \leftarrow 0$, ...과 같은 **배진동**(overtone) 전이들이 일어난다는 것이다. 제1차 배진동($\upsilon=2 \leftarrow 0$) 띠는 기본 띠 진동수의 정확히 두 배에서 나타나지는 **않는다**. 예제 11.2에서 보는 것처럼 HCl의 기본 띠는 2866 cm^{-1}에서 나타난다. 제1차 배진동은 5688 cm^{-1}에서 나타나는데, 이것은 2×2866 cm^{-1}, 즉 5772 cm^{-1}보다 조금 작다. 이 차이는 비조화성 때문이다.

어떤 진동이 IR 복사선을 흡수하기 위해서, 즉 IR **활성**(IR active)이려면 다음 조건을 만족해야 한다.

$$\frac{d\mu}{dx} \neq 0 \tag{11.62}$$

즉 진동 운동으로 결합 길이 x가 변할 때 전기 쌍극자 모멘트 μ가 변해야 한다. 더 일반적으로 말하면, 진동 중 분자 운동(신축 운동, 구부림, 앞뒤 흔들기 등)에 따라 전기 쌍극자 모멘트가 변화해야만 한다. 복사선의 파동성을 이용하여 직관적으로 설명해 보자. 어떤 진동 모드가 들뜨기 위해서는 결합의 진동수가 IR 복사선 전기장의 진동수와 일치해야 한다. 분자가 에너지를 흡수해도 결합 진동의 진동수는 변하지 않는다는 것을 기억하라. 증가하는 것은 진폭이다.* 진동 운동으로 결합 길이가 변할 때 전기 쌍극자 모멘트가 변해야 한다는 조건 때문에 모든 동핵 이원자 분자들은 IR 활성도를 가질 가능성이 배제된다.

이원자 분자들은 진동 자유도가 1이기 때문에 한 개의 기본 진동수만 가능하다. N개의 원자로 이루어진 비선형 다원자 분자들은 진동 자유도가 $(3N-6)$이다(2.9절 참조). 따라서 H_2O와 SO_2는 각각 $(3\times3-6)$개, 즉 3개의 진동 모드를 가진다. 복잡하게 보이는 이들 분자의 진동 운동을 그림 11.20과 같이 세 개의 기본 진동수로 분해할 수 있다. 각 진동 모드마다 $v=1 \leftarrow 0$ 전이만 일어난다면 총 세 개의 스펙트럼선이 얻어질 것이다. 이들 진동 방식을 **기준 방식**(normal mode)이라고 한다. 분자의 모든 진동 운동은 이들 표준 모드의 선형 결합으로 표시할 수 있다.

또 다른 예로서 선형 분자인 CO_2를 살펴보자. 이 분자의 진동 자유도는 $4(=3N-5)$이다(그림 11.21). 비록 CO_2는 영구 전기 쌍극자 모멘트를 가지고 있지 않지만, 네 가지의 진동 중에서 세 가지는 결합 길이가 변함에 따라 쌍극자 모멘트가 변하기 때문에 IR 활성이다. 네 개의 진동 중에서 진동수가 같고 에너지가 같은 두 개의 진동은 **미분화**(degenerate)되어 있다. IR 흡수 스펙트럼에서 CO_2는 비대칭 신축 진동(2350 cm^{-1})과 굽힘 진동(~667 cm^{-1})에 해당되는 두 개의 진동띠가 있다. 만약 배경 신호를 빼주거나 질소나 아르곤으로 시료 주위의 공기를 불어내지 않으면, 많은 IR 스펙트럼에서 CO_2에 의한 흡수선이 나타나게 된다. 다원자 분자에서 두 개의 다른 진동 모드를 동시에 들뜨게 할 수도 있다. 에너지가 보존되기 때문에 이런 **복합띠**(combination band)는 IR 스펙트럼에서 각 성분 진동의 에너지를 합한 값에 해당되는 에너지에서 발견된다. 복합띠 흡수는 일어날 확률이 작기 때문에 기본 흡수에 비해 세기가 매우 약하다.

---

* 이와 비슷한 효과가 놀이터에서 그네를 밀 때 일어난다. 그네의 진동과 '위상을 맞춰' 그네를 밀어주면, 그네를 미는 사람의 에너지는 진동 운동의 진동수가 아니라 진폭을 늘이는 데 사용된다.

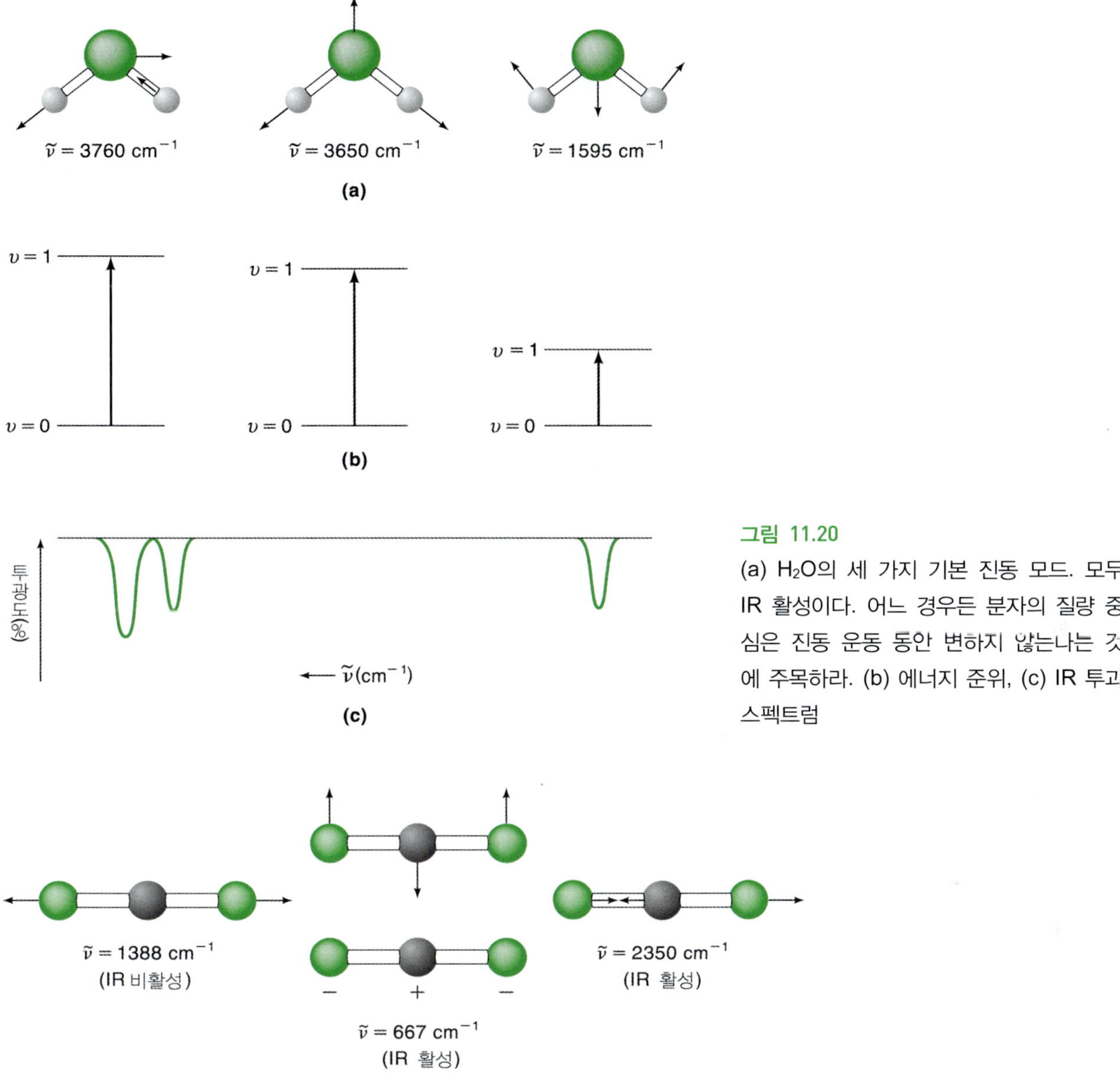

그림 11.20
(a) H_2O의 세 가지 기본 진동 모드. 모두 IR 활성이다. 어느 경우든 분자의 질량 중심은 진동 운동 동안 변하지 않는다는 것에 주목하라. (b) 에너지 준위, (c) IR 투과 스펙트럼

그림 11.21
(a) CO_2의 네 가지 기본 진동 모드. 중간에 있는 두 진동은 같은 진동수(같은 에너지)를 가지며, 중첩되어 있다고 한다. 기호 '+'와 '−'는 원자들이 종이의 평면 아래 및 위로 움직이는 운동을 나타낸다. IR 비활성인 신축 방식의 진동수는 이 책에서는 다루지 않는 Raman 산란과 같은 분광법으로 구할 수 있다.

진동−회전 동시 전이

임의의 진동 준위 υ에 관련된 일련의 회전 준위가 존재한다. 따라서 분자는 항상 회전 운동과 진동 운동을 동시에 하고 있다. 그림 11.11의 회전 에너지 준위들은 $\upsilon=0$ 준위에 속한다고 가정하자. 예를 들어 $\upsilon=1 \leftarrow 0$ 전이가 일어남과 동시에, 낮은 진동 준위와 높은 진동 준위에 속한 회전 에너지 준위 사이에도 전이가 일어나는

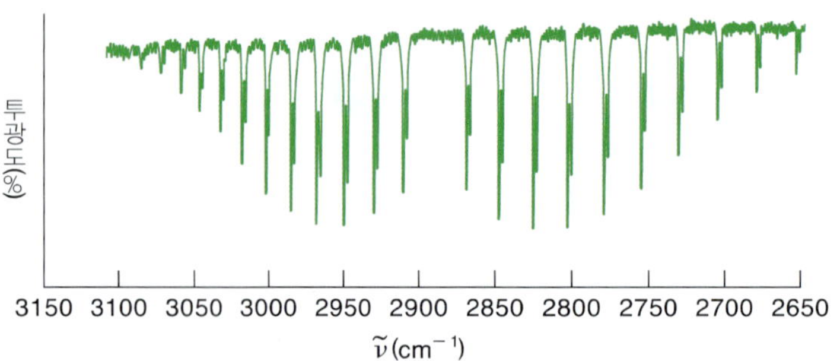

그림 11.22

HCl(g)의 적외선 흡수 스펙트럼. 이 영역의 스펙트럼은 기본 진동 전이($\upsilon=1 \leftarrow 0$)에 해당되고, 충분히 해상도가 높아 각 회전 전이도 관찰되었다. 각 회전 전이에 대해서 두 개의 흡수선이 있는데, 이들은 염화 수소의 두 동위 원소인 $H^{35}Cl$과 $H^{37}Cl$에 해당된다(J. L. Hollenberg, *J. Chem. Educ*, **47**, 2(1970)의 허락하에 게재함).

것이 일반적이다. $\Delta J=\pm 1$ 선택 규칙은 이 경우에도 여전히 적용된다. 그러나 용액에서는 분자들의 충돌이 분자의 회전을 방해한다. 반면 진동 운동의 진동수가 충돌 빈도보다 크기 때문에 분자의 진동 운동은 이웃 분자들의 영향을 받지 않는다. 기체 상태의 분자들은 회전 에너지와 진동 에너지가 동시에 변화할 수 있기 때문에 상황이 다르다. 예를 들어 기체 상태에 있는 이원자 분자의 고분해능 스펙트럼을 얻을 수 있는데, 회전 에너지의 미세 구조를 관찰할 수 있다(그림 11.22).

식 11.43과 11.54로부터 진동 준위와 회전 준위가 동시에 바뀌는 전이에서 에너지 차이는 다음과 같다.

$$\Delta E = \left(\upsilon' + \frac{1}{2}\right)h\nu + BJ'(J'+1)h - \left(\upsilon'' + \frac{1}{2}\right)h\nu - BJ''(J''+1)h \qquad (11.63)$$

여기서 υ'와 υ''는 각각 높은 진동 상태와 낮은 진동 상태를, J'와 J''는 각각 υ'와 υ'' 상태에 있는 회전 준위를 나타낸다. $\upsilon=1 \leftarrow 0$ 전이의 경우에 $\upsilon'=1$이고 $\upsilon''=0$이므로 다음 식이 얻어진다.

$$\Delta E = h\nu + Bh[J'(J'+1) - J''(J''+1)] \qquad (11.64)$$

파수로 표현하면 다음과 같다.

$$\tilde{\nu}_{관찰} = \tilde{\nu} + \tilde{B}[J'(J'+1) - J''(J''+1)] \qquad (11.65)$$

IR 스펙트럼은 많은 경우에 다음과 같은 조건에 따라서 P와 R로 불리는 두 개의 가지(branch)로 나눌 수 있다(그림 11.23).

P는 Poor 또는 J 감소를 뜻하고, R은 Rich 또는 J 증가를 뜻한다.

$$\text{P 가지:} \quad J' = J'' - 1 \quad \tilde{\nu}_{관찰} = \tilde{\nu} - 2\tilde{B}J'' \quad J'' = 1, 2, 3, \ldots \qquad (11.66)$$

$$\text{R 가지:} \quad J' = J'' + 1 \quad \tilde{\nu}_{관찰} = \tilde{\nu} + 2\tilde{B}(J''+1) \quad J'' = 0, 1, 2, \ldots \qquad (11.67)$$

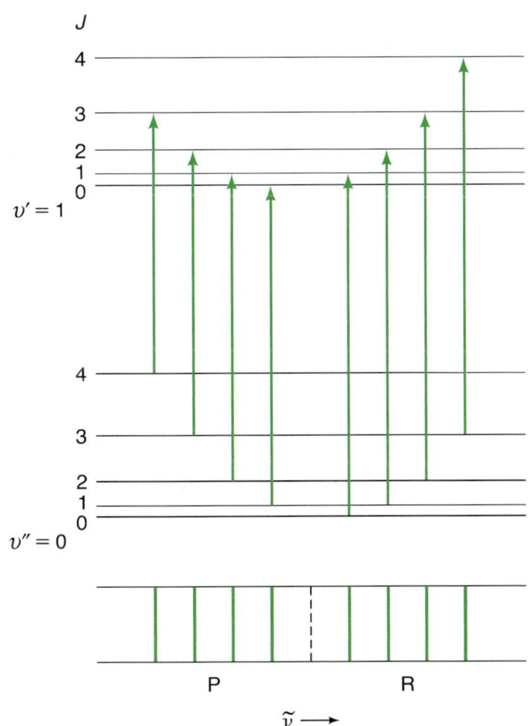

그림 11.23
이원자 분자에서 $v=1 \leftarrow 0$ 전이와 동시에 일어나는 회전 에너지 준위 간 전이

다원자 분자의 어떤 경우에, $\Delta v=1$이면서 $\Delta J=0$인 전이가 관찰될 수 있다. 이를 Q 가지라고 하고, IR 스펙트럼에서는 P 가지와 R 가지 사이에 놓인다.

$$\text{Q 가지:} \quad J' = J'' \qquad \tilde{\nu}_{\text{관찰}} = \tilde{\nu} \qquad J'' = 0, 1, 2, \ldots \quad (11.68)$$

전이 에너지는 모든 J값에 대해서 거의 같기 때문에, IR 스펙트럼에서 Q 가지는 상대적으로 넓은 P 가지와 R 가지 사이에 좁은 피크선으로 나타난다. IR 스펙트럼을 세밀하게 해석하면, 회전 상수 $\tilde{B}$값이 진동 에너지 준위에 따라 달라지는 것을 알게 된다. 일반적으로 회전 상수는 진동이 증가하면 커지며($\tilde{B}' > \tilde{B}''$), 그 결과 J''가 다른 경우 Q 가지는 정확하게 똑같은 파수에 나타나지는 않는다.

적외선 분광법은 화학 분석에서 매우 유용하다. 분자의 진동 운동은 매우 복잡하기 때문에 다른 두 분자의 IR 스펙트럼이 동일할 가능성은 거의 없다. 미지 시료의 IR 스펙트럼을 표준 시료의 IR 스펙트럼과 비교해 보는 **지문법**(fingerprinting)이라고 알려진 방법은 확실한 시료 확인 방법이다. 지금까지 300,000개 이상의 기준 스펙트럼이 기록되었고, 지문법을 위해 보관되어 있다. IR 스펙트럼의 미세 구조는 분자의 구조와 결합에 관한 매우 유용한 정보를 알려 준다. 그림 11.24는 몇 가지 유기 작용기들에 대한 그룹 진동수 상관 도표이다. 그림 11.25는 비교적 간단한 분자인 2-프로펜나이트릴($CH_2=CHCN$)의 IR 스펙트럼이며, 주요한 피크에 해당하는 전이의 종류를 나타내었다.

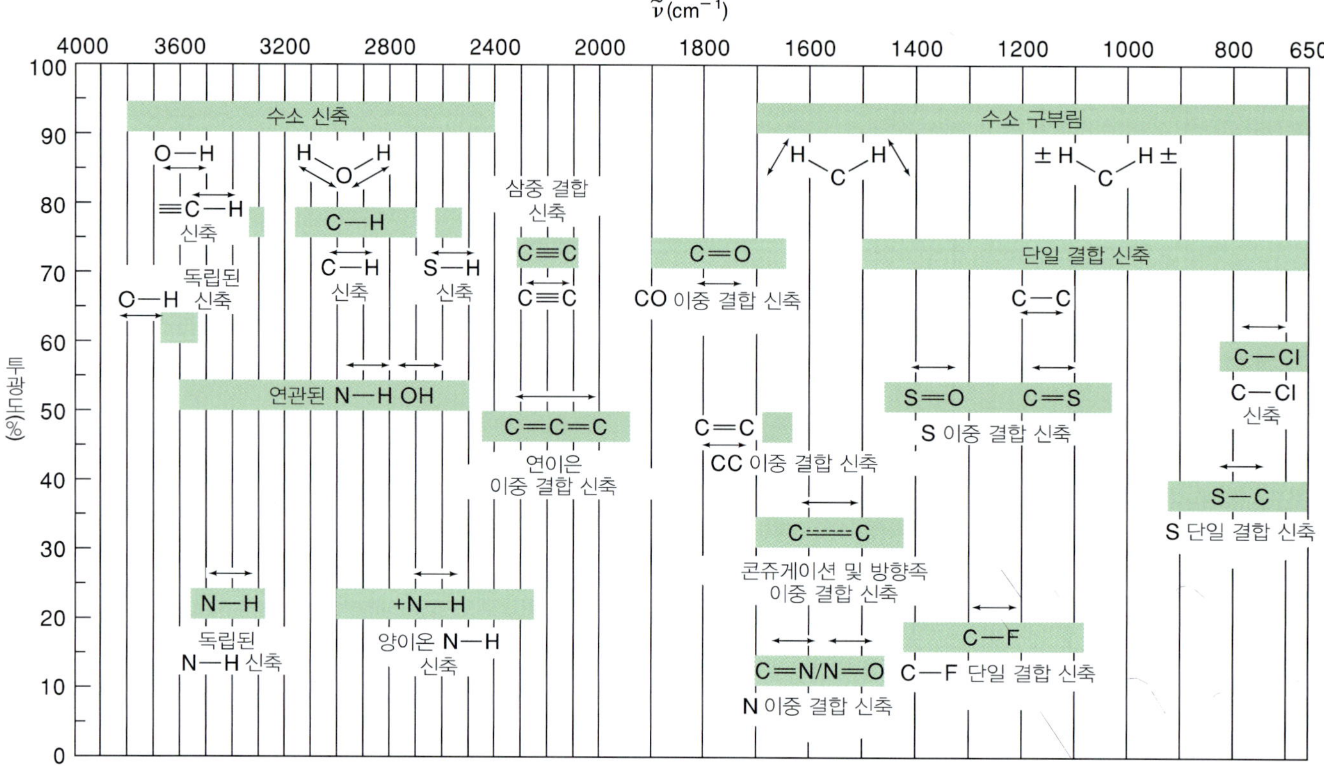

그림 11.24

흔하게 볼 수 있는 몇몇 작용기에 대한 그룹 진동수 상관 도표(Perkin – Elmer Corporation, Norwalk, CT의 허락하에 게재함)

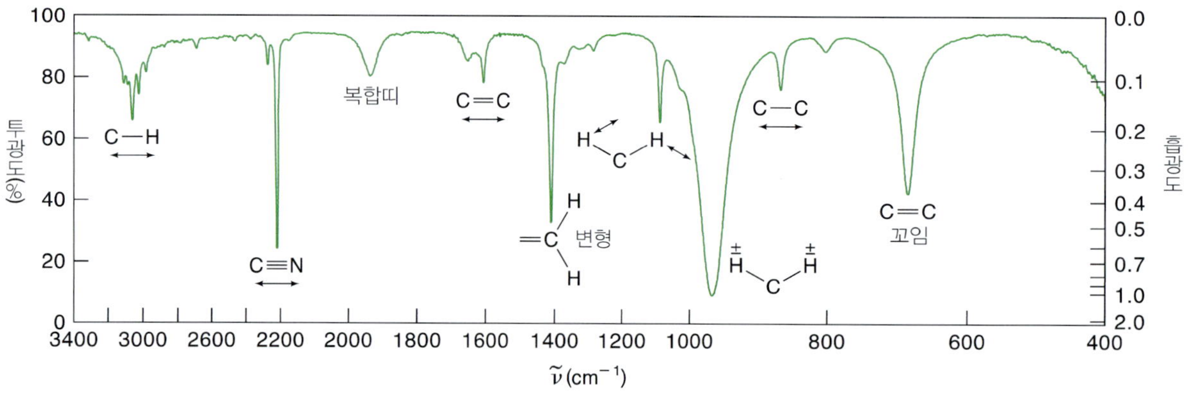

그림 11.25

2 – 프로펜나이트릴($CH_2=CHCN$)의 IR 흡수 스펙트럼

11.4 대칭과 군론*

분자 속 원자들의 형태나 삼차원적인 배열에 따라 분자의 대칭성이 생긴다. 이 절에

* 이 절은 군론에 대한 간단한 소개를 한다. 이 주제에 대해 더 공부하고 싶을 경우 다음 교재를 추천한다. D.M. Bishop, *Group Theory and Chemistry*, Dover, New York, 1993. 그리고 F. A. Cotton, *Chemical Applications of Group Theory*, 3rd ed., Wiley, New York, 1990.

서 설명하는 분자의 대칭성은 분자의 진동 모드를 설명하거나 진동 전이에 대한 선택 규칙을 결정하는 데 유용하다.

대칭 요소

평편한 물 분자는 대칭의 좋은 예이다. 그림 11.26에 있는 것처럼, 물 분자를 산소 원자를 통과하는 가상의 축에 대해서 어느 쪽으로든 180° 회전시키면 처음 배치와 변화된 배치를 구별할 수 없다. 이런 방식으로 분자를 회전시키는 것을 **대칭 조작**(symmetry operation)이라고 한다. 물 분자가 회전하는 대칭축은 **대칭 요소**(symmetry element)이다. 대칭 요소는 점, 면, 선 등과 같은 기하학적 실체로 그에 대해서 대칭 조직을 수행하게 된다. **동등 원소**(identity element, E)는 대칭 조작을 전혀 하지 않는 대칭 요소이다. 당연히 모든 분자들은 이 원소를 가지고 있다. 아래에 대칭 요소들을 요약하였다.

단순 회전축. 분자를 $2\pi/n(360°/n)$ 만큼 회전시켰을 때 처음 배치와 구별이 되지 않으면, 분자는 C_n으로 표기하는 n차의 단순 회전축을 갖게 된다. 물 분자는 C_2 축을, 암모니아는 C_3 축을, 벤젠은 C_6 축을 가지고 있다. 모든 분자는 C_1 축을 가지고 있는데, 이 축을 중심으로 360° 회전시키면 분자가 제자리로 돌아오기 때문이다. 직선형 분자는 C_∞ 축도 가지고 있는데, 이것은 핵간 축을 중심으로 회전시키면 얼마만큼 회전시키냐에 상관없이 분자의 배치가 바뀌지 않기 때문이다.

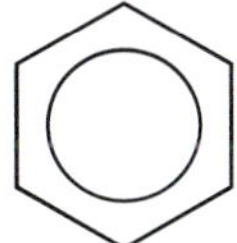

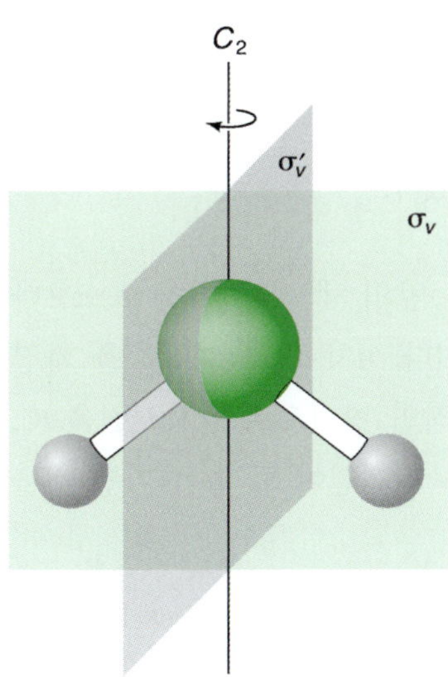

그림 11.26
물 분자의 대칭. 물 분자는 두 개의 대칭면(σ_v와 σ_v'로 표시)을 가지고 있다. 한 대칭면은 세 원자를 모두 포함하고 있고, 다른 대칭면은 처음 면에 수직이다. C_2로 표시된 축을 중심으로 분자를 180° 회전시키면 처음 배치와 구별할 수 없는 배치가 된다.

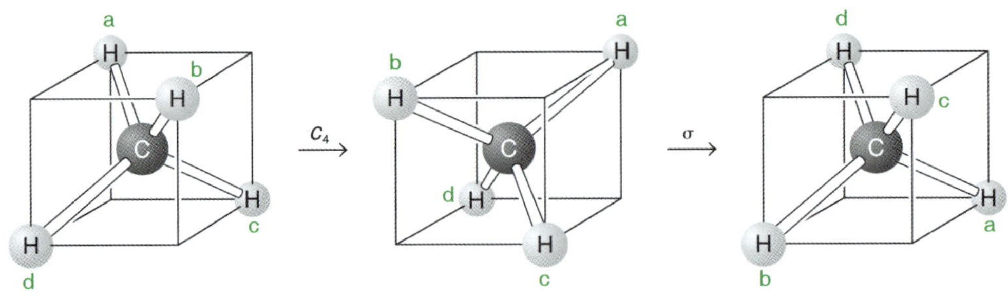

그림 11.27
메테인 분자는 S_4 축을 가진다. 분자를 이 축을 중심으로 90° 회전시킨 다음, 그 축에 수직인 면으로 반사시키면 처음 위치와 구별할 수 없다.

그리스 문자 시그마(σ)는 독일 용어 'spiegel'(거울의 뜻)에서 첫 글자인 s와 같다.

대칭면. 대칭면(plane of symmetry, σ)을 가진 분자는 대칭면을 통해서 반사시킬 경우 처음 위치와 구별할 수 없다. 따라서 물 분자는 두 개의 대칭면을 가지고 있다(그림 11.26 참조). 평면형 분자는 적어도 한 개의 대칭면을 가지고 있는데, 이 대칭면에 원자들이 놓인다. 대칭면은 분자에 대한 방향에 따라 아래 첨자로 표기하여 구분한다. 대칭성이 가장 큰 단순 회전축을 포함한 대칭면을 수직면(σ_v)이라 하고, 대칭성이 가장 큰 단순 회전축에 수직인 대칭면을 수평면(σ_h)이라고 한다. 평면형 분자인 삼플루오린화 붕소는 세 개의 대칭면을 가지고 있고, 각각의 σ_v 대칭면은 B−F 결합과 C_3 단순 회전축을 포함한다. 이 분자가 놓여 있는 평면은 σ_h 대칭면이 된다.

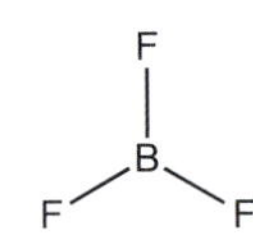

대칭 중심. 만약 분자의 모든 원자들의 좌표 (x, y, z)가 $(-x, -y, -z)$로 바뀌었을 때, 분자의 배치를 처음 것과 구별할 수 없다면 그 중심점(0, 0, 0)은 **대칭 중심**(center of symmetry, i)이 된다. 이때 i는 **반전**(inversion)을 뜻한다. 이산화 탄소나 벤젠 분자는 각각 대칭 중심을 가진다. 반면에 물이나 삼플루오린화 붕소 분자는 그렇지 않다. 분자는 한 개의 대칭 중심만을 가질 수 있다.

반사 회전축. 반사 회전축(improper rotation axis, S_n)은 앞의 세 가지 대칭 요소보다 복잡한데, 이는 두 개의 조작이 연관되어 있기 때문이다. n차 반사 회전축을 가진 분자는 $2\pi/n$ 만큼 회전축을 따라 회전시키고 축에 수직인 평면으로 반사시켰을 때, 분자의 처음 배치와 구별이 되지 않는다. 그림 11.27은 메테인이 S_4 축을 가진 것을 보여 준다.

분자 대칭과 쌍극자 모멘트

분자의 대칭성으로부터 분자의 흥미롭고 유용한 결론을 얻을 수 있다. 예를 들면 분자의 대칭 요소로부터 분자가 영구적 전기 쌍극자 모멘트를 가지는지 여부를 알 수 있다. 쌍극자 모멘트는 벡터양이고 어떤 대칭 조작에 대해서도 변하지 않으므로, 이 또한 대칭 요소를 따라 가야 한다. 따라서 어떤 분자가 대칭 중심을 가지고 있다면 그 분자는 쌍극자 모멘트를 가질 수 없다. 왜냐하면 벡터가 점일 수는 없기 때문이다. 예를 들어 에틸렌과 아세틸렌은 대칭 중심을 가지고 있으며 무극성이다. 마찬가지로 $n \geq 2$인 C_n 축이 한 개보다 많은 분자는 쌍극자 모멘트를 가질 수 없다. 왜냐하면 한 개의 벡터가 두 개의 서로 다른 축을 따라 배열할 수 없기 때문이다. 예를 들어 삼플루오린화 붕소는 C_2 축과 C_3 축을 모두 가지고 있지만 대칭 중심이 없고 무극성이다.

점군

분자는 가지고 있는 대칭 요소로 분자들을 구분할 수 있다. 예를 들면 물 분자가 갖고 있는 대칭 요소는 C_2 축, 두 개의 대칭면(모두 C_2 축을 포함한다), 동등 원소 E이다. 이러한 네 개의 대칭 요소를 갖고 있는 물 분자는 점군 C_2에 속한다. **점군**(point group)은 포함하고 있는 대칭 요소에 따라 정의되는 수학적 구조를 말한다. 점군은 분자의 대칭성을 정확하게 기술해 줄 뿐만 아니라, 전자 구조와 결합, 분광학적 선택 규칙을 예측하게 해 주기 때문에 화학적으로 매우 유용하게 사용된다. 군론(group theory)은 수학의 한 분야로, 어떤 진동 방식이 IR 활성인지 아닌지, 즉 진동 전이가 허용되는지를 예측하는 데 사용된다. 수학적 세부 사항은 보다 전문화된 서적에 수록되어 있다. 여기서는 일반적인 과정을 보여 주는 정성적인 설명을 하기로 한다.

지표표

어떤 분자에 대한 병진, 회전, 진동 운동의 대칭을 설명하기 위해서 그 운동의 **표현**

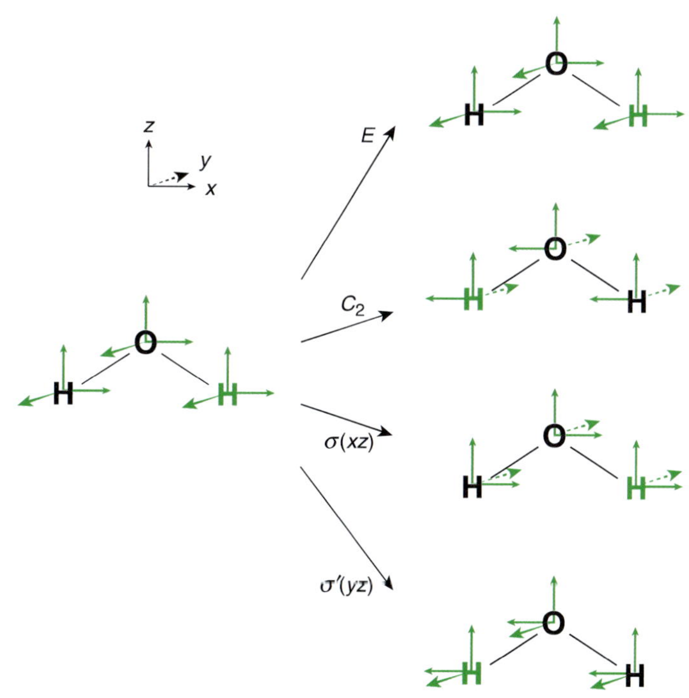

그림 11.28
물 분자의 9개 벡터에 대한 네 가지 대칭 조작

표 11.5 C_{2v} 점군에 대한 지표표

C_{2v}	E	C_2	$\sigma(XZ)$	$\sigma'(yz)$		
A_1	1	1	1	1	z	x^2, y^2, z^2
A_2	1	1	−1	−1		xy
B_1	1	−1	1	−1	x	xz
B_2	1	−1	−1	1	y	yz

(representation)을 사용한다. 가장 간단한 예는 **지표표**(character table)에 나오는 **기약 표현**(irreducible representation)이다. C_{2v} 점군에 속하는 물 분자를 예로 들어 보자. 이 분자는 세 개의 원자로 되어 있어, 이 계를 설명하기 위해서 필요한 좌표의 수는 3×3, 즉 9개로 자유도의 수와 같다. 그림 11.28은 각 원자에 x, y, z 방향으로 세 개의 벡터를 표시하여 보여 준다. 각 대칭 조작에 대해서 운동을 대칭 또는 반대칭으로 분류하여, 대칭인 경우 **지표**(character) +1로, 반대칭인 경우 지표 −1로 표시한다. 물 분자의 변환을 생각해 보자. 물 분자가 x축 방향으로 움직일 때, 동등 조작을 하면 운동의 방향이 바뀌지 않기 때문에 지표는 1이 된다. C_2 축에 대한 회전을 하면 x 방향의 운동이 $-x$ 방향으로 바뀌므로 지표는 −1이다. 세 원자가 놓여 있는 평면($x-z$ 평면)에 반사시키면 x축 방향의 운동에 대해서는 변화가 없으므로 지표가 1이다. 마지막으로, 두 번째 거울면($y-z$ 평면)에 반사시키면 x 방향의 운동이 $-x$ 방향으로 되므로 지표는 −1이다. 이 네 개의 지표 1, −1, 1, −1은 하나의 표현을 이룬다. 각 기약 표현을 지표표의 가로줄에 쓴다. C_{2v} 점군에서 x 방향 운동은 기약 표현 B_1으로 지표표(표 11.5)에서 세 번째 가로줄에 해당한다. 지표표의 오른쪽에는 x 방향 운동에 해당되는 기약 표현(가로줄)에 x를 표시한다. 만약 z 방향 운동에 대해서 같은 조작을 반복한다면, 네 대칭 조작에 대해서 그 운동 방향이 바뀌지 않는 것을 알게 된다. 그 결과 기약 표현은 1, 1, 1, 1이 되고 지표표의 첫 번째 가로줄에 A_1으로 나와 있다. 이러한 조작을 계속하여 C_{2v} 지표표를 완성할 수 있다.

적외선 분광학에서 어떻게 선택 규칙을 결정하는가? 진동 전이가 허용되기 위해서는 분자의 진동 모드가 x, y, z축에 대한 병진 운동과 같은 기약 표현을 가져야 한다(이 선택 규칙은 전이 쌍극자 모멘트의 적분을 계산하는 과정에서 대칭을 고려하기 때문에 생긴다). 물은 굽힘, 대칭 신축, 비대칭 신축의 세 가지 진동 모드를 가지고 있다(그림 11.19 참조). 물 분자의 굽힘 진동 모드는 C_{2v} 점군의 네 가지 대칭 요소에 대해서 모두 변하는 것이 없기 때문에 기약 표현 A_1에 해당된다. z 방향에 대한 병진 운동도 기약 표현이 A_1이기 때문에, 굽힘 운동은 IR 활성이고 IR 흡수 분광법으로 물 분자의 굽힘을 측정할 수 있다. 대칭 신축 운동도 같은 방식으로 변화하므로 IR 활성이다. 마지막으로 물 분자의 비대칭 신축 운동은 기약 표현 B_1으로 설명되는데, 이는 x축 방향에 따른 병진 운동과 같다. 따라서 이 진동 모드도 IR 활성이다. 결국 물 분자의 예에서 모든 세 가지의 진동 모드는 IR 흡수 분광법으로 관찰될 수 있다. 만약 C_{2v} 점군에 있는 어떤 분자가 A_2 기약 표현으로 변화한다면 이 모드는 IR 흡수 분광법으로 검출될 수 없을 것이다. C_{2v} 점군에서 A_2 진동 모드는 세 개의 축 중 어느 쪽으로도 병진 운동을 하지 않기 때문에 IR 비활성이고 순수한 진동 전이는 금지된다. 그러나 이 A_2 모드는 Raman 산란법 같은 다른 방법으로 검출할 수 있는데, 이는 다음 절에서 설명한다.

11.5 Raman 분광법

예를 들어 동핵 이원자 분자에서 진동 전이는 IR 금지인데, 그 이유는 분자가 진동해도 쌍극자 모멘트가 변하지 않기 때문이다. 그러면 N_2나 O_2 같은 단순한 분자의 결합 진동수와 그로부터 힘상수를 측정할 수는 없을까? 사용할 수 있는 실험 방법 중 하나가 Raman 분광법이다. Raman 분광법은 빛 **산란**(scattering)법으로, 광 흡수법과 다르다. 이 방법은 1928년에 인도의 물리학자 Chandrasekhara Venkata Raman (1888~1970)이 태양 빛을 광원으로 사용하고 인간의 눈을 검출기로 하여 처음으로 발견하였다. 그 후 레이저 광원과 민감한 검출기의 개발로 더 실용화되었다.

Raman은 과학 분야에서 최초로 노벨상을 받은 아시아인이다.

흡수 분광법에서는 분자 내 에너지 차이와 공명하는 빛이 주 관심사이다. Raman 분광법과 같은 빛산란법에서는 흡수되지 않는 비공명 빛을 이용한다. 비공명 빛이 분자와 상호 작용하면 입사한 빛의 적은 부분이 일시적으로 **가상 상태**(virtual state)로 흡수되었다가 재빨리 재방출되거나 산란된다(가상 상태는 극도로 수명이 짧은 들뜬 상태로 생각될 수도 있다). 산란된 빛의 대부분은 입사한 빛과 같은 에너지를 가지는데, 이를 **탄성**(elastically) 산란이라고 하고 Rayleigh 산란이라고 부른다(그림 11.29). Rayleigh 산란의 세기는 파장의 네제곱에 반비례한다. 이런 상관관계 때문에 가시광선 스펙트럼의 끝 쪽 짧은 파장에서 이 현상을 볼 수 있다(태양 빛이 공기 분자에 의해서 산란되면 하늘은 파랗게 보인다). 그러나 빛의 적은 양은 **비탄성**(inelastically) 산란되어 **Raman 효과**를 일으킨다. 가장 자주 볼 수 있는 Raman 산란의 응용은 진동 Raman 분광법이다. 회전 Raman 분광법도 유용하게 이용된다.

빛살이 분자들이 모여 있는 곳에 쪼여지면 에너지가 $h\nu$인 광자(단색광이라고 가정)가 분자들과 충돌하여 다음 두 가지 중의 하나가 일어난다.* 만약 탄성 충돌이라면 광자가 휘어질 것이고, 이 산란된 복사선은 입사한 광자와 같은 에너지를 가질 것이다. 반면에 충돌이 비탄성적이라면, 휘어진 광자는 입사한 광자의 에너지보다 높거나 낮은 에너지를 가질 것이다. 에너지 보존에 따르면

$$h\nu + E = h\nu' + E' \tag{11.69}$$

이때 E는 충돌 전 분자의 회전, 진동, 전자 에너지를 나타내고, E'는 충돌 후 같은 값을 표시한다. 식 11.69를 재배열하면,

* 광화학 반응은 일어나지 않는다고 가정한다.

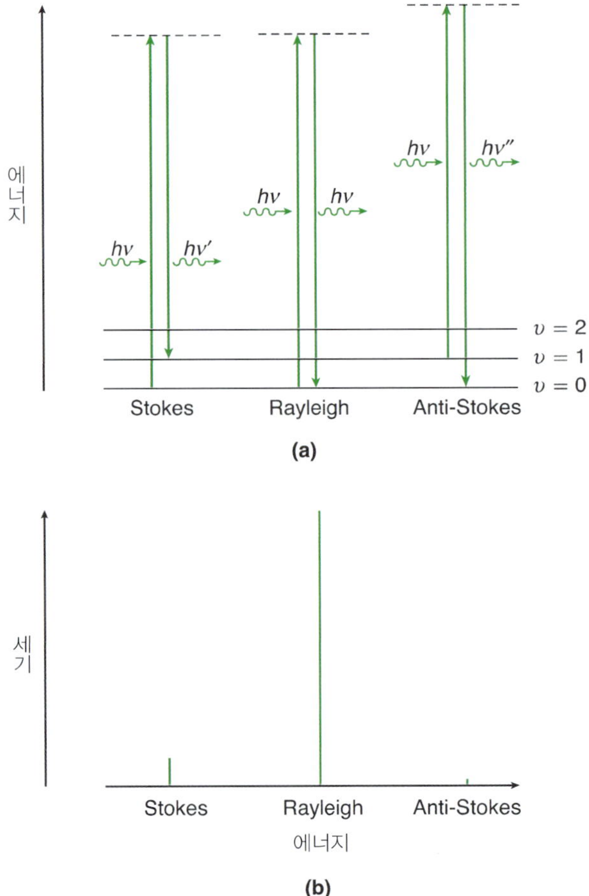

그림 11.29
빛산란 과정. (a) Rayleigh 산란, Stokes Raman 산란, anti-Stokes Raman 산란의 에너지 준위 변화. 점선은 가상 상태를 표시한다. (b) 세 종류의 산란에 대한 상대적 세기(정확한 비례는 아님). 진동수는 왼쪽에서 오른쪽으로 증가한다.

$$\frac{E' - E}{h} = \nu - \nu' \tag{11.70}$$

산란된 복사선은 다음과 같이 분류된다.

$E < E'\ (\nu > \nu')$	Stokes Raman 산란
$E = E\ (\nu = \nu)$	Rayleigh 산란
$E > E''\ (\nu < \nu'')$	Anti-Stokes Raman 산란

따라서 Raman 산란의 경우, 상호 작용 결과 분자가 에너지를 흡수하거나 방출하게 된다. 그림 11.29a는 이런 상호 작용에 대한 에너지 준위 그림이다.

분자가 입사된 복사선에 의해서 바닥 진동 상태에서 높고 불안정한 진동 상태로 전이된 후, 처음 상태나 다른 진동 상태로 돌아갈 수 있다. 전자는 Rayleigh 산란을 일으키고, 후자는 Raman 산란을 일으키는데, 특히 이 경우에는 Stokes선[영국의 물리학자 Sir George Gabriel Stokes(1819~1903)의 이름에서 따옴]을 만든다. 만약 분자가 처음에 들뜬 진동 상태에 있었다면, 높고 불안정한 상태로 올라갔다가 바닥 상태로 돌아갈 수도 있다. 이것도 Raman 산란인데 이 경우에는 anti-Stokes선을 만든다. Rayleigh선의 세기는 Stokes선보다 훨씬 강하고, Stokes선은 anti-Stokes 선보다 훨씬 강하다(그림 11.29b). 이때 진동 에너지 준위와 더불어 회전 에너지 준위도 바뀔 수 있다.

Raman 분광법은 적외선 분광법과 마찬가지로 분자의 진동을 연구하는 데 사용될 수 있다. 그러나 Raman 분광법은 다른 선택 규칙을 따른다. 어떤 전이가 Raman 허용이려면 분자의 **편극도**(polarizability)가 진동에 따라 바뀌어야 한다. 편극도는 분자를 따라 전자들이 얼마나 쉽게 움직일 수 있는가를 보여 주는 지표이다. 헬륨 원자와 같은 중성 무극성 화학종에서는 전자 전하 밀도가 구형 대칭이다. 전기장(E) 안에 놓이면 정전기적 상호 작용 때문에 전하 밀도의 재분포가 일어날 것이다. 그러면 이 원자는 유도 쌍극자 모멘트 $\mu_{\text{유도}}$를 갖게 된다.

$$\begin{aligned}\mu_{\text{유도}} &\propto E \\ &= \alpha E \qquad (11.71)\end{aligned}$$

여기서 α는 헬륨의 편극도이다(극성 분자에서도 마찬가지 효과가 나타난다). 플루오린 분자와 같이 전자를 강하게 붙잡고 있는 분자에 비해서 아이오딘 분자와 같이 전자를 약하게 잡고 있는 분자가 편극되기 더 쉽다(그림 11.30). 동핵 이원자 분자의 진동은 전하 분포를 길고 얇은 것에서 짧고 굵은 것으로 바꾸고 그 결과 편극도의 변화가 일어나 진동 전이를 Raman 분광법으로 관찰할 수 있게 된다.

모든 작은 분자들에 대해서 진동에 따라 편극도가 달라지는지 아닌지를 조사하여 결정하는 것은 어려운 일이다. 다행히 군론은 이 과정을 획기적으로 간단하게 해준다. Raman 허용 진동들은 **편극도 텐서**(polarizability tensor) α와 같은 기약 표현을 가진다. C_{2v} 점군에 대한 지표표(표 11.5 참조)를 다시 이용하면, 편극도 텐서는 표 오른쪽에 두 직교 좌표 xy, xz, x^2, 등으로 표시되는 것을 볼 수 있다. 임의의 진동

여기서 텐서는 한 벡터가 다른 벡터로 바뀌는 것을 표시한다. 이는 함수가 한 스칼라를 다른 스칼라로 바꾸어 주는 것에 비유될 수 있다.

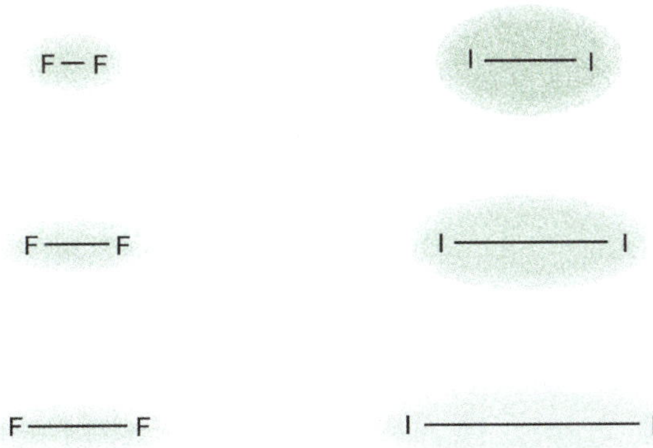

그림 11.30
F_2와 I_2의 전자 구름의 편극도가 진동에 따라 달라지는 것을 보여 주는 그림

방식과 편극도 텐서의 기약 표현이 같으면 Raman **활성**이고 Raman 산란법으로 검출된다. 따라서 지표표가 있다면, 실제 해야 할 일은 진동 방식의 기약 표현을 알아내는 것이다. 물 분자의 경우 굽힘 운동은 A_1 기약 표현으로 설명된다. 이 운동은 Raman 활성인데, 이는 A_1이 지표표에서 x^2, y^2, z^2으로 나열된 편극도 텐서를 나타내기 때문이다. 사실 IR 활성인 모든 진동(A_1, B_1, B_2 기약 표현)은 또한 Raman 활성이다. C_{2v} 점군에 속하는 분자들의 진동 모드는 Raman 활성이지만 IR 비활성일 수 있다(A_2 기약 표현). 그러나 IR과 Raman 모두 비활성인 진동 모드는 없다. 마찬가지로 N_2나 O_2 같은 동핵 이원자 분자는 Raman 활성인 것을 볼 수 있는데, 이들 분자의 진동은 지표표에서 편극도 텐서를 나타내는 기약 표현에 해당되기 때문이다.

대칭 중심(i)이 있는 분자는 적외선과 Raman 중 하나만 허용되는 진동 모드는 있어도 두 개 모두 허용되는 진동 모드는 없다는 일반적인 선택 규칙이 있다. 예를 들어 IR 분광법과 Raman 분광법으로 오쏘-다이플루오로벤젠과 파라-다이플루오로벤젠을 구별한다고 해 보자.

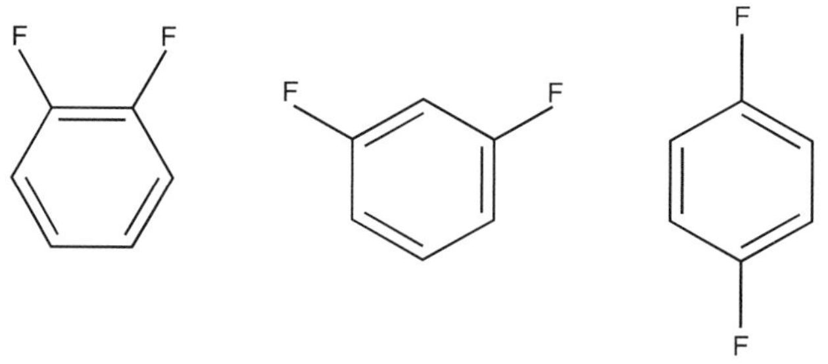

파라-다이플루오로벤젠은 대칭 중심을 가지고 있기 때문에 IR과 Raman 모두 활성인 진동 모드는 없다. 반면에 오쏘-다이플루오로벤젠은 C_{2v} 점군에 속하고 대칭 중심이 없기 때문에 IR과 Raman이 동시에 활성인 많은 진동 모드를 가지고 있다. 그러나 군론에 따르면 오쏘와 메타-다이플루오로벤젠은 같은 C_{2v} 점군에 속하기 때문에 구별할 수 없다.

Raman 분광법은 IR 분광법보다 기기가 일반적으로 고가이고 분석 도구로서 덜 유용하기 때문에 사용도가 떨어진다. 그러나 Raman 분광법은 적외선 분광법보다 몇 가지 장점을 가지고 있다. 물은 매우 크고 넓은 적외선 흡수 단면을 가지고 있지만 Raman 산란 단면적은 상대적으로 작기 때문에, Raman 분광법이 물 환경에서 유용한 검사 방법이 된다. 그러나 물의 세 가지 진동 방식(굽힘, 대칭 신축, 비대칭 신축) 모두가 IR과 Raman 활성임을 기억하라. 군론은 어떤 진동 전이가 활성(허용)인지 비활성(금지)인지를 알게 해 주지만, 그 전이의 상대적 확률을 알려 주지는 않는다. Raman 공간 이미징 기술은 IR 복사선보다 파장이 짧은 가시광선을 사용하기 때문에, IR보다 고해상도로 생물 세포를 조사하는 데 사용될 수 있다. 그러나 IR에서는 문제가 되지 않는 형광이 종종 Raman 스펙트럼을 방해하기도 한다.

회전 Raman 스펙트럼

고해상도 레이저 들뜸 광원과 고해상도 분광기의 등장으로 회전 전이가 구별되는 Raman 스펙트럼을 얻을 수 있다. 각 회전 전이에 대한 분해능은 기체 상태 작은 분자들에 대해서만 가능하다. Raman 회전 전이에 대한 에너지 차이는

$\Delta J = +2$는 Stokes, $\Delta J = -2$는 anti-Stokes 회전 산란이다.

$$
\begin{aligned}
\Delta E_{\text{회전}} &= BJ'(J'+1)h - BJ''(J''+1)h \\
&= B(4J+6)h \qquad \text{Stokes의 경우} \\
&= -B(4J+2)h \quad \text{Anti-Stokes의 경우}
\end{aligned}
\tag{11.72}
$$

여기서 J는 처음의 회전 양자수를 나타낸다. 마이크로파 스펙트럼과 달리 여기서의 선택 규칙은 $\Delta J = \pm 2$이다. 그 이유는 한 개의 광자가 한 단위의 각운동량을 가지고 있지만 Raman 효과는 이광자 과정(two-photon process)이기 때문이다. 따라서 분자는 전이가 일어날 때마다 두 개의 각 운동량 양자를 잃거나 얻는다. 회전 Raman 스펙트럼은 본질적으로 마이크로파 스펙트럼과 같은 정보를 제공한다. 관찰된 Raman 신호의 간격에서 회전 상수를 계산하고, 관성 모멘트와 분자 구조에 대한 자세한 정보를 얻는다. 회전 Raman 분광법은 편극도의 변화에 의한 것이기 때문에 영구 쌍극자 모멘트가 없는 분자에도 적용될 수 있다. O_2나 N_2 같은 동핵 이원자 분자는 마이크로파 복사를 흡수하지 않아서 순수한 회전 (흡수) 스펙트럼은 연구에 이용될 수 없다. 그러나 회전 Raman 분광법을 쓰면 그 결합 길이를 결정할 수 있다.

■ Key Equations

$\tilde{\nu} = \frac{1}{\lambda} = \frac{\nu}{c}$	(파수)	(11.2)
$\mu_{ij} = \int \psi_i \hat{\mu} \psi_j d\tau$	(전이 쌍극자 모멘트)	(11.16)
$A = \varepsilon bc$	(Beer−Lambert 법칙)	(11.20)
$\frac{1}{\mu} = \frac{1}{m_1} + \frac{1}{m_2}$	(환산 질량)	(11.22)
$E_J = \frac{\hbar^2}{2I} J(J+1)$	(양자화된 회전 에너지)	(11.43)
$\nu = \frac{1}{2\pi}\sqrt{\frac{k}{\mu}}$	(기본 진동수)	(11.51)
$E_\upsilon = \left(\upsilon + \frac{1}{2}\right)h\nu$	(양자화된 진동 에너지)	(11.54)
$\Delta E = \left(\upsilon' + \frac{1}{2}\right)h\nu + BJ'(J'+1)h - \left(\upsilon'' + \frac{1}{2}\right)h\nu - BJ''(J''+1)h$	(진동 및 회전 준위 간 동시 전이)	(11.63)

부록 11.1

Fourier 변환 적외선 분광법

NMR, 마이크로파, IR, UV-visible 등 여러 전자기 스펙트럼 영역 데이터 수집 방식에 Fourier 변환이 활용되면서 분광학에 커다란 영향을 미쳤다. 최근에 사용되는 대부분의 상용 NMR과 IR 분광기는 Fourier 변환 장비들이다. 여기서 유기 화학에서 작용기를 확인하는 데 많이 쓰이는 Fourier 변환 IR(FT-IR)에 관하여 살펴보자.

FT-IR을 살펴보기 전에 먼저 일반적인 IR 분광기는 어떻게 작동하는지 알아볼 필요가 있다. 일반적인 분광기는 **분산**(dispersive)형이다. 즉 이들은 프리즘이나 회절 격자를 사용하여 IR 광원(발광하는 흑체)에서 방출되는 에너지를 각 진동수별로 분리한다. IR 프리즘은 가시광선을 여러 색으로 분리시키는 유리 프리즘과 같은 방식으로 작동한다. 회절 격자는 IR 복사선을 더 높은 분해능으로 진동수에 따라 분리시킬 수 있는 현대적인 분산 장치이다. 검출기는 시료를 투과한 각 진동수의 에너지양을 측정한다. 이렇게 얻은 스펙트럼은 진동수, 파장, 파수에 대하여 흡광도 또는 % 투광도를 그린 것이다. 이 기술은 여러 해 동안 신뢰성 있는 기술로 사용되었지만 심각한 단점을 가지고 있었다. 첫 번째는 이 분산 기구로 진동수를 바꾸어 가면서 각 진동수별로 측정이 이루어지기 때문에 스펙트럼 하나를 기록하는 데 시간이 많이 걸린다는 것이다. 환경 분석처럼 수백 개의 시료를 조사해야 하는 경우에 측정에 걸리는 시간은 커다란 문제가 된다. 두 번째는 이 방식의 기기는 감도가 매우 낮다는 것이다. 마지막으로, 이 기기는 움직이는 기계 부품들이 많아서 부품이 망가질 수 있다는 것이다.

FT-IR 분광기는 분산형 IR 기기보다 감도가 좋고, 측정 속도가 빠르며, 파장 측정이 정확하다. 이 기기는 **간섭계**(interferometer)라고 하는 광학 기기를 사용하여 모든 IR 진동수를 **동시에** 측정한다. 프리즘이나 회절 격자는 사용하지 않는다. 간섭계는 모든 IR 진동수의 정보를 지닌 독특한 종류의 신호를 생성한다. 이 신호는 매우 빠르게, 보통 1초 이내에 측정될 수 있으므로 FT-IR에서 간편하게 신호들을 평균화할 수 있다.

그림 11.31은 FT-IR 분광기의 개략적인 모습이다. 광원 (a)에서 방출되는 모든 진동수의 IR 복사선을 일부 광선만 투과시키는 평판형 **빛살 분할기**(beam splitter)에 입사시키면, 입사 광선은 두 개의 빛살 b와 c로 갈라진다. 빛살 b는 고정된 평판 거울에서 반사되어 빛살 d를 생성한다. 빛살 c는 움직일 수 있는 평판 거울에서 반사

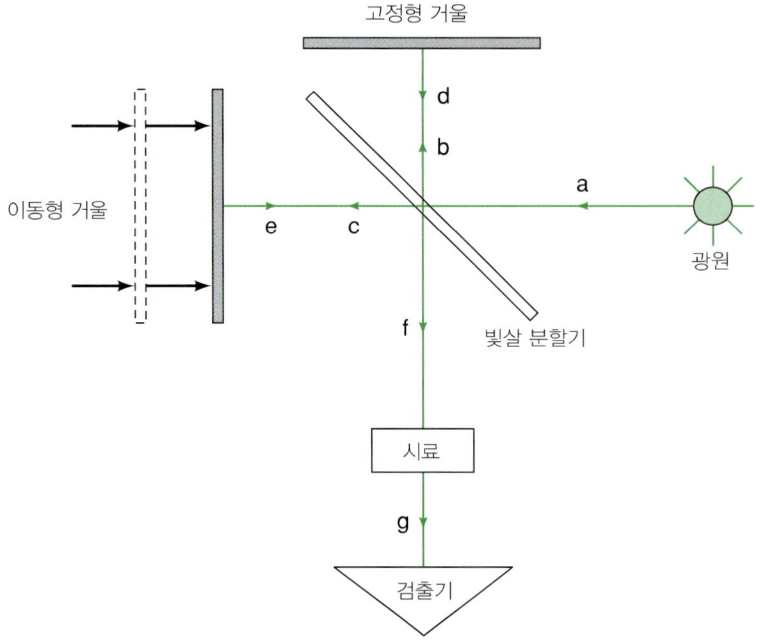

그림 11.31
FT-IR 분광기. 이동형 거울의 이동 거리(수 밀리미터)는 헬륨-네온 레이저(그림에는 표시하지 않았음)로 정확히 측정된다.

되어 빛살 e를 생성한다. 빛살 d와 e는 다시 빛살 분할기에서 만나게 된다. 빛살 분할기를 투과한 빛살 d와 빛살 분할기에서 반사된 빛살 e가 빛살 f로 합쳐진다. 빛살 f는 시료에 입사되고, 시료를 투과된 빛살 g가 검출기에 전달된다.

빛살 분할기에서 갈라진 두 개의 빛살 중에서 하나의 빛살이 이동한 거리(abd)는 고정된 값이지만, 다른 빛살이 이동한 거리(ace)는 거울의 위치가 바뀌면서 계속 바뀐다. 간섭계를 통과한 신호는 이 두 빛살이 서로 '간섭하여' 생성된 것이다.* 간섭계를 통과한 신호를 **간섭그림**(interferogram, 그림 11.32a)이라고 하는데, 이 신호의 각 데이터 값(이동형 거울 위치의 함수)은 광원의 모든 IR 진동수에 관한 정보를 가지고 있다. 따라서 간섭그림을 시료에 통과시키면 모든 진동수를 동시에 측정하게 되는 것이다. 이러한 이유 때문에 FT-IR 분광기는 일반적인 IR 분광기보다 매우 빠르게 스펙트럼을 기록할 수 있다.

간섭그림을 진동수 스펙트럼(각 진동수별로 세기를 표시)으로 변환시키는 수학적인 방법인 Fourier 변환을 자세하게 다루는 것은 이 책의 범위 밖일 것이다. 스펙트럼 밀도(spectral density) $B(\tilde{v})$는 파수의 함수로 측정한 복사선의 세기이다. 한편 빛살 c와 e가 이동한 거리와 빛살 b와 d가 이동한 거리의 차이인 δ의 함수로 측정한 복사선의 세기를 $I(\delta)$라고 하면, 다음 두 식은 검출기에서 측정한 복사선의 세기 $I(\delta)$와 스펙트럼 밀도 $B(\tilde{v})$의 관계식이다.

* 간섭 현상이 가시광선 영역에서 일어나는 예는 비누 거품이나 젖은 길 위의 휘발유 얇은 막에서 다양한 빛이 반사되는 것이다.

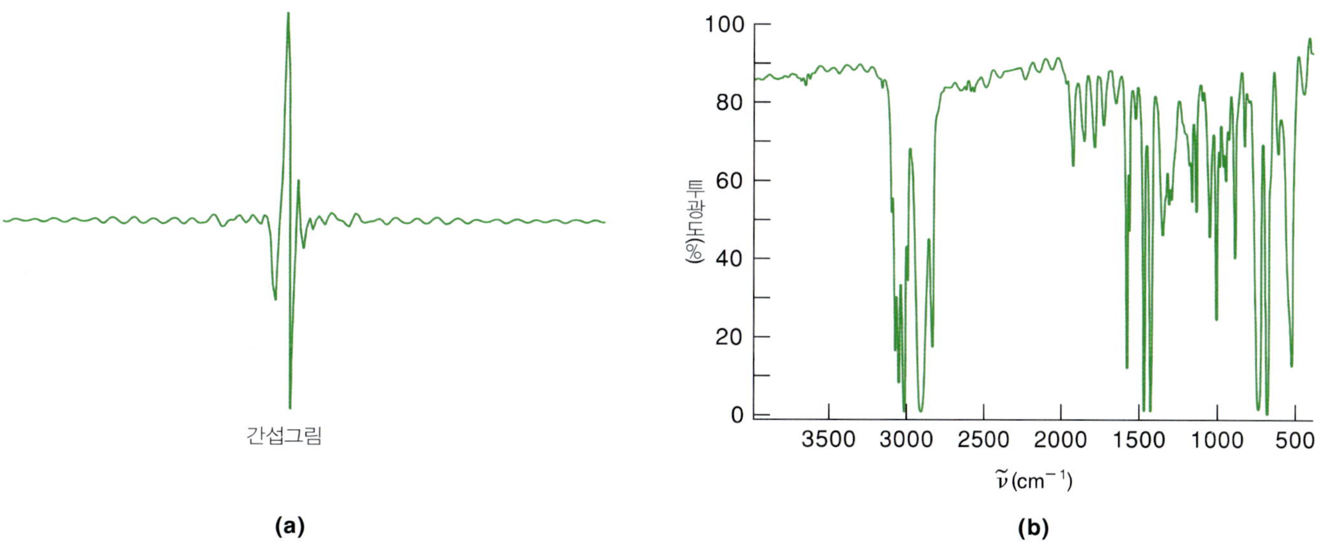

그림 11.32

(a) 필름 형태의 폴리스타이렌의 간섭그림. 그림은 세기를 거리의 함수로 보여 준다. $\delta=0$에서 강한 중앙변동이 일어나는 것에 주의하라. (b) 간섭그림의 Fourier 변환을 통해 %투광도의 변화를 파수의 함수로 그린다(Nicolet Instruments 제공).

$$I(\delta) = \int_{-\infty}^{+\infty} B(\tilde{\nu})\cos(2\pi\tilde{\nu}\delta)\,d\tilde{\nu} \tag{1}$$

$$B(\tilde{\nu}) = \int_{-\infty}^{+\infty} I(\delta)\cos(2\pi\tilde{\nu}\delta)\,d\delta \tag{2}$$

위의 두 식은 서로 변환이 가능하며 Fourier-변환 짝(Fourier-transform pair)이라고 한다. 실제로 측정된 간섭그림 신호를 디지털화하여 컴퓨터에 보내면, 컴퓨터는 식 2에 따라 Fourier 변환시킨다. IR 스펙트럼은 보통 %투광도의 변화를 파수의 함수로 그려서 보여 준다(그림 11.32b).

참고문헌

책

Barrow, G. M., *Introduction to Molecular Spectroscopy*, McGraw-Hill, New York, 1962.

Dunford, H. B., *Elements of Diatomic Molecula Spectra*, Addison-Wesley, Reading, MA, 1968.

Harris, D. C., and M. D. Bertolucci, *Symmetry and Spectroscopy: An Introduction to Vibrational and Electronic Spectroscopy*, Dover, New York, 1989.

Heilbronner, E., and J. D. Dunitz, *Reflections on Symmetry*, VCH Publishers, New York, 1993.

Jaffe, H. H., and M. Orchin, *Symmetry in Chemistry*, Dover, New York, 2002.

Lide, D. R., *CRC Handbook of Chemistry and Physics*, 94th ed., Taylor-Francis / CRC Press, Boca Raton, FL, 2013. 이 귀중한 참고 도서는 새 판이 정기적으로 출판된다.

McQuarrie, D. A., *Quantum Chemistry*, 2nd ed., University Science Books, Sausalito, CA, 2008.

Ratner, M. A., and G. C. Schatz, *Introduction to Quantum Mechanics in Chemistry*, Prentice-Hall, Upper Saddle River, NJ, 2001.

Steinfeld, J. I., *Molecules and Radiation: An Introduction to Modern Molecular Spectroscopy*, 2nd ed., MIT Press, Cambridge, MA, 1985.

Walton, P. H., *Beginning Group Theory for Chemistry*, Oxford University Press, New York, 1998.

논문

일반 분광학

"Demonstration of the Doppler Effect," D. C. Luehrs and J. M. Luehrs, *J. Chem. Educ.* **52**, 567 (1975).

"Einstein Coefficients, Cross Sections, *f* Values, Dipole Moments, and all that," R. C. Hilborn, *Am. J. Phys.* **50**, 982 (1981).

"The Early History of Spectroscopy," N. C. Thomas, *J. Chem. Educ.* **68**, 631 (1991).

"The Beer-Lambert Law Revisited," P. Lykos, *J. Chem. Educ.* **69**, 730 (1992).

"Why Do Spectral Lines Have A Linewidth?," V. B. E. Thomsen, *J. Chem. Educ.* **72**, 616 (1995).

"A Unified Approach to Absorption Spectroscopy at the Undergraduate Level," R. S. Macomber, *J. Chem. Educ.* **74**, 65 (1997).

마이크로파 분광학과 강체 회전자

"Elements of the Quantum Theory: V. The Rigid Rotator," S. Dushman, *J. Chem. Educ.* **12**, 436 (1935).

"An Approximate Wave Mechanical Treatment of the Harmonic Oscillator and Rigid Rotator," R. Rich, *J. Chem. Educ.* **40**, 365 (1963).

"Microwave Absorption Spectroscopy," G. W. Ewing, *J. Chem. Educ.* **43**, A683 (1966).

"Rationalization of the $\Delta J = \pm 1$ Selection Rule for Rotational Transitions," C. T. Moynihan, *J. Chem. Educ.* **46**, 431 (1969).

"Microwave Spectroscopy in the Undergraduate Laboratory," R. H. Schwendeman, H. N. Volltrauer, V. W. Laurie, and E. C. Thomas, *J. Chem. Educ.* **47**, 526 (1970).

"On the Solution of the Quantum Rigid Rotor," C. Pye, *J. Chem. Educ.* **83**, 460 (2006).

"Dinner and a Show," M. Fischetti, *Sci. Am.* November 2008.

적외선 및 Raman 분광학과 조화 진동자

"An Elementary Approach to the Wave-Mechanical Harmonic Oscillator," C. J. H. Schutte, *J. Chem. Educ.* **45**, 567 (1968).

"Resonance Raman Spectroscopy," D. P. Strommen and K. Nakamoto, *J. Chem. Educ.* **54**, 474 (1977).

"Integral of ξ^v Over Harmonic Oscillator Wave Functions," B. D. Joshi, S. E. LaGrou, and D. W. Spooner, *J. Chem. Educ.* **58**, 39 (1981).

"Demonstration of Maxwell Distribution Law of Velocity by Spectral Line Shape Analysis," C. L. Berg and R. Chang, *Am. J. Phys.* **52**, 80 (1984).

"FTIR Rotational Spectroscopy," R. Woods and G. Henderson, *J. Chem. Educ.* **64**, 921 (1987).

"From Quantum Mechanical Oscillators to Classical Ones Through Maximization of Entropy," B. Boulil and O. Henri-Rousseau, *J. Chem. Educ.* **66**, 467 (1989).

"Introduction to a Quantum Mechanical Harmonic Oscillator Using a Modified Particle-in-a-Box Problem," H. F. Blanck, *J. Chem. Educ.* **69**, 98 (1992).

"The Fundamental Rotational-Vibrational Band of CO and NO: Teaching the Theory of Diatomic Molecules," H. H. R. Schor and E. L. Teixeira, *J. Chem. Educ.* **71**, 771 (1994).

"Vibrational Spectroscopy: An Integrated Experiment," B. A. DeGraff, T. C. DeVore, and D. Sauder, *Chem. Educator* [Online] **1**, 6 (1997) DOI 10.1333/s00897970069a.

"Extending the Diatomic FTIR Experiment: A Computational Exercise to Calculate Potential Energy Curves," O. Sorkhabi, W. M. Jackson, and I. Daizadeh, *J. Chem. Educ.* **75**, 238 (1998).

"Raman Spectroscopy of Symmetric Oxyanions," M. G. Comstock and J. A. Gray, *J. Chem. Educ.* **76**, 1272 (1999).

"Educational Applications of IR and Raman Spectroscopy: A Comparison of Experiment and Theory," B. L. McClain, S. M. Clark, R. L. Gabriel, and D. Ben-Amotz, *J. Chem. Educ.* **77**, 654 (2000).

"The Raman Effect: A Large-Scale Lecture Demonstration," G. C. Weaver and R. W. Schwenz, *Chem. Educator* [Online] **6**, 164 (2004) DOI 10.1007/s00897010476a.

"The Effect of Anharmonicity on Diatomic Vibration: A Spreadsheet Simulation," K. F. Lim, *J. Chem. Educ.* **82**, 1263 (2005).

"Observation and Analysis of N_2O Rotation-Vibration Spectra," M. S. Bryant, S. W. Reeve, and W. A. Burns, *J. Chem. Educ.* **85**, 121 (2008).

"Infrared and Raman Spectroscopy: A Discovery-Based Activity for the General Chemistry Curriculum," K. L. Borgsmiller, D. J. O'Connell, K. M. Klauenberg, P. M. Wilson, and C. J. Stromberg, *J. Chem. Educ.* **89**, 365 (2012).

대칭과 군론

"An Introduction to Molecular Symmetry and Symmetry Point Groups," M. Zeldin, *J. Chem. Educ.* **43**, 17 (1966).

"An Introduction to Group Theory for Chemists," J. E. White, *J. Chem. Educ.* **44**, 128 (1967).

"Symmetry," C. A. Coulson, *Chem. Brit.* **4**, 113 (1968).

"Symmetry, Point Groups, and Character Tables. Three Parts," M. Orchin and H. H. Jaffe, *J. Chem. Educ.* **47**, 246 (1970).

"The Use of Group Theory to Determine Molecular Geometry from IR Spectra," C. H. Thomas, *J. Chem. Educ.* **51**, 91 (1974).

"Group Theory: From Common Objects to Molecules," M. Herman and J. Lievin, *J. Chem. Educ.* **54**, 596 (1977).

"Group Theory Calculations of Molecular Vibrations Using Spreadsheets," S. M. Condren, *J. Chem. Educ.* **71**, 487 (1994).

"Applications of Group Theory: Infrared and Raman Spectra of the Isomers of 1,2-Dichloroethylene," N. C. Craig and N. N. Lacuesta, *J. Chem. Educ.* **81**, 1199 (2004).

문제

분광학 용어

11.1 15,000 cm^{-1}를 파장(nm)과 진동수로 환산하시오.

11.2 450 nm를 파수(cm^{-1})와 진동수로 환산하시오.

11.3 다음의 %투광도를 흡광도로 환산하시오. **(a)** 100%, **(b)** 50%, **(c)** 0%

11.4 다음의 흡광도를 %투광도로 환산하시오. **(a)** 0.0, **(b)** 0.12, **(c)** 4.6

11.5 664 nm에서 용질의 몰흡광 계수(molar absorptivity)는 895 L mol^{-1} cm^{-1}이다. 이 용질의 용액을 2.0 cm 용기에 담아 같은 파장의 빛을 통과시키면 74.6%의 빛이 흡수된다. 용액의 농도를 계산하시오.

11.6 분자가 복사 에너지를 흡수하면 들뜬 상태의 분자가 된다. 충분한 시간이 주어진다면 시료의 모든 분자들이 들떠서 더 이상 흡수가 일어나지 않을 것이라고 생각할 수 있다. 그러나 실제로 시료의 흡광도는 어느 파장에서든지 시간이 지나도 변하지 않는다. 그 이유를 서술하시오.

11.7 전자 상태가 들뜬 분자의 평균 수명은 1.0×10^{-8} s이다. 복사선의 방출이 610 nm에서 일어났을 때, 진동수의 불확정성($\Delta\nu$)과 파장의 불확정성($\Delta\lambda$)을 계산하시오.

11.8 액체 상태에서의 분자 충돌 진동수는 대략 1×10^{13} s^{-1}이다. 선너비와 관련된 다른 모든 메커니즘은 무시하고 다음 조건에서의 진동 전이의 너비(Hz)를 계산하시오 **(a)** 모든 충돌이 분자를 진동적으로 안정화하는 데 효과적이다. **(b)** 40번 중 한 번의 충돌이 분자를 진동적으로 안정화하는 데 효과적이다.

11.9 Doppler 효과로 널리 알려진 흡수선에 대한 연구는 반높이 선너비 $\Delta\lambda$를 다음과 같이 설명한다.

$$\Delta\lambda = 2\left(\frac{\lambda}{c}\right)\left(\frac{k_B T}{m}\right)^{1/2}$$

여기에서 c는 빛의 속도, T는 온도(켈빈 단위), m은 전이와 관계된 화학종의 질량이다. 태양의 코로나는 이온화된 ^{57}Fe 원자(몰질량: 0.0569 kg mol^{-1})를 포함하고 있기 때문에 677 nm의 스펙트럼선을 방출한다. 만일 선의 너비가 0.053 nm라면 코로나의 온도는 얼마인가?

11.10 잘 알려져 있는 소듐의 노란색 D선은 실제 589.0 nm와 589.6 nm의 이중선이다. 이들 두 선 사이의 에너지 차이를 J 단위로 계산하시오. 계산 결과를 cm^{-1}로 환산하시오.

11.11 UV-가시광선 스펙트럼을 낮은 온도에서 측정하면 분해능을 높일 수 있다. 그 이유를 설명하시오.

11.12 스펙트럼선의 너비를 수명에 따른 넓어짐 때문에 생긴 결과라고 가정하고, 너비가 **(a)** 1.0 cm^{-1}, **(b)** 0.50 Hz일 때 그 상태의 수명을 계산하시오.

11.13 어떤 파장의 빛을 0.16 *M* 용액이 담긴 1.0 cm 용기에 통과시켰을 때 빛의 86%가 흡수되었을 경우, 용질의 몰흡광 계수를 계산하시오.

11.14 어떤 유기 화합물을 벤젠에 녹인 용액의 몰흡광 계수가 422 nm에서 1.3×10^2 L mol^{-1} cm^{-1}이다. 0.0033 *M*의 용액을 1.0 cm 용기에 넣고 422 nm의 빛을 통과시켰을 때 빛의 세기가 줄어드는 정도를 백분율로 구하시오.

11.15 묽은 시료를 NMR에서 1번 주사(scan)한 결과 신호 대 잡음비(S/N)가 1.8로 나타났다. 만약 각 주사가 8.0분 걸릴 경우, S/N비가 20인 스펙트럼을 생성하기 위해서 최소 몇 번을 주사해야 하는지 계산하시오.

11.16 파장이 1064 nm인 광자의 에너지보다 네 배의 에너지를 갖는 광자의 파장은 얼마인가?

11.17 다음 주어지는 전자기 복사원에 대해 진동수(Hz), 파수(cm^{-1}), 에너지(*e*V), 전자기 스펙트럼의 영역(IR, vis, 등)을 나열하시오. **(a)** 진동수 두 배로 된 Nd:YAG 레이저의 532 nm, **(b)** 10.6 μm에서의 CO_2 레이저, **(c)** 1.23 cm에서의 클라이스트론(klystron), **(d)** Cu 원자 K_α 방출에 의한 154.1 pm의 전자기파, **(e)** NMR에 쓰이는 파장이 1.5 m인 진동자

마이크로파 분광학과 강체 회전자

11.18 다음 주어지는 분자 중에서 마이크로파 활성인 것을 고르시오. **(a)** C_2H_2, **(b)** CH_3Cl, **(c)** C_6H_6, **(d)** CO_2, **(e)** H_2O, **(f)** HCN

11.19 이원자 강체 회전자의 $J=7$ 회전 에너지 준위에 대한 미분화도는 얼마인가?

11.20 어떤 이원자 분자의 $J=3 \leftarrow 4$ 전이가 0.50 cm^{-1}에서 나타났다. 이 분자를 강체 회전자라고 가정하고 $J=7 \leftarrow 6$ 전이가 나타나는 파수를 구하시오.

11.21 온도가 T일 때 이원자 강체 회전자에서, 가장 많은 분자가 속한(점유도가 가장 높은) 회전 에너지 준위의 J 값을 나타내는 식을 유도하시오. 유도된 식을 25°C의 HCl($\tilde{B}$ = 10.59 cm^{-1})에 적용시켜 확인하시오(Hint: 미분화를 포함해야 한다).

11.22 일산화 질소($^{14}N^{16}O$)의 평형 결합 길이는 1.15 Å이다. **(a)** NO의 관성 모멘트를 구하시오. **(b)** $J=1 \leftarrow 0$ 전이에 필요한 에너지를 구하시오. **(c)** $J=1$ 준위에 있는 분자가 1초에 회전하는 횟수를 구하시오.

11.23 분자 HD($^{1}H^{2}H$)가 마이크로파 영역에서 흡수선을 가지고 있을지 판단하고, 판단의 근거를 서술하시오.

11.24 전자기 스펙트럼의 마이크로파 영역에서 어떤 이원자 분자의 단일 흡수선이 관측되었다. 이러한 사실은 분자의 결합 길이를 결정하는 데 충분한 정보인지를 판단하고 근거를 서술하시오.

11.25 분자 HF의 순수 회전 스펙트럼은 간격이 41.878 cm^{-1}인 여러 개의 흡수선으로 이루어져 있다. 이 분자의 결합 길이를 계산하시오.

11.26 예제 11.1에서 CO의 원자 간 거리를 계산하였다. 동위 원소로 순수한 $^{12}C^{16}O$의 경우 더 정확한 흡수선 간격 값은 1.15270×10^{11} Hz이다. 동위 원소 치환에 의한 결합 길이의 변화가 없다고 가정하고 $^{13}C^{16}O$의 흡수선 간격 값을 예측하시오. $^{12}C^{18}O$에 대해서도 같은 계산을 하시오. 다음 상대 원자량을 활용하시오. ^{12}C = 12.000000, ^{13}C = 13.003355, ^{16}O = 15.994915, ^{18}O = 17.999160

적외선 분광학과 조화 진동자

11.27 다음 주어진 분자들 중 IR 활성인 것을 고르시오. **(a)** N_2, **(b)** HBr, **(c)** CH_4, **(d)** Xe, **(e)** H_2O_2, **(f)** NO

11.28 다음 주어진 분자들의 기본 진동 모드 수를 구하시오. **(a)** O_3, **(b)** C_2H_2, **(c)** CBr_4, **(d)** C_6H_6

11.29 IR 비활성인 BF_3 분자의 기본 진동 모드를 그리시오.

11.30 질량이 500 g인 물체가 고무줄에 매달려 진동수 4.2 Hz로 진동하고 있다. 이 고무줄의 힘상수를 계산하시오.

11.31 일산화 탄소의 기본 진동수는 2143.3 cm^{-1}이다. 탄소−산소 결합의 힘상수를 계산하시오.

11.32 분자가 영점 에너지를 가지지 않는다면 $v=1 \leftarrow 0$ 전이가 가능할지 판단하시오.

11.33 IR 스펙트럼에서 고온 띠(hot band)가 나타나는 조건은 무엇인가?

11.34 **(a)** 이황화 탄소(CS_2), **(b)** 황화 카보닐(OCS)의 기본 진동 모드를 모두 설명하고, IR 활성인 것을 고르시오.

11.35 총 9,272개의 원자로 이루어진 헤모글로빈 분자의 진동 운동 자유도 수를 구하시오.

11.36 다음 중 기본 진동수가 가장 큰 분자를 고르시오. H_2, D_2, HD. ($D={}^2H$)

11.37 $D^{35}Cl$ 진동의 기본 진동수는 $\tilde{\nu}=2081.0\ cm^{-1}$이다. 힘상수 k를 계산하고, 이 값을 예제 11.2에서 구한 $H^{35}Cl$의 힘상수와 비교해 보시오. 그리고 이 결과에 대하여 간단히 설명하시오.

11.38 분자 $H^{79}Br$의 힘상수는 405.7 N m^{-1}이다. $H^{79}Br$이 흡수하는 적외선의 파수를 구하시오.

11.39 전자기 스펙트럼의 적외선 영역에서 어떤 이원자 분자의 단일 흡수선이 관측되었다. 이러한 사실은 분자의 결합 길이를 결정하는 데 충분한 정보인가? 분자의 힘상수를 결정하는 충분한 정보인가? 그 근거를 설명하시오.

11.40 2-프로펜나이트릴 분자의 IR 스펙트럼이 그림 11.25에 주어져 있다. 300 K에서 충분히 많은 분자수가 속한 에너지 준위의 수가 가장 많은 것은 다음 중 어떤 종류의 분자 운동인가? 전자 에너지 준위, C−H 신축 진동, C=C 신축 진동, HCH 굽힘 운동, 회전 운동

Raman 분광학

11.41 SO_2 분자에 대해서 다음 진동 방식이 Raman 활성인지, 금지인지를 확인하시오. **(a)** 굽힘, **(b)** 대칭 신축, **(c)** 비대칭 신축

11.42 BeH_2 분자에 대해서 다음 진동 방식이 Raman 활성인지, 금지인지를 확인하시오. **(a)** 굽힘, **(b)** 대칭 신축, **(c)** 비대칭 신축. 이 결과를 위의 문제의 결과와 비교하시오.

11.43 Raman 산란 단면적이 분자 진동에 따르는 편극도 변화에 비례한다고 하면, 일련의 동핵 이원자 분자 F_2, Br_2, Cl_2, I_2에 대해서 Raman 산란 세기의 경향을 예측하시오. C_2, N_2, O_2, F_2에 대해서 Raman 산란 단면적의 경향을 예측하시오.

11.44 Stokes Raman 산란빛이 anti-Stokes Raman 산란빛보다 더 밝은 이유를 설명하시오.

11.45 Raman 이동(Raman shifting)이라고 알려진 실험 방법에서는, Raman 산란을 이용하여 레이저 광원에서 나오는 빛의 스펙트럼을 확장할 수 있다. 고압의 $H_2(g)$로 채워진 기체 셀에 레이저의 초점을 맞추면, H_2 진동수(4155 cm^{-1})의 정수배 만큼 바뀐 Stokes와 anti-Stokes 빛이 방출된다. 532 nm에서 작동하는 Nd:YAG 레이저에 대하여, 처음 세 개의 Stokes와 anti-Stokes 선의 파장을 계산하시오. 전자기 스펙트럼의 가시광선 영역에 있는 선이 있는가? 있다면 무슨 색깔인가?

11.46 633 nm HeNe 레이저를 992 cm^{-1}의 강한 진동 모드를 가지고 있는 벤젠 액체 시료에 조사하였다. 세 종류의 산란(Rayleigh, Stokes Raman, anti-Stokes Raman) 빛에 대해서 파장의 절댓값과 상대적인 세기를 구하시오.

11.47 수은 램프는 분리된 여러 파장의 빛을 내기 때문에 분광학에서 많이 사용된다. 수은에서 발생하는 전자기파는 자외선 광원, 표준 광원, Raman 산란을 위한 들뜸 광원 등으로 사용되었다. 수은 램프의 435.83 nm 빛을 순수한 액체 CCl_4 시료에 조사하였을 때, 산란된 빛은 447.57, 442.19, 440.05 nm 등에서 관찰되었다. 여기서 관찰되는 산란된 빛은 CCl_4의 어떤 진동 파수에 해당하는가?

11.48 Raman 분광법에서는, 다색광 또는 흑체 복사선(텅스텐 필라멘트 전구 같은)을 사용하지 않고 단색광을 사용하는 이유는 무엇인가?

추가 연습문제

11.49 전형적인 회전 전이의 파수는 1 cm^{-1} 수준이고, 전형적인 진동 전이의 파수는 1000 cm^{-1} 수준이다. 전형적인 회전 전이와 진동 전이에 대한 에너지를 kJ mol^{-1} 단위로 계산하시오. 회전 주기(한 번 회전을 하기 위해서 필요한 시간)와 진동 주기를 비교하시오.

11.50 이 문제는 바닥 상태에 있는 이원자 분자의 진동 진폭과 관련되어 있다. **(a)** 분자가 평형 거리에서 x 만큼 늘어났을 때, 퍼텐셜 에너지의 증가는 다음과 같은 적분으로 주어진다.

$$\int_0^x kx\, dx$$

여기서 k는 힘상수이다. 이 적분을 계산하시오. **(b)** 바닥 상태의 진동 에너지와 퍼텐셜 에너지를 같다고 놓고 진동의 진폭을 구하시오. 여기서 최대 변이를 x_{max}로 놓으시오. **(c)** $H^{35}Cl$의 힘상수를 4.84×10^2 N m^{-1}로 놓고 $\upsilon = 0$ 상태의 진동 진폭을 구하시오. **(d)** 진폭은 결합 길이(1.27 Å)의 몇 %인지 구하시오. **(e)** 일산화 탄소의 힘상수는 1.85×10^3 N m^{-1}이고, 결합 길이는 1.13 Å($^{35}Cl = 34.97$ amu)이다. 일산화 탄소에 대하여 **(c)**와 **(d)**를 구하시오.

11.51 일산화 탄소-헤모글로빈 착화합물의 IR 스펙트럼은 약 1950 cm^{-1}에서 피크 1개를 보이는데, 이것은 카르보닐기의 신축 진동 때문이다. **(a)** 이 값을 CO 분자의 기본 진동수 값인 2134.3 cm^{-1}과 비교하고 그 차이를 설명하시오. **(b)** 이 진동수를 kJ mol^{-1} 단위로 바꾸시오. **(c)** 이 스펙트럼에 단 하나의 띠만 나타난다는 사실로부터 얻을 수 있는 결론은 무엇인가?

11.52 C_{60} 분자[풀러렌은 '버키볼(Buckyball)'로도 알려져 있는데 미국의 발명가 R. Buckminster Fuller (1895~1983) 이름에서 따온 것이다]의 전자 흡수 스펙트럼을 예측하기 위해서는 다음 중 어느 모형을 사용하는 것이 처음 세 개의 전이를 가장 잘 설명할 것으로 예측되는가? 그 이유를 설명하시오. 고리 위 입자, 강체 회전자, 조화 진동자, 상자 속 입자

11.53 마이크로파 분광법은 물 이합체 같은 van der Waals 복합체의 평형 구조를 결정하는 데 사용되어 왔다. 어떻게 마이크로파 분광법이 물 이합체의 여러 가능한 구조를 구별할 수 있었는지 설명하시오. 최소한 세 개의 가능한 구조를 그리시오. 그중 가장 가능성이 높은 구조를 지적하고 이유를 설명하시오.

11.54 절대 영도에서도 분자가 진동하는 이유를 설명하시오.

11.55 란타넘족 원소들은 실험실 조건에서 기체 상태 이원자 수소화물과 이원자 산화물을 형성한다. 이원자 란타넘족 수소화물과 이원자 란타넘족 산화물의 적외선 흡수 스펙트럼과 마이크로파 흡수 스펙트럼을 비교하고 차이점을 설명하시오.

11.56 들뜬 진동 상태의 회전 상수 B'는 바닥 상태 회전 상수 B''보다 큰가, 같은가, 작은가? 그렇게 생각한 이유를 설명하시오.

11.57 들뜬 진동 상태($v'=1$)에 있는 이원자 분자의 진동수는 바닥 진동 상태($v''=0$) 진동수보다 큰가, 같은가, 작은가? 그렇게 생각한 이유를 설명하시오.

11.58 진동수는 그 분자가 어떤 회전 상태에 있는가에 영향을 받는가? 설명하시오.

11.59 작은 유기 분자에서 수소 원자(−H)가 메틸기(−CH_3)로 바뀌면 기준 진동 방식은 몇 개가 늘어나는가? 회전 모드는 몇 개가 늘어나는가?

11.60 다음 함수들이 우함수인지, 기함수인지, 둘 다 아닌지 판별하시오. **(a)** $f(x)=$상수, **(b)** $f(x)=-x$, **(c)** $f(x)=\sin(x)$, **(d)** $f(x)=\cos(x)$, **(e)** $f(x)=\sin(x)\cos(x)$, **(f)** $f(x)=3\cos^2(x)-1$, **(g)** $f(x)=\sin^2(x)e^{2ix}$

11.61 최근에야 테라헤르츠(terahertz) 복사선을 만들어 내고 검출하는 것이 가능해졌기 때문에, 테라헤르츠 분광법은 상대적으로 새로운 연구 분야이다. 많은 물체들이 테라헤르츠 복사선을 투과하기 때문에 이

미징 분야에 이용될 수 있다. 예를 들어 테라헤르츠 복사선은 옷을 '꿰뚫어 보고' 무기를 찾아낼 수 있으며, 시리얼 상자를 투과하여 건포도 밀기울 중 건포도를 찾아내는 데 쓰인다. **(a)** 'T선(T ray)'의 진동수가 1 THz(1×10^{12} s^{-1})일 때 파장과 파수를 계산하시오. **(b)** 전자기 스펙트럼에서 마이크로파, IR, 가시광선, UV 복사선의 어느 영역에 해당하는가? **(c)** 테라헤르츠 복사선으로 들뜨게 할 수 있는 분자 운동은 어떤 종류인지 설명하시오.

11.62 다음 분자에 대한 분자 회전 모형에는 몇 개의 다른 회전 양자수가 필요한가? **(a)** NO, **(b)** CH_4, **(c)** CH_3Cl, **(d)** CO_2, **(e)** SO_2, **(f)** OCS, **(g)** SF_6, **(h)** SF_4

11.63 마이크로파 흡수 분광법 외에도, 회전 Raman 분광법으로 알려진 빛산란 방법으로 회전 에너지 준위를 조사할 수 있다. 회전 Raman은 회전 에너지 준위와 두 개의 광자가 상호 작용하고 각 광자가 한 단위의 각운동량을 가지고 있다. 회전 Raman 분광법의 선택 규칙을 예측하시오(Hint: 이 답은 양자수 J의 변화가 허용되는 전이에 대해서만 적용된다).

11.64 다음 수소 분자의 동위 원소 이성질체를 영점 에너지가 커지는 순서로 나열하시오. 그러고 나서 해리 에너지가 커지는 순서로 나열하시오. 모든 동위 원소 이성질체는 같은 퍼텐셜 에너지 표면을 가진다고 가정하시오. H_2, HD, D_2, HT, T_2, DT. (H $= {}^1$H, D $= {}^2$H, T $= {}^3$H이다.)

11.65 분자식이 XY_2인 선형 분자의 경우, 가능한 두 구조 X−Y−Y와 Y−X−Y를 진동 분광법으로 구별할 수 있는지 설명하시오.

11.66 작은 분자에서 동위 원소로 치환하면 진동 모드의 진동수가 달라지기 때문에 이 방법으로 특정 진동 모드를 추적할 수 있다. ^{2}H로 ^{1}H를 치환하는 것과 ^{13}C로 ^{12}C를 치환하는 것 중 어느 것이 더 큰 진동수 변화를 보일 것인가? 그 이유를 설명하시오.

11.67 강체 회전자가 바닥 상태에 있을 때 그 운동 에너지는 0이다. Heisenberg 불확정성 원리를 이용하여 이 사실을 해석하시오.

11.68 Raman 분광법과 IR 분광법으로 오쏘-, 메타-, 파라-다이클로로벤젠 이성질체를 구별하는 방법을 설명하시오.

11.69 결맞는 anti-Stokes Raman 산란(CARS; Coherent Anti−Stokes Raman Scattering)은 내연 기관(자동차 엔진 등)에서 기체의 온도를 조사하는 데 사용되어 왔다. CARS에 대한 문헌 조사를 통해서 이 방법이 일반적인 Raman 분광법이나 적외선 분광법에 비해 어떤 장점을 가지고 있는지 설명하시오.

11.70 강체 회전자는 다음 파동 함수로 나타낼 수 있다.

$$\psi(\theta,\phi) = \left(\frac{15}{8\pi}\right)^{1/2} \sin\theta\cos\theta\, e^{-i\phi}$$

이 파동 함수에서 양자수 ℓ과 m_ℓ에 해당되는 것은 무엇인가? 이 파동 함수로 설명되는 강체 회전자의 에너지, 각운동량의 크기, 각운동량의 z축 성분은 무엇인가? 여러분의 답을 $\hbar$와 I(관성 모멘트)로 나타내시오.

11.71 적외선과 Raman 모두 비활성인 진동 모드가 가능할까? (Hint: 그런 진동 모드를 가지고 있는 분자가 있다면 지표표가 어떤 모양이 될지 생각해 보시오. 무엇이 모자랄까?)

11.72 ρ_λ와 ρ_ν의 단위에 대해서 차원 분석을 하시오(Hint: 식 10.5와 식 11.14 참조).

12장 원자의 전자 구조

물리학과 화학의 법칙에 대한 수학적 이론은 거의 완벽하게 정립되었다고 할 수 있다. 다만 문제는 이들 법칙을 적용한 방정식이 너무 복잡하여 풀리지 않는다는 것이다.

P. A. M. *Dirac, Proc. Roy. Soc.*, A123, 714 (1929)

이제 1900년경에 고전 물리학자들이 설명할 수 없었던 실험적 관찰 사실 중의 하나인 원자 방출로 돌아오자. 수소 원자의 방출 스펙트럼은 Bohr 이론(10.5절)으로 설명되었으나, Bohr 이론은 한 개보다 더 많은 전자를 갖는 원자나 이온의 거동은 설명할 수 없었다. 이 장에서는 Schrödinger 방정식을 사용하여 수소 원자 구조를 설명하고자 한다. 다전자 원자의 경우에는 정확한 답이 구해지지 않기 때문에, 근사적으로 답을 구할 수 있는 방법에 대해 공부하게 된다.

12.1 수소 원자

가장 간단한 원자인 수소 원자는 전자 한 개와 양성자 한 개로 이루어진 시스템이다. 앞에서 단순한 다른 계에 대해 적용했던 것처럼, Schrödinger 방정식을 사용하여 수소 원자의 에너지와 파동 함수를 구하게 된다. 수소 원자는 3차원이기 때문에, 전자에 대한 파동 함수는 x, y, z 좌표의 함수로 주어진다. 핵은 공간에 고정되어 있다고 가정하면, 계의 운동 에너지는 전자의 운동에 의해서만 결정된다.

이 문제는 고정된 핵의 기준틀에서 다룬다. 더 정확하게 다루려면 기준틀로서 질량 중심을 사용한다.

운동 에너지 연산자는 상자 속 입자, 조화 진동자, 강체 회전자에서 사용한 것과 같다. 퍼텐셜 에너지는 전자와 핵 사이의 Coulomb 상호 작용으로, $-e^2/4\pi\varepsilon_0 r$로 주어진다. 여기서 e는 전자의 전하, r은 전자와 핵 사이의 거리, ε_0는 진공에서의 유전율이다. 시간-독립 Schrödinger 파동 방정식은 다음과 같이 주어진다.

$$\hat{H}\psi = E\psi$$

$$(\hat{K} + \hat{V})\psi = E\psi$$

$$\frac{-\hbar^2}{2m_e}\nabla^2\psi - \frac{e^2\psi}{4\pi\varepsilon_0 r} = E\psi \tag{12.1}$$

여기서 m_e는 전자의 질량이다. 인력은 구형 대칭성(즉 r에만 의존)을 가지므로, 이 계는 **중심력 문제**(central force problem)로 알려져 있다. 직교 좌표계 (x, y, z)를 사용하는 것은 식 12.1의 해가 이들 변수로 분리되지 않기 때문에 불편하다. 따라서 강체 회전자의 Schrödinger 방정식에서 했던 것처럼 식 12.1을 **구면 극좌표계**(r, θ,

ϕ)로 나타낸다(그림 11.9 참조). 구면 극좌표계로의 변환 과정은 매우 길지만 단순한 계산이다. 이 변환을 통해 식 12.1을 다음과 같이 다시 적을 수 있다.

$$\frac{-\hbar^2}{2m_e}\left[\frac{1}{r^2}\frac{\partial}{\partial r}\left(r^2\frac{\partial}{\partial r}\right)+\frac{1}{r^2\sin\theta}\frac{\partial}{\partial\theta}\left(\sin\theta\frac{\partial}{\partial\theta}\right)+\frac{1}{r^2\sin^2\theta}\left(\frac{\partial^2}{\partial\phi^2}\right)\right]\psi-\frac{e^2\psi}{4\pi\varepsilon_0 r}=E\psi \quad (12.2)$$

세 개의 변수로 이루어진 이 방정식은 완벽하게 풀리는데, 여기에서는 그 결과만을 다루기로 한다. 2차원의 상자 속 입자(10.10절)에서 했던 것처럼 변수들을 분리할 수 있고, 전체 파동 방정식은 세 개의 단일 좌표 함수들의 곱으로 쓸 수 있다고 가정한다.

$$\psi(r,\theta,\phi)=R(r)\Theta(\theta)\Phi(\phi) \quad (12.3)$$

따라서 ψ는 두 개의 독립된 함수, 즉 파동 함수의 **방사 방향 부분**(radial part)인 $R(r)$과 **각도 부분**(angular part)인 $\Theta(\theta)\Phi(\phi)$의 곱으로 주어진다.

식 12.2의 해가 간단한 함수는 아니다(nontrivial).* 그러나 이 해가 정수의 양자수로 결정되는, 양자화된 파동 함수라는 것은 놀라운 결과는 아니다. 수소 원자에 대한 파동 함수의 각도 부분은 강체 회전자와 같은 형태를 띤다. 이것은 구면 조화 함수(11.2절 참조)로 알려진 함수들의 집합이다.

$$\Theta(\theta)\Phi(\phi)=Y_\ell^{m_\ell}(\theta,\phi) \quad (12.4)$$

여기서 $\ell=0, 1, 2, \ldots$이고 $m_\ell=0, \pm1, \pm2, \ldots, \pm\ell$이다. 강체 회전자의 경우처럼 양자수 m에 아래 첨자 ℓ을 더하였다. 수소 원자의 Schrödinger 방정식에 대한 완전한 해는 세 양자수 n, ℓ, m_ℓ로 기술되는 일련의 함수들로 이루어져 있다.

$$\psi_{n,\ell,m_\ell}(r,\theta,\phi)=\underbrace{R_{n\ell}(r)}_{\text{방사 방향 부분}}\underbrace{Y_\ell^{m_\ell}(\theta,\phi)}_{\text{각도 부분}} \quad (12.5)$$

파동 함수의 방사 방향 부분은 다음 절에서 설명한다. ψ는 세 개의 공간 좌표의 함수이기 때문에 시간-독립 방정식의 해는 세 개의 양자수를 가질 것으로 예상할 수 있다. 원자의 파동 함수를 오비탈(orbital)이라고 하며, 이 양자수로 나타낼 수 있다. 이 양자수들은 다음 값들을 가질 수 있다.

$$n=1, 2, 3, \ldots \quad (12.6a)$$

$$\ell=0, 1, 2, \ldots, (n-1) \quad (12.6b)$$

$$m_\ell=0, \pm1, \pm2, \ldots, \pm\ell \quad (12.6c)$$

주양자수(principal quantum number) n은 파동 함수의 크기와 전자의 에너지를 결정한다. **방위 양자수**(azimuthal quantum number) 또는 **오비탈 각운동량 양자수**(orbital angular momentum quantum number) ℓ은 파동 함수의 모양을 결정한다. 마지막으

* 식 12.2의 해에 대한 상세한 논의는 뒤의 참고문헌에 열거되어 있는 물리화학 교재를 참조하라.

로, **자기 양자수**(magnetic quantum number) m_ℓ은 각운동량의 z 성분을 나타내는데, 공간에서의 파동 함수 배향을 결정한다. 이 양자수들이 수소 원자에 있는 전자를 설명하기 위하여 어떻게 사용되는지 뒤에 더 자세하게 다룰 것이다.

주어진 n 값을 가진 모든 오비탈들은 하나의 **껍질**(shell)을 형성한다. 이 껍질들은 대문자로 표시한다.

n:	1	2	3	4	5	6	…
껍질의 이름:	K	L	M	N	O	P	…

같은 n 값을 가지나 다른 ℓ값을 가지는 오비탈들은 주어진 껍질의 **부껍질**(subshell)을 형성한다. 이 부껍질들은 일반적으로 다음과 같이 소문자 s, p, d, ...로 표시한다.

ℓ:	0	1	2	3	4	5	…
부껍질의 이름:	s	p	d	f	g	h	…

따라서 $n=2$이고 $\ell=1$이면 $2p$ 부껍질이고, 이것의 세 오비탈($m_\ell=+1, 0, -1$에 해당하는)은 $2p$ 오비탈이라고 한다. 글자들의 특이한 순서(s, p, d, f)는 역사적인 기원을 가진다. 원자 방출 스펙트럼을 연구한 물리학자들은 관찰된 스펙트럼선을 선이에 관련된 특정한 에너지 상태와 관련지으려고 하였다. 그들은 선들 중의 어떤 것은 선명하고(*s*harp), 어떤 것은 좀 더 퍼져 있는 것(*d*iffuse)에 주목하였다. 또 어떤 것은 매우 강해서 주요한(*p*rincipal) 선이라 불렸다. 이후로 각 특징의 첫 글자를 에너지 상태들에 부여되었다. 그러나 글자 f(*f*undamental)부터는 알파벳 순으로 오비탈의 이름을 정하였다.

12.2 방사 방향 분포 함수

수소 원자의 Schrödinger 방정식의 방사 방향 부분 $R_{n\ell}(r)$에 대한 해는 이전 수학자들이 구해 놓은 결과를 이용할 수 있다. $R_{n\ell}(r)$은 associated Laguerre 다항식 $L_{n+\ell}^{2\ell+1}(x)$[프랑스의 수학자 Edmond Nicolas Laguerre(1834~1886)의 이름에서 따옴]에 연관된 일련의 함수로 얻어진다.

$$R_{n\ell}(r) = \underbrace{N_{n\ell}}_{\text{정규화 상수}} \times \underbrace{r^\ell e^{-r/na_0}}_{\text{지수 부분}} \times \underbrace{L_{n+\ell}^{2\ell+1}\left(\frac{2r}{na_0}\right)}_{\text{Associated Laguerre 다항식}} \tag{12.7}$$

처음 몇 개의 associated Laguerre 다항식을 살펴보면 이들이 x에 대한 다항식이라는 것을 알 수 있다(표 12.1). x를 $2r/na_0$로 치환하여 방사 방향 함수 $R_{n\ell}(r)$을 얻을 수 있다. 여기서 a_0는 Bohr 반지름이고 n은 주양자수이다. $R_{n\ell}(r)$은 양자수 n과 ℓ에 따라 달라지지만, 양자수 m_ℓ에는 의존하지 않는다.

a_0는 Bohr 반지름(0.529 Å)임.

표 12.1 처음 몇 개의 associated Laguerre 다항식[a]

n	ℓ	associated Laguerre 다항식 $L_{n+\ell}^{2\ell+1}(x)$
1	0	$L_1^1(x) = -1$
2	0	$L_2^1(x) = -2(2-x)$
2	1	$L_3^3(x) = -6$
3	0	$L_3^1(x) = -6(3-3x+\frac{1}{2}x^2)$
3	1	$L_4^3(x) = -24(4-x)$
3	2	$L_5^5(x) = -120$
		$L_n^k(x) = \sum_{m=0}^{n}(-1)^m \frac{(n+k)!}{(n-m)!(k+m)!m!}x^m$

[a] Laguerre 다항식이 수소 원자 파동 함수에 사용될 때 $x=2r/na_0$이다. 여기서 a_0는 Bohr 반지름이다[D. A. McQuarrie and J. D. Simon, *Physical Chemistry: A Molecular Approach*, University Science Books, Sausalito, CA (1997)에서 인용].

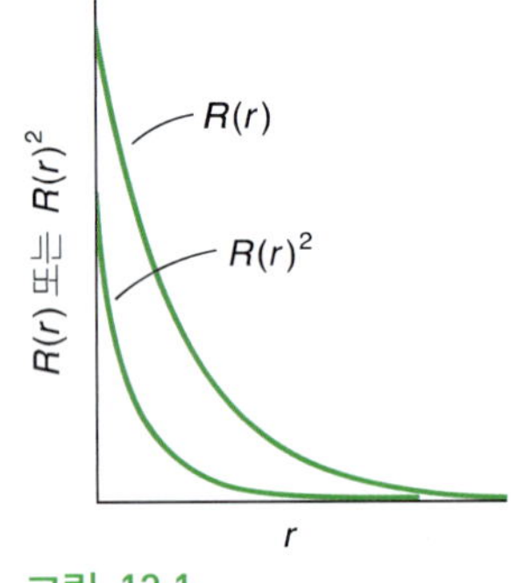

그림 12.1
수소 1s 오비탈의 r에 대한 $R(r)$과 $R(r)^2$의 도표

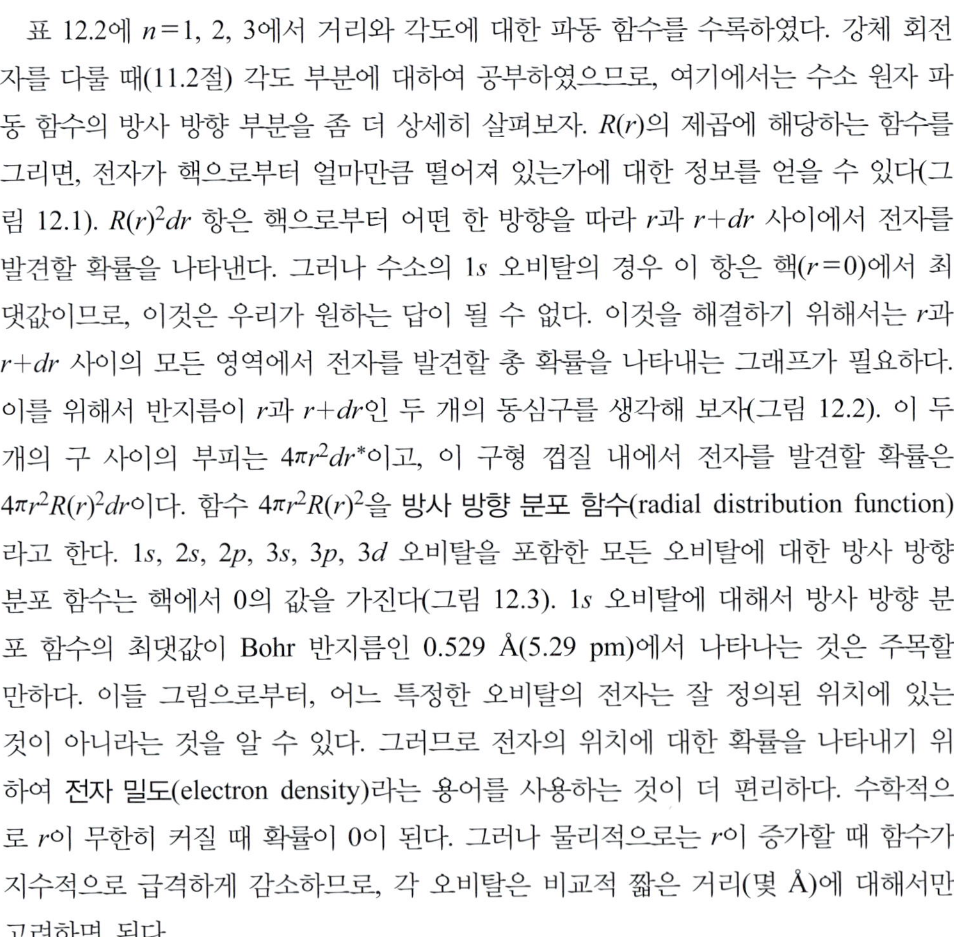

표 12.2에 $n=1$, 2, 3에서 거리와 각도에 대한 파동 함수를 수록하였다. 강체 회전자를 다룰 때(11.2절) 각도 부분에 대하여 공부하였으므로, 여기에서는 수소 원자 파동 함수의 방사 방향 부분을 좀 더 상세히 살펴보자. $R(r)$의 제곱에 해당하는 함수를 그리면, 전자가 핵으로부터 얼마만큼 떨어져 있는가에 대한 정보를 얻을 수 있다(그림 12.1). $R(r)^2dr$ 항은 핵으로부터 어떤 한 방향을 따라 r과 $r+dr$ 사이에서 전자를 발견할 확률을 나타낸다. 그러나 수소의 1s 오비탈의 경우 이 항은 핵($r=0$)에서 최댓값이므로, 이것은 우리가 원하는 답이 될 수 없다. 이것을 해결하기 위해서는 r과 $r+dr$ 사이의 모든 영역에서 전자를 발견할 총 확률을 나타내는 그래프가 필요하다. 이를 위해서 반지름이 r과 $r+dr$인 두 개의 동심구를 생각해 보자(그림 12.2). 이 두 개의 구 사이의 부피는 $4\pi r^2dr$*이고, 이 구형 껍질 내에서 전자를 발견할 확률은 $4\pi r^2R(r)^2dr$이다. 함수 $4\pi r^2R(r)^2$을 **방사 방향 분포 함수**(radial distribution function)라고 한다. 1s, 2s, 2p, 3s, 3p, 3d 오비탈을 포함한 모든 오비탈에 대한 방사 방향 분포 함수는 핵에서 0의 값을 가진다(그림 12.3). 1s 오비탈에 대해서 방사 방향 분포 함수의 최댓값이 Bohr 반지름인 0.529 Å(5.29 pm)에서 나타나는 것은 주목할 만하다. 이들 그림으로부터, 어느 특정한 오비탈의 전자는 잘 정의된 위치에 있는 것이 아니라는 것을 알 수 있다. 그러므로 전자의 위치에 대한 확률을 나타내기 위하여 **전자 밀도**(electron density)라는 용어를 사용하는 것이 더 편리하다. 수학적으로 r이 무한히 커질 때 확률이 0이 된다. 그러나 물리적으로는 r이 증가할 때 함수가 지수적으로 급격하게 감소하므로, 각 오비탈은 비교적 짧은 거리(몇 Å)에 대해서만 고려하면 된다.

* 이 함수는 두 부피 사이의 차이, 즉 $(4\pi/3)(r+dr)^3-(4\pi/3)r^3$에서 1차항 dr에 비하여 $(dr)^2$과 $(dr)^3$ 항은 무시할 수 있을 정도로 작은 값이라고 가정하여 얻을 수 있다.

표 12.2 n=1, 2, 3에 대한 복소수의 수소 원자 파동 함수

n	ℓ	m_ℓ	ψ_{n,ℓ,m_ℓ}	$R_{n\ell}(r)$[a]	$\Theta_{\ell,m_\ell}(\theta)$	$\Phi_{m_\ell}(\phi)$[b]
1	0	0	1s	$\frac{2}{\sqrt{a_0^3}}e^{-\rho}$	$\frac{1}{\sqrt{2}}$	$\frac{1}{\sqrt{2\pi}}$
2	0	0	2s	$\frac{1}{\sqrt{2a_0^3}}\left(1-\frac{\rho}{2}\right)e^{-\rho/2}$	$\frac{1}{\sqrt{2}}$	$\frac{1}{\sqrt{2\pi}}$
2	1	0	$2p_0$	$\frac{1}{\sqrt{24a_0^3}}\rho e^{-\rho/2}$	$\sqrt{\frac{3}{2}}\cos\theta$	$\frac{1}{\sqrt{2\pi}}$
2	1	±1	$2p_{\pm1}$	$\frac{1}{\sqrt{24a_0^3}}\rho e^{-\rho/2}$	$\sqrt{\frac{3}{4}}\sin\theta$	$\frac{1}{\sqrt{2\pi}}e^{\pm i\phi}$
3	0	0	3s	$\frac{2}{\sqrt{27a_0^3}}\left(1-\frac{2}{3}\rho+\frac{2}{27}\rho^2\right)e^{-\rho/3}$	$\frac{1}{\sqrt{2}}$	$\frac{1}{\sqrt{2\pi}}$
3	1	0	$3p_0$	$\frac{8}{27\sqrt{6a_0^3}}\rho\left(1-\frac{\rho}{6}\right)e^{-\rho/3}$	$\sqrt{\frac{3}{2}}\cos\theta$	$\frac{1}{\sqrt{2\pi}}$
3	1	±1	$3p_{\pm1}$	$\frac{8}{27\sqrt{6a_0^3}}\rho\left(1-\frac{\rho}{6}\right)e^{-\rho/3}$	$\sqrt{\frac{3}{4}}\sin\theta$	$\frac{1}{\sqrt{2\pi}}e^{\pm i\phi}$
3	2	0	$3d_0$	$\frac{4}{81\sqrt{30a_0^3}}\rho^2 e^{-\rho/3}$	$\sqrt{\frac{5}{8}}(3\cos^2\theta-1)$	$\frac{1}{\sqrt{2\pi}}$
3	2	±1	$3d_{\pm1}$	$\frac{4}{81\sqrt{30a_0^3}}\rho^2 e^{-\rho/3}$	$\frac{\sqrt{15}}{2}\sin\theta\cos\theta$	$\frac{1}{\sqrt{2\pi}}e^{\pm i\phi}$
3	2	±2	$3d_{\pm2}$	$\frac{4}{81\sqrt{30a_0^3}}\rho^2 e^{-\rho/3}$	$\frac{\sqrt{15}}{4}\sin^2\theta$	$\frac{1}{\sqrt{2\pi}}e^{\pm 2i\phi}$

[a] 변수 $\rho=r/a_0$, 여기서 a_0는 Bohr 반지름이다.
[b] 기호 i는 허수 $\sqrt{-1}$을 나타낸다.

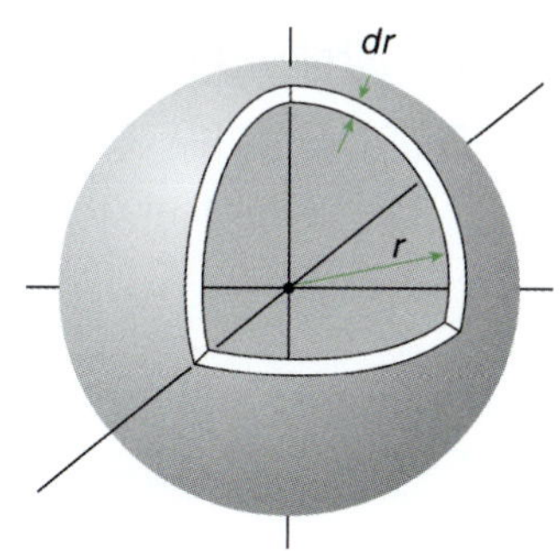

그림 12.2
방사 방향 분포 함수는 핵으로부터 거리 r만큼 떨어진 위치에 있는 두께 dr의 구형 껍질에서 전자를 발견할 총 확률을 나타낸다. 껍질의 부피는 r^2에 비례하고 r=0(핵)에서 함수 값은 0인 것에 주목하라.

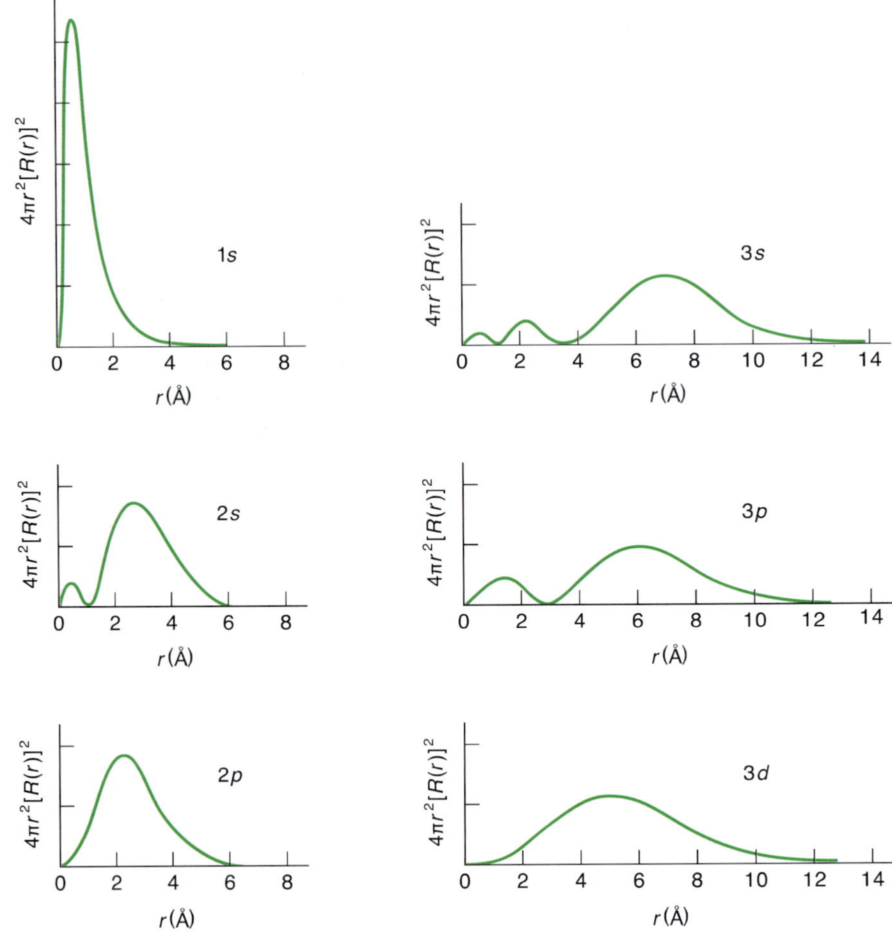

그림 12.3
수소의 1s, 2s, 2p, 3s, 3p, 3d 오비탈에 대한 방사 방향 분포 함수. 1s 오비탈의 최댓값은 Bohr 반지름인 0.529 Å(5.29 pm)에서 나타나는 것에 주목하라.

2*s* 오비탈은 두 개의 최댓값을 갖는다. 이 경우 중간에 방사 방향 마디를 가진 두 개의 동심구를 상상할 수 있다. 마디의 모양은 반지름 $r=2a_0$인 구형이다. 3*s* 오비탈은 두 개의 방사 방향 마디를 가지는데, 이들의 반지름은 파동 함수의 방사 방향 부분을 0으로 놓아서 구할 수 있다.

예제 12.1

3*s* 오비탈에서 방사 방향 마디의 위치를 찾으시오.

답

마디는 파동 함수의 값이 0일 때 생긴다. 파동 함수의 방사 방향 부분을 0으로 놓는다(표 12.2 참조).

$$0 = R_{3s}(r)$$

$$0 = \frac{2}{\sqrt{27a_0^3}}\left(1 - \frac{2}{3}\rho + \frac{2}{27}\rho^2\right)e^{-\rho/3}$$

$$0 = \left(1 - \frac{2}{3}\rho + \frac{2}{27}\rho^2\right)$$

이차방정식의 근의 공식을 이용하여 ρ에 대한 위 다항식의 근을 구한다.

$$\rho = \frac{-b \pm \sqrt{b^2 - 4ac}}{2a}$$

$$\rho = \frac{-\left(-\frac{2}{3}\right) \pm \sqrt{\left(-\frac{2}{3}\right)^2 - 4\left(\frac{2}{27}\right)}}{2\left(\frac{2}{27}\right)}$$

$$\rho = \frac{9 \pm \sqrt{27}}{2}$$

$$\rho = 1.90,\ 7.10$$

$\rho = r/a_0$이므로 $r = 1.90a_0$와 $7.10a_0$에 방사 방향 마디가 있다. 이것은 각각 반지름 $r = 1.01$ Å과 3.75 Å인 구형 마디에 해당한다.

COMMENT

마디는 파동 함수가 0을 교차하는 곳에서만 위치하므로 $r = 0$(핵)이나 $r = \infty$에는 마디가 없다(그림 12.3). 여기서는 방사 방향 마디를 구했는데, 일반적으로 각에 따른 마디도 있을 수 있다.

p와 d 오비탈에 대한 방사 방향 분포 함수의 그림은 그 형태가 더 복잡하지만 유사한 방식으로 해석할 수 있다. 방사 방향 마디의 위치는 예제 12.1에서 예시한 기법을 이용하여 찾을 수 있다. 방사 방향 마디의 수는 Laguerre 다항식의 성질을 고려하여 일반화할 수 있고, 방사 방향 분포 그림을 검토하여 확인할 수 있다. 방사 방향 마디의 수는 $(n-\ell-1)$이다. 마디의 총 수는 $(n-1)$이므로, 각 마디의 수는 ℓ이다(표 12.3). 마디의 총 수가 주양자수 n에만 의존한다는 것은 수소 원자의 에너지(외부의 전기장이나 자기장이 없을 때)가 n에만 의존한다는 사실과 일치한다(식 10.18 참조).

표 12.3 수소 형태 파동 함수의 마디

n	ℓ	방사 방향 마디	각 마디	총 마디
1	0	0	0	0
2	0	1	0	1
2	1	0	1	1
3	0	2	0	2
3	1	1	1	2
3	2	0	2	2
n	ℓ	$(n - \ell - 1)$	ℓ	$(n - 1)$

12.3 수소 원자 오비탈

방사 방향 함수와 각도 함수의 곱으로 수소 원자에 대한 완전한 파동 함수(식 12.5)가 얻어진다. 오비탈의 크기는 방사 방향 함수에 의해, 모양은 각도 함수에 의해 결정된다. 그림 12.4에서처럼 오비탈은 여러 가지 방식으로 나타낼 수 있다. 경계면 묘사법은 비록 얻는 정보는 가장 적지만 사용하기에 가장 간단하다. 수소 원자 파동 함수는 무한대로 확장되므로 일반적으로 전자를 발견할 확률이 90%인 영역을 경계면으로 나타낸다. 등고선과 전자 밀도 묘사법으로 더 상세한 그림을 그릴 수 있지만, 그리기가 까다롭다. 오비탈을 그림으로 나타낼 때에는, 파동 함수와 그에 따른 확률 밀도 값이 상수가 되도록 등고선이나 경계면을 선택한다.

$$\psi(r,\theta,\phi) = \text{상수}$$

문제는 평면 종이 위에 네 개의 변수(세 개의 좌표와 파동 함수 또는 확률 밀도 함수의 값)를 나타내는 것이다. 파동 함수의 위상까지 나타내고자 할 때에는 더욱 어려운 작업이 된다. 컴퓨터 그래픽과 가상의 색(false color)을 사용하면 오비탈을 시각적으로 나타낼 때 도움이 된다.

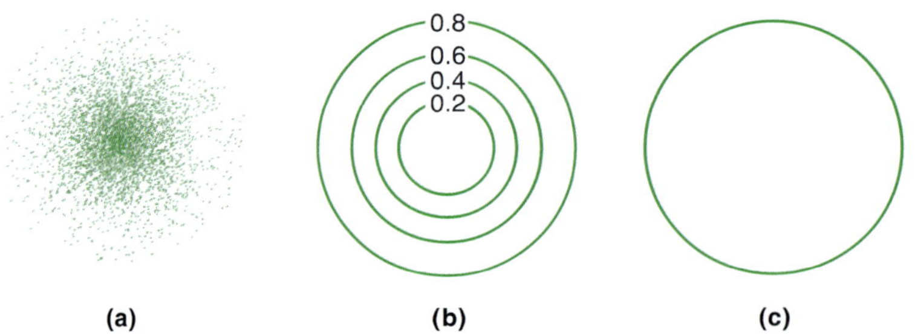

그림 12.4
수소 1s 오비탈의 묘사. (a) 전하 구름 (b) 등고선 표면(숫자는 상대적 전하 밀도를 표시한다), (c) 경계면

표 12.4 n=1, 2, 3에 대한 실수의 수소 원자 파동 함수

n	ℓ	m_ℓ	ψ_{n,ℓ,m_ℓ}	$R_{n\ell}(r)$[a]	$\Theta_{\ell,m_\ell}(\theta)$	$\Phi_{m_\ell}(\phi)$
1	0	0	$1s$	$\frac{2}{\sqrt{a_0^3}}e^{-\rho}$	$\frac{1}{\sqrt{2}}$	$\frac{1}{\sqrt{2\pi}}$
2	0	0	$2s$	$\frac{1}{\sqrt{2a_0^3}}\left(1-\frac{\rho}{2}\right)e^{-\rho/2}$	$\frac{1}{\sqrt{2}}$	$\frac{1}{\sqrt{2\pi}}$
2	1	0	$2p_z$	$\frac{1}{\sqrt{24a_0^3}}\rho e^{-\rho/2}$	$\sqrt{\frac{3}{2}}\cos\theta$	$\frac{1}{\sqrt{2\pi}}$
2	1	±1	$2p_x$	$\frac{1}{\sqrt{24a_0^3}}\rho e^{-\rho/2}$	$\sqrt{\frac{3}{4}}\sin\theta$	$\frac{1}{\sqrt{\pi}}\cos\phi$
			$2p_y$	$\frac{1}{\sqrt{24a_0^3}}\rho e^{-\rho/2}$	$\sqrt{\frac{3}{4}}\sin\theta$	$\frac{1}{\sqrt{\pi}}\sin\phi$
3	0	0	$3s$	$\frac{2}{\sqrt{27a_0^3}}\left(1-\frac{2}{3}\rho+\frac{2}{27}\rho^2\right)e^{-\rho/3}$	$\frac{1}{\sqrt{2}}$	$\frac{1}{\sqrt{2\pi}}$
3	1	0	$3p_z$	$\frac{8}{27\sqrt{6a_0^3}}\rho\left(1-\frac{\rho}{6}\right)e^{-\rho/3}$	$\sqrt{\frac{3}{2}}\cos\theta$	$\frac{1}{\sqrt{2\pi}}$
3	1	±1	$3p_x$	$\frac{8}{27\sqrt{6a_0^3}}\rho\left(1-\frac{\rho}{6}\right)e^{-\rho/3}$	$\sqrt{\frac{3}{4}}\sin\theta$	$\frac{1}{\sqrt{\pi}}\cos\phi$
			$3p_y$	$\frac{8}{27\sqrt{6a_0^3}}\rho\left(1-\frac{\rho}{6}\right)e^{-\rho/3}$	$\sqrt{\frac{3}{4}}\sin\theta$	$\frac{1}{\sqrt{\pi}}\sin\phi$
3	2	0	$3d_{z^2}$	$\frac{4}{81\sqrt{30a_0^3}}\rho^2e^{-\rho/3}$	$\sqrt{\frac{5}{8}}(3\cos^2\theta-1)$	$\frac{1}{\sqrt{2\pi}}$
3	2	±1	$3d_{xz}$	$\frac{4}{81\sqrt{30a_0^3}}\rho^2e^{-\rho/3}$	$\frac{\sqrt{15}}{2}\sin\theta\cos\theta$	$\frac{1}{\sqrt{\pi}}\cos\phi$
			$3d_{yz}$	$\frac{4}{81\sqrt{30a_0^3}}\rho^2e^{-\rho/3}$	$\frac{\sqrt{15}}{2}\sin\theta\cos\theta$	$\frac{1}{\sqrt{\pi}}\sin\phi$
3	2	±2	$3d_{x^2-y^2}$	$\frac{4}{81\sqrt{30a_0^3}}\rho^2e^{-\rho/3}$	$\frac{\sqrt{15}}{4}\sin^2\theta$	$\frac{1}{\sqrt{\pi}}\cos 2\phi$
			$3d_{xy}$	$\frac{4}{81\sqrt{30a_0^3}}\rho^2e^{-\rho/3}$	$\frac{\sqrt{15}}{4}\sin^2\theta$	$\frac{1}{\sqrt{\pi}}\sin 2\phi$

[a] 변수 $\rho=r/a_0$, 여기서 a_0는 Bohr 반지름이다.

오비탈의 모양은 파동 함수의 각도 부분에 의해 결정되는데, 표 12.4에 이들을 수록하였다. s 오비탈의 각도 분포 함수는 상수이다. 따라서 s 오비탈은 구형 대칭이다. 반면에, p 오비탈은 θ와 ϕ에 의존할 뿐만 아니라 또한 복소수이므로 나타내기가 매우 어렵다. 표 12.2에서 $\ell=1$ 상태의 각도 부분은 다음과 같이 주어진다.

$$p_1 = \sqrt{\frac{3}{8\pi}}\sin\theta e^{i\phi} \tag{12.8a}$$

$$p_0 = \sqrt{\frac{3}{4\pi}}\cos\theta \tag{12.8b}$$

$$p_{-1} = \sqrt{\frac{3}{8\pi}}\sin\theta e^{-i\phi} \tag{12.8c}$$

p_1, p_{-1}과 관련된 확률 밀도는 서로 같다.

$$|p_1|^2 = \frac{3}{8\pi}\sin^2\theta, \quad |p_{-1}|^2 = \frac{3}{8\pi}\sin^2\theta$$

p_1과 p_{-1}은 같은 에너지에 해당되기 때문에 p_1과 p_{-1}의 어떠한 선형 결합도 같은 에너지를 갖는 함수이다. 따라서 다음과 같이 **실수**(real) 오비탈을 만들어 낼 수 있다.

Euler 관계식 $e^{\pm ix} = \cos x \pm i\sin x$를 상기하라.

$$p_x = \frac{1}{\sqrt{2}}(p_1 + p_{-1}) = \sqrt{\frac{3}{4\pi}}\sin\theta\cos\phi \tag{12.9a}$$

$$p_y = \frac{1}{i\sqrt{2}}(p_1 - p_{-1}) = \sqrt{\frac{3}{4\pi}}\sin\theta\sin\phi \tag{12.9b}$$

$$p_z = p_0 = \sqrt{\frac{3}{4\pi}}\cos\theta \tag{12.9c}$$

p_0 오비탈은 복소수가 아니며 p_z와 같다는 것에 유의하라. 그림 12.5는 x, y, z 좌표를 따라 분포하는 세 p 오비탈의 경계면 그림을 보여 준다. 각 오비탈은 아령 모양의 두 인접한 로브(lobe)로 구성되어 있다. 또한 파동 함수의 **위상**(phase)은 한쪽 영역에서는 양이고, 다른 쪽 영역에서는 음이며, 그 사이에 마디 평면이 있다. 이 평면에서 파동 함수의 값은 0이며, 또한 핵을 포함하고 있다. 이들 세 p 오비탈은 배향이 다를 뿐이며 완벽히 같은 오비탈이다. 따라서 세 p 오비탈은 같은 에너지를 가지며, **미분화**(degenerate)되어* 있다고 말한다. 부호는 그 자체로는 물리적 의미를 갖지 않는다. 즉 $2p$ 오비탈의 양의 로브와 음의 로브는 같은 전하 분포를 갖는다. 물리적

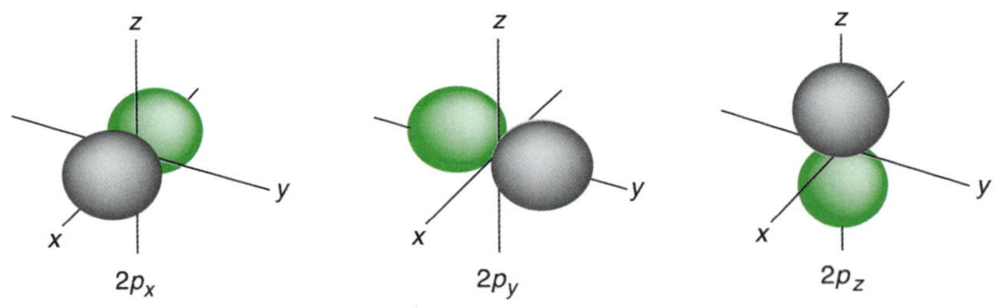

그림 12.5
$\ell = 1$에 대한 수소 파동 함수의 각도 부분을 실수 함수로 나타낸 그림. 이들은 $2p_x$, $2p_y$, $2p_z$ 오비탈이다. 회색과 녹색은 각각 파동 함수의 (+)와 (−) 위상을 나타낸다.

---

* 양자 역학에서 '상태'와 '에너지 준위'라는 용어는 다른 의미를 갖는다. (정상) 상태는 특정 파동 함수 ψ로 명시된다. 각기 다른 ψ는 다른 상태이다. 에너지 준위는 에너지 값으로 명시된다. 각기 다른 E 값은 다른 에너지 준위이다. 예를 들어 세 개의 $2p$ 오비탈을 생기게 하는 세 개의 서로 다른 상태는 같은 에너지 준위에 속한다.

으로 의미가 있는 값은 파동 함수 크기의 제곱으로 주어지는 전자를 발견할 확률인데, 이것은 항상 양이다. 그러나 이 부호는, 예를 들어 화학 결합 형성에서 일어나는 오비탈 사이의 상호 작용을 고려할 때 유용하다.

그림 12.6에 5개의 d 오비탈을 나타내었다. 이들 오비탈은 에너지는 같지만 공간에서의 배향이 다르다. p 오비탈과 마찬가지로, d 오비탈도 실수 또는 복소수로 나타낼 수 있다(표 12.2와 12.4). 실수 오비탈은 화학 결합의 방향성을 나타낼 때 유용하다.

12.4 수소 원자의 에너지 준위

수소 원자 파동 함수(오비탈)에 대한 해를 얻었으므로, Schrödinger 방정식을 이용하여 이에 대응하는 에너지를 구할 수 있다. 파동 함수는 Hamiltonian 연산자의 고유함수이고, 고유값이 에너지가 된다.

$$\hat{H}\psi_{n,\ell,m_\ell} = E_n\psi_{n,\ell,m_\ell}$$

수소 원자에서 전자의 에너지는 다음과 같이 주어진다.

$$E_n = -\frac{m_e e^4}{8h^2\varepsilon_0^2}\frac{1}{n^2} \qquad n = 1, 2, 3, \ldots \tag{12.10}$$

이것은 $Z=1$로 놓으면 식 10.18과 동일하다. 따라서 전기장이나 자기장이 없는 상태에서 고립된 수소 원자의 경우 특정한 껍질 내의 모든 오비탈은 같은 에너지를 갖는다. 수소 원자에서 $2s$, $2p_x$, $2p_y$, $2p_z$(또는 $2s$, $2p_{-1}$, $2p_1$, $2p_0$) 오비탈은 **정확히** 같은 에너지를 가진다. 즉 이들은 미분화되어 있다. 특정 껍질(양자수=n)의 미분화도 g_n

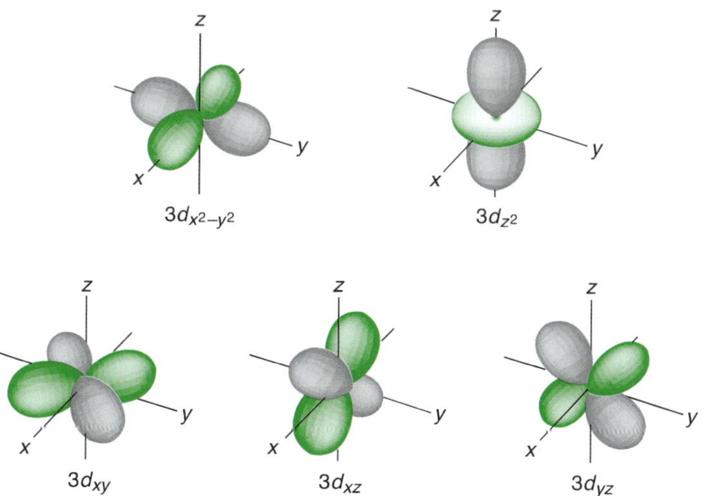

그림 12.6

$\ell=2$에 대한 수소 파동 함수의 각도 부분을 실수 함수로 나타낸 그림. 이들은 d 오비탈이다. 회색과 녹색은 각각 파동 함수의 (+)와 (−) 위상을 나타낸다.

은 그 껍질에서 같은 에너지를 갖는 상태의 수를 말하며, 허용되는 양자수를 고려하면 다음 값이 된다.

$$g_n = n^2 \tag{12.11}$$

예제 12.2

n=3에 대해, 수소 원자 오비탈의 이름을 적고, 미분화도를 계산하시오.

답

미분화도는

$$g_n = n^2 = 3^2 = 9$$

n=3인 경우 ℓ=0, 1, 2일 수 있다. 각 ℓ 값에 대해

$$m_\ell = 0, \pm 1, \ldots, \pm \ell$$

따라서 9개의 오비탈은

$$3s, 3p_0, 3p_{\pm 1}, 3d_0, 3d_{\pm 1}, 3d_{\pm 2}$$

COMMENT

고립된 수소 원자에서 9개의 원자 오비탈은 모두 같은 에너지를 갖는다. 위의 답은 복소수 오비탈을 나열한 것인데, 이는 Schrödinger 방정식에 대한 한 세트의 해이다. 이 대신에 다음과 같이 9개의 실수 오비탈을 나열할 수도 있다.

$$3s, 3p_x, 3p_y, 3p_z, 3d_{xy}, 3d_{xz}, 3d_{yz}, 3d_{z^2}, 3d_{x^2-y^2}$$

일전자 원자나 이온이 외부 전기장이나 자기장에 놓이거나 두 번째 전자가 더해지면 부껍질의 미분화도는 사라진다. 예를 들면 다전자 원자에서 $2s$ 오비탈은 $2p$ 오비탈보다 더 낮은 에너지를 갖는다.

조화 진동자나 강체 회전자와 마찬가지로, 수소 원자 에너지 준위 사이의 전이에 대한 일련의 선택 규칙을 시간-의존 Schrödinger 방정식을 이용하여 유도할 수 있다. 이 선택 규칙은

$$\Delta \ell = \pm 1 \tag{12.12}$$

$$\Delta m_\ell = 0, \pm 1 \tag{12.13}$$

이고, 양자수 n에 대한 제한은 없다. 그러므로 방출 과정에서 $2s \rightarrow 1s$ 전이는 양자수 ℓ에 변화가 없으므로 허용되지 않지만, $2p \rightarrow 1s$ 전이는 $\Delta \ell = -1$이므로 일어날 수 있다. $\Delta \ell = \pm 1$의 선택 규칙은 다시 한 번 각운동량 보존을 적용하여 이해할 수 있다. 광자는 한 단위의 각운동량을 갖고 있으므로, 수소 원자는 광자가 흡수될 때

($\Delta\ell = 1$) 각운동량을 한 단위 얻어야 하고, 광자가 방출될 때($\Delta\ell = -1$) 한 단위의 각운동량을 잃어야 한다.

12.5 스핀 각운동량

수소 원자에 대한 Schrödinger 방정식을 풀면 전자에 대해 세 개의 양자수가 얻어진다. 그러나 한 전자를 완전하게 설명하려면, 네 번째 양자수가 필요하다. 전자를 입자로 간주하여, 각 전자가 그 자신의 축을 중심으로 시계 방향 또는 반시계 방향으로 돈다고 생각하는 것이 편리하다(그림 12.7). 전하를 띤 입자가 회전 운동을 하면 자기장이 발생하므로 각 전자는 작은 자석처럼 거동한다. 양자 역학에서 전자는 스핀 S가 $\frac{1}{2}$이고, 스핀 양자수 $m_s = \pm\frac{1}{2}$을 갖는다고 말한다. m_s 값은 전자의 자기 쌍극자 모멘트의 배향을 나타내는데, 이것은 자석의 N극과 S극 위치를 나타내는 벡터양이다. 그러므로 m_s는 공간에서 오비탈의 배향을 결정하는 m_ℓ과 유사하다. 스핀 양자수 m_s가 $\pm\frac{1}{2}$인 전자를 에너지 준위 그림에 나타낼 때에는 보통 위쪽과 아래쪽 화살표로 표기한다.

자신의 축을 중심으로 도는 전자는 편리한 모형이지만 물리적으로는 정확하지 않다. 스핀 각운동량은 순수하게 양자 역학적 현상이다.

따라서 한 전자의 파동 함수를 완전히 기술하려면 공간 부분뿐만 아니라 스핀 부분도 포함해야 한다. 근사적으로 파동 함수의 공간 부분과 스핀 부분을 분리할 수 있다. 스핀 각운동량은 더 상세하게 다루지 않을 것이지만, 각 공간 오비탈은 한 스핀은 위로, 다른 한 스핀은 아래로 된 두 개의 전자를 포함할 수 있다는 것만 언급한다.

스핀 각운동량의 존재는 독일의 물리학자 Otto Stern(1888~1969)과 Walther Gerlach(1889~1979)가 실험적으로 증명하였다. Stern과 Gerlach는 오븐에서 은을 1000°C로 가열하여 기화시킨 후, 원자들이 좁은 슬릿을 통과하게 하여 은 원자살을 생성하였다(그림 12.8). 홀전자를 갖고 있는 은의 원자살은 불균일한 자기장을 통과하여 유리판에 증착되게 된다. 자기 쌍극자 μ_z와 자기장 B_z 사이의 상호 작용에 의한 퍼텐셜 에너지 V는 이들의 점곱(dot product)으로 주어진다.

스칼라 점곱은 두 벡터의 곱인 실수(스칼라)이다.

$$V = -\mu_z \cdot B_z \tag{12.14}$$

여기에서 z는 자기장의 방향이고, μ_z는 홀전자에 관련된 자기 모멘트의 z 성분이다. 은 원자는 다음과 같이 주어지는 변위력 F_z를 받는다.

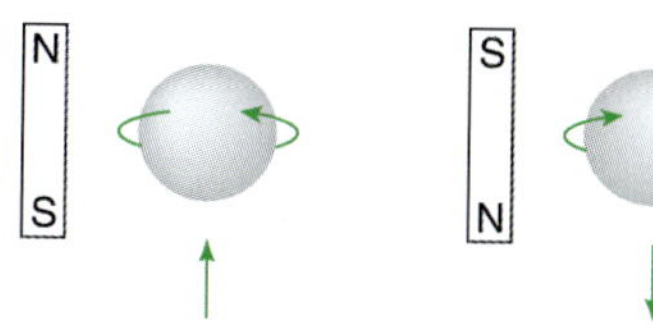

그림 12.7

전자 스핀의 비유. 위와 아래 방향의 화살표는 전자 스핀의 방향을 표시하기 위해 흔히 사용되는 기호이다. 회전 운동에 의해 만들어지는 자기장은 두 개의 막대자석에 의한 자기장과 유사하다.

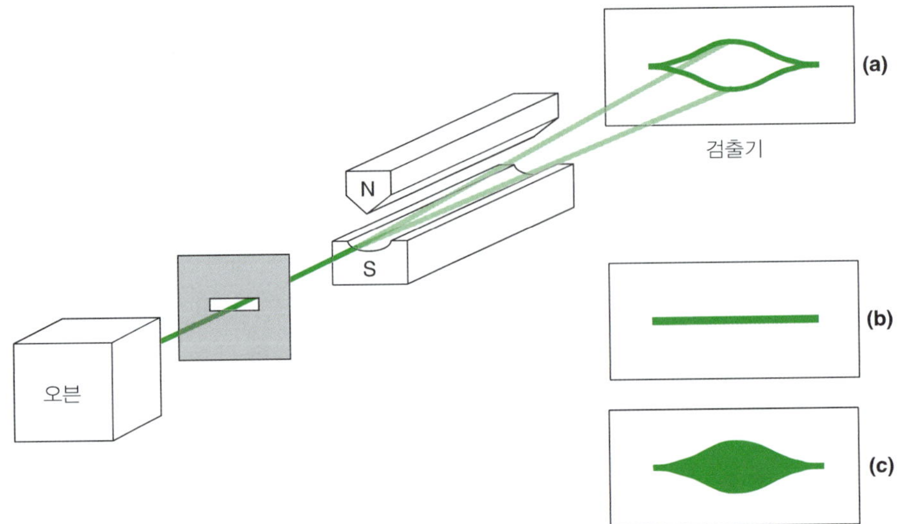

그림 12.8
Stern-Gerlach 실험의 간략한 그림. 장치 전체는 진공 장치 내에 들어 있다. 은 원자살이 오븐에서 생성되어 불균일한 자기장을 통과한 후 유리판에 증착된다. (a) 실제 실험에서 유리판에 생성된 이미지의 묘사. (b) 자기장이 없을 때 어떻게 이미지가 나타나는지를 보여 준다. (c) 은 원자의 각운동량이 양자화되지 않았을 경우 나타날 수 있는 이미지를 보여 준다.

$$\frac{\partial V}{\partial z} = F_z$$

$$F_z = -\mu_z \frac{\partial B_z}{\partial z} \tag{12.15}$$

음의 부호는 잡아당기는 힘이 생긴다는 것을 의미한다. 균일한 자기장이 사용된다면(즉 $\partial B_z/\partial z = 0$), 은 원자는 아무 힘도 받지 않고 위치도 변하지 않을 것이다. 고전 이론에 의하면, 증착되는 은 원자들은 z축에 대해 가능한 모든 각도로 배향된 자기 모멘트를 가질 것이고, 따라서 원자살 축에 대해 대칭적이며 연속적으로 증착될 것으로 예측되었다. Stern과 Gerlach는 원자살이 갈라져서 연속적인 분포가 아닌 두 개의 뚜렷한 선이 형성되는 것을 관찰하였다(그림 12.8 참조). 그들은 양자화의 결과를 관찰한 것이다. 실험 당시에는 오비탈 각운동량(ℓ)에 의해 은 원자의 자기 모멘트가 만들어진다고 해석하였다. 그 후의 이론적인 해석에 따라, 은 원자의 오비탈 각운동량은 0이며(홀전자가 s 오비탈에 있으므로 $\ell = 0$), 자기 모멘트는 은 원자가 갖고 있는 홀전자의 양자화된 스핀 각운동량($S = \frac{1}{2}$)에 의한 것이라는 것을 밝혀낼 수 있었다. 관찰된 두 선은 외부장과 같거나 반대 방향($m_s = \pm\frac{1}{2}$)으로 배향된 전자의 자기 모멘트에 해당된다.

12.6 헬륨 원자

수소 원자에 대한 Schrödinger 방정식을 풀고 그 해를 검토하였으므로, 이제 헬륨과 같은 더 복잡한 원자에 관심을 가져보자. 헬륨 원자는 소위 **삼체 문제**(three-body problem)의 한 예이고, 방정식을 풀어 해를 구할 수 없다. 실제 하나보다 더 많은 전자를 가진 원자의 경우, 정확한 해석적 해를 갖는 경우는 없다. 다행히 역학의 몇 가지 근사적 접근법을 사용하면, 실험 결과와 잘 일치하는 근사적인 결과를 얻을 수 있다. 이 접근법을 개략적으로 설명하기 위하여, 모든 다전자 원자에 대한 한 예로 헬륨의 경우를 살펴보자.

헬륨은 전하 $Z=2$이고, 핵으로부터 거리가 r_1과 r_2에 위치한 두 개의 전자를 갖고 있다(그림 12.9). 벡터 r_{12}는 두 전자 사이의 거리이다. Schrödinger 방정식을 쓴 후, 그 방정식을 풀 수 없는 이유를 살펴보자. 먼저 운동 에너지와 퍼텐셜 에너지 항을 적는다. 수소 원자에서 했던 것처럼, 핵의 운동을 무시하고 원점에 고정되어 있다고 가정한다.

$$\hat{H}\psi = E\psi$$

$$(\hat{K} + \hat{V})\psi = E\psi$$

$$\underbrace{-\frac{\hbar^2}{2m_e}\nabla_1^2\psi - \frac{\hbar^2}{2m_e}\nabla_2^2\psi}_{\text{전자의 운동 에너지 항}} \underbrace{-\frac{Ze^2\psi}{4\pi\varepsilon_0 r_1} - \frac{Ze^2\psi}{4\pi\varepsilon_0 r_2} + \frac{e^2\psi}{4\pi\varepsilon_0 r_{12}}}_{\text{Coulomb 퍼텐셜 에너지 항}} = E\psi \qquad (12.16)$$

여기서 아래 첨자 1과 2는 두 전자를 가리킨다. 식 12.16에서 처음 두 항은 두 전자의 운동 에너지 항이고, 셋째와 넷째 항은 전자–핵 간의 인력에 대한 퍼텐셜 에너지 항이고, 다섯째 항은 전자–전자 간의 반발에 의한 퍼텐셜 에너지이다.

이 시점에서 새로운 표기법 체계를 도입하는 것이 편리하다. 모든 양을 원자 단위(표 12.5)로 표기하면 식 12.16이 매우 간단해진다. 원자 단위에서는 $\hbar$와 $4\pi\varepsilon_0$ 뿐만 아니라 전자의 질량과 전하와 같은 양들을 모두 1로 놓는다(즉 한 원자 단위). hartree라고 하는 에너지의 원자 단위는 Bohr 반지름(거리의 한 원자 단위, 0.529 Å)만큼 떨어져 있는 양성자와 전자를 분리하는 데 필요한 에너지양의 두 배에 해당한다. 따라서 1 hartree(E_h)는 H 원자의 바닥 상태 에너지(E_H)의 음수 값의 두 배와 같다. 즉 $E_h=-2E_H$ 또는 $E_h=-2\times-1312.75$ kJ mol^{-1}=2625.5 kJ mol^{-1}이다.* Schrödinger 방정식은 이제 다음과 같이 된다.

원자 단위를 사용한다는 것은 계산을 검토하기 위해 더 이상 단위 및 차원 분석을 사용할 수 없다는 것을 의미한다.

단위 hartree는 영국의 물리학자 Douglas Rayner Hartree(1897~1958)의 이름을 딴 것이다.

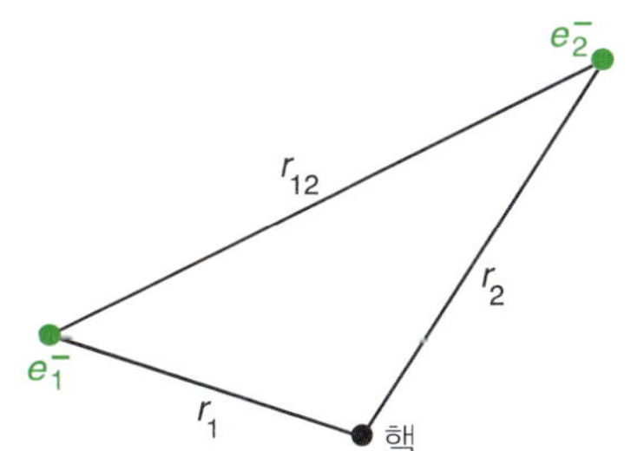

그림 12.9
헬륨 원자에 사용된 좌표계. 두 전자는 임의로 숫자 1과 2로 표시하였다.

* 여기서 사용된 E_H 값은 환산 질량을 사용한 Rydberg 상수에 근거한다. 양성자가 공전 중심에 고정되어 있다면, Rydberg 상수 값은 약간 다르게 얻어진다(문제 12.38 참조).

표 12.5 원자 단위와 이들의 SI 값

성질	원자 단위	SI 값
질량	m_e, 전자의 질량	9.1094×10^{-34} kg
전하	e, 양성자의 전하	1.6022×10^{-19} C
거리	a_0, Bohr 반지름	5.2918×10^{-11} m
에너지	$E_h = \dfrac{m_e e^4}{4\varepsilon_0^2 h^2}$, hartree	4.3597×10^{-18} J
각운동량	$\hbar$, Planck 상수/2π	1.0546×10^{-34} J s
유전율	$4\pi\varepsilon_0$	1.1127×10^{-10} C^2 J^{-1} m^{-1}

$$-\frac{1}{2}\nabla_1^2\psi - \frac{1}{2}\nabla_2^2\psi - \frac{Z\psi}{r_1} - \frac{Z\psi}{r_2} + \frac{\psi}{r_{12}} = E\psi \tag{12.17}$$

이제 첫째와 셋째 항은 헬륨의 경우에는 핵전하 $Z=2$인, 단일 전자로 이루어진 유사 수소 원자와 같음을 알아볼 수 있다. 마찬가지로 식 12.17의 둘째와 넷째 항도 역시 유사 수소 원자를 나타낸다. 그러므로 헬륨 원자의 Schrödinger 방정식을 다음과 같이 쓸 수 있다.

$$\hat{H}_1\psi + \hat{H}_2\psi + \frac{\psi}{r_{12}} = E\psi \tag{12.18}$$

여기서 $\hat{H}_1$과 $\hat{H}_2$는 유사 수소 원자의 Hamiltonian 연산자이다. 이들 단일 전자 Hamiltonian($\hat{H}_1$과 $\hat{H}_2$)을 푸는 방법은 알지만, 전자−전자 간 반발 항인 $1/r_{12}$를 피할 방도가 없다. 그 결과, 수소 원자에서 했던 것과는 달리 다전자 Schrödinger 방정식에서는 변수들을 분리할 수 없다. 그러므로 근사법을 사용할 수 밖에 없다.

한 가지 유용한 접근법은 **오비탈 근사법**(orbital approximation)이다. 오비탈 근사법에서 계의 총 파동 함수 ψ는 단일 전자 파동 함수 ϕ들의 곱으로 나타낸다. 따라서 두 개의 전자를 가진 헬륨 원자에 대해

$$\psi(\tau_1, \tau_2) = \phi_1(\tau_1)\phi_2(\tau_2) \tag{12.19}$$

여기서 τ는 전자의 3차원 공간 좌표를 나타낸다. 구면 극좌표 r, θ, ϕ를 사용하면 식 12.19는 다음과 같이 된다.

식 12.20에서 극좌표와 파동 함수를 나타내기 위해 같은 기호(ϕ)를 사용한 것에 주의하라.

$$\psi(r_1,\theta_1,\phi_1,r_2,\theta_2,\phi_2) = \phi_1(r_1,\theta_1,\phi_1)\phi_2(r_2,\theta_2,\phi_2) \tag{12.20}$$

여기서 단일 전자 파동 함수 ϕ_1와 ϕ_2는 유사 수소 파동 함수이다.

파동 함수를 분리함으로써 **독립 전자 근사법**(independent electron approximation)을 적용할 수 있는데, 이것은 조악한 방법이지만 단순한 비교 목적으로는 유용한 접근법이다. 여기서 $1/r_{12}$ 항을 생략함으로써 전자−전자 간 반발을 완전히 무시한다. 헬륨 원자에서 각 전자는 $Z=2$를 가진 수소 원자의 전자와 같이 독립적으로 행동한다.

여기서 구한 헬륨 오비탈은 수소의 오비탈과 유사하다. 다만 핵의 인력이 더 크기 때문에 좌표 r에 해당하는 값이 더 작아지게 된다. 독립 전자 근사법에서, 헬륨 원자의 에너지는 헬륨 양이온의 에너지의 두 배와 같다.

$$E_{\text{He}} = E_{\text{He}^+} + E_{\text{He}^+} = -4E_{\text{h}} \tag{12.21}$$

He^+는 유사 수소 이온이므로 그 에너지를 계산할 수 있는 것에 주목하라. 헬륨 원자의 에너지에 대한 실험값(이온화 에너지 측정에서 얻은)은 −2.9033 hartree이므로, 조악한 방법으로 얻은 −4 hartree는 '단지' 38% 정도만 벗어난다. 이것은 이렇게 단순한 모형으로 얻은 것치고는 나쁘지 않지만, 실험적 관찰을 설명하기 위해서는 보다 정확한 근사법이 필요하다.

전자−전자 간 반발을 무시하는 것외에도 위에서 설명한 접근법은 다른 면에서도 충분하지 않은 근사법이다. 예를 들면 전자 스핀과 Pauli 배타 원리를 고려할 필요가 있는데, 이것은 가능한 전자 배치들 중 어느 것이 허용되고, 어느 것이 허용되지 않는지 결정할 수 있게 해준다. 이것은 다음 절에서 논의한다.

12.7 Pauli 배타 원리

두 전자는 스핀이 위와 아래 방향으로 쌍을 이룰 경우에만 한 오비탈을 차지할 수 있다. 이것이 Pauli 배타 원리[오스트리아의 물리학자 Wolfgang Pauli(1900~1958)의 이름에서 따옴]의 친숙한 결과이다. 전자를 오비탈에 배치할 때, 각 오비탈은 전자를 두 개까지만 가질 수 있다. Pauli 배타 원리를 조금 더 확장하면, 한 원자에 속한 두 개의 전자는 네 개의 양자수(n, ℓ, m_ℓ, m_s)가 모두 같을 수는 없다는 것이다. 원자 내에서 각 전자는 각자의 표지, 즉 고유한 네 개의 양자수로 식별된다. 그러나 이 원리는 더 일반적으로 진술할 수 있다. Pauli 배타 원리에 대한 더 폭넓은 정의를 예시하기 위하여 헬륨의 경우로 돌아가자.

헬륨의 바닥 전자 상태는 두 개의 전자를 가지며, 각각은 1s 유사 수소 오비탈에 있다. 이 전자들을 임의로 1과 2라고 하면, 이 전자들을 스핀이 위 방향인 전자(α 전자라고 함)와 스핀이 아래 방향인 전자(β 전자라고 함)로 배열할 수 있는 다섯 가지의 가능성을 생각할 수 있다.

1. $\alpha(1)\beta(2)$
2. $\alpha(1)\alpha(2)$
3. $\beta(1)\beta(2)$
4. $[\alpha(1)\beta(2) + \alpha(2)\beta(1)]$
5. $[\alpha(1)\beta(2) - \alpha(2)\beta(1)]$

전자들은 구별할 수 없으므로 가능성 1은 허용되지 않는다. 전자에 숫자 1과 2를 임의로 부여한 것에 유의해야 한다. 개별적인 전자를 실제로 식별할 수 있는 방법은 없다. 가능성 2와 3은 전자들을 구별하지 않지만, 두 전자들은 정확히 같은 세트의 양자수를 갖는다. 이는 Pauli 배타 원리를 위반하는 상황이다. 네 번째와 다섯 번째 가능성은 **중첩 상태**(superposition state)이고(10.7절 참조), 얼핏 보기에 둘 다 좋은 후보로 보인다. 이들은 전자를 구별하지 않고 또한 전자는 같은 세트의 양자수를 갖지 않는다. 그러나 자연에서 단지 다섯 번째 가능성만이 관찰되는데, 이것은 허용되는 전자 파동 함수는 한 쌍의 전자의 교환에 대해 **반대칭**(antisymmetric, 즉 부호를 바꾸는)이어야 한다는 더 넓은 의미의 Pauli 배타 원리와 일치하기 때문이다. 그러므로 전자 1과 2를 교환한다면, 다섯 번째 파동 함수는 $[\alpha(2)\beta(1)-\alpha(1)\beta(2)]$, 즉 $-[\alpha(1)\beta(2)-\alpha(2)\beta(1)]$이 되고, 이것은 원래 파동 함수와 부호가 반대이다. 한편 네 번째 파동 함수에서 전자 1과 2를 교환하면, 원래와 같은 파동 함수가 얻어진다. 양자 역학 용어에서는 네 번째 파동 함수를 교환에 대해 **대칭**(symmetric)이라고 한다. Pauli 배타 원리는 때로는 양자 역학의 한 가설(10.7절 참조)로 간주된다. 즉 전자에 대한 모든 파동 함수는 **어떠한** 두 전자의 교환에 대해서도 반대칭이어야 한다.

적절한 반대칭 파동 함수를 적는 것은 전자들이 많이 있을 때 지루한 과정이 될 수 있다. 다행히 미국의 물리학자/화학자 John Clarke Slater(1900~1976)는 파동 함수가 Pauli 배타 원리를 따르도록 파동 함수를 적는 간단한 방법을 개발하였다. 이 방법에서는 **행렬식**(determinant)이라는 수학의 개념을 이용하고, 이때의 파동 함수는 **Slater 행렬식**(Slater determinants)으로 알려져 있다. n차의 행렬식은 수직선으로 둘러싼 숫자들의 정사각형 $n\times n$ 배열이다. 예를 들어 2×2 행렬식은

$$\begin{vmatrix} a_1 & b_1 \\ a_2 & b_2 \end{vmatrix} = a_1b_2 - b_1a_2$$

이고, 3×3 행렬은 다음과 같은 형태이다.

$$\begin{vmatrix} a_1 & b_1 & c_1 \\ a_2 & b_2 & c_2 \\ a_3 & b_3 & c_3 \end{vmatrix} = a_1\begin{vmatrix} b_2 & c_2 \\ b_3 & c_3 \end{vmatrix} - b_1\begin{vmatrix} a_2 & c_2 \\ a_3 & c_3 \end{vmatrix} + c_1\begin{vmatrix} a_2 & b_2 \\ a_3 & b_3 \end{vmatrix}$$

$$= a_1b_2c_3 - a_1b_3c_2 - b_1a_2c_3 + b_1a_3c_2 + c_1a_2b_3 - c_1a_3b_2$$

N-전자계에서 Slater 행렬식에서는 각각의 N열에 서로 다른 단일 전자 파동 함수를 나열하고, 각각의 N행에 서로 다른 전자 번호를 나열한다. 파동 함수가 정규화되는 것을 보장하기 위하여 행렬식에 정규화 상수 $1/\sqrt{N!}$를 곱한다. 헬륨 원자($N=2$)에 대해 스핀과 공간 부분을 모두 포함하는 파동 함수는 Slater 행렬식을 이용하여 다음과 같이 적는다.

$$\psi_{\mathrm{He}} = \frac{1}{\sqrt{2!}}\begin{vmatrix} 1s\alpha(1) & 1s\beta(1) \\ 1s\alpha(2) & 1s\beta(2) \end{vmatrix} \tag{12.22}$$

Slater 행렬식(식 12.22)을 전개하고 2!를 계산하면 다음을 얻는다.

$$\psi_{\mathrm{He}} = \frac{1}{\sqrt{2}}[1s\alpha(1)1s\beta(2) - 1s\alpha(2)1s\beta(1)] \tag{12.23}$$

이 파동 함수는 앞에서 보인 다섯 번째 가능성과 같은 형태이고 정규화되어 있다. 압축된 형태로 파동 함수를 나타낼 뿐만 아니라. Slater 행렬식은 또한 Pauli 배타 원리를 포함한다. 두 전자를 교환하면, 이것은 두 행을 바꾸는 것과 같은데, 식 12.22는 다음과 같이 된다.

$$\psi'_{\mathrm{He}} = \frac{1}{\sqrt{2!}}\begin{vmatrix} 1s\alpha(2) & 1s\beta(2) \\ 1s\alpha(1) & 1s\beta(1) \end{vmatrix}$$

식을 전개하면

$$\psi'_{\mathrm{He}} = \frac{1}{\sqrt{2}}[1s\alpha(2)1s\beta(1) - 1s\alpha(1)1s\beta(2)]$$

$$= -\frac{1}{\sqrt{2}}[1s\alpha(1)1s\beta(2) - 1s\alpha(2)1s\beta(1)] = \psi_{\mathrm{He}} \tag{12.24}$$

이 파동 함수는 식 12.23의 파동 함수에 -1을 곱한 것과 같은 것을 알 수 있다. 그러므로 파동 함수는 전자의 교환에 대해 반대칭이다.

예제 12.3

공간 부분과 스핀 부분 모두를 포함하여 바닥 상태 리튬 원자에 대하여 적절한 반대칭 파동 함수를 적으시오.

답

각 전자를 세 개의 가장 낮은 에너지의 원자 오비탈에 배치하면

$$1s\alpha(1)1s\beta(2)2s\alpha(3)$$

교환에 대해 반대칭인 파동 함수를 찾아내는 것은 쉽지 않다는 것을 알 수 있을 것이다. 그러나 Slater 행렬식을 적으면 바로 적합한 파동 함수가 구해진다.

$$\psi_{\mathrm{Li}} = \frac{1}{\sqrt{3!}}\begin{vmatrix} 1s\alpha(1) & 1s\beta(1) & 2s\alpha(1) \\ 1s\alpha(2) & 1s\beta(2) & 2s\alpha(2) \\ 1s\alpha(3) & 1s\beta(3) & 2s\alpha(3) \end{vmatrix}$$

행렬식을 곱하여 전개하면 그 식은 상당히 길어진다. 따라서 실제로는 왜 적절한 반대칭 파동 함수를 적으려 하지 않는지 그 이유를 알 수 있다.

$$\psi_{\text{Li}} = \frac{1}{\sqrt{6}}[1s\alpha(1)1s\beta(2)2s\alpha(3) - 1s\alpha(1)1s\beta(3)2s\alpha(2) - 1s\alpha(2)1s\beta(1)2s\alpha(3) + 1s\alpha(3)1s\beta(1)2s\alpha(2) + 1s\alpha(2)1s\beta(3)2s\alpha(1) - 1s\alpha(3)1s\beta(2)2s\alpha(1)]$$

COMMENT

앞에서 언급한 것처럼 행렬식에서 어떤 두 행을 바꾸는 것은 행렬식에 −1을 곱하는 것과 같다. 직접 해 보시오.

Pauli 배타 원리는 단지 전자만이 아니라 다른 입자에도 적용된다. 페르미온의 경우에는 어떤 파동 함수에도 이 원리가 적용된다. **페르미온(fermion)**은 반정수 스핀($\frac{1}{2}, \frac{3}{2}, \frac{5}{2}, \ldots$)을 가진 입자이다. 전자와 같이 양성자와 중성자도 페르미온이다. 정수 스핀(0, 1, 2, ...)을 가진 입자는 **보존(boson)**이라고 한다. 보존의 예는 광자, 헬륨 원자, 수소 원자이다. Pauli 배타 원리에 의하여 기술한 바와 같이, 페르미온은 같은 자리를 차지하는 것이 '배제되는' 반면, 보존은 이런 제한이 없다. 그 결과, 같은 파장과 위상을 갖는 많은 광자들은 동시에 같은 공간을 차지할 수 있다. 이 상황은 지금까지 알려진 가장 밝은 광원인 레이저 빛에서 실현된다. 1920년대에 인도의 물리학자 Satyendra Nath Bose(1894~1974)와 Einstein은, 보존으로 만들어진 물질은 매우 저온에서 단일 개체이며 새로운 형태의 물질로 융합될 수 있다는 것을 예측했다. 1995년에 콜로라도의 과학자 Eric Cornell(1961~)과 Carl Wieman(1951~)은 수천 개의 ^{87}Rb 원자들의 집단에서 **Bose–Einstein 응축물(Bose-Einstein condensate)**이라고 하는 이 새로운 상태의 물질이 존재할 수 있다는 것을 확인할 수 있었다. 이 업적으로 이들은 Wolfgang Ketterle(1957~)와 함께 2001년에 노벨 물리학상을 공동 수상하였다.

12.8 쌓음 원리

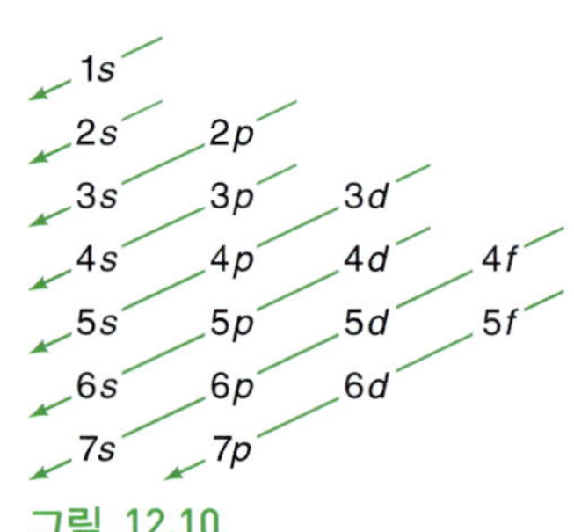

그림 12.10
다전자 원자에서 전자가 오비탈에 채워지는 순서를 기억하는 방법

수소 원자와 유사 수소 이온들의 경우, 전자의 에너지는 단지 주양자수 n(식 12.10 참조)에 의해서만 결정된다. 따라서 오비탈은 다음과 같이 에너지가 증가하는(안정성이 감소하는) 순으로 배열될 수 있다.

$$1s < 2s = 2p < 3s = 3p = 3d < 4s = 4p = 4d < 5s \cdots$$

그러나 다전자 원자의 경우, 전자의 에너지는 n과 ℓ 모두에 의존하며, 따라서 에너지가 증가하는 순서는 다음으로 주어진다.

$$1s < 2s < 2p < 3s < 3p < 4s < 3d < 4p < 5s < 4d < \cdots$$

그림 12.10은 다전자 원자에서 원자 부껍질이 채워지는 순서를 보여 준다. 수소 원자와 다전자 원자 간의 차이는 정성적으로 다음과 같이 설명할 수 있다. $2s$와 $2p$

오비탈을 비교해 보자. 그림 12.3을 보면 $2p$ 오비탈 전자의 가장 높은 확률의 위치는 $2s$ 오비탈 전자에 비해 핵에 더 가깝지만, 핵 가까이에서 전자 밀도는 $2s$ 전자가 더 크다. 바꾸어 말하면 s 전자는 전자에 비해 핵 근처로의 **침투**(penetration)가 더 잘 일어난다고 할 수 있다. 그러므로 $1s$ 전자가 핵을 **가리는**(shielding) 정도는 $2p$ 전자의 경우에 더 커지게 된다. 결과적으로 $1s$ 전자가 $2p$ 전자에 가해지는 핵의 인력을 더 많이 차단하기 때문에 $2p$ 전자의 에너지가 $2s$ 전자보다 더 높다. 일반적으로 같은 n값에 대해 침투하는 능력은 다음과 같이 감소한다.

$$s > p > d > f > \cdots \tag{12.25}$$

가림의 결과로 인하여, 각 전자에 미치는 핵의 전하는 다음과 같은 **유효 핵전하**(effective nuclear charge), ζ(그리스어 zeta)로 주어지게 된다.

$$\zeta = Z - \sigma \tag{12.26}$$

여기서 Z는 원자의 핵전하이고 σ를 가림 상수라고 한다. 탄소($Z=6$)의 경우, $1s$ 전자의 유효 핵전하는 5.7이고, $2s$ 전자에 대해서는 3.2, $2p$ 전자에 대해서는 3.1이다. 수소 원자와 유사 수소 이온에는 한 개의 전자만이 있기 때문에 가림 효과는 일어나지 않는다. 유효 핵전하의 일반적 경향은 주기의 왼쪽에서 오른쪽으로 갈수록 증가하고, 족의 위에서 아래로 갈수록 증가한다.

수소 원자에서 전자가 가장 낮은 에너지 준위(바닥 상태)에 있을 때 전자 배치는 $1s^1$이고, 이것은 $1s$ 오비탈에 하나의 전자가 있음을 의미한다. 전자가 갖는 네 개의 양자수(n, ℓ, m_ℓ, m_s)는 $(1, 0, 0, +\frac{1}{2})$ 또는 $(1, 0, 0, -\frac{1}{2})$일 수 있다. 자기장이 없을 때, 전자의 에너지는 $m_s=+\frac{1}{2}$이나 $-\frac{1}{2}$에 관계없이 서로 같다. 헬륨은 전자를 두 개 가지고 있으므로, 바닥 상태 전자 배치는 $1s^2$이다. 헬륨 원자는 **반자기성**(diamagnetic)이므로 원자에서 만들어지는 알짜 자기장은 0이다(반자기성 물질은 자석에 의해 약간 밀린다). 두 전자는 반대되는 스핀을 가져야 하며, 한 전자는 $m_s=+\frac{1}{2}$이고 다른 전자는 $m_s=-\frac{1}{2}$이어야 한다. 다른 세 양자수는 같다. Pauli 배타 원리에 따르면, 리튬 원자의 세 번째 전자는 $1s$ 오비탈에 들어갈 수 없으므로 $2s$ 오비탈에 들어가게 되고, 리튬의 전자 배치는 $1s^22s^1$이 된다.

원자의 최외각에 있는 전자는 원자의 화학 결합에 주로 관여하기 때문에 **원자가 전자**(valence electron)라고 한다. 그러므로 수소는 $1s$ 오비탈에 한 개의 원자가 전자를 가지고, 리튬은 $2s$ 오비탈에 한 개의 원자가 전자를 가진다.

Hund 규칙

오비탈을 채우는 과정을 주기율표의 2주기를 가로질러 계속하면, 탄소 원자($1s^22s^22p^2$)는 세 개의 p 오비탈에 두 개의 원자가 전자가 들어가게 되는데, 몇 가지 다른 선택이 가능하다. 전자가 어떤 배열을 할 때 에너지가 가장 낮아지는가는

Hund 규칙 [독일의 물리학자 Frederick Hund(1896~1997)의 이름에서 따옴]을 참조한다. 이 규칙은 다음과 같다.

1. 스핀 각운동량 S가 최대가 되는 배열이 가장 안정하다. 여기서 S는 다음과 같이 주어진다,

$$S = \sum_i m_{s,i}$$

여기서 $m_{s,i}$은 i번째 전자의 스핀 양자수이다. S가 최대가 되려면 전자들은 같은 m_s 값($+\frac{1}{2}$ 또는 $-\frac{1}{2}$)을 가져야 한다. 닫힌 껍질에서는 모든 전자들이 쌍을 이루므로 S는 0이다.

2. 주어진 S 값에 대해, 오비탈 각운동량 L이 최대가 되는 준위가 가장 안정하다. 여기서 L은 다음과 같이 주어진다.

$$L = \sum_i m_{\ell,i}$$

여기서 $m_{\ell,i}$는 i번째 전자의 자기 양자수이다.

3. S와 L 값이 같은 준위에 대해, 가장 낮은 에너지는 부껍질이 채워진 정도에 따라 달라진다.
   a. 부껍질이 절반보다 적게 채워져 있으면 총 각운동량 양자수($L+S$로 주어지는) J의 값이 가장 작은 상태가 가장 안정하다.
   b. 부껍질이 절반보다 더 많이 채워져 있으면 J 값이 가장 큰 상태가 가장 안정하다.

규칙 1을 다시 보면, 두 개의 전자의 경우에는 스핀의 방향이 같을 때 S 값이 최대가 된다($S=1$). 결과적으로, 두 전자는 Pauli 배타 원리에 따라 서로 다른 오비탈을 차지해야 한다. 이 배열은 정전기적 반발을 최소화한다. 규칙 2도 정전기적 인력에 따른 결과인 반면에, 규칙 3은 스핀-오비탈(자기적) 상호 작용의 결과이다. 탄소 원자의 바닥 상태 배열에는 세 가지 가능성이 있다.

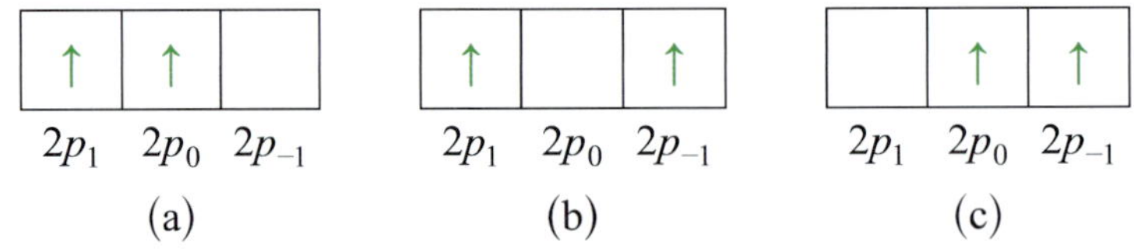

이른바 **오비탈 그림**(orbital diagram)에서 각 정사각형은 오비탈을 표시한다. 규칙 1에 따르면, $S=1$이고, 스핀 다중도는 $(2S+1)$, 즉 3으로 삼중항 상태이다. $2p$ 부껍질에 대해 $\ell=1$이고 m_ℓ 값은 1, 0, -1이다. 탄소 원자에서 L의 최댓값은 두 전자의 m_ℓ 값의 최대 합으로, $(1+0)$, 즉 1이다. 규칙 2를 적용하면 가장 안정한 바닥 상태는 (a)인 것을 알 수 있다. 예상대로, 실험적으로 바닥 상태의 탄소 원자는 두 개의 홀전

자를 가지고 있으며, **상자기성**(paramagnetic)으로 밝혀졌다(상자기성 물질은 하나 또는 그 이상의 전자를 가지고 있으며, 자석에 끌린다). 만약 $2p$ 오비탈을 $2p_x$, $2p_y$, $2p_z$로 나타내었다면

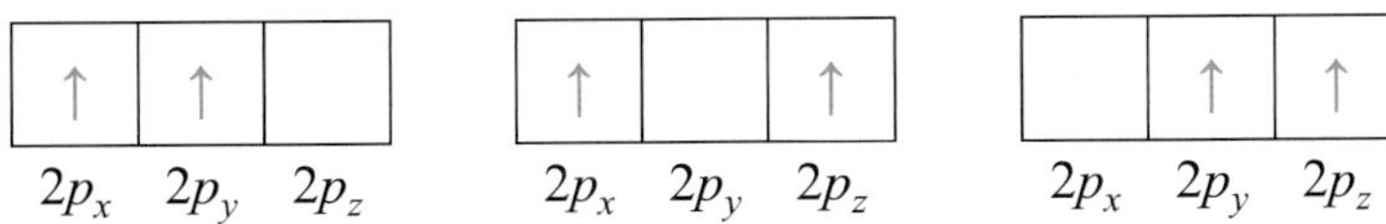

x, y, z는 임의로 지정된 값이기 때문에, 세 배열 모두 동등한 것에 주의하라. 이 표현에서는 규칙 1만 적용된다.

다전자 원자의 전자 배치는 **쌓음 원리**(Aufbau principle)에 기반을 두고 있다. 쌓음 원리는 양성자가 하나씩 핵에 더해져서 원소들을 형성할 때 전자들도 차례로 원자 오비탈에 더해진다는 것이다. 표 12.6에 수소($Z=1$)부터 Cn($Z=112$)까지 원소의 바닥 상태 전자 배치를 수록하였다. 수소와 헬륨을 제외한 모든 원소의 전자 배치는 해당 원소의 바로 앞에 있는 영족 기체 원소를 대괄호 안에 넣어 **영족 기체 핵심부**(noble gas core)를 쓰고, 전자가 채워진 가장 바깥쪽 부껍질에 대한 기호를 써서 나타낸다. 원소 소듐($Z=11$)에서 아르곤($Z=18$)까지 최외각 부껍질의 전자 배치는 리튬($Z=3$)에서 네온($Z=10$)까지의 전자 배치와 비슷한 패턴을 따르고 있음에 주목하라. 주기적 경향을 알면, 대부분의 전자 배치는 주기율표로부터 바로 알 수 있다.

독일어 'Aufbau'는 '쌓음'을 의미한다.

다전자 원자에서 $4s$ 부껍질은 $3d$ 부껍질에 앞서 채워진다. 따라서 포타슘($Z=19$)의 전자 배치는 $1s^22s^22p^63s^23p^64s^1$이다. $1s^22s^22p^63s^23p^6$는 아르곤의 전자 배치이므로, 포타슘의 전자 배치를 $[Ar]4s^1$과 같이 간단히 쓸 수 있다. 여기서 [Ar]은 **아르곤 핵심부**(argon core)를 표시한다. 비슷하게 칼슘($Z=20$)의 전자 배치를 $[Ar]4s^2$로 쓸 수 있다. 포타슘의 $4s$ 오비탈($3d$ 오비탈이 아니라)에 최외각 전자가 들어가는 것은 실험적으로 확실하게 입증되었다. 이것이 맞는 전자 배치라는 다음 사실에서도 알 수 있다. 포타슘의 화학적 특성은 주기율표 위의 두 알칼리 금속인 리튬 및 소듐과 매우 비슷하다. 리튬과 소듐의 최외각 전자는 s 오비탈에 있다(이 전자 배치는 명백한 사실이다). 그러므로 포타슘의 원자가 전자가 $3d$ 오비탈보다는 $4s$ 오비탈을 차지할 것으로 예상된다.

스칸듐($Z=21$)에서 구리($Z=29$)까지의 원소는 전이 금속이다. **전이 금속**(transition metal)은 불완전하게 채워진 d 부껍질을 가지고 있으며, 불완전하게 채워진 d 부껍질을 가진 양이온이 쉽게 만들어진다. 스칸듐에서 구리까지 첫 번째 전이 금속 계열을 생각해 보자. 이 계열에서 $3d$ 오비탈에 전자가 채워질 때는 Hund 규칙을 따른다. 그러나 두 가지 불규칙한 경우가 있다. 크로뮴($Z=24$)의 전자 배치는 예상한 $[Ar]4s^23d^4$가 아니라 $[Ar]4s^13d^5$이다. 구리에서도 비슷한 불규칙한 패턴이 나타나는데, 구리의 전자 배치는 $[Ar]4s^23d^9$가 아니라 $[Ar]4s^13d^{10}$이다. 이러한 불규칙성은 양자 역학적 이론으로만 설명할 수 있으며, 고전 역학에는 이에 대응하는 이론이 없다. 그러나 정확히 반이 채워지거나($3d^5$) 완전히 채워진($3d^{10}$) 부껍질 상태가 되면

표 12.6 원소의 바닥 상태 전자 배치[a]

원자 번호	기호	전자 배치	원자 번호	기호	전자 배치	원자 번호	기호	전자 배치
1	H	$1s^1$	38	Sr	[Kr]$5s^2$	75	Re	[Xe]$6s^24f^{14}5d^5$
2	He	$1s^2$	39	Y	[Kr]$5s^24d^1$	76	Os	[Xe]$6s^24f^{14}5d^6$
3	Li	[He]$2s^1$	40	Zr	[Kr]$5s^24d^2$	77	Ir	[Xe]$6s^24f^{14}5d^7$
4	Be	[He]$2s^2$	41	Nb	[Kr]$5s^14d^4$	78	Pt	[Xe]$6s^14f^{14}5d^9$
5	B	[He]$2s^22p^1$	42	Mo	[Kr]$5s^14d^5$	79	Au	[Xe]$6s^14f^{14}5d^{10}$
6	C	[He]$2s^22p^2$	43	Tc	[Kr]$5s^24d^5$	80	Hg	[Xe]$6s^24f^{14}5d^{10}$
7	N	[He]$2s^22p^3$	44	Ru	[Kr]$5s^14d^7$	81	Tl	[Xe]$6s^24f^{14}5d^{10}6p^1$
8	O	[He]$2s^22p^4$	45	Rh	[Kr]$5s^14d^8$	82	Pb	[Xe]$6s^24f^{14}5d^{10}6p^2$
9	F	[He]$2s^22p^5$	46	Pd	[Kr]$4d^{10}$	83	Bi	[Xe]$6s^24f^{14}5d^{10}6p^3$
10	Ne	[He]$2s^22p^6$	47	Ag	[Kr]$5s^14d^{10}$	84	Po	[Xe]$6s^24f^{14}5d^{10}6p^4$
11	Na	[Ne]$3s^1$	48	Cd	[Kr]$5s^24d^{10}$	85	At	[Xe]$6s^24f^{14}5d^{10}6p^5$
12	Mg	[Ne]$3s^2$	49	In	[Kr]$5s^24d^{10}5p^1$	86	Rn	[Xe]$6s^24f^{14}5d^{10}6p^6$
13	Al	[Ne]$3s^23p^1$	50	Sn	[Kr]$5s^24d^{10}5p^2$	87	Fr	[Rn]$7s^1$
14	Si	[Ne]$3s^23p^2$	51	Sb	[Kr]$5s^24d^{10}5p^3$	88	Ra	[Rn]$7s^2$
15	P	[Ne]$3s^23p^3$	52	Te	[Kr]$5s^24d^{10}5p^4$	89	Ac	[Rn]$7s^26d^1$
16	S	[Ne]$3s^23p^4$	53	I	[Kr]$5s^24d^{10}5p^5$	90	Th	[Rn]$7s^26d^2$
17	Cl	[Ne]$3s^23p^5$	54	Xe	[Kr]$5s^24d^{10}5p^6$	91	Pa	[Rn]$7s^25f^26d^1$
18	Ar	[Ne]$3s^23p^6$	55	Cs	[Xe]$6s^1$	92	U	[Rn]$7s^25f^36d^1$
19	K	[Ar]$4s^1$	56	Ba	[Xe]$6s^2$	93	Np	[Rn]$7s^25f^46d^1$
20	Ca	[Ar]$4s^2$	57	La	[Xe]$6s^25d^1$	94	Pu	[Rn]$7s^25f^6$
21	Sc	[Ar]$4s^23d^1$	58	Ce	[Xe]$6s^24f^15d^1$	95	Am	[Rn]$7s^25f^7$
22	Ti	[Ar]$4s^23d^2$	59	Pr	[Xe]$6s^24f^3$	96	Cm	[Rn]$7s^25f^76d^1$
23	V	[Ar]$4s^23d^3$	60	Nd	[Xe]$6s^24f^4$	97	Bk	[Rn]$7s^25f^9$
24	Cr	[Ar]$4s^13d^5$	61	Pm	[Xe]$6s^24f^5$	98	Cf	[Rn]$7s^25f^{10}$
25	Mn	[Ar]$4s^23d^5$	62	Sm	[Xe]$6s^24f^6$	99	Es	[Rn]$7s^25f^{11}$
26	Fe	[Ar]$4s^23d^6$	63	Eu	[Xe]$6s^24f^7$	100	Fm	[Rn]$7s^25f^{12}$
27	Co	[Ar]$4s^23d^7$	64	Gd	[Xe]$6s^24f^75d^1$	101	Md	[Rn]$7s^25f^{13}$
28	Ni	[Ar]$4s^23d^8$	65	Tb	[Xe]$6s^24f^9$	102	No	[Rn]$7s^25f^{14}$
29	Cu	[Ar]$4s^13d^{10}$	66	Dy	[Xe]$6s^24f^{10}$	103	Lr	[Rn]$7s^25f^{14}6d^1$
30	Zn	[Ar]$4s^23d^{10}$	67	Ho	[Xe]$6s^24f^{11}$	104	Rf	[Rn]$7s^25f^{14}6d^2$
31	Ga	[Ar]$4s^23d^{10}4p^1$	68	Er	[Xe]$6s^24f^{12}$	105	Db	[Rn]$7s^25f^{14}6d^3$
32	Ge	[Ar]$4s^23d^{10}4p^2$	69	Tm	[Xe]$6s^24f^{13}$	106	Sg	[Rn]$7s^25f^{14}6d^4$
33	As	[Ar]$4s^23d^{10}4p^3$	70	Yb	[Xe]$6s^24f^{14}$	107	Bh	[Rn]$7s^25f^{14}6d^5$
34	Se	[Ar]$4s^23d^{10}4p^4$	71	Lu	[Xe]$6s^24f^{14}5d^1$	108	Hs	[Rn]$7s^25f^{14}6d^6$
35	Br	[Ar]$4s^23d^{10}4p^5$	72	Hf	[Xe]$6s^24f^{14}5d^2$	109	Mt	[Rn]$7s^25f^{14}6d^7$
36	Kr	[Ar]$4s^23d^{10}4p^6$	73	Ta	[Xe]$6s^24f^{14}5d^3$	110	Ds	[Rn]$7s^25f^{14}6d^8$
37	Rb	[Kr]$5s^1$	74	W	[Xe]$6s^24f^{14}5d^4$	111	Rg	[Rn]$7s^25f^{14}6d^9$
						112	Cn	[Rn]$7s^25f^{14}6d^{10}$

[a] 기호 [He]는 헬륨 핵심부(helium core)라고 하며 $1s^2$를 나타낸다. [Ne]는 네온 핵심부(neon core)라고 하며 [He]$2s^22p^6$를 나타낸다. [Ar]는 아르곤 핵심부(argon core)라고 하며 [Ne]$3s^23p^6$를 나타낸다. [Kr]는 크립톤 핵심부(krypton core)라고 하며 [Ar]$4s^23d^{10}4p^6$를 나타낸다. [Xe]는 제논 핵심부(xenon core)라고 하며 [Kr]$5s^24d^{10}5p^6$를 나타낸다. [Rn]은 라돈 핵심부(radon core)라고 하며 [Xe]$6s^24f^{14}5d^{10}6p^6$를 나타낸다.

안정성이 약간 높아진다는 사실에 유의하면 대부분 원소들의 바닥 상태 전자 배치를 예측할 수 있다. Hund 규칙 1에 따라 크로뮴에 대한 오비탈 그림은 다음과 같다.

Cr [Ar] [↑] [↑|↑|↑|↑|↑]
$4s^1$ $3d^5$

d 전자가 서로 다른 오비탈에 들어감으로써 정전기적 반발이 줄어든다. 그러므로 크로뮴은 총 6개의 홀전자를 갖게 된다. 구리에 대한 오비탈 그림은 다음과 같다.

Cu [Ar] [↑] [↑↓|↑↓|↑↓|↑↓|↑↓]
$4s^1$ $3d^{10}$

이 배치에 대한 정성적인 설명은 다음과 같다. 같은 부껍질에 있는 전자는 같은 에너지를 갖지만, 공간적 분포가 다르다. 결과적으로, 서로 간의 가림 효과는 상대적으로 작다. 그러므로 실제의 핵전하가 증가함에 따라 유효 핵전하가 증가하여, 완전히 채워진 부껍질(d^{10})은 안정성이 크고 구형의 전하 분포를 하고 있다.

원소 아연($Z=30$)에서 크립톤($Z=36$)까지는 $4s$와 $4p$ 부껍질이 채워지는 방식이 명확하다. 루비듐($Z=37$)부터는 전자가 $n=5$인 에너지 준위에 들어가기 시작한다. 두 번째 전이 금속 계열 [이트륨($Z=39$)에서 은($Z=47$)까지]의 전자 배치 또한 불규칙하지만, 여기서는 논의하지 않기로 한다.

주기율표의 6주기는 세슘($Z=55$)과 바륨($Z=56$)으로부터 시작하고, 이들의 전자 배치는 각각 $[Xe]6s^1$과 $[Xe]6s^2$이다. 다음에는 란타넘($Z=57$)이 온다. $5d$와 $4f$ 오비탈의 에너지는 매우 가깝고, 실제로 란타넘에서 $4f$는 $5d$보다 에너지가 약간 더 높다. 그러므로 란타넘의 전자 배치는 $[Xe]6s^25d^1$이고, $[Xe]6s^24f^1$이 아니다. 란타넘 다음에는 **란타넘족 원소**(lanthanides) 또는 **희토류**(rare earth series) [세륨($Z=58$)에서 루테튬($Z=71$) 까지]로 알려진 14개의 원소가 있다. 희토류 금속은 불완전하게 채워진 $4f$ 부껍질을 가지거나, 불완전하게 채워진 $4f$ 부껍질을 가진 양이온이 쉽게 만들어진다. 이 계열에서 전자가 추가되면 루테튬의 $5d$ 부껍질에 들어간다. 가돌리늄($Z=64$)의 전자 배치는 $[Xe]6s^24f^8$이 아니라 $[Xe]6s^24f^75d^1$인 것에 유의하라. 크로뮴처럼 가돌리늄은 반이 채워진 부껍질($4f^7$)로 인하여 추가적인 안정성을 얻는다. 란타넘과 하프늄($Z=72$)을 포함하여 금($Z=79$)까지 확장되는 세 번째 전이 금속 계열은 $5d$ 오비탈을 채우는 것으로 특징지어진다. 그다음 $6s$와 $6p$ 오비탈이 채워지는 라돈($Z=86$)이 있다. 그다음 주기의 원소들은 **악티늄 계열**(actinide series)로, 이것은 토륨($Z=90$)에서 시작하며 불완전하게 채워진 $5f$ 부껍질을 갖는다. 이 원소들의 대부분은 자연에서는 발견되지 않고 인공적으로 만들어졌다.

마지막으로, 이온에 대한 전자 배치에 대해 알아보자. 양이온의 경우, 필요한 전하를 얻을 때까지 처음에는 p 원자가 전자, 다음에는 s 원자가 전자, 그 다음에는 필요한 만큼의 d 전자를 제거한다. 예를 들면 Mn의 전자 배치는 $[Ar]3d^54s^2$이고, 따라서 Mn^{2+}의 전자 배치는 [Ar]$3d^5$이다. 음이온의 전자 배치는 그다음에 오는 영족 기체 핵심부가 될 때까지 원자에 전자를 더하여 얻는다. 따라서 산화물 이온(O^{2-})의 경우 [He]$2s^2 2p^4$에 두 개의 전자를 더하면 [He]$2s^2 2p^6$이 되고, 이것은 네온의 전자 배치와 같다.

원자 성질의 주기적 변화

대부분의 주기적 경향에 대하여, F($Z=9$)와 Fr($Z=87$)은 양 극단에 있다.

전자 배치의 주기적 경향에 의해 화학 및 물리적 성질도 주기적으로 변하게 된다. 여기서는 원자 반지름, 이온화 에너지, 전자 친화도를 살펴본다. 일반적인 주기적 경향이란 한 주기의 왼쪽에서 오른쪽으로 갈수록 금속성은 감소하고, 한 특정한 족의 아래로 갈수록 금속성이 커지는 것 등을 말한다. 이러한 경향은 전이 원소에는 적용되지 않으며, 이들은 모두 금속성이며 비슷한 성질을 갖는다.

원자 반지름. 원자는 명확한 크기를 갖고 있지 않다. 수학적으로 원자의 파동 함수는 무한대까지 확장된다. 그러므로 다소 임의적인 방법으로 크기를 정의할 필요가 있다. 한 가지 방법은 원자 크기를 가늠하기 위해 분자에서 원자핵들 사이의 거리를 측정하여 얻은 **공유 결합 반지름**(covalent radius)을 이용하는 것이다. 그림 12.11은 원자 번호에 대하여 원자 반지름을 도시한 것을 보여 준다. 2주기 원소를 살펴보면, Li에서 Ne까지 원자 번호가 증가하면서 전자는 $2s$와 $2p$ 오비탈에 들어간다. 같은 부껍질 전자 사이의 가림 효과는 크지 않으므로 유효 핵전하 ζ가 증가하여 전자 밀

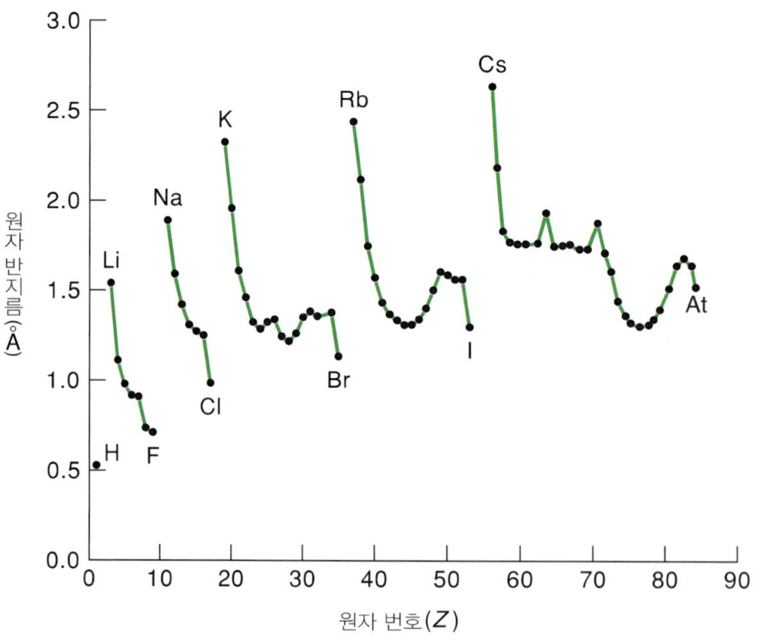

그림 12.11

원자 번호(Z)에 대한 원자 반지름 도시. 일반적으로 원자 반지름은 주기율표의 한 주기에서는 왼쪽에서 오른쪽으로 갈수록 감소하고, 같은 족에서는 아래로 갈수록 증가한다(1 Å = 0.1 nm).

도가 집중되며, 이로 인해 원자의 크기는 감소한다. 같은 족에서의 원자 반지름은 원자 번호가 증가함에 따라 같이 증가한다. 예를 들면 1족 알칼리 금속에서 최외각 전자는 *ns* 오비탈에 들어 있다. 오비탈의 크기는 주양자수 *n*이 증가할 때 같이 커지므로 최외각 전자는 핵에서 더 멀리 떨어진다. 그 결과, 유효 핵전하 역시 Li에서 Cs까지 증가하지만 원자의 크기도 Li에서 Cs으로 가면서 커지게 된다.

이온화 에너지. 이온화 에너지(ionization energy)는 바닥 상태의 기체 원자로부터 전자 한 개를 떼어내는 데 필요한 최소 에너지이다.

$$\text{에너지} + X(g) \rightarrow X^{+}(g) + e^{-} \qquad (12.27)$$

여기서 X는 어떤 원소의 원자를 나타낸다. 이온화는 항상 흡열 과정이다. 이를 측정하면 제1 이온화 에너지를 얻을 수 있다. 이 과정을 계속하면 다음과 같이 제2, 제3, 등의 이온화 에너지를 얻을 수 있다.

$$\text{에너지} + X^{+}(g) \rightarrow X^{2+}(g) + e^{-}$$

$$\text{에너지} + X^{2+}(g) \rightarrow X^{3+}(g) + e^{-}$$

주어진 원소에서 제3 이온화 에너지는 항상 제2 이온화 에너지보다 크며, 다시 이것은 제1 이온화 에너지보다 크다. 즉 양전하가 클수록 전자를 제거하는 데 필요한 에너지의 양은 더 크다. 표 12.7은 처음 20개 원소의 이온화 에너지를 보여 주며, 그림 12.12는 원자 번호에 대해 제1 이온화 에너지를 도시한 것이다. 이 그림의 해석은 그림 12.11에서 원자 반지름에 대한 것과 비슷하다. 유효 핵전하는 한 주기의 왼쪽에서 오른쪽으로 가면서 증가하고, 최외각 전자는 더 단단히 붙잡혀 있으므로 이온화 에너지 또한 증가한다. 같은 족에서 아래로 갈수록 최외각 전자는 잇따라 더 바깥쪽의 껍질에 들어가므로 핵에서 점점 더 멀리 떨어지게 된다. 그 결과, 유효 핵전하는 같은 족의 위에서 아래로 갈수록 증가하더라도, 바로 위에 있는 원소의 최외각 전자보다 더 쉽게 제거될 수 있다.

전자 친화도. 전자 친화도(electron affinity)는 기체 상태의 원자가 전자를 받아들여 음이온이 될 때 나타나는 에너지 변화의 (−)값으로 정의된다.

X의 전자 친화도를 정의하는 또 다른 방법은 음이온 X^-의 제1 이온화 에너지와 같게 놓는 것이다.

$$X(g) + e^{-} \rightarrow X^{-}(g) \qquad (12.28)$$

이온화 에너지와 대조적으로, 전자 친화도는 측정하기 어려운데, 1가보다 더 큰 음전하를 띤 고립된 음이온은 대체로 불안정하기 때문이다. 표 12.8에 여러 원소에 대한 전자 친화도를 수록하였다. 전자 친화도는 양수이거나 거의 0에 가까운 값을 갖게 된다. 전자 친화도가 클수록(양의 값으로) 그 원자는 전자를 받아들이는 경향이 더 커진다.

표 12.7 처음 20개 원소의 이온화 에너지(kJ mol^{-1})

Z	원소	제1	제2	제3	제4	제5	제6
1	H	1312					
2	He	2373	5251				
3	Li	520	7300	11815			
4	Be	899	1757	14850	21005		
5	B	801	2430	3660	25000	32820	
6	C	1086	2350	4620	6220	38000	47300
7	N	1400	2860	4580	7500	9400	53000
8	O	1314	3390	5300	7470	11000	13000
9	F	1680	3370	6050	8400	11000	15200
10	Ne	2080	3950	6120	9370	12200	15000
11	Na	495.9	4560	6900	9540	13400	16600
12	Mg	738.1	1450	7730	10500	13600	18000
13	Al	577.9	1820	2750	11600	14800	18400
14	Si	786.3	1580	3230	4360	16000	20000
15	P	1012	1904	2910	4960	6240	21000
16	S	999.5	2250	3360	4660	6990	8500
17	Cl	1251	2297	3820	5160	6540	9300
18	Ar	1521	2666	3900	5770	7240	8800
19	K	418.7	3052	4410	5900	8000	9600
20	Ca	589.5	1145	4900	6500	8100	11000

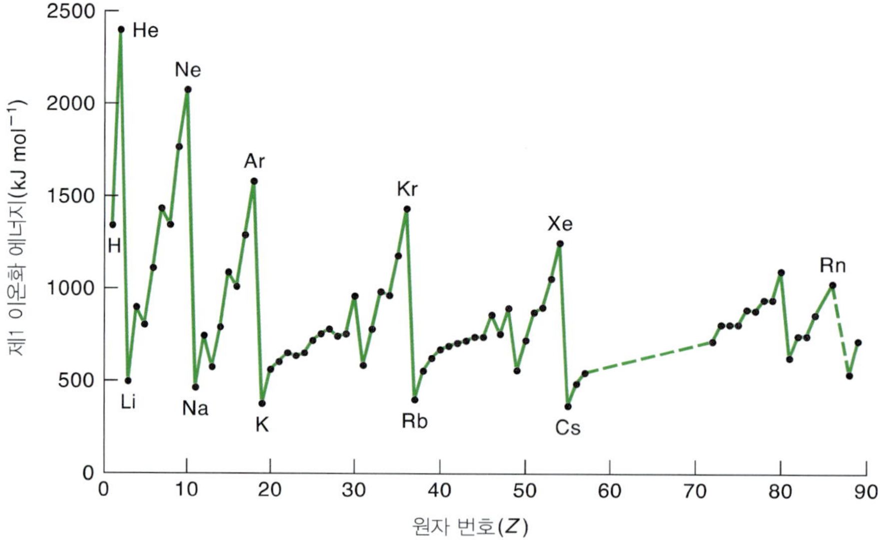

그림 12.12

원자 번호(Z)에 대한 제1 이온화 에너지 도시

표 12.8 몇 가지 대표적인 원소와 영족 기체의 전자 친화도(kJ mol^{-1})[a]

1A	2A	3A	4A	5A	6A	7A	8A
H							He
73							<0
Li	Be	B	C	N	O	F	Ne
60	≤0	27	122	≤0	141	328	<0
Na	Mg	Al	Si	P	S	Cl	Ar
53	≤0	44	134	72	200	349	<0
K	Ca	Ga	Ge	As	Se	Br	Kr
48	2.4	29	118	77	195	325	<0
Rb	Sr	In	Sn	Sb	Te	I	Xe
47	4.7	29	121	101	190	295	<0
Cs	Ba	Tl	Pb	Bi	Po	At	Rn
45	14	30	110	110	183	270	<0

[a] 영족 기체, Be, N, Mg의 전자 친화도는 실험적으로 결정되지 않았지만, 0에 가깝거나 음수인 것으로 생각된다.

12.9 변분 원리

앞에서 두 개 이상의 전자를 갖는 원자나 이온에 대한 Schrödinger 방정식은 완벽하게 풀리지 않는다고 언급하였다. **변분법**(variational method)은 변분 원리에 기반을 두고 있는 매우 효과적인 기법으로, 이러한 문제를 해결할 수 있게 해 준다. 어떤 한 계의 바닥 상태 에너지를 구하려 한다고 가정하자. 참(true) 파동 함수를 알지 못해도 그 계에 대한 Hamiltonian 연산자는 쓸 수 있다. 추측을 통해 얻은 파동 함수를 시도 함수로 사용하여 계산을 해 볼 수 있다. **변분 원리**(variational principle)에 따르면, 시도 파동 함수를 사용하여 계산한 실제 바닥 상태 에너지(실험적으로 구한)보다 더 낮을 수 없다. 변분 원리를 이용할 때, 시도 파동 함수에 원하는 만큼 많은 변수[**변분 변수**(variational parameter)로 알려진]를 도입할 수 있지만, 계산된 에너지(E_ϕ)는 바닥 상태의 참 에너지(E_0)보다 항상 크거나, 가장 잘 된 경우에는 같다(식 12.29의 증명은 부록 12.1 참조).

$$E_\phi \geq E_0 \tag{12.29}$$

계산된 에너지가 실험적으로 결정된 에너지보다 더 낮다면, 잘못된 Hamiltonian 연산자를 사용하고 있는 것이다.

변분법을 예시하기 위하여 헬륨 원자의 경우로 돌아가자. 오비탈 근사법에 따라 두 전자를 독립적으로 취급한다. 즉 헬륨의 파동 함수를 두 수소 파동 함수의 곱으로 나타낸다.

$$\psi_{He}(1,2) = \phi_H(1)\phi_H(2)$$

여기서 각 수소 파동 함수는

$$\phi_H = N_H e^{-Zr/a_0}$$

이고, N_H는 정규화 상수이다. 그러나 수소 원자 파동 함수를 사용하는 대신, 다른 전자가 핵을 가리는 것을 설명하기 위하여 수소 1s 오비탈을 수정한다. 정수의 핵전하 Z를 유효 핵전하 ζ(식 12.26 참조)로 대체하여 다음과 같이 쓴다.

$$\phi_{He} = N_{He} e^{-\zeta r/a_0} \tag{12.30}$$

여기서 N_{He}는 정규화 상수이다. 따라서 $\psi_{He}(1,2) = \phi_{He}(1)\phi_{He}(2)$이다. 이제 ζ를 변분 변수로 취급하여 최소 에너지를 찾는다. 헬륨은 $Z=2$이고, 단지 하나의 전자가 다른 전자로부터 핵을 가리므로, 변분 변수의 범위를 다음과 같이 정할 때 최적의 결과를 얻을 수 있을 것으로 예상할 수 있다.

$$1 < \zeta < 2$$

변분 원리에 따르면 가장 좋은 변분 변수는 가장 낮은 에너지가 얻어지는 것이다. 여기서 양자 역학의 가설(10.7절 참조)을 사용하여 일반적인 방법으로 에너지를 계산한다. 에너지의 평균값 또는 기댓값은 다음으로 주어진다.

$$\begin{aligned} E_\psi &= \langle E \rangle \\ &= \frac{\int \psi_{He}^* \hat{H} \psi_{He} d\tau}{\int \psi_{He}^* \psi_{He} d\tau} \end{aligned} \tag{12.31}$$

이것은 단일 변수 문제이므로, 변분 변수(ζ)에 대해 에너지를 도시하고 그래프로부터 최소 에너지를 찾을 수 있다(그림 12.13). 식 12.31의 적분을 푸는 수학적 계산은 다소 길지만 구할 수 있는 값이다. 그 결과는

$$E_\psi(\zeta) = \underbrace{\frac{m_e e^4}{4\varepsilon_0^2 h^2}}_{\text{1 hartree}} \left(\zeta^2 - \frac{27}{8}\zeta\right) \tag{12.32}$$

위 식에서 괄호 앞의 항은 1 원자 단위(즉 1 hartree. 표 12.5 참조)와 같으므로, 다음과 같이 시도 에너지를 원자 단위로 나타낼 수 있다.

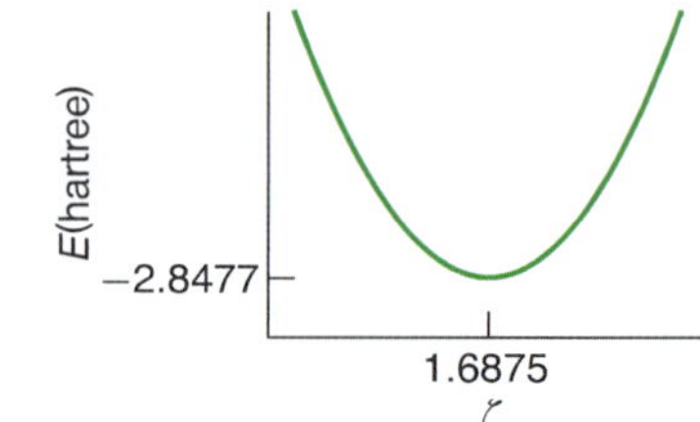

그림 12.13
변분 변수 ζ(유효 핵전하)에 대한 헬륨의 계산된 평균 에너지 도시

$$E_\psi(\zeta) = \left(\zeta^2 - \frac{27}{8}\zeta\right) \tag{12.33}$$

일반적으로, 가장 적합한 변수 값을 정할 때에는, 에너지를 그 변수에 대해 미분하고 미분값이 0이 되게 하는 변수를 찾는다. 복잡한 문제에서는 수치 계산법으로 도함수를 계산할 수 있다. 그러나 여기서는 해석적 해를 쉽게 찾을 수 있다. 헬륨의 예에서 변분 변수는 ζ이므로 다음과 같이 놓는다.

$$\frac{dE_\psi(\zeta)}{d\zeta} = 0 \tag{12.34}$$

식 12.33에서

$$0 = \frac{d\left(\zeta^2 - \frac{27}{8}\zeta\right)}{d\zeta}$$

$$= 2\zeta - \frac{27}{8}$$

그러므로 $\zeta_{최소} = 27/16 = 1.6875$이고, 이 ζ 값에서 에너지가 가장 낮아진다.

식 12.34의 조건은 단지 ζ가 최대 또는 최소라는 것을 의미한다. 그러나 이 경우에는 에너지에 대한 최솟값을 구하였다.

$\zeta_{최소}$을 식 12.33에 대입하여 다음을 얻는다.

$$E_{\psi,최소} = \left[\left(\frac{27}{16}\right)^2 - \frac{27}{8}\left(\frac{27}{16}\right)\right]$$

$$= -2.8477 \text{ hartree 또는 } -7476 \text{ kJ mol}^{-1} \tag{12.35}$$

헬륨 원자에 대한 이 시도 에너지는 He의 제1과 제2 이온화 에너지의 합인 실험값 -2.9033 hartree(-7624 kJ mol^{-1})보다 더 높지만, 독립 전자 근삿값인 -4 hartree보다는 상당히 좋은 결과이다.

계산의 정확도를 향상시키기 위하여, 두 번째 변분 변수를 추가하여 에너지 기댓값을 최소화하는 두 변분 변수의 값을 찾을 수 있다. 원자, 분자, 이온에 대한 일반적인 접근법은 **Slater형 원자 오비탈**(STOs: Slater-type atomic orbitals)을 이용하는 것인데, 이것은 본질적으로 주양자수 n과 ζ를 모두 변분 변수로 다룬다. STO는 다음과 같은 형태를 가진다.

$$\psi = Nr^{n-1}e^{\zeta r}Y_\ell^{m_\ell} \tag{12.36}$$

여기서 N은 정규화 상수이고, $Y_\ell^{m_\ell}$은 구면 조화 함수이다. 또한 ℓ과 m_ℓ은 일반적인 정수의 양자수이나, n은 실수의 변분 변수이다. 헬륨 원자에 대한 가장 좋은 해를 찾기 위해 두 변수에 대해 다음과 같이 놓고,

$$\left[\frac{\partial E_\psi(\zeta,n)}{\partial\zeta}\right]_n = 0 \tag{12.37}$$

$$\left[\frac{\partial E_{\psi}(\zeta,n)}{\partial n}\right]_{\zeta} = 0 \tag{12.38}$$

수학적 계산을 좀 더 하면, 최적(최소 에너지)의 해는 $n_{최소}=0.995$와 $\zeta_{최소}=1.6116$일 때, $E_{\psi,최소} = -2.8542$ hartree인 것을 알 수 있다. 이것은 단일 변수일 때의 결과보다 향상된 것이지만, 상당히 많은 계산적 노력이 필요하다. 물리화학의 많은 분야에서와 마찬가지로, 변수가 더 많을수록 더 정확한 결과를 얻을 수 있지만, 더 많은 작업이 필요하고 변수에 대한 물리적 통찰력은 더 줄어든다. 분광학적 측정값과 일치하는 결과를 얻기 위해, 계산화학자들은 단일 오비탈을 묘사하기 위해 두 개 또는 세 개(또는 그 이상)의 유효 핵전하를 사용하여 계산(소위 **이중** zeta와 **삼중** zeta 급 계산)을 수행할 수 있다.

예제 12.4

다음 시도 파동 함수를 사용하여 변분 원리에 따라 수소 원자의 바닥 상태 에너지를 구하시오.

$$\phi(r) = Ne^{-ar^2}$$

여기서 N은 정규화 상수, r은 핵으로부터의 거리이고, a는 최적화할 변분 변수이다. 구형의 바닥 상태를 얻으려 하는 것이므로 θ와 ϕ를 포함한 항들을 생략하면 수소 원자에 대한 Hamiltonian 연산자(식 12.2)는 다음과 같이 간단하게 된다.

$$\hat{H} = \frac{-\hbar^2}{2m_e}\frac{1}{r^2}\frac{d}{dr}\left(r^2\frac{d}{dr}\right) - \frac{e^2}{4\pi\varepsilon_0 r}$$

구형 부피 요소는 다음과 같다.

$$d\tau = 4\pi r^2 dr$$

답

시도 에너지의 기댓값은 다음과 같다.

$$E_{\phi} = \frac{\int(\phi^*\hat{H}\phi)4\pi r^2 dr}{\int\phi^*\phi 4\pi r^2 dr}$$

$$= \frac{4\pi N^2\int_0^{\infty} e^{-ar^2}\left[\frac{-\hbar^2}{2m_e r^2}\frac{d}{dr}\left(r^2\frac{d}{dr}\right) - \frac{e^2}{4\pi\varepsilon_0 r}\right]e^{-ar^2}r^2 dr}{4\pi N^2\int_0^{\infty} e^{-ar^2}r^2 dr}$$

$$= \frac{\frac{-\hbar^2}{2m_e}\int_0^\infty (4a^2r^4 - 6ar^2)e^{-2ar^2}dr - \frac{e^2}{\varepsilon_0}\int_0^\infty re^{-2ar^2}dr}{\frac{1}{8a}\left(\frac{\pi}{2a}\right)^{1/2}}$$

$$= \frac{\frac{-\hbar^2}{2m_e}\left[-\frac{3}{8}\left(\frac{\pi}{2a}\right)^{1/2}\right] - \frac{e^2}{4\pi\varepsilon_0}\frac{1}{4a}}{\frac{1}{8a}\left(\frac{\pi}{2a}\right)^{1/2}}$$

$$= \frac{3\hbar^2 a}{2m_e} - \frac{e^2 a^{1/2}}{2^{1/2}\pi^{3/2}\varepsilon_0}$$

변분 변수 a의 함수로서 에너지에 대한 식을 얻었으므로, a에 대해 미분을 하고 이를 0으로 놓아 시도 에너지의 최솟값을 찾는다.

$$\frac{dE_\phi}{da} = \frac{3\hbar^2}{2m_e} - \frac{e^2}{(2\pi)^{3/2}\varepsilon_0(a_{\text{최소}})^{1/2}} = 0$$

에너지가 최소가 되게 하는 변분 변수 값에 대해 풀면

$$a_{\text{최소}} = \frac{m_e^2 e^4}{18\pi^3\varepsilon_0^2\hbar^4}$$

$a_{\text{최소}}$를 에너지 식에 대입하여 최적의 시도 에너지를 구한다.

$$E_\phi = \frac{3\hbar^2}{2m_e}\left(\frac{m_e^2 e^4}{18\pi^3\varepsilon_0^2\hbar^4}\right) - \frac{e^2}{2^{1/2}\pi^{3/2}\varepsilon_0}\left(\frac{m_e^2 e^4}{18\pi^3\varepsilon_0^2\hbar^4}\right)^{1/2}$$

$$= -\left(\frac{1}{3\pi}\right)\frac{m_e e^4}{\varepsilon_0^2 h^2}$$

COMMENT

수소 원자의 참 바닥 상태 에너지(식 12.10)는

$$E_{\mathrm{H}} = -\left(\frac{1}{8}\right)\frac{m_e e^4}{\varepsilon_0^2 h^2}$$

이므로, 간단한 시도 함수는 참 에너지보다 단지 15% 더 높다. 참고로 수소 원자에 대한 참 바닥 상태 파동 함수는 다음과 같다(표 12.2 참조).

$$\psi_{1s}(r) = \frac{2}{\sqrt{a_0^3}}e^{-r/a_0}$$

여기서 a_0는 Bohr 반지름이다.

예제 12.5

다음의 시도 파동 함수를 사용하여 변분 원리에 따라 길이가 L인 일차원의 상자에서 질량 m인 입자의 바닥 상태 에너지를 추정하시오.

$$\phi(x) = Nx(L - x)$$

여기서 N은 정규화 상수이다.

답

일차원 상자 속의 입자에 대한 Hamiltonian 연산자는 다음과 같다(식 10.43).

$$\hat{H} = \frac{-\hbar^2}{2m}\frac{d^2}{dx^2}$$

시도 에너지의 기댓값은 다음과 같다.

$$\begin{aligned} E_\phi &= \frac{\int_0^L \phi^* \hat{H} \phi dx}{\int_0^L \phi^* \phi dx} \\ &= \frac{N^2 \frac{\hbar^2}{m} \int_0^L x(L - x) dx}{N^2 \int_0^L (xL - x^2)^2 dx} \\ &= \frac{\hbar^2}{m}\left(\frac{L^3/6}{L^5/30}\right) \\ &= \left(\frac{5}{4\pi^2}\right)\frac{h^2}{mL^2} \end{aligned}$$

COMMENT

시도 에너지는 0.12665 $h^2m^{-1}L^{-2}$이고, 반면에 참 바닥 상태 에너지(식 10.50 참조)는 $h^2/(8mL^2) = 0.12500$ $h^2m^{-1}L^{-2}$이다. 따라서 이 시도 에너지는 단지 1.321% 더 높다. 이 경우에는 최적화할 변분 변수가 없다.

12.10 Hartree-Fock 자체 일관성 장 방법

앞에서 살펴본 것과 같이, 헬륨과 다전자 원자에 대한 Schrödinger 방정식을 풀기 위해서는 근사법을 사용해야 한다. 널리 이용되는 방법으로 **Hartree-Fock 자체 일관성 장 방법**(HF-SCF: Hartree-Fock self-consistent-field method)*이라고 하는 접근법이 있다. HF-SCF 방법은 N개의 전자를 가진 계에 대해 Schrödinger 파동 방정

* Vladimir Fock(1898~1974)은 러시아의 화학자/물리학자이다. 그는 전자 교환에 대해 반대칭(Pauli 배타 원리)인 파동 함수를 사용하여 Hartree 방정식을 일반화하였다.

식의 근사적 해를 구하기 위한 변분법이다. 이 방법은 오비탈이라고 하는 파동 함수로 전자들을 개별적으로 기술하는 오비탈 근사법을 이용한다.

일반적으로, 계 전체의 파동 함수 ψ를 N개의 단일 전자 파동 함수의 곱으로 나타내는 것으로 HF-SCF 방법을 시작한다.

$$\psi = \phi_1\phi_2\phi_3\dots\phi_N$$

한 개의 전자를 제외한 다른 전자에 대한 파동 함수들은 추정하여 쓴다. 예를 들면 전자 2, 3, 4, ⋯, N에 대한 파동 함수를 $\phi_2, \phi_3, \phi_4, \dots, \phi_N$로 추정한다. 그다음, 핵과 오비탈 $\phi_2, \phi_3, \phi_4, \dots, \phi_N$의 전자들에 의해 만들어지는 퍼텐셜 장 내에서 움직이는 전자 1에 대한 Schrödinger 방정식을 푼다. 전자 1과 나머지 전자들 간의 반발은 공간 내 각 지점에서 그 지점의 평균 전자 밀도의 합으로부터 계산한다. 이 과정을 통해 전자 1에 대한 파동 함수 ϕ_1'이 얻어지게 된다. 그다음, 파동 함수 $\phi_1', \phi_3, \phi_4, \dots, \phi_N$에 속한 전자들에 의해서 만들어지는 전기장 안에서 움직이는 전자 2에 대해 비슷한 계산을 한다. 이 단계를 거치면 전자 2에 대해 새로운 함수 ϕ_2'가 얻어진다. 나머지 전자들에 대해 이 과정을 반복하여 모든 전자에 대해 새로운 파동 함수의 집합 $\phi_1', \phi_2', \phi_3', \dots, \phi_N'$를 얻게 된다. 그 이전의 집합과 실질적으로 동일한 파동 함수 집합을 얻을 때까지 이 과정을 필요한 만큼 여러 번 반복한다. 이렇게 되면 자체 일관성 장이 얻어지고, 더 이상의 계산이 필요 없게 된다. 그림 12.14에 이 과정을 요약하였다. 고성능 컴퓨터의 등장으로 복잡한 원자의 오비탈과 에너지를 정확히 계산할 수 있게 되었다. 계산 결과에 의하면 다전자 원자의 오비탈은 정성적으로 수소 원자의 오비탈과 유사하므로, 수소 원자 오비탈을 나타내기 위해 사용하는 것과 같은 양자수들로 표시한다.

이제 헬륨 원자의 전자 구조 문제에 Hartree–Fock 방법을 적용해 보자. 다시 오비탈 근사법(식 12.19)으로부터 시작한다.

$$\psi(\tau_1, \tau_2) = \phi(\tau_1)\phi(\tau_2)$$

여기서 τ_1과 τ_2는 각각 전자 1과 2의 삼차원 좌표를 나타낸다. 바닥 상태 헬륨의 경우, 두 전자 모두 같은 원자 오비탈에 속한다. Hartree–Fock 근사법에서 첫 번째 전자는 두 번째 전자의 전하 또는 전자의 확률 분포에 의한 **유효 퍼텐셜**(effective potential) $V^{\text{유효}}$를 '느낀다'.

$$V_1^{\text{유효}}(\tau_1) = \int\phi^*(\tau_2)\frac{1}{r_{12}}\phi(\tau_2)d\tau_2 \tag{12.39}$$

여기서 r_{12}는 두 전자 간의 거리이고, 전체 공간에 대해 적분한다. 이제 운동 에너지 연산자, 전자–핵 Coulomb 상호 작용, 유효 퍼텐셜로 이루어진 유효 단일 전자 Hamiltonian 연산자를 원자 단위를 써서 나타낼 수 있다.

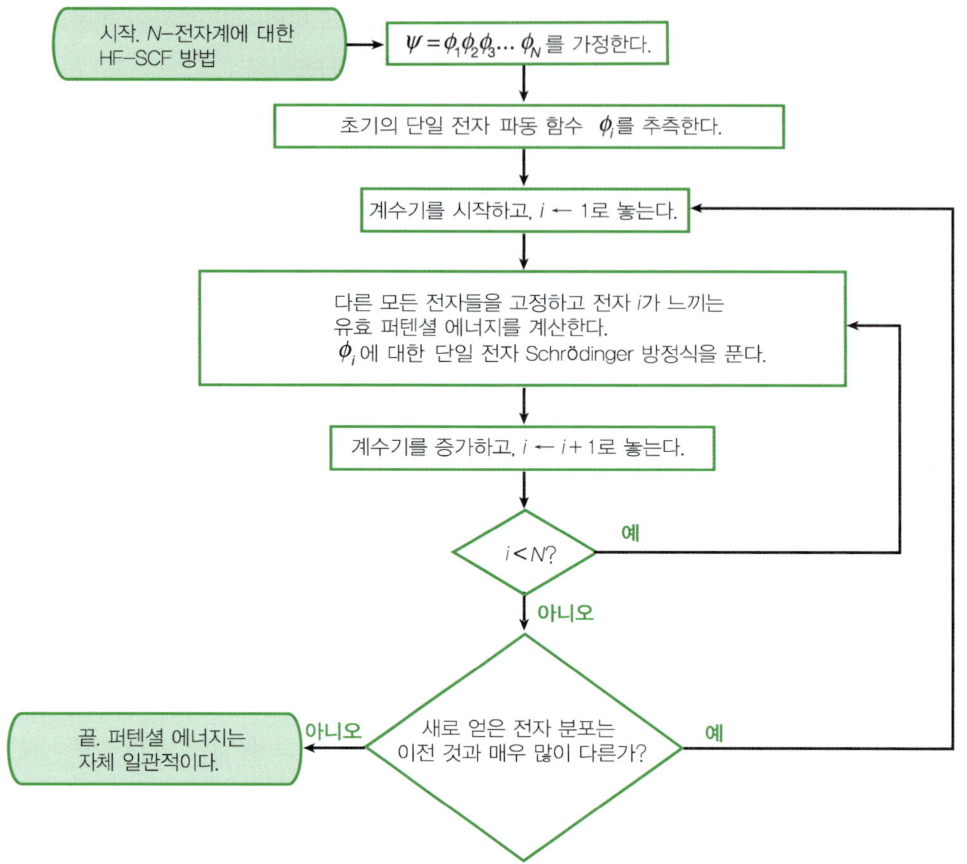

그림 12.14

다전자계의 파동 함수를 얻기 위한 SCF 방법의 흐름도

$$\hat{H}_1^{\text{유효}}(\tau_1) = -\frac{1}{2}\nabla_1^2 - \frac{2}{r_1} + V_1^{\text{유효}}(\tau_1) \tag{12.40}$$

여기서 위 첨자 '유효'는 연산자의 유효하고 평균적인 성질을 강조하기 위해 사용되었다. 이 유효 Hamiltonian 연산자는 전자 1에 대한 Schrödinger 방정식에 사용된다.

$$\hat{H}_1^{\text{유효}}(\tau_1)\phi(\tau_1) = \varepsilon_1\phi(\tau_1) \tag{12.41}$$

여기서 ε_1은 전자 1의 오비탈 에너지이다. 헬륨의 경우, 전자 2에 대한 Schrödinger 방정식도 같은 식이 된다. 이 설명에는 어떤 순환 논리가 있음을 알아차렸을 것이다. 단일 전자 파동 함수 ϕ에 대한 Schrödinger 방정식(식 12.41)을 풀기 위해 유효 Hamiltonian 연산자(식 12.40)를 필요로 하는데, 이는 차례로 유효 퍼텐셜(식 12.39)이 필요하고, 이 자체는 파동 함수 ϕ를 필요로 한다. 어디에서 시작하는가? ϕ의 함수 형태에 대하여 사전 지식을 이용하여 추측을 하여 시작한다. 이 초기의 추정에 따라 유효 퍼텐셜과 유효 Hamiltonian 연산자를 구한다. 그리고 Schrödinger 방정식을 풀어 새로운 ϕ를 찾는다. 새로운 전자 파동 함수를 사용하여 새 유효 퍼텐셜을 계산하고 순환 과정 간에 ϕ가 크게 변하지 않을 때까지 이 순환 과정을 반복한다. 이렇게 되었을 때 그 해는 수렴되었다고 하고, 그 장은 **자체 일관적**(self-consistent)이라 한다. 이러한 방법으로 얻은 단일 전자 파동 함수 ϕ를 Hartree–Fock **오비탈**(Hartree-Fock orbital)이라고 한다.

계산화학에서 오비탈은 원자 오비탈의 선형 결합으로 나타낸다. 사용된 원자 오비탈들이 계산의 **바탕 함수 집합**(basis set)을 구성한다. 바탕 함수 집합의 크기가 무한히 커지게 되면 Hartree–Fock **한계**(Hartree–Fock limit)에 도달하는데, 이것은 계 전체의 파동 함수를 단일 전자 파동 함수의 곱으로 나타내어 얻을 수 있는 가장 좋은 답이다. 그러나 Hartree–Fock 한계에서도 계의 참(또는 정확한, 또는 분광학적) 에너지보다 높다(표 12.9 참조). 그 이유는 Hartree–Fock 접근법은 **전자 간의 상관 관계**(electron correlation)를 충분히 설명하지 못하기 때문이다. Hartree–Fock 근사법에서 전자는 서로를 단지 평균 또는 유효한 의미로만 '느끼기' 때문에 비상관적이라고 한다. 정확한 에너지와 Hartree–Fock 에너지 사이의 차이는 **상관 에너지**(CE: correlation energy)로 알려져 있다.

$$\text{CE} = E_{\text{정확한}} - E_{\text{HF}} \tag{12.42}$$

헬륨의 경우 상관 에너지는 0.0419 hartree, 즉 정확한 에너지의 1.44%이다. 이것은 비율로 볼 때는 작은 값이지만, 0.0419 hartree는 110 kJ mol^{-1}로 화학 결합 엔탈피와 같은 정도의 크기이다.

표 12.9 헬륨 원자의 바닥 상태 에너지

방법	에너지[a](E_h)	이온화 에너지[a](E_h)
실험값[b](^{4}He에 대한)	−2.90357059	0.90357059
$1/r$을 완전히 무시(12.6절)	−4.000	2.000
변분법, ζ=1.6875를 사용(12.9절)	−2.8477	0.8477
변분법, ζ=1.61162와 n=0.995를 사용	−2.8542	0.8542
변분법, 1078개의 변수[c]	−2.903724375	0.903724375
Hartree-Fock[d](12.10절)	−2.8617	0.8617
1차 섭동 이론(12.11절)	−2.7500	0.7500
2차 섭동 이론	−2.9077	0.9077
13차 섭동 이론[e]	−2.90372433	0.90372433

[a] 에너지는 원자 단위로 나타내었다. E_h=1 hartree. 이론적 에너지는 비상대론적, 고정된 핵의 근사법을 이용하여 계산되었다.

[b] G. Herzberg, *Proc. Roy. Soc. (London)* 248, 309 (1958). ^{3}He에 대한 값은 4.78×10^{-5} hartree 더 작다. 실험적 에너지는 두 이온화 퍼텐셜의 합이다.

[c] C. L. Pekeris, *Phys. Rev.* 115, 1126 (1959).

[d] E. Clementi and C. Roetti, At. *Data Nucl. Data Tables* 14, 177 (1974). 이것은 무한히 큰 바탕 함수 집합으로 추정한 Hartree-Fock 한계이다.

[e] C. W. Scheer and R. E. Knight, *Rev. Mod. Phys.* 35, 426 (1963).

Hartree–Fock 접근법은 일반적으로 헬륨에 대해 보인 것보다 더 복잡하다. 헬륨에서는 두 전자가 같은 오비탈을 차지하여 총 파동 함수의 공간 부분과 스핀 부분을 분리할 수 있다. 더 복잡한 계에서는 공간 부분과 스핀 부분 모두를 포함하여 완전한 파동 함수를 사용할 필요가 있다(예제 12.3). 이것은 헬륨의 경우보다 유효 Hamiltonian 연산자가 더 복잡한 것을 의미한다. Hartree–Fock 방법은 적절한 비용(컴퓨터 시간과 메모리)으로 실험 결과와 적정한 수준에서 일치하는 결과를 얻을 수 있기 때문에, 계산화학에서 가장 일반적으로 사용되는 방법 중의 하나이다.

12.11 섭동 이론

완벽하게 풀리지 않는 Schrödinger 방정식에 대한 근사적 해를 구하기 위한 다른 접근법으로 섭동 이론이 있다. 섭동 이론이 변분법과 다른 점은 섭동 이론 계산에서 얻은 에너지는 계의 참 바닥 상태 에너지보다 더 높다는 것이 보장되지 않는다는 것이다. 그럼에도 불구하고, 섭동 이론 방법은 많은 계에 대해 타당한 정량적인 결과를 제공하기 때문에 상당히 유용하다. 섭동 이론 방법은 상자 속의 입자, 조화 진동자, 강체 회전자, 수소 원자 등과 같이 잘 정의된 양자 역학 모형을 닮은 계에 잘 맞는다. 예를 들면 한 입자가 중간에 작은 돌출부(또는 퍼텐셜 장벽)가 있는 퍼텐셜 상자 안에 있다면, 그 계는 퍼텐셜이 0인 상자를 모형으로 하고 돌출부를 그 계에 대한 작은 **섭동**(perturbation)으로 다룬다. 섭동 이론에 대해 일반적인 설명을 먼저 하고, 몇 가지 친숙한 계에 적용해 보도록 한다.

0차'는 섭동되지 않은'을 의미한다.

섭동 이론의 일반적인 전략은 풀려고 하는 계의 파동 함수와 유사한 간단한 0차 파동 함수 $\psi(0)$를 선택한 후에, 완벽한 Hamiltonian 연산자를 사용하여 양자 역학의 가설 4(10.7절 참조)에 따라 에너지의 기댓값을 계산하는 것이다.

$$\langle E\rangle = \frac{\int \psi^{(0)*}\hat{H}\psi^{(0)}\,d\tau}{\int \psi^{(0)*}\psi^{(0)}\,d\tau} \tag{12.43}$$

위 첨자 (0)는 0차 항을 표시하기 위해 사용된다. 그러나 섭동이 일어난 상태이기 때문에, 이 Hamiltonian 연산자의 고유 함수는 아니다.

$$\hat{H}\psi^{(0)} \neq E\psi^{(0)}$$

완벽한 Hamiltonian 연산자 $\hat{H}$는 0차 Hamiltonian과 1차 섭동 항을 더한 합으로 나타낸다.

$$\hat{H} = \hat{H}^{(0)} + \hat{H}^{(1)} \tag{12.44}$$

여기서 0차 Hamiltonian은 0차 파동 함수를 고유 함수로 가진다.

$$\hat{H}^{(0)}\psi_n^{(0)} = E_n^{(0)}\psi_n^{(0)} \tag{12.45}$$

위 첨자 (1)은 작은 섭동을 포함하는 항에 사용된다. 더 고급 수준의 이론에서 2차, 3차, 등등의 섭동항을 가질 수 있기 때문에 이를 1차라고 부른다. 1차 섭동 이론에서 에너지의 기댓값은 0차 에너지와 1차 섭동항의 합이다.

$$\langle E \rangle = E^{(0)} + E^{(1)} \tag{12.46}$$

이름이 암시하는 것처럼, 섭동 에너지 $E^{(1)}$은 0차 에너지 $E^{(0)}$보다 일반적으로 훨씬 작다. 에너지에 대한 1차 보정은 식 12.43처럼 계산된다.

$$\begin{aligned} E^{(1)} &= \langle E^{(1)} \rangle \\ &= \frac{\int \psi^{(0)*} \hat{H}^{(1)} \psi^{(0)} d\tau}{\int \psi^{(0)*} \psi^{(0)} d\tau} \end{aligned} \tag{12.47}$$

섭동 이론의 비결 중 하나는 0차 Hamiltonian과 이에 관련된 0차 파동 함수를 신중하게 선택하는 것이다. 계산을 쉽게 하기 위해서 0차계는 일반적으로 정확한 해석적 해를 가진 계를 선택한다. 지금까지 공부한 간단한 양자 역학적 계(상자 속의 입자, 원 위의 입자, 강체 회전자, 조화 진동자, 수소 원자)가 일반적으로 사용된다.

이 장에서 다루고 있는 헬륨 원자 문제에 섭동 이론을 적용해 보자. 0차의 시작점으로 수소 원자 Hamiltonian과 수소 원자 파동 함수를 선택한다. 이전에 했던 것처럼 독립 전자(또는 독립적 오비탈) 접근법을 이용하여 헬륨 원자의 파동 함수를 나타낸다.

$$\Psi^{(0)}_{\mathrm{He}}(\tau_1, \tau_2) = \psi_1^{(0)}(\tau_1)\psi_2^{(0)}(\tau_2) \tag{12.48}$$

여기서 τ_1과 τ_2는 전자 1과 2의 공간 좌표이다. 원자 단위를 이용하여 Hamiltonian 연산자를 적는다(식 12.16 참조).

$$\hat{H} = \hat{H}_{\text{완벽한}} = \underbrace{-\frac{1}{2}\nabla_1^2 - \frac{Z}{r_1}}_{\substack{\text{H 원자} \\ \text{Hamiltonian}}} \quad \underbrace{-\frac{1}{2}\nabla_2^2 - \frac{Z}{r_2}}_{\substack{\text{H 원자} \\ \text{Hamiltonian}}} \quad \underbrace{+\frac{1}{r_{12}}}_{\text{섭동}}$$

처음 네 개의 항은 각각 전자 1과 2에 대한 수소 원자 Hamiltonian($Z=2$인)인 것을 강조할 수 있도록 항들을 배열하였다.

$$\hat{H} = \hat{H}_1^{(0)} + \hat{H}_2^{(0)} + \frac{1}{r_{12}} \tag{12.49}$$

정확한 해석적 해를 얻지 못하게 하는 $1/r_{12}$ 항은 이제 1차 섭동항으로 취급한다.

$$\hat{H} = \hat{H}_1^{(0)} + \hat{H}_2^{(0)} + \hat{H}_{12}^{(1)} \tag{12.50}$$

여기서 아래 첨자 '12'는 섭동 연산자가 전자 1과 2 모두의 좌표에 의존하는 것을 강조하기 위해 적은 것이다. 이제 에너지 기댓값을 얻기 위해 양자 역학의 가설 4(식 10.34 참조)를 적용할 준비가 되었다. 0차 파동 함수(식 12.48)를 에너지 식(식 12.43)에 대입하여 다음의 위협적으로 보이는 방정식을 얻는다.

$$\langle E \rangle = \frac{\iint \psi_1^{(0)*}(\tau_1)\psi_2^{(0)*}(\tau_2)[\hat{H}_1^{(0)} + \hat{H}_2^{(0)} + \hat{H}_{12}^{(1)}]\psi_1^{(0)}(\tau_1)\psi_2^{(0)}(\tau_2)d\tau_1 d\tau_2}{\iint \psi_1^{(0)*}(\tau_1)\psi_2^{(0)*}(\tau_2)\psi_1^{(0)}(\tau_1)\psi_2^{(0)}(\tau_2)d\tau_1 d\tau_2} \quad (12.51)$$

그러나 0차 함수를 신중하게 선택하면 어렵지 않게 이 식을 간단히 할 수 있다. 정규화된 파동 함수를 선택했기 때문에 분모는 1이다. 분자는 Hamiltonian 연산자의 세 부분에 근거하여 세 개의 항으로 분리할 수 있다.

$$\begin{aligned}\langle E \rangle = &\int \psi_1^{(0)*}(\tau_1)\hat{H}_1^{(0)}\psi_1^{(0)}(\tau_1)d\tau_1 \int \psi_2^{(0)*}(\tau_2)\psi_2^{(0)}(\tau_2)d\tau_2 + \\ &\int \psi_2^{(0)*}(\tau_2)\hat{H}_2^{(0)}\psi_2^{(0)}(\tau_2)d\tau_2 \int \psi_1^{(0)*}(\tau_1)\psi_1^{(0)}(1)d\tau_1 + \\ &\iint \psi_1^{(0)*}(\tau_1)\psi_2^{(0)*}(\tau_2)\hat{H}_{12}^{(1)}\psi_1^{(0)}(\tau_1)\psi_2^{(0)}(\tau_2)d\tau_1 d\tau_2 \end{aligned} \quad (12.52)$$

세 항들 중 첫 번째 항에서 처음 적분은 수소 원자 문제이고, 두 번째 적분은 정규화 조건(1과 같은)이다. 두 번째 항도 마찬가지이므로 다음과 같이 된다.

$$\langle E \rangle = E_1^{(0)} + E_2^{(0)} + \iint \psi_1^{(0)*}(\tau_1)\psi_2^{(0)*}(\tau_2)\hat{H}_{12}^{(1)}\,\psi_1^{(0)}(\tau_1)\psi_2^{(0)}(\tau_2)d\tau_1 d\tau_2 \quad (12.53)$$

남아 있는 이중 적분은 풀기가 어렵지만, 해석적 해가 존재한다.† 그 결과를 원자 단위로 나타내면 다음과 같다.

$$\langle E \rangle = E_1^{(0)} + E_2^{(0)} + \frac{5}{8}Z$$

여기서 Z는 핵전하이다. 헬륨에 대해

$$\langle E \rangle = -2 - 2 + \frac{5}{8}(2) = -2.75 \text{ hartree}$$

이것은 실험값(-2.9033 hartree)에 아주 가깝다.

예제 12.6

섭동 이론을 적용하여 다음 퍼텐셜 에너지 함수가 다음과 같이 주어지는 진동자의 바닥 상태 에너지를 구하시오.

$$V(x) = \frac{k}{2}x^2 + bx^4$$

† 예를 들면 M. Karplus and R. N. Porter, *Atoms and Molecules: An Introduction for Students of Physical Chemistry*, W. A. Benjamin, New York, 1970, p. 174~177를 참조

여기서 k와 b는 상수이며, b는 충분히 작아서 섭동으로 다룰 수 있다고 가정하시오.

답

조화 진동자를 섭동되지 않은 계로 선택하고, 퍼텐셜의 4차 부분(x^4를 포함하는 부분)을 섭동으로 처리한다.

$$\hat{H}^{(1)} = bx^4$$

0차 Hamiltonian 연산자는 조화 진동자(식 11.53)와 같지만, 이것을 적을 필요는 없다. 0차 에너지는 양자수 $\upsilon=0$인 조화 진동자(식 11.54)로부터 얻는다.

$$E_0 = \left(\upsilon + \frac{1}{2}\right)h\nu = \frac{1}{2}h\nu$$

여기서 ν는 조화 진동자의 기본 진동수이다. 0차 파동 함수에 대해 조화 진동자의 바닥 상태 파동 함수(식 11.57)를 찾아보면

$$\psi_0(x) = \left(\frac{\alpha}{\pi}\right)^{1/4} e^{-\alpha x^2/2}$$

여기서

$$\alpha = \left(\frac{k\mu}{\hbar^2}\right)^{1/2}$$

이고, μ는 환산 질량이다. 이제 1차 섭동 에너지를 계산할 수 있다.

$$\begin{aligned} E^{(1)} &= \int \psi^{(0)*}\hat{H}^{(1)}\psi^{(0)}d\tau \\ &= \int_{-\infty}^{\infty} bx^4\left(\frac{\alpha}{\pi}\right)^{1/2} e^{-\alpha x^2}dx \\ &= 2b\left(\frac{\alpha}{\pi}\right)^{1/2}\int_0^{\infty} x^4 e^{-\alpha x^2}dx \end{aligned}$$

Handbook of Chemistry and Physics의 표준 적분표를 참고하면 다음 결과를 얻을 수 있다.

$$\begin{aligned} E^{(1)} &= \frac{3b}{4\alpha^2} \\ &= \frac{3b\hbar^2}{4k\mu} \\ &= \frac{3bh^2\nu^2}{4k^2} \end{aligned}$$

따라서 계의 총에너지는

$$E = E^{(0)} + E^{(1)}$$
$$= \frac{h\nu}{2} + \frac{3bh^2\nu^2}{4k^2}$$

COMMENT
답이 정확한 단위를 가졌는지 확인하기 위해 차원 분석을 해야 한다.

1차 섭동 이론은 유효 핵전하 ζ를 유일한 변분 변수(식 12.35 참조)로 사용하는 변분 접근법만큼 좋은 결과를 주지 않는다. 섭동 이론의 결과를 향상시키기 위하여 더 높은 차수의 섭동 이론을 이용한다. 우리의 목표는 다음 방정식을 푸는 것이다.

$$\hat{H}\psi_n = E_n\psi_n$$

1차 섭동 이론과 마찬가지로, 0차 Hamiltonian과 이에 관련된 고유 함수를 선택한다.

$$\hat{H}^{(0)}\psi_n^{(0)} = E_n^{(0)}\psi_n^{(0)}$$

완벽한 Hamiltonian은 0차 Hamiltonian에 섭동을 더한 것으로 가정한다. 그러나 이번에는 섭동의 크기를 결정하는 변수 λ를 도입한다.

$$\hat{H} = \hat{H}^{(0)} + \lambda\hat{H}^{(1)} \tag{12.54}$$

식 12.54는 더 높은 차수의 항을 포함하도록 확장될 수 있다. 파동 함수에 대한 일반적 해는

$$\psi_n = \psi_n^{(0)} + \lambda\psi_n^{(1)} + \lambda^2\psi_n^{(2)} + \cdots \tag{12.55}$$

이고, 에너지에 대한 해는

$$E_n = E_n^{(0)} + \lambda E_n^{(1)} + \lambda^2 E_n^{(2)} + \lambda^3 E_n^{(3)} + \cdots \tag{12.56}$$

여기서 (1), (2), (3), ...은 각각 1차, 2차, 3차, ... 섭동이다. 이들 고차 파동 함수 [$\psi_n^{(2)}$, $\psi_n^{(3)}$, …]와 에너지 [$E_n^{(2)}$, $E_n^{(3)}$, …]는 단지 Hamiltonian 연산자 [$\hat{H}^{(1)}$]만을 사용하여 결정할 수 있다. 보통 에너지는 파동 함수보다 한 차수 더 높게 계산한다. 헬륨 원자의 예에서 $\lambda=1$이었고, 1차 섭동 에너지 $E_n^{(1)}$과 0차 파동 함수 $\psi_n^{(0)}$를 찾았다. 헬륨에 대한 0차 파동 함수는 Z값만 2로 바뀐 수소 원자 파동 함수이다.

섭동 이론의 차수가 높아질수록(표 12.9 참조) 계산의 정확도와 계산의 복잡함은 모두 증가한다. 섭동 이론의 차수를 높이면 섭동항의 물리적 의미는 더욱 더 적어진

다. 계산화학에서 계산의 정확도와 계산 비용은 항상 상충되는 문제이다. 궁극적인 목표가 무엇이며, 어디까지 계산을 해야 할지를 결정해야 한다.

섭동 이론은 이전 절에서 설명한 변분법과는 상당히 다른 접근법이다. 섭동 이론이 변분 이론보다 유리한 점은 섭동 이론은 어렵지 않게 들뜬 상태에 적용할 수 있는 반면에, 변분법은 바닥 상태에 적용된다. 변분법을 선호할 수 있는데, 이 방법은 참 에너지보다 더 높은 에너지를 보장하기 때문이다. 이전에 언급한 것처럼 변분법과는 달리, 섭동 이론 접근법은 참 에너지보다 더 낮은 에너지를 줄 수 있다. 그러나 섭동 이론의 차수 또는 변분 변수의 수를 증가시킬수록 섭동 이론과 변분법은 모두 참 에너지와 파동 함수에 수렴한다(표 12.9). 이 경우, 예를 들어 13차 섭동 이론 계산과 실험값 사이의 차이는 부분적으로 계산 과정에서의 근사적 처리 때문이다. 섭동 이론과 변분법 계산은 모두 상대론적 효과*를 무시하며 핵이 고정되어 있다는 가정을 한다. 실험값과 고급 수준의 이론값 사이에서의 차이는 대부분 핵의 운동과 상대론적 효과에 의한 것으로 생각된다.

■ Key Equations

$$\frac{-\hbar^2}{2m_e}\left[\frac{1}{r^2}\frac{\partial}{\partial r}\left(r^2\frac{\partial}{\partial r}\right)+\frac{1}{r^2\sin\theta}\frac{\partial}{\partial\theta}\left(\sin\theta\frac{\partial}{\partial\theta}\right)+\frac{1}{r^2\sin^2\theta}\left(\frac{\partial^2}{\partial\phi^2}\right)\right]\psi-\frac{e^2\psi}{4\pi\varepsilon_0 r}=E\psi$$

(수소 원자에 대한 Schrödinger 파동 방정식) (12.2)

$$\psi_{n,\ell,m_\ell}(r,\theta,\phi)=\underbrace{R_{n\ell}(r)}_{\text{방사 방향 부분}}\underbrace{Y_\ell^{m_\ell}(\theta,\phi)}_{\text{각도 부분}}$$

(수소 파동 함수의 분리) (12.5)

$$E_n=-\frac{m_e e^4}{8h^2\varepsilon_0^2}\frac{1}{n^2}$$

(수소 원자에서 전자의 에너지) (12.10)

$$\underbrace{-\frac{h^2}{2m_e}\nabla_1^2\psi-\frac{h^2}{2m_e}\nabla_2^2\psi}_{\text{전자의 운동 에너지 항}}\;\underbrace{-\frac{Ze^2\psi}{4\pi\varepsilon_0 r_1}-\frac{Ze^2\psi}{4\pi\varepsilon_0 r_2}+\frac{e^2\psi}{4\pi\varepsilon_0 r_{12}}}_{\text{Coulomb 퍼텐셜 에너지 항}}=E\psi$$

(헬륨 원자에 대한 Schrödinger 파동 방정식) (12.16)

$$\zeta=Z-\sigma$$ (유효 핵전하) (12.26)

$$E_\phi\geq E_0$$ (변분법) (12.29)

* 주기율표의 아래로 내려가면서 핵전하는 커진다. 그 결과, 내부 전자의 속력은 증가한다. 무거운 원소에서, 전자의 속력은 빛의 속력에 접근할 수 있다. 이 경우, 질량과 오비탈의 크기와 같은 전자의 특성에 대해 보정을 해 주어야 한다.

부록 12.1

변분 원리의 증명

우리의 목표는 해석적 해를 갖지 않는 계의 바닥 상태 파동 함수 ψ_0와 에너지 E_0에 대한 근사값을 찾는 것이다. 변분 원리에 따르면 $E_\phi \geq E_0$(식 12.29)이다. 즉 시도 파동 함수의 에너지 E_ϕ는 참 바닥 상태 에너지보다 항상 크거나 같을 것이다. 이 부록에서 변분 원리의 증명을 개략적으로 설명한다.

ψ_n를 관심 대상의 계를 설명하는 참(알려지지 않은, 그리고 아마도 알 수 없는) 파동 함수라 하면

$$\hat{H}\psi_n = E_n\psi_n \qquad n = 0, 1, 2, \ldots \tag{1}$$

여기서 $\hat{H}$는 계의 Hamiltonian 연산자이고, E_n은 참 에너지이다. 계의 바닥 상태에 해당하는 참 파동 함수 ψ_0에 대한 근사인 시도 파동 함수를 ϕ라고 하자. 시도 파동 함수는 참 파동 함수의 선형 결합으로 나타낼 수 있다.

$$\phi = \sum_n c_n\psi_n \tag{2}$$

여기서 c_n은 계수로, 실수 또는 허수이다.

$$0 \leq |c_n|^2 \leq 1 \tag{3}$$

양자 역학의 가설 4(10.7절 참조)를 이용하여 파동 함수 에너지의 평균값과 같은 방법으로 시도 파동 함수의 에너지 E_ϕ를 적는다.

$$E_\phi = \frac{\int \phi^* \hat{H}\phi\, d\tau}{\int \phi^*\phi\, d\tau} \tag{4}$$

그다음, 시도 파동 함수(식 2)를 나타내는 참 파동 함수의 선형 결합을 식 4에 대입하면

$$E_\phi = \frac{\int\left(\sum_m c_m^*\psi_m^*\right)\hat{H}\left(\sum_n c_n\psi_n\right)d\tau}{\int\left(\sum_m c_m^*\psi_m^*\right)\left(\sum_n c_n\psi_n\right)d\tau} \tag{5}$$

여기서 분모와 분자에서 두 종류의 합산을 한다는 것을 명확하게 하기 위해 켤레복

소수에서 임시 변수를 n에서 m으로 바꾸었다. 분자에 있는 Hamiltonian 연산자(식 1)를 적용하면

$$E_\phi = \frac{\int\left(\sum_m c_m^* \psi_m^*\right)\left(\sum_n c_n E_n \psi_n\right)d\tau}{\int\left(\sum_m c_m^* \psi_m^*\right)\left(\sum_n c_n \psi_n\right)d\tau} \tag{6}$$

합산을 배분하면,

$$E_\phi = \frac{\sum_m\sum_n\left[c_m^* c_n E_n \int \psi_m^* \psi_n d\tau\right]}{\sum_m\sum_n\left[c_m^* c_n \int \psi_m^* \psi_n d\tau\right]} \tag{7}$$

참 파동 함수 ψ는 직교정규화(orthonormal)되어 있다는 것을 이용하여 적분을 간단히 하면

$$E_\phi = \frac{\sum_m\sum_n\left[c_m^* c_n E_n \delta_{mn}\right]}{\sum_m\sum_n\left[c_m^* c_n \delta_{mn}\right]} \tag{8}$$

여기서 δ_{mn}은 Krönecker 델타(delta)이다. 다시 한 번 직교 정규 조건을 이용하여 합산을 간단히 한다. 이중 합산은 $m=n$일 때만 0이 아닌 값을 갖는 항들의 집합이므로, 이를 단일 합산으로 쓸 수 있다.

$$E_\phi = \frac{\sum_n c_n^* c_n E_n}{\sum_n c_n^* c_n} \tag{9}$$

그다음 양변에서 참 바닥 상태 에너지 E_0를 뺀다.

$$E_\phi - E_0 = \frac{\sum_n c_n^* c_n (E_n - E_0)}{\sum_n c_n^* c_n} \tag{10}$$

이제 다음의 관계와

$$c_n^* c_n \geq 0 \tag{11}$$

정의에 의해

$$E_n \geq E_0 \tag{12}$$

식 9의 분모는 양수이고, 분자의 각 항은 0보다 크거나 같다. 따라서 식 10의 오른쪽 전체는 0이거나 양수이다. 따라서

$$E_\phi \geq E_0$$

이것은 변분 원리의 중요한 결과이다(식 12.29). 어떤 시도 파동 함수를 선택했는지, 얼마나 많은 변분 변수를 포함했는지는 중요하지 않다. 시도 파동 함수로 참 파

동 함수를 선택했더라도 마찬가지다. 시도 파동 함수의 에너지는 항상 참 바닥 상태 에너지보다 크거나 같다. 계산해서 얻은 에너지가 참 에너지보다 낮다면, 잘못된 (또는 아마도 단순히 불완전한) Hamiltonian 연산자를 사용한 것이다. 불연속적이거나 정규화되지 않은 파동 함수와 같이 타당하지 않은 파동 함수를 선택하면, 변분 에너지는 참 에너지보다 더 낮게 계산될 수도 있다. 그러므로 시도 파동 함수를 선택하는 데 주의해야 할 것이다.

참고문헌

책

Feynman, R. P., R. B. Leighton, and M. Sands, *The Feynman Lectures on Physics*, Volumes I, II, and III, Addison-Wesley, Reading, MA, 1963.

Herzberg, G., *Atomic Spectra and Atomic Structure*, Dover Publications, New York, 1944.

Karplus, M., and R. N. Porter, *Atoms and Molecules: An Introduction for Students of Physical Chemistry*, W. A. Benjamin, New York, 1970.

Levine, I. N., *Quantum Chemistry*, 7th ed., Prentice-Hall, New York, 2013.

McQuarrie, D. A., *Quantum Chemistry*, 2nd ed., University Science Books, Sausalito, CA, 2008.

McQuarrie, D. A., and J. D. Simon, *Physical Chemistry: A Molecular Approach*, University Science Books, Sausalito, CA, 1997.

Pilar, F. L., *Elementary Quantum Chemistry*, 2nd ed., Dover Publications, New York, 2001.

Ratner, M. A., and G. C. Schatz, *Introduction to Quantum Mechanics in Chemistry*, Dover Publications, New York, 2002.

논문

수소 원자

"The Stability of the Hydrogen Atom," F. Rioux, *J. Chem. Educ.* **50**, 550 (1973).

"Radial Probability Density and Normalization in Hydrogenic Atoms," L. Lain, A. Toree, and J. M. Alvariño, *J. Chem. Educ.* **58**, 617 (1981).

"Why Doesn't the Electron Fall into the Nucleus?," F. P. Mason and R. W. Richardson, *J. Chem. Educ.* **60**, 40 (1983).

"Some Further Comments about the Stability of the Hydrogen Atom," P. Blaise, O. Henri-Rousseau, and N. Merad, *J. Chem. Educ.* **61**, 957 (1984).

"On the Problem of the Exact Shape of Orbitals," E. Peacock-López, *Chem. Educator* [Online] **8**, 96 (2003) DOI 10.1333/s00897030676a.

"Schrödinger Equation Solutions That Lead to the Solution for the Hydrogen Atom," P. F. Newhouse and K. C. McGill, *J. Chem. Educ.* **81**, 424 (2004).

"The Scales of Time, Length, Mass, Energy, and Other Fundamental Physical Quantities in the Atomic World and the Use of Atomic Units in Quantum Mechanical Calculations," B. K. Teo and W. K. Li, *J. Chem. Educ.* **88**, 921, (2011).

원자 구조

"The Exclusion Principle," G. Gamow, *Sci. Am.* July 1959.

"Atomic Orbitals," R. S. Berry, *J. Chem. Educ.* **43**, 283 (1966).

"The Five Equivalent *d* Orbitals," R. E. Powell, *J. Chem. Educ.* **45**, 45 (1968).

"Five Equivalent *d* Orbitals," L. Pauling and V. McClure, *J. Chem. Educ.* **47**, 15 (1970).

"The Pauli Principle and Electronic Repulsion in Helium," R. L. Snow and J. L. Bills, *J. Chem. Educ.* **51**, 585 (1974).

"4*s* is Always Above 3*d*! or, How to tell the Orbitals from the Wavefunctions," F. L. Pilar, *J. Chem. Educ.* **55**, 2 (1978).

"Highly Excited Atoms," D. Kleppner, M. G. Littman, and M. L. Zimmerman, *Sci. Am.* May 1981.

"Teaching the Shapes of the Hydrogenlike and Hybrid Atomic Orbitals," R. D. Allendoerfer, *J. Chem. Educ.* **67**, 37 (1990).

"Relative Energies of 3*d* and 4*s* Orbitals," P. G. Nelson, *Educ. Chem.* **29**, 84 (1992).

"Transition Metals and the Aufbau Principle," L. G. Vanquickenborne, K. Pierloot, and D.

Devoghel, *J. Chem. Educ.* **71**, 469 (1994).
"Understanding Electron Spin," J. C. A. Boeyens, *J. Chem. Educ.* **72**, 412 (1995).
"Why the 4*s* is Occupied Before the 3*d*," M. Melrose and E. R. Scerri, *J. Chem. Educ.* **74**, 498 (1996).
"Ionization Energies of Atoms and Atomic Ions," P. F. Lang and B. C. Smith, *J. Chem. Educ.* **80,** 938 (2003).
"The Noble Gas Configuration - Not the Driving Force but the Rule of the Game in Chemistry," R. Schmid, *J. Chem. Educ.* **80**, 931 (2003).
"The Meaning of *d*-Orbital Labels," G. Ashkenazi, *J. Chem. Educ.* **82**, 323 (2005).
"How is an Orbital Defined?" D. Keeports, *Chem. Educator* [Online] **11**, 1 (2006) DOI 10.1333/s00897060992a.
"Hund's Multiplicity Rule Revisited," F. Rioux, *J. Chem. Educ.* **84**, 358 (2007).
"Hund's Rule in Two-Electron Atomic Systems," J. E. Harriman, *J. Chem. Educ.* **85**, 451 (2008).
"Applying Electron Exchange Symmetry Properties to Better Understand Hund's Rule," P. E. Fleming, *Chem. Educator* [Online] **13**, 141 (2008) DOI 10.1333/s00897082137a.
"Cartesian Approach to Atomic and Molecular Orbitals," C. W. David, *Chem. Educator* [Online] **13**, 270 (2008) DOI 10.1333/s00897082159a.
"The Shape of Atoms," D. Castelvecchi, *Sci. Am.* December 2009.
"Aspects of Quantum Mechanics Clarified by Lateral Thinking," Y. Liu, Y. Liu, and M. G. B. Drew, *Chem. Educator* [Online] **16**, 272 (2011) DOI 10.1007/s00897112390a.

주기적 경향

"Periodic Contractions Among the Elements: or, On Being the Right Size," J. Mason, *J. Chem. Educ.* **65**, 17 (1988).
"The Periodicity of Electron Affinity," R. T. Meyers, *J. Chem. Educ.* **67**, 307 (1990).
"Ionization Energies Revisited," N. C. Pyper and M. Berry, *Educ. Chem.* **27**, 135 (1990).
"Electron Affinities of the Alkaline Earth Metals and the Sign Convention for Electron Affinity," J. C. Wheeler, *J. Chem. Educ.* **74**, 123 (1997).
"The Bose-Einstein Condensate," E. A. Cornell and C. E. Weiman, *Sci. Am.* March 1998.
"The Evolution of the Periodic System," E. R. Scerri, *Sci. Am.* September 1998.
"Two Particles in a Box," I. Noval, *J. Chem. Educ.* **78**, 395 (2001).
"Stern and Gerlach: How a Bad Cigar Helped Reorient Atomic Physics," B. Friedrich and D. Herschbach, *Physics Today*, December 2003.
"Screened Atomic Potential: A Simple Explanation of the Aufbau Model," W. Eck, S. Nordholm, and G. B. Bacskay, *Chem. Educator* [Online] **11**, 235 (2006) DOI 10.1333/s00897061050a.
"The Past and Future of the Periodic Table," E. R. Scerri, *Am. Scientist* January-February 2008.

변분 원리

"A Simple Illustration of the SCF-LCAO-MO Method," R. L. Snow and J. L. Bills, *J. Chem. Educ.* **52**, 506 (1975).
"Atomic Variational Calculations: Hydrogen to Boron," F. Rioux, *Chem. Educator* [Online] **4**, 40 (1999) DOI 10.1333/s00897990292a.
"Variational Principle for a Particle in a Box," J. I. Casaubon and G. Doggett, *J. Chem. Educ.* **77**, 1221 (2000).
"Variational Methods Applied to the Particle in a Box," W. T. Gribbs, *J. Chem. Educ.* **78**, 1557 (2001).

섭동 이론

"The Perturbation MO Method. Quantum Mechanics on the Back of an Envelope," W. B. Smith, *J. Chem. Educ.* **48**, 749 (1971).

"Helium Revisited: An Introduction to Variational Perturbation Theory," H. E. Montgomery, Jr., *J. Chem. Educ.* **54**, 748 (1977).

"Applications of the Perturbational Molecular Orbital Method," F. Freeman, *J. Chem. Educ.* **55**, 26 (1978).

"Simple Perturbation Example for Quantum Chemistry," P. L. Goodfriend, *J. Chem. Educ.* **62**, 202 (1985).

"Using the Perturbed Harmonic Oscillator to Introduce Rayleigh-Schrödinger Perturbation Theory," K. Sohlberg and D. Shreiner, *J. Chem. Educ.* **68**, 203 (1991).

"Perturbation Theory for a Particle in a Box," H. E. Montgomery, Jr., and W. P. Crummett, *Chem. Educator* [Online] **10**, 169 (2005) DOI 10.1333/s00897050896a.

문제

수소 원자

12.1 다음의 수소 원자 오비탈에 대해 양자수 n, ℓ, m_ℓ을 밝히시오. $3s$, $4d_{xy}$, $5p_z$, $6f_0$

12.2 $4s$ 수소 원자 오비탈을 대략의 눈금을 포함하여 그리고, 마디의 위치를 명확히 나타내시오.

12.3 $3p_0$ 수소 원자 오비탈을 대략의 눈금을 포함하여 그리고, 마디의 위치를 명확히 표시하시오.

12.4 수소 원자 $5d$ 오비탈의 방사 방향 파동 함수는 다음과 같다.

$$R_{52}(r) = \frac{1}{150\sqrt{70a_0^3}}(42 - 14\rho + \rho^2)\rho^2 e^{-\rho/2}$$

$5d$ 오비탈은 몇 개의 방사 방향 마디를 가지며, 이들이 나타나는 반지름은 얼마인가?

12.5 주양자수 $n=6$인 경우, 수소 원자 부껍질 중 방사 방향 마디가 없는 것은? 오비탈 각 운동량 양자수 ℓ 값과 그것을 표시하기 위해 사용되는 기호를 쓰시오.

12.6 실수의 파동 함수 $2p_x$, $2p_y$, $2p_z$를 이용하여 복소수의 수소 원자 파동 함수 $2p_{-1}$, $2p_0$, $2p_1$을 나타내시오.

12.7 복소수의 파동 함수 $3d_{-2}$, $3d_{-1}$, $3d_0$, $3d_1$, $3d_2$를 이용하여 실수의 파동 함수 $3d_{z^2}$, $3d_{xy}$, $3d_{xz}$, $3d_{yz}$, $3d_{x^2-y^2}$을 나타내시오.

12.8 다음의 수소 원자 오비탈을 에너지가 증가하는 순서로 나열하고, 미분화도를 밝히시오. 외부의 장은 없는 것으로 가정하시오. $6s$, $5s$, $4s$, $4p_z$, $4p_x$, $5d_{xy}$, $5d_{xz}$

12.9 전자가 수소 $1s$ 오비탈에 있을 때, 전자가 발견될 확률이 가장 높은 반지름에 대한 식을 구하시오(Hint: 표 12.2에 있는 $1s$ 파동 함수를 r에 대해 미분하시오).

12.10 표 12.2에 주어진 수소 $2s$ 파동 함수를 사용하여, 이 파동 함수가 0이 되는 r($r=\infty$ 이외의) 값을 계산하시오.

전자 배치와 원자 성질

12.11 우리 신체 내의 생화학적 과정에서 중요한 역할을 하는 다음 이온들의 바닥 상태 전자 배치를 적으시오: **(a)** Na^+, **(b)** Mg^{2+}, **(c)** Cl^-, **(d)** K^+, **(e)** Ca^{2+}, **(f)** Fe^{2+}, **(g)** Cu^{2+}, **(h)** Zn^{2+}

12.12 전자 배치를 이용하여 Mn^{2+}가 Mn^{3+}로 산화되는 것보다 Fe^{2+}가 Fe^{3+}로 산화되는 것이 더 쉬운 이유를 설명하시오.

12.13 이온화 에너지는 원자에서 바닥 상태 ($n=1$)의 전자를 제거하는 데 필요한 에너지로, 보통 kJ mol^{-1}의 단위로 나타낸다. **(a)** 수소 원자의 이온화 에너지를 구하시오. **(b)** $n=2$인 상태에서 전자를 제거하는 경우를 가정하여 같은 계산을 하시오.

12.14 유사 수소 이온에서 전자의 에너지를 계산하는 공식은 식 10.18에 주어져 있다. 이 식은 다전자 원자에는 적용할 수 없다. 더 복잡한 원자에 대해 이를 수정하는 한 방법은 Z를 $(Z-\sigma)$로 대체하는 것이다. 여기서 Z는 원자 번호이고 σ는 **가림 상수**(shielding constant)라고 하는 단위가 없는 양수 값이다. 한 예로 헬륨 원자를 생각하자. σ의 물리적 의미는 두 $1s$ 전자가 서로에게 미치는 가림의 정도를 나타낸다. 그러므로 $(Z-\sigma)$를 **유효 핵전하**(effective nuclear charge)라고 하는 것이 적절하다. 헬륨의 제1 이온화 에너지가 원자당 3.94×10^{-18} J일 때, σ 값을 계산하시오(계산을 할 때 주어진 방정식의 (−)부호는 무시하시오).

12.15 플라스마는 양전하의 기체 이온과 전자로 구성된 물질의 한 상태이다. 플라스마 상태에서 수은 원자는 80개의 전자를 빼앗기고 Hg^{80+}로 존재할 수 있다. 마지막 이온화 단계에 필요한 에너지를 계산하시오. 즉

$$Hg^{79+}(g) \rightarrow Hg^{80+}(g) + e^-$$

12.16 광전자 분광법(14.5절 참조)이라고 하는 기술은 원자의 이온화 에너지를 측정하는 데 이용된다. 시료에 UV 빛을 쪼여 주면 원자가 껍질로부터 전자가 방출되며, 방출된 전자의 운동 에너지를 측정한다. UV 광자의 에너지와 방출된 전자의 운동 에너지를 알고 있으므로 다음과 같이 쓸 수 있다.

$$h\nu = IE + \tfrac{1}{2}m_e u^2$$

여기서 ν는 UV 빛의 진동수이고, m_e와 u는 각각 전자의 질량과 속력이다. 한 실험에서 파장 162 nm의 UV 광원을 사용하였을 때 포타슘에서 방출된 전자의 운동 에너지는 5.34×10^{-19} J이었다. 포타슘의 이온화 에너지를 구하시오. 어떻게 이 이온화 에너지가 원자가 전자(즉 가장 느슨하게 붙들려 있는 전자)에 해당하는지 확인할 수 있는가?

12.17 다음 과정에 필요한 에너지는 1.96×10^4 kJ mol^{-1}이다.

$$Li(g) \rightarrow Li^{3+}(g) + 3e^-$$

리튬의 제1 이온화 에너지가 520 kJ mol^{-1}일 때, 리튬의 제2 이온화 에너지, 즉 다음 과정에 필요한 에너지를 구하시오.

$$Li^+(g) \rightarrow Li^{2+}(g) + e^-$$

12.18 실험적으로 원소의 전자 친화도는 레이저 빛을 이용하여 기체상에서 원소의 음이온을 이온화하여 결정할 수 있다.

$$X^-(g) + h\nu \rightarrow X(g) + e^-$$

표 12.8을 참조하여 염소의 전자 친화도에 해당하는 광자의 파장(nm 단위로)을 계산하시오. 이 파장은 전자기 스펙트럼의 어떤 영역에 있는가?

12.19 원소의 표준 원자화 엔탈피는 25°C에서 가장 안정한 형태에 있는 1몰의 원소를 1몰의 단원자 기체로 변환하는 데 필요한 에너지이다. 소듐의 표준 원자화 엔탈피가 108.4 kJ mol^{-1}일 때, 25°C에서 1몰의 소듐 금속을 1몰의 기체상의 Na^+ 이온으로 변환하는 데 필요한 에너지를 kJ 단위로 구하시오.

12.20 질소 양쪽의 원소인 탄소와 산소의 전자 친화도는 상당히 큰 양수인 반면에, 질소의 전자 친화도는 대략 0인 이유를 설명하시오.

12.21 하나의 소듐 원자를 이온화하는 데 필요한 빛의 최대 파장(nm 단위로)을 구하시오.

12.22 어떤 원소의 처음 네 개의 이온화 에너지는 대략 738 kJ mol^{-1}, 1450 kJ mol^{-1}, 7.7×10^3 kJ mol^{-1}, 1.1×10^4 kJ mol^{-1}이다. 이 원소는 주기율표의 어느 족에 속하는가?

변분 원리

12.23 양자 역학에서 변분법의 주요 원리를 설명하시오.

12.24 다음의 시도 함수를 사용하여 길이가 L인 1차원 상자 속의 입자의 에너지를 변분법을 이용하여 구하시오.

$$\phi(x) = Nx^2(L^2 - x^2)$$

여기서 N은 결정해야 하는 정규화 상수이다. 참 에너지는 $h^2/(8mL^2)$일 때, 오차 백분율을 계산하시오.

12.25 계의 에너지를 계산하기 위하여 변분법을 이용할 때, 답이 실제로 정확한 에너지와 같을 수도 있다는 것을 잊지 마시오. 다음의 시도 파동 함수를 이용하여 조화 진동자에 변분법을 적용하시오.

$$\phi(x) = Ne^{-cx^2}$$

여기서 N은 정규화 상수, c는 변분 변수, x는 평형 위치로부터의 변위이다. 먼저, 정규화 상수 N에 대해 푸시오. 그다음, 상수 c로 에너지에 대한 식을 유도하고, c에 대해 최소 에너지를 찾으시오[Hint: $N = (2c/\pi)^{1/4}$와 $E_\phi(c) = k/8c + c\hbar^2/2m$를 얻을 것이다. 여기서 k는 힘상수이고, m은 질량이다].

12.26 다음의 시도 파동 함수를 이용하여 조화 진동자에 변분법을 적용하시오.

$$\phi(x) = Ne^{-c|x|}$$

여기서 N은 정규화 상수, c는 변분 변수, $|x|$는 평형 위치로부터의 변위의 절댓값이다. $x=0$에서 시도 함수의 도함수의 불연속성 때문에 이 시도 함수가 좋은 해를 줄 것으로 기대하지는 않는다. 그럼에도 불구하고, 이것은 시도 파동 함수로 사용될 수 있다. 변분 에너지를 계산하고, 그 결과를 정확한 해와 비교하시오(Hint: 먼저 $\langle E \rangle$를 c의 함수로 계산하고, 다음 도함수 $d\langle E \rangle/dc$를 취하여 에너지를 최소화하는 c 값을 찾으시오).

12.27 수소 원자에 변분법을 적용하고 a, b, c, d가 변분 변수인 다음 형태의 시도 파동 함수를 선택한다면

$$\phi(r) = ce^{-ar} + de^{-br^2}$$

계의 최소 에너지를 계산할 수 있다. 어떤 계산도 하지 말고, 수소 원자에 대한 a, b, c, d, $E_{최소}$ 값을 확인하시오.

섭동 이론

12.28 섭동 이론은 해석적 해를 가진 계에 대한 작은 영향을 고려한다. 다음의 각 경우에 대해 0차 Hamiltonian 연산자 $\hat{H}^{(0)}$, 섭동 Hamiltonian 연산자 $\hat{H}^{(1)}$, 0차 파동 함수 $\psi^{(0)}$, 0차 에너지 $E^{(0)}$를 확인하시오. 해를 구할 필요는 없다. 단지 0차 항목에 대해 양자 역학적 모형(상자 속의 입자, 원 위의 입자, 강체 회전자, 조화 진동자 또는 수소 원자와 같은)을 이용하시오. **(a)** 리튬 이온 Li^+, **(b)** 헬륨 원자 He, **(c)** 퍼텐셜 에너지가 다음 함수로 주어지는 길이 L인 선 위의 입자

$$V(x) = \infty \qquad x < 0, \text{ 또는 } x > L$$

$$V(x) = bx \qquad 0 \le x \le L$$

여기서 b는 상수이다. **(d)** 다음의 퍼텐셜 에너지 함수를 갖는 비조화 진동자

$$V(x) = ax^2 + bx^3 + cx^4$$

여기서 a, b, c는 상수이다. **(e)** 다음의 퍼텐셜 에너지 함수를 갖는 Morse 진동자

$$V(x) = D(1 - e^{-\beta x})^2$$

여기서 D와 β는 상수이다.

$$e^{-x} = 1 - x + \frac{x^2}{2!} - \frac{x^3}{3!} + \ldots$$

(Hint: Maclaurin 급수 전개를 사용하고, x^4 이상의 고차항은 무시하시오. x^3는 섭동항이다.) **(f)** 세기가 E인 전기장하에 있는 강체 회전자. 이 계를 나타내는 Hamiltonian 연산자는

$$\hat{H} = -\frac{\hbar^2}{2I}\nabla^2 + \mu E\cos\theta$$

여기서 I는 관성 모멘트, μ는 쌍극자 모멘트, θ는 전기장과 쌍극자 모멘트 벡터 사이의 각이다. **(g)** z 방향으로 세기가 B_z인 자기장하에 있는 수소 원자. 이 계를 나타내는 Hamiltonian 연산자는

$$\hat{H} = -\frac{\hbar^2}{2m_e}\nabla^2 - \frac{e^2}{4\pi\varepsilon_0 r} - i\mu_B B_z\left(x\frac{\partial}{\partial y} - y\frac{\partial}{\partial x}\right)$$

여기서 μ_B는 Bohr 마그네톤(상수)이고, 다른 기호들은 통상적인 의미를 갖는다.

12.29 다음의 퍼텐셜 에너지 함수를 갖는 4차 진동자에 대하여

$$V(x) = cx^4$$

섭동 이론을 이용하여 바닥 상태 에너지를 구할 수 있다. 여기서 c는 상수이다. 비교를 위해, 예제 12.6의 진동자를 고려하시오. 1차 섭동 이론을 사용할 때 이 두 진동자의 바닥 상태 에너지는 어떻게 다른가?

12.30 다음과 같은 계단형 퍼텐셜 에너지 함수를 갖고, 길이가 a인 상자 속에 있는 질량 m인 입자의 에너지를 구하시오. 퍼텐셜이 0인 상자 속의 입자를 0차 계로 하고, 섭동 이론을 적용할 것.

$$V(x) = 0 \qquad 0 \le x \le \frac{a}{2}$$

$$V(x) = c \qquad \frac{a}{2} \le x \le a$$

$$V(x) = \infty \qquad x < 0, \text{ 또는 } x > a$$

여기서 c는 상수이다.

12.31 섭동 이론을 이용하여 다음과 같은 기울어진 퍼텐셜 에너지 함수를 갖는 길이 a인 상자 속에 있는 질량 m인 입자에 대한 1차 에너지 보정 항을 구하시오.

$$V(x) = cx \qquad 0 \le x \le a$$

$$V(x) = \infty \qquad x < 0, \text{ 또는 } x > a$$

여기서 c는 상수이다.

12.32 1차 섭동 이론을 이용하여 다음의 퍼텐셜 에너지 함수를 갖는 환산 질량 μ의 비조화 진동자의 바닥 상태 에너지를 구하시오.

$$V(x) = \frac{k}{2}x^2 + bx$$

여기서 k와 b는 상수이다. b는 충분히 작아서 bx 항은 섭동으로 다룰 수 있다고 가정하시오.

12.33 조화 진동자를 0차 계로 이용하여, 다음의 퍼텐셜 에너지 함수에 따라 진동하는 진동자의 바닥 상태에 대한 1차 섭동 에너지를 구하시오.

$$V(x) = \frac{k}{2}x^2 \qquad -a \le x \le a$$

$$V(x) = \infty \qquad x < -a, \text{ 또는 } x > a$$

여기서 k는 상수이다.

추가 연습문제

12.34 수소 원자와 유사 수소 이온에서 전자 에너지 준위는 주양자수 n에만 의존하는 반면, 다전자 원자에서 에너지 준위는 n과 오비탈 각운동량 양자수 ℓ 모두에 의존한다. 그 차이를 설명하시오.

12.35 Stern–Gerlach 실험에서, 불균일한 자기장 대신에 균일한 자기장이 사용되었다면 무슨 일이 일어났겠는가?

12.36 변분법은 일반적으로 바닥 상태 파동 함수에 적용된다. 변분법은 시도 파동 함수가 정확한 바닥 상태 파동 함수에 직교하는 조건하에서는 들뜬 상태로 확장될 수 있다. 이 경우에 시도 파동 함수는 첫 번째 들뜬 상태의 에너지에 대한 상한을 준다. 다음의 파동 함수가 길이 L인 상자 속의 입자에 대해 이들 조건을 만족한다면,

$$\phi(x) = N\left(x^3 - \frac{3}{2}Lx^2 + \frac{1}{2}L^2x\right)$$

에너지가 가장 낮은 들뜬 상태의 변분 에너지에 대한 식을 결정하시오. 여기서 N은 정규화 상수이다. 그다음, 0.80 nm의 상자에 있는 전자의 에너지를 계산하시오. 그리고 0.80 nm 상자에 있는 첫 번째

들뜬 상태의 전자에 대해 정확한 에너지를 계산하시오. 이 시도 파동 함수는 얼마나 좋은 근사인가?

12.37 바닥($n=1$) 상태에 있는 He^+ 이온의 반지름(pm 단위로)을 계산하시오.

12.38 식 10.23을 이용하여 수소(^1H) 원자에 대한 Rydberg 상수의 값을 확인하시오. 그다음, 전자의 질량 m_e 대신 환산 질량 μ를 대입하고 수소(^1H) 원자에 대한 Rydberg 상수 값을 계산하시오. 다시 환산 질량을 이용하여 중수소(^2H) 원자에 대한 Rydberg 상수를 계산하시오. 결과를 비교하고 차이점에 대해 언급하시오. 중수소 원자핵의 질량은 $3.34358320 \times 10^{-27}$ kg이다.

12.39 Unsöld 원리에 의하면, 전자의 원자 부껍질이 완전히 채워지거나 절반이 채워지면 이들 전자의 분포는 구형 대칭이다. 즉 주어진 양자수 ℓ값에 대해 전자 확률 밀도의 합은 각 θ 및 ϕ와 무관하다. 바꾸어 말하면

$$\sum_{\ell,m_\ell}[\Theta_{\ell,m_\ell}(\theta)\Phi_{m_\ell}(\phi)]^2 = \text{상수}$$

복소수 $2p$ 원자 오비탈에 대해 이 합을 계산하고, 이것은 θ 및 ϕ와 무관함을 보이시오. 실수 $2p$ 원자 오비탈에 대해 이 계산을 반복하시오.

12.40 어떤 원소의 이온화 에너지는 412 kJ mol^{-1}이다. 그러나 이 원소의 원자가 첫 번째 들뜬 전자 상태에 있을 때 이온화 에너지는 단지 126 kJ mol^{-1}이다. 이 정보에 근거하여, 첫 번째 들뜬 상태에서 바닥 상태로 전이될 때 방출되는 빛의 파장을 구하시오.

13장 분자의 전자 구조와 화학 결합

나는 화학 결합이 사람들이 생각하는 것처럼 그렇게 단순하지 않다고 믿는다.

Robert S. Mulliken

몇 가지 간단한 모형계(상자 속의 입사, 강체 회전자, 조화 진동자)와 하나의 실제계(수소 원자)에 대한 Schrödinger 방정식의 정확한 해를 구하는 방법을 공부했으므로, 이제 관심을 화학 결합으로 돌리자. 화학 결합의 본질을 이해하는 것은 화학의 핵심이다. 먼저 수소 분자 양이온(H_2^+)을 고려하고, 그다음 수소 분자(H_2), 동핵과 이종핵 이원자 분자, 그리고 마지막으로 다원자 분자로 옮겨갈 것이다.

13.1 수소 분자 양이온

양성자 두 개와 전자 한 개로 이루어진 수소 분자 양이온(H_2^+)은 가장 간단한 공유 결합을 하고 있는 화학종이다. 그럼에도 불구하고 이 화학종은 고전 물리학의 방법으로는 설명하기가 불가능하다. NaCl과 같은 화합물에서 볼 수 있는 것과 같은 이온 결합은 Coulomb 법칙으로 충분히 설명할 수 있다. 그러나 공유 결합을 설명하기 위해서는 양자 화학이 필요하다. 12장에서 설명한 모형계와 같이, H_2^+ 계에 대한 파동 함수들을 적고 그들의 에너지를 계산할 수 있기를 바란다. 불행하게도 수소 분자 양이온은 그러한 수학적 해를 가지고 있지 않다. 이 계는 '삼체 문제(three-body problem)'의 한 예로, 이 문제는 정확한 해석적 해가 없다. 그러나 방법이 없는 것은 아니다. 약간의 단순화하는 근사법을 사용하여 수학적으로 기술할 수 있고, 물리적 통찰력을 얻을 수 있으며, 신뢰성 있는 예측을 할 수 있기 때문이다.

본래의 삼체 문제는 태양 주위를 궤도를 그리며 도는 두 행성을 묘사하는 것이었다.

H_2^+ 양이온에 사용된 근사법은 분자계에서 광범위하게 사용될 것이다. 전자의 질량은 양성자의 질량의 2,000분의 1 정도이다. 따라서 전자는 원자핵보다 훨씬 더 빠르게 운동한다. Born–Oppenheimer 근사(approximation) [Max Born과 미국의 물리학자 J. Robert Oppenheimer(1904~1967)의 이름에서 따옴]에서는, 이러한 속력의 차이로 인하여 원자핵은 공간에 정지되어 있다고 간주한다. 그러면 한 분자의 에너지 준위를 구하려면 이 기준틀에서 Schrödinger 방정식을 풀면 된다. Schrödinger 방정식을 풀면 전자에 대한 에너지 준위와 파동 함수를 구할 수 있다. H_2^+의 경우 핵의 위치는 하나의 변수, 즉 결합 길이 R로 기술된다. 추가로 r_A와 r_B는 각각 핵

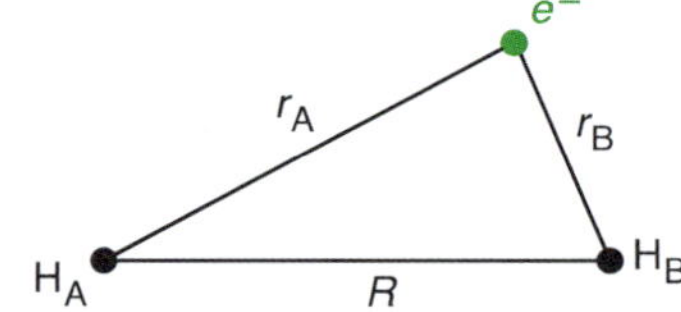

그림 13.1
수소 분자 양이온의 좌표

A와 B로부터 전자까지의 거리이다(그림 13.1). Born−Oppenheimer 근사를 사용하여 변수 R, r_A, r_B를 독립적인 것으로 다룰 수 있다. 이차원 상자 속 입자 문제와 유사하게, 전체 파동 함수 $\psi(r_A, r_B, R)$은 각각 전자와 핵의 파동 함수 ϕ와 χ의 곱으로 적을 수 있다.

$$\psi(r_A, r_B, R) = \phi(r_A, r_B)\chi(R) \tag{13.1}$$

전체 에너지는 전자와 핵 에너지의 합이 된다.

$$E = E_{전자} + E_{핵} \tag{13.2}$$

일단 변수를 분리하면, 핵을 주어진 결합 길이 R에 고정시키고 전자의 파동 함수 ϕ와 에너지 E에 대한 단순화된 Schrödinger 방정식을 푼다.

$$\hat{H}\phi(r_A, r_B) = E\phi(r_A, r_B) \tag{13.3}$$

완벽한 Hamiltonian 연산자 $\hat{H}$는 세 개의 운동 에너지와 세 개의 퍼텐셜 에너지 항으로 이루어져 있다.

$$\hat{H} = \underbrace{\hat{H}_{운동\ A} + \hat{H}_{운동\ B} + \hat{H}_{운동\ e^-}}_{운동\ 에너지} + \underbrace{\hat{H}_{e^-A} + \hat{H}_{e^-B} + \hat{H}_{AB}}_{퍼텐셜\ 에너지}$$

여기서 A와 B는 두 핵(양성자)을 나타내고, e^-는 전자를 나타낸다. Born−Oppenheimer 근사를 사용하여 핵의 운동 에너지를 나타내는 항($\hat{H}_{운동\ A} + \hat{H}_{운동\ B}$)은 무시하고 전자의 운동 에너지 항은 전자의 질량 m_e, 2π로 나눈 Planck 상수($\hbar$), Laplacian 연산자 ∇^2를 사용하여 적는다.

$$\hat{H}_{운동\ e^-} = \frac{-\hbar^2}{2m_e}\nabla^2$$

해를 어떤 원자핵에도 적용할 수 있도록 일반적인 Z_A와 Z_B를 사용한다. H_2^+에 대하여, $Z_A = Z_B = 1$이다.

세 개의 퍼텐셜 에너지 항은 Coulomb 법칙을 사용하여 적는다. Z_A와 Z_B는 각각 핵 A와 B의 전하이다. 원자 단위를 사용하면 Hamiltonian 연산자는

$$\hat{H} = -\frac{1}{2}\nabla^2 - \frac{Z_A}{r_A} - \frac{Z_B}{r_B} + \frac{Z_A Z_B}{R} \tag{13.4}$$

이고, Schrödinger 방정식은 다음으로 주어진다.

$$-\frac{1}{2}\nabla^2\phi - \frac{Z_A}{r_A}\phi - \frac{Z_B}{r_B}\phi + \frac{Z_A Z_B}{R}\phi = E\phi \tag{13.5}$$

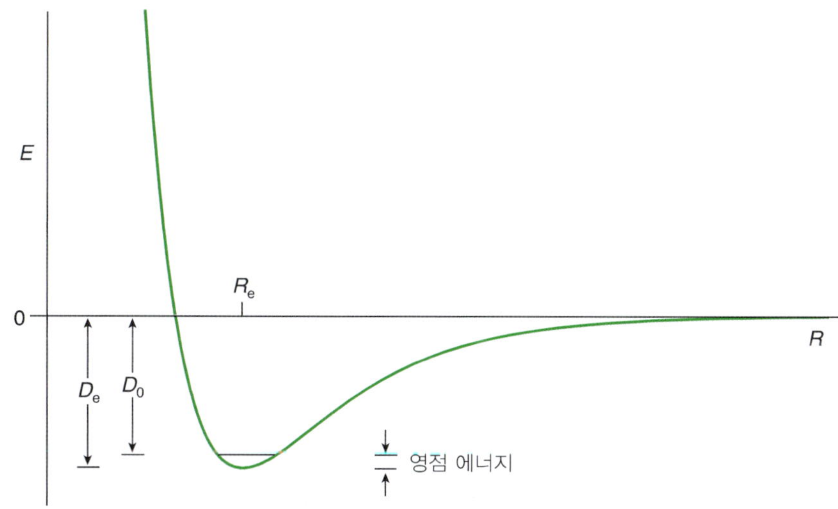

그림 13.2
H_2^+ 이온의 퍼텐셜 에너지 곡선. D_0는 가장 낮은 진동 상태로부터 측정한 결합 해리 에너지이다. D_e는 퍼텐셜 에너지 우물의 깊이이다. $(D_e - D_0)$는 영점 에너지이다. 에너지 최솟점에서의 R 값은 결합 길이 R_e이다.

앞에서 언급한 것처럼, 핵간 거리 R을 상수로 간주하면 전자의 위치가 유일한 변수가 된다. 방정식을 간단하게 만들었지만, 식 13.5는 여전히 삼차원 미분방정식이다. 문제를 더 간단히 하기 위하여, 강체 회전자 문제를 푸는 데 사용하였던 수학적 기법을 활용하여 공간 좌표를 새로운 좌표계로 변환한다. 두 개의 핵을 가지고 있기 때문에 수소 분자 양이온은 당연히 직교 (x, y, z) 좌표계로 나타내지 않는다. 핵들이 타원의 초점에 놓여 있는 타원 좌표가 계를 기술하기에 더 적절하다. 이 새로운 좌표계로 변환하면 이제 해석적 해를 얻게 된다는 장점이 있다. 이차원 상자 속의 입자의 예처럼, 변수의 분리는 두 개의 일차원 문제를 독립적으로 풀 수 있도록 한다.

H_2^+에 대한 Schrödinger 방정식의 상세한 해는 생략하고 정성적으로 결과만을 보자. 분자의 에너지를 핵 구조의 함수로 나타낸 그림을 **퍼텐셜 에너지 표면**(potential energy surface)이라고 한다. 이 경우 핵 구조를 기술하는 단지 하나의 변수(결합 길이 R)만 있다. 따라서 화학 결합을 설명하기 위한 퍼텐셜 에너지 곡선을 그림 13.2와 같이 그릴 수 있다. 각각의 R 값에서 계의 에너지 $E(R)$을 계산한다. 핵간 거리 R은 0보다 큰 값에 대해서만 의미가 있다. 두 핵의 거리가 무한대일 때의 E를 0으로 놓아 퍼텐셜 에너지를 보정한다. 퍼텐셜 에너지의 값은 양일 수도 있고, 음일 수도 있다. 음의 퍼텐셜 에너지는 계가 떨어져 있는 핵보다 더 안정하다는 것을 의미한다. 이는 화학적으로 **결합한**(bound) 상황을 가리킨다.

퍼텐셜 에너지 곡선으로부터 두 가지 중요한 값, 즉 평형 결합 길이와 결합 에너지를 유도할 수 있다. **결합 길이**(bond distance)는 퍼텐셜 에너지 곡선 최솟점에서의 R의 값이다. 이 값은 평형 결합 길이라고도 하며, R_e 기호로 표시한다. 화학 결합 길이는 전형적으로 대략 100 pm(100 pm $= 10^{-10}$ m $= 1$ Å)이다. **결합 에너지**(bond energy) 또는 **결합 세기**(bond strength)는 퍼텐셜 에너지 우물의 깊이(D_e)이다. 즉 평형 구조와 무한히 떨어진 원자 사이의 에너지 차이이다. 실질적인 목적으로는, 무한히 먼 거리는 대략 10 Å이다. 화학 결합 에너지는 대략 1몰당 수백 kJ 수준이다.

D_e는 영점 에너지(11.3절 참조) 때문에 실험적으로 측정한 결합 해리 에너지 D_0와 다르다. 여기서는 $D_e = D_0 + h\nu/2$이다.

Schrödinger 방정식의 상세한 해로부터 공유 결합에 대한 약간의 통찰력을 얻을 수 있다. 결합은 전자와 핵 사이의 Coulomb 인력 때문에 일어난다는 것이 일반적인 관점이다. 사실은 결합이 만들어지면서 전자의 운동 에너지가 낮아지는 것이 더 중요하다. 일차원 상자 속 입자 모형과 유사하게, H_2^+ 분자가 형성되면서 전자가 움직일 수 있는 공간이 더 커지므로(더 큰 상자) 더 낮은 에너지를 갖게 되고, R_e에 가까운 R에서 결합되어 있다. R 값이 클 때에 전자의 위치는 한 양성자 근처로 국한되어 H_2^+계의 에너지가 더 높아진다.

H_2^+ 파동 함수를 단순히 두 핵에 있는 유사 수소 1*s* 오비탈(정규화된)의 합이라고 단순하게 놓으면, H_2^+에 대한 Schrödinger 방정식의 해는 실험값과 어느 정도 일치한다. 계산된 결합 길이는 132 pm이고, 실험적 결합 길이는 106 pm이다. 실험적 결합 에너지 269 kJ mol^{-1}과 비교하면 계산된 결합 에너지는 170 kJ mol^{-1}이다. 다음 절에서 중성 수소 분자에 대해 기술할 더 상세한 이론을 적용하면, 수소 분자 양이온의 결합 길이와 결합 에너지에 대해 보다 정확한 값을 구할 수 있다.

수소 원자처럼 H_2^+에 대한 Schrödinger 방정식을 풀면 각각 서로 다른 에너지를 갖는 한 무리의 파동 함수가 얻어진다. 그림 13.2에 보이는 해는 가장 낮은 에너지를 가진 바닥 상태이다. 그다음 낮은 에너지를 갖는 해는 첫 번째 들뜬 상태가 되는데, 이것의 퍼텐셜 에너지 곡선은 해리 특성이 있다(그림 13.3). 해리성은 핵간 거리가 무한대일 때 가장 안정하다는 것을 의미한다. 만약 H_2^+가 이 상태로 들뜨면 수소 원자와 양성자로 빠르게 해리될 것이다.

왜 한 상태는 결합성이고 다른 한 상태는 해리성인지 이해하기 위해서 정성적으로 바닥 상태와 첫 번째 들뜬 전자 상태의 파동 함수를 살펴보자. 바닥 상태 파동 함수는 서로 겹쳐지는 두 개의 수소 1*s* 파동 함수와 비슷하다(그림 13.4). 바닥 상태와 들뜬 상태의 오비탈은 모두 σ(시그마) 오비탈로 표기한다. 대략적으로 말하면, σ 오비탈에서는 핵간 축을 따라 놓여 있는 전자 밀도의 실린더가 대칭성을 가진다. 바닥 상태 σ 오비탈은 두 핵 사이에서 전자 밀도가 높다. 이 전자 밀도는 서로 핵의

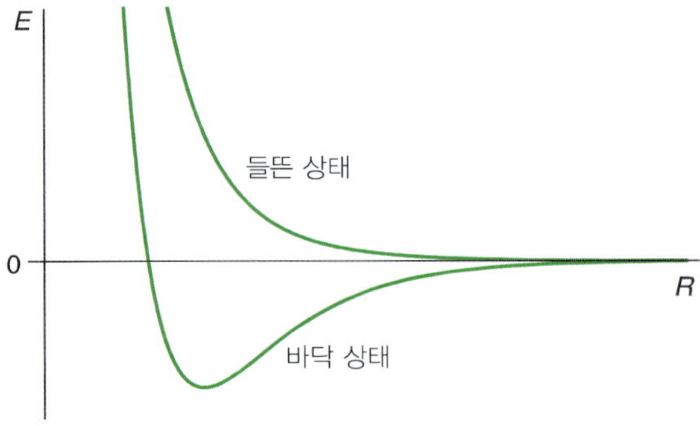

그림 13.3

H_2^+의 가장 낮은 두 에너지 상태에 대한 퍼텐셜 에너지 곡선. 바닥 상태는 결합성인 반면, 들뜬 상태는 해리성이다.

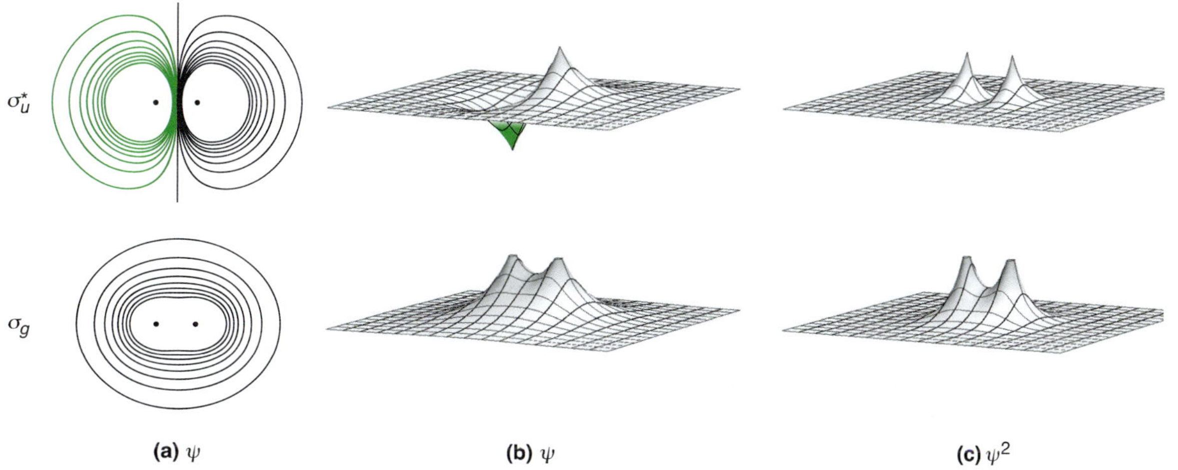

그림 13.4

H_2^+의 바닥 상태(σ_g)와 첫 번째 들뜬 상태(σ^*_u)에 대한 (a) 파동 함수의 등고선 그림, (b) 파동 함수, (c) 확률 밀도

전하를 가려 핵−핵 간 반발력을 낮추는 데에 도움이 된다. 이것은 **결합성 오비탈**(bonding orbital)의 한 예이다. 반면에 들뜬 상태 파동 함수는 핵간 축을 양분하는 마디 평면(여기서 파동 함수는 0이다)을 가진다. 이것은 두 개의 고립된 수소 1*s* 파동 함수와 비슷하다. 이것은 **반결합성 오비탈**(antibonding orbital)을 생기게 하고, σ*(시그마 스타라고 발음)로 표기한다.

바닥 상태 H_2^+ 오비탈은 파동 함수가 결합 중심에 대한 반전에 대해 대칭이므로 아래 첨자 '*g*'('gerade')를 사용한다. 반대로 들뜬 상태 파동 함수는 파동 함수가 반전에 대해 반대칭이므로 아래 첨자 '*u*'('ungerade')를 사용한다. 핵간 축의 중심을 원점으로 할 때, 한 점(x, y, z)에서의 ungerade 파동 함수의 부호는 점($-x$, $-y$, $-z$)에서의 부호와 반대가 된다. Gerade의 경우 $\psi_g(x, y, z)=\psi_g(-x, -y, -z)$이고, 반면에 ungerade의 경우 $\psi_u(x, y, z)=\psi_u(-x, -y, -z)$이다.

gerade는 우함수를 의미하는 독일어이고, ungrade는 기함수를 의미한다.

13.2 수소 분자

가장 작고 가장 간단한, 안정된 중성의 분자인 수소 분자(H_2)는 공유 결합에 의해 묶여 있는 양성자 두 개와 한 개의 공유 전자쌍으로 이루어져 있다. Born−Oppenheimer 근사를 사용하여 H_2^+의 에너지와 파동 함수에 대한 해석적 해를 결정할 수 있었다. 그러나 H_2를 형성하기 위하여 두 번째의 전자를 도입하면 이것은 더 이상 실행 가능하지 않다. H_2에 대한 Schrödiner 방정식을 풀기 위해서는 추가적인 근사가 필요하다. 분자계의 에너지와 파동 함수의 타당한 값을 예측하기 위한 중간 단계들을 간략히 설명하고자 한다.

H_2에 대한 Hamiltonian 연산자는 4개의 원자 구성 입자(2개의 양성자와 2개의 전자)의 상호 작용으로 구성되어 있다.

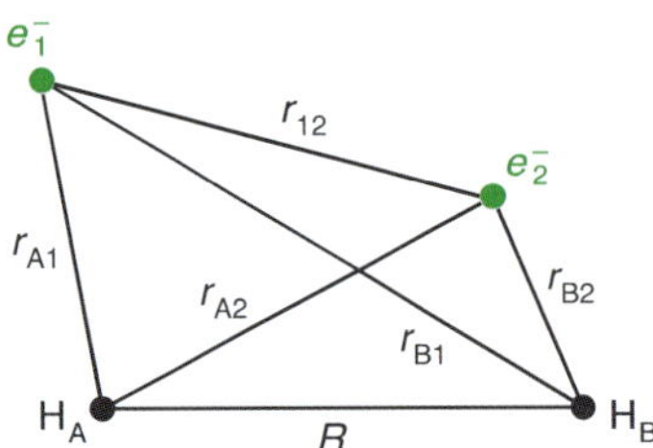

그림 13.5
수소 분자의 좌표

$$\hat{H} = \underbrace{\hat{H}_{\text{운동 A}} + \hat{H}_{\text{운동 B}} + \hat{H}_{\text{운동 1}} + \hat{H}_{\text{운동 2}}}_{\text{운동 에너지 항}} + \underbrace{\hat{H}_{1A} + \hat{H}_{1B} + \hat{H}_{2A} + \hat{H}_{2B} + \hat{H}_{AB} + \hat{H}_{12}}_{\text{퍼텐셜 에너지 항}}$$

여기서 A와 B는 원자핵을 나타내고, 1과 2는 전자를 나타낸다. Born−Oppenheimer 근사를 적용하여, 핵의 운동 에너지를 무시하면 다음과 같이 쓸 수 있다.

$$\hat{H} = \hat{H}_{\text{운동 1}} + \hat{H}_{\text{운동 2}} + \hat{H}_{1A} + \hat{H}_{1B} + \hat{H}_{2A} + \hat{H}_{2B} + \hat{H}_{AB} + \hat{H}_{12}$$

H_2^+에 대하여 적용한 방법에 따라, 핵전하 $Z_A = Z_B = 1$로 놓고 원자 단위를 사용하면,

$$\hat{H} = -\frac{1}{2}\nabla_1^2 - \frac{1}{2}\nabla_2^2 - \frac{1}{r_{1A}} - \frac{1}{r_{1B}} - \frac{1}{r_{2A}} - \frac{1}{r_{2B}} + \frac{1}{R} + \frac{1}{r_{12}} \qquad (13.6)$$

H_2에 대한 Hamiltonian 연산자(식 13.6)는 H_2^+에 대한 연산자(식 13.4 참조)와 밀접하게 닮아 있다. 식 13.6에 $1/R$ 항을 더하고 뺀 후 다시 정리하여 적으면,

$$\hat{H} = \underbrace{-\frac{1}{2}\nabla_1^2 - \frac{1}{r_{1A}} - \frac{1}{r_{1B}} + \frac{1}{R}}_{\text{전자 \#1에 대한 } H_2^+} \underbrace{-\frac{1}{2}\nabla_2^2 - \frac{1}{r_{2A}} - \frac{1}{r_{2B}} + \frac{1}{R}}_{\text{전자 \#2에 대한 } H_2^+} - \frac{1}{R} + \frac{1}{r_{12}} \qquad (13.7)$$

H_2의 Hamiltonian 연산자는 H_2^+의 Hamiltonian 연산자 두 개에 $1/r_{12}$ 항을 더하고 추가의 상수항 $1/R$을 뺀 것이라는 사실을 알 수 있다. $1/R$ 항은 핵−핵 간 반발을 나타내고, 이것은 Born−Oppenheimer 근사에서는 상수의 매개 변수이다. 전자−전자 간 반발 항 $1/r_{12}$이 다시 어려움을 초래하는 항이다. $1/r_{12}$ 항은 두 전자 사이의 거리에 따른 값이므로, 각각의 변수(단일 전자의 좌표)들로 분리할 수 없다. 그 결과, H_2 분자에 대한 Schrödinger 방정식에 해석적 해는 존재하지 않는다. H_2 분자의 파동 함수와 에너지를 결정하려면 추가적인 근사가 필요하다. 흔히 사용되는 두 가지 접근법은 원자가 결합(VB: valence bond) 이론과 분자 오비탈(MO: molecular orbital) 이론이다. VB 이론은 어떤 의미에서는 Lewis의 전자점 그림을 정량화한 것이다. 여기서 화학 결합은 두 원자 오비탈의 보강 겹침에 의하여 형성되고, 두 원자 사이에 국한된다. MO 이론에서 결합(그리고 반결합)은 분자에 있는 모든 원자의 원자 오비탈의 선형 결합에 의하여 생성된다. VB 이론에서 전자는 그들의 원자 오비탈 성격

을 유지하는 반면에, MO 이론에서 전자는 분자 오비탈에 의하여 기술된다. VB와 MO 접근법 모두 장점과 단점을 가진다는 것을 알게 될 것이다. 추가적인 근사들을 사용하면 실제로 이들은 수소 분자에 대하여 실험과 잘 일치하는 **동일한** 결과로 수렴한다.

13.3 원자가 결합 접근법

원자가 결합 접근법은 Lewis 전자점 그림의 더 정량적인 기술로 생각할 수 있다. 이것은 때때로 독일계 아일랜드 물리학자 Walter Heitler(1904~1981)와 미국의 물리학자 Fritz London(1900~1954)의 이름을 따서 Heitler-London 접근법으로 알려져 있다. Linus Pauling과 John Slater도 VB 이론에 중요한 공헌을 하였다. 이 이론은 몇 가지 간단한 가정에 기초를 두고 있다. 공유 결합은 한 쌍의 원자가(최외각) 전자가 두 원자 사이에 국한될 때 형성된다. 원자 오비탈의 중첩에 의해 결합이 형성된다. 각 원자 껍질에 전자가 다 채워질 때 가장 안정한 결합이 만들어진다.

수소 분자의 경우, 전자 구조를 나타내기 위하여 세 가지 간단한 Lewis 전자점 그림을 그릴 수 있다(그림 13.6). 수소는 동핵 이원자 분자이므로 화학 결합은 본질적으로 공유성일 것이라고 예상할 수 있으며, 그림 13.6a는 두 원자 사이의 상호 작용을 나타낸다. 수소 분자의 화학 결합을 정확하게 설명하려면 이온 결합 형태(그림 13.6b)가 기여하는 점을 약간은 고려해야 한다. 그러나 VB 이론은 이온 형태를 무시하고 단지 국소화된 공유 결합만을 고려한다. 이 결합이 Lewis 점 그림에 있는 '막대'이다.

H — H

(a)

H^+ $\ddot{H}^-$ ⟷ $\ddot{H}^-$ H^+

(b)

그림 13.6
수소 분자에 대한 Lewis 전자점 그림. (a) 공유 결합을 하고 있는 하나의 구조. (b) 이온 결합을 하고 있는 동등한 두 개의 구조. H_2의 실제 전자 구조의 기술에는 공유 결합성이 이온성보다 훨씬 더 중요하다.

H_2^+ 양이온에 대해 얻은 해석적 결과는 전자의 파동 함수는 두 개의 수소 원자 파동 함수가 중첩된 것과 유사하다는 것을 시사한다. 이를 수소 분자에 대한 길잡이로 사용한다. 첫 번째 추측으로, 다음과 같은 파동 함수를 생각해 보자.

$$\psi_{\text{시도 VB}}(1,2) = N 1s_A(1) 1s_B(2) \tag{13.8}$$

여기서 N은 정규화 상수, $1s_A$와 $1s_B$는 각각 핵 A와 B에 있는 수소 $1s$ 오비탈이며, 1과 2는 두 전자를 가리킨다. 그러나 이 시도 함수는 타당하지 않다. 전자는 구분할 수 없으므로 전자 1과 전자 2 중 어느 것이 핵 A에 위치해 있어도 상관이 없어야 한다. 또 다른 원자가 결합의 파동 함수는

$$\psi_{\text{시도 VB+}}(1,2) = N\big[\underbrace{1s_A(1)1s_B(2)}_{\psi_{\text{시도 VB}}(1,2)} + \underbrace{1s_A(2)1s_B(1)}_{\psi_{\text{시도 VB}}(2,1)}\big] \tag{13.9}$$

이다. 여기서 VB+는 파동 함수가 두 개의 동등한 파동 함수의 **합**이고 따라서 전자들을 구분하지 않는 것을 나타낸다. 그러나 Pauli 배타 원리를 만족하지 못하므로 (12.7절 참조), 이 파동 함수는 여전히 수소 분자를 완전히 설명하지 못한다. 식 13.9에서 두 전자를 교환했을 때 파동 함수는 바뀌지 않고 그대로이다.

$$\psi_{\text{시도 VB+}}(1,2) = \psi_{\text{시도 VB+}}(2,1)$$

즉 파동 함수는 교환에 대해 대칭이다. Pauli 원리를 만족하려면 파동 함수는 교환에 대해 반대칭이어야 한다. 즉 두 전자를 서로 바꿨을 때(이 경우 1과 2를 교환) 원래 파동 함수의 (−)값이 되어야 한다. Pauli 원리를 만족하는 파동 함수가 되기 위해서는 전자 스핀이 포함되어야 한다. 관습상 '위 스핀'을 가진 전자 1을 나타내기 위하여 $\alpha(1)$을, '아래 스핀'을 가진 전자 2를 나타내기 위하여 $\beta(2)$와 같이 표기한다. 그러므로 수소 분자의 적절한 원자가 결합 파동 함수는

$$\psi_{\text{VB+}}(1,2) = N_{+}\underbrace{\left[1s_{\text{A}}(1)1s_{\text{B}}(2) + 1s_{\text{A}}(2)1s_{\text{B}}(1)\right]}_{\text{공간 부분}}\underbrace{\left[\alpha(1)\beta(2) - \beta(1)\alpha(2)\right]}_{\text{스핀 부분}} \quad (13.10)$$

이다. 여기서 N_{+}는 정규화 상수이다. 이제 파동 함수 $\psi_{\text{VB+}}$는 다음에 보이는 것처럼 Pauli 원리를 만족한다.

$$\psi_{\text{VB+}}(1,2) = -\psi_{\text{VB+}}(2,1)$$

이 다소 긴 식(식 13.10)은 Lewis 전자점 그림(그림 13.6a 참조)으로 나타낸 공유 결합을 의미한다. 두 전자는 두 핵 사이에서 공유된다. 한 전자의 스핀은 위이고, 다른 전자의 스핀은 아래이다.

파동 함수의 공간 부분을 합이 아닌 차이로 나타내서 수소 분자의 파동 함수를 적는 것도 가능하다. 파동 함수의 공간 부분이 반대칭일 때, 전체 파동 함수가 전자의 교환에 대해 반대칭이 되려면 스핀 부분은 대칭이어야 한다. 이것에는 세 가지 방법이 있다.

$$\psi_{\text{VB-1}}(1,2) = N_{-}[s_{\text{A}}(1)s_{\text{B}}(2) - s_{\text{B}}(1)s_{\text{A}}(2)]\frac{1}{\sqrt{2}}[\alpha(1)\beta(2) + \beta(1)\alpha(2)] \quad (13.11)$$

$$\psi_{\text{VB-2}}(1,2) = N_{-}[s_{\text{A}}(1)s_{\text{B}}(2) - s_{\text{B}}(1)s_{\text{A}}(2)][\alpha(1)\alpha(2)] \quad (13.12)$$

$$\psi_{\text{VB-3}}(1,2) = N_{-}[s_{\text{A}}(1)s_{\text{B}}(2) - s_{\text{B}}(1)s_{\text{A}}(2)][\beta(1)\beta(2)] \quad (13.13)$$

여기서 VB−는 파동 함수가 두 개의 동등한 파동 함수의 **차이**인 것을 나타내고, N_{-}는 정규화 상수이다. 정규화 상수 N_{+}와 N_{-}는 다음과 같이 간결한 형태로 쓸 수 있다.

$$N_{\pm} = (2 \pm 2S^2)^{-1/2} \quad (13.14)$$

여기서 + 기호는 N_{+}의 경우 사용되고, − 기호는 N_{-}의 경우 사용된다. S 항은 **겹침 적분**(overlap integral)이라고 하며, 분자의 전자 구조 계산에서 빈번하게 나타난다. 이 적분은 다음과 같이 주어진다.

$$S = \langle s_{\text{A}} | s_{\text{B}} \rangle$$

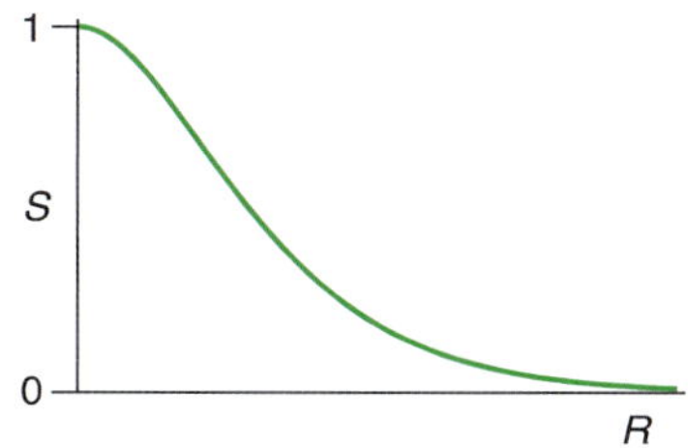

그림 13.7
겹침 적분 S는 핵간 거리 R에 따라 단순 감소한다.

$$= \int s_A^* s_B \, d\tau \tag{13.15}$$

여기서 별표는 켤레복소수를 나타낸다. 겹침 적분 S는 수치로 1(두 핵이 같은 장소에 있는 극한에서)에서 0(핵이 무한히 멀리 떨어져 있는 극한에서)까지의 범위에 걸쳐 있다(그림 13.7). 물리적으로 S는 파동 함수의 겹침으로 해석할 수 있다. 그러나 S는 파동 함수의 상대적인 위상도 고려해야 하는 것에 주의해야 한다.

세 개의 ψ_{VB-} 파동 함수(식 13.11, 13.12, 13.13)의 공간 부분은 동일하며 스핀 부분만 차이가 있다. 그러므로 이들은 미분화(degenerate)되어 있어서 외부 전기장이나 자기장이 없을 때는 같은 에너지를 가진다. 파동 함수 ψ_{VB+}와 ψ_{VB-}의 에너지는 Hamiltonian 연산자를 사용하여 기댓값을 계산하면 구할 수 있다. 수소 분자에 대한 Schrödinger 방정식에는 해석적 해가 존재하지 않는다는 것은 이미 언급하였다. H_2의 에너지에 대해 풀기 위해서 섭동 이론 접근법을 사용해 보자. H_2 Hamiltonian 연산자(식 13.6 참조)에 있는 항들을 정리하여 두 수소 원자 Hamiltonian 연산자(식 12.1 참조)에 섭동 항을 더한 형태로 적는다.

$$\hat{H} = \underbrace{-\frac{1}{2}\nabla_1^2 - \frac{1}{r_{1A}}}_{\text{H 원자 } e^- \#1} \underbrace{-\frac{1}{2}\nabla_2^2 - \frac{1}{r_{2B}}}_{\text{H 원자 } e^- \#2} \underbrace{-\frac{1}{r_{1B}} - \frac{1}{r_{2A}} - \frac{1}{R} + \frac{1}{r_{12}}}_{\text{섭동 항}} \tag{13.16}$$

Born−Oppenheimer 근사하에서는 핵간 거리 R은 고정된 매개 변수이므로 계의 에너지에 대해서 풀 수 있다. 여기서는 세부적인 계산은 생략하고 중요한 결과들만 살펴보도록 한다. 간단하게 표기하여, 계의 에너지에 대한 기댓값을 다음과 같이 쓸 수 있다.

$$\langle E_\pm \rangle = 2E_{1s} + \frac{J \pm K}{1 \pm S^2} \tag{13.17}$$

여기서 J는 **Coulomb 적분**(Coulomb integral), K는 **교환 적분**(exchange integral) (아래에서 논의), S는 겹침 적분, E_{1s}는 수소 원자의 에너지이다. $E_\pm$는 파동 함수 ψ_{VB+}(식 13.10)와 ψ_{VB-}(식 13.11, 13.12, 13.13 중 어느 하나)의 에너지에 대한 약식 표기이다. 일련의 핵간 거리(R)에 대해 이 계산을 반복하면, 그림 13.8에 나타낸 것과 같은 퍼텐셜 에너지 곡선을 얻는다. ψ_{VB+} 파동 퍼텐셜 우물 깊이가 300 kJ mol^{-1}

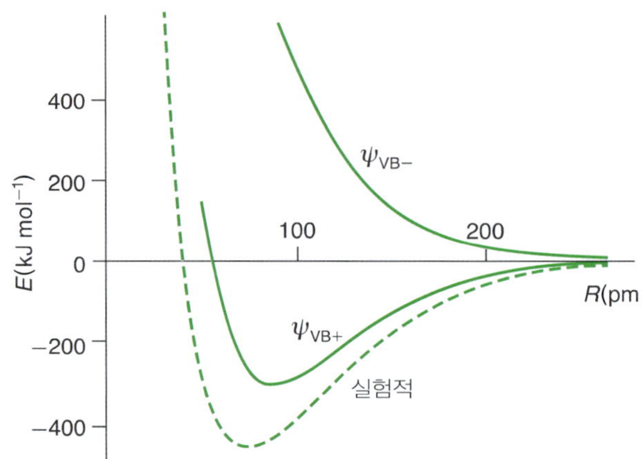

그림 13.8

수소 분자에 대한 실험 및 이론적 퍼텐셜 에너지 곡선

인 결합성인 반면에, ψ_{VB-}는 반결합성이다(곡선은 최솟값을 가지지 않는 것에 유의하라). 실험적으로 이 퍼텐셜 우물 깊이가 458 kJ mol^{-1}인 것으로 밝혀졌다.

J 항은 다음과 같이 주어지는 Coulomb 적분을 나타낸다.

$$J = \iint 1s_A(1)^2\left[-\frac{1}{r_{1B}} - \frac{1}{r_{2A}} - \frac{1}{R} + \frac{1}{r_{12}}\right]1s_B(2)^2 d\tau_1 d\tau_2 \tag{13.18}$$

식 13.18은 전자 1과 2의 좌표($d\tau_1$과 $d\tau_2$)에 대한 이중 적분이다. $1s_A(1)^2$ 항은 전자 1이 핵 A에 중심을 둔 수소 원자 1s 오비탈에 국한되어 있을 때의 전하 밀도를 나타내고, $1s_B(2)^2$는 핵 B에 있는 전자 2에 적용된다. Coulomb 적분은 전하를 띤 입자(전자−전자, 핵−핵, 전자−핵)들 사이의 모든 Coulomb 상호 작용을 포함한다. J가 수소 분자의 화학 결합을 단지 10%만 설명한다는 것은 주목할 만하다. 일반적으로 가장 큰 영향을 주는 항은 다음과 같이 주어지는 교환 적분 K이다.

$$K = \iint 1s_A(1)1s_B(1)\left[-\frac{1}{r_{1B}} - \frac{1}{r_{2A}} - \frac{1}{R} + \frac{1}{r_{12}}\right]1s_A(2)1s_B(2) d\tau_1 d\tau_2 \tag{13.19}$$

교환 적분도 역시 이중 적분이다. 그러나 이 적분은 순전히 양자 역학적 현상만을 나타내는 것이기 때문에, 물리적 해석이 더 까다롭다. 어떤 의미에서 K는 전자 확률 밀도가 넓은 영역으로 퍼짐(그리고 공유됨)으로 인해 에너지가 낮아지는 것을 설명한다. 상자 속 입자의 경우(10.9절 참조)와 유사하게, 전자가 운동할 수 있는 공간이 더 넓어지면 계의 에너지는 더 낮아진다. 교환 적분은 때때로 공명 적분이라고 하는데, 이는 고전 물리로부터 비롯되었다. 이것은 오비탈이 겹치지 않을 때는 0이 된다. 겹침 적분은 항상 양인 반면, Coulomb 적분과 교환 적분은 둘 다 음이다. ψ_{VB-}에 대한 퍼텐셜 에너지 곡선이 항상 양이라는 것은 교환 적분이 Coulomb 적분보다 그 크기가 더 크다는 것을 나타낸다.

$K < J < 0$이고 $0 \le S \le 1$ 이다.

수소 분자의 VB 파동 함수 ψ_{VB+}와 ψ_{VB-}를 살펴보면, 수소 분자 양이온의 바닥

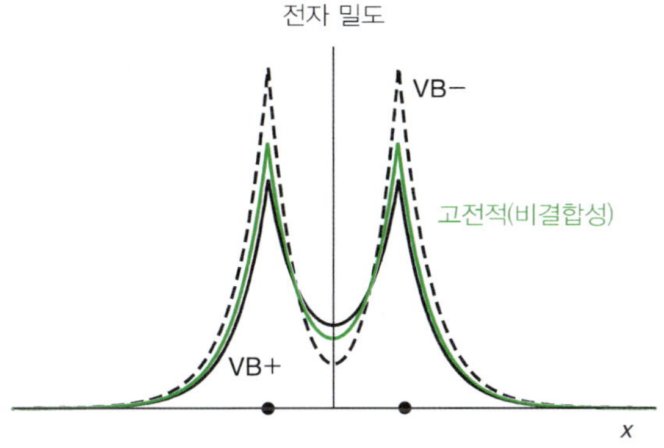

그림 13.9
ψ_{VB+} 파동 함수(검은색 실선), ψ_{VB-} 파동 함수(검은색 파선), 그리고 두 개의 상호 작용하지 않는 수소 원자 1s 파동 함수의 합(녹색 선)으로부터 계산된 H_2의 전자 밀도

상태와 들뜬 상태와 매우 유사한데(그림 13.9), 이것은 놀라운 일은 아니다. 에너지가 더 낮은 VB 파동 함수 ψ_{VB+}는 결합성인 σ_g 오비탈이고, 에너지가 더 높은 VB 파동 함수 ψ_{VB-}는 반결합성 σ_u^* 오비탈이다. ψ_{VB+} 파동 함수는 두 개의 수소 원자 1*s* 오비탈의 단순 중첩에 비해 두 핵 사이에서의 전자 밀도가 더 크다. 이것은 공유 결합에서의 전자 밀도에 대한 우리의 정성적인 관점과 일치한다.

VB 이론은 단순하면서도 많은 중요한 화학적 개념을 설명한다는 점에서 귀중한 접근법이다. 이것은 Lewis 전자점 그림에서 예측하는 것을 정량화한다. VB 이론은 이온 형성에 따른 기여를 포함시켜 개선될 수 있다(그림 13.6에서 제시된 것처럼). 예를 들어 섭동 이론을 사용하여 이온 기여를 포함시키면, 결합 에너지에 대한 예측값이 실험값에 상당히 근접하도록 향상시킬 수 있다. 그러나 간단한 VB 이론은 광전자 스펙트럼(14.5절 참조)과 자기적 성질(13.5절에서 다룰 상자기성과 같은)을 예측하는 데 있어 실험과 항상 일치하지는 않는다. 다음 절에서 배우는 분자 오비탈 이론으로 VB 이론의 한계를 보완할 수 있다.

13.4 분자 오비탈 접근법

공유 결합에 대한 분자 오비탈(MO: molecular orbital) 접근법에서는 분자 오비탈에 전자쌍을 배치한다. VB 접근법에서 원자가 전자는 두 이웃한 핵 사이에 국한되는 반면, 분자 오비탈은 전체 분자로 퍼져 있다. 이것을 수소 분자에 대해 다시 적용해 보자. MO 접근법은 주로 Friedrich Hund와 미국의 화학자 Robert Mulliken(1896~1986)에 의해 발전되었다.

MO들을 구성하는 보통의 절차는 **원자 오비탈의 선형 결합**(linear combinations of atomic orbital)이고, LCAO-MO로 간략히 표기한다. 수소 분자에 대해서는 수소 1*s* AO를 사용한다. 산소와 같은 다른 원자에 대해서는 유사 수소 오비탈을 사용한다. 표기법은 VB 이론에서 사용한 것과 같다. 즉 $1s_A(1)$는 핵 A에 중심을 둔 유사 수소

여기서 선형(linear)은 일차로 원자 오비탈의 가중된 합을 취한다는 것을 의미한다.

$1s$ 원자 오비탈에 있는 전자 1을 나타낸다. 비슷하게, $1s_B(2)$는 핵 B에 중심을 둔 유사 수소 $1s$ 원자 오비탈에 있는 전자 2를 나타낸다. 수소 분자의 경우 MO를 만드는 데는 두 가지 간단한 방법, 즉 A와 B에 있는 수소 $1s$ 오비탈을 더하거나 빼는 방법이 있다. 전자 1에 대해서

$$\phi_g(1) = N_g[1s_A(1) + 1s_B(1)] \tag{13.20}$$

$$\phi_u(1) = N_u[1s_A(1) - 1s_B(1)] \tag{13.21}$$

여기서 N_g와 N_u는 정규화 상수이다. 전자 2에 대해서 비슷한 식을 적을 수 있다. 간단히 하기 위해 종종 정규화 상수를 생략한다. 이들 ϕ는 LCAO MO인 단일 전자 파동 함수들이다*. 예상했던 것처럼 수소 분자 LCAO MO는 수소 분자 양이온의 바닥 상태와 들뜬 상태 파동 함수 형태가 된다. AO들의 합으로써 만들어진 MO는 gerade 대칭성을 가지고 있는 σ 결합성 오비탈이고, 따라서 이를 ϕ_g로 표시한다. AO들의 차이로부터 만들어진 MO는 ungerade 반결합성 σ 오비탈 ϕ_u^*이다. gerade와 ungerade 오비탈의 에너지는

$$E_g = \frac{J' + K'}{1 + S} \qquad E_u = \frac{J' - K'}{1 - S} \tag{13.22}$$

이다. 여기서 S는 이전 절에서 설명한 겹침 적분이다. Coulomb 적분(J')과 교환(K') 적분은 VB 접근법의 것들과는 서로 다르고, 따라서 프라임(′)으로 표시한다. 여기서 J'와 K' 적분은 그 전자의 공간 좌표에 대한 단일 전자 적분이다.

$$J' = \int 1s_A(1)\left[-\frac{1}{r_{1B}} - \frac{1}{r_{2A}} - \frac{1}{R} + \frac{1}{r_{12}}\right]1s_A(1)d\tau \tag{13.23}$$

$$K' = \int 1s_A(1)\left[-\frac{1}{r_{1B}} - \frac{1}{r_{2A}} - \frac{1}{R} + \frac{1}{r_{12}}\right]1s_B(1)d\tau \tag{13.24}$$

이들은 VB 방법에서 다루었던 이전자 Coulomb 적분 J(식 13.18)와 교환 적분 K(식 13.19)와 비슷하다. 양자 역학적 현상인 교환 적분은 결합 에너지의 대부분을 설명한다.

스핀 부분과 정규화 상수를 무시한 H_2 분자에 대한 바닥 상태 파동 함수는

$$\begin{aligned}\psi_{MO}(1,2) &= \phi_g(1)\phi_g(2) \\ &= [1s_A(1) + 1s_B(1)][1s_A(2) + 1s_B(2)]\end{aligned}$$

---

* 이 표현에서는, 단지 $1s$ 오비탈들만이 분자 오비탈을 구성하는 데 사용되는 것을 의미하는 **최소 바탕 함수 집합**(minimal basis set)을 사용한다. 더 정확한 결과를 위해서는, 계산화학 소프트웨어에서 일반적으로 하는 것처럼 추가의 원자 오비탈(더 큰 $1s$, $2s$, $2p$ 원자 오비탈과 같은)을 분자 오비탈에 포함시켜 더 큰 바탕 함수 집합을 사용할 수 있다.

로 주어진다. 대괄호([...])의 항들을 곱하면 네 개의 곱이 얻어진다.

$$\psi_{MO}(1,2) = [1s_A(1)1s_B(2) + 1s_A(2)1s_B(1) + 1s_A(1)1s_A(2) + 1s_B(1)1s_B(2)] \quad (13.25)$$

이 네 개의 항을 VB 이론에서 얻은 두 항(식 13.9 참조)과 비교하면

$$\psi_{VB}(1,2) = [1s_A(1)1s_B(2) + 1s_A(2)1s_B(1)] \quad (13.26)$$

식 13.25의 마지막 두 항은 두 전자 모두 한 핵에 존재하는 이온항이라는 것을 알 수 있다. 그러므로 H_2 분자를 마치 H^-H^+와 H^+H^-, 즉 순수한 이온 결합인 것처럼 나타내는 이온 파동 함수를 적을 수 있다.

$$\psi_{\text{이온}}(1,2) = \underbrace{1s_A(1)1s_A(2)}_{H^-\,H^+} + \underbrace{1s_B(1)1s_B(2)}_{H^+\,H^-} \quad (13.27)$$

따라서 수소 분자에 대한 MO 파동 함수는 전자가 두 원자 사이에 균등하게 공유되는 VB 묘사와 전자가 한 원자로 완전히 이동된 이온 묘사의 합으로 쓸 수 있다.

$$\psi_{MO} = \psi_{VB} + \psi_{\text{이온}} \quad (13.28)$$

MO, VB, 이온 파동 함수(각각 식 13.25, 13.26, 13.27)가 Pauli 원리를 만족하기 위하여 $[\alpha(1)\beta(2)-\beta(1)\alpha(2)]$로 주어지는 적절한 스핀 파동 함수를 포함할 필요가 있다는 것에 주목하라. 어떻게 보면 VB 묘사와 이온 묘사는 두 극한이고, 실제 화학 결합은 이들 사이 어디엔가 놓여 있다. 화학 결합은 100% 이온성도 아니고 100% 공유성도 아니다. VB에서는 이온성이 0%로, 이온성이 거의 포함되어 있지 않다. MO에서는 이온성이 50%로, 이온성을 너무 많이 포함한다. VB 이론을 이용하면 MO 이론을 이용하는 것에 비해 수소 분자의 에너지를 더 정확하게 예측할 수 있다는 사실은 H_2 결합의 이온 성격이 크지 않다는 것을 시사한다. 다음 절에서 한 결합의 이온성의 백분율을 어떻게 추정할 수 있는지 배울 것이다.

쌓음 원리를 이용하여, AO에서 했던 것처럼 MO을 전자로 채운다. 여기서는 각각 전자를 1개, 2개, 3개, 4개 포함하는 이원자 수소 화학종 집단, 즉 H_2^+, H_2, H_2^-, H_2^{2-}로 그 절차를 설명한다(그림 13.10). 두 수소 $1s$ AO를 결합하면 결합성 MO(σ_g) 1개와 반결합성 MO(σ_u^*) 1개가 만들어진다. 다음과 같이 이들의 바닥 상태 전자 배치를 적는다. H_2^+:$(\sigma_g 1s)^1$, H_2:$(\sigma_g 1s)^2$, H_2^-:$(\sigma_g 1s)^2(\sigma_u^* 1s)^1$, H_2^{2-}:$(\sigma_g 1s)^2(\sigma_u^* 1s)^2$. 여기서 별표는 반결합성 MO를 표시하고, 위 첨자는 MO에 들어 있는 전자의 수를 표시한다. 결합 세기를 정성적으로 알 수 있는 척도의 하나는 **결합 차수**(BO: bond order)로, 이것은 결합성 오비탈의 전자 수에서 반결합성 오비탈의 전자 수를 뺀 값을 2로 나눈 것이다.

$$BO = \frac{(\#\text{결합성}\, e^- - \#\text{반결합성}\, e^-)}{2} \quad (13.29)$$

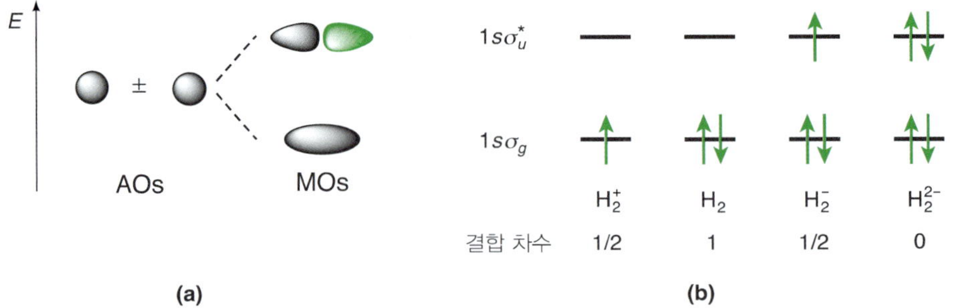

그림 13.10
(a) 두 개의 수소 1*s* AO들 사이의 상호 작용으로 결합성과 반결합성 σ 오비탈이 만들어진다. (b) 네 가지 이원자 수소 화학종의 에너지 준위와 결합 차수

그러므로 수소 분자는 결합 차수가 1, 즉 단일 공유 결합으로 예측된다. 이중 결합은 결합 차수가 2이고, 삼중 결합은 결합 차수가 3이다. 결합 차수가 $\frac{1}{2}$인 H_2^+와 H_2^-와 같은 화학종은 VB 이론으로 기술하기가 어렵다. H_2^{2-}와 He_2와 같이 결합 차수가 0인 화학종은 공유 결합을 전혀 포함하지 않고, 따라서 존재하지 않을 것으로 예측할 수 있다. 헬륨의 이합체 He_2는 낮은 온도에서 실험적으로 관찰되었다. 이것은 가장 약한 van der Waals 힘에 의해 잡혀 있으며, 화학적으로 결합한 화학종으로 간주되지는 않는다.

결합 차수는 화학종의 정성적인 안정도를 예측하는 것뿐 아니라 결합 길이, 결합 세기, 결합의 뻣뻣함(또는 힘상수)을 예측하는 데 사용할 수 있다. 일반적으로, 결합 세기와 결합의 뻣뻣함은 결합 차수가 증가하면 같이 증가하는 반면, 결합 길이는 결합 차수가 증가하면 감소한다. 그러므로 이중 결합은 단일 결합보다 더 짧고, 더 강하고, 더 뻣뻣하다. 대체로 이중 결합은 단일 결합보다 두 배의 결합 세기를 가지지만, 두 배로 더 뻣뻣하거나 결합 길이가 절반이지는 않다. 다음 절에서 결합 차수와 관련된 결합 세기와 결합 길이의 몇 가지 정량적인 예를 공부할 것이다.

13.5 동핵 및 이종핵 이원자 분자

이 절에서는 분자 오비탈(MO) 이론을 수소 이외의 다른 이원자 분자들에 확장하여 적용한다.

동핵 이원자 분자

LCAO-MO 방법을 사용하여 2주기 동핵 이원자 분자(Li_2, Be_2, B_2, C_2, N_2, O_2, F_2)의 MO을 구성해 보자. MO를 구성하는 데 있어서는 몇 가지 일반적인 원칙이 있다. 일반적으로 비슷한 에너지를 갖는 AO가 MO를 형성한다. 동핵 이원자 분자의 경우에는 같은 주양자수 *n*을 갖는 오비탈끼리만 결합될 것이라는 것을 예상할 수 있다.

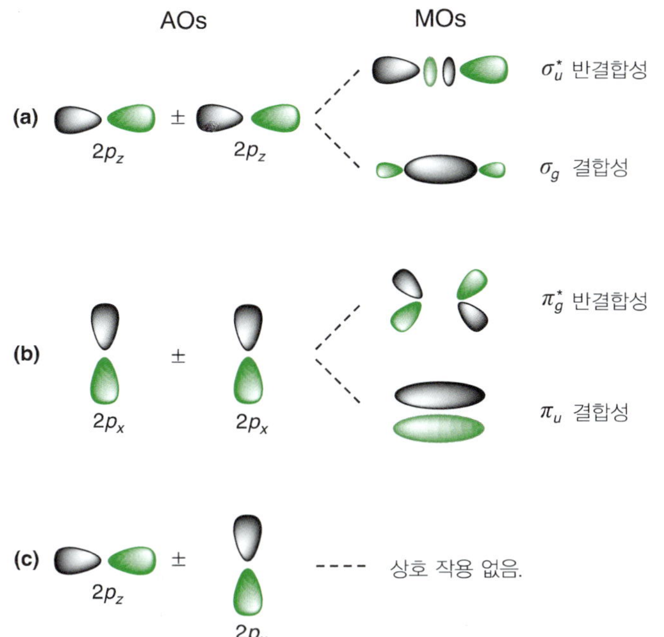

그림 13.11
(a) 두 $2p$ AO의 끝과 끝을 잇는 상호 작용은 결합성 및 반결합성 σ MO를 생성한다. (b) 두 $2p$ AO의 옆으로의 상호 작용은 결합성 및 반결합성 π MO를 생성한다. (c) 이 상호 작용에서는 어떤 MO도 형성되지 않는다.

MO와 AO의 에너지를 비교해 보면, 결합성 MO가 안정화(에너지의 낮아짐)되는 정도는 반결합성 MO가 불안정해지는 정도와 거의 같다. 또 다른 일반 원리는 AO가 MO를 이루려면 적절한 대칭성과 배향을 가져야 한다는 것이다. 오비탈을 파동 함수로 간주하면, 두 개의 AO를 결합하여 결합성 MO를 만들려면 보강 간섭을 위한 적절한 위상을 가져야 한다는 것을 의미한다.

이 책에서는 AO와 MO를 그림으로 나타낼 때, 파동 함수의 위상 (+)와 (−)를 각각 회색과 녹색을 사용하도록 한다.

지금까지 $1s$ 오비탈로부터 MO가 만들어지는 것에 대해 논의하였다. $2p$ 오비탈은 두 가지 서로 다른 방법으로 상호 작용할 수 있기 때문에 상황이 좀 더 복잡하다. 두 개의 $2p$ 오비탈이 '정면으로' 접근하는 것을 생각해 보자. 관례상, 핵간 축을 z축으로 잡고, 종이면을 $x-z$ 평면으로 가정한다. 그림 13.11a는 두 오비탈 사이의 보강 간섭과 상쇄 간섭에 의해 $\sigma_g 2p_z$ 결합성 MO와 $\sigma_u^* 2p_z$ 반결합성 MO가 만들어지는 것을 보여 준다. 다른 방법으로는, 두 개의 $2p$ 오비탈이 옆으로(즉 서로 평행하게 나란히 서서) 접근할 수 있다. 이 방향에서의 보강 간섭과 상쇄 간섭으로 $\pi_u 2p_x$ 결합성 MO와 $\pi_g^* 2p_x$ 반결합성 MO이 만들어진다(그림 13.11b).

예제 13.1

한 원자의 $2s$ AO와 또 다른 원자의 $2p$ AO로부터 어떠한 유형의 MO들이 만들어질 수 있는가?

답

한 원자의 $2s$ 오비탈과 또 다른 원자의 $2p$ 오비탈이 결합하여 만들어지는 MO의 유형은 두 AO의 상대적인 배향과 위상에 따라 결정된다. z축을 핵간 축으로 잡으면, 그림 13.12a에 보이는 '정면으로의' 겹침으로 결합성 MO(σ 오비탈)와 반결합성 MO(σ^* 오비탈)가 생긴다. 만약 $2s$와 $2p$ 오비탈이 그림 13.12b에 보이는 방식으로 접근한다면 어떤 MO도 만들어지지 않을 것이다.

COMMENT

s AO만으로는 σ MO외의 다른 MO는 만들 수 없다. π MO는 만들어지지 않는다.

대칭 중심이 없으므로 $2s$와 $2p_z$ AO에서 형성되는 MO들은 gerade(g)도 아니고 ungerade(u)도 아니다.

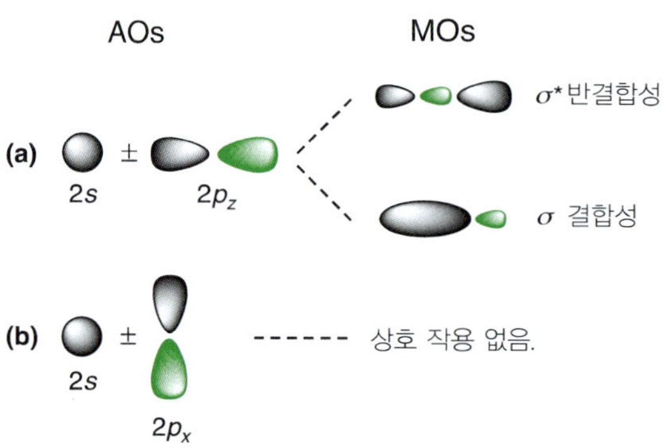

그림 13.12

(a) $2s$ AO는 $2p$ AO와 상호 작용하여 결합성 및 반결합성 σ MO를 생성한다. (b) 이 상호 작용에서는 어떤 MO도 만들어지지 않는다.

동핵 이원자 MO의 에너지는 몇 가지 원칙을 따른다. 일반적으로 마디 원리가 적용될 것으로 예상된다. 즉 더 적은 수의 마디를 가진 MO는 더 낮은 에너지를 갖게 되고, 따라서 쌓음 원리에 따라 먼저 채워질 것으로 예상할 수 있다. 또한 AO의 에너지로부터 대응되는 MO의 에너지를 대략 예측할 수 있다. MO와 AO의 관계를 보여 주는 **상관 도표**(correlation diagram)를 사용하여 이 일반적인 원리들을 검토해 보자(그림 13.13). 동핵 이원자 분자의 경우 $\sigma_g 1s$ 오비탈은 $\sigma_g 2s$ 오비탈보다 에너지가 훨씬 더 낮으며(더 안정하고), 그림 13.13에서는 생략되었다.

산소 분자는 MO 이론의 몇 가지 원리와 성과를 실증적으로 보여 준다. Lewis 전자점 그림과 VB 이론에 따르면, 산소 분자는 결합 차수가 2이고 홀전자는 없는 것으로 제시된다.

$$:\!\ddot{O}\!=\!\ddot{O}\!:$$

홀전자가 없는 분자는 알짜 전자 스핀이 없고 자기장에 대하여 약하게 반발하는데, 이를 **반자기성**(diamagnetic)이라고 한다. 하지만 산소 분자는 외부 자기장에 끌리는 것을 실험적으로 발견하였다. 외부 자기장에 끌리는 화학종은 **상자기성**(paramagnetic)이 있다고 한다. 상자기성은 하나 또는 그 이상의 홀전자를 가진 분자가 갖고 있는 특성이다. MO 이론을 O_2에 적용하면(그림 13.13 참조) O_2는 두 개의 홀전자를 갖고 있으며, 실험 결과와 일치한다는 것을 알 수 있다. 이 홀전자들은 $\pi_g^* 2p$ MO에 있을 것으로 예측할 수 있다. O_2의 바닥 상태 전자 배치는

$$(\sigma_g 1s)^2(\sigma_u^* 1s)^2(\sigma_g 2s)^2(\sigma_u^* 2s)^2(\sigma_g 2p_z)^2(\pi_u 2p_x)^2(\pi_u 2p_y)^2(\pi_g^* 2p_x)^1(\pi_g^* 2p_y)^1$$

이다. MO 이론으로 예측해 보면, O_2는 4개의 알짜 결합 전자(10개의 결합과 6개의 반결합)를 가지며 결합 차수는 2이다. 따라서 MO 이론은 결합 차수로는 VB 이론과 일치하고, 이 결합 차수는 실험에서 얻은 결합 길이 및 결합 세기와 일치한다. 결합 차수를 직접 측정할 수는 없으나, 결합 차수와 연관이 있는 결합 길이와 결합 세기는 측정할 수 있다는 것에 유의하라(표 13.1).

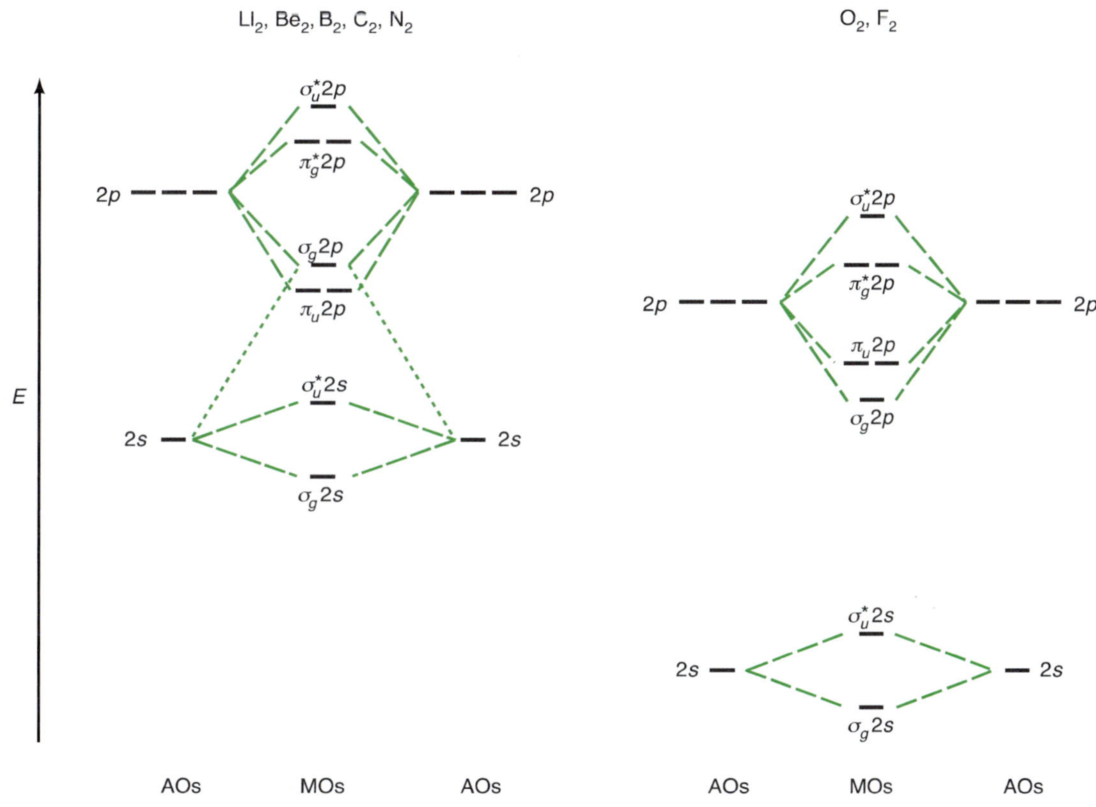

그림 13.13
2주기의 동핵 이원자 분자에 대한 개략적인 상관 도표. 녹색 파선은 LCAO-MO 근사에서 MO를 만들기 위하여 어느 AO들이 사용되었는지를 보여 준다. (a) Li_2, Be_2, B_2, C_2, N_2의 에너지 준위들은 2*s* AO가 $\sigma_g 2p$ MO에 기여할 수 있을 정도로 충분히 가깝게 있다. 이 상호 작용을 녹색 점선으로 나타내었으며, 그 결과 $\sigma_g 2p$ MO의 에너지가 $\pi_u 2p$ MO보다 더 높아진다. (b) O_2와 F_2의 경우, 2*s*와 2*p* AO의 에너지 차이가 크기 때문에 2*p* AO로부터 만들어진 MO에 2*s* AO가 기여하는 정도가 크지 않다.

표 13.1 이원자 산소 화학종의 결합 차수, 결합 길이, 결합 에너지

화학종	결합 차수	결합 길이(pm)	결합 에너지(kJ mol^{-1})	자기 성질
O_2^+	$\frac{5}{2}$	112	647.8	상자기성
O_2	2	121	497.4	상자기성
O_2^-	$\frac{3}{2}$	135	395.9	상자기성
O_2^{2-}	1	167[a]	67.8	반자기성

[a] 과산화 이온 O_2^{2-}는 기체상에서 불안정하다. 고급 수준의 계산 [H. Nakatsuji and H. Nakai, Chem. Phys. Lett. 197, 339(1992)]에 의하면 표에 보이는 결합 길이와 해리 에너지 장벽을 가진, 하나의 준안정한 전자 상태가 존재하는 것으로 예측된다. 다른 모든 값은 실험값이다.

예제 13.2

MO 이론을 사용하여 N_2와 N_2^+의 (a) 결합 차수, (b) 자기 성질, (c) 결합 길이를 비교하시오.

답

그림 13.13을 참조한다. N_2에는 14개의 전자가 있으므로 전자 배치는 다음과 같다.

$$(\sigma_g 1s)^2(\sigma_u^* 1s)^2(\sigma_g 2s)^2(\sigma_u^* 2s)^2(\pi_u 2p_x)^2(\pi_u 2p_y)^2(\sigma_g 2p_z)^2$$

N_2보다 전자가 1개 적은 N_2^+의 전자 배치는 다음과 같다.

$$(\sigma_g 1s)^2(\sigma_u^* 1s)^2(\sigma_g 2s)^2(\sigma_u^* 2s)^2(\pi_u 2p_x)^2(\pi_u 2p_y)^2(\sigma_g 2p_z)^1$$

(a) N_2는 결합성 MO에 10개의 전자가 있고 반결합성 MO에 4개의 전자가 있다. 따라서 결합 차수는 $(10-4)/2=3$이다. N_2^+의 경우, 결합 차수는 $(9-4)/2=2.5$이다.

(b) N_2에는 홀전자가 없으므로 반자기성이다. N_2^+는 한 개의 홀전자를 가지고 있고, 따라서 상자기성의 화학종이다.

(c) N_2^+의 결합 차수가 더 작으므로 결합 길이는 더 길 것으로 예상된다. 실제로 분광학적 측정에 의하면, N_2^+의 결합 길이 112 pm에 비하여 N_2의 결합 길이는 110 pm이다.

이종핵 이원자 분자

MO 이론은 동핵 이원자 분자에 적용되는 것과 아주 유사하게 이종핵 이원자 분자에 적용된다. 추가로 달라지는 것은 이종핵 이원자 분자를 구성하는 AO들의 에너지가 다르기 때문에, 상대적인 에너지 안정화는 동핵 이원자 분자에 비해 크지 않다는 것이다. 일반적으로 앞에서 보인 대칭성과 위상을 고려하면, AO들의 에너지가 비슷할수록 AO에 대한 MO의 안정도는 더 커진다.

CO 분자. 일산화 탄소의 Lewis 구조는

$$^{-}:C\equiv O:^{+}$$

전기 음성도가 더 작은 탄소 원자에 마이너스 형식 전하가 있다는 것에 주목하라. 이는 CO가 약 0.1 D의 비교적 작은 쌍극자 모멘트를 가지고 있다는 사실과 일치한다. 일산화 탄소는 N_2와 **등전자**(isoelectronic)(즉 같은 수의 전자를 가진)이다. 그림 13.14는 CO의 상관 도표를 보여 주며, CO의 전자 배치는 다음과 같다.

$$(\sigma 1s)^2(\sigma^* 1s)^2(\sigma 2s)^2(\sigma^* 2s)^2(\pi 2p_x)^2(\pi 2p_y)^2(\sigma 2p_z)^2$$

MO의 순서는 O_2보다는 N_2와 유사하다. 식 13.29에 따르면, CO의 결합 차수는 3이다. 이종핵 이원자 분자는 반전 중심을 가지고 있지 않다는 것에 유의하라. 그러므로 이들의 MO에 대해서는 gerade/ungerade 표기를 사용하지 않는다. 두 AO의 선형 결합으로 만들어지는 MO 중 $\sigma 2s$ 오비탈은 산소의 $2s$ AO보다 에너지가 낮고, $\sigma^* 2s$

CO의 탄소–산소 삼중 결합은 알려진 것 중 가장 강한 결합이다. CO는 무색, 무취이고 헤모글로빈 분자에 대한 높은 친화력 때문에 독성 기체이다.

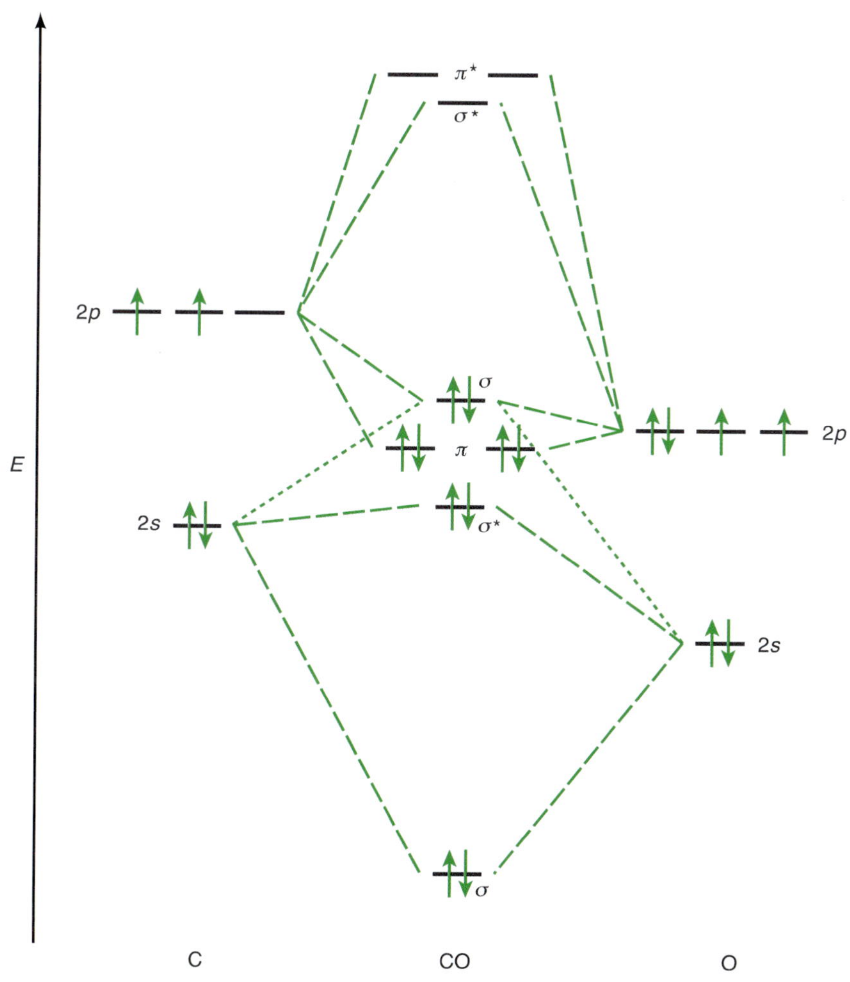

그림 13.14
이종핵 이원자 분자 CO(일산화 탄소)의 상관 도표

오비탈은 탄소의 $2s$ AO보다 에너지가 높다. 또한 일산화 탄소의 상관 도표는 AO로부터 MO가 만들어질 때의 안정화와 불안정화 정도의 크기가 같을 필요가 없다는 것을 보여 준다.

HF 분자. 플루오린화 수소는 단일 결합으로 이루어져 있으며, F 원자에 세 개의 고립 전자쌍이 있다.

$$\mathrm{H{-}\ddot{\underset{\cdot\cdot}{F}}{:}}$$

그림 13.15는 HF 분자의 상관 도표를 보여 준다. 플루오린의 $1s$와 $2s$ 원자 오비탈은 수소의 $1s$ 오비탈보다 훨씬 아래에 놓여 있다. 그 결과, 이들 오비탈은 HF 분자 형성에 거의 참여하지 않는다. 플루오린의 $2p$ 오비탈의 에너지는 수소의 $1s$ 오비탈 에너지에 가깝지만, $2p_z$ 오비탈만이 결합이 형성되기에 알맞은 대칭성을 가지고 있다. $\mathrm{H}1s{-}\mathrm{F}2p_z$ 겹침에 의해 생기는 σ 결합성 MO에 대한 파동 함수는

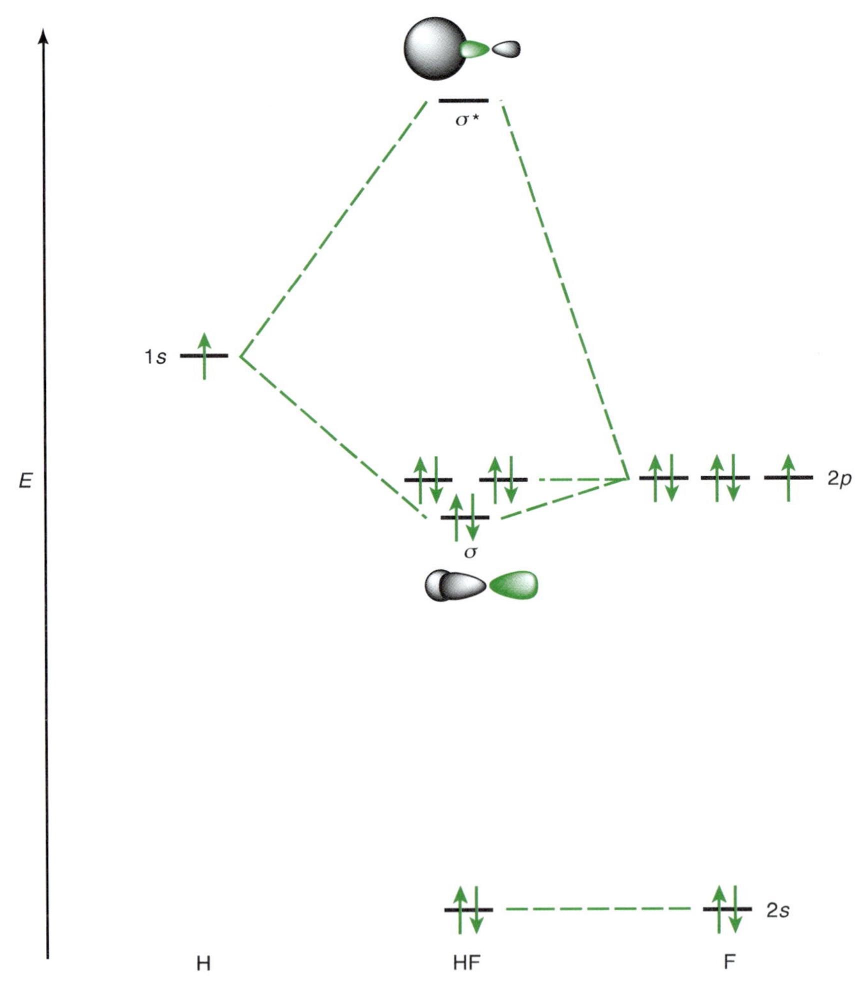

그림 13.15
이종핵 이원자 분자 HF(플루오린화 수소)의 상관 도표

$$\psi_\sigma = c_\mathrm{H}\phi_{\mathrm{H}1s} + c_\mathrm{F}\psi_{\mathrm{F}2p_z} \tag{13.30}$$

이다. 여기서 $c_\mathrm{F} > c_\mathrm{H}$인데, 이것은 전자 밀도가 F 원자에 더 밀집되어 있다는 것을 의미한다. F2p_x와 F2p_y 오비탈에는 변화가 거의 일어나지 않는다. 이들 두 개의 오비탈과 F2s 오비탈은, 세 개의 고립 전자쌍이 속하게 되는 비결합성 MO를 구성한다.

전기 음성도, 극성, 쌍극자 모멘트

H_2나 N_2와 같은 동핵 이원자 분자에서 전자 밀도는 전체 분자에 걸쳐 고르게 분포되어 있으며, 두 원자에 의하여 동등하게 공유된다. CO나 HF와 같은 이종핵 이원자 분자의 경우에는 그렇지 않다. 전자 밀도가 동등하지 않게 분포하는 이유는 한 원자가 전자를 잡아당기는 경향인 **전기 음성도**(electronegativity) (χ)의 차이가 직접적인 원인이다. 원소의 전기 음성도를 비교하는 방법에는 여러 가지가 있다. Mulliken은 전기 음성도를 제1 이온화 에너지와 전자 친화도의 평균으로 정의하였다.

$$\chi = \tfrac{1}{2}(E_{IE} + E_{EA}) \tag{13.31}$$

그러나 가장 널리 사용되는 전기 음성도의 정의는 1932년에 Linus Pauling에 의해 도입되었다. Pauling은 A−A와 B−B 결합 에너지의 평균보다 A−B 결합의 평균 에너지가 더 크며, A−B 결합의 극성이 증가함에 따라 그 차이가 더 커지는 것을 발견하였다. Pauling의 전기 음성도 척도는 원소 A와 B 사이의 전기 음성도 차이를 다음과 같이 정의한다.

$$|\chi_\mathrm{A} - \chi_\mathrm{B}| = 0.102\sqrt{D_\mathrm{AB} - 0.5(D_{\mathrm{A}_2} + D_{\mathrm{B}_2})} \tag{13.32}$$

여기서 D_AB, D_{A_2}, D_{B_2}는 각각 분자 AB, A_2, B_2의 결합 해리 에너지(kJ mol^{-1})이다. 식 13.32에서는 전기 음성도 차이만 얻을 수 있기 때문에, 한 원소의 전기 음성도 값이 정해져야 한다. 그러면 다른 원소에 대한 값을 바로 구할 수 있다. Pauling은 임의로 $\chi_\mathrm{H}=2.1$로 정의하여, 그림 13.16에 보인 전기 음성도 척도를 개발하였다. 전기 음성도는 실험적으로 측정할 수 있는 양이 아니라는 것에 주의하라. 그러나 전기 음성도는 화학 결합을 기술하는 데 있어 유용한 개념이다.

이종핵 이원자 분자에서 전자들이 동등하게 공유되지 않으므로, 화학 결합은 **극성**(polar)이고, 분자는 영구 전기 **쌍극자 모멘트**(dipole moment)를 갖게 된다. 수학적으로 양전하 $+Q$의 중심과 음전하 $-Q$의 중심 사이의 간격이 R일 때, 쌍극자 모멘트 μ의 **크기**를 나음과 같이 정의한다.

$$\mu = QR \tag{13.33}$$

쌍극자 모멘트 벡터는 양전하의 중심에서 음전하의 중심으로 향한다.

관례적으로 물리학자는 화학자와 반대되는 부호를 사용한다. 즉 물리학자는 쌍극자 모멘트 벡터를 음전하의 중심에서 양전하의 중심을 향하는 것으로 정의한다.

분자의 쌍극자 모멘트는 실험적으로 측정하고 이론적으로 계산할 수 있다. 쌍극자 모멘트의 단위는 Peter Debye의 이름을 따서 debye라고 한다. 1 Debye(D)는 전자 전하(e)의 0.208에 해당하는 전하가 1 Å (100 pm) 떨어져 있을 때의 값이다.

$$1\ \text{D} = 3.336 \times 10^{-30}\ \text{C m}$$

다원자 분자의 경우, 알짜 쌍극자 모멘트는 각각의 **결합 모멘트**(bond moment)의 벡터합으로 계산된다. 결합 모멘트는 분자 내에서 결합하고 있는 두 원자 사이의 쌍극자 모멘트이다.

쌍극자 모멘트에 대한 실험적 측정은 공유 결합의 이온성 백분율을 구할 수 있다. 이종핵 이원자 분자인 플루오린화 수소의 예로 되돌아가자. 실험적으로 플루오린화 수소의 결합 길이는 91.7 pm이고, 쌍극자 모멘트는 1.92 D이다. 만약 플루오린화 수소가 순수한 공유 결합으로 이루어졌다면, 원자가 전자는 균등하게 공유되어 쌍극자 모멘트는 0이 될 것이다. 반면에 플루오린화 수소가 구형의 이온 H^+ 이온과 F^- 이온 사이의 순수한 이온 결합으로 이루어졌다면, 각 전하의 크기는 전하의 기본 단위인 $e(1.602 \times 10^{-19}\ \text{C})$가 될 것이다. 전하 사이의 간격을 실험적으로 얻은 핵간 거리(91.7 pm)로 가정하면, 이 가상의 H^+F^-의 쌍극자 모멘트는

$$\begin{aligned} \mu &= QR \\ &= (1.602 \times 10^{-19}\ \text{C})(91.7\ \text{pm})\left(\frac{10^{-12}\ \text{m}}{\text{pm}}\right)\left(\frac{1\ \text{D}}{3.336 \times 10^{-30}\ \text{C m}}\right) \\ &= 4.40\ \text{D} \end{aligned}$$

이 된다. 이온성 백분율은 다음과 같이 정의한다.

1	2	3	4	5	6	7	8	9	10	11	12	13	14	15	16	17	18
H 2.1																	**He**
Li 1.0	**Be** 1.5											**B** 2.0	**C** 2.5	**N** 3.0	**O** 3.5	**F** 4.0	**Ne**
Na 0.9	**Mg** 1.2											**Al** 1.5	**Si** 1.8	**P** 2.1	**S** 2.5	**Cl** 3.0	**Ar**
K 0.8	**Ca** 1.0	**Sc** 1.3	**Ti** 1.5	**V** 1.6	**Cr** 1.6	**Mn** 1.5	**Fe** 1.8	**Co** 1.9	**Ni** 1.9	**Cu** 1.9	**Zn** 1.6	**Ga** 1.6	**Ge** 1.8	**As** 2.0	**Se** 2.4	**Br** 2.8	**Kr** 3.0
Rb 0.8	**Sr** 1.0	**Y** 1.2	**Zr** 1.4	**Nb** 1.6	**Mo** 1.8	**Tc** 1.9	**Ru** 2.2	**Rh** 2.2	**Pd** 2.2	**Ag** 1.9	**Cd** 1.7	**In** 1.7	**Sn** 1.8	**Sb** 1.9	**Te** 2.1	**I** 2.5	**Xe** 2.6
Cs 0.7	**Ba** 0.9	**La–Lu** 1.0~1.2	**Hf** 1.3	**Ta** 1.5	**W** 1.7	**Re** 1.9	**Os** 2.2	**Ir** 2.2	**Pt** 2.2	**Au** 2.4	**Hg** 1.9	**Tl** 1.8	**Pb** 1.9	**Bi** 1.9	**Po** 2.0	**At** 2.2	**Rn** 2.0
Fr 0.7	**Ra** 0.9	**Ac–No** 1.1~1.4	**Rf**	**Db**	**Sg**	**Bh**	**Hs**	**Mt**	**Ds**	**Rg**	**Cn**		**Fl**		**Lv**		

그림 13.16
원소에 대한 Pauling의 전기 음성도 척도

$$이온성 = \frac{\mu_{실험}}{\mu_{이온성}} \times 100\%$$

$$= \frac{\mu_{실험}}{eR} \times 100\% \quad (13.34)$$

플루오린화 수소의 경우

$$이온성 = \frac{1.92\ \text{D}}{4.40\ \text{D}} \times 100\%$$

$$= 43.6\%$$

여기서 얻은 이온성 백분율은 H와 F의 전기 음성도 차이가 크다는 사실에 부합한다.

예제 13.3

기체상의 플루오린화 리튬은 쌍극자 모멘트가 6.28 D이고, 결합 길이가 153 pm이다. 이온성 백분율을 구하고 그 결과에 대하여 설명하시오.

답

식 13.35를 사용한다.

$$이온성 = \frac{\mu_{실험}}{\mu_{이온성}} \times 100\%$$

$$= \frac{6.28\ \text{D}}{(1.602 \times 10^{-19}\ \text{C})(153\ \text{pm})} \times 100\% \times \frac{3.336 \times 10^{-30}\ \text{C m}}{1\ \text{D}} \times \frac{10^{12}\ \text{pm}}{\text{m}}$$

$$= 85.5\ \%$$

플루오린화 리튬 분자는 순수한 이온성은 아니고, 약간의 공유 결합성을 가진다.

13.6 다원자 분자

다원자 분자에 대한 연구를 위해서는 결합의 개요와 3차원 구조를 모두 설명할 수 있어야 한다. 먼저 간단하고 효과적인 접근법으로 분자의 기하학적 구조를 설명하고, 이어서 이들 분자에 대한 결합에 대해 공부할 것이다.

분자의 기하 구조

Lewis 구조에서 중심 원자를 둘러싸고 있는 전자의 수를 알면, 분자의 전체 기하 구조를 상당히 성공적으로 예측할 수 있게 하는 간단한 방법이 있다. 이 방법은 원자의 원자가 껍질에 있는 전자쌍들이 서로 반발한다는 가정에 기초하고 있다. 중심

원자가 껍질은 원자에서 최외각 전자들이 차지하고 있는 껍질이다. 일반적으로 최외각의 전자들이 결합에 관여한다.

원자와 주위의 원자 사이에 둘 또는 그 이상의 결합이 있는 다원자 분자에서, 서로 다른 결합쌍에 있는 전자들 사이의 반발 때문에 전자쌍들은 가능한 한 멀리 떨어져 있으려는 경향이 있다. 분자는 궁극적으로(모든 원자들의 위치에 대해) 반발이 최소화되는 구조를 갖게 된다. 분자의 기하 구조 연구에 대한 이 접근법을 **원자가 껍질 전자쌍 반발**(VSEPR: valence-shell electron-pair repulsion) 모형이라고 한다. VSEPR 모형은 다음 두 가지의 일반적인 규칙을 따른다.

1. 전자 반발에 관한 한, 이중 결합과 삼중 결합은 단일 결합으로 취급한다.
2. 중심 원자에 결합쌍과 고립쌍이 함께 있다면, 반발은 다음의 순으로 감소한다.

고립쌍 대 고립쌍 반발 > 고립쌍 대 결합쌍 반발 > 결합쌍 대 결합쌍 반발

고립쌍은 더 큰 공간에 퍼져 있으므로, 이웃한 고립쌍과 결합쌍으로부터 더 강한 반발을 느끼게 된다.

표 13.2는 여러 분자들의 기하 구조를 보여 준다. 4개의 공유 결합으로 이루어진 메테인(CH_4)은 결합각이 109.5°인 사면체 구조이다(문제 13.49 참조). 암모니아(NH_3)에는 3개의 공유 결합과 1개의 고립쌍이 있다. 4개의 전자쌍이 사면체 배열을 하면 분자는 삼각뿔 구조가 된다. 고립쌍과 결합쌍의 반발이 더 크기 때문에 결합각은 107.3°로 줄어든다. 사플루오린화 황(SF_4) 분자에는 삼각 쌍뿔 모양으로 배열된 5개의 전자쌍이 있다. 전자쌍 중의 1개는 고립쌍이므로, 분자의 구조는 다음 중의 하나가 되어야 한다.

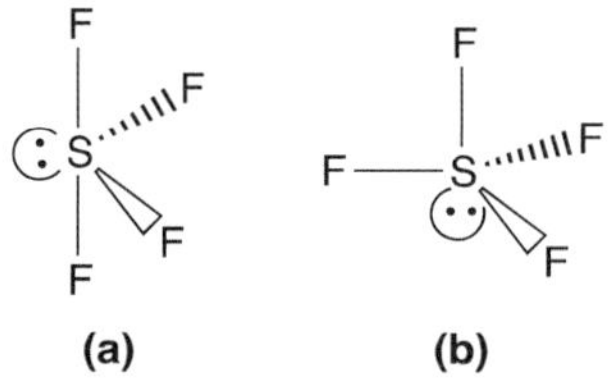

(a) (b)

(a)에서는 고립쌍이 수평 위치에 있고, (b)에서는 축 위치에 있다. 축 위치에서는 90°에 세 개의 이웃한 쌍과 180°에 하나의 쌍을 가지며, 반면에 수평 위치에서는 90°에 두 개의 이웃한 쌍과 120°에 두 개의 쌍을 갖게 된다. (a)에서 반발이 더 작아지게 되며, 실제로 (a)가 실험적으로 관찰되는 구조이다. 이 구조를 '시소' 구조라고 한다.

원자 오비탈의 혼성화

VSEPR 모형은 유용하기는 하지만 Lewis 구조에 기반을 두고 있으며, 화학 결합이 왜, 그리고 어떻게 형성되는지에 대한 답을 주지는 못한다. 여기서는 VB 이론에 기반을 두고 있는 원자 오비탈의 혼성화를 사용하여 화학 결합의 형성과 기하 구조를 설명한다. 혼성화의 개념은 현대의 계산화학에서는 사용되지 않으나 Lewis 구조의

표 13.2 VSEPR 이론에 의해 예측된 분자의 기하 구조

표기[a]	e^- 그룹	고립쌍	중심 원자의 혼성화	분자의 기하 구조	예	분자 구조
AB_2	2	0	sp	선형	BeH_2	
AB_3	3	0	sp^2	삼각 평면	BF_3	
AB_2E	3	1	sp^2	굽은형, ~120°	SO_2	
AB_4	4	0	sp^3	사면체	CH_4	
AB_3E	4	1	sp^3	삼각뿔	NH_3	
AB_2E_2	4	2	sp^3	굽은형, ~109.5°	H_2O	
AB_5	5	0	sp^3d	삼각 쌍뿔	PF_5	
AB_4E	5	1	sp^3d	시소	SF_4	
AB_4E_2	5	3	sp^3d	선형	XeF_2	
AB_6	6	0	sp^3d^2	팔면체	SF_6	
AB_5E	6	1	sp^3d^2	사각 피라미드	ClF_5	
AB_4E_2	6	2	sp^3d^2	사각 평면	XeF_4	

[a] 'A'는 중심 원자를 나타내고, 'B'는 결합쌍, 'E'는 고립 전자쌍을 나타낸다.

화학 결합을 설명하기에 좋은 모형이다. MO 이론은 무기 착물을 설명하는 데 더 유리한 반면, 혼성화는 유기 분자를 설명하는 데 편리한 개념이다. 여기서는 가장 간단한 세 유기 분자인 메테인, 에틸렌, 아세틸렌에 초점을 맞추어 설명할 것이다.

Linus Pauling은 1931년에 '혼성화(hybridization)'라는 용어를 도입하였다.

메테인(CH_4). 메테인은 가장 간단한 탄화수소이다. 물리적, 화학적 연구에 의하면

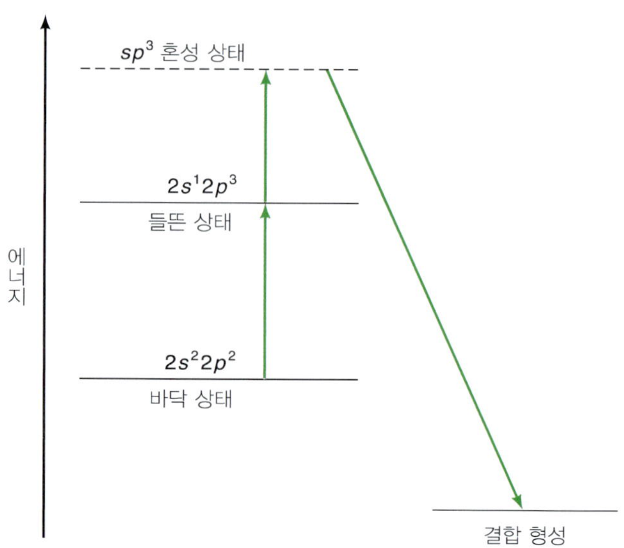

그림 13.17
sp^3 혼성화 탄소 원자의 에너지 상태

4개의 C−H 결합의 길이와 세기는 모두 같고, 분자는 정사면체 대칭성을 갖는다. HCH 결합각은 109.5°이다. 탄소의 원자가가 4인 것을 어떻게 설명할 수 있는가? 바닥 상태의 탄소 원자는 4개의 단일 결합을 형성하기가 어렵다. $2s$ 전자를 비어 있는 $2p$ 오비탈로 올리면 홀전자($2s^12p^3$)가 4개가 되어, 4개의 C−H 결합을 형성할 수 있을 것이다. 이것이 사실이라면 메테인은 한 종류의 C−H 결합 3개와 또 다른 종류의 네 번째 C−H 결합을 가질 것이다. 이 형태는 실험적 사실과 상반된다. 4개의 결합이 모두 같다는 것은 탄소의 결합 원자 오비탈은 모두 동등하다는 것을 의미하며, 이는 s와 p 오비탈이 혼합되어 **혼성**(hybrid) 오비탈이 형성된다는 것을 의미한다. 1개의 s 오비탈과 3개의 p 오비탈이 관여하기 때문에, 이 과정을 sp^3 혼성화라고 한다.

그림 13.17은 혼성화 과정에서 일어나는 에너지 변화를 보여 준다. $2s^12p^3$로 표시한 들뜬 상태는 실제로 존재하며 분광학적으로 검출할 수 있다. 고립된 탄소 원자는 4개의 같은 혼성 오비탈로 이루어진 원자가 상태로는 존재할 수 없다. 그러나 메테인 분자가 형성되기 직전에 그러한 상태가 존재한다고 상상할 수는 있다. 그림 13.17에서 보는 것처럼 이 상태에 도달하기 위해서는, 즉 원자 오비탈의 혼성화에는 별도의 에너지가 필요하다. 그러나 이 투자는 결합 형성으로부터 얻어지는 에너지의 방출에 의해 보상되고도 남는다.

수학적으로, 4개의 혼성 오비탈 ϕ_1, ϕ_2, ϕ_3, ϕ_4를 형성하기 위한 원자 오비탈의 혼합은 다음과 같이 나타낼 수 있다*.

* 여기서의 원자 오비탈의 선형 결합은 앞에서 설명한 LCAO-MO 과정과는 다르다. 모든 원자 오비탈은 같은 원자에 속해 있기 때문에, 이 오비탈들(ϕ_1, ϕ_2, ...)은 비록 '순수한' s나 p 오비탈은 아니지만 여전히 원자 오비탈이다. 이 단계에서는 어떤 MO도 형성되지 않는다.

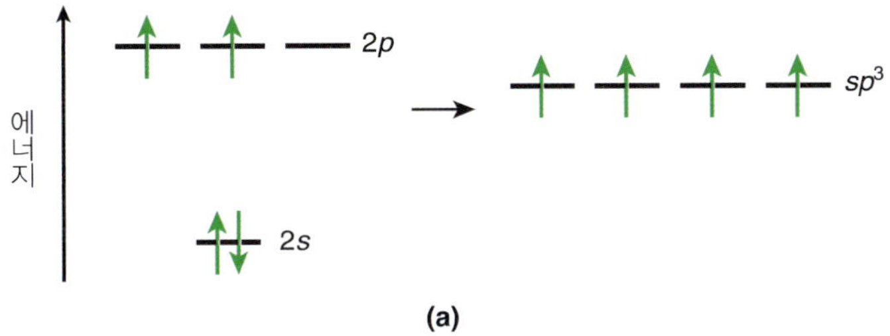

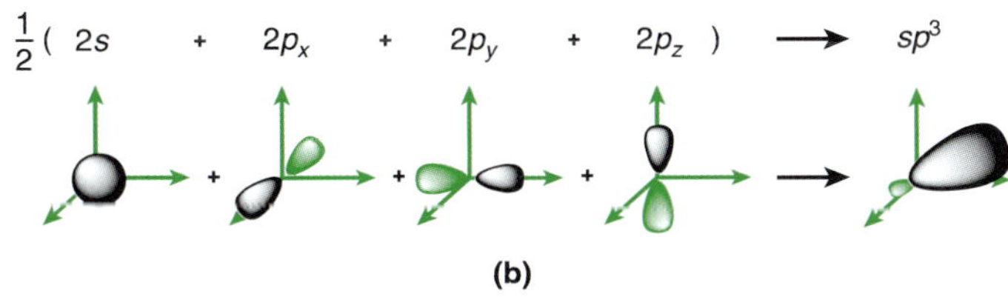

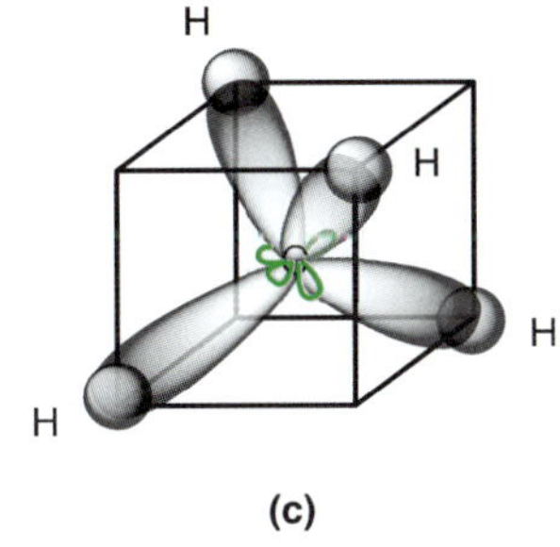

그림 13.18

(a) sp^3 혼성화에서 탄소 2s와 2p 전자의 배열. (b) 식 13.35에 따른 sp^3 혼성 오비탈의 형성. (c) sp^3 혼성 오비탈과 수소 1s 오비탈 사이에 만들어지는 4개의 C–H 결합

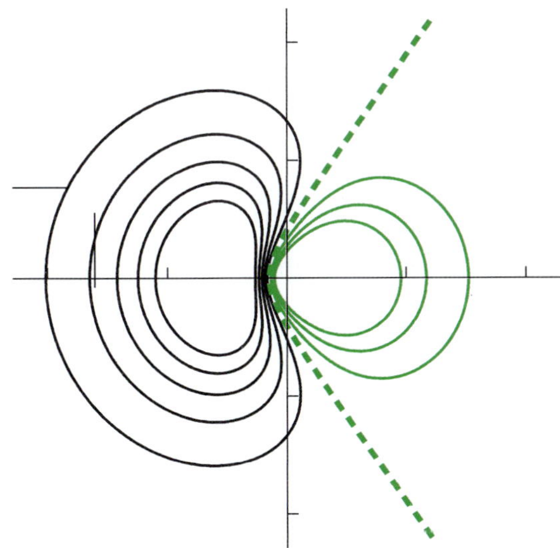

그림 13.19

sp^3 혼성 오비탈의 등고선 그림. 파선은 마디 표면을 나타낸다.

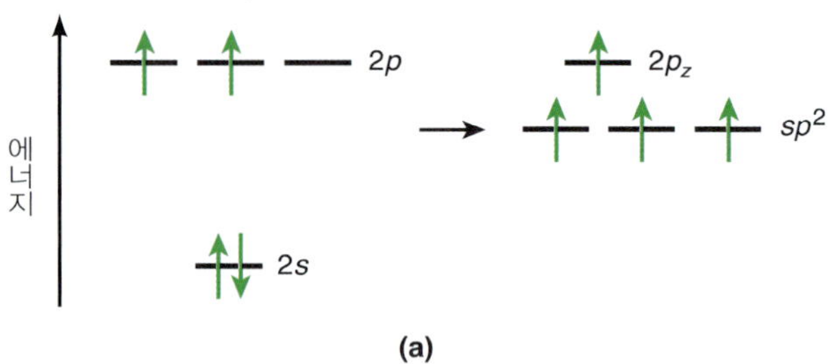

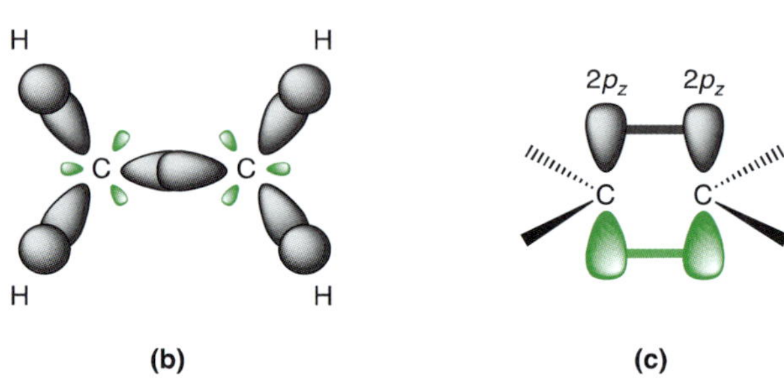

그림 13.20
(a) sp^2 혼성화에서 탄소 2s와 2p 전자의 배열. (b) 에틸렌에서 탄소와 수소 및 두 탄소 원자 사이의 σ 결합. (c) 두 $2p_z$ 오비탈이 옆으로 겹쳐져서 만들어지는 π 결합

$$\phi_1 = \tfrac{1}{2}(2s + 2p_x + 2p_y + 2p_z)$$
$$\phi_2 = \tfrac{1}{2}(2s - 2p_x - 2p_y + 2p_z)$$
$$\phi_3 = \tfrac{1}{2}(2s + 2p_x - 2p_y - 2p_z)$$
$$\phi_4 = \tfrac{1}{2}(2s - 2p_x + 2p_y - 2p_z) \qquad (13.35)$$

여기서 $2s$, $2p_x$, $2p_y$, $2p_z$는 탄소 원자 오비탈이며, 1/2은 정규화 상수이다. 각 혼성 오비탈에서 s와 p 특성의 합은 각각 1/4와 3/4인 것에 주목하라. 각 sp^3 혼성 오비탈은 그림 13.18에서 볼 수 있는 것과 같은 모양이며, 이들의 방향은 식 13.35의 상대적 부호로 결정된다. C−H σ 결합은 탄소 sp^3 혼성 오비탈과 수소 $1s$ 오비탈의 겹침에 의해 형성될 수 있다. 그림 13.19는 컴퓨터로 생성한 sp^3 혼성 오비탈의 단면을 보여 준다.

에틸렌(C_2H_4). 에틸렌은 평면 분자이고, HCH 결합각은 약 120°이다. 메테인과 대조적으로, 각 탄소 원자는 단지 3개의 다른 원자와 결합하고 있다. 각 탄소 원자가 sp^2 혼성화되어 있다고 가정하면 기하 구조와 결합을 모두 이해할 수 있다. 그림 13.20a에서 볼 수 있는 것과 같이, s 오비탈을 단지 2개의 p 오비탈(예를 들어 $2p_x$와 $2p_y$)과 혼합하면 3개의 sp^2 혼성 오비탈(모두 xy 평면에 놓여 있는)과 순수한 p 오비탈($2p_z$ 오비탈)이 만들어진다. 이 3개의 혼성 오비탈은 2개의 수소 원자와 2개의 σ 결합을 형성하고, 다른 탄소 원자와 1개의 σ 결합을 형성하는 데 사용된다(그림 13.20b). 그리고 두 탄소 원자에 있는 $2p_z$ 오비탈은 옆으로 겹쳐져서 π 결합을 형성할 수 있다 (그림 13.20c). 이 3개의 혼성 오비탈은 다음과 같이 나타낸다.

$$\phi_1 = \frac{1}{\sqrt{3}}2s + \sqrt{\frac{2}{3}}2p_x$$

$$\phi_2 = \frac{1}{\sqrt{3}}2s - \frac{1}{\sqrt{6}}2p_x + \frac{1}{\sqrt{2}}2p_y$$

$$\phi_3 = \frac{1}{\sqrt{3}}2s - \frac{1}{\sqrt{6}}2p_x - \frac{1}{\sqrt{2}}2p_y \tag{13.36}$$

아세틸렌(C_2H_2). 아세틸렌은 선형 분자이다. 그림 13.21a에서 $2s$ 오비탈과 1개의 $2p$ 오비탈($2p_x$ 오비탈)이 혼합되어 2개의 sp 혼성 오비탈이 만들어지며, 2개의 p 오비탈($2p_y$와 $2p_z$)은 변화가 없는 상태로 남아 있는 것을 볼 수 있다. 따라서 그림 13.21b와 13.21c에서 보는 것처럼, 각 탄소 원자는 2개의 σ 결합(수소 원자와 1개, 다른 탄소 원자와 1개)과 2개의 π 결합(2개 모두 다른 탄소 원자와 결합)을 형성한다. 두 개의 혼성 오비탈은

$$\phi_1 = \sqrt{\frac{1}{2}}(2s + 2p_x)$$

$$\phi_2 = \sqrt{\frac{1}{2}}(2s - 2p_x) \tag{13.37}$$

이다. 여기서 $\sqrt{1/2}$는 정규화 상수이다.

혼성화 개념은 탄소 이외의 다른 원소에도 똑같이 잘 적용된다. 예를 들면, 암모니아에서 각각의 N−H 결합은 약간 찌그러진 사면체의 꼭지점을 향하고, 임의의 두 N−H 결합 사이의 결합각은 107.3°이다. 질소의 전자 배치는 $1s^22s^22p^3$이므로, NH_3의 결합은 3개의 p 오비탈과 수소의 $1s$ 오비탈이 겹친다고 가정하여 설명할 수 있을 것이다. 그러나 이것이 사실이라면, p 오비탈들은 서로 수직이므로 결합각은 90°가 되어야 할 것이다. 질소는 sp^3 혼성화되어 있다고 가정하는 것이 더 타당하다. 혼성

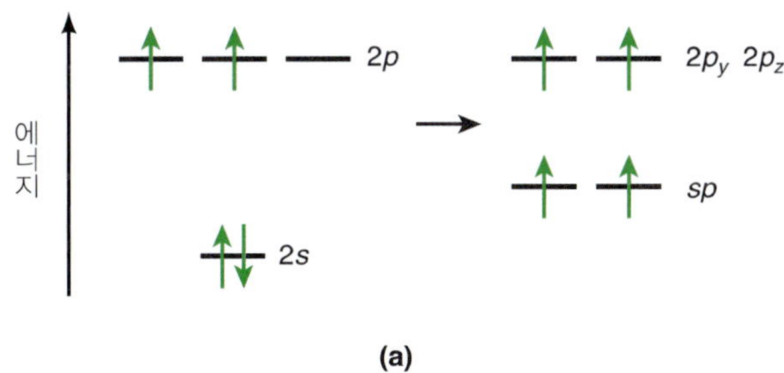

(a)

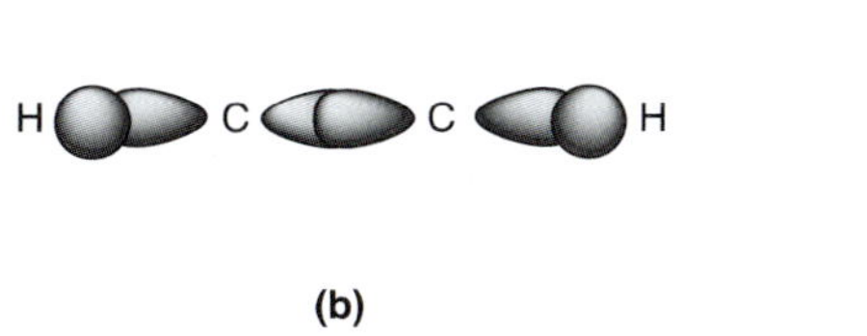

(b)

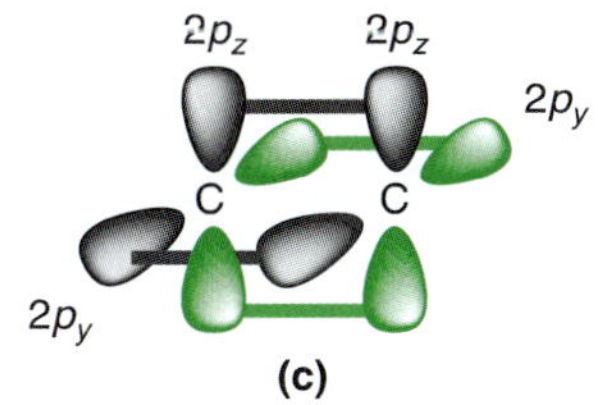

(c)

그림 13.21
(a) sp 혼성화에서 탄소 $2s$와 $2p$ 전자의 배열. (b) 아세틸렌에서 탄소와 수소 및 두 탄소 원자 사이의 σ 결합. (c) 두 $2p_y$와 두 $2p_z$ 오비탈 사이의 π 결합

표 13.3 원자의 공유 결합 반지름(Å)[a]

	단일 결합 반지름	이중 결합 반지름	삼중 결합 반지름
H	0.37		
C	0.772	0.667	0.603
N	0.70	0.62	0.55
O	0.66	0.62	
F	0.64		
Si	1.17	1.07	1.00
P	1.10	1.00	0.93
S	1.04	0.94	0.87
Cl	0.99	0.89	
Br	1.14	1.04	
I	1.33	1.23	

[a] Pauling, L. *The Nature of the Chemical Bond*, 3rd ed., p. 224에서 재인쇄. Copyright 1939 and 1940, 3rd ed. copyright 1960 by Cornell University. Cornell University Press의 허락하에 게재함.

오비탈 중의 하나는 고립쌍을 포함한다. 고립쌍의 전자와 결합성 오비탈의 전자 사이의 반발에 의해 정사면체의 각(109.5°)보다 약간 작은 107.3°의 결합각이 된다. 고립쌍은 또한 암모니아의 염기성의 원인이 된다. 암모니아가 물에 용해되면 즉시 양성자를 받아들여 완전한 정사면체 대칭성을 가진 NH_4^+ 이온을 형성한다. 비록 혼성화를 *s*와 *p* 오비탈에 관해서만 살펴보았지만, 3주기 또는 그 이상의 원소들에서는 *d* 오비탈이 관여하는 것도 가능하다(표 13.2 참조).

마지막으로, 분자에서 공유 결합을 형성하는 원자 A와 B 사이의 거리는 상당히 일정하게 유지되는 것에 주목하라. 결합 길이는 $r_A + r_B$의 합으로 나타낼 수 있다. 여기서 r_A와 r_B는 A와 B의 **공유 결합 반지름**(covalent radius)이다. 예를 들면 많은 화합물에서 C−C 결합 길이는 근사적으로 1.54 Å이고, 탄소 단일 결합의 공유 결합 반지름은 1.54/2 = 0.77 Å으로 간주할 수 있다. 많은 화합물에서 C−Cl 결합 길이는 근사적으로 1.76 Å이다. 그러므로 Cl의 공유 결합 반지름은 결과적으로 (1.76−0.77)Å = 0.99 Å이 된다. 이러한 방법으로 많은 원자들의 공유 결합 반지름을 구할 수 있다. 몇 가지 원자들의 공유 결합 반지름을 표 13.3에 수록하였다.

13.7 공명과 전자 비편재화

오비탈 혼성화의 장점은 분자의 기하 구조를 설명하는 것 외에도, 화학 결합을 전자가 짝지어지는 과정으로 설명할 수 있다는 것이다. 그러나 한 개의 분자 구조로 분자의 성질을 모두 설명할 수 있는 것은 아니다. 한 예로 탄산 이온을 보자.

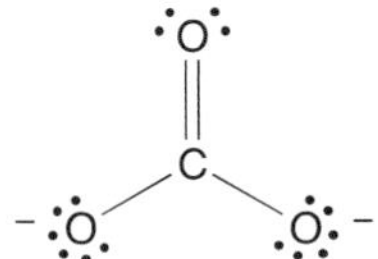

이 이온은 평면 구조이며, OCO 결합각은 120°이다. 이것은 탄소가 sp^2로 혼성화되어 있다고 가정하면 쉽게 설명할 수 있다. 그러나 실험 결과에 따르면, 3개의 탄소–산소 결합의 길이와 세기가 모두 같으므로, 위에 보인 구조는 이 이온을 설명하는데 부적합하다. C=O 이중 결합의 위치는 임의로 선택되었기 때문에, 다음의 세 구조를 함께 고려해야 한다.

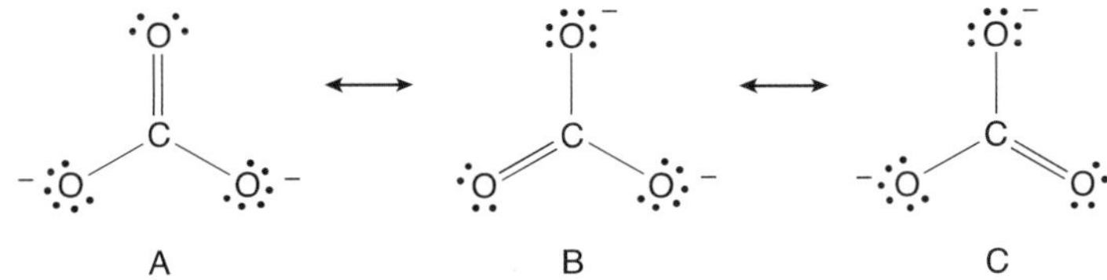

양쪽 화살표는 탄산 이온이 **공명 구조**(resonance structure)를 하고 있다는 것을 나타낸다. **공명**(resonance)이라는 용어는 둘 또는 그 이상의 Lewis 구조를 사용하여, 단일 Lewis 구조로는 충분히 설명할 수 없는 분자(또는 이온)를 나타내는 것을 말한다. 중요한 점은, 각 공명 구조들 중 어느 것도 탄산 이온을 정확하게 나타내지 못하며, 이 이온은 3개의 공명 구조 모두의 중첩으로 나타내는 것이 최선이라는 것이다. 그렇다면 명백히 각 탄소–산소 결합의 성격은 실험적으로 관찰된 바와 일치하게 단일과 이중 결합의 중간쯤이다. 이들 세 구조가 실제로 서로 왔다갔다 한다는 어떠한 증거도 없다. 사실 세 공명 구조 각각은 존재하지 않는 이온이다. 위의 모형은 결합 길이와 세기 같은 성질들을 설명할 때 생기는 딜레마를 해결할 수 있게 해 줄 뿐이다. VB 이론에서 탄산 이온에 대한 파동 함수는 다음과 같이 쓸 수 있다.

$$\psi = c_A\psi_A + c_B\psi_B + c_C\psi_C \tag{13.38}$$

여기서 ψ_A, ψ_B, ψ_C는 세 공명 구조 각각에 대한 파동 함수이고, c_A, c_B, c_C는 모두 같다.

공명의 개념은 방향족 탄화수소에 가장 잘 적용된다. 1865년에 독일의 화학자 August Kekulé(1829~1896)는 처음으로 벤젠에 대하여 고리 구조를 제안하였다. 그 이후 이들 분자에 대한 연구에 상당한 진전이 이루어졌다. 벤젠에서 측정된 탄소–탄소 거리는 1.40 Å인데, 이것은 단일 C–C 결합(1.54 Å)과 이중 C=C 결합(1.33 Å) 사이에 있다. 두 Kekulé 구조는 다음과 같은 공명 구조로 나타내는 것이 사실에 가깝다.

벤젠의 평면 육각형 구조는 중성자와 X선 회절을 사용하여 아일랜드의 결정학자 Kathleen Lonsdale (1903~1971)에 의하여 명확히 확인되었다.

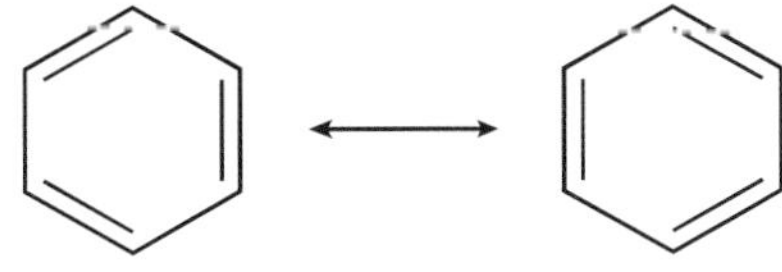

VB 이론에서는 전자 분포를 두 공명 구조의 중첩으로 간주한다. 단일 결합은 σ 결

합이고, 각 이중 결합은 하나의 σ 결합과 하나의 π 결합으로 이루어져 있다. 중첩 상태에서 탄소−탄소 결합 차수는 1.5로, 이것은 두 공명 구조의 평균이다. 그러므로 이웃한 탄소 원자들 사이의 결합은 2/3 σ 성격과 1/3 π 성격을 가진 두 공명 구조의 평균으로 나타낼 수 있을 것이다. 각 탄소 원자 주위로 세 무리의 전자가 있으므로, 각 탄소 원자는 sp^2로 혼성화되어 있다. 탄소−수소 결합 차수는 1(단일 σ 결합)이고, 예측된 대칭성은 육각형으로, 실험 결과와 일치한다. AO의 혼합으로 MO가 만들어짐에 따라 에너지가 낮아지는 것처럼, 공명 개념이 적용되면 전자 구조의 **공명 안정화**(resonance stabilization)가 일어난다. 벤젠은 단일 Lewis 구조에 근거하여 예측한 것보다 더 안정하다.

MO 이론은 앞에서 논의한 성질들의 설명에 다른 방법으로 접근한다. MO 이론에 따르면, 6개의 탄소 $2p$ AO로부터 3개의 π 오비탈과 3개의 π^* 오비탈이 만들어진다(그림 13.22). 에너지에 따른 MO의 순서는 마디 원리와 일치한다. 6개의 MO는 모두 분자 평면에 1개의 평면을 가지고 있다. 가장 낮은 에너지의 π 오비탈은 다른 마디는 갖고 있지 않으며, 이웃한 모든 탄소 원자들 사이는 결합성이다. 추가로 2개의 미분화된 결합성 오비탈이 존재하며, 각각은 분자 평면에 수직인 하나의 마디 평면을 갖고 있다. 수직의 마디 때문에 이들 오비탈에 반결합성이 있지만, 전체적으로는 결합성 오비탈이다. 그 위에 있는 2개의 미분화된 오비탈에는 분자 평면에 수직인 2개의 마디 평면이 있다. 이들 MO에는 여전히 약간의 결합성이 있지만, 전체적으로는 반결합성 오비탈이다. 가장 높은 에너지를 갖는 MO에는 분자 평면 외에, 분

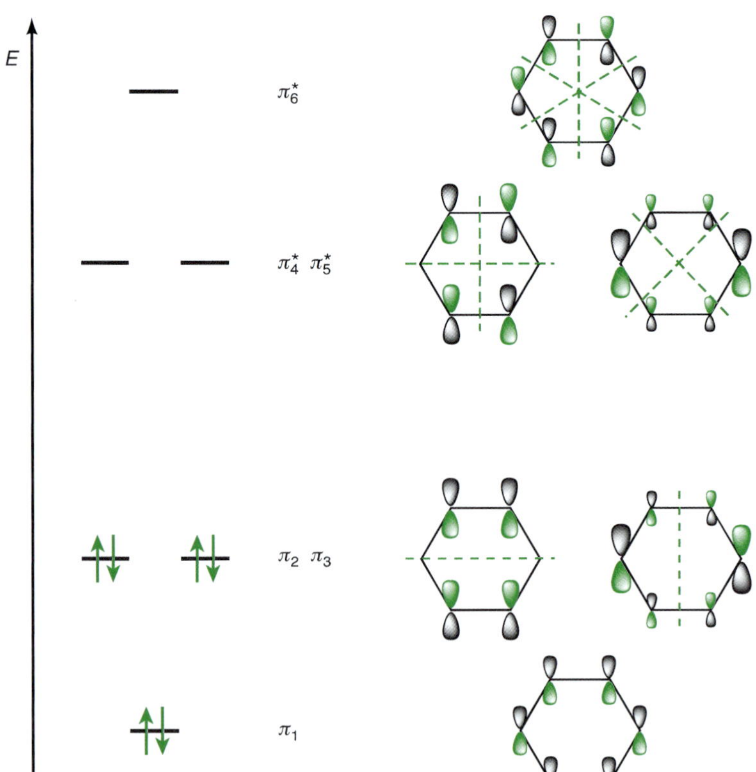

그림 13.22
벤젠에 있는 3개의 결합성과 3개의 반결합성 π MO에 대한 π 전자 파동 함수와 에너지 준위 도표. 로브(lobe)의 크기는 MO에서 AO의 계수 크기에 비례한다.

자 평면에 수직인 3개의 마디 평면이 있다. 이것은 순전히 반결합성 오비탈이고, 마디는 각 탄소 원자를 다른 탄소들과 분리한다. MO 이론의 틀 내에서 벤젠 분자는 종종 다음과 같이 나타낸다.

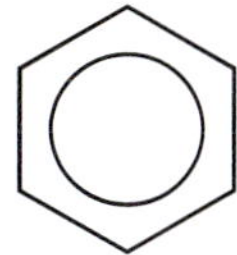

여기서 원은 π 결합이 개개의 원자쌍으로 국한되지 않는다는 것을 나타낸다. 그보다는 π 전자 밀도는 분자 전체로 균일하게 분포된다. 이러한 묘사는 또한 벤젠의 탄소−탄소 결합 길이와 결합 세기가 모두 같다는 것을 설명해 준다.

예제 13.4

VB 이론을 사용하여 오존 분자(O_3)의 기하 구조, 중심 원자의 혼성화, 결합 차수를 설명하시오.

답

오존은 3개의 O 원자 각각으로부터 6개씩, 총 18개의 원자가 전자를 가진다. 팔전자 규칙을 만족하는 두 가지의 동등한 공명 구조를 그릴 수 있다(그림 13.23a). 각 공명 구조는 O−O 단일 결합과 O=O 이중 결합을 가지므로, 알짜 산소−산소 결합 차수는 1.5이다. 중심 산소 원자 주위에는 세 무리의 전자가 있다. 따라서 sp^2로 혼성화되어 있고, 분자의 기하 구조는 약 120°로 굽어 있는 모양이다.

COMMENT

결합 차수는 실험적으로 측정할 수 있는 양이 아니라는 것을 상기하라. 결합 차수 1.5는 결합 길이와 결합 세기가 전형적인 단일 결합과 이중 결합 사이의 중간이라는 것을 의미한다.

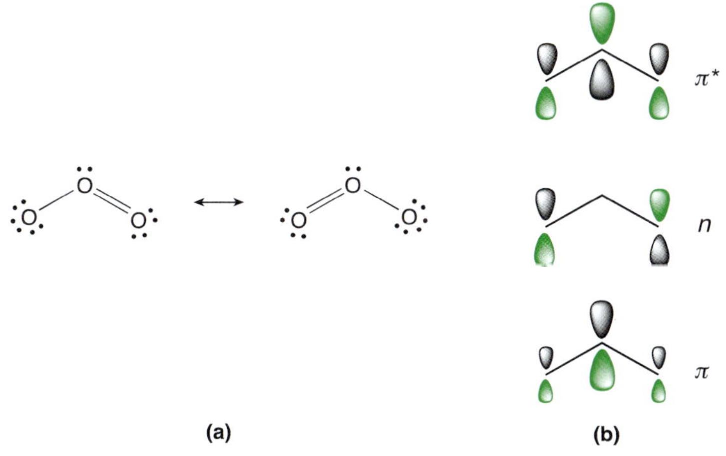

그림 13.23
오존(O_3)의 전자 구조. (a) Lewis 전자점 그림은 두 가지의 동등한 공명 구조를 보인다. (b) 3개의 AO가 결합하여 3개의 MO를 형성한다. 로브의 크기는 MO에서 AO의 계수에 비례한다.

예제 13.5

오존 분자(O_3)에 대한 π MO를 그리고, 에너지가 증가하는 순서로 순위를 매기시오.

답

예제 13.4에서 오존은 굽은 분자이고, 1개의 π 결합이 세 원자 모두에 걸쳐 비편재화되어 있는 것을 확인하였다. 간단한 MO 이론에 따르면, 세 원자에 속한 3개의 $2p$ AO로부터 3개의 MO가 만들어진다. AO와 같이 각 MO는 분자 평면이 마디 평면이 된다. 마디 원리에 따라, 가장 낮은 에너지의 π MO에는 어떤 추가 마디도 없을 것으로 예측된다. 다른 MO들에는 분자 평면에 수직인 한두 개의 마디 평면이 있으며, MO 에너지는 마디수와 함께 증가한다(그림 13.23b). 이들 3개의 MO들 중 π 결합성 오비탈이 가장 낮은 에너지이고, 가장 높은 에너지의 오비탈은 π^*(반결합성) MO이다. 세 번째 오비탈은 결합성도 아니고 반결합성도 아니다. 따라서 이것은 다른 두 오비탈 사이의 중간 에너지이다. 이것은 'n'(비결합성, nonbonding) 오비탈이고, VB 이론에서의 고립쌍과 유사하다.

13.8 Hückel 분자 오비탈 이론

지금까지는 분자 오비탈과 에너지를 정성적으로만 설명하였다. 이 절에서는 콘쥬게이션 π 결합으로 이루어진 유기 분자를 정량적으로 설명하기 위한 근사적 방법에 대해 공부한다. π 결합을 가진 평면계를 정량적으로 기술하기 위한 간단한 방법은 Hückel 분자 오비탈(HMO) 이론을 사용하는 것이다. HMO 이론은 다소 심한 가정을 하지만, 콘쥬게이션 분자를 훌륭히 설명할 수 있다. 더 높은 수준의 분자 전자 구조 계산에서, HMO 이론(또는 확장 HMO 이론)은 종종 분자의 전자 구조에 대한 초기 추측을 하기 위하여 사용된다.

Erich Hückel(7.5절 참조)이 체계화한 HMO 이론에서는, 다른 이론에서 한 것처럼 분자 오비탈에 전자를 배치한다. HMO 이론에서는 원자가 전자를 두 유형, 즉 σ 전자와 π 전자로 나누고, σ 전자들을 완전히 무시한다. 이러한 가정은, 콘쥬게이션 π 결합으로 이루어진 분자의 화학적 특성과 UV−vis 전자 분광학적 결과는 주로 π 전자에 의한 것이라는 사실에 기초하고 있다. HMO 이론은 전자의 에너지와 파동 함수를 구하기 위하여 Schrödinger 방정식을 사용한다. 먼저, 분자 오비탈 ψ를 원자 오비탈 ϕ의 선형 결합으로 적는다.

$$\psi = \sum_i c_i \phi_i \tag{13.39}$$

여기서 c_i는 σ 골격에 수직인, 원자 i에 있는 $2p$ 원자 오비탈(ϕ_i)의 계수이다. 일반적으로 계수 c는 복소수일 수 있으나, MO가 정규화되기 위하여 다음 조건이 필요하다.

$$0 \le c_i^* c_i \le 1 \tag{13.40}$$

에틸렌(C_2H_4)

먼저 에틸렌을 HMO 이론에 적용해 본 후, 가장 간단한 콘쥬게이션 π계의 하나인 뷰타다이엔에 대해 풀어 본다. 에틸렌은 탄소 원자 2개로 이루어져 있으므로 2개의 $2p$ AO(ϕ_1과 ϕ_2)가 있다. 따라서

$$\psi = c_1\phi_1 + c_2\phi_2 \tag{13.41}$$

다음, Hamiltonian 연산자의 기댓값으로 에너지를 구한다.

$$E = \frac{\langle \psi | \hat{H} | \psi \rangle}{\langle \psi | \psi \rangle} \tag{13.42}$$

ψ에 대한 식 13.41을 식 13.42에 대입하여 다음 식을 얻는다.

$$E = \frac{c_1^2\langle \phi_1 | \hat{H} | \phi_1 \rangle + c_2^2\langle \phi_2 | \hat{H} | \phi_2 \rangle + 2c_1c_2\langle \phi_1 | \hat{H} | \phi_2 \rangle}{c_1^2 + c_2^2} \tag{13.43}$$

Hückel 모형에서 AO ϕ_i는 직교정규화되어 있으므로 분모에는 두 개의 항만 남게 된다. 즉 AO들은 자신과는 완전히 겹치지만, 다른 $2p$ 오비탈과는 전혀 겹치지 않는다고 가정한다. 겹침 적분 S는 0 아니면 1이 될 뿐이다. 이러한 관계는 Krönecker 델타 기호 δ_{ij}로 나타낸다.

$$\begin{aligned} S_{ij} &= \langle \phi_i | \phi_i \rangle \\ &= \delta_{ij} \end{aligned} \tag{13.44}$$

$\delta_{i=j} = 1$이고 $\delta_{i \ne j} = 0$인 것을 상기하라.

따라서 $S_{11} = S_{22} = 1$이고, $S_{12} = S_{21} = 0$이다. 식 13.43을 간단히 하기 위하여, 각 적분을 다음과 같이 표기한다.

$$\begin{aligned} H_{11} &= \langle \phi_1 | \hat{H} | \phi_1 \rangle \\ H_{22} &= \langle \phi_2 | \hat{H} | \phi_2 \rangle \\ H_{12} &= \langle \phi_1 | \hat{H} | \phi_2 \rangle \\ H_{21} &= \langle \phi_2 | \hat{H} | \phi_1 \rangle \end{aligned}$$

여기서 H_{11}과 H_{22}는 Coulomb 적분이고, H_{12}와 H_{21}은 교환 또는 공명 적분이다. 이제 식 13.43은 다음과 같다.

$$E = \frac{c_1^2 H_{11} + c_2^2 H_{22} + 2c_1 c_2 H_{12}}{c_1^2 + c_2^2} \tag{13.45}$$

식을 정리하여 다음을 얻는다.

$$c_1^2(H_{11} - E) + c_2^2(H_{22} - E) + 2c_1 c_2 H_{12} = 0 \tag{13.46}$$

그다음 변분 원리를 적용한다. 계수 ci의 변화에 따라 가장 낮은 에너지의 파동 함수가 바닥 상태 파동 함수가 될 것이다. 이 문제에서 계수들이 변분 변수가 된다. 앞의 에너지 식을 각 변수에 대하여 편미분을 하고, 그 결과를 0으로 놓는다. 계수 c_1에 대하여 다음 식을 얻는다.

$$\left(\frac{\partial E}{\partial c_1}\right)_{c_2} = 0$$

이 식은 다음과 같이 간단히 된다.

$$2c_1(H_{11} - E) + 2c_2 H_{12} = 0$$

즉

$$c_1(H_{11} - E) + c_2 H_{12} = 0 \tag{13.47}$$

c_2에 대해서도 같은 과정을 반복한다.

$$c_1 H_{21} + c_2(H_{22} - E) = 0 \tag{13.48}$$

방정식에 대한 자명한 해는 $c_1 = 0$과 $c_2 = 0$이다. 행렬식은 12.7절에서 논의하였다.

여기서 최소 에너지에 대해서 $\langle E \rangle$가 아닌 기호 E를 사용하고 있다는 것에 유의하라. 왜냐하면 이것은 가능성이 가장 높은 에너지 값을 나타내기 때문이다. 식 13.47과 13.48은 **영년 방정식**(secular equation)으로 알려져 있다. 두 개의 미지수(c_1과 c_2)를 가진 두 개의 방정식의 경우, 계수의 영년 행렬식이 0일 때만 의미 있는 해를 가진다.

$$\begin{vmatrix} H_{11} - E & H_{12} \\ H_{21} & H_{22} - E \end{vmatrix} = 0 \tag{13.49}$$

이제 HMO 이론의 몇 가지 추가적인 가정을 도입하자. 모든 탄소 원자가 동등하다고 가정하므로, 탄소 원자의 Coulomb 적분(H_{ii})은 모두 같다. 관례적으로 이 적분 값은 α로 나타낸다.

$$H_{ii} = \alpha \tag{13.50}$$

앞에서 언급한 것처럼, α는 오비탈 i에 있는 전자의 에너지로, 핵과 다른 전자들과의 상호 작용에 따른 값이다. HMO 이론을 탄화수소 분자에 적용할 때, α는 근사적으로 탄소 원자 $2p$ 오비탈의 에너지이다. 이종 원자의 경우 α는 다른 값을 갖는다.

이종 원자(heteroatom)는 탄소나 수소가 아닌 다른 원자들이다.

또 다른 Hückel 가정은 가장 가까이 이웃한 p 오비탈 사이의 공명 적분(H_{ij})의 값(관례적으로 β라고 한다)은 같다는 것이다.

$$H_{ij} = \beta \qquad j\text{에 바로 이웃한 } i\text{에 대하여} \tag{13.51}$$

서로 이웃하지 않은 p 오비탈에 대한 공명 적분은 0이다.

$$H_{ij} = 0 \qquad j\text{에 바로 이웃하지 않은 } i\text{에 대하여} \tag{13.52}$$

에틸렌의 경우, 두 개의 이웃한 탄소 원자가 있으므로 식 13.49는 다음과 같이 된다.

$$\begin{vmatrix} \alpha - E & \beta \\ \beta & \alpha - E \end{vmatrix} = 0 \tag{13.53}$$

이것은 매우 작은 행렬식으로 간단한 대입을 통해 '손으로' 풀 수 있다. 행렬식에 있는 각 항을 β로 나누고, $x=(\alpha-E)/\beta$로 놓으면, 행렬식은 다음과 같다.

$$\begin{vmatrix} x & 1 \\ 1 & x \end{vmatrix} = 0 \tag{13.54}$$

식을 전개하면

$$x^2 - 1 = 0 \tag{13.55}$$

이 이차방정식은 두 개의 해를 가진다.

$$x = \pm 1 \tag{13.56}$$

이 해들을 x에 대한 식에 대입하여 MO들의 에너지를 구한다(식 13.24).

$$E = \alpha \pm \beta \tag{13.57}$$

α와 β 모두 음수이므로, 가장 낮은 Hückel MO의 에너지는

$$E_1 = \alpha + \beta$$

여기서 아래 첨자는 오비탈 번호이다. 관례적으로, 가장 낮은 에너지의 오비탈에 번호 1을 부여하며, 번호가 커지면 에너지도 높아진다. HMO 근사 결과 또 하나의 π 오비탈(반결합성 오비탈)이 있으며, 에너지는 다음과 같다.

$$E_2 = \alpha - \beta$$

π 전자 에너지의 총합은 전자가 채워진 각 오비탈에 대한 π 오비발 에너지의 합이다.

$$E = \sum_{j=1}^{2} n_j E_j \tag{13.58}$$

여기서 n_j는 오비탈 j에 있는 전자의 수이다($n_j=0, 1, 2$). 에틸렌의 경우, 낮은 에너지 오비탈에 두 개의 전자를 배치하고, 총 π 전자 에너지를 구한다.

$$\begin{aligned} E &= 2E_1 \\ &= 2\alpha + 2\beta \end{aligned} \tag{13.59}$$

각 탄소 원자는 에너지 α를 가진다. 따라서 두 개의 탄소 원자는 에너지 2α를 가지고, 에틸렌은 2β의 결합 에너지를 가진다.

HOMO=최고 점유 분자 오비탈(highest occupied molecular orbital), LUMO=최저 비점유 분자 오비탈(lowest unoccupied molecular orbital)

매개 변수 β는 분광학적으로 측정할 수 있다. E_1과 E_2 사이의 에너지 차이는 2β이다. 이 전이는 전자가 한 오비탈에서 다음 오비탈로 (HOMO에서 LUMO로) 올라가는 것과 관련이 있으며, 가장 낮은 에너지의 전자 전이이다. 일반적으로, 이와 같은 $\pi-\pi$ 전이는 UV−vis 흡수 분광법을 사용하여 측정할 수 있다.

다음 단계는 파동 함수에 대해 푸는 것이다. 식 13.47 및 13.48과 관련된 c_1과 c_2에 대한 방정식은 다음과 같다.

$$c_1(\alpha - E) + c_2\beta = 0, \qquad c_1\beta + c_2(\alpha - E) = 0$$

결합성 π MO에 대하여, $E=\alpha+\beta$이다. 따라서 위의 두 방정식 중의 하나로부터 $c_1=c_2$, 즉 다음을 얻는다.

$$\psi_1 = c_1\phi_1 + c_1\phi_2$$

ψ_1은 정규화, 즉 $\int\psi_1^*\psi_1 d\tau=1$이라는 조건에 따라 $c_1^2(1 + 2S + 1) = 1$이다. HMO 근사에서 원자 오비탈 ϕ_1과 ϕ_2는 서로 겹치지 않으므로 $S=0$이고, $c_1 = 1/\sqrt{2}$이다. 따라서

$$\psi_1 = \sqrt{\frac{1}{2}}\phi_1 + \sqrt{\frac{1}{2}}\phi_2 \tag{13.60}$$

반결합성 π MO에 대하여 $E=\alpha-\beta$이고 $c_1=-c_2$이다. 따라서

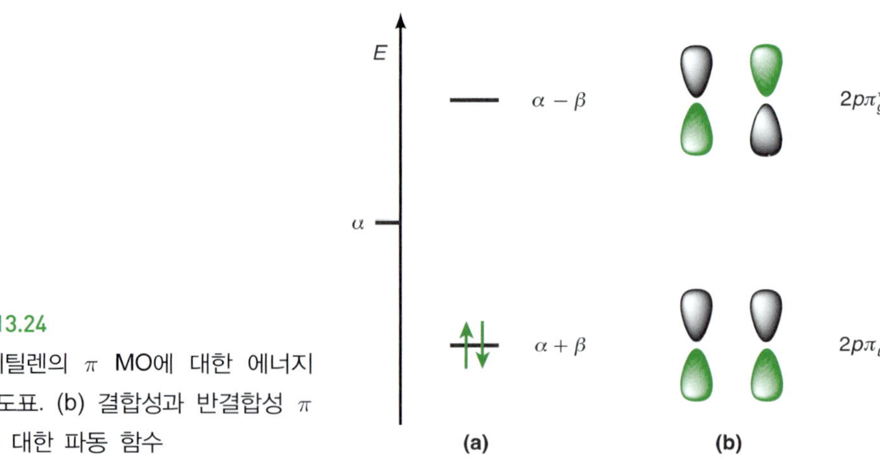

그림 13.24
(a) 에틸렌의 π MO에 대한 에너지 준위 도표. (b) 결합성과 반결합성 π MO에 대한 파동 함수

$$\psi_2 = \sqrt{\frac{1}{2}}\phi_1 - \sqrt{\frac{1}{2}}\phi_2 \tag{13.61}$$

이 결과는 마디 원리와 일치한다. 즉 가장 낮은 에너지 오비탈은 탄소 원자들의 평면에 수직인 마디가 없고, 더 높은 에너지 오비탈은 하나의 마디를 가진다(그림 13.24).

일단 계수 c_i를 구하면, HMO 이론으로 **전하 밀도**(charge density)를 계산할 수 있다. 특정한 원자 i에서의 전하 밀도 q_i는 각 MO j에 대한 합으로 주어진다.

$$q_i = \sum_{j=1}^{2} n_j (c_{ji})^2 \tag{13.62}$$

여기서 c_{ji}는 j번째 MO에서 원자 i에 있는 AO의 계수이고, n_j는 그 MO에 있는 전자의 수이다. 에틸렌의 경우, 단지 두 개의 분자 오비탈만 고려하고 있으므로 $j=1$ 또는 2이다. 식 13.62를 에틸렌의 원자 1에 적용하면, 결합성 π MO에 두 개의 전자가 있고 π^* MO에는 전자가 없다. 따라서 전하 밀도는 다음으로 주어진다.

$$\begin{aligned} q_1 &= n_1(c_{11})^2 + n_2(c_{21})^2 \\ &= 2\left(\frac{1}{\sqrt{2}}\right)^2 + 0\left(\frac{1}{\sqrt{2}}\right)^2 \\ &= 1 \end{aligned}$$

두 번째 탄소 원자에 대해 같은 계산을 반복하면,

$$\begin{aligned} q_2 &= n_1(c_{12})^2 + n_2(c_{22})^2 \\ &= 2\left(\frac{1}{\sqrt{2}}\right)^2 + 0\left(\frac{-1}{\sqrt{2}}\right)^2 \\ &= 1 \end{aligned}$$

π 전자 밀도가 두 탄소 원자 사이에 균등하게 분포되어 있다는 것은 에틸렌에 대한 Lewis 구조와 일치한다.

HMO 이론은 두 원자 사이의 결합 차수를 계산하는 데에도 사용될 수 있다. Hückel MO 이론에서 원자 i와 k 사이의 π 결합 차수 P_{ik}^{π}는 모든 분자 오비탈 j에 대해 전자수 n과 두 탄소 원자에 대한 계수들의 곱을 합한 것으로 주어진다.

$$P_{ik}^{\pi} = \sum_{j=1}^{2} n_j c_{ji} c_{jk} \tag{13.63}$$

에틸렌의 경우 고려해야 하는 분자 오비탈은 두 개이므로 $j=1$ 또는 2이다. 또한 탄소 원자가 두 개이므로 $i=1$ 또는 2, 그리고 $k=1$ 또는 2이다. π 결합 차수(탄소 원자 1과 2 사이의)는

$$P_{12}^{\pi} = n_1(c_{11})(c_{12}) + n_2(c_{21})(c_{22})$$
$$= 2\left(\frac{1}{\sqrt{2}}\right)\left(\frac{1}{\sqrt{2}}\right) + 0\left(\frac{1}{\sqrt{2}}\right)\left(\frac{-1}{\sqrt{2}}\right)$$
$$= 1$$

총 결합 차수는 단순히 σ와 π 결합 차수의 합이다.

$$P_{ik}^{전체} = P_{ik}^{\sigma} + P_{ik}^{\pi} \tag{13.64}$$

에틸렌의 경우

$$P_{12}^{전체} = 1 + 1 = 2$$

그러므로 간단한 HMO 이론으로, 에틸렌의 두 탄소 원자 사이에 이중 결합이 있으며, 이중 결합은 하나의 σ 결합과 하나의 π 결합으로 이루어졌다고 예측할 수 있다. 이 결론은 VB 이론과 일치한다.

뷰타다이엔(C_4H_6)

뷰타다이엔은 cis와 trans 형태로 존재한다. 여기서는 이를 선형 분자인 것으로 다룬다.

HMO 이론은 뷰타다이엔과 같이 비편재화된 MO를 가진 분자에 적용할 때 그 효용성이 더 커진다. 다음과 같이 탄소 원자에 번호를 붙인다.

$$\underset{1}{H_2C}=\underset{2}{\overset{H}{C}}-\underset{3}{\overset{H}{C}}=\underset{4}{CH_2}$$

π 전자에 대한 분자 오비탈은 $C2p_z$ 원자 오비탈의 선형 결합으로 적는다.

$$\psi = c_1\phi_1 + c_2\phi_2 + c_3\phi_3 + c_4\phi_4 \tag{13.65}$$

에틸렌의 경우처럼, 변분 원리를 적용하여 에너지를 최소화함으로써 이들 계수에 대한 최적의 값을 구한다. 그 결과 얻은 방정식은 다음과 같다.

$$c_1(H_{11} - ES_{11}) + c_2(H_{12} - ES_{12}) + c_3(H_{13} - ES_{13}) + c_4(H_{14} - ES_{14}) = 0 \tag{13.66}$$
$$c_1(H_{21} - ES_{21}) + c_2(H_{22} - ES_{22}) + c_3(H_{23} - ES_{23}) + c_4(H_{24} - ES_{24}) = 0 \tag{13.67}$$
$$c_1(H_{31} - ES_{31}) + c_2(H_{32} - ES_{32}) + c_3(H_{33} - ES_{33}) + c_4(H_{34} - ES_{34}) = 0 \tag{13.68}$$
$$c_1(H_{41} - ES_{41}) + c_2(H_{42} - ES_{42}) + c_3(H_{43} - ES_{43}) + c_4(H_{44} - ES_{44}) = 0 \tag{13.69}$$

의미 있는 해를 얻으려면 다음의 영년 행렬식은 0이어야 한다.

$$\begin{vmatrix} H_{11} - ES_{11} & H_{12} - ES_{12} & H_{13} - ES_{13} & H_{14} - ES_{14} \\ H_{21} - ES_{21} & H_{22} - ES_{22} & H_{23} - ES_{23} & H_{24} - ES_{24} \\ H_{31} - ES_{31} & H_{32} - ES_{32} & H_{33} - ES_{33} & H_{34} - ES_{34} \\ H_{41} - ES_{41} & H_{42} - ES_{42} & H_{43} - ES_{43} & H_{44} - ES_{44} \end{vmatrix} = 0 \tag{13.70}$$

α와 β 항을 앞에서와 같이 정의하고 $S_{ij}=\delta_{ij}$인 것을 고려하여 적으면

$$\begin{vmatrix} \alpha-E & \beta & 0 & 0 \\ \beta & \alpha-E & \beta & 0 \\ 0 & \beta & \alpha-E & \beta \\ 0 & 0 & \beta & \alpha-E \end{vmatrix} = 0 \tag{13.71}$$

그다음, 각 행렬 요소를 β로 나누고, 행렬식을 간단히 하기 위하여 $x=(\alpha-E)/\beta$로 치환하면 다음과 같다.

$$\begin{vmatrix} x & 1 & 0 & 0 \\ 1 & x & 1 & 0 \\ 0 & 1 & x & 1 \\ 0 & 0 & 1 & x \end{vmatrix} = 0 \tag{13.72}$$

이 4×4 행렬식을 전개하면

$$x^4 - 3x^2 + 1 = 0$$

이 방정식은 4개의 근을 갖는데, 이는 x^2에 대한 이차방정식의 근의 공식을 사용하

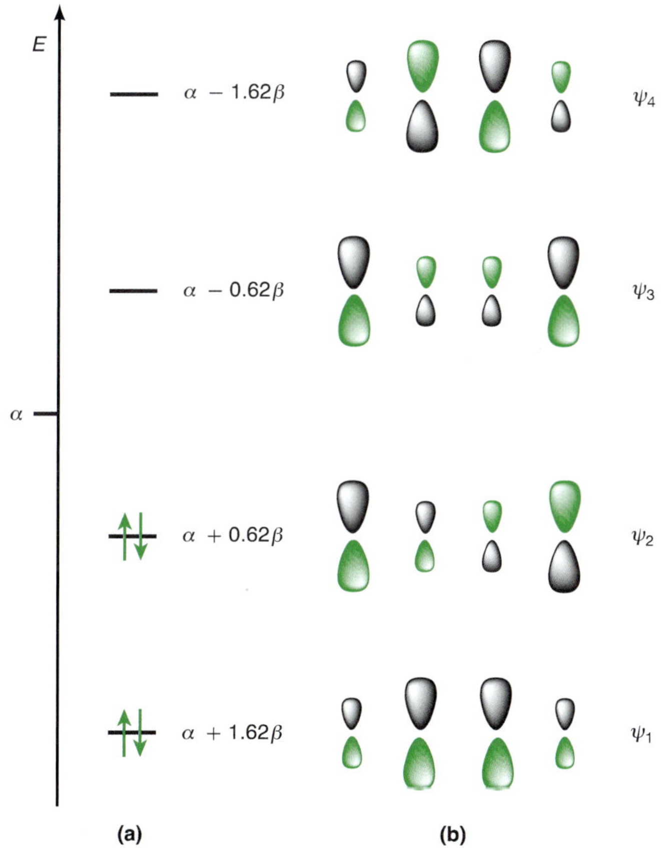

그림 13.25
(a) 뷰타다이엔의 π MO에 대한 에너지 준위 도표. (b) 결합성 및 반결합성 π MO에 대한 파동 함수. 로브의 크기는 MO를 구성하는 AO의 계수에 비례한다.

여 구한 값에 제곱근을 취하여 구할 수 있다.

$$x = \pm 1.62, \quad x = \pm 0.62$$

바닥 전자 상태에서 뷰타다이엔에는 4개의 π 전자가 있으며, 이들은 2개의 가장 낮은 에너지의 MO를 채운다(그림 13.25). 그러므로 식 13.58을 사용하여 뷰타다이엔의 총 π 결합 에너지를 구할 수 있다.

$$\begin{aligned} E &= 2(\alpha + 1.62\beta) + 2(\alpha + 0.62\beta) \\ &= 4\alpha + 4.48\beta \end{aligned}$$

에틸렌 분자의 총 에너지는 $(2\alpha + 2\beta)$이었다. 뷰타다이엔 분자와 에틸렌 분자 2개의 에너지 차이를 다음과 같이 구할 수 있다.

$$\begin{aligned} E_{\text{뷰타다이엔}} - 2E_{\text{에틸렌}} &= (4\alpha + 4.48\beta) - 2(2\alpha + 2\beta) \\ &= 0.48\beta \end{aligned}$$

그러므로 뷰타다이엔은 에틸렌 분자 2개보다 0.48β 만큼 더 안정한데, 이를 **비편재화 에너지**(delocalization energy) 또는 **공명 에너지**(resonance energy)하고 한다. VB 이론에서 π 전자는 탄소 원자쌍 사이에 국한되어 있다. HMO 이론에서는 π 전자가 전체 분자에 걸쳐 비편재화되어 있다. 상자 속의 입자 경우에서 본 것처럼, 전자가 더 넓은 공간에 퍼져 있을 때 계의 에너지는 더 낮아진다.

다음 단계는 π MO에 대한 파동 함수를 구하는 것이다. Hückel 근사를 적용하고 다시 $x = (\alpha - E)/\beta$를 사용하여 다음과 같이 식 13.66~13.69를 간단히 한다.

$$c_1 x + c_2 = 0 \tag{13.73}$$

$$c_1 + c_2 x + c_3 = 0 \tag{13.74}$$

$$c_2 + c_3 x + c_4 = 0 \tag{13.75}$$

$$c_3 + c_4 x = 0 \tag{13.76}$$

식 13.73과 13.74로부터,

$$c_2\left(x - \frac{1}{x}\right) + c_3 = 0$$

먼저 가장 낮은 에너지 π MO에 대해 살펴보면 $E_1 = \alpha + 1.62\beta$, 즉 $x = -1.62$이다. 식 13.73으로부터 $c_2 = 1.62c_1$이다. 위 방정식에 x의 값을 대입하면 $c_2 = c_3$를 얻는다. 비슷한 방법으로, $c_1 = c_4$인 것을 알 수 있다. 이제 파동 함수는 모두 정규화되어 있으므로 다음과 같이 쓸 수 있다.

$$c_1^2 + c_2^2 + c_3^2 + c_4^2 = c_1^2 + (1.62c_1)^2 + (1.62c_1)^2 + c_1^2 = 1$$

위 방정식을 풀면 $c_1=0.37$, $c_2=0.60$을 얻는다. 그러므로 파동 함수 ψ_1은 다음과 같이 주어진다.

$$\psi_1 = 0.37\phi_1 + 0.60\phi_2 + 0.60\phi_3 + 0.37\phi_4 \tag{13.77}$$

비슷한 계산 과정을 통해, 다른 세 π MO에 대한 파동 함수를 다음과 같이 구할 수 있다.

$$\psi_2 = 0.60\phi_1 + 0.37\phi_2 - 0.37\phi_3 - 0.60\phi_4 \tag{13.78}$$

$$\psi_3 = 0.60\phi_1 - 0.37\phi_2 - 0.37\phi_3 + 0.60\phi_4 \tag{13.79}$$

$$\psi_4 = 0.37\phi_1 - 0.60\phi_2 + 0.60\phi_3 - 0.37\phi_4 \tag{13.80}$$

계수들을 알면 식 13.63을 사용하여 π 결합 차수를 구할 수 있다.

$$P_{ik}^{\pi} = \sum_{j=1}^{4} n_j c_{ji} c_{jk}$$

탄소 원자 1과 2 사이의 결합에 대해

$$\begin{aligned} P_{12}^{\pi} &= n_1(c_{11})(c_{12}) + n_2(c_{21})(c_{22}) + n_3(c_{31})(c_{32}) + n_4(c_{41})(c_{42}) \\ &= 2(0.37)(0.60) + 2(0.60)(0.37) + 0 + 0 \\ &= 0.89 \end{aligned}$$

대칭성 때문에 $P_{34}^{\pi} = P_{12}^{\pi} = 0.89$이다. 반면에, 간단한 Lewis 구조에서 π 결합 차수는 1이 된다. 탄소 원자 2과 3 사이의 π 결합 차수는 다음과 같이 주어진다.

$$\begin{aligned} P_{23}^{\pi} &= n_1(c_{12})(c_{13}) + n_2(c_{22})(c_{23}) + n_3(c_{32})(c_{33}) + n_4(c_{42})(c_{43}) \\ &= 2(0.60)(0.60) + 2(0.37)(-0.37) + 0 + 0 \\ &= 0.22 \end{aligned}$$

이처럼 HMO 이론에서는 약간의 π 결합 특성을 예측할 수 있는 반면에, Lewis 구조는 σ 결합으로만 이루어져 있으며 π 특성은 전혀 없다.

사이클로뷰타다이엔(C_4H_4)

마지막으로, 뷰타다이엔에 대한 결과를 역시 4개의 탄소 원자로 이루어진 고리 화합물인 사이클로뷰타다이엔(C_4H_4)과 비교해 보는 것은 흥미로운 일이다.

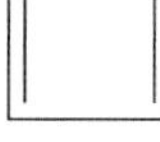

이 분자에 대한 행렬식을 적으면

$$\begin{vmatrix} \alpha - E & \beta & 0 & \beta \\ \beta & \alpha - E & \beta & 0 \\ 0 & \beta & \alpha - E & \beta \\ \beta & 0 & \beta & \alpha - E \end{vmatrix} = 0 \tag{13.81}$$

각 탄소 원자는 두 개의 탄소 원자가 직접 결합하고 있으므로, 선형의 뷰타다이엔의 경우(식 13.71)와 대조적으로 행렬식의 왼쪽 아래와 오른쪽 위에 추가의 β 항이 있다. 앞에서 했던 것처럼, 각 항을 β로 나누고 $x=(\alpha-E)/\beta$로 놓으면

$$\begin{vmatrix} x & 1 & 0 & 1 \\ 1 & x & 1 & 0 \\ 0 & 1 & x & 1 \\ 1 & 0 & 1 & x \end{vmatrix} = 0 \tag{13.82}$$

이는 간단히 다음 식이 된다.

$$0 = x^4 - 4x^2$$

이 방정식은 4개의 근이 있다.

$$x = 2, 0, 0, -2 \tag{13.83}$$

따라서 계의 에너지는

$$E = (\alpha - 2\beta), \alpha, \alpha, (\alpha + 2\beta) \tag{13.84}$$

사이클로뷰타다이엔의 바닥 전자 상태의 에너지는

$$\begin{aligned} E &= 2E_1 + E_2 + E_3 \\ &= 2(\alpha + 2\beta) + \alpha + \alpha \\ &= 4\alpha + 4\beta \end{aligned} \tag{13.85}$$

그러나 이것은 HMO 이론이 두 개의 에틸렌 분자에 대해 예측한 것과 같은 에너지이다. 그러므로 비편재화 에너지는 0이고, 사이클로뷰타다이엔은 두 개의 에틸렌 분자에 비하여 공명 안정화되어 있지 **않다**.

예제 13.6

헥사-1,3,5-트라이엔과 벤젠에 대하여 HMO 이론을 사용하여 영년 행렬식을 세우시오(식을 풀 필요는 없음).

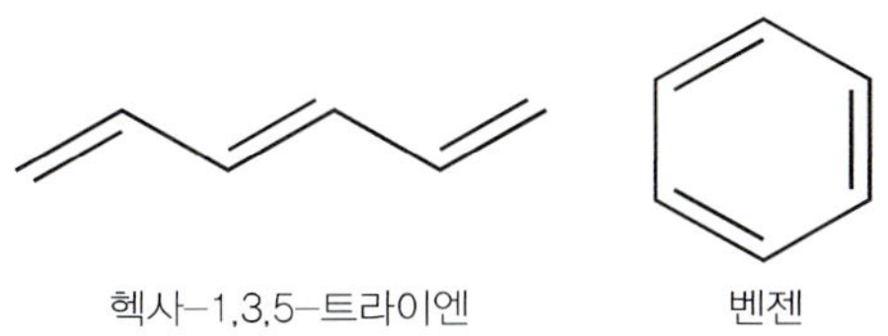

답

뷰타다이엔에 대한 행렬식에서 유추하여 다음과 같이 헥사-1,3,5-트라이엔에 대한 행렬식을 적을 수 있다.

$$\begin{vmatrix} \alpha - E & \beta & 0 & 0 & 0 & 0 \\ \beta & \alpha - E & \beta & 0 & 0 & 0 \\ 0 & \beta & \alpha - E & \beta & 0 & 0 \\ 0 & 0 & \beta & \alpha - E & \beta & 0 \\ 0 & 0 & 0 & \beta & \alpha - E & \beta \\ 0 & 0 & 0 & 0 & \beta & \alpha - E \end{vmatrix} = 0$$

벤젠은 사이클로뷰타다이엔과 마찬가지로 고리 화합물이다. 벤젠에서 각 탄소 원자는 두 개의 탄소 원자와 직접 결합하고 있다. 따라서 왼쪽 아래와 오른쪽 위에 β 항이 추가된다.

$$\begin{vmatrix} \alpha - E & \beta & 0 & 0 & 0 & \beta \\ \beta & \alpha - E & \beta & 0 & 0 & 0 \\ 0 & \beta & \alpha - E & \beta & 0 & 0 \\ 0 & 0 & \beta & \alpha - E & \beta & 0 \\ 0 & 0 & 0 & \beta & \alpha - E & \beta \\ \beta & 0 & 0 & 0 & \beta & \alpha - E \end{vmatrix} = 0$$

COMMENT

이들 행렬식에 대한 수치적 해는, 벤젠은 헥사-1,3,5-트라이엔에 대해 2β의 공명 안정화 에너지를 가진다는 것을 보여 준다. 이들 몇 가지 예와 같이, 대부분의 평면 π 분자에 대한 간단한 HMO 행렬식을 적을 수 있을 것이다. 에너지를 구하는 것은 간단하지 않을 수 있다. 그러나 간단하게 계산 결과를 얻을 수 있는 수많은 컴퓨터 프로그램이 존재한다.

요약하면, π계에 대한 HMO 이론은 몇 가지 간단한 가정에 기초하고 있다.

1. σ 전자와 π 전자를 분리한 후, 단지 π 전자만 고려한다.
2. π 전자는 원자 오비탈들의 선형 결합으로 만들어진 분자 오비탈에 배치된다.
3. $2p$ 원자 오비탈은 직교정규화되어 있다. 즉 $S_{ij}=\delta_{ij}$이다.
4. 모든 탄소 원자는 동등하게 취급되므로 모든 Coulomb 적분은 같은 값이 된다. 즉 모든 탄소 원자 i에 대하여 $H_{ii}=\alpha$이다.

5. 결합하고 있는 탄소 원자에 대한 공명 적분은 항상 같은 값이다. 즉 $H_{ij}=\beta$이다. 원자들이 직접 결합하고 있지 않을 경우, $H_{ij}=0$이다.

이러한 가정들을 하여, 큰 부류의 분자들에 대하여 원자 전하 밀도, 결합 차수, HOMO−LUMO 에너지 간격, 공명 안정화 에너지를 계산할 수 있다.

13.9 계산화학 방법

상자 속 입자 모형과 Hückel MO 이론은 작은 분자의 전자 구조를 설명하는 데 성공적으로 이용되어 왔다. 이들 모형은 '손으로' 계산할 정도로 충분히 간단하지만, 정확도 수준은 그리 높지 않을 수 있다. 분자의 에너지와 구조를 보다 정확하게 예측하기 위해 다른 이론과 근사적인 방법을 찾게 된다. 이 절에서는 정량적인(정성적일 뿐만 아니라) 예측을 하는 데 사용될 수 있는 세 가지 유형의 계산 방법, 즉 분자 역학, 실험적, 그리고 **순이론적**(ab initio) 계산에 대해 간략히 설명한다. 계산 방법이 더 복잡해질수록 더 정확한 예측이 가능하다. 그러나 이를 위해서는 컴퓨터 시간과 메모리에 대한 비용이 들어가게 된다. 또한 더 복잡한 이론에서는 물리적인 통찰력을 잃게 된다. 예를 들면 섭동 이론 계산에서 섭동항 한두 개는 외부 자기장과 같은 물리적 현상과 연관될 수 있다. 그러나 10개 이상의 섭동항이나 1000개 이상의 변분 변수가 있을 때(예를 들면 바닥 상태 헬륨 에너지 계산에서), 각 항이나 변수에 물리적 의미를 부여하는 것은 타당하지도 않고 현실적이지도 않다. 우리는 계산화학에 대한 가장 간단한 접근법부터 시작할 것이다.

분자 역학(역장) 방법

분자 역학(MM: molecular mechanics) 또는 역장(FF: force field) 방법은 바닥 상태에서 에너지가 가장 낮아지는 분자 구조를 찾기 위해 이용된다. 원자 좌표의 함수로 주어지는 분자의 에너지를 경험적으로 계산하여, 에너지가 최소가 되게 하는 구조를 찾게 된다. 에너지를 최소가 되게 하는 배치가 가장 안정한 구조이다. MM 계산에서는 분자가 공과 용수철로 만들어진 것처럼 가정하며, 고전 물리학을 이용하여 특정 기하 구조의 에너지를 계산한다. 총 에너지 E_{FF}를 여러 가지 상호 작용에 따른 에너지의 합으로 놓고, 분자의 구조를 바꾸어가면서 최소 에너지를 찾는다.

$$E_{\mathrm{FF}} = E_{\text{신축}} + E_{\text{굽힘}} + E_{\text{비틀림}} + E_{\text{van der Waals}} + E_{\text{전기}}(+\ \cdots) \tag{13.86}$$

각각의 개별적인 상호 작용 에너지를 변수화하여, 알려진 분자 상호 작용에 대한 데이터에 맞추어간다. 첫 번째 항, $E_{\text{신축}}$을 예로 생각해 보자. 조화 진동자라고 가정하며, 단지 두 개의 변수, 용수철 상수 k와 평형 결합 길이 R_e가 필요하다. 각 유형의 화학 결합에 따라 변수는 다른 값을 갖을 것이다. C−Cl 결합은 C−H 결합보다 더 짧고, '더 빳빳'하지만(용수철 상수 k가 더 큰 값), 1차적인 근사로 모든 C−Cl 결합의 퍼텐셜 에너지 함수가 같다고 가정할 수 있다. 비슷한 방식으로 굽힘 운동, 비틀림 운동, van der Waals 상호 작용, Coulomb 상호 작용 등도 역장 변수에 맞춘다. MM 계산은 매우 빠르므로, 어떤 크기의 거대 분자에도 적용할 수 있다.

실험적 및 준실험적 방법

실험적 및 준실험적 방법들은 분자 성질들을 계산하기 위해 실험으로부터 유도된 변수들을 사용한다. 분자 역학 방법 역시 실험적 방법으로 간주될 수 있으나, MM은 전자 구조를 고려하는 실험적 방법과는 구분할 것이다. 실험적 방법은 변수화 또는 근사의 정도에 따라 구분한다. 준실험적 방법의 예는 Hückel MO(HMO) 이론과 확장 Hückel 이론(EHT)을 포함한다. 절에서 본 바와 같이, HMO 이론은 π 오비탈만 사용하는 반면에 EHT는 원자가 σ 오비탈도 함께 고려한다. HMO와 EHT에서 변수화의 예는 적분 α를 결정하기 위해(식 13.50 참조) 수학적 계산 대신에 탄소 $2p$ 오비탈 이온화 에너지의 마이너스 값을 이용하는 것이다. 준실험적 계산은 큰 분자에 적용하기에 가장 좋은 방법이다. 준실험적 방법의 다른 용도는 **순이론적** 계산의 시작점으로 사용하기 위하여 분자의 기하 구조를 최적화하는 것이다.

순이론적 방법

라틴 문구인 ab initio는 '처음부터' 또는 계산화학의 맥락에서는 '제1 원리로부터'로 번역된다. 순이론적 계산은 실험적 변수가 전혀 없으므로 잠재적으로 매우 정확하지만, 계산해야 할 적분의 수가 많기 때문에 매우 느리다. 임의로 순이론적 계산을 두 그룹으로 나누는데 Hartree−Fock(HF)법(12.10절 참조)에 근거한 방법과 이른바 '후기 Hartree-Fock' 방법이다. HF 계산의 정확도(그리고 컴퓨터 시간과 공간의 비용)를 결정하는 요인 중의 하나는 계산에 사용되는 바탕 함수 집합(basis set)의 크기이다. 계산에 사용된 모든 원자 오비탈은 바탕 함수 집합으로 간주할 수 있다. 가장 간단한 수준의 계산에서는, 최소 바탕 함수 집합(minimum basis set, MBS), 즉 모든 전자에 대한 분자 오비탈이 만들어지기 위해 필요한 원자 오비탈의 최소한의 집합이 이용된다. 탄화수소에 대한 최소 바탕 함수 집합은 각 수소 원자의 $1s$ 오비탈과 각 탄소 원자의 $1s$, $2s$, $2p$ 오비탈을 포함한다. 더 큰 바탕 함수 집합을 사용할 수도 있다. 예를 들어 바닥 상태 분자의 탄소 원자를 설명하기 위하여 수소 형태의 $3s$, $3p$, $3d$ 오비탈(바탕 함수)까지도 포함할 수 있다. 계산화학자 수만큼이나 많은 바탕 함수 집합이 존재한다는 농담도 있다. 일반적으로 더 큰 바탕 함수 집합은 계산의 정확도(그리고 계산 시간)를 높이는 것이 사실이지만, 얻을 수 있는 것이 노력에 비례하여 증가하는 것은 아니다. 그러나 궁극적으로 HF 방법은 전자−전자 상관 관계를 무시한다는 점에서 한계가 있다. 심지어 **Hartree−Fock 한계**(Hartree-Fock limit)

(무한히 많은 수의 바탕 함수로의 외연장)에서 계산된 분자의 에너지는 실험적으로 측정된 값보다 여전히 더 크다.

후기 Hartree-Fock 방법. Hartree−Fock 한계를 넘어 에너지 계산의 정확도를 높이고 전자 상관관계(electron correlation, EC)을 설명하기 위한 몇 가지 접근법이 있다. EC는 HF 근사를 적용할 때 설명되지 않은 에너지를 기술하기 위하여 사용되는 항이다. EC는 부분적으로 HF 방법은 기본적으로 단일 전자 방법이기 때문에, 전자들이 서로 피하려는 운동에 따른 시스템의 에너지 일부를 놓치게 된다. EC는 이러한 부분의 일부를 포함한다. 일반적으로 EC는 다음과 같이 나타낼 수 있다.

$$\mathrm{EC} = E_{\text{주어진 바탕 함수 집합에 대한 가장 낮은 값}} - E_{\text{주어진 바탕 함수 집합에 대한 HF 값}} \tag{13.87}$$

EC를 다루기 위한 한 접근법은 12.11절에서처럼 섭동 이론을 이용하는 것이다. Möller-Plesset 이론은 널리 이용되어 온 섭동 이론의 한 유형이다. 에너지에 2차까지의 섭동이 고려될 때 MP2라 하고, 3차까지는 MP3 등이다. 전자 상관을 다루는 또 다른 접근법에는 결합 클러스터(coupled cluster, CC)와 배치 간 상호 작용(configuration interaction, CI) 방법이 있다. CC 방법 역시 섭동 이론과 관련되어 있는 반면, CI는 바닥 상태에 기여하는 들뜬 상태들의 선형 결합을 포함하는 변분법(12.9절 참조)이다.

밀도 함수 이론(density functional theory, DFT). 밀도 함수 이론(DFT)은 CC나 CI 기법보다 훨씬 적은 비용으로 전자 상관관계를 어느 정도 포함시킬 수 있기 때문에 계산화학에서 가장 인기 있는 접근법 중의 하나이다. DFT는 변수화를 일부 포함하기는 하지만, 종종 순이론적 이론으로 분류된다. DFT는 개별적인 오비탈에 전자를 배치하기보다는 총 전자 밀도를 고려한다는 점에서 다른 방법들과 다르다. 본질적으로, 전자 밀도를 정확히 안다면, 원칙적으로 총 에너지(그리고 계의 다른 모든 성질)를 정확히 결정할 수 있다. 그러나 전자 밀도를 에너지와 연관시키는 수학적 함수는 알려져 있지 않으므로, 이 함수를 유도할 수는 없고, 추측하여 결정해야 한다.

다양한 계산 방법을 사용할 수 있을 뿐만 아니라 새로운 방법이 계속 개발될 때, 어떤 방법을 사용할 것인가? 항상 마주치는 것은 정확도 대 시간의 문제이다. 작은 분자에 대해 고급 수준의 이론을 적용하면, 분자의 기하 구조, 에너지, 분광학적 특성을 아주 정확하게 예측할 수 있다. 더 큰 분자의 경우에는 순이론적 방법을 적용하면 계산 시간이 엄두도 못 낼만큼 늘어날 수 있다. 다행히 계산 장비와 소프트웨어가 빠른 속도로 계속 향상되고 있어서, 계산 방법의 경계는 지속적으로 확장되고 있다. 현재는 다루기 쉬운 사용자 중심의 계산화학 소프트웨어패키지들을 쉽게 이용할 수 있게 되었으며, 많은 과학자들이 계산화학에 쉽게 접근할 수 있게 되었다.

■ Key Equations

$$\psi_{MO}(1,2) = [1s_A(1)1s_B(2) + 1s_A(2)1s_B(1) + 1s_A(1)1s_A(2) + 1s_B(1)1s_B(2)]$$

(H_2에 대한 MO 파동 함수) (13.25)

$$\psi_{VB}(1,2) = [1s_A(1)1s_B(2) + 1s_A(2)1s_B(1)]$$

(H_2에 대한 VB 파동 함수) (13.26)

$$\psi_{이온}(1,2) = \underbrace{1s_A(1)1s_A(2)}_{H^- H^+} + \underbrace{1s_B(1)1s_B(2)}_{H^+ H^-}$$

(H_2 이온 결합에 대한 파동 함수) (13.27)

$$\psi_{MO} = \psi_{VB} + \psi_{이온}$$

(MO와 VB 방법 사이의 관계) (13.28)

$$BO = \frac{(\#\ 결합성\ e^- - \#\ 반결합성\ e^-)}{2}$$

(결합 차수의 정의) (13.29)

$$|\chi_A - \chi_B| = 0.102\sqrt{D_{AB} - 0.5(D_{A_2} + D_{B_2})}$$

(Pauling의 전기 음성도 정의) (13.32)

참고문헌

책

Coulson, C. A., *Valence*, 3rd ed., Oxford University Press, New York, 1979. Also known as *Coulson's Valence*, R. McWeeny, Ed.

DeKock, R. L., and H. B. Gray, *Chemical Structure and Bonding*, University Science Books, Sausalito, CA, 1989.

Foresman, J. B., and A. Frisch, *Quantum Exploring Chemistry with Electronic Structure Methods*, 2nd ed., Gaussian, Inc., Pittsburgh, PA, 1996.

Hehre, W. J., L. Radom, P. von R. Schleyer, and J. Pople, *Ab Initio Molecular Orbital Theory*, John Wiley & Sons, New York, 1986.

Karplus, M., and R. N. Porter, *Atoms & Molecules: An Introduction For Students of Physical Chemistry*, Benjamin/Cummings, Menlo Park, CA, 1970.

Levine, I. N., *Quantum Chemistry*, 7th ed., Prentice-Hall, New York, 2013.

McQuarrie, D. A., *Quantum Chemistry*, 2nd ed., University Science Books, Sausalito, CA, 2008.

Pauling, L., *The Nature of the Chemical Bond*, 3rd ed., Cornell University Press, Ithaca, NY, 1960.

Pauling, L., and E. B. Wilson, Jr., *Introduction to Quantum Mechanics*, Dover Publications, New York, 1985. The original text is copyright 1935.

Szabo, A., and N. S. Ostlund, *Modern Quantum Chemistry*, Dover Publications, New York, 1996.

Weinhold, F., and C. R. Landis, *Discovering Chemistry with Natural Bond Orbitals*, John Wiley & Sons, Hoboken, New Jersey, 2012.

논문

"Quantum Theory of Molecules," M. Born and J. R. Oppenheimer, *Ann. Physik* **84**, 457 (1927).

"The Probability Equals Zero Problem in Quantum Mechanics," F. O. Ellison and C. A. Hollingsworth, *J. Chem. Educ.* **53**, 767 (1976).

"How do Electrons Get Across Nodes?," P. G. Nelson, J. *Chem. Educ*. **67**, 643 (1990).

"Spectroscopy and Quantum-Mechanics of the Hydrogen Molecular Cation—A Test of Molecular Quantum Mechanics," C. A. Leach and R. E. Moss, *Ann. Rev. Phys. Chem.* **46**, 55 (1995).

"Kinetic Energy and the Covalent Bond in H2," F. Rioux, *Chem. Educator* [Online] **2**, 40 (1997) DOI 10.1333/ s00897970153a.

"Quantum Chemistry Comes of Age," G. B. Kauffman and L. M. Kauffman, *Chem. Educator* [Online] **4**, 259 (2001) DOI 10.1007/s00897990337a.

"The Covalent Bond in H2," F. Rioux, *Chem. Educator* [Online] **6**, 288 (2001) DOI 10.1007/s00897010509a.

"The Hydrogen Molecular Ion Revisited," J.-P. Grivet, *J. Chem. Educ.* **79**, 127 (2002).

"The Excited States of Molecular Oxygen," D. Tudela and V. Fernandez, *J. Chem. Educ.* **80**, 1381 (2003).

"A Conversation on VB vs MO Theory: A Never-Ending Rivalry?" R. Hoffman, S. Shaik, and P. C. Hiberty, *Acc. Chem. Res.* **36**, 750 (2003).

"Misconceptions in Sign Convention: Flipping the Electric Dipole Moment," J. W. Hovick and J. C. Poler, *J. Chem. Educ.* **82**, 889 (2005).

"The Old Quantum Theory for H_2^+: Some Chemical Implications," S. K. Knudson, *J. Chem.*

Educ. **83**, 464 (2006).

"The Concept of Resonance," D. G. Truhlar, *J. Chem. Educ*. **84**, 781 (2007).

"On the Rule of d Orbital Hybridization in the Chemistry Curriculum," J. M. Galbraith, *J. Chem. Educ*. **84**, 783 (2007).

"The Weakest Link: Bonding Between Helium Atoms," L. L. Lohr and S. M. Blinder, *J. Chem. Educ*. **84**, 860 (2007).

"Simple Molecular Orbital Calculations for Diatomics: Oxygen and Carbon Monoxide," S. G. Lieb, *Chem. Educator* [Online] **13**, 333 (2008) DOI 10.1333/s00897082173a.

"Bond Order and Chemical Properties of BF, CO, and N2," R. J. Martine, J. J. Bultema, M. N. Vander Wal, B. J. Burkhart, D. A. Vander Griend, and R. J. DeKock, *J. Chem. Educ*. **88**, 1094 (2011).

"Connections between Concepts Revealed by the Electronic Structure of Carbon Monoxide," Y. Liu, B. Liu, and M. G. B. Drew, *J. Chem. Educ*. **89**, 355 (2012).

문제

수소 분자와 수소 분자 이온

13.1 수소 분자 양이온에 대한 Schrödinger 방정식(식 13.5)을 푸는 데 있어, H_2^+와 비교하여 HD^+와 D_2^+에 대한 답이 어떻게 다른지 또는 다르지 않은지 정성적으로 설명하시오.

13.2 Schrödinger 방정식(식 13.5)을 푸는 데 있어, 일련의 단일 전자 양이온 $H_2{}^+$, HHe^{2+}, $He_2{}^{3+}$, LiH^{3+}의 결합 에너지와 결합 길이가 어떻게 변하는지 정성적으로 설명하시오.

13.3 H_2^+에 대한 Schrödinger 방정식(식 13.5)의 해석적 해를 구하기 위해 전자의 좌표에 대한 변수를 직교 좌표에서 타원 좌표(λ, μ, ϕ)로 변환한다. 여기서 $\lambda=(r_A+r_B)/R$, $\mu=(r_A-r_B)/R$, ϕ는 핵간 축에 대한 각도이다. 벡터 r_A와 r_B는 각각 핵 A와 B에서 전자까지의 벡터를 나타내고, R은 핵들 사이의 거리이다(그림 13.1). 좌표 ϕ의 범위는 $0\leq\phi\leq2\pi$이다. λ와 μ 값의 범위는 무엇인가?

13.4 시그마 결합성 MO는 두 수소 원자 $1s$ 오비탈의 합으로 간주되는데,

$$\sigma(1) = N[s_A(1) + s_B(1)]$$

여기서 '1'은 1번으로 번호를 붙인 전자의 좌표를 나타낸다. 수소 원자 오비탈은 정규화되어 있다고 가정하고, 이 시그마 오비탈에 대한 정규화 상수 N을 구하시오. 답을 식 13.15에 정의된 겹침 적분 S로 나타내시오.

13.5 시그마 반결합성 MO는 두 수소 원자 $1s$ AO의 차이로 간주되는데,

$$\sigma^*(1) = N^*[s_A(1) - s_B(1)]$$

여기서 '1'은 임의로 1번으로 번호를 붙인 전자의 좌표를 나타낸다. 수소 원자 오비탈은 정규화되어 있다고 가정하고, 이 반결합성 시그마 오비탈에 대한 정규화 상수 N^*를 구하시오. 답을 겹침 적분 S로 나타내시오.

13.6 시그마 결합성과 반결합성 오비탈(σ와 σ^*)은 문제 13.4와 13.5에 정의되어 있다. 이들 두 오비탈이 직교하는 것을 보이시오.

13.7 화학 결합을 설명하는 한 가지 방법은 이온성 백분율을 이용하는 것이다. 극단적인 경우는 (1) 한 전자

가 완전히 이동하여 100% 이온성을 가진 이온 결합과 (2) 전자쌍을 완전히 공유하여 이온성이 0%인 공유 결합이다. 이러한 묘사에서, H_2 분자 오비탈(식 13.25)의 이온성 백분율은 얼마인가?

13.8 원자가 결합과 분자 오비탈 묘사는 화학 결합을 기술하는 두 가지 방법이다. 어떤 의미로는, 원자가 결합 접근법은 너무 적은 이온성을 포함하고, 분자 오비탈 접근법은 너무 많은 이온성을 포함한다. 여기에 적용할 수 있는 한 가지 기법은 섭동 이론으로, 이온 결합을 원자가 결합의 섭동으로 취급하는 것이다. 섭동 이론을 이용하여 화학 결합에서의 에너지에 관한 문제를 어떻게 풀 것인지 포괄적으로 설명하시오.

13.9 반결합성 오비탈에는 핵간 축을 이등분하는 마디 평면이 있다. 이것은 전자를 발견할 확률이 0인 면이 존재한다는 것을 의미한다. 반결합성 오비탈에 있는 전자가 이 마디 평면을 어떻게 넘어갈 수 있는가에 대해 설명하시오. [이 문제에 대하여 폭넓은 논의를 위해서는 다음의 일련의 논문들을 참조하시오. *J. Chem. Educ.* **53**, 767 (1976); **67**, 643 (1990); **70**, 345와 346 (1993)]

13.10 두 개의 수소 원자 1*s* 오비탈에 대한 겹침 적분 *S*(식 13.15)는 절대로 0이 아닌 이유를 설명하시오.

13.11 어떤 조건하에서 겹침 적분 *S*(식 13.15)의 값은 정확히 0이 되겠는가?

13.12 4개의 전자로 이루어진 화학종인 H_2^{2-}는 바닥 전자 상태에서 공유 결합을 하지 않지만, 낮은 에너지의 들뜬 전자 상태에서의 결합 차수는 1이다. 수소 1*s*와 2*s* 오비탈로부터 구성되는 분자 오비탈 도표를 그리고, 전자들을 분자 오비탈에 그려 넣은 후 이 현상을 설명하시오.

13.13 다음 각각의 들뜬 상태 전자 배치를 하고 있는 수소 분자가 해리될 때, 균일(두 H 원자를 형성)하게, 또는 불균일(H^+와 H^-를 형성) 해리될 것인가에 대해 설명하시오. **(a)** $\sigma_g 1s \sigma_u^* 1s$, **(b)** $(\sigma_u^* 1s)^2$, **(c)** $\sigma_g 1s\ \sigma_g 2s$, **(d)** $(\sigma_g 2s)^2$

13.14 '분자 오비탈'과 '분자 파동 함수'라는 용어(종종 혼동해 쓰는)의 차이를 설명하시오.

동핵 및 이종핵 이원자 분자

13.15 리튬 이합체는 공상과학 소설에 나오는 우주선의 연료이다. **(a)** 1*s*와 2*s* 유사 수소 AO를 이용하여, Li_2에 대한 MO 도표를 그리시오. 각 오비탈을 σ나 π, 결합성이나 반결합성, gerade나 ungerade로 표시하시오. **(b)** MO 도표에 따르면, Li_2는 상자기성인가, 반자기성인가? **(c)** MO 이론으로 예측한 결합 차수는 Lewis 전자점 그림의 VB 이론과 일치하는가?

13.16 이원자 네온(Ne_2)은 해리성 바닥 상태를 가지며, 간단한 분자 오비탈 이론으로 예측되는 결합 차수는 0이다. 이원자 네온의 들뜬 상태는 0이 아닌 결합 차수를 가질 수 있다. 이원자 네온에 대해 분자 오비탈 도표를 그리고, 들뜬 상태가 0이 아닌 결합 차수를 갖도록 전자들을 오비탈에 배치하시오. 그 들뜬 상태의 결합 차수를 밝히시오.

13.17 바닥 전자 상태에 있는 일련의 이원자 질소 화학종 N_2^+, N_2, N_2^-에 대하여, 결합 차수와 이들 화학종이 상자기성인지 또는 반자기성인지 밝히시오. 어느 화학종의 결합 길이가 가장 길 것으로 예상되는가? 어느 것의 결합 세기가 가장 강하겠는가?(분자 오비탈 도표를 이용하여 답하시오.)

13.18 바닥 전자 상태에 있는 동핵 이원자 이온 Be_2^+, B_2^+, C_2^+에 대하여, 결합 차수와 이들 화학종이 상자기성인지 또는 반자기성인지 밝히시오. 어느 화학종의 결합 길이가 가장 길 것으로 예상되는가? 어느 것이 결합 세기가 가장 강하겠는가?(분자 오비탈 도표를 이용하여 답하시오.)

13.19 LiH 분자에 대한 Hamiltonian 연산자를 적으시오. Born−Oppenheimer 근사를 이용할 때, Hamiltonian 연산자의 어느 항들을 무시할 수 있는가?

13.20 가장 간단한 이종핵 이원자 화학종들 중에 HeH^+이 있다. 이 화학종의 분자 오비탈에 대한 상관 도표를 그리시오. 바닥 전자 상태에 대하여 결합 차수는 얼마로 예측되는가? 만약 이 화학종이 바닥 상태 퍼텐셜 에너지 상태에서 열분해될 때 만들어지는 화학종은, He와 H^+ 또는 He^+와 H 중 어떤 쌍이 되는가? 그다음, 한 전자가 HOMO(최고 점유 분자 오비탈)에서 LUMO(최저 비점유 분자 오비탈)로 올라갈 때의 전자 배치를 그리시오. 이 들뜬 전자 상태는 결합성인가, 해리성인가? HeH^+가 이 들뜬 상태로부터 해리된다면, He와 H^+를 형성하는가, 아니면 He^+와 H를 형성하는가?

13.21 표 13.1은 일련의 이원자 산소 화학종에 대한 결합 차수, 결합 길이, 결합 에너지를 보여 준다. 이 표에 화학종 O_2^{2+}에 대한 줄을 추가하고, 분자 오비탈 이론에 근거한 예측값으로 이 줄을 채우시오.

13.22 먼저 한 동핵 이원자 분자를 생각하고, 그다음 이종핵 이원자 분자를 생각하시오. 각 분자에 대해, $1s$ 원자 오비탈과 $2s$ 원자 오비탈의 조합으로부터 분자 오비탈을 만드는 것이 가능한가? 만약 그렇다면 그것은 σ인가, π인가, 둘 다 아닌가? g(gerade)인가, u(ungerade)인가, 둘 다 아닌가? 결합성인가, 반결합성인가, 비결합성인가?

13.23 기체상의 브로민화 포타슘은 이원자 분자들 중 10.5 debye의 가장 큰 쌍극자 모멘트를 가진다. 회전-진동 분광법에서 브로민화 포타슘의 결합 길이는 282 pm로 측정되었다. 이 결합의 이온성 백분율을 계산하시오.

13.24 이원자 화학종에 대해 얻을 수 있는 가장 큰 쌍극자 모멘트 값을 정량적으로 추정해 보시오. 추정을 위해 사용한 가설들에 대해 명확히 설명하시오. 과학 문헌을 이용하여 추정치를 더 정확하게 하는 데 필요한 정보들을 찾아보시오.

13.25 휴대전화와 전기 자동차에 수소화 리튬 배터리 기술이 활용되면서, 이원자 분자 수소화 리튬에 관심을 갖게 되었다. LiH의 쌍극자 모멘트는 6.00 debye이고, HF의 쌍극자 모멘트는 1.92 debye이다. 이 두 분자들 간의 차이를 설명하시오.

13.26 다음 표에 근거하여 이들 결합의 이온성 백분율에 대한 주기성을 설명하시오. 공유 결합성이 가장 강한 중성의 이원자 화학종은? 이것은 전기 음성도 차이에 근거한 예상과 일치하는가?

화학종	μ(debye)	eR(debye)	R(pm)
BH	1.733	5.936	123.6
CH	1.570	5.398	112.4
NH	1.627	4.985	103.8
OH	1.780	4.661	97.05
FH	1.942	4.405	91.71

다원자 분자

13.27 리튬 삼합체는 공상과학 소설에서 별을 파괴하는 물질로 등장한다. 일련의 삼원자 화학종 Li_3, Li_3^+, Li_3^-를 생각해 보자. 각 화학종에 대해 Lewis 전자점 그림을 그리고, 기하 구조를 예측하고, Li−Li 결합 차수를 밝히고, 중심 리튬 원자의 혼성화를 밝히시오.

13.28 일련의 수소화 분자 LiH, BeH_2, BH_3, CH_4, NH_3, H_2O, HF를 생각해 보자. 각 분자에 대해, 간단한 VB 또는 MO 이론 중 수소 원자와의 단일 공유 결합 설명에 더 적합한 이론은? 이 계열의 분자에 대해, VB 이론으로 가장 잘 설명되는 분자의 성질을 밝히시오. VB 이론은 공유 결합의 이온성 백분율을 과소평가하고 MO 이론은 과대평가하는 것을 상기하시오. 이온성에는 주기성이 존재하는가?

13.29 팔플루오린화 제논 이온, XeF_8^{2-}는 중심의 제논 원자와 이를 둘러싼 8개의 플루오린 원자로 이루어져 있다(주의: 이 구조는 표 13.2에 나와 있지 않다). VSEPR 이론을 이용하여 이 이온의 기하 구조를 예측하시오. 플루오린 원자들은 모두 동등한가? 바꾸어 말하면, 모든 Xe−F 결합은 같은 결합 길이와 같은 결합 에너지를 가지는가? 이 이온을 원자가 결합의 관점에서 보면, 중심 제논 원자의 혼성화는 무엇인가?

13.30 표 13.2에는 VSEPR 이론을 작은 분자들에 적용한 일반적인 경우들을 나열하였다. 이 표에는 네 무리의 전자들이 중심 원자를 둘러싸고 있을 때, 이들 중 세 무리의 전자가 고립쌍인 경우는 빠져 있다.

(a) 이러한 경우에 중심 원자의 혼성화는 무엇이겠는가? **(b)** 분자의 기하 구조는 무엇이겠는가? **(c)** 이 전자 구조로 설명될 수 있는 분자의 예를 들어보시오. **(d)** 이 상황에 VSEPR 이론을 적용하는 데 대한 장점과 단점을 논의하시오.

13.31 표 13.2에서 보여 주는 분자의 기하 구조에서 가장 작을 것으로 예측되는 결합각의 크기는? 가장 큰 결합각은 얼마인가? 말단 원자−중심 원자−말단 원자(B−A−B)의 결합각만을 고려하시오.

13.32 표 13.2를 확장하면 여섯 무리의 전자들이 중심 원자 주위에 있을 때, 이들 중 세 무리의 전자가 고립 쌍인 분자 또는 이온이 있을 수 있다. **(a)** 이러한 경우에 중심 원자의 혼성화는 무엇이겠는가? **(b)** 분자의 기하 구조는 무엇이겠는가?

Hückel 분자 오비탈 이론

13.33 탄화수소 분자에 Hückel MO 이론을 적용할 때, 동위 원소 치환이 일어나면 결과에 어떤 영향을 미치겠는가?

13.34 수소 원자 한 개를 플루오린 원자로 치환하면, 방향족 탄화수소 분자에 대한 간단한 Hückel MO 이론 계산의 결과는 어떤 영향을 받겠는가? 수소 원자 전부를 플루오린 원자로 치환하면 어떻게 되겠는가?

13.35 간단한 Hückel MO 이론을 이용하여, 일련의 벤젠 화학종 $C_6H_6^{2+}$, $C_6H_6^{+}$, C_6H_6, $C_6H_6^{-}$, $C_6H_6^{2-}$에 대하여 Hückel 변수 α와 β로 HOMO−LUMO 에너지를 계산하시오.

13.36 Hückel MO 이론을 이용하여, 에틸렌 분자 2개(C_2H_4 2개)와 뷰타다이엔(C_4H_6) 및 사이클로뷰타다이엔(C_4H_4)을 비교하시오. 이 세 화합물의 에너지를 Hückel 변수 α와 β로 나타내시오. 간단한 Hückel 근사에서 가장 낮은 π 에너지를 갖는 화합물은?

13.37 실험적으로 Hückel MO 이론의 β 항의 값을 어떻게 측정할 수 있을지 설명하시오.

13.38 다음 일련의 C_8H_8 분자에 대해 Hückel 행렬식을 세우시오(식을 풀 필요는 없음). 이 분자들 중 어느 것이 방향족일지 예측하시오.

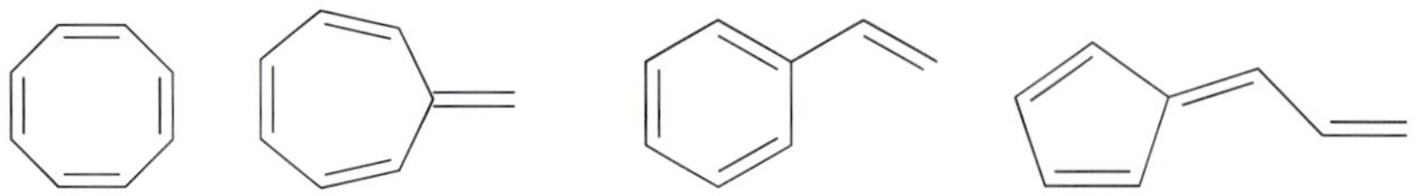

Hückel 규칙에 따르면, 방향족 분자는 평면의 고리 또는 고리들에 $(4n+2)$개의 비편재화된 π 전자가 있다. 여기서 $n=1, 2, 3, \ldots$이다.

13.39 간단한 Hückel MO 이론에서 아래에 보이는 1,3,5-헥사트라이엔의 Z(*cis* 같은)와 E(*trans* 같은)형은 같은 분자로 취급되는가? 그 이유는?

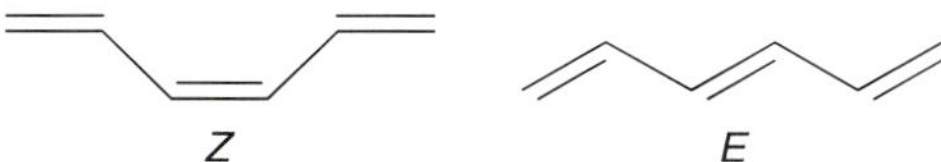

13.40 간단한 Hückel MO 이론 전자 구조 계산을 수행할 수 있는 컴퓨터 프로그램을 구해 다음 문제를 푸시오(그러한 프로그램들은 많이 있다). 아래에 보이는 이중 고리 $C_{10}H_8$의 구조 이성질체인 나프탈렌과 아줄렌(azulene)에 대하여 계산을 수행하고, 그 차이에 대해 논하시오. 각 분자들은 방향족인가?

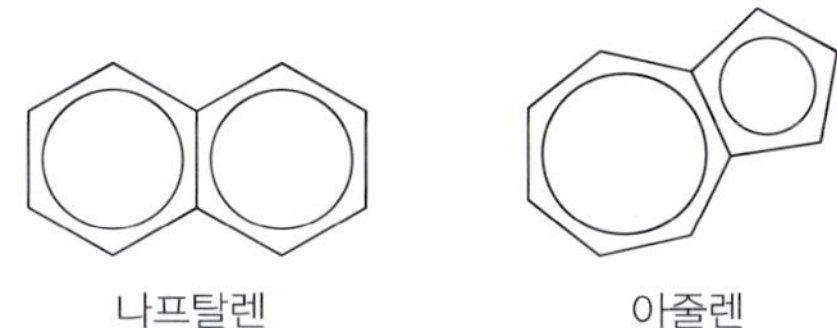

13.41 간단한 Hückel MO 이론 전자 구조 계산을 수행할 수 있는 컴퓨터 프로그램을 구해 다음 물음에 답하시오. 일련의 방향족 탄화수소, 벤젠, 나프탈렌, 안트라센(anthracene), 테트라센(tetracene)에 대해 계산을 수행하고 HOMO−LUMO 에너지의 경향을 예측하시오. 벤젠은 $d\times d$ 정사각형, 나프탈렌은 $2d\times d$ 직사각형, 안트라센은 $3d\times d$ 직사각형, 테트라센은 $4d\times d$ 직사각형으로 가정한 2차원 상자 모형(10.10절 참조)으로부터 얻은 결과와 비교하시오(벤젠의 정사각형 크기로 d=278 pm를 사용하시오).

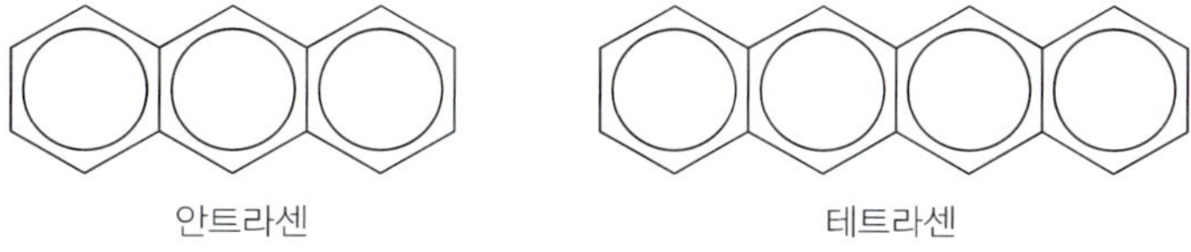

추가 연습문제

13.42 H_2^+ 분자 이온의 $\sigma_g 1s$와 $\sigma_g 2s$ 오비탈의 모습에 유의하여, $\sigma_g 3s$ 분자 오비탈의 모습을 그리시오. $\sigma_g 3s$ 오비탈에는 몇 개의 마디가 있는가? 그들의 모양을 묘사하시오.

13.43 H_2^+ 분자 이온의 $\pi_u 2p$ 오비탈의 모습에 유의하여, $\pi_u 3p$ 분자 오비탈의 모습을 그리시오. $\pi_u 3p$ 오비탈에는 몇 개의 마디가 있는가? $\pi_u 3p$ 오비탈의 각 마디의 모양을 묘사하시오.

13.44 다음의 화학종들 중 Born−Oppenheimer 근사를 적용할 경우, 시간-독립 Schrödinger 방정식에 대한 해석적 해를 구할 수 있는 것은 어느 것인가? 이를 설명하시오. ${}^2_1H$, ${}^2_1H_2^+$, H_3^{2+}, ${}^3_2He$, ${}^4_2He^+$, Li_2^{5+}, C_2, N^{6+}, α 입자(${}^4_2He^{2+}$)

13.45 플루오린화 수소 분자 HF(*g*)의 공유 결합을 설명하기 위하여 수소 원자의 1*s* 오비탈은 플루오린 원자의 한 오비탈과 겹쳐 보자. 결합이 가능한 플루오린의 오비탈들은 다음과 같다. **(a)** $2p_z$ 원자 오비탈,

(b) *sp* 혼성 오비탈, **(c)** sp^2 혼성 오비탈, **(d)** sp^3 혼성 오비탈. 이들 중 가장 타당한 것은 어느 것이며, 가장 타당하지 않은 것은 어느 것인가? 그 이유를 설명하시오. 이들 결합 모형 중 어느 것이 실제 분자를 가장 잘 나타내는지를 밝히기 위해 할 수 있는 실험적 측정법을 제안하시오.

13.46 공명의 개념은 때때로 말과 당나귀의 잡종인 노새와 비유된다. 이 비유를 그리핀(griffin)과 유니콘(unicorn)의 잡종으로서 코뿔소를 묘사하는 것과 비교하시오. 어느 묘사가 더 적절한가? 설명하시오.

13.47 다음 중 질소–질소 결합이 가장 짧은 분자는? N_2H_4, N_2O, N_2, N_2O_4

13.48 단일 결합은 거의 항상 시그마 결합이고, 이중 결합은 거의 항상 시그마 결합과 파이 결합으로 이루어진다. 이 규칙에는 거의 예외가 없다. B_2와 C_2 분자는 이 규칙의 예외임을 보이시오.

13.49 표 13.2에 나와 있는 분자들은, 구조를 보면 결합각을 바로 알 수 있다. 사면체 구조만은 결합각을 가시화하기 어렵기 때문에 예외이다. 사면체 기하 구조를 가지며 무극성인 CCl_4 분자를 생각해 보자. 특정 C–Cl 결합의 결합 쌍극자 모멘트를 반대 방향의 다른 세 C–Cl 결합의 결합 쌍극자 모멘트의 합과 같다고 놓으면, 결합각이 모두 109.5°가 되는 것을 보이시오(Hint: 그림 13.18c처럼 정육면체의 꼭짓점에 Cl 원자를 배치하시오).

13.50 O_2에 대한 Lewis 구조는 다음과 같다.

$$\ddot{\underset{\cdot\cdot}{O}}=\ddot{\underset{\cdot\cdot}{O}}$$

분자 오비탈 이론을 이용하여 이 구조가 실제로는 산소 분자의 들뜬 상태에 해당된다는 것을 보이시오.

13.51 피리딘(C_6H_5N)에 대한 Hückel 영년 행렬식을 세우시오(식을 풀 필요는 없음). N은 이종 원자이므로 C와 N에 대해 Coulomb 적분(α)과 공명 적분(β)에 다음 기호들을 사용하시오. α_C, β_{CC}, α_N, β_{CN}. N 원자의 번호를 1로 하시오.

13.52 HBrC=C=CBrH 분자는 쌍극자 모멘트를 가지는가? 이를 설명하시오.

14장 전자 분광학과 자기 공명 분광학

경고: 남아 있는 성한 눈으로 레이저를 들여다보지 마시오!

레이저 안전 표지

분광학은 전자기 복사선과 물질의 상호 작용에 대한 연구이다. 원자와 분자 스펙트럼을 분석하면 분자 내에서 일어나는 다양한 현상, 분자 사이의 상호 작용, 분자의 구조와 결합 등에 대한 상세한 정보를 얻을 수 있다. 11장에서 분자의 회전과 진동에 대한 마이크로파, 적외선, Raman 분광학에 대하여 공부하였다. 이 장에서는 분광학의 다른 두 중요한 분야인 전자 분광학과 자기 공명 분광학(핵자기 공명과 전자 스핀 공명)에 초점을 맞출 것이다. 분광학의 설명에는 흡수, 방출, 광전자 분광학이 포함되었다. 레이저와 그 응용에 관해서는 보다 상세하게 논의한다.

14.1 분자 전자 분광학

자외선과 가시광선 영역의 복사선을 흡수하면 전자 전이가 일어나고, 전자 스펙트럼이 얻어진다. 이원자 분자와 다원자 분자의 전자 스펙트럼의 모습에는 중요한 차이가 있다. 이원자 분자는 1개의 회전 자유도와 1개의 진동 자유도로 나타낼 수 있으나, 다원자 분자는 3개의 회전 자유도와 ~3N개의 진동 자유도를 가진다. 여기서 N은 분자에 들어 있는 원자의 수이다. 전자 전이 과정에서 진동 전이와 회전 전이가 동시에 일어날 수 있다. 그러므로 다원자 분자의 스펙트럼은 훨씬 더 복잡해진다. 간단히 이원자 분자에 대하여 먼저 살펴보자.

자유도는 2.9절의 설명을 참조할 것.

그림 14.1은 이원자 분자의 바닥 상태와 들뜬 상태의 퍼텐셜 에너지 곡선과 각 상태의 진동 에너지 준위 υ''와 υ'를 보여 준다. Boltzmann 분포(식 2.33 참조)에 따라 상온에서는 $h\nu > k_BT$이므로, 대부분의 분자는 바닥 상태 진동을 하고 있다. 전자 전이의 두 가지 특징에 주목해야 한다. 첫째로, 한 전자 상태 내에서의 진동 전이에 적용되는 선택 규칙 $\Delta\upsilon = \pm 1$은 여기에서는 적용되지 않는다. 전자 전이에서 $\Delta\upsilon$는 어떠한 값도 가질 수 있다(그림 14.1 참조). 둘째로, 띠의 상대적 세기를 예측하기 위하여 Franck–Condon 원리[독일의 물리학자 James Franck(1882~1964)와 미국의 물리학자 Edward Uhler Condon(1902~1974)의 이름에서 따옴]에 따라 흡수 띠의 상대적인 세기를 예측할 수 있다. 이 원리는 분자가 전자 전이가 일어나는 데 걸리는 시간(약 10^{-15}초)은 한 번 진동하는 데 걸리는 시간(약 10^{-12}초)보다 훨씬 짧으

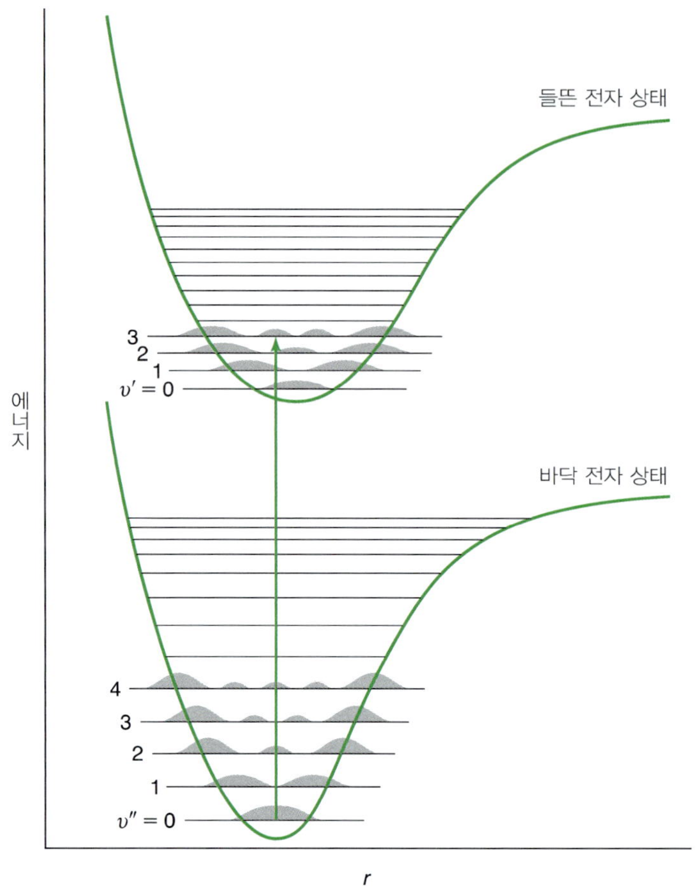

그림 14.1

이원자 분자에서 가장 높은 확률의 전자 전이를 보여 주는 그림. 선호되는 전이(강한 흡수 띠로 나타나는)는, 일정한 핵간 거리에서 확률이 높은 상태로 일어나는 것이다. 바꾸어 말하면, 전이는 바닥 상태에서 진동 확률 밀도 함수(ψ^2)가 큰 r의 어떤 점에서 시작하여, 들뜬 상태에서 ψ^2 값이 역시 상당히 큰 r의 어떤 점에서 끝난다.

므로, 전자 전이 동안 핵들의 위치가 크게 변하지 않는다는 것이다(부록 14.1 참조). 그러므로 확률이 가장 높은(가장 강한) 전이는 핵간 거리가 변하지 않는 전이이다. 그림 14.1과 같은 퍼텐셜 에너지 그림에서 전자 전이는 수직선으로 나타난다. 또한 가장 높은 확률의 전이가 일어날 때, 파동 함수들의 겹침이 가장 크다.

영구 쌍극자 모멘트가 없는 동핵 이원자 분자의 경우에는, 순수 회전(마이크로파) 스펙트럼이나 회전-진동(IR) 스펙트럼을 얻을 수 없다. 그러나 이러한 일반적인 선택 규칙은 전자 전이(자외선과 가시광선)와 함께 일어나는 회전과 진동 전이에는 적용되지 않으며, 이들 분자의 구조를 결정하는 것이 가능하다. 기체 상태 이원자 분자의 고분해 전자 스펙트럼에서는 진동띠와 회전 미세 구조를 모두 볼 수 있다. 이들 스펙트럼은 수백 또는 심지어 수천 개의 선들로 이루어져 매우 복잡하지만, 많은 분자들에 대하여 이 선들이 어떤 진동과 회전 전이에 해당하는지가 확인되었다. 이러한 분석으로 N_2와 I_2와 같은 동핵 이원자 분자의 결합 길이를 결정할 수 있다. HCl

이나 NO와 같은 이종핵 이원자 분자의 결합 길이는 이들의 순수 회전 또는 회전-진동 스펙트럼으로부터 결정할 수 있다(11.2절과 11.3절 참조).

동핵 이원자 분자의 결합 길이는 회전 Raman 스펙트럼을 이용해서도 구할 수 있다.

다원자 분자의 경우 상황은 아주 다르다. 관성 모멘트가 크고 스펙트럼이 밀집되어 있어 이들 분자의 회전 미세 구조를 밝혀내는 것은 쉽지 않다. 용액 속의 다원자(그리고 이원자) 분자의 경우에는 보통 분해되지 않은 넓은 띠의 형태로 전자 스펙트럼이 얻어진다. 유기 분자와 전하-이동 상호 작용을 일으키는 분자들의 전자 스펙트럼에 대해 간략하게 논의할 것이다.

유기 분자

알케인과 같은 포화 유기 분자에서 전자 전이는 $\sigma^* \leftarrow \sigma$형으로, 이는 전자가 σ 결합성 MO에서 비어 있는 σ 반결합성 MO로 들뜬다는 의미이다. C=C와 C=O기를 포함하는 방향족 분자와 화합물은 $\pi^* \leftarrow \pi$, $\pi^* \leftarrow \sigma$, $\pi^* \leftarrow n$ 전이도 나타낸다. 이때 n은 비결합(고립 전자쌍) 오비탈을 나타낸다. 전형적으로, $\pi^* \leftarrow \sigma$, $\pi^* \leftarrow n$ 전이는 대칭에 따라 금지되는 전이로 그 세기가 약하다. IR 스펙트럼에서 **군진동수**(group vibrational frequency)와 유사하게, 전자 스펙트럼은 종종 **발색단**(chromophore)이라고 하는 특별한 원자들의 집단에 의한 흡수가 나타나는 것이 특징이다. 표 14.1은 몇몇 흔한 발색단의 흡수 파장의 목록이다. 이들 발색단이 최대 흡광도를 나타내는 특정한 파장은 관련된 화합물뿐 아니라 용매나 온도와 같은 환경의 변화에 따라서도 바뀌게 된다.

표 14.1 몇몇 흔한 발색단과 대략적인 최대 흡광도의 파장

발색단	λ_{max}(nm)
>C=C<	190
>C=C−C=C<	210
−C₆H₅ (벤젠 고리)	190 260
>C=O	190 280
−C≡N	160
−COOH	200
−N=N−	350
$-NO_2$	270

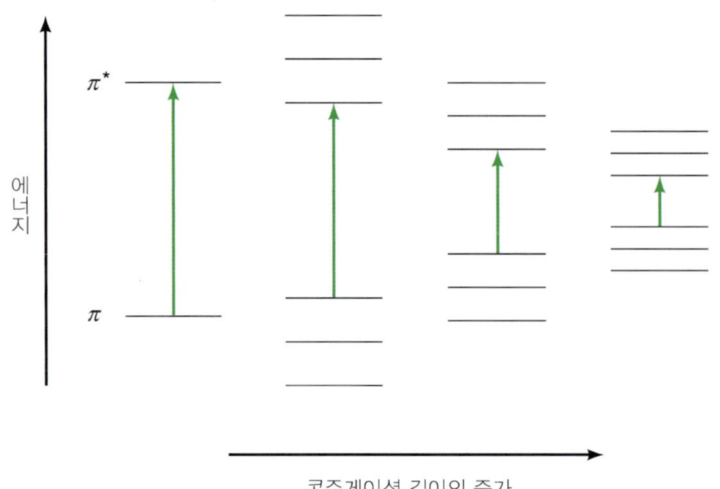

그림 14.2
폴리엔에서 $\pi^* \leftarrow \pi$ 전이에 대한 콘쥬게이션 증가의 효과. 에너지 간격의 감소는 일차원 상자 속의 입자 모형을 사용하여 설명할 수 있다.

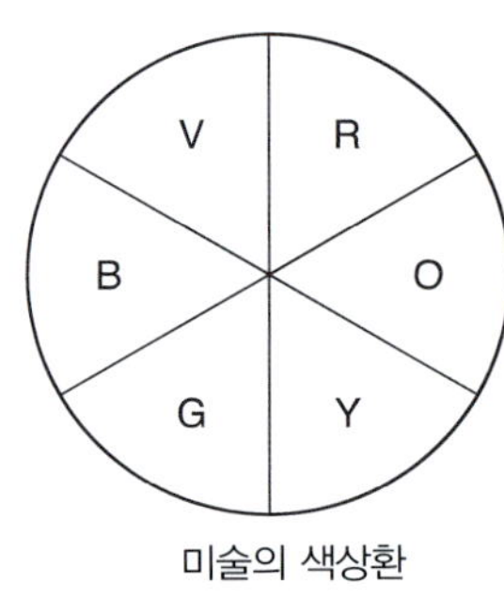

미술의 색상환

10.9절에서 자유 전자 모형을 사용하여 뷰타다이엔의 전자 스펙트럼을 분석하였다. 콘쥬게이션 단일 결합과 이중 결합으로 이루어진 일련의 분자들을 폴리엔이라고 하며, 뷰타다이엔은 그중의 간단한 분자이다. 그림 14.2는 다이페닐폴리엔, $C_6H_5\text{-}(CH{=}CH)_n\text{-}C_6H_5$에서 콘쥬게이션의 증가가 $\pi^* \leftarrow \pi$ 전이에 미치는 효과를 보여 준다. $n=1$과 2인 경우, 흡수가 UV 영역에서 일어나므로 화합물은 무색이다. n이 증가함에 따라 흡수는 가시광선 영역으로 점차로 이동하며 화합물의 색은 $n=3$의 경우 옅은 노란색에서, $n=15$인 경우 초록을 띤 검은색으로 변한다. 화합물의 색은 흡수되는 색의 보색임에 유의해야 한다. 따라서 초록색으로 보이는 분자는 전자기 스펙트럼의 붉은색 영역의 빛이 흡수된 것이다(표 14.2). 미술의 색상환은 보색을 확인하기 위한 유용한 도구이다.

표 14.2 가시광선의 파장에 해당하는 색과 그 보색[a]

파장 영역(nm)	색	보색
400~435	보라	황록
435~480	파랑	노랑
480~490	녹청	주황
490~500	청록	빨강
500~560	초록	자주
560~580	황록	보라
580~595	노랑	파랑
595~650	주황	녹청
650~750	빨강	청록

[a] 무지개의 색 빨－주－노－초－파－남－보는 이름 ROY G. BIV을 연상하여 광자 에너지가 증가하는 순으로 기억할 수 있다. 보색은 미술의 색상환에서 서로 반대쪽에 위치한다.

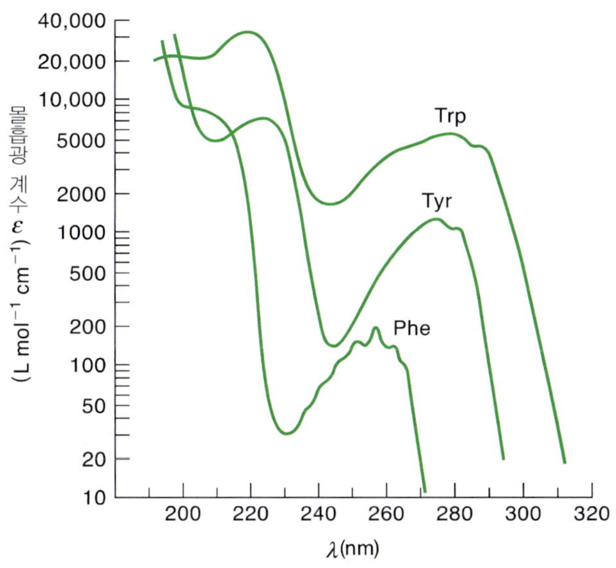

그림 14.3
페닐알라닌(Phe), 트립도판(Trp), 타이로신(Tyr)의 UV 스펙트럼. [D. C. Neckers, *J. Chem. Educ.* **50**, 164 (1973)에서 인용.]

대부분의 아미노산의 전자 스펙트럼은 230 nm 이하의 진공 자외선 영역에서 일어나는 $\sigma^* \leftarrow \sigma$ 전이에 의한 것이다. 페닐알라닌, 트립토판, 타이로신은 예외인데, 이들 모두 페닐($-C_6H_5$) 발색단을 포함하고 250 nm 이상에서 강한 흡수가 일어난다(그림 14.3). 주로 트립토판과 타이로신 잔류물에 의해 나타나는 280 nm에서의 흡광도는 단백질 용액의 농도를 측정하는 데 유용하다.

DNA와 RNA의 광학적 성질에 대하여 알기 위하여 연구자들은 그림 14.4에 보이는 퓨린(아데닌과 구아닌)과 피리미딘(사이토신, 타이민, 유라실)의 전자 스펙트럼을 연구한다. 핵산 용액의 농도는 260 nm에서 흡광도를 측정하여 결정한다.

DNA와 RNA 모두 **흡광 감소 현상**(hypochromism)이라고 하는 흥미 있는 현상을 나타낸다. 일반적으로, 온전한 DNA의 몰흡광 계수는 존재하는 뉴클레오타이드의 수가 주어졌을 때 우리가 예상하던 것보다 20~40% 정도 더 낮다. 예를 들면 260 nm에서 송아지 가슴샘 DNA의 몰흡광 계수는 DNA가 열변성이 되면 약 6500에서 9500 L mol^{-1} cm^{-1}로 증가한다. 흡광 감소 현상 이론은 이 책의 범위 밖이지만, 이 현상은 염기쌍에서 빛의 흡수에 의해 생기는 전기 쌍극자들 사이의 Coulomb 상호 작용에 의한 것이다. 이 상호 작용은 쌍극자들의 서로에 대한 배향에 따라 달라진다. 무작위적인 배향에서는 거의 상호 작용이 없고 흡수 스펙트럼에 대한 효과도 없다. 본래의 상태에서는 쌍극자들이 서로 평행이 되게 쌓여 있어 흡광도를 감소시킨다. 이 성질은 DNA에서 나선−코일 전이를 추적하는 데 성공적으로 사용되었다. 그림 14.5는 한 DNA 용액의 **녹음 곡선**(melting curve)을 보여 준다. 여기서 **녹음**(melting)이란 용어는 이중 나선 구조가 풀리는 것을 의미한다. 녹음 온도 T_m은 이 곡선의 변곡점에 해당되며, 그 값은 DNA의 염기쌍 조성에 따라 달라진다.

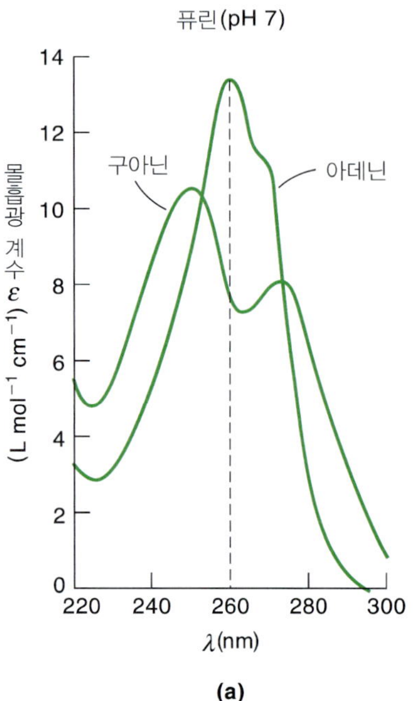

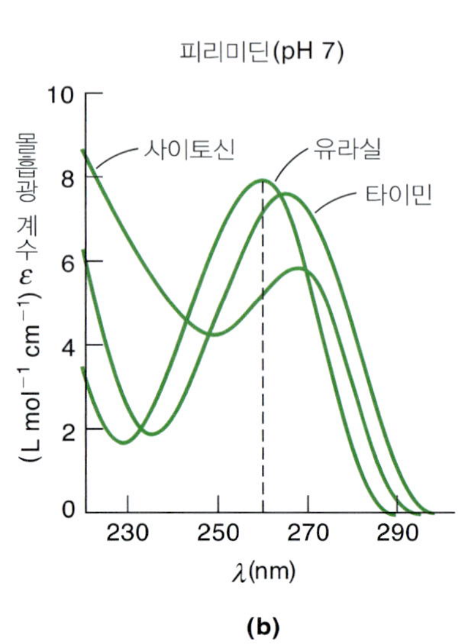

그림 14.4

퓨린과 피리미딘의 UV 스펙트럼(A. L. Lehninger, *Biochemistry*, 2nd ed, Worth Publishers, New York, 1975에서 인용)

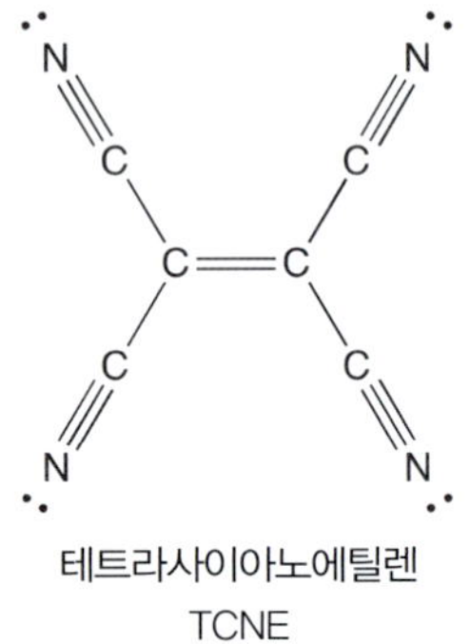

전하-이동 상호 작용

전자 스펙트럼의 한 특별한 형태의 하나는 한 쌍의 분자들 사이의 **전하-이동**(charge-transfer) 상호 작용으로부터 생긴다. 전자 받개인 테트라사이아노에틸렌 $[(CN)_2C=C(CN)_2]$이 사염화 탄소에 용해될 때 용액은 무색이다. 그 이유는 $\pi^* \leftarrow \pi$ 전이는 UV 영역에서 일어나기 때문이다. 이 용액에 소량의 전자 주개(벤젠이나 톨루엔과 같은 방향족 탄화수소)를 가하면 용액은 즉시 노란색으로 변한다(그림 14.6). 벤젠과 아이오딘 사이의 반응을 포함한 많은 유사한 반응들이 관찰되었다. 1952년에 Robert Mulliken은 전하-이동 착물의 스펙트럼을 설명하기 위하여 다음과 같은 과정을 제안하였다.

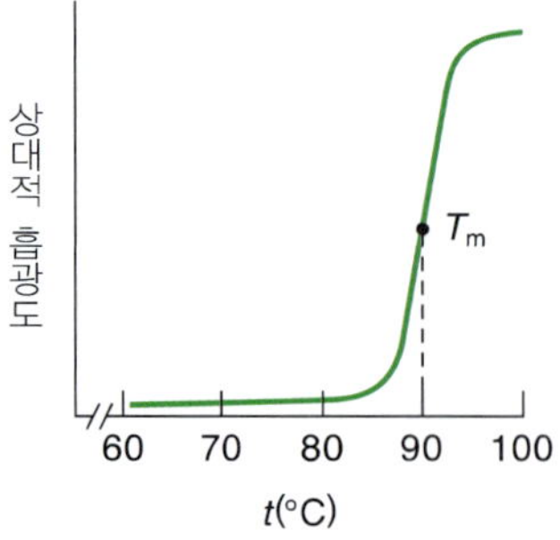

그림 14.5

260 nm에서 DNA의 상대적 흡광도를 온도의 함수로 나타낸 곡선. 녹음 온도(T_m)는 약 90°C이다.

$$\underset{\text{바닥 상태}}{D + A \rightleftharpoons [(D, A)]} \xrightarrow{h\nu} \underset{\text{들뜬 상태}}{[(D^+, A^-)]^*} \tag{14.1}$$

여기서 D와 A는 전자 주개와 받개 분자이고, (D, A)와 (D^+, A^-)는 각각 전하-이동 착물의 공유 및 이온 공명 구조를 나타낸다. 바닥 상태에서 van der Waals 힘은 분자들을 서로 잡아당기고, D에서 A로의 실질적인 전하 이동은 거의 없다. 그러나 착물이 적당한 파장에서 들뜨게 되면 상당한 정도의 전하 이동이 일어나고, 들뜬 상태에서는 이온 구조가 중요하게 된다. 만약 들뜨게 한 파장이 가시광선 영역이면 용액은 색을 띠게 된다. 이 전자 전이와 일반적인 흡수 사이에는 흥미로운 차이가 있다. 이 경우에는 전자는 주개 분자의 더 낮은 준위(결합성 분자 오비탈)에서 받개 분자의 더 높은 준위(반결합성 분자 오비탈)로 들뜨게 된다. 전하-이동 착물이 형성되는 경향은 일반적으로 주개의 이온화 에너지와 받개의 전자 친화도에 의존한다. 많은 전이 금속 착물도 전하-이동 스펙트럼을 나타내는데, 이것은 분자 내에서 일어나는 전하 이동에 의한 것이다. 이러한 흡수는 리간드에서 금속, 또는 금속에서 리간드로의 전자 이동에 따라 일어난다. 이와 같은 전하-이동 전이는 종종 강한 띠를 생기게 한다. 그러나 금속-리간드 전하-이동 전이는 진공 자외선 영역에 있는 반면, 대부분의 $d-d$ 전이는 가시광선 영역(따라서 이들 착이온은 색을 띤다)에서 일어나기 때문에, 금속-리간드 전하-이동 전이는 $d-d$ 전이와 구별할 수 있다.

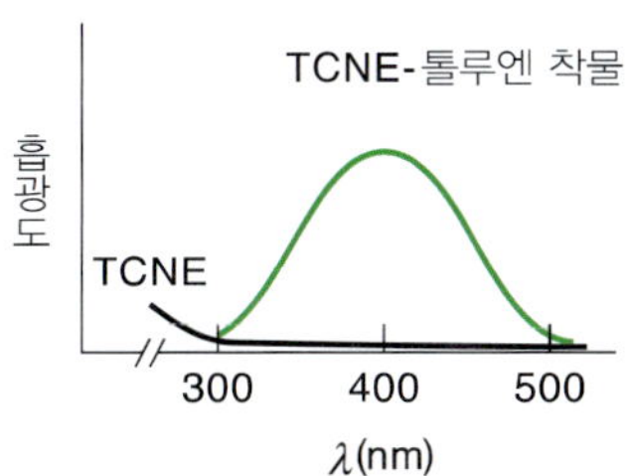

그림 14.6
사염화 탄소에서 테트라사이아노에틸렌-톨루엔 전하-이동 착물의 가시광선 흡수 스펙트럼 (TCNE = tetracyanoethylene)

전하-이동 흡수는 전이가 일어날 때 쌍극자 모멘트에 큰 변화가 있으므로 몰흡광 계수가 크며 강한 띠를 보이는 경향이 있다.

Beer-Lambert 법칙의 응용

전자 스펙트럼은 일반적으로 IR이나 NMR 스펙트럼처럼 상세한 구조로 얻어지지 않기 때문에, 자외선-가시광선 분광학은 IR이나 NMR 만큼 화합물의 확인에 신뢰성이 있지 않다(11장과 14.6절 참조). 그러나 전자 스펙트럼은 정량 분석에는 유용한 도구이다. 흡광도를 측정하여(몰흡광 계수를 알고 있다면) Beer-Lambert 법칙(11.1절 참조)을 적용하면, 용액의 농도를 바로 결정할 수 있다. 흔히 접하게 되는 예는 흡수띠가 서로 겹치는 두 화학종 X와 Y를 포함하는 용액의 분석이다. 파장 λ에서 흡광도 A는 더해진 값이 되므로 Beer-Lambert 법칙으로부터

$$\begin{aligned} A_\lambda &= A_\lambda^X + A_\lambda^Y = \varepsilon_\lambda^X b[X] + \varepsilon_\lambda^Y b[Y] \\ &= b(\varepsilon_\lambda^X[X] + \varepsilon_\lambda^Y[Y]) \end{aligned} \tag{14.2}$$

여기서 ε는 몰흡광 계수이고 b는 경로 길이이다. 만약 서로 다른 두 파장 λ_1과 λ_2에서 X와 Y의 몰흡광 계수를 알고 있다면, 흡광도는 다음과 같이 주어진다.

보통 실험실 큐벳은 $b = 1.00$ cm이다.

$$A_1 = b(\varepsilon_1^X[X] + \varepsilon_1^Y[Y]) \tag{14.3a}$$

$$A_2 = b(\varepsilon_2^X[X] + \varepsilon_2^Y[Y]) \tag{14.3b}$$

식 14.3a와 14.3b로부터, 다음과 같이 [X]와 [Y]에 대하여 풀 수 있다.

$$[X] = \frac{1}{b}\frac{\varepsilon_2^Y A_1 - \varepsilon_1^Y A_2}{\varepsilon_1^X \varepsilon_2^Y - \varepsilon_2^X \varepsilon_1^Y} \quad (14.4a)$$

$$[Y] = \frac{1}{b}\frac{\varepsilon_1^X A_2 - \varepsilon_2^X A_1}{\varepsilon_1^X \varepsilon_2^Y - \varepsilon_2^X \varepsilon_1^Y} \quad (14.4b)$$

이제 겹치는 영역 내에 있는 어떤 파장에서 두 화학종의 몰흡광 계수가 같은 경우를 생각해 보자. 용액에서 이 두 화합물의 몰농도의 합이 일정하게 유지된다면, 두 화합물의 비율이 변할 때 이 파장에서 흡광도에는 아무 변화가 없을 것이다. 이 변하지 않는 점을 **등흡광점**(isosbestic point)이라고 한다. 등흡광점에서 다음과 같이 쓸 수 있다.

$$A_{\text{iso}} = \varepsilon_{\text{iso}} b[X] + \varepsilon_{\text{iso}} b[Y] \quad (14.5)$$

즉

$$[X] + [Y] = \frac{A_{\text{iso}}}{\varepsilon_{\text{iso}} b} \quad (14.6)$$

그러므로 등흡광점의 파장과 두 화합물의 몰흡광 계수가 서로 다른 파장에서 측정하면 [X]와 [Y]를 모두 결정할 수 있다.

계에 하나 또는 그 이상의 등흡광점이 존재한다는 것은 두 화합물 사이에 화학 평형과 관련이 있을 수 있다. 그림 14.7은 여러 pH 값에서 아미노산 타이로신의 흡

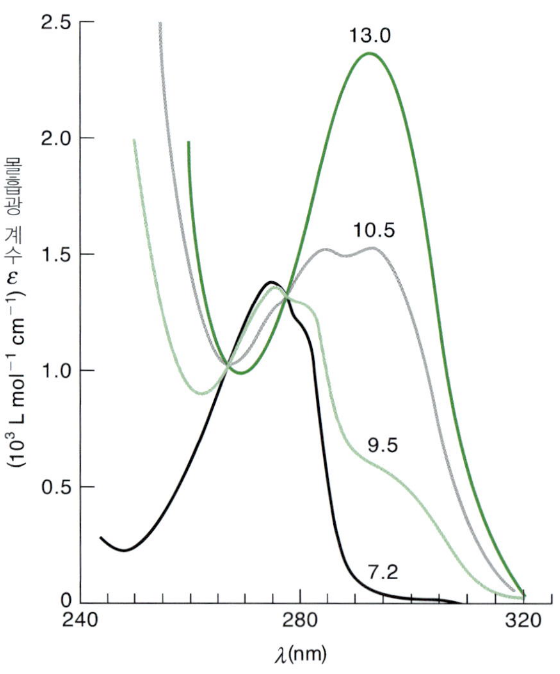

그림 14.7

표시된 여러 pH 값에서 타이로신의 흡수 스펙트럼. 267 nm와 277.5 nm에 있는 등흡광점에 주목하라. [D. Schugar, *Biochem. J.* **52**, 142 (1952)에서 인용]

수 스펙트럼을 보여 준다. 여기에는 실제로 아래의 평형 과정에 의한 두 등흡광점이 267 nm와 277 nm에 있다.

$$^{-}OOC-\underset{^{+}NH_3}{\overset{H}{C}}-C_6H_4-OH \rightleftharpoons {}^{-}OOC-\underset{^{+}NH_3}{\overset{H}{C}}-C_6H_4-O^{-} + H^{+}$$

분석을 해 보면, 산해리 상수와 관련이 있는 수산화기의 pK_a는 10.1이다. 타이로신의 전체 농도(양성자화된 것과 탈양성자화된 화학종의 농도의 합)를 측정하고자 하면, 식 14.6을 사용하여 267 nm나 277 nm에서의 흡광도를 관찰하면 된다.

14.2 형광과 인광

전자 흡수 분광학에서 분자들은 자외선–가시광선 복사선을 흡수하여 들뜬 상태가 된다. 들뜬 상태의 분자는 반응(해리나 재배열에 의하여)을 하여 새로운 화학종을 형성하거나, 또는 바닥 전자 상태로 되돌아갈 수 있다. 바닥 상태로 되돌아가는 데에는 비복사와 복사의 두 가지 경로가 있다. 비복사 경로에서는 일반적으로 용매 분자와 같은 다른 분자와의 충돌로 에너지가 전달된다. 복사 경로에서는 광자 에너지 $h\nu$가 방출된다. 들뜬 분자의 에너지는 발광 방출로 소모되게 되며, 형광과 인광의 두 가지 형태로 나타나게 된다.

형광

형광(fluorescence)은 스핀 다중도의 변화없이 전자가 들뜬 전자 상태에서 바닥 상태로 전이되는 과정에서 발생하는 복사선의 방출이다. 분자 내의 전자들은 Pauli 배타 원리에 따라 쌍을 이루고 있고, 대부분의 분자는 알짜 전자 스핀이 없으므로 처음의 흡수는 바닥 단일항 상태 S_0로부터 첫 번째 들뜬 단일항 상태 S_1(또는 더 높은 단일항 준위)로 일어난다. 언뜻 보기에 형광은 정확히 흡수의 역과정인 것처럼 보인다. 이는 고립된 원자에 대해서는 사실이나, 분자의 흡수와 방출 스펙트럼을 비교해 보면 이들이 서로 겹쳐지지 않는다는 것을 알 수 있다. 흡수와 방출 스펙트럼은 같은 모양이지만, 방출 스펙트럼이 긴 파장 쪽으로 이동하여 나타난다(그림 14.8). 진동 에너지 전달에 필요한 시간(약 10^{-13}초)은 형광 상태의 감쇠(decay) 또는 평균 수명(약 10^{-9}초)보다 훨씬 짧기 때문에, 들뜬 전자 상태의 분자는 여분의 진동 에너지를 주위에 열로 방출한 후, 바닥 진동 상태에서 바닥 전자 상태로 감쇠된다.

형광 방출의 **양자 수득률**(quantum yield) Φ_F는 처음에 흡수된 광자의 총 수에 대한 형광으로 방출된 광자의 비율로 정의된다. Φ_F의 최댓값은 1이지만, 일반적으로 들뜬 분자의 에너지를 잃게(deactivate) 하는 다른 과정들이 존재하므로 1보다 상당

녹색 빛(~ 520 nm)을 방출하는 fluoresein 분자의 Φ_F=0.950이다.

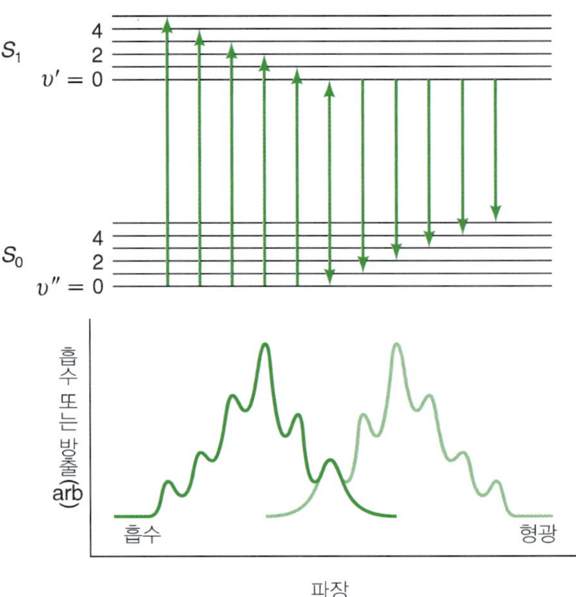

그림 14.8

흡수와 형광 사이의 관계(D. A. McQuarrie and J. D. Simon, *Physical Chemisty*, University Science Books, Sausalito, CA, 1997을 변형)

히 작을 수 있다. 겉보기에 $\Phi_F > 1$인 것은 연쇄 화학 반응이 일어난다는 것을 의미할 수 있다. 들뜨게 하는 빛이 차단된 후 방출되는 복사선의 세기는

$$I = I_0 e^{-t/\tau} \tag{14.7}$$

로 주어진다. 여기서 I는 시간 t에서의 세기, I_0는 $t=0$에서의 세기이고, τ는 형광 상태의 평균 수명이다. 평균 수명은 세기가 처음 값의 $1/e$, 즉 0.368로 감소하는 데 걸리는 시간과 같다. 그러므로 $t=\tau$일 때 $I=I_0/e$이다. 형광의 감쇠는 1차 반응 속도를 따르고(식 15.7 참조), 감쇠에 대한 속도 상수 k는 $1/\tau$로 주어진다.

액체 섬광 계수. 형광 기술은 들뜬 상태에 있는 분자의 전자 구조에 대한 정보를 얻기 위해 이용될 뿐만 아니라, 산하는 이외에 화학과 생화학 분석에도 유용하게 사용된다. 예를 들면 형광은 ^3H, ^{14}C, ^{32}P, ^{35}S와 같은 방사성 추적자로 표지한 화합물을 분석하는 일반적인 방법인 **액체 섬광 계수**(liquid scintillation counting)에 사용된다. 섬광체(scintillator)는 고체 상태나 용액에서 들뜰 수 있는 화합물이다. 이들 화합물이 들뜬 후 방출하는 형광의 세기는 들뜨게 하는 광원의 양과 관련이 있다. 액체 섬광 계수의 일반적인 절차는 먼저 용매(연구하려는 시료의 성격에 따라, 톨루엔이나 다이옥세인)에 섬광체(형광제라고 하는)를 용해하여 '칵테일'이라 불리는 것을 준비하는 것이다. 그다음 방사성 시료를 '칵테일'에 넣어 주면 다음과 같은 과정을 거치게 된다. (1) 용매 분자가 방사성 원자핵에서 방출된 β 입자와 충돌하여 들뜨게 된다. (2) 들뜬 용매 분자가 섬광체에 에너지를 전달한다. (3) 섬광체 분자의 형광을

측정한다. (4) 원래의 시료에 들어 있던 방사성 원자핵의 양을 이전에 보정해 놓은 형광 대 농도 측정값을 이용하여 결정한다.

큰 Φ_F 값이 특징인 형광제(fluor)는 용매(예를 들어 톨루엔)와의 충돌과 같은 비복사 에너지에 의해 들뜨게 된다. 이 단일항–단일항 에너지 전달은 다음과 같이 나타낼 수 있다.

$$D(S_1) + A(S_0) \rightarrow D(S_0) + A(S_1) \tag{14.8}$$

여기서 주개 분자(D)는 들뜬 톨루엔이고, 받개 분자(A)는 형광제이다. 형광제가 방출하는 광자의 파장이 검출기의 감도가 가장 높은 영역에서 벗어나면, 두 번째 형광제가 추가된다. 이차 형광제는 일차 형광제가 방출한 광자를 흡수하여 검출기에 더 적합한 긴 파장에서 형광으로 재방출한다. 가장 흔하게 사용되는 일차 형광제는 2,5-다이페닐옥사졸(PPO)이고, 가장 흔하게 사용되는 이차 형광제는 1,4-bis-2-(5-페닐옥사졸)벤젠(POPOP)이다.

PPO POPOP

들뜬 분자가 에너지를 잃어버리는 또 다른 메커니즘은 FRET [Förster resonance energy transfer, 독일의 물리학자 Theodor Förster(1910~1974)의 이름에서 따옴]로 알려져 있다. FRET는 먼 거리 분자 간 에너지 전달에 관련이 있으며, 주개 분자의 방출띠와 받개 분자의 흡수띠 사이의 겹침에 의해 결정된다. 들뜬 주개 분자는 쌍극자–쌍극자 메커니즘을 통해 바닥 상태의 받개 분자와 상호 작용을 한다. FRET는 주개와 받개 분자 사이의 거리에 매우 민감하여 단백질의 형태 변화와 같은 분자 동력학에 유용한 검출법이다.

이 문맥에서 '먼 거리'는 1에서 10 nm를 의미한다.

인광

인광(phosphorescnece)은 들뜬 상태의 분자가 형광과는 다른 경로로 바닥 전자 상태로 되돌아가는 빛을 방출하는 현상이다. 인광은 두 가지 특징에 의해 형광과 쉽게 구분할 수 있다. 첫째로, 인광은 형광에 비해 약 10^{-3}초에서 수 초간의 훨씬 더 긴 감쇠 기간을 갖는다. 둘째로 인광 상태에 있는 분자는 홀전자가 두 개인, 즉 삼중항 상태에 있는 상자기성이다. 들뜬 단일항과 삼중항 전자 상태 사이의 관계는 **Jablonski 도표** [폴란드의 물리학자 Alexander Jablonski(1898~1980)의 이름에서 따옴]로 편리하게 설명된다(그림 14.9). 전자는 처음에 단일항 바닥 상태 S_0에서 가장 낮은 에너지의 들뜬 단일항 상태 S_1으로 올라간다. 이후 **비복사 전이**(radiationless transition)라고 하는 과정이 뒤따르는데, 여기서 전자는 빛을 방출하지 않은 채 스핀이 바뀌면서 S_1에서 가장 낮은 삼중항 상태 T_1으로 내려간다. 이 비복사 전이는 분

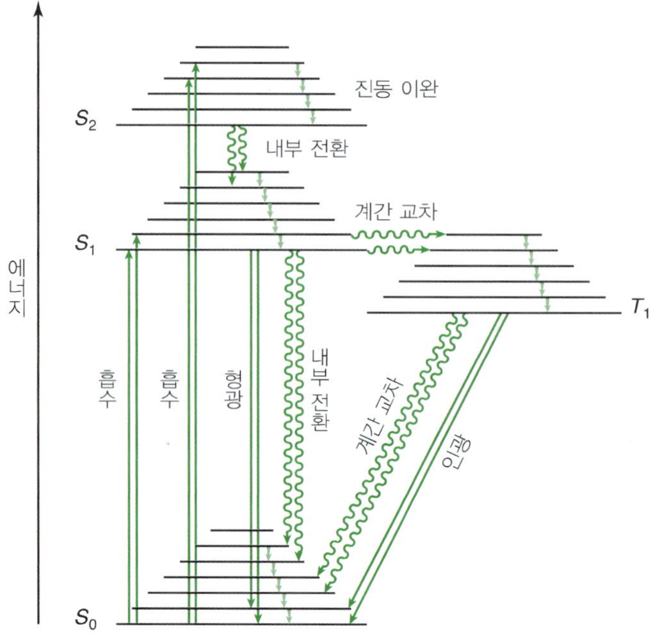

그림 14.9
흡수, 형광, 인광, 내부 전환, 계간 교차를 보여 주는 Jablonski 도표. 물결선은 비복사 전이를 표시하고, 좁은 간격으로 있는 선들은 진동 준위를 나타낸다. 단일항 상태는 *S*로 표시하고, 삼중항 상태는 *T*로 표시하였다.

많은 'glow-in-the-dark' 장난감은 구리가 도핑된 황화 아연의 연녹색의 인광에 기반을 둔다.

자가 단일항 집합체(manifold)의 한 계에서 삼중항 집합체의 다른 계로 이동하는 **계간 교차**(intersystem crossing, ISC)로 알려져 있다. 이후, T_1에서 S_0로 복사 전이가 일어난다. 이 복사 단계를 인광이라고 한다. 이 전이는 스핀 다중도의 변화(삼중항에서 단일항으로)가 있으므로 스핀 금지이고, 따라서 확률이 낮은 전이에 해당한다. 수명이 길게 관찰되는 것이 이를 설명한다. 들뜬 상태(T_1)는 긴 수명 때문에 충돌에 의해 쉽게 에너지를 잃게 된다. 그러므로 인광은 형광과는 달리 액체상에서는 연구될 수 없다. 인광은 시료가 액체 질소의 온도(77 K) 또는 그 이하에서 투명한 유리 상태로 얼어 있을 때가 연구하기에 가장 적합하다.

14.3 레이저

레이저(lasers)는 'light amplification by stimulated emission of radiation'의 머리글자를 따서 만든 말이다. 이는 원자나 분자(또는 그들의 이온)와 관련된 특별한 유형의 방출이다. 레이저 방출은 들뜬 상태의 화학종이 두 에너지 준위 사이의 차이와 같은 광자 에너지를 가진 빛에 의해 자극될 때, 낮은 에너지 상태로 떨어지면서 레이저 방출이 일어난다. 레이저가 발생하려면 낮은 에너지 상태보다 들뜬 상태에 있는 화학종이 더 많아야 한다. **입자수 역전**(population inversion)이라고 하는 이 상태는 쉽게 만들어지지는 않는다. 먼저 2-준위계를 생각해 보자. *N*개의 분자에 분광 복사 에너지 밀도가 ρ_ν인 빛이 조사되었다고 가정하자. 11.1절에 따르면 자극 흡수의

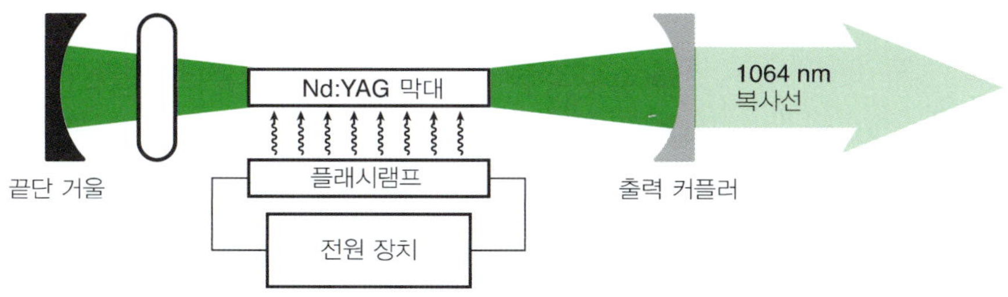

그림 14.10

Nd:YAG 레이저의 개략도

속도는 $B_{mn}\rho_\nu N(1-x)$이고, 자극 방출의 속도는 $B_{nm}\rho_\nu Nx$가 된다. 여기서 x는 들뜬 상태에 있는 분자들의 비율이다. 또한 들뜬 분자는 $A_{nm}Nx$의 속도로 자발적 방출을 한다. A_{nm}과 B_{nm}은 Einstein 계수들이다. 평형에 도달했을 때, 흡수 속도와 방출 속도가 같으므로

$$B_{mn}\rho_\nu N(1 - x) = B_{mn}\rho_\nu Nx + A_{nm}Nx \tag{14.9}$$

즉

$$x = \frac{B_{mn}\rho_\nu}{2B_{mn}\rho_\nu + A_{nm}} \tag{14.10}$$

이다($B_{mn}=B_{nm}$임을 기억할 것). 그러므로 x의 최댓값은 0.5로, ρ_ν가 무한대에 접근하는 한계에서만 도달된다.

앞의 설명은 2-준위계에서 흡수 과정에 의해 들뜬 상태의 입자수는 바닥 상태의 입자수를 결코 초과하지 못한다는 것을 의미한다. 그러나 일반적인 복사 과정이 아닌 특수한 방법으로 에너지가 높은 준위의 점유율을 높여 주면, x의 값이 0.5가 넘는 입자수 역전이 일어나게 할 수 있다. 이 상태가 되면, 계에 적절한 진동수의 광자를 조사하여 강한 방출을 유도할 수 있다. 대부분의 레이저 작용의 기반이 되는 3- 또는 4-준위계를 사용하면 이러한 상태를 만들어 낼 수 있다.

Nd:YAG 레이저는 폭넓게 사용되는 4-준위계의 한 예이다. 이트륨 알루미늄 석류석(yttrium aluminum garnet, $Y_3Al_5O_{12}$)으로 만든 고체 막대는 Nd^{3+} 이온으로 도핑되는데, 이는 결정 격자의 Al^{3+} 이온의 일부를 치환한다. Nd:YAG 레이저의 개략도는 모든 레이저에 공통인 구성 요소, 즉 들뜸 광원(flash lamp), **이득 매질**(gain medium, Nd로 도핑한 YAG 막대), 광학 공명기(optical resonator, 한 쌍의 거울)를 보여 준다(그림 14.10). 이 레이저는 또한 나노초 길이의 레이저 펄스를 발생시키는 역할을 하는 Q-스위치*를 가지고 있다. 일반적으로 이득 매질은 자극 방출에 의해

* 셔터가 레이저 공동 안에 위치해 있다면, 뚜렷한 자극적 방출 없이 이득 매질 내에서 상당한 정도의 입자수 역전이 일어나게 할 수 있다. 그다음 셔터는 공동이 공명기로 작용할 수 있도록 열린다. 이득 매질에 저장된 에너지는 강한 레이저 빛의 단일 펄스로 방출될 수 있다. Q-스위칭(Q-switching)이라는 용어는 처음에는 레이저의 성능에 관련된 Q-인자를 감소시켰다가 다시 빠르게 증가시키는 것을 의미한다.

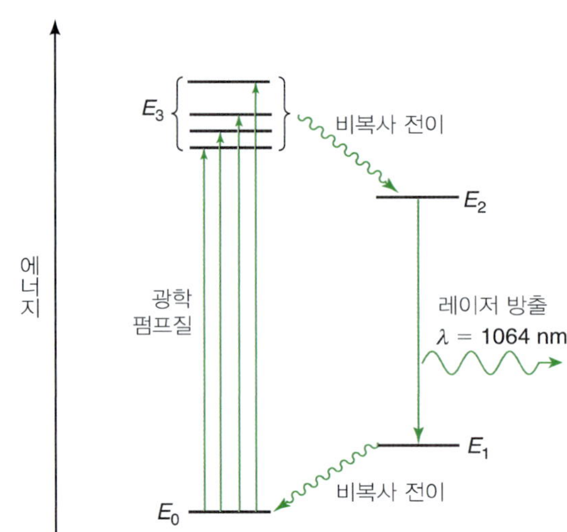

그림 14.11
Nd:YAG 레이저에 사용되는 Nd^{3+} 이온의 에너지 준위 그림

방출될 때까지 에너지를 저장하는 원자, 분자, 이온, 고체로 이루어져 있다. Nd:YAG 레이저는 보통 'YAG' 레이저로 불리지만, 레이저 작용을 위한 4-준위계를 구성하는 것은 Nd^{3+} 이온의 에너지 준위이다(그림 14.11). 이 레이저 시스템에서는 먼저 짧고 강한 가시광선 또는 근적외선을 조사하여 Nd^{3+}의 E_0에서 E_3 준위로 들뜨게 하는데, 이 과정을 **광학 펌프질**(optical pumping)이라고 한다. 들뜬 상태는 비복사 전이에 의해 E_2 상태로 감쇠된다. E_2 상태의 형광 수명은 실온에서 약 230 μs로 비교적 긴데, 이는 $E_2 \rightarrow E_0$ 전이가 스핀 금지이기 때문이다. 만약 펌프질이 효과적이면 E_2 상태의 입자수가 E_1 상태의 입자수를 초과하게 되며, 파장이 1064 nm인 IR 광자로 자극하면 레이저 전이가 일어나게 된다. 처음의 1064 nm의 광자는 자발적 방출로 발생된다. 그러나 이 광자들 중 몇 개는 급격히 증폭되어 레이저 복사선을 형성한다.

붉은색 레이저 포인터, CD와 DVD를 읽기 위한 레이저는 고체 상태의 반도체 다이오드에 기반을 두고 있다.

현재 매우 다양하고 실용적인 레이저들이 상용화되어 있다. 레이저는 고체, 액체, 기체 매질에서 적외선으로부터 자외선과 X선에 걸친 복사선이 방출되도록(비록 단일 레이저는 전자기 스펙트럼의 아주 좁은 영역에서 방출하지만) 제작된다. 여기서는 단지 입자수 역전을 얻기 위한 여러 가지 메커니즘이 있다는 것만 지적하고, 레이저의 유형을 포괄적으로 설명하지는 않을 것이다. 헬륨-네온 레이저(원자 기체 레이저의 한 예)에서, He 원자는 먼저 전자와의 충돌을 통해 더 높은 전자 상태로 들뜨게 되고, 다시 Ne 원자와의 충돌에 의해 에너지를 잃는다(그림 14.12). Ne의 들뜬 전자 상태($2p^5 5s^1$)는 들뜬 헬륨($1s^1 2s^1$)과 비슷한 에너지를 가지므로, 에너지 전달이 쉽게 일어날 수 있다. Ne의 높은 들뜬 상태에 있는 입자수는 낮은 들뜬 상태의 입자수보다 많아지게 되며, 따라서 레이저 전이가 일어날 수 있다.

표 14.3은 몇 가지 레이저의 성질을 요약한 것이다. 레이저는 두 가지 서로 다른 방식, 즉 연속파(continuous wave, cw) 또는 펄스 방식 중 하나로 작동한다. 용어에서 알 수 있듯이, cw 방식에서 레이저 빛은 연속적으로 방출되고, 펄스 방식에서 빛은 펄스로 나온다. 이 펄스는 1×10^{-14} s, 즉 10 fs(1 fs = 1 femtosecond = 10^{-15} s)

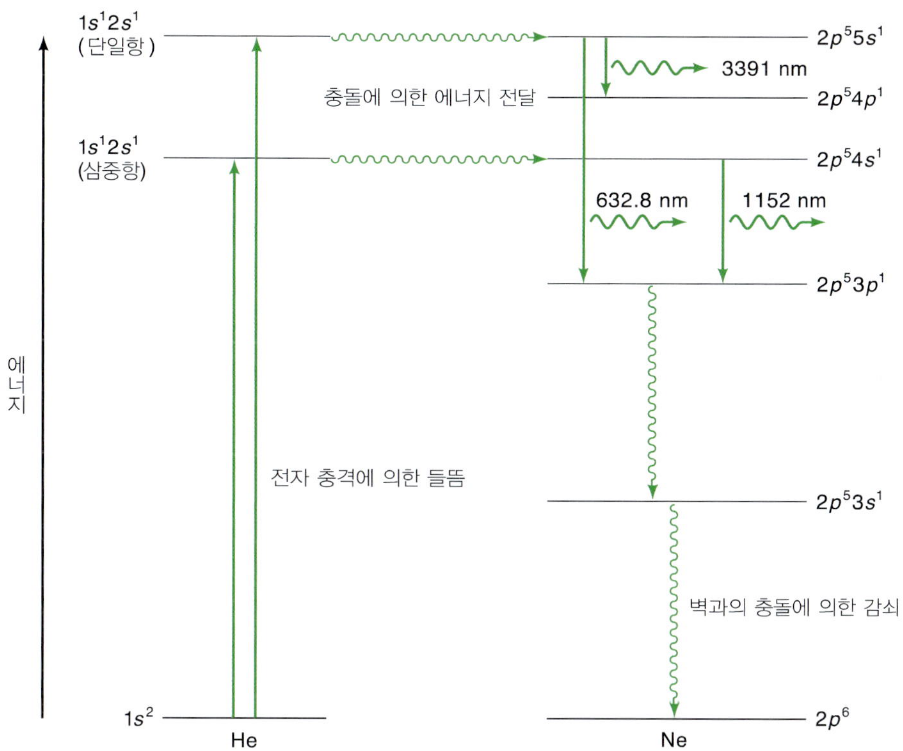

그림 14.12
헬륨 – 네온 레이저의 에너지 준위 그림. 거울을 적절하게 선택하면 헬륨 – 네온 레이저는 3391 nm, 1152 nm, 특징적인 붉은색의 632.8 nm에서 레이저 빛을 방출할 수 있다.

정도로 짧을 수 있다. 2012년 현재 가장 빠른 레이저는 67 as(1 as = 1 attosecond = 10^{-18} s) 길이의 펄스를 발생시킨다. Heisenberg 불확정성 원리에 의하면, 이처럼 펄스의 길이가 짧아지게 되면 파장(따라서 선너비)에 대한 불확정성은 이에 상응하여 커지게 될 것이다. 일반적으로 레이저의 작동 방식은 계, 펌프질 방법, 그리고 장치의 설계에 따라 달라진다. 예를 들면 펌프질의 속도가 위쪽 레이저 준위에서의 감쇠 속도보다 작다면 입자수 역전은 지속될 수 없고, 펄스 방식으로 (이때 펄스 길이는 감쇠 속도에 의해 결정됨) 가동되어야 한다. 레이저는 발생하는 열이 쉽게 소멸되고 입자수 역전 상태가 지속될 수 있다면 연속적으로 가동될 수 있다. 그렇지 않다면 레이저는 펄스 방식으로 가동해야 한다.

레이저 빛의 성질

레이저 빛살의 특성은 강한 세기, 높은 결맞음(coherence), 높은 단색성, 낮은 발산성(divergence) 등이다. 이 성질들과 이에 기반을 둔 응용에 대해 간단히 논의한다.

세기. 레이저 빛의 세기는 지구 상의 어떤 빛보다 강하다. 한 예로서, 150 ps(1 ps = 10^{-12} s) 동안 지속되는 펄스로 1064.1 nm에서 7.0×10^{15}개의 광자를 생성하는 Q-스위치된 Nd:YAG 레이저를 생각해 보자. $E = h\nu = hc/\lambda$이므로 펄스당 총 에너지 출력은 다음과 같다.

표 14.3 흔히 사용되는 몇 가지 고정 파장의 레이저 시스템

레이저	방출 파장(nm)	방식
$F_2(g)$	157	펄스
$ArF(g)$	193	펄스
$XeCl(g)$	308	펄스
$N_2(g)$	337.1	펄스
$Ar^+(g)$	457 488 514.5	cw
루비[a]	694.3	펄스
He−Ne(g)	623.8 1152 3391	cw
Nd:YAG[b]	1064	cw/펄스
$CO_2(g)$[c]	10600	cw/펄스

[a] 루비는 크로뮴으로 도핑된 강옥(Al_2O_3)이다. 레이저를 발생하는 것은 Cr^{3+}이다.

[b] 이 레이저는 **yttrium aluminum garnet** 결정($Y_3Al_5O_{12}$)에 갇힌 네오디뮴 이온(Nd^{3+})으로 만들어졌다.

[c] CO_2 레이저는 진동 에너지 전이에 기반을 두고 있다. 표에 있는 다른 모든 레이저는 전자 전이에 기반을 두고 있다.

$$E = \left(\frac{hc}{\lambda}\text{ photon}^{-1}\right)(7.0 \times 10^{15}\text{ photons})$$

$$= \frac{(6.626 \times 10^{-34}\text{ J s})(3.00 \times 10^{8}\text{ m s}^{-1})(7.0 \times 10^{15})}{1064.1 \times 10^{-9}\text{ m}}$$

$$= 1.3 \times 10^{-3}\text{ J}$$

이때 1.3 mJ은 크지 않은 것처럼 보일 수 있으나, 극히 짧은 시간 동안 발생된 것이다. 다음과 같이 이러한 레이저 빛살과 관련된 최대 출력(peak power)을 계산할 수 있다.

$$\text{출력} = \frac{\text{에너지}}{\text{시간}}$$

$$= \frac{1.3 \times 10^{-3}\text{ J}}{150 \times 10^{-12}\text{ s}}$$

$$= 8.7 \times 10^{6}\text{ J s}^{-1}$$

출력의 단위는 W로 표시되는 와트(watt)로, 1 W=1 J s^{-1}이다. 그러므로 레이저 작동 펄스 동안 산출된 출력은 8.7메가와트가 된다. 예를 들어 이러한 레이저 빛살을 면적이 0.01 cm^2인 작은 표적에 집중시키면, **출력 선속 밀도**(power flux density)는 다음과 같다.

$$\text{출력 선속 밀도} = \frac{\text{출력}}{\text{면적}}$$

$$= \frac{8.7 \times 10^6 \text{ W}}{0.01 \text{ cm}^2}$$

$$= 8.7 \times 10^8 \text{ W cm}^{-2}$$

이것은 제곱센티미터당 거의 기가와트의 순간 출력 선속 밀도로서, 거의 모든 것에 구멍을 뚫기에 충분하다. 펄스를 더 짧게 하고 면적을 더 작게 하면 출력 선속 밀도가 더 커진다.

강한 레이저 빛살은 금속을 자르고 용접하거나 심지어 핵융합을 일으키는 데 사용되어 왔다. 의학적으로 레이저는 수술에 사용된다. 예를 들어 펄스 아르곤 이온 레이저는 떨어진 눈의 망막을 다시 망막의 지지대(맥락막)에 '점용접(spot weld)'하는 데 사용된다. 이 방법은 전통적인 치료법에 비해 비외과적이고 마취제의 투여가 필요 없다는 장점이 있다. 펄스 자외선 영역의 플루오린화 아르곤 엑시머(**excimer**, **exci**ted di**mer**)) 레이저는 시력 교정을 위한 라식(LASIK: laser-assisted in situ kertomileusis) 수술에서 사람 눈의 각막을 자르는 데 사용된다.

또한 레이저 빛살의 세기가 매우 강하므로, 분광학적 전이 과정에서 분자가 둘 또는 그 이상의 광자를 흡수하는 과정인 **다광자 흡수**(multiphoton absorption)가 가능하다. 전통적인 분광학 측정에서는, 원자 또는 분자는 바닥 상태와 들뜬 상태 사이의 에너지 간격과 같은 에너지를 가진 광자를 흡수한다. 이것이 일반적인 일광자 과정이다. 그러나 진동수 ν'의 고출력 레이저 빛살을 계에 조사하면, 두 개의 광자를 연속적으로 흡수하여 들뜬 상태에 도달하는 이광자 과정이 일어날 수 있다(그림 14.13). 이광자 과정은 두 개의 광자가 하나의 분자가 점유한 공간 영역을 본질적으로 동시에 통과해야 하므로 매우 강한 레이저 빛살을 필요로 한다. 다광자 분광학의 한 흥미 있는 측면은 선택 규칙이 다르다는 것이다. 따라서 일광자 흡수에서는 엄격히 금지된 전이가 이광자 과정에서는 일어날 수 있고 그 역도 성립한다.* 예를 들어 수소 원자에서 금지된 $2s \leftarrow 1s$와 $3s \leftarrow 1s$ 전이가 이광자 과정에서는 허용된다. 또한 진동수가 더해지게 되므로, UV 영역에서 일어나는 전이를 가시광선 레이저 빛의 광자 두 개를 사용하여 조사할 수 있다.

결맞음. 결맞음(coherentce)은 레이저의 광자들이 서로 같은 위상으로(in phase) 방출되고, 정확히 같은 방향으로 움직이는 것을 의미한다. 결맞음의 정도가 높은 것은

* 11.1절에서 언급된 것처럼, 허용 전이에 대해서 ψ_i과 ψ_j는 서로에 대해 다른 대칭성을 가져야 한다. 이광자 과정은 처음 초기 및 마지막 상태 사이에 중간 상태가 존재하여 전이가 두 단계로 일어난다고 상상할 수 있다. 따라서 처음과 마지막 상태는 같은 대칭성(우함수–우함수 또는 기함수–기함수)을 가져야 한다. 각 광자가 한 단위의 각운동량을 가진 것에 주목하면, 원자나 분자가 2 단위 또는 0 단위의 각운동량만큼 변해야 하는 이유를 알 수 있을 것이다.

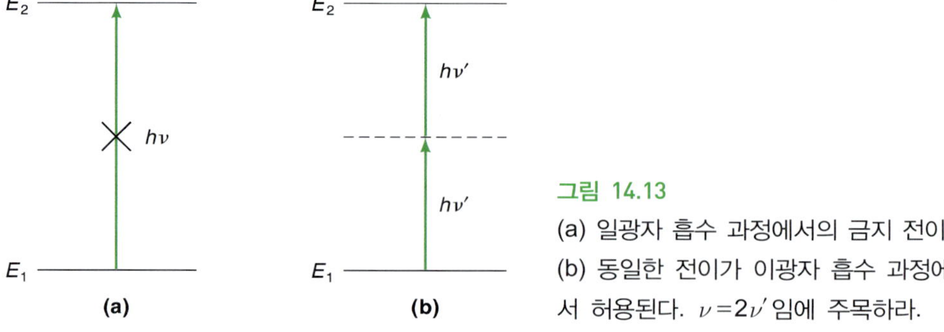

그림 14.13
(a) 일광자 흡수 과정에서의 금지 전이. (b) 동일한 전이가 이광자 흡수 과정에서 허용된다. $\nu = 2\nu'$ 임에 주목하라.

자극 방출이 개별 분자들의 복사를 동기화한다는 사실에 기인한다. 즉 한 분자에서 방출된 광자는 처음 광자와 정확히 같은 위상, 같은 파장의 광자를 방출하도록 다른 분자를 자극하고, 이 분자는 다시 다른 분자를 같은 방법으로 자극한다. 레이저 결맞음이 응용되는 한 예는 삼차원의 이미지를 생성하는 기술인 **홀로그래피**(holography)이다. 결맞은 레이저 빛은 대상으로부터 반사된 후, 반사되지 않은 빛과 결합하여 간섭 무늬를 만든다. 이 과정은 세기에 대한 정보뿐만 아니라 (종래의 이차원 사진술에서처럼), 대상으로부터 반사된 빛의 위상에 대한 정보를 가진 **홀로그램**(hologram)을 생성한다. 이 홀로그램을 비추어 주면 삼차원의 이미지가 재구성된다. 예를 들어 홀로그래피는 예술품의 삼차원 구조를 기록하는 데 사용되었다. X선 레이저를 개발하려는 한 가지 동기는 살아 있는 세포 내부 물질의 홀로그램을 높은 공간 분해능으로 만들어 내고자 하는 것이다.

단색성. 레이저 빛은 모든 광자가 원자 또는 분자의 두 에너지 준위 사이에서 일어나는 전이의 결과로 방출되기 때문에 단색성(같은 파장을 가지는)이 우수하다. 따라서 광자들의 진동수와 파장이 일치한다. 예를 들어 Nd:YAG 레이저에서 방출되는 빛은 1064 nm에 파장 중심이 있고, 0.5 nm보다 좁은 너비를 가지고 있다. 좁은 선너비는 보통의 빛(예를 들어 백열전구)과 **단색광 장치**(monochromator, 서로 다른 파장의 빛을 분리하는 프리즘이나 회절발)로도 얻을 수 있으나, 특정한 파장에서 레이저 빛살의 세기는 재래식 광원의 세기보다 10^6배 이상 더 크다.

레이저 빛은 단색성이 매우 높으므로 분자의 전자, 진동, 심지어 회전 에너지 준위들 사이의 특정한 전이를 유도하거나 확인할 수 있고, 따라서 잘 분해된 흡수 스펙트럼을 얻을 수 있다. 그러나 지금까지 논의한 레이저 시스템은 모두 하나 또는 몇 개의 불연속 파장에서 빛을 방출하는 고정된 진동수의 레이저였다. 그러므로 이들은 연속적인 파장 범위에 대한 주사(scanning)가 필요한 일반적인 흡수법에는 적합하지 않다. 이러한 분야의 응용에는 가변적으로(tunable) 연속적인 파장의 빛을 낼 수 있는 유기 염료 레이저가 적합하다. 가장 널리 사용되는 유기 염료의 하나는 많은 진동 모드가 있는 분자인 Rhodamine 6G이다.

용액에서 Rhodamine 6G의 전자 스펙트럼(그림 14.14)은 액체 상태에서의 강한 분자 상호 작용 때문에 피크(peak)가 넓어진다. 용매 분자와의 충돌에 의해 전이 과정에서의 진동 구조는 분해되지 않은 넓은 띠로 나타나게 된다. 결과적으로 더 긴 파장에서 나타나는 염료의 형광도 넓은 피크로 나타난다. 레이저로 용액을 펌프질하여 (즉 전자적으로 들뜨게 하여) Rhodamine 6G에서 입자수 역전과 이에 따른 레이저 작용이 일어나도록 할 수 있다. 파장을 선택할 수 있게 해 주는 회절 격자 등을 사용하면, 염료 레이저의 출력 파장을 변하게 하는 것이 가능하다. 예를 들어 이득 매질로서 Rhodamine 6G 메탄올 용액을 사용하는 염료 레이저는 570~660 nm 범위에서 연속적으로 파장을 변화시킬 수 있다. 분광학자는 다른 유기 염료들을 사용하여 염료 레이저의 가변 범위를 310에서 1200 nm 사이로 확장하였다. 이 기술은 고분해능 분광학의 영역을 크게 넓혔다. 고체 상태 이득 매질을 사용한 가변 레이저로는 도핑한 사파이어($Ti:Al_2O_3$, 종종 'Ti:sapph'로 적는) 등이 있다.

공간 조준(spatial collimation). 레이저 빛의 또 다른 특성은 공간에서 퍼지는 정도가 매우 낮다는 것이다. 즉 이들은 공간적으로 집중되어 있다. 레이저 빛은 빛의 세기가 거리에 따라 감소하는 백열전구와는 다르게, 가는 허리의(tight-waisted) 빛살로 유지되려는 경향이 있다. 이 집중성을 이용하여 펄스 레이저를 달에 조준하여 우주인이 가져다 놓은 반사경으로 레이저를 다시 지구로 반사시킨다. 레이저 펄스의

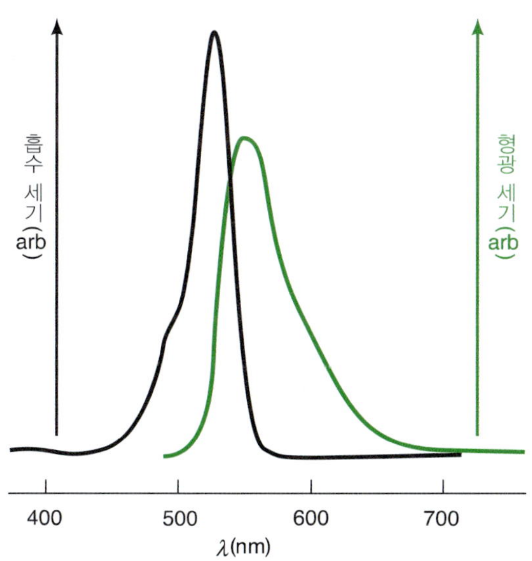

그림 14.14
레이저 염료 Rhodamine 6G 알코올 용액의 흡수 및 형광 스펙트럼. 최대 흡수 파장(λ_{max})은 종종 염료를 들뜨게 하는 데 사용되는, 진동수 배가된(frequency-doubled) Nd:YAG 레이저의 파장인 532 nm에 가깝다. 방출 파장의 범위는 가능한 레이저 방출의 범위와 대략 일치한다.

왕복 시간을 재면 지구와 달 사이의 거리를 약 1 cm의 정밀도로 측정할 수 있다. 달에서 레이저 반점의 크기는 단지 지름이 수 km인데, 이것은 5×10^{-4}도 이하의 발산(divergence)에 해당한다.

14.4 레이저 분광학의 응용

레이저는 1960년에 개발된 이래로 일상 생활, 산업, 의학, 과학 등의 다양한 분야에서 광범위하게 이용되고 있다. 이 절에서는 레이저 빛의 독특한 성질을 이용한 몇 가지 분광학적 응용을 설명한다.

레이저-유도 형광

레이저 빛의 강한 세기, 높은 단색성, 파장의 가변성 등을 이용하여 원자와 분자를 들뜨게 한 후, 이들 화학종으로부터 방출되는 형광을 측정할 수 있다. **레이저-유도 형광**(laser-induced fluorescence, LIF)의 장점은 재래의 광원에 의해 발생하는 형광에 비해 감도가 매우 높고 선택적이라는 것이다. 예를 들면 원소 분석에서는 시료 용액은 용광로나 불꽃에서 원자화되고(원자 상태의 물질이 되고) 원자 형광을 유도하기 위하여 레이저 빛살을 조사한다. 이 방법으로 10^{-11} g mL^{-1} 수준의 농도를 검출하는 것이 가능하다. 레이저 광원의 높은 단색성과 좁은 선너비는 분자를 들뜬 전자 상태에서 특정한 진동 준위(어떤 경우에는 특정한 회전 준위)로 들뜨게 한 후, 이어지는 형광을 관찰할 수 있게 한다. 이 방법은 들뜬 상태의 전자 구조에 대한 귀한 정보를 제공하고, 특히 대기나 불꽃 속에서 순간적으로 존재하는 자유 라디칼과 같은 작은 화학종의 연구에 유용하다.

레이저 빛살에 직각으로 형광을 검출하면, 매우 높은 공간 분해가 가능하다. 레이저 빛살과 형광을 모으는 광학 렌즈 방향의 교차점에서, 세제곱 마이크로미터 수준의 공간 분해능이 가능하다. 원기둥 렌즈를 사용하여 레이저 빛을 얇은 판에 순차적으로 비추면서 디지털 카메라와 같은 배열 검출기(array detector)를 사용하면 형광 이미지를 얻을 수 있다. 이러한 **평면 LIF**(planar LIF) 접근법은 불꽃에서 OH 라디칼의 분포를 이미지화할 수 있으며, 화학 변화가 주로 일어나는 불꽃면(flame front)을 확인하는 데 사용된다.

초고속 분광학

레이저가 발전하기 이전에는 매우 빠르게 일어나는 화학 반응의 시간을 직접 측정하는 방법은 거의 없었다. 갈수록 더 빠른 레이저를 활용할 수 있게 되면서, 화학 결합이 끊어지거나 분자 내에서 에너지가 재분배되는 것과 같은 가장 기본적인 화학적 변화 과정의 시간을 직접 측정하는 것이 가능해졌다. 미국의 전기공학자 Harold Edgerton(1903~1990)의 마이크로초 플래시 사진 촬영 방법은 거시 물체의 운동을 '동결(freezing)'시켜 날아가는 총알이나 튀어오르는 우유의 작은 방울을 찍는다. 분자의 운동을 '동결'하려면 10^5배 더 빠른 플래시가 필요하다. 분자의 기본적인 운동을 관찰하기 위하여 필요한 시간 척도를 생각해 보자. 파수 3000 cm^{-1}에서 일어나는 전형적인 C−H 신축 운동은 진동 주기가 약 10^{-14} s, 즉 10 fs(펨토초)이다. 결합이 끊어지는 데 걸리는 시간은 진동 주기의 절반으로 생각할 수 있으므로 펨토초 정도에 일어날 수 있다. 비슷하게, 파수 1 cm^{-1}의 회전 운동은 주기가 33 ps(피코초)이다. 피코초와 펨토초의 시간 척도는 보통 '초고속'으로 언급되며, 1970년대와 1980년대 이후 초고속 레이저 기술의 발전으로 화학의 연구 영역이 크게 넓어졌다. 이집트계 미국인 화학자 Ahmed Zewail(1946~)은 초고속 반응 속도론과 동력학 연구에 대한 펨토화학(femtochemistry)에서의 업적으로 1999년에 노벨 화학상을 받았다. 전형적인 초고속 실험은 두 개의 레이저 펄스를 사용한다. 즉 화학 반응이 시작되게 하거나 들뜬 상태의 분자를 만들기 위하여 사용되는 **펌프**(pump) 펄스와 이에 뒤이어 시간에 따라 계에 무슨 일이 일어났는지를 측정하는 **조사**(probe) 펄스이다. 별개의 두 초고속 레이저를 시간적으로 동기화하는 것은 비현실적이므로, 펌프와 조사 펄스는 보통 동일한 광원으로부터 발생된다. 펌프와 조사 펄스 사이의 지연 시간은 일반적으로 거울을 이동시켜 조사 펄스가 진행하는 경로의 길이를 변화시켜 조절한다. 빛의 속도는 3×10^8 m s^{-1}이므로 1 ps가 늦어지는 것은 보통 사람 머리카락 굵기의 약 세 배인 0.3 mm의 거리에 해당된다.

빛은 1나노초(1 ns $= 10^{-9}$ s)에 약 30 cm를 진행한다.

Zewail과 그의 동료들이 수행한 것과 같은 실험으로 과거에는 상상할 수도 없었을 정도로 상세하게 화학 반응을 연구할 수 있게 되었다. 반응물부터 전이 상태를 거쳐 생성물이 만들어질 때 까지의 화학 반응 경로를 추적할 수 있다. 이 기술의 첫 번째 증명은 사이안화 아이오딘의 기체상 광조각내기(photofragmentation) 반응이었다.

$$ICN \xrightarrow{\lambda_1} ICN^* \longrightarrow I + CN \tag{14.11}$$

반응은 분자를 들뜬 전자 상태(*로 표시된)로 만드는, 즉 **펌프**하는 펨토초 레이저 펄스 λ_1에 의해 시작된다. 이 들뜬 상태는 즉시 두 개의 조각, 아이오딘 원자와 CN 라디칼로 해리되기 시작한다. 이 해리 과정은 ICN^*을 더 높은 에너지 상태 ICN^{**}으로 만다는 두 번째 펨토초 레이저 펄스 λ_2(또는 λ_3)를 이용하여 레이저−유도 형광법을 관찰한다. ICN^{**}은 ICN^* 상태로 되돌아오며 형광 빛 λ_{fl}를 방출한다.

$$ICN^* \xrightarrow{\lambda_2(\text{또는 } \lambda_3)} ICN^{**} \longrightarrow ICN^* + \lambda_f \tag{14.12}$$

이 형광 λ_{fl}은 펌프와 조사 레이저 펄스 사이의 지연 시간의 함수로 추적, 관찰된다.

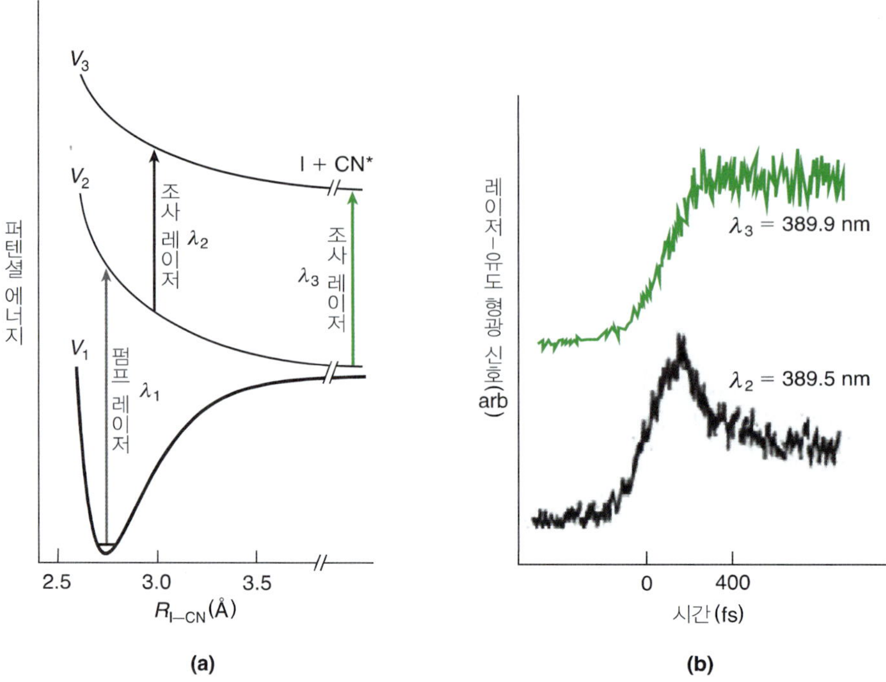

그림 14.15

(a) 사이안화 아이오딘(ICN) 분자계의 퍼텐셜 에너지 곡선. 초고속 레이저 펄스 λ_1은 ICN을 I−CN 간격이 2.75 Å인 바닥 상태 곡선 V_1으로부터 해리성의 들뜬 상태 V_2로 들뜨게 한다. 잠시 후, 두 번째 초고속 레이저 펄스 λ_2 또는 λ_3는 ICN을 더 높은 에너지 곡선 V_3로 올림으로써 들뜬 ICN을 조사한다. 조사 레이저는 I−CN 간격이 약 3 Å일 때 λ_2가 흡수되고, I−CN 간격이 6 Å 이상일 때 (실질적으로 I와 CN 라디칼로 해리된) λ_3가 흡수되도록 파장이 가변된다. (b) λ_2와 λ_3에 의해 들뜨게 된 일시적 레이저-유도 형광 신호는 I−CN 해리가 205 ± 30펨토초 지나서 일어난다는 것을 보여 준다(Ahmed Zewail Collections, California Institute of Technology).

짧은 I−CN과 긴 I−CN 결합 길이를 조사하기 위해 각각 λ_2와 λ_3를 사용했을 때, 실험 데이터는 결합이 약 200 fs의 시간에 끊어지는 것을 보여 준다(그림 14.15).

펨토화학은 많은 화학 반응이나 광합성과 시각과 같은 생물학 과정의 메커니즘을 푸는 데 응용되었다. 펨토화학은 화학 반응 속도론에 새로운 차원을 더하였다.

단일 분자 분광학

1959년에 미국의 물리학자 Richard Feynman(1981~1988)은 미래를 내다보는 연설을 하였는데, 여기에서 그는 '바닥에서 더 밑으로 내려갈 여지가 많이 있으며', 소자(device)는 물리적 한계에 도달하기 전까지 상당한 기간 동안 점점 더 소형화될 것이라고 주장했다. 그의 연설은 나노 기술이라는 새로운 분야에 대한 동기가 된 순간들 중의 하나였다. 그가 상상했던 것 중의 일부는 이제 실현되고 있다. 레이저-유도 형광을 사용하여, **단일 분자 분광학**(single-molecule spectroscopy)에서 궁극적인 검출 한계를 달성하였다. 광학과 검출 기술의 발전에 힘입어 분자를 한 번에 하나씩 검출하는 것이 가능해졌다. 이를 위한 장치 중 하나는 고배율의 광학 현미경을 사용하여 레이저 빛살을 작은 부피로 모은 후, 이로 인해 생긴 형광을 검출하는 것이다(그림 14.16). 단일 분자 분광학에서는 높은 감도를 얻기 위하여 두 가지 일반 원칙을 따른다. 첫째로, 조사되는 부피 내에 하나의 분자만 있어야 하고, 둘째로, 검출 시스템에서 신호 대 잡음비가 충분해야 한다. 시료를 묽히고, 대략 1 μm^{3}의 시료 부피에 대한 미세 검출기를 사용하면 관찰 영역에 한 개의 분자만 있도록 할 수 있다. 검출 감도와 신호 대 잡음비는 (한 개의 광자에 감응하기 위한) 높은 양자 효율을 가진 검출기를 사용하고, 시료 분자와 검출 기술을 주의 깊게 선택하여 얻을 수 있다. 단일 분자 분광학 기술은 레이저 염료의 레이저-유도 형광을 사용한다. 예를 들면 녹색 빛으로 Rhodamine 6G를 들뜨게 하면 0.95의 양자 수득률로 붉은색 형광이 발생한다(그림 14.14). 형광 빛의 색은 들뜨게 하는 빛의 색과는 상당히 다르므로, 들뜨게 하는 데 사용한 빛은 필터를 사용하여 쉽게 제거할 수 있다. 따라서 산란된 빛은 검출기에 거의 도달하지 못한다.

1 μm^3 내에 분자 한 개는 약 1 나노몰 농도에 해당된다.

단일 분자 분광학은 앙상블 평균(ensemble averaging)을 제거하기 때문에 종래의 기술에서는 얻을 수 없었던 정보를 제공한다. 단일 분자 분광학은 벌크 시료에서 일어나는 일의 평균을 알려 주는 대신, 측정되고 있는 값들의 실제 분포(히스토그램)를 보여 준다. 단일 분자는 특히 불균일계에서 유용한 국부적 **나노환경**(nano-environment)에 대한 보고자의 역할을 한다. 단일 분자 분광학을 이용하여 벌크 시료가 균일한 조성인지 아니면 국부 구역(local domains)을 가지고 있는지 결정할 수 있다. 형광 방출을 상세하게 분석하여 확산 계수, 배향 또는 형태 변화, 계간 교차, 반응 속도론, 분자의 수명을 측정할 수 있다.

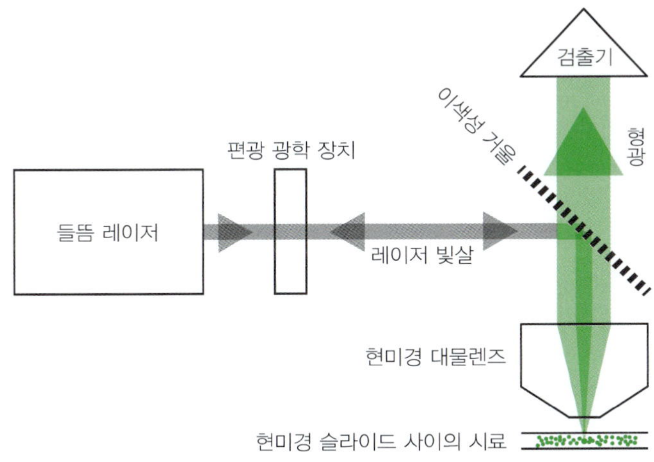

그림 14.16
단일 분자 분광학을 위한 장치. 편광 광학 장치는 레이저를 열고 닫는 셔터로, 그리고 레이저 빛이 반사되어 다시 본체로 들어가는 것을 방지하기 위하여 사용된다. 이색성 거울(dichroic mirror)은 레이저 빛을 반사하지만 형광은 투과한다[W. E. Moerner, *J. Phys. Chem. B* **106**, 910 (2002), 그림 14b를 변형].

14.5 광전자 분광학

지금까지 논의한 전자 분광학은 자외선과 가시광선(200~700 nm) 영역의 에너지로 전이되는 전자 전이에 관한 것이었다. 파장이 100~200 nm인 진공 자외선을 이용하여 전자 상태를 조사하는 것도 물론 가능하다. 그러나 진공 자외선은 공기(특히 산소 분자)에 쉽게 흡수되므로 실험적으로 이용하기가 까다로운 전자기 스펙트럼 영역이다. 광전자 분광학은 낮은 에너지 상태에 있는 오비탈들의 분자 전자 구조를 연구하는 분광학이다. 광전자 분광학은 10.3절에서 설명한 광전 효과에 기반을 두고 있다.

원자가 오비탈을 조사하는 자외선 광전자 분광학(UPS: ultraviolet photoelectron spectroscopy)과 핵심부와 원자가 오비탈 모두를 조사하는 X선 광전자 분광학(XPS: X-ray photoelectron spectroscopy)으로 구분할 수 있다. XPS가 표면 원소의 조성을 분석하는 데 사용될 때에는 ESCA(electron spectroscopy for chemical analysis)라는 용어를 쓰기도 한다.

광전자 분광학 실험에서는 기체 시료에 특정한 진동수 ν의 빛을 비추고 방출된 전자의 운동 에너지를 측정한다(그림 14.17). 광전자 분광학을 기술하는 기본 방정식은 본질적으로 광전 효과에 대한 것과 같으며, 에너지 보존에 근거한다. 충돌하는 광자의 에너지는 전자의 결합 에너지와 방출되는 전자의 운동 에너지의 합과 같다.

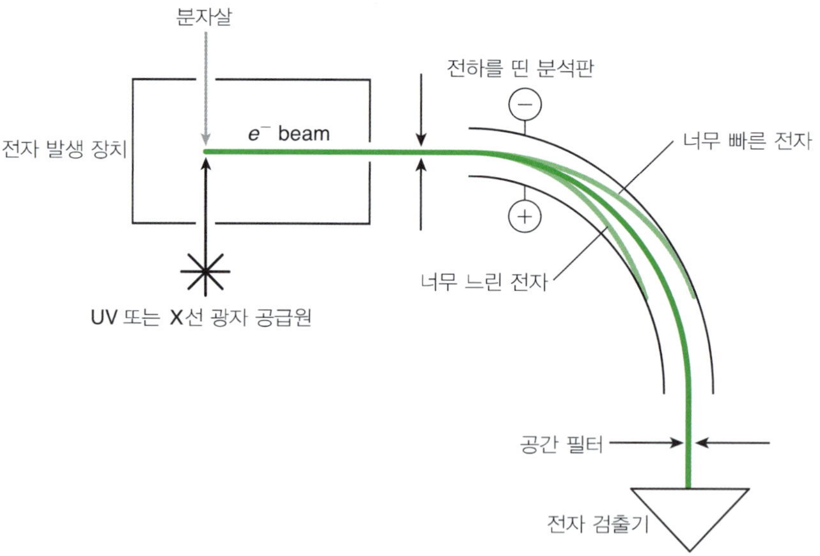

그림 14.17
자외선 광전자 분광기의 개략도. 기기는 전자가 기체 분자와 충돌하지 않도록 진공 상태에 있다. 전자의 운동 에너지는 굽어진 평행판을 가로지르는 전압을 변화시켜 측정한다. X선 광전자 분광학에서는 X선 공급원이 He(I) 공급원을 대신한다.

표 14.4 광전자 분광학의 광자 공급원

광자 공급원	에너지(eV)	파장(nm)	유형	조사되는 전자 껍질
He(I)	21.22	58.46	UPS	원자가
He(II)	42.44	29.23	UPS	원자가
Mg K_α	1253.6	0.989	XPS	핵심부
Al K_α	1486.6	0.83386	XPS	핵심부
Cr K_α	5409.	0.2292	XPS	핵심부
Cu K_α	8040.	0.1542	XPS	핵심부
방사광	가변	가변	UPS & XPS	원자가와 핵심부

$$E_{\text{광자}} = E_{\text{이온화, 선사}} + E_{\text{운동, 전자}}$$

$$h\nu_{\text{광자}} = IE + \tfrac{1}{2}m_e u^2 \tag{14.13}$$

여기서 IE는 이온화 에너지이다. UPS는 원자가 오비탈의 전자를 조사하기 위하여 10~45 eV 범위의 에너지를 가진 진공 자외선 광자를 사용한다(표 14.4). XPS는 원자가 전자 외에 핵심부 전자를 조사하기 위하여 200~2000 eV 범위의 광자 에너지를 가진 장파장 X선을 사용한다. 광전자 방정식은 입사되는 광자의 파장이 고정되어 있을 경우, 광전자의 에너지가 더 낮다는 것은 더 강하게 결합되어 있었다는 것을 의미하며, 그 역도 성립한다는 것을 보여 준다. 다시 말하면, 빠르게 운동하는 광전자는 느슨하게 결합되어 있던 전자에 해당된다. Koopmans 원리[네덜란드의 박식가 Tjaling Charles Koopmans(1910~1985)의 이름에서 따옴]에 따르면, 한 특정한 전자의 이온화 에너지는 원래 들어 있던 오비탈 에너지의 마이너스 값과 근사적으로 같다.

Koopmans는 1975년에 노벨 경제학상을 공동 수상하였다.

$$IE_j \cong -\varepsilon_j \tag{14.14}$$

여기서 아래 첨자 j는 j번째 오비탈을 표시한다. 이 근사에서는 전자가 제거되었을 때 남은 전자들이 이완되는 것을 무시하였다. 전자가 떨어져 나간 이온의 에너지를 최소화하기 위하여 이완이 일어나게 된다. 전자-전자 반발 에너지가 다르기 때문에 중성의 화학종과 이온의 오비탈 에너지는 같지 않다. Hartree−Fock 근사에서도 (12.10절 참조) 이온화 에너지는 또한 오비탈 에너지의 마이너스 값과 같다. 그러므로 보통 광전자 분광학에 Koopmans 원리를 적용하여 스펙트럼에서의 각 피크를 오비탈 에너지와 연관 짓는다.

분자의 광전자 분광학에서는 또한 어미 분자(parent molecule)와 그것의 양이온의 내부 에너지를 고려해야 한다. 일반적으로 어미 분자의 진동 들뜸을 무시할 정도가 되도록 실온이나 더 낮은 온도를 사용한다. 실험적으로 대부분의 광전자 스펙트럼은 회전 구조를 관찰하기에 충분한 분해능을 가지고 있지 못하다. 관련된 에너지 식은

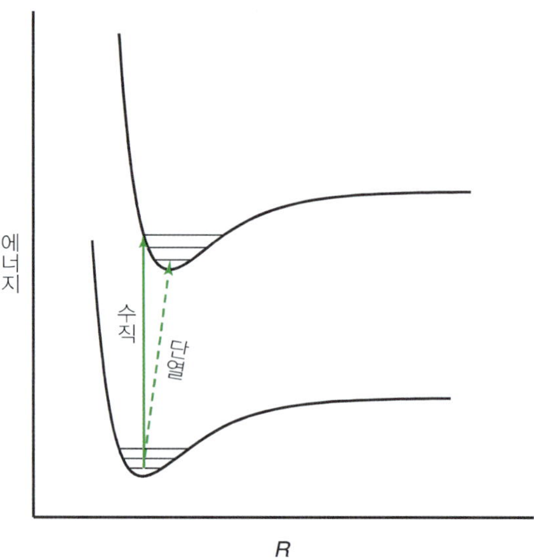

그림 14.18
수직(1)과 단열(2) 전이를 보여 주는 퍼텐셜 에너지 그림

$$h\nu_{\text{광자}} = IE + E_{\text{vib}} + E_{\text{rot}} + \tfrac{1}{2}m_e u^2 \tag{14.15}$$

이 된다. 여기서 E_{vib}와 E_{rot}는 각각 양이온의 진동 및 회전 에너지이다. 이때 단열 이온화 에너지를 수직 이온화 에너지 IE와 구분한다(그림 14.18). 단열 이온화 에너지는 분자를 이온화하는 데 필요한 최소 에너지를 나타내지만, 중성 및 이온 화학종 사이의 구조의 변화를 수반한다. 수직 이온화 에너지는 광전자 분광학에서 측정되며, Born−Oppenheimer 근사와 일치한다(13.1절 참조). 수소 분자의 자외선 광전자 스펙트럼은 일련의 조밀한 간격의 피크를 보인다(그림 14.19). 이 피크들 사이의 간격은 수소 분자 양이온의 진동 에너지 준위의 에너지 간격에 해당된다.

기체상 광전자 스펙트럼은 분자 오비탈에 대한 정보를 제공한다. 한 예로 물 분자를 생각해 보자. 물에는 전자가 10개 있는데, 산소 원자 1s 핵심부 오비탈에 전자 2개, 두 OH 결합성 오비탈에 전자 4개, 두 고립쌍 비결합성 오비탈에 전자 4개가 들어 있다. 따라서 광전자 스펙트럼에서 핵심부, 결합성, 고립쌍 오비탈에 대응하는 3개의 피크를 예상할 것이다. 그러나 실험적으로 각 오비탈마다 한 개씩 5개의 피크가 관찰된다(그림 14.20). 물 분자의 결합을 분자 오비탈 이론으로 나타내면 원자가 결합(Lewis 전자점 그림) 이론보다 더 명확하게 스펙트럼을 해석할 수 있다(그림 14.21). 두 개의 원자가 결합으로 공유 결합을 나타내기보다는, 3개의 시그마 분자 오비탈과 1개의 비결합성 오비탈로 나타내는 것이 보다 정확하다.

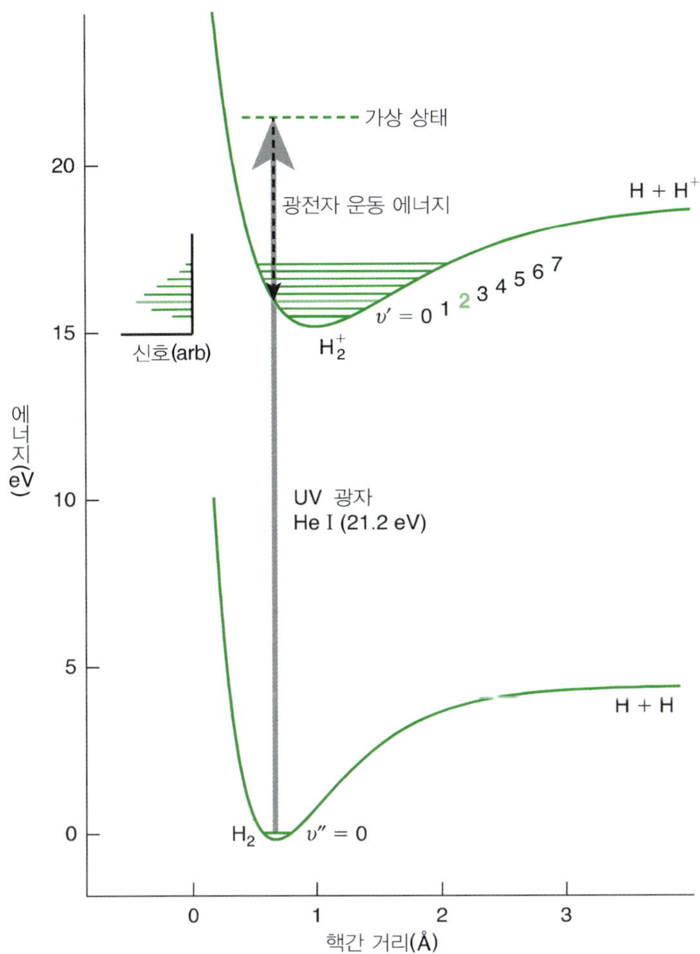

그림 14.19
수소 분자의 자외선 광전자 스펙트럼

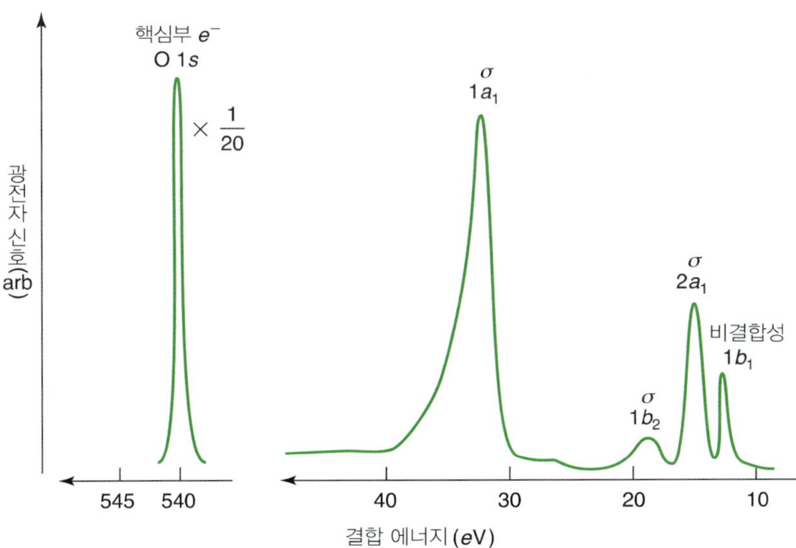

그림 14.20
물의 X선 광전자 스펙트럼

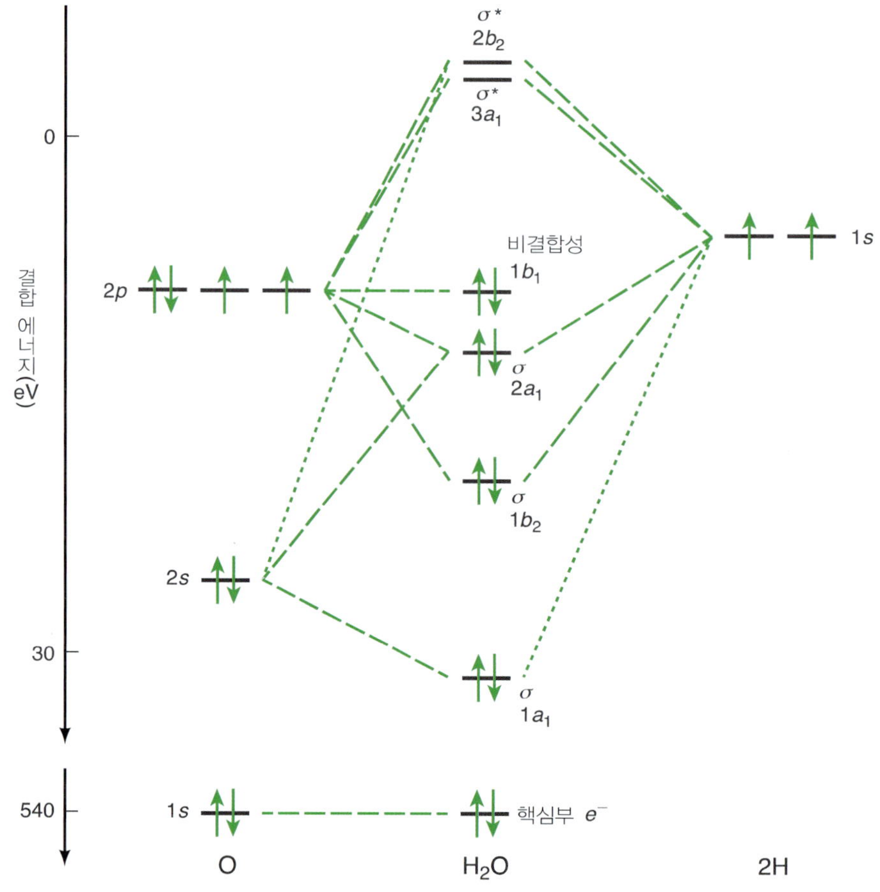

그림 14.21
물의 분자 오비탈 에너지 준위 그림

14.6 핵자기 공명 분광학

어떤 핵은 전자와 마찬가지로 스핀을 가지며, 따라서 그와 관련된 자기 모멘트를 가진다. 핵스핀 I는 다음 값들 중 하나를 가질 수 있다.

$$I = 0, \tfrac{1}{2}, 1, \tfrac{3}{2}, 2, \ldots$$

0 값은 핵이 스핀을 갖지 않는다는 것을 의미한다. 표 14.5는 원자 번호와 핵에 있는 중성자의 수를 기초로 하여 핵스핀을 결정하는 규칙을 제시한다. 한 주어진 I 값에 대하여, 스핀 방향을 나타내는 **핵스핀 양자수**(nuclear spin quantum number) m_I는 $(2I+1)$개의 값을 가진다. 이에 대응하는 에너지 준위는 자기장이 없을 때는 모두 비분화되어 있다. $I=\frac{1}{2}$인 양성자(^{1}H)를 생각해 보자. 두 개의 m_I 값은 각각 $+\frac{1}{2}$과 $-\frac{1}{2}$이다. 외부 자기장을 가하면 미분화가 제거된다. 한 주어진 핵스핀 상태의 에너지 E_{m_I}는 m_I 값과 자기장의 세기 B_0에 비례한다.

$$E_{m_I} = -m_I B_0 \gamma \hbar \tag{14.16}$$

표 14.5 핵스핀을 예측하는 규칙

양성자의 수(Z)	중성자의 수[a]	핵스핀(I)
짝수	짝수	0
짝수	홀수	$\frac{1}{2}$ 또는 $\frac{3}{2}$ 또는 $\frac{5}{2}$ ⋯
홀수	짝수	$\frac{1}{2}$ 또는 $\frac{3}{2}$ 또는 $\frac{5}{2}$ ⋯
홀수	홀수	1 또는 2 또는 3 ⋯

[a] 핵이 중성자를 갖지 않는 유일한 경우, 즉 동위 원소 ^1H의 경우에는 "0"은 짝수로 간주하여 $I=\frac{1}{2}$이다.

여기서 γ는 특정한 핵의 고유한 상수인 **자기 회전 비율**(gyromagnetic ratio 또는 magnetogyric ratio)이다. 마이니스 부호는 양의 m_I 값이 더 낮은(음수의) 에너지를 나타내는 관례를 따르기 위한 것이다. 그림 14.22는 $I=\frac{1}{2}$일 때 자기장의 세기에 따라 핵스핀 에너지 준위가 갈라지는 것을 보여 준다. 에너지 차이 ΔE는 다음과 같이 주어진다.

$$\begin{aligned}\Delta E &= E_{-1/2} - E_{+1/2} \\ &= -\left[\left(-\tfrac{1}{2}\right) - \left(+\tfrac{1}{2}\right)\right]B_0\gamma\hbar \\ &= B_0\gamma\hbar \qquad (14.17)\end{aligned}$$

$m_I=+\frac{1}{2}$인 준위에서 $m_I=-\frac{1}{2}$인 준위로의 전이에 대한 핵자기 공명(nuclear magnetic resonance, NMR)의 공명 조건($\Delta E=h\nu$)이 만족될 때까지* 복사선의 진동수 ν

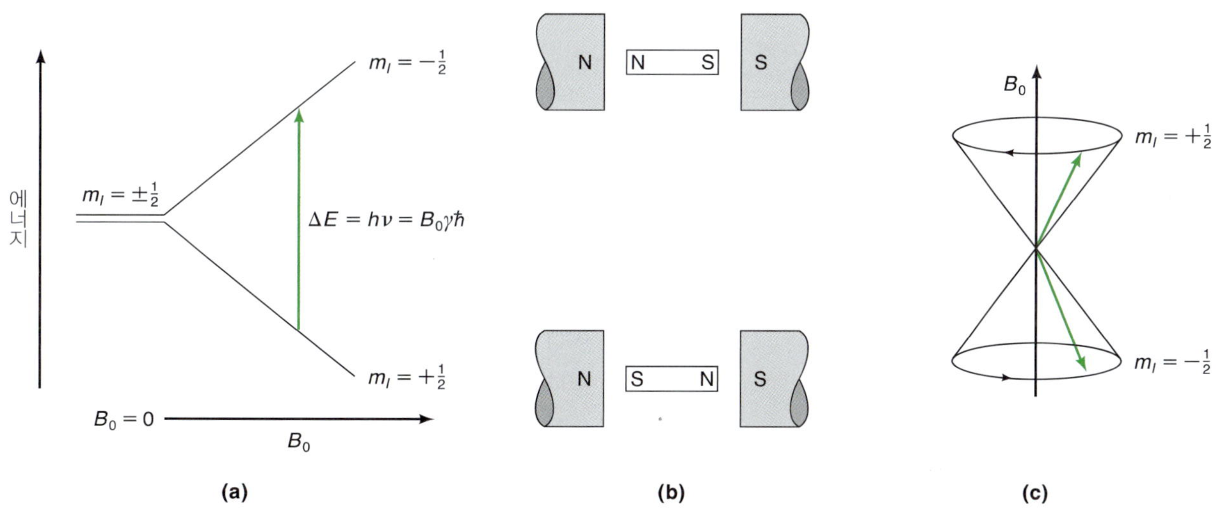

그림 14.22
(a) 외부 자기장 B_0에서 핵스핀 에너지 준위의 차이. (b) 외부 자기장과 같은 방향 또는 반대 방향으로 정렬한 핵스핀에 대한 고전 물리 묘사. (c) Larmor 진동수에서 핵스핀의 세차 운동

* 마이크로파, IR, 전자 분광학과는 달리, NMR 분광학은 전자기 복사선의 자기장 성분과 핵의 자기 모멘트 사이의 상호 작용을 필요로 하는 것에 유의하라.

($\Delta E/h$ 또는 $B_0\gamma/2\pi$로 주어지는) 또는 자기장의 세기 B_0를 변화시키면서 관찰할 수 있다. 핵스핀 에너지 준위 전이의 선택 규칙은 $\Delta m_I = \pm 1$이다.

$m_I = \pm\frac{1}{2}$과 관련된 두 개의 자기 쌍극자는 외부 자기장과 같은 방향 또는 반대 방향으로 정렬하여 고정되어 있는 것은 아니다. 대신 가해지는 자기장의 축을 중심으로 팽이처럼 돌고 있다. 즉 세차 운동을 한다(그림 14.22c). Larmor **진동수**(Larmor frequency, ω)라고 하는 이 세차 운동의 진동수는 다음으로 주어진다.

$$\omega = B_0\gamma \tag{14.18}$$

Larmor 진동수는 초당 라디안(rad s^{-1})으로 주어지는데, 다음과 같이 선형 진동수 ν로 변환할 수 있다(부록 A 참조).

$$\nu_{\text{세차}} = \frac{\omega}{2\pi} = \frac{B_0\gamma}{2\pi} \tag{14.19}$$

이 세차 진동수는 m_I에 무관하므로, 자기장에서 핵의 모든 방향의 스핀들은 동일한 이 진동수로 세차 운동을 한다. 식 14.19는 앞에서 언급한 핵자기 공명을 관찰하는 데 필요한 진동수와 같다는 것에 주목하라. 그 이유는 공명이 일어나려면 복사선의 진동수가 Larmor 진동수와 같아야 하기 때문이다.

높은 전압과 낮은 전류의 전기 방전을 발생하는 tesla 코일은 유리 진공 매니폴드(manifold)에서 새는 곳을 찾는 데 사용된다.

자기장의 세기는 세르비아의 공학자이며 발명가인 Nikola Testa(1856~1943)의 이름을 따서 tesla(T) 단위로 측정한다. 여기서

$$1\ \text{T} = 10^4\ \text{gauss}$$

자기 회전 비율은 $T^{-1}\ s^{-1}$의 단위를 가진다. 표 14.6에 자기 회전 비율, NMR 진동수(4.7 T 자기장에서), 여러 동위 원소의 자연 존재비를 수록하였다. 이 진동수들은 라디오파 영역에 해당한다. 주어진 핵에 대해 γ가 클수록 NMR 신호를 검출하기가 더 쉽다. 그러므로 가장 쉽게 연구되는 핵은 ^1H, ^{19}F, ^{31}P이다. 그러나 현대의

표 14.6 자기 회전 비율, NMR 진동수(4.7 T 자기장에서)와 여러 동위 원소의 자연 존재비

동위 원소	I	$\gamma(10^7\ T^{-1}\ s^{-1})$	ν(MHz)	자연 존재비(%)
^1H	$\frac{1}{2}$	26.75	200	99.985
^2H	1	4.11	30.7	0.015
^{13}C	$\frac{1}{2}$	6.73	50.3	1.108
^{14}N	1	1.93	14.5	99.63
^{15}N	$\frac{1}{2}$	2.71	20.3	0.37
^{17}O	$\frac{5}{2}$	3.63	27.2	0.037
^{19}F	$\frac{1}{2}$	25.17	188.3	100
^{31}P	$\frac{1}{2}$	10.83	81.1	100
^{33}S	$\frac{3}{2}$	2.05	15.3	0.76

기기를 사용하여, γ 값이 작고 자연 존재비가 매우 낮지만 유기화학과 생화학에서 대단히 중요한 ^{13}C 핵의 NMR을 쉽게 연구할 수 있다.

예제 14.1

^{1}H에 대하여 400 MHz의 세차 진동수에 대응하는 자기장의 세기 B_0를 구하시오.

답

식 14.9와 표 14.6을 이용하여

$$B_0 = \frac{2\pi v}{\gamma} = \frac{2\pi(400 \times 10^6 \text{ s}^{-1})}{26.75 \times 10^7 \text{ T}^{-1} \text{ s}^{-1}} = 9.40 \text{ T}$$

COMMENT

핵의 NMR 연구를 200 MHz나 그 이상의 진동수에서 하려면 강한 자기장이 필요하다. 그러므로 이러한 실험에는 초전도 자석을 사용해야 한다.

Boltzmann 분포

NMR은 흡수 분광학의 한 분야이므로 그 감도는 Bolztmann 분포에 의해 결정된다. 300 K에서 9.40 T의 자기장에 있는 ^{1}H 핵을 생각해 보자. 식 14.17로부터,

$$\Delta E = \frac{(9.40 \text{ T})(26.75 \times 10^7 \text{ T}^{-1} \text{ s}^{-1})(6.626 \times 10^{-34} \text{ J s})}{2\pi} = 2.65 \times 10^{-25} \text{ J}$$

이고, $k_B T = 4.14 \times 10^{-21}$ J이다. 따라서 낮은 에너지 준위에 있는 핵스핀의 수에 대한 높은 에너지 준위에 있는 핵스핀의 수의 비율은

$$\frac{N_{-1/2}}{N_{+1/2}} = e^{-\Delta E/k_B T} = \exp\left(\frac{-2.65 \times 10^{-25} \text{ J}}{4.14 \times 10^{-21} \text{ J}}\right) = 0.99994$$

이 수는 거의 1에 가깝고, 이는 두 에너지 준위가 거의 동등하게 점유되어 있다는 것을 의미한다.* 이 분포는 시료의 열운동이 스핀을 배향하려는 경향을 압도하기

---

* IR과 전자 분광학의 경우에는 에너지 준위의 간격이 상당히 크므로, 이 비율은 **훨씬** 작은 값이 된다(흡수 과정이 선호됨).

때문에 생기는 결과이다. 강한 열운동의 결과이다. 그럼에도 불구하고, 낮은 준위에 있는 스핀이 조금이라도 더 많으면 검출할 수 있는 NMR 신호를 발생시키기에 충분하다.

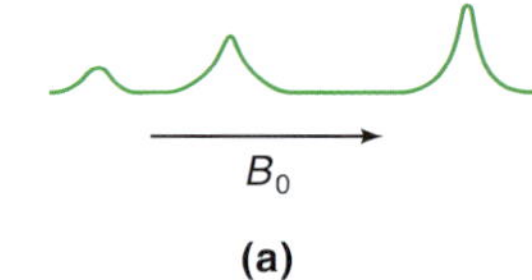

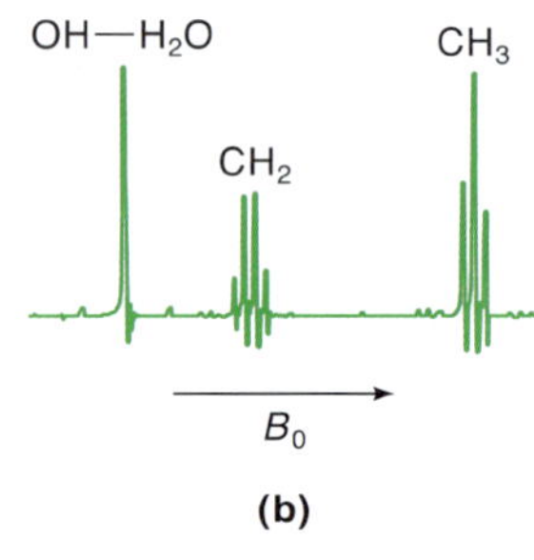

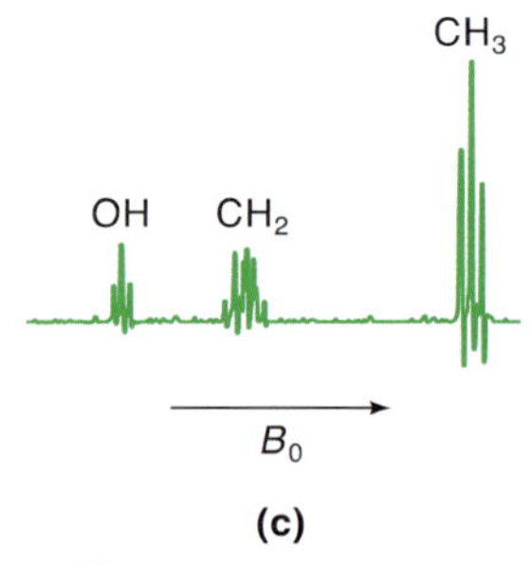

그림 14.23
에탄올의 (a) 저분해능, (b) 고분해능 양성자 NMR 스펙트럼. (c) 순수한 무수 에탄올의 NMR 스펙트럼[G. Glaros and N. H. Cromwell, *J. Chem. Educ.* **48**, 202 (1971)에서 인용].

화학적 이동

지금까지 논의된 바에 의하면 모든 양성자는 동일한 진동수에서 공명을 하는 것처럼 보이나, 그것은 사실이 아니다. 실제로 특정한 자기장의 세기에서, 주어진 ^{1}H 핵의 공명 진동수는 그 핵이 분자의 어디에 위치하고 있는가에 따라 달라진다. **화학적 이동**(chemical shift)이라고 하는 이 효과로 인하여 NMR 분광학의 유용성이 극대화된다.

그림 14.23a는 에탄올(CH_3CH_2OH)의 양성자 NMR 스펙트럼을 보여 준다. 상대적 면적비가 1:2:3인 세 피크는 각각 $-OH$, $-CH_2$, $-CH_3$ 양성자에 대응한다. 세 개의 분리된 피크가 관찰된다는 것은 각 유형의 양성자에 가해지는 국소 자기장 B가 외부 자기장 B_0와는 다르다는 것을 의미한다. 이 자기장들은 다음과 같이 관련되어 있다.

$$B = B_0(1 - \sigma) \tag{14.20}$$

여기서 σ는 **가림 상수**(screening 또는 shielding constant)라고 하며, 단위가 없다. 이러한 가림으로 인해 주어진 핵에 대한 공명 진동수는 다음과 같게 된다.

$$\nu = \frac{B_0(1 - \sigma)\gamma}{2\pi} \tag{14.21}$$

그러므로 원자 (또는 분자) 내의 핵의 공명 진동수는 가려지지 않은, 즉 고립된 양성자보다 더 낮다. 일반적으로 σ는 매우 작은 수(양성자의 경우 약 10^{-5})이고, 크기는 핵 주위의 전자 구조에 따라 달라진다. 수정된 공명 조건을 그림 14.24에 나타내었다.

일반적으로 우리는 가려지지 않은 핵의 예상 위치에 대한 NMR 피크의 절대적

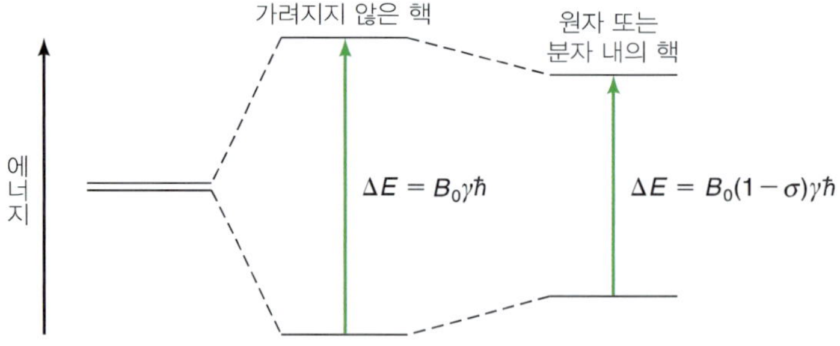

그림 14.24
전자 가림이 핵자기 공명 조건에 미치는 효과. 도표는 비례적으로 그린 것은 아니다.

이동보다는 피크의 상대적 위치에 더 관심이 있다. 그러므로 화학적 이동은 기준 핵($\nu_{기준}$)과 해당 핵(ν) 사이의 공명 진동수의 차이를 화학적 이동 파라미터(δ)를 사용하여 다음과 같이 정의하는 것이 일반적이다.

$$\delta = \frac{\nu - \nu_{기준}}{\nu_{분광기}} \times 10^6 \text{ ppm} \tag{14.22}$$

여기서 $\nu_{분광기}$는 NMR 분광기의 진동수이다. ν와 $\nu_{기준}$ 사이의 차이는 보통 수백 Hz이고, $\nu_{분광기}$는 보통 수백 MHz이므로 이 비율에 10^6을 곱하여 δ를 다루기 편한 수로 만든다. 이러한 이유로 화학적 이동은 ppm(백만분의 일, parts per million) 단위로 나타낸다. 진동수 차이($\nu - \nu_{기준}$)를 $\nu_{분광기}$로 나눈 것에 주목하라. 이 때문에 δ는 사용된 자기장의 세기와는 관계가 없다. 유기화학에서는 일반적으로 화합물은 테트라메틸실레인(TMS) $(CH_3)_4Si$를 기준 양성자 화합물로 사용한다. 이 화합물은 다음과 같은 장점이 있다. (1) 같은 유형의 양성자를 12개 가지고 있으므로 내부 기준 물질로 적은 양만이 필요하다. (2) 화학적으로 비활성이다. (3) 이 화합물의 양성자는 대부분의 다른 양성자보다 더 작은 공명 진동수를 가지므로 대부분의 양성자의 화학적 이동은 양의 값이 된다. 그림 14.25는 TMS를 기준으로 여러 유형의 양성자에 대한 화학적 이동을 ppm 단위로 보여 준다.

CH_3, H_3C, Si, CH_3, CH_3

TMS

관례적으로 NMR 스펙트럼은 ν(또한 δ)를 오른쪽에서 왼쪽으로 증가하는 것으로 나타낸다. 따라서 양성자가 더 강하게 가려질수록(σ가 더 크고, ν와 δ가 더 작을수록) 스펙트럼의 오른쪽으로 나타난다. 때때로 화학자는 화학적 이동을 '높은장(upfield)' 또는 '낮은장(downfield)'으로 부르는데, 이는 각각 '더 많이 가려진' 또는 '덜 가려진'을 의미한다. 화학적 이동은 식 14.22를 사용하여 시료와 기준 물질의 진동수의 차이로 쉽게 다시 변환할 수 있다. 예를 들면 벤젠의 화학적 이동은 약 7.30 ppm이다. 만약 분광기가 200 MHz의 진동수에서 작동한다면,

$$\begin{aligned}\nu_{벤젠} - \nu_{TMS} &= \delta \times \nu_{분광기} \\ &= (7.30 \times 10^{-6})(200 \times 10^6 \text{ Hz}) \\ &= 1.46 \times 10^3 \text{ Hz}\end{aligned}$$

만약 400 MHz 분광기를 사용하였다면 진동수의 차이는 2.92×10^3 Hz가 될 것이다. 즉 주어진 NMR 스펙트럼에서 피크들 사이의 간격은 분광기의 진동수(또는 자기장의 세기)에 비례하지만, δ는 진동수와는 무관하다. 이러한 이유로, 겹쳐 있는 많은 피크를 분리해야 의미 있는 분석이 가능한 단백질 용액의 연구에서 높은 자기장의 NMR(2013년 현재 1000 MHz에 근접하는)의 사용이 보편화되고 있다.

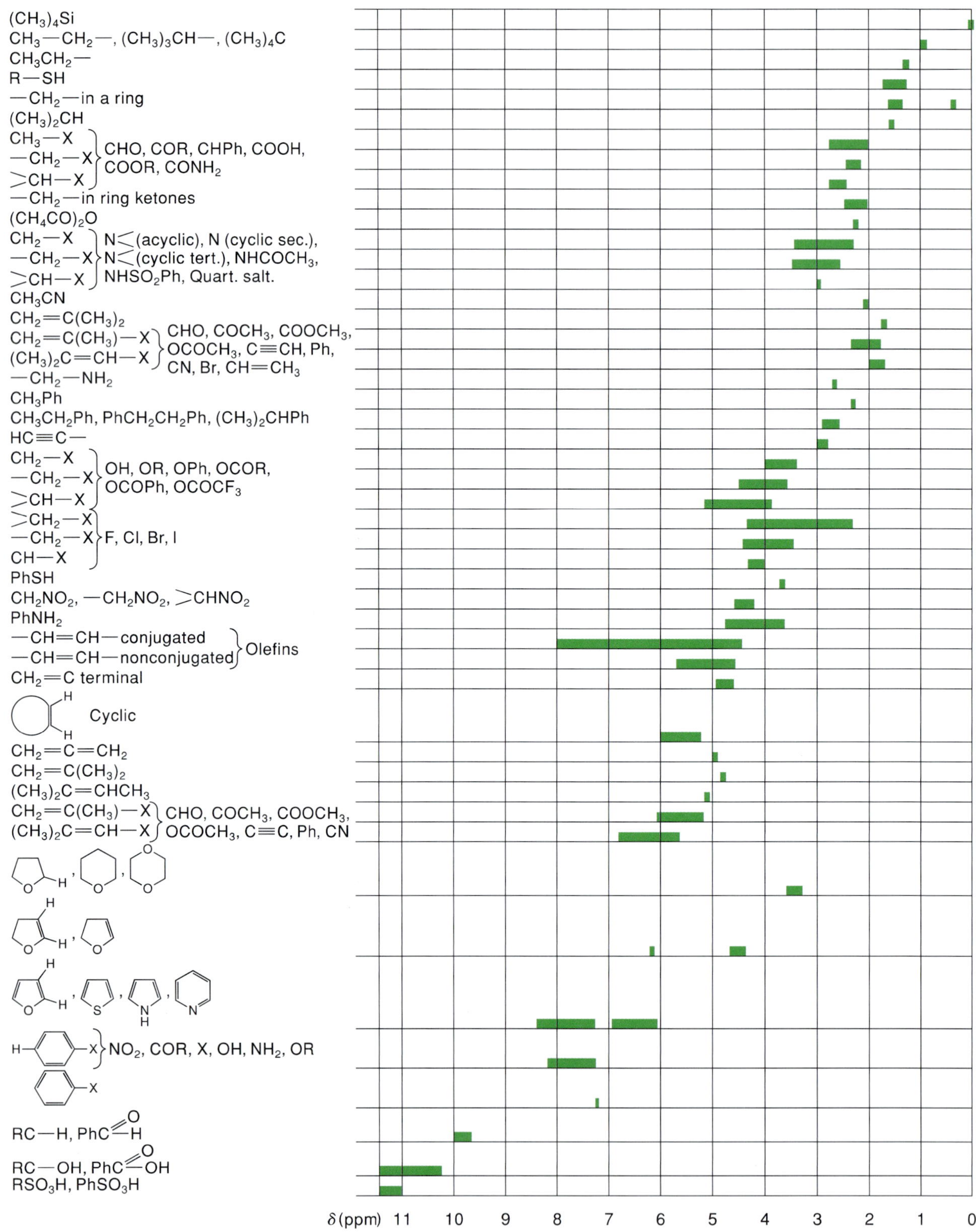

그림 14.25

여러 유기 화합물의 화학적 이동. TMS는 기준 화합물이므로 화학적 이동은 0이다[E. Mohacsi, *J. Chem. Educ.* **41**, 38 (1964)에서 인용].

스핀-스핀 짝지음

그림 14.23b는 에탄올의 고분해능 NMR 스펙트럼을 보여 준다. $-CH_2$와 $-CH_3$ 피크는 실제로 각각 4개와 3개의 선으로 이루어졌고, 이들의 상대적 세기비는 각각 1:3:3:1과 1:2:1이다. 각 무리에서 선 사이의 간격은 분광기 진동수와 **무관하다**. 그러므로 이것은 앞에서 논의한 화학적 이동의 효과는 아니다. 이를 어떻게 설명할 수 있을까? $I \neq 0$인 핵은 핵자기 모멘트를 가진다. 이 핵에 의해 생성되는 자기장은 이웃한 핵이 느끼는 자기장에 영향을 미칠 수 있고, 그로 인하여 이웃한 핵이 NMR 흡수를 일으키는 진동수를 약간 변화시킨다. 분자의 회전이 빠르게 일어나는 액체나 기체상에서는 쌍극자 상호 작용이라고 하는, 핵의 직접적인 스핀-스핀 상호 작용이 평균적으로 0이다.

그러나 이외에도 결합 전자를 통해 전달되는 핵스핀 사이의 간접적인 상호 작용이 존재한다. 이 상호 작용은 분자 회전에 의해 영향을 받지 않고, NMR 피크의 갈라짐을 야기한다. 에탄올의 경우, $-CH_2$기에서 각 핵스핀은 두 가지 방향이 가능하므로, $-CH_3$ 피크는 첫 번째 메틸렌 양성자에 의하여 생성된 자기장에 의해 두 개의 선으로 갈라진다. 이 두 선은 각각 두 번째 메틸렌 양성자에 의해 다시 갈라져서 총 4개의 선이 나타난다. 이들 중 2개는 서로 겹쳐져서 $-CH_3$는 3개의 선만 보이고, 관찰되는 세기의 비는 1:2:1이다. 마찬가지로 $-CH_2$기는 메틸 양성자에 의해 갈라지므로 4개의 선으로 나타난다(그림 14.26). 각 작용기에서 선들 사이의 간격은 **스핀-스핀 짝지음 상수**(spin-spin coupling constant) (J)이며, 이것의 크기는 자기 상호 작용의 정도에 의해 결정된다. 다음은 스핀-스핀 짝지음의 주요 특성이다.

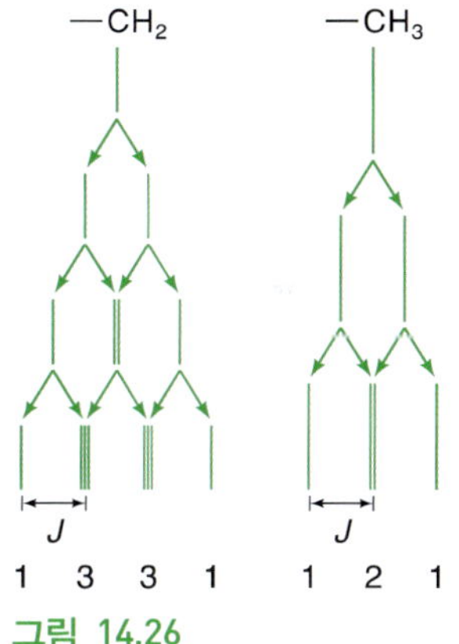

그림 14.26
에탄올의 NMR 스펙트럼에서 사중선과 삼중선을 나타나게 하는 $-CH_2$와 $-CH_3$기에서의 스핀-스핀 갈라짐. 두 경우에 짝지음 상수(J)는 같다.

1. 스핀-스핀 짝지음을 일으키려면 핵은 자기적으로 동등하지 않아야 한다. 예를 들면 에탄올의 $-CH_3$기의 양성자는 자기적으로 동등하므로 이들은 서로 상호 작용하지 않는다. 이들은 $-CH_2$ 피크에 갈라짐을 야기하는데, 이는 메틸렌 양성자는 메틸 양성자와 자기적으로 동등하지 않기 때문이다.

2. 스핀-스핀 짝지음은 두 핵이 3개의 결합 이내로 떨어져 있을 때만 관찰된다.

3. ^1H(또는 $I=\frac{1}{2}$인 모든 핵)의 경우, n개의 동등한 양성자에 의한 선의 갈라짐은 $(n+1)$ 규칙을 따르고, 선의 세기는 **이항분포**(binomial distribution)로 주어진다(표 14.7). 이항분포는 에탄올과 수소를 포함하고 있는 다른 화합물에서 NMR 피크가 갈라지는 모양을 만족스럽게 설명한다.

표 14.7 이항분포 계수[a]

n	세기비	다중도
0	1	단일선
1	1 1	이중선
2	1 2 1	삼중선
3	1 3 3 1	사중선
4	1 4 6 4 1	오중선
5	1 5 10 10 5 1	육중선

[a] 계수는 방정식 $(1+x)^n$에 의해 생성된다. 세기비는 숫자 1부터 시작하고, 그다음 x, x^2,...의 계수가 온다.

NMR과 속도 과정

에탄올 스펙트럼에 대한 논의를 마무리하려면 $-CH_2$기와 $-OH$기 사이에는 스핀-스핀 상호 작용이 없는 것을 설명해야 한다. 실제로 순수한 에탄올에서 $-OH$ 피크는 $-CH_2$기에 의해 1:2:1의 삼중선으로 갈라지고, $-CH_2$기의 네 개의 선은 각각 수산화 양성자에 의해 같은 세기의 이중선으로 더 갈라진다(그림 14.23c). $-OH$와 $-CH_3$기 사이의 갈라짐은 이들 양성자가 결합 3개보다 더 떨어져 있기 때문에 관찰되지 않는다. 물이 소량 존재하면 $-OH$기와 H_2O 사이에, 또한 C_2H_5OH와 양성자가 결합한 C_2H_5OH 사이에서 양성자 교환 반응이 빠르게 일어나서 $-OH$와 $-CH_2$기 사이의 스핀-스핀 상호 작용은 효과적으로 제거된다.

$$C_2H_5-\overset{H}{\overset{|}{O}} + H-\overset{H}{\overset{|}{\underset{\oplus}{O}}}-H \rightleftharpoons C_2H_5-\overset{H}{\overset{|}{\underset{\oplus}{O}}}-H + \overset{H}{\overset{|}{O}}-H$$

$$C_2H_5-\overset{H}{\overset{|}{\underset{\oplus}{O}}}-H + \overset{H}{\overset{|}{O}}-H \rightleftharpoons C_2H_5-\overset{H}{\overset{|}{O}} + H-\overset{H}{\overset{|}{\underset{\oplus}{O}}}-H$$

$$C_2H_5-\overset{H}{\overset{|}{\underset{\oplus}{O}}}-H + \overset{H}{\overset{|}{O}}-C_2H_5 \rightleftharpoons C_2H_5-\overset{H}{\overset{|}{O}} + H-\overset{H}{\overset{|}{\underset{\oplus}{O}}}-C_2H_5$$

여기서 교환 반응에 관여하는 양성자는 H로 나타내었다.

사실 NMR 분광학은 양성자 교환 반응과 화학 결합을 축으로 하는 회전이나 고리 반전(ring inversion)과 같은 많은 화학 과정의 속도를 연구하는 데 유용하게 사용될 수 있다. 예를 들어 사이클로헥세인에서 일어나는 형태 변화 또는 '고리 반전'을 생각해 보자.

사이클로헥세인의 NMR 스펙트럼은 스핀–스핀 상호 작용 때문에 다소 복잡하다. 그러나 중수소로 치환된 화합물 $C_6D_{11}H$를 사용하고, **스핀 짝풀림**(spin decoupling)으로 알려진 기법을 적용하면 이 상호 작용을 제거할 수 있다. 그 결과로 두 개의 선만을 관찰할 수 있는데, 하나는 수직 위치에 있는 양성자를 나타내고, 다른 하나는 수평 위치에 있는 양성자에 해당한다(그림 14.27). −89°C에서 고리 반전 속도는 매우 느리므로 시료에 있는 양성자들의 반은 수직 위치에, 나머지 반은 수평 위치에 있는 상태에 해당하는 두 개의 선이 관찰된다. 시료의 온도를 올리면 피크의 너비가 넓어진다. −60°C에서 피크들은 하나의 선으로 합쳐지는데, 온도를 더 올리면 더 뾰족해진다. 이러한 (수직과 수평 위치 사이의) 화학적 교환은 Heisenberg 불확정성 원리로 이해할 수 있다(10.6절 참조).

$$\Delta E = \frac{h}{4\pi\tau}$$

또는

$$\Delta \nu = \frac{1}{4\pi\tau}$$

여기서 τ는 특정한 자기 환경에 있는 양성자의 평균 수명이고, $\Delta\nu$는 NMR 선너비이다. 교환 과정으로 인해 수명은 짧아지고, $\Delta\nu$는 커지며, 따라서 선은 자연 선너비(평균 수명에 따른 선너비)보다 더 넓어진다. 고리 반전 속도는 온도가 높아질수록 급격하게 증가한다. 교환 속도 $1/\tau$가 두 선의 진동수 차이에 비해 크면, 스펙트럼은 단일 선으로 합쳐진다. 고리 반전 속도가 더 빠르면, 두 양성자는 아주 빠르게 위치를 바꾸므로 계는 마치 한 종류의 양성자만 존재하는 것처럼 보인다. 이때 관찰되는 스펙트럼은 소위 교환-협소 영역(exchange-narrowing region)에 있다고 한다(−49°C에서 얻은 피크). 온도에 따른 선너비의 변화를 분석하면 사이클로헥세인의 고리 반전에 대한 활성화 에너지가 42 kJ mol^{-1}이 됨을 알 수 있다.

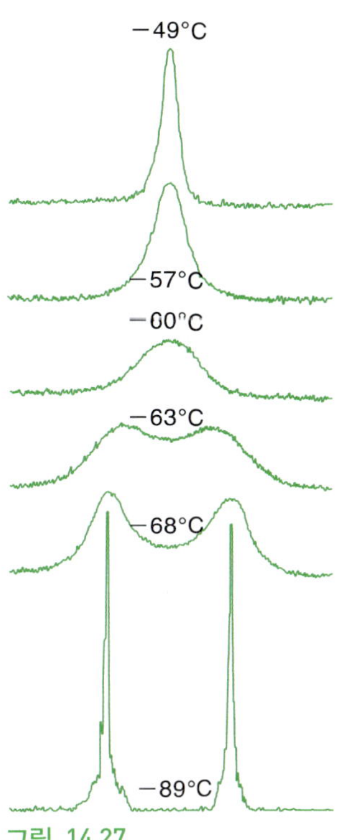

그림 14.27
여러 온도에서 중수소로 치환된 사이클로헥세인($C_6D_{11}H$)의 양성자 NMR 스펙트럼. 자기장은 왼쪽에서 오른쪽으로 증가한다(F. A. Bovey, *Nuclear Magnetic Resonance Spectroscopy*, Academic Press, Inc., New York, 1969에서 인용).

^{1}H 이외의 다른 핵의 NMR

양성자 자기 공명은 가장 흔히 사용되는 NMR이다. 그러나 화학적 또는 생물학적 물질의 연구에는 다른 핵들도 중요하다. ^{13}C는 NMR에 활성이 있는 핵으로서, Fourier-변환 분광학의 발전에 힘입어 ^1H 다음으로 많이 사용된다. 양성자에 대해서 논의한 스핀–스핀 짝지음은 ^{13}C 핵과 여기에 결합된 양성자 사이에서도 일어난다. 따라서 메틸렌기의 ^{13}C NMR 스펙트럼은 ^{13}C 핵과 두 개의 양성자와의 상호 작용으로 인해 삼중선으로 나타난다. ^{13}C 동위 원소의 자연 존재비가 낮은 장점이 된다.

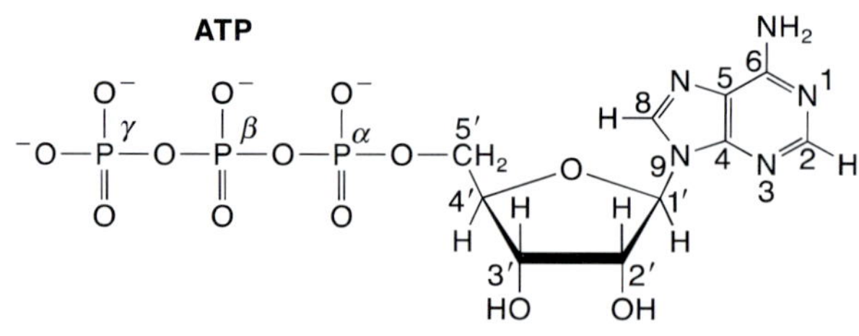

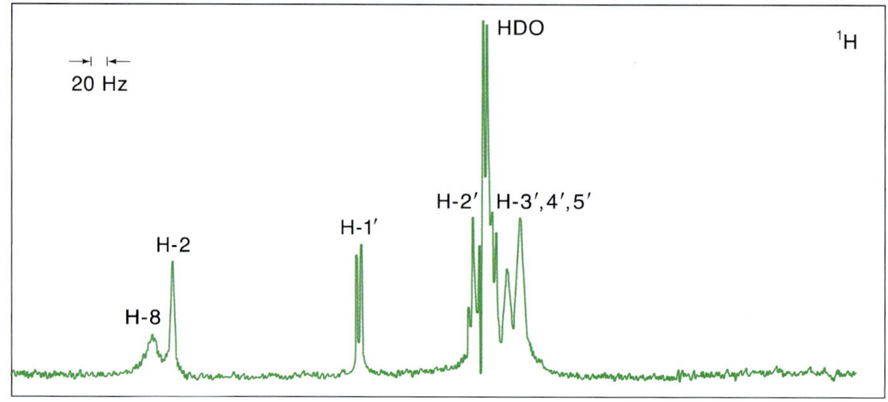

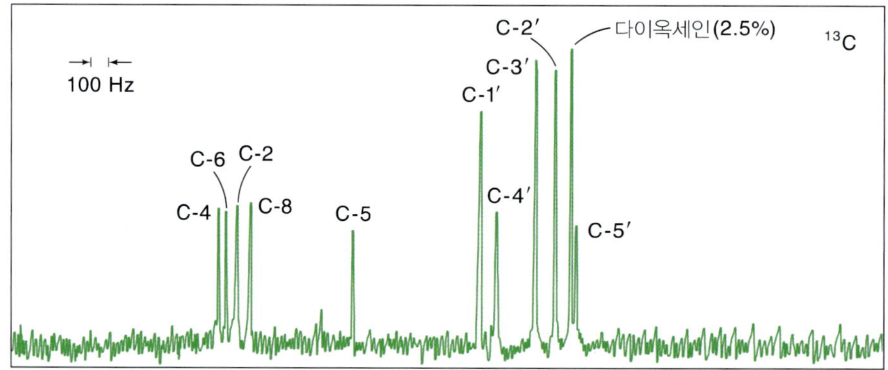

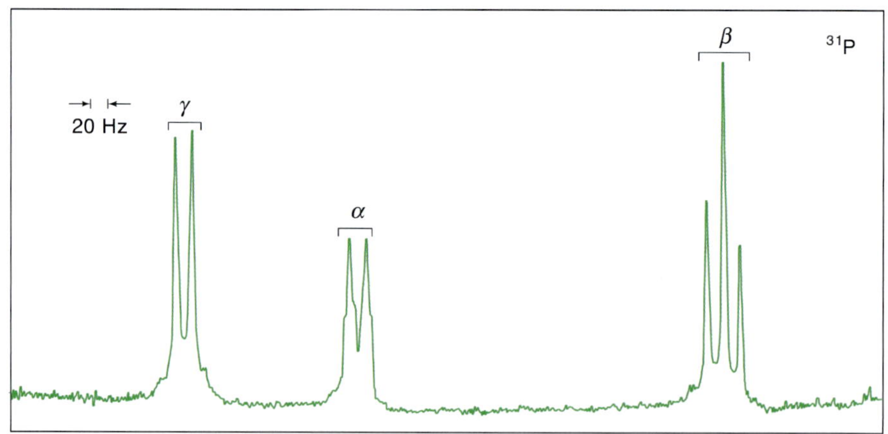

그림 14.28

아데노신-5′-삼인산염(ATP)의 ^{1}H, ^{13}C, ^{31}P NMR 스펙트럼. ^{13}C 스펙트럼은 서로 다른 종류의 탄소 원자들의 화학적 이동만 보이도록 양성자-짝풀림된 것에 유의하라(Varian Associates, Palo Alto, CA의 허락하에 게재함).

즉 두 개의 ^{13}C 원자가 서로 결합되어 있을 확률이 매우 낮으므로 $^{13}C-^{13}C$ 갈라짐은 관찰되지 않는다. 모든 $^{13}C-^{1}H$ 갈라짐을 제거할 수 있는 양성자-짝풀림(proton-decoupling) 과정을 거쳐 ^{13}C NMR 스펙트럼을 얻게 되므로 스펙트럼을 쉽게 분석할 수 있다.* 또한 ^{13}C NMR의 화학적 이동은 약 250 ppm 범위에 걸쳐 나타나는데, 이것은 양성자에 대한 범위보다 10배 정도 더 크다.

^{13}C 외에도 동위 원소 ^{15}N, ^{19}F, ^{31}P도 NMR 분광학에서 중요한데, 많은 화학 또는 생물학 화합물은 이 원소들을 포함하고 있기 때문이다. 한 흥미로운 예로서 1990년대에 화학자들은 수소 결합에 관여하는 두 개의 ^{15}N 핵, 즉 N−H⋯N 사이의 스핀−스핀 짝지음을 발견하였다. 이것은 여기에서의 수소 결합, 그리고 일반적인 모든 수소 결합은 약간의 공유 결합성을 가진다는 것에 대한 확실한 증거가 되므로 중요한 발견이다. 앞에서 스핀−스핀 짝지음은 결합 전자를 통해 전달된다는 것을 언급하였다. 그러므로 수소 결합이 순수한 정전기적 인력이라면, 그러한 상호 작용은 일어날 수 없었을 것이다. 따라서 양성자를 제공하는 그룹(N−H)과 받는 원자(N) 사이에 약간의 파동 함수 겹침이 있어야 한다.

그림 14.28은 중요한 생체 분자인 아데노신-5′-삼인산염(ATP)의 ^{1}H, ^{13}C, ^{31}P NMR 스펙트럼을 보여 준다.

고체 상태 NMR

액체상 NMR과 고체상 NMR 스펙트럼의 차이는 선너비에 있다. NMR 스펙트럼에서 선너비에 주로 영향을 주는 것은 두 개의 가까이 있는 핵 사이의 자기 쌍극자−쌍극자 상호 작용이다. 이것은 공명 진동수를 증가시키거나 감소시킬 수 있고 따라서 선을 넓어지게 한다. 이에 대한 이론에 따르면 쌍극자 상호 작용에 의한 진동수 변화 $\Delta\nu$는 다음과 같이 주어진다.

$$\Delta\nu \propto \frac{\mu_i\mu_j}{r_{ij}^3}(3\cos^2\theta_{ij} - 1) \tag{14.23}$$

여기서 μ_i와 μ_j는 핵 i와 j의 자기 쌍극자, r_{ij}는 핵들 사이의 거리, θ_{ij}는 외부 자기장과 두 핵을 연결하는 선이 이루는 각도이다. 액체에서 분자의 회전 운동은 빠르게 일어나므로 이 상호 작용은 평균적으로 0이 되고, 잘 분해된 스펙트럼을 얻을 수 있다. 그러나 고체의 경우는 다르다. 여기서 분자는 위치가 고정되어 있으므로 액체에서와 같이 평균화시키는 운동은 일어나지 않는다. 그 결과, 고체의 경우 약 10^4 Hz의 선너비(액체의 경우 1 Hz 또는 그 이하와 비교)가 일반적으로 관찰된다.

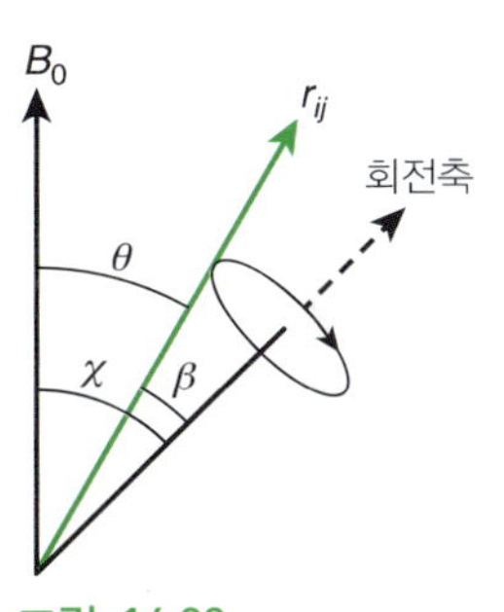

그림 14.29
요술각 회전 NMR 실험에서 각도 관계

* ^{13}C 스펙트럼을 기록하는 동안 ^{1}H의 공명 진동수로 시료를 조사하면 짝풀림을 유도할 수 있다. C−H기의 ^{13}C NMR 스펙트럼은 (다른 자기성 핵은 없다고 가정하고) 이중선으로 나타난다. 짝풀림 진동수에서 라디오파의 세기가 충분히 크면, ^{1}H의 스핀 배향이 변하는 속도는 짝지음 상수보다 훨씬 더 크게 되고, 이중선은 단일선으로 합쳐진다.

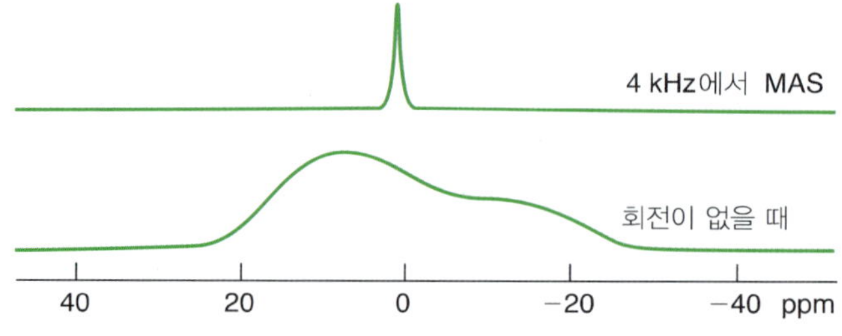

그림 14.30
인산 이수소 암모늄($NH_4H_2PO_4$)의 양성자−짝풀림을 한 ^{31}P NMR 스펙트럼. 아래: 분말 스펙트럼. 위: 4 kHz의 요술각 회전. 회전이 없을 때의 스펙트럼이 비대칭인 것은 화학적 이동의 비등방성, 즉 화학적으로 같은 핵이라도 화학적으로 다른 환경 때문에 생기는 화학적 이동의 차이 때문이다.("University of Ottawa NMR Facility BLOG" http://www.u-of-o-nmr-facility.blogspot.ca, accessed 1-Apr-2013. Glenn A. Facey의 허락하에 게재함).

고체 상태 NMR 실험에서 고체 물질이 들어 있는 회전하는 시료 튜브는 자기장 B_0로부터 χ의 각을 이루고 배향되어 있다(그림 14.29). $(3\cos^2\theta_{ij}-1)$ 항의 시간 평균은 다음과 같이 주어진다.

$$\langle 3\cos^2\theta_{ij} - 1\rangle = (3\cos^2\chi - 1)\left(\frac{3\cos^2\beta_{ij} - 1}{2}\right) \tag{14.24}$$

여기서 β_{ij}는 쌍극자 i와 j를 연결하는 벡터와 회전축 사이의 각도이다. $\chi = 54.74°$일 때, $3\cos^2\chi - 1 = 0$ 인 것을 알 수 있다. 시료 튜브가 빠르게 회전하면 모든 쌍의 짝지은 쌍극자는 서로 다른 β_{ij} 값을 갖더라도, 같은 χ값을 가진다. 이러한 방법으로 쌍극자 넓어짐을 효과적으로 감소시켜 0에 가깝게 만들 수 있다. 이 기술을 요술각 회전(MAS: magic angle spinning)이라고 하는데, 회전의 빈도가 스펙트럼의 너비보다 더 커야 한다. 이 조건은 gas-driven spinner를 사용하여 충족할 수 있다. 그림 14.30은 MAS가 있을 때와 없을 때 인산 이수소 암모늄($NH_4H_2PO_4$)의 ^{31}P NMR 스펙트럼을 비교한 것이다.

초기의 MAS 실험에서는 치과용 드릴이 사용되었다.

Fourier−변환 NMR

근래에 Fourier 변환 기술은 분광학의 여러 분과에 지대한 영향을 미쳤다. 11장에서 FT-IR을 소개하였는데, 여기에서는 Fourier-변환 NMR(FT-NMR)에 대하여 논의할 것이다.

원칙적으로 NMR은 공명 조건이 만족되도록 외부 자기장의 세기를 일정하게 고정시키고 라디오파의 진동수(rf)를 변화시키거나, 라디오파의 진동수를 일정하게 고정시키고 외부 자기장의 세기를 변화시킬 때 관찰할 수 있다. 기술적으로 라디오파의 진동수를 일정하게 유지하고 외부 자기장의 세기를 변화시키는 것이 더 간단하다. 그러나 어떤 경우이든 분광기는 복사선을 계속해서 시료에 조사해야 하기 때문에 연속파(cw) 방식으로 작동한다. 그 결과 이러한 분광기로 NMR 스펙트럼을 기록하려면 몇 분이 소요된다. 반면에 FT-NMR은 펄스 rf 복사선을 사용하므로 훨씬 더 빠르다.

FT-NMR이 어떻게 작동하는지 이해하기 위하여, $I=\frac{1}{2}$의 동일한 스핀을 가진 많은 핵들로 이루어진 시료를 생각해 보자. 강한 외부 자기장 B_0 하에 놓였을 때, 핵은 가해 주는 자기장과 같은 방향 또는 반대 방향으로 정렬한다. 같은 방향으로 정렬하는 것이 더 낮은 에너지 준위에 해당하므로, 이 방향으로 정렬하는 핵이 조금 더 많다. 알짜 자기화(net magnetization) M은 B_0(z축)를 중심으로 Larmor 진동수로 세차 운동을 한다(그림 14.31). 펄스 NMR 실험에서는, 세기가 B_1인 짧고 강한 자기장 펄스 하나가 x축 방향으로 시료에 가해진다. 이 결과, 알짜 자기화는 다음 식으로 주어지는 각 α로 회전하게 된다.

$$\alpha = \gamma B_1 t_p \tag{14.25}$$

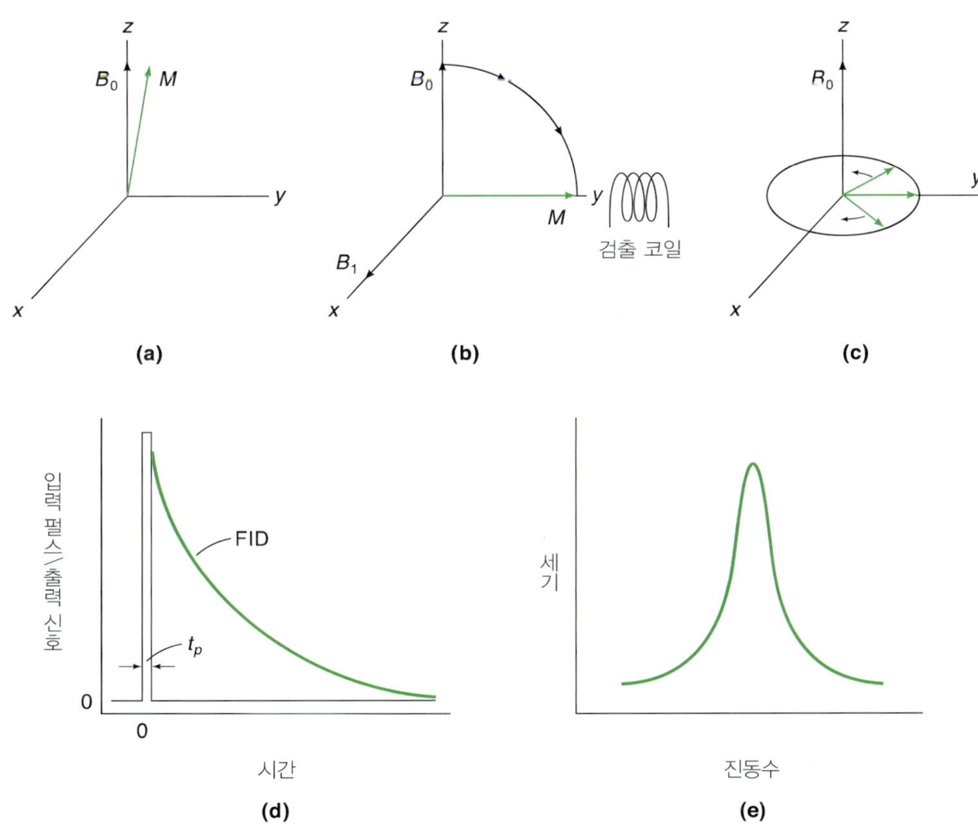

그림 14.31
(a) z축 방향으로 놓여 있는 외부 자기장 B_0를 중심으로 스핀 집합의 알짜 자기화 M의 세차 운동. (b) (x축 방향의 rf 복사선의 자기장 B_1에 의한) 90° 펄스는 검출 코일이 놓여 있는 y축 방향으로 자기화 벡터의 방향을 바꾼다. (c) 펄스 직후에 핵스핀은 xy 평면에서 세차 운동을 시작한다. 세차 운동이 계속됨에 따라 자기화 벡터는 최대와 최소가 교대로 나타나는 신호를 발생한다. (d) 90° 펄스와 그 이후 시간에 따른 유도 자유 감쇠(FID). (e) FID를 Fourier 변환[$f(t)$]하여 세기 대 진동수 스펙트럼을 얻는다.

여기서 γ는 자기 회전 비율이고, t_p는 가해준 펄스의 지속 시간으로 마이크로초 정도이다. t_p를 적절히 조절하면 자기화는 z축 방향에서 y축 방향으로 회전한다(이 펄스는 $\alpha = 90°$이므로 90° 펄스라고 한다). NMR 신호는 y축을 따라 놓여 있는 검출 코일로 측정한다. 펄스를 가해준 직후에 (B_1을 껐을 때) 자기화 벡터는 xy 평면에서 Larmor 진동수로 회전하기 시작한다. 이어서 이완 메커니즘으로 인해 자기화는 y축을 따라서 감소하고, 마침내 열평형에 도달하면 z축을 따라서 복구된다. NMR 신호가 시간의 함수로 감쇠하는 것을 **유도 자유 감쇠**(FID: free induction decay)라고 한다. 마지막으로 Fourier 변환을 하면(아래 참조), FID는 흡수 피크로 바뀐다.

그림 14.31d는 핵이 모두 동일하고 rf 복사선 (자기장의 세기가 B_1인)을 Larmor 진동수와 일치시킨 경우에 적용된다. 종종 화학적 이동과 스핀-스핀 짝지음 때문에 Larmor 진동수가 서로 다른 핵에 대한 연구도 하게 된다. 이러한 경우에 서로 다른 핵의 무리는 서로 다른 진동수로 세차 운동을 하고, 간섭 효과가 일어나기 때문에 FID는 훨씬 더 복잡한 모습을 나타낼 것이다.

펄스 NMR의 중요한 특징은 단일 진동수의 rf 펄스를 가하더라도 화학적 이동이 다른 핵들을 동시에 들뜨게 할 수 있다는 것이다. 지속 시간이 10 μs(1 μs $= 10^{-6}$ s)인 펄스를 생각해 보자. Heisenberg 불확정성 원리에 의하면(식 10.28 참조),

$$\Delta E \Delta t = \frac{h}{4\pi}$$

$\Delta E = h\Delta\nu$이므로

$$\begin{aligned}\Delta\nu &= \frac{1}{4\pi\Delta t} \\ &= \frac{1}{4\pi(10 \times 10^{-6}\ \text{s})} \\ &\approx 8 \times 10^{3}\ \text{s}^{-1} \\ &= 8\ \text{kHz}\end{aligned}$$

이 진동수 범위는 충분히 넓어서 대부분의 양성자의 화학적 이동을 포함한다. FID와 연관된 시간에 따른 신호 세기의 변화를 나타내는 함수 $f(t)$는 해석하기가 어렵기 때문에 더 쉽게 이해할 수 있는 형태, 즉 진동수에 따른 세기의 변화를 나타내는 함수 $I(\nu)$로 변환해야 한다. 이 두 가지 분광학 함수는 다음과 같이 서로 Fourier 변환 관계에 있다.

$$f(t) = \int_{-\infty}^{+\infty} I(\nu)\cos(\nu t)\,d\nu \qquad (14.26)$$

$$I(\nu) = \int_{-\infty}^{+\infty} f(t)\cos(\nu t)\,dt \qquad (14.27)$$

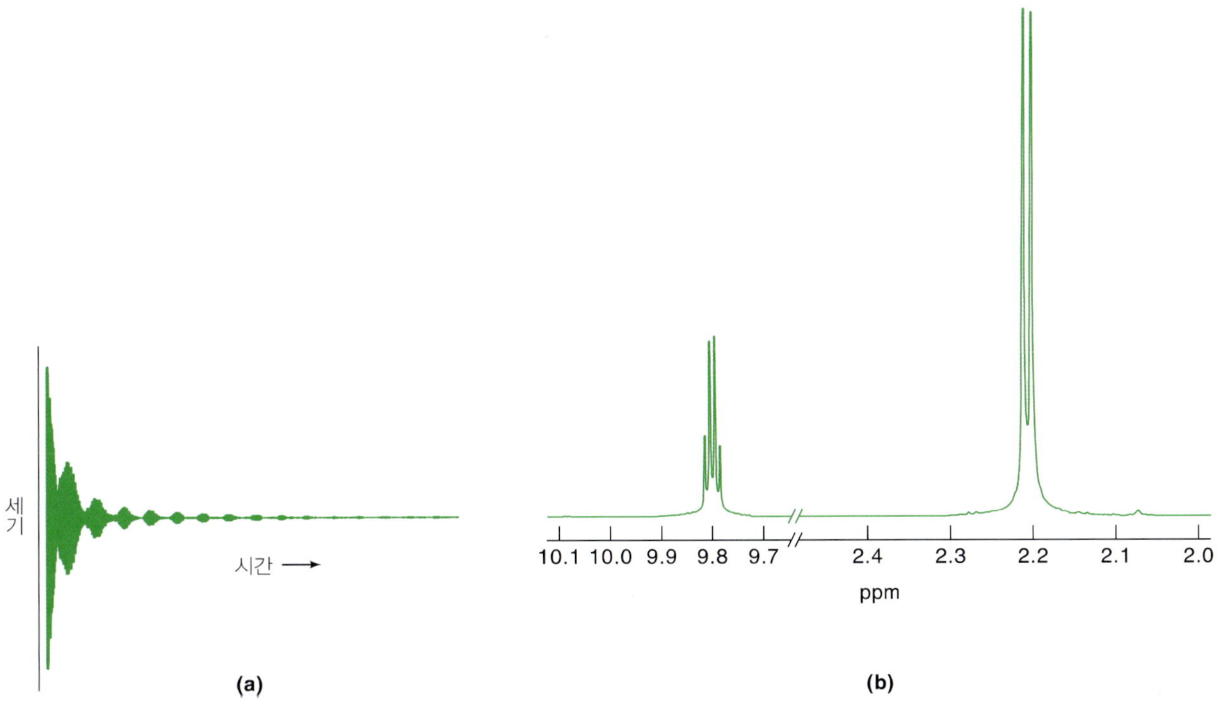

그림 14.32
아세트알데하이드(CH_3CHO)의 (a) FID와 (b) 이것의 Fourier-변환 스펙트럼

그림 14.3a는 아세트알데하이드(CH_3CHO)의 FID를 보여 준다. 이 FID는 각각 고유한 진동수로 세차 운동을 하고 있는 6개의 성분(6개의 피크)으로 이루어진 자기화 벡터의 세차 운동으로부터 일어나기 때문에 FID 곡선은 매우 복잡하다. 식 14.27을 사용하여 Fourier 변환시키면 진동수에 대한 피크의 세기를 나타내는 일반적인 아세트알데하이드 NMR 스펙트럼을 얻는다(그림 14.32b).

FT-NMR은 데이터를 빠르게 수집하고 처리할 수 있기 때문에 비교적 짧은 시간의 신호 평균화로 수백 내지 수천의 비슷한 스펙트럼을 기록할 수 있다. 또한 최근의 기기 발전에 힘입어 NMR은 가장 강력하고 용도가 넓은 분광학 기술의 하나로 자리잡았다.

자기 공명 영상(MRI: magnetic resonance imaging)

MRI는 X선 컴퓨터 단층 촬영법이나 CT 주사법과 달리, 환자를 이온화 방사선에 노출시키지 않고 인체의 단면도를 얻는 비침투적 기술이다. 그림 14.33은 MRI의 기본 원리를 설명한 것이다. 두 개의 물 시료는 서로 떨어져 있다(마치 신체의 서로 다른 두 영역에 있는 물인 것처럼). 물의 일반적인 NMR 스펙트럼은 두 개의 양성자가 자기적으로 동등하므로 단일 피크를 보인다. 보통의 자기장 B_0 외에, 기울기 자기장(gradient magnetic field) G_x를 x축을 따라 가한다. 기울기 자기장은 거리에 따라 변하므로 왼쪽 실린더에서의 자기장은 두 번째 실린더에서의 자기장과는 약간 다를 것이다. 펄스 NMR 실험 후, FID의 Fourier 변환을 하면 하나가 아닌 두 개의

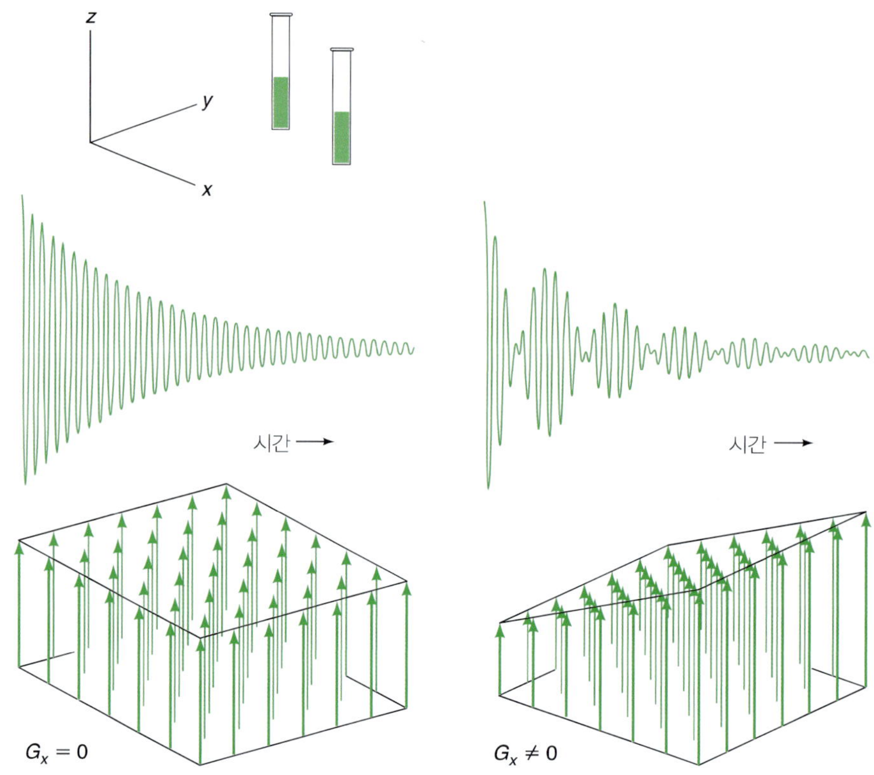

그림 14.33
위: 물이 채워진 두 개의 작은 실린더. 왼쪽: 기울기 자기장이 없을 때는 *z*축을 따라 가해준 자기장 B_0는 벡터들의 집합으로 나타낸 것처럼 실린더 내의 모든 점에서 같다. 짧은 rf 펄스를 가하여 FID가 일어나면 하나의 선으로 나타나게 된다. 오른쪽: *x*축을 따라 기울기 자기장 G_x를 가하였다. 이제 두 개의 실린더에 있는 물 분자는 서로 다른 자기장에 노출된다. 그 결과로서 FID의 Fourier 변환에서는 두 개의 신호가 생기게 된다.

피크가 보일 것이다. 그러나 삼차원 이미지를 만들려면 기울기 자기장을 *x*, *y*, *z*축을 따라 가해야 한다. 또한 신호는 세기 대 진동수가 아닌, 세기 대 거리로 표시된다. 그림 14.34는 MRI의 의학적 응용의 한 예를 나타낸 것이다.

14.7 전자 스핀 공명 분광학

전자 스핀 공명(ESR: electron spin resonance) 또는 전자 상자기성 공명(EPR: electron paramagnetic resonance)은 이론상으로는 NMR과 매우 유사하다. 전자는 $S=\frac{1}{2}$의 스핀을 가진다. 전자의 회전(spinning) 운동은 자기장을 생성하고, 외부 자기장(B_0)에서 전자의 자기 모멘트 방향은 전자의 스핀 양자수 $m_s=\pm\frac{1}{2}$로 결정된다. 공명 조건은 다음으로 주어진다.

$$\Delta E = h\nu = g\mu_B B_0 \tag{14.28}$$

여기서 *g*는 Landé *g* 인자로 단위가 없는 상수이며, 자유 전자의 경우 이 값은

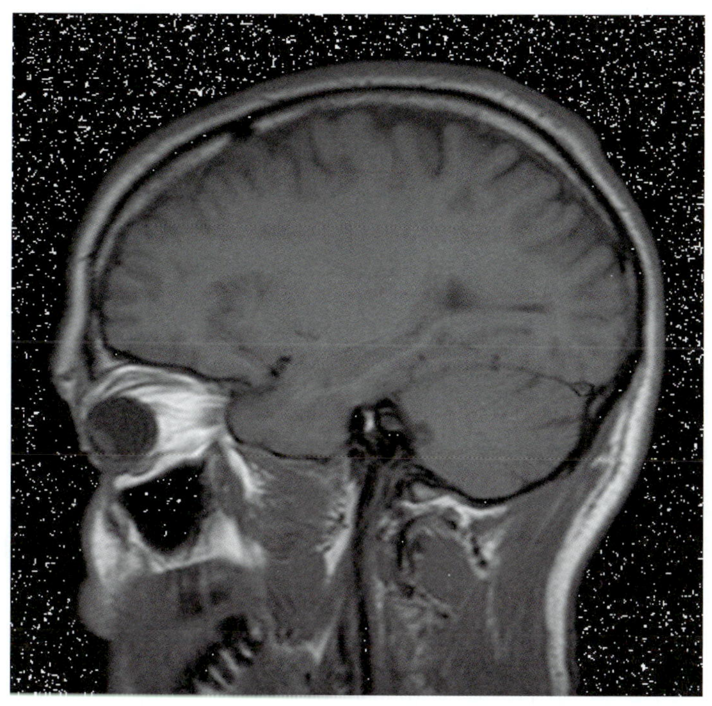

그림 14.34
사람의 머리 단면의 자기 공명 영상

2.0023이다.* μ_B는 Bohr 마그네톤(Bohr magneton)으로, $eh/2\pi m_e c$이다. 여기서 e는 전자의 전하, m_e는 전자의 질량, c는 빛의 속도이다(그림 14.35).

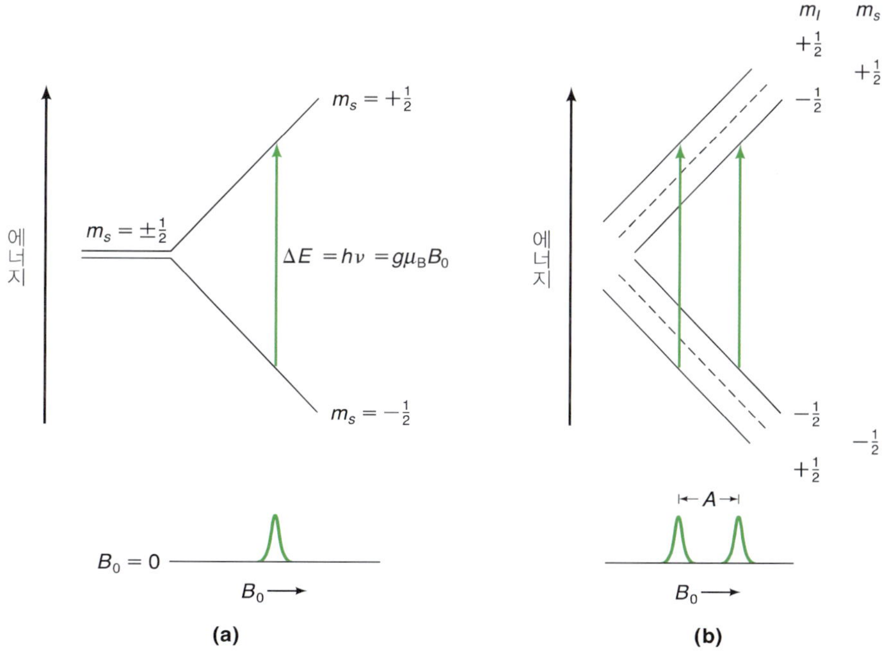

그림 14.35
(a) 전자의 공명 조건. (b) 수소 원자 내의 전자에 대한 공명 조건

* g 인자는 전자의 스핀 각운동량에 대한 자기 모멘트의 비율이다.

전자의 자기 모멘트는 양성자보다 약 600배 이상 더 크기 때문에 ESR 측정은 보통 마이크로파 영역에 속하는 9.5×10^9 Hz, 즉 9.5 GHz의 진동수와 약 0.34 T의 자기장에서 실행된다. 대부분의 분광기는 ESR 전이를 흡수선의 1차 도함수로 나타나도록 설계되어 있다(그림 14.36).

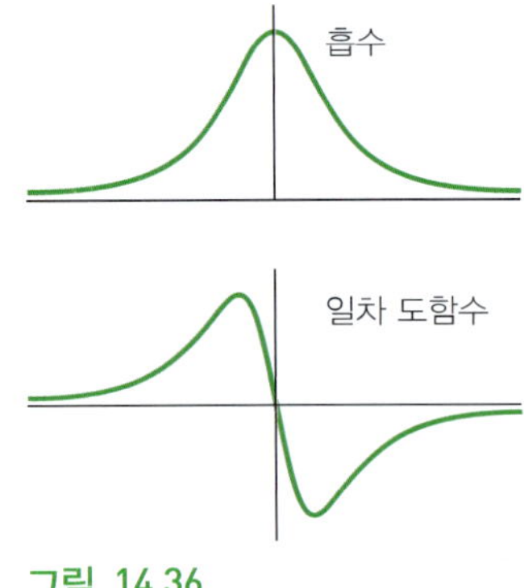

그림 14.36
흡수선과 이것의 일차 도함수 사이의 관계

고립된 전자 또는 매트릭스(matrix)에 갇혀 있는 전자들은 한 가지 전이만 가능하므로 한 개의 선만 관찰되어야 하지만, 수소 원자의 ESR 스펙트럼은 그림 14.37b와 같이 세기가 같은 두 개의 선으로 이루어져 있다. 이 **초미세 갈라짐**(hyperfine splitting)은 앞에서 논의한 NMR의 스핀－스핀 상호 작용과 유사하게 홀전자와 핵 사이의 자기적 상호 작용에 의해 일어난다. 그러나 선택 규칙이 $\Delta m_s=\pm1$, $\Delta m_I=0$이므로 두 가지 전이만 허용된다. 이 선택 규칙은 핵의 운동이 전자의 운동보다 매우 느리므로, 전자가 방향을 바꾸는 데 걸리는 짧은 시간 동안 핵스핀은 방향을 바꿀 시간이 없다는 의미로 해석할 수 있다. 이 두 선 사이의 간격을 **초미세 갈라짐 상수**(hyperfine splitting constant, A)라고 한다. 일반적으로 초미세 선의 수는 $(2nI+1)$로 예측할 수 있는데, 여기서 n은 동등한 핵의 수이고 I는 핵스핀이다. NMR에서처럼, 양성자 초미세 갈라짐으로 생기는 선의 상대적 세기의 비는 이항분포로 주어진다.

전자는 일상적으로 Pauli 배타 원리에 따라 스핀이 반대인 전자와 쌍을 이루고 있기 때문에, 대부분 분자에서는 ESR 스펙트럼을 얻을 수 없다. NO, NO_2, ClO_2, O_2와 같은 몇몇 분자들은 바닥 전자 상태에서 하나 또는 그 이상의 홀전자를 가지고 있으므로, ESR 스펙트럼에 대한 연구가 가능하다. 또한 화학적 또는 전기 화학적 방법으로 반자기성 분자를 음이온 라디칼로 환원시킬 수 있다. 예를 들면 벤젠과 나프탈렌을 테트라하이드로퓨란과 같은 비활성 유기 용매에 용해시키고 산소와 물이 없는 상태에서 포타슘 금속으로 처리하면, 각각의 음이온 라디칼이 생성된다(그림 14.37a와 b).

$$C_6H_6 + K \rightarrow C_6H_6^-K^+$$

$$C_{10}H_8 + K \rightarrow C_{10}H_8^-K^+$$

나이트로 산화물은 안정한 중성 라디칼이다. 이들 분자에서 홀전자는 질소와 산소 원자에 국한되어 있다. di-*tert*-butyl nitroxide 라디칼은 다음과 같은 분자이다.

$$\begin{array}{c}(CH_3)_3C\diagdown\ \ \diagup C(CH_3)_3\\ N\\ |\\ O\cdot\end{array}$$

^{16}O는 자기 모멘트가 없기 때문에($I=0$) 초미세 갈라짐은 순수하게 ^{14}N에 의해 일어나며, 세기가 같은 3개의 선이 관찰된다(그림 14.37c).* 나이트로 산화물은 안정하

* ^{14}N의 핵스핀은 1이고, $(2nI+1)$ 규칙에 의하면 $2\times1\times1+1=3$이다.

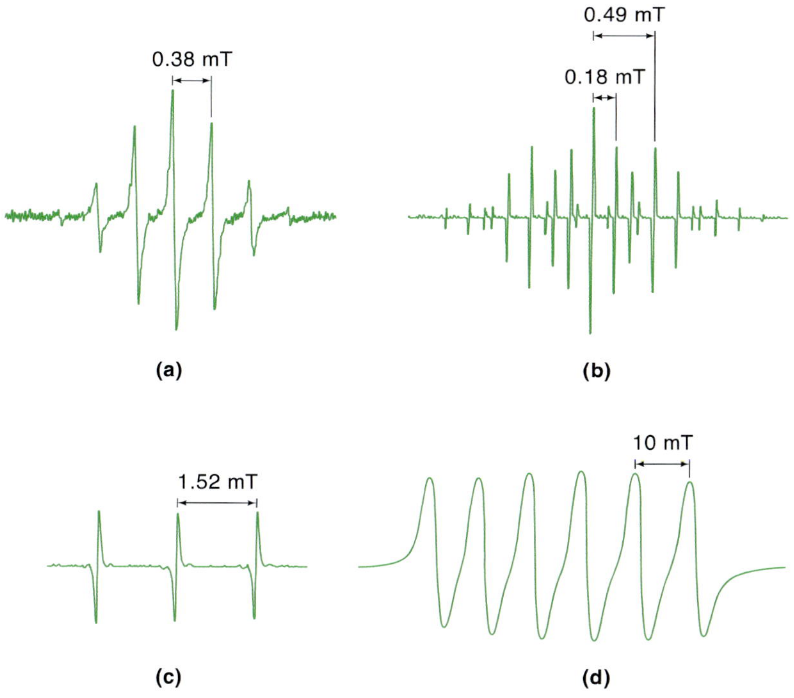

그림 14.37
ESR 스펙트럼: (a) 벤젠 음이온 라디칼, (b) 나프탈렌 음이온 라디칼, (c) di-*tert*-butyl nitroxide 라디칼, (d) 물속의 Mn^{2+}. 나프탈렌에는 두 종류의 양성자가 있으며, 따라서 두 개의 서로 다른 짝지음 상수가 있는 것에 유의하라.

고 ESR 스펙트럼이 단순하기 때문에, 단백질의 구조와 동역학을 조사하기 위한 스핀 표지 물질로 널리 사용되고 있다.

많은 전이 금속 이온들은 *d* 홀전자를 가지고 있어서, 특히 ESR 연구에 적합하다.* 특히 관심을 끄는 이온은 생물계에 존재하는 Cu^{2+}, Co^{2+}, Fe^{3+}, Ni^{3+}, Mn^{2+} 이온이다. $Mn^{2+}(I=\frac{5}{2})$의 ESR 스펙트럼은 간격이 균일한 6개의 선으로 나타난다(그림 14.37d). Cu^{2+} 이온은 하나의 홀전자만 가지고 있기 때문에 특히 ESR로 연구하기에 적합한 물질이다. 초미세 상호 작용 때문에 (^{63}Cu와 ^{65}Cu의 핵스핀은 모두 $I=\frac{3}{2}$이다) Cu^{2+}의 스펙트럼은 4개의 선으로 나타난다.

* 네덜란드의 물리학자 Hendrik Kramers(1894~1952)의 한 원리에 의하면 ESR 연구에 가장 적합한 이온은 홀수의 전자를 가진 이온이다.

■ Key Equations

$I = I_0 e^{-t/\tau}$	(형광 세기 감쇠)	(14.7)
$h\nu_{광자} = \frac{1}{2}m_e u^2 + IE$	(광전자 분광학)	(14.13)
$\Delta E = B_0 \gamma \hbar$	(NMR에서의 에너지 변화)	(14.17)
$\delta = \frac{\nu - \nu_{기준}}{\nu_{분광기}} \times 10^6$ ppm	(ppm 단위의 화학적 이동)	(14.22)
$\Delta\nu \propto \frac{\mu_i \mu_j}{r_{ij}^3}(3\cos^2\theta_{ij} - 1)$	(쌍극자 상호 작용)	(14.23)
$\Delta E = h\nu = g\mu_B B_0$	(ESR에서의 에너지 변화)	(14.28)

부록 14.1

Franck–Condon 원리

Franck–Condon 원리는 분자가 한 번 진동하는 데 걸리는 시간(~10^{-12} s)이 전자 전이에 필요한 시간(~10^{-15} s)보다 훨씬 길기 때문에 핵은 전자 전이가 일어나는 동안 감지할 만큼 움직이지 않는다는 것이다. 이것은 핵간 거리 R은 전이가 일어나는 동안 변하지 않고, 따라서 흡수띠의 세기는 퍼텐셜 에너지 표면에서부터의 수직선으로 예측할 수 있는 것을 의미한다. 11장에서 언급한 것처럼, 분광학적 전이의 세기는 파동 함수 ψ_1과 ψ_2로 나타내는 두 상태를 연결하는 전이 쌍극자 모멘트 μ_{12}에 의해 결정된다.

$$\mu_{12} = \int \psi_1 \hat{\mu} \psi_2 d\tau \tag{1}$$

여기서 $\hat{\mu}$는 전이 쌍극자 모멘트 연산자이다. 파동 함수는 전자, 진동, 회전 부분으로 분리할 수 있다고 가정하고,

$$\psi = \psi_{\text{e}} \psi_{\text{vib}} \psi_{\text{rot}} \tag{2}$$

또한 전이 쌍극자 모멘트에서 회전에 대한 부분을 무시한다.* 대부분의 분자에 대한 실질적인 전자 분광학 실험에서 각각의 회전 전이는 분해되지 않으므로, 회전 운동을 고려하지 않는 것은 타당하다. 높은 에너지 상태는 ′으로 표시하고, 낮은 에너지 상태는 ″으로 표시하여 다음과 같이 전이 쌍극자 모멘트를 적는다.

$$\mu_{12} = \int \psi'_{\text{e}} \psi'_{\text{vib}} \hat{\mu} \psi''_{\text{e}} \psi''_{\text{vib}} d\tau \tag{3}$$

전체 쌍극자 모멘트 연산자 $\hat{\mu}$를 전자와 핵의 쌍극자 모멘트 연산자의 합으로 나타내고,

$$\hat{\mu} = \hat{\mu}_{\text{e}} + \hat{\mu}_{\text{n}} \tag{4}$$

유한 부피 요소 $d\tau$를 전자와 핵 성분의 곱으로 나타낸다.

$$d\tau = d\tau_{\text{e}} d\tau_{\text{n}} \tag{5}$$

* 완벽한 계산에서, 전이 쌍극자 모멘트의 회전 상태 의존성은 Franck–Condon 인자와 유사한 Honl–London 인자 $\int \psi'_{\text{rot}} \psi''_{\text{rot}} d\tau_{\text{n}}$에 의해 결정된다.

이들을 대입하고 식 (3)을 전개하면

$$\mu_{12} = \underbrace{\int \psi'_e \hat{\mu}_e \psi''_e d\tau_e}_{\substack{\text{주어진 전자}\\ \text{전이에 대하여}\\ \text{상수}}} \underbrace{\int \psi'_{vib} \psi''_{vib} d\tau_n}_{\substack{\text{Franck-Condon}\\ \text{인자}}} + \underbrace{\int \psi'_e \psi''_e d\tau_e}_{\substack{\text{파동 함수는}\\ \text{직교하므로 0}}} \underbrace{\int \psi'_{vib} \hat{\mu}_n \psi''_{vib} d\tau_n}_{\text{숫자}} \tag{6}$$

다음과 같은 중요한 결과가 얻어진다.

$$\mu_{12} \propto \int \psi'_{vib} \psi''_{vib} d\tau_n \tag{7}$$

식 7의 적분을 Franck–Condon 인자라고 한다.

주어진 전자 상태에서 다른 전자 상태로의 분광학적 전이에서, 전이의 세기(전이 쌍극자 모멘트로 주어지는)는 진동 파동 함수의 겹침에 의해 결정된다(그림 14.1 참조).

부록 14.2

FT-IR과 FT-NMR의 비교

11장과 이번 장에서 FT-IR과 FT-NMR을 논의하였다. IR과 NMR에서 사용하는 에너지의 차이가 매우 크므로, 두 기술을 비교해 볼 필요가 있다.*

FT-NMR 분광기는 시간 영역에서 $f(t)$를 기록한다는 것을 알고 있을 것이다. Heisenberg 불확정성 원리(식 10.28 참조)에 따르면,

$$\Delta E \Delta t = \frac{h}{4\pi} \tag{1}$$

$$h \Delta \nu \Delta t = \frac{h}{4\pi}$$

즉

$$\Delta \nu \Delta t = \frac{1}{4\pi} \tag{2}$$

이것은 $f(t)$에 담겨 있는 정보는 진동수 영역에 있는 $I(\nu)$로 Fourier 변환될 수 있다는 것을 의미한다. 반면에, FT-IR 분광기는 위치 변수의 함수인 $I(\delta)$를 측정한다. $I(\delta)$를 Fourier 변환하면 더 익숙한 IR 스펙트럼 $B(\tilde{\nu})$을 파수 $\tilde{\nu}$의 함수로서 얻을 수 있다. 다시 한번 Heisenberg 불확정성 원리를 이용하여 위치와 파수가 켤레변수(conjugate variables) 관계라는 것을 확인할 수 있다.

$$\Delta x \Delta p = \frac{h}{4\pi} \tag{3}$$

de Broglie 관계식($\lambda = h/p$)을 사용하면

$$p = \frac{h}{\lambda} = h\tilde{\nu}$$

또한

$$\Delta p = h \Delta \tilde{\nu}$$

이고, 따라서

$$\Delta x \Delta \tilde{\nu} = \frac{1}{4\pi} \tag{4}$$

* 여기에서의 설명은 M. K. Ahn, *J. Chem. Educ.* **66**, 802 (1989)의 뛰어난 해설을 따랐다.

그러므로 Fourier 변환은 항상 켤레변수 사이에서 일어난다.

원칙적으로, 스펙트럼은 네 가지 변수(진동수, 시간, 위치, 파수) 중 어떤 한 영역에서도 기록할 수 있다. 주어진 분광기로 검출되는 스펙트럼 함수는 그 특정 기기의 설계에 의해 선택된다. cw NMR 분광기에서는 진동수 영역에서 $I(\nu)$를 기록하지만, 그 과정이 오래 걸린다. 펄스 NMR을 사용하면 다음과 같이 지수적으로 감쇠하는 FID를 얻는다(그림 14.31d 참조).

$$f(t) = f(0)e^{-t/T_2} \tag{5}$$

여기서 $f(0)$는 $t=0$에서의 신호의 세기이다. T_2는 **스핀-스핀 이완 시간**(spin-spin relaxation time)으로, (스핀들의 집합에 의해 생성된) 자기화가 (90° 펄스 이후에) y축을 따라 xy 평면에서 얼마나 빠르게 퍼지는지를 나타내는 특징적인 시간이다. NMR 선의 진동수에 대한 불확정성 $\Delta\nu$는 반높이에서의 선너비와 같고, 시간에 대한 불확정성은 T_2와 같다. 만약 NMR 선의 선너비가 10 Hz라면(매우 넓은 선에 해당함), 불확정성 관계식으로부터 $T_2=8$ ms(1 ms$=10^{-3}$ s)가 얻어진다. 만약 $f(t)$가 10배 빠르게 지수적으로 감쇠한다면(즉 신호가 사라진다면), 완전한 스펙트럼은 10×8 ms, 즉 0.08 s에 기록된다. 이것은 분광기가 관련된 데이터를 기록하기에 충분히 긴 시간이다.

반면에 FT-IR에서는 훨씬 큰 에너지 준위 사이의 전이를 측정한다. 선너비가 $\Delta\tilde{\nu}=10$ cm^{-1}인 IR선을 생각해 보자. 관계식 $\Delta\nu=c\,\Delta\tilde{\nu}$을 사용하면, 선너비가 3×10^{11} Hz로 계산된다. 이 진동수에 대한 불확정성으로부터 구한 시간의 불확정성은 약 3×10^{-13} s이며, 이는 데이터를 수집하기에는 너무 짧은 시간이다. 그 대신, 위치의 함수로서 스펙트럼 $I(\delta)$를 먼저 기록하고, 이 $I(\delta)$를 Fourier 변환하면 파수 $\tilde{\nu}$의 함수로서 전통적인 IR 스펙트럼 $B(\tilde{\nu})$를 얻을 수 있다.

참고문헌

책

일반 분자 전자 분광학

Barrow, G. M., *Molecular Spectroscopy*, McGraw-Hill, New York, 1962.
Hollas, J. M., *Modern Spectroscopy*, 4th ed., John Wiley & Sons, New York, 2004.
Lakowicz, J. R., *Principles of Fluorescence Spectroscopy*, Springer, New York, 2006.
Skoog, D. A., F. J. Holler, and S. R. Crouch, *Principles of Instrumental Analysis*, 6th ed., Thomson Brooks/Cole, Belmont, CA, 2006.
Steinfeld, J. I., *Molecules and Radiation*, 2nd ed., MIT Press, Cambridge, MA, 1996.
Willard, H. H., L. L. Merritt, Jr., J. A. Dean, and F. A. Settle, Jr., *Instrumental Methods of Analysis*, 7th ed., Wadsworth Publishing Co., Belmont, CA, 1988.

레이저와 레이저 분광학

Andrews, D. L., *Lasers in Chemistry*, 3rd ed., Springer-Verlag, New York, 1997.
Demtroder, W., *Laser Spectroscopy: Basic Concepts and Instrumentation*, 3rd ed., Springer-Verlag, New York, 2002.
Zare, R. N., *Laser: Experiments for Beginners*, University Science Books, Sausalito, CA, 1995.

광전자 분광학

Baker, A. D., and D. Betteridge, *Photoelectron Spectroscopy: Chemical and Analytical Aspects*, Pergamon Press, New York, 1972.
Ellis, A. M., M. Feher, and T. G. Wright, *Electronic and Photoelectron Spectroscopy: Fundamentals and Case Studies*, Cambridge University Press, Cambridge, UK, 2005.
Hüfner, S., *Photoelectron Spectroscopy: Principles and Applications*, 3rd ed., Springer-Verlag, New York, 2003.

자기 공명 분광학

Carrington, A., and A. D. McLachlan, *Introduction to Magnetic Resonance*, Harper & Row Publishers, New York, 1967.
Freeman, R., *Magnetic Resonance in Chemistry and Medicine*, Oxford University Press, New York, 2003.
Hore, P. J., *Nuclear Magnetic Resonance*, Oxford University Press, New York, 1995.
Macomber, R. S., *A Complete Introduction to Modern NMR Spectroscopy*, John Wiley & Sons, New York, 1998.
Roberts, J. D., *ABCs of FT-NMR*, University Science Books, Sausalito, CA, 2000.
Wertz, J. E., and J. R. Bolton, *Electron Spin Resonance: Elementary Theory and Practical Applications*, Wiley-Interscience, New York, 2007.

논문

일반

"The Ultraviolet Spectra of Aromatic Molecules," P. E. Stevenson, *J. Chem. Educ.* **41**, 234 (1964).
"The Fates of Electronic Excitation Energy," H. H. Jaffé and A, L. Miller, *J. Chem. Educ.* **43**, 469 (1966).
"Applications of Absorption Spectroscopy in Biochemistry," G. R. Penzer, *J. Chem. Educ.* **45**, 692 (1968).
"Light," G. Feinberg, *Sci. Am.* September 1968.

"How Light Interacts With Matter," V. F. Weisskopf, *Sci. Am.* September 1968.
"The Triplet State," N. J. Turro, *J. Chem. Educ.* **46**, 2 (1969).
"Liquid Scintillation Counting," W. Yang and E. K. C. Lee, *J. Chem. Educ.* **46**, 277 (1969).
"Energy States of Molecules," J. L. Hollenberg, *J. Chem. Educ.* **47**, 2 (1970).
"The Chemical Origin of Color," M. V. Orna, *J. Chem. Educ.* **55**, 478 (1978).
"The Causes of Color," K. Nassau, *Sci. Am.* October 1980.
"A Time Scale for Fast Events," D. Onwood, *J. Chem. Educ.* **63**, 680 (1986).
"Band Breadth of Electronic Transitions and the Particle-in-a-Box Model," L.-F. Olsson, *J. Chem. Educ.* **63**, 756 (1986).
"Radiationless Relaxation and Red Wine," H. D. Burrows and A. C. Cardoso, *J. Chem. Educ.* **64**, 995 (1987).
"The Fourier Transform," R. N. Bracewell, *Sci. Am.* June 1989.
"Using Fourier Transform to Understand Spectral Line Shape," E. Grunwald, J. Herzog, and C. Steel, *J. Chem. Educ.* **72**, 210 (1995).
"Experiments with Glow-in-the-Dark Toys: Kinetics of Doped ZnS Phosphorescence," G. C. Lisensky, M. N. Patel, and M. L. Reich, *J. Chem. Educ.* **73**, 1048 (1996).
"A Unified Approach to Absorption Spectroscopy at the Undergraduate Level," R. S. Macomber, *J. Chem. Educ.* **74**, 65 (1997).
"Turning on the Light: Lessons from Luminescence," P. B. O'Hara, C. Engelson, and W. St. Peter, *J. Chem. Educ.* **82**, 49 (2005).
"Demonstrations for Fluorescence and Phosphorescence," D. P. Richardson and R. Chang, *Chem. Educator* [Online] **12**, 279 (2007) DOI 10.1333/s00897072049a.

레이저

"Laser Chemistry," D. L. Rousseau, *J. Chem. Educ.* **43**, 566 (1966).
"Advances in Holography," K. S. Pennington, *Sci. Am.* February 1968.
"Laser Light," A. L. Schawlow, *Sci. Am.* September 1968.
"Applications of Laser Light," D. R. Harriott, *Sci. Am.* September 1968.
"Organic Lasers," P. Sorokin, *Sci. Am.* February 1969.
"Laser Spectroscopy," M. S. Feld and V. S. Letokhov, *Sci. Am.* December 1973.
"Applications of Lasers to Chemical Research," S. R. Leone, *J. Chem. Educ.* **53**, 13 (1976).
"Laser Chemistry," A. M. Ronn, *Sci. Am.* May 1979.
"Laser—An Introduction," W. F. Coleman, *J. Chem. Educ.*, **59**, 441 (1982).
"Lasers: A Valuable Tool for Chemists," E. W. Findsen and M. R. Ondrias, *J. Chem. Educ.* **63**, 479 (1986).
"Detecting Individual Atoms and Molecules With Lasers," V. S. Letokhov, *Sci. Am.* September 1988.
"The Birth of Molecules," A. H. Zewail, *Sci. Am.* December 1990.
"Laser Surgery," M. W. Berns, *Sci. Am.* June 1991.
"Diode Lasers," M. G. D. Baumann, J. C. Wright, A. B. Ellis, T. Kuech, and G. C. Lisensky, *J. Chem. Educ.* **69**, 89 (1992).
"Laser Control of Chemical Reactions," P. Brumer and M. Shapiro, *Sci. Am.* March 1995.
"Using Lasers to Demonstrate the Concept of Polarizability," G. R. van Hecke, K. K. Karukstis, and J. M. Underhill, *Chem. Educator* [Online] **2**, 5 (1997) DOI 10.1333/s00897970147a.
"Innovative Laser Techniques in Chemical Kinetics," L. J. Kovalenko and S. R. Leone, *J. Chem. Educ.* **65**, 681 (1998).

레이저 분광학

"Laser-Induced Fluorescence in Spectroscopy, Dynamics, and Diagnostics," D. R. Crosley, *J. Chem. Educ.* **59**, 446 (1982).
"Optical Studies of Single Molecules at Room Temperature," X. S. Xie and J. K. Trautman,

Ann. Rev. Phys. Chem. **49**, 441 (1998).
"Ultrashort-Pulse Lasers: Big Payoffs in a Flash," J.-M. Hopkins and W. Sibbett, *Sci. Am.* September 2000.
"Freezing Atoms in Motion: Principles of Femtochemistry and Demonstration by Laser Stroboscopy," J. S. Baskin and A. H. Zewail, *J. Chem. Educ.* **78**, 737 (2001).
"Blue Diode Lasers: New Opportunities in Chemical Education," J. E. Whitten, *J. Chem. Educ.* **78**, 1096 (2001).
"A Dozen Years of Single-Molecule Spectroscopy in Physics, Chemistry, and Biophysics," W. E. Moerner, *J. Phys. Chem. B* **106**, 910 (2002).
"Fluorescence Microscopy of Single Molecules," J. Zimmerman, A. van Dorp, and A. Renn, *J. Chem. Educ.* **81**, 553 (2004).

광전자 분광학

"Photoelectron Spectroscopy," T. L. James, *J. Chem. Educ.* **48**, 712 (1971).
"Photoelectron Spectra. An Experimental Approach to Teaching Molecular Orbital Models," H. Bock and P. D. Mollere, *J. Chem. Educ.* **51**, 506 (1974).
"Multiplets in Atoms and Ions Displayed by Photoelectron Spectroscopy," S. Suzer, *J. Chem. Educ.* **59**, 814 (1982).
"Hückel Theory and Photoelectron Spectroscopy," E. I. von Nagy-Felsobuki, *J. Chem. Educ.* **66**, 821 (1989).
"Why Equivalent Bonds Appear as Distinct Peaks in Photoelectron Spectra," J. Simons, *J. Chem. Educ.* **69**, 522 (1992).

자기 공명 분광학

"NMR Imaging in Medicine," I. L. Pykett, *Sci. Am.* May 1982.
"The NMR Time Scale," R. G. Bryant, *J. Chem. Educ.* **60**, 933 (1983).
"Atomic Memory," R. G. Brewer and E. L. Hahn, *Sci. Am.* December 1984.
"Sensitivity Enhancement by Signal Averaging in Pulsed/Fourier Transform NMR Spectroscopy," D. L. Rabenstein, *J. Chem. Educ.* **61**, 909 (1984).
"A Primer on Fourier Transform NMR," R. S. Macomber, *J. Chem. Educ.* **62**, 213 (1985).
"Fourier Transforms for Chemists. Part 1. Introduction to the Fourier Transform," L. Glasser, *J. Chem. Educ.* **64**, A228 (1987).
"Fourier Transforms for Chemists. Part 2. Fourier Transforms in Chemistry and Spectroscopy," L. Glasser, *J. Chem. Educ.* **64**, A260 (1987).
"Fourier Transforms for Chemists. Part 3. Fourier Transforms in Data Treatment," L. Glasser, *J. Chem. Educ.* **64**, A306 (1987).
"A Step-by-Step Picture of Pulsed (Time-Domain) NMR," L. J. Schwartz, *J. Chem. Educ.* **65**, 959 (1988).
"Spin-Lattice Relaxation Times in ^{1}H NMR Spectroscopy," D. J. Wink, *J. Chem. Educ.* **66**, 810 (1989).
"A Demonstration of Imaging on an NMR Spectrometer," L. A. Hull, *J. Chem. Educ.* **67**, 782 (1990).
"Gas-Phase NMR Spectroscopy," C. Suarez, *Chem. Educator* [Online] **3**, 1 (1998) DOI 10.1007/s00897980202a.
"A Solid-State NMR Experiment: Analysis of Local Structural Environments in Phosphate Glasses," S. E. Anderson, D. Saiki, H. Eckert, and K. Meise-Gresch, *J. Chem. Educ.* **81**, 1034 (2004).
"Using an NMR Spectrometer To Do Magnetic Resonance Imaging," W. E. Steinmetz and M. C. Maher, *J. Chem. Educ.* **84**, 1830 (2007).
"NMR Spectroscopy and Its Value: A Primer," S. Veeraraghavan, *J. Chem. Educ.* **85**, 537 (2008).

전자 스핀 공명

"ESR Study of Organic Electron Transfer Reactions," R. Chang, *J. Chem. Educ.* **47**, 563 (1970).

"Phosphorescence and Electron Paramagnetic Resonance Study of a Photoexcited Triplet State: Advanced Undergraduate Experiment in Molecular Physics," R. Chang and W. R. Moomaw, *Am. J. Phys.* **44**, 455 (1976).

"Structural Information from Liquid- and Solid-Phase ESR: The Example of Triphenyl-3 Substituted Radical $(C_6H_5)_3A\bullet$ of Group IVB Elements," M. Geoffroy and J. H. Hammons, *J. Chem. Educ.* **58**, 389 (1981).

"EPR Studies of Spin-Spin Exchange Processes: A Physical Chemistry Experiment," M. P. Eastman, *J. Chem. Educ.* **59**, 677 (1982).

"ESR Studies and HMO Calculations on Benzosemiquinone Radical Anions," R. Beck and J. W. Nibler, *J. Chem. Educ.* **66**, 263 (1989).

"An EPR Experiment for the Undergraduate Physical Chemistry Laboratory," R. A. Butera and D. H. Waldeck, *J. Chem. Educ.* **77**, 1489 (2000).

"Use of EPR Spectroscopy in Elucidating Electronic Structures of Paramagnetic Transition Metal Complexes," P. Basu, *J. Chem. Educ.* **78**, 666 (2001).

문제

분자 전자 분광학, 형광, 인광

14.1 다음 분자들을 최대 흡수 파장 λ_{max}가 증가하는 순으로 나열하고, 그 이유를 설명하시오.

$$CH_2{=}CHC(O)CH_3,\ CH_3CH_2CH_2CH_3,\ CH_3CH{=}CHCH_3,\ CH_3CH_2C(O)CH_3$$

14.2 Franck–Condon 원리를 이용하여 다음의 두 퍼텐셜 에너지 그림으로부터 일어나는 선자 스펙트럼은 어떻게 다른지 정성적으로 설명하시오.

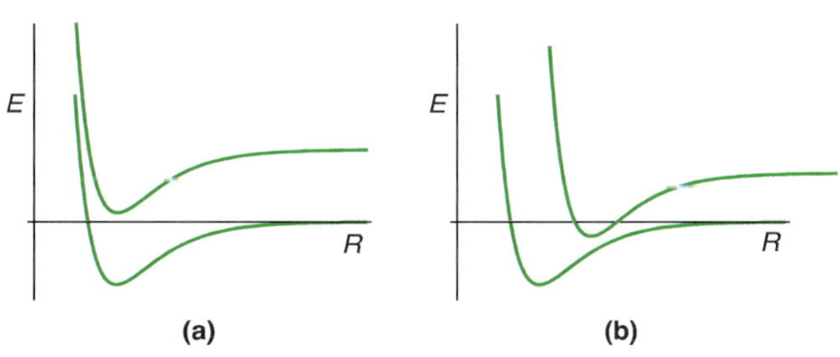

14.3 등흡광점이 **없다는** 것은 무엇을 나타내는가?

14.4 다음을 속도가 증가하는 순으로 나열하시오. 흡수, 형광, 인광, 진동 에너지 전달, 내부 전환, 계간 교차 (이들 중 일부는 거의 같은 속도로 일어날 수 있다.)

14.5 어떤 수용액에 두 화학종 A와 B가 들어 있다. 300 nm에서 흡광도는 0.372이고, 250 nm에서 흡광도는 0.478이다. A와 B의 몰흡광 계수는 다음과 같다.

$$\text{A: } \varepsilon_{300} = 3.22 \times 10^4 \text{ L mol}^{-1} \text{ cm}^{-1}$$
$$\varepsilon_{250} = 4.05 \times 10^4 \text{ L mol}^{-1} \text{ cm}^{-1}$$
$$\text{B: } \varepsilon_{300} = 2.86 \times 10^4 \text{ L mol}^{-1} \text{ cm}^{-1}$$
$$\varepsilon_{250} = 3.76 \times 10^4 \text{ L mol}^{-1} \text{ cm}^{-1}$$

용기의 경로 길이가 1.00 cm일 때, A와 B의 농도를 mol L^{-1} 단위로 구하시오.

14.6 일반적으로 형광이 흡수나 인광보다 감도가 더 높은 검출 기술인 이유를 설명하시오.

14.7 $\pi^* \leftarrow \pi$, $\pi^* \leftarrow n$ 및 전하 이동 과정에 의한 흡수를 구별할 수 있는 방법은 무엇인가?

14.8 형광과 인광의 중요한 차이점들을 열거하시오.

14.9 77 K에서 나프탈렌($C_{10}H_8$)의 가장 낮은 삼중항 상태는 가장 낮은 들뜬 단일항의 전자 에너지 준위보다 약 11,000 cm^{-1} 더 아래에 있다. 평형에서 이 두 상태에 있는 분자수의 비를 구하시오(Hint: Boltzmann 식은 $N_2/N_1 = (g_2/g_1)\ \exp(-\Delta E/k_BT)$이며, g_1과 g_2는 에너지 준위 1과 2의 미분화도이다).

14.10 1차 감쇠(first-order decay)하는 어떤 유기 분자의 발광에서 다음과 같은 데이터를 얻었다.

t(s)	0	1	2	3	4	5	10
I	100	43.5	18.9	8.2	3.6	1.6	0.02

여기서 I는 발광의 상대적 세기이다. 이 과정의 평균 수명 τ를 구하시오. 이 발광은 형광인가, 인광인가?

14.11 POP가 POPOP보다 더 짧은 파장의 빛을 흡수하는 이유를 정성적으로 설명하시오.

14.12 단백질의 형광은 트립토판, 타이로신, 페닐알라닌에 의한 것이다[이 단백질에는 형광을 발생하는 보결원자단(prosthetic group)은 없는 것으로 가정한다]. 아이오딘화 이온은 트립토판의 형광을 소광하는 것으로 알려져 있다. 만약 어떤 단백질이 하나의 트립토판 잔기(residue)만을 가지고 있는데 아이오딘화 이온이 형광을 소광하지 못한다면, 트립토판 잔기의 위치에 대하여 어떠한 결론을 내릴 수 있는가?

14.13 사중항 상태의 분자는 몇 개의 홀전자를 가지고 있는가?

14.14 알짜 전자 스핀 $S=\frac{1}{2}$인 분자의 바닥 전자 상태는 스핀 다중도가 $2S+1=2$이므로 이중항 상태이다. 이중항 바닥 상태의 분자의 경우, 인광이 시작되는 전자 상태의 다중도는 무엇인가? (주의: 다중도는 단일항, 이중항, 삼중항, 사중항 등이다.)

14.15 산소 분자와 같은 몇몇 분자의 바닥 전자 상태는 삼중항 상태이다. 삼중항 바닥 상태의 분자의 경우, 형광이 발생하는 들뜬 상태의 다중도는?

레이저와 레이저 분광학

14.16 레이저의 특징 네 가지를 말하시오.

14.17 두 개의 안정한 에너지 준위로는 레이저 빛을 발생시킬 수 없는 이유를 설명하시오.

14.18 3-준위 레이저계에서, 준위 A에서 C로 전이하는 흡수 파장은 466 nm이고, 준위 B와 C 사이의 전이 파장은 752 nm였다. 준위 A와 B 사이의 전이 파장은 얼마인가?

14.19 일광자와 다광자 과정의 차이는 무엇인가? 레이저를 사용하면, 예를 들어 이광자 과정을 관찰하는 것이 더 선호되는 이유는 무엇인가?

14.20 Raman 효과는 레이저가 발명되기 이전에 먼저 발견되었다. 거의 모든 현대의 Raman 분광학이 레이저를 사용하여 이루어지는 이유는 무엇인가? (11.5절에서 Raman 분광학에 대해 다루었다.)

14.21 다음의 레이저들 중 파장을 가변(tunable)할 수 있는 것은 어느 것인가? **(a)** Nd:YAG, **(b)** 다이오드, **(c)** 염료, **(d)** He−Ne

14.22 레이저의 파장 범위를 넓히기 위하여, 진동수를 변환시킬 수 있는 적당한 결정성 물질을 이용하여 진동수 증배(frequency doubling), 삼증배(tripling), 사증배(quadrupling) 등의 기법을 사용한다. Nd:YAG 레이저에서 발생하는 1064 nm의 빛은 진동수 증배 과정을 거쳐 532 nm(녹색)가 된다. Nd:YAG 레이저를 진동수 삼증배와 사증배 하였을 때 얻어지는 파장을 구하시오. 이 파장은 전자기 스펙트럼의 어느 영역에 속하는가?

14.23 Nd:YAG로 펌프질한 염료 레이저의 펄스 지속 시간은 6 ns이다. 이 레이저 펄스의 길이를 미터 단위로 구하시오.

14.24 10 Hz로 작동하는 한 레이저가 600 nm의 파장과 8 ns의 펄스 길이를 가진 펄스를 발생한다. 이 레이저의 평균 출력은 400 mW로 측정되었다. 레이저 펄스당 에너지, 레이저 펄스의 최대 출력, 레이저 펄스당 광자의 수를 구하시오.

14.25 어떤 초고속 레이저는 2 kHz의 속도로 80 fs의 펄스 길이를 가진 펄스를 발생시키고, 총 평균 출력은 100 mW이다. 한 개의 레이저 펄스에 대해 **(a)** 길이(m), **(b)** 에너지(J), **(c)** 최대 출력(W)을 구하시오.

광전자 분광학

14.26 자외선 광전자 분광학(UPS)과 X선 광전자 분광학(XPS)을 비교 설명하시오.

14.27 광전자 스펙트럼을 측정할 때 파장이 더 짧은 UV를 사용하였다. 다음의 각 양을 증가, 감소, 변화 없음으로 표시하시오. **(a)** 방출된 광전자의 속력, **(b)** 방출된 광전자의 운동 에너지, **(c)** 방출된 광전자의 결합 에너지, **(d)** 광전자 스펙트럼에서 진동 피크들 사이의 간격

14.28 메테인(CH_4)의 광전자 스펙트럼에서 C−H 결합에 해당하는 피크가 2개로만 나타나는 이유를 설명하시오.

14.29 핵심부 오비탈의 일부는 광전자 스펙트럼에 나타나지 않는 이유는 무엇인가?

14.30 고급 수준의 분자 전자 구조 계산에 의하면 산소의 원자가 분자 오비탈들의 결합 에너지는 0.5389, 0.60354, 0.7171 hartree로 예측되었다. 58.46 nm의 광자 공급원을 사용했을 때, 광전자 스펙트럼에서 각 결합 에너지에 대응하는 전자의 운동 에너지(*e*V)는 얼마인가? (1 hartree = 27.211 *e*V)

14.31 수소 분자의 고분해능 광전자 스펙트럼에서, 피크들이 0.515 *e*V의 간격으로 관찰되었다. 이 간격은 수소 분자 양이온(H_2^+)의 진동 에너지 준위의 간격과 일치한다. **(a)** 이 스펙트럼을 근거로 할 때, 수소 분자 양이온의 진동 파수는 얼마인가? **(b)** FT-IR 분광학으로 이 진동 파수를 얻을 수 있겠는가? **(c)** 광전자 분광학을 사용하여 수소 분자 양이온의 회전 상수 B를 측정할 수 있겠는가? 답을 설명하시오.

14.32 방출된 광전자의 운동 에너지를 측정하는 한 가지 방법은 정지 전압(stopping voltage)을 측정하는 것이다. 정지 전압은 광전자를 차단하여 광전자에 의한 전류가 0이 되게 만드는 데 필요한 전압이다. 어떤 특정 시료의 광전자들에 대한 정지 전압은 알루미늄 K_α X선 공급원을 사용하였을 때 952.9, 1083.9, 1201.2 *e*V이었다. 여기에 대응하는 분자 오비탈들의 결합 에너지는 얼마인가? 이 결합 에너지를 근거로 하면, 이들 광전자는 어떤 유형의 원자 또는 분자 오비탈로부터 발생한 것으로 예상하는가?

14.33 그림 14.20의 x축 값을 볼 때, 이 광전자 스펙트럼은 어떤 광자 공급원을 사용하여 얻어졌겠는가?

자기 공명 분광학

14.34 60 MHz에서 작동하는 분광기를 사용했을 때, 어떤 화합물의 NMR 신호는 TMS 피크로부터 240 Hz 낮은장에서 관찰되었다. TMS에 대한 이 화합물의 화학적 이동을 ppm 단위로 구하시오.

14.35 ^{1}H 진동수가 600 MHz가 되기 위해서 필요한 자기장의 세기는 tesla 단위로 얼마인가?

14.36 아세트알데하이드의 NMR 스펙트럼(그림 14.32 참조)을 200 MHz와 400 MHz에서 기록하였다. 200 MHz와 400 MHz 스펙트럼에서 다음 중 변화가 없는 것과 서로 달라지는 것은? **(a)** 측정 감도, **(b)** $|\delta_{CH_3} - \delta_H|$, **(c)** $|\nu_{CH_3} - \nu_H|$, **(d)** J

14.37 9.4 T의 자기장(400 MHz NMR 분광기에서 사용되는)을 가했을 때, δ 값이 2.5 ppm 만큼 차이가 있는 두 양성자의 진동수 차이를 구하시오.

14.38 다음 각 분자의 양성자 NMR 피크는 몇 개로 나타나는가? 또한 각 피크의 형태가 단일선, 이중선, 삼중선 등의 어떤 것에 해당하는가? **(a)** CH_3OCH_3, **(b)** $C_2H_5OC_2H_5$, **(c)** C_2H_6, **(d)** CH_3F, **(e)** $CH_3COOC_2H_5$

14.39 다음 화학적 이동 데이터를 사용하여 아이소뷰틸 알코올 [$(CH_3)_2CHCH_2OH$]의 NMR 스펙트럼을 개략적으로 그리시오. $-CH_3$: 0.89 ppm, $-CH$: 1.67 ppm, $-CH_2$: 3.27 ppm, $-OH$: 4.50 ppm

14.40 톨루엔의 양성자 NMR 스펙트럼을 60 MHz와 1.41 T에서 기록하여 메틸기와 방향족 양성자에 의한 2개의 피크를 얻었다. **(a)** 300 MHz에 자기장의 세기는 얼마가 되는가? **(b)** 60 MHz에서 공명 진동수는 메틸기가 140 Hz이고 방향족이 430 Hz이다. 300 MHz 분광기를 사용하면 진동수는 얼마가 되겠는가? **(c)** 60 MHz와 300 MHz 데이터를 모두 사용하여, 두 피크의 화학적 이동 (δ)을 구하시오. **(d)** 300 MHz에서 메틸기와 방향족 피크의 위치는 Hz 단위로 얼마인가?

14.41 메틸 라디칼은 평면 구조를 가진다. $\bullet CH_3$의 ESR 스펙트럼에는 몇 개의 선이 나타나겠는가? $\bullet CD_3$의 경우에는 몇 개이겠는가?

14.42 그림 14.37에 있는 벤젠과 나프탈렌 음이온 라디칼의 ESR 스펙트럼에서 관찰된 선의 수에 대해 설명하시오. 동위 원소로 치환을 하여 나프탈렌의 두 개의 초미세 갈라짐 상수를 배정하는 방법에 대해 설명하시오.

14.43 세포막 구조를 연구하는 한 가지 방법은 아래 구조의 산화 질소 라디칼과 같은 스핀 표지를 사용하는 것이다.

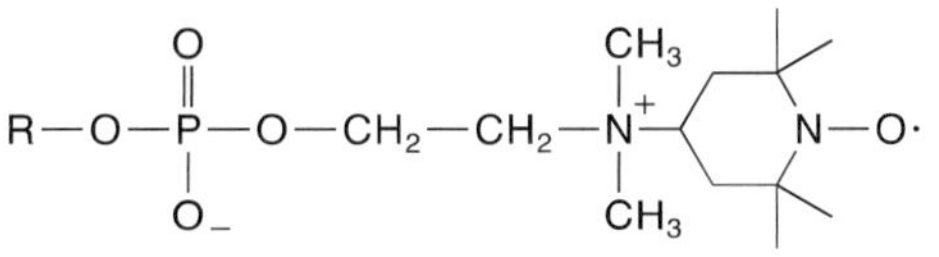

R—O—P(=O)(O⁻)—O—CH₂—CH₂—N⁺(CH₃)₂— [tetramethylpiperidine ring] N—O·

여기서 R은 포스파티딘산 유도체의 소수성 꼬리 부분을 나타낸다. di-*tert*-butyl nitroxide와 마찬가지로, 이 스핀 표지의 ESR 스펙트럼은 세기가 같은 3개의 선으로 나타난다. Nitroxide가 아스코브산염과 같은 환원제와 접촉하면, ESR 신호는 빠르게 사라진다. 한 실험에서 이 스핀 표지 분자를 약 5%의 농도로 세포막 지질 이중층 구조 내에 포함시켰다. Nitroxide의 ESR 신호 세기는 아스코브산염을 넣어준 후 몇 분 이내에 처음 값의 35%로 감소하였다. 잔여 스펙트럼의 세기는 지수적으로 감소하였으며, 반감기는 약 7시간이었다. 이 결과를 설명하시오.

14.44 NMR과 ESR 분광학은 이 장에서 설명한 다른 종류의 분광학과 한 가지 중요한 점에서 다르다. 이를 설명하시오.

추가 연습문제

14.45 10^{-10} M 용액에서 분자 한 개만 들어 있는 부피는?

14.46 어떤 레이저 염료를 5.5×10^{-9} M의 농도로 고분자에 녹였다. 현미경 슬라이드에 1.0 μm 두께의 고분자층을 입혔다. 단일 염료 분자를 포함하는 데 필요한 조사 레이저의 반지름을 구하시오.

14.47 마이크로파, IR, 전자 분광학에서 전이에 대한 전형적인 에너지 차이는 각각 5×10^{-22} J, 0.5×10^{-19} J, 1×10^{-18} J이다. 각 경우에 대해, 300 K에서 두 개의 서로 인접한 에너지 준위(예를 들면 바닥 에너지 준위와 첫 번째 들뜬 에너지 준위)에 있는 분자수의 비율을 구하시오.

14.48 한 용질의 몰흡광 계수는 664 nm에서 895 L mol^{-1} cm^{-1}이다. 이 용질의 용액이 들어 있는 2.0 cm 길이의 용기에 같은 파장의 빛을 통과시켰더니 74.6%의 빛이 흡수되었다. 이 용액의 농도를 구하시오.

14.49 25°C에서 *N*,*N*-다이메틸폼아마이드의 NMR 스펙트럼은 두 개의 메틸기 피크를 보인다. 130°C로 가열하면 메틸 양성자에 의한 한 개의 피크만 나타난다. 이유를 설명하시오.

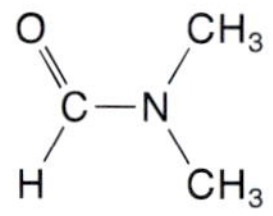

14.50 액체상에서 분자의 충돌 빈도는 약 1×10^{13} s^{-1}이다. 선너비에 영향을 주는 다른 모든 요인을 무시하고, 다음과 같은 경우에 진동 전이의 선너비를 Hz 단위로 구하시오. **(a)** 모든 충돌이 효과적으로 분자의 진동 에너지를 잃게 한다. **(b)** 40번 충돌에서 한 번만 효과적이다.

14.51 그림 11.25의 2-프로펜나이트릴 분자의 IR 스펙트럼을 생각해 보자. 다음 여러 유형의 에너지 중에서 300 K에서 상당한 수의 분자들이 점유한 에너지 준위의 수가 가장 많은 것은 어느 것인가? **(a)** 전자 에너지, **(b)** C−H 신축 진동, **(c)** C=C 신축 진동, **(d)** H−C−H 굽힘 운동, **(e)** 회전

14.52 플루오레세인(fluorescein) 분자는 수용액에서는 노란색으로 보이기 때문에 'D&C Yellow no. 7' 색소 첨가제로 알려진 붉은색 고체이다. 들뜬 플루오레세인은 녹색(~520 nm)의 빛을 방출한다. 이 색들을 설명하는 개략적인 에너지 준위도를 그리시오.

14.53 그림 14.28의 ATP의 ^{31}P NMR 스펙트럼을 해석하시오.

14.54 Beer−Lamber 법칙에 따르면 흡광도는 농도에 비례한다. 그러나 농도가 매우 높으면 이 법칙은 종종 맞지 않는다. 이유는 무엇인가?

14.55 발색단의 전자 스펙트럼에서 흡수 파장은 종종 용매에 의해 영향을 받는다. 예를 들면 극성 용매는 $\pi^* \leftarrow n$ 전이에서의 바닥 상태를 안정화시키는 정도가 들뜬 상태에 비해 더 크다. 반면에 $\pi^* \leftarrow \pi$ 전이의 경우에는, 들뜬 상태를 안정화시키는 정도가 더 크다. 발색단의 용매 환경이 무극성에서 극성으로 변할 때, 전자 전이에 관여하는 에너지 준위들의 변화를 보이는 그림을 대략적으로 그리고, 각 경우 파장의 변화를 예측하시오.

14.56 **(a)** 4.7 T의 자기장에서 ^{1}H와 ^{13}C의 두 스핀 상태 간의 에너지 차이를 구하시오. **(b)** 이 자기장에서 ^{1}H 핵의 세차 운동 진동수는 얼마인가? ^{13}C 핵은 얼마인가? **(c)** 양성자가 500 MHz의 진동수로 세차 운동을 하는 자기장의 세기는 얼마인가?

14.57 260 nm에서 한 DNA 용액의 흡광도는 25°C 이하(모두 이중 나선)에서는 0.120이고, 90°C 이상(완전히 변성됨)에서는 0.142였다. 70°C에서 흡광도가 0.131일 때, 남아 있는 이중 나선의 비율을 구하시오.

14.58 산소는 바닥 전자 상태에서 삼중항이므로 형광에 대한 효과적인 소광 물질(quencher)이다. O_2의 홀스핀은 형광 분자의 들뜬 상태를 유발하여 단일항 상태에서 삼중항 상태, 즉 $S_1 \rightarrow T_1$로 계간 교차가 일어나도록 한다(그림 14.9 참조). **(a)** 실험적으로 이 메커니즘을 어떻게 증명하겠는가? **(b)** 소광 속도 상수(즉 O_2와 형광 분자 사이의 충돌에 대한 속도 상수)는 25°C에서 $1 \times 10^{10}\ M^{-1}\ \mathrm{s}^{-1}$이라고 가정하자. 용액에서 각각의 형광 분자는 평균적으로 초당 몇 번 충돌하는가? 농도는 다음과 같다. $[O_2] = 3.4 \times 10^{-4}\ M$, $[F] = 0.50\ M$이고, F는 형광 분자이다. **(c)** 생물학적 시스템을 조사하기 위하여 종종 사용되는 분자인 피렌의 형광 수명은 500 ns이고, 트립토판은 약 5 ns이다. 보통의 대기 조건하에서 왜 O_2는 피렌의 형광을 간섭할 수 있지만, 트립토판의 형광에는 영향을 주지 못하는 이유에 대해 설명하시오. **(d)** 형광 소광에 대한 정량적 관계는 Stern−Volmer 식으로 주어지는데,

$$\frac{I_0}{I} = 1 + k_Q \tau_0 [\mathrm{Q}]$$

여기서 I_0와 I는 각각 소광 물질이 없을 때와 존재할 때의 형광 세기이고, k_Q는 소광 속도 상수, τ_0는 소광 물질이 없을 때 형광 상태의 평균 수명, [Q]는 소광 물질의 농도이다. 이 식을 사용하여 **(c)**에서의 결론을 입증하시오. **(e)** 용액에서 트립토판의 형광을 50% 소광시키는 데 필요한 공기의 압력은 얼마인가?

15장 화학 반응 속도론

화학 반응의 속도는 매우 복잡한 연구 주제이다. 그렇다고 어떻게 할 수 없다고 푸념할 일은 아니며, 열정적이고 도전적인 화학자라면 충분히 도전할 만한 주제이다.

Harold S. Johnston*

화학 반응 속도론을 배우는 목적은 실험적으로 반응 속도를 결정하고, 반응 속도가 농도, 온도, 촉매 등과 같은 반응 조건과 어떤 관계가 있는지를 알아내고, 이를 바탕으로 반응 메커니즘, 즉 반응 과정에서 어떤 중간체를 거치는지, 몇 단계의 반응 단계를 거치는지에 대한 정보를 얻기 위함이다.

화학 반응 속도론이란 주제는 열역학이나 양자 역학과 같은 다른 물리화학 주제보다 개념적으로 이해하기는 쉽지만, 아직까지는 기체 상태의 매우 간단한 반응에 대해서만 이론적 설명이 가능하다. 그럼에도 반응 속도론은 실제 실험에서 일어나는 거시적인 현상을 설명하는 데 매우 유용하다.

이 장에서는 화학 반응 속도론에 관한 일반적인 주제에 관해 설명하고, 빠른 반응이나 효소 반응 속도론 등을 포함한 몇 가지 중요한 예를 소개한다.

15.1 반응 속도

어떤 반응의 속도는 주어진 시간 동안 반응물의 농도의 변화로 나타낸다. 다음과 같은 간단한 반응을 예로 들면

$$\mathrm{R} \rightarrow \mathrm{P}$$

시간 t_1과 t_2에서 ($t_2 > t_1$) 반응물 R의 농도[mol/L(M)로 나타냄]를 각각 $[\mathrm{R}]_1$과 $[\mathrm{R}]_2$라고 하자.

$$\frac{[\mathrm{R}]_2 - [\mathrm{R}]_1}{t_2 - t_1} = \frac{\Delta[\mathrm{R}]}{\Delta t}$$

정반응이 일어난다고 생각하면 시간에 따라 농도가 감소하기 때문에 $[\mathrm{R}]_2 < [\mathrm{R}]_1$, 즉 $\Delta R < 0$이 된다. 따라서 -1을 곱하여 반응 속도가 정반응의 경우 양수로 표현되도록 한다.

* Johnston, H. S., *Gas Phase Reaction Rate Theory*, The Ronald Press, New York, 1966. 허락하에 게재

$$속도 = -\frac{\Delta[R]}{\Delta t}$$

반응 속도는 생성물의 농도로도 나타낼 수 있다.

$$속도 = \frac{[P]_2 - [P]_1}{t_2 - t_1} = \frac{\Delta[P]}{\Delta t}$$

이 경우, $[P]_2 > [P]_1$이므로 $\Delta P > 0$이 된다. 실제로 우리가 관심이 있는 물리적인 양은 일정한 시간 동안 일어난 농도의 변화로 나타내는 평균 반응 속도보다 어느 한 순간에 반응 속도, 즉 순간 반응 속도인 경우가 많다. 이를 수학적으로 표현하면, Δt가 점점 0에 근접할 때의 반응 속도로, 다음과 같이 나타낼 수 있다.

$$속도 = -\frac{d[R]}{dt} = \frac{d[P]}{dt}$$

이때 반응 속도의 단위는 $M\,\mathrm{s}^{-1}$ 또는 $M\,\mathrm{min}^{-1}$로 주어진다.

반응 계수가 1이 아닌, 보다 복잡하게 주어지는 반응에 대한 반응 속도를 나타낼 경우 반응물 또는 생성물의 종류에 관계없이 일관되게 표현해야 한다. 다음과 같은 반응을 예로 들어 보자.

$$2R \rightarrow P$$

$-d[R]/dt$와 $d[P]/dt$는 각각 반응물과 생성물에 대한 순간 반응 속도를 나타내지만, 반응물이 소모되는 속도가 생성물이 생기는 속도의 2배이므로 이 두 값은 같지 않다. 따라서 이 반응의 반응 속도는 다음과 같이 나타내어야 한다.

$$속도 = -\frac{1}{2}\frac{d[R]}{dt} = \frac{d[P]}{dt}$$

다음과 같은 일반적인 반응식에 대하여

$$a\mathrm{A} + b\mathrm{B} \rightarrow c\mathrm{C} + d\mathrm{D}$$

반응 속도는 다음과 같이 주어진다.

$$속도 = -\frac{1}{a}\frac{d[A]}{dt} = -\frac{1}{b}\frac{d[B]}{dt} = \frac{1}{c}\frac{d[C]}{dt} = \frac{1}{d}\frac{d[D]}{dt} \qquad (15.1)$$

여기서 대괄호로 나타내는 값들은 반응 시작 후 시간 t에서 반응물과 생성물의 농도를 나타낸다.

15.2 반응 차수

화학 반응의 속도와 반응물의 농도와의 관계는 실험적으로 결정되어야 하는 복잡한 문제이다. 그러나 위의 일반적인 식을 적용하면, 반응 속도는 (항상 그렇지는 않지만) 대개의 경우 다음과 같이 나타낼 수 있음을 알게 된다.

$$\begin{aligned} \text{속도} &\propto [\text{A}]^x[\text{B}]^y \\ &= k[\text{A}]^x[\text{B}]^y \end{aligned} \tag{15.2}$$

이 식은 **속도 법칙**(rate law)으로 알려져 있는데, 반응 속도가 항상 일정한 값이 아니라는 것을 말해 준다. 특정 시간 t에서의 반응 속도는 A와 B의 어떤 지수곱에 비례한다. 비례 상수인 k를 **속도 상수**(rate constant)라고 한다. 속도 법칙은 반응물의 농도에 대한 식으로 정의되지만, 주어진 반응에 대한 속도 상수는 반응물의 농도와는 부관하다. 속도 상수는 나중에 실퍼보겠지만, 온도에만 영향을 받는다.

반응 속도를 식 15.2와 같이 표현할 경우 **반응 차수**(order of reaction)를 정의할 수 있다. 이 반응은 반응물 A에 대해서는 x차, B에 대해서는 y차 반응이라고 말한다. 따라서 이 반응의 전체 차수는 $(x+y)$로 주어진다. 일반적으로 반응 속도식에서의 반응 차수는 균형 화학 반응식에서의 화학량론적 계수와는 직접적인 관계가 없다. 예를 들어 다음의 반응의 경우

화학 반응식은 여러 가지 다양한 방법으로 균형을 맞출 수 있다는 점을 주목하라.

$$2\text{N}_2\text{O}_5(g) \rightarrow 4\text{NO}_2(g) + \text{O}_2(g)$$

반응 속도는 다음과 같이 주어진다.

$$\text{속도} = k[\text{N}_2\text{O}_5]$$

이 반응은 N_2O_5에 대해 일차 반응이다. 균형 반응식에서부터 이차 반응이라고 추론하면 안 된다.

반응의 차수는 농도에 대해 반응 속도가 실험적으로 어떤 상관 관계가 있는지를 나타내 준다. 따라서 반응 차수는 0, 정수값, 또는 정수가 아닌 임의의 실수로 얻어질 수도 있다. 반응 도중 어떤 임의의 시간에 반응물의 농도를 결정하는 데 속도 법칙을 사용할 수 있다. 그러기 위해서는 반응 속도식을 시간에 대해 적분을 해야 한다. 간단히 반응 차수가 정수로 주어지는 반응들에 대해 살펴보도록 하자.

영차 반응

다음과 같은 영차 반응에 대한

$$\text{A} \rightarrow \text{생성물}$$

속도 법칙은 다음과 같이 주어진다.

$$\text{속도} = -\frac{d[\text{A}]}{dt} = k[\text{A}]^0 = k \tag{15.3}$$

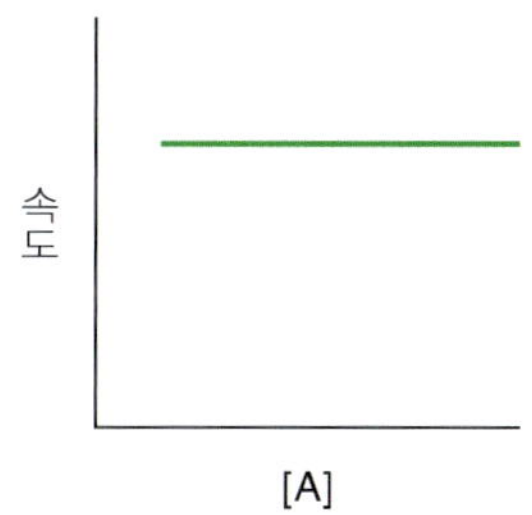

그림 15.1
영차 반응. 반응 속도가 농도와 무관하다.

이때 $k(M\ s^{-1})$는 영차 속도 상수이다. 그림 15.1에서 나타낸 바와 같이 반응 속도는 반응물의 농도와 무관하다. 식 15.3을 다시 쓰면,

$$d[\mathrm{A}] = -kdt$$

이때 $t=0$에서 $t=t$까지 적분을 하면 시간 t에서의 농도 [A]와 시간 $t=0$에서의 농도 $[\mathrm{A}]_0$는 다음과 같이 주어진다.

$$\int_{[\mathrm{A}]_0}^{[\mathrm{A}]} d[\mathrm{A}] = [\mathrm{A}] - [\mathrm{A}]_0 = -\int_0^t kdt = -kt$$

또는

$$[\mathrm{A}] = [\mathrm{A}]_0 - kt \tag{15.4}$$

식 15.4는 시간에 따른 반응물 A의 농도 [A]를 나타내지만, 반응 속도에 미치는 인자를 모두 설명해 주지는 않는다. 이를 설명하기 위하여 암모니아 기체가 텅스텐 표면에서 분해되는 반응을 예로 들어 보자.

$$\mathrm{NH_3}(g) \rightarrow \tfrac{1}{2}\mathrm{N_2}(g) + \tfrac{3}{2}\mathrm{H_2}(g)$$

어떤 특정한 반응 조건에서 이 반응은 영차 반응 속도 법칙을 따른다. 예를 들어 전체 반응 속도가 촉매의 농도에 의해 제한되는 경우 영차 반응이 될 수 있다. 그때의 반응 속도는

$$\text{속도} = k'\theta A$$

와 같이 주어진다. 여기서 k'은 속도 상수, θ는 암모니아 분자가 흡착한 표면적의 비율, A는 촉매의 전체 표면적을 나타낸다. 암모니아의 압력이 충분히 커서 $\theta=1$인 경우, 이 반응은 암모니아에 대해 영차 반응 속도를 보인다. 그러나 압력이 낮아지면 θ는 기체상에 있는 $[\mathrm{NH_3}]$에 비례하므로, 반응 속도는 암모니아에 대해 일차 반응 속도식으로 나타난다. 이 반응의 속도는 사용한 촉매의 양(또는 표면적), 즉 A에도 비례한다.

일차 반응

일차 반응은 반응 속도가 반응물의 농도에 비례하는 반응을 말한다. 즉

$$\text{속도} = -\frac{d[\mathrm{A}]}{dt} = k[\mathrm{A}] \tag{15.5}$$

여기서 $k(\mathrm{s}^{-1})$는 일차 속도 상수이다. 식 15.5를 다시 정리하면

$$-\frac{d[\mathrm{A}]}{[\mathrm{A}]} = kdt$$

을 얻을 수 있다.

이를 $t=0$에서 $t=t$까지 적분하면 시간 t에서의 농도 [A]는 시간 $t=0$에서의 농도 $[\mathrm{A}]_0$에 대해 다음과 같은 식으로 얻어진다.

$$\int_{[\mathrm{A}]_0}^{[\mathrm{A}]} \frac{d[\mathrm{A}]}{[\mathrm{A}]} = -\int_0^t kdt$$

$$\ln \frac{[\mathrm{A}]}{[\mathrm{A}]_0} = -kt \tag{15.6}$$

즉

$$[\mathrm{A}] = [\mathrm{A}]_0 e^{-kt} \tag{15.7}$$

$\ln([\mathrm{A}]/[\mathrm{A}]_0)$의 시간 t에 대한 그래프를 그리면, 그림 15.2a와 같이 기울기가 $-k$로 주어지는 직선으로 나타난다. 식 15.7은 일차 반응에서 반응물의 농도가 시간에 대해 지수 함수로 감소한다는 것을 보여 준다(그림 15.2b).

방사성 붕괴 반응은 일차 반응 속도식을 따른다. 그 예로 다음 반응을 들 수 있다.

$$^{222}_{86}\mathrm{Rn} \rightarrow {}^{218}_{84}\mathrm{Po} + \alpha$$

여기서 α는 헬륨의 원자핵(He^{2+})을 나타낸다. N_2O_5의 열분해 반응은 N_2O_5의 농도에 대해 일차 반응이다. 또 다른 예로는 메틸 아이소나이트릴이 아세토나이트릴로 재배열되는 과정을 들 수 있다.

$$\mathrm{CH_3NC}(g) \rightarrow \mathrm{CH_3CN}(g)$$

반응의 반감기. 반응 속도론에 대한 연구에 있어 실제로 중요한 척도 중의 하나로 반응의 반감기(half-life, $t_{1/2}$)를 들 수 있다. 한 반응의 반감기는 반응물의 농도가 처

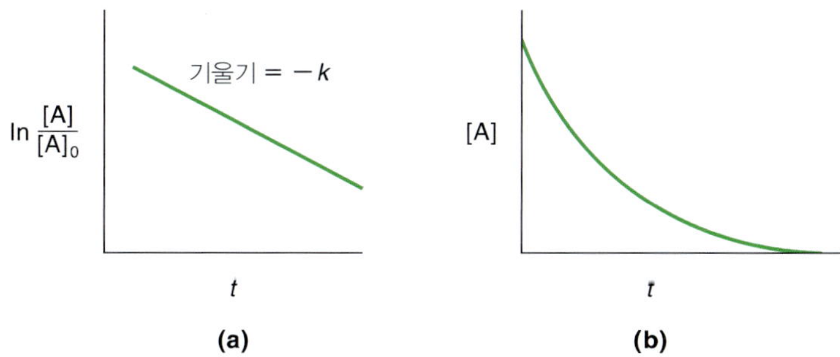

그림 15.2

일차 반응 (a) 기울기가 $-k$인 식 15.6에 대한 그래프. (b) 식 15.7에 의한 [A]의 시간에 따른 지수 함수적 감쇠

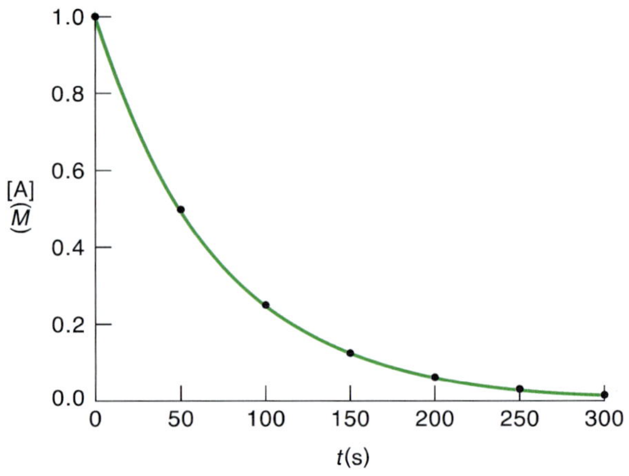

그림 15.3
일차 반응(A → 생성물)의 반감기. 초기 농도 1 M에서 매 50 초마다 농도가 반으로 감소한다.

음 값의 반으로 줄어드는 데 걸리는 시간을 말한다. 예를 들면 일차 반응에서 $[A] = [A]_0/2$가 되는 데 걸리는 시간 $t = t_{1/2}$은 식 15.6에 의하면

$$\ln \frac{[A]_0/2}{[A]_0} = -kt_{1/2}$$

즉

$$t_{1/2} = \frac{\ln 2}{k} = \frac{0.693}{k} \tag{15.8}$$

로 주어진다.

즉 일차 반응의 반감기는 반응물의 초기 농도와 **무관하다**(그림 15.3). 따라서 A가 1.0 M에서 0.5 M로 감소하는 데 걸리는 시간은 A가 0.1 M에서 0.05 M로 감소하는 데 걸리는 시간과 같다. 표 15.1은 생화학적 연구나 의료용으로 폭넓게 사용되는 방사성 동위 원소의 반감기를 나타낸다.

일차 반응과는 대조적으로 다른 반응 형태의 반감기는 모두 초기 농도에 의존한

표 15.1 몇 가지 일반적인 방사성 동위 원소의 반감기

동위 원소	붕괴 반응	반감기($t_{1/2}$)
${}^{3}_{1}\mathrm{H}$	${}^{3}_{1}\mathrm{H} \rightarrow {}^{3}_{2}\mathrm{He} + {}^{0}_{-1}\beta$	12.3 yr
${}^{14}_{6}\mathrm{C}$	${}^{14}_{6}\mathrm{C} \rightarrow {}^{14}_{7}\mathrm{N} + {}^{0}_{-1}\beta$	5.73×10^3 yr
${}^{24}_{11}\mathrm{Na}$	${}^{24}_{11}\mathrm{Na} \rightarrow {}^{24}_{12}\mathrm{Mg} + {}^{0}_{-1}\beta$	15 h
${}^{32}_{15}\mathrm{P}$	${}^{32}_{15}\mathrm{P} \rightarrow {}^{32}_{16}\mathrm{S} + {}^{0}_{-1}\beta$	14.3 d
${}^{35}_{16}\mathrm{S}$	${}^{35}_{16}\mathrm{S} \rightarrow {}^{35}_{17}\mathrm{Cl} + {}^{0}_{-1}\beta$	88 d
${}^{60}_{27}\mathrm{Co}$	γ 선 방출	5.26 yr
${}^{99m}_{43}\mathrm{Tc}$ [a]	γ 선 방출	6.0 h
${}^{131}_{53}\mathrm{I}$	${}^{131}_{53}\mathrm{I} \rightarrow {}^{131}_{54}\mathrm{Xe} + {}^{0}_{-1}\beta$	8.05 d

[a] 위 첨자는 준안정 들뜬 핵에너지 상태를 나타낸다.

다. 일반적으로 반감기는 다음과 같은 관계가 있음을 볼 수 있다(부록 15.1 참조).

$$t_{1/2} \propto \frac{1}{[\mathrm{A}]_0^{n-1}} \tag{15.9}$$

여기서 n은 반응 차수이다.

예제 15.1

상온에서 비활성 유기 용매에 녹아 있는 2,2′-아조비스아이소뷰티로나이트릴(AIBN)의 열분해 과정은 350 nm에서 AIBN의 흡광도 변화로 관찰할 수 있다.

$$N{\equiv}C-\underset{CH_3}{\overset{CH_3}{C}}-N{=}N-\underset{CH_3}{\overset{CH_3}{C}}-C{\equiv}N \xrightarrow{\Delta} 2N{\equiv}C-\underset{CH_3}{\overset{CH_3}{C}}\cdot + N_2$$

아래는 시간에 따른 흡광도(A)의 변화를 관찰한 실험 결과이다. 이 반응이 AIBN에 대한 일차 반응이라고 가정할 때, 반응 속도 상수를 계산하시오.

t(s)	A
0	1.50
2000	1.26
4000	1.07
6000	0.92
8000	0.81
10,000	0.72
12,000	0.65
∞	0.40

답

식 15.6으로부터

$$\ln\frac{[\mathrm{AIBN}]}{[\mathrm{AIBN}]_0} = -kt$$

여기서 $t=0$와 $t=\infty$에서의 흡광도의 차이(A_0-A_∞)는 용액에서 AIBN의 초기 농도에 비례한다. 마찬가지로 (A_t-A_∞)는 시간 t에서의 AIBN의 농도 [AIBN]에 비례한다.* 따라서 반응 속도식은 다음과 같이 쓸 수 있다.

* 이 말은, 시간이 무한히 지나면 AIBN이 없거나 거의 남아 있지 않으며, 또 반응 생성물이 350 nm에서 AIBN의 흡광도에 영향을 주지 않을 때 성립한다.

$$\ln \frac{A_t - A_\infty}{A_0 - A_\infty} = -kt$$

$A_0=1.50$, $A_\infty=0.40$이므로 시간에 따른 농도는 다음과 같이 주어진다.

t(s)	$\ln \frac{A_t - A_\infty}{A_0 - A_\infty}$
2000	−0.246
4000	−0.496
6000	−0.749
8000	−0.987
10,000	−1.24
12,000	−1.48

일차 속도 상수는 그림 15.4에서처럼 위의 시간 t에 대한 자연 로그값의 그래프로부터 얻을 수 있다. 이 경우 직선의 기울기로부터 구한 속도 상수는 $1.24 \times 10^{-4}\ \text{s}^{-1}$이 된다.

이차 반응

여기서 두 가지 형태의 이차 반응을 생각해 볼 수 있는데, 첫째는 한 종류의 반응물이 관여하는 경우이고, 두 번째는 서로 다른 두 가지 반응물이 관여하는 경우이다. 첫 번째 경우는 다음과 같은 반응식으로 쓸 수 있다.

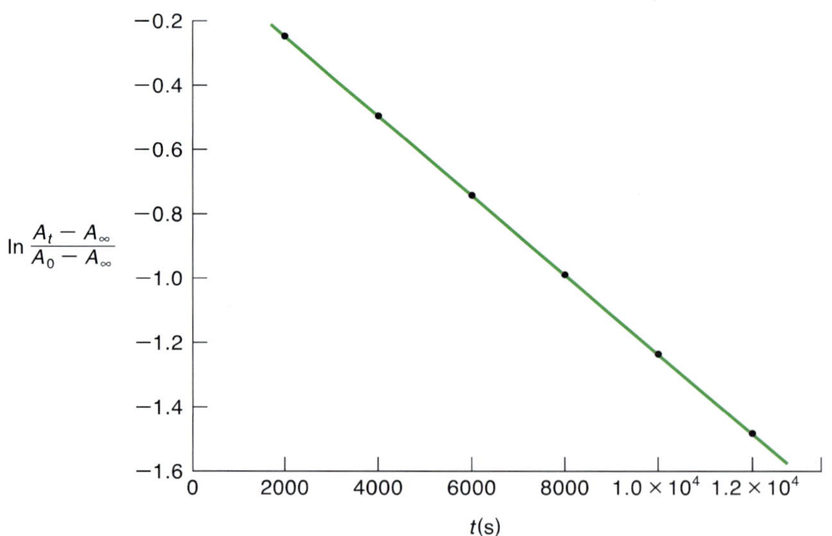

그림 15.4
AIBN의 분해 반응. 직선의 방정식은 $y=-0.000124x-0.00167$로 얻어진다. 따라서 일차 반응 속도 상수는 기울기의 (−)값인 $1.24 \times 10^{-4}\ \text{s}^{-1}$로 얻어진다.

$$A \rightarrow \text{생성물}$$

이때 반응 속도식은 다음과 같다.

$$\text{속도} = -\frac{d[A]}{dt} = k[A]^2 \tag{15.10}$$

즉 반응 속도가 반응물 A의 농도의 제곱에 비례한다. 여기서 $k(M^{-1}\ s^{-1})$는 이차 속도 상수이다. 변수를 분리하여 적분하면

$$\int_{[A]_0}^{[A]} \frac{d[A]}{[A]^2} = -\int_0^t k dt$$

$$\frac{1}{[A]} - \frac{1}{[A]_0} = kt$$

즉

$$\frac{1}{[A]} = kt + \frac{1}{[A]_0} \tag{15.11}$$

을 얻는다. 여기서 $[A]_0$는 초기 농도이다. 따라서 t에 대한 $1/[A]$의 그래프를 그리면 기울기가 k인 직선을 얻을 수 있다(그림 15.5a). 이차 반응에 대한 반감기를 구하려면 식 15.11에 $[A]=[A]_0/2$를 대입하면

$$\frac{1}{[A]_0/2} = kt_{1/2} + \frac{1}{[A]_0}$$

즉

$$t_{1/2} = \frac{1}{k[A]_0} \tag{15.12}$$

를 얻는다. 이차 반응의 경우 일차 반응과는 달리, 반감기가 초기 농도에 따라 변하는 것을 알 수 있다.

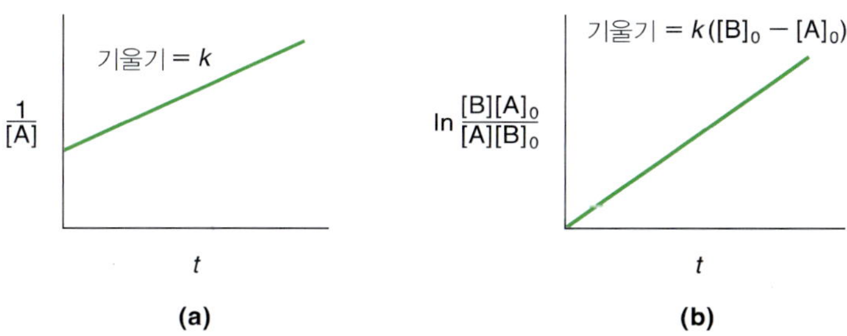

그림 15.5
이차 반응. (a) 식 15.11에 대한 그래프. (b) 식 15.14에 대한 그래프

두 번째 형태의 이차 반응은 다음과 같이 나타낼 수 있다.

$$A + B \rightarrow \text{생성물}$$

또한

$$\text{속도} = -\frac{d[A]}{dt} = -\frac{d[B]}{dt} = k[A][B] \tag{15.13}$$

이 반응은 A에 대해 1차, B에 대해 1차이므로 전체적으로 이차 반응이다. 시간 t에서의 반응물의 농도 [A]와 [B]를 다음과 같이 나타내면,

$$[A] = [A]_0 - x$$

$$[B] = [B]_0 - x$$

여기서 x(mol L^{-1})는 시간 t에서 소모된 A와 B의 양을 나타낸다. 식 15.13으로부터

$$-\frac{d[A]}{dt} = -\frac{d([A]_0 - x)}{dt} = \frac{dx}{dt} = k[A][B]$$

$$= k([A]_0 - x)([B]_0 - x)$$

이를 정리하면

$$\frac{dx}{([A]_0 - x)([B]_0 - x)} = kdt$$

가 얻어진다. 이를 다소 지루하지만 간단한 부분 함수의 적분을 통해, 다음과 같은 최종 결과를 얻을 수 있다.

$$\frac{1}{[B]_0 - [A]_0} \ln\frac{([B]_0 - x)[A]_0}{([A]_0 - x)[B]_0} = kt$$

또는

$$\frac{1}{[B]_0 - [A]_0} \ln\frac{[B][A]_0}{[A][B]_0} = kt \tag{15.14}$$

식 15.14는 $[A]_0 < [B]_0$라는 가정하에 얻어졌다. 만약 $[A]_0 = [B]_0$라면, 그 결과는 식 15.11에서와 같다. 식 15.14에 $[A]_0 = [B]_0$를 대입하면 식 15.11이 얻어지지 않는다. 식 15.14에 대한 그래프는 그림 15.5b와 같이 나타난다.

다음은 이차 반응에 대한 몇 가지 예이다.

$$CH_3CHO(g) \rightarrow CH_4(g) + CO(g)$$

$$2NO_2(g) \rightarrow 2NO(g) + O_2(g)$$

$$C_2H_5Br(aq) + OH^-(aq) \rightarrow C_2H_5OH(aq) + Br^-(aq)$$

표 15.2 반응물 A → 생성물에 대한 반응 속도식의 요약

차수	미분 형태	적분 형태	반감기	속도 상수의 단위
0	$-\frac{d[A]}{dt} = k$	$[A]_0 - [A] = kt$	$\frac{[A]_0}{2k}$	$M\ s^{-1}$
1	$-\frac{d[A]}{dt} = k[A]$	$[A] = [A]_0 e^{-kt}$	$\frac{\ln 2}{k}$	s^{-1}
2	$-\frac{d[A]}{dt} = k[A]^2$	$\frac{1}{[A]} - \frac{1}{[A]_0} = kt$	$\frac{1}{[A]_0 k}$	$M^{-1}\ s^{-1}$
2[a]	$-\frac{d[A]}{dt} = k[A][B]$	$\frac{1}{[B]_0 - [A]_0} \ln \frac{[B][A]_0}{[A][B]_0} = kt$	—	$M^{-1}\ s^{-1}$

유사 일차 반응. 이차 반응의 특별한 경우로, 반응물 중 한 가지가 과량으로 주어지는 경우가 있다. 그 한 예로 염화 아세틸의 가수 분해를 들 수 있다.

$$CH_3COCl(aq) + H_2O(l) \rightarrow CH_3COOH(aq) + HCl(aq)$$

염화 아세틸의 수용액에서 물의 농도(~55.5 M, 순수한 물의 농도)는 염화 아세틸의 농도(약 1 M 또는 이하)에 비해 상당히 크므로 반응에 의해 소모되는 물의 양은 초기 물의 양에 비해 거의 무시할 수 있다. 따라서 반응 속도식을 다음과 같이 쓸 수 있다.

$$\frac{d[CH_3COCl]}{dt} = k'[CH_3COCl][H_2O]$$

$$= k[CH_3COCl] \qquad (15.15)$$

여기서 $k=k'[H_2O]$이다. 이 반응은 일차 반응 속도식을 따르는 것처럼 보이기 때문에 유사 일차 반응(pseudo-first-order reaction)이라고 한다. 이차 반응 속도 상수 k'을 측정하려면, 서로 다른 초기 물의 농도에 대해 반응 속도 상수 k를 측정한 후, $[H_2O]$에 대해 k의 그래프를 그리면 직선의 기울기로부터 k'을 얻을 수 있다.

표 15.2는 영차, 일차, 이차 반응에 대한 속도식과 반감기를 요약하여 나타낸 것이다. 삼차 반응은 알려져 있기는 하지만, 흔하지 않기 때문에 여기서는 다루지 않는다.

반응 차수의 결정

반응 속도 연구에 있어, 첫 번째 할 일은 반응 차수를 결정하는 일이다. 반응 차수를 결정하는 방법에는 여러 가지가 있는데, 여기서는 네 가지 대표적인 방법들을 소개한다.

1. 적분법. 반응이 시작된 후에 매 시간마다 반응물의 농도를 측정한 후 서로 다른 시간 간격에 따른 농도의 변화를 표 15.2에 있는 식에 대입한다. 이때 시간 간격을 달리하여도 같은 속도 상수가 얻어지는 식이 그 반응에 대한 올바른 속도식이 된다. 그런데 이 방법은 주어진 반응이 일차 반응인지, 이차 반응인지를 구별하는 정도의 정보밖에 얻을 수 없다는 한계를 가지고 있다.

2. 미분법. 이 방법은 1884년에 van't Hoff에 의해 만들어졌다. 어떤 n차 반응의 반응 속도 v는 반응물의 농도의 n제곱에 비례하기 때문에 다음과 같이 반응 속도를 쓸 수 있다.

$$v = k[\mathrm{A}]^n \tag{15.16}$$

양변에 상용 로그를 취하면

$$\log v = n \log[\mathrm{A}] + \log k \tag{15.17}$$

따라서 서로 다른 반응물 A의 농도 조건에서 반응 속도 v를 측정한 후, log[A]에 대한 log v의 그래프를 그리면, 그 기울기로부터 반응 차수 n을 구할 수 있다. 이를 위해서 그림 15.6에서와 같이 서로 다른 초기 농도 A에 대해 초기 반응 속도 v_0를 측정하여 반응 차수를 구할 수 있다. 초기 반응 속도를 이용하는 방법은 다음과 같은 장점이 있다. (1) 반응 생성물이 반응 속도에 영향을 미칠 수 있는 경우 초기 반응 속도의 측정법은 이와 같은 영향을 배제할 수 있다. (2) 반응 초기에 반응물의 농도를 매우 정확하게 측정할 수 있다.

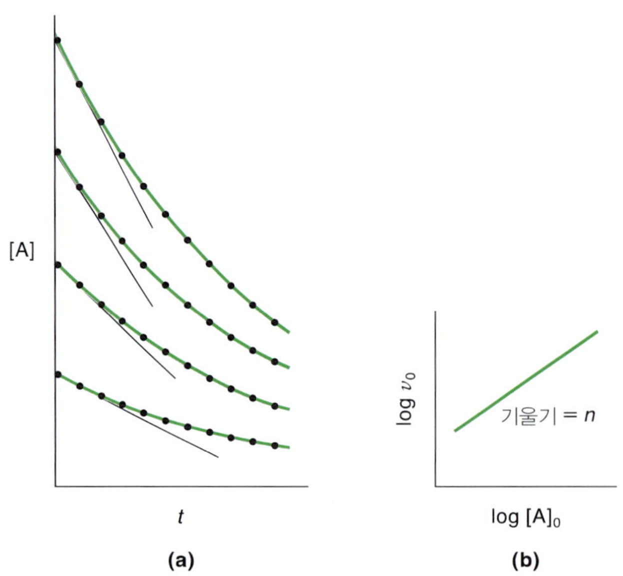

그림 15.6
(a) 서로 다른 초기 농도 조건에서의 초기 반응 속도 v_0의 측정. (b) log [A]에 대한 log v_0의 그래프

3. 반감기법. 반응 차수를 결정하는 또 다른 간단한 방법은 표 15.2 또는 식 15.9를 이용하여 초기 반응물의 농도와 반감기의 관계를 알아내는 것이다. 반응의 반감기를 측정하면 반응 속도를 결정할 수 있다. 이 방법은 초기 반응물의 농도에 따라 반감기가 일정한 일차 반응을 규명하는 데 특히 유용하다.

4. 분리법. 한 가지 이상의 반응물이 관여하는 반응의 경우, 한 가지 반응물의 농도를 제외한 나머지 반응물의 농도를 일정하게 두고 반응 속도가 그 한 가지 반응물의 농도에 따라 어떻게 변하는지를 측정한다. 이 경우, 반응 속도의 변화가 있다면 이는 그 한 가지 반응물의 농도와 관련이 있다고 볼 수 있다. 이러한 방법으로 그 반응물의 농도에 관련한 반응 차수를 구할 수 있고, 이런 과정을 두 번째 반응물의 농도에 대해서, 또 나머지 반응물에 대해 순차적으로 반복하여 모든 반응물에 대한 반응 차수를 구할 수 있다.

여기서 소개한 네 가지 방법은 모두 이상적인 경우에 적용이 가능하다. 실제 반응의 경우, 반응 차수를 구하는 일은 매우 어려운 문제인데, 그 이유는 우선 농도를 측정하는 과정에서 불확실하거나(예를 들면 초기 반응 속도를 구할 때 농도의 변화가 매우 작을 경우처럼) 반응 자체가 매우 복잡한 과정을 거치기 때문이다(예를 들면 반응이 가역 반응이거나 반응 생성물이 다시 반응물로 반응에 관여하는 경우처럼). 그래서 반응 차수를 구하는 문제는 어느 정도 시행착오를 거쳐서 이루어진다. 최근에는 컴퓨터를 사용하여 반응 속도를 측정한 실험 데이터를 보다 빠르게 처리하는 일이 가능해졌다.

일단 반응 차수가 결정되면, 주어진 온도 조건에서 반응 속도 상수는 반응 속도와 반응물 농도에 반응 차수 제곱을 한 값의 비로부터 구할 수 있다. 반응 차수와 반응 속도 상수를 알면 주어진 반응에 대한 반응 속도식을 결정할 수 있다.

15.3 반응의 분자도

반응 차수를 알면 그 반응이 어떻게 일어나는지를 밝혀내는 과정에서 첫 번째 단계를 넘어선 것이다. 어떤 화학 반응이든지 주어진 균형 화학 반응식에서 주어지는 방식대로 일어나는 경우는 드물다. 전체 반응식은 여러 단계의 반응의 합인 경우가 많다. 전체 반응 경로 상에서 일어나는 각각의 반응 단계의 진행 순서를 그 반응의 **메커니즘(mechanism)**이라고 한다. 어떤 반응의 메커니즘을 안다는 것은 반응이 일어나기 위해 반응에 관여하는 분자가 어떻게 서로 접근하여 충돌하고 분자 내의 화학 결합이 깨지고 새로운 결합이 생기는지, 그 과정에서 어떻게 전하가 이동을 하는지를 모두 이해하는 것을 의미한다. 또한 반응의 메커니즘은 전체 반응식에서 주어지는 화학량론, 반응 속도 법칙, 그리고 다른 실험적 관찰 결과들을 모두 만족해야 한다. 과산화 수소의 분해 반응을 예로 들어보자.

$$2H_2O_2(aq) \rightarrow 2H_2O(l) + O_2(g)$$

이 반응은 아이오딘화 이온이 촉매로 작용하는 경우, 반응 속도식은 다음과 같이 얻어진다.

$$속도 = k[H_2O_2][I^-]$$

즉 이 반응은 H_2O_2와 I^-에 대해 모두 일차 반응이다.

차수(order)는 반응물에서 생성물로 변화하는 과정에서 전체적인 변화와 관련 있는 반면, **분자도**(molecularity)는 전체 반응 경로 중에서 한 단계에서 일어나는 특정한 단일 반응 과정과 관련이 있다. 예를 들면 과산화 수소의 분해 반응은 다음과 같은 두 단계의 반응으로 이루어져 있다.

$$단계\ (1) \qquad H_2O_2 + I^- \xrightarrow{k_1} H_2O + IO^-$$

$$단계\ (2) \qquad H_2O_2 + IO^- \xrightarrow{k_2} H_2O + O_2 + I^-$$

각각의 **단일 단계**(elementary step)는 실제로 분자 수준에서 어떤 일이 일어나는지를 보여 준다. 그럼 어떻게 단일 단계들로 이루어진 반응 경로가 실제로 측정된 전체 반응의 반응 속도식을 설명하는 데 사용될 수 있는가? 간단히 첫 번째 단계의 반응이 두 번째 단계의 반응에 비해 매우 천천히 일어난다고 생각해 보자(즉 $k_1 << k_2$). 이때 전체 반응 속도는 첫 번째 반응의 속도에 의해 결정된다고 볼 수 있다. 이같이 반응 속도를 결정하는 첫 번째 반응 단계를 **속도 결정 단계**(rate-determining step)라고 한다. 그 결과 전체 반응 속도는 $k_1[H_2O_2][I^-]$로 주어지며 전체 반응 속도 상수 $k=k_1$의 관계를 만족한다. IO^-는 상쇄되어 없어지므로, 위의 두 단계의 반응을 합하면 전체 반응식과 같아진다. IO^-와 같은 화학종은 반응 메커니즘에는 나타나지만 전체 균형 반응식에는 없기 때문에 **중간체**(intermediate)라고 한다. 중간체는 항상 초기 단일 단계에 생성되었다가 나중의 단일 단계에서 소멸된다. 반면 촉매(이 경우 I^-)는 항상 초기 단일 단계에서 반응물로 작용하여 중간체를 형성하는 데 기여하고, 반응이 종결되는 단일 단계에서 다시 생성된다.

이와 같은 사실에 비추어 볼 때, 반응에 대해 얼마나 잘 이해하는지는 반응 차수가 아니라 반응의 분자도를 이해할 때 가능하다는 것을 알 수 있다. 반응 메커니즘과 속도 결정 단계를 알아내면, 이를 바탕으로 반응 속도식을 결정할 수 있고, 실험적으로 구한 반응 속도식과 잘 맞는지를 비교해 볼 수 있다. 대부분의 반응들이 반응 속도론적으로는 매우 복잡하지만, 일부 반응들의 메커니즘은 분자 수준에서 충분히 잘 알려져 있다. 그러나 일반적으로 주어진 반응의 메커니즘이 오직 한 가지 알려진 경로만 존재하는지를 증명하는 일은 어렵고, 아주 복잡한 반응에서는 거의 불가능한 일이다.

법정에서 재판을 하는 경우처럼, 우리는 합리적으로 의심이 가는 부분에 대한 증거만이 필요할 뿐이다.

이제 세 가지 서로 다른 분자도를 갖는 경우를 살펴보자. 반응 차수와는 다르게 분자도는 0이거나 정수가 아닌 경우는 없다.

일분자 반응

시스-트랜스 이성질화, 열분해, 고리 열림, 라셈화와 같은 반응들은 모두 **일분자**(unimolecular) 반응이다. 즉 단일 단계에서 단 한 가지 반응물이 반응에 관여한다. 예를 들면 다음과 같은 기체 상태에서의 단일 반응은 모두 일분자 반응이다.

$$N_2O_4(g) \longrightarrow 2NO_2(g)$$

$$\text{(cyclo-}C_3H_6\text{: } CH_2,\ H_2C{-}CH_2) \longrightarrow CH_3CH{=}CH_2$$

사이클로프로페인 프로펜

일분자 반응의 속도는 주로 일차 반응 속도식을 따른다. 이와 같은 반응은 반응 분자가 반응을 일으키는 데 필요한 충분한 에너지를 주로 분자들 간의 충돌을 통해 얻기 때문에, 흔히 이러한 반응이 이분자 과정이므로 이차 반응이라고 생각하기 쉽다. 예측한 반응 속도 법칙과 측정한 반응 속도 법칙 간의 불일치를 어떻게 설명할 수 있을까? 이 물음에 답하기 위하여 영국의 화학자 Frederick Alexander Lindemann(1886~1957)이 1922년에 사용한 접근 방법을 따라가 보자.* 매 순간 반응물 A는 또 다른 반응물 A와 충돌하고 다른 분자에 의해 하나의 분자가 에너지적으로 활성화된다.

$$A + A \xrightarrow{k_1} A + A^*$$

여기서 별표는 활성 분자임을 의미한다. 활성 분자는 다음과 같은 단일 단계 반응에 의해 생성물이 된다.

$$A^* \xrightarrow{k_2} \text{생성물}$$

이러한 과정에서 다음과 같이 활성 분자 A^*가 충돌에 의해 에너지를 잃을 수도 있다.

$$A^* + A \xrightarrow{k_{-1}} A + A$$

생성물의 생성 속도는 다음과 같이 주어진다.

$$\frac{d[\text{생성물}]}{dt} = k_2[A^*] \tag{15.18}$$

* 덴마크 화학자 Jens Anton Christiansen(1888~1969)도 비슷한 시기에 독립적으로 비슷한 접근 방법을 사용하였다.

그럼 반응 속도식을 구하기 위하여 남은 일은 $[A^*]$를 구하는 일이다. A^*는 활성 화학종이기 때문에 에너지적으로 불안정하며 수명이 짧다. 따라서 기체 상태에서 A^*의 농도는 매우 작을 것이고, 시간에 따라 크게 변하지 않을 것이라고 가정할 수 있다. 이런 가정하에 다음과 같이 **일정 상태 근사법**(steady-state approximation)을 적용하여 $[A^*]$를 구할 수 있다.* $[A^*]$의 변화 속도는 A^*를 생성하는 단계의 반응 속도와 A^*를 소모하는 단계의 반응 속도의 차이로 주어진다. 이때 일정 상태 근사법을 따르면 A^*의 농도 변화는 없다. 즉 0이다. 이를 수학적으로 표현하면 다음과 같다.

$$\frac{d[A^*]}{dt} = 0 = k_1[A]^2 - k_{-1}[A][A^*] - k_2[A^*] \qquad (15.19)$$

이를 $[A^*]$에 대해 구하면, 다음 식이 얻어진다.

$$[A^*] = \frac{k_1[A]^2}{k_2 + k_{-1}[A]} \qquad (15.20)$$

그러면 일분자 반응에서 생성물의 생성 속도는 다음 식과 같이 얻어진다.

$$\frac{d[\text{생성물}]}{dt} = k_2[A^*] = \frac{k_1k_2[A]^2}{k_2 + k_{-1}[A]} \qquad (15.21)$$

식 15.21을 두 가지 중요한 극한의 경우에 대해 생각해 보자. 압력이 높은 경우($\geq$ 1기압), 대부분의 A^* 분자들은 충돌에 의해 에너지를 잃는 반응이 생성물을 만드는 반응보다 우세하게 일어날 것이다. 즉 다음과 같은 관계를 만족할 것이다.

$$k_{-1}[A][A^*] \gg k_2[A^*]$$

즉

$$k_{-1}[A] \gg k_2$$

이 경우 식 15.21은 다음과 같이 간단히 나타낼 수 있다.

$$\frac{d[\text{생성물}]}{dt} = \frac{k_1k_2}{k_{-1}}[A] \qquad (15.22)$$

즉 반응이 반응물 A에 대하여 일차 반응이다. 반면, 반응 기체의 압력이 낮은 경우($<$ 0.01기압) 대부분의 A^* 분자들이 생성물을 생성하는 속도가 충돌에 의해 에너지를 잃는 속도보다 우세할 것이다. 즉 다음과 같은 관계를 생각할 수 있다.

$$k_{-1}[A][A^*] \ll k_2[A^*]$$

* 일정 상태 근사법은 반응 중간체에 항상 적용할 수 있는 것은 아니며, 실험적인 증거나 이론적으로 합당하다고 판단되는 경우에만 사용 가능하다.

즉

$$k_{-1}[A] \ll k_2$$

이 경우 식 15.21은 다음과 같이 간단히 얻어진다.

$$\frac{d[\text{생성물}]}{dt} = k_1[A]^2 \tag{15.23}$$

즉 전체 반응 속도가 반응물 A에 대하여 이차 반응이다.

Lindemann 이론은 여러 가지 반응계에 대하여 검증되었고 대체로 맞다는 것이 입증되었다. 위의 두 가지 극한의 경우가 아닌 중간인 경우(즉 $k_{-1}[A][A^*] \approx k_2[A^*]$)에 대한 분석은 훨씬 복잡해지는데, 여기서는 다루지 않는다.

이분자 반응

두 개의 반응 분자가 관여하는 단일 단계의 반응은 모두 이분자 반응이다. 기체 상태의 반응들 중에 이분자 반응의 예는 다음과 같다.

$$H + H_2 \rightarrow H_2 + H$$

$$NO_2 + CO \rightarrow NO + CO_2$$

$$2NOCl \rightarrow 2NO + Cl_2$$

용액에서 일어나는 이분자 반응의 예는 다음과 같다.

$$2CH_3COOH \rightarrow (CH_3COOH)_2 \ (\text{무극성 용매})$$

$$Fe^{2+} + Fe^{3+} \rightarrow Fe^{3+} + Fe^{2+}$$

삼분자 반응

마지막으로, 단일 단계에서 반응 분자 세 개의 직접적인 충돌로 일어나는 반응은 **삼분자 반응**(termolecular reaction)이다. 일반적으로 세 개의 분자가 동시에 충돌할 수 있는 확률은 낮으며, 따라서 삼분자 반응의 예는 많지 않다. 재미있는 것은, 알려진 삼분자 반응의 예를 보면, 모두 다음과 같이 일산화 질소가 포함되어 있다.

$$2NO(g) + X_2(g) \rightarrow 2NOX(g)$$

여기서 X=Cl, Br, I이다. 또 다른 종류의 삼분자 반응은 다음과 같은 기체 상태에서의 원자 재결합 반응이다.

$$H + H + M \rightarrow H_2 + M$$

$$I + I + M \rightarrow I_2 + M$$

여기서 M은 Ar과 N_2와 같은 비활성 기체이다. 원자들이 만나 재결합하여 이원자 분자를 만드는 경우, 여분의 운동 에너지가 진동 에너지로 전환되어 결합이 끊어질 수 있다. 삼분자 충돌을 하는 경우, M 분자가 하는 역할은 여분의 운동 에너지를 흡수하여 진동 에너지의 증가로 결합이 끊어지는 것을 억제하는 것이다.

삼분자 반응보다 분자도가 큰 반응은 아직까지 알려진 바가 없다.

15.4 복잡한 반응

위에서 소개한 모든 반응들은 각각의 경우 한 가지 반응만이 일어난다는 점에서 단순하다. 하지만 실제 실험에서는 이런 경우는 극히 드물다. 여기서는 보다 복잡한 반응 세 종류를 소개한다.

가역 반응

대부분의 반응들은 어느 정도 가역 반응이기 때문에 정반응과 역반응 속도를 모두 고려해야 한다. 이같이 정반응과 역반응의 두 가지 단일 단계가 관여하는 가역 반응은 다음과 같이 나타낼 수 있다.

$$\mathrm{A} \underset{k_{-1}}{\overset{k_1}{\rightleftharpoons}} \mathrm{B}$$

이 경우 [A]의 변화는 다음과 같이 정반응과 역반응 속도의 차이로 나타낼 수 있다.

$$\frac{d[\mathrm{A}]}{dt} = -k_1[\mathrm{A}] + k_{-1}[\mathrm{B}] \tag{15.24}$$

평형 상태에 도달하면 A의 농도 변화는 없으므로 ($d[\mathrm{A}]/dt=0$) 식 15.24로부터 다음과 같은 관계식을 얻을 수 있다.

$$k_1[\mathrm{A}] = k_{-1}[\mathrm{B}] \tag{15.25}$$

이 식을 다시 정리하면 다음과 같다.

$$\frac{[\mathrm{B}]}{[\mathrm{A}]} = \frac{k_1}{k_{-1}} = K \tag{15.26}$$

여기서 K는 평형 상수이다.

식 15.26은 반응 속도가 평형 상수와 어떤 관계가 있는지를 잘 보여주고 있으며, 이는 반응 속도론에서 매우 중요한 원리이다. **미시적 가역성의 원리**(the principle of microscopic reversibility)에 의하면, 평형 상태에서 각각의 단일 단계에서의 정반응과 역반응의 속도는 같다.* 이는 A → B 반응이 B → A 반응과 정확히 균형을 이

* 미시적 가역성의 원리는 어떤 계의 미시적 동력학을 기술하기 위한 근본적인 식(즉 Newton

루어서 평형이 이루어지며, B → C → A의 반응이 A → B의 반응과 맞물려 만들어지는 순환 반응에 의해 평형이 얻어지지 않는다는 것을 의미한다.

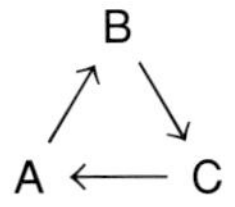

즉 위에서처럼 A → B → C가 관여하는 순환 반응에서도 각각의 단일 단계 반응들이 다음과 같이 모두 가역 반응이어야 한다.

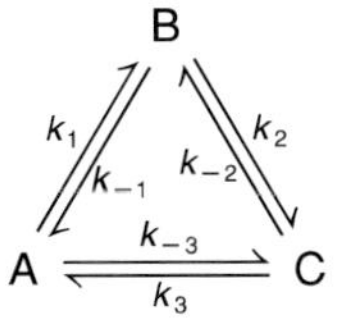

이때 위의 세 가지 가역 반응에 대한 다음 세 가지 평형 관계식을 얻을 수 있다.

$$k_1[A] = k_{-1}[B]$$

$$k_2[B] = k_{-2}[C]$$

$$k_3[C] = k_{-3}[A]$$

위 반응 속도 상수들은 모두 독립적으로 결정되지 않는다. 간단한 산술적 계산을 통해서 $k_1k_2k_3 = k_{-1}k_{-2}k_{-3}$의 관계가 있음을 보일 수 있다(문제 12.65 참조). 미시적 가역성의 원리가 의미하는 바는 평형 상태에서 정반응과 역반응의 반응 경로는 정확히 같은 반응 경로의 서로 반대 방향이라는 것이다. 그러므로 정반응과 역반응의 전이 상태*는 서로 같다.

다음과 같이 염기-촉매하에 일어나는 아세트산과 에탄올 간의 에스터화 반응을 예로 들어 보자.

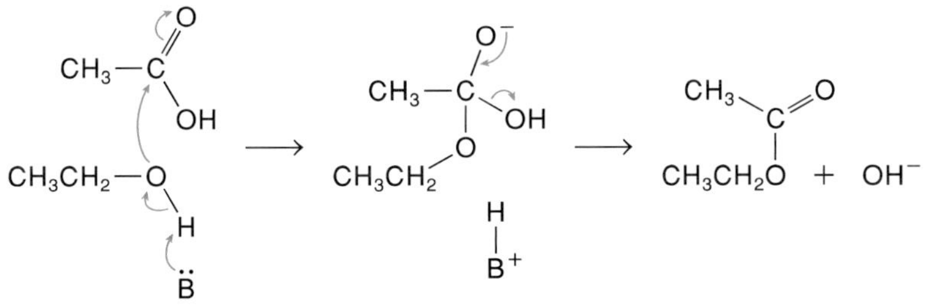

여기서 B는 OH^-와 같은 염기이다. 첫 번째 단계에서 생성되는 화학종은 사면체 구

법칙 또는 Schrödinger 식)이 시간 t가 $-t$로 바뀌고, 모든 속도의 부호가 바뀌어도 같은 값을 가진다는 결과에 근거하고 있다. B. H. Mahan, *J. Chem. Edu.* **52**, 299 (1975)에서 발췌함.

* 전이 상태란 반응물이 반응 경로를 따라 생성물로 변화하는 과정의 중간에 형성되는 복합체(complex)이며, 15.7장에서 보다 자세히 설명한다.

조의 중간체이다. 미시적 가역성의 원리에 의하면, 위 반응의 역반응인 아세트산 에틸의 가수 분해 반응은 똑같은 사면체 중간체가 산-촉매하에서 에톡시기를 제거하는 단계를 반드시 거쳐야 한다.

$$CH_3C(=O)OCH_2CH_3 + OH^- \longrightarrow CH_3-C(O^-)(OH)-OCH_2CH_3 \cdots H-B^+ \longrightarrow CH_3-C(=O)OH + CH_3CH_2OH + \ddot{B}$$

따라서 어떤 반응의 메커니즘이 가능한지를 생각해 볼 때, 이 원리를 반드시 생각해야 한다. 만약 역반응의 메커니즘이 전혀 가능해 보이지 않는다면, 제시한 메커니즘이 틀리거나 다른 메커니즘을 생각해 봐야 한다.

연속 반응

연속 반응은 첫 번째 단계의 생성물이 두 번째 단계에서의 반응물이 되고, 연속적으로 생성물이 다음 단계의 반응물로 작용하는 반응을 말한다. 연속 반응의 예로 기체상에서의 아세톤의 열분해 반응이 있다.

$$CH_3COCH_3 \rightarrow CH_2{=}CO + CH_4$$

$$CH_2{=}CO \rightarrow CO + \tfrac{1}{2}C_2H_4$$

많은 핵붕괴 반응 역시 연속 반응에 해당한다. 예를 들면 우라늄-238 동위 원소는 중성자를 포획하여 우라늄-239 동위 원소로 전환되고, 이는 다음과 같은 연속 반응을 통해 붕괴한다.

$${}^{239}_{92}U \rightarrow {}^{239}_{93}Np + {}^{0}_{-1}\beta$$

$${}^{239}_{93}Np \rightarrow {}^{239}_{94}Pu + {}^{0}_{-1}\beta$$

다음과 같은 두 단계 연속 반응을 생각해 보자.

$$A \xrightarrow{k_1} B \xrightarrow{k_2} C$$

이 경우 각 반응 단계가 일차 반응이기 때문에, 반응 속도식은 다음과 같이 주어진다.

$$\frac{d[A]}{dt} = -k_1[A] \tag{15.27}$$

$$\frac{d[B]}{dt} = k_1[A] - k_2[B] \tag{15.28}$$

$$\frac{d[\mathrm{C}]}{dt} = k_2[\mathrm{B}] \tag{15.29}$$

반응 초기에는 반응물 A만이 존재한다고 가정하자. 초기 농도를 $[\mathrm{A}]_0$라 하면, 식 15.27에 의해 A의 농도는 다음과 같이 주어진다.

$$[\mathrm{A}] = [\mathrm{A}]_0 e^{-k_1 t} \tag{15.30}$$

중간체인 B의 농도에 대한 속도식은 복잡하게 주어지기 때문에, 여기서는 일정 상태 근사법을 사용하여 B의 농도가 시간에 따라 변하지 않는다고 가정하면 식 15.28에 의해 다음과 같이 주어진다.

$$\frac{d[\mathrm{B}]}{dt} = 0 = k_1[\mathrm{A}] - k_2[\mathrm{B}] \tag{15.31}$$

즉

$$[\mathrm{B}] = \frac{k_1}{k_2}[\mathrm{A}] = \frac{k_1}{k_2}[\mathrm{A}]_0 e^{-k_1 t} \tag{15.32}$$

식 15.32는 $k_2 >> k_1$의 조건하에서 성립한다. 이 조건하에서는 분자 B가 만들어지자마자 분자 C로 바뀌어서, [B]가 [A]에 비해 훨씬 작고 일정하다고 가정할 수 있다.

[C]에 대한 표현을 얻기 위해서는 어느 순간에도 $[\mathrm{A}]_0=[\mathrm{A}]+[\mathrm{B}]+[\mathrm{C}]$를 만족한다는 점에 주목하자. 그러면 식 15.30과 15.32로부터 다음과 같은 결과를 얻게 된다.

$$\begin{aligned}[\mathrm{C}] &= [\mathrm{A}]_0 - [\mathrm{A}] - [\mathrm{B}] \\ &= [\mathrm{A}]_0\left(1 - e^{-k_1 t} - \frac{k_1}{k_2}e^{-k_1 t}\right) \\ &= [\mathrm{A}]_0(1 - e^{-k_1 t})\end{aligned} \tag{15.33}$$

여기서 $(k_1/k_2)\exp(-k_1 t)$ 항은 1보다 훨씬 작기 때문에 무시할 수 있다.

그림 15.7은 다양한 (k_1과 k_2) 속도 상수값에 대하여 [A], [B], [C]의 농도 변화를 그래프로 나타낸 것이다. 모든 경우에서 시간이 증가함에 따라 [A]는 $[\mathrm{A}]_0$에서부터 서서히 감소하고, [C]는 0에서 $[\mathrm{A}]_0$까지 서서히 증가한다. B의 농도는 0에서 증가해서 중간에 최고값을 거쳐서 다시 0으로 감소한다. k_2가 k_1에 비해서 커짐에 따라 B의 농도가 시간에 따라 변하지 않고 일정하게 유지된다는 일정 상태 근사법을 사용한 가정이 유효하다는 점을 주목하자(그림 15.7c).

더 복잡하지만 흔한 연속 반응의 예로 다음과 같은 경우를 생각할 수 있다.

$$\mathrm{A} + \mathrm{B} \underset{k_{-1}}{\overset{k_1}{\rightleftharpoons}} \mathrm{C} \xrightarrow{k_2} \mathrm{P}$$

여기서 P는 생성물을 의미한다. 이러한 반응 경로는 중간체(C)가 반응물과 평형 상

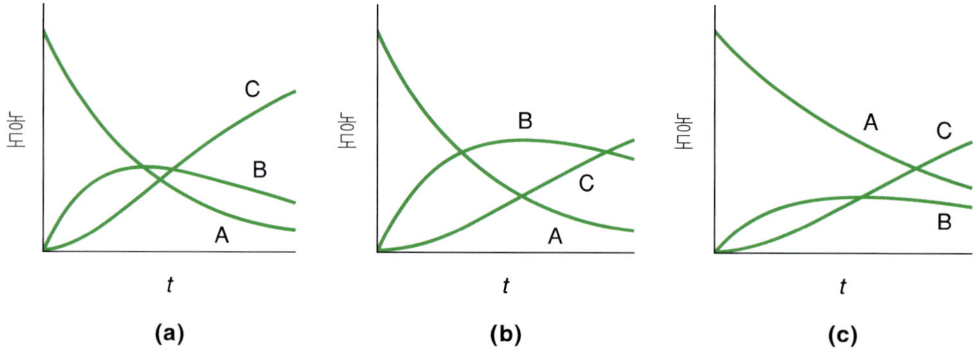

그림 15.7

연속 반응($A \xrightarrow{k_1} B \xrightarrow{k_2} C$)이 일어날 때 시간에 따른 A, B, C의 농도의 변화. (a) $k_1 = k_2$, (b) $k_1 = 2k_2$, (c) $k_1 = 0.5k_2$

태에 놓이는 **사전 평형**(pre-equilibrium) 과정을 거친다. 이와 같은 사전 평형 상태는 중간체의 생성 속도와 중간체가 다시 반응물로 분해되는 반응 속도가 매우 빠르고, 중간체에서 생성물이 만들어지는 속도가 상대적으로 매우 느린 경우에 발생한다. 즉 $k_{-1} >> k_2$인 경우에 해당한다. A, B, C는 모두 평형 상태에 있기 때문에 다음과 같은 평형 관계를 생각할 수 있다.

$$K = \frac{[C]}{[A][B]} = \frac{k_1}{k_{-1}}$$

이러한 관계를 이용하면, 생성물 P의 생성 속도는 다음과 같이 주어진다.

$$\frac{d[P]}{dt} = k_2[C] = k_2K[A][B]$$

$$= \frac{k_1k_2}{k_{-1}}[A][B] \qquad (15.34)$$

연쇄 반응

가장 잘 알려진 기체 상태에서의 연쇄 반응은 230 ~ 300°C에서 분자 상태의 수소와 브로민이 반응하여 브로민화 수소를 생성하는 반응이다.

$$H_2(g) + Br_2(g) \rightarrow 2HBr(g)$$

이 반응의 반응 속도식은 다음과 같이 매우 복잡하게 주어진다.

$$\frac{d[HBr]}{dt} = \frac{\alpha[H_2][Br_2]^{1/2}}{1 + \beta[HBr]/[Br_2]} \qquad (15.35)$$

여기서 α와 β는 상수이다. 따라서 이 반응은 반응 차수가 정수가 아니다. 많은 실험과 화학적 직관력으로 식 15.35와 같은 반응 속도식이 얻어졌으며, 전체적으로 반응이 다음과 같이 전개될 것으로 예측된다.

$$Br_2 \xrightarrow{k_1} 2Br \qquad \text{연쇄 개시}$$

$$Br + H_2 \xrightarrow{k_2} HBr + H \qquad \text{연쇄 전파}$$

$$H + Br_2 \xrightarrow{k_3} HBr + Br \qquad \text{연쇄 전파}$$

$$H + HBr \xrightarrow{k_4} H_2 + Br \qquad \text{연쇄 억제}$$

$$Br + Br \xrightarrow{k_5} Br_2 \qquad \text{연쇄 종결}$$

위에서 열거한 연쇄 반응과 함께 다음과 같은 반응도 가능하지만, 전체 반응 속도식에 미치는 영향이 크지 않으므로 반응 속도식을 유도하는 데 배제할 수 있다.

$$H_2 \rightarrow 2H \qquad \text{연쇄 개시}$$

$$Br + HBr \rightarrow Br_2 + H \qquad \text{연쇄 억제}$$

$$H + H \rightarrow H_2 \qquad \text{연쇄 종결}$$

$$H + Br \rightarrow HBr \qquad \text{연쇄 종결}$$

중간 생성물인 H와 Br에 대해 일정 상태 근사법을 사용하면, 처음에 열거한 5개의 연쇄 반응식을 이용하여 식 15.35를 유도할 수 있다(문제 15.20 참조).

15.5 온도가 반응 속도에 미치는 영향

그림 15.8은 반응 속도 상수가 온도에 따라 어떻게 달라지는지 서로 다른 네 가지 경우를 보여 주고 있다. (a)의 형태는 반응 속도가 온도가 증가함에 따라 증가하는 일반적인 화학 반응이다. (b)의 형태는 온도가 증가하면 처음에는 반응 속도가 증가하지만, 어느 온도에서 최고점에 도달하고 그 이상의 온도에서는 반응 속도가 감소하는 경우이다. (c)의 형태는 온도가 증가함에 따라 반응 속도가 점차 감소하는 경우이다. (b)와 (c)는 일반적인 예상과는 상반되는 형태이다. 이는 반응 속도는 일정한 시간 동안 분자들이 충돌하는 횟수가 증가할수록, 또한 반응을 일으키기에 충분히 큰 에너지를 갖고, 충돌하는 횟수의 비율이 증가할수록 증가할 것으로 예상하는 것

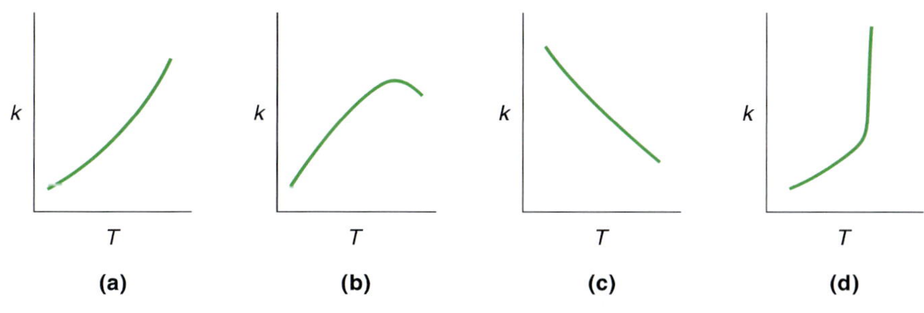

그림 15.8
온도에 따른 반응 속도 상수의 변화에 대한 네 가지 서로 다른 형태

이 일반적인데, 두 가지 모두 온도가 증가하면 증가할 것이기 때문이다. 하지만 지금까지 소개한 반응 메커니즘의 복잡한 속성을 생각해 보면, 표면적으로 나타나는 특이한 온도 의존성을 설명할 수 있다. 예를 들면 효소-촉매 반응의 경우, 효소 분자가 특정한 형태(conformation)로 있을 때만 기질(substrate) 분자와 반응할 수 있다. 효소 분자가 자연스러운 상태를 유지한다면, 온도가 올라감에 따라 반응 속도가 증가할 것이다. 그러나 온도가 너무 높아져서 분자가 변성되면 효소가 촉매로서의 활성을 잃어버려 그림 15.8b의 형태처럼 온도가 올라감에 따라 반응 속도가 감소할 것이다.

그림 15.8c의 형태는 흔하지 않은데, 다음과 같이 일산화 질소가 산소와 반응하여 이산화 질소가 만들어지는 반응을 생각해 보자.

$$2\text{NO}(g) + \text{O}_2(g) \rightleftharpoons 2\text{NO}_2(g)$$

이때 반응 속도식은 다음과 같이 주어진다.

$$\text{속도} = k[\text{NO}]^2[\text{O}_2]$$

이 반응의 메커니즘은 다음 두 단계의 이분자 반응으로 이루어진다고 알려져 있다.

이 반응은 724쪽에서 다룬 사전 평형의 예이다.

$$\text{빠른 단계:}\ 2\text{NO} \rightleftharpoons (\text{NO})_2 \qquad K = \frac{[(\text{NO})_2]}{[\text{NO}]^2}$$

$$\text{느린, 속도 결정 단계:}\ (\text{NO})_2 + \text{O}_2 \xrightarrow{k'} 2\text{NO}_2$$

전체 반응 속도는 느린 속도 결정 단계에서 결정되기 때문에 다음과 같이 유도된다.

$$\begin{aligned}\text{속도} &= k'[(\text{NO})_2][\text{O}_2] = k'K[\text{NO}]^2[\text{O}_2] \\ &= k[\text{NO}]^2[\text{O}_2]\end{aligned}$$

여기서 $k=k'K$이다. 게다가 2NO와 $(\text{NO})_2$ 간의 평형은 정반응이 발열 반응이기 때문에 온도가 올라가면 K는 감소한다. k'은 온도가 증가하면 증가하지만, K 값의 감소에 따른 영향이 더 크기 때문에 전체적으로는 온도가 증가하면 반응 속도가 감소한다.

마지막으로 그림 15.8d의 온도 의존성을 보이는 예로는 연쇄 반응을 들 수 있다. 온도가 올라가면서 처음에는 점진적으로 반응 속도가 증가하다가 어떤 특정한 온도 이상에서는 연쇄 전파 반응이 중요해지면서 반응 속도가 폭발적으로 증가한다.

Arrhenius 식

1889년에 Arrhenius는 화학 반응의 온도 의존성에 대한 다음과 같은 관계식을 발견하였다.

$$k = Ae^{-E_a/RT} \tag{15.36}$$

여기서 k는 속도 상수이다. A는 진동수 인자(frequency factor) 또는 지수 앞자리

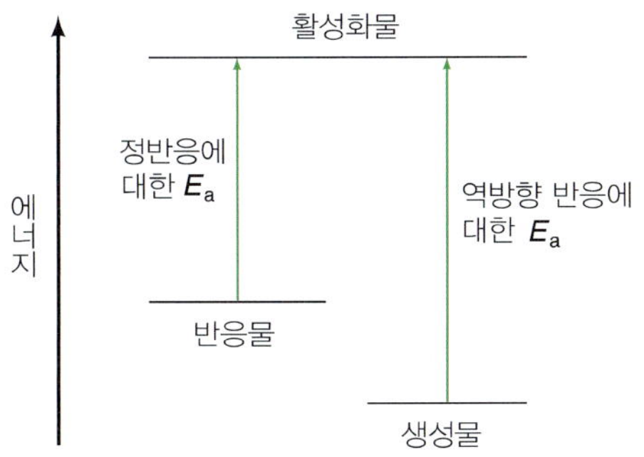

그림 15.9
발열 반응에 대한 활성화 에너지 그림

(pre-exponential) 인자라고 하고, E_a는 활성화 에너지(kJ mol^{-1}), R은 기체 상수, T는 절대 온도이다. **활성화 에너지**(activation energy)는 화학 반응이 일어나는 데 필요한 최소한의 에너지를 말한다. 진동수 인자 A는 반응 분자들 간의 충돌 빈도수를 나타낸다. 지수항인 $\exp(-E_a/RT)$는 식 2.33의 Boltzmann 분포와 유사하다. 즉 활성화 에너지 E_a보다 큰 에너지를 가진 분자들 간의 충돌 빈도의 비율을 나타낸다(그림 15.9). 지수항은 단위가 없는 숫자이므로, A의 단위는 속도 상수와 같은 단위(예를 들면 일차 반응인 경우 s^{-1}, 이차 반응인 경우 M^{-1} s^{-1})이다.

A 인자는 분자간 충돌 빈도수를 나타내므로 온도와 관계가 있다. 그러나 한정된 온도 범위(≤ 50 K) 안에서는, 온도 변화에 따른 영향은 주로 지수항에 의해 일어난다. 식 15.36에 자연 로그를 취하면 다음 식이 얻어진다.

$$\ln k = \ln A - \frac{E_a}{RT} \tag{15.37}$$

따라서 $1/T$에 대한 $\ln k$의 그래프를 그리면 기울기가 $-E_a/R$인 직선이 얻어진다(그림 15.10). 식 15.37에서 k와 A는 단위가 없는 양으로 취급한다.

만약 서로 다른 온도 T_1과 T_2에서 속도 상수 k_1과 k_2를 각각 얻었다면, 이를 식 15.37에 대입하면 다음과 같은 식이 얻어진다.

$$\ln k_1 = \ln A - \frac{E_a}{RT_1}$$

$$\ln k_2 = \ln A - \frac{E_a}{RT_2}$$

위의 두 식의 차를 구하면 다음 식이 얻어진다.

$$\ln \frac{k_2}{k_1} = -\frac{E_a}{R}\left(\frac{1}{T_2} - \frac{1}{T_1}\right) \tag{15.38}$$

식 15.38은 반응 차수에 관계없이 적용할 수 있다.

E_a를 알면 식 15.38을 이용하여 다른 온도에서의 속도 상수를 구할 수 있다.

Arrhenius 속도식의 관점에서 보면, 반응 속도 상수를 결정하는 인자들에 대해 완

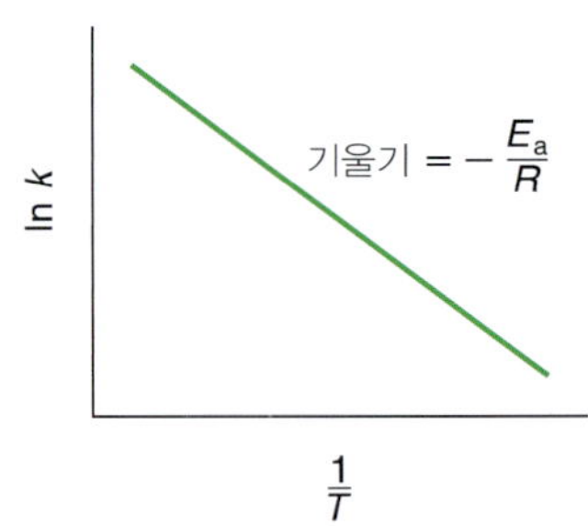

그림 15.10
Arrhenius 그래프. 직선의 기울기는 $-E_a/R$이다.

전히 이해하기 위해서는 A와 E_a를 구할 수 있어야 한다. 이 점에 대해서는 수많은 연구가 진행되어 왔는데, 이를 다음 절에서 소개하고자 한다.

15.6 퍼텐셜 에너지 표면

활성화 에너지에 대하여 더 자세히 설명을 하기 위해서는 화학 반응이 일어날 때 수반되는 에너지의 변화에 대해 생각해 보아야 한다. 가장 간단한 화학 반응으로는 H+H → H_2와 같이, 두 개의 원자가 결합하여 이원자 분자를 이루는 화학 반응을 생각해 볼 수 있다. 기본적으로는 그림 3.11처럼 보다 복잡한 화학 반응에 대한 퍼텐셜 에너지 곡선에 대해 설명하고자 한다. 그런데 퍼텐셜 에너지 그림은 일부 간단한 경우를 제외하고는 매우 복잡하기 때문에 여기서 그중 가장 간단하고 가장 많이 연구가 이루어진 시스템인 수소 원자와 수소 분자 간의 교환 반응을 예로 들고자 한다.

$$\mathrm{H + H_2 \rightarrow H_2 + H}$$

위 반응과 같은 삼원자계에 대한 퍼텐셜 에너지 곡면을 생각하려면 세 가지 결합 길이, 또는 두 개의 결합 길이와 한 개의 결합각 대 에너지를 나타내는 4차원 그래프가 필요하다. 만약 세 개의 원자가 선형으로 배열될 때 에너지가 가장 낮아진다고 가정하면 두 개의 결합 길이만 고려하면 된다. 따라서 위의 복잡한 문제는 3차원 그래프로 단순화시킬 수 있다(그림 15.11). 각각의 수소 원자를 A, B, C로 표시를 하면 다음과 같이 반응을 기술할 수 있다.

$$\mathrm{H_A + H_B{-}H_C \rightarrow \underset{\text{활성화물}}{[H_A \cdots H_B \cdots H_C]} \rightarrow H_A{-}H_B + H_C}$$

퍼텐셜 에너지 표면(potential-energy surface) 그래프는 두 가지 결합 길이, 즉 r_{AB}와 r_{BC}에 따른 퍼텐셜 에너지의 크기를 나타내는 등고선 지도와도 같다. 화학 반응은 r_{AB}와 r_{BC}의 두 개의 축으로 만들어지는 평면상의 어느 경로를 따라서도 갈 수 있지만, 그중 가장 낮은 에너지를 따르는 반응 경로가 녹색선으로 표시되어 있다(그림 15.11). 이 경로를 따라가면 계는 첫 번째 계곡(valley)을 통과하고, 활성화물이 위치하는 퍼텐셜 에너지 곡면의 고개에 해당하는 안장점(saddle point)을 지난 후, 두 번째 계곡에 도달하게 된다. 이같은 반응 경로를 반응 좌표에 대한 퍼텐셜 에너지의

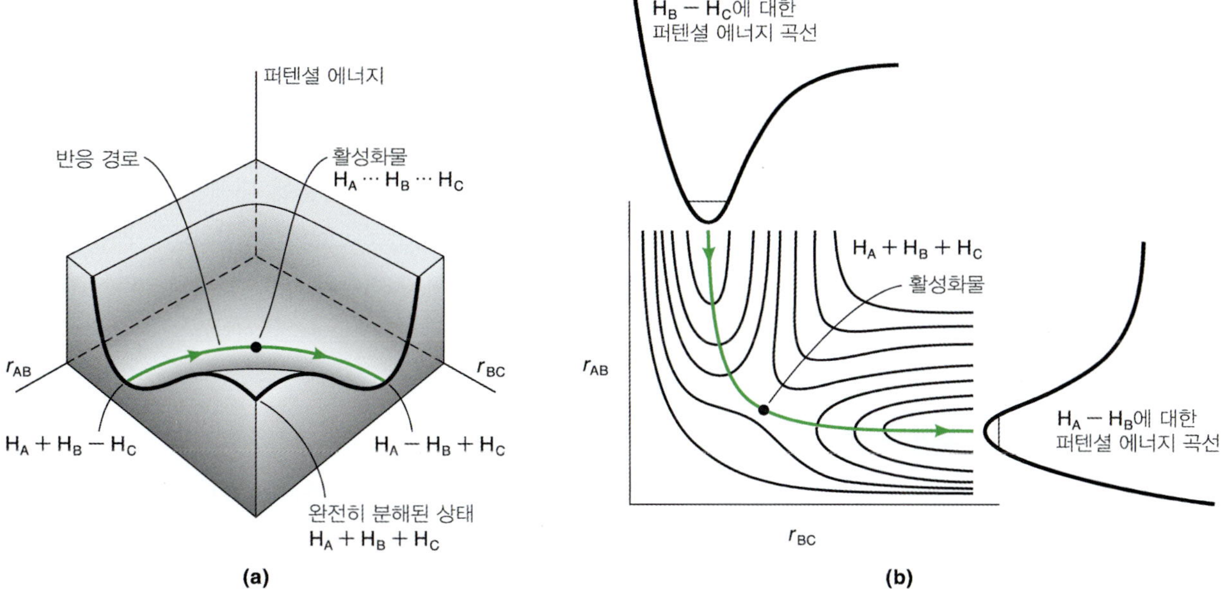

그림 15.11
$H + H_2 \rightarrow H_2 + H$ 반응에 대한 (a) 퍼텐셜 에너지 곡면과 (b) 등고선 도표

그래프로 나타낼 수 있다(그림 15.12). 여기서 반응 좌표는 반응이 진행되는 과정에서 반응에 관여하는 원자들의 좌표를 나타낸다. 그림 15.12a는 $H+H_2$ 반응에 대한 그래프이고, 그림 15.12b와 15.12c는 반응물과 생성물이 다른 일반적인 반응들에 대하여 통상적으로 적용될 수 있다. 그러나 커다란 분자의 경우는 훨씬 복잡하기 때문에, 이 그래프는 반응 경로에 대한 정성적인 설명만을 제공한다는 점을 이해할 필요가 있다.

$H+H_2$ 반응에 대한 활성화 에너지를 계산하기 위해 많은 연구가 이루어졌는데, 계산값과 실험값(36.8 kJ mol^{-1})이 잘 맞는 것은 주어진 모형(즉 선형 활성화물)이 유효함을 말해 준다.* 만약 이 반응이 H_2 분자가 해리된 후 재결합하는 반응 경로

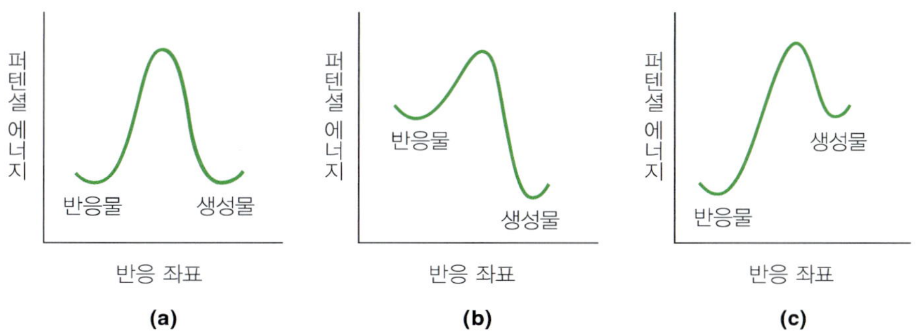

그림 15.12
(a) $H+H_2$ 반응, (b) 발열 반응, (c) 흡열 반응의 최소 에너지 경로에 대한 퍼텐셜 에너지 곡선

* 이론적 분석 결과, 이 반응의 활성화 에너지는 40.2 kJ mol^{-1}로 알려졌다. 이 간단한 반응의 활성화 에너지를 구하기 위해서 약 80일간의 컴퓨터 계산 시간이 필요하였다. D. D. Diedrich and J. B. Anderson, *Science* **258**, 786 (1992) 참조

를 따른다면, 훨씬 큰 활성화 에너지(432 kJ mol^{-1})가 필요할 것이다.

15.7 반응 속도에 대한 이론

이 장에서는 반응 속도를 결정하는 두 가지 중요한 이론들에 대해 설명하도록 한다. 즉 충돌 이론(collision theory)과 전이 상태 이론(transition-state theory)이 바로 그것이다. 이러한 이론으로 반응에 수반되는 에너지의 변화와 반응 메커니즘의 이해도를 높일 수 있을 것이다.

충돌 이론

충돌 이론은 2장에서 설명한 기체 분자 운동론에서 시작한다. 가장 간단한 형태로 기체 상태에서 이분자 반응을 들 수 있다. 다음과 같은 이분자 기본 반응을 생각해 보자.

$$\mathrm{A + A \rightarrow}\ \text{생성물}$$

식 2.17로부터, 단위 시간(sec)에 단위 부피(m^3)에서 '단단한 구' 형태의 분자 A 사이에 일어나는 이성분 충돌 횟수는 다음과 같이 주어진다.

$$Z_{\mathrm{AA}} = \frac{\sqrt{2}}{2}\pi d^2 \bar{c}\left(\frac{N_{\mathrm{A}}}{V}\right)^2$$

식 2.14에 의하면, 분자의 평균 속력은 다음과 같다.

$$\bar{c} = \sqrt{\frac{8k_{\mathrm{B}}T}{\pi m}}$$

이를 고려하면 이성분 충돌 횟수는 다음과 같이 얻어진다.

$$Z_{\mathrm{AA}} = 2\left(\frac{N_{\mathrm{A}}}{V}\right)^2 d^2 \sqrt{\frac{\pi k_{\mathrm{B}}T}{m_{\mathrm{A}}}} \tag{15.39}$$

다음과 같은 형태의 이분자 반응을 생각해 보자.

$$\mathrm{A + B \rightarrow}\ \text{생성물}$$

이때 단위 시간에 단위 부피에서 일어나는 이성분 충돌 횟수는 다음과 같이 주어진다.

$$Z_{\mathrm{AB}} = \left(\frac{N_{\mathrm{A}}}{V}\right)\left(\frac{N_{\mathrm{B}}}{V}\right) d_{\mathrm{AB}}^2 \sqrt{\frac{8\pi k_{\mathrm{B}}T}{\mu}} \tag{15.40}$$

여기서 d_{AB}는 A와 B 분자 간의 충돌 지름이고, μ는 **환산 질량**(reduced mass)으로 다음과 같이 주어진다.

$$\mu = \frac{m_A m_B}{m_A + m_B} \tag{15.41}$$

이제 충돌이 100% 유효하다고 가정하자. 즉 매번 이성분 충돌이 일어날 때마다 생성물이 생성된다고 하면, 반응 속도는 식 15.39와 식 15.40에서 제시한 Z_{AA} 또는 Z_{AB}와 같을 것이다. 그러나 실제로는 그렇게 되지 않는다. 1기압하의 기체 상태에서 충돌 횟수는 298 K의 온도에서 약 $10^{31}\ L^{-1}\ s^{-1}$이다. 만약 매번 충돌이 일어날 때마다 생성물이 생긴다면, 모든 기체 상태에서의 화학 반응은 10^{-9}초에 끝나야 한다. 그러나 그런 경우는 극히 드물다. 실제 실험에서 화학 반응이 그렇게 짧은 시간에 완결되지 않는다는 사실을 설명하기 위해 식 15.39와 식 15.40에 추가적으로 필요한 항이 활성화 에너지를 포함하는 항이다. 그 항을 집어넣어 'A+B → 생성물'과 같은 반응에 대해서 다음과 같이 반응 속도를 기술할 수 있다.

$$\begin{aligned} \text{속도} &= Z_{AB} e^{-E_a/RT} \\ &= \left(\frac{N_A}{V}\right)\left(\frac{N_B}{V}\right) d_{AB}^2 \sqrt{\frac{8\pi k_B T}{\mu}}\, e^{-E_a/RT} \end{aligned} \tag{15.42}$$

위 반응 속도를 $(N_A/V)(N_B/V)$로 나누면 분자 단위(SI 단위: m^3 molecule^{-1} s^{-1})*의 속도 상수를 얻을 수 있다.

$$k = \frac{\text{속도}}{(N_A/V)(N_B/V)} = z_{AB} e^{-E_a/RT} \tag{15.43}$$

여기서 z_{AB}는 다음과 같이 주어진다.

$$z_{AB} = d_{AB}^2 \sqrt{\frac{8\pi k_B T}{\mu}}$$

식 15.36과 식 15.43을 비교해 보면, 다음 식을 얻을 수 있다.

$$A = z_{AB} = d_{AB}^2 \sqrt{\frac{8\pi k_B T}{\mu}}$$

즉 진동수 인자 A는 온도에 따라 달라진다. 보통은 E_a 값을 계산할 때 A를 온도에 무관한 물리량으로 취급한다. 그런데도 오차가 크게 나지 않는 이유는 지수항[즉 $\exp(-E_a/RT)$]의 온도 의존성이 제곱근 항보다 훨씬 크기 때문이다.

충돌 이론(식 15.43)을 이용함에 있어 활성화 에너지 값을 안다면, 원자 또는 간단한 분자가 관여하는 반응에 대한 속도 상수 값을 상당히 정확하게 예측할 수 있다.

---

* 식 15.43에 [6.022×10^{23} molecules $mol^{-1}/(10^{-3}\ m^3\ L^{-1})$] 인자를 곱하면 몰 단위($M^{-1}\ s^{-1}$)로 나타낼 수 있다.

그러나 복잡한 분자가 관여하는 반응에 대해서는 매우 큰 오차가 발생할 수 있다. 이런 복잡한 반응의 경우 실제 반응 속도 상수는 식 15.43으로 계산한 값에 비해 현저히 작으며, 경우에 따라서는 10^6배 또는 그 이상 차이가 나기도 한다. 이와 같이 큰 차이가 나는 이유는 단순 충돌 이론에서는 충분한 에너지를 가진 모든 충돌을 유효 충돌로 계산하기 때문이다. 실제로 분자들이 충돌할 때 충분한 에너지를 가진 분자들이 충돌하더라도, 반응이 일어나기에 적당하지 않은 배향을 가지고 서로 충돌할 수 있음을 고려해야 한다. 이와 같은 점을 고려하기 위해 식 15.43을 다음과 같이 다시 변형시키게 된다.

이분자 반응을 나타내기 위해 일반적으로 z를 사용한다.

$$k = Pze^{-E_a/RT} \tag{15.44}$$

여기서 P는 **확률 인자**(probability factor) 또는 **입체 인자**(steric factor)라고 하며, 반응이 일어나기 위해서는 충돌 복합체(collision complex)에서 분자들의 배향이 특정한 방향으로 정렬되어야만 한다는 사실을 설명한다. P 값을 사용하여 속도 상수를 더 잘 예측할 수 있지만, P 값을 구하는 일은 쉽지 않다. 식 15.44와 식 15.36을 비교해 보면 $A = Pz$의 관계가 있음을 알 수 있다.

전이 상태 이론

충돌 이론이 복잡한 계산이 필요하지 않으면서 직관적이고 설득력이 있어 보이지만, 사실 이 이론에는 심각한 결점이 있다. 즉 충돌 이론은 기체 분자 운동론에 기초하고 있기 때문에 반응물이 단단한 구형이라고 가정하고 있고, 따라서 분자들의 구조를 완전히 무시하고 있다. 이런 이유로 분자 수준에서 확률 인자를 충분히 설명할 수 없다. 게다가 양자 역학을 사용하지 않고 충돌 이론만을 사용하여 활성화 에너지를 구할 수는 없다. 다른 접근 방법으로 전이 상태 이론(또는 활성화물 이론으로 알려진)이 있다. 이 이론은 1930년대에 미국 화학자 Henry Eyring(1901~1981)을 비롯한 여러 과학자들에 의해 제시되었으며, 반응의 상세한 특성을 분자 수준에서 이해하게 해 준다. 또한 이 이론을 이용하여 반응 속도 상수를 꽤 높은 정확도로 계산할 수 있다.

전이 상태 이론의 출발점은 충돌 이론과 매우 유사하다. 이분자 충돌에 의해 상대적으로 높은 에너지를 갖는 활성화물(activated complex) 또는 전이 상태 화합물(transition-state complex)이 형성된다. 다음의 기본 반응을 생각해 보자.

$$A + B \rightleftharpoons X^{\ddagger} \xrightarrow{k} C + D$$

여기서 A와 B는 반응물이고 $X^{\ddagger}$는 활성화물을 나타낸다. 전이 상태 이론의 기본적인 가정은 반응물이 항상 $X^{\ddagger}$와 평형 상태에 있다는 것인데, 이 점이 충돌 이론과 다른 점이다. 활성화물은 항상 분해되는 중간 단계에 있다고 생각할 수 있기 때문에 안정하거나 분리해서 관찰할 수 있는 중간체가 아니다. 활성화물은 안정하지도 분리해

낼 수도 없다.* 따라서 반응물과 활성화물 간의 평형은 일반적인 것이 아니다. 그럼에도 불구하고 평형 상수를 다음과 같이 쓸 수 있다.

$$K^{\ddagger} = \frac{[X^{\ddagger}]}{[A][B]} \tag{15.45}$$

이때 반응 속도는 에너지 장벽의 꼭대기에 있는 활성화물의 농도와 그 에너지 장벽을 넘는 빈도 v의 곱과 같다고 할 수 있다. 따라서

$$\begin{aligned} \text{속도} &= \text{초당 생성물을 생성하기 위해 분해되는 활성화물의 수} \\ &= v[X^{\ddagger}] \\ &= v[A][B]K^{\ddagger} \end{aligned}$$

또 반응 속도는 다음과 같이 쓸 수도 있다.

$$\text{속도} = k[A][B]$$

여기서 k는 속도 상수이다. 따라서 위의 두 식으로부터 다음 식을 얻을 수 있다.

$$k = vK^{\ddagger}$$

여기서 v는 생성물이 만들 수 있는 자유도의 활성화물의 진동 횟수로, 단위는 s^{-1}이다. 이제 k값을 계산하려면, v와 $K^{\ddagger}$를 계산해야 한다. 통계 열역학(20장 참조)을 이용하면 $v = k_B T/h$†의 관계가 있음을 보일 수 있다. 여기서 h는 Planck 상수이다.

$$k = \frac{k_B T}{h} K^{\ddagger}(M^{1-m}) \tag{15.46}$$

식 15.46의 양변의 단위를 맞추기 위하여 항(M^{1-m})이 추가된다. 여기서 M은 몰농도이고, m은 반응의 분자도이다. 일분자 반응의 경우 $m=1$, $(M^{1-1})=1$이므로, 일차 반응 속도 상수 k는 $k_B T/h$와 같다(298 K에서 $k_B T/h = 6.21 \times 10^{12}\ s^{-1}$이다). 이분자 반응의 경우 $m=2$, $M^{1-2} = M^{-1}$이므로 식 15.46의 오른쪽 항의 단위가 $M^{-1}\ s^{-1}$이 되어, 이차 반응의 속도 상수 단위와 같아진다. 평형 상수 $K^{\ddagger}$는 반응물과 활성화물의 결합 길이, 원자 질량, 진동수와 같은 물리량으로부터 구할 수 있다. 분자의 절대적인 또는 기본적인 특성에 관련된 값들을 이용하여 계산이 가능하기 때문에, 이러한 접근 방법을 **절대 반응 속도론**(absolute rate theory)이라고도 한다.

---

* 이 말은 보편적으로 항상 옳은 말은 아니다. 빠른 레이저를 사용하여 최근에 화학자들은 활성화물에 대한 분광학적 증거를 얻었다(14.4절 참조).

† 열에너지($k_B T$)가 진동 에너지(hv)와 비슷하면, 활성화물이 해리되어 생성물을 만든다. 298 K에서 $k_B T = 208\ cm^{-1}$에 해당한다.

전이 상태 이론에 대한 열역학적 수식화

식 15.46에 나타낸 반응 속도 상수는 반응에 대한 열역학적 성질과 다음과 같이 관련이 있다.

$$\Delta G^{\circ\ddagger} = -RT \ln K^{\ddagger}$$

따라서

$$K^{\ddagger} = e^{-\Delta G^{\circ\ddagger}/RT} \tag{15.47}$$

여기서 $\Delta G^{\circ\ddagger}$는 표준 몰 Gibbs 활성화 에너지로(그림 15.13), 다음과 같이 주어진다.

$$\Delta G^{\circ\ddagger} = G^{\circ}(\text{활성화물}) - G^{\circ}(\text{반응물})$$

이와 같은 관계를 이용하여 속도 상수를 다음과 같이 쓸 수 있다.

$$k = \frac{k_B T}{h} e^{-\Delta G^{\circ\ddagger}/RT}(M^{1-m}) \tag{15.48}$$

$k_B T/h$는 A와 B의 특성과 무관하다. 따라서 주어진 온도에서 어떤 반응의 속도는 $\Delta G^{\circ\ddagger}$에 의해 결정된다. $\Delta G^{\circ\ddagger}$는 다음과 같이 쓸 수 있다.

$$\Delta G^{\circ\ddagger} = \Delta H^{\circ\ddagger} - T\Delta S^{\circ\ddagger}$$

이를 이용하면 식 15.48은 다음과 같이 쓸 수 있다.

$$k = \frac{k_B T}{h} e^{\Delta S^{\circ\ddagger}/R} e^{-\Delta H^{\circ\ddagger}/RT}(M^{1-m}) \tag{15.49}$$

여기서 $\Delta S^{\circ\ddagger}$와 $\Delta H^{\circ\ddagger}$는 각각 표준 몰 활성화 엔트로피와 표준 몰 활성화 엔탈피이다. 식 15.49는 전이 상태 이론의 열역학적 표현이다. 보다 정확한 표현은 식 15.49의 오른쪽 항에 전달 계수(transmission coefficient)를 곱해야 하는데, 일반적으로 이 인자는 1에 가깝기 때문에 무시하는 것이 보통이다.

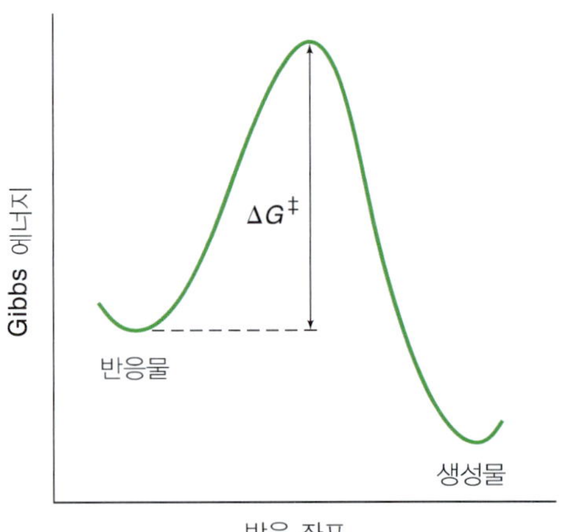

그림 15.13
반응에서 $\Delta G^{\ddagger}$의 정의

지금까지 비교한 세 가지 속도 상수에 대한 표현을 정리하면 다음과 같다.

$$k = Ae^{-E_a/RT}$$

$$k = Pze^{-E_a/RT}$$

$$k = \frac{k_B T}{h} e^{\Delta S^{\circ\ddagger}/R} e^{-\Delta H^{\circ\ddagger}/RT} (M^{1-m})$$

첫 번째 식(식 15.36)은 실험적인 식이다. A와 E_a는 모두 실험적으로 결정해야 한다. 두 번째 식(식 15.44)은 부분적으로 충돌 이론에서 출발한 것이다. z값은 분자들의 기체 충돌 이론을 바탕으로 계산하여 구한다. 그러나 P 값은 정확히 구하기가 힘들다. 마지막 식(식 15.49)은 전이 상태 이론에 기반을 두고 있다. 이 식은 반응 속도 상수의 열역학적 표현으로 가장 정확한 접근법이라고 할 수 있으며, 가장 어려운 접근 방법이기도 하다.

여기서 $\Delta S^{\circ\ddagger}$와 $\Delta H^{\circ\ddagger}$의 의미는 무엇인가? $\Delta H^{\circ\ddagger} = E_a$라고 가정하고, 식 15.49와 식 15.44를 비교하면 다음과 같은 식을 얻는다.

$$A = Pz = \frac{k_B T}{h} e^{\Delta S^{\circ\ddagger}/R} \tag{15.50}$$

이 식은 확률 인자가 표준 몰 활성화 엔트로피와 어떻게 연관되어 있는지를 보여준다. 만약 반응물이 원자 또는 간단한 분자라면, 상대적으로 적은 에너지가 활성화물의 자유도에 재분배된다. 결국 $\Delta S^{\circ\ddagger}$ 값은 작은 양 또는 음의 값이므로 $\exp(\Delta S^{\circ\ddagger}/R)$, 즉 P 값은 1에 가까운 값이 된다. 그러나 복잡한 분자가 반응에 관여하면, $\Delta S^{\circ\ddagger}$ 값은 매우 큰 양 또는 음의 값을 가지게 된다. 매우 큰 양의 값일 경우 반응 속도는 충돌 이론에서 예상되는 값보다 훨씬 커지고, 음의 값일 경우 반응 속도는 작아진다.

표준 몰 활성화 에너지 $\Delta H^{\circ\ddagger}$는 결합을 끊고 생성하여 활성화물을 만드는 과정이 얼마나 쉽게 일어날 수 있는가를 말해 주는 척도이다. $\Delta H^{\circ\ddagger}$값이 작을수록 반응 속도는 빨라진다. 식 15.49와 식 15.44의 $1/T$에 대한 계수를 비교해 보면 $E_a = \Delta H^{\circ\ddagger}$의 관계를 얻는다. 그러나 더 정확한 표현(부록 15.2 참조)은 다음과 같다.

$$E_a = \Delta U^{\circ\ddagger} + RT \tag{15.51}$$

여기서 $\Delta U^{\circ\ddagger}$는 표준 몰 활성화 내부 에너지이다. 압력이 일정할 때에는 다음의 관계가 성립한다.

$$\Delta H^{\circ\ddagger} = \Delta U^{\circ\ddagger} + P\Delta V^{\circ\ddagger}$$

여기서 $\Delta V^{\circ\ddagger}$는 표준 몰 활성화 부피이다. 식 15.51은 다음과 같이 쓸 수 있다.

$$E_a = \Delta H^{\circ\ddagger} - P\Delta V^{\circ\ddagger} + RT \tag{15.52}$$

용액에서 일어나는 반응의 경우, $P\Delta V^{\circ\ddagger}$ 항이 $\Delta H^{\circ\ddagger}$에 비해 매우 작으므로 무시할 수

있다. 따라서 $\Delta H^{\circ\ddagger} \approx E_a - RT$의 관계를 이용하면 식 15.49는 다음과 같이 쓸 수 있다.

$$k = \frac{k_B T}{h} e^{\Delta S^{\circ\ddagger}/R} e^{-(E_a - RT)/RT} (M^{1-m})$$

$$= e\frac{k_B T}{h} e^{\Delta S^{\circ\ddagger}/R} e^{-E_a/RT} (M^{1-m}) \quad \text{(용액에서)} \tag{15.53}$$

기체상에서의 반응인 경우, $P\Delta V^{\circ\ddagger} = \Delta n^{\circ\ddagger} RT$의 관계를 이용하면 식 15.52는 다음과 같이 쓸 수 있다.

$$E_a = \Delta H^{\circ\ddagger} - \Delta n^{\ddagger} RT + RT \tag{15.54}$$

$\Delta n^{\circ\ddagger} = 0$인 일분자 반응의 경우, 식 15.49는 다음과 같이 된다.

$$k = e\frac{k_B T}{h} e^{\Delta S^{\circ\ddagger}/R} e^{-E_a/RT} (M^{1-m}) \quad \text{(기체상에서 일분자 반응)} \tag{15.55}$$

이 식은 식 15.53과 같다. $\Delta n^{\circ\ddagger} = -1$인 이분자 반응의 경우 $E_a = \Delta H^{\circ\ddagger} + 2RT$이므로, 식 15.49는 다음과 같이 쓸 수 있다.

$$k = e^2\frac{k_B T}{h} e^{\Delta S^{\circ\ddagger}/R} e^{-E_a/RT} (M^{1-m}) \quad \text{(기체상에서 이분자 반응)} \tag{15.56}$$

예제 15.2

다음 일분자 반응에 대한 지수 앞자리 인자와 활성화 에너지가 각각 4.0×10^{13} s^{-1}과 272 kJ mol^{-1}이다.

$$CH_3NC(g) \rightarrow CH_3CN(g)$$

300 K에서 $\Delta H^{\circ\ddagger}$, $\Delta S^{\circ\ddagger}$, $\Delta G^{\circ\ddagger}$를 계산하시오.

답

식 15.55에 지수 앞자리 인자와 실험 데이터를 넣으면

$$e\frac{k_B T}{h} e^{\Delta S^{\circ\ddagger}/R} = 4.0 \times 10^{13}\ s^{-1}$$

따라서

$$e^{\Delta S^{\circ\ddagger}/R} = \frac{(4.0 \times 10^{13}\ s^{-1})h}{ek_B T}$$

$$= \frac{(4.0 \times 10^{13}\ s^{-1})(6.626 \times 10^{-34}\ J\ s)}{(2.718)(1.381 \times 10^{-23}\ J\ K^{-1})(300\ K)} = 2.354$$

$$\Delta S^{\circ\ddagger} = 7.1\ J\ K^{-1}\ mol^{-1}$$

식 15.54로부터 $\Delta n^{\circ\ddagger}=0$이므로

$$\begin{aligned}\Delta H^{\circ\ddagger} &= E_a - RT \\ &= 272\ \text{kJ mol}^{-1} - \left[\frac{8.314}{1000}\ \text{kJ K}^{-1}\ \text{mol}^{-1}(300\ \text{K})\right] \\ &= 270\ \text{kJ mol}^{-1}\end{aligned}$$

최종적으로

$$\begin{aligned}\Delta G^{\circ\ddagger} &= \Delta H^{\circ\ddagger} - T\Delta S^{\circ\ddagger} \\ &= 270\ \text{kJ mol}^{-1} - (300\ \text{K})\left(\frac{7.1}{1000}\ \text{kJ K}^{-1}\ \text{mol}^{-1}\right) \\ &= 268\ \text{kJ mol}^{-1}\end{aligned}$$

COMMENT

일분자 반응인 경우, $\Delta S^{\circ\ddagger}$가 매우 작은 양이나 음의 값이므로, 대부분 엔탈피에 의해 반응 속도가 결정된다(기체 상태 이분자 반응에서는 두 분자가 하나의 활성화물을 형성하기 위하여 결합하기 때문에 $\Delta S^{\circ\ddagger}$는 음의 값이다). 일반적으로 반응의 분자도에 관계없이 $\Delta H^{\circ\ddagger}$는 E_a의 값과 거의 일치한다.

15.8 화학 반응에서 동위 원소 효과

반응 분자의 한 원자가 동위 원소로 치환되면, 그 반응의 평형 상수와 반응 속도 상수가 모두 영향을 받는다. **평형 동위 원소 효과**(equilibrium isotope effect)는 동위 원소를 치환함에 따라 평형 상수가 달라지는 것을 말한다. 동위 원소 치환에 따라 반응 속도가 변화하는 효과를 **속도론적 동위 원소 효과**(kinetic isotope effect)라고 한다. 동위 원소 효과를 연구하는 이유는 화학 반응의 메커니즘을 설명해 줄 수 있는 실험적 증거를 얻을 수 있기 때문이다. 동위 원소 효과를 설명하는 이론은 양자 역학과 통계 역학에 기초한 복잡한 이론이므로 여기서는 정성적인 설명만 한다.

한 분자에서 동위 원소의 치환이 일어나도 분자의 전자 구조는 변하지 않는다. 따라서 이 분자가 관여하는 화학 반응에 대한 퍼텐셜 에너지 곡면도 변하지 않는다. 하지만 반응 속도는 크게 달라질 수 있다. 그 이유를 설명하기 위해서 H_2, HD, D_2 분자를 생각해 보면 진동 에너지의 바닥 상태를 의미하는 영점 에너지 값은 각각 26.5 kJ mol^{-1}, 21.6 kJ mol^{-1}, 17.9 kJ mol^{-1}이다.* D_2는 영점 에너지가 가장 작

* 영점 에너지는 $E_{\text{vib}} = \frac{1}{2}h\nu$로 주어진다. 여기서 ν는 진동에 대한 기본 진동수로 $\nu = (1/2\pi)\sqrt{k/\mu}$으로 주어진다. 여기서 k는 결합 힘상수이며, μ는 $m_1m_2/(m_1 + m_2)$으로 주어지는 환산 질량이다. D_2는 μ값이 가장 크기 때문에 기본 진동수가 가장 작으며, 따라서 E_{vib}도 가장 작은 값을 갖는다. 반대로 H_2는 E_{vib}값이 가장 크다.

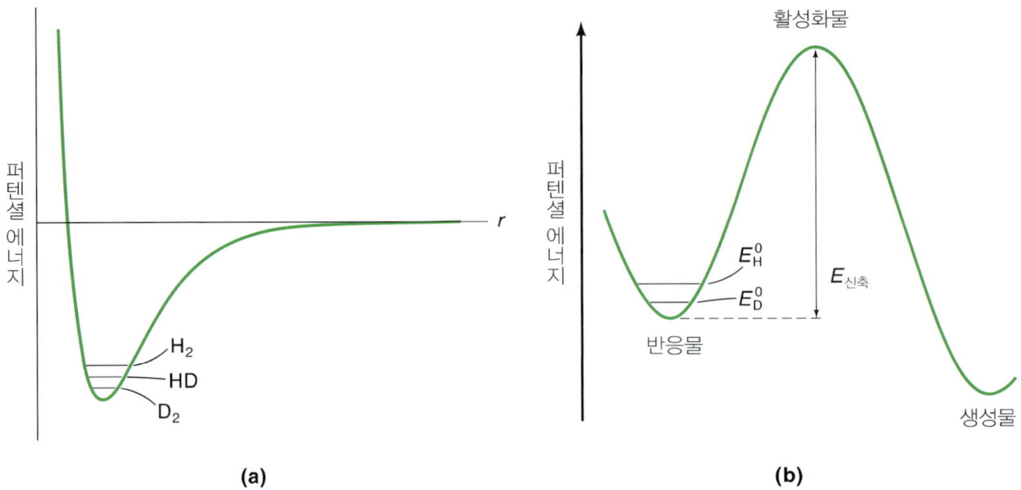

그림 15.14

(a) H_2, HD, D_2 분자의 바닥 상태의 진동 에너지 준위, (b) H_2, D_2 분자의 결합을 끊는 데 필요한 활성화 에너지에 대한 에너지 준위 도표. $E_H{}^0$와 $E_D{}^0$는 각각 H_2와 D_2 분자의 바닥 상태의 진동 에너지(영점 에너지)이다(본문 참조).

기 때문에(환산 질량이 가장 크므로), H_2, HD보다 D_2 분자의 결합을 끊는 데 더 큰 에너지가 필요하다(그림 15.14a). 결과적으로 $D_2 \rightarrow 2D$의 해리 반응 속도는 다른 두 해리 반응과 비교해 볼 때 가장 느리다. H_2와 D_2 분자의 해리 반응에 대한 속도 상수의 비 k_H/k_D를 다음과 같이 대략 계산해 볼 수 있다. 그림 15.14b에 의하면 해리 반응에 대한 활성화 에너지 E_H와 E_D는 다음과 같이 구할 수 있다.

$$E_H = E_{신축} - E_H^0$$

$$E_D = E_{신축} - E_D^0$$

여기서 E_H^0와 E_D^0는 영점 에너지이고, $E_{신축}$는 활성화물의 퍼텐셜 에너지와 반응물의 진동 에너지가 바닥 상태일 때의 퍼텐셜 에너지와의 차이이다. Arrhenius 식(15.36)을 사용하면 다음과 같은 식이 얻어진다.

$$\frac{k_H}{k_D} = \frac{Ae^{-(E_{신축} - E_H^0)/RT}}{Ae^{-(E_{신축} - E_D^0)/RT}}$$

$$= e^{(E_H^0 - E_D^0)/RT}$$

$$= e^{(26.5 - 17.9) \times 1000 \text{ J mol}^{-1}/(8.314 \text{ J K}^{-1} \text{ mol}^{-1})(300 \text{ K})}$$

$$\approx 31$$

즉 속도 상수비(k_H/k_D)가 매우 큰 값이 된다.

이 예는 D_2 분자와 H_2 분자가 관여하는 화학 반응에서의 속도 상수 간에 매우 큰 차이가 있음을 단적으로 잘 보여 준다. 그러나 실제로는 수소 원자와 다른 원자 간의 결합(예를 들면 탄소와 같은)의 해리가 관여하는 반응이 더 중요하다. 다음 반응을 예를 들어 보자.

$$\geq C-H + B \longrightarrow \geq C\cdot + H-B$$

$$\geq C-D + B \longrightarrow \geq C\cdot + D-B$$

여기서 B는 수소 원자와 결합할 수 있는 작용기를 나타낸다. 기본 진동수가 C−H와 C−D 결합 간에 차이가 있기 때문에 반응 속도에 동위 원소 효과가 있을 것으로 예상할 수 있다. 그러나 그 크기는 H_2와 D_2 분자의 차이에서 오는 동위 원소 효과에 비해 훨씬 작은데, 그 이유는 환산 질량의 차이가 크지 않기 때문이다(문제 15.39 참조). 그럼에도 불구하고 k_{C-H}/k_{C-D} 비는 5 정도로 제법 큰 값이 된다.

해리되는 결합의 한 원자가 동위 원소로 치환되었을 때 반응 속도가 변하는 것을 일차 속도론적 동위 원소 효과(primary kinetic isotope effect)라고 한다. H, D, T와 같은 가벼운 원소들의 경우에 그 효과가 뚜렷하게 나타난다. 반대로 수은의 동위 원소(^{199}Hg와 ^{201}Hg)가 관여하는 반응은 동위 원소 효과를 거의 보기 힘들다. 동위 원소가 결합이 끊어지는 과정에 직접 관여하지 않는 경우에도 동위 원소 효과가 나타날 수 있는데, 이를 이차 속도론적 동위 원소 효과(secondary kinetic isotope effect)라고 한다. 이 경우에는 속도의 차이가 크지는 않지만, 실험적으로 확인할 수 있다.

이때 결합이 끊어지는 반응이 속도 결정 단계라고 가정한다.

동위 원소 효과가 화학 평형에 어떤 영향을 주는가? 화학 평형에 관여하는 정반응과 역반응은 모두 같은 반응 경로를 거친다. 그러나 정반응의 속도와 역반응의 속도에 미치는 동위 원소 효과는 꼭 같을 이유는 없다. 결과적으로, 동위 원소 효과가 평형 상수에 영향을 미칠 수 있다. 간단한 예로 H_2O와 D_2O 용액에서, 아세트산과 같은 일양성자산의 해리 반응은 다음과 같은 반응식으로 나타낼 수 있다.

$$CH_3COOH \rightleftharpoons CH_3COO^- + H^+ \quad K_H = \frac{[H^+][CH_3COO^-]}{[CH_3COOH]}$$

$$CH_3COOD \rightleftharpoons CH_3COO^- + D^+ \quad K_D = \frac{[D^+][CH_3COO^-]}{[CH_3COOD]}$$

(D_2O 용액에서는 모든 이온화된 양성자가 중수소로 치환된다.) 실험적으로, $K_H/K_D = 3.3$인 결과를 얻을 수 있다. 이것은 CH_3COOH의 산의 세기가 CH_3COOD에 비해 더 크다는 것을 의미한다. 그 이유는 중수소가 치환되지 않은 분자는 영점 진동 에너지(O−H 결합에 대한)가 더 크므로, 수소를 떼어내는 데 더 적은 에너지가 필요하기 때문이다. CH_3COOD 분자에서 중수소를 떼어내는 데는 더 큰 에너지가 필요하다. 화학 평형에 미치는 동위 원소 효과에 대한 매우 유용한 일반적인 법칙을 정리

하면 다음과 같다. 즉 무거운 동위 원소로 치환을 하면 더 강한 결합이 만들어진다. 아세트산의 경우 H를 D로 치환하면, O−D 결합이 더 강해져서 O−D 결합을 끊기가 더 어려워진다.

15.9 용액에서의 반응

기체 상태의 반응과 용액상에서의 반응의 가장 큰 차이점은 용매의 역할이다. 일반적으로 용매의 역할은 크지 않으며, 두 상에서의 속도가 크게 다르지 않다. 단순 운동론의 관점에서 보면, 반응하는 분자 간 충돌 빈도는 반응물의 농도와 관련이 있다. 그것은 용매 분자에는 영향을 받지 않는다. 그러나 용액에서의 반응 분자 간의 충돌은 기체 상태에서의 분자의 충돌과 비교해 보면 차이가 있다. 기체 상태에서 두 분자가 충돌한 후 반응하지 않는다면, 일반적으로 서로 멀리 떨어져 갈 것이다. 동일한 이 두 분자가 다시 충돌할 확률은 매우 희박하다. 그와는 반대로 용액상에서는 두 용질 분자가 함께 확산될 때, 이들 용질 분자가 용매 분자에 의해 단단히 둘러싸여 있으므로 처음 충돌한 후에 다시 빠르게 멀리 이동할 수 없다. 이 경우 반응물은 일시적으로 용매 '둥지(cage)'에 둘러싸이게 된다(그림 15.15). 용매 분자도 계속 움직이고 있기 때문에 위치가 바뀌면서 둥지의 모양은 항상 변할 수 있다. 그럼에도 둥지 효과는 반응물을 기체 상태에서보다 용액상에서 더 긴 시간 함께 머물게 하고, 따라서 분자들은 멀리 흩어지기 전에 서로 간에 수백 번 충돌할 수 있게 만든다.* 활성화 에너지가 상대적으로 낮은 반응의 경우에는, 둥지 효과로 인해 각각의 만남(encounter)이 결국은 반응으로 이어진다. 충돌에서의 방향성에 관련된 입체 인자(steric effect)는 더 이상 중요하지 않다. 왜냐하면 반응 분자들이 여러 번 충돌하는 중에 반응에 유리한 방향으로 배향을 바꿀 수 있는 기회가 있기 때문이다. 이러한 조건하에서 반응 속도는 반응물이 상호 얼마나 빨리 확산하는가에 의해서만 결정된다. 다음 절에서 이러한 형태의 반응에 대해 다시 검토할 것이다.

만약 반응물이 전하를 띤 입자이면 상황은 매우 달라진다. 이온의 용해는 $\Delta S^{\ddagger}$의 부호와 크기를 결정하는 데 중요한 요소가 될 수 있다. 하전 입자를 포함한 경우, $\Delta S^{\ddagger}$의 값은 활성화물의 전하량에 따라 달라진다. 활성화물이 반응물보다 더 큰 전하를 띤다면, 활성화물 주위로 더 많은 용매 분자들이 둘러싸서 $\Delta S^{\ddagger}$는 음의 값을 가질 것이라고 예상할 수 있다.

$$(C_2H_5)_3N + C_2H_5I \rightarrow (C_2H_5)_4N^+I^- \qquad \Delta S^{\ddagger} = -172\ \mathrm{J\ K^{-1}\ mol^{-1}}$$

* 기체 상태에서는 분자 충돌이라 표현하고, 용액 상태에서는 분자 간 만남(encounter)이라고 말한다. 용액에서 분자 간 만남은, 분자들이 한 번 만남의 결과 다시 흩어지기 전에 여러 번 충돌할 수도 있다는 점에서 기체 분자 간의 충돌과 차이가 있다.

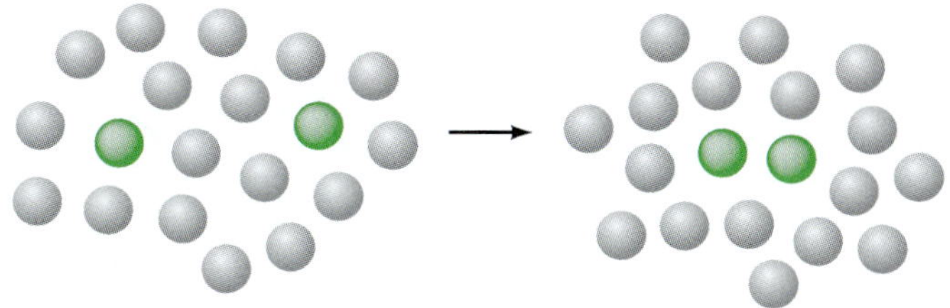

그림 15.15
용질 분자(녹색 구)가 용매 '둥지' 속으로 확산하여 서로 만나는 과정. 둥지가 깨지기 전에 용질 분자 간에 수백 번의 충돌이 일어난다.

반면에 활성화물이 더 작은 전하를 띤다면 양의 $\Delta S^{\ddagger}$ 값을 예상할 수 있다.

$$\mathrm{Co(NH_3)_5Br^{2+} + OH^- \rightarrow Co(NH_3)_4Br(OH)^+ + NH_3} \qquad \Delta S^{\ddagger} = 83.7\ \mathrm{J\ K^{-1}\ mol^{-1}}$$

입체 인자와 다른 인자들도 엔트로피에 크게 영향을 줄 수 있다.

우리의 예상처럼, 이온을 포함하는 반응의 속도는 용액의 이온 세기에 의한 영향을 크게 받는다. 이와 같이 이온 세기가 반응 속도에 영향을 주는 것을 **속도론적 염 효과**(kinetic salt effect)라고 한다. 속도 상수에 미치는 이온 세기의 효과는 다음과 같이 주어진다.*

$$\log \frac{k}{k_0} = z_A z_B B\sqrt{I} \tag{15.57}$$

여기서 B는 온도와 용매의 성질에 따라 달라지는 상수이다. k와 k_0는 (활성이 없는 염의) 이온 세기 I와 무한대로 희석된 농도($I=0$)에서의 각각의 속도 상수이다. z_A와 z_B는 반응물 A와 B의 이온 전하이다. 식 15.57로부터 다음과 같은 예측이 가능하다. (1) A와 B가 같은 전하를 띤다면, $z_A z_B$는 양의 값이고, 속도 상수 k는 $\sqrt{I}$가 증가함에 따라 증가한다. (2) A와 B의 전하가 서로 다르다면, $z_A z_B$는 음의 값을 갖고, 속도 상수 k는 $\sqrt{I}$가 증가함에 따라 감소한다. (3) A 또는 B가 전하를 띠고 있지 않다면, $z_A z_B = 0$이고, 속도 상수 k는 용액의 이온 세기와 무관하다. 그림 15.16은 이러한 예측을 뒷받침하고 있다.

15.10 용액에서의 빠른 반응

대략 속도 상수가 10에서 10^9 정도인 일차 반응과 이차 반응을 빠른 반응으로 분류할 수 있다. 빠른 반응의 예는 기체 상태와 액체 상태에서 반응성이 큰 화학종 간의 재결합, 산-염기 중화 반응, 전자 교환 반응과 양성자 교환 반응 등을 포함한다. 이러한 반응은 화학과 생물학의 중요한 반응일 뿐만 아니라, 반감기가 수초 또는 그보다

* 식 15.57은 Debye-Hückel 한계 법칙(7.5절 참조)으로부터 유도된 것으로 묽은 용액에만 적용된다.

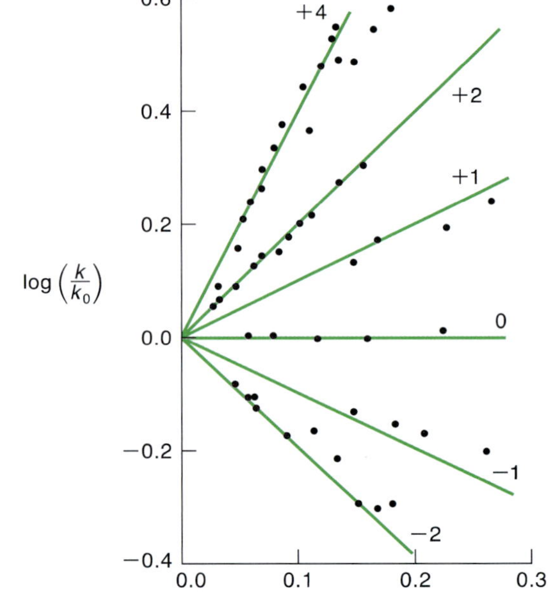

그림 15.16

두 이온 사이의 반응 속도에 대한 이온 세기 효과. 반응은 다음과 같다.

+4: $Co(NH_3)_5Br^{2+} + Hg^{2+}$,
+2: $S_2O_8^{2-} + I^-$,
+1: $[NO_2NCO_2C_2H_5]^- + OH^-$,
0: $CH_3CO_2C_2H_5 + OH^-$,
−1: $H_2O_2 + H^+ + Br^-$,
−2: $Co(NH_3)_5Br^{2+} + OH^-$

기울기는 z_Az_B로부터 구하였다. [V. K. LaMer, *Chem. Rev.* **10**, 179 (1932), Williars and Wilkias, Baltimore 허락하에 게재]

더 짧은 반응 과정을 측정할 수 있게 되면서 빠른 반응에 대한 관심이 더 커지고 있다.

용액 상태에서 반응은 얼마나 빨리 일어날 수 있을까? 그 한계는 반응하는 분자가 접근하는 속도에 좌우된다. 다른 말로 확산 속도에 의해 결정된다. 그러므로 가장 빠른 반응은 반응 분자가 만날 때마다 반응이 일어나는 **확산 지배 반응**(diffusion-controlled reaction)이다. 반지름이 r_B와 r_C인 전하를 띠지 않은 두 반응물 B와 C가 섞여 있는 용액이 있다고 가정해 보자. 폴란드의 물리학자 Marion Smoluchowski (1872~1917)에 의하면 단일 확산 지배 반응 'B+C → 생성물'의 속도 상수 k_D가 다음과 같이 주어진다.

확산 계수에 대한 식은 19.4절을 참조

$$k_D = 4\pi N_A(r_B + r_C)(D_B + D_C)$$

여기서 N_A는 Avogadro 상수, D_B와 D_C는 확산 계수이다.

만약 $D_B = D_C = D$이고, $r_B = r_C = r$이라고 가정하고, $D = k_BT/6\pi\eta r$(여기서 η는 용액의 점도)을 사용하면 다음과 같은 속도 상수 k_D를 구할 수 있다.

$$k_D = 4\pi N_A(2D)(2r)$$

$$= \frac{16\pi N_A k_B Tr}{6\pi\eta r} = \frac{8}{3}\frac{RT}{\eta} \tag{15.58}$$

확산 지배 반응은 다음과 같은 두 가지 특징을 보인다. 첫째, 이러한 반응은 활성화 에너지가 0이다[식 15.58에서 $\exp(-E_a/RT)$항이 없음을 주목할 것]. 둘째, 반응 속도는 매질의 점도에 반비례한다. 반응 속도가 점도의 영향을 받는다는 것은 흥미로운 사실인데, 점도는 또한 다음과 같이 온도의 영향을 받는다.

$$\eta = Be^{E_a/RT}$$

여기서 E_a는 점도에 대한 '활성화 에너지'이다(η는 온도가 증가하면 감소한다). B는 용매의 특성을 나타내는 상수이다. 따라서 식 15.58은 다음과 같이 쓸 수 있다.

$$k_D = \frac{8RT}{3B} e^{-E_a/RT} \tag{15.59}$$

식 15.59는 Arrhenius 식의 형태가 된다.

예제 15.3

점도가 8.9×10^{-4} N s m^{-2}인 298 K의 물에서 일어나는 어떤 확산 지배 반응의 속도 상수를 추정하여 구하시오.

답

1 J=1 N m이므로, 점도의 단위는 J s m^{-3}으로 표현된다. 식 15.58로부터

$$k_D = \frac{8(8.314 \text{ J K}^{-1} \text{ mol}^{-1})(298 \text{ K})}{3(8.9 \times 10^{-4} \text{ J s m}^{-3})}$$

$$= 7.4 \times 10^6 \text{ m}^3 \text{ mol}^{-1} \text{ s}^{-1}$$

$$= 7.4 \times 10^9 \, M^{-1} \text{ s}^{-1}$$

COMMENT

표 15.1에 의하면, 확산 지배 반응의 반감기는 반응물의 초기 농도가 1 M이고 최초 반응물이 같다면, 다음과 같이 매우 작은 값을 갖는다.

$$t_{1/2} = \frac{1}{1\, M \times 7.4 \times 10^9 \, M^{-1} \text{ s}^{-1}} = 1.4 \times 10^{-10} \text{ s} = 0.14 \text{ ps}$$

빠른 반응을 연구하기 위해 여러 가지의 정교한 방법이 고안되었다. 여기서는 다음의 두 가지의 예를 간단히 소개하고자 한다.

흘림법

두 종류의 흐름 장치가 있다. 연속 흐름 장치(continuous-flow apparatus)에서는 두 반응 용액이 먼저 혼합조에 모아지고, 그 후 혼합 용액은 관찰 튜브를 따라 흘러간다. 튜브를 따라가면서 여러 지점에서 반응물이나 생성물의 농도를 분광학적으로 검출함으로써(즉 반응물이나 생성물에 의한 빛의 흡광도를 측정함으로써), 시간에 따른 반응도를 그래프로 그릴 수 있다(그림 15.17). 여기서 한계 인자는 혼합에 필요한 시간으로, 0.001초까지 짧게 할 수 있다. 이 방법은 매번 많은 양의 용액을 사용해야

하는 단점이 있다.

그림 15.18은 흐름 정지 장치를 보여 주고 있다. 흐름 정지 기법의 장점은 적은 양의 반응물 시료만이 필요하다는 점이다. 그러므로 이것은 효소-촉매 반응과 같은 생화학 과정을 연구하는 데 특히 적합하다.

이완법

평형 상태에 있는 계에, 온도나 압력과 같은 외부 조건을 변화시켜 동요가 일어나게 한다. 변화가 갑자기 주어진다면, 그 계가 새로운 평형으로 접근(또는 이완)하는 데 얼마간의 시간이 필요하다. 이와 같은 시간의 차이를 **이완 시간**(relaxation time)이라고 하며, 순방향과 역방향의 속도 상수와 관련지을 수 있다. 이완법을 이용하면 반감

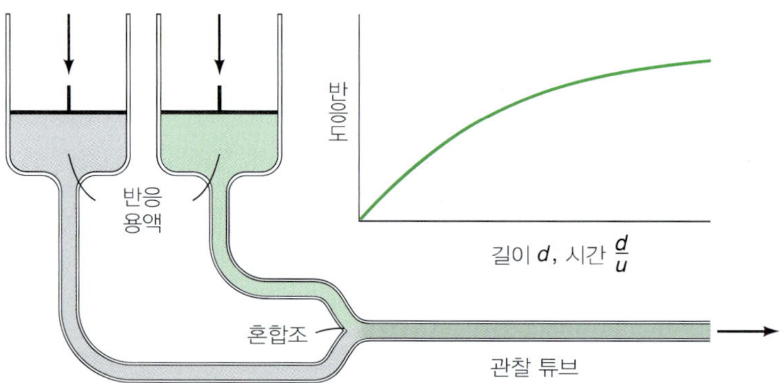

그림 15.17

연속 흐름 실험 장치에 대한 개략도. u는 혼합 용액의 속도이며, 관찰 튜브를 따라 측정이 이루어진다(From E. F. Caldin, *Fast Reactions in Solution*, John Wiley & Sons, New York, 1964. Blackwell Scientific Publications, Oxford, England의 허락하에 게재함).

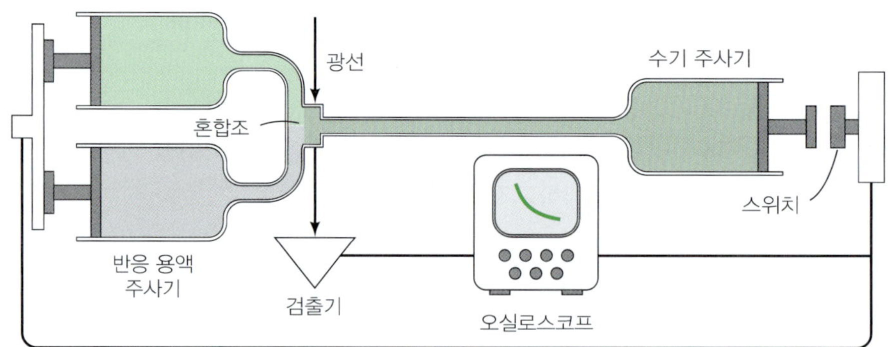

그림 15.18

흐름-정지 실험 장치에 대한 개략도. 연속 흐름 장치에서처럼, 다른 반응물을 포함하는 두 용액이 대개 기계적으로 쌍을 이룬 주사기에 의해 혼합조로 주입된다. 오른쪽에 있는 또 다른 주사기는 유출 용액을 받아내고, 피스톤이 벽에 부딪히면 순간적으로 멈추도록 배열되어 있다. 동시에 오실로스코프가 시작 시간을 나타내기 위해 동기화된다. 오실로스코프에는 투과된 빛의 세기가 시간의 함수로 나타나며, 오실로스코프의 주파수가 시간 범위가 된다. 이러한 장치에서 혼합 부분과 관찰점(즉 빛의 흡수를 관찰하는 점) 간의 거리가 짧다.

기가 1초에서 10^{-10}초에 이르는 반응들을 연구할 수 있다.

반응 진행 정도에 따라 선형적으로 변화하는 어떤 특성(X, 예를 들어 전기 전도도 또는 분광학적 흡광도)은 동요가 일어난 후의 시간의 함수로 나타낼 수 있다.

$$X_t = X_0 e^{-t/\tau}$$

여기서 X_t와 X_0는 각각 시간 $t=t$와 $t=0$에서의 어떤 특성에 해당하는 값이고, τ는 이완 시간이다. $\tau=t$일 때

$$X_t = \frac{X_0}{e} = \frac{X_0}{2.718}$$

그러므로 X_0가 $X_0/2.718$로 감소하는 데 걸리는 시간을 측정하면 이완 시간을 결정할 수 있다(그림 15.19).

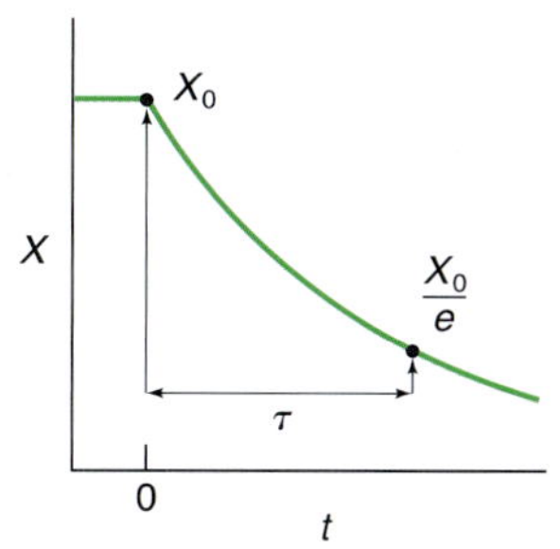

그림 15.19
이완 시간 τ의 정의

어떤 온도의 용액에서 화학 평형계를 이용하여 τ와 속도 상수 간의 관계를 유도할 수 있다.

$$\mathrm{A} + \mathrm{B} \underset{k_r'}{\overset{k_f'}{\rightleftharpoons}} \mathrm{C}$$

평형 상태에서는 다음의 관계가 성립한다.

$$\frac{d[\mathrm{C}]}{dt} = k_f'[\mathrm{A}][\mathrm{B}] - k_r'[\mathrm{C}] = 0$$

여기서 k_f'과 k_r'은 각각 정반응과 역반응의 속도 상수이다. 온도 비약 실험에서는 방전이나 단파장의 강력한 레이저를 이용하여 용액의 온도를 10^{-6}초 만큼 짧은 시간에 5 K 정도까지 올릴 수 있다. 온도가 급변한 후에는 변화된 속도 상수 k_f와 k_r에 따라 A, B, C의 농도가 변하면서 새로운 평형 상태로 '이완'될 것이다. 반응 경로 변수 x를 시간에 따라 변하는 농도라고 하자. 반응 화학량론에 따르면, 온도 급변 후 어떤 시간 t에서의 농도는 다음과 같이 주어진다.

$$[\mathrm{A}] = [\mathrm{A}]_{eq} + x$$

$$[\mathrm{B}] = [\mathrm{B}]_{eq} + x$$

$$[\mathrm{C}] = [\mathrm{C}]_{eq} - x$$

여기서 아래 첨자 eq는 새로운 평형 농도를 나타낸다. x는 평형이 이동하는 방향에 따라 양수 또는 음수일 수 있음을 주목하라. [C]의 변화 속도는 다음과 같이 쓸 수 있다.

$$\frac{d[\mathrm{C}]}{dt} = \frac{d([\mathrm{C}]_{eq} - x)}{dt} = -\frac{dx}{dt} = k_f([\mathrm{A}]_{eq} + x)([\mathrm{B}]_{eq} + x) - k_r([\mathrm{C}]_{eq} - x)$$

$$= \underbrace{k_f[\mathrm{A}]_{eq}[\mathrm{B}]_{eq} - k_r[\mathrm{C}]_{eq}}_{\text{첫 번째 항}} + \underbrace{(k_f[\mathrm{A}]_{eq} + k_f[\mathrm{B}]_{eq} + k_r)x}_{\text{두 번째 항}} + \underbrace{k_f x^2}_{\text{세 번째 항}}$$

평형 상태에서는 정반응과 역반응의 속도가 같기 때문에 첫 번째 항은 0이다. x 값은 매우 작기 때문에(온도의 상승이 매우 작기 때문에) 세 번째 항은 무시할 수 있다. 따라서 $k_f x^2 << k_f[\mathrm{A}]_{eq}x$(또는 $k_f[\mathrm{B}]_{eq}x$)이므로 다음 식을 얻을 수 있다.

$$\frac{dx}{dt} = -(k_f[\mathrm{A}]_{eq} + k_f[\mathrm{B}]_{eq} + k_r)x = -\frac{x}{\tau}$$

여기서 τ는 다음과 같이 주어진다.

$$\tau = \frac{1}{k_f([\mathrm{A}]_{eq} + [\mathrm{B}]_{eq}) + k_r} \qquad (15.60)$$

$[\mathrm{A}]_{eq}$와 $[\mathrm{B}]_{eq}$는 독립된 별개의 실험에서 구할 수 있으므로, τ는 온도 변화 후에 시간에 따라 변하는 농도를 관찰하면 측정이 가능하다(그림 15.19). 또한 온도에 따른 반응물의 평형 상수($K = k_f/k_r$)를 이용하여 k_f와 k_r 값을 구할 수 있다 (두 방정식에 두 개의 미지수가 있으므로).

예제 15.4

순수한 물의 온도를 급격히 변화시켰다. 이 물이 25°C에서 새로운 평형 상태에 도달하는 데 걸리는 이완 시간이 36 μs(36×10^{-6} s)로 측정되었다. 다음 반응에 대해서 k_f와 k_r을 구하시오.

$$\mathrm{H^+ + OH^-} \underset{k_r}{\overset{k_f}{\rightleftharpoons}} \mathrm{H_2O}$$

답

식 15.60으로부터

$$\tau = \frac{1}{k_f([\mathrm{H^+}]_{eq} + [\mathrm{OH^-}]_{eq}) + k_r}$$

평형 조건은 다음과 같다.

$$k_f[\mathrm{H^+}]_{eq}[\mathrm{OH^-}]_{eq} = k_r[\mathrm{H_2O}]_{eq}$$

$k_r = k_f[\mathrm{H^+}]_{eq}[\mathrm{OH^-}]_{eq}/[\mathrm{H_2O}]_{eq}$와 $[\mathrm{H^+}]_{eq} = [\mathrm{OH^-}]_{eq}$를 사용하면 다음의 결과를 얻는다.

$$\tau = \frac{1}{k_f(2[H^+]_{eq}) + k_f[H^+]^2_{eq}/[H_2O]_{eq}}$$

$$= \frac{1}{k_f(2[H^+]_{eq} + [H^+]^2_{eq}/[H_2O]_{eq})}$$

$[H^+]_{eq} = 1.0 \times 10^{-7}\ M$과 $[H_2O]_{eq} = 55.5\ M$을 위 식에 대입하면 다음과 같다.

$$36 \times 10^{-6}\ s = \frac{1}{k_f[2(1.0 \times 10^{-7}\ M) + (1.0 \times 10^{-7}\ M)^2/55.5\ M]}$$

따라서

$$k_f = 1.4 \times 10^{11}\ M^{-1}\ s^{-1}$$

k_r을 구하기 위해서는 다음 식으로 주어지는 평형 상수 K를 구해야 한다.

$$K = \frac{k_r}{k_f} = \frac{[H^+]_{eq}[OH^-]_{eq}}{[H_2O]_{eq}} = \frac{(1.0 \times 10^{-7}\ M)(1.0 \times 10^{-7}\ M)}{(55.5\ M)} = 1.8 \times 10^{-16}\ M$$

따라서

$$k_r = Kk_f = (1.8 \times 10^{-16}\ M)(1.4 \times 10^{11}\ M^{-1}\ s^{-1})$$

$$k_r = 2.5 \times 10^{-5}\ s^{-1}$$

COMMENT

(1) 평형 상수 K는 이온곱(K_w)과 $K=K_w/[H_2O]_{eq}$의 관계가 있다. 단위에 주목하면 k_f는 이차 속도 상수($M^{-1}\ s^{-1}$)이고, k_r은 일차 속도 상수(s^{-1})이다. k_f 값이 매우 큰 것은 H^+와 OH^-가 결합하여 물을 만드는 반응 속도가 확산 속도에 의해 결정된다는 것을 의미한다. (2) K 값은 단위 없는 양으로 취급되지만, 반응 속도 상수를 계산하기 위해서는 단위를 M으로 놓았다[K. J. Laidler, *J. Chem. Edu.* **67**, 88 (1990) 참조].

모든 반응이 위에서 설명한 것처럼 간단하지는 않다. 어떤 반응 속도는 여러 개의 이완 시간으로 설명해야 할 정도로 분석이 매우 복잡할 수 있다. 그럼에도 불구하고 이완법은 빠른 화학 및 생화학적 반응의 연구에 있어 가장 유용하고 다양하게 쓰일 수 있는 방법 중의 하나이다.

15.11 진동 반응

화학 반응은 일반적으로 반응물이 소진되거나 평형 상태에 도달할 때까지 진행된다. 그렇지만 일부 복잡한 반응의 경우에는 중간체의 농도가 시간에 따라 진동하는 형태를 보이기도 한다. 이러한 **진동 반응**(oscillating reaction)은 19세기 말에 알려졌지만, 오랫동안 대부분의 화학자들은 이것을 재현성이 없는 현상이거나 불순물에 의해 왜곡된 결과로 생각하고 간과하였다. 열역학 제2법칙에 의하면, 일정한 온도와 압력의 닫힌 계에서 반응 혼합물의 Gibbs 에너지 G는 반응이 평형에 도달함에 따라 계속적으로 감소해야 한다. 진동 반응은 열역학 제2법칙의 원칙에 어긋나는 것처럼 보일 수도 있다.

진동 반응은 1958년에 러시아의 화학자 B. P. Belousov에 의해 발견되었고, 후에 러시아의 화학자 A. M. Zhabotinsky에 의해 더 자세히 연구되었다. 보통 BZ 반응이라고 하는 Belousov-Zhabotinsky 반응은 말론산[$CH_2(COOH)_2$]과 황산이 브로민산 포타슘($KBrO_3$)과 세륨염(Ce^{4+} 이온을 포함하는)과 함께 물에서 반응하여 일어난다.

$$2H^+ + 2BrO_3^- + 3CH_2(COOH)_2 \rightarrow 2BrCH(COOH)_2 + 3CO_2 + 4H_2O$$

지난 30년간의 활발한 연구를 통해서 이 반응의 메커니즘은 18개의 기본 단계를 거치며 20가지의 서로 다른 화합물이 관여하는 반응임이 밝혀졌다. 이 반응은 반응 도중에 용액의 색깔이 옅은 노란색(Ce^{4+})과 무색(Ce^{3+}) 사이에서 주기적으로 반복해서 바뀐다. 그림 15.20은 [Br^-]와 [Ce^{4+}]/[Ce^{3+}]가 시간이 흐름에 따라 주기적으로 반복되는 것을 보여 준다.

벨기에의 화학자 Ilya Prigogine(1917~2003)은 이러한 진동 반응 현상에 대한 열역학적인 설명을 다음과 같이 제시하였다. 닫힌 계에서의 반응은 미시적 가역성의 원리에 의하면 반복될 수 없다. Prigogine의 설명에 따르면, 계가 평형 상태에서 많

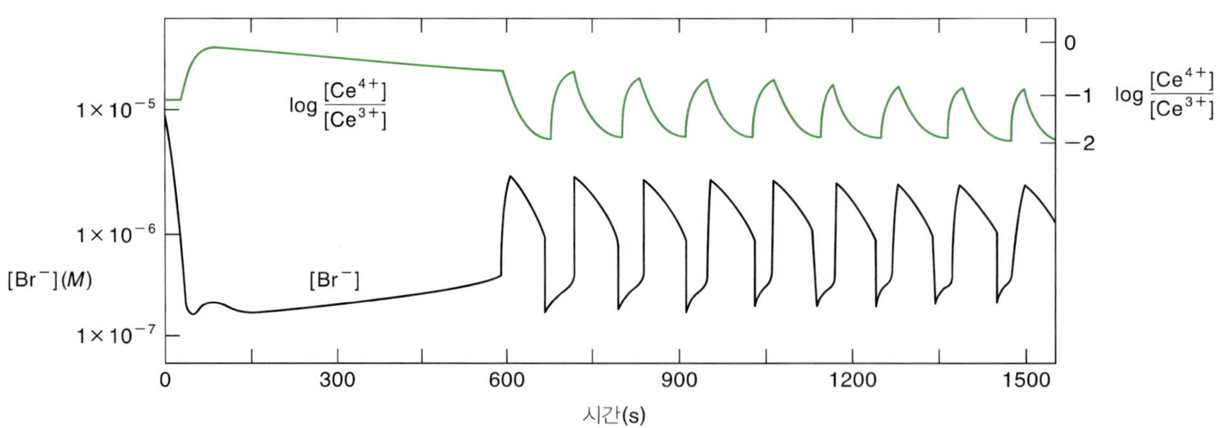

그림 15.20
BZ 반응에서 log [Br^-]와 log([Ce^{4+}]/[Ce^{3+}])의 진동 현상. Br^-, Ce^{4+}, Ce^{3+}는 전체 반응식에서 생성물도 반응물도 아니다 [R. J. Field, E. Kronos, R. M. Noyes, *J. Am. Chem. Soc.* **94**, 8649 (1972)].

이 벗어나 있는 경우에는, 화학 반응 중간에 나타나는 중간체의 농도가 주기적으로 반복해서 변하는 현상이 가능하다는 것이다. 이같은 농도의 진동 현상은 계가 평형 상태에 접근함에 따라 점진적으로 감소한다. 초기 반응물과 최종 생성물은 반응 중간체가 아니므로 농도가 진동하는 현상을 보이지 않는다. 그러나 열린 계에서는 에너지와 질량이 주위와 끊임없이 교환되기 때문에, 계가 평형 상태보다는 중간의 일정 상태(steady state)에 머무른 채로 농도의 진동 현상이 소멸되지 않고 계속 지속될 수도 있다.

화학 반응 속도론에 있어서 진동 반응은 화학 반응에 대한 새로운 차원의 접근 방식이라는 점에서 매우 빠르게 발전하는 흥미로운 화학 연구의 한 분야라고 할 수 있다. 진동 반응의 발견으로 화학 동력학과 반응 메커니즘에 대한 보다 깊이 있는 이해가 가능해졌다. 이와 같은 화학 반응은 생화학계에서 일어나는 반응을 이해하는 데에도 큰 도움이 될 것이다. 심장의 주기적인 박동이 그 한 예이다. 주기적인 진동 현상은 해당 작용에서도 나타난다.* 성분 기체의 농도가 주기적으로 진동하는 대기도 또 다른 열린 계라고 할 수 있다(16장 참조).

15.12 효소 반응 속도론

촉매는 화학 반응에 관여하지만, 소모되지 않으면서 반응 속도를 증가시킬 수 있는 물질이다. 촉매가 관여하는 반응을 촉매 반응(catalyzed reaction)이라고 하고, 그 과정을 촉매 작용(catalysis)이라고 한다. 촉매 반응의 특징은 다음과 같다.

1. 촉매는 화학 반응의 경로(또는 메커니즘)를 바꾸어 활성화에 필요한 Gibbs 에너지를 낮추는 역할을 한다(그림 15.21). 따라서 촉매에 의해 활성화된 새로운 메커니즘에서는 반응 속도가 증가하며, 이러한 효과는 정반응과 역반응 모두에 적용된다.

2. 촉매는 메커니즘의 초기 단계에서 반응물과 결합하여 중간체를 형성하고 생성물을 만드는 단계에서 떨어져 나온다. 전체 반응에 촉매는 나타나지 않는다.

3. 반응 메커니즘이나 에너지에 관계없이, 촉매가 반응물과 생성물의 엔탈피 또는 Gibbs 에너지를 바꿀 수는 없다. 따라서 촉매는 평형에 도달하는 속도를 증가시키지만, 열역학적 평형 상수를 변화시킬 수는 없다.

촉매 반응은 불균일 촉매 반응과 균일 촉매 반응으로 나눈다. 불균일 촉매 반응에서는 반응물과 촉매가 서로 다른 상(예를 들면 기체/고체 또는 액체/고체)으로 존재한다. 잘 알려진 예로는 Haber 합성법에 의한 암모니아의 합성이라든지, Ostwald 공정을 통한 질산의 제조 등을 들 수 있다. 아세톤의 브로민화 과정은 다음과 같이 산

---

* A. Gosh and B. Chance, *Biochem. Biophys. Res. Commun.* **16**, 174 (1964).

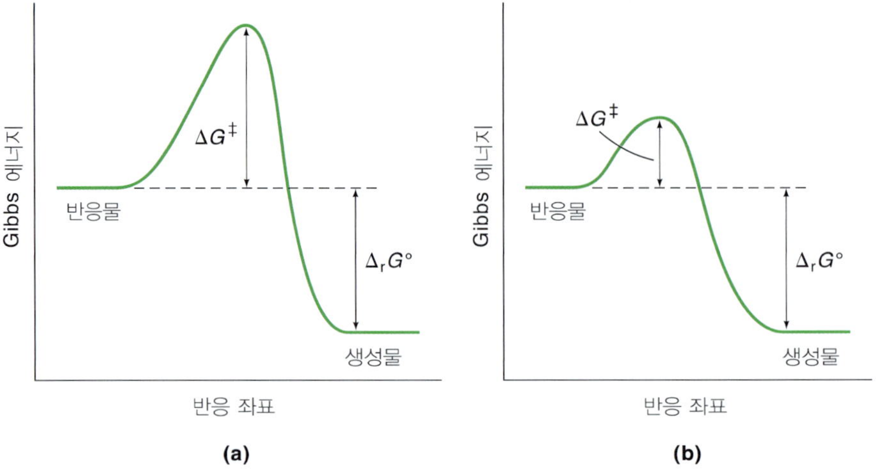

그림 15.21
(a) 촉매를 사용하지 않았을 때와 (b) 촉매를 사용했을 때 반응 경로에 따른 Gibbs 에너지 변화. 촉매 반응은 적어도 한 개 이상의 (반응물과 촉매 간의) 중간체를 만든다. 두 가지 경우 모두 $\Delta_r G°$값은 동일하다.

이 촉매 작용을 한다.

$$CH_3COCH_3 + Br_2 \xrightarrow{H^+} CH_2BrCOCH_3 + HBr$$

어떤 효소들은 세포막에 박혀 있기도 한다. 이 경우, 균일 촉매라고 하기보다는 불균일 촉매라고 부르는 것이 더 적당하다.

이때 촉매로 작용하는 산(H^+)과 반응물이 모두 수용액 상에 존재하기 때문에 이 반응은 균일 촉매 반응이다. 자연계에서 일어나는 효소 촉매 반응도 대개의 경우 균일 촉매 반응이다.

효소 촉매 반응

1926년에 미국의 생화학자 James Sumner(1887~1955)는 유레이스(urease, 요소가 암모니아와 이산화 탄소로 분해되는 반응을 촉진시키는 효소이다)를 결정화하였고 그때부터 대부분의 효소가 단백질로 만들어져 있다는 것이 알려졌다.* 일반적으로 효소에는 대개 한 개 또는 그 이상의 **활성 자리**(active site)가 있어서, 여기서 기질과의 화학 반응이 일어난다. 활성 자리는 단지 몇 개의 아미노산들로 이루어져 있으며, 단백질의 나머지 부분은 활성 자리를 위한 삼차원적인 공간 구조를 유지하는 역할을 한다. 반응 기질에 대한 효소 특이성은 분자에 따라 달라진다. 효소는 일반적으로 입체적 특이성을 갖는데, 이 말은 하나의 구조에 대해서만 반응성을 보인다는 뜻이다. 예를 들면 단백질 가수 분해 효소(proteolytic enzyme)는 L-아미노산으로 이루어진 단백질만을 분해한다. 어떤 효소들은 특정한 금속 이온이 결핍되면 활성이 없다.

1890년대에 들어서면서 독일의 화학자 Emil Fischer(1852~1919)는 효소의 기질

* 1980년대 초에, 화학자들은 리보자임(ribozyme) 같은 RNA 분자들도 촉매 작용을 한다는 사실을 발견하였다.

특이성을 설명하기 위하여 자물쇠와 열쇠 이론(lock-and-key theory)을 제시하였다. Fischer에 따르면, 활성 자리는 자물쇠처럼 견고한 구조로 가정할 수 있고, 기질 분자는 거기에 맞는 구조로 되어 있으며 열쇠의 기능을 한다. 이러한 설명은 어떤 면에서 이해하기는 쉽지만, 단백질 분자는 용액 속에서 신축성이 있다는 것과 협동성 현상을 고려하여 이 이론은 일부 수정되었다. **협동성**(cooperativity)이란 여러 결합 자리를 가지고 있는 효소의 경우, 한 자리에 기질이 결합하면 다른 자리들의 기질에 대한 친화도가 달라지는 현상을 말한다.

효소는 다른 촉매들처럼 반응 속도를 증가시킨다. 효소의 촉매 효율을 이해하기 위해서 식 15.49를 보라.

$$k = \frac{k_B T}{h} e^{-\Delta G^{\circ\ddagger}/RT}(M^{1-m})$$

$$= \frac{k_B T}{h} e^{\Delta S^{\circ\ddagger}/R} e^{-\Delta H^{\circ\ddagger}/RT}(M^{1-m})$$

위 식을 보면 반응 속도 상수에 영향을 미치는 두 개의 항으로 $\Delta H^{\circ\ddagger}$와 $\Delta S^{\circ\ddagger}$가 있다. 활성화 엔탈피는 Arrhenius 식에서의 활성화 에너지(E_a)와 비슷한 값이나(식 15.36 참조). 촉매 작용에 의해 활성화 에너지가 감소하면 반응 속도가 증가하는 것은 명백한 사실이다. 이것은 촉매 반응의 기본 원리이지만, 효소 촉매 반응에서도 항상 그런 것은 아니다. 이 경우 활성화 엔트로피 $\Delta S^{\circ\ddagger}$도 효소 촉매 반응의 효율을 결정하는 데 매우 중요한 역할을 한다.

다음 이분자 반응을 예로 들어 보자.

$$\text{A} + \text{B} \rightarrow \text{AB}^{\ddagger} \rightarrow \text{생성물}$$

여기서 A와 B는 모두 비선형 분자이다. 활성화물이 만들어지기 전에, A 또는 B 분자의 병진, 회전, 진동 운동의 자유도는 모두 3이다. 이러한 운동들이 모두 이 분자의 엔트로피에 기여한다.* 25°C에서 엔트로피에 가장 큰 비중을 차지하는 운동은 병진 운동으로, 약 120 J K^{-1} mol^{-1}에 해당하고, 그다음이 회전 운동(약 80 J K^{-1} mol^{-1})이다. 진동 운동은 약 15 J K^{-1} mol^{-1} 정도의 기여를 한다. 병진 운동과 회전 운동에 의한 엔트로피는 활성화물이 A 또는 B 분자에 비해 조금 더 큰 값이다. 이것은 분자 크기에 따라 엔트로피가 증가하는 정도가 크지 않기 때문이다. 따라서 활성화물이 만들어지면 약 200 J K^{-1} mol^{-1} 정도의 엔트로피 감소가 생긴다. 이같은 엔트로피의 감소는 활성화물을 만들었을 때 생기는 새로운 내부의 회전과 진동 운동 방식에 의해 일부분 상쇄된다. 알켄의 시스–트랜스 이성질화 반응과 같은 일분자 모드의 경우에는 단일 분자가 관여하기 때문에 엔트로피의 변화가 극히 적다. 이론적으로 일분자 반응과 이분자 반응을 비교하면, $e^{\Delta S^{\circ\ddagger}/R}$ 항의 차이에 의해 일분

---

* 분자의 운동과 열역학 함수 간의 관계는 20장에서 다룬다.

자 반응의 속도가 3×10^{10}배 정도 빠르다.

한 개의 기질 (S)에서 한 개의 생성물 (P)이 만들어지는 다음과 같은 간단한 효소-촉매 반응을 생각해 보자.

$$E + S \rightleftharpoons ES \rightleftharpoons ES^{\ddagger} \rightleftharpoons EP \rightleftharpoons E + P$$

이 반응 체계에서는 효소와 기질은 먼저 용액 상에서 서로 만나서 효소-기질 중간체 (ES)를 만들어야 한다. 이것은 가역 반응인데, [S]의 농도가 높으면 ES를 만드는 반응이 쉽게 일어난다. 기질이 결합하고 나면, 활성 자리에 미치는 힘에 의해 기질 분자와 효소가 적절한 배향을 하게 되어 활성화물이 만들어진다. 반응은 효소-기질 단일 중간체가 효소-기질 활성화물($ES^{\ddagger}$)을 만드는 경로를 따라, 마치 일분자 반응처럼 일어난다. 따라서 일분자 반응에서처럼 엔트로피의 손실이 매우 적다. 즉 병진 운동과 회전 운동의 손실에 의한 엔트로피 감소는 주로 ES를 만드는 중에 일어나고 (이때 엔트로피의 감소는 효소 기질 간의 결합 에너지에 의해 대부분 보상된다), $ES \rightarrow ES^{\ddagger}$ 과정에서는 거의 일어나지 않는다. 일단 $ES^{\ddagger}$이 생성되면 에너지가 낮아지는 과정을 따라 효소-생성물 중간체가 만들어지고, 생성물이 분리되면서 효소가 재생된다.

효소 반응 속도식

효소 반응 속도식에서는 **초기 반응 속도**(v_0)를 측정하는 것이 일반적이다. 반응 초기에는 가역 반응에 의한 영향이나 생성물에 의해 효소가 비활성화되는 문제가 최소화된다. 또한 초기 반응 속도는 기질 농도가 변하지 않은 상태에서 측정된다. 반응이 진행됨에 따라 기질의 농도는 감소한다.

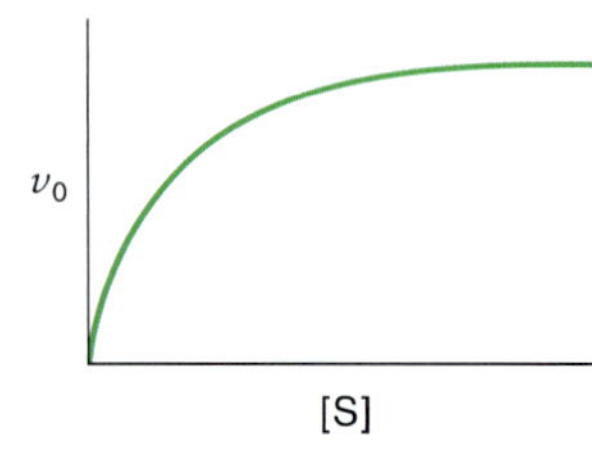

그림 15.22
효소 촉매 반응에서 초기 반응 속도(v_0)와 기질의 농도 [S] 간의 관계를 나타내는 그래프

그림 15.22는 초기 속도(v_0)와 기질의 농도 [S] 사이의 관계를 보여 준다. 기질의 농도가 낮을 때에는 농도에 비례하여 초기 속도가 빠르게 증가하지만, 기질의 농도가 증가함에 따라 증가 속도가 점차 선형에서 벗어나 일정한 값으로 수렴하는 것을 보여 준다. 이 영역에서는 모든 효소 분자가 기질 분자와 결합되므로 효소의 농도가 반응 속도를 결정하기 때문이다. 따라서 이 영역에서는 반응 속도가 기질의 농도에 대해서 영차 반응이다. 수학적으로는 v_0와 [S] 간의 관계를 다음과 같이 나타낼 수 있다.

$$v_0 = \frac{a[S]}{b + [S]} \tag{15.61}$$

여기서 a와 b는 모두 상수이다. 다음 단계는 실험 데이터를 설명할 수 있는 반응식을 찾아내는 것이다.

Michaelis-Menten 속도식

1913년에 독일의 생화학자 Leonor Michaelis(1875~1949)와 캐나다의 생화학자 Maud L. Menten(1872~1940)은 프랑스 화학자 Victor Henri(1872~1940)의 연구 결과를 발전시켜서 효소 촉매 반응의 초기 반응 속도와 기질의 농도와의 관계식을 설명할 수 있는 메커니즘을 제시하였다. 그들이 제시한 반응 체계는 다음과 같이 효소-기질 착물을 매개로 한다.

$$\mathrm{E} + \mathrm{S} \underset{k_{-1}}{\overset{k_1}{\rightleftharpoons}} \mathrm{ES} \xrightarrow{k_2} \mathrm{P} + \mathrm{E}$$

여기서 초기 생성물 형성 속도 v_0는 다음과 같이 주어진다.

$$v_0 = \left(\frac{d[\mathrm{P}]}{dt}\right)_0 = k_2[\mathrm{ES}] \tag{15.62}$$

위의 반응 속도식을 ES의 농도에 대한 식이 아니라, 실험적으로 측정하기 훨씬 쉬운 기질의 농도 [S]에 대한 식으로 바꾸기 위해서 Michaelis와 Menten은 $k_{-1} >> k_2$, 즉 ES를 형성하는 반응 단계는 생성물을 만드는 단계에 비해 매우 빠르게 일어난다고 가정하였다. 해리 상수 K_S는 다음과 같이 주어진다.

$$K_\mathrm{S} = \frac{k_{-1}}{k_1} = \frac{[\mathrm{E}][\mathrm{S}]}{[\mathrm{ES}]}$$

반응이 시작된 직후, 전체 효소의 농도는 다음과 같이 주어진다.

$$[\mathrm{E}]_0 = [\mathrm{E}] + [\mathrm{ES}]$$

따라서 다음과 같은 식이 유도된다.

$$K_\mathrm{S} = \frac{([\mathrm{E}]_0 - [\mathrm{ES}])[\mathrm{S}]}{[\mathrm{ES}]} \tag{15.63}$$

이를 [ES]에 대하여 풀면 다음과 같다.

$$[\mathrm{ES}] = \frac{[\mathrm{E}]_0[\mathrm{S}]}{K_\mathrm{S} + [\mathrm{S}]} \tag{15.64}$$

식 15.64를 식 15.62에 대입하면 다음 식을 얻는다.

$$v_0 = \left(\frac{d[\mathrm{P}]}{dt}\right)_0 = \frac{k_2[\mathrm{E}]_0[\mathrm{S}]}{K_\mathrm{S} + [\mathrm{S}]} \tag{15.65}$$

위 식에 의하면, 반응 속도는 항상 효소의 전체 농도에 비례한다.

식 15.65는 식 15.61과 같은 형태이다. 즉 $a = k_2[\mathrm{E}]_0$이고 $b = K_\mathrm{S}$이다. 기질의 농도가 낮을 때 ($[\mathrm{S}] << K_\mathrm{S}$), 식 15.65는 $v_0 = (k_2/K_\mathrm{S})[\mathrm{E}]_0[\mathrm{S}]$의 형태가 된다. 즉 $[\mathrm{E}]_0$에

대해 일차 반응, [S]에 대해 일차 반응이며, 전체적으로는 이차 반응이다. 이 속도식은 그림 15.22에서 초기에 선형으로 증가하는 부분에 해당한다. 기질의 농도가 높을 때 ([S] >> K_S)는 식 15.65를 다음과 같이 쓸 수 있다.

$$v_0 = \left(\frac{d[\mathrm{P}]}{dt}\right)_0 = k_2[\mathrm{E}]_0$$

이 조건에서는 모든 효소 분자가 효소-기질 착물을 만든다. 즉 기질에 의해 반응계가 포화되어 있다. 결과적으로 초기 반응 속도가 [S]에 대해 영차 반응이 된다. 이 속도식은 그림 15.22에서 높은 기질의 농도에 해당하는 수평선 부분에 해당한다.

모든 효소 분자가 기질과 착물 ES를 만들었다면, 실험적으로 측정되는 반응 속도는 최곳값($V_{최고}$)이 될 것이다.

$$V_{최고} = k_2[\mathrm{E}]_0 \tag{15.66}$$

여기서 $V_{최고}$를 **최고 속도**(maximum rate)라고 한다. 이제 [S]=K_S라면 어떻게 될지 생각해 보자. 식 15.65에 의하면, $v_0 = V_{최고}/2$가 된다. 즉 초기 반응 속도가 최곳값의 절반일 때, K_S는 기질의 농도 [S]와 같다.

일정 상태 속도론

1925년에 영국의 생물학자 George Briggs(1893~1978)와 John Haldane(1892~1964)은 식 15.65를 유도하기 위해서 효소와 기질이 열역학적으로 평형 상태일 필요는 없다는 것을 발견하였다. 이를 바탕으로 효소와 기질을 섞으면, 효소-기질 착물의 농도가 일정한 값을 유지하기 때문에 일정 상태 근사법을 다음과 같이 적용할 수 있다고 제안하였다(그림 15.23).*

$$\begin{aligned}\frac{d[\mathrm{ES}]}{dt} = 0 &= k_1[\mathrm{E}][\mathrm{S}] - k_{-1}[\mathrm{ES}] - k_2[\mathrm{ES}] \\ &= k_1([\mathrm{E}]_0 - [\mathrm{ES}])[\mathrm{S}] - (k_{-1} + k_2)[\mathrm{ES}]\end{aligned}$$

[ES]에 대해 풀면 다음과 같다.

$$[\mathrm{ES}] = \frac{k_1[\mathrm{E}]_0[\mathrm{S}]}{k_1[\mathrm{S}] + k_{-1} + k_2} \tag{15.67}$$

식 15.67을 식 15.62에 넣으면 다음 식을 얻는다.

---

* 화학자들은 또한 **선일정 상태 속도론**(pre-steady-state kinetics)에도 관심이 있는데, 이는 일정 상태에 도달하기 전의 상태를 말한다. 이 이론으로 효소 촉매 반응의 메커니즘에 대한 유용한 정보를 얻을 수 있지만 더 복잡하다. 하지만 세포 내에서는 일정 상태가 유지되는 조건 하에서 효소 촉매 반응이 일어나므로, 대사 과정을 설명하기 위해서는 일정 상태 속도론이 더 중요하다.

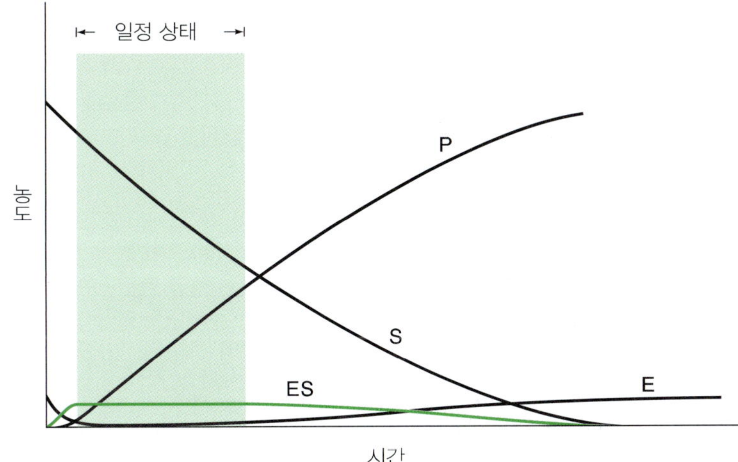

그림 15.23
효소 촉매 반응 E+S ⇌ ES → E+P 과정에서 모든 화학종의 농도를 시간에 대해 나타낸 도표. 여기서 초기 기질의 농도가 효소의 농도에 비해 매우 크고 반응 속도 상수 k_1, k_{-1}, k_2(본문 참조)가 서로 비슷하다고 가정한다.

$$v_0 = \left(\frac{d[\mathrm{P}]}{dt}\right)_0 = k_2[\mathrm{ES}] = \frac{k_1 k_2[\mathrm{E}]_0[\mathrm{S}]}{k_1[\mathrm{S}] + k_{-1} + k_2}$$

$$= \frac{k_2[\mathrm{E}]_0[\mathrm{S}]}{[(k_{-1} + k_2)/k_1] + [\mathrm{S}]}$$

$$= \frac{k_2[\mathrm{E}]_0[\mathrm{S}]}{K_\mathrm{M} + [\mathrm{S}]} \qquad (15.68)$$

여기서 K_M을 Michaelis 상수라고 하며, 다음과 같이 정의된다.

$$K_\mathrm{M} = \frac{k_{-1} + k_2}{k_1} \qquad (15.69)$$

식 15.68과 식 15.65를 비교하면, 그래프가 기질의 농도에 따라 매우 유사한 특성을 보인다는 것을 알 수 있다. 그러나 $k_{-1} >> k_2$의 조건이 아니라면, $K_\mathrm{M} \neq K_\mathrm{S}$이다.

Briggs−Haldane의 유도 과정에서 예측되는 최고 속도는 식 15.66에서 예측한 값과 일치한다. $[\mathrm{E}]_0 = V_{max}/k_2$이므로, 식 15.68은 다음과 같이 쓸 수 있다.

$$v_0 = \frac{V_{최고}[\mathrm{S}]}{K_\mathrm{M} + [\mathrm{S}]} \qquad (15.70)$$

식 15.70은 효소 반응의 기본식이다. 초기 속도가 최고 속도의 절반인 경우 식 15.70은 다음과 같이 된다.

$$\frac{V_{최고}}{2} = \frac{V_{최고}[\mathrm{S}]}{K_\mathrm{M} + [\mathrm{S}]}$$

따라서

$$K_\mathrm{M} = [\mathrm{S}]$$

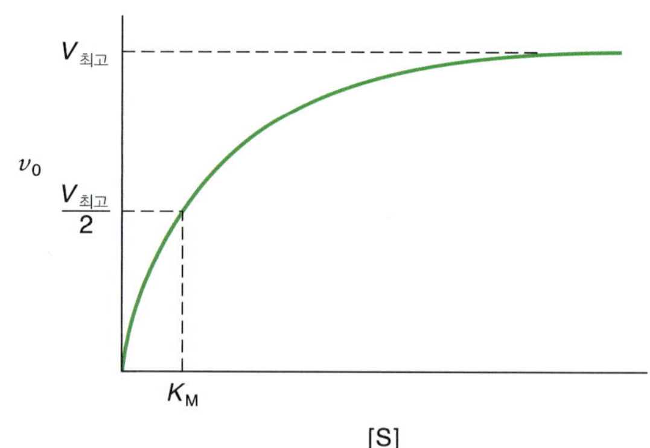

그림 15.24
$V_{최고}$와 K_M의 관계를 나타내는 그래프

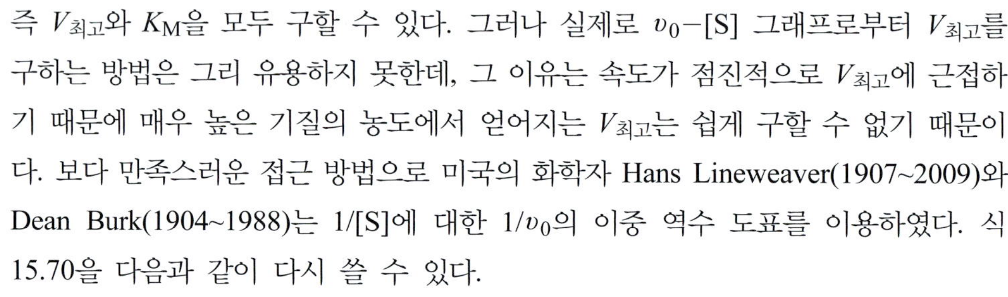

즉 $V_{최고}$와 K_M을 모두 구할 수 있다. 그러나 실제로 v_0−[S] 그래프로부터 $V_{최고}$를 구하는 방법은 그리 유용하지 못한데, 그 이유는 속도가 점진적으로 $V_{최고}$에 근접하기 때문에 매우 높은 기질의 농도에서 얻어지는 $V_{최고}$는 쉽게 구할 수 없기 때문이다. 보다 만족스러운 접근 방법으로 미국의 화학자 Hans Lineweaver(1907~2009)와 Dean Burk(1904~1988)는 1/[S]에 대한 $1/v_0$의 이중 역수 도표를 이용하였다. 식 15.70을 다음과 같이 다시 쓸 수 있다.

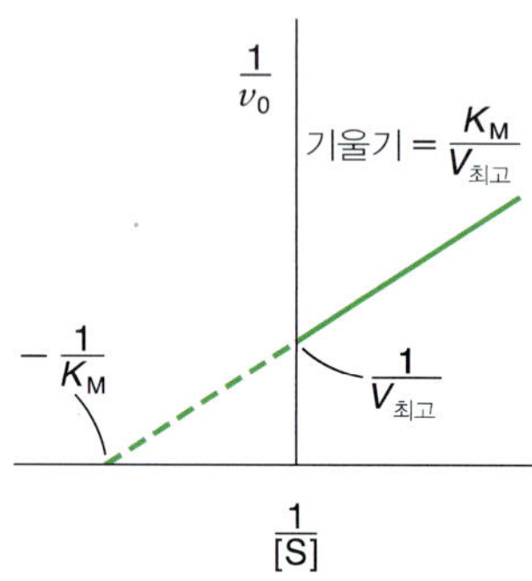

그림 15.25
Michaelis−Menten 속도식을 만족하는 효소 촉매 반응에 대한 Lineweaver−Burk 도표

$$\frac{1}{v_0} = \frac{K_M}{V_{최고}[S]} + \frac{1}{V_{최고}} \tag{15.71}$$

이 식을 그림 15.25에 나타내었는데, K_M과 $V_{최고}$ 모두 직선의 기울기와 절편으로부터 구할 수 있다.

Lineweaver−Burk 도표는 효소 반응 속도식을 분석하는 데 매우 유용하여 널리 쓰이지만, 기질의 농도가 높을 때에는 데이터들이 좁은 영역에 밀집되어 나타나므로, 낮은 농도에서의 데이터들이 직선을 구하는 데 중요해진다. 문제는 낮은 농도에서는 측정값들의 오차가 더 크다는 것이다. 속도 측정 데이터를 그래프로 나타내는 여러 가지 방법 중 Eadie−Hofstee 도표를 살펴보자. 식 15.71의 양변에 $v_0 V_{최고}$를 곱하면 다음 식을 얻는다.

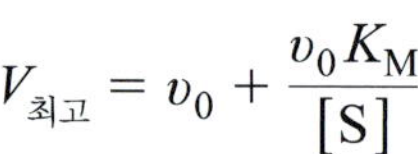

$$V_{최고} = v_0 + \frac{v_0 K_M}{[S]}$$

이를 재정리하면 다음과 같이 된다.

$$v_0 = V_{최고} - \frac{v_0 K_M}{[S]} \tag{15.72}$$

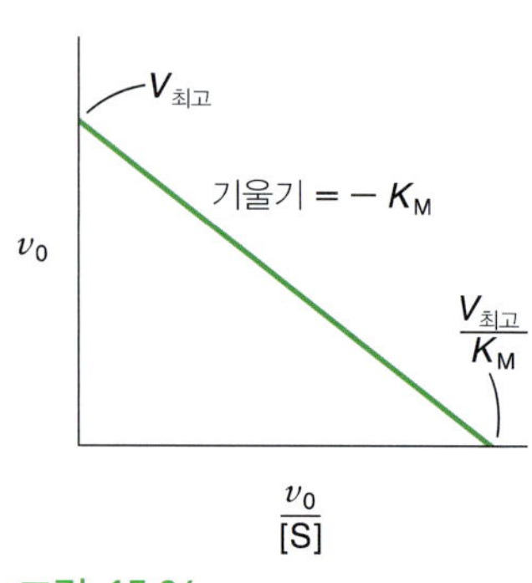

그림 15.26
그림 15.24의 그래프에 해당하는 반응에 대한 Eadie−Hofstee 도표

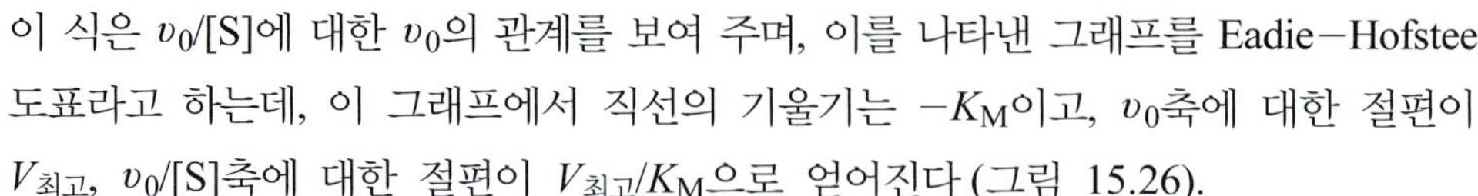

이 식은 v_0/[S]에 대한 v_0의 관계를 보여 주며, 이를 나타낸 그래프를 Eadie−Hofstee 도표라고 하는데, 이 그래프에서 직선의 기울기는 $-K_M$이고, v_0축에 대한 절편이 $V_{최고}$, v_0/[S]축에 대한 절편이 $V_{최고}/K_M$으로 얻어진다(그림 15.26).

K_M과 V_{max}의 중요성

Michaelis 상수 K_M은 효소의 종류에 따라 크게 달라지며, 또 같은 효소라 하더라도 기질의 종류에 따라 달라진다. 정의에 의하면 이 값은 효소 반응 속도가 최고 속도의 절반일 때 기질의 농도에 해당한다. 다른 방식으로 표현하면, K_M은 효소의 활성 자리의 절반이 기질과 결합하고 있을 때의 기질의 농도에 해당한다. 이런 이유로 K_M 값은 효소-기질 착물 ES의 해리 상수와 관련이 있다(K_M 값이 클수록 결합력이 약하다). 그런데 식 15.69에서 알 수 있듯이, 이는 $k_2 << k_{-1}$이어서 $K_M = k_{-1}/k_1$로 쓸 수 있는 경우에만 해당된다. 일반적으로 K_M은 세 가지의 속도 상수로 나타내어야 한다. K_M(몰농도의 단위로)은 효소 촉매 반응에 대해 다른 변수들과 함께 표시해 주는 것이 보통인데, 그 이유는 K_M이 온도, 기질의 성질, pH, 이온 세기 등과 같은 반응 조건들에 민감하게 달라지기 때문이다. 이러한 반응 조건들은 쉽게 측정이 가능한 값들이다. 따라서 K_M 값을 알면, 특정한 조건하에서의 효소-기질 결합의 특성을 파악할 수 있다. 만약 똑같은 효소와 기질 사이에 K_M 값이 달라진다면, 억제제(inhibitor)나 활성제(activator)가 관련되어 있다고 짐작할 수 있다. 서로 다른 생물학적 종이 갖고 있는 유사한 효소들에 대한 K_M 값을 비교해 보면, 진화와 관련된 중요한 과학적 단서를 찾을 수도 있다. 대부분의 효소는 K_M 값이 10^{-1} M과 10^{-7} M 사이에서 얻어진다.

최고 속도 $V_{최고}$의 의미는 이론과 실험적으로 모두 잘 정의가 된다. 즉 이 값은 주어진 조건에서 얻을 수 있는 최고 촉매 반응 속도이다. 다른 말로 표현하면, 전체 효소가 효소-기질 착물을 만들었을 때 얻어지는 속도이다. 식 15.66에 의하면 $[E]_0$를 알면, 위에서 보여 준 그래프를 이용해서 $V_{최고}$를 구하고 그로부터 k_2 값을 구할 수 있다. k_2 값은 일차 속도 상수(s^{-1} 또는 min^{-1})로서 **촉매 상수**(catalytic constant) $k_{촉매}$ 또는 **전환수**(turnover number)라고도 한다. 주어진 효소의 전환수는 효소가 기질에 의해 포화 상태에 이르렀을 때 단위 시간당 생성물로 전환되는 기질의 분자수를 말한다. 대부분의 효소의 전환수값은 생리학적 조건(physiological condition)에서 약 1에서 10^6 s^{-1}의 범위에서 얻어진다. 탄산 무수화 효소(carbonic anhydrase)는 이산화 탄소를 수화시키거나 탄산의 탈수 반응을 촉진시킨다.

$$CO_2 + H_2O \rightleftharpoons H_2CO_3$$

이 탄산 무수화 효소는 가장 큰 전환수를 갖는 효소로 알려져 있으며, 25°C에서 $k_2 = 1 \times 10^6$ s^{-1}의 값을 갖는다. 즉 1×10^{-6} M의 효소 용액이 1초에 1 M의 H_2CO_3를 이산화 탄소와 물로부터 만든다.

$$V_{최고} = (1 \times 10^6\ s^{-1})(1 \times 10^{-6}\ M)$$
$$= 1\ M\ s^{-1}$$

효소가 없다면 이 반응의 유사 일차 속도 상수는 0.03 s^{-1}에 지나지 않는다. 효소에 불순물이 섞여 있거나, 효소의 활성 자리가 몇 개인지 알려져 있지 않다면, 전환수를 알 수 없다. 그런 경우에는 효소의 활성은 **단위 밀리그램의 단백질에 대한 활동도의 단위**로 나타내고, 이를 **비활동도**(specific activity)라고 한다. 분당 1마이크로몰(1 μmol)의 생성물을 만들 수 있는 효소의 양을 1 **국제 단위**(international unit)라고 한다.

위에서 언급한 바와 같이, 전환수는 기질의 농도가 포화 상태일 때의 속도를 측정하여 구한다. 즉 [S] >> K_M(식 15.68 참조). 생리학적 조건에서 [S]/K_M 비는 1보다 작다. 만약 [S] << K_M이라면, 식 15.68은 다음과 같이 쓸 수 있다.

$$\begin{aligned} v_0 &= \frac{k_2}{K_M}[E]_0[S] \\ &= \frac{k_{촉매}}{K_M}[E]_0[S] \end{aligned} \tag{15.73}$$

식 15.73은 이차 반응 속도 법칙을 따른다. 여기서 $k_{촉매}/K_M$은 단위가 $M^{-1}\ s^{-1}$로 효소의 촉매 효율에 대한 척도가 된다. 이 값이 클수록 생성물이 더 잘 만들어진다는 의미이다.

마지막으로 효소의 촉매 효율의 한계는 어디까지일까? 식 15.69로부터 다음의 관계식을 얻을 수 있다.

$$\frac{k_{촉매}}{K_M} = \frac{k_2}{K_M} = \frac{k_1 k_2}{k_{-1} + k_2}$$

이 비는 $k_2 >> k_{-1}$의 조건에서 최댓값을 보인다. 즉 k_1이 속도 결정 단계이고, 효소가 ES 착물을 만들자마자 생성물을 만드는 경우이다. 그러나 k_1은 확산 속도에 의해 결정되는 효소와 기질의 충돌 빈도수보다 더 클 수는 없다.* 확산 지배 반응의 속도

표 15.3 몇 가지 효소와 기질에 따른 K_M, $k_{촉매}$, $k_{촉매}/K_M$ 값들

효소	기질	$K_M(M)$	$k_{촉매}(s^{-1})$	$(k_{촉매}/K_M)\ (M^{-1}\ s^{-1})$
아세틸콜린에스테레이스(아세틸콜린 가수 분해 효소)	아세틸콜린	9.5×10^{-5}	1.4×10^4	1.5×10^8
카탈레이스	H_2O_2	2.5×10^{-2}	1.0×10^7	4.0×10^8
탄산 무수화 효소	CO_2	0.012	1.0×10^6	8.3×10^7
키모트립신	*N*-아세틸글리신 에틸 에스터	0.44	5.1×10^{-2}	0.12
푸마레이스	푸마르산염	5.0×10^{-6}	8.0×10^2	1.6×10^8
유레이스(요소 가수 분해 효소)	요소	2.5×10^{-2}	1.0×10^4	4.0×10^5

* 어떤 효소 촉매 반응의 속도는 확산 지배 한계를 뛰어넘는 속도를 보인다. 효소가 세포 조직의 막과 같이 잘 배열된 구조를 하고 있다면, 조립 공장에서와 같이 한 효소의 생성물이 다음 효소로 전달된다. 이런 경우라면, 촉매의 속도가 용액 내에서의 확산 속도에 의해 결정되지 않는다.

상수의 값은 10^8 M^{-1} s^{-1}이 된다. 따라서 이 정도의 $k_{촉매}/K_M$ 값을 갖는 경우라면, 효소는 기질 분자를 만날 때마다 촉매 반응이 일어나야 한다. 표 15.3을 보면 아세틸콜린에스테레이스(아세틸콜린 가수 분해 효소), 카탈레이스, 푸마레이스, 탄산 무수화 효소와 같은 효소들은 이같은 최대 촉매 효율을 가진다는 것을 알 수 있다.

Key Equations

$[A] = [A]_0 - kt$	(영차 반응에 대한 적분 속도 법칙)	(15.4)
$\ln \frac{[A]}{[A]_0} = -kt$	(일차 반응에 대한 적분 속도 법칙)	(15.6)
$[A] = [A]_0 e^{-kt}$	(일차 반응에 대한 적분 속도 법칙)	(15.7)
$t_{1/2} = \frac{\ln 2}{k}$	(일차 반응의 반감기)	(15.8)
$t_{1/2} \propto \frac{1}{[A]_0^{n-1}}$	(반감기에 대한 일반식)	(15.9)
$\frac{1}{[A]} = kt + \frac{1}{[A]_0}$	(이차 반응에 대한 적분 속도 법칙)	(15.11)
$k = Ae^{-E_a/RT}$	(Arrhenius 식)	(15.36)
$\ln k = \ln A - \frac{E_a}{RT}$	(Arrhenius 식)	(15.37)
$\ln \frac{k_2}{k_1} = -\frac{E_a}{R}\left(\frac{1}{T_2} - \frac{1}{T_1}\right)$	(Arrhenius 식)	(15.38)
$k = Pze^{-E_a/RT}$	(변형된 Arrhenius 식)	(15.44)
$k = \frac{k_B T}{h} e^{\Delta S^{\circ\ddagger}/R} e^{-\Delta H^{\circ\ddagger}/RT} (M^{1-m})$	(반응 속도에 대한 열역학적 수식)	(15.49)
$\log \frac{k}{k_0} = z_A z_B B\sqrt{I}$	(속도론적 염효과)	(15.57)
$k_D = \frac{8}{3}\frac{RT}{\eta}$	(확산 지배 반응 속도 상수)	(15.58)
$V_{최고} = k_2[E]_0$	(최고 속도)	(15.66)
$K_M = \frac{k_{-1} + k_2}{k_1}$	(Michaelis 상수)	(15.69)
$\frac{1}{v_0} = \frac{K_M}{V_{최고}[S]} + \frac{1}{V_{최고}}$	(Lineweaver–Burk 도표)	(15.71)
$v_0 = V_{최고} - \frac{v_0 K_M}{[S]}$	(Eadie–Hofstee 도표)	(15.72)

부록 15.1

식 15.9의 유도

다음 반응을 생각해 보면

$$A \rightarrow \text{생성물}$$

속도가 다음과 같이 주어진다.

$$-\frac{d[A]}{dt} = k[A]^n \tag{1}$$

여기서 n은 반응 차수이다. $n \neq 1$이라고 가정하고, 식 1을 적분하면 다음이 얻어진다.

$$-\int \frac{d[A]}{[A]^n} = \int k dt$$

$$-\frac{[A]^{1-n}}{1-n} = kt + C \tag{2}$$

여기서 C는 적분 상수이다. $t = 0$일 때 $[A] = [A]_0$, 따라서

$$C = -\frac{[A]_0^{1-n}}{1-n} \tag{3}$$

식 2를 정리하면

$$kt = -\frac{[A]^{1-n}}{1-n} - C$$

$$= -\frac{[A]^{1-n}}{1-n} + \frac{[A]_0^{1-n}}{1-n}$$

$t = t_{1/2}$일 때 $[A] = [A]_0/2$이고, 따라서

$$kt_{1/2} = -\frac{([A]_0/2)^{1-n}}{1-n} + \frac{[A]_0^{1-n}}{1-n}$$

$$= -\frac{2^{n-1}[A]_0^{1-n}}{1-n} + \frac{[A]_0^{1-n}}{1-n}$$

$$= \frac{1 - 2^{n-1}}{1 - n}[\mathrm{A}]_0^{1-n}$$

즉

$$t_{1/2} = \frac{2^{n-1} - 1}{k(n-1)} \times \frac{1}{[\mathrm{A}]_0^{n-1}} \tag{4}$$

식 4의 우변 첫 번째 항은 상수이므로

$$t_{1/2} \propto \frac{1}{[\mathrm{A}]_0^{n-1}}$$

식 4는 $n \neq 1$의 가정하에 얻어졌다. 만약 $n = 1$이라면(식 15.8 참조)

$$t_{1/2} = \frac{\ln 2}{k}$$

즉 반감기가 초기 농도 $[\mathrm{A}]_0$에 의존하지 않는다. 따라서 반응 차수에 관계없이 일반적으로 다음과 같은 관계를 얻는다(식 15.9).

$$t_{1/2} \propto \frac{1}{[\mathrm{A}]_0^{n-1}} \tag{5}$$

부록 15.2

식 15.51의 유도

식 15.49의 자연로그를 취하면

$$\ln k = \ln\frac{k_B T}{h} + \frac{\Delta S^{\circ\ddagger}}{R} - \frac{\Delta H^{\circ\ddagger}}{RT} \tag{1}$$

이상 기체 거동을 한다고 가정하면, 압력이 일정할 때 활성화 엔탈피는 다음과 같이 주어진다.

$$\begin{aligned}\Delta H^{\circ\ddagger} &= \Delta U^{\circ\ddagger} + P\Delta V^{\circ\ddagger} \\ &= \Delta U^{\circ\ddagger} + RT\Delta n^{\ddagger}\end{aligned} \tag{2}$$

일반적으로 기체 반응에서는

$$\begin{aligned}\Delta n^{\ddagger} &= \text{활성화물의 몰수} - \text{반응물의 몰수} \\ &= 1 - m\end{aligned} \tag{3}$$

여기서 m은 반응의 분자도이다. 예를 들면 일분자 반응은 $m=1$, 따라서 $\Delta n^{\ddagger}=1-1=0$이다. 따라서 식 2는 다음과 같이 쓸 수 있다.

$$\Delta H^{\circ\ddagger} = \Delta U^{\circ\ddagger} + (1-m)RT \tag{4}$$

이제 식 1을 T에 대해 미분하면

$$\frac{d\ln k}{dT} = \frac{1}{T} + \frac{\Delta H^{\circ\ddagger}}{RT^2} - \frac{1}{RT}\frac{d\Delta H^{\circ\ddagger}}{dT} \tag{5}$$

식 4를 식 5에 대입하면

$$\begin{aligned}\frac{d\ln k}{dT} &= \frac{1}{T} + \frac{\Delta H^{\circ\ddagger}}{RT^2} - \frac{1}{RT}\frac{d[\Delta U^{\circ\ddagger} + (1-m)RT]}{dT} \\ &= \frac{1}{T} + \frac{\Delta H^{\circ\dagger}}{RT^2} - \frac{1}{RT}(1-m)R \\ &= \frac{\Delta H^{\circ\ddagger} + mRT}{RT^2}\end{aligned} \tag{6}$$

식 6을 얻기 위해 $\Delta U^{\circ\ddagger}$와 $\Delta S^{\circ\ddagger}$는 온도와 무관하다고 가정한다(이는 꽤 잘 맞는 가정이다).

다음으로 식 15.37을 T에 대해 미분하면 (A는 온도와 무관하다는 가정하에)

$$\frac{d \ln k}{dT} = \frac{E_a}{RT^2} \tag{7}$$

식 6과 식 7에서 $(1/RT^2)$의 계수를 비교하면

$$E_a = \Delta H^{\circ\ddagger} + mRT \tag{8}$$

식 4를 식 8에 대입하면, 식 15.51에서와 같이 다음 식을 얻는다.

$$\begin{aligned} E_a &= \Delta U^{\circ\ddagger} + (1 - m)RT + mRT \\ &= \Delta U^{\circ\ddagger} + RT \end{aligned} \tag{9}$$

참고문헌

책

Brouard, M., *Reaction Dynamics*, Oxford University Press, New York, 1998.

Espenson, J. H., *Chemical Kinetics and Reaction Mechanism*, 2nd edition, CB/McGraw-Hill, New York, 1995.

Fersht, A., *Enzyme Structure and Mechanism*, 2nd ed., W. H. Freeman, San Francisco, 1985.

Hague, D. N., *Fast Reactions*, Wiley-Interscience, New York, 1971.

Hammes, G. G., *Principles of Chemical Kinetics*, Academic Press, New York, 1978.

Houston, P. L., *Chemical Kinetics and Reaction Dynamics*, Dover, New York, 2006.

Laidler, K. J., *Chemical Kinetics*, 3rd ed., Harper & Row, New York, 1987.

Marangoni, A. G., *Enzyme Kinetics: A Modern Approach*, Wiley-Interscience, New York, 2002.

Nicholas, J., *Chemical Kinetics*, John Wiley & Sons, New York, 1976.

Pilling, M. J., and P. W. Seakins, *Reaction Kinetics*, Oxford University Press, New York, 1995.

Scott, S. K., *Oscillations, Waves, and Chaos in Chemical Kinetics*, Oxford University Press, New York, 1994.

Smith, I. W. M., *Kinetics and Dynamics of Elementary Gas Reactions*, Butterworths, London, 1990.

Steinfeld, J. I., J. S. Francisco, and W. L. Hase, *Chemical Kinetics and Dynamics*, 2nd ed., Prentice Hall, Englewood Cliffs, NJ, 1999.

Wright, M. R., *An Introduction to Chemical Kinetics*, John Wiley & Sons, New York, 2004.

논문

일반

"Method for Determining Order of a Reaction," H. K. Zimmerman, *J. Chem. Educ.* **40**, 356 (1963).

"Concepts of Time in Chemistry," O. T. Benfey, *J. Chem. Educ.* **40**, 574 (1963).

"Unimolecular Gas Reactions at Low Pressures," B. Perlmutter-Hayman, *J. Chem. Educ.* **44**, 605 (1967).

"Tables of Conversion Factors for Reaction Rate Constants," D. D. Drysdale and A. C. Lloyd, *J. Chem. Educ.* **46**, 54 (1969).

"Mechanistic Ambiguities of Rate Laws," J. P. Birk, *J. Chem. Educ.* **47**, 805 (1970).

"Along the Reaction Coordinate," W. F. Sheehan, *J. Chem. Educ.* **47**, 853 (1970).

"Unconventional Applications of Arrhenius's Law," K. J. Laidler, *J. Chem. Educ.* **49**, 343 (1972).

"Drinking Too Fast Can Cause Sudden Death," C. D. Eskelson, *J. Chem. Educ.* **50**, 365 (1973)

"The Influence of Solvents on Chemical Reactivity," M. R. J. Dack, *J. Chem. Educ.* **51**, 231 (1974).

"Steady State and Equilibrium Approximations in Reaction Kinetics," L. Volk, W. Richardson, K. H. Lau, M. Hall, and S. H. Lin, *J. Chem. Educ.* **54**, 95 (1977).

"Some Common Oversimplifications in Teaching Chemical Kinetics," R. K. Boyd, *J. Chem. Educ.* **55**, 84(1978).

"Chemical Reactions Without Solvation," R. T. McIver, Jr., *Sci. Am.* November 1980.

"What is the Rate-Determining Step of a Multistep Reaction?" J. R. Murdoch, *J. Chem. Educ.* **58**, 32 (1981).

"The Origin and Status of the Arrhenius Equation," S. R. Logan, *J. Chem. Educ.* **59**, 279 (1982).

"The Steady State and Equilibrium Assumptions in Chemical Kinetics," D. C. Tardy and and D. C. Cater, *J. Chem. Educ.* **60**, 109 (1983).

"The Extent of Reaction and Chemical Kinetics," H. Maskill, *Educ. Chem.* **21**, 122 (1984).

"Quantum Chemical Reactions in the Deep Cold," V. I. Goldanskii, *Sci. Am.* February 1986.

"The Meaning and Significance of 'the Activation Energy' of a Chemical Reaction," R. Logan, *Educ. Chem.* **23**, 148 (1986).

"A Time Scale for Fast Events," D. Onwood, *J. Chem. Educ.* **63**, 680 (1986).
"The Transition State," Anonymous, *J. Chem. Educ.* **64**, 208 (1987).
"Rate-Controlling Step: A Necessary and Useful Concept?" K. J. Laidler, *J. Chem. Educ.* **65**, 250 (1988).
"Just What Is a Transition State?" K. J. Laidler, *J. Chem. Educ.* **65**, 540 (1988).
"An Intuitive Approach to Steady-State Kinetics," R. T. Raines and D. E. Hansen, *J. Chem. Educ.* **65**, 757 (1988).
"The Birth of Molecules," A. H. Zewail, *Sci. Am.* December 1990.
"The Arrhenius Equation," H. Maskill, *Educ. Chem.* **27**, 111 (1990).
"Some Provocative Opinions on the Terminology of Chemical Kinetics," C. Reeve, *J. Chem. Educ.* **68**, 728 (1991).
"Applying the Principles of Chemical Kinetics to Population Growth Problems," G. F. Swiegers, *J. Chem. Educ.* **70**, 364 (1993).
"A Simplified Integration Technique for Reaction Rate Laws of Integral Order in Several Substances," G. Eberhardt and E. Levin, *J. Chem. Educ.* **72**, 193 (1995).
"Reaction Dynamics in Organic Chemistry," B. Carpenter, *Am. Sci.* **85**, 138 (1997).
"Anatomy of Elementary Chemical Reactions," A. J. Alexander and R. N. Zare, *J. Chem. Educ.* **75**, 1105 (1998).
"The Relationship between Stoichiometry and Kinetics Revisited," J. Y. Lee, *J. Chem. Educ.* **78**, 1283 (2001).
"How Accurate Is the Steady State Approximation?," L. O. Haustedt and J. M. Goodman, *J. Chem. Educ.* **80**, 839 (2003).
"Principle of Detailed Balance in Kinetics," R. A. Alberty, *J. Chem. Educ.* **81**, 1206 (2004).
"Ambiguities in Chemical Kinetics Rates and Rate Constants," K. T. Quisenberry and J. Tellinghuisen, *J. Chem. Educ.* **83**, 510 (2006).
"Gas Pressure Sensor Monitored Iodide-Catalyzed Decomposition Kinetics of Hydrogen Peroxide: An Initial Rate Approach," F. W. Nyasulu and R. Barlag, *Chem. Educator* [Online] **13**, 227 (2008) DOI 10.1333/ s00897082150a.
"Determining Reaction Orders by Measuring Half-Life: A Simple Introduction to Experimental Kinetics," A. K. Grafton, *Chem. Educator* [Online] **14**, 19 (2009) DOI 10.1333/s00897092187a.
"Blue Bottle Light Experiments for Demonstrating Basic Kinetics Features of Homogeneous and Heterogeneous Photoinduced Redox Reactions," A. Mills, D. MacPhee, and K. Lawrie, *Chem. Educator* [Online] **15**, 150 (2010) DOI 10.1007/s00897102267a.
"Chemical Kinetics at the Single-Molecule Level," M. Levitus, *J. Chem. Educ.* **88**, 162 (2011).

속도론적 동위 원소 효과

"The Exposition of Isotope Effects on Rates and Equilibria," M. M. Kreevoy, *J. Chem. Educ.* **41**, 636 (1964).
"Application of Isotope Effects," V. Gold, *Chem. Brit.* **6**, 292 (1970).
"The World of Isotope Effects," A. M. Rouhi, *Chem. Eng. News* December 22, 1997.
"Primary Kinetic Isotope Effect—A Lecture Demonstration," R. Chang, *Chem. Educator* [Online] **2**, 3 (1997) DOI 10.1333/s00897970121a.

이완 속도론

"Relaxation Kinetics," J. H. Swinehart, *J. Chem. Educ.* **44**, 524 (1967).
"The Temperature-Jump Method for the Study of Fast Reactions," J. E. Finholt, *J. Chem. Educ.* **45**, 394 (1968).
"Relaxation Methods in Chemistry," L. Faller, *Sci. Am.* May 1969.
"Temperature-Jump Techniques," E. Caldin, *Chem. Brit.* **11**, 4 (1975).

진동 반응

"Rotating Chemical Reactions," A. T. Winfree, *Sci. Am.* June 1974.
"Oscillating Chemical Reactions," I. R. Epstein, K. Kustin, P. De Kepper, and M. Orbán, *Sci. Am.* March 1983.
"Some Models of Chemical Oscillators," R. M. Noyes, *J. Chem. Educ.* **66**, 190 (1989).
"Oscillating Chemical Reactions and Nonlinear Dynamics," R. J. Field and F. W. Schneider, *J. Chem. Educ.* **66**, 195 (1989).
"Recipes for Belousov-Zhabotinsky Reagents," W. Jahnke and A. T. Winfree, *J. Chem. Educ.* **68**, 320 (1991).
"The Kinetics of Oscillating Reactions," R. F. Melka, G. Olsen, L. Beavers, and J. A. Draeger, *J. Chem. Educ.* **69**, 596 (1992).
"An Oscillating Reaction as a Demonstration of Principles Applied in Chemistry and Chemical Engineering," J. J. Weimer, *J. Chem. Educ.* **71**, 325 (1994).
"The BZ Reaction: Experimental and Model Studies in the Physical Chemistry Laboratory," O. Benini, R. Cervellat, and P. Fetto, *J. Chem. Educ.* **73**, 865 (1996).
"Introduction to Chemical Oscillations Using a Modified Lotka Model," E. Peacock-López, *Chem. Educator* [Online] **5**, 216 (2000) DOI 10.1333/s00897000413a.
"Chemical Oscillations: The Templator Model," E. Peacock-López, *Chem. Educator* [Online] **6**, 202 (2001) DOI 10.1333/s00897010483a.

효소 반응 속도론

"Enzyme Catalysis and Transition-State Theory," G. E. Linehard, *Science* **180,** 149 (1973).
"An Introduction to Enzyme Kinetics," A. Ault, *J. Chem. Educ.* **51**, 381 (1974).
"What Limits the Rate of an Enzyme-Catalyzed Reaction?" W. W. Cleland, *Acc. Chem. Res.* **8**, 145 (1975).
"The Study of Enzymes," G. K. Radda and R. J. P. Williams, *Chem. Brit.* **12**, 124 (1976).
"Free Energy Diagrams and Concentration Profiles for Enzyme-Catalyzed Reactions," I. M. Klotz, *J. Chem. Educ.* **53**, 159 (1976).
"A Kinetic Investigation of an Enzyme-Catalyzed Reaction," W. G. Nigh, *J. Chem. Educ.* **53**, 668 (1976).
"Entropy, Binding Energy, and Enzyme Catalysis," M. I. Page, *Angew. Chem. Int. Ed.* **16**, 449 (1977).
"K_M as an Apparent Dissociation Constant," J. A. Cohlberg, *J. Chem. Educ.* **56**, 512 (1979).
"Enzyme Kinetics," O. Moe and R. Cornelius, *J. Chem. Educ.* **65**, 137 (1988).
"Homogeneous, Heterogeneous, and Enzymatic Catalysis," S. T. Oyama and G. A. Somorjai, *J. Chem. Educ.* **65**, 765 (1988).
"How Do Enzymes Work?," J. Krant, *Science* **242**, 533 (1988).
"Catalysis: New Reaction Pathways, Not Just a Lowering of Activation Energy," A. Haim, *J. Chem. Educ.* **66**, 935 (1989).
"Chemical Oscillations in Enzyme Kinetics," K. L. Queeney, E. P. Marin, C. M. Campbell, and E. Peacock-López, *Chem. Educator* [Online] **1**, S1430-4171 (1996) DOI 10.1333/s00897960035a.
"On the Meaning of K_M and V/K in Enzyme Kinetics," D. B. Northrop, *J. Chem. Educ.* **75**, 1153 (1998).
"How Do Approximations Affect the Solutions to Kinetic Equations?" J. M. Goodman, *J. Chem. Educ.* **76**, 275 (1999).
"A Simple Method for Demonstrating Enzyme Kinetics Using Catalase from Beef Liver Extract," A. K. Johnson, *J. Chem. Educ.* **77**, 1451 (2000).
"Kinetics of Alcohol Dehydrogenase-Catalyzed Oxidation of Ethanol Followed by Visible Spectroscopy," K. Bendinskas, C. DiJiacomo. A. Krill, and E. Vitz, *J. Chem. Educ.* **82**, 1068 (2005).
"Appreciating Formal Similarities in the Kinetics of Homogeneous, Heterogeneous, and Enzyme

Catalysis," M. T. Ashby, *J. Chem. Educ.* **84**, 1515 (2007).
"Rapid-Equilibrium Enzyme Kinetics," R. A. Alberty, *J. Chem. Educ.* **85**, 1136 (2008).
"The Effect of Temperature on the Enzyme-Catalyzed Reaction: Insight From Thermodynamics," J. C. Aledo, S. Jiménez-Riveres, and M. Tena, *J. Chem. Educ.* **87**, 296 (2010).
"An Introduction to Enzyme Kinetics, Part Deux," A. Ault, *J. Chem. Educ.* **88**, 63 (2011).
"A Comprehensive Enzyme Kinetic Exercise for Biochemistry," J. S. Barton, *J. Chem. Educ.* **88**, 1336 (2011).

문제

반응 차수, 속도 법칙

15.1 다음 반응의 속도를 반응물이 소모되는 속도와 생성물이 생성되는 속도의 형태로 표현하시오.

(a) $3O_2 \rightarrow 2O_3$

(b) $C_2H_6 \rightarrow C_2H_4 + H_2$

(c) $ClO^- + Br^- \rightarrow BrO^- + Cl^-$

(d) $(CH_3)_3CCl + H_2O \rightarrow (CH_3)_3COH + H^+ + Cl^-$

(e) $2AsH_3 \rightarrow 2As + 3H_2$

15.2 다음 반응의 속도식은 속도$=k[NH_4^+][NO_2^-]$로 주어진다.

$$NH_4^+(aq) + NO_2^-(aq) \rightarrow N_2(g) + 2H_2O(l)$$

25°C에서 속도 상수가 3.0×10^{-4} M^{-1} s^{-1}로 얻어졌다. 초기 농도가 $[NH_4^+]=0.26$ M, $[NO_2^-]=0.080$ M일 때, 이 온도에서 반응 속도를 구하시오.

15.3 삼차 반응의 속도 상수의 단위는 무엇인가?

15.4 다음 반응이 A에 대해 일차 반응이라고 하자.

$$A \rightarrow B + C$$

반응물 A의 절반이 반응하여 소모되는 데 56초가 걸렸다면, 6.0분 동안에 반응하여 소모되는 A의 양을 초기 농도에 대한 비율로 구하시오.

15.5 어떤 일차 반응이 298 K에서 49분 동안에 34.5% 진행되었다. 이 반응의 속도 상수를 구하시오.

15.6 **(a)** 방사성 동위 원소 ^{14}C의 방사성 붕괴 일차 반응의 반감기가 5720년이다. 이 반응의 속도 상수를 구하시오. **(b)** 살아 있는 생명체 ^{14}C의 자연 존재비가 1.1×10^{-13} mol%이다. 고고학적 발굴에 의해 얻어진 어떤 물건의 방사 화학적 분석 결과, ^{14}C의 양이 0.89×10^{-13} mol%로 얻어졌다. 이 물건의 나이를 구하시오. 또한 그때 사용한 가정들에 대해 나열해 보시오.

15.7 다음은 기체 상태에서 다이메틸 에터의 분해 반응이다.

$$(CH_3)_2O \rightarrow CH_4 + H_2 + CO$$

이 반응이 일차 반응이고, 속도 상수가 450°C에서 $3.2 \times 10^{-4}\ s^{-1}$이라고 하자. 이 반응은 부피가 일정한 용기 안에서 일어났으며, 초기에 다이메틸 에터만이 존재하였으며, 그 압력은 0.350기압이었다. 8.0분이 지났을 때 이 계의 압력은 무엇인가?(기체는 모두 이상 기체라고 가정한다.)

15.8 25°C에서 반응 A → B에서 A의 초기 농도가 1.20 *M*에서 0.60 *M*로 바뀌었을 때 반감기는 2.0분에서 4.0분으로 증가했다. 이 반응의 반응 차수와 속도 상수를 구하시오.

15.9 수용액에서의 어떤 반응이 시간에 따라 반응하는 정도를 알기 위해 다음과 같이 반응물의 흡광도를 측정하였다.

시간(s)	0	54	171	390	720	1010	1190
흡광도	1.67	1.51	1.24	0.847	0.478	0.301	0.216

이 반응의 반응 차수와 속도 상수를 구하시오.

15.10 다음은 사이클로뷰테인이 분해되어 에틸렌이 생성되는 반응이다.

$$C_4H_8(g) \rightarrow 2C_2H_4(g)$$

이 반응의 반응 차수와 속도 상수를 다음의 실험값을 이용하여 구하시오. 다음은 430°C에서 부피가 일정한 용기에서 반응을 진행했을 때 시간에 따른 용기의 압력을 측정한 결과이다.

시간(s)	$P_{C_4H_8}$(mmHg)
0	400
2000	316
4000	248
6000	196
8000	155
10,000	122

15.11 만약 어떤 화합물의 75%가 분해되는 데 걸리는 시간이 60분이었다면, 이 화합물의 반감기는 얼마인지 구하시오. 일차 반응 속도식을 사용하시오.

15.12 다음 이차 반응의 속도 상수가 300°C에서 $0.54\ M^{-1}\ s^{-1}$이라고 하자.

$$2NO_2(g) \rightarrow 2NO(g) + O_2(g)$$

NO_2의 농도가 0.62 *M*에서 0.28 *M*로 감소하는 데 걸리는 시간을 초(sec) 단위로 구하시오.

15.13 N_2O가 N_2와 O_2로 분해되는 반응은 일차 반응이다. 730°C에서 이 반응의 반감기가 3.58×10^3 min라고 하자. N_2O의 초기 압력이 2.10기압이었을 때 반감기만큼의 시간이 지난 후에 용기의 압력을 구하시오(단, 반응이 진행되는 동안 용기의 부피는 일정하게 유지되었다고 가정한다).

15.14 영차 반응 A → B의 적분 속도식은 $[A] = [A]_0 - kt$로 주어진다. **(a)** 다음의 그래프를 대략적으로 그리시오. **(i)** [A]에 대한 반응 속도, **(ii)** t에 대한 [A]. **(b)** 반감기를 구하는 식을 유도하시오. **(c)** 적분 속도식이 더 이상 유효하지 않을 때, 즉 [A] = 0이 될 때까지 걸리는 시간은 반감기의 몇 배가 되는지 구하시오.

15.15 핵 산업에서는 반감기의 10배에 해당하는 시간이 지나면 방사성 물질의 방사능이 상대적으로 위험하지 않다고 말한다. 이때 남은 방사성 물질의 비율을 구하시오(Hint: 방사성 붕괴는 모두 일차 반응 속도 법칙을 따른다).

15.16 불균일 촉매 반응은 영차 반응인 경우가 많다. 즉 속도 = k이다. 다음 반응은 포스핀(PH_3)이 텅스텐(W) 촉매 위에서 분해되는 영차 반응의 예이다.

$$4PH_3(g) \rightarrow P_4(g) + 6H_2(g)$$

PH_3의 압력이 충분히 높은 조건(≥ 1기압)에서는 이 반응의 속도는 $[PH_3]$와 무관하다. 그 이유를 설명하시오.

15.17 어떤 영차 반응의 첫 번째 반감기가 200초라면, 그 농도가 다시 절반으로 감소하는 데 걸리는 시간은 얼마인지 구하시오.

15.18 다음과 같은 핵붕괴 반응에 대하여

$$^{64}Cu \rightarrow {}^{64}Zn + {}^{\;0}_{-1}\beta \qquad t_{1/2} = 12.8 \text{ h}$$

^{64}Cu 1몰에서 시작하였을 때 25.6시간 후에 생성된 ^{64}Zn의 질량을 그램 단위로 구하시오.

반응 메커니즘

15.19 다음 반응은 수용액에서 천천히 진행된다.

$$S_2O_8^{2-} + 2I^- \rightarrow 2SO_4^{2-} + I_2$$

그러나 Fe^{3+} 이온을 촉매로 사용하면 반응 속도가 빨라진다. Fe^{3+}는 I^-를 산화시키고, Fe^{2+}는 $S_2O_8^{2-}$를 환원시키는 반응을 촉진시킨다. 이 반응에 대한 가능한 메커니즘을 두 단계의 반응식으로 나타내시오. 촉매가 없을 때 반응 속도가 느린 이유를 설명하시오.

15.20 H와 Br 원자에 대한 일정 상태 근사법을 사용하여 식 15.35를 유도하시오.

15.21 활성화된 오존 분자 O_3^*는 대기 중에서 다음과 같은 반응을 한다.

$$O_3^* \xrightarrow{k_1} O_3 \qquad (1)\ \text{형광 방출}$$

$$O_3^* \xrightarrow{k_2} O + O_2 \qquad (2)\ \text{분해}$$

$$O_3^* + M \xrightarrow{k_3} O_3 + M \qquad (3)\ \text{비활성화}$$

여기서 M은 비활성 분자이다. 분해되는 오존 분자의 비율을 속도 상수를 사용하여 구하시오.

15.22 다음 실험 데이터는 700°C에서 수소와 일산화 질소 간의 반응에 대한 것이다.

$$2H_2(g) + 2NO(g) \rightarrow 2H_2O(g) + N_2(g)$$

실험	$[H_2](M)$	$[NO](M)$	초기 속도($M\,s^{-1}$)
1	0.010	0.025	2.4×10^{-6}
2	0.0050	0.025	1.2×10^{-6}
3	0.010	0.0125	0.60×10^{-6}

(a) 이 반응의 속도식을 구하시오. **(b)** 이 반응의 속도 상수를 구하시오. **(c)** 이 반응의 속도식을 설명할 수 있는 메커니즘을 제시하시오. (Hint: 산소 원자가 중간체라고 가정한다.) **(d)** 이 반응의 반응물의 농도에 대한 속도식은 더 자세한 연구를 통해서 다음과 같이 구해졌다.

$$\text{속도} = \frac{k_1[NO]^2[H_2]}{1 + k_2[H_2]}$$

수소의 농도가 매우 높을 때와 매우 낮을 때에는 속도식이 어떻게 달라지겠는가?

15.23 오존이 산소 분자로 분해되는 반응에 대한 속도식은 다음과 같다.

$$2O_3(g) \rightarrow 3O_2(g)$$

$$\text{속도} = k\frac{[O_3]^2}{[O_2]}$$

이 반응의 메커니즘은 다음과 같다.

$$O_3 \underset{k_{-1}}{\overset{k_1}{\rightleftharpoons}} O + O_2$$

$$O + O_3 \xrightarrow{k_2} 2O_2$$

이 반응의 속도식을 유도하시오. 이 유도를 하는 과정에서 사용한 가정에 대해 기술하시오. 산소의 농도가 증가할 때 속도가 감소하는 이유를 설명하시오.

15.24 H_2와 I_2 분자로부터 HI가 만들어지는 기체상 반응은 다음 두 단계 메커니즘을 따른다.

$$I_2 \underset{k_{-1}}{\overset{k_1}{\rightleftharpoons}} 2I$$

$$H_2 + 2I \xrightarrow{k_2} 2HI$$

(a) 첫 번째 단계의 반응이 빠른 평형이라고 가정하고, 반응의 속도식을 유도하시오.

(b) HI의 생성 속도는 가시광선의 세기가 증가할수록 증가한다. 이러한 실험 사실이 위에서 제시한 두 단계 메커니즘을 잘 설명하는지 그 이유를 제시하시오.

15.25 최근, 성층권의 오존이 클로로플루오로탄소(CFC)에 의해 빠른 속도로 감소하고 있다. $CFCl_3$와 같은 CFC 분자는 자외선에 의해 분해된다.

$$CFCl_3 \rightarrow CFCl_2 + Cl$$

이때 생성된 Cl 라디칼이 오존과 반응한다.

$$Cl + O_3 \rightarrow ClO + O_2$$

$$ClO + O \rightarrow Cl + O_2$$

(a) 마지막 두 단계의 반응식에 대한 전체 반응식을 쓰시오. **(b)** 이때 Cl과 ClO의 역할은 무엇인가? **(c)** 이 반응 메커니즘에서 F 라디칼이 중요하지 않은 이유는 무엇인가? **(d)** Cl 라디칼의 농도를 감소시키는 방법 중의 하나는 에틸렌(C_2H_6) 같은 탄화수소를 성층권에 뿌리는 것이다. 그 이유를 말하시오. **(e)** $O_3+O \rightarrow O_2$ 반응의 진행 정도에 따른 퍼텐셜 에너지 그림을 Cl에 의해 촉진되었을 때와 그렇지 않을 때에 대하여 비교하여 그리시오. 부록 B에 있는 열역학 데이터를 사용하여 반응이 발열 반응인지, 아니면 흡열 반응인지를 결정하시오.

활성화 에너지

15.26 식 15.36을 사용하여 E_a가 0, 2, 50 kJ mol^{-1}일 때 300 K에서 속도 상수를 구하시오(단, $A = 10^{11}$ s^{-1}이라고 가정한다).

15.27 많은 경우에 화학 반응의 속도는 온도가 10도 오를 때마다 두 배로 증가한다. 그런 화학 반응이 305 K과 315 K에서 각각 진행된다고 하자. 이때 위에서 말한 법칙이 적용되려면, 활성화 에너지의 크기가 얼마가 되어야 하는지 구하시오.

15.28 정상 체온의 ±3°C 범위에서 대사 속도 M_T는 $M_T = M_{37}(1.1)^{\Delta T}$로 주어진다. 여기서 M_{37}은 정상 체온에서의 대사 속도이고, ΔT는 정상 체온과의 차이이다. 분자 수준에서의 가능한 상호 작용에 기초하여 이 식을 설명하시오. [출처: "Eco-Chem", J. A. Campbell, *J. Chem. Edu.* **52**, 327 (1975)]

15.29 물고기 근육의 세균성 가수 분해 속도는 −1.1°C에서보다 2.2°C일 때 2배 빠르다. 이 반응의 활성화 에너지를 구하시오. 물고기를 음식으로 저장하는 문제와 이 문제는 어떤 연관성이 있는지 기술하시오. [출처: "Eco-Chem", J. A. Campbell, *J. Chem. Edu.* **52**, 390(1975)]

15.30 용액 중에서 어떤 유기 화합물의 일차 분해 반응에 대한 속도 상수가 서로 다른 온도에서 다음과 같이 측정되었다.

$k(s^{-1})$	4.92×10^{-3}	0.0216	0.0950	0.326	1.15
t(°C)	5.0	15	25	35	45

이 반응의 지수 앞자리 인자와 활성화 에너지를 그래프를 이용하여 구하시오.

15.31 556 K에서 $2HI \rightarrow H_2+I_2$ 반응의 활성화 에너지는 180 kJ mol^{-1}이다. 식 15.36을 사용하여 속도 상수를 구하시오(HI의 충돌 지름이 3.5×10^{-8} cm이고, 압력은 1기압이라고 가정한다).

15.32 350°C에서 어떤 일차 반응의 속도 상수가 4.60×10^{-4} s^{-1}이다. 활성화 에너지가 104 kJ mol^{-1}이라고 할 때, 속도 상수가 8.80×10^{-4} s^{-1}이 되는 온도를 구하시오.

15.33 어떤 나무 귀뚜라미가 27°C에서는 분당 2.0×10^2번 울지만, 5°C에서는 분당 39.6번만 운다. 이 데이터를 이용하여 귀뚜라미가 우는 속도에 대한 '활성화 에너지'를 구하시오(Hint: 속도의 비는 속도 상수의 비와 같다). 15°C에서의 우는 속도를 구하시오.

15.34 다음의 두 반응이 동시에 진행된다고 하자.

$$A \xrightarrow{k_1} B, \quad A \xrightarrow{k_2} C$$

활성화 에너지가 k_1에 대해서는 45.3 kJ mol^{-1}이며, k_2에 대해서는 69.8 kJ mol^{-1}이다. 320 K에서 속도 상수가 같다면, $k_1/k_2=2.00$이 되는 순간의 온도를 구하시오.

전이 상태 이론의 열역학적 수식화

15.35 기체 상태의 사이클로프로페인이 프로펜으로 되는 열적 이성질화 반응에 대한 속도 상수는 500°C에서 5.95×10^{-4} s^{-1}이다. 이 반응에 대한 $\Delta G^{\circ\ddagger}$를 구하시오.

15.36 유기 용매하에서 나프탈렌($C_{10}H_8$)과 그 음이온 라디칼($C_{10}H_8^-$) 간의 전자 교환 반응 속도는 확산이 반응 속도를 결정한다.

$$C_{10}H_8^- + C_{10}H_8 \rightleftharpoons C_{10}H_8 + C_{10}H_8^-$$

이 반응은 이분자 반응이며 이차 반응이다. 속도 상수는 다음과 같다.

T(K)	307	299	289	273
$k\,(10^9\ M^{-1}\ s^{-1})$	2.71	2.40	1.96	1.43

307 K에서 이 반응의 E_a, $\Delta H^{\circ\ddagger}$, $\Delta S^{\circ\ddagger}$, $\Delta G^{\circ\ddagger}$를 구하시오[Hint: 식 15.49를 이용하여 $\ln(k/T)$를 $1/T$에 대해 그래프로 그리시오].

15.37 **(a)** t-염화 뷰틸의 가수 분해 반응에 대한 지수 앞자리 인자와 활성화 에너지 값은 각각 $2.1 \times 10^{16}\ s^{-1}$과 102 kJ mol^{-1}이다. 286 K에서 이 반응의 $\Delta S^{\circ\ddagger}$와 $\Delta H^{\circ\ddagger}$값을 구하시오. **(b)** 말레산 무수물과 사이클로펜타다이엔 간의 고리화 첨가 반응의 지수 앞자리 인자와 활성화 에너지 값은 각각 $5.9 \times 10^7\ M^{-1}\ s^{-1}$과 51 kJ mol^{-1}이다. 293 K에서 이 반응의 $\Delta S^{\circ\ddagger}$와 $\Delta H^{\circ\ddagger}$값을 구하시오.

속도론적 동위 원소 효과

15.38 사람은 장기간(며칠 정도) H_2O 대신 D_2O를 마신다면 죽을 수도 있다. 그 이유를 설명하시오. D_2O는 H_2O와 실질적으로 성질이 같은데, 만약 희생자가 있다면 어떻게 D_2O가 과량 있음을 확인할 수 있는지 그 방법을 설명하시오.

15.39 아세톤의 브로민화 반응의 속도 결정 단계는 C−H 결합을 끊는 단계이다. 300 K에서 k_{C-H}/k_{C-D}의 속도 상수 비를 구하시오. 결합의 진동에 대한 파수는 각각 $\tilde{\nu}_{C-H} \approx 3000\ cm^{-1}$, $\tilde{\nu}_{C-D} \approx 2100\ cm^{-1}$이다[파수($\tilde{\nu}$)는 ν/c로 주어진다. 여기서 ν는 진동수이고 c는 빛의 속도이다].

15.40 시계와 같은 기계 부품에 사용하는 기름은 분자 길이가 긴 탄화수소이다. 시간이 지남에 따라 이 기름 분자는 자체 산화되어 고체 상태의 고분자가 된다. 이 반응의 첫 번째 단계는 수소 제거 반응이다. 이 기름의 사용 수명을 연장시킬 수 있는 방법을 제시하시오.

효소 반응 속도론

15.41 촉매가 정반응과 역반응 속도에 모두 영향을 미치는 이유를 설명하시오.

15.42 어떤 효소 촉매 반응의 속도 상수가 $k_1 = 8 \times 10^6\ M^{-1}s^{-1}$, $k_{-1} = 7 \times 10^4\ s^{-1}$, $k_2 = 3 \times 10^3\ s^{-1}$로 측정되었다. 이때 촉매 기질 결합 반응 과정은 평형 상태인가, 아니면 일정 상태인가?

15.43 아세틸콜린의 가수 분해 반응은 아세틸콜린에스테레이스라는 효소가 촉매로 작용하는 데 전환수가 25,000 s^{-1}에 달한다. 이 효소가 아세틸콜린 분자 하나를 끊어내는 데 걸리는 시간을 계산하시오.

15.44 식 15.70을 사용하여 다음 식을 유도하시오.

$$\frac{v_0}{[\mathrm{S}]} = \frac{V_{최고}}{K_\mathrm{M}} - \frac{v_0}{K_\mathrm{M}}$$

또한 이 식을 이용하여 어떻게 K_M과 $V_{최고}$를 구할 수 있는지 그래프를 이용하여 설명하시오.

15.45 K_M 값이 3.9×10^{-5} M인 어떤 효소의 반응을 초기 기질의 농도 0.035 M 조건에서 연구하였다. 1분 후에 6.2 μM의 생성물이 생성된 것을 확인하였다. $V_{최고}$ 값과 4.5분 후 생성된 생성물의 양을 계산하시오.

15.46 GPNA(N-glutaryl-L-phenylalanine-p-nitroanilide)를 p-nitroaniline과 N-glutaryl-L-phenylalanine으로 가수 분해하는 데 α-키모트립신(α-chymotrypsin)이 촉매로 작용한다. 이 효소의 촉매 반응 속도에 대한 실험 데이터가 다음과 같이 얻어졌다.

$[\mathrm{S}](10^{-4}\ M)$	2.5	5.0	10.0	15.0
$v_0(10^{-6}\ M\ \mathrm{min}^{-1})$	2.2	3.8	5.9	7.1

여기서 [S]=GPNA이다. Michaelis−Menten 속도식을 가정하고, Lineweaver−Burk 도표를 이용하여 $V_{최고}$, K_M, k_2값을 계산하시오. 또한 이 데이터를 이용하여 $v_0/[\mathrm{S}]$에 대한 v_0의 그래프(Eadie−Hofstee 도표)를 그려서 $V_{최고}$, K_M, k_2값을 계산하시오. 이때 초기 $[\mathrm{E}]_0 = 4.0 \times 10^{-6}$ M이다[출처: J. A. Hurlbut, T. N. Ball, H. C. Pound, and J. L. Graves, *J. Chem. Edu.* **50**, 149 (1973)].

15.47 라이소자임(lysozyme)이 헥사-N-아세틸글루코사민과 반응할 때 K_M 값이 6.0×10^{-6} M이다. 기질의 농도가 다음과 같은 조건에서 효소 반응을 분석하였다. **(a)** 1.5×10^{-7} M, **(b)** 6.8×10^{-5} M, **(c)** 2.4×10^{-4} M, **(d)** 1.9×10^{-3} M, **(e)** 0.061 M. 초기 농도가 0.061 M인 조건에서 초기 반응 속도가 3.2 μM min^{-1}로 얻어졌다. 다른 기질의 농도에서 초기 반응 속도를 계산하시오.

15.48 다음은 요소의 가수 분해 반응이다.

$$(\mathrm{NH_2})_2\mathrm{CO} + \mathrm{H_2O} \rightarrow 2\mathrm{NH_3} + \mathrm{CO_2}$$

100°C에서 이 반응의 유사 일차 반응 속도 상수는 4.2×10^{-5} s^{-1}이다. 효소를 사용했을 때와 사용하지 않았을 때 활성화 엔탈피 값이 각각 43.9 kJ mol^{-1}과 134 kJ mol^{-1}이라면 **(a)** 21°C의 조건에서 효소 작용에 의해 가수 분해 반응이 일어났을 때의 반응 속도와 같은 속도의 가수 분해 반응이 효소 없이 일어나는 데 필요한 온도를 계산하시오. **(b)** 유레이스(요소의 가수 분해 효소)에 의해 $\Delta G^\ddagger$ 값이 얼마나 낮아졌는지 계산하시오. **(c)** $\Delta S^\ddagger$의 부호에 대해 설명하시오(단, $\Delta H^\ddagger = E_\mathrm{a}$라고 가정하고, $\Delta H^\ddagger$와 $\Delta S^\ddagger$는 온도와 무관하다고 가정한다).

15.49 어떤 효소 촉매 반응에서 기질의 농도에 따른 초기 반응 속도가 다음과 같았다.

[S](M)	v_0 (10^{-6} M min^{-1})
2.5×10^{-5}	38.0
4.00×10^{-5}	53.4
6.00×10^{-5}	68.6
8.00×10^{-5}	80.0
16.0×10^{-5}	106.8
20.0×10^{-5}	114.0

(a) 이 반응은 Michaelis−Menten 속도식을 따르는가? **(b)** 이 반응의 $V_{최고}$값을 구하시오. **(c)** 이 반응의 K_M값을 구하시오. **(d)** [S]$=5.00 \times 10^{-5}$ M과 [S]$=3.00 \times 10^{-1}$ M의 조건에서 초기 반응 속도를 계산하시오. **(e)** [S]$=7.2 \times 10^{-5}$ M 조건에서 최초 3분 동안 생성된 생성물의 양을 계산하시오. **(f)** [S]$=5.00 \times 10^{-5}$ M 조건에서 효소의 농도가 2배가 된다면 K_M, $V_{최고}$, v_0값은 어떻게 달라지겠는가?

추가 연습문제

15.50 화합물 A와 B가 섞여 있는 플라스크가 있다. 두 화합물은 일차 반응 속도식에 따라 분해된다. A와 B의 반감기가 각각 50.0분과 18.0분이라고 하자. A와 B의 초기 농도가 같다면, A의 농도가 B의 농도의 4배가 되는 데 걸리는 시간은 얼마인가?

15.51 **가역적**이라는 말은 열역학(3장 참조)과 이 장에서 모두 사용된다. 두 가지 경우 이 말은 같은 의미를 지니는지 설명하시오.

15.52 사염화 탄소(CCl_4)와 같은 유기 용매에서 아이오딘 원자의 재결합 반응은 확산 지배 과정을 거친다.

$$I + I \rightarrow I_2$$

CCl_4의 점도가 20°C에서 9.69×10^{-4} N s m^{-2}이라고 할 때, 이 온도에서의 속도 상수를 구하시오.

15.53 CO_2 분자와 탄산 간의 평형은 다음 반응식으로 나타낼 수 있다.

$$\begin{array}{ccc} H^+ + HCO_3^- & \underset{k_{21}}{\overset{k_{12}}{\rightleftharpoons}} & H_2CO_3 \\ k_{13} \Big\downarrow\Big\uparrow k_{31} & & k_{23} \Big\downarrow\Big\uparrow k_{32} \\ CO_2 & + & H_2O \end{array}$$

다음 반응 속도식이 성립함을 보이시오.

$$-\frac{d[\mathrm{CO_2}]}{dt} = (k_{31} + k_{32})[\mathrm{CO_2}] - \left(k_{13} + \frac{k_{23}}{K}\right)[\mathrm{H^+}][\mathrm{HCO_3^-}]$$

여기서 $K = [\mathrm{H^+}][\mathrm{HCO_3^-}]/[\mathrm{H_2CO_3}]$이다.

15.54 폴리에틸렌은 수도관, 병, 전기 절연막, 장난감, 우편 봉투 등 다양한 용도로 사용되는 고분자로, 단위체인 에틸렌 분자가 무수히 많이 결합하여 만들어진 구조로 분자량이 매우 크다. 초기에 개시 단계는 다음과 같다.

$$\mathrm{R_2} \xrightarrow{k_i} 2\mathrm{R\cdot} \quad \text{개시}$$

R· (라디칼)은 에틸렌 분자(M)와 반응하여 또 다른 라디칼을 만든다.

$$\mathrm{R\cdot} + \mathrm{M} \rightarrow \mathrm{M_1\cdot}$$

$M_1\cdot$ 과 다른 에틸렌 분자와의 반응이 연속적으로 일어나면 고분자 사슬의 길이는 지속적으로 길어진다.

$$\mathrm{M_1\cdot} + \mathrm{M} \xrightarrow{k_p} \mathrm{M_2\cdot} \quad \text{전파}$$

이 단계는 수백 개의 단위체로 반복될 수 있다. 이 전파 반응은 두 라디칼이 서로 재결합하면서 종료된다.

$$\mathrm{M'\cdot} + \mathrm{M''\cdot} \xrightarrow{k_t} \mathrm{M'{-}M''} \quad \text{종결}$$

에틸렌의 중합 반응에서 흔히 사용하는 개시제는 과산화 벤조일[$(C_6H_5COO)_2$]이다.

$$[(\mathrm{C_6H_5COO})_2] \rightarrow 2\mathrm{C_6H_5COO\cdot}$$

이 반응은 일차 반응이다. 과산화 벤조일의 반감기는 100°C에서 19.8분이다. **(a)** 이 반응의 속도 상수($\mathrm{min^{-1}}$)를 구하시오. **(b)** 이 반응의 반감기가 70°C에서 7.30시간(즉 438분)이라고 할 때, 과산화 벤조일의 분해 반응에 필요한 활성화 에너지(kJ/mol 단위)를 구하시오. **(c)** 위 중합 반응의 기본 단계에 대한 속도식을 구하고 각각 반응물, 생성물, 중간체를 말하시오. **(d)** 긴 폴리에틸렌 고분자를 만들려면 어떤 조건이 필요할지 설명하시오.

15.55 어떤 공업적 화학 반응은 불균일 촉매를 필요로 하는데, 촉매(구 모양)의 부피가 10.0 $\mathrm{cm^3}$이다. **(a)** 촉매의 표면적을 구하시오. **(b)** 이 구 모양의 촉매를 깨서 부피가 1.25 $\mathrm{cm^3}$인 8개의 작은 구 모양의 알갱이로 만들었다면, 전체 표면적은 얼마인가? **(c)** 둘 중 어떤 기하학적 구조가 더 효과적인 촉매로 작용할지 설명하시오(Hint: 구의 표면적은 $4\pi r^2$이며, r은 구의 반지름이다).

15.56 대형 곡물 창고에서 발생하는 입자 분진이 폭발성이 있는 이유를 설명하시오.

15.57 높은 온도에서 암모니아는 텅스텐 표면 위에서 다음과 같이 분해된다.

$$NH_3 \rightarrow \tfrac{1}{2}N_2 + \tfrac{3}{2}H_2$$

다음은 암모니아의 초기 압력 변화에 따른 반감기의 변화를 구한 데이터이다.

P(torr)	264	130	59	16
$t_{1/2}$(s)	456	228	102	60

(a) 반응 차수를 구하시오. **(b)** 초기 압력에 따라 반응 차수가 어떻게 달라지는가? **(c)** 압력에 따라 반응 메커니즘이 어떻게 달라지는가?

15.58 방사성 시료의 **활동도**는 초당 붕괴되는 핵의 수를 말하는데, 이것은 일차 반응 속도 상수와 초기 방사성 원자의 수를 곱한 값과 같다. 방사능의 기본 단위는 **퀴리**(Ci)이며, 1 Ci는 정확히 3.70×10^{10} 붕괴/s에 해당한다. 이 붕괴 속도는 1 g의 라듐-226의 붕괴 속도와 같다. 라듐 붕괴의 반감기와 속도 상수를 계산하시오. 1.0 g의 라듐으로 시작했다면 500년 후의 활동도는 얼마인가? Ra-226의 몰질량은 226.03 g mol^{-1}이다.

15.59 X → Y 반응의 반응 엔탈피는 -64 kJ mol^{-1}이고, 활성화 에너지는 22 kJ mol^{-1}이다. Y → X 반응에 대한 활성화 에너지를 구하시오.

15.60 다음은 모두 일차 반응이다.

$$A \xrightarrow{k_1} B, \quad A \xrightarrow{k_2} C$$

(a) A의 초기 농도가 $[A]_0$라고 할 때 시간 t에 대한 $d[B]/dt$의 속도식을 구하시오. **(b)** 반응이 종료되었을 때, [B]/[C]의 비를 구하시오.

15.61 체르노빌 사고의 여파로 방사선이 누출되어 어떤 사람의 체내 I-131의 수치가 7.4 mCi(1 mCi = 1×10^{-3} Ci)로 측정되었다. 이같은 방사선량에 해당하는 I-131의 원자수를 구하시오. 사고 후, 원전에 가까이 살았던 사람에게 과량의 KI를 섭취하도록 장려한 이유는 무엇이겠는가?

15.62 몰질량이 $\mathcal{M}$인 어떤 단백질 분자 P는 상온의 액체 상태에서 중합체를 만든다. 이 반응에 대한 메커니즘은 다음과 같이 제시되었다.

$$P \xrightarrow{k_1} P^* \text{ (변성된)} \qquad \text{느림}$$
$$2P^* \xrightarrow{k_2} P_2 \qquad \text{빠름}$$

평균 몰질량 $\bar{\mathcal{M}}$을 이용한 점도 측정을 통해 이 반응의 진행 정도를 알 수 있다. 초기 농도 $[P]_0$, 시간 t에서의 농도 $[P]$, 몰질량 $\mathcal{M}$을 사용하여 평균 몰질량 $\bar{\mathcal{M}}$을 나타내는 식을 유도하시오. 이 메커니즘에 맞게 속도식을 쓰시오.

15.63 산 촉매에 의한 아세톤의 브로민화 반응은 다음과 같다.

$$CH_3COCH_3 + Br_2 \xrightarrow{H^+} CH_3COCH_2Br + H^+ + Br^-$$

어떤 온도에서 아세톤, 브로민, H^+의 농도에 따른 브로민의 소멸 속도에 대한 측정값을 다음 표에 나타내었다.

	$[CH_3COCH_3](M)$	$[Br_2](M)$	$[H^+](M)$	Br_2의 소멸 속도$(M\ s^{-1})$
(1)	0.30	0.050	0.050	5.7×10^{-5}
(2)	0.30	0.10	0.050	5.7×10^{-5}
(3)	0.30	0.050	0.10	1.2×10^{-4}
(4)	0.40	0.050	0.20	3.1×10^{-4}
(5)	0.40	0.050	0.050	7.6×10^{-5}

(a) 이 반응의 속도식을 쓰시오. **(b)** 속도 상수를 구하시오. **(c)** 이 반응에 대해 다음 메커니즘이 제시되었다.

$$CH_3-\overset{\overset{O}{\|}}{C}-CH_3 + H_3O^+ \rightleftharpoons CH_3-\overset{\overset{+OH}{\|}}{C}-CH_3 + H_2O \text{ (빠른 평형)}$$

$$CH_3-\overset{\overset{+OH}{\|}}{C}-CH_3 + H_2O \longrightarrow CH_3-\overset{\overset{OH}{|}}{C}=CH_2 + H_3O^+ \text{ (느림)}$$

$$CH_3-\overset{\overset{OH}{|}}{C}=CH_2 + Br_2 \longrightarrow CH_3-\overset{\overset{O}{\|}}{C}-CH_2Br + HBr \text{ (빠름)}$$

이 메커니즘으로 유도되는 속도식이 **(a)**에서 구한 식과 일치함을 보이시오.

15.64 $2NO_2(g) \rightarrow N_2O_4(g)$ 반응에 대한 속도식은 속도$=k[NO_2]^2$으로 주어진다. 다음 중 어떤 변화가 k값에 영향을 줄지 예측하시오. **(a)** NO_2의 압력을 2배로 높인다. **(b)** 반응을 유기 용매에서 진행시킨다. **(c)** 반응 용기의 부피를 2배로 늘린다. **(d)** 온도를 낮춘다. **(e)** 용기 내에 촉매를 첨가한다.

15.65 721쪽에 소개한 순환 반응(cyclic reaction)에서 $k_1k_2k_3 = k_{-1}k_{-2}k_{-3}$을 만족함을 보이시오.

15.66 물질대사를 위해 산소 분자가 헤모글로빈(Hb)과 결합하여 옥시헤모글로빈(HbO_2)을 만드는 반응은 다음과 같다.

$$Hb(aq) + O_2(aq) \xrightarrow{k} HbO_2(aq)$$

여기서 이차 반응 속도 상수는 37°C에서 $2.1 \times 10^6\ M^{-1}\ s^{-1}$로 주어진다. 보통의 성인은 허파 내의 혈액에 존재하는 Hb와 O_2의 농도가 각각 $8.0 \times 10^{-6}\ M$과 $1.5 \times 10^{-6}\ M$이다. **(a)** HbO_2를 생성하는 반응 속도를 계산하시오. **(b)** O_2의 소모 속도를 계산하시오. **(c)** 운동을 하면 대사 과정의 촉진에 따라 HbO_2의 생성 속도가 $1.4 \times 10^{-4}\ M\ s^{-1}$로 증가한다. Hb의 농도가 일정할 때, 이같은 HbO_2 생성 속도를 얻기 위해 필요한 산소의 농도를 계산하시오.

15.67 흔히 설탕이라고 불리는 자당(sucrose, $C_{12}H_{22}O_{11}$)은 물과 반응하여 과당(fructose, $C_6H_{12}O_6$)과 포도당(glucose, $C_6H_{12}O_6$)으로 가수 분해된다.

$$C_{12}H_{22}O_{11} + H_2O \rightarrow \underbrace{C_6H_{12}O_6}_{\text{과당}} + \underbrace{C_6H_{12}O_6}_{\text{포도당}}$$

이 반응은 사탕 제조 과정에서 특별히 중요하다. 첫째, 과당은 자당에 비해 더 달다. 둘째, 과당과 포도당의 혼합물을 **전화당**(inverted sugar)이라고 하는데, 결정화되지 않기 때문에 이를 이용해서 사탕을 만들면 결정성의 설탕과 달리 부서지지 않아 씹어 먹을 수 있게 된다. 자당은 우회전성(+)이며, 포도당과 과당의 혼합물은 좌회전성(−)이다. 즉 자당의 농도가 감소하면 광학적 회전도 감소하게 된다. **(a)** 다음과 같은 실험 데이터를 사용하여 이 반응이 일차 반응임을 설명하고 속도 상수를 구하시오.

시간(min)	0	7.20	18.0	27.0	∞
광학 회전(α)	+24.08°	+21.40°	+17.73°	+15.01°	−10.73°

(b) 위 반응의 속도식에 $[H_2O]$가 포함되지 않는 이유를 설명하시오.

15.68 탈륨(I) 이온은 세륨(IV) 이온에 의해 용액에서 다음과 같이 산화된다.

$$Tl^+ + 2Ce^{4+} \rightarrow Tl^{3+} + 2Ce^{3+}$$

망간(II) 이온이 존재하면 다음의 기본 단계를 거쳐 반응이 일어난다.

$$Ce^{4+} + Mn^{2+} \rightarrow Ce^{3+} + Mn^{3+}$$

$$Ce^{4+} + Mn^{3+} \rightarrow Ce^{3+} + Mn^{4+}$$

$$Tl^+ + Mn^{4+} \rightarrow Tl^{3+} + Mn^{2+}$$

(a) 속도식이 속도$=k[Ce^{4+}][Mn^{2+}]$일 때 촉매, 중간체, 속도 결정 단계를 결정하시오. **(b)** 촉매를 사용하지 않을 때 위 반응이 느린 이유를 설명하시오. **(c)** 이 반응이 균일 촉매 반응인지, 불균일 촉매 반응인지 구분하시오.

15.69 다음 삼차 반응에 대하여 적분 속도식과 반감기를 구하시오.

$$A \rightarrow \text{생성물}$$

15.70 다음 반응의 속도 상수를 온도에 따라 다음과 같이 측정하였다.

$$CH_2{=}CH{-}CH{=}CH_2 + CH_2{=}CH{-}CHO \longrightarrow$$ (cyclohexene-carbaldehyde: ring with C(=O)H)

$10^3k(M^{-1}\ s^{-1})$	0.138	1.63	7.2	36.8	81
t(°C)	155.3	208.3	246.5	295.8	330.8

이 반응에 대한 지수 앞자리 인자, E_a, $\Delta S^{\circ\ddagger}$, $\Delta H^{\circ\ddagger}$값을 구하시오. 평균 온도로 516 K를 사용하시오. [출처: G. B. Kistiakowsky and J. R. Lacher, *J. Am. Chem. Soc.* **58**, 123 (1936)]

15.71 CH_3기, C_2H_6 분자, He의 혼합 기체의 전체 압력이 600 K에서 5.42기압으로 측정되었다. 다음 기본 반응은 이차 속도 상수가 $3.0 \times 10^4\ M^{-1}s^{-1}$로 측정되었다.

$$CH_3 + C_2H_6 \rightarrow CH_4 + C_2H_5$$

CH_3와 C_2H_6 분자의 몰분율이 각각 0.00093과 0.00077이라고 할 때, 초기 반응 속도를 구하시오.

15.72 심장 마비에 걸린 사람의 뇌손상을 막기 위한 극단적인 의학적 처치법의 하나로 체온을 낮추는 방법이 있다. 이와 같은 처치법의 기반이 되는 물리화학적 원리에 대해 설명하시오.

15.73 과산화 수소의 분해 반응에 대한 활성화 에너지는 42 kJ mol^{-1}이다.

$$2H_2O_2(aq) \rightarrow 2H_2O(l) + O_2(g)$$

이 반응이 효소 카탈레이스를 촉매로 사용하면 활성화 에너지는 7.0 kJ mol^{-1}로 낮아진다. 20°C에서의 효소 촉매 반응 속도와 같은 속도로 분해 반응이 촉매 없이 일어나기 위해 필요한 온도를 계산하시오(단, 지수 앞자리 인자 값은 두 경우 동일하다고 가정한다).

15.74 다음 기체상 반응의 속도 상수는 400°C에서 $2.4 \times 10^{-2}\ M^{-1}\ s^{-1}$이다.

$$H_2(g) + I_2(g) \rightarrow 2HI(g)$$

초기에 같은 몰수의 H_2와 I_2를 400°C의 반응 용기에 두었더니 압력이 1658 mmHg가 되었다. **(a)** HI 생성에 대한 초기 반응 속도(M min^{-1})를 구하시오. **(b)** 10.0분 후의 HI의 농도와 생성 속도를 구하시오.

15.75 A → B 반응에서 A의 농도가 1.20 *M*에서 0.60 *M*로 변했을 때, 25°C에서 반감기가 2.0분에서 4.0분으로 증가하였다. 이 반응의 반응 차수와 반응 속도 상수를 구하시오.

15.76 메틸 라디칼의 지름은 3.80 Å이다. 50°C에서 다음 이차 기체상 반응의 속도 상수를 구하시오.

$$2\ \cdot CH_3 \rightarrow C_2H_6$$

구한 값이 가능한 최대 속도 상수인지 설명하시오.

16장 광화학

Here comes the sun

George Harrison*

광화학을 연구하는 사람은 전자적으로 들뜬 상태의 분자가 어떻게 다시 바닥 상태로 돌아오는지에 관해 관심이 많다. 광활성화되는 과정의 조건이나 계에 따라 들뜬 분자들은 여러 가지 경로를 거쳐서 바닥 상태로 내려오게 된다. 다른 분자들과의 충돌에 의해서 열을 발산하며 에너지를 잃을 수 있다. 형광(fluorescence) 또는 인광(phosphorescence)을 방출하여 바닥 상태로 돌아올 수도 있다. 또한 이런 분자들은 이성질화, 해리, 이온화 등과 같은 화학 반응을 일으키기도 한다. 형광과 인광 같은 현상은 14장에서 공부하였으며, 이 장에서는 다른 종류의 광화학 과정에 관해 소개하고자 한다.

16.1 들어가기

광화학 현상에 대해 공부하기 위해서는 몇 가지 중요한 용어들을 먼저 이해해야 한다.

열 반응 대 광화학 반응

화학 반응은 열 반응과 광화학 반응으로 구분할 수 있다. **열 반응**(thermal reaction, 15장 참조)에서는 **바닥 상태**(ground state)의 원자나 분자들이 반응에 참여한다. **광화학 반응**(photochemical reaction)은 빛의 자극에 의해 반응이 유도된다. 이때 화학 반응을 유발시키는 빛은 주로 가시광선이나 자외선 또는 X선이나 γ선과 같은 고에너지 전자기파이다.

분자 내의 전자가 들뜬 상태로 되는 데 필요한 에너지는 4×10^{-19} J 정도이므로, Boltzmann 분포 법칙(식 2.33 참조)에 따라 분포하고 있는 분자들의 바닥 상태와 들뜬 상태의 분포 비율을 구하면 25°C에서 $N_2/N_1 \approx 6 \times 10^{-43}$이 된다. 즉 상온에서는 무시할 정도로 적은 양의 분자들만 들뜬 상태로 있을 수 있다. 만약 온도를 높여서 들뜬 상태의 분자 비율이 1%가 되게 하려면 약 6000°C까지 가열해야 한다. 그

* 비틀즈의 멤버였던 George Harrison(1943~2001)이 쓴 곡의 제목

정도의 온도에서는 모든 분자들이 바닥 상태에서 빠르게 열분해되고 만다. 따라서 열을 가하는 방법으로 전자적으로 들뜬 상태의 분자를 상당량 만드는 것은 거의 불가능하다.

반면에 파장이 500 nm인 가시광선의 에너지는 분자의 전자 전이 에너지 정도이므로, 만약 분자가 이 가시광선을 흡수하게 되면 들뜬 상태로의 전자 전이가 일어난다. 들뜬 분자의 농도는 빛의 세기 또는 들뜬 상태의 분자가 다시 바닥 상태로 돌아오는 반응 속도 등과 같은 여러 가지 요소에 따라 달라진다. 또한 들뜬 전자 에너지가 화학 결합을 끊는 데 사용되면 화학 반응이 유도된다. 즉 광화학 반응에서의 들뜸 에너지는 열 반응에서의 활성화 에너지와 유사하다.

일차 반응 과정 대 이차 반응 과정

광화학 반응은 **일차 반응 과정**과 **이차 반응 과정**으로 구분된다. 일차 반응 과정은 분자들 간의 충돌에 의한 진동 에너지의 소실 또는 진동 이완, 형광, 인광, 이성질화, 해리 반응 등을 말한다. 들뜬 분자들이 해리되면 반응 중간체가 만들어지는데, 이들 중간체는 열을 수반하는 이차 반응 과정을 거치게 된다.

일차 반응 과정과 이차 반응 과정을 다음과 같은 기체 상태에서의 아이오딘화 수소(HI) 분해 반응을 통해 살펴보자. 전체 반응식은 다음과 같다.

$$2HI \rightarrow H_2 + I_2$$

적당한 에너지의 빛을 받으면 다음과 같은 반응이 일어난다.

$$HI \xrightarrow{h\nu} H + I \quad \text{광화학 반응(일차 반응)}$$

$$H + HI \rightarrow H_2 + I \quad \text{열 반응(이차 반응)}$$

$$I + I \rightarrow I_2 \quad \text{열 반응(이차 반응)}$$

$$\text{전체 반응식:} \quad 2HI \rightarrow H_2 + I_2$$

여기서 $h\nu$는 흡수된 광자의 에너지를 나타낸다.

양자 수득률

광화학 반응을 이해하는 데 유용한 물리적인 양이 **양자 수득률**(quantum yield, Φ)이다. 이 값은 흡수된 빛 광자수에 대한 생성된 분자(또는 소모된 반응 분자)수의 비로 나타낸다.

$$\Phi = \frac{\text{생성된 분자의 수}}{\text{흡수된 광자의 수}} \tag{16.1}$$

식 16.1은 몰 단위로 다음과 같이 쓸 수 있다.

$$\Phi = \frac{\text{생성물의 몰수}}{\text{흡수한 einstein 수}} \tag{16.2}$$

여기서 1 einstein은 1몰의 광자에 해당한다.

광화학 반응의 양자 수득률은 계에 따라 다른데, Φ 값의 크기에 따라 반응 과정의 메커니즘에 대한 단서를 얻을 수도 있다. 아이오딘화 수소 반응의 양자 수득률은 2인데, 이것은 광자 한 개를 흡수하면 두 개의 반응 분자(HI)가 반응한다는 의미이다. 아세톤 분자는 파장이 280 nm인 자외선에 의해 높은 수득률로 메틸 라디칼과 아세틸 라디칼로 쪼개진다.

$$(CH_3)_2CO \xrightarrow{h\nu} CH_3\cdot + CH_3CO\cdot$$

그러나 액체상에서는 생성된 이 라디칼들이 다시 서로 재결합하기 쉬운데, 그 이유는 용매 가둠 효과(solvent cage effect) 때문이다. 따라서 최종적인 양자 수득률은 0.1 이하이다.

수소와 염소 분자의 혼합 기체는 상온에서 안정하다. 이 혼합 기체를 자외선($\leq$ 400 nm)에 노출시키면 폭발적으로 반응하여 염산을 만든다. 그 반응 메커니즘은 다음과 같다.

$$Cl_2 \xrightarrow{h\nu} Cl + Cl$$

$$Cl + H_2 \rightarrow HCl + H \tag{a}$$

$$H + Cl_2 \rightarrow HCl + Cl \tag{b}$$

이 반응은 (a)와 (b)의 반응이 서로 연속해서 일어나는 연쇄 반응이다. 이 반응의 양자 수득률은 약 10^5이다. 일반적으로 양자 수득률이 2보다 큰 것은 연쇄 반응이 일어난다는 증거이다.

다른 한편으로 광화학 반응은 속도 상수로 나타내기도 한다. 다음과 같은 일반적인 광화학 반응에서

$$A \xrightarrow{h\nu} A^*$$

$$A^* \xrightarrow{k_1} A$$

$$A^* \xrightarrow{k_2} \text{생성물}$$

A는 반응물, A^*는 들뜬 상태이다. 일정 상태 조건이라고 가정하면 A^*의 생성 속도는 다음과 같이 쓸 수 있다.

$$\begin{aligned} A^*\text{의 생성 속도} &= A^*\text{의 소멸 속도} \\ &= k_1[A^*] + k_2[A^*] \end{aligned}$$

생성물에 대한 양자 수득률은 다음과 같이 주어진다.

$$\Phi_P = \frac{\text{생성물의 생성 속도}}{\text{A}^*\text{의 생성 속도}}$$

$$= \frac{k_2[\text{A}^*]}{k_1[\text{A}^*] + k_2[\text{A}^*]} = \frac{k_2}{k_1 + k_2} \tag{16.3}$$

여기서 주목할 점은 광화학 효율은 Φ로부터 측정되는데 광화학 반응성은 속도 상수와 관련이 있다는 점이다. 이 두 가지 물리량(광화학 효율과 광화학 반응성)이 반드시 서로 연관성이 있는 것은 아니다. 즉 Φ 값이 유사한 두 개의 반응이라도, 속도 상수는 매우 다를 수 있다는 것을 주목해야 한다. 다음 광화학 분해 반응을 예를 들어 보자.

$$C_6H_5COCH_2CH_2CH_3 \xrightarrow{k} C_6H_5COCH_3 + CH_2{=}CH_2$$

$$\Phi = 0.40 \quad k = 3 \times 10^6\ s^{-1}$$

$$CH_3COCH_2CH_2CH_2CH_3 \xrightarrow{k} CH_3COCH_3 + CH_2{=}CHCH_3$$

$$\Phi = 0.38 \quad k = 1 \times 10^9\ s^{-1}$$

Φ와 반응 속도의 차이를 이해하기 위해서는 광화학 반응의 속도에 영향을 미치는 요소들에 대해 생각해 보아야 한다. 광화학 반응 속도는 다음과 같이 쓸 수 있다.

$$\text{속도} = IFf\Phi_P \tag{16.4}$$

여기서 I는 입사광의 세기, F는 입사광의 흡수율, f는 흡수된 빛 중에서 분자를 반응성이 있는 들뜬 상태로 만드는 데 사용된 빛의 분율, Φ_P는 생성물의 양자 수득률이다. 이 식을 보면 두 반응의 Φ 값이 비슷해도, F 또는 f 값이 다르다면 반응 속도는 크게 달라질 수 있다는 것을 알 수 있다.

빛의 세기 측정

반응 메커니즘에 관계없이, 광화학 반응의 속도는 빛의 흡수 속도에 비례한다. 즉 광화학 반응의 연구를 위해서는 빛의 세기를 정확하게 측정할 수 있어야 한다. 빛의 세기는 **화학 광량계**(actinometer)를 사용하여 측정한다. 용액상 화학 광량계 중에 대표적인 것이 $K_3Fe(C_2O_4)_3$(potassium ferrioxalate)를 사용하는 광량계이다. $K_3Fe(C_2O_4)_3$의 황산 수용액에 250~470 nm의 자외선이 조사되면, Fe(III)이 Fe(II)로 환원되고, 옥살산이 이산화 탄소로 산화되는 반응이 동시에 일어난다. 이 과정에 대한 반응식은 다음과 같다.

$$2Fe(C_2O_4)_3^{3-} \xrightarrow{h\nu} 2Fe^{2+} + 5C_2O_4^{2-} + 2CO_2$$

이 반응에 대한 자세한 연구가 이루어졌으며, 빛의 파장에 대한 양자 수득률이 알려져 있다. Fe^{2+} 이온의 양은 빨간색의 1,10-페난트롤린-Fe^{2+} 착물의 양을 정량하여 결정한다. 이런 방법으로 주어진 시간 동안 흡수된 광자의 양을 결정할 수 있다.

예제 16.1

$K_3Fe(C_2O_4)_3$ 용액 35 mL를 파장이 468 nm인 단색광에 30분간 노출시켰다. 그 후에 이 용액을 1,10-페난트롤린으로 적정하였더니 빨간색의 1,10-페난트롤린-Fe^{2+} 착물이 형성되었다. 510 nm의 빛을 사용하여 1 cm 셀에서 측정한 이 착물의 흡광도는 0.65였다($\varepsilon_{510} = 1.11 \times 10^4$ mol^{-1} cm^{-1}). 이 파장에서 분해에 대한 양자 효율이 0.93이라고 가정할 때, 1초당 흡수한 einstein의 수와 흡수한 총 에너지를 구하시오.

답

식 11.20으로부터

$$c = \frac{A}{\varepsilon b} = \frac{0.65}{(1.11 \times 10^4 \text{ L mol}^{-1} \text{ cm}^{-1})(1 \text{ cm})}$$
$$= 5.86 \times 10^{-5} \, M$$

흡수한 einstein의 수는 다음과 같이 주어진다(식 16.2 참조).

$$\frac{\text{생성된 Fe}^{2+}\text{의 몰수}}{\text{양자 수득률}}$$
$$= \frac{(5.86 \times 10^{-5} \text{ mol/L})(1 \text{ L/1000 mL})(35 \text{ mL})}{0.93}$$
$$= 2.2 \times 10^{-6} \text{ mol}$$
$$= 2.2 \times 10^{-6} \text{ einstein}$$

빛의 흡수 속도는 다음과 같이 구해진다.

$$\frac{2.2 \times 10^{-6} \text{ einstein}}{30 \times 60 \text{ s}} = 1.2 \times 10^{-9} \text{ einstein s}^{-1}$$

마지막으로

$$\text{흡수한 총에너지} = \text{광자수} \times h\nu$$
$$= (2.2 \times 10^{-6} \text{ mol})(6.022 \times 10^{23} \text{ mol}^{-1})$$
$$\times (6.626 \times 10^{-34} \text{ J s})\left(\frac{3.00 \times 10^8 \text{ m s}^{-1}}{468 \times 10^{-9} \text{ m}}\right)$$
$$= 0.56 \text{ J}$$

COMMENT

빛의 세기는 photon cm^{-2} s^{-1}(또는 J cm^{-2} s^{-1})의 단위로 측정된다. 광화학에

서는 흡수된 빛의 에너지에 더 관심이 있고 이를 흡수된 세기(absorbed intensity)라고 부른다. 흡수된 세기는 단위 부피, 단위 시간당 반응계가 흡수한 에너지를 말하며, J cm^{-3} s^{-1}의 단위로 측정된다. 위 예제를 예로 들면 다음과 같다.

$$\frac{0.56\ \text{J}}{(35\ \text{cm}^3)(30 \times 60\ \text{s})} = 8.9 \times 10^{-6}\ \text{J cm}^{-3}\ \text{s}^{-1}$$

작용 스펙트럼

계에 조사되는 빛의 파장을 바꾸어가면서 어떤 파장에서 가장 효율적으로 반응하는지를 측정하면, 어떤 화학종이 광화학과 광생물학 과정에 관여하는지에 대한 정보를 알 수 있다. 이런 과정을 거쳐서 **작용 스펙트럼**(action spectrum)을 얻을 수 있다. 일반적으로 어떤 단순한 계가 한 종류의 분자로 이루어져 있다면, 작용 스펙트럼은 흡수 스펙트럼과 매우 유사해야 한다. 복잡한 생물학계에서는 넓은 범위의 파장 영역에서 서로 다른 흡수대를 가지는 다양한 화합물들이 있다. 그중 광화학 반응을 일으키는 분자들은 그 농도가 매우 작을 수 있기 때문에 흡수 스펙트럼을 가지고 검출하기 어려운 경우도 많다. 이럴 경우 흡수 스펙트럼 대신 작용 스펙트럼을 통해서 그 존재를 검출할 수 있다(그림 16.1).

16.2 지구의 대기

지구 상에 생명체가 지속적으로 살아가는 데 중요한 영향을 끼치는 3대 광화학 반응으로 온실 효과, 광화학 스모그, 오존 파괴를 들 수 있다. 넓은 의미에서 이것들은 인간 활동의 부산물이지만, 궁극적으로는 대기 중의 기체 분자와 햇빛 간의 상호 작용에 의해 생기는 것이다.

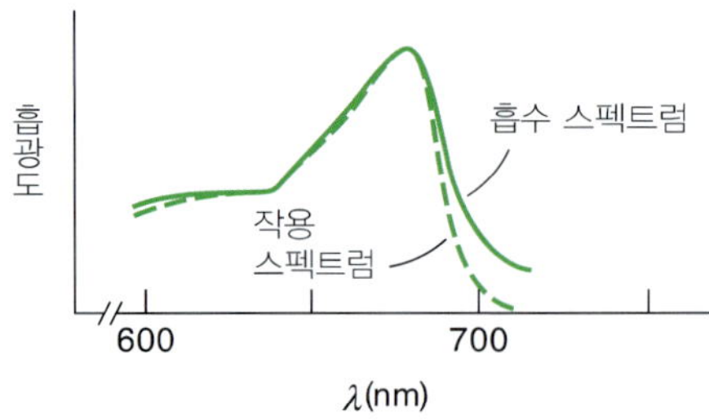

그림 16.1

단세포조류 클로렐라(algae chlorela)의 작용 스펙트럼과 흡수 스펙트럼 비교. 서로 다른 파장의 빛에 대한 (작용 스펙트럼) 광합성 효율(발생한 산소의 양으로 측정)은 클로로필 분자의 흡수 스펙트럼에 비례한다. 그림에서 700 nm 근처에서 보이는 차이는 '적색 감소'로 알려져 있다. 이 그림은 클로로필이 광합성에서 중요한 역할을 한다는 사실을 강력한 증거다(Clayton, R. K. *Light and Living Matter*, Vol. 2, Copyright 1971(McGraw-Hill)에서 발췌함).

대기의 조성

지구는 태양계의 행성들 중에 화학적으로 활발하고 풍부한 양의 산소를 함유한 대기를 가지고 있는 유일한 행성이다. 다른 행성, 예를 들면 화성의 대기는 엷으면서 90%가 이산화 탄소이다. 목성은 고체 표면이 없고, 90%의 수소와 9%의 헬륨 가스, 그리고 1%의 다른 물질로 구성되어 있다.

지구 대기의 총 질량은 약 5×10^{18} kg이다. 표 16.1은 해수면에서 측정한 건조 공기의 조성을 보여 준다. 수증기의 함량은 위치에 따라 크게 달라지기 때문에 이 표에서는 제외하였다. 대기의 99.9%를 이루고 있는 성분은 질소(N_2)와 산소(O_2), 그리고 미량의 불활성 기체(noble gas)인데, 그 농도는 인류가 지구에 존재하기 훨씬 전부터 지금까지 유지되어 왔다. 우리가 관심을 두고 설명할 광화학 반응은 대기 중에 미량 존재하는 여러 성분들의 농도 변화(주로 증가하는 방향으로)와 깊은 관계가 있는데, 이 기체들은 이산화 황(SO_2), 두 종류의 질소 산화물 NO_x(NO와 NO_2), 그리고 몇몇 클로로플루오로탄소(CFC)이다. 이산화 황은 산성비의 주원인이지만 대기 중에 포함되어 있는 양은 부피비로 50 ppb에 지나지 않는다. NO_x 화합물은 산성비를 유발하고 광학적 스모그를 유발하는 물질이다. 이 밖에도 CFCs, 메테인(CH_4), 아산화 질소 (N_2O), 이산화 탄소(CO_2) 등은 농도가 증가 추세에 있는데 모두 온실 효과의 원인이 된다.

대기층

과학자들은 대기를 온도 변화와 성분에 따라 몇 개의 층으로 나눈다 (그림 16.2). 눈으로 볼 수 있는 현상이 가장 활발하게 일어나는 **대류권**(troposphere)은 공기 전체 질량의 80%를 차지하는 층으로, 대기의 거의 모든 수증기가 이 층에 포함되어 있다. 대류권은 대기에서 가장 얇은 층(지상 10 km까지)이지만, 날씨와 변화무쌍한 현상들(비, 번개, 허리케인 등)이 일어난다. 대류권에서는 고도가 증가할수록 온도가 일정하게 감소한다.

표 16.1 해수면에서의 건조 공기 조성

기체	조성(% 부피비)
N_2	78.03
O_2	20.99
Ar	0.94
CO_2	0.040
Ne	0.0015
He	0.000524
Kr	0.00014
Xe	0.000006

대류권과 성층권의 경계인 대류권 계면의 높이는 위도와 날씨에 따라 달라진다.

대류권보다 높은 다음 층은 **성층권**(stratosphere)으로, 이 층은 질소, 산소, 오존으로 구성되어 있다. 성층권에서는 고도가 증가할수록 대기 온도가 **올라간다**. 이러한 더워지는 효과는 태양으로부터 오는 자외선에 의해 촉발되는 발열 반응 때문이다(16.5절 참조). 이러한 발열 반응 과정에 의한 생성물 중의 하나가 오존(O_3)이다. 오존은 생성되는 과정에서 태양에서 오는 자외선을 상당량 흡수하기 때문에 해로운 자외선이 지구 표면에 도달하는 것을 방지하는 역할을 한다.

성층권보다 위에 있는 **중간권**(mesosphere)에서는 오존을 포함한 다른 기체들의 농도가 낮다. 중간권에서는 고도가 증가할수록 온도가 감소한다. **열권**(thermosphere)이라고 불리는 **전리층**(ionosphere)은 대기 중에서 최상위층에 해당한다. 이 층에서의 온도는 고도에 따라 증가하는데, 이는 태양으로부터 오는 전자와 양성자 같은 고에너지 입자와, 산소와 질소 분자 및 원자들의 충돌에 의한 결과이다. 전형적인 반응은 다음과 같다.

$$N_2 \rightarrow 2N \qquad \Delta_r H° = 941.4 \text{ kJ mol}^{-1}$$

$$N \rightarrow N^+ + e^- \qquad \Delta_r H° = 1400 \text{ kJ mol}^{-1}$$

$$O_2 \rightarrow O_2^+ + e^- \qquad \Delta_r H° = 1176 \text{ kJ mol}^{-1}$$

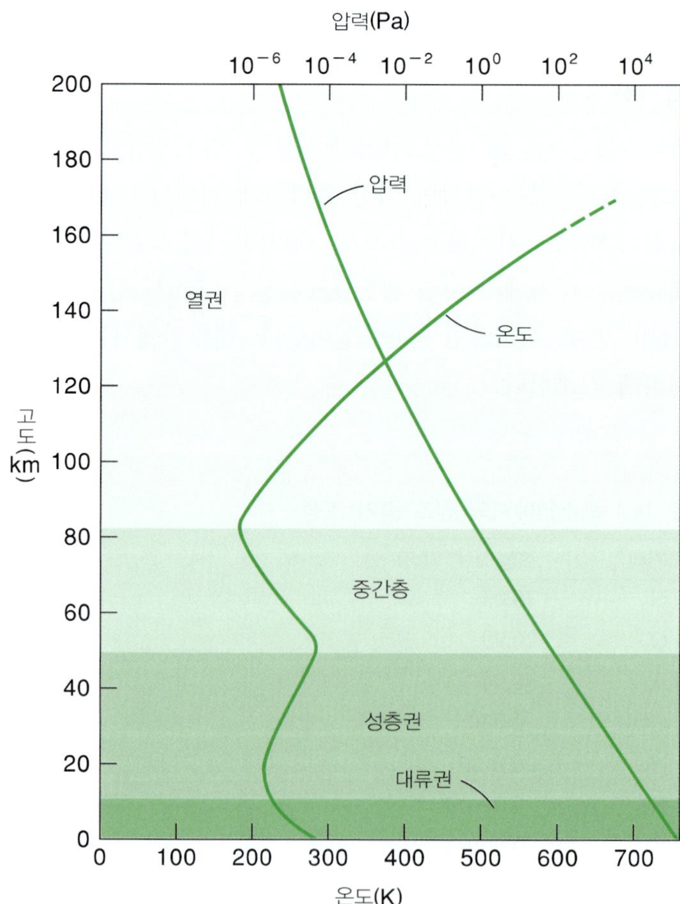

그림 16.2
대기의 고도에 따른 여러 영역(에베레스트 산의 높이가 8.8 km임을 생각하시오). 그림에서 압력은 로그 단위이다.

이 반응의 역반응이 일어나면, 같은 양의 에너지를 열의 형태로 방출한다. 한편 이 층에 있는 이온화된 입자들은 라디오파를 지구로 반사시키는 역할을 한다.

체류 시간

지구의 대기는 역동적인 시스템이다. 어떤 성분들은 대기 속에서 끊임없이 만들어지고, 또 어떤 성분들은 지구 표면에서 방출되기도 한다. 그러나 몇 가지 예외적인 경우를 제외하고는 대기의 전체 성분은 크게 바뀌지 않고 유지된다. 그 이유는 들어오고 나가는 기체의 양을 조절하는 자체 기능이 있기 때문이다. 물이 넘치는 양동이에서 흘러 들어오는 물의 양과 흘러나가는 물의 양이 같아 전체 균형을 맞추어 일정 상태를 이루는 것과 비슷하다.

그림 16.3의 일정한 부피의 육면체를 생각해 보자. F_i와 F_o는 각각 물질이 흘러 들어오고 나가는 속도(유속)를 말한다. 지구의 활발한 활동의 결과 P를 물질이 만들어지는 속도, R을 물질이 소모되는 속도라고 하자. Q는 주어진 부피 내의 전체 물질의 질량이라고 하면 질량 보존 법칙에 의해 다음의 식을 생각할 수 있다.

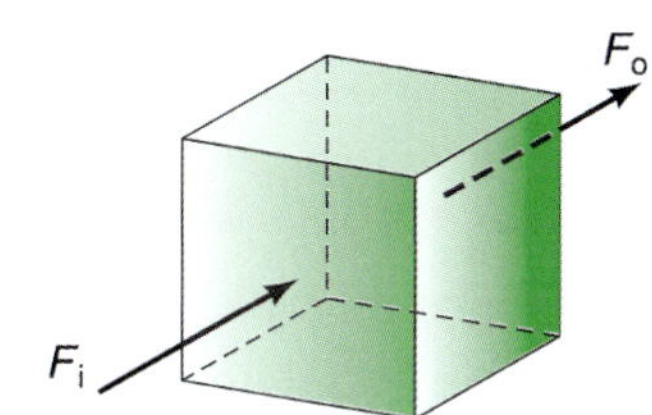

그림 16.3
일정한 부피의 정육면체 안으로 들어오고(F_i) 나가는(F_o) 물질의 흐름(유속)

$$\frac{dQ}{dt} = (F_i - F_o) + (P - R)$$

일정 상태의 조건에서 $dQ/dt = 0$이므로 다음 조건을 만족한다.

$$F_i + P = F_o + R$$

우리가 생각하는 부피를 전체 대기라고 생각한다면 $F_i = 0$, $F_o = 0$이다. 따라서 $P = R$의 관계식이 얻어진다. 여기서 대기 중에 어떤 물질에 대한 **체류 시간**(residence time, τ)을 다음과 같이 정의한다.

해마다 500명의 학생이 입학하고 500명이 졸업하는 대학의 정원은 2,000명이다. 즉 체류 시간은 $2000/500\ yr^{-1} = 4$년이다.

$$\tau = \frac{Q}{P} = \frac{Q}{R} \quad (16.5)$$

식 16.5를 부연 설명하면, 대기 중에 황을 포함하는 화합물은 약 4×10^{12} g(Q)이다. 자연 또는 인간의 활동에 의해 발생하는 황의 양은 대략 2×10^{14} g yr^{-1}이다. 따라서 황 화합물의 체류 시간은 다음과 같이 계산할 수 있다.

$$\tau = \frac{4 \times 10^{12}\ g}{2 \times 10^{14}\ g\ yr^{-1}} = 2 \times 10^{-2}\ yr,\ \text{즉 1주일}$$

반응성이 매우 작은 질소 기체나 불활성 기체들의 체류 시간은 거의 100만 년보다 더 길다. 산소는 반응성이 다소 있으므로 체류 시간이 약 5000년이다. 이외에도 이산화 탄소는 100년, CH_4는 10년, NO_x는 며칠, N_2O는 200년, CFC는 100년 정도의 체류 시간을 갖는다.

16.3 온실 효과

태양 표면을 출발한 빛은 3×10^8 m s^{-1}의 속력으로 지구를 향해 날아와서 약 8분 후에 지구에 도달한다(그림 16.4). 태양빛에 수직인 단위 면적을 비추는 빛의 양 또는 일사량(solar irradiance) I_i는 대략 1.4×10^3 J m^{-2} s^{-1}이다. 대략 지구에 도달하는 태양 빛의 1/3 정도는 지구 표면이나 대기(구름, 입자들)에 의해 다시 반사된다. 지구가 1초에 받는 전체 에너지(R_i)는 다음과 같다.

$$R_i = (1 - 0.3)I_i(\pi r^2)$$
$$= 0.7I_i(\pi r^2) \qquad (16.6)$$

여기서 r은 지구의 반지름이다. πr^2은 지구의 전체 면적과는 다르다. 이는 들어오는 빛에 노출되는 지구의 단면적에 해당한다. 지구의 온도는 일정하게 유지되기 때문에, 지구가 받아들인 에너지와 외부로 방출하는 에너지의 양은 같다. 지구가 복사 에너지를 방출하는 흑체라고 가정한다면, Stefan–Boltzmann 법칙[오스트리아의 물리학자 Josef Stefan(1835~1893)과 Boltzmann의 이름에서 따옴]에 따라 단위 시간, 단위 면적당 방출되는 복사 에너지(I_0)를 구할 수 있으며, 지구의 유효 온도 T_e를 추정할 수 있다.

흑체 복사에 관해서는 10.2절을 참조하라.

$$I_0 = \sigma T_e^4 \qquad (16.7)$$

여기서 σ는 Stefan–Boltzmann 상수(5.67×10^{-8} J s^{-1} m^{-2} K^{-4})이다. 지구의 전체 표면적은 $4\pi r^2$이고, 이것은 복사 에너지를 방출하는 전체 면적이기도 하다. 즉 매초당 지구에서 방출되는 복사 에너지 R_0는 다음과 같다.

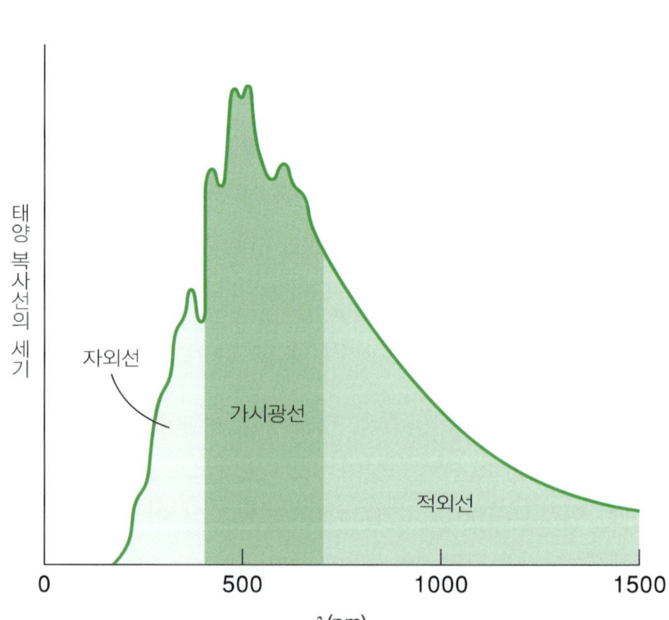

그림 16.4
온도가 약 6000 K인 태양의 방출 스펙트럼. 흑체의 방출 스펙트럼과 매우 유사하다. 빛의 세기가 최대가 되는 파장은 약 500 nm이다.

$$R_0 = 4\pi r^2 \sigma T_e^4 \tag{16.8}$$

에너지 흐름의 균형을 고려하면 $R_i = R_0$이다. 따라서

$$0.7I_i(\pi r^2) = 4\pi r^2 \sigma T_e^4$$

$$T_e^4 = \frac{0.7I_i(\pi r^2)}{4\pi r^2 \sigma} = \frac{0.7I_i}{4\sigma}$$

$$T_e = \left[\frac{0.7(1.4 \times 10^3 \text{ J m}^{-2} \text{ s}^{-1})}{4(5.67 \times 10^{-8} \text{ J s}^{-1} \text{ m}^{-2} \text{ K}^{-4})}\right]^{1/4}$$

$$= 256 \text{ K}$$

즉 지구의 평균 표면 온도는 256 K로 계산되는데 실제 온도는 288 K이다. 계산값과 약 32 K의 차이가 있다.

이 계산에는 바로 대기의 기체 분자들이 지구 밖으로 방출되는 복사 에너지를 일정 부분 가두어 둘 수 있다는 사실이 포함되어 있지 않다. 즉 32 K의 온도차는 **온실 효과**(greenhouse effect)의 결과이다. 온실의 유리 지붕은 태양 빛을 통과시키는 반면, 열은 빠져나가지 못하도록 가두는 효과가 있어서, 따뜻한 공기가 온실 내부에 갇혀 있도록 만든다. 이와 유사하게 이산화 탄소와 다른 몇몇 기체 분자들은 햇빛은 그대로 투과시키지만, 지구에서 방출되는 긴 파장의 적외선을 흡수하여 열에너지를 가두는 효과가 있다.

그림 16.5는 288 K의 온도에 있는 지구의 표면에서 방출되는 흑체 복사 에너지의 스펙트럼과 대표적인 온실가스인 물과 이산화 탄소의 IR 흡수대를 비교하여 보여 준다. 11장에서 본 바와 같이, 물 분자의 세 가지 진동 모드와 이산화 탄소의 4개의 진동 모드 중 3개는 모두 IR 활성을 가지고 있다. IR 영역의 광자를 흡수하면, 이러한 분자들은 높은 진동 에너지 준위로 에너지가 들뜬 상태가 된다.

$$CO_2 \xrightarrow{h\nu} CO_2^*$$

$$H_2O \xrightarrow{h\nu} H_2O^*$$

여기서 별표는 분자의 진동 에너지가 들뜬 상태를 나타낸다. 이런 분자는 자발적으로 복사 에너지를 방출하거나 다른 분자들과의 충돌을 통해서 여분의 에너지를 잃게 되고, 결과적으로는 평균 병진 운동 에너지가 증가하게 된다. 이렇게 흡수된 에너지는 지구의 대기를 따뜻하게 만들고 대류 현상을 통해 지구 표면의 온도를 높인다.

오랜 기간에 걸쳐 대기 중의 전체 수증기 양은 별로 바뀌지 않았지만, 화석 연료(석유, 천연가스, 석탄)의 사용으로 발생하는 CO_2의 농도는 지난 세기 이후 꾸준히 증가해 왔다. 그림 16.6은 1960년부터 2012년까지 대기 중 이산화 탄소의 농도가 상승하고 있음을 보여 준다. 그림 16.5를 보면 지표면에서 방출되는 복사열 중 파장이 2850 nm에서 4000 nm 영역의 빛과 8300 nm에서 12,500 nm 영역의 빛은 온실

다원자 분자는 적어도 한 개 이상의 적외선을 흡수하는 진동 모드를 가지고 있다.

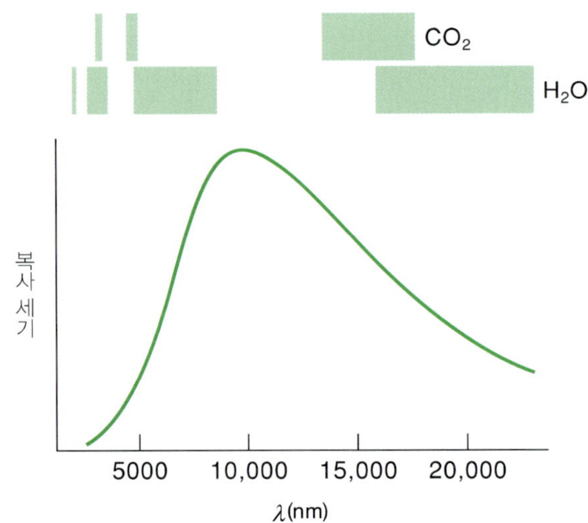

그림 16.5
285 K의 지표면에서 방출되는 흑체 복사 스펙트럼과 온실가스인 물과 이산화 탄소의 IR 흡수대 비교

가스의 영향을 받지 않을 것으로 예상된다. 그러나 CO_2와 H_2O 이외에도 CH_4, CFCs, N_2O, 그리고 다른 종류의 온실가스들이 지구 온난화에 상당한 영향을 주고 있다. 게다가 이들 기체 분자들은 체류 시간이 길며, H_2O과 CO_2가 흡수하지 않는 파장대의 적외선을 흡수한다. 결과적으로 지표면에서 방출되는 복사 에너지의 약 5%만 지구 밖으로 방출된다. 나머지는 기체 분자나 구름에 의해 흡수되고, 이들 흡수된 복사 에너지의 약 90%는 다시 지표면으로 돌아온다.

지구 온난화 기체가 현재 속도로 계속 증가한다면, 지구의 평균 온도는 수년 내 2 ~ 4°C 정도 올라갈 것이다. 얼핏 보기에는 상승 정도가 작아 보이지만, 이 정도의 온도 상승은 지구의 온도 평형을 깨고 빙하와 만년설을 녹일 수 있다. 결과적으로 해수면이 올라가면서 바다 근처에서의 범람이 일어날 수 있다. 지구 온난화를 막는 가장 효과적인 방법은 CO_2 같은 온실가스의 방출을 줄이는 것이다. 산업이나 수송에서 화석 연료를 현재보다 좀 더 효율적으로 사용한다면 CO_2의 방출을 줄이고 주

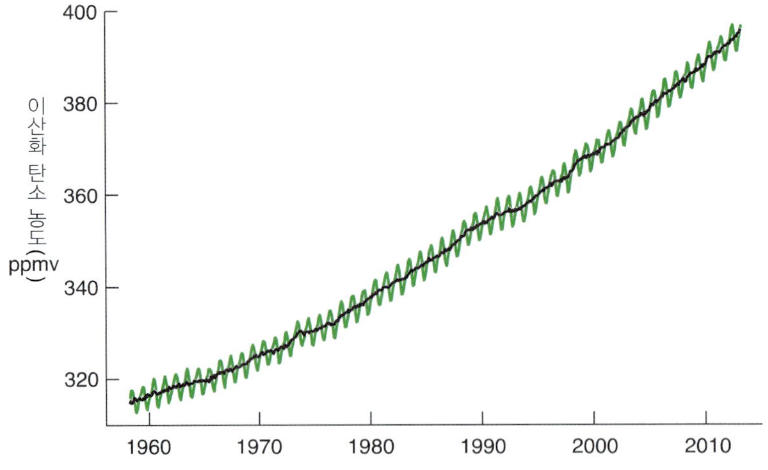

그림 16.6
Hawaii, Mauna Loa 섬에서 해마다 측정한 이산화 탄소의 농도. 대기 중의 이산화 탄소의 농도가 해마다 증가하고 있으며, 2013년 5월의 평균 이산화 탄소 농도는 400 ppm이었다.

위 환경에도 이로울 것이다.

지구 온난화에 대한 관심이 커지면서 1997년에 교토 의정서(Kyoto protocol)라는 국제 협약이 채택되었다. 이 국제 협약의 주된 요지는 선진 공업 국가의 온실가스 감축에 구속력 있는 목표를 정하는 것이다. 2013년 기준으로 190개국 이상이 교토 의정서에 서명을 하고 조약을 비준하였다. 미국은 서명을 하였지만 이 의정서의 비준에는 동의하지 않음으로써 온실가스 감축에는 참여하지 않고 있다.

16.4 광화학 스모그

광화학 스모그는 온실 효과처럼 대류권에서 발생하는 현상이다. **스모그**(smog)라는 말은 1900년대 런던을 뒤덮었던 '연기(smoke)'와 '안개(fog)'의 합성어이다. 런던의 스모그는 대기 중의 석탄을 태울 때 발생하는 이산화 황이 주원인이었다. 광화학 스모그 현상은 1950년대에 로스앤젤레스에서 처음으로 발생하였다. 광화학 스모그는 주로 교통 정체가 심한 대부분의 대도시에서 발생하지만 로스앤젤레스는 특히 이와 같은 현상이 더 잘 발생할 수 있는 조건을 갖추고 있다. 즉 로스앤젤레스는 세계에서 가장 교통 정체가 심한 도시들 중의 하나인데다가 1년 내내 일조량이 충분하여 광화학 스모그를 더 잘 발생시킨다. 또한 주변이 높은 산과 바다로 둘러싸인 넓은 분지에 위치하고 있어 공기가 잘 통하지 않아 공해 물질이 정체되기 쉬운 것도 광화학 스모그를 촉진시키는 조건이 되고 있다. 따라서 광화학 스모그에 대한 많은 실험 데이터가 이 지역에서 얻어졌다. 오늘날 광화학 스모그의 인체에 대한 영향은 전 세계적으로 큰 관심사 중의 하나이다.

광화학 스모그는 상대적으로 반응성이 낮은 1차 오염 물질이 광화학 반응을 거쳐서 2차 오염 물질을 만들고, 이 2차 오염 물질이 쌓여서 만들어진다. 1차 오염 물질은 산화 질소, 일산화 탄소, 타다 남은 지방족 또는 방향족 화합물 연료로 구성되며, 통상 **휘발성 유기 화합물**(VOCs: volatile organic compounds)이라고 한다.

질소 산화물의 생성

질소와 산소 기체는 상온에서 반응성이 낮아서 산화 질소를 만들기 어렵다.

$$N_2(g) + O_2(g) \rightleftharpoons 2NO(g) \qquad \Delta_r G° = 173.4 \text{ kJ mol}^{-1}$$

이 반응은 $\Delta_r G°$가 큰 값의 양수이며, 그에 따른 정반응의 평형 상수(K_p)는 25°C에서 4.0×10^{-31}이다. 하지만 번개나 자동차 엔진의 점화 플러그에 의해 1000°C가 넘는 온도에 도달하게 되면, 이 반응이 쉽게 일어나게 된다. 이산화 질소가 공기 중에 배출되면, 광화학적으로 만들어지는 중간체나 VOC 등과 복잡한 기상 반응을 거쳐서 산화되어 이산화 질소(NO_2)를 만든다. 예를 들면 VOC 에테인(C_2H_6)은 다음과 같은 과정을 거쳐서 NO를 NO_2로 산화시킨다.

$$CH_3CH_3 + \cdot OH \rightarrow CH_3CH_2\cdot + H_2O$$

$$CH_3CH_2\cdot + O_2 \rightarrow CH_3CH_2O_2\cdot$$

$$CH_3CH_2O_2\cdot + NO \rightarrow CH_3CH_2O\cdot + NO_2$$

$$CH_3CH_2O\cdot + O_2 \rightarrow HO_2\cdot + CH_3CHO$$

$$HO_2\cdot + NO \rightarrow \cdot OH + NO_2$$

$CH_3CH_2O_2\cdot$는 알킬 과산화 라디칼, $CH_3CH_2O\cdot$는 알콕사이드 라디칼, $HO_2\cdot$는 하이드로 퍼오실 라디칼, $\cdot OH$는 하이드록실 라디칼을 말한다.

광화학적 스모그가 만들어지는 과정에서는 NO가 NO_2로 바뀌는 반응이 일어난다. 이 반응을 다음 실험실에서의 반응과 비교해 보자. 구리선 한 조각을 30%의 질산 수용액에 넣으면 다음과 같은 반응이 일어난다.

$$3Cu(s) + 8HNO_3(aq) \rightarrow 3Cu(NO_3)_2(aq) + 4H_2O(l) + 2NO(g)$$

무색의 NO 기체가 순간적으로 갈색으로 바뀌는데, 이는 NO_2가 생성되었음을 나타낸다.

$$2NO(g) + O_2(g) \rightarrow 2NO_2(g)$$

그런데 이 반응은 빠른 사전 평형 상태를 거친다.

$$2NO(g) \rightleftharpoons N_2O_2(g)$$

$$N_2O_2(g) + O_2(g) \rightarrow 2NO_2(g)$$

이 반응은 NO 농도가 충분히 높을 경우에만 이합체의 농도가 증가하게 되고, 최종 생성물인 NO_2가 만들어진다. 대기 중에서는 NO의 농도가 현저히 낮기 때문에 이런 반응 메커니즘을 거치지는 않는다($2NO+O_2$의 삼분자 반응은 한 단계에 일어나기에는 확률이 너무 낮고 느려서 무시해도 좋다). 다른 흔한 질소의 산화물인 아산화 질소(N_2O)는 온실가스지만 광화학 스모그 생성과는 무관하다.

O_3의 생성

일단 NO_2가 만들어지면, 오존과 같은 2차 오염 물질이 만들어질 가능성이 높아진다. 오존은 산소 분자가 242 nm의 자외선에 의해 광분해될 때 생성된다(16.5절 참조). 그러나 이러한 메커니즘은 성층권에서와 같이 고에너지 자외선에 노출되었을 때 가능하기 때문에 대류권에서의 오존 발생을 설명하기 위해서는 다른 메커니즘이 필요하다. 대류권에서는 파장이 420 nm보다 짧은 빛에 의해 다음 반응이 일어난다.

$$NO_2 \xrightarrow{h\nu} NO + O^* \quad \text{(a)}$$

$$O^* + O_2 + M \rightarrow O_3 + M \quad \text{(b)}$$

여기서 O^*는 전자적으로 들뜬 상태의 산소 원자이고, M은 질소 분자 같은 매우 안정한 상태의 분자로, O_3와의 충돌로 과량의 에너지를 분산시켜서 다시 O와 O_2로 해리되는 것을 방지해 주는 역할을 한다. 일단 O_3가 만들어지면 NO와 반응하여 NO_2를 만든다.

$$O_3 + NO \rightarrow O_2 + NO_2 \quad \text{(c)}$$

(a), (b), (c) 반응은 계속 반복하므로, 실제로 O_3를 새로 만들어 내지는 않는다. 그러나 반응 (c)에서 사용되는 NO 분자가 VOC 같은 다른 분자와의 반응으로 제거되면 (a), (b) 반응만 진행되므로 결과적으로 오존 농도가 높아지게 된다.

하이드록실 라디칼의 생성

하이드록실 라디칼은 무기물 및 유기물과의 반응성이 높기 때문에, 대류권 화학 작용에서 중심적인 역할을 한다. 오존이 320 nm보다 짧은 파장의 태양 복사 에너지를 받으면 물과 반응하여 하이드록시 라디칼을 만든다.

$$O_3 \xrightarrow{h\nu} O^* + O_2$$

$$O^* + H_2O \rightarrow 2 \cdot OH$$

또한 $\cdot OH$는 아질산(NO_2와 물이 반응하여 만들어짐)이 400 nm 이하의 파장을 갖는 빛에 의해 광분해될 때 만들어진다.

$$HNO_2 \xrightarrow{h\nu} \cdot OH + NO$$

하이드록실 라디칼은 종종 '대기의 세제'라고 불린다. 하이드록실 라디칼은 안정한 물 분자의 한 조각이며, 또한 다른 분자로부터 수소를 추출하여 물 분자로 되돌아갈 수 있다.

$$RH + \cdot OH \rightarrow R\cdot + H_2O$$

RH는 여기서 C_2H_6 또는 C_3H_8과 같은 알케인 분자이다. 위 반응의 결과 알킬 라디칼 R·이 만들어지면, 연속적으로 반응하여 결국에는 대기 중에서 제거될 것이다. 이러한 과정을 거쳐서 유기 오염물이 분해될 수 있기 때문에, 하이드록실 라디칼은 대기를 정화시키는 역할을 한다. 특히 주목할 만한 것은 하이드록실 라디칼이 공기 속에 2×10^{-14} 정도의 적은 비율만 존재해도 충분히 정화 작용을 할 수 있다는 것이다. 하이드록실 라디칼이 대기 중에 없다면 대기 속의 미량 기체들의 성분은 전체적으로 달라질 것이며, 지구의 생명체들은 생명의 위협을 받을 수밖에 없을 것이다.

하이드록실 라디칼은 SO_2를 H_2SO_4로, NO_2를 HNO_3로 산화시킨다.

$$\cdot OH + SO_2 \rightarrow HOSO_2\cdot$$

$HOSO_2\cdot$ 라디칼은 산화되어 SO_3가 된다.

$$HOSO_2\cdot + O_2 \rightarrow HO_2\cdot + SO_3$$

SO_3는 물과 반응하여 황산을 만든다.

$$SO_3 + H_2O \rightarrow H_2SO_4$$

그 밖의 2차 오염 물질의 생성

에테인의 산화 과정에서 NO가 NO_2로 전환되며, 한 단계 반응으로 아세트알데하이드가 생성된다. 아세트알데하이드는 하이드록실 라디칼과 다음과 같이 반응한다.

$$CH_3CHO + \cdot OH \rightarrow CH_3CO\cdot + H_2O$$

아세틸 라디칼은 다음의 반응 경로를 거치면서 산소와 반응한다.

$$CH_3CO\cdot + O_2 \rightarrow CH_3COO_2\cdot$$

$$CH_3COO_2\cdot + NO_2 \rightarrow CH_3COO_2NO_2\cdot$$

산화 과정의 최종 생성물은 PAN(peroxyacetylnitrate)이라고 하는 화합물인데, 이 화합물은 매우 해로운 2차 오염 물질 중의 하나이다.

일산화 탄소는 자동차 배기가스에서 나오는 오염 물질 중의 하나인데, 자동차 엔진에서 연료가 불완전 연소하여 생성되거나 대기 중에서 다음과 같은 반응을 거쳐서 생성된다.

$$HCHO \xrightarrow{h\nu} HCO\cdot + H\cdot$$

$$HCO\cdot + O_2 \rightarrow CO + HO_2\cdot$$

여기서 폼알데하이드(HCHO)는 메테인(CH_4)이 에테인의 산화 과정과 유사하게 하이드록실 라디칼에 의해 산화되어 만들어진다.

이처럼 광화학 스모그 생성과 관련한 화학 반응들은 매우 복잡하고 서로 연관되어 있다. 또한 반응 속도와 메커니즘은 햇빛과 장소에 따라 그 양상이 크게 달라진다. 그럼에도 불구하고, 과거 40년 동안 꾸준히 연구한 결과로 광화학 스모그가 생성되는 과정에 대해 보다 더 잘 이해하게 되었다. 표 16.2는 광화학 스모그의 구성물을 나열해서 보여 주고 있고, 그림 16.7은 스모그가 많은 날에 시간에 따른 오염 물질의 농도 변화를 보여 주고 있다.

표 16.2 광화학 스모그에 함유된 미량 성분의 농도[a]

성분	농도(pphm)[b]
질소 산화물	20
NH_3	2
H_2	50
H_2O	2×10^6
CO	4×10^3
CO_2	4×10^4
O_3	50
CH_4	250
고분자 파라핀	25
C_2H_4	50
고분자 올레핀	25
C_2H_2	25
C_6H_6	10
알데하이드	60
SO_2	20

[a] R. D. Cadle, E. R. Allen, *Science* 167, 243-249(1970)에서 발췌함.

[b] 농도는 부피비로 공기 1억에 대한 해당 구성 성분의 양(pphm, part(s) per hundred million)으로 표시함.

오염된 도심에서 PAN의 농도는 대략 ppbv(parts per billion by volume) 수준에서 검출된다.

광화학 스모그의 위험성과 예방 대책

2차 오염 물질은 생물학적 및 물리적 환경에 해롭다. 오존의 독성에 대해서도 잘 알려져 있다. 폐를 강하게 자극하는 물질인 오존은 폐부종을 유발하며, 또한 상기도에 염증을 일으킨다. 오존은 또한 나뭇잎을 갈색으로 만들기도 하고 식물의 생리적 활동이나 성장 속도를 느리게 한다. 또한 오존은 고무에 존재하는 C=C 이중 결합을 공격한다.

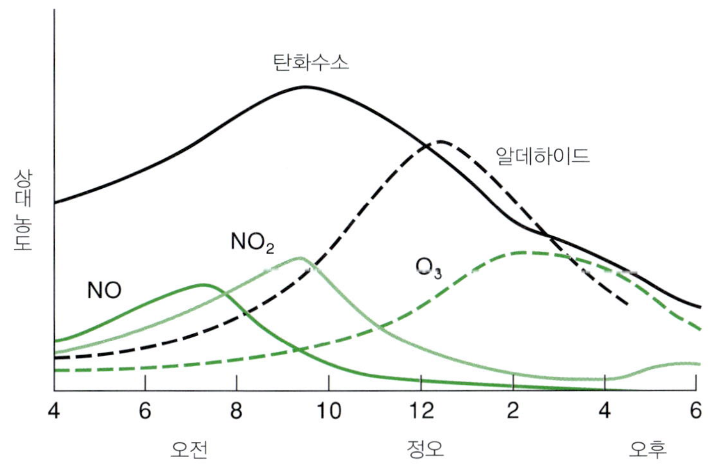

그림 16.7
교통량이 많은 도시에서 스모그가 심한 날의 하루 중 시간에 따른 공해 물질의 평균 농도

$$R_2C{=}CR_2 + O_3 \longrightarrow R_2C\langle O{-}O{-}O \rangle CR_2 \xrightarrow{H_2O} R_2C{=}O + O{=}CR_2 + H_2O_2$$

여기서 R는 알킬기이다. 스모그가 심한 지역에서 이와 같은 화학 반응이 자동차 타이어에서 일어나면 타이어가 갈라져서 틈이 생기기도 한다. 유사한 반응으로 폐조직과 다른 생물학적 조직을 손상시킬 수 있다. PAN은 강한 최루 가스로, 눈물이 나게 하고 호흡을 곤란하게 한다. 일산화 탄소는 헤모글로빈과 강하게 결합하기 때문에 졸음이나 두통을 일으키는 원인이 된다.

광화학 스모그 문제를 해결하는 방법은 이론적으로는 간단하다. 즉 자동차가 배출하는 해로운 물질을 최소한으로 배출하게 만드는 변환기를 만들거나 교통량을 줄이면 된다(예를 들어 대중교통 이용을 권장하는 방법 등). 또 연료 효율이 높은 자동차로 오염 물질의 배출을 줄일 수 있도록 하는 것도 한 방법이다. 전기 자동차를 개발하여 연료 전지를 사용하는 자동차를 대중화시키는 방법도 있다. 온실 효과를 줄이기 위한 이러한 많은 방법들은 지금 우리 생활 방식 안에서 많은 변화를 요구하는데, 이러한 변화가 우리 사회에 광범위하게 파고들게 하기는 쉽지 않다. 더욱이 개발 도상국은 산업화된 국가들이 과거에 저지른 환경에 대한 많은 실수를 반복하지 않게 주의해야 할 것이다.

16.5 성층권의 오존

오존은 성층권에서는 지킬 박사이지만, 대류권에서는 하이드와 같다.

지구 대기에 있는 모든 오존 분자를 25°C, 1 bar의 조건에서 한 층으로 압축시켜 본다면, 두께가 약 3 mm 정도가 된다. 하지만 대류권과 성층권에 존재하는 오존은 지구 환경에 아주 큰 영향을 미친다. 앞 절에서 본 바와 같이 오존은 대류권에서는 2차 오염 물질이다. 하지만 성층권의 오존은 피부암, 유전자 변이, 또는 생리적 문제를 일으킬 수 있는 자외선(UV)을 흡수해서 지표에 도달하는 것을 제한하는 역할을 하기 때문에 오히려 지구의 생명체들이 살 수 있는 좋은 환경을 만드는 데 반드시 필요하다. 여기서는 성층권에 있는 오존과 관련된 화학과, 점점 감소하는 오존의 양이 가져올 수 있는 환경에 대한 영향에 대해 기술하고자 한다.

오존층의 생성

과학자들의 연구 결과에 의하면, 30~40억 년 전 지구 대기의 주성분은 메테인, 암모니아, 물이었다. 대기 중에 산소 기체는 아주 적은 양만 존재하였다. 태양으로부터의 자외선이 여과 없이 대기를 관통하면서 자외선에 의한 멸균 효과에 의해 지구 표면에는 어떤 생명체도 살 수 없는 환경이었다고 생각된다. 그런데 자외선은 다른 한편으로는 (주로 지표 아래 영역에서) 화학 반응을 일으키는 방아쇠 역할을 하면서 지구에 원시 생명체가 생기는 결과를 만드는 데에도 크게 기여하였을 것이다.

원시 생물체들은 태양으로부터 오는 빛에너지를 이용하여 이산화 탄소(화산 작용으로 생성된)를 쪼개어 얻은 탄소를 세포를 구성하는 데 사용하였다. 이러한 과정을 **광합성**(photosynthesis)이라고 하는데 그 부산물이 바로 산소(O_2)이다. 자외선에 의한 물의 **광분해**(photodecomposition) 또한 산소를 만들어 내는 중요한 원천이었다. 그 결과, 시간이 지남에 따라 메테인과 암모니아와 같은 반응성이 큰 기체들은 점차 사라지고, 오늘날 대기의 주성분인 산소와 질소 기체의 비율이 증가하여 지금과 같은 대기의 조성을 이루게 되었다고 생각된다. 산소는 파장 242 nm보다 짧은 태양빛을 흡수하여 차츰 성층권에서 오존층을 만들게 되었다.

$$O_2 \xrightarrow{h\nu} O + O$$

$$O + O_2 + M \rightarrow O_3 + M$$

높은 고도(> 100 km)에서 태양빛 중 100 nm보다 짧은 파장의 빛은 N_2, O_2, N, O에 의해 흡수된다. 태양빛 중 210 nm보다 짧은 파장의 고에너지 복사선은 O_2에 흡수되므로 50 km 높이 이상의 고도까지만 노날할 수 있나. 210 nm보나 긴 파장의 빛은 O_2에 약하게 흡수되며, 주로 O_3에 의해 흡수된다. 그림 16.8에 나타낸 바와 같이 오존은 주로 200~300 nm에 해당하는 빛을 효과적으로 흡수한다.

$$O_3 \xrightarrow{h\nu} O + O_2$$

예를 들면 지구로 들어오는 태양빛 가운데 파장이 250 nm인 빛은 10^{30}분의 1 정도만 '오존층'을 통과한다. O_2와 O가 재결합하여 O_3를 만드는 화학 반응은 발열 반응이고 그 결과 성층권의 온도는 상승하게 된다.

오존 파괴

자연계에서 이루어지는 오존의 형성과 파괴는 아주 민감하면서도 역동적인 평형 반응이어서 성층권에서 오존의 농도를 일정하게 유지하는 역할을 한다. 이 평형은 질소 산화물(NO_x) 같은 몇 가지 물질에 의해 영향을 받는다는 것은 오래전부터 과학자들에게 잘 알려져 있다. 이 질소 산화물은 아산화 질소(N_2O)에서 생성되는데, 아산화 질소는 비료를 많이 사용하는 땅에서 사는 박테리아의 활동에 의해 방출된다.

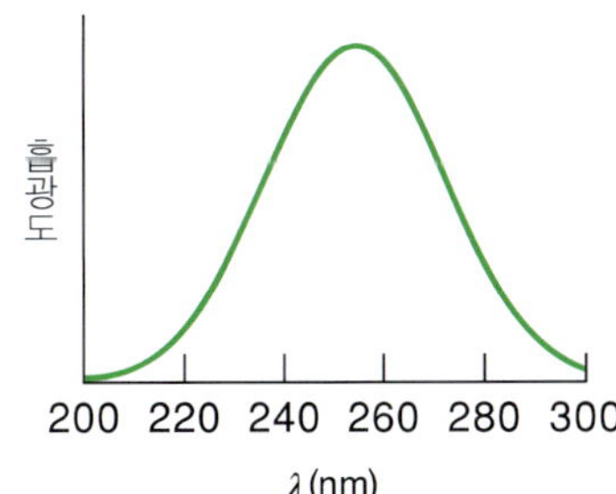

그림 16.8
자외선 영역에서의 오존의 흡수 스펙트럼

아산화 질소는 대류권에서는 반응성이 낮아서 서서히 성층권으로 널리 퍼지게 되고, 여기서 O_2와 O_3의 광분해로 생성된 O 원자와 반응한다.

$$N_2O + O \rightarrow 2NO$$

산화 질소(NO)는 다음과 같은 오존 파괴 순환 과정에서 촉진제 역할을 한다.

$$NO + O_3 \rightarrow NO_2 + O_2$$

$$O_3 \xrightarrow{h\nu} O + O_2$$

$$O + NO_2 \rightarrow NO + O_2$$

위의 세 단계 반응의 결과는 다음 식에서처럼 오존이 분해되어 산소 분자를 만드는 반응이다.

$$2O_3 \rightarrow 3O_2$$

성층권 NO의 또 다른 공급원은 고공 비행하는 제트기나 로켓이다. 높은 온도의 비행기 엔진 내에서 N_2와 O_2로부터 NO가 만들어진다.

1970년대에 들어 과학자들은 몇몇 CFC 가스가 오존층에 해로운 영향을 끼친다는 것에 대해서 우려하기 시작하였다. CFC 가스는 1930년대에 처음으로 합성되었고 흔히 프레온 가스로 알려져 있다. 잘 알려진 것들은 프레온 11($CFCl_3$), 프레온 12(CF_2Cl_2), 프레온 113($C_2F_3Cl_3$), 프레온 114($C_2F_4Cl_2$) 등이다. 이 화합물들은 쉽게 액화되고 비교적 비활성이며, 독성이 없고, 불연성인데다가 휘발성이 있어서 아주 유독한 이산화 황(SO_2)이나 암모니아 대신에 에어컨, 냉장고 등에 들어가는 냉매로 사용되었다. 또한 많은 양의 CFC가 일회용 컵과 접시의 발포제, 스프레이기의 에어로솔 충진제, 전기 회로 기판의 세정제로 이용되었다. CFC 가스는 1977년에 그 생산량이 최고점에 달하였으며, 미국에서만 생산량이 거의 1.5×10^6톤에 달할 정도였다. 상업용과 산업용으로 만들어진 대부분의 CFC 가스는 결국 대기로 방출되었다.

상대적으로 반응성이 낮은 CFC 가스는 대류권에서 긴 체류 시간(약 100년)을 가진다. 이들 가스는 천천히 성층권으로 퍼져서 175~220 nm 사이의 파장을 가진 빛을 받아 해리된다.

$$CFCl_3 \xrightarrow{h\nu} CFCl_2 + Cl$$

$$CF_2Cl_2 \xrightarrow{h\nu} CF_2Cl + Cl$$

이렇게 생긴 반응성이 높은 염소 원자(·Cl)는 오존을 파괴하여 산소(O_2)를 만든다.

$$Cl + O_3 \rightarrow ClO + O_2$$

$$\underline{ClO + O \rightarrow Cl + O_2}$$

$$\text{전체 반응식:} \quad O_3 + O \rightarrow 2O_2$$

여기서 O 원자는 앞에서 설명된 것처럼 O_2나 O_3의 광분해 반응에 의해 만들어진다. 위 반응 결과 성층권에서 O_3의 농도가 감소한다. 이 반응에서 Cl은 균일 촉매 역할을 하고 ClO는 중간 생성물이다. 다른 비가역 반응으로 Cl 원자가 없어지기 전에 Cl 원자 한 개가 파괴하는 오존 분자는 평균 100,000개에 이른다.

실제 반응 과정에서는 Cl과 ClO를 일시적으로 제거시키는 반응도 있기 때문에 조금 더 복잡하다. 다음은 중요한 제거 반응 몇 가지이다.

$$\mathrm{Cl + CH_4 \rightarrow HCl + CH_3}$$

$$\mathrm{ClO + NO_2 + M \rightarrow ClONO_2 + M}$$

$$\mathrm{Cl + HO_2 \rightarrow HOCl + O_2}$$

$ClONO_2$는 질산화 염소(chlorine nitrate)이고, HOCl은 하이포염소산이다. HCl, $ClONO_2$, HOCl은 모두 Cl을 공급하는 일종의 저장 물질이다. 적절한 조건에서는 다음과 같은 반응을 통해 염소 원자를 내어 놓는다.

$$\mathrm{HCl + OH \rightarrow Cl + H_2O}$$

$$\mathrm{ClONO_2 \xrightarrow{h\nu} Cl + NO_3}$$

$$\mathrm{HOCl \xrightarrow{h\nu} Cl + OH}$$

Br을 포함하는 화합물도 성층권의 오존을 파괴할 수 있다. Br을 만드는 주요 화합물은 브로민화 메테인(methyl bromide)으로, 대부분 자연 상태(바닷속 환경)로 존재하거나, 가끔 토양의 살충제로도 이용된다. CFC처럼 CH_3Br은 성층권에서 널리 퍼져서 광분해 과정을 거쳐 Br, CH_3, BrO가 된다. 결국 ClO와 BrO는 오존을 파괴시키는 연쇄 반응의 촉매로 작용한다.

$$\mathrm{BrO + ClO \rightarrow Br + Cl + O_2}$$

$$\mathrm{Br + O_3 \rightarrow BrO + O_2}$$

$$\underline{\mathrm{Cl + O_3 \rightarrow ClO + O_2}}$$

$$\text{전체 반응식:} \qquad \mathrm{2O_3 \rightarrow 3O_2}$$

Br과 BrO는 Cl과 ClO보다 쉽게 없어지지 않는다. 그 이유는 HBr과 $BrONO_2$ 같은 분자들이 매우 빠른 속도로 광분해하여 Br과 BrO를 만들기 때문이다. 이런 이유로 Br이 Cl보다 오존 파괴에 더 효과적인 촉매이다. 그러나 다행히도 대기 중의 Br 농도가 매우 낮아 오존 파괴에 중요한 역할을 하지 못한다.

극지방의 오존 구멍

1980년대 중반에 '남극의 오존 구멍'에 대한 관측 증거가 나오기 시작하였으며, 이

후 겨울에는 더욱 커져서 남극 상공의 성층권에서 오존의 50%가 감소되었다는 증거들이 보고되었다. 남극 지방에는 겨울 동안에 성층권에서 '극지 소용돌이(polar vortex)'라고 불리는 기류가 발생한다. 이 소용돌이에 갇힌 공기는 해가 비치지 못하는 겨울 동안 매우 차가운 상태에 도달하게 된다. 이 조건에서 극지 성층권 구름(PSC: polar stratospheric clouds)이라고 불리는 얼음 조각들이 만들어지게 된다. 이 얼음 조각들(PSCs)이 분균일 촉매로 작용하여 일상적인 조건에서는 볼 수 없는 반응들이 일어난다. 예를 들면 정상적인 조건에서 Cl 원자가 어느 정도 느리게 만들어지는 것으로 알려져 있지만, 얼음 조각들이 존재하면 다음과 같은 반응이 일어난다.

$$ClONO_2 + HCl \rightarrow Cl_2 + HNO_3$$

염소 분자(Cl_2)는 가스로 방출되는 반면, 질산(HNO_3)은 얼음 조각에 남는다. 봄이 되어 태양이 다시 비추게 되면 다음 반응이 뒤따라 일어난다.

$$Cl_2 \xrightarrow{h\nu} Cl + Cl$$

$$Cl + O_3 \rightarrow ClO + O_2$$

이곳에서는 (오랫동안 강력한 햇빛이 비추지 않으므로) O 원자의 농도는 아주 낮아서 다음 반응이 진행되지 않아, 위에서 설명한 촉매 반응의 순환을 완성시키지 못한다.

$$ClO + O \rightarrow Cl + O_2$$

대신, 다음과 같은 전체 순환 반응이 진행되는 것으로 알려져 있다.

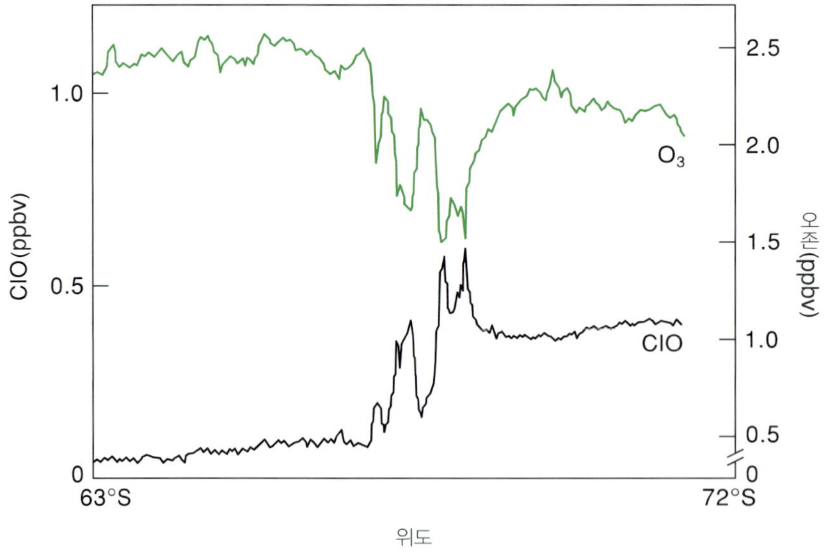

그림 16.9
위도에 따른 ClO와 오존의 농도 변화(James G. Anderson)

$$ClO + ClO + M \rightarrow (ClO)_2 + M$$

$$(ClO)_2 \xrightarrow{h\nu} Cl + ClOO$$

$$ClOO + M \rightarrow Cl + O_2 + M$$

$$2(Cl + O_3 \rightarrow ClO + O_2)$$

전체 반응식: $$2O_3 \rightarrow 3O_2$$

이 반응에서 가장 중요한 단계는 일산화 염소(ClO)의 이합체인 $(ClO)_2$를 형성하는 단계이고, 이 물질은 남극 지방에서처럼 공기의 온도가 낮을 때만 안정하다. 그림 16.9는 극지방의 소용돌이에서 ClO와 O_3의 농도 사이에 매우 밀접한 상관관계가 있음을 보여 준다.

북극 지방은 상대적으로 따뜻해서 소용돌이가 오랫동안 존재할 수 없는 편이므로 남극 지방보다는 상황이 심각하지 않다. 최근 연구에 의하면 북극에서도 비슷한 현상이 일어나는 것을 알 수 있는데, 남극 지방보다는 범위가 작다.

오존 고갈의 억제 방법

세계 여러 나라들은 CFC가 성층권의 오존 파괴에 미치는 영향의 심각성을 깨닫고 CFC의 생산을 과감하게 줄이거나 중단해야 할 필요성을 인정하기 시작하였다. 몬트리올 의정서는 CFC 생산 축소를 목표로 두고, 1987년에 모든 선진 산업 국가가 서명한 국제적인 조약이다. 이러한 CFC 축소 노력의 일환으로 CFC를 대신할 만한, 오존층에 전혀 해를 입히지 않는 물질을 개발하기 위한 노력이 이루어지고 있다. CFC를 대체할 만한 화합물로는 하이드로플루오로탄소(HFC: hydrofluorocarbons)로 CF_3CFH_2, CF_3CF_2H, CF_3CH_3, CF_2HCH_3 등이 있다. 이 화합물에 존재하는 수소 원자들은 다음과 같이 대류권에 있는 하이드록실 라디칼에 의해 쉽게 산화된다.

$$CF_3CFH_2 + \cdot OH \rightarrow CF_3CFH\cdot + H_2O$$

이때 생긴 $CF_3CFH\cdot$ 조각은 산소와 반응하여 최종적으로 CO_2, 물, 할로젠화 수소로 분해되고 빗물에 녹아 씻겨 사라진다. HFC는 염소(Cl)가 포함되어 있지 않으므로 성층권까지 흘러들어간다고 해도 오존을 파괴하지는 못한다.

CFC 생산을 제한하려는 노력에도 불구하고, 앞으로 수십 년간 성층권에서의 Cl의 농도는 계속해서 증가할 것이다. 이미 많은 양의 CFC가 냉장고와 에어컨에 사용되었고, 발포제로 사용되어 아직은 용기에 갇혀 있는 CFC 가스들도 결국은 대기로 방출될 것이다. 앞으로의 오존층 파괴 정도는 지켜보아야겠지만, CFC의 대기 방출을 막지 못했을 때의 결과는 자명하다.

16.6 화학 발광과 생물 발광

화학 반응의 결과 발생하는 에너지는 열에너지의 형태로 방출되는 것이 보통이지만, 빛으로 방출되기도 한다. 예를 들면 화학 반응의 결과 전자적으로 들뜬 상태의 생성물은 빛을 방출하면서 바닥 상태로 전이되거나 다른 분자에게 여분의 에너지를 전달하고, 이 에너지를 받은 분자가 빛을 방출하기도 한다. 이러한 형태의 발광은 분자가 직접 빛을 받아서 유도되는 것이 아니라, 화학 반응의 결과로 발생한다는 점에서 14장에서 다룬 형광이나 인광과는 다른 것이다.

화학 발광

우리가 흔히 사용하는 불빛을 내는 막대(lightstick)는 화학 발광을 이용한 것이다.

가장 많이 연구되고, 가장 간단한 형태의 화학 발광의 하나로 산화 질소와 오존 간의 반응을 예로 들 수 있다.

$$NO + O_3 \rightarrow NO_2^* + O_2$$

$$NO_2^* \rightarrow NO_2 + h\nu$$

전자적으로 들뜬 상태의 분자(별표가 붙은)는 오렌지색의 빛을 방출하면서 바닥 상태로 돌아온다. 이런 화학 반응은 대기 중의 NO 농도를 검출한다든지 하는 실용적인 응용 분야에 사용이 가능하다.

잘 알려진 화학 발광 반응으로 루미놀(luminol, 5-amino-2,3-dihydro-1,4-phthalazinedione)의 산화 반응이 있다. 루미놀을 염기, 과산화 수소, potassium ferricyanide와 반응시키면 강한 파란색의 빛이 방출된다. 그때 일어나는 화학 반응은 다음과 같다.

$2OH^-$ → $+ 2H_2O$ → (O_2)

$[\ldots]^* + N_2 \rightarrow \ldots + h\nu$

3-아미노프탈레이트

분광학적 연구를 통해서 빛을 방출하는 화학종이 전자적으로 들뜬 3-aminophthalate dianion(별표가 붙은)임이 알려져 있다. 이 화학종은 빛을 방출하기 위해 첫 번째 들뜬 단일항 상태에서 바닥 상태로 전이한다.

생물 발광

생물 발광 반응은 일반적으로 산소 분자가 관여하는 효소 촉매 반응이다. 박테리아, 곰팡이, 산호초, 조개, 벌레 등의 많은 종류의 유기체들에서 빛을 방출하는 능력이 발견된다. 가장 잘 알려진 경우로는 반딧불과 개똥벌레의 유충을 들 수 있다. 반딧불의 경우, 생물 발광에 관여하는 화학 반응이 잘 알려져 있다. 이 화학 반응은 루시페린, ATP, 산소, 루시페레이스(luciferase, 몰질량이 약 100,000 g)라고 하는 효소가 관여한다. 그 화학 반응의 첫 번째 단계는 다음과 같이 luciferyl adenylate가 생성되는 반응이다.

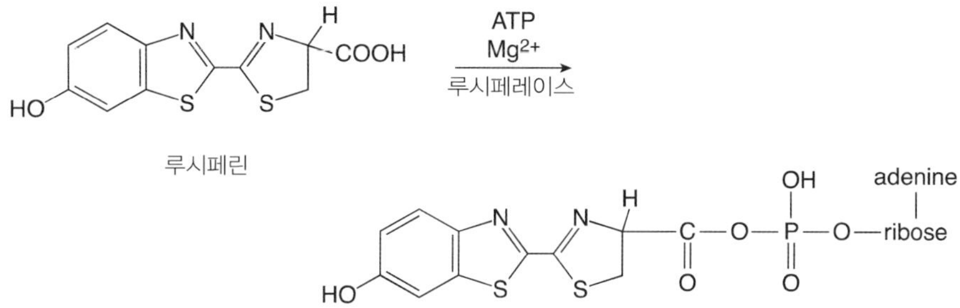

ATP
Mg^{2+}
루시페레이스

루시페린

luciferyl adenylate

산소 분위기하에서 luciferyl adenylate는 생물 발광을 한다.* **Photinus pyralis**라고 하는 반딧불은 560 nm 파장의 황록색의 빛을 방출하고, 다른 종류의 반딧불은 이보다 다소 긴 파장의 빛을 방출한다. 그러나 이들 모두는 루시페린이라는 같은 종류의 분자를 가지고 있고, 반딧불 종류마다 발광하는 빛의 색이 다른 것은 효소(루시페레이스)가 종에 따라 다른 구조와 형태를 갖는 차이에 따른 것으로 알려져 있다. 체외(in vitro)에서 행한 연구 결과에 의하면, 실제 방출되는 빛의 파장은 매질의 pH와 깊은 관련이 있다.

생물 발광은 종종 '차가운 빛(cold light)'이라고 일컬어지는데, 그 의미는 생물 발광을 일으키는 생화학 반응이 종결될 때까지 열이 발생하지 않기 때문이다. 반딧불에서 일어나는 그 반응의 양자 효율이 거의 100%에 가깝기 때문이다. 반면에, 루미놀과 같은 화학 발광은 양자 효율이 1% 밖에 되지 않는다. 즉 반응한 루미놀 분자 100개 중의 한 개만 빛을 방출한다.

생물 발광은 어떤 면에서 중요할까? 동물의 진화에 대한 연구 결과를 보면 이 질문에 대한 답을 일부 얻을 수 있다. 지구 대기의 산소가 점차 증가하면서, 혐기성 유기체들은 살기 위해 산소를 소비하거나 제거해야만 하였을 것이다. 그중 한 가지 방법이 O_2를 물로 환원시키는 것이다. 이때 발생하는 에너지는 충분히 커서 어떤 특정한 분자들이나 중간체를 활성화시켜서 빛을 방출하게 할 수 있다. 이런 생물들은 유산소 호흡을 하는 생물로 진화하였기 때문에 이러한 메커니즘이 더 이상 필요

---

* 루시페린-루시페레이스 결합 반응을 통해 ATP를 정량할 수 있다.

하지는 않지만, 필요 없는 부산물인 빛이 아주 유용한 목적에 사용되기도 한다. 예를 들면 반딧불은 교미의 신호로 이런 빛을 사용한다.*

16.7 복사 에너지의 생물학적 효과

복사 에너지의 해로운 효과들은 이 장 여러 곳에서 언급된 바 있다. 복사 에너지는 다른 한편으로는 질병을 치료하는 데 성공적으로 사용되기도 한다. 이 절에서는 복사 에너지의 해로운 효과와 유용한 효과를 모두 검토할 것이다.

햇빛과 피부암

미국에서는 매년 100만여 건의 피부암이 발생하고 있는데, 이것은 다른 모든 종류의 암의 발생 건수를 합한 것과 맞먹는 수치이다. 전체 피부암 중 4만여 건은 치사율이 18%에 이를 정도로 악성인 흑색종(melanoma)이다. 거의 대부분의 피부암은 태양 복사 에너지에 피부가 노출되었을 때 발생한다.

태양으로부터 오는 해로운 복사 에너지는 대부분 자외선에 해당하는 짧은 파장의 빛이다. 자외선 영역은 다음의 세 가지 영역, 즉 UV-C(200~280 nm), UV-B(280~320 nm), UV-A(320~400 nm)로 나뉜다. 다행스럽게도, 대부분의 UV-C 복사 에너지는 성층권의 오존층에서 흡수된다. UV-B는 지표면에 아주 적은 양만 도달하는데, 이 자외선에 많이 노출되면 피부에 붉은 반점과 물집이 생기기도 하고 피부가 벗겨지기도 한다. 그리고 이 자외선은 피부암의 주요 원인이기도 하다(자외선에 의해 피부가 빨갛게 되는 것은 복사 에너지에 의한 반응으로 넓어진 혈관에 피가 많이 흐르기 때문이다). 에너지면에서 가장 약한 복사 에너지인 UV-A는 이른바 '선탠(suntan)'을 하는 데 필요한 화학 작용을 한다.

UV-A 또는 UV-B가 피부에 닿으면, 피부 아래에 색소를 만드는 세포(melanocyte)를 자극하는데, 이 세포는 **멜라닌**(melanin)이라고 하는 자외선 흡수를 잘 하는 어두운 색소를 만들어 낸다. 이 물질은 피부가 복사 에너지의 영향으로부터 근본적인 피해를 입지 않도록 감싸 준다. 게다가 melanocyte는 피부 바깥층의 손상된 세포를 대체하기 위해 평상시보다 빠른 속도로 세포 분열을 시작한다. 보통 피부의 표면에서는 죽은 세포들이 지속적으로 떨어져 나가기 때문에 새로운 표피 세포가 일정한 주기로 만들어져야 하는데, 통상 새로운 세포가 피부 표면에 도달하는 데는 수주일이 걸린다. 하지만 자외선에 노출되는 시간이 길어지면 피부에서 세포 분열이 더욱 빠르게 진행되고, 많은 수의 멜라닌을 함유하는 세포들이 수일 만에도 표면에 도달하게 되어, 피부가 진한 색으로 바뀌는 선탠 효과를 나타내게 된다.

햇빛이 어떻게 암을 유발하는지를 이해하기 위해서 자외선 복사 에너지가 DNA에 미치는 효과를 살펴보아야만 한다. DNA 분자는 200 nm와 300 nm 사이의 복사

* 출처: "Synchronous Fireflies", J. Buck and E. Buck, *Sci. Am.* May 1976.

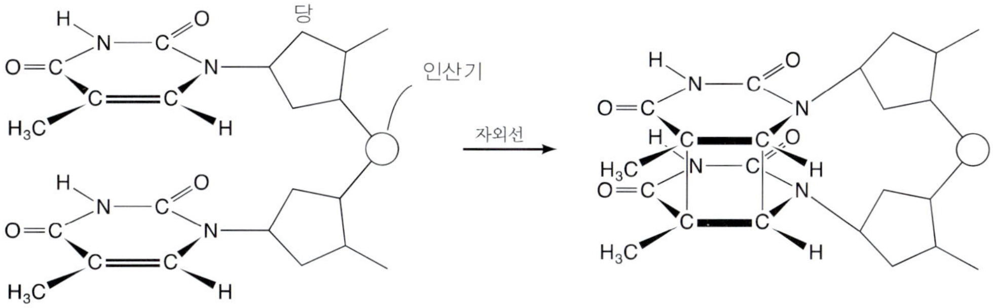

그림 16.10

DNA 분자의 같은 줄기에 이웃하는 타이민의 이합체화 반응

에너지를 강하게 흡수하고 최대 흡수는 260 nm에서 이루어진다(그림 14.4 참조). 피리미딘과는 달리, 퓨린(아데닌과 구아닌)은 UV 광선에 보다 덜 민감하다. 실험을 통해 알려진 것처럼, 타이민의 이합체화 반응은 DNA 분자 속에서 발생하는 가장 대표적인 광화학 반응이다. 타이민 용액은 자외선 광선의 영향을 비교적 덜 받지만, 얼린 타이민 용액이 자외선을 흡수하면 타이민 이합체가 높은 수득률로 얻어진다. 얼린 상태에서만 타이민 이합체가 만들어진다는 사실은 그 반응이 일어나기 위해서는 두 타이민 분자가 서로 근접해 있어야 할 뿐만 아니라 일정한 배향으로 접근해야 한다는 것을 말해 준다. 두 개의 이웃하는 타이민 염기쌍이 DNA 분자 속의 같은 가닥 위에 놓여 있으면 가까운 위치에 서로 고정되게 된다. 그렇다면 DNA 분자가 자외선 복사 에너지에 노출되었을 때 타이민 이합체가 만들어지기 훨씬 쉬어질 것으로 예상할 수 있는데, 실제로 이런 반응이 일어난다는 것이 밝혀졌다(그림 16.10). 이 반응이 아마도 피부 세포 내에서 일어나는 특정 유전자 변이 과정의 첫 번째 단계일 것이다. 예를 들어 이 변이로 일반 유전자가 성장 촉진자(암 유전자)로 바뀌면 세포의 과도한 성장 활동이 일어나게 될 것이다. 반대로, 변이가 일어나면서 어떤 유전자가 비활동적으로 바뀌면 세포 성장이 제한될 것이다(종양 억제 유전자).

타이민 이합체는 광회복 과정(photoreactivation)을 거쳐 다시 단위체 형태로 복원될 수 있다. 이 과정은 광회복 효소인 DNA 광분해 효소가 가시광선을 이용하여 이합체에 있는 사이클로뷰테인 고리의 결합을 끊어서 DNA를 복원시키는 것이다. 광분해 효소(photolyase)는 발색단 역할을 하는 2개의 플라빈(flavin) 보조 인자를 갖고 있는 단백질의 단위체이다. 광분해 효소는 빛과 무관한 반응을 통하여 DNA 기질과 결합한다. 이 결합된 발색단 중 한 개가 가시광선 광자 한 개를 흡수하고, 쌍극자–쌍극자 사이의 상호 작용으로 두 번째 플라빈에 에너지를 전달하고, 이어서 DNA의 타이민 이합체에 전자를 전달하여 그 결과 이합체가 분리된다. 전자를 되돌려 받음으로써 발색단 플라빈은 원래 기능을 가진 형태로 복원되고, 효소는 새로운 촉매 순환 반응을 할 준비를 하게 된다. 이합체 분리 반응 중에 산화 환원은 일어나지 않는다. 흥미롭게도, 광분해 효소는 광합성에 참여하지 않으면서 빛에 의해 활성화되는 유일한 효소이다.

광의학

광의학은 광화학과 광생물학의 원리를 이용하여 질병을 진단하고 치료하는 응용 분야이다. 19세기에 이미 폐결핵 때문에 생긴 얼굴의 흉터를 자외선 광선을 이용해 치료하였는데, 이때 이런 방사선 연구에 대한 관심이 시작되었다고 볼 수 있다. 이런 치료 방법은 자외선 광선이 미생물을 죽일 수 있다는 사실과 햇빛이 바이타민 D 결핍(구루병)의 예방에 효과적이라는 사실이 밝혀지면서 더욱 활용 분야가 넓어지고 있다. 여기서는 두 가지 응용 분야를 간략히 소개한다.

광에너지 요법. 광에너지 요법은 암세포를 파괴할 수 있는 반응성이 좋은 화학종을 만들어 내기 위해 빛을 이용하는 것이다. 환자의 정맥 혈관에 **광감제**(photosensitizer, S)라고 하는 화합물이 들어 있는 용액을 주사한 후 하루 정도 경과하면 그 용액이 몸 전체에 골고루 퍼진다. 이때 특별히 디자인된 광섬유를 병든 세포가 있는 곳에 삽입하고, 레이저를 이용하여 광감제가 병든 세포 주위에서만 빛을 받도록 하면 다음과 같은 반응 과정을 거치게 된다.

계간 교차는 분자가 다른 스핀 상태를 갖는 전자 상태로 빛의 방출 없이 전이하는 것을 말한다(14.2절 참조).

$$S_0 \xrightarrow{h\nu} S_1 \qquad \text{단일항–단일항 들뜸}$$

$$S_1 \rightarrow S_0 + h\nu \qquad \text{형광}$$

$$S_1 \rightarrow T_1 \qquad \text{계간 교차}$$

$$T_1 + {}^3O_2 \rightarrow S_0 + {}^1O_2 \qquad \text{단일항 산소를 생성하기 위한 에너지 전이}$$

여기서 S_0와 S_1은 각각 단일항 상태 중 에너지가 가장 낮은 바닥 상태와 첫 번째 들뜬 상태이고, T_1은 광감제의 가장 낮은 삼중항 상태이다. 그리고 ${}^3O_2$와 ${}^1O_2$는 산소 분자 한 개의 삼중항 상태와 단일항 상태를 나타낸다.* 단일항 산소는 반응성이 큰 화학종으로, 근처의 종양 세포를 파괴할 수 있는 능력을 가지고 있다.

광에너지 요법이 성공적으로 이루어지려면, 사용하는 광감제가 다음 세 가지의 요건을 만족시켜야만 한다. 첫 번째로, 독성이 없어야 하고 물에 잘 용해될 수 있어야 한다. 둘째로, 근적외선 또는 가시광선 스펙트럼의 붉은색 영역의 빛을 강하게 흡수할 수 있어야 한다. 그 이유는 주사를 놓은 후 광감제가 들어 있는 용액이 몸 전체에 골고루 퍼져 피부 밑까지도 퍼지게 되기 때문이다. 만약 그 화합물이 UV 광선이나 가시광선보다 짧은 파장의 빛에 상당히 오래 노출되면 빛을 흡수하여 환자들은 태양 빛에 의한 세포 손상을 겪게 된다. 그것은 원하지 않는 부작용이다. 셋째로, 건강한 세포 조직의 손상을 최소화하기 위해서는 광감제가 암세포에 의해 선택적으로 흡수되어야 한다. 암세포에 선택적으로 흡수되었는지는 이 물질의 형광을 추적하여 확인할 수 있다.

---

* Hund 규칙에 따르면 O_2의 가장 낮은 에너지를 갖는 바닥 상태는 두 개의 홀전자가 있는 삼중항이다.

광에너지 요법의 전망은 밝아 보인다. 광감제는 암을 치료하는 것 외에 멸균에도 큰 효과를 나타낸다. 현재는 임상에 적합한 광화학적 그리고 화학적 특성이 있는 새로운 광감제(주로 포피린 고리를 포함하는 복잡한 형태의 화합물)를 합성하기 위한 연구가 활발히 이루어지고 있다.

광활성 의약품

고대 이집트인들은 Ammi majus라고 불리는 식물이 빛을 받으면 약효가 나타난다는 것을 알고 있었다. Ammi majus는 나일강 기슭에서 자라는 잡초이다. 당시의 의사들은 사람이 이 식물을 섭취하면 비정상적으로 피부가 햇볕에 잘 탄다는 사실을 발견하고, 이 식물을 피부 질환 치료에 사용하였다. 화학적 분석을 통해 이 식물 속의 활성 성분이 소랄렌(psoralens) 화합물의 일종이라는 것을 알게 되었는데, 8-메톡시소랄렌, 즉 8-MOP가 이 화합물의 한 예이다.

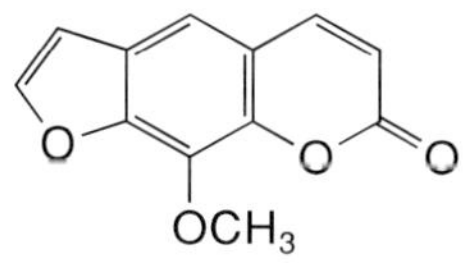

OCH_3

8- 메톡시소랄렌(8-MOP)

임상 연구 결과에 의하면, 8-MOP는 빛을 받으면 활성화되어 항암 효과를 나타낸다.

피부 T세포 림프종(CTCL: cutaneous T-cell lymphoma)은 악성 백혈병으로 예후가 좋지 않다. 그렇지만 8-MOP와 빛을 이용한 치료법은 CTCL을 치료하는 데 매우 효과적이다. 많이 사용되고 있는 방법은 먼저 환자로부터 500 mL의 혈액을 빼낸 다음, 원심 분리하여 적혈구, 백혈구, 혈장의 세 성분으로 혈액을 분리하고, 이 중 백혈구와 혈장을 8-MOP가 들어 있는 식염수와 혼합한다. 이어 혼합 용액을 높은 세기의 UV-A 광선에 쪼인 후에 적혈구와 처음에 뽑아낸 혈액의 잔여물과 다시 섞어 준 후 환자에게 다시 주입한다. 빛이 없는 조건에서 8-MOP는 비활성이고 몸에 해롭지 않다.

그림 16.11을 보면, 8-MOP는 크기와 형태가 잘 맞아서 백혈구의 세포 핵 속의 DNA 분자 염기쌍 사이로 쉽게 침투할 수 있다. 빛에 의해 8- MOP는 양쪽 DNA 사슬의 염기와 화학적 결합을 형성한다. 이 강력한 화학적 결합은 DNA가 복제되는 것을 막아 그 결과 세포가 죽게 된다. 이 치료법은 선택적이지 않아서 악성 세포와 건강한 세포 모두에 피해를 준다. 흥미롭게도, 손상된 악성 세포가 환자의 혈류로 들어왔을 때 우리 몸의 면역 체계를 동작시켜서 8-MOP와 방사선에 치료된 적이 없는 악성 세포들까지도 파괴한다. DNA와의 친화력이 더 크며 신체 내에서의 활성이 더 높은 약을 찾기 위해 더 많은 연구가 진행되어야 하지만, 광활성이 있는 화합물이 약품으로서 암이나 다른 질병의 치료법에 중요하게 쓰일 수 있다는 데에는 의문의 여지가 없다.

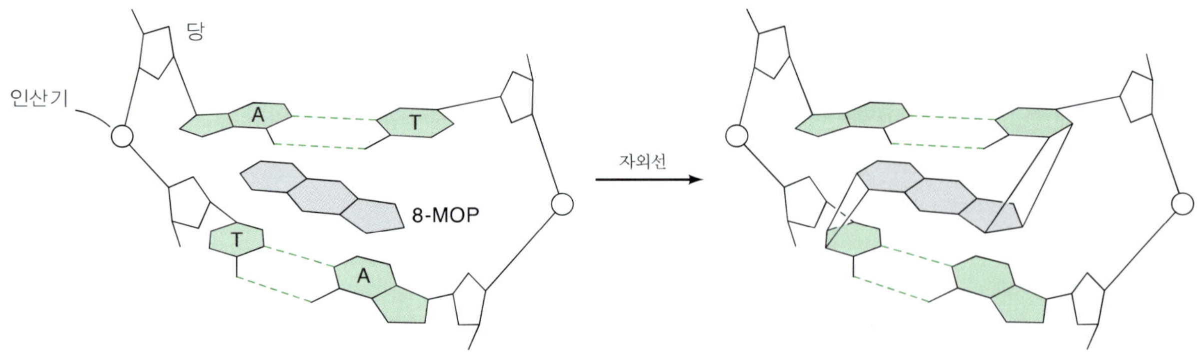

그림 16.11
DNA 분자의 다른 줄기에 있는 타이민과 가운데 위치한 8-MOP이 화학 결합을 만드는 과정. 이 화학 결합은 복제를 하기 위해 DNA 줄기가 풀리는 것을 방해한다.

Key Equations

$$\Phi = \frac{\text{생성된 분자의 수}}{\text{흡수된 광자의 수}}$$ (광화학 양자 수득률) (16.1)

$$\Phi = \frac{\text{생성물의 몰수}}{\text{흡수한 einstein 수}}$$ (광화학 양자 수득률) (16.2)

$$\Phi_P = \frac{A^*\text{의 생성물 생성 속도}}{A^*\text{의 생성 속도}}$$ (생성물의 양자 수득률) (16.3)

참고문헌

책

Birks, J. W., J. G. Calvert, and R. E. Sievers, Eds., *The Chemistry of the Atmosphere: Its Impact on Global Change*, American Chemical Society, Washington, DC, 1993.

Brasseur, G. P., J. J. Orlando, and G. S. Tyndall, *Atmospheric Chemistry and Global Change*, Oxford University Press, New York, 1999.

Brimblecombe, P., *Air Composition and Chemistry*, Cambridge University Press, New York, 1986.

Calvert, J. G., and J. N. Pitts, Jr., *Photochemistry*, John Wiley & Sons, New York, 1966.

Finlayson-Pitts, B. J., and J. N. Pitts, Jr., *Chemistry of the Upper and Lower Atmosphere*, Academic Press, New York, 1999.

Graedel, T. E., and P. J. Crutzen, *Atmospheric Change: An Earth System Perspective*, W. H. Freeman, New York, 1993.

Harm, W., *Biological Effects of Ultraviolet Radiation*, Cambridge University Press, New York, 1980.

Isidorov, V. A., *Organic Chemistry of the Earth's Atmosphere*, Springer-Verlag, New York, 1990.

Middlebrook, A. M., and M. A. Tolbert, *Stratospheric Ozone Depletion*, University Science Books, Sausalito, CA, 2000.

Seinfeld, J. H., and S. N. Pandis, *Atmospheric Chemistry and Physics: From Air Pollution to Climate Change*, John Wiley & Sons, New York, 1998.

Suppan, P., *Chemistry and Light*, Royal Society of Chemistry, London, 1994.

Turro, N. J., V. Ramamurthy, and J. C. Scaiano, *Principles of Molecular Photochemistry: An Introduction*, University Science Books, Sausalito, CA, 2009.

Wayne, R. P., *Chemistry of Atmospheres: An Introduction to the Atmospheres of Earth, the Planets, and Their Satellites*, 2nd ed., Clarendon Press, Oxford, 1991.

논문

일반

"The Fates of Electronic Excitation Energy," H. H. Jaffé and A. L. Miller, *J. Chem. Educ.* **43**, 469 (1966).

"Photochemical Reactivity," N. J. Turro, *J. Chem. Educ.* **44**, 536 (1967).

"The Chemical Effects of Light," G. Oster, *Sci. Am.* September 1968.

"Photochemistry of Organic Compounds," J. S. Swenton, *J. Chem. Educ.* **46**, 7, 217 (1969).

"Photochemical Reactions of Natural Macromolecules," D. C. Neckers, *J. Chem. Educ.* **50**, 164 (1973).

"Photochemical Reactions of Tris(oxalato)Iron(III)," A. D. Baker, A. Casadavell, H. D. Gafney, and M. Gellender, *J. Chem. Educ.* **57**, 317 (1980).

"Photochemistry and Beer," A. Vogler and H. Kunkely, *J. Chem. Educ.* **59**, 25 (1982).

"Photochemistry in Organized Media," J. H. Fendler, *J. Chem. Educ.* **60**, 872 (1983).

"Atmospheric Physics," F. W. Taylor, *Encyclopedia of Applied Physics*, Trigg, G. L., Ed., VCH Publishers, New York (1994), Vol. 1, p. 489.

"Reactions Induced by Light," K. L. Stevenson and O. Horváth, *Encyclopedia of Applied Physics*, Trigg, G. L., Ed., VCH Publishers, New York (1996), Vol. 16, p. 117.

"Does a Photochemical Reaction Have a Kinetic Order?," S. Toby, *J. Chem. Educ.* **82**, 37 (2005).

"Photochemistry and Photophysics in the Laboratory. Showing the Role of Radiationless and Radiative Decay of Excited States," J. S. S. de Melo, C. Cabral, and H. D. Burrows, *Chem. Educator* [Online] **12**, 403 (2007) DOI 10.1333/s00897072096a.

"Resveratrol Photoisomerization: An Integrative Guided-Inquiry Experiment," E. Bernard,

P. Britz-McKibbin, and N. Gernigon, *J. Chem. Educ.* **84**, 1159 (2007).
"Nanosecond Laser Induced Transient Absorption Flash Photolysis Experiment for Undergraduate Physical Chemistry," R. Oyola and R. Arce, *Chem. Educator* [Online] **15**, 365 (2010) DOI 10.1007/s00897102303a.

대기 화학

"The Carbon Cycle," B. Bolin, *Sci. Am.* September 1970.
"The Nitrogen Cycle," C. C. Delwiche, *Sci. Am.* September 1970.
"The Oxygen Cycle," P. Cloud and A. Gibor, *Sci. Am.* September 1970.
"Molecular Orbitals and Air Pollution," B. M. Fung, *J. Chem. Educ.* **49**, 26 (1972). See also p. 654 of the same volume.
"The Atmosphere," A. P. Ingersoll, *Sci. Am.* September 1983.
"Air Pollution: Components, Causes, and Cures," A. G. Russell, *Encyclopedia of Applied Physics* Trigg, G. L., Ed., VCH Publishers, New York (1991), Vol. 1, p. 489.
"Thermal Physics (and Some Chemistry) of the Atmosphere," S. K. Lower, *J. Chem. Educ.* **75**, 837 (1998).

온실 효과

"The Carbon Dioxide Question," G. M. Woodwell, *Sci. Am.* January 1978.
"Carbon Dioxide and World Climate," R. Revelle, *Sci. Am.* August 1982.
"Climate Modeling," S. H. Schneider, *Sci. Am.* May 1987.
"How Climate Evolved on the Terrestrial Planets," J. F. Kasting, O. B. Toon, and J. B. Pollack, *Sci. Am.* February 1988.
"Modeling the Geochemical Carbon Cycle," R. A. Berner and A. C. Lasaga, *Sci. Am.* March 1989.
"Global Climate Change," R. A. Houghton and G. M. Woodwell, *Sci. Am.* April 1989.
"The Changing Climate," S. H. Schneider, *Sci. Am.* September 1989.
"Carbon Monoxide and the Burning Earth," R. E. Newell, H. G. Reichle, Jr., and W. Seiler, *Sci. Am.* October 1989.
"The Great Climate Debate," R. M. White, *Sci. Am.* July 1990.
"The Global Carbon Cycle," W. M. Post, T.-H.Peng, W. R. Emanuel, A. W. King, V. H. Dale, and D. L. DeAngelis, *Am. Sci.* **78**, 310 (1990).
"Global Warming Trends," P. D. Jones and T. M. L. Wigley, *Sci. Am.* August 1990.
"Methane, Plants, and Climate Change," F. Keppler, *Sci. Am.* February 2007.
"The Physical Science behind Climate Change," W. Collins, R. Colman, J. Haywood, M. R. Manning, and P. Mote, *Sci. Am.* August 2007.

광화학 스모그

"The Control of Air Pollutants," A. J. Haagen-Smit, *Sci. Am.* January 1964.
"Computer Modeling of Photochemical Smog Formation," B. J. Huebert, *J. Chem. Educ.* **51**, 644 (1974).
"The Changing Atmosphere," T. E. Graedel and P. J. Crutzun, *Sci. Am.* September 1989.
"Tropospheric Air Pollution: Ozone, Airborne Toxics, Polycyclic Aromatic Hydrocarbons, and Particles," B. J. Finlayson-Pitts and J. N. Pitts, Jr., *Science* **276**, 1045 (1997).

성층권 오존 고갈

"Chlorofluorocarbons and Stratospheric Ozone," S. Elliot and F. S. Rowland, *J. Chem. Educ.* **64**, 387 (1987).
"The Antarctic Ozone Hole," R. S. Stolarski, *Sci. Am.* January 1988.
"The Absorption of UV Light by Ozone," E. Koubek and J. O. Glanville, *J. Chem. Educ.* **66**, 338 (1989).

"Polar Stratospheric Clouds and Ozone Depletion," O. B. Toon and R. P. Turco, *Sci. Am.* January 1991.
"Polar Ozone Depletion," M. J. Molina, *Ang. Chem. Int. Ed.*, **35**, 1778 (1996).

화학 발광과 생물 발광

"Biological Luminescence," W. D. McElroy and H. H. Seliger, *Sci. Am.* December 1972.
"The Origin of Bioluminescence," H. H. Seliger, *Photochem. Photobiol.* **21**, 355 (1975).
"Biological Light: α-Peroxylates as Bioluminescent Intermediates," W. Adam, *J. Chem. Educ.* **52**, 97 (1975).
"Chemiluminescence," S. Gill and L. K. Brice, *J. Chem. Educ.* **61**, 713 (1984).
"Turning on the Light: Lessons from Luminescence," P. B. O'Hara, C. Engelson, and W. St. Peter, *J. Chem. Educ.* **82**, 49 (2005).
"Chemiluminescent Oscillating Demonstrations: The Chemical Buoy, the Lighting Wave, and the Ghostly Cylinder," H. E. Prypsztejn, *J. Chem. Educ.* **82**, 53 (2005).
"Luminescent Molecular Thermometer," S. Uchiyama, A. P. de Silva, and K. Iwai, *J. Chem. Educ.* **83**, 720 (2006).

복사 에너지의 생물학적 효과

"Ultraviolet Radiation and Nucleic Acid," R. A. Deering, *Sci. Am.* December 1962.
"The Repair of DNA," P. C. Hanawalt and R. H. Haynes, *Sci. Am.* February 1967.
"The Chemical Effects of Light," G. Oster, *Sci. Am.* September 1968.
"The Effects of Light on the Human Body," R. J. Wurtman, *Sci. Am.* July 1975.
"Biochemical Effects of Excited State Molecular Oxygen," J. Bland, *J. Chem. Educ.* **53**, 274 (1976).
"Inducible Repair of DNA," P. Howard-Flanders, *Sci. Am.* November 1981.
"Radiation Sensitization in Cancer Therapy," C. L. Greenstock, *J. Chem. Educ.* **58**, 156 (1981).
"The Biological Effects of Low-Level Ionizing Radiation," A. C. Upton, *Sci. Am.* February 1982.
"Phototherapy and the Treatment of Hyperbilirubinemia: A Demonstration of Intra- versus Intermolecular Hydrogen Bonding," A. C. Wilbraham, *J. Chem. Educ.* **61**, 540 (1984).
"Light Activated Drugs," R. L. Edelson, *Sci. Am.* August 1988.
"Effect of UV Irradiation on DNA as Studied by Its Thermal Denaturation," C. M. Lovett, Jr., T. N. Fitsgibbon, and R. Chang, *J. Chem. Educ.* **66**, 526 (1989).
"DNA, Sunlight, and Skin Cancer," J. S. Taylor, *J. Chem. Educ.* **67**, 835 (1990).
"A Simple UV Experiment of Environmental Significance," D. W. Daniel, *J. Chem. Educ.* **71**, 83 (1994).
"Structure and Function of DNA Photolyase," A. Sancar, *Biochemistry*, **33**, 2 (1994).
"Sunlight and Skin Cancer," D. J. Leffell and D. E. Brash, *Sci. Am.* July 1996.
"The Photochemistry of Sunscreens," D. R. Kimbrough, *J. Chem. Educ.* **74**, 51 (1997).
"The Spectrophotometric Analysis and Modeling of Sunscreens," C. Walters, A. Keeney, C. T. Wigal, C. R. Johnston, and R. D. Cornelius, *J. Chem. Educ.* **74**, 99 (1997).
"Let There Be Light and Let It Heal," A. M. Rouhi, *Chem. & Eng. News* **76**, 22 (1998).
"Photodynamic Therapy: The Sensitization of Cancer Cells to Light," J. Miller, *J. Chem. Educ.* **76**, 592 (1999).
"Photochemotherapy: Light-Dependent Therapies in Medicine," E. P. Zovinka and D. R. Sunseri, *J. Chem. Educ.* **79**, 1331 (2002).
"New Light on Medicine," N. Lane, *Sci. Am.* January, 2003.
"Thymine Dimerization in DNA is an Ultrafast Photoreaction," W. J. Schreier, T. E. Schrader, F. O. Koller, P. Gilch, C. E. Crespo-Hernández, V. N. Swaminathan, T. Carell, W. Zinth, and B. Kohler, *Science* **315**, 625 (2007).

문제

일반 문제

16.1 어떤 광화학 반응에서 화학 결합을 끊기 위해 428.3 kJ mol^{-1}의 에너지가 필요하다. 사용 가능한 빛의 파장을 구하시오.

16.2 450 nm를 kJ $einstein^{-1}$ 단위로 변환하시오.

16.3 빛이 용액에 흡수되는 속도를 측정할 수 있는 실험 장치를 디자인하시오.

16.4 어떤 유기 분자가 549.6 nm의 빛을 흡수한다. 만약 1.43 einstein의 빛으로 0.031몰의 분자가 들뜬 상태가 된다면, 이 과정에서 양자 효율은 얼마인가? 또한 이 과정에서 흡수된 에너지의 총량을 계산하시오.

16.5 어떤 화합물의 광화학 분해 과정에서 사용된 빛의 세기가 5.4×10^{-6} einstin s^{-1}이다. 다른 모든 조건이 광분해에 최적의 조건이라면, 화합물 1몰을 분해하는 데 필요한 시간을 계산하시오.

16.6 나프탈렌($C_{10}H_8$)의 형광과 인광에 대한 일차 속도 상수는 각각 4.5×10^7 s^{-1}과 0.50 s^{-1}이다. 들뜸 과정이 끝난 후 1.0%의 형광과 인광이 발생하는 데 걸리는 시간을 계산하시오.

대기 화학

16.7 해수면에서 단면적이 1 cm^2인 기압계로 측정한 압력은 76.0 cm의 수은 기둥의 압력과 같았다. 이 수은 기둥의 압력은 1 cm^2의 지표면 위에 있는 모든 공기 분자에 의한 압력과 같다. 수은의 밀도는 13.6 g mL^{-1}이고 지구의 평균 반지름은 6371 km라고 할 때, 지구 대기의 전체 질량을 kg 단위로 구하시오. 산정한 질량이 실제 질량의 상한인가, 하한에 가까운가? 설명하시오(Hint: 반지름 r인 구의 표면적은 $4\pi r^2$이다).

16.8 지구에서 발생하는 열의 주된 원인을 설명하시오.

16.9 반응성이 높은 ·OH 라디칼(홀전자를 가지고 있는 화학종)은 대기 중에서 많은 화학 반응에 관여한다. 표 3.4를 참조하면 ·OH의 산소 수소 결합에 대한 결합 엔탈피는 460 kJ mol^{-1}로 나타난다. 다음 반응

이 일어나는 데 필요한 빛 중 가장 긴 파장(nm)을 계산하시오.

$$\cdot OH(g) \rightarrow O(g) + \cdot H(g)$$

16.10 대기 중에 있는 하이드록실 라디칼은 메테인과 같은 탄화수소와의 2차 반응으로 가장 효과적으로 제거된다.

$$\cdot OH + CH_4 \rightarrow H_2O + CH_3\cdot$$

이차 속도 상수가 4.6×10^6 L mol^{-1} s^{-1}로 주어지고, CH_4의 농도가 부피비로 1.7×10^3 ppb일 때 25°C에서 라디칼의 수명을 계산하시오(Hint: 라디칼의 수명은 $1/k[CH_4]$로 주어진다).

16.11 인간의 활동에 의해 이산화 탄소가 발생되는 경우를 세 가지 적어 보시오. 이산화 탄소를 흡수하는 두 가지 메커니즘을 찾으시오.

16.12 삼림 벌채는 두 가지 측면에서 온실 효과의 원인이 된다. 그 두 가지 측면이 무엇인지 기술하시오.

16.13 세계 인구의 증가가 온실 효과에 미치는 영향에 대해 기술하시오.

16.14 오존은 온실가스인가? 오존 분자가 진동할 수 있는 세 가지 모드를 그림으로 나타내시오.

16.15 대기 중의 CO_2 농도가 꾸준히 증가한다는 사실을 연구하는데, 이산화 탄소 외에 어떤 다른 기체를 추적하면 이 사실을 입증할 수 있는지 방법을 제안해 보시오.

16.16 다음 열거한 조건 중 광화학적 스모그가 가장 잘 생기는 곳은 어디인지 고르시오. **(a)** 고비 사막 6월 정오, **(b)** 뉴욕 7월 오후 1시, **(c)** 보스턴 1월 정오. 왜 그런 선택을 하였는지 설명하시오.

16.17 어떤 도시에 스모그가 낀 날, 오존 농도는 부피비로 0.42 ppm이었다. 온도와 압력이 각각 20.0°C, 748 mmHg라고 할 때, 공기 1리터당 오존의 부분 압력(atm 단위로)과 오존 분자수를 계산하시오.

16.18 기체 상태의 과산화아세틸 나이트레이트(PAN: peroxyacetyl nitrate) 분해 반응은 1차 반응이다.

$$CH_3COOONO_2 \rightarrow CH_3COOO + NO_2$$

이때 속도 상수는 4.9×10^{-4} s^{-1}이고 PAN의 농도가 부피비로 0.55 ppm이라면, 분해 속도를 M s^{-1} 단위로 계산하시오(단 STP 조건이라고 가정한다).

16.19 다음 이산화 질소 생성 반응은 기본 반응이다.

$$2NO(g) + O_2(g) \rightarrow 2NO_2(g)$$

(a) 이 반응에 대해서 반응 속도식을 쓰시오. **(b)** 어떤 온도에서 공기 시료가 NO에 의해 오염되어 NO가 부피비로 2.0 ppm 포함되어 있다. 이 조건하에서 속도식을 간소화할 수 있는가? 만약 그렇다면, 간소화된 속도식을 적으시오. **(c)** **(b)**에서 설명한 조건하에서 반응의 반감기는 6.4×10^3분으로 구해졌다. 처음 NO의 농도가 10 ppm이었다면 반감기는 얼마가 될지 계산하시오.

16.20 오존과 일산화 탄소의 환경 기준은 각각 부피비로 120 ppb와 9 ppm이다. 오존이 더 낮은 기준값을 갖는 이유를 설명하시오.

16.21 대류권 내에서 오존은 다음 과정으로 형성된다.

$$NO_2 \xrightarrow{h\nu} NO + O \qquad (1)$$

$$O + O_2 \rightarrow O_3 \qquad (2)$$

첫 번째 단계는 가시광선의 흡수로 시작된다(NO_2는 갈색 기체이다). 25°C에서 첫 번째 단계의 반응이 일어나게 할 수 있는 빛의 가장 긴 파장을 계산하시오(Hint: 첫 번째 과정에 대해 먼저 $\Delta_r H$ 값을 계산한 후, $\Delta_r U$ 값을 구해야 한다. 다음 NO_2의 분해 반응에 대한 $\Delta_r U$로부터 파장을 결정하시오).

16.22 성층권 내의 오존의 양은 1 atm, 25°C의 조건에서 지표면에 쌓는다면, 두께가 3.0 mm인 층이 된다. 성층권 내의 오존 분자수와 질량을 킬로그램 단위로 계산하시오. 다른 정보가 필요하다면 문제 16.7을 참조하시오.

16.23 문제 16.22의 답을 참고로 하고 성층권 내에 오존 농도가 6.0% 줄어들었다면, 본래 수준의 오존을 맞추기 위해 앞으로 100년 동안 매일 만들어야 하는 오존 양을 킬로그램 단위로 계산하시오. 만약 오존이 $3O_2(g) \rightarrow 2O_3(g)$ 과정으로 만들어졌다면, 이 반응을 진행시키기 위해 공급되어야 하는 에너지는 몇 kJ인가?

16.24 대류권 내에서 CFC가 UV에 의해 분해되지 않는 이유는 무엇인가?

16.25 C−Cl과 C−F 결합의 평균 결합 엔탈피는 각각 340 kJ mol^{-1}과 485 kJ mol^{-1}이다. 이 정보를 바탕으로, CFC 분자 내에서 C−Cl 결합이 250 nm의 햇빛에 의해 우선적으로 깨지는 이유를 설명하시오.

16.26 CFC처럼, 브로민을 포함하는 화합물, 예를 들면 CF_3Br는 브로민 원자와 비슷한 메커니즘으로 오존을 파괴할 수 있다.

$$CF_3Br \xrightarrow{h\nu} CF_3 + Br$$

평균 C−Br 결합 엔탈피는 276 kJ mol^{-1}로 주어지는데, 이 결합을 끊기 위해 필요한 빛의 가장 긴 파장을 계산하시오. 이 분자의 분해 반응은 대류권에서 일어나는지, 성층권과 대류권 모두에서 일어날 수 있는지 설명하시오.

16.27 질산화 염소($ClONO_2$)와 일산화 염소(ClO)의 Lewis 구조를 그리시오.

16.28 CFC가 메테인이나 이산화 탄소보다 온실 효과에 더 큰 영향을 미치는 이유를 설명하시오.

16.29 성층권 내의 오존의 파괴를 늦추기 위한 한 가지 제안은 그곳에 탄화수소(예를 들면 에테인과 프로페인)을 뿌리는 것이다. 이 방법으로 어떻게 오존 파괴를 막을 수 있는지 설명하시오. 또한 이 방법을 대규모로 아주 오랜 시간 동안 사용한다면 어떤 문제점이 생길지 설명하시오.

16.30 결합 엔탈피가 Cl_2: 242.7 kJ mol^{-1}, O_2: 498.8 kJ mol^{-1}, ClO: 206 kJ mol^{-1}과 같이 주어질 때 ClO의 표준 생성 엔탈피($\Delta_f\bar{H}°$)를 계산하시오.

추가 연습문제

16.31 광화학 반응에서 들뜬 상태의 수명은 마이크로(micro) 또는 나노(nano)초이지만, 원하는 충분한 양의 수득률을 얻기 위해서 시료에 몇 시간 또는 며칠 동안 빛을 비춰 주어야 하는 이유는 무엇인가? 빛의 흡수 속도는 2.0×10^{19} photons s^{-1}라고 가정한다.

16.32 어떤 종류의 선글라스는 투명도가 주변 빛의 세기에 따라 달라진다. 어두운 방에서 렌즈는 투명하지만, 착용자가 밝은 밖으로 나가면 어두워진다. 이와 같은 현상이 일어나게 하는 물질은 유리 내부에 들어 있는 작은 AgCl 결정들이다. 이 변화를 설명할 수 있는 광화학 메커니즘을 제안하시오.

16.33 어떤 들뜬 단일항 상태 S_1이 속도 상수가 각각 k_1, k_2, k_3인 세 가지 서로 다른 메커니즘을 통해서 바닥 상태로 돌아온다고 가정하자. 이때 반응 속도는 $-d[S_1]/dt = (k_1+k_2+k_3)[S_1]$으로 주어진다. **(a)** 평균 수명 τ는 $[S_1]$의 값이 초기 농도의 $1/e$(즉 0.368)배로 감소하는 데 걸리는 시간을 의미한다. $(k_1+k_2+k_3)\tau = 1$임을 보이시오. **(b)** 전체 속도 상수 k는 다음과 같이 주어진다.

$$\frac{1}{\tau} = k = k_1 + k_2 + k_3 = \frac{1}{\tau_1} + \frac{1}{\tau_2} + \frac{1}{\tau_3}$$

양자 수득률 Φ_i는 다음과 같이 얻어짐을 보이시오.

$$\Phi_i = \frac{k_i}{\sum_i k_i} = \frac{\tau}{\tau_i}$$

여기서 i는 i번째 메커니즘을 표시한다. **(c)** 만약 $\tau_1 = 10^{-7}$ s, $\tau_2 = 5 \times 10^{-8}$ s, $\tau_3 = 10^{-8}$ s라면 단일항 상태의 수명과 τ_2 경로의 양자 수득률을 계산하시오.

16.34 광화학 이성질화 반응 $A \rightleftharpoons B$를 생각해 보자. 650 nm에서 양자 수득률은 정반응과 역반응이 각각 0.73과 0.44이다. 만약 A와 B 분자의 몰흡광 계수가 각각 1.3×10^3 L mol^{-1} cm^{-1}과 0.47×10^3 L mol^{-1} cm^{-1}이라면 광 정지 상태에서 [B]/[A]는 얼마인가?

16.35 어떤 이원자 분자의 몰당 열용량은 29.1 J K^{-1} mol^{-1}이다. 대기가 질소 기체로만 구성되어 있고 열의 손실은 없다고 가정하고, 대기를 50년 동안 3°C 올리는 데 필요한 전체 열의 양을 kJ로 계산하시오. 이원자 분자가 1.8×10^{20}몰 존재한다고 가정하고, 이만큼의 열이 모두 남극과 북극의 얼음을 녹이는 데 사용되었다면, 몇 kg의 얼음(남극과 북극)이 0°C에서 녹을까? (얼음의 몰용융열은 6.01 kJ mol^{-1}이다.)

16.36 1991년에 아산화 질소(N_2O)가 나일론의 합성 과정에서 부산물로 만들어진다는 것이 발견되었다. 이 화합물은 대기 중에 들어가면 성층권 내에서 오존을 파괴하고 온실 효과를 부추긴다. **(a)** 성층권 내에서 N_2O와 산소 원자가 반응하여 일산화 질소를 만들고, 이것이 다시 오존과 반응하여 이산화 질소를 만들어지는 반응식을 쓰시오. **(b)** N_2O는 이산화 탄소보다 더 효과적인 온실가스가 될 수 있는지 설명하시오. **(c)** 나일론 공정에서의 중간체 중의 하나는 아디프산[$HOOC(CH_2)_4COOH$]으로, 매년 약 2.2×10^9 kg이 소비된다. 아디프산 1몰이 소비될 때마다 N_2O 1몰이 발생하는 것으로 예상되는데, 이 결과로 1년에 파괴되는 오존의 몰수는 최대 얼마인가?

16.37 하이드록실 라디칼은 다음 반응을 통해서 생성된다.

$$O_3 \xrightarrow{\lambda < 320\ \text{nm}} O^* + O_2$$

$$O^* + H_2O \rightarrow 2\cdot OH$$

여기서 O^*는 전자적으로 들뜬 상태의 원자를 나타낸다. **(a)** 대류권에 O_3나 H_2O가 아주 많이 있어도 왜 ·OH 농도는 작은지 설명하시오. **(b)** 어떤 성질이 ·OH를 강한 산화제로 만드는지 설명하시오. **(c)** ·OH와 NO_2의 반응이 산성비의 원인이 된다. 이 과정의 식을 쓰시오. **(d)** 하이드록실 라디칼은 SO_2를 H_2SO_4로 산화시킨다. 첫 번째 단계는 중성 HSO_3의 형성이고, 이어서 O_2와 H_2O의 반응으로 H_2SO_4와 HO_2·(hydroperoxy radical)를 형성한다. 이 과정에 대한 반응식을 쓰시오.

16.38 오존의 충돌 지름이 약 4.2 Å으로 주어질 때, 해수면(1 atm, 25°C)과 성층권(3×10^{-3} atm, −23°C)에서 평균 자유 행로를 계산하시오.

16.39 대기 중의 하이드록실 라디칼은 어떤 면에서 우리 몸의 백혈구처럼 행동하는데, 이를 비교해서 논하시오.

16.40 그림 16.6에서 보여 준 대기 중에 CO_2의 농도의 주기적인 변화, 즉 진동에 대해서 설명하시오.

16.41 에틸렌의 인광이 관찰된 적이 없는 이유를 설명하시오.

16.42 인간의 눈은 강도가 2×10^{-16} W 정도인 빛도 감지할 수 있다. 빛의 파장이 550 nm라고 가정하고 로돕신이 초당 흡수하는 광자의 수를 계산하시오(Hint: 시각은 단지 1/30초 동안 지속한다).

17장 분자 간 힘

뭉쳐야 산다.

13장의 공유 결합에 대한 설명에서, 원자들을 서로 잡아두고 있는 힘은 원자 오비탈의 겹침과 관련이 있다는 것을 배웠다. 기체의 액화나 단백질의 안정화 등은 분자간 상호 작용에 의한 현상으로, 분자간에 작용하는 다양한 종류의 힘에 의한 것이다. 수소 결합은 분자간에 작용하는 힘의 특수한 형태로, DNA 및 물의 구조와 특성을 결정하는 중요한 역할을 한다.

17.1 분자간의 상호 작용

중성의 두 분자가 가까워지면, 한 분자의 핵과 전자와, 다른 분자의 핵과 전자 사이에 발생하는 여러 가지 상호 작용에 의해 두 분자 사이에 퍼텐셜 에너지가 생기게 된다. 아주 먼 거리로 분리되어 분자간 상호 작용이 없을 때의 계의 퍼텐셜 에너지를 임의로 0으로 정하자. 분자들이 서로 가까워지면 정전기적 인력이 정전기적 반발력보다 크기 때문에 분자들은 서로 끌어당기게 되며, 퍼텐셜 에너지는 0보다 작은 값이 된다. 퍼텐셜 에너지가 최소가 될 때까지 분자간의 거리는 줄어들게 된다. 이 점을 넘어서면(즉 분자간 거리가 더 짧아지면) 반발력이 인력보다 더 커져서 퍼텐셜 에너지는 증가(좀 더 큰 양의 값을 갖게 됨)하게 된다.

분자간 힘을 간단하게 입증하는 방법은 지팡이의 손잡이를 들어 올리면 지팡이의 맨 끝 부분이 왜 위로 솟아오르는지 생각해 보는 것이다.

분자간 상호 작용을 이해하기 위해서는 힘과 퍼텐셜 에너지를 구별해야 한다. 역학에서의 일은 작용한 힘에 거리를 곱한 값이다. 상호 작용하는 두 분자를 무한소 거리(dr)만큼 더 멀리 이동시켰을 때 한 일(dw)은 다음과 같이 주어진다.

(17.1)

만약 분자들 사이에 서로 인력이 작용하고(즉 F는 음수) dr이 양의 값이면(즉 분자들이 서로 멀어지는 것), dw는 0보다 큰 값이 된다. 거리 r만큼 떨어진 분자들 사이의 퍼텐셜 에너지(V)에 관한 식은 다음과 같이 얻을 수 있다. 한 분자의 위치가 고정되어 있을 때, 무한히 떨어져 있는 다른 분자를 고정된 분자로부터 r만큼 떨어진 위치로 옮기는 데 필요한 일의 양을 생각해 보자. 이 과정에서의 일이 퍼텐셜 에너지가 되며 다음과 같이 주어진다.

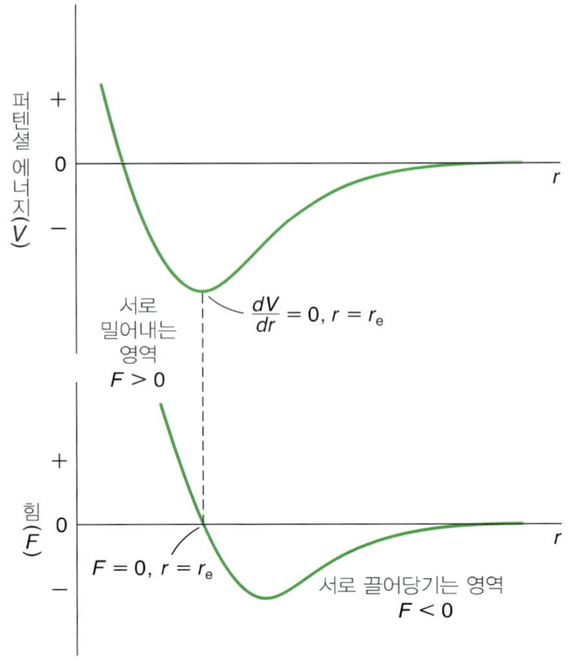

그림 17.1
퍼텐셜 에너지와 힘 사이의 관계. $F=-dV/dr$이기 때문에 r에 대한 $V(r)$ 곡선의 최솟값에서 $F=0$이다. $r < r_e$에서 퍼텐셜이 0보다 작은 영역에서도 분자간 힘은 서로 밀어내는 반발력이다.

$$V = \int_{\infty}^{r} dw$$

식 17.1로부터

$$V = -\int_{\infty}^{r} Fdr \tag{17.2}$$

식 17.2는 분자간의 상호 작용에 따른 퍼텐셜 에너지가 두 분자들 사이의 힘과 관련이 있음을 보여 준다. 식 17.2를 r에 대해 미분하면 다음 식을 얻는다.

$$F = -\frac{dV}{dr} \tag{17.3}$$

그러므로 거리(r)에 따른 퍼텐셜 에너지(V)의 변화를 나타내는 곡선에서 기울기의 음수값이 힘에 해당한다. 그림 17.1은 퍼텐셜 에너지와 힘 사이의 관계를 보여 준다.

17.2 이온 결합

중성 분자들 사이의 상호 작용을 설명하기 전에, 먼저 비교 목적으로 이온쌍 사이의 결합을 생각해 보자. 소금(NaCl) 같은 이온 결합 화합물을 높은 온도로 가열하면 증발이 일어나 이온쌍이 만들어진다. 소금과 같은 할로젠화 알칼리 금속 이온쌍의 쌍극자 모멘트는 할로젠화 수소에 비해 10배 정도 더 큰데, 이것은 결합의 이온성이 매우 크다는 것을 보여 준다. Na^+와 Cl^- 이온쌍들 사이의 인력에 따른 퍼텐셜 에너지는 Coulomb 법칙으로부터 유도할 수 있다.

$$V = -\frac{q_{Na^+}q_{Cl^-}}{4\pi\varepsilon_0\varepsilon r} \tag{17.4}$$

여기서 r은 두 이온 사이의 거리이고 전하의 크기만(부호가 아니라) 식에 나타내었다. 그러나 퍼텐셜 에너지에 대한 식을 더 정확히 표현하려면, 이들 각각의 이온을 구성하고 있는 전자들 사이의 반발력과 핵 간 반발력에 대한 항을 포함시켜야 한다. 이 항은 보통 be^{-ar}이나 b/r^n 형태로 나타내는데, 여기서 a와 b는 상수로 이온쌍에 따라 값이 정해지며, n은 8과 12 사이의 정수이다. b/r^n 항을 이용하여 퍼텐셜 에너지에 대한 보다 완성된 모양의 식은 다음과 같이 쓸 수 있다.

$$V = -\frac{q_{Na^+}q_{Cl^-}}{4\pi\varepsilon_0 r} + \frac{b}{r^n} \tag{17.5}$$

매질은 공기라고 가정하면 유전 상수 $\varepsilon = 1$이다.

퍼텐셜 에너지 곡선의 최소점(그림 17.1 참조)에서 $dV/dr = 0$이 되므로 b 값을 구할 수 있다.

$$\frac{dV}{dr} = 0 = \frac{q_{Na^+}q_{Cl^-}}{4\pi\varepsilon_0 r_e^2} - \frac{nb}{r_e^{n+1}}$$

즉

$$b = \frac{q_{Na^+}q_{Cl^-}}{4\pi\varepsilon_0 n} r_e^{n-1} \tag{17.6}$$

여기서 r_e는 이온쌍의 평형 결합 길이이다. 식 17.6을 식 17.5에 대입하면

$$\begin{aligned} V_0 &= -\frac{q_{Na^+}q_{Cl^-}}{4\pi\varepsilon_0 r_e} + \frac{q_{Na^+}q_{Cl^-}}{4\pi\varepsilon_0 n r_e} \\ &= -\frac{q_{Na^+}q_{Cl^-}}{4\pi\varepsilon_0 r_e}\left(1 - \frac{1}{n}\right) \end{aligned} \tag{17.7}$$

V_0는 가장 안정한 거리(r_e)에서의 퍼텐셜 에너지이다. NaCl(g)의 결합 길이는 2.36 Å(236 pm), 단위 전하는 1.602×10^{-19} C, 반발력에 대해 $n = 10$이라고 하면, 1몰의 Na^+와 Cl^- 이온쌍에 대한 V_0는

$$\begin{aligned} V_0 &= -\frac{(1.602 \times 10^{-19}\ \text{C})^2(6.022 \times 10^{23}\ \text{mol}^{-1})}{4\pi(8.854 \times 10^{-12}\ \text{C}^2\ \text{N}^{-1}\ \text{m}^{-2})(236 \times 10^{-12}\ \text{m})}\left(1 - \frac{1}{10}\right) \\ &= -5.297 \times 10^5\ \text{N m mol}^{-1} \\ &= -529.7\ \text{kJ mol}^{-1} \end{aligned}$$

이것은 기체 상태의 (서로 멀리 떨어져 있는) Na^+와 Cl^- 이온들로부터 1몰의 NaCl 이온쌍이 만들어질 때 발생하는 에너지이다.

$$Na^+(g) + Cl^-(g) \rightarrow NaCl(g)$$

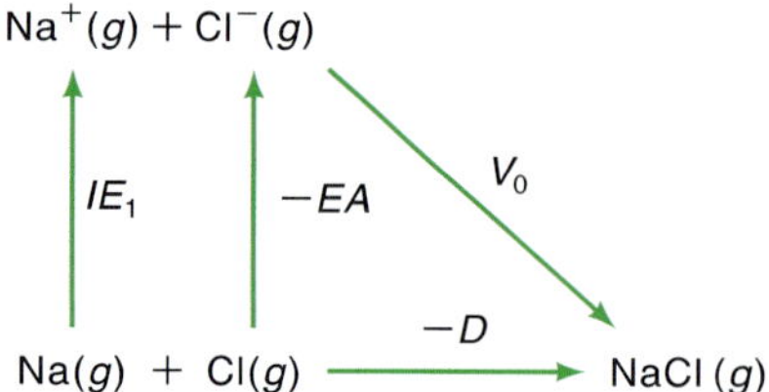

그림 17.2
기체 상태의 NaCl 이온쌍 생성에 대한 Born–Haber 순환

그러나 해리된 계의 바닥 상태는 이온들이 아니라 원자들로 구성된다. 즉

$$NaCl(g) \rightarrow Na(g) + Cl(g)$$

이 과정에 대한 결합-해리 엔탈피를 계산하기 위해 그림 17.2에 나타낸 Born–Haber 순환[Born-Haber cycle, Max Born과 독일 화학자 Fritz Haber(1868~1934)의 이름에서 따옴]을 이용한다. Hess 법칙을 이용하면, 이 과정에서 NaCl(g) 생성은 Na의 이온화 에너지와 Cl의 전자 친화도가 포함된 두 단계로 이루어진다. NaCl(g)이 원자로 해리되는 결합 해리 엔탈피를 D라고 하면

$$-D = IE_1 - EA + V_0 \tag{17.8}$$

여기서 IE_1은 Na의 제1 이온화 에너지이고, EA는 Cl의 전자 친화도이다. 표 12.7과 12.8의 자료를 이용하면 D 값을 구할 수 있다.

$$-D = 495.9 \text{ kJ mol}^{-1} - 349 \text{ kJ mol}^{-1} - 529.7 \text{ kJ mol}^{-1}$$
$$= -383 \text{ kJ mol}^{-1}$$

그러므로 NaCl이 Na와 Cl 원자로 해리되는 데 필요한 결합-해리 엔탈피는 383 kJ mol^{-1}이다. 이 값은 실험적으로 측정한 수치(414 kJ mol^{-1})와 약간 차이가 나는데, 그 이유는 반발력 항이 부정확하고, 실제 결합은 약간의 공유 결합 특성을 가지고 있기 때문이다.

17.3 분자간 힘의 종류

이제 여러 종류의 분자간 힘에 대해 알아볼 준비가 되었다. 완벽하게 하기 위해 분자뿐만 아니라 분자와 이온들 간의 상호 작용도 알아볼 것이다.

쌍극자–쌍극자 상호 작용

쌍극자–쌍극자(dipole–dipole) 사이의 상호 작용은 분자가 영구 쌍극자 모멘트를 갖는 극성 분자들 사이에 일어난다. 거리 r만큼 떨어진 두 쌍극자 μ_A와 μ_B 사이의 정전기적 상호 작용을 생각해 보자. 대표적인 경우로, 그림 17.3에서처럼 두 쌍극자

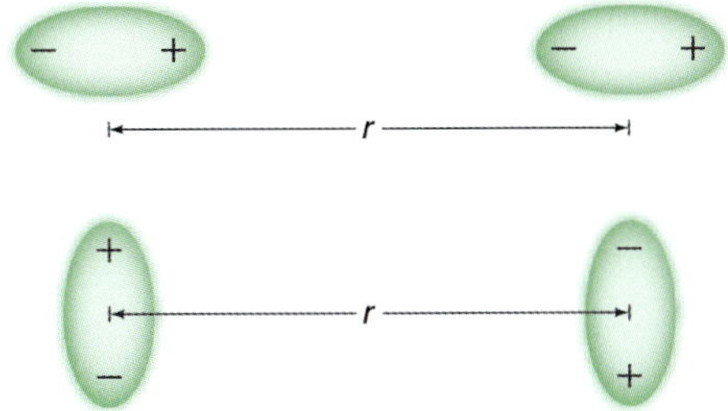

그림 17.3
두 쌍극자 사이에 인력을 설명하기 위한 서로 다른 두 가지 배열을 보여 주는 그림

가 배열된 경우를 생각해 보자. 그림의 첫 번째 경우와 같이 쌍극자가 배열된 경우, 상호 작용의 퍼텐셜 에너지는 다음과 같이 주어진다.

$$V = -\frac{2\mu_A\mu_B}{4\pi\varepsilon_0 r^3} \tag{17.9}$$

두 번째 그림으로 나타낸 배열은 두 개의 쌍극자가 서로 평행하게 배열된 경우인데 그때의 퍼텐셜 에너지는 다음과 같다.

$$V = -\frac{\mu_A\mu_B}{4\pi\varepsilon_0 r^3} \tag{17.10}$$

여기서 음의 부호는 상호 작용이 인력, 즉 두 분자 간의 상호 작용의 결과 에너지가 방출된다는 것을 나타낸다. 두 쌍극자들 중 하나의 전하 부호를 바꾸면(즉 한 분자를 180도 돌리면) V는 양의 값이 된다. 그럼 두 분자들 사이에는 반발력이 작용한다.

예제 17.1

두 HCl 분자(μ=1.08 D)가 공기 중에서 4.0 Å(400 pm)만큼 떨어져 있다. 두 분자들이 H−Cl ··· H−Cl처럼 배열할 때 쌍극자-쌍극자 상호 작용 에너지를 kJ mol^{-1} 단위로 계산하시오.

답

식 17.9를 이용한다. 필요한 상수들은 다음과 같다.

$$\mu = 1.08\text{ D} = 3.60 \times 10^{-30}\text{ C m (13.5절 참조)}$$

$$r = 4.0\text{ Å} = 4.0 \times 10^{-10}\text{ m}$$

상호 작용에 의한 퍼텐셜 에너지는

$$\begin{aligned} V &= -\frac{2(3.60 \times 10^{-30}\text{ C m})(3.60 \times 10^{-30}\text{ C m})}{4\pi(8.854 \times 10^{-12}\text{ C}^2\text{ N}^{-1}\text{ m}^{-2})(4.0 \times 10^{-10}\text{ m})^3} \\ &= -3.6 \times 10^{-21}\text{ N m} \\ &= -3.6 \times 10^{-21}\text{ J} \end{aligned}$$

그러므로 1 mol당 퍼텐셜 에너지는

$$V = (-3.6 \times 10^{-21}\ \text{J})(6.022 \times 10^{23}\ \text{mol}^{-1})$$
$$= -2.2\ \text{kJ mol}^{-1}$$

COMMENT
공기 중에서의 유전 상수가 1이라고 가정한다. 일반적으로 쌍극자들이 상호 작용하는 매질의 유전 상수(ε)는 식 17.9의 분모에 들어간다(7.2절 참조).

거시적 계에서는 쌍극자들의 모든 배열이 가능하기 때문에, 인력과 반발력의 크기가 같아지므로 V의 평균값은 0이 될 것이라고 생각할지도 모른다. 그러나 자유로운 회전이 가능한 액체나 기체에서도, Boltzmann 분포 법칙(2장 참조)에 따라 쌍극자들은 퍼텐셜 에너지가 더 낮은 상태로 배열하게 된다. 조금은 복잡한 유도 과정을 거쳐 영구 쌍극자 간의 평균 또는 알짜 상호 작용 에너지는 다음과 같이 얻어진다.

$$\langle V \rangle = -\frac{2}{3}\frac{\mu_A^2 \mu_B^2}{(4\pi\varepsilon_0)^2 r^6}\frac{1}{k_B T} \tag{17.11}$$

여기서 k_B는 Boltzmann 상수이고 T는 절대 온도이다. V가 r^6에 반비례하므로 거리가 증가함에 따라 상호 작용의 크기가 급격히 감소함을 주목하라. 또한 온도가 높아지면 평균 분자 운동 에너지가 증가하여 인력이 작용하는 쌍극자 배열을 가지려는 경향이 감소하므로 V는 T에 반비례한다. 다시 말해 쌍극자-쌍극자 상호 작용은 온도가 증가함에 따라 점차 0에 근접하게 된다.

이온–쌍극자 상호 작용

이온과 극성 분자간의 상호 작용은 8장에서 이온의 수화와 관련하여 이미 소개하였다. 전하가 q인 이온과 쌍극자 μ가 거리 r만큼 떨어져 있을 때 이들 사이에 작용하는 퍼텐셜 에너지는 다음과 같이 주어진다.

$$V = -\frac{q\mu}{4\pi\varepsilon_0 r^2} \tag{17.12}$$

식 17.12는 이온과 쌍극자가 같은 축에 놓여 있을 때에만 적용이 가능하다. 이와 같이 인력이 작용하는 상호 작용은 주로 극성 용매에 이온 결합 화합물이 용해되는 과정을 이해하는 데 적용될 수 있다.

예제 17.2

소듐 이온(Na^+)이 공기 중에서 쌍극자 모멘트가 1.08 D인 HCl 분자로부터 4.0 Å(400 pm)만큼 떨어져 있다. 식 17.12를 이용하여 이온-쌍극자 간 상호 작용의 퍼텐셜 에너지를 $kJ\ mol^{-1}$ 단위로 계산하시오.

답

주어진 값들은 다음과 같다.

$$\mu = 1.08\ \text{D} = 3.60 \times 10^{-30}\ \text{C m}$$

$$r = 4.0\ \text{Å} = 4.0 \times 10^{-10}\ \text{m}$$

1D=3.336×10^{-30} C m임을 기억하라.

식 17.12를 이용하면

$$V = -\frac{(1.602 \times 10^{-19}\ \text{C})(3.60 \times 10^{-30}\ \text{C m})}{4\pi(8.854 \times 10^{-12}\ \text{C}^2\ \text{N}^{-1}\ \text{m}^{-2})(4.0 \times 10^{-10}\ \text{m})^2}$$

$$= -3.2 \times 10^{-20}\ \text{J}$$

$$= -19\ \text{kJ mol}^{-1}$$

이온-유도 쌍극자와 쌍극자-유도 쌍극자 상호 작용

헬륨 원자와 같은 중성 무극성 화학종들에서 전자 전하 밀도는 핵을 중심으로 구형의 대칭 구조이다. 만약 양이온같이 전하를 띤 물체를 헬륨 원자 가까이 가져가면 정전기적 상호 작용이 전하 밀도를 찌그러지게 한다(그림 17.4). 그때 원자는 전하를 띤 입자에 의해 유도된 쌍극자 모멘트를 갖게 된다. **유도 쌍극자 모멘트**(induced dipole moment, $\mu_{유도}$)의 크기는 전기장 E의 세기에 비례한다.

$$\mu_{유도} \propto E$$

$$= \alpha' E \tag{17.13}$$

여기서 비례 상수 α'를 **편극도**(polarizability)라고 한다. 헬륨 원자를 무한히 먼 위치($E=0$)에서 거리 r인 위치($E=E$)로 이동시키는 데 필요한 일이 상호 작용에 따른 퍼텐셜 에너지이다. 즉

$$V = -\int_0^E \mu_{유도} dE$$

$$= -\int_0^E \alpha' E dE$$

$$= -\frac{1}{2}\alpha' E^2 \tag{17.14}$$

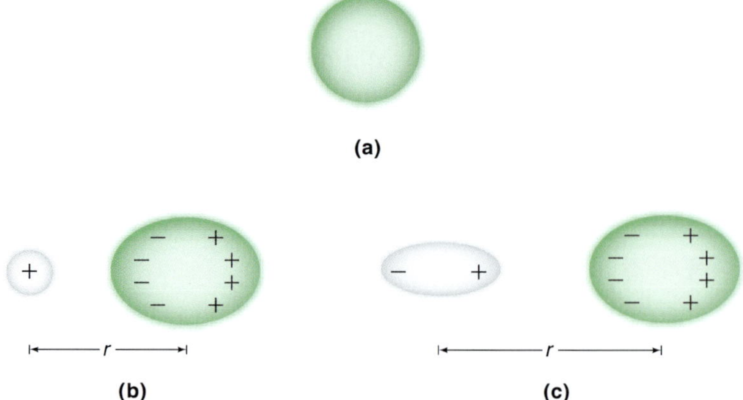

그림 17.4
(a) 고립된 헬륨 원자는 전자 밀도가 구형으로 대칭이다. (b) 양이온과의 정전기적 상호 작용에 의해 헬륨에 유도된 쌍극자 모멘트. (c) 영구 쌍극자 모멘트와의 정전기적 상호 작용에 의해 헬륨에 유도된 쌍극자 모멘트. 헬륨에서 +와 − 부호는 전자 밀도의 이동에 따른 부분 전하를 나타낸다.

전하가 q인 이온에 대한 전기장(부록 7.1 참조)은 다음과 같다.

$$E = \frac{q}{4\pi\varepsilon_0 r^2}$$

이 식을 식 17.14에 대입하면

$$V = -\frac{1}{2}\frac{\alpha' q^2}{(4\pi\varepsilon_0)^2 r^4} \tag{17.15}$$

정성적으로 설명하면, 편극도는 원자나 분자의 전자 밀도가 전기장에 의해 얼마나 쉽게 변형될 수 있는지를 나타낸다. C=C, C=N과 같은 불포화 결합, 나이트로기($-NO_2$), 페닐기($-C_6H_5$), DNA의 염기쌍, 그리고 음이온들은 편극도가 매우 크다. 일반적으로 분자에서 전자수가 더 많고 전자 구름이 더 잘 확산할수록 편극도가 더 크다. 그러나 식 17.13에서 정의한 것과 같이, α'의 단위는 C m^2 V^{-1}로, 쉽게 이해할 수 있는 양은 아니다. 이러한 이유로 m^3 단위를 갖는 편극도 α로 사용하는 것이 더 편리하다. 여기서 α는 다음과 같다.

$$\alpha = \frac{\alpha'}{4\pi\varepsilon_0}$$

이제 식 17.15는 다음 식으로 나타낼 수 있다.

$$V = -\frac{1}{2}\frac{\alpha q^2}{4\pi\varepsilon_0 r^4} \tag{17.16}$$

무극성 분자는 영구 쌍극자에 의해서도 유도 쌍극자가 될 수 있다(그림 17.4 참조). 쌍극자-유도 쌍극자 상호 작용에 의한 퍼텐셜 에너지는 다음과 같이 주어진다.

$$V = -\frac{\alpha'\mu^2}{(4\pi\varepsilon_0)^2 r^6} = -\frac{\alpha\mu^2}{4\pi\varepsilon_0 r^6} \tag{17.17}$$

여기서 α는 무극성 분자의 편극도이고 μ는 극성 분자의 쌍극자 모멘트이다. 식 17.16과 17.17은 둘 다 온도와 무관하다. 이것은 쌍극자 모멘트가 순간적으로 유도될 수 있기 때문에 V 값은 분자의 열적 운동에 영향을 받지 않기 때문이다. 표 17.1은 몇 가지 원자와 간단한 분자들의 편극도 값을 보여 준다.

표 17.1 몇 가지 원자와 분자에 대한 편극도

원자	$\alpha(10^{-30}\ m^3)$	분자	$\alpha(10^{-30}\ m^3)$
He	0.20	H_2	0.80
Ne	0.40	N_2	1.74
Ar	1.66	CO_2	2.91
Kr	2.54	NH_3	2.26
Xe	4.15	CH_4	2.61
I	4.96	C_6H_6	10.4
Cs	42.0	CCl_4	11.7

일반적으로 이온-유도 쌍극자와 쌍극자-유도 쌍극자 사이의 상호 작용은 둘 다 이온-쌍극자 상호 작용에 비교하여 매우 약하다. 이러한 이유로 NaCl 같은 이온 결합 화합물과 알코올 같은 극성 분자는 벤젠이나 사염화 탄소 같은 무극성 용매에 잘 녹지 않는다.

예제 17.3

소듐 이온(Na^+)이 공기 중에서 질소 분자로부터 4.0 Å(400 pm) 거리에 있다. 식 17.16을 이용하여 이온-유도 쌍극자 상호 작용의 퍼텐셜 에너지를 kJ mol^{-1} 단위로 계산하시오.

답

주어진 값은 다음과 같다.

$$\alpha(N_2) = 1.74 \times 10^{-30}\ m^3$$

$$r = 4.0\ Å = 4.0 \times 10^{-10}\ m$$

식 17.16을 이용하여

$$V = -\frac{1}{2}\frac{(1.74 \times 10^{-30}\ m^3)(1.602 \times 10^{-19}\ C)^2}{4\pi(8.854 \times 10^{-2}\ C^2\ N^{-1}\ m^{-2})(4.0 \times 10^{-10}\ m)^4}$$

$$= -7.8 \times 10^{-21}\ J$$

$$= -4.7 \text{ kJ mol}^{-1}$$

COMMENT

이 값은 예제 17.2에서 구한 이온-쌍극자 상호 작용의 값보다 훨씬 더 작다.

분산력 또는 London 상호 작용

지금까지는 상호 작용에 관여하는 입자들 중 적어도 하나가 전하를 띤 이온이거나 쌍극자 모멘트를 갖는 화학종으로 이루어진 시스템이었으며, 이들 입자 간의 상호 작용은 고전 물리학으로 만족할 만한 답을 얻을 수 있다. 그럼 이제 다음과 같은 질문을 해 보자. 헬륨과 질소 같은 무극성 기체도 액화될 수 있는데, 이때 이들 원자들 사이 또는 무극성 분자들 사이에 작용하는 상호 작용은 어떤 종류의 힘에 의한 것인가?

헬륨에서처럼 전자 밀도가 구형으로 대칭이란 말은, 핵으로부터 정해진 거리만큼 떨어진 곳에서, 일정한 시간(예를 들면 계의 물리적 성질을 측정할 수 있을 만큼 충분한 시간) 동안의 평균 전자 밀도가 모든 방향에서 같다는 것을 의미한다. 각 헬륨 원자들의 순간적인 전자 배열을 스냅 사진으로 찍을 수 있다면, 원자들 간의 상호 작용으로 구형 대칭에서 벗어나는 정도가 서로 다른 다양한 경우를 발견할 수 있을 것이다. 매 순간에 만들어지는 일시적 쌍극자는 이웃 원자를 쌍극자로 만들 수 있으며, 그 결과 미약하지만 서로 끌어당기는 상호 작용이 나타날 것이다. 이러한 상호 작용은 매우 약할 것으로 예상된다. 헬륨의 끓는점(4 K)이 낮다는 것은 액체 상태에서 원자들이 서로 끌어당기는 힘이 매우 약하다는 의미이다. 그러나 편극도가 큰 분자들의 상호 작용은 쌍극자-쌍극자와 쌍극자-유도 쌍극자 상호 작용 정도의 크기이거나 심지어 더 클 수도 있다. 예를 들면 무극성 분자이지만 편극도가 큰 사염화 탄소(CCl_4) (표 17.1 참조)는 극성 분자인 플루오린화 메틸(CH_3F)보다 끓는점(−141.8°C)이 훨씬 더 높다(76.5°C).

1930년에 독일의 물리학자 Fritz London(1900~1954)은 무극성 분자들 사이의 상호 작용을 양자 역학적으로 풀어 두 개의 같은 원자나 무극성 분자들 사이의 상호 작용으로 발생되는 퍼텐셜 에너지가 다음과 같이 주어짐을 보였다.

$$V = -\frac{3}{4}\frac{\alpha'^2 I_1}{(4\pi\varepsilon_0)^2 r^6}$$

$$= -\frac{3}{4}\frac{\alpha^2 I_1}{r^6} \qquad (17.18)$$

여기서 I_1은 원자 또는 분자의 제1 이온화 에너지이다. 서로 다른 원자나 분자 A와 B에 대해서는 식 17.18은 다음과 같이 된다.

$$V = -\frac{3}{2}\frac{I_A I_B}{I_A + I_B}\frac{\alpha'_A \alpha'_B}{(4\pi\varepsilon_0)^2 r^6}$$

$$= -\frac{3}{2}\frac{I_A I_B}{I_A + I_B}\frac{\alpha_A \alpha_B}{r^6} \qquad (17.19)$$

이러한 상호 작용으로 발생하는 힘을 **분산력**(dispersion) 또는 London **힘**(London force)이라고 한다. 쌍극자-쌍극자, 쌍극자-유도 쌍극자, 분산력을 통칭해서 van der Waals 힘이라고 한다. 1장에서 설명한 것과 같이, 이와 같은 힘 때문에 실제 기체는 이상 기체와 다른 특성을 나타낸다.

예제 17.4

공기 중에서 4.0 Å 떨어진 두 Ar 원자 간의 상호 작용에 따른 퍼텐셜 에너지를 계산하시오.

답

주어진 값은 다음과 같다.

$$\alpha = 1.66 \times 10^{-30}\ \mathrm{m}^3 \qquad (\text{표 } 17.1)$$

$$I_1 = 1521\ \mathrm{kJ\ mol^{-1}} \qquad (\text{표 } 12.7)$$

식 17.18을 이용하여

$$V = -\frac{3}{4}\frac{(1.66 \times 10^{-30}\ \mathrm{m}^3)^2(1521\ \mathrm{kJ\ mol^{-1}})}{(4.0 \times 10^{-10}\ \mathrm{m})^6}$$

$$= -0.77\ \mathrm{kJ\ mol^{-1}}$$

반발력과 전체 상호 작용

지금까지 설명한 인력과 함께 원자들과 분자들 사이에는 반발력도 작용한다. 반발력이 없다면 이들은 결국 융합되고 말 것이다. 전자 구름들 간에, 또 핵과 핵 간에 강력한 반발력으로 융합은 일어나지 않는다.* 반발력의 퍼텐셜 에너지는 아주 가까운 거리에서만 유효하다. 즉 퍼텐셜은 $1/r^n$에 비례한다. 여기서 n은 8에서 12 사이의 숫자이다. 영국의 물리학자 John Edward Lennard-Jones(1894~1954)는 이온을 제외한 입자 간의 인력과 반발력에 의한 상호 작용을 나타내는 다음과 같은 식을 제안하였다.

John Edward Jones는 1926년 Kathleen Lennard와 결혼하여 부인의 성을 자신의 성에 붙여서 Lennard-Jones가 되었다.

$$V = -\frac{A}{r^6} + \frac{B}{r^{12}} \qquad (17.20)$$

* 원자 또는 분자들 간의 반발력은 공간에서 전자들이 같은 지역을 공유하지 못하도록 하는 Pauli 배타 원리의 결과이다(12.7절 참조).

여기서 A와 B는 서로 상호 작용하는 두 원자 또는 분자들에 대한 상수들이다. 식 17.20에서 첫 번째 항은 인력을 나타내고 (앞에서 설명한 것과 같이 쌍극자-쌍극자, 쌍극자-유도 쌍극자, 분산 상호 작용은 모두 $1/r^6$에 의존한다). 아주 짧은 거리($1/r^{12}$에 의존)에서 두 번째 항은 분자들 간의 반발력을 나타낸다. 식 17.20의 더 일반적인 식은 **Lennard-Jones 6-12 퍼텐셜**이라고 하며 다음과 같다.

$$V = 4\varepsilon\left[\left(\frac{\sigma}{r}\right)^{12} - \left(\frac{\sigma}{r}\right)^{6}\right] \tag{17.21}$$

그림 17.5는 두 분자들 사이의 Lennard-Jones 퍼텐셜을 나타낸 것이다. 주어진 분자 쌍에 대해 ε 값은 퍼텐셜 우물의 깊이에 해당하며 σ는 $V=0$가 되는 거리를 나타낸다. 표 17.2는 몇몇 원자와 분자들의 ε과 σ값을 보여 준다. Lennard-Jones 퍼텐셜이 계산에 자주 이용되지만 $1/r^{12}$ 항이 반발력을 정확하게 기술해 주지는 못한다. 좀 더 만족할 만한 항은 $e^{-ar/\sigma}$이다. 여기서 a는 상수이다.

전체 상호 작용 퍼텐셜에 대한 몇 가지 특징을 살펴보자. 첫째, 2차 virial 계수 B'(1.7절 참조)는 분자간 상호 작용 퍼텐셜과 연관이 있다. 식 1.12에 따르면, 이 계수는 실험적으로 P에 대해 나타낸 Z 곡선의 기울기로부터 구할 수 있다(3차와 더 높은 차수의 virial 계수를 무시할 경우). 그러므로 B' 값을 알면 분자간 퍼텐셜을 결정할 수 있다. 둘째, σ 값은 두 개의 결합하지 않은 원자들이 서로 얼마나 근접할 수 있는지 측정하여 결정된다. **van der Waals 반지름**이라고 하는 이 값은 결정 상태에서 두 원자들의 핵간 거리의 절반에 해당하는 값이다. 예를 들면 고체 Cl_2에서 두 인접한 결합하지 않은 Cl 원자들 사이의 평균 거리는 3.60 Å이므로, Cl의 van der

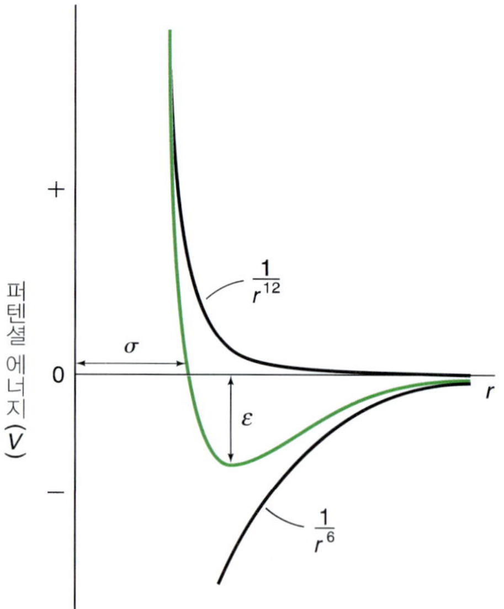

그림 17.5
두 분자 또는 두 원자들 간 퍼텐셜 에너지 곡선(녹색)은 $1/r^6$(인력)과 $1/r^{12}$(반발력) 항들의 합이다. 우물의 깊이는 ε으로 주어지며 σ는 $V=0$에서 분자의 중심 간의 거리이다.

표 17.2 몇몇 원자 및 분자에 대한 Lennard-Jones 상수

입자	ε(kJ mol^{-1})	σ(Å)
Ar	0.997	3.40
Xe	1.77	4.10
H_2	0.307	2.93
N_2	0.765	3.92
O_2	0.943	3.65
CO_2	1.65	4.33
CH_4	1.23	3.82
C_6H_6	2.02	8.60

Waals 반지름은 3.60 Å/2, 즉 1.80 Å이다. 이 값은 Cl의 공유 결합 반지름인 1.01 Å보다 훨씬 더 길다. 표 17.3에 여러 원자들과 메틸기의 van der Waals 반지름을 열거해 놓았다. 공간 채움 모형에서 원자의 크기는 van der Waals 반지름을 기초로 한 것이다. 셋째, 분자간 퍼텐셜 에너지의 상대적 크기를 분자내 퍼텐셜 에너지와 비교하는 것은 흥미로운 일이다. 두 개의 H_2 분자들 사이의 상호 작용과 하나의 H_2 분자내 퍼텐셜 에너지를 생각해 보자. 분자간 상호 작용에서 퍼텐셜 우물의 깊이는 약 0.3 kJ mol^{-1}이고 분자 간 거리는 3.4 Å(340 pm)이다. H_2의 분자 내에서 이에 상응하는 값들은 각각 432 kJ mol^{-1}과 0.74 Å(74 pm)이다(그림 3.15 참조). 그러므로 보통의 화학 결합의 안정성은 분자간 힘으로 생성된 화학종보다 100~1000배 크고, 분자로 결합된 원자들은 훨씬 더 가까이 있다.

표 17.3 원자들과 메틸기에 대한 van der Waals 반지름

원자	반지름(Å)
H	1.2
C	1.5
N	1.5
O	1.4
P	1.9
S	1.85
F	1.35
Cl	1.80
Br	1.95
I	2.2
$-CH_3$	2.0

17.4 수소 결합

여기서 설명할 수소 결합을 포함한 분자간 상호 작용들을 표 17.4에 요약해 놓았다. 수소 결합은 분자들 사이에서의 특별한 상호 작용이다. 수소 결합은 수소 원자를 포함하는 극성 결합(예를 들면 O−H 또는 N−H)이 산소, 질소, 플루오린과 같은 전기 음성도가 큰 원자들과 상호 작용할 때 형성된다. 이 상호 작용은 A−H···B로 나타낸다. 여기서 A와 B는 전기 음성도가 큰 원자들이고, 점선은 수소 결합(hydrogen bond)을 나타낸다.* 그림 17.6은 여러 가지 수소 결합들을 보여 준다. 수소 결합이 상대적으로 약하다고 할지라도(약 40 kJ mol^{-1} 또는 그 이하) 많은 화합물의 성질을 결정하는 데 중심 역할을 한다.

* 얼음을 X선으로 상세히 연구하면 O···H 수소 결합 또는 아주 강한 다른 종류의 수소 결합에는 상당한 정도의 고유 결합 특성이 있음을 알 수 있다. 양자 역학 계산도 이러한 결론을 입증해 준다[E. D. Isaacs, A. Shukla, P. M. Platzmann, et. al. *Phys. Rev. Lett.* **82**, 600(1999)와 Science 283, 614 (1999)를 참조].

표 17.4 분자간의 상호 작용

상호 작용의 종류	거리 의존성	예	에너지 크기(kJ mol^{-1})[a]
공유 결합	단순 설명 불가	H—H	200~800
이온-이온	$\frac{q_A q_B}{4\pi\varepsilon_0 r}$	Na^+Cl^-	40~400
이온-쌍극자	$\frac{q\mu}{4\pi\varepsilon_0 r^2}$	$Na^+(H_2O)_n$	5~60
쌍극자-쌍극자	$\frac{2}{3}\frac{\mu_A^2\mu_B^2}{(4\pi\varepsilon_0)^2 r^6}\frac{1}{k_B T}$	SO_2 SO_2	0.5~15
이온-유도 쌍극자	$\frac{1}{2}\frac{\alpha q^2}{4\pi\varepsilon_0 r^4}$	Na^+ C_6H_6	0.4~4
쌍극자-유도 쌍극자	$\frac{\alpha\mu^2}{4\pi\varepsilon_0 r^6}$	HCl C_6H_6	0.4~4
분산력	$\frac{3}{4}\frac{\alpha^2 I}{r^6}$	CH_4 CH_4	4~40
수소 결합	단순 설명 불가	$H_2O\cdots H_2O$	4~40

[a] 실제값은 떨어진 거리, 전하, 쌍극자 모멘트, 편극도 및 매질의 유전 상수에 따라 달라진다.

수소 결합이 존재한다는 것에 대한 첫 번째 실험 증거는 화합물의 끓는점에 대한 연구에서 나왔다. 보통 같은 족 원소를 포함하는 유사 화합물들의 끓는점은 몰질량이 증가함에 따라(즉 편극도가 증가함에 따라) 증가한다. 그러나 그림 17.7에서 보여주듯이 15, 16, 17족에 있는 원소의 수소 화합물은 이 경향을 따르지 않는다. 각 계열에서 가장 가벼운 수소 화합물(NH_3, H_2O, HF)들이 가장 높은 끓는점을 가지고 있다.

이러한 종류의 결합은 전자가 한 개인 수소에서만 볼 수 있는 독특한 결합이다. 전기 음성도가 큰 원자와 공유 결합을 형성하는 데 전자가 사용되면, 수소 핵은 가림이 감소된다. 결과적으로 수소의 양성자는 다른 분자의 전기 음성도가 큰 원자와 직접 상호 작용할 수 있다. 상호 작용의 세기에 따라 고체와 액체 상태뿐만 아니라 기체 상태에서도 이러한 결합이 존재할 수 있다. 고체와 액체에서 HF는 다음과 같은 중합체 사슬을 형성한다.

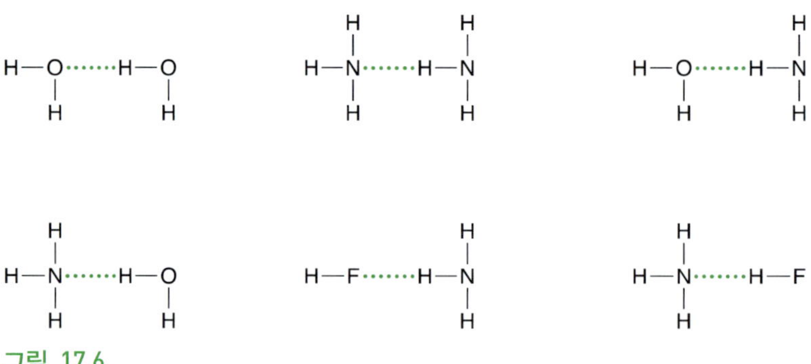

그림 17.6
수소 결합의 예. 녹색 점선은 수소 결합을 나타낸다.

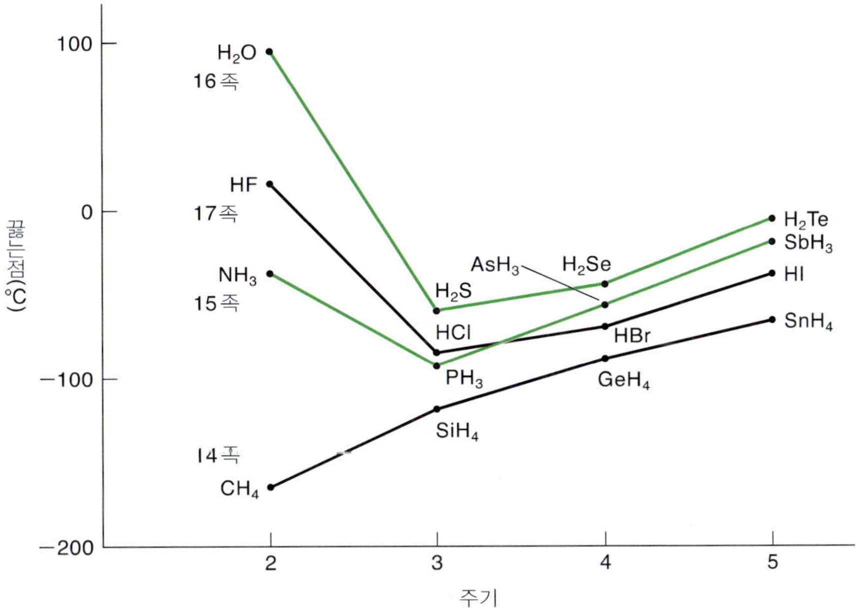

그림 17.7
14, 15, 16, 17족에서 수소와 결합한 화합물들의 끓는점. 보통은 족의 아래로 내려갈수록 끓는점이 높아질 것으로 예상하지만 NH_3, H_2O, HF는 분자간 수소 결합으로 인해 다르게 행동한다.

F—H···F—H···F—H···F—H···F

양성자 주개쌍(AH)과 받개(B)가 일직선(즉 ∡ AHB = 180°)이 될 때 가장 안정하지만, 실제로는 약 30°까지 벗어나는 것으로 알려져 있다.

분자는 또한 **분자내**(intramolecular) 수소 결합을 형성할 수 있다. 예를 들면 푸마르산과 말레산이 있는데, 이들은 서로 이성질체로서 1차와 2차 해리 상수 K_1과 K_2는 각각 다음과 같다.

푸마르산	말레산
H(COOH)C=C(H)HOOC	H(COOH)C=C(COOH)H
$K_1 = 9.6 \times 10^{-4}$	$K_1 = 1.2 \times 10^{-2}$
$K_2 = 4.1 \times 10^{-5}$	$K_2 = 6.0 \times 10^{-7}$

cis 이성질체가 양성자를 제거하는 데 용이한 입체 구조이므로, 말레산의 1차 해리 상수는 푸마르산보다 훨씬 더 높다. 반면에 푸마르산의 2차 해리 상수는 1차 해리 상수의 1/20 정도이지만, 말레산의 경우 K_2는 K_1의 20,000분의 1에 불과하다. 이러한 현상은 말레산에서는 다음과 같이 −COOH와 $-COO^-$기 사이에 만들어지는 안정한 분자내 수소 결합으로 설명할 수 있다.

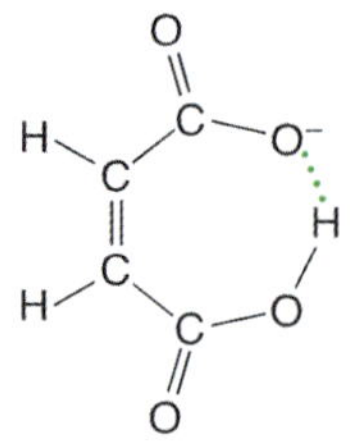

수소 결합이 존재한다는 것을 증명할 수 있는 여러 가지 실험적인 방법들이 있다. 시료가 고체 결정인 경우 X선 회절 측정이 가장 직접적인 증거이다. 수소 결합력의 크기는 다른 분자간 힘들에 비해 상대적으로 크기 때문에 AH와 B 사이의 예상되는 거리(각각의 van der Waals 반지름의 합)보다 0.2~0.3 Å만큼 짧아진다. 적외선(IR)과 핵자기 공명(NMR) 분광법은 시료가 액체인 경우 수소 결합이 작용하는지를 연구하는 데 매우 유용하다. 예를 들면 수소 결합을 하고 있는 분자의 IR 스펙트럼을 보면, 신축 모드는 수소 결합을 하지 않았을 때의 분자보다 더 낮은 IR 진동수에서, 굽힘 모드는 더 높은 진동수로 이동해서 나타난다.

A—H 신축　　A—H 굽힘

수소 결합이 형성되면서 A−H 신축에 기인한 IR 피크의 너비와 세기 또한 증가할 수 있다. 또한 NMR에서 양성자의 화학적 이동은 수소 결합에 의해서 상당히 달라질 수 있다는 것을 이론적으로 예측할 수 있으며 실험적으로도 관찰된다.

수소 결합은 단백질 구조의 안정성에 크게 기여한다. 폴리펩타이드 사슬의 α 나선 구조는 >C=O와 >N−H기 사이의 분자내 수소 결합으로 생긴 것이다. 다른 한편으로는, 두 개의 폴리펩타이드 사슬 사이의 분자간 수소 결합은 β 병풍 구조를 형성한다. 여기서는 DNA에서 수소 결합의 중요성을 알아보기로 한다.

DNA 분자들은 몰질량이 수백만에서 수백억 그램인 고분자들이다. 이들 고분자를 이루는 기본 단위체는 세 부분으로 구성된다. 즉 인산기, 당기, 퓨린과 피리미딘 염기(아데닌, 사이토신, 구아닌, 타이민). 그림 17.8은 Watson−Crick의 이중 나선 구조 모형[미국의 생물학자 James Dewey Watson(1928~)과 영국의 생물학자 Francis Harry Compton Crick(1916~2004)의 이름에서 따옴]을 보여 준다. 분자의 골격은 당과 인산기가 번갈아 바뀌며 구성되어 있다. 각 당기에는 퓨린 또는 피리미딘 염기가 붙어 있다. DNA의 두 가닥에 나란히 붙어 있는 염기들 사이에 수소 결합이 형성되면 이중 나선 구조를 만든다. 염기들 간의 수소 결합 방향은 대략 나선 축에 직각이다. 각각의 염기는 다른 3개의 염기 중 오직 하나와 마주 볼 때 강한 수소 결합을 만든다. 이러한 염기쌍의 특이성이 DNA 구조에 유전자 암호를 저장하는 데 필요한 안정성을 유지하게 해 준다.

DNA 분자들에서 에너지가 가장 안정한 구조를 만드는 염기쌍들은 아데닌(A)−

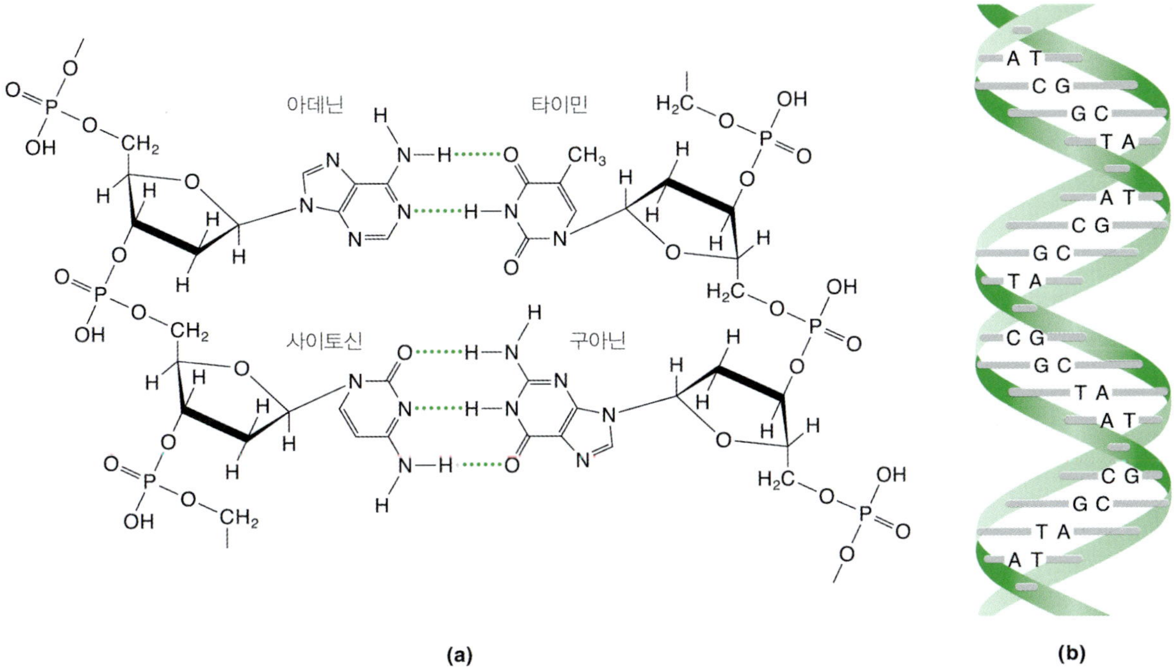

(a) (b)

그림 17.8

(a) 아데닌(A)–타이민(T) 사이와 사이토신(C)–구아닌(G) 사이의 염기쌍 형성. (b) 오른손 방향 이중 나선 구조인 DNA의 가장 일반적인 구조. 두 가닥은 수소 결합과 다른 분자간 힘으로 결합된다.

타이민(T)과 사이토신(C)–구아닌(G)이고, 따라서 그림 17.8b에서 보여 주듯이 두 염기 가닥 간의 마주 보는 염기쌍은 서로 가장 강한 수소 결합을 할 수 있는 염기들이 배열되므로 상보적인 구조를 하고 있다. 수소 결합을 끊는 데 많은 에너지가 필요한 것은 아니지만(약 5 kJ mol^{-1}), DNA의 이중 나선 구조는 정상적인 생리적 조건하에서 안정하게 그 구조를 유지하고 있다. 분자의 안정성은 수소 결합 형성의 협동적 성질(cooperative nature)에 달려 있다. 상온에서 용액 속에 있는 두 개의 뉴클레오타이드쌍 C와 G를 생각해 보자. 수소 결합을 하지 않은 염기와 수소 결합을 한 염기쌍의 비율은 Boltzmann 분포 법칙을 이용하여 계산할 수 있다.

$$\frac{(\text{C, G})_{\text{자유 염기}}}{(\text{C}-\text{G})_{\text{염기쌍}}} = e^{-\Delta E/RT} = \exp\left(\frac{-3 \times 5000\ \text{J mol}^{-1}}{8.314\ \text{J K}^{-1}\ \text{mol}^{-1} \times 300\ \text{K}}\right)$$
$$= 0.00244$$

사이토신–구아닌 염기쌍은 세 개의 수소 결합을 한다.

그러므로 계산 결과에 의하면 상온에서 자유 염기쌍 한 개마다 각 가닥이 두 개의 사이토신과 두 개의 구아닌으로 이루어진 다이뉴클레오타이드가 있다고 가정하면, 결합을 하고 있을 확률이 자유 염기로 있을 확률보다 410×410, 즉 1.68×10^5배 더 높다. 그렇다면 수천 개의 염기를 포함하는 폴리뉴클레오타이드는 평형에서 수소 결합을 한 구조가 압도적으로 선호된다.

이러한 염기가 쌍을 이루는 DNA의 구조를 보면, 어떻게 세포가 분열할 때마다 DNA가 가닥을 풀어서 복제 또는 재생산되는지 그 답을 알 수 있다. 복제 과정 중

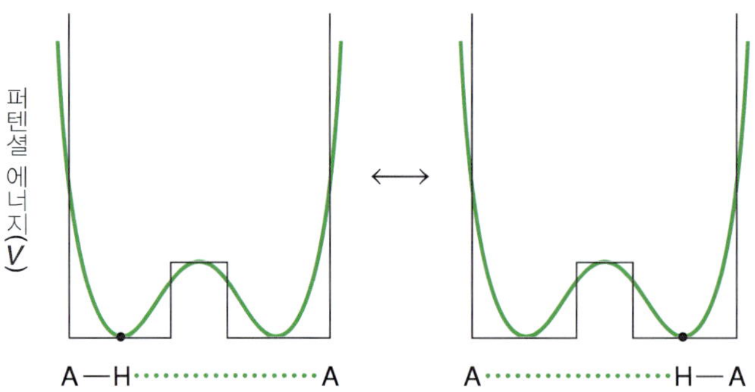

그림 17.9
A–H···A 형태의 수소 결합에 대한 1차원 상자 속 입자 모형에 따른 퍼텐셜 에너지. 이 퍼텐셜 장벽에 갇힌 입자(수소)가 낮은 에너지 장벽을 통과하여 A···H–A 구조가 될 수 있다.

두 가닥이 분리되어 똑같은 두 개의 DNA 분자가 생긴다. DNA가 복제 중에 정확히 복사되는 이유는 아데닌–구아닌과 사이토신–타이민 사이의 수소 결합의 특이성 때문이다.

지금까지 수소 결합 형성에 대해 설명하기 위해 전기 음성도가 큰 N, O, F 원자에 초점을 맞추었다. 그러나 이들 원자들이 포함되지 않는 화합물에서도 수소 결합이 존재한다. NH_3, H_2O, HF에서의 수소 결합과 비교하면 세기가 약하지만, 아래에 보는 바와 같이 '약한' 수소 결합이라고 불리는 수소 결합을 하는 예들도 있다.

$$Cl_3C{-}H\cdots O{=}C(CH_3)_2 \qquad Cl_3C{-}Cl\cdots H{-}F \qquad F{-}H\cdots (HC{\equiv}CH)$$

클로로폼과 아세톤 사이의 수소 결합은 끓는점이 가장 높은 불변 끓음 혼합물(azeotrope)이 만들어지는 원인이다(6.6절 참조). 또한 흥미롭게도 전자가 풍부한 아세틸렌의 삼중 결합은 플루오린화 수소와 수소 결합을 형성할 수 있다. 유사하게 벤젠에서 비편재화된 π 전자들도 약한 수소 결합을 형성할 수 있다.

마지막으로 수소 원자의 질량이 작기 때문에, 어떤 수소 결합에서는 양자 역학적 터널링(quantum mechanical tunneling)이 일어나기도 한다. 무극성 용매에서 카복실산은 다음과 같이 이합체가 된다.

$$R{-}C(=O\cdots H{-}O)(-O{-}H\cdots O{=})C{-}R \longleftrightarrow R{-}C(-O\cdots H{-}O{-})(=O\cdots H{-}O)C{-}R$$

그림 17.9는 두 개의 최저점이 있는 이중 포텐셜 우물을 보여 준다. 즉 그림에서 보는 것과 같이 양성자 터널링이 일어나면서 상자의 길이가 '길어짐'에 따라 퍼텐셜 에너지가 낮아지므로 수소 결합이 안정화되는 효과가 있다.

17.5 물의 구조와 성질

물은 너무도 흔한 물질이어서 독특한 성질이 있다는 사실을 쉽게 잊게 된다. 예를 들어 분자량을 생각하면, 물은 상온에서 기체이어야 하지만, 물 분자 간의 강한 수소 결합 때문에 끓는점이 1기압에서 373.15 K이 된다. 여기서는 얼음과 액체 상태 물의 구조를 알아보고 물의 생물학적 중요성에 대해 생각해 보기로 한다.

얼음의 구조

물의 특성을 이해하려면 먼저 얼음의 구조를 이해해야만 한다. 현재까지 얼음의 구조는 12개 이상이 알려져 있고, 이들 대부분은 고압의 조건하에서만 안정하다. 가장 친숙한 형태인 얼음 I 구조를 자세히 알아보자. 273 K와 1기압에서 얼음 I의 밀도는 0.924 g mL^{-1}이다.

H_2O는 NH_3나 HF 같은 다른 극성 분자들과는 상당히 다른 중요한 차이가 있다. 물분자에는 수소 결합을 할 수 있는 같은 수의 수소 원자와 산소의 비공유 전자쌍이 있다.

0.958 Å
H O H
104.45°

그 결과 각각의 산소 원자는 두 개의 공유 결합과 두 개의 수소 결합에 의해 주위에 네 개의 수소 원자와 정사면체로 결합되는 광대한 3차원 그물망을 안정적으로 만들 수 있게 된다. 반면에 NH_3와 HF에서는 중심 원자의 수소 원자수와 비공유 전자쌍의 수가 서로 다르다. 결과적으로 NH_3와 HF는 고리나 사슬 구조의 형성은 가능하지만, 커다란 3차원 구조를 형성하지는 못한다.

그림 17.10은 얼음 I의 구조를 보여 준다. 인접한 산소 원자들 사이의 거리는 2.76 Å이다. O−H 길이는 0.96 Å에서 1.02 Å 사이이고, O⋯H 거리는 1.74 Å에서 1.80 Å 범위에 있다. 얼음이 열린 격자 구조이기 때문에 물보다 밀도가 더 낮은데, 이러한 사실은 생태학적으로 매우 중요한 의미를 갖는다. 얼음에서 이러한 수소 결합의 형태가 없었다면, 다른 대부분의 물질들처럼 물도 고체 상태에서의 밀도가 액체에 비해 높게 될 것이다. 그러면 물이 얼기 시작할 때, 얼음은 호수나 웅덩이 바닥으로 가라앉게 되고, 점차 모든 물이 얼게 되어 대부분의 살아 있는 생물체들이 겨울에는 죽게 될 것이다. 다행히도 물은 277.15 K(약 4°C)에서 밀도가 최대가 된다. 277.15 K 아래로 온도가 떨어지면 물의 밀도는 감소하고, 그 물은 결빙이 되는 표면으로 떠오르게 된다. 표면에 형성된 얼음층은 가라앉지 않고 단열재 역할을 하여 얼음 밑의 생태 환경을 보호해 준다.

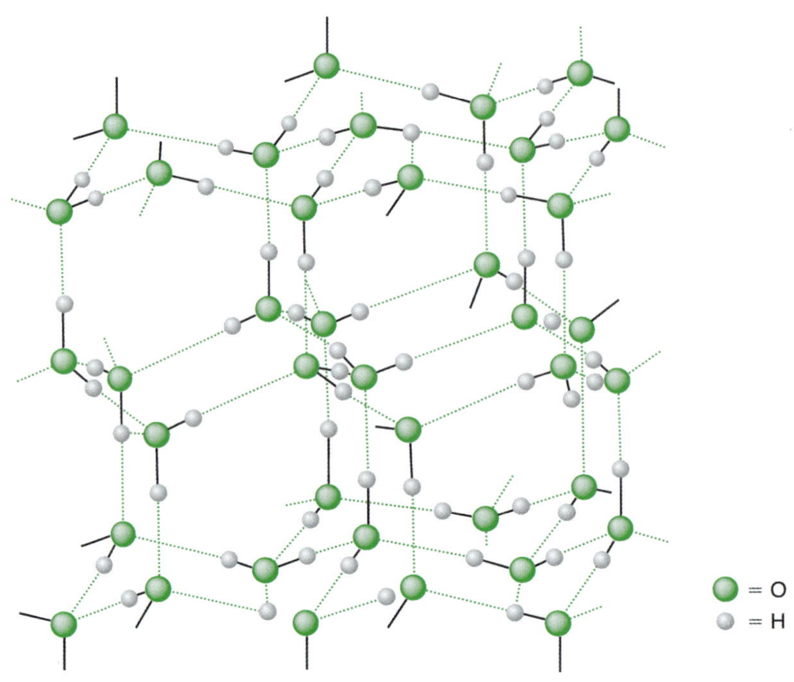

그림 17.10
얼음의 구조. 녹색 점선은 수소 결합을 나타낸다.

물의 구조

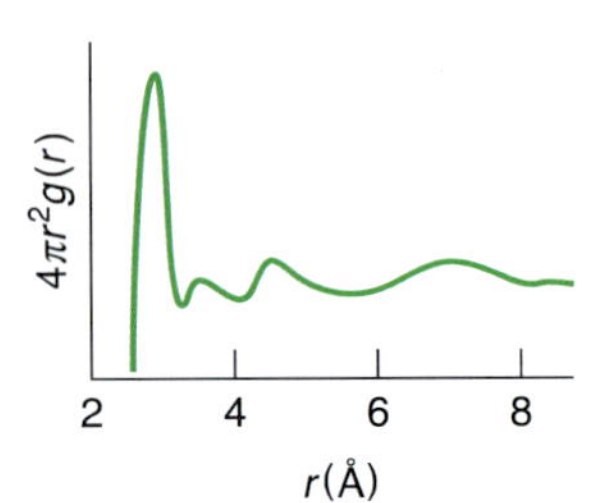

그림 17.11
실험적으로 구한 4°C 물에 대한 방사 방향 분포 곡선. 온도가 올라가면 피크는 더 넓어진다.

액체 상태의 물을 이야기할 때 **구조**(structure)란 단어를 사용하는 것이 이상하게 들릴지도 모르지만, 대부분의 액체는 어느 정도의 단거리 질서를 가지고 있다. 액체 구조를 연구하는 편리한 방법은 **방사 방향 분포 함수**[radial distribution function, $g(r)$]를 사용하는 것이다. 이 함수는 한 분자를 중심으로 하는 반지름이 r인 구를 생각할 때, 두께가 dr인 구의 껍질에서 분자를 발견할 확률로, $4\pi r^2 g(r)dr$로 정의된다.* 결정성 고체에 대해서는 $4\pi r^2 g(r)$을 r에 관하여 그리면, 결정은 장거리 질서를 갖기 때문에 일련의 뾰족한 선으로 나타난다. 그와는 대조적으로 그림 17.11에서 보여 주듯이 4°C에서 액체 상태 물의 방사 방향 분포 곡선은 2.90 Å에서 가장 큰 피크를, 3.50 Å, 4.50 Å, 7.00 Å에서 낮은 피크를 보여 준다. 7.00 Å을 넘어가면 이 함수는 일정한 상수로 나타나는데, 이는 물 분자 간에 지역 질서(local order)가 거의 없음을 의미한다. X선 회절 결과에 의하면 얼음에서 O−O 간의 거리는 2.76 Å 정도가 된다. 그런데 액체 상태의 물에서 얻은 방사 방향 분포 함수가 2.90 Å에서 큰 피크를 보인다는 것은 액체 상태에서 물 분자들이 정사면체와 매우 유사한 배열을 하고 있다는 것을 말해 준다. 3.50 Å에 있는 피크는 얼음 I의 어떤 결합 길이와도 일치하지 않는다. 얼음 I 구조에서 이 위치는 틈새 자리(interstitial site)에 해당하는데, 이는 얼음이 녹을 때 물 분자 중 일부가 다른 분자와의 결합이 풀리면서 틈새

* 여기서 방사 방향 분포 함수는 12장에서 수소 원자를 설명하는 데 사용한 것과 유사하다. 액체의 경우 이 분포 함수는 X선 회절 무늬의 점의 세기를 이용하여 만들어진다.

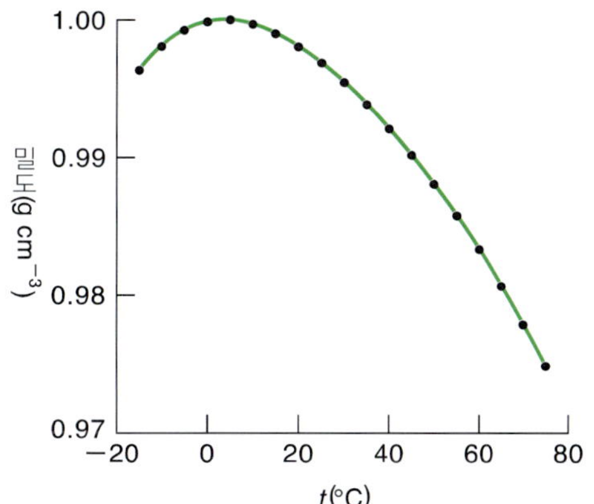

그림 17.12
액체 상태 물의 온도에 따른 밀도의 변화 그래프. 최대 밀도는 3.98°C에서 0.99997 g cm^{-3}이고, 얼음의 밀도는 0°C에서 0.9167 g cm^{-3}이다.

자리에 갇히게 되고, 3.50 Å에 피크가 나타나게 된다. 4.50 Å과 7.00 Å의 피크들도 정사면체 배열과 일치한다.

위의 설명을 통해 알 수 있는 것은, 비록 수소 결합들이 구부러지고 찌그러지더라도 얼음의 특성을 나타내는 광대한 3차원 수소 결합 구조가 물에서도 거의 유지된다는 것이다. 또한 녹을 때 물 단위체의 분자들이 남아 있는 '얼음 같은' 격자의 틈새를 점유하게 되면서, 물의 밀도가 얼음의 밀도보다 더 크게 된다는 것도 설명된다. 온도를 더 올리면 더 많은 수소 결합이 끊어지지만, 동시에 분자들의 운동 에너지도 증가하게 된다. 결과적으로 더 많은 물 분자가 분자간 틈새를 차지하게 되지만, 운동 에너지가 증가하면서 분자들이 더 큰 부피를 차지하기 때문에 물의 밀도를 감소시킨다. 얼음이 녹기 시작하는 초기에는 물 분자 하나가 틈새를 점유하는 정도가 운동 에너지 증가에 따른 부피 증가를 압도하여 0°C에서 4°C로 온도가 높아짐에 따라 밀도가 증가한다. 그러나 이 온도를 넘어서면 운동 에너지에 의한 부피 증가가 압도하게 되어 밀도는 온도 증가에 따라 감소하게 된다(그림 17.12).

물 뭉치. 분자 수준에서 물 구조를 연구하는 데 효과적인 실험적 접근법은 '한 번에 한 분자'씩 추가해서 고체와 액체 물을 만들어가는 것으로, 즉 **물 뭉치**(water cluster)를 만드는 것이다. 궁극적으로 물 뭉치의 성질은 뭉치가 커질수록 액체 물의 성질에 수렴하게 된다. 이러한 기술로 물 뭉치를 만들 수 있으며, 초음파 분자살을 이용하여 절대 0도 근처까지 냉각시키면, 뭉치를 구성하고 있는 물 분자들 사이의 수소 결합 진동을 적외선 분광학을 이용하여 연구할 수 있다. 그림 17.13은 작은 물 뭉치들의 구조를 보여 준다.

물의 생리화학적 성질

표 17.5에 물의 몇 가지 중요한 생리화학적 특성을 정리하였다. 물의 성질들이 비이상적으로 높은 값을 갖는 것들을 많이 볼 수 있다. 이와 같은 독특한 특성 때문에, 물은 특별한 용매이며 특히 생명체에 적합하다. 이러한 이유들을 간략히 설명하면 다음과 같다.

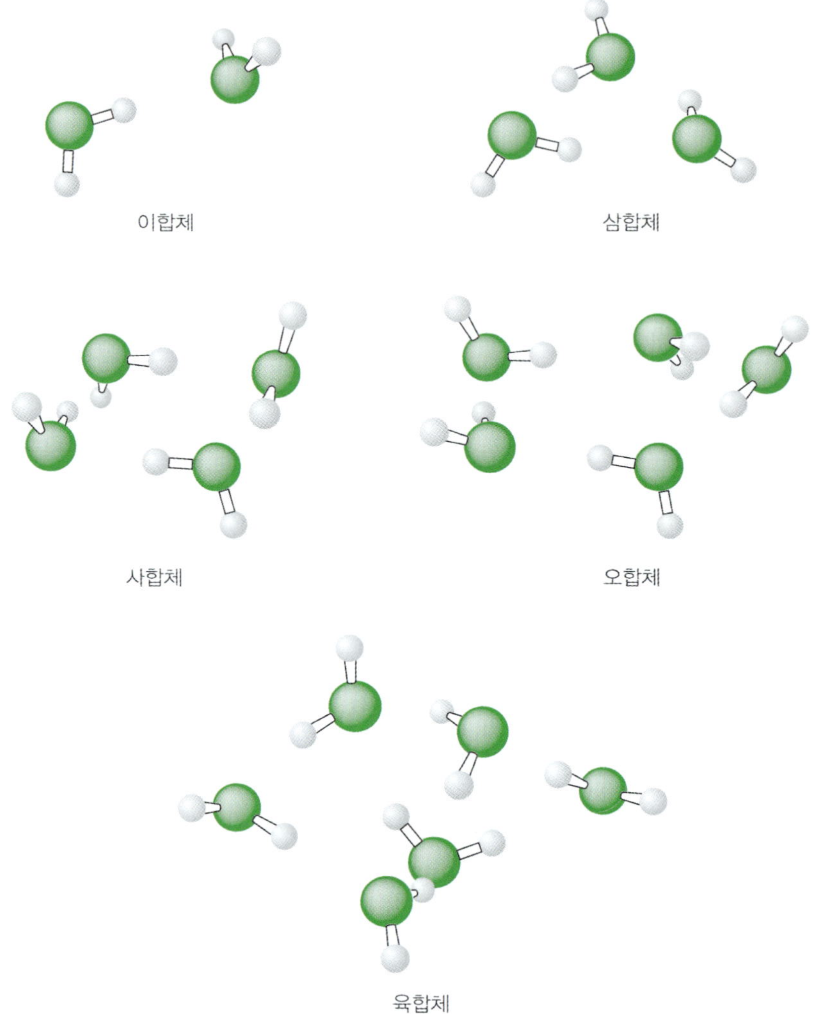

그림 17.13
물 뭉치의 구조. 삼합체, 사합체, 오합체는 고리 모양의 물 뭉치이다. 이때 각각의 물은 주개와 받개의 역할을 모두 하며 수소 결합을 만든다. 육합체는 3차원 새장 구조이다(출처: Kun Liu, Mac. Brown, Jeff Cruzan, the University of California, Berkeley).

1. 물은 모든 액체 중 가장 높은 유전 상수를 갖는 것 중의 하나이다(표 7.3 참조). 이 성질 때문에 이온 결합 화합물이 물에 잘 녹는다. 즉 물은 이온 결합 화합물에 대해 우수한 용매이다. 아울러 물은 수소 결합 능력이 있어서 탄수화물, 카복실산, 아민들과 같은 유기 분자들을 용해시킬 수 있다.
2. 방대한 양의 수소 결합으로 인해 물은 열용량이 매우 크다. $\Delta H = C_p \Delta T$(식 3.18 참조)이므로 $\Delta T = \Delta H / C_p$이다. 즉 수용액의 온도를 1 K 올리는 데 많은 열이 필요하다. 이러한 성질은 대사 과정 중 발생한 열로부터 세포의 온도를 조절하는 데 용이하다. 환경적 관점에서는 온도 변화가 거의 없이 많은 열을 흡수할 수 있는 물의 능력은 지구 기후에 상당히 큰 영향을 준다. 즉 호수와 바다는 태양 빛을 흡수하거나 엄청난 열량을 방출해도 온도 변화가 크지 않다. 이러한

이유로 바다와 근접한 지역의 기후는 내륙 지방보다 더 온화하다.

3. 물은 몰증발열(41 kJ mol^{-1})이 높다. 이 때문에 땀은 체온 조절에 효과적이다. 평균적으로 체중이 60 kg인 사람은 매일 대사로 1×10^7 J의 열을 발생시킨다. 만약 땀이 몸을 식히는 유일한 방법이라면 그 사람은 일정한 체온을 유지하기 위해 (1×10^7 J/41×1000 J mol^{-1}) = 244 mol, 즉 거의 4.4리터의 물을 증발시켜야 한다. 보통 사람은 이 정도의 땀을 흘리지 않는다(7월 중순 텍사스 휴스턴에서 마라톤 경주를 하지 않는다면 말이다). 발생된 열 중 일부분은 서늘한 주위로 방출된다. 비록 물의 몰융해열(6 kJ mol^{-1})이 비이상적으로 높지 않더라도 그 값은 여전히 큰 값이고 생체가 얼지 않도록 하는 데 도움이 된다.

4. 물이 얼음보다 밀도가 더 크기 때문에 갖는 생태학적 중요성은 앞에서 설명하였다.

5. 수소 결합으로 인한 강한 분자간 상호 작용은 물의 표면 장력을 높여 준다(19장 참조). 생물의 다양한 기관들은 표면 장력이 낮아야 정상적인 동작을 할 수 있다. 따라서 물의 높은 표면 장력은 생명체로 하여금 표면 장력을 낮춰 주는 세제 같은 화합물(계면 활성제라고 한다)을 생산하도록 강요한다. 예를 들면 폐의 계면 활성제는 폐포를 여는 데 드는 에너지를 줄여서 호흡이 효과적으로 일어나도록 한다.

6. 물의 점도는 많은 다른 액체들의 점도와 비슷하다. 거대 분자(예를 들면 단백질과 핵산)가 녹아 있는 용액의 점도가 상당히 높기 때문에 물의 점도가 높지 않다는 사실은 혈액을 잘 순환하게 하고 분자와 이온들이 확산하기가 용이하게 한다.

표 17.5 물의 몇 가지 생리화학적 성질[a]

녹는점	0°C(273.15 K)
끓는점	100°C(373.15 K)
물의 밀도	0°C에서 0.99987 g mL^{-1}
얼음의 밀도	0°C에서 0.9167 g mL^{-1}
몰열용량	75.3 J K^{-1} mol^{-1}
몰융해열	6.01 kJ mol^{-1}
몰증발열	100°C에서 40.79 kJ mol^{-1}
유전 상수	25°C에서 78.54
쌍극자 모멘트	1.82 D
점도	0.001 N s m^{-2}
표면 장력	20°C에서 0.07275 N m^{-1}
확산 계수	25°C에서 2.4×10^{-9} m^2 s^{-1}

[a] 점도, 표면 장력, 확산 계수에 대한 설명은 19장 참조

17.6 소수성 상호 작용

우리는 기름과 물이 섞이지 않는 것을 경험을 통해 알고 있다. 분자간 힘을 생각해 보면, 극성인 물과 무극성인 기름 사이에 쌍극자-유도 쌍극자 상호 작용과 분산력이 약하기 때문일 것으로 생각할 수 있다. 이때 혼합 엔탈피(ΔH)는 양수가 되며, 따라서 ΔG($\Delta G = \Delta H - T\Delta S$)가 0보다 큰 값이 되는 데 크게 기여할 것이다. 그러므로 물에서 기름의 용해도는 매우 작다. 그러나 이런 설명은 다소 틀린 부분이 있다. 물과 기름이 서로 섞이지 않는 것은 주로 무극성 물질이 함께 덩어리를 이루어 물과의 접촉을 최소화하려는 성향을 말하는 **소수성 상호 작용**[hydrophobic interaction, 또는 소수성 효과(hydrophobic effect) 또는 소수성 결합(hydrohobic bond)이라고 한다]에 기인한다. 이러한 상호 작용은 비누와 세제의 세척 기능, 생체막 형성, 단백질 구조의 안정성을 포함하는 많은 중요한 화학적 및 생물적 현상의 기본이 된다.

표 17.6은 크기가 작은 무극성 분자들을 무극성 용매에서 물로 이동시키는 데 필요한 열역학적 값들을 보여 준다. 이 표에서 가장 두드러진 특징은 ΔS가 모든 화합물에서 0보다 작다는 것이다. 무극성 분자가 수용액에 들어갈 때 물 분자들이 수소 결합을 끊어서 용질을 위한 빈 공간을 만들어야만 한다. 이러한 상호 작용은 깨어지는 수소 결합이 쌍극자-유도 쌍극자와 분산 상호 작용보다 훨씬 더 강하기 때문에 흡열 반응이다. 각 용질 분자는 일정한 수의 물 분자들이 수소 결합을 이루어 만드는 얼음 형태의 바구니 구조에 갇히게 된다. 이 구조를 클라트레이트 바구니 모형(clathrate cage model)이라고 한다. 클라트레이트 형성은 두 가지 중요한 의미가 있다. 첫째, 새로이 형성된 수소 결합(발열 과정)은 처음에 공동을 만드느라 끊어진 수소 결합을 부분적으로 또는 완전히 보상할 수 있다. 이것은 전체 과정에 대해 ΔH가 음, 영 또는 양의 값이 될 수 있는 이유를 설명해 준다. 더욱이 바구니 구조가 매우 질서 정연하기 때문에 용매와 물 분자가 혼합하여 발생한 엔트로피 증가량보다 훨씬 큰 엔트로피 감소로 ΔS는 음의 값이 된다. 그러므로 무극성 분자와 물이 서로 섞이지 않는 성질, 즉 소수성 상호 작용은 엔탈피보다는 엔트로피에 기인한다.*

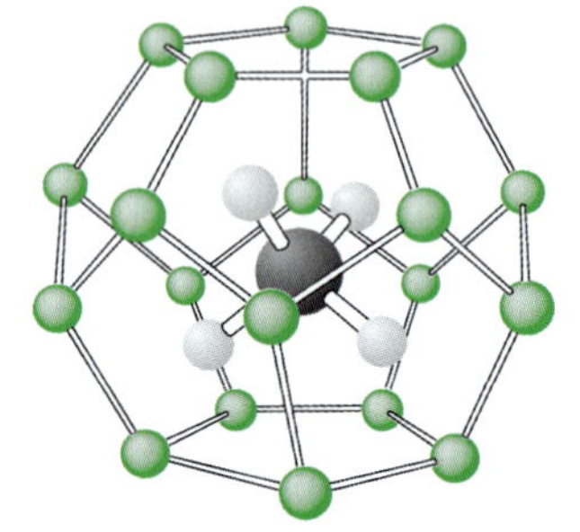

그림 17.14
메테인 수화물의 구조. 메테인 분자가 수소 결합으로 만들어진 물 분자(녹색 구)들로 이루어진 바구니 안에 갇혀 있다.

표 17.6 25°C에서 무극성 용질을 유기 용매에서 물로 이동시키는 과정에서의 열역학적 데이터

반응	ΔH (kJ mol^{-1})	ΔS (J K^{-1} mol^{-1})	ΔG (kJ mol^{-1})
$CH_4(CCl_4) \rightarrow CH_4(H_2O)$	−10.5	−75.8	12.1
$CH_4(C_6H_6) \rightarrow CH_4(H_2O)$	−11.7	−75.8	10.9
$C_2H_6(C_6H_6) \rightarrow C_2H_6(H_2O)$	−9.2	−83.6	15.7
$C_6H_{14}(C_6H_{14}) \rightarrow C_6H_{14}(H_2O)$	0.0	−95.3	28.4
$C_6H_6(C_6H_6) \rightarrow C_6H_6(H_2O)$	0.0	−57.7	17.2

* 무극성 분자의 이온 결합 화합물에 대한 용해도를 비교해 보면 매우 재미있는 부분이 있다. 이온 결합 화합물에서 물이 전하를 띤 이온들 주위에 잘 배열되어 엔트로피가 감소하는($\Delta S < 0$) 것보다 강력한 이온-쌍극자 상호 작용에 기인한 엔탈피가 훨씬 더 크게 감소한다

탄화수소 클라트레이트 형성은 실용적인 면에서 중요하다. 대양 해저의 침전물 속에 사는 박테리아들은 유기 물질을 섭취하고 메테인 기체를 발생시킨다. 높은 압력과 낮은 온도에서 물에 대한 메테인의 용해도는 증가한다(즉 ΔG는 온도가 감소함에 따라 더 큰 음수가 된다. 양수의 경우는 그 값이 작아진다). 보통 메테인 수화물(methane hydrate, 그림 17.14 참조)이라고 하는 메테인 클라트레이트는 회색 얼음 조각처럼 보이지만, 성냥불을 가까이 하면 불이 붙는다. 전 세계 해저에 매장된 메테인 수화물의 양은 육지에 매장된 석탄, 석유 및 천연가스를 모두 합한 탄소 양의 두 배, 즉 10^{13}톤에 달하는 것으로 추산되고 있다. 그러나 메테인 수화물에 저장된 에너지를 추출하는 것은 엄청난 공학적 도전이다. 재미있는 사실은, 석유 회사들은 추운 지역의 천연가스 운송을 위해 고압 수송관을 이용하기 시작하던 1930년대부터 메테인 수화물에 대해 이미 알고 있었다. 가스를 수송관에 주입하기 전에 수분을 모두 제거하지 않으면 메테인 수화물 덩어리들이 가스 흐름을 방해하게 된다.

소수성 상호 작용은 단백질 구조에 절대적인 영향을 미친다. 단백질의 폴리펩타이드 사슬이 용액 속에서 3차원 구조로 접힐 때 무극성 아미노산들(예를 들면 글라이신, 알라닌, 프롤린, 페닐알라닌, 발린 등)은 거대 분자의 내부에 주로 위치하게 되어 물과 거의 접촉하지 않는 반면에, 극성 아미노산들(예를 들면 아스파라진, 글루탐산, 아르지닌, 라이신 등)은 바깥쪽에 위치한다. 엔트로피에 의해 지배되는 현상들을 보다 잘 이해하기 위해 수용액에 단 두 개의 무극성 분자가 들어 있다고 생각해 보자

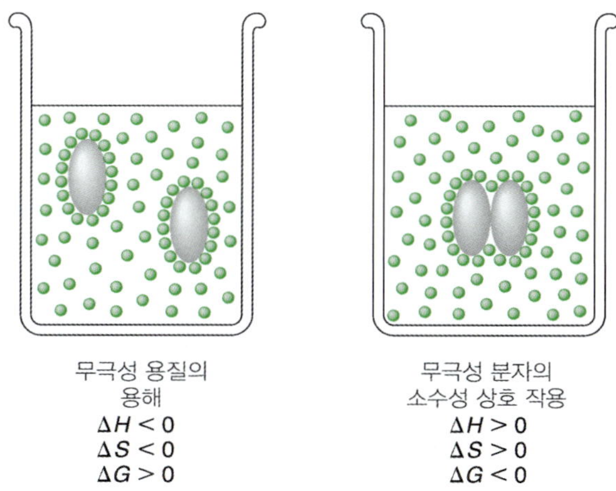

그림 17.15
(a) 무극성 분자가 물에 용해되는 과정은 비록 발열($\Delta H < 0$) 반응이지만 클라트레이트 형성 결과로 엔트로피가 크게 감소하기 때문에 잘 일어나지 않는다. 결과적으로 $\Delta G > 0$이다. (b) 소수성 상호 작용의 결과로 무극성 분자끼리 모이고 클라트레이트 구조에서 질서 있게 배열된 물 분자의 일부가 떨어져 나와 엔트로피가 증가한다. 이 과정에서 새로 만들어지는 수소 결합보다 끊어지는 결합이 더 많기 때문에 흡열 반응($\Delta H > 0$)이지만, 열역학적으로는 자발적 과정이 된다($\Delta G < 0$).

($\Delta H < 0$). 그 때문에 $\Delta G < 0$이다. 이온들 주위에 생성되는 수화 구(hydration sphere)의 구조는 클라트레이트 바구니 구조와 다르다.

(그림 17.15). 소수성 상호 작용에 따라 무극성 분자들이 함께 모여 표면적을 감소시킴으로써 물과의 바람직하지 않은 상호 작용을 줄이려고 할 것이다. 이 과정에서 바구니 구조의 일부가 깨어지므로 그 결과로 ΔS가 증가하고 ΔG는 감소하게 된다. 원래의 바구니 구조를 형성하던 수소 결합 중 일부가 끊어지기 때문에 엔탈피는 증가한다($\Delta H > 0$). 단백질 접힘(folding)은 이러한 현상의 한 예로, 무극성 표면이 물에 노출되는 것을 최소화한다.

■ Key Equations

$V = -\dfrac{q_{\mathrm{Na}^+} q_{\mathrm{Cl}^-}}{4\pi\varepsilon_0 r} + \dfrac{b}{r^n}$	(NaCl 이온쌍 간의 이온 결합에 대한 퍼텐셜 에너지)	(17.5)
$\langle V \rangle = -\dfrac{2}{3}\dfrac{\mu_{\mathrm{A}}^2 \mu_{\mathrm{B}}^2}{(4\pi\varepsilon_0)^2 r^6}\dfrac{1}{k_{\mathrm{B}} T}$	(액체상에서 쌍극자–쌍극자 상호 작용에 대한 평균 퍼텐셜 에너지)	(17.11)
$V = -\dfrac{q\mu}{4\pi\varepsilon_0 r^2}$	(이온–쌍극자 상호 작용에 대한 퍼텐셜 에너지)	(17.12)
$V = -\dfrac{3}{4}\dfrac{\alpha^2 I}{r^6}$	(같은 분자간의 분산 상호 작용에 대한 퍼텐셜 에너지)	(17.18)
$V = -\dfrac{3}{2}\dfrac{I_{\mathrm{A}} I_{\mathrm{B}}}{I_{\mathrm{A}} + I_{\mathrm{B}}}\dfrac{\alpha_{\mathrm{A}}\alpha_{\mathrm{B}}}{r^6}$	(서로 다른 분자간의 분산 상호 작용에 대한 퍼텐셜 에너지)	(17.19)
$V = 4\varepsilon\left[\left(\dfrac{\sigma}{r}\right)^{12} - \left(\dfrac{\sigma}{r}\right)^{6}\right]$	(Lennard-Jones 6-12 퍼텐셜)	(17.21)

참고문헌

책

Eisenberg, D., and W. Kauzmann, *The Structure and Properties of Water*, Oxford University Press, New York, 2005.

Franks, F., *Water: A Matrix of Life*, 2nd ed., The Royal Society of Chemistry, Cambridge, UK, 2000.

Israelachvili, J. N., *Intermolecular and Surface Forces*, 3rd ed., Elsevier, New York, 2011.

Jeffrey, G. A., *An Introduction to Hydrogen Bonding*, Oxford University Press, New York, 1997.

Jeffrey, G. A., and W. Saenger, *Hydrogen Bonding in Biological Structures*, Springer-Verlag, New York, 1994.

Kavanau, J. L., *Water and Water-Solute Interactions*, Holden-Day, San Francisco, 1964.

Pimentel, G. C., and A. L. McClellan, *The Hydrogen Bond*, W. H. Freeman, San Francisco, 1960.

Rigby, M., E. B. Smith, W. A. Wakeham, and G. C. Maitland, *The Forces Between Molecules*, Clarendon Press, Oxford, 1986.

Vinogrador, S. N., and R. H. Linnell, *Hydrogen Bonding*, Van Nostrand Reinhold, New York, 1971.

논문

일반

"The Force between Molecules," B. V. Derjaguin, *Sci. Am.* July 1960.

"The Human Thermostat," T. H. Benzinger, *Sci. Am.* January 1961.

"A Molecular Theory of General Anesthesia," L. Pauling, *Science* **134**, 15 (1961).

"Inclusion Compounds," J. F. Brown, Jr., *Sci. Am.*, July 1962.

"Clathrates: Compounds in Cages," M. M. Hagan, *J. Chem. Educ.* **40**, 643 (1963).

"A Classical Electrostatic View of Chemical Forces," H. H. Jaffé, *J. Chem. Educ.* **40**, 649 (1963).

"Early Views on Forces between Atoms," L. Holliday, *Sci. Am.* May 1970.

"The Role of van der Waals Forces in Surface and Colloid Chemistry," P. C. Hiemenz, *J. Chem. Educ.* **49**, 164 (1972).

"Why Does a Stream of Water Deflect in an Electric Field?" G. K. Vemulapalli and S. G Kukolich, *J. Chem. Educ.* **73**, 887 (1996).

"Updated Principle of Corresponding States," D. Ben-Amotz, A. D. Gift, and R. D. Levine, *J. Chem. Educ.* **81**, 142 (2004).

"How Gecko Toes Stick," K. Autumn, *Am. Sci.* March-April 2006.

"Dancing Crystals: A Dramatic Illustration of Intermolecular Forces," D. W. Mundell, *J. Chem. Educ.* **84**, 1773 (2007).

"Using Molecular Dynamics Simulation to Reinforce Student Understanding of Intermolecular Forces," P. R. Burkholder, G. H. Purser, and R. S. Cole, *J. Chem. Educ.* **85**, 1071 (2008).

수소 결합/물의 구조

"On Hydrogen Bonds," J. Donohue, *J. Chem. Educ.* **40**, 598 (1963).

"Ice," L. K. Runnels, *Sci. Am.* December 1966.

"The Significance of Hydrogen Bonds in Biological Structure," A. L. McClellan, *J. Chem. Educ.* **44**, 547 (1967).

"The Structure of Ordinary Water," H. S. Frank, *Science* **169**, 635 (1970).

"Hydrogen Bonding and Proton Transfer," M. D. Joesten, *J. Chem. Educ.* **59**, 362 (1982).
"Water Clusters," K. Liu, J. D. Cruzan, and R. J. Saykally, *Science* **271**, 929 (1996).
"Simulating Water and the Molecules of Life," M. Gerstein and M. Levitt, *Sci. Am.* November 1998.
"Hydrogen Bonds Involving Transition Metal Centers Acting As Proton Acceptors," A. Martin, *J. Chem. Educ.* **76**, 578 (1999).

소수성 상호 작용

"Hydrophobic Interactions," G. Némethy, *Angew. Chem. Intl. Ed.* **6**, 195 (1967).
"The Thermodynamic Parameters Involved in Hydrophobic Interaction," T. Aerts and J. Clauwaert, *J. Chem. Educ.* **63**, 993 (1986).
"The Hydrophobic Effect," E. M. Huque, *J. Chem. Educ.* **66**, 581 (1989).
"How Protein Chemists Learned About the Hydrophobic Effect," C. Tanford, *Protein Science*, **6**, 1358 (1997).
"The Real Reasons Why Oil and Water Don't Mix," T. P. Silverstein, *J. Chem. Educ.* **75**, 116 (1998).
"Flammable Ice," E. Suess, G. Bohrmann, J. Greinert, and E. Lavsch, *Sci. Am.* November 1999.
"Hydrophobic Solvation: Aqueous Methane Solutions," K. Oliver and L. Timm, *J. Chem. Educ.* **84**, 864 (2007).

문제

분자간 힘

17.1 다음 각각의 분자들 간에 일어나는 분자간 상호 작용들을 모두 열거하시오.
Xe, SO_2, C_6H_5F, LiF

17.2 다음 화학종들을 녹는점이 낮은 순으로 나열하시오.
Ne, KF, C_2H_6, MgO, H_2S

17.3 Br_2와 ICl 화합물은 전자수가 같지만 Br_2의 녹는점은 −7.2°C인 반면 ICl의 녹는점은 27.2°C이다. 그 이유를 설명하시오.

17.4 알래스카에서 겨울에 옥외 탱크에 저장할 수 있는 천연가스는 다음 중 어느 분자인가? 그 이유를 설명하시오. 메테인(CH_4), 프로페인(C_3H_8), 뷰테인(C_4H_{10})

17.5 다음 각각의 화학종에서 분자들(또는 기본 단위) 사이에 작용하는 분자간 힘의 형태를 열거하시오.
(a) 벤젠(C_6H_6), **(b)** CH_3Cl, **(c)** PF_3, **(d)** NaCl, **(e)** CS_2

17.6 펜테인(C_5H_{12})의 세 가지 서로 다른 구조 이성질체의 끓는점은 각각 9.5°C, 27.9°C, 36.1°C이다. 세 가지 이성질체의 구조를 그리고, 끓는점이 낮은 순으로 열거하시오. 그와 같이 답한 이유를 설명하시오.

17.7 물 분자 두 개가 공기 중에 2.76 Å 떨어져 있다. 식 17.9를 이용하여 쌍극자-쌍극자 상호 작용의 크기를 계산하시오(물의 쌍극자 모멘트는 1.82 D이다).

17.8 쿨롱 힘은 장거리 힘($1/r^2$에 의존)으로 간주되는 반면, van der Waals 힘은 단거리 힘($1/r^7$에 의존)으로 불린다. **(a)** 힘(F)이 거리만의 함수일 때, F를 r의 함수로 $r=1$ Å, 2 Å, 3 Å, 4 Å, 5 Å에서 r에 대한 함수 F를 그리시오. **(b)** 이 결과를 토대로 0.2 M 비전해질 용액은 보통 이상 용액처럼 거동하지만, 0.02 M 전해질 용액은 이상 용액에서 상당히 벗어나는 것에 대해 설명하시오.

17.9 I_2 분자 중심에서 5.0 Å 떨어진 Na^+ 이온에 의한 I_2의 유도 쌍극자 모멘트를 계산하시오(I_2 분자의 편극도는 12.5×10^{-30} m^3이다).

17.10 식 17.21을 r에 대해 미분하여 σ와 ε값을 구하시오. 평형 길이 r_e를 σ항으로 나타내고, 이 거리에서 $V = -\varepsilon$임을 증명하시오.

17.11 Born–Harber 순환을 이용하여 LiF의 결합 엔탈피를 구하시오(LiF의 결합 길이는 1.51 Å이다. 표 12.7과 12.8을 참조하시오. 식 17.7에서 $n = 10$을 사용하시오).

17.12 **(a)** 표 17.2의 데이터로부터 Ar에 대한 van der Waals 반지름을 구하시오. **(b)** 이 반지름을 이용하여 25°C, 1기압에서 Ar 1 mol이 차지하는 부피를 계산하시오.

수소 결합

17.13 다이에틸 에터($C_2H_5OC_2H_5$)의 끓는점은 34.5°C인 반면, 1-뷰탄올(C_4H_9OH)은 117°C에서 끓는다. 이들 두 화합물을 구성하는 원자의 종류와 수는 서로 같다. 끓는점 차이를 설명하시오.

17.14 만약 물이 선형 분자라면 **(a)** 극성이 되는가? **(b)** 다른 물 분자와 수소 결합이 가능한가?

17.15 다음 화합물 중 어느 것이 더 강한 염기인가? 그 이유를 설명하시오.
$(CH_3)_4NOH$와 $(CH_3)_3NHOH$

17.16 암모니아는 물에 녹지만 삼염화 질소(NCl_3)는 물에 녹지 않는 이유를 설명하시오.

17.17 아세트산은 물과 혼합되지만 벤젠 또는 사염화 탄소 같은 무극성 용매에도 용해된다. 그 이유를 설명하시오.

17.18 다음 두 분자 중 끓는점이 더 높은 것은? 그 이유를 설명하시오.

NO_2 OH (o-나이트로페놀 구조) NO_2 … OH (p-나이트로페놀 구조)

17.19 DNA에서 A–T와 C–G 쌍을 확인하기 위해 어떤 화학 분석을 해야 하는가?

17.20 염기쌍 한 개당 수소 결합이 10 kJ mol^{-1}이라고 가정하자. DNA를 이루는 두 개의 가닥이 각각 100개의 염기쌍을 포함할 때, 300 K의 용액 속에서 이중 나선을 이루고 있는 DNA와 두 개의 분리된 가닥으로 있는 DNA의 비율을 구하시오.

추가 연습문제

17.21 'like dissolves like'는 용해도를 설명할 때 자주 이용된다. 이 말이 무엇을 의미하는지 설명하시오.

17.22 물속의 헤모글로빈 분자들 사이에 존재하는 모든 분자내의 힘과 분자간의 힘을 모두 열거하시오.

17.23 물속의 작은 기름방울은 보통 구형이라고 가정한다. 그 이유를 설명하시오.

17.24 다음 성질 중 액체 상태에서의 강한 분자간의 힘에 해당하는 것은? **(a)** 매우 낮은 표면 장력, **(b)** 매우 낮은 임계 온도, **(c)** 매우 낮은 끓는점, **(d)** 매우 낮은 증기 압력

17.25 그림 17.8은 DNA 분자 축에 평행인 염기쌍 사이의 평균 거리가 3.4 Å임을 보여 준다. 뉴클레오타이드쌍의 평균 몰질량은 650 g mol^{-1}이다. 몰질량이 5.0×10^9 g mol^{-1}인 DNA 한 분자의 길이를 cm 단위로 계산하시오. 이 분자는 대략 얼마나 많은 염기쌍을 포함하겠는가?

17.26 표 17.1과 화학의 다른 참고 자료를 이용하여 비활성 기체의 편극도와 끓는점의 관계를 그래프로 그려서 설명하시오. 같은 그래프에 몰질량과 끓는점을 도시하시오. 그 경향성에 대해 설명하시오.

17.27 물과 암모니아의 일반적 성질들이 아래와 같이 주어져 있다. 생물학적 시스템이 암모니아 매질에서 성장할 때 발생할 것으로 예상되는 문제들에 대해 논하시오.

	H_2O	NH_3
끓는점	373.15 K	239.65 K
녹는점	273.15 K	195.3 K
몰열용량	75.3 J K^{-1} mol^{-1}	8.53 J K^{-1} mol^{-1}
몰증발열	40.79 kJ mol^{-1}	23.3 kJ mol^{-1}
몰융해열	6.0 kJ mol^{-1}	5.9 kJ mol^{-1}
유전 상수	78.54	16.9
점도	0.001 N s m^{-2}	0.0254 N s m^{-2} (240 K에서)
표면 장력	0.07275 N m^{-1} (293 K)	0.0412 N m^{-1} (244 K에서)
쌍극자 모멘트	1.82 D	1.46 D
300 K에서의 상태	액체	기체

17.28 HF_2^- 이온은 다음과 같은 형태로 존재한다.

$$[:\ddot{F}-H\cdots\ddot{F}:]^-$$

두 개의 HF 결합 길이가 모두 똑같다는 사실은 양성자 터널링이 일어남을 시사해 준다. **(a)** 이온에 대한 공명 구조를 그리시오. **(b)** 이온에서의 수소 결합을 분자 오비탈로 설명하시오(에너지 준위도를

그리시오).

17.29 **(a)** 강체구 모형에 기초한 두 원자의 퍼텐셜 에너지 곡선을 그리시오. **(b)** 강체구와 Lennard-Jones 퍼텐셜 사이의 중간 퍼텐셜은 $r < \sigma$에서 $V=\infty$, $\sigma \leq r \leq a$에서 $V=-\varepsilon$, $r > a$에서 $V=0$으로 정의된 네모 우물 퍼텐셜(square-well potential)이다. 퍼텐셜을 그리시오.

17.30 헬륨 이합체(He_2)에 대한 퍼텐셜 에너지는 다음과 같이 주어진다.

$$V = \frac{B}{r^{13}} - \frac{C}{r^6}$$

여기서 $B=9.29\times10^4$ kJ $Å^{13}$(mol dimer)$^{-1}$, $C=97.7$ kJ $Å^6$ (mol dimer)$^{-1}$이다.
(a) He 원자들 사이에 평균 거리를 계산하시오. **(b)** 이합체의 결합 에너지를 계산하시오.
(c) 상온(300 K)에서 이합체가 안정하다고 예상하는가?

17.31 고체 아르곤에서 가장 인접한 두 개의 Ar 원자들 사이의 핵간 거리는 약 3.8 Å이다. 아르곤의 편극도는 1.66×10^{-30} m^3이고, 제1 이온화 에너지는 1521 kJ mol^{-1}이다. 아르곤의 끓는점을 계산하시오. [Hint: 고체 아르곤의 분산 상호 작용에 따른 퍼텐셜 에너지를 계산하고, 이 양이 아르곤 기체 1 mol의 평균 운동 에너지 ($3/2RT$)와 같다고 놓는다.]

17.32 물 분자 간의 수소 결합 에너지는 Xe 원자 간의 van der Waals 상호 작용에 따른 에너지의 10배 정도이다. 그러나 물 분자는 공기 중에서 Xe 원자에 비해 30% 정도만 더 이합체를 만든다. 그 이유를 설명하시오.

17.33 Na^+와 Cl^- 이온 간의 거리를 5 Å에서 10 Å으로 늘이는 데 필요한 일의 양을 **(a)** 진공에서, **(b)** 25°C 수용액에서 각각 계산하시오.

18장 고체 상태

> 모든 고체 물질은 부분적으로 결정성이 있으며, 대부분의 경우 결정이 모여 전체를 이루게 된다. 따라서 결정 구조를 알면 물질의 특성을 설명할 수 있다는 사실을 이해할 수 있을 것이다.
>
> Sir William Henry Bragg*

기체 상태는 완전한 무질서 상태이다. 반면에 결정성 고체는 매우 질서 정연한 구조로 되어 있다. 결정은 금속 결정, 이온 결정, 공유 결정, 분자 결정의 네 가지 종류로 구분한다. 이 장에서는 X선 회절로 결정의 3차원 구조를 결정하는 방법에 대해 배운다. X선 결정학은 단백질과 핵산의 안정성과 기능에 대한 연구에 결정적인 역할을 하였다. 또한 이들 결정들에 있어서 결합 길이와 구조에 관해서 소개할 것이다.

18.1 결정계의 분류

결정이란 무엇인가? 퍼텐셜 에너지기 최소가 되도록 원자 또는 분자가 배열되어 매우 조밀하게 채워진 물질이 결정이다. 이러한 원자와 분자는 3차원 공간에서 주기적으로 배열된 **결정 격자**(crystal lattice)라고 하는 매우 질서정연한 구조를 만든다. 그림 18.1에서 보여 주는 1차원 격자를 먼저 살펴보자. 이때 유일한 기하학적 변수는 원자들 또는 격자점들† 사이의 거리이며, 이는 왼쪽으로나 오른쪽으로 무한하게 연장되어질 수 있다고 상상할 수 있다. 여기서 각 격자점은 기본 반복 단위인 **단위 세포**(unit cell)를 나타낸다.

정의에 의해서, 2차원 격자는 평면에 있다. 5개의 다른 배열 또는 단위 세포는 그림 18.1에서 볼 수 있는 것과 같이 격자점들로부터 만들어질 수 있다.

그림 18.2는 3차원의 격자를 형성하는 단위 세포와 그것이 3차원 공간에서 반복되어 만들어지는 모양을 보여 주고 있다. 7가지의 가능한 모든 격자 형태는 단위 세포의 길이인 a, b, c와 각도 α, β, γ 값을 기준으로 만들어진다(그림 18.3). 모든 격자점들은 단위 세포의 모서리가 되기 때문에 각각의 단위 세포를 **원시 세포**(primitive cell)라고 한다. 1850년에 프랑스의 물리학자인 Auguste Bravais(1811~1863)는 일부 격자점들이 세포의 면과 내부 중심에 위치하는 것을 설명하기 위해서는 14가지 형태의 단위 세포들이 존재해야 함을 보여 주었다. 이들 14가지의 단위 세포늘은 현재 **Bravais 격자**(Bravais lattice)로 알려져 있다.

---

* *The Universe of Light*, Dover Publications, Sir W. H. Bragg, New York, 1940에서 발췌.
† 일반적으로 격자점은 원자, 이온, 또는 분자가 될 수 있다.

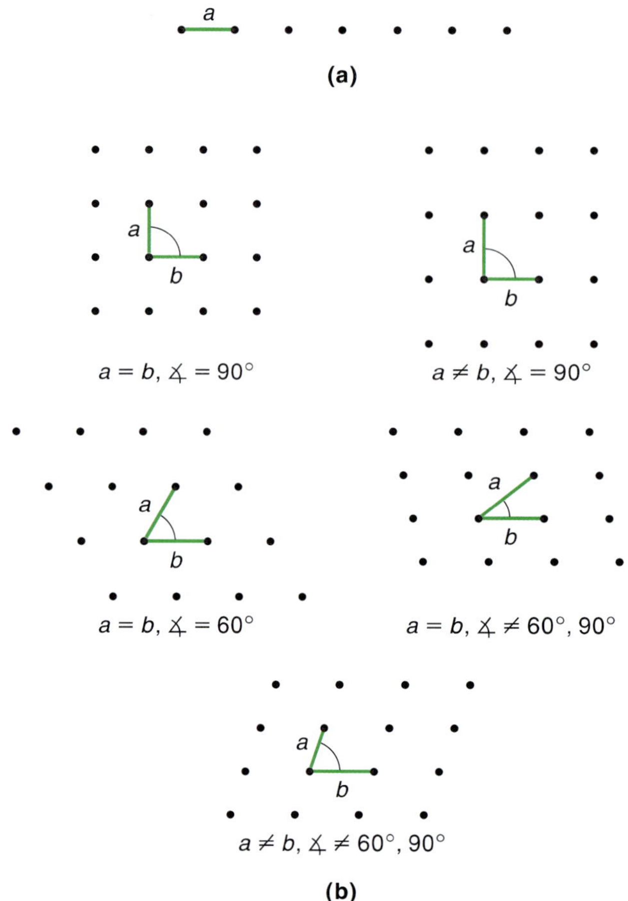

그림 18.1
(a) 1차원 격자. (b) 5가지 서로 다른 배열을 하는 2차원 격자

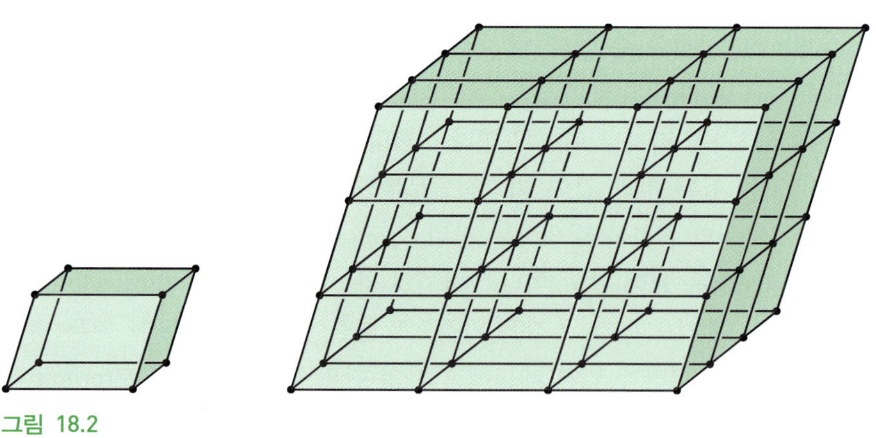

그림 18.2
3차원에서의 단위 세포

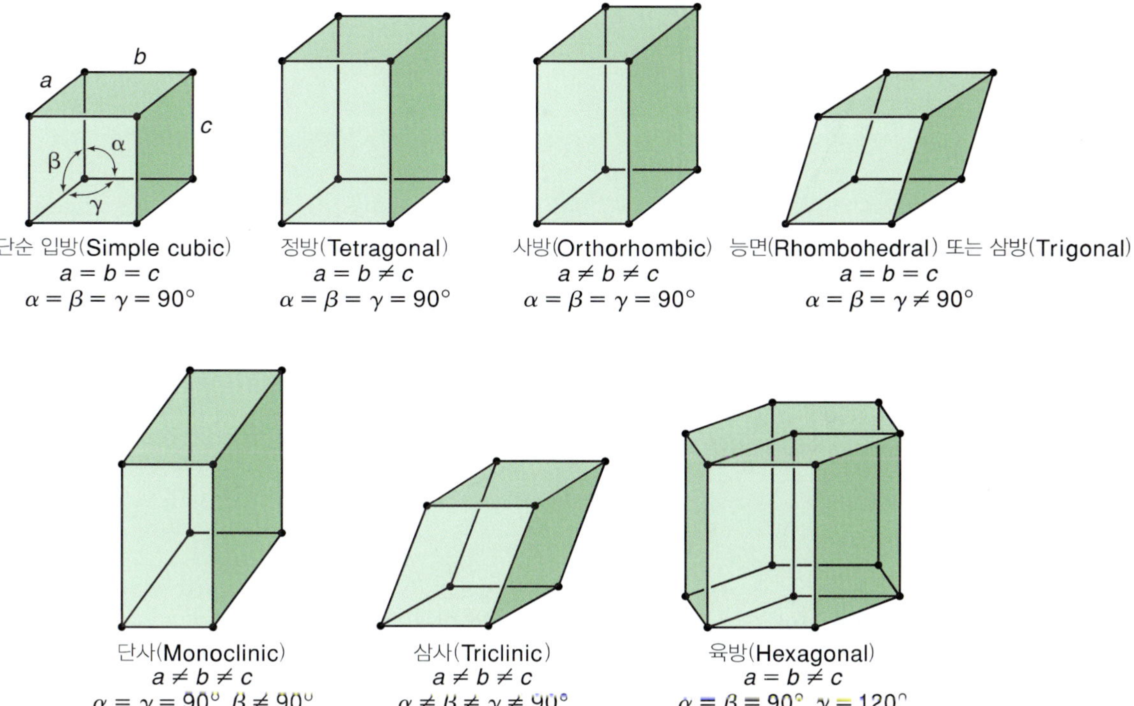

그림 18.3
단위 세포의 길이와 각도가 다른 7가지 서로 다른 단위 세포

결정학에서 가장 먼저 알고자 하는 것은 단위 세포의 크기와 모양이다. 만약에 결정이 잘 형성되었다면, 결정면 사이의 각을 측정하여 외부 대칭성을 결정할 수 있으며, 그림 18.3에서 보여 주는 7가지 형태 중 한 가지로 분류할 수 있다. 세포 상수 또는 단위 세포의 길이와 각은 X선 회절 실험으로 결정할 수 있다.

X선 결정학에서는, 결정을 면들의 집합으로 생각하는 것이 편리하다. 그림 18.4의 2차원 결정 격자를 생각해 보자. 격자점을 포함하는 여러 면을 배향이 다르게 그릴 수 있다(AA', BB', CC' 등). 어떤 면을 단위 격자만큼 평행 이동하면 평행면의 전체 조합이 얻어진다. AA', BB', ... 면들은 임의로 선택된 원점을 기준으로 a, b, c축과 만나는 절편으로 구분할 수 있다. CC'면은 각각의 축들과 a, $4b$, ∞에서 축과 만난다(2차원 결정을 다루고 있기 때문에 결정면은 c축과 평행하고, c축과는 만나지 않는다). 다음으로 $1/a$, $1/4b$, $1/\infty$와 같이 절편의 역수를 취한다. 그러고 나서 각 값에 최대 공통 분모(여기서는 4, 무한대는 배제)를 곱하여 간단하게 나타낼 수 있다. 이때 얻어지는 세 개의 수(410)를 면의 Miller 지수[Miller indices, 영국 광물학자인 William Miller(1801~1880)의 이름에서 따옴]라고 한다. 일반적으로 어떤 면의 Miller 지수(hkl)는 세 개의 내부 축에 대해서 면이 놓여 있는 방향성을 밀해 준다. 그림 18.4에 나타낸 면들에 대한 Miller 지수를 구하는 단계를 표 18.1에 요약해 두었다.

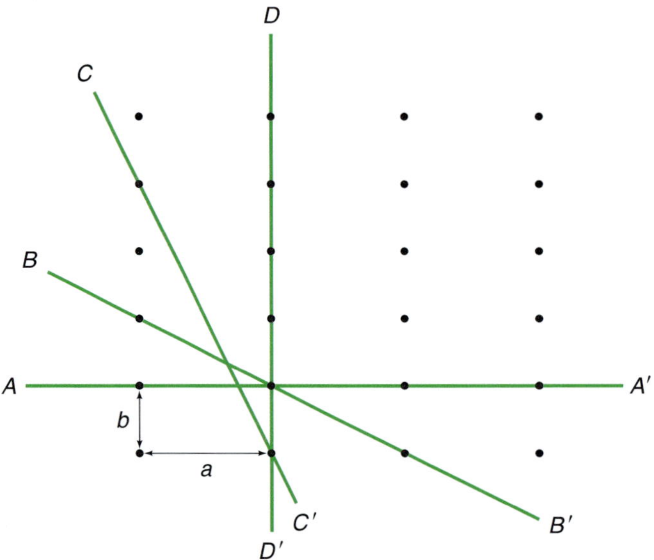

그림 18.4
일련의 면을 보여 주는 이차원 격자. 가장 왼쪽 아래의 점이 원점이다.

표 18.1 이차원 격자에 대한 Miller 지수

결정면	절편	배수의 역수	지수(*hkl*)
AA'	$\infty a, b, \infty c$	$\frac{1}{\infty}, \frac{1}{1}, \frac{1}{\infty}$	(010)
BB'	$2a, 2b, \infty c$	$\frac{1}{2}, \frac{1}{2}, \frac{1}{\infty}$	(110)
CC'	$a, 4b, \infty c$	$\frac{1}{1}, \frac{1}{4}, \frac{1}{\infty}$	(410)
DD'	$a, \infty b, \infty c$	$\frac{1}{1}, \frac{1}{\infty}, \frac{1}{\infty}$	(100)

이와 같은 과정을 3차원 결정에도 그대로 적용할 수 있다. 예를 들어 그림 18.5에서 보여 주는 세 종류의 입방 세포에 대해서 각각의 Miller 지수는 일정한 간격으로 평행하게 놓여 배열된 면들을 나타낸다.

18.2 Bragg 식

파장이 λ인 단파장의 X선이 결정의 면에 입사될 때 일어나는 현상을 생각해 보자(그림 18.6). X선의 투과력이 충분하기 때문에 입사되는 X선은 여러 층의 원자들과 상호 작용을 할 수 있다. 첫 번째 층에서 X선은 원자들이 만드는 하나의 면(원자층)에 의해 반사되는데, 이는 거울면에서 빛이 반사되는 것과 유사하다.

첫 번째 면에서 반사되는 X선은 첫 번째 면으로부터 d만큼 떨어진 다른 면(첫 번째 원자층과 평행하고 일정한 거리만큼 떨어져 있는 원자층)으로부터 반사되는 X선

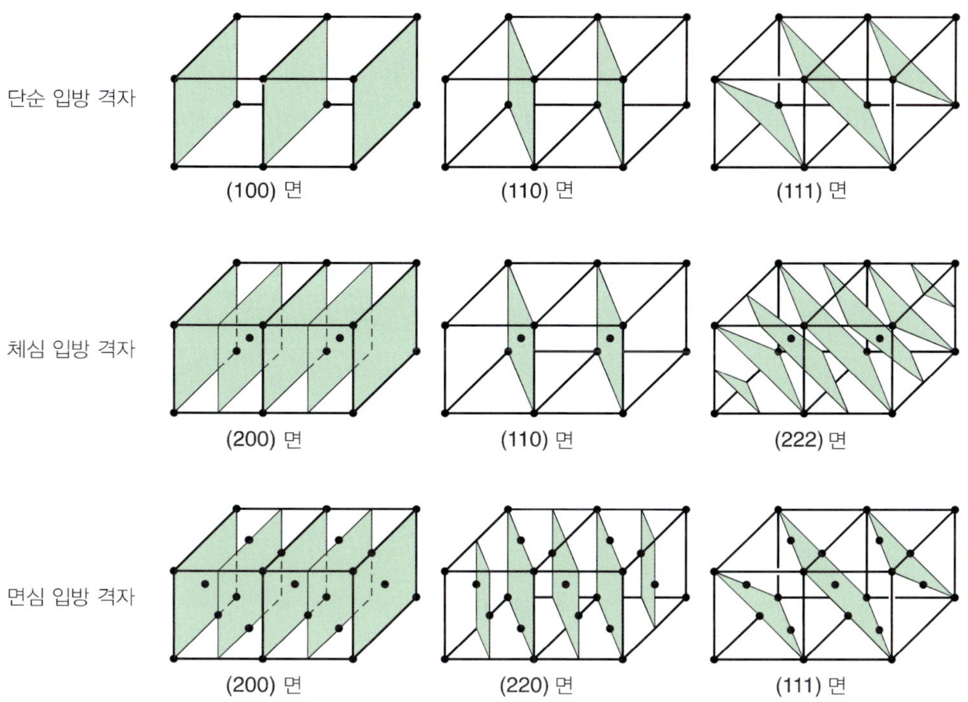

그림 18.5
세 가지 입방 격자에 대한 Miller 지수

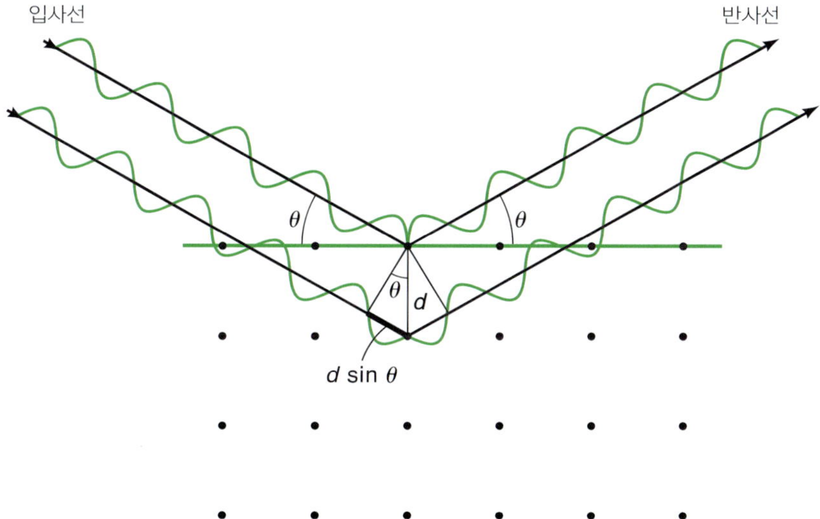

그림 18.6
일정한 간격으로 배열되어 있는 원자층들에 의해 회절된 X선

과의 상호 작용을 알아보자. 산란된 X선이 서로 보강 간섭을 하기 위해서, 즉 두 반사파의 위상이 일치하기 위해서는 다음의 조건을 만족하여야 한다.

$$2d \sin\theta = n\lambda \qquad n = 1, 2, \ldots \tag{18.1}$$

여기서 $2d \sin\theta$는 두 반사파 사이의 이동 경로(path length) 차이에 해당한다. 반사된 X선의 세기가 변하면서 만들어지는 **회절 무늬**(diffrraction pattern)를 특정 각도에 위치한 X선 검출기를 사용하여 얻을 수 있다. 숫자 n은 회절 차수(order of diffraction)를 나타낸다. 즉 $n=1$은 1차 회절을 의미하고, $n=2$는 2차 회절 등이 된다. 식 18.1로부터 n과 d의 특정값에 대한 각도 θ는, 면 사이의 간격이 d/n인 일련의 면들에서 일어나는 1차 회절과 같음을 알 수 있다. 예를 들어 (111) 면에서 일어나는 2차 회절은, 실제는 존재하지 않는 (222) 면에서 일어나는 1차 회절로 간주할 수 있다. Miller 지수는 $d_{222}=d_{111}/2$(그림 18.5 참조)이므로 다음과 같다.

$$\sin\theta = \frac{2\lambda}{d_{111}} = \frac{1\lambda}{d_{222}}$$

이러한 이유 때문에 식 18.1에서 $n=1$로 놓을 수 있으며, 고차(higher order) 회절을 서로 근접한 면들로부터의 일차 회절처럼 다룰 수 있다. 따라서 다음과 같이 쓸 수 있다.

$$2d_{hkl}\sin\theta = \lambda \tag{18.2}$$

이 결과는 부자지간인 영국의 물리학자 William Henry Bragg(1862~1942)와 William Lawrence Bragg(1890~1972) 경의 이름을 딴 Bragg 식으로 알려져 있다.

18.3 X선 회절을 이용한 구조 결정

Bragg 식은 세포 크기를 측정할 수 있는 방법을 제시해 준다. 입방 격자의 경우, Miller 지수(hkl)로 표현되는 인접한 평행면들 간의 수직 거리(d_{hkl})는 다음과 같이 구할 수 있다. 식 18.3으로부터 $\alpha=\beta=\gamma=90°$이며 $a=b=c$이다. 피타고라스 정리의 3차원적 형태(부록 18.1 참조)는 다음과 같다.

$$\frac{1}{d_{hkl}^2} = \frac{h^2}{a^2} + \frac{k^2}{b^2} + \frac{l^2}{c^2}$$
$$= \frac{h^2 + k^2 + l^2}{a^2}$$

즉

$$d_{hkl} = \frac{a}{\sqrt{h^2 + k^2 + l^2}} \tag{18.3}$$

식 18.2로부터 다음을 얻을 수 있다.

$$\sin\theta_{hkl} = \frac{\lambda}{2d_{hkl}} = \frac{\lambda}{2a}\sqrt{h^2 + k^2 + l^2} \tag{18.4}$$

즉

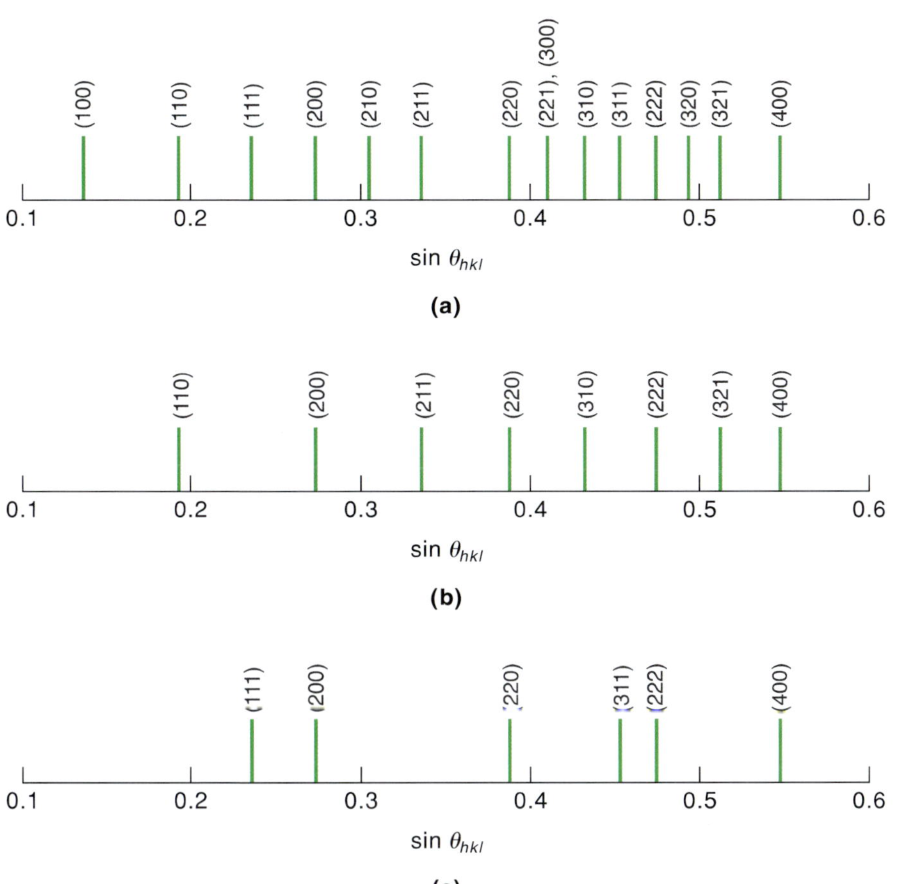

그림 18.7

수평축 sin $\theta_{hkl} = (\lambda/2a)\sqrt{h^2 + k^2 + l^2}$에 대한 X선 회절 무늬의 이론적 도시. (a) 단순 입방, (b) 체심 입방, (c) 면심 입방. (λ/a)는 0.274를 사용하였다. 각 선들은 특정 h, k, l 값으로 정해지는 결정면을 나타낸다. 실제 X선 회절 스펙트럼상에서는 선들의 세기가 달라진다.

$$\sin^2\theta_{hkl} = \frac{\lambda^2}{4a^2}(h^2 + k^2 + l^2) \tag{18.5}$$

이때 $(h^2+k^2+l^2)$ 값들은 다양한 면들에 의해서 결정된다.

(hkl)	(100)	(110)	(111)	(200)	(210)	(211)	(220)	(221)	$\cdots$
$(h^2 + k^2 + l^2)$	1	2	3	4	5	6	8	9	$\cdots$

만약 각각의 면에 대한 θ_{hkl} 각을 안다면, 주어진 λ/a 값에 대해서 sin θ_{hkl} 단위로 선을 그릴 수 있다(그림 18.7a). $(h^2+k^2+l^2)=7$이 될 수 없기 때문에 7번 선이 없음을 주목하라. 15번째 선을 포함한 다른 선들도 같은 이유로 존재하지 않는다.

그림 18.7b와 18.7c는 체심 입방 격자와 면심 입방 격자에 대해 이론적으로 예상되는 X선 회절 스펙트럼을 보여 주고 있다. 여기서 이들은 단순 입방 격자와 비교해서 보다 더 적은 선들이 관찰된다. 몇몇 선들이 사라진 이유를 알아보기 위해서 체

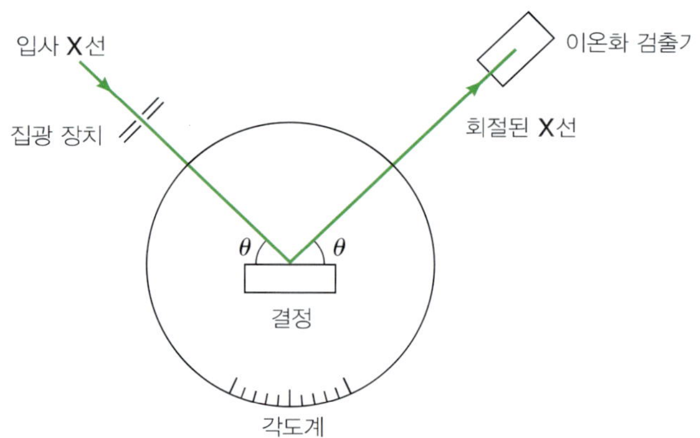

그림 18.8
결정에 대한 X선 회절을 연구하기 위한 실험 장치

심 입방에 대해서 생각해 보자. 그림 18.5에서 볼 수 있듯이, (110) 면들은 모든 격자 점들을 통과하며 강한 회절 무늬를 나타낸다. 그런데 (100) 면들에 대해서는 상황이 조금 다른데, 그 이유는 (100) 면들 사이에 (200) 면의 다른 원자층이 삽입되어 있기 때문이다. (100) 면들에 의해 회절되는 X선은 서로 같은 위상을 갖지만 (200) 면에 의해 회절되는 X선은 파장의 반만큼 위상이 벗어나 있다. 결정은 수많은 단위 세포를 가지고 있기 때문에 (100) 면에 존재하는 수만큼 많은 원자들이 (200) 면에도 존재한다. 결론적으로 전체적으로는 상쇄 간섭이 일어나므로 (100) 면으로부터 생기는 회절선은 나타나지 않는다. 반면에 **모든** 원자들이 (200) 면들 상에 존재하고 있기 때문에 (200) 면으로부터 생기는 회절은 나타난다. 다른 결정면에 대한 선들에 대해서도 나타나지 않는 이유를 따져 보면 위의 경우와 매우 유사하다.

분말법

결정의 X선 회절 무늬는 두 가지 방법으로 기록할 수 있다. 첫 번째 방법에서는 작은 단결정을 특정한 축이 X선살에 수직이 되도록 장착한다. 결정은 각도계로 보정된 탁자의 한가운데에 놓는다(그림 18.8). X선의 이온화 검출기로 측정한다. 실험 방법은 반사된 X선의 세기를 θ의 함수로 측정하는 것이다. 각이 Bragg 식을 만족할 때마다 회절 선의 세기는 최곳값에 도달한다.* 이러한 방법에서는 특정 결정면에 해당하는 다수의 선들이 나타나며, 각각의 선에 해당하는 각을 측정하게 된다.

결정법은 X선 회절 연구에 대한 개발 초기에 Bragg 연구팀에 의해 도입되었다. 그 후 여러 가지 개선 과정을 거쳐서 데이터 저장이 훨씬 수월해지게 되었다. 단결정법은 복잡한 구조의 분석에 필수적이지만, 잘 성장된 결정이어야 하며 시료 장착이 까다롭다. 두 번째 방법인 분말법은, Debye와 스위스의 물리학자인 Paul Scherrer(1890~1969), 미국의 물리학자인 Albert Hull(1880~1966)이 도입한 방법으로, 단결정이 아닌 분말 시료로부터 구조 결정을 할 수 있는 방법이다. 이 방법은

* 회절 선의 세기는 면에 존재하는 원자의 수와 원자의 종류에 따라 달라진다. X선은 원자들의 전자들에 의해 거의 완벽하게 산란된다.

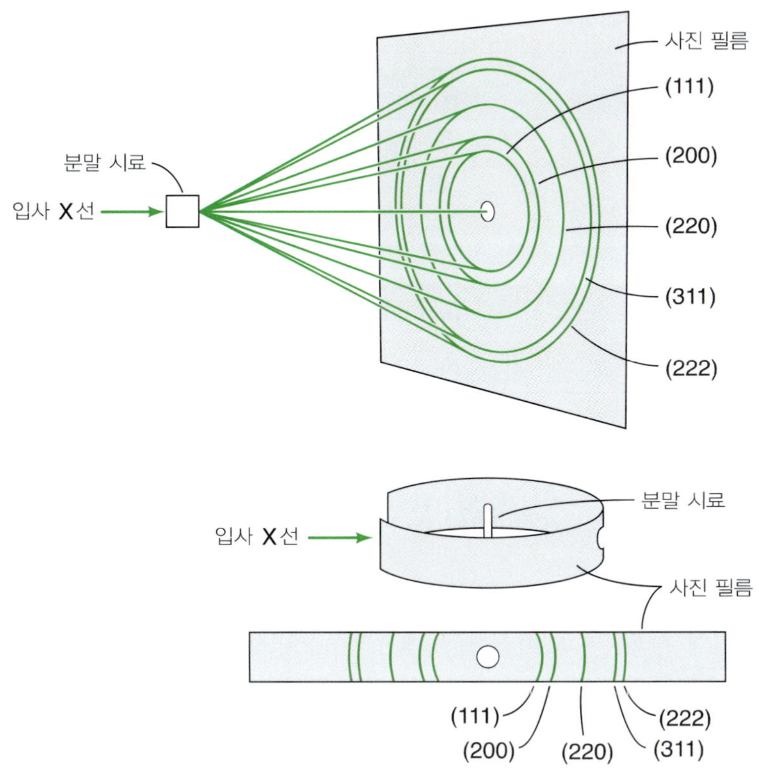

그림 18.9
면심 격자를 가진 분말 시료에 의해서 얻어지는 X선 회절 무늬

X선을 곱게 간 분말 시료에 쏘아 주는 방법을 사용한다. 분말 시료는 실제로 무수히 많은 작은 결정, 즉 **미세 결정**(crystalite)들로 이루어져 있다. 이들 미세 결정들은 무질서하게 배향되어 있기 때문에, X선은 Bragg 식을 만족하는 모든 가능한 θ 값에서 결정면과 만날 것이다. 각 면으로부터 회절된 X선은 실제로는 그림 18.9에서 보여 주는 것과 같은 원뿔 모양이 된다. 회절 무늬를 기록하는 가장 편리한 방법은 원통 모양의 사진 필름을 축이 입사 X선에 수직이 되도록 배열하는 것이다. 선들 사이의 거리와 필름의 크기로부터 각 선들에 대한 회절각 θ를 계산할 수 있다.

실제로 대부분의 X선은 시료를 직선으로 통과하고, 회절되지 않는다.

NaCl 결정의 구조 결정

이제 특정 예로 소금의 구조를 결정하는 과정에 대해 알아보자. 표 18.2는 몇몇 측정된 선들에 대한 Bragg 각을 보여 준다. 그림 18.10에서 보여 주듯이, 이들 선들은 $\sin\,\theta_{hkl}$ 스케일로 나타나 있다. 그림 18.7에서 볼 수 있는 무늬와 비교해 보면, NaCl은 면심 입방 격자임을 알 수 있다. 입방체의 길이를 결정하기 위해서, $\sin^2\,\theta_{hkl}$의 모든 값을 나눌 수 있는 공통 인자를 찾을 필요가 있다. 이 인자는 0.0188로 계산되며, 식 18.5에서 볼 수 있듯이 $\lambda^2/4a^2$과 같다. 표 18.2에서 보여 주는 실험 데이터는 구리 과녁에 고에너지의 전자를 충돌시켰을 때 생성되는 X선을 사용하여 얻어진 것이다. X선의 특성 파장은 1.542 Å(0.1542 nm)이며, 따라서

$$0.0188 = \frac{\lambda^2}{4a^2} = \frac{(1.542\ \text{Å})^2}{4a^2}$$

표 18.2 NaCl에 대한 X선 회절 데이터

θ_{hkl}	$\sin^2\theta_{hkl}$	$\dfrac{\sin^2\theta_{hkl}}{0.0188}$	(hkl)
13.68°	0.0560	3	(111)
15.83°	0.0744	4	(200)
22.70°	0.1489	8	(220)
27.05°	0.2068	11	(311)
28.33°	0.2252	12	(222)
33.13°	0.2990	16	(400)

즉

$$a = 5.623\ \text{Å}$$

여기서 a는 입방체의 길이이다.

식 18.5로부터 다음과 같이 각 회절선들에 해당하는 색인을 붙일 수 있다.

$$\frac{\sin^2\theta_{hkl}}{0.0188} = h^2 + k^2 + l^2$$

왼쪽 항의 비율은 알고 있기 때문에 표 18.2에서 볼 수 있는 것과 같이 각 선에 색인을 붙이는 것은 단순한 과정이다.

NaCl의 구조를 완벽하게 설명하기 위해서, 단위 세포당 얼마나 많은 원자가 들어 있는지 알아야 한다. NaCl의 밀도는 2.16 g cm^{-3}이고 몰질량은 58.44 g이다. 따라서 몰부피는 58.44 g mol^{-1}/2.16 g cm^{-3}, 즉 27.06 cm^3 mol^{-1}로 주어지고, 한 개의 NaCl에 해당하는 단위의 부피는

$$\frac{27.06\ \text{cm}^3\ \text{mol}^{-1}}{6.022\times10^{23}\ \text{mol}^{-1}} = 4.49\times10^{-23}\ \text{cm}^3 = 44.9\ \text{Å}^3$$

이다. 여기서 1 cm^3=10^{24} Å^{3}이다. 단위 세포의 부피 a^3는 178 Å^{3}이며, 단위 세포당 NaCl의 개수는 178 Å^3/44.9 Å^3, 즉 4개임을 알 수 있다. 그림 18.11은 염화 소듐의 결정 구조를 보여 준다. 얼핏 보면, 단위 세포 내에 존재하는 NaCl이 4개보다 더

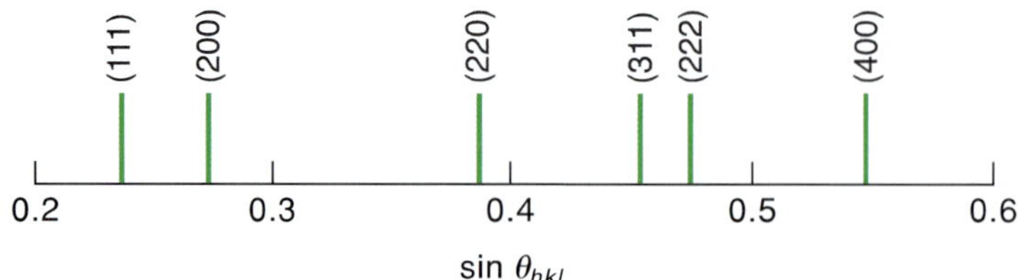

그림 18.10
λ/a 값을 0.274로 가정하고, NaCl 분말 시료에 대한 sin θ_{hkl} 스케일로 구한 Bragg 회절선. 실제로는 이들 선들의 세기가 서로 다르다.

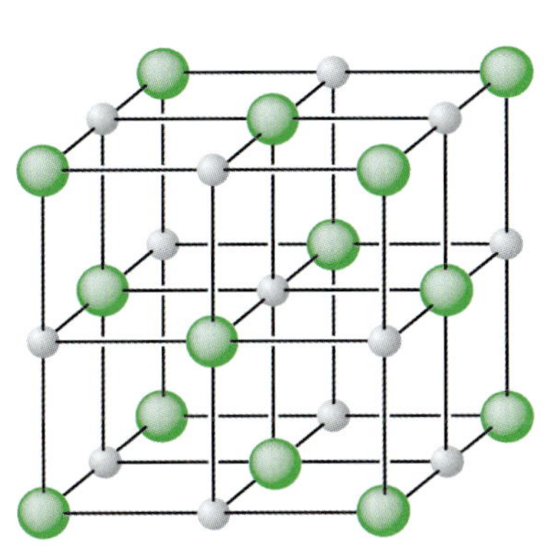

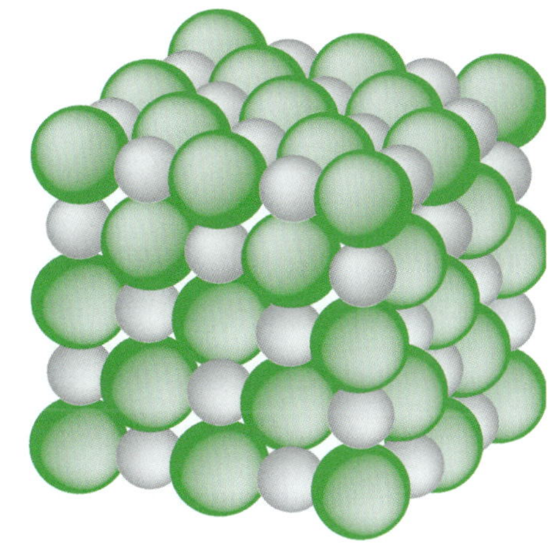

그림 18.11
염화 소듐 결정 격자의 두 가지 표현. 큰 구는 염화 이온을 나타내고, 작은 구는 소듐 이온을 나타낸다.

많은 것으로 보인다. 그러나 한가운데의 소듐 이온을 제외한 모든 다른 이온들은 인접하는 세포들과 공유되어 있다. 예를 들어 꼭짓점에 존재하는 8개의 염화 이온들은 각각 8개의 단위 세포가 공유하고 있으며, 면 상의 한가운데 존재하는 6개의 염화 이온들은 각각 2개의 단위 세포들 사이에서 공유된다. 따라서 단위 세포당 염화 이온들의 전체 개수는 $(8\times\frac{1}{8}+6\times\frac{1}{2})=4$로 주어진다. 유사하게 모서리에 있는 12개의 소듐 이온들은 각각 4개의 세포들에 의해서 공유되기 때문에 단위 세포당 소듐 이온들의 전체 개수는 $(12\times\frac{1}{4}+1)=4$로 주어짐을 알 수 있다.

분말법은 예를 들어 입방정계(cubic), 정방정계(tetragonal), 삼방정계(rhombohedral) 결정들과 같이 하나 내지 두 개의 변수만 결정해도 되는 결정들에 매우 유용한 방법이다. 다른 결정계에 대해서는 이러한 분말법으로 선들을 색인화하는 작업이 불가능하지는 않지만 매우 어려운 작업이다.

예제 18.1

$a=2.6$ Å$(2.6\times10^{-10}$ m)인 단순 입방 격자에 대해서, (111) 면에 의해 회절되는 가장 작은 회절각을 계산하시오. 이때 $\lambda=1.542$ Å$(1.542\times10^{-10}$ m)이다.

답

식 18.4로부터

$$\theta=\sin^{-1}\frac{\lambda}{2a}\sqrt{h^2+k^2+l^2}$$

$$=\sin^{-1}\frac{1.542\times10^{-10}\ \text{m}}{2(2.6\times10^{-10}\ \text{m})}\sqrt{3}$$

$$=30.9°$$

구조 인자

할로젠화 알칼리 결정과 같은 단순한 결정의 경우에는, 대칭성과 단위 세포의 크기를 알면 정확한 구조를 결정할 수 있다. 그러나 대부분의 결정들에 대해서는, 각 단위 세포 내 원자들 또는 이온들의 배열을 알아야 한다. 이를 위해서는 알고 있는 면들(hkl)의 집합으로부터 회절되는 X선의 세기와 이들 면들의 집합 내 원자 분포와의 관계를 알아야 한다. 이론에 의하면, 측정된 세기 I_{hkl}가 구조 인자(structural factor)인 F_{hkl}의 제곱에 비례함을 보여 준다. 따라서 측정된 각 세기의 제곱근을 취하면 관찰된 구조 인자 $F_{hkl}^{관찰된}$를 구할 수 있다. F_{hkl}의 중요성은 단위 세포 내 원자들의 위치와 산란능(scattering power)을 안다면 역시 구조 인자를 계산할 수 있다는 점이다. 결론적으로, 단위 세포 내 N개의 원자들이 존재한다면 다음과 같이 쓸 수 있다.

$$F_{hkl}^{계산된} = \sum_{i=1}^{N} f_i \times Q(x_i, y_i, z_i) \tag{18.6}$$

일반적으로 산란 인자 f_i가 크다는 것은 전자 밀도가 높음을 의미한다. 결국 큰 원자나 이온에 의해 X선 회절이 더 잘 일어난다.

여기서 $F_{hkl}^{계산된}$은 면 (hkl) 집합에 대한 계산된 구조 인자이며 $Q(x_i, y_i, z_i)$는 i번째 원자의 좌표 x_i, y_i, z_i의 함수이다. 산란 인자 f_i는 전자들의 파동 함수로부터 계산된다. 모든 원자들의 위치가 추정 가능해졌으므로 F_{hkl} 값들을 계산할 수 있다. 계산과 실험 데이터가 잘 일치하면, 추정한 배치가 정확한 구조에 보다 더 가깝다는 것을 의미한다. 세포 내 원자의 위치를 논리적으로 추정할 수는 있지만, 가능한 위치가 너무 많기 때문에 이러한 시행착오법(trial-and error)은 그다지 실용적이지 못하다. 실제로는 측정된 세기로부터 원자 위치를 결정하는 역과정을 이용한다. 이러한 접근에는 프랑스 수학자 Baron Jean Fourier(1768~1830)의 이름을 딴 **Fourier 합성법**(Fourier synthesis)을 사용하며, 이 방법으로 단위 세포 내 전자 밀도의 분포를 정하는 것이 가능하다. 전자 밀도가 가장 높은 곳이 원자가 위치하는 곳이 된다.

Fourier 합성법에 의한 구조 결정에 있어서의 가장 큰 장애물은 **위상 문제**(phase problem)로 알려져 있다. 전자 밀도 지도를 작성하기 위해서는 F_{hkl}의 부호와 크기를 모두 알아야 하지만 실험적으로는 F_{hkl}의 크기만이 측정 가능하다. 이런 문제를 극복하기 위한 방법으로 스코틀랜드의 화학자 John Monteath Robertson(1990~1989)에 의해서 1936년에 프탈로사이아닌(phthalocyanine)에 관한 그의 연구에서 소개된 **동형 치환 기술**(isomorphous replacement technique)*이 있다. 먼저, Robertson은 프탈로사이아닌의 다양한 면으로부터의 회절 세기 I_{hkl}을 사진을 찍는 방법으로 측정하였다. 그리고 프탈로사이아닌 분자의 가운데에 무거운 원자(예를 들어 수은이나 금)를 치환하고 나서 다시 회절 세기를 측정하였다. F_{hkl}의 부호는 다음과 같이 추정할 수 있다. 무거운 원자가 도입되고 나서 사진 필름 상의 점이 보다 더 강해진다면(즉 I_{hkl}가 증가한다면), 분자의 중심에 대해서 원래의 F_{hkl} 값이 양수임을 알 수 있다. 점이 보다 더 약해졌다면, F_{hkl} 값은 음수임에 틀림없다. 이러한 방법으로 Robertson은

* 이 방법은 무거운 원자가 있다고 해도 결정 구조는 변하지 않는다는 가정에 기초하고 있다.

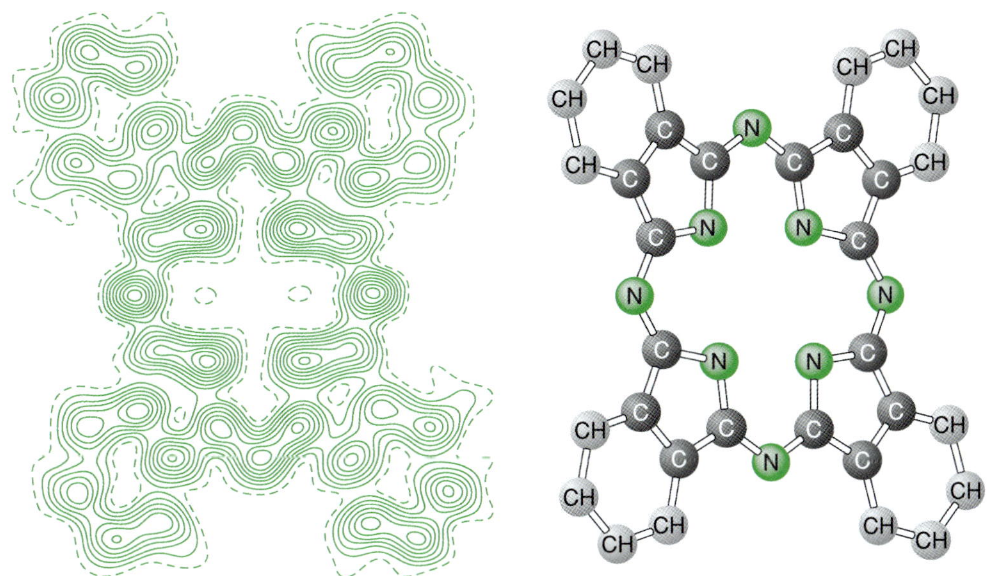

그림 18.12
전자 밀도 지도(왼쪽)와 프탈로사이아닌의 분자 구조(오른쪽) [J. M. Robertson, *J. Chem. Soc.* 1195(1936)에서 발췌]

F_{hkl}의 모든 부호를 결정하였다. 그림 18.12는 프탈로사이아닌의 Fourier 전자 밀도 지도를 보여 준다.

프탈로사이아닌은 56개의 원자들만으로 이루어진 비교적 작은 분자이다(그림 18.12). 1955년에 영국의 화학자인 Dorothy Hodgkin(1910~1994)은 바이타민 B_{12}(181개 원자)의 X선 분석을 완료하였으며, X선에 의한 구조 결정에 있어서 해결할 수 있는 복잡함의 한계에 이른 것처럼 여겨졌다. 그러나 1953년에 오스트리아계 영국인 생화학자 Max Perutz(1914~2002)는 동형 치환 기술이 헤모글로빈과 같이 수천 개 또는 심지어 수만 개의 원자들을 가지고 있는 단백질 분자에까지 동등하게 적용될 수 있음을 깨달았다. 우리는 보통 X선 회절 데이터의 **분해능**(resolution)에 대해서 이야기한다. 4.6 Å의 분해능에서는 전자 밀도 지도로 단백질 분자의 전체 모양을 알 수 있다. 3.5 Å의 분해능에서는 흔히 중심 골격, 즉 폴리펩타이드 사슬을 식별할 수 있다. 3.0 Å의 분해능에서는 아미노산의 곁사슬들을 확인할 수 있으며, 따라서 단백질의 주요 서열을 결정할 수 있게 된다. 2.5 Å의 분해능에서는 원자들의 위치들을 ±0.4 Å의 정확도로 결정할 수 있다. 마지막으로 1.5 Å의 분해능에서는 원자들의 위치들이 약 ±0.1 Å의 정확도로 결정된다.

단백질의 일차 서열은 아미노산이 어떤 순서로 연결되어 있는지를 말해 준다.

일반적으로, 단백질의 구조를 결정하는 과정은 다음과 같은 단계로 구성되어 있다. (1) 원래 상태의(즉 기능성이 있는 단백질)의 결정화와 회절 측정치 수집, (2) 중원자 유도법(heavy-atom derivatives)으로부터 회절 데이터의 수집, (3) 순수 단백질 데이터에 대한 위상 결정, (4) 1, 2, 3단계에서 수집된 데이터로부터 컴퓨터 분석과 전자 밀도의 생성, (5) 관찰된 데이터와 비교한 구조 모형의 완성. 대단히 복잡한 계의 구조를 결정하기 위해서는 약 500,000개의 회절 세기들이 정확하게 측정되어야

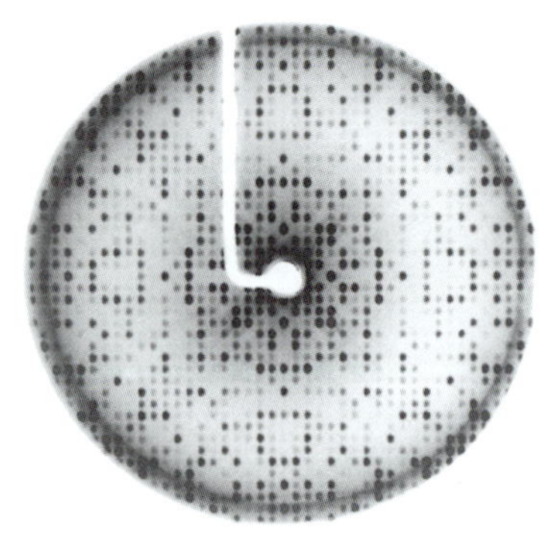

그림 18.13
결정성 라이오소자임의 X선 회절 무늬. 흰색 'L'자는 시료 지지대의 그림자이다.(출처: J. R. Knox)

하며 그리고 아마도 백만 번 정도의 계산을 수행해야 한다. 그런데 슈퍼 컴퓨터의 활용과 회절 세기의 측정과 기록에 있어서 장비가 지속적으로 개선되고 있으므로 X선 결정학적 데이터에 관한 분석 작업은 더 이상 화학자들에게 주요 도전 과제는 아니다.

그림 18.13은 효소 라이소자임(lysozyme)의 회절 무늬를 보여 준다. 2013년 현재 약 80,000개의 거대 분자의 구조들이 X선 회절에 의해 분석되었다. 사실상 X선 결정학에 있어서 현재의 기술 수준은, 만약에 우리가 회절 실험에 적당한 단백질 결정을 키울 수만 있다면 결코 쉬운 작업은 아니지만 이들의 3차원 구조를 풀 수 있을 정도가 되었다. 단백질과 핵산의 안정성과 기능을 이해하는 데 가장 큰 기여를 한 것은 아마도 3차원 구조를 밝혀낸 것이다.

X선 회절 연구를 위해서는 크기가 0.1 mm 정도인 단결정이면 충분하다.

중성자 회절

앞에서 언급하였듯이, X선은 전자들에 의해서 일차적으로 산란되고, 산란된 X선의 세기는 원자 번호가 커짐에 따라 증가한다. 이러한 이유 때문에 X선 회절 기술은 X선을 매우 약하게 산란하는 수소 원자들의 위치를 연구하는 데는 그리 유용하지 못하다. 반면에 중성자는 전자들에 의해서 산란되지 않으며, 양성자와 중성자가 뭉쳐 있게 하는 데 관련된 강한 핵력을 통해서 핵들과 상호 작용을 하고 있다. 따라서 중성자 회절 기술은 가벼운 원소들(특히 수소)이 존재하는 분자들에 대해서 X선법을 보조해 주는 역할을 한다. 중성자 회절 세기는 동위 원소에 따라 달라진다. ^{1}H는 대부분의 다른 동위 원소(^{2}H, ^{12}C, ^{14}N, ^{16}O)보다 중성자를 더 강하게 회절시킨다.

핵 반응로에서 생성되는 중성자는 높은 운동 에너지를 가지고 있다. 중성자는 감속제(중성자의 운동 에너지를 감소시킬 수 있는 물과 같은 물질)와 충돌을 통하여 **열 속도**(thermal velocity, 실온에서 기체 입자들이 가지는 속도)까지 감속될 수 있다. 속도 선택 장치를 사용하면, 결정의 회절 연구에 적합한 에너지가 일정한(monochromatic) 중성자살을 얻을 수 있다. 이러한 열 중성자의 파장은 다음과 같은 Broglie 관계식을 이용하여 계산할 수 있다. 온도 T에서 에너지 등분배 정리에 따라서(2.9절 참조)

$$\tfrac{1}{2}mu^2 = \tfrac{3}{2}k_\mathrm{B}T$$

즉

$$mu = \sqrt{3mk_\mathrm{B}T} \tag{18.7}$$

이다. 식 10.25로부터

$$\lambda = \frac{h}{p} = \frac{h}{mu}$$

따라서 다음 식을 얻을 수 있다

$$\lambda = \frac{h}{\sqrt{3mk_\mathrm{B}T}} \tag{18.8}$$

중성자의 경우 $m = 1.675 \times 10^{-27}$ kg이고, $T = 298$ K를 사용하면 다음과 같은 결과가 얻어진다.

$$\begin{aligned}\lambda &= \frac{6.626 \times 10^{-34}\ \mathrm{J\ s}}{\sqrt{3(1.675 \times 10^{-27}\ \mathrm{kg})(1.381 \times 10^{-23}\ \mathrm{J\ K^{-1}})(298\ \mathrm{K})}}\left(\frac{\mathrm{kg\ m^2\ s^{-2}}}{\mathrm{J}}\right)^{1/2} \\ &= 1.46 \times 10^{-10}\ \mathrm{m} = 1.46\ \text{Å}\end{aligned}$$

이 정도의 파장은 화학 결합 길이와 비슷하고, 회절 실험에 적합한 크기이다.

일반적으로 중성자 회절 기술은 핵반응로 시설에서 작업이 수행되어야만 하기 때문에 X선 회절 실험에 비해 폭넓게 사용되지는 않는다. 더군다나, 중성자살은 일반적으로 사용되는 X선관에서 얻을 수 있는 X선살과 비교해서 약하다. 그런데도 이러한 기술은 X선 회절과 상호 보완적이어서 구조 연구에 있어서 사용이 계속해서 증가할 것이다.

18.4 결정 형태

지금까지 결정 구조를 연구하기 위해 사용하는 회절 기술에 대해서 살펴보았으며, 이제는 결정의 네 가지 주요 형태(금속 결정, 이온 결정, 공유 결정, 분자 결정)에 대해서 생각해 보자. 특히 이들의 구조, 결합, 안정성에 대해서 집중적으로 살펴보도록 하자.

금속 결정

금속의 결정 구조는 금속 내에서 모든 원자들이 같은 크기를 갖고 전하를 띠고 있지 않기 때문에 네 가지 형태의 결정들 중에서 가장 간단하다. 금속 결합은 방향성이 없다. 따라서 대부분의 금속들에 있어서 원자들은 가장 효과적으로 쌓을 수 있는 방

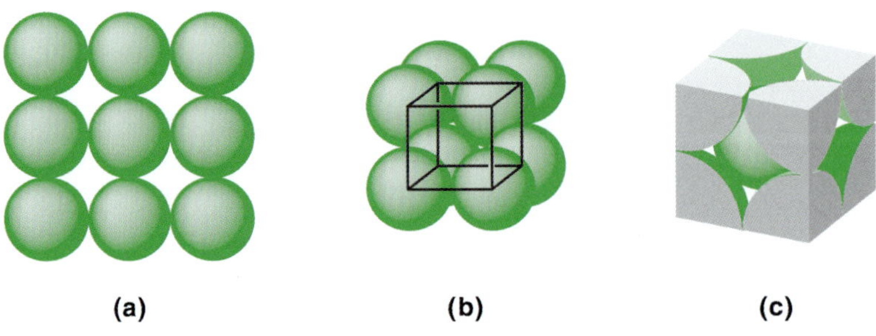

그림 18.14
단순 입방 세포 내에 동일한 구들의 배열. (a) 구들의 한 층을 위에서 본 그림. (b) 단순 입방 세포의 정의. (c) 각각의 구가 8개의 단위 세포에 의해서 공유되고, 정육면체에는 8개의 꼭짓점이 있기 때문에, 단순 입방 단위 세포 내의 구의 개수는 한 개이다.

법으로 배열된다. 동일한 구들(예를 들면 탁구공과 같은)을 함께 다중으로 쌓을 수 있는 방법을 먼저 체계적으로 살펴보도록 하자.

구 채움. 가장 간단한 경우는 그림 18.14a에서처럼 배열되는 것이다. 한 층 내의 구들이 아래층의 구들 바로 위로 위치하도록 하는 방법으로, 이러한 층의 위아래에 한 층을 위치시킴으로써 3차원 구조가 생성될 수 있다. 이러한 과정은 결정에서와 같이 수많은 층으로 확장할 수 있다. 가운데 있는 구를 중심으로 보면 같은 층에서 4개의 구, 위쪽 층에 한 개의 구, 아래쪽 층에 한 개의 구와 접촉을 하고 있다. 이러한 배열에서 각각의 구에는 모두 6개의 이웃한 구가 있기 때문에 이러한 배열은 **배위수**(coordination number, CN)가 6이라고 한다. 배위수는 결정 격자에 있어서 원자(또는 이온) 주변의 원자들(또는 이온들)의 수로 정의된다. 이 값은 구들이 어느 정도로 밀접하게 서로 채워져 있는지를 보여 준다. 즉 배위수가 클수록 구들은 서로 간에 더 가깝게 접근하게 된다. 여기서 설명한 배열의 기본적인 반복 단위를 **단순 입방**(simple cubic, sc) 세포라고 한다(그림 18.14b, c).

이보다 좀 더 효율적으로 구들을 채우는 방법이 그림 18.15에 소개된 방법이다. 첫 번째 층은 sc에서와 같다. 두 번째 층의 구들은 옴폭 들어간 자리를 차지하고, 세 번째 층의 구들도 두 번째 층의 옴폭 들어간 자리를 채운다. 이러한 배열을 **체심 입방**(body-centered cube, bcc) 세포라고 한다. 각 구의 CN 값은 8이 된다.

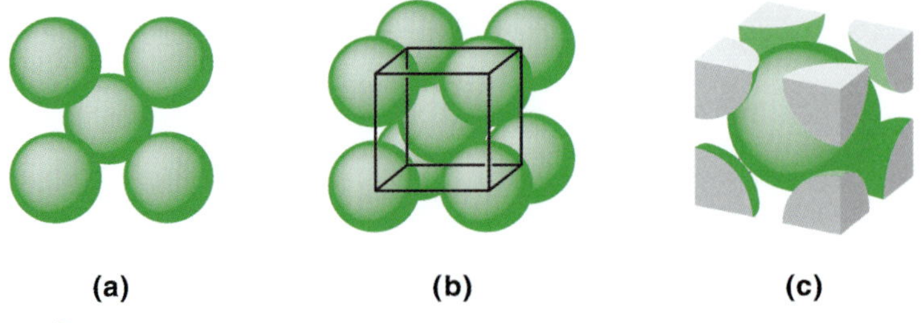

그림 18.15
체심 입방체에서 동일한 구들의 배열. (a) 단위 세포를 위에서 본 그림. (b) 체심 입방 단위 세포의 정의. (c) 체심 입방 단위 세포 내 구의 개수는 2개이다.

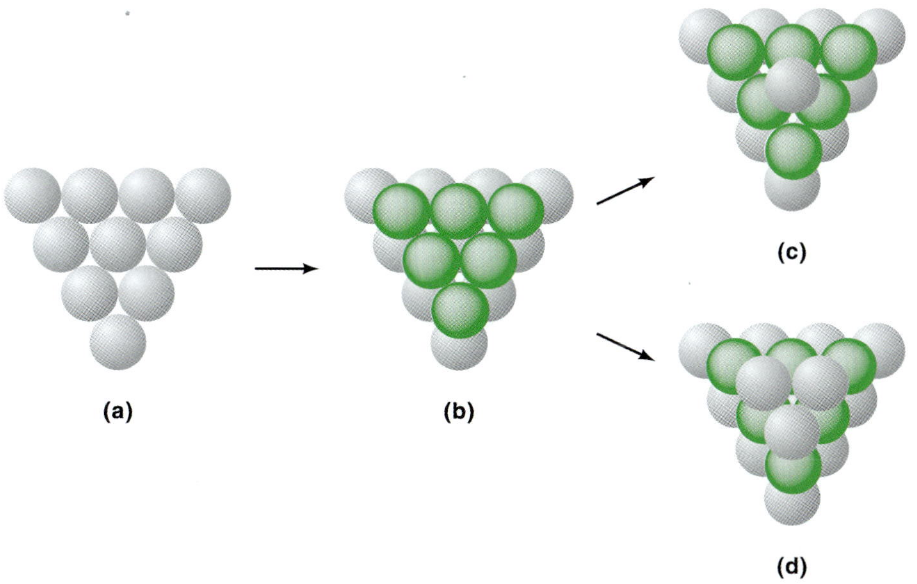

그림 18.16
(a) 조밀 채움 층에서 각 구는 6개의 다른 구들과 접촉하고 있다. (b) 두 번째 층의 구는 첫 번째 층 구 사이의 옴폭 들어간 곳에 끼어 들어간다. (c) 육방 조밀 채움 구조에서, 세 번째 층의 각 구는 바로 첫 번째 층 구 위에 위치한다. (d) 입방 조밀 채움 구조에서 세 번째 층의 각 구는 첫 번째 층에서 옴폭 들어간 곳과 겹쳐지는 곳에 위치한다.

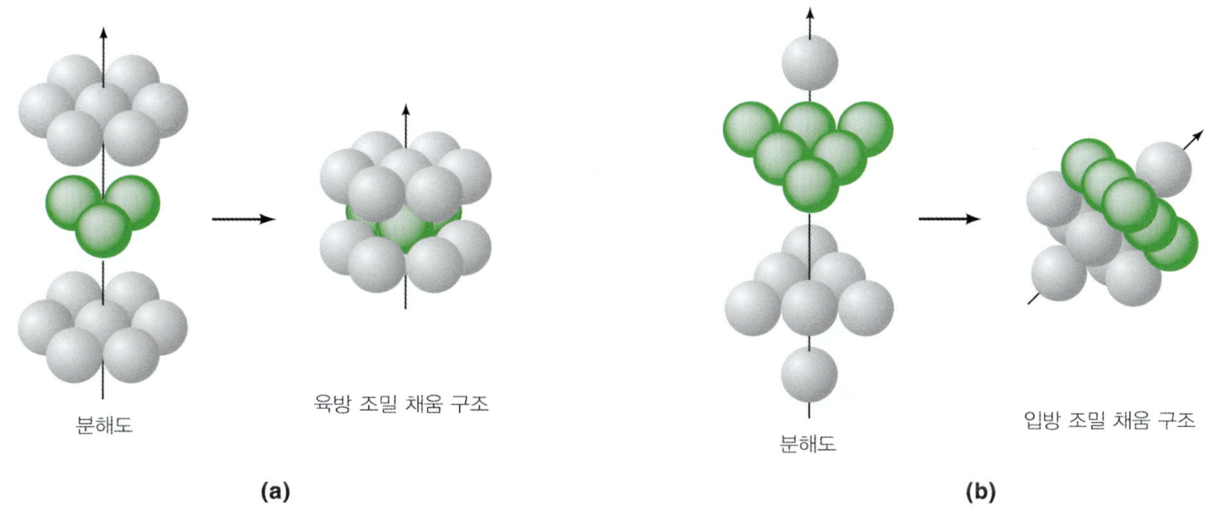

그림 18.17
(a) 육방 조밀 채움 구조와 (b) 입방 조밀 채움 구조의 분해도. 입방 조밀 채움 구조를 좀 더 명확하게 나타내기 위해서 화살표를 기울여서 나타내었다. 이러한 배열은 면심 단위 세포에서와 같다.

그림 18.16a에서 볼 수 있는 것과 같이 조밀하게 쌓은 첫 번째 층(A층이라고 하자) 구조로부터 시작하여 더욱 조밀하게 구를 쌓을 수 있다(따라서 CN 값이 증가한다). 중심에 위치한 구는 같은 층의 6개의 서로 다른 구와 이웃하고 있음을 볼 수 있다. 두 번째 층에서(이를 B층이라 하자), 첫 번째 층의 구 사이에 옴폭 들어간 자

리에 구가 놓여져서 결국 모든 구들이 최대한 조밀하게 채워지게 된다(그림 18.16b). 세 번째 층의 구가 두 번째 층을 덮는 방법에는 두 가지 방법이 있다. 세 번째 층의 각각의 구가 첫 번째 층의 구에 겹쳐지도록 두 번째 층의 옴폭 들어간 곳에 구를 쌓을 수 있다(그림 18.16c). 첫 번째 층과 세 번째 층들의 배열 사이에 차이가 없기 때문에 세 번째 층 역시 A층이라고 한다. 또 다른 방법으로는, 세 번째 층의 구가 첫 번째 층의 옴폭 들어간 곳에 위치하도록 두 번째 층의 옴폭 들어간 곳에 쌓을 수 있다(그림 18.16d). 이러한 경우에 이를 C층이라고 할 수 있다.

그림 18.17은 그림 18.16c 및 d에서 나타낸 배열로부터 생성된 구조들을 그 '분해도'와 함께 보여 준다. ABA 배열은 **육방 조밀 채움**(hexagonal close-packed, hcp) **구조**로, ABC 배열은 **입방 조밀 채움**(cubic close-packed, ccp) **구조**로 알려져 있으며, 이는 입방체의 각 6개의 면들에 하나의 구가 존재하고 있기 때문에 **면심 입방**(fcc: face-centered cube) 세포와 일치한다. hcp 구조에서는 층을 이루는 구들의 수직 위치가 ABABAB...의 형태로 반복되는 반면에, ccp 구조에서는 층을 이루는 구들의 수직 위치가 ABCABCA...의 형태로 반복된다. 두 구조에 있어서, 각 구의 CN 값은 12가 된다(각각의 구들은 자신의 층에서 6개의 구, 위층에 3개의 구, 그리고 아래층에 3개의 구와 접촉하고 있다). hcp와 ccp 구조 모두 한 단위 세포 내에 같은 종류의 구를 채우는 가장 효율적인 방법이며, 배위수가 12보다 더 크게 되도록 쌓을 수 있는 방법이 없음을 보여 준다. 이러한 이유 때문에 이들 두 가지 구조를 **최조밀 채움**(closet packing)이라고 한다.

그림 18.18은 sc, bcc, fcc에 대한 모서리 길이(a)와 구의 반지름(r) 간의 기하 구조 관계를 설명해 준다. 단위 세포 내에 구를 얼마나 효율적으로 쌓을 수 있는지를

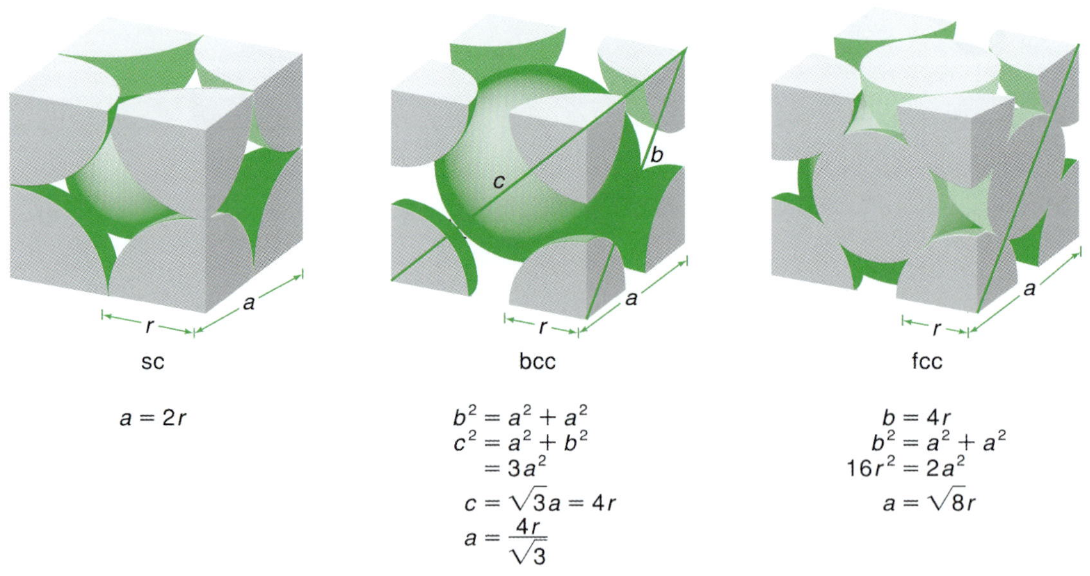

그림 18.18
단순 입방(scc) 세포, 체심 입방(bcc) 세포, 면심 입방(bcc) 세포에서 면 길이(a)와 원자 반지름(r) 사이의 관계

표 18.3 몇몇 금속의 결정 구조

단순 입방 세포	Po
체심 입방 세포	Li, Na, K, Rb, Cs, Ba, V, Nb, Cr, Mo, W, Fe
면심 입방 세포	Ca, Sr, Rh, Ir, Ni, Pd, Pt, Cu, Ag, Au, Al, Pb
육방 조밀 채움 구조	Be, Mg, Sc, La, Ti, Zr, Ru, Os, Co, Zn, Cd, Tl

알려주는 유용한 값이 **채움 효율**(packing efficiency, PE)이며, 이는 다음과 같이 정의된다.

$$PE = \frac{\text{단위 세포 내 구들의 부피}}{\text{단위 세포의 부피}} \tag{18.9}$$

sc 세포의 경우, 단위 세포 내 구 한 개가 존재하는 것과 같으므로 채움 효율은 다음과 같이 된다.

$$PE = \frac{(4/3)\pi r^3}{a^3} \tag{18.10}$$

그림 18.18로부터 $a=2r$임을 알 수 있으므로

$$PE = \frac{(4/3)\pi r^3}{(2r)^3} = 0.524, \quad \text{즉} \ 52.4\%$$

유사하게, bcc와 fcc 구조의 채움 효율을 계산할 수 있다(문제 18.5 참조).

표 18.3은 몇몇 금속 원소들의 구조들을 보여 주고 있다.

금속에서의 결합. 금속들은 연성(ductile, 잡아늘일 수 있는)과 전성(malleable, 펴 늘일 수 있는)이 있고, 전기 전도성을 가지고 있다. 이러한 성질들은 금속 결합의 독특한 결합 구조에 기인한다. 금속 결합에 관해 이해하기 위해서 분자 오비탈 이론을 살펴보자.

만약에 금속 전체 덩어리를 거대한 분자라고 간주한다면, 결정에서 특정 형태의 원자 오비탈($1s$, $2s$, 등등)들은 계 전체에 걸쳐 확장된 하나의 비편재화된 오비탈들을 형성하기 위한 상호 작용을 한다. 소듐 금속을 생각해 보자. 그림 18.19는 이웃 Na 원자들 사이에 $3s$ 오비탈의 연속적인 겹침을 보여 준다. Na 원자의 개수가 무수히 많으면, 생성된 분자 오비탈들은 너무 촘촘히 배열되어 있어서 띠(band)라고 하는 것이 적절해 보인다. Na 분자 오비탈들로부터 만들어지는 띠들을 그림 18.20에 나타내었다. 각 소듐 원자는 하나의 $3s$ 전자만 가지고 있기 때문에 $1s$, $2s$, $2p$ 띠는 완전히 채워지지만 $3s$ 띠는 반만 채워진다. 이렇게 부분적으로 채워진 $3s$ 띠가 있기 때문에 Na는 금속 상태로 안정하게 결합할 수 있다(반결합성 분자 오비탈보다는 결합성 분자 오비탈에 전자가 더 많이 존재한다). 또한 비어 있는 비편재화된 반결합성 오비탈로 전자를 들뜨게 하기 위해서는 극소량의 에너지만이 필요하며, 금속 전체를

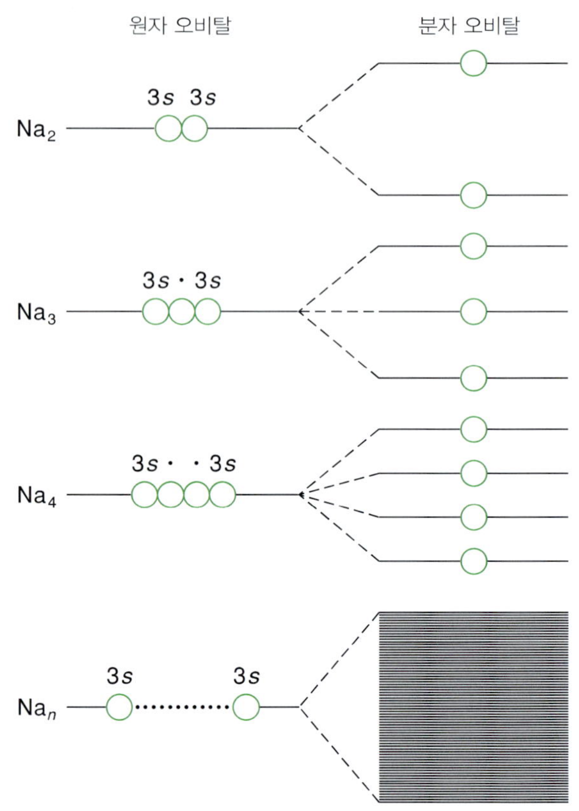

그림 18.19
여러 소듐 원자들의 3*s* 오비탈 중첩으로부터 만들어진 비편재화된 분자 오비탈 띠 구조

통해서 이러한 전자의 이동이 자유롭기 때문에 금속의 전기 전도성을 보이게 된다.

그림 18.21은 금속, 부도체, 반도체의 **원자가 띠**(valence band, 가장 높은 채워진 오비탈)와 **전도띠**(conduction band, 가장 낮은 덜 채워진 오비탈) 사이의 에너지의 차이를 비교해서 보여 준다. 금속에서는 두 띠 사이에 실질적으로 에너지 차이가 없다. 부도체에서는 에너지 차이가 커서 전자가 전도띠로 들뜨는 현상은 잘 일어나지 않는다. 반도체는 절연체보다 에너지 차이가 작아서 온도를 올려주거나 에너지 차이를 줄여줄 수 있는 특정 불순물을 첨가함으로써 전기 전도성이 유도될 수 있다.

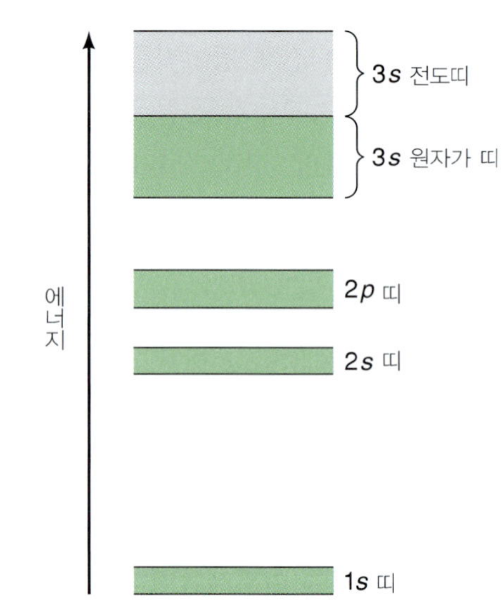

그림 18.20
금속 소듐의 비편재화된 분자 오비탈 띠. 1*s*, 2*s*, 2*p* 띠는 완전히 채워진다. 그러나 3*s* 띠는 반만 채워진다. 3*s* 원자가 띠로부터 3*s* 전도띠로 전자가 들뜨는 데에는 극소량의 에너지만 필요하다. 이 오비탈 띠는 금속 전체에 확장되어서, 소듐은 전기 전도성을 가진다.

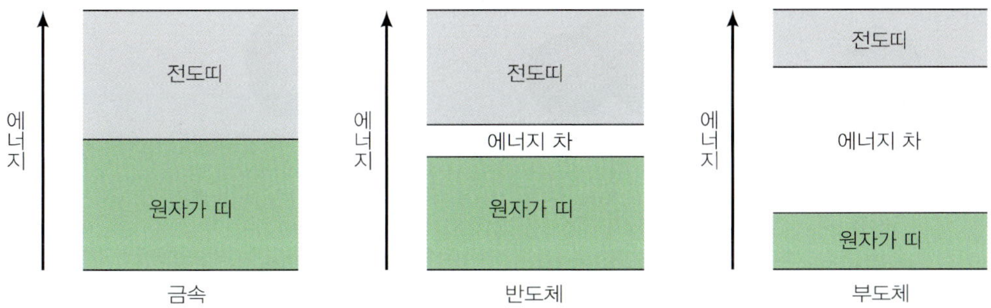

그림 18.21
금속, 반도체, 부도체에서 원자가 띠와 전도띠 사이의 에너지 차이 비교

이온 결정

이온 결합 화합물의 구조는 구를 쌓는 것으로 나타낼 수 있다. 이온 결정은 두 가지 중요한 특성을 가지고 있다. 즉 음이온과 양이온은 크기에 큰 차이가 있으며 전하를 띤 입자들이다. 심지어는 드문 경우에는 음이온과 양이온의 크기가 거의 같은 경우에 있어서도 CN이 12인 최조밀 채움 구조가 될 수 없다. 이러한 배열에서는 전기적으로 중성이 유지될 수 없기 때문이다. 결론적으로 이온성 고체들은 금속들보다 일반적으로 덜 조밀하다.

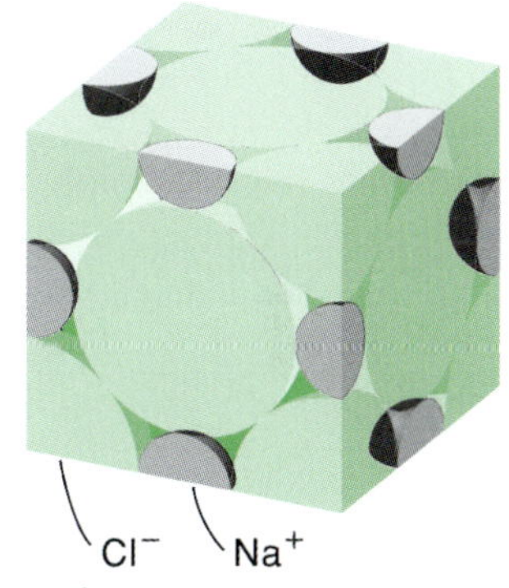

그림 18.22
면심 입방 단위 세포 내 Na^+와 Cl^- 이온이 차지하는 부분

이온 결정의 연구에서 가장 큰 흥미 있는 것은 이온 반지름(결정 반지름이라고도 한다)이다. 18.2절에서 보았듯이 NaCl의 단위 세포 길이는 5.623 Å이다. 그림 18.22로부터 이 길이는 Na^+와 Cl^-의 이온 반지름의 합의 두 배와 같다. 개개의 이온의 반지름을 측정할 방법은 없지만, 알고 있는 다른 이온의 반지름으로부터 몇몇 이온의 반지름을 추정할 수는 있다. 예를 들어, LiI에서 I^-의 반지름은 2.16 Å으로 추정된다. 이 값을 이용하여 KI에서 K^+의 반지름을, KCl에서 Cl^-의 반지름 등을 결정할 수 있다. 표 18.4에 다수의 이온의 이온 반지름을 나타내었다. 이들은 수많은 데이터로부터 얻은 평균값들이다. 따라서 특정 이온 결합 화합물에 있어서 양이온과 음이온의 합은 세포 크기와 일반적으로 같지 않다. 예를 들어 표 18.4의 값들을 기초로 하였을 때 NaCl의 단위 세포 길이는 $2(r_{Na^+}+r_{Cl^-})=2(0.98+1.81)$ Å$=5.58$ Å이며,

표 18.4 이온 반지름 (Å)

						H^- 1.54
Li^+ 0.68	Be^{2+} 0.35	B^{3+} 0.23	C^{4+} 0.16	N^{3+} 1.71	O^{2-} 1.32	F^- 1.33
Na^+ 0.98	Mg^{2+} 0.66	Al^{3+} 0.51	Si^{4+} 0.42	P^{3-} 2.12	S^{2-} 1.84	Cl^- 1.81
K^+ 1.33	Ca^{2+} 0.99	Ga^{3+} 0.62	Ge^{4+} 0.53	As^{3-} 2.22	Se^{2-} 1.91	Br^- 1.96
Rb^+ 1.47	Sr^{2+} 1.12	In^{3+} 0.81	Sn^{4+} 0.71	Sb^{5+} 0.62	Te^{2-} 2.11	I^- 2.20
Cs^+ 1.67	Ba^{2+} 1.34	Tl^{3+} 0.95	Pb^{4+} 0.84	Bi^{5+} 0.74		

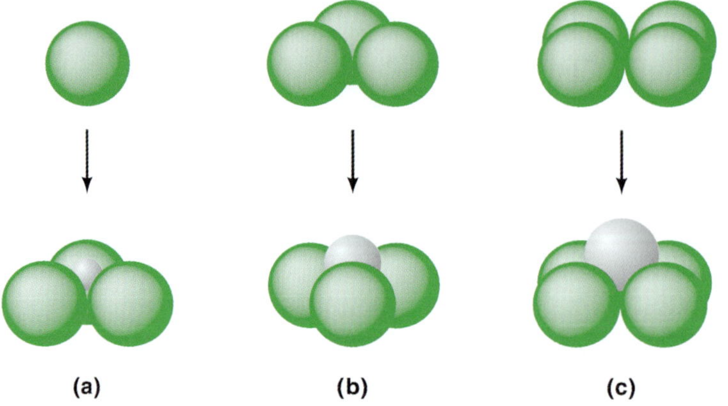

그림 18.23
(a) 사면체 공동, (b) 팔면체 공동, (c) 입방 공동. 각각의 경우에서, 더 작은 이온이 양이온이다.

이는 5.623 Å과는 다르다. 이온이 고체 상태에서 고유한 반지름을 갖지 않는 이유는 첫째, 이온들은 단단한 구가 아니므로 반대 이온의 종류에 따라 전자 밀도가 변하게 되며, 둘째, 결합이 완벽한 이온성일 수는 없으므로 공유 결합성의 정도에 따라 이온 반지름도 영향을 받기 때문이다.

반지름 비 규칙. 많은 이온 결정의 구조를 이해하기 위해서는, 큰 이온(보통 음이온)이 사면체, 팔면체, 또는 입방체 구조에 어떻게 채워지는가를 먼저 조사하는 것이 도움이 된다(그림 18.23). 양이온들은 큰 구(양이온)가 쌓이면서 만들어지는 공동(hole)을 채워 전하 균형을 맞춘다고 생각할 수 있다. 이러한 공동의 크기가 모두 같은 것은 아니며, **반지름 비 규칙**(radius ratio rule)으로 이온 결합 화합물의 특정한 구조를 예측할 수 있다. 반지름 비는 다음과 같이 정의된다.

$$\text{반지름 비} = \frac{r_{\text{더 작은 이온}}}{r_{\text{더 큰 이온}}} \tag{18.11}$$

예를 들어 사면체의 공동은 매우 작아서 작은 양이온만이 그 자리에 들어가서 CN=4가 될 수 있다. 공동의 크기가 증가함에 따라 반지름 비와 CN 값도 같이 증가한다(표 18.5). 그림 18.24는 ZnS, NaCl, CsCl의 단위 세포들을 보여 주고 있다. 이들 구조들은 많은 이온 결합 화합물의 특징적인 구조이다.

이온 결정의 안정성. 이온 결합 화합물에서의 인력이 고정된 한 방향으로 작용하는

표 18.5 반지름 비 규칙

반지름 비	CN	양이온 공동의 형태	예
0.225~0.414	4	사면체	ZnS
0.414~0.732	6	팔면체	NaCl
0.732~1.000	8	입방	CsCl

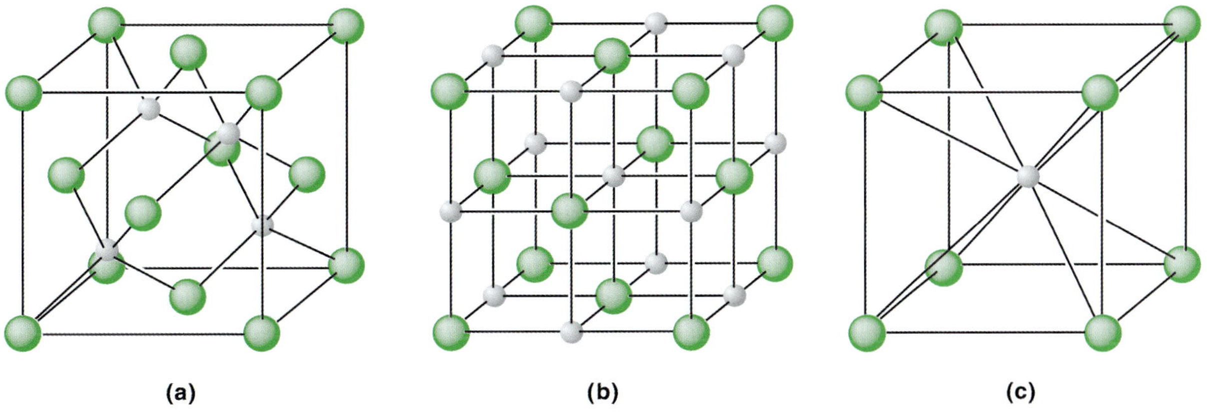

그림 18.24
(a) CsCl, (b) ZnS, (c) CaF_2의 결정 구조. 각각의 경우에서, 더 작은 구는 양이온이다.

것은 아니다. 이들 화합물의 녹는점이 높다는 것에서 알 수 있듯이 정전기적 인력은 강하지만, 이온 결정은 쉽게 깨지고, 구부러지거나 변형되지 않는다.

이온 결정의 안정성은 **격자 에너지**(lattice energy, U_0)로 나타낼 수 있다. 격자 에너지는 1몰의 결정을 기체 상태의 이온으로 분리하는 데 필요한 에너지로 정의된다. NaCl의 격자 에너지는 다음 반응에 대한 엔탈피의 변화량과 같다.

$$\mathrm{NaCl}(s) \rightarrow \mathrm{Na}^+(g) + \mathrm{Cl}^-(g)$$

이는 흡열 과정이기 때문에 U_0는 항상 양의 값을 가진다. 이온의 전하와 세포의 크기를 알면, 17.2절에서 사용한 것과 유사한 접근법을 이용하여 U_0 값을 구할 수 있다. 그러나 식 17.7은 한 쌍의 이온들에게만 적용이 가능하다. NaCl 결정에서 각 Na^+ 이온은 결정을 이루는 주위의 모든 이온들과 상호 작용을 한다. 이러한 결정의 격자 에너지를 계산하는 것이 어려워 보일 수도 있지만 다음과 같이 체계적으로 다루면 그리 어렵지 않다. 그림 18.25는 NaCl 격자에서 Na^+ 이온과 바로 이웃한 몇몇 이온들과의 거리를 보여 준다. Na^+ 이온은 거리 r의 위치에 있는 6개의 Cl^- 이온으로 둘러싸여 있다. 이 인력으로부터 얻어지는 퍼텐셜 에너지는 다음과 같다.

$$V_0 = -\frac{6e^2}{4\pi\varepsilon_0 r}\left(1 - \frac{1}{n}\right)$$

여기서 n은 8과 12 사이의 수이다. 식 17.7은 $q_{\mathrm{Na^+}}q_{\mathrm{Cl^-}}$를 e^2으로 치환하여 단순화시킬 수 있다. 여기서 e는 전자 전하이다. Na^+ 이온에 다음으로 가장 근접한 이웃은 $\sqrt{2}r$의 거리에 있는 12개의 다른 Na^+ 이온이며, 이때 반발력에 해당하는 퍼텐셜 에너지는 다음과 같다.

$$V_0 = \frac{12e^2}{4\pi\varepsilon_0\sqrt{2}r}\left(1 - \frac{1}{n}\right)$$

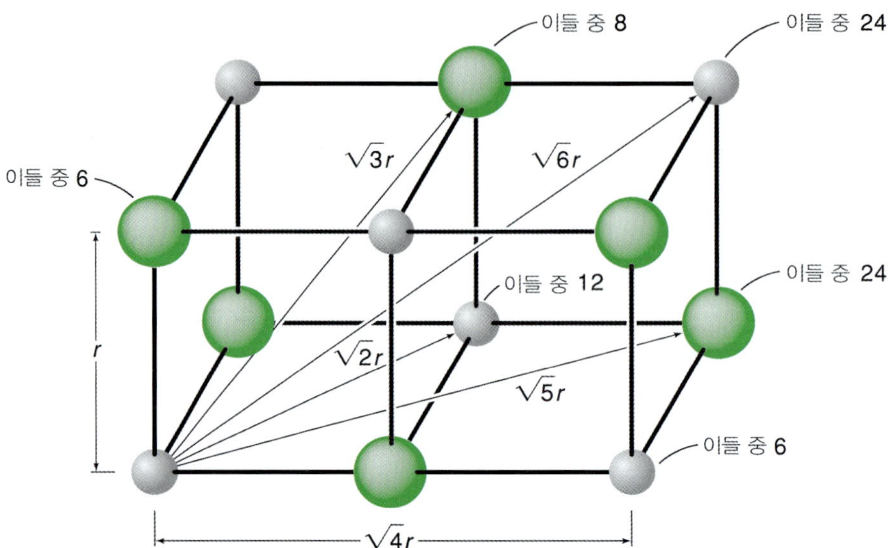

그림 18.25
NaCl 격자에 있어서 Na^+ 이온(왼쪽 아래 꼭짓점)과 그 이웃 사이의 거리. 그림은 단위 세포의 반만 보여 주고 있다. 회색은 Na^+, 녹색은 Cl^-

다음에는 $\sqrt{3}r$의 거리에 8개의 Cl^- 이온이, $\sqrt{4}r$의 거리에 6개의 Na^+ 이온이, $\sqrt{5}r$의 거리에 24개의 Cl^- 이온이, $\sqrt{6}r$의 거리에 24개의 Na^+ 이온 등등이 있다. 격자에 있는 모든 이온들과 Na^+ 이온과의 상호 작용에 의해서 생성되는 퍼텐셜 에너지(V)는 다음과 같이 각 항의 합으로 주어진다.

$$V = -\frac{e^2}{4\pi\varepsilon_0 r}\left(\frac{6}{1} - \frac{12}{\sqrt{2}} + \frac{8}{\sqrt{3}} - \frac{6}{\sqrt{4}} + \frac{24}{\sqrt{5}} - \frac{24}{\sqrt{6}} + \cdots\right)\left(1 - \frac{1}{n}\right) \tag{18.12}$$

먼 거리에 있는 이온 간에도 힘이 작용하기 때문에 위 식의 급수는 매우 천천히 수렴되고, 값을 결정하기 위해서는 특별한 기술이 필요하다. 급수의 합은 $\mathscr{M}=1.7476$으로 수렴된다. 여기서 $\mathscr{M}$은 NaCl 결정 격자에 대한 Madelung 상수[Madelung constant, 독일의 물리학자 Erwin Madelung(1981~1972)의 이름에서 따옴]라고 한다. 1몰의 NaCl에 대해서 식 18.12는 다음과 같다.

$$\overline{V} = -\frac{N_A \mathscr{M} e^2}{4\pi\varepsilon_0 r}\left(1 - \frac{1}{n}\right) \tag{18.13}$$

여기서 N_A는 Avogadro 상수이다. 격자 에너지에 대한 정의로부터 $U_0 = -\overline{V}$가 됨을 알 수 있다. 1몰의 이온쌍에 대해서 식 18.13과 식 17.7을 비교해 보면 n에 대해서 같은 값을 사용하였을 때, NaCl 결정에 대한 격자 에너지는 1몰의 기체 상태 NaCl 이온쌍에 해당하는 에너지보다 약 1.47배 크다.

Madelung 상수는 NaCl 외의 다른 결정 구조에 대한 값들도 알려져 있다. 즉 CsCl의 $\mathscr{M}=1.76267$, ZnS의 $\mathscr{M}=1.63805$이다.

예제 18.2

결정에 있어서 반발력에 해당하는 항의 $n=10$이고 Na^+와 Cl^-의 반지름의 합이 2.81 Å으로 주어졌을 때 NaCl의 격자 에너지를 계산하시오.

답

식 18.13과 환산 인자 1 J=1 N m를 이용한다.

$$\overline{V} = -\frac{(6.022 \times 10^{23}\ \text{mol}^{-1})(1.7476)(1.602 \times 10^{-19}\ \text{C})^2[1-(1/10)]}{4\pi(8.854 \times 10^{-12}\ \text{C}^2\ \text{N}^{-1}\ \text{m}^{-2})(2.81 \times 10^{-10}\ \text{m})}$$

$$= -7.77 \times 10^5\ \text{J mol}^{-1}$$

$$= -777\ \text{kJ mol}^{-1}$$

따라서 격자 에너지 U_0는 $+777$ kJ mol^{-1}이다.

격자 에너지는 직접 측정할 수 없지만, Born−Harber 순환을 이용하여 값을 구할 수 있다. 먼저 25°C 표준 상태에서 Na와 Cl_2 원소에서 시작해서 그림 18.26에서 보여 주는 다음의 단계들을 수행한다.

1. 1몰의 금속 소듐을 소듐 증기로 전환시킨다. 이때 승화 엔탈피 $\Delta H_1^\circ=107.3$ kJ이다.

2. Cl_2 $\frac{1}{2}$몰을 Cl 원자로 해리시킨다. Cl_2의 결합 엔탈피(표 3.4 참조)로부터 $\Delta H_2^\circ=\frac{1}{2}(242.7\ \text{kJ})=121.4$ kJ이다.

3. 1몰의 Na 원자가 이온화한다. 표 12.7로부터 $\Delta H_3^\circ=495.9$ kJ이다.

4. 1몰의 Cl 원자가 Cl^- 이온으로 전환된다. 표 12.8로부터 $\Delta H_4^\circ=-349$ kJ이다.

5. 단계 5는

$$\text{Na}^+(g) + \text{Cl}^-(g) \rightarrow \text{NaCl}(s)$$

이며, 이는 격자 에너지를 나타낸다. 즉 $\Delta H_5^\circ=-U_0$이다.

부록 B에서, NaCl의 표준 생성 엔탈피를 구할 수 있다.

$$\text{Na}(s) + \tfrac{1}{2}\text{Cl}_2(g) \rightarrow \text{NaCl}(s) \qquad \Delta H^\circ_{\text{전체}} = -411.2\ \text{kJ mol}^{-1}$$

Hess 법칙에 따라, 전체 과정에서 엔탈피 변화는 각각의 단계들의 합과 같다. 따라서

$$\Delta H^\circ_{\text{전체}} = \Delta H_1^\circ + \Delta H_2^\circ + \Delta H_3^\circ + \Delta H_4^\circ + \Delta H_5^\circ$$

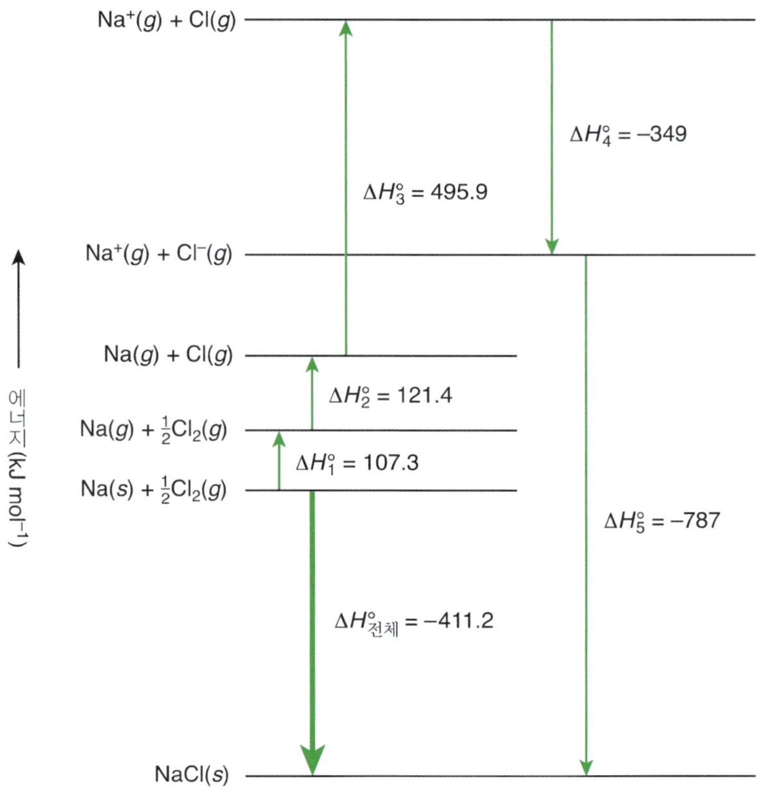

그림 18.26
1몰의 NaCl(s)의 생성에 대한 Born−Haber 순환

즉

$$\Delta H_5^\circ = -411.2\ \text{kJ mol}^{-1} - 107.3\ \text{kJ mol}^{-1} - 121.4\ \text{kJ mol}^{-1}$$
$$-495.9\ \text{kJ mol}^{-1} + 349\ \text{kJ mol}^{-1}$$
$$= -787\ \text{kJ mol}^{-1}$$

따라서 NaCl의 격자 에너지는 $U_0 = 787\ \text{kJ mol}^{-1}$이 된다.

계산에 의한 격자 에너지와 Born−Haber 순환에 의해 구한 격자 에너지는 어느 정도 일치한다. 두 접근 방법 사이의 오차는 이온들 간의 분산력, 부분적인 공유 결합 성격, 결정의 영점 에너지에 기인하며, 예제 18.2에서는 이들을 고려하지 않았다.

공유 결정

공유 결정은 녹는점이 매우 높고 단단한 고체이다. 이 결정에는 비편재화된 오비탈이 없기 때문에 일반적으로 전기 전도도가 낮다. 공유 결정에서 원자들은 공유 결합에 의해서 서로 위치가 고정되어 있다. 잘 알려진 예로는 탄소의 두 가지 형태인 흑연과 다이아몬드이다(그림 18.27). 다이아몬드의 구조는 fcc 격자를 기본으로 한다. 입방체의 꼭짓점에 8개의 탄소 원자, 면의 한가운데에 6개의 탄소 원자, 그리고 단

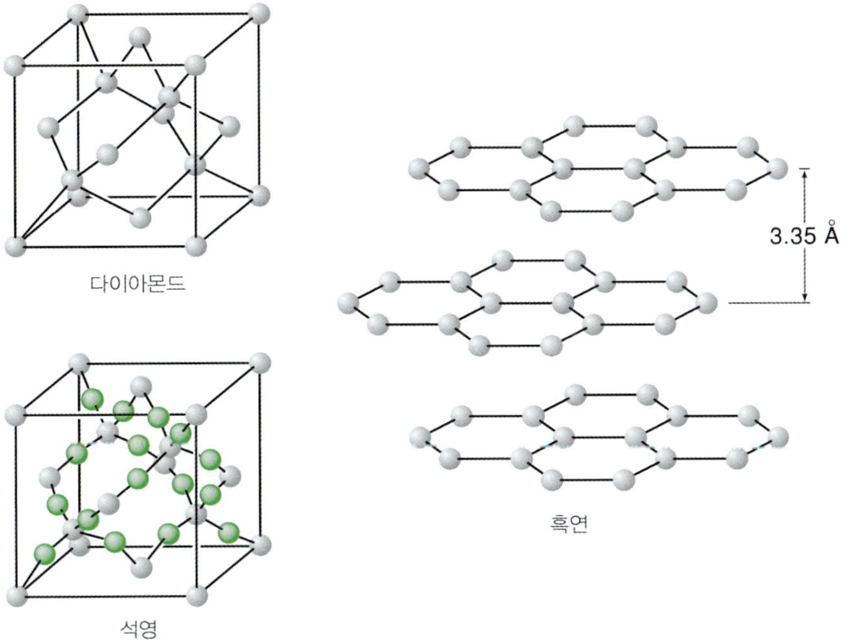

그림 18.27
다이아몬드, 흑연, 석영의 구조. 녹색 구는 산소를 나타낸다.

위 세포 내에 4개의 탄소 원자가 더 존재한다. 각 원자는 4개의 다른 원자들과 사면체 결합을 한다. 다이아몬드의 경도(hardness)가 매우 큰 이유는 이렇게 단단히 결합된 격자 구조 때문이다. 탄소-탄소 결합 길이는 1.54 Å이며, 이는 에테인에서의 결합 길이와 유사하다. 흑연에 있어서, 각 탄소 원자는 3개의 다른 원자들과 결합되어 있다. 탄소-탄소 결합 길이는 1.12 Å이며, 이는 벤젠에서의 결합 길이와 유사하다. 각각의 층들은 비교적 약한 분산력에 의해 결합하고 있다. 결론적으로, 흑연은 각 층에 평행한 방향으로 쉽게 변형된다. 면 내에서는 흑연은 다이아몬드와 같은 공유 결합 결정이다. 공유 결정의 또 다른 중요한 예는 석영, 즉 SiO_2이며 그림 18.27에서 보여 주고 있다.

다이아몬드와 석영의 녹는점은 각각 3550℃와 1610℃이다. 그래핀은 3652℃에서 승화한다.

2010년에 노벨 물리학상은 이차원 물질인 **그래핀**(graphene)에 대한 연구에 주어졌는데, 그래핀은 흑연의 한 층을 말한다. 그래핀은 투명하고, 전기 전도성이 있으며, 밀도가 높고, 기계적으로 강도가 놀라울 정도로 크다. 우리가 일반적으로 쓰는 테이프를 사용해서 흑연 표면에서 그래핀을 벗겨 낼 수 있다.

분자 결정

분자 결정은 녹는점이 낮고 부드러운 고체이다. 이들은 전기 전도도가 낮다. 분자 결정을 이루는 물질의 예로는 Ar, N_2, SO_2, I_2, 벤젠과 같은 물질들이 있다. 일반적으로, 분자들은 그들의 크기와 모양이 허용하는 만큼 가깝게 뭉쳐진다. 그 인력은 주로 van der Waals 인력(분산력과 쌍극자-쌍극자 힘)이다. 얼음의 결정 구조에는 수소 결합이 크게 기여한다(그림 17.10 참조). 벅민스터풀러렌(buckminsterfullerene),

또는 버키볼(buckyball, C_{60})의 결정 구조는 fcc 배열을 하고 있다. 여기서 C_{60} 분자는 분산력에 의해서만 결합되어 있다.

마지막으로 우리는 모든 고체가 결정성 형태로 존재하는 것은 아님을 상기해야 한다. 규칙적 구조를 가지지 않은 고체는 **비결정성 고체**(amorphous solid)라고 한다. 유리가 잘 알려진 예이다. 이러한 물질의 구조는 규칙적 패턴이 결여되어 있기 때문에 연구하기가 더 어렵다.

■ Key Equations

$2d_{hkl}\sin\theta = \lambda$	(Bragg 식)	(18.2)
$PE = \dfrac{\text{단위 세포 내 구들의 부피}}{\text{단위 세포의 부피}}$	(채움 효율)	(18.9)
$\text{반지름 비} = \dfrac{r_{\text{더 작은 이온}}}{r_{\text{더 큰 이온}}}$	(반지름의 비)	(18.11)

부록 18.1

식 18.3의 유도

식 18.3을 유도하기 위해서, 직교축을 가진 어떤 결정계를 생각해 보자. 예를 들어 그림 18.28a에서 보여 주는 (210) 면을 고려해 보자. 위쪽 맨 아래의 면은 격자점을 통과한다. 그다음 면은 x 또는 a축을 따라 a/h만큼, y 또는 b축을 따라 b/k만큼 이동한다. 처음 두 개 면의 확대된 그림을 그림 18.28b에 나타내었다. 두 직각삼각형에 대해서 다음과 같이 쓸 수 있다.

$$\sin \alpha = \frac{d}{a/h} \tag{1}$$

$$\sin \alpha = \frac{b/k}{\sqrt{(a/h)^2 + (b/k)^2}} \tag{2}$$

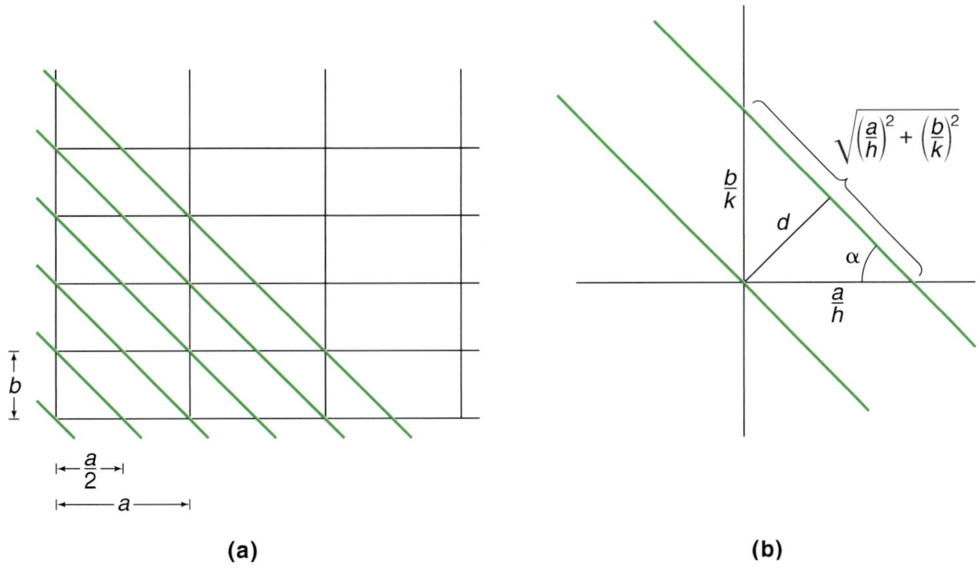

그림 18.28
(a) (210) 면들과 결정 격자와의 관계. (b) 직교축으로 이루어진 시스템에서, (210) 면의 (hkl) 지수와 면 사이 간격의 관계

그러므로

$$\frac{d}{a/h} = \frac{b/k}{\sqrt{(a/h)^2 + (b/k)^2}}$$

$$d^2 = \frac{(a/h)^2(b/k)^2}{(a/h)^2 + (b/k)^2}$$

$$= \frac{1}{(h/a)^2 + (k/b)^2}$$

$$d = \frac{1}{\sqrt{(h/a)^2 + (k/b)^2}} \qquad (3)$$

삼차원 입방 격자에서는 $a=b=c$이므로

$$d_{hkl} = \frac{1}{\sqrt{(h/a)^2 + (k/b)^2 + (l/c)^2}} \qquad (4)$$

$$= \frac{a}{\sqrt{h^2 + k^2 + l^2}}$$

식 18.3이 얻어졌다.

참고문헌

책

Blow, D., *Outline of Crystallography for Biologists*, Oxford University Press, Oxford, 2002.
Borchardt-Ott, W., *Crystallography: An Introduction*, 3rd ed., Springer-Verlag, New York, 2012.
Burdett, J. K., *Chemical Bonding in Solids*, Oxford University Press, New York, 1995.
Hammond, C., *The Basics of Crystallography and Diffraction*, 3rd ed., Oxford University Press, New York, 2009.
McPherson, A., *Introduction to Macromolecular Crystallography*, 2nd ed., Wiley-Blackwell, New York, 2009.
Rhodes, G., *Crystallography Made Crystal Clear: A Guide for Users of Macromolecular Models*, 3rd ed., Academic Press, New York, 2006.
Sands, D. E., *Introduction to Crystallography*, Dover, New York, 1994.
Smart, L., and E. Moore, *Solid State Chemistry: An Introduction*, 4th ed., CRC Press, Boca Raton, FL, 2012.
Tabor, D., *Gases, Liquids, and Solids*, 3rd ed., Cambridge University Press, New York, 1991.
Tilley, R., *Understanding Solids*, 2nd ed., John Wiley & Sons, New York, 2013.
Walton, A. J., *The Three Phases of Matter*, 2nd ed., Oxford University Press, New York, 1983.
Wormald, J., *Diffraction Methods*, Oxford University Press, New York, 1973.

논문

일반

"The Solid State," Sir N. Mott, *Sci. Am.* September 1967.
"Calculation of Madelung Constants," W. B. Bridgman, *J. Chem. Educ.* **46**, 592 (1969).
"Crystal Lattice Energy and the Madelung Constant," D. Quane, *J. Chem. Educ.* **47**, 396 (1970).
"The Packing of Spheres," N. J. A. Sloane, *Sci. Am.* January 1984.
"Predictions of Crystal Structure Based on Radius Ratio," L. C. Nathan, *J. Chem. Educ.* **62**, 215 (1985).
"Quasicrystals," D. R. Nelson, *Sci. Am.* August 1986.
"Building Molecular Crystals," P. J. Fagan and M. D. Ward, *Sci. Am.* July 1992.
"Determination of ΔH for Reactions of the Born-Haber Cycle," R. S. Treptow, *J. Chem. Educ.* **74**, 919 (1997).
Report On "Integrating Materials Science into the Chemistry Curriculum," J. E. Bender, *Chem. Educator* [Online] **3**, S1430-4171 (1998) DOI 10.1333/s00897980166a.
"Space Subdivision and Voids Inside Body-Centered Cubic Lattices," C. Giomini and G. Marrow, *Chem. Educator* [Online] **16**, 232 (2011) DOI 10.1333/s00897112382a.
"An In-depth Look at the Madelung Constant for Cubic Crystal Systems," R. P. Grosso, Jr., J. T. Fermann, and W. J. Vining, *J. Chem. Educ.* **78**, 1198 (2001).
"Correspondence with Sir Lawrence Bragg Regarding Evidence for the Ionic Bond," N. C. Craig, *J. Chem. Educ.* **79**, 953 (2002).
"The Pythagorean Theorem and the Solid State," B. S. Kelly and A. G. Splittgerber, *J. Chem. Educ.* **82**, 756 (2005).
"Filling in the Hexagonal Close-Packed Unit Cell," R. C. Rittenhouse, L. M. Soper, and J. L. Rittenhouse, *J. Chem. Educ.* **83**, 175 (2006).
"Use of the Primitive Unit Cell in Understanding Subtle Features of the Cubic Close-Packed Structure," J. A. Hawkins and J. L. Rittenhouse, *J. Chem. Educ.* **85**, 90 (2008).

"The Origin of the Metallic Bond," W. B. Jensen, *J. Chem. Educ.* **86**, 278 (2009).
"Teaching Nanochemistry: Madelung Constants of Nanocrystals," M. D. Baker and A. D. Baker, *J. Chem. Educ.* **87**, 280 (2010).
"The Origin of the Ionic-Radius Ratio Rules," W. B. Jensen, *J. Chem. Educ.* **87**, 587 (2010).

X선 회절과 중성자 회절

"X-Ray Crystallography as a Tool for Structural Chemists," W. M. MacIntyre, *J. Chem. Educ.* **41**, 526 (1964).
"X-ray Crystallography Experiment," F. P. Baer and T. H. Jordan, *J. Chem. Educ.* **42**, 76 (1965).
"X-Ray Analysis of Crystal Structures," M. H. Harding, *Chem. Brit.* **4**, 548 (1968).
"X-Ray Crystallography," Sir L. Bragg, *Sci. Am.* July 1968.
"An Introduction to X-Ray Structure Determination," J. A. Kapecki, *J. Chem. Educ.* **49**, 231 (1972).
"Protein Molecular Weight by X-ray Diffraction," J. R. Knox, *J. Chem. Educ.* **49**, 476 (1972).
"Macromolecules, the X-ray Contribution," C. Bunn, *Chem. Brit.* **11**, 171 (1975).
"Protein Crystallography in a Molecular Biophysics Course," P. Argos, *Am. J. Phys.* **45**, 31 (1977).
"Teaching Crystallography to Noncrystallographers," J. P. Glusker, *J. Chem. Educ.* **65**, 474 (1988).
"Introducing Chemists to X-Ray Structure Determination," J. H. Enemark, *J. Chem. Educ.* **65**, 491 (1988).
"Teaching Biochemists and Pharmacologists How to Use Crystallographic Data," W. L. Daux, *J. Chem. Educ.* **65**, 502 (1988).
"Macromolecular Crystals," A. McPherson, *Sci. Am.* March 1989.
"Neutron Diffraction," T. Vogt, *Encyclopedia of Applied Physics*, Trigg, G. L., Ed., VCH Publishers, New York (1994), Vol. 11, p. 339.
"X-Ray Diffraction and the Bragg Equation," C. G. Pope, *J. Chem. Educ.* **74**, 129 (1997).
"The Incorporation of Single Crystal X-ray Diffraction into the Undergraduate Chemistry Curriculum Using Internet-Facilitated Remote Diffractometer Control," P. S. Szalay, A. Hunter, and M. Zeller, *J. Chem. Educ.* **82**, 1555 (2005).
"X-ray Diffraction and the Discovery of the Structure of DNA," D. T. Crouse, *J. Chem. Educ.* **84**, 803 (2007).

문제

18.1 단순 입방(sc), 면심 입방(fcc)와 체심 입방(bcc) 격자에 대한 h, k, l과 $h_2+k_2+l_2$의 값을 표로 만드시오. 실험적으로 결정한 hkl 값으로부터 결정 격자의 성질을 추론하는 데 이 표가 어떻게 사용할 수 있을지 설명하시오.

18.2 0.85 Å의 파장을 가진 X선이 금속 결정에 의해 회절될 때, 1차 회절($n=1$)의 각도가 14.8°로 측정되었다. 이 회절에 해당하는 원자들의 층간 거리는 얼마인가?

18.3 0.090 nm의 파장을 가진 X선이 금속 결정에 의해 회절될 때, 1차 회절($n=1$)의 각도가 15.2°로 측정되었다. 이 회절에 해당하는 원자들의 층간 거리(pm 단위로)는 얼마인가?

18.4 NaCl 결정에서 층간 거리가 282 pm이다. 이 원자층에 의해 X선이 23.0°의 각으로 회절되었다. $n=1$이라고 가정하고, X선의 파장을 nm 단위로 계산하시오.

18.5 단순 입방, 체심 입방, 면심 입방에서 단위 세포 내의 구의 수를 계산하시오. 각 세포의 채움 효율도 계산하시오.

18.6 알루미늄은 면심 입방 격자로 이루어져 있다. 세포 크기는 4.05 Å이다. 가장 가까운 원자간 거리와 금속의 밀도를 계산하시오.

18.7 은은 면심 입방 격자로 결정화된다. 단위 세포 한 변의 길이는 4.08 Å이며, 금속의 밀도는 10.5 g cm^{-3}이다. 이들 데이터로부터 Avogadro 상수를 계산하시오.

18.8 다이아몬드가 흑연보다 더 단단한 이유를 설명하시오. 흑연은 전기 전도체이나 다이아몬드는 전기 부도체인 이유를 설명하시오.

18.9 바륨은 체심 입방 배열로 결정화된다. 강체구 모형으로 가정한다면, 단위 세포 한 변의 길이가 5.015 Å일 때 바륨 원자의 반지름을 계산하시오.

18.10 금속 철은 입방 격자로 결정화된다. 단위 세포 한 변의 길이는 287 pm이다. 철의 밀도는 7.87 g cm^{-3}이다. 단위 세포 한 개에 있는 철 원자의 수를 구하시오.

18.11 결정성 규소는 입방 구조로 되어 있다. 단위 세포 한 변의 길이는 543 pm이다. 고체의 밀도는 2.33 g cm^{-3}이다. 단위 세포 하나에 존재하는 Si 원자의 수를 계산하시오.

18.12 바륨 금속은 체심 입방 격자로 결정화된다(Ba 원자는 격자점에만 존재한다). 단위 세포 한 변의 길이는 501.5 pm이고, 금속의 밀도는 3.50 g cm^{-3}이다. 이러한 정보를 이용하여 Avogadro 상수를 계산하시오.

18.13 바나듐은 체심 입방 격자로 결정화된다(V 원자는 격자점에만 존재한다). 하나의 단위 세포에 존재하는 V 원자의 개수를 구하시오.

18.14 유로퓸(Eu)은 체심 입방 격자로 결정화된다(Eu 원자는 격자점에만 존재한다). Eu의 밀도는 5.26 g cm^{-3}이다. 단위 세포 한 변의 길이를 pm 단위로 계산하시오.

18.15 금속 철은 β 형태(bcc, 세포 크기 = 2.90 Å)와 γ 형태(fcc, 세포 크기 = 3.68 Å)로 존재한다. β 형태는 고압 처리에 의해서 γ 형태로 전환이 가능하다. β 형태의 밀도와 γ 형태의 밀도의 비율(β/γ)을 계산하시오.

18.16 면심 입방 구조를 하고 있는 어떤 결정의 단위 세포의 꼭짓점에 8X개의 원자와 면에 6Y개의 원자가 위치한다. 이 고체의 실험식을 구하시오.

18.17 금(Au)은 입방 조밀 채움(면심 입방) 구조로 결정화되고 19.3 g cm^{-3}의 밀도를 가진다. 주어진 밀도로부터 금의 원자 반지름을 계산하시오.

18.18 아르곤(Ar)은 면심 입방 배열로 결정화된다. 아르곤의 원자 반지름이 191 pm로 주어졌을 때, 고체 아르곤의 밀도를 계산하시오.

18.19 고체 CsCl의 밀도가 3.97 g cm^{-3}으로 주어졌을 때, 인접하는 Cs^+와 Cl^- 이온 간의 거리를 계산하시오.

18.20 Born−Harber 순환을 이용하여 LiF의 격자 에너지를 계산하시오. [Li의 승화열은 155.2 kJ mol^{-1}이며 $\Delta_f \overline{H}$(LiF) = −594.1 kJ mol^{-1}이다. F_2의 결합 엔탈피는 158.8 kJ mol^{-1}이다. 필요한 데이터는 표 12.7과 12.8을 참조하시오.]

18.21 Ca의 승화열이 121 kJ mol^{-1}이고 $\Delta_f \overline{H}°(CaCl_2)$ = −795 kJ mol^{-1}로 주어졌을 때, 염화 칼슘의 격자 에너지를 계산하시오(필요한 데이터는 표 12.7과 12.8을 참조하시오).

18.22 다음 데이터로부터 고체 상태의 염화 마그네슘이 MgCl이 아닌 $MgCl_2$인 반면에, 염화 소듐은 $NaCl_2$가 아니라 NaCl인 이유를 설명하시오.

	Mg	Na
제1 이온화 에너지	738 kJ mol^{-1}	496 kJ mol^{-1}
제2 이온화 에너지	1450 kJ mol^{-1}	4560 kJ mol^{-1}

$MgCl_2$의 격자 에너지는 2527 kJ mol^{-1}이다.

18.23 파장이 1.00 Å인 중성자의 온도를 계산하시오.

18.24 화학 참고서를 참조하지 않고 다이아몬드와 흑연 중 어느 것이 밀도가 더 큰지 결정하시오.

18.25 결정의 X선 무늬에 대한 온도의 영향을 예측하여 설명하시오.

18.26 수용액과 금속의 전기 전도도의 온도 의존성을 비교하여 설명하시오.

18.27 다음 중 어느 것이 분자 고체이며, 어느 것이 공유 고체인지 구분하시오.
Se_8, HBr, Si, CO_2, C, P_4O_6, B, SiH_4

18.28 다음의 고체 상태의 물질들을 이온 결정, 공유 결정, 분자 결정, 금속 결정으로 분류하시오.
(a) SiO_2, **(b)** SiC, **(c)** S_8, **(d)** KBr, **(e)** Mg, **(f)** LiCl, **(g)** Cr

18.29 대부분의 금속들이 반짝이는 모습을 가지고 있는 이유를 설명하시오.

18.30 셀레늄화 아연(ZnSe)은 섬아연석 구조(그림 18.24 참조)로 결정화되고, 밀도는 5.42 g cm^{-3}이다. **(a)** 단위 세포 내의 Zn^{2+}와 Se^{2-} 이온의 개수를 구하시오. **(b)** 단위 세포의 질량을 구하시오. **(c)** 단위 세포 한 변의 길이를 구하시오.

18.31 구리는 면심 입방 격자 형태의 결정으로 되어 있다. 분말 형태의 시편에서 1.542 Å의 파장을 갖는 X선을 이용하여 얻은 회절점에 대한 처음 두 개의 Bragg 각이 21.6°와 25.15°로 얻어졌다. 구리 원자의 단위 세포의 한 변의 길이와 반지름을 구하시오.

18.32 고립된 O^{2-} 이온은 불안정하여 전자 친화도를 직접 측정하는 것은 불가능하다. MgO의 격자 에너지(3890 kJ mol^{-1})와 Born−Haber 순환을 사용하여 O^{2-}의 전자 친화도를 구하시오 [$Mg(s) \rightarrow Mg(g)$ $\Delta H° = 148$ kJ mol^{-1}이다].

18.33 새로 합성된 물질을 분석할 때, 중성자 회절이 X선 회절법보다 더 의미가 있는지 설명하시오.

18.34 순수한 화합물의 결정과 이 화합물의 수소를 중수소(D) 원자로 치환한 화합물을 따로 만들었다. 이 두 동위 원소 치환 결정에서 얻은 중성자 회절과 X선 회절 실험 결과가 어떻게 다를지 예측하여 설명하시오.

18.35 다음 화합물에서 격자 내에 금속 양이온이 차지하는 자리가 사면체 공동인지, 팔면체 공동인지, 입방체 공동인지 예측하시오.
(a) KCl, **(b)** LiCl, **(c)** BaS, **(d)** InP

19장 액체 상태

> 머물러 있는 것은 하나도 없으며 모든 것은 흘러간다. 조각들은 서로 뭉쳐 알아볼 수 있는 물체가 되고 자신만의 이름도 갖게 된다. 물체는 다시 서서히 녹아 사라지게 되며, 더 이상 우리가 일고 있던 물체가 아니다.
>
> Titus Lucretius Carus*

액체는 완전히 무질서한 기체 상태와 고도로 질서 정연한 결정 상태 사이 중간쯤에 위치한다. 액체에서의 분자간 상호 작용(intermolecular interaction)은 이 '중간적인' 성질 때문에 정확히 설명하기 어렵다. 이 장에서는 액체의 구조에 대하여 설명하고 액체의 중요한 세 가지 특성인 점도, 표면 장력, 확산 현상에 대해 생각해 본다. 액정(액체 결정)에 관해서도 간단하게 설명할 것이다.

19.1 액체의 구조

액체에 **구조**(structure)라는 단어를 사용하는 것은 다소 어색해 보인다. 일정량의 액체는 일정한 온도에서 일정한 부피는 갖지만 그것을 담고 있는 용기의 모양에 따라 그 모양이 달라진다. 그러나 분자 수준에서는 액체도 어느 정도의 구조 또는 질서를 가지고 있다는 것이 몇몇 물리적인 실험 결과를 통해 증명되고 있다.

액체의 구조가 무슨 의미인지를 살펴보기 위하여 일련의 액체에 대해서 고속 촬영을 한다고 가정하자. 임의의 점을 원점으로 잡으면, 원점으로부터 반지름 r에서의 단위 부피당 평균 원자의 수를 $\rho(r)$이라고 둘 수 있는데, 이를 **밀도 함수**(density function)라고 한다. 그러면 반지름 r이며 두께가 dr인 공의 구형 껍질에 존재하는 전체 원자의 수는 다음과 같이 주어진다.†

$$
\begin{aligned}
\text{껍질에 존재하는 원자의 수} &= (\text{껍질의 부피}) \\
&\quad \times (\text{단위 부피당 원자수}) \\
&= 4\pi r^2 dr \rho(r) \qquad (19.1)
\end{aligned}
$$

여기서 $4\pi r^2 r(r)$을 **방사 방향 분포 함수**(radial distribution function)라고 하며 12.2절에서 처음 소개하였다.

그림 19.1은 몇몇 온도와 압력에서 액체 상태의 아르곤에 대한 방사 방향 분포 함수를 나타낸 것이다. 아르곤 결정은 면심 입방으로, 각 아르곤 원자의 배위수는

---

* *No Single Thing Abides*, W. H. Mallock 번역, A & C Black Ltd., London, 1900.

† 구형 껍질의 부피는 $(dr)^2$과 $(dr)^3$ 항을 무시하면, $(4\pi/3)(r+dr)^3-(4\pi/3)r^3=4\pi r^2 dr$로 주어진다.

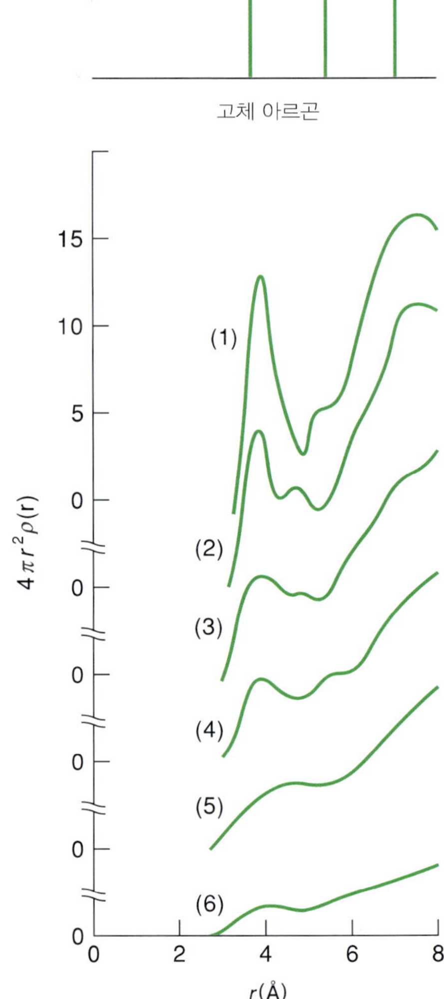

그림 19.1
일련의 온도 및 압력에서 액체 아르곤의 방사 방향 분포 함수. (1) 84 K, 0.8 atm (2) 91.6 K, 1.8 atm (3) 126.7 K, 18.3 atm (4) 144.1 K, 37.7 atm (5) 149.3 K, 46.8 atm (6) 149 K, 43.8 atm에서의 기체 아르곤에 대한 방사 방향 분포 곡선이다. 맨 위의 수직선들은 고체 아르곤에 대한 회절선을 나타낸다[A. Eisenstein and N. S. Gingrich, Phys. Rev. 62, 261(1940)에서 발췌].

12이다. 결정 상태 Ar의 경우에는 r 값에 대해 일련의 수직선들을 보여 주는데, 이는 한 Ar 원자 주위에 가장 가까운 이웃하는 Ar 원자까지의 거리, 두 번째로 가까운 Ar 원자까지의 거리 등등을 순차적으로 나타낸다. Ar이 녹으면 그 부피는 약 10% 증가하고, 배위수는 약 10으로 감소한다.* 비록 중심으로부터의 거리가 증가함에 따라 피크의 세기는 급격히 줄어들기는 하지만 피크가 최대가 될 때의 r 값은 고체 Ar에 대한 값과 같다. 온도가 더 높아지면 피크가 넓어지며 r 값이 증가한다. 이러한 관찰은 다른 모든 액체와 마찬가지로 액체 Ar이 단거리 질서(short-range order)는 가지지만 장거리 질서(long-range order)는 부족하다는 사실과 일치한다. 온도가 더 올라가면, 원자의 운동 에너지가 증가하여 단거리 질서조차 깨지게 된다. 액체에 적용될 때의 **질서**(order)라는 단어는 고체 상태를 설명할 때 사용하는 의미와는 다르다

* 액체 상태에서의 첫 번째 배위수는 첫 번째 피크의 면적을 다음 식으로 계산하여 얻을 수 있다.

$$\int_{r_1}^{r_2} 4\pi r^2\rho(r)dr$$

는 것을 기억해야 한다. 액체에서는 원자들이 지속적으로 움직이기 때문에, X선 회절 무늬는 위치의 **시간 평균**(time-averaged)에 해당한다고 할 수 있다.

이제 액체의 세 가지 중요한 특성인 점도, 표면 장력, 확산을 살펴보자.

19.2 점도

유체(fluid)의 **점도**(viscosity)는 기체, 순수한 액체, 또는 용액이 흐름에 저항하는 정도에 대한 척도이다. 2장에서 간단한 기체 운동론을 사용하여 기체의 점도에 대한 식을 유도하였다(식 2.27). 이 절에서는 액체의 점도에 대하여 생각해 본다.

대부분의 점도계는 유체들이 모세관을 얼마나 쉽게 흘러 나가는지를 측정한다. 액체의 점도 η와 실험 변수들의 관계를 설명하는 관계식을 유도해 보자.

어떤 액체가 일정한 압력 P하에서 반지름 R, 길이 L인 모세관을 통해 흘러가고 있다고 생각하자(그림 19.2). 벽면에서 액체의 유속(velocity)은 0이며 관의 중심으로 갈수록 증가하여 중심에서 최대가 된다. 반지름이 r 및 $(r+dr)$인 두 개의 동심 원통을 생각해 보라. 식 2.25에 의해 이 원통 모양의 두 층 사이의 마찰 항력 F는 다음과 같다.

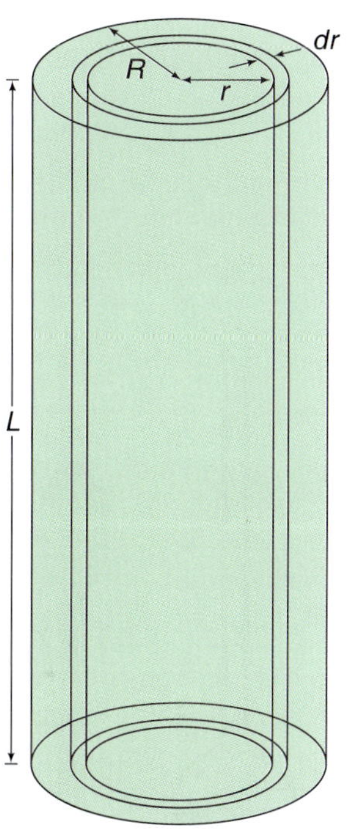

그림 19.2
반지름 R인 모세관을 통한 액체의 흐름

$$F = -\eta(2\pi rL)\frac{dv}{dr} \tag{19.2}$$

여기서 $2\pi rL$은 안쪽 원통의 표면적이고, dv/dr은 유속 기울기이다. r이 증가함에 따라 속도는 감소하기 때문에 dv/dr은 0보다 작은 값이며, 식 19.2의 $(-)$ 부호는 F를 양수로 만들기 위하여 도입되었다. 정상 상태 흐름의 경우, 마찰 항력은 압력 P와 면적 πr^2의 곱으로 주어지는 하강 힘과 정확히 일치해야 한다. 따라서

$$P(\pi r^2) = -\eta(2\pi rL)\frac{dv}{dr}$$

$$dv = -\frac{P}{2\eta L}rdr$$

$v=0$($r=R$에서)과 $v=v$($r=r$에서) 구간을 적분하면 다음과 같다.

$$\int_0^v dv = -\frac{P}{2\eta L}\int_R^r rdr$$

따라서

$$v = \frac{P}{4\eta L}(R^2 - r^2) \tag{19.3}$$

$0 \le r \le R$

원통 내 유체의 속도는 r에 대한 포물선 함수가 됨을 알 수 있다. 식 19.3은 관의 지름이 작고 유속이 느릴 경우에 가능한 **층흐름**(laminar flow)에 대해서만 적용할

수 있다. 이러한 조건을 만족하지 않는 경우에는 식 19.3은 유효하지 않으며 **난류**(turbulent flow)가 될 수도 있다.* 다음과 같이 정의되는 **Reynolds 수**[Reynolds number, 영국의 물리학자 Osborne Reynolds(1842~1912)의 이름에서 따옴]를 이용하여 층흐름과 난류를 효과적으로 구분할 수 있다.

$$\text{Reynolds 수} = \frac{2Rv\rho}{\eta} \tag{19.4}$$

여기에서 ρ는 액체의 밀도이다. Reynolds 수가 2000 이하이면 층흐름을 나타내고, 3500 이상은 난류를 나타낸다. 그 사이의 값(2000과 3500 사이의)이면 두 가지 형태의 흐름이 모두 가능하며, 실험을 통해 결정해야 한다.

다음 단계는 모세관을 통한 액체의 전체 유속을 점도의 함수로 계산하는 것이다. 초당 단면적 요소 $2\pi rdr$을 통해 흘러가는 액체의 부피는 $(2\pi rdr)v$이며, 단위 시간당 흘러가는 액체의 전체 부피 Q는 다음과 같이 주어진다.

$$Q = \frac{V}{t} = \int_0^R v(2\pi rdr) = \frac{2\pi P}{4\eta L}\int_0^R (R^2 - r^2)rdr$$

$$= \frac{\pi PR^4}{8\eta L} \tag{19.5}$$

여기에서 V는 전체 부피, t는 흘러간 시간이다. **Poiseuille 법칙**[Poiseuille's law, 프랑스의 물리학자 Jean Poiseuille(1799~1869)의 이름에서 따옴]으로 알려진 식 19.5는 액체와 기체 모두에 적용된다.

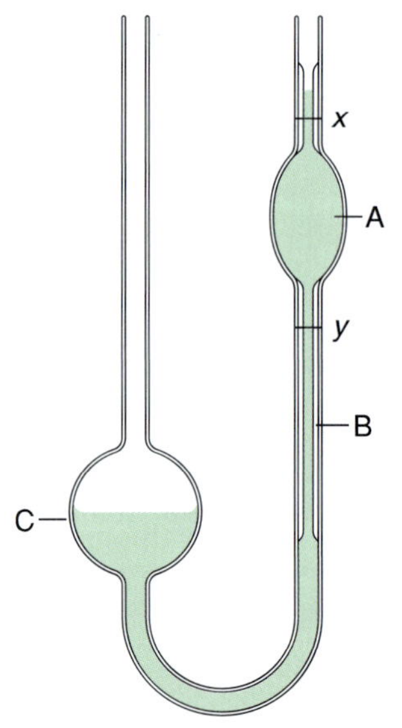

그림 19.3
Ostwald 점도계. 액체가 x와 y 지점 사이를 흘러가는 데 필요한 시간을 측정하여 표준 액체의 측정 결과와 비교한다. A: 벌브, B: 모세관, C: 저장 벌브

점도를 측정하는 비교적 간단한 장치는 그림 19.3에 나타낸 Ostwald 점도계[독일 화학자 Wolfgang Ostwald(1883~1943)가 고안]이다. 이 점도계는 x와 y로 표시된 벌브(A), 모세관(B), 저장 벌브(C)로 이루어져 있다. 측정하고자 하는 액체의 일정 부피를 C에 채우고 A로 빨아올린 다음, 액체가 x와 y 사이를 흘러가는 시간(t)을 측정한다. 식 19.5를 정리하면 다음과 같다.

$$\eta = \frac{\pi PR^4 t}{8VL} \tag{19.6}$$

B를 통하여 액체가 흘러내리도록 가해지는 압력 P는 매 순간 $h\rho g$인데, 여기에서 h는 두 가지에 있는 액체 높이의 차이, ρ는 액체의 밀도, g는 중력 가속도이다. 실험 과정에서 h가 감소하므로 이 압력이 계속 변화한다. 그러나 모든 경우에 대한 h의 처음과 마지막 값이 같으며, g 또한 상수이므로 가해진 압력은 액체의 밀도에 비례한다.

* 층흐름의 경우 모든 액체 입자는 원통과 평행하게 움직이며 벽에서의 속도 0으로부터 중심에서의 최대 속도까지 일정하게 증가한다. 난류 흐름의 경우에는 이러한 조건이 충족되지 않는다.

표 19.1 293 K에서의 액체의 점도

액체	점도(P[a] CGS 단위)	점도(N s m^{-2} SI 단위)
아세톤	0.00316 (298 K)	0.000316
벤젠	0.00652	0.000652
사염화 탄소	0.00969	0.000969
에탄올	0.01200	0.001200
다이에틸 에터	0.00233	0.000233
글리세린	4.9	1.49
수은	0.01554	0.001554
물	0.0101	0.00101
혈장	0.015 (310 K)	0.0015
혈액	0.04 (310 K)	0.004

[a] 1.0 piose(P)=0.1 N s m^{-2}

실제로는 모세관의 반지름 R의 측정값에 대한 불확실성 때문에 η 값의 측정에 식 19.6을 사용하지는 않는다(반지름 항이 R^4으로 나타나기 때문에 R의 작은 편차가 η에서는 심각한 오차가 될 수 있다). 대신에 액체의 점도는 점도가 정확하게 알려진 표준 액체와 비교함으로써 보다 정확하게 측정할 수 있다. 시료 액체와 표준 액체의 점도 비율은 다음과 같이 주어진다.

$$\frac{\eta_{\text{시료}}}{\eta_{\text{표준}}} = \frac{\pi R^4 (Pt)_{\text{시료}}}{8VL} \times \frac{8VL}{\pi R^4 (Pt)_{\text{표준}}}$$

동일한 점도계를 사용할 경우 V, L, R 값은 같고 $P=$상수$\times\rho$이므로 앞의 식은 다음과 같게 된다.

$$\frac{\eta_{\text{시료}}}{\eta_{\text{표준}}} = \frac{(\rho t)_{\text{시료}}}{(\rho t)_{\text{표준}}} \tag{19.7}$$

따라서 $\eta_{\text{표준}}$을 알고 있을 경우, 시료의 점도는 액체의 밀도와 흘러내리는 시간으로부터 쉽게 구할 수 있다. 표 19.1에 일반적인 액체들의 점도 값을 수록하였다.

일반적으로 용액의 점도는 순수한 용매의 점도보다 높다.* 용질 분자가 존재함에 따라 유체의 평탄한 흐름 패턴 또는 유속 기울기가 교란되면서 점도가 증가한다. 이런 점도의 변화는 거대 분자를 포함하고 있는 용액의 경우 특히 두드러진다. 예상되는 바와 같이, 이러한 용액의 점도는 거대 분자의 구조(conformation)에 따라서도 달라진다. 예를 들면, DNA 용액의 점도는 용질 분자가 고유한 이중 나선 구조를 하고 있는지 또는 임의의 코일 형태로 배열되어 있는지에 따라서 상당히 달라진다. 나선으로부터 임의의 코일로의 변성(denaturation) 속도는 종종 일정한 시간 동안 일어나

* 그 반대의 경우도 많이 있다. 예를 들어 알칼리 금속과 암모늄 이온 및 특정 음이온을 포함하는 많은 수용액의 점도는 물의 점도보다 낮다(7.2절 참조).

뜨거운 시럽이 차가운 시럽보다 더 빨리 흘러나온다.

는 용액의 점도 변화를 이용하여 쉽게 측정할 수 있다.

대부분의 액체 점도는 온도가 증가함에 따라 감소한다. 분자 수준에서 이를 해석하면, 액체에는 수많은 구멍 또는 빈 공간이 있으며 분자들이 끊임없이 이 공간들로 움직여 들어가고 있다는 것이다. 이 과정으로 액체가 흐르게 되지만 에너지를 필요로 한다. 빈 공간으로 움직여 들어가기 위해서 분자는 그 공간을 둘러싸고 있는 다른 분자들에 의한 반발력을 극복할 수 있을 정도의 충분한 활성화 에너지를 가지고 있어야 한다. 높은 온도에서는 더 많은 분자들이 활성화 에너지보다 높은 에너지를 갖게 되기 때문에 액체는 더 쉽게 흐르게 된다. 실제로 다음과 같이 주어지는 점성 흐름에 대한 유사 Arrhenius 식이 있다.

$$\eta = \eta_0 e^{-E_V/k_B T} \tag{19.8}$$

여기서 η_0는 액체에 따른 상수이고, E_V는 점성 흐름에 대한 '활성화 에너지'이다. 액체와는 반대로, 기체의 점도는 온도가 높아짐에 따라 증가한다.* 이를 기체 분자 운동 에너지로 설명하면, 인접한 두 층 사이에 존재하는 점성 저항(viscous drag)의 원인은 한 층에 있는 분자들로부터 다른 층에 있는 분자들로 운동량이 전달되기 때문이다. 온도가 높아짐에 따라 운동량 전달 속도가 증가하기 때문에 기체의 점도는 온도가 높아지면 증가하게 된다.

인체에서 혈액의 흐름

식 19.5는 우리 인체 내부에서의 혈류 흐름을 연구하는 데에도 적용될 수 있다. 그림 19.4는 혈액 순환의 여러 경로를 도식적으로 보여 준다. 실제로 심장은 두 개의 회로를 구동시키는 단일 펌프이다. 심장은 네 개의 공간－두 개의 심방과 두 개의 심실－과 네 개 조(set)의 밸브로 이루어져 있다. 신선하게 산소와 결합한 혈액은 대동맥으로부터 퍼져나가게 되는데, 좌심실에서 나와 신체 각 부분으로 혈액을 운반하는 조금 더 작은 동맥 속으로 흘러나가게 된다. 다음 단계로 이들 혈액은 더욱 작은 **동맥**들로 배분되는데, 가장 작은 동맥들은 복잡한 망상 구조의 모세관들로 갈라지게 된다. 이러한 미세한 구조는 신체의 모든 부분에 이르는 통로를 누비듯 연결함으로써 혈액이 생명 유지에 필요한 역할－세포에 산소 및 기타 물질을 공급하고 이산화 탄소와 노폐물을 수거하는－을 수행하도록 도와준다. 모세관들은 **미세한 정맥**(venule 또는 tiny vein)으로 모아져서, 산소가 소모된(deoxygenated) 혈액이 점차 합쳐지게 되고 큰 정맥을 거쳐 심장의 우심방으로 운반된다.

한 번 박동하는 동안 심장이 수축하여 혈액을 심방으로 밀어 보내고, 다음으로 심방이 수축하여 심장 밖으로 혈액을 밀어낸다. 심장의 펌프 작용(pumping action)으

* 식 2.27로부터 다음과 같이 쓸 수 있다.

$$\eta = \frac{m\bar{c}}{3\sqrt{2}\pi d^2} = \frac{2}{3d^2}\sqrt{\frac{mk_B T}{\pi^3}}$$

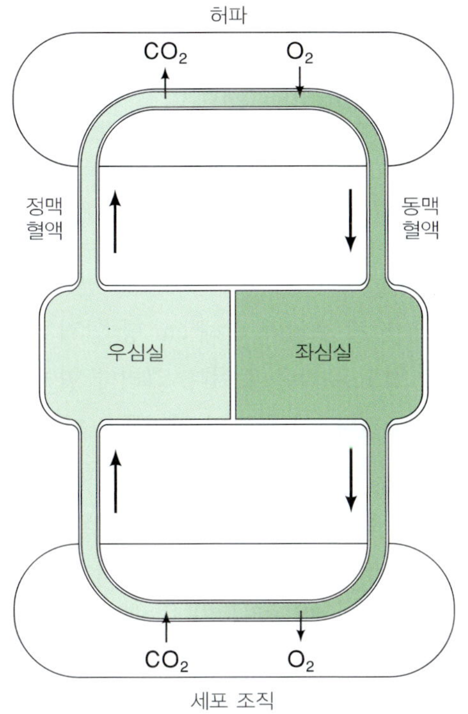

그림 19.4
인체 순환계의 도해. 옥시헤모글로빈이 많은 동맥 혈액은 심장의 좌심실을 통해 조직으로 흘러가게 되는데, 그곳에서 산소가 방출되고 다시 이산화 탄소가 용해된다. 용해된 이산화 탄소가 많은 정맥 혈액은 심장의 우심실에 의해 허파로 이동하게 되는데, 그곳에서 이산화 탄소가 방출되고 산소가 결합된다.

로 혈액은 동맥 속으로 분출(spurt) 또는 맥박(pulse) 형태로 들어가게 된다. 맥박 정점의 최대 압력을 **수축기 압력**(systolic pressure)이라 하고, 맥박과 맥박 사이의 최저 압력을 **확장기 압력**(diastolic pressure)이라고 한다. 건강한 젊은 성인의 수축기 압력은 약 120 mmHg(120 torr)이고, 확장기 압력은 약 80 mmHg(80 torr)이다.* 이 수치들은 대기압에 비해 초과하는 압력으로 나타낸다. 따라서 수축기 압력과 확장기의 절대 압력은 각각 880, 840 mmHg이며(대기압을 760mmHg라고 가정할 때), 혈압의 평균값은 약 100 mmHg이다.

대동맥의 반지름은 충분히 크기 때문에(약 1 cm) 압력의 차이가 크지 않아도 정상적인 혈액 흐름을 유지할 수 있다. 편안한 상태에서의 혈액 흐름 속도는 대략 0.08 L s^{-1}이다. 식 19.5는 다음과 같이 다시 쓸 수 있다.

$$Q = \frac{\pi \Delta P R^4}{8\eta L} \tag{19.9}$$

여기서 ΔP는 대동맥상 두 지점 사이의 압력 차이이며, L은 두 점 사이의 거리이다. $L = 0.01$ m로 설정하고 Q를 8×10^{-5} m^3 s^{-1}로 치환하면 ΔP는 다음과 같이 구해진다.

* 혈압을 측정하기 위해서는 혈압계(측정 장치)에 연결된 튜브가 달린 압박대(cuff)를 팔꿈치 윗부분의 팔에 감는다. 이 압박대는 팔에 있는 주동맥의 혈액 흐름이 차단될 수 있을 정도로 충분히 조여질 때까지 부풀려진다. 의사는 동맥 위에 청진기를 대고 맥박을 듣는다. 그런 다음 압박대의 공기를 천천히 빼내어 압력을 줄여준다. 첫 번째 맥박 소리가 들릴 때의 압력 값과 맥박 소리가 사라질 때의 또 다른 압력 값을 기록한다. 후자가 확장기 압력이다.

$$\Delta P = \frac{8\eta LQ}{\pi R^4}$$

$$\Delta P = \frac{8(0.004\ \mathrm{N\ s\ m^{-2}})(0.01\ \mathrm{m})(8\times10^{-5}\ \mathrm{m^3\ s^{-1}})}{\pi(0.01\ \mathrm{m})^4}$$

$$= 0.8\ \mathrm{N\ m^{-2}}$$

$$= 6\times10^{-3}\ \mathrm{mmHg}$$

(환산 인자는 1 N m^{-2}=7.5×10^{-3} mmHg이다.) 전체 혈압에 비해 cm 당 압력차는 6×10^{-3} mmHg 정도이고, 이는 무시할 수 있을 정도로 작은 값이다. 그러나 혈액이 기타 주요 동맥들 속으로 들어갈 때는 상황이 달라진다. 이 혈관의 반지름은 대동맥에 비해 훨씬 작으므로, 혈류를 유지하기 위해서는 약 20 mmHg의 압력 강하가 필요하다. 따라서 혈액이 소동맥으로 들어갈 시점의 압력은 약 80 mmHg 정도가 된다. 이 동맥들은 또 반지름이 더 작아서 약 50 mmHg의 또 다른 압력 강하가 일어난다. 혈액이 모세관을 통해 흐를 때는 추가로 20 mmHg의 압력차가 발생한다. 동맥에 비해 모세 혈관의 반지름이 훨씬 더 작기는 하지만 모세 혈관의 수가 훨씬 더 많기 때문에 각 모세 혈관을 통과하여 흐르는 혈액의 양은 매우 작다. 혈액이 정맥에 도달할 무렵의 혈압은 약 10 mmHg로 감소된다. 다행히도 정맥에는 이러한 낮은 압력에서 역류를 방지하는 컵 모양의 밸브들이 갖춰져 있다. 정맥 내 혈액의 움직임은 정맥 주위를 둘러싸고 있는 골격 근육 또는 주위의 동맥에 의한 마사지 효과에 의해 촉진된다. 최종적으로 혈액은 우심방으로 돌아와서 다시 순환할 준비를 한다.

식 19.9와 Ohm 법칙을 비교해 보면 흥미있는 유사성이 있음을 알 수 있다.

$$Q = \frac{\Delta P}{8\eta L/\pi R^4}$$

$$\text{전류} = \frac{\text{전압}}{\text{저항}}$$

두 식의 유사성을 이해하면 혈액의 흐름에 대한 저항은 $8\eta L/\pi R^4$으로 주어짐을 알 수 있다. 식 19.9는 대동맥, 소동맥, 모세관에서의 혈류 연구에 적용될 수 있다. 저항이 반지름의 네제곱에 반비례하므로 전형적 모세관 반지름인 2×10^{-4} cm에서, 예를 들어 콜레스테롤의 축적으로 반지름이 1.5×10^{-4} cm로 감소하게 되면 저항은 3배로 증가하게 된다. 이 경우 정상적 혈액 흐름은 **고혈압**(hypertenision)으로 알려진 조건, 즉 더 높은 혈압에 의해 유지될 것이다. 반면 혈압은 일정한데 저항이 감소하면 혈류량 Q는 증가한다. 격렬한 운동 중에는 **혈관 확장**(vasodilation)의 결과, 혈압과 혈관 반지름이 모두 증가한다. 이러한 변화로 신체의 빨라진 신진대사 속도를 충족시키기 위해 더 많은 혈액을 흘려보내는 것이 가능하다.

19.3 표면 장력

액체의 표면이 팽창하면 원래는 내부에 위치하던 분자들이 외부로 밀려나오게 된다. 이들 분자들이 이웃하는 분자와의 인력을 극복하기 위해서는 일을 해 주어야 한다. 이러한 과정은 액체의 기화와 어느 정도 유사하다. 그러나 기화 과정에서는 분자들이 액체로부터 완전히 떨어져 나오지만, 표면 확장 과정에서의 분자들은 기체 방향으로의 힘을 제외하고는 여전히 분자간의 강한 힘의 영향하에 있다(그림 19.5). 표면층의 분자에 적용되는 이러한 불균형한 상호 작용으로 액체는 그 표면적을 최소화하려는 경향이 있다. 이런 까닭에 작은 액체 방울은 구형이 된다.

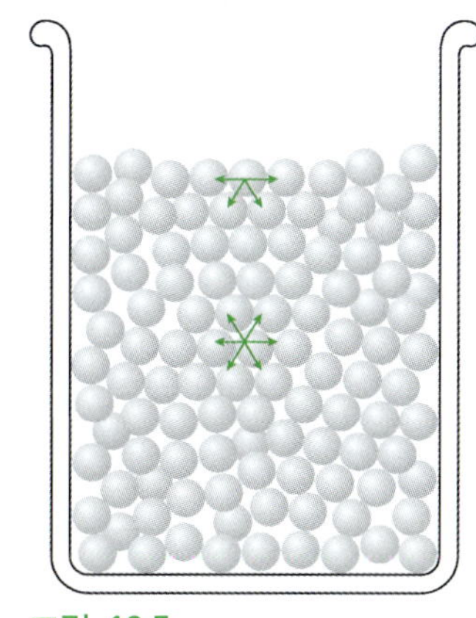

그림 19.5
표면층 분자에 작용하는 분자간 힘과 액체 내부에 위치하는 분자에 작용하는 분자간 힘

그림 19.6은 철사틀에 잡아 늘인 얇은 비누막을 보여 준다. 한 변은 움직일 수 있으며(피스톤이라고 하자) 길이가 ℓ이다. 막을 늘이는 데 필요한 힘(F)은 길이 ℓ에 비례한다. 막은 두 면으로 이루어져 있으므로(위와 아래의 두 면), 막의 전체 길이는 2ℓ이고, 따라서

$$\begin{aligned} F &\propto 2\ell \\ &= 2\gamma\ell \end{aligned} \tag{19.10}$$

여기서 비례 상수 γ가 액체의 **표면 장력**(surface tension)이다. 그러므로 표면 장력은 단위 길이의 표면에 가해지는 힘으로 간주할 수 있으며, 단위는 N m^{-1}이다. N m^{-1}은 J m^{-2}과 동일하므로 표면 장력은 표면 에너지로도 해석할 수 있다. 피스톤을 거리 dx만큼 움직일 때 필요한 기계적 일은 Fdx이고, 표면적의 변화는 $2\ell dx$이다. 면적 증가에 대하여 해 준 일의 비는 다음과 같다.

$$\frac{Fdx}{2\ell dx} = \frac{2\gamma\ell dx}{2\ell dx} = \gamma \tag{19.11}$$

표면 장력은 단위 면적당의 표면 에너지로도 정의할 수 있음을 알 수 있다. 표면 에너지는 열적인 에너지에 기인한다기보다는 기계적인 에너지에 기인한다. 막을 늘이는 데 한 일은 Gibbs 에너지 증가로 나타난다. 계가 표면적을 줄이려고 하는 경향은, Gibbs 에너지가 낮아지도록 배열하려는 경향으로 이해할 수 있다(일정한 온도와 압력하에서).

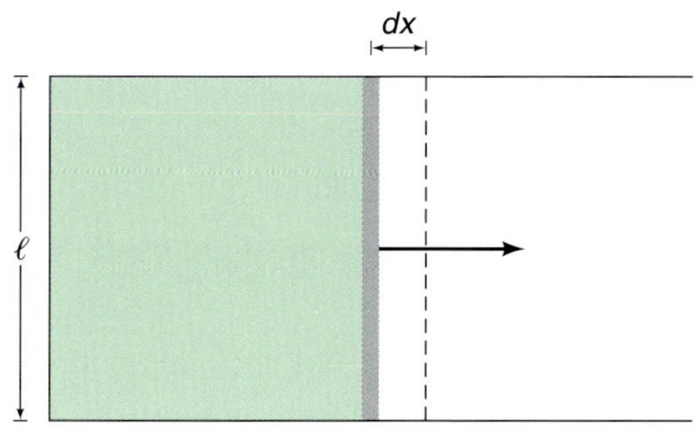

그림 19.6
액체막을 지탱하고 있는 철사틀. 막의 표면적을 확장시키기 위해서는 외부에서 일을 해 주어야 한다.

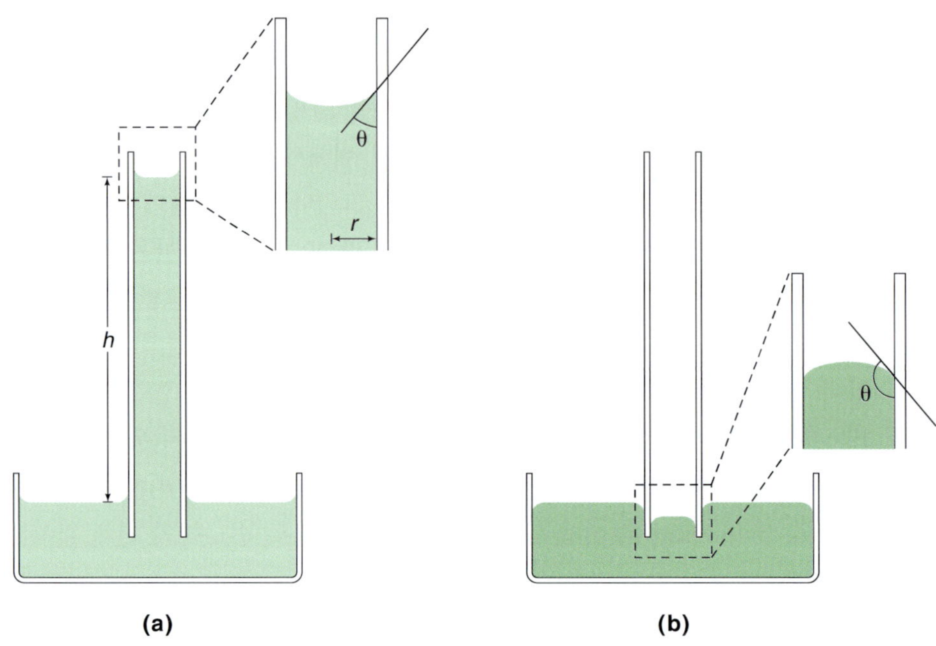

그림 19.7
(a) 부착력이 응집력보다 큰 액체에 대한 모세관 상승 현상. (b) 응집력이 부착력보다 클 때 모세관 내부의 액체는 수위가 내려간다.

모세관 상승법

모세관 상승법(capillary-rise method)은 액체의 표면 장력을 측정하는 간단한 방법이다. 이 장치에서는 반지름이 r인 모세관을 표면 장력을 구하고자 하는 액체 속에 넣는다(그림 19.7a). 밑으로 작용하는 힘은 $\pi r^2 h\rho g$로 주어지는 액체에 대한 중력이 되며, 여기서 $\pi r^2 h$는 부피,* ρ는 액체의 밀도, g는 중력 가속도이다. 이 무게는 액체의 표면 장력에 의해 생기는 위 방향 힘과 같아야 한다. 액체와 유리벽 사이의 원형 계면을 따라 작용하는 이 힘은 $2\pi r\gamma\cos\theta$로 주어지는데, 이때 $2\pi r$은 원통형 모세관의 원둘레, θ는 액체 표면과 모세관의 접촉각, $\cos\theta$는 힘의 수직(위 방향) 성분을 의미한다.

위 방향과 아래 방향의 힘을 같게 놓으면

$$\pi r^2 h\rho g = 2\pi r\gamma\cos\theta$$

즉

$$\gamma = \frac{rh\rho g}{2\cos\theta} \tag{19.12}$$

물은 강한 수소 결합으로 인해 큰 표면 장력을 갖는다.

일반적인 액체에 대한 표면 장력이 표 19.2에 수록되어 있다.

액체가 모세관을 따라 올라가는 현상이 흔하게 관찰되기는 하지만, 그것이 결코

* 여기서는 메니스커스(모세관 안에 있는 초승달 모양의 액체 표면) 위에 있는 소량의 액체는 무시한다. 정확한 실험을 위해서는 계산 시 h에 보정항 $r/3$이 더해질 수 있다.

표 19.2 293 K에서 액체의 표면 장력(γ)

액체	γ(N m^{-1})
아세트산	0.0276
아세톤	0.0237
벤젠	0.0289
사염화 탄소	0.0266
클로로폼	0.0271
에탄올	0.0223
다이에틸 에터	0.0170
n-헥세인	0.0184
수은	0.476 (298 K)
물	0.07275

보편적인 현상은 아니다. 예를 들어 모세관을 액체 수은에 꽂은 관 속 액체의 윗면은 관 바깥 액체의 표면보다 낮아진다(그림 19.7b). 이러한 두 가지 다른 거동은 **응집력**(cohesion)이라고 하는 액체 내 동일한 분자들 사이의 인력과, **부착력**(adhesion)이라고 하는 액체와 유리벽 사이의 인력의 균형으로 이해할 수 있다. 만일 부착력이 응집력보다 강하면 벽이 액체로 적셔질 수 있으며, 따라서 액체는 벽을 따라 상승하게 된다. 기체-액체 계면은 늘어나지 않으려는 경향이 있으므로, 모세관 가운데의 액체도 따라서 상승한다. 반면 응집력이 부착력보다 클 경우, 모세관 내 액체는 밑으로 내려간다.

예제 19.1

식물 물관의 일반적인 반지름은 0.020 cm이다. 293 K의 조건에서 이러한 물관 안에 있는 물은 얼마나 높이 상승하겠는가?

답

식 19.12로부터

$$h = \frac{2\gamma \cos\theta}{rg\rho}$$

접촉각은 보통 매우 작기 때문에 $\theta = 0$으로 가정하면 $\cos\theta = 1$이다.
주어진 자료로부터

$$\gamma = 0.07275 \text{ N m}^{-1}$$

$$r = 0.00020 \text{ m}$$

$$g = 9.81 \text{ m s}^{-1}$$

$$\rho = 1 \times 10^3 \text{ kg m}^{-3}$$

따라서

$$h = \frac{2(0.07275 \text{ N m}^{-1})}{(0.00020 \text{ m})(9.81 \text{ m s}^{-2})(1 \times 10^3 \text{ kg m}^{-3})}$$

$$= 0.074 \text{ N s}^2 \text{ kg}^{-1} \quad (1 \text{ N} = 1 \text{ kg m s}^{-2})$$

$$= 0.074 \text{ m}$$

COMMENT

이 결과는 모세관 상승 현상이 식물과 토양 내 물의 상승에 부분적인 원인이 되지만 그것을 전적으로 설명하지는 못한다는 것을 보여 준다. 식물이 토양에서 물을 빨아올려 잎까지 전달하는 주된 메커니즘은 6장에서 논의한 삼투압의 영향이 크다.

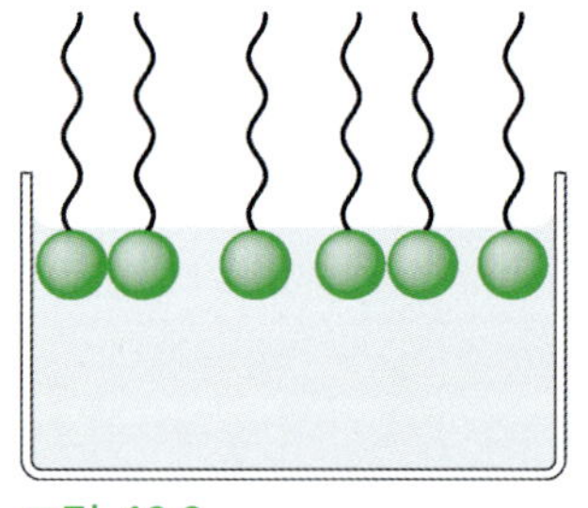

그림 19.8
물 위에 있는 지방산 분자 그림. 구는 극성기를 나타내며, 지그재그 선은 탄화수소 사슬을 나타낸다.

용질이 NaCl이나 염이거나, 설탕과 같이 공기−물 계면에 모이지 않는 물질이라면, 수용액의 표면 장력은 일반적으로 물의 표면 장력과 유사하다. 반면에 용해된 물질이 지방산이나 지방질일 경우 표면 장력은 현저하게 감소된다. 이러한 분자들은 성질이 다른 두 개의 작용기로 이루어져 있다. −COOH와 같은 친수성(물을 좋아하는) 극성기가 한쪽 끝에 있고, 무극성이고 따라서 소수성(물을 싫어하는)인 긴 탄화수소 사슬을 다른 한쪽에 있다. 극성기는 용액 내부로 향한 상태에서 무극성기는 물의 표면을 따라 함께 정렬하려는 경향이 있다(그림 19.8). 분자간 인력이 작은 지방산이 표면을 뒤덮고 있으므로, 결과적으로 표면 장력은 감소한다. 이 효과는 용질 분자의 특성에 따라 달라진다. 0.01 M 카프로산 [$CH_3-(CH_2)_4-COOH$] 용액은 표면 장력을 약 0.015 N m^{-1} 정도 낮춰주지만, 0.0005 M 카프르산 [$CH_3-(CH_2)_8-COOH$] 용액에서는 약 0.025 N m^{-1}의 표면 장력 감소가 관측된다. 이러한 방법으로 표면 장력을 감소시키는 모든 물질을 **계면 활성제**(surfactant)라고 한다. 가장 효율적인 계면 활성제들 중에 비누(긴 사슬 지방산염)와 변성 단백질이 있다.

허파에서의 표면 장력

계면 활성제의 작용은 호흡 과정에서도 중요한 역할을 한다. 주위와 접촉하고 있는 인체의 가장 넓은 표면은 단연 허파의 촉촉한 내부 표면이다. 보통 성인의 경우 순환하고 있는 혈액이 공기와 활발하게 이산화 탄소와 산소를 교환하기 위해서는 대략 테니스 코트 면적 정도의 허파 표면적을 필요로 한다. 그 정도의 면적이 상대적으로 작은 흉부 공간 내에서 허파꽈리(alveoli)라고 하는 수억 개의 미세한 공기 주머니, 즉 기낭에 의해 둘러싸여 있다. 허파꽈리의 평균 반지름은 약 50 μm이며, 기관지와 호흡관을 통해 외부의 공기와 연결된다(그림 19.9).

흡입 과정에서 허파꽈리 안의 압력은 대기압보다 약 3 mmHg 낮으므로(계기 압

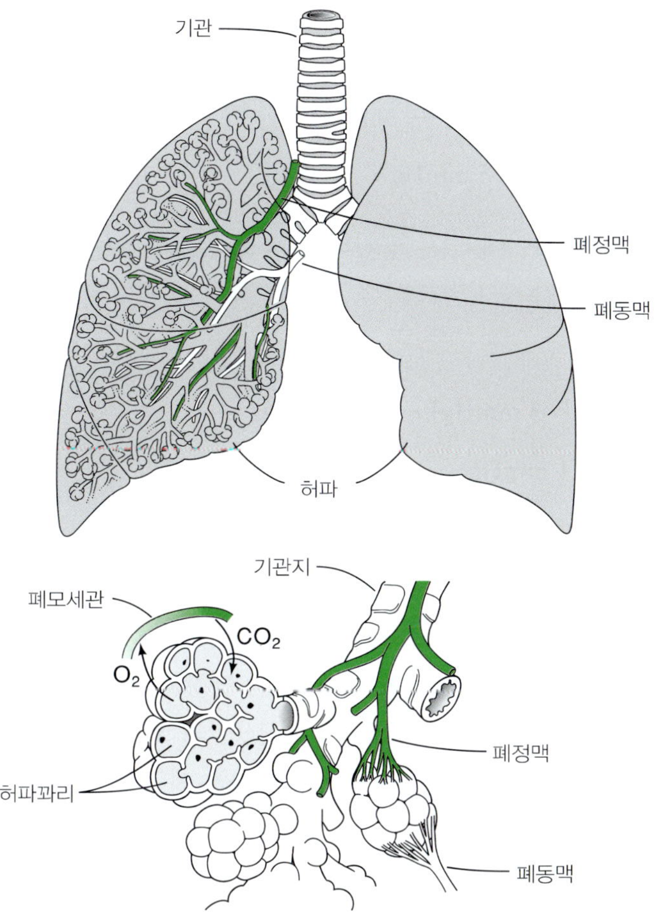

그림 19.9

기도(氣道)와 혈관 사이의 관계. 허파꽈리는 허파 속 기낭으로, 이곳을 통해 산소는 혈액으로 들어가고 이산화 탄소는 배출된다. 평균적인 허파꽈리는 숨쉬는 동안 하루에 약 15,000번 팽창·수축한다.

력*으로 −3 mmHg라고 한다), 기관지를 통해 공기가 허파꽈리 속으로 흘러들어갈 수 있다. 표면 장력이 0.05 N m^{-1} 정도인 점액질 세포액 막이 허파꽈리를 덮고 있다. 흡입하는 동안 허파꽈리의 반지름은 약 2배 팽창한다. 허파꽈리를 팽창시키기 위해 필요한 압력 차이는 다음 식에 의해 주어진다(부록 19.1의 유도 참조).

$$P_\mathrm{i} - P_\mathrm{o} = \frac{2\gamma}{r} \tag{19.13}$$

여기서 P_i와 P_o는 각각 허파꽈리 내부와 외부의 계기 압력이며, γ는 점액질 액체의 표면 장력, R은 허파꽈리의 반지름이다. 이 정도의 팽창이 일어나기 위해서는 압력 차이가 적어도 다음과 같아야만 한다.

---

* 계기 압력은 유체(기체 또는 액체)의 절대 압력과 대기압의 차이이다. 예를 들어 타이어의 압력을 측정할 때의 수치는 타이어 내부의 공기 압력에 해당되는 것이 아니라 대기압을 초과하는 압력에 해당된다. 앞에서 논의된 혈압과 유사하다.

$$P_i - P_o = \frac{2(0.05\ \text{N m}^{-1})}{5 \times 10^{-5}\ \text{m}}$$
$$= 2.0 \times 10^3\ \text{N m}^{-2}$$
$$= 15\ \text{mmHg}$$

허파와 허파를 받치고 있는 흉강 사이에 있는 공간의 압력 P_o는 −4 mmHg(또는 절댓값으로 756 mmHg)에 불과하다.
따라서

$$P_i - P_o = (-3\ \text{mmHg}) - (-4\ \text{mmHg})$$
$$= 1\ \text{mmHg}$$

이는 허파꽈리를 팽창시키는 데 필요한 압력의 1/15에 불과하다. 이 문제를 극복하기 위하여 허파꽈리 세포에는 특별한 형태의 계면 활성제(dipalmityl lecithin이라고 하는)가 있는데, 이것이 표면 장력을 효율적으로 감소시킴으로써 성인 한 사람이 매일 숨쉬는 15,000번 정도의 과정 동안 어려움 없이 허파꽈리가 팽창할 수 있게 한다. 계면 활성제가 충분하지 않을 때 일어나는 대표적인 예는 신생아의 호흡 곤란 증후군(respiratory-disease syndrome)으로 알려진 장애인데, 이는 종종 계면 활성제를 합성하는 세포들이 아직 적절하게 기능하지 못하는 미숙아에게서 발생한다. 정상적으로 건강하게 태어난 아기도 허파 안의 허파꽈리들이 뭉쳐져 있기 때문에 처음 허파꽈리를 팽창시키기 위해서는 25~30 mmHg 정도의 압력 차이가 필요하다. 그러므로 생명체가 첫 번째 호흡을 하기 위해서는 허파꽈리 내부의 표면 장력을 극복하기 위한 엄청난 노력이 필요하다.

위에서 논의한 표면 활성은 물자원 보존과도 깊은 관계가 있다. 물 표면 위에 세틸 알코올 [$CH_3(CH_2)_{14}CH_2OH$]의 얇은 막을 펼치면 저수지 물의 증발 속도를 감소시킬 수 있다. 고체인 세틸 알코올은 물에 녹지 않는다. 그러나 그 분자들이 물 위에 떠서 퍼짐으로써 표면을 덮는 얇은 막을 형성한다는 면에서 세틸 알코올은 표면 용해도를 가진다. 이 막은 날씨나 기타 요인에 의해 파괴된다 하더라도 다시 재생된다. 이 물질 단 30 g이면 약 10,000 m^2(3에이커)의 물 표면을 덮는 데 충분하다.

19.4 확산

확산(diffusion)은 용액의 농도가 일정하면서도 균일한 분포가 될 때까지 농도 기울기가 자발적으로 감소하는 과정이다. 많은 화학 및 생물학적 계에 있어 확산은 중요한 현상이다. 예를 들어 이산화 탄소가 엽록체 내의 광합성 지점까지 도달하는 주된 메커니즘은 확산이다. 세포막을 지나는 용질 분자의 이동에도 확산이 관여한다. 이 절에서는 용액 내의 확산에 대한 몇 가지 특성을 소개한다.

Fick의 확산 법칙

그림 19.10a에서 보는 것처럼 아랫부분에는 용액이, 윗부분에는 순수한 용매가 들어 있는 용기를 생각해 보자. 처음에는 용액과 용매 사이의 경계가 뚜렷하다. 시간이 경과함에 따라 확산에 의해 용질 분자들이 점차 위쪽으로 이동하게 된다. 이 과정은 전체 계가 균일해질 때까지 계속된다. 1855년에 독일의 생리학자 Adolf Eugen Fick(1829~1901)은 확산 현상을 연구하여 단위 면적, 단위 시간당 확산되는 용질의 양인 **유량**(flux, J)이 농도 기울기에 비례함을 발견하였다. 이 관계를 x축을 따라 1차원상에 수학적으로 나타내면

용기는 매우 긴 관이라고 간주한다.

$$J \propto -\left(\frac{\partial c}{\partial x}\right)_t$$

$$= -D\left(\frac{\partial c}{\partial x}\right)_t \qquad (19.14)$$

식 19.14는 1차원에서의 **확산에 대한 Fick 제1법칙**(Fick's first law of diffusion)으로 알려져 있다. $(\partial c/\partial x)_t$는 확산 시간 t에서의 확산되는 물질의 농도 기울기이며, D는 관련 매질 내에서 확산되는 물질의 확산 계수이다. 확산의 단위는 $m^2\ s^{-1}$ 또는 $cm^2\ s^{-1}$이다. 농도 기울기가 확산 방향으로는 0보다 작기 때문에, 마이너스(−) 부호는 확산

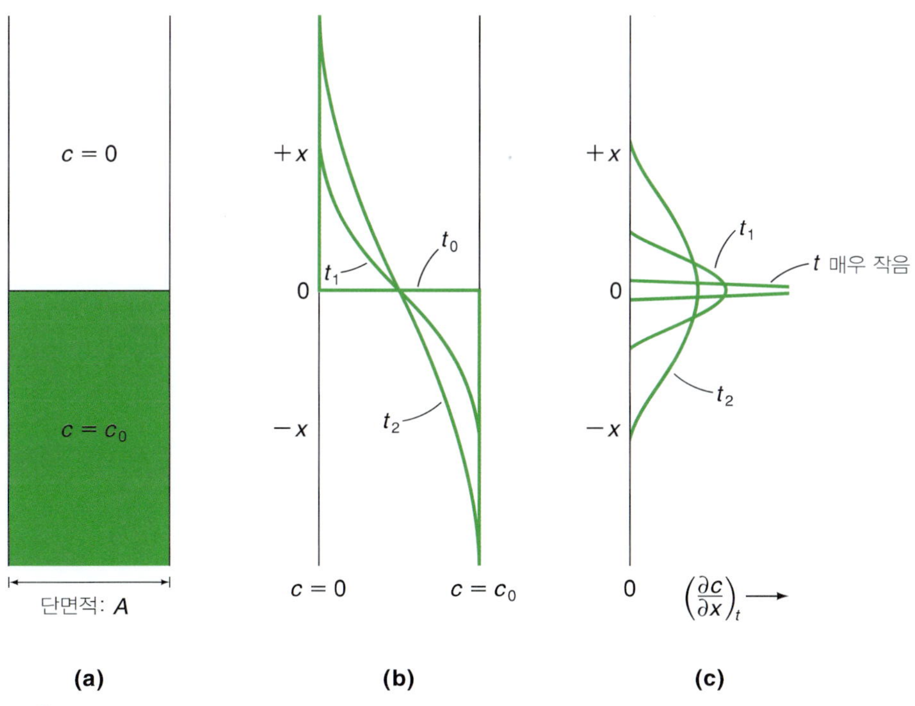

그림 19.10

(a) 단면적이 일정한 용기에서 용질이 순수한 용매 성분으로 확산되는 현상. (b) x에 대한 농도 c의 그림. t=0(t_0 곡선)에서는 용액과 순수한 용매 사이의 경계가 명확하다. (c) 확산이 시작된 이후의 시간 t에서의 x에 대한 농도 기울기$(\partial c/\partial x)_t$ 그림. t=0에서의 기울기는 무한대이며 x=0에 중심을 둔 너비가 없는 수직선이다.

이 고농도로부터 저농도로 진행됨을 나타낸다. 결과적으로 유량은 양수가 된다.

확산 과정을 조금 더 자세히 이해하기 위해 다음 질문에 대한 답을 생각해 보자. x축상의 주어진 점에서 시간 경과에 따른 농도 변화는 어떻게 될까? 그림 19.11에 나타낸 부피 요소 Adx(A는 단면적)를 생각해 보자. 처음 경계로부터 x만큼 떨어진 곳에서 용질 분자가 부피 요소로 들어가는 속도는 $-DA(\partial c/\partial x)_t$이다. x 증가에 따른 농도 기울기의 변화는 다음과 같다.

$$\frac{\partial}{\partial x}\left(\frac{\partial c}{\partial x}\right)_t = \left(\frac{\partial^2 c}{\partial x^2}\right)_t$$

용질 분자가 거리 dx를 이동한 다음, 부피 요소를 벗어나는 속도는 다음과 같이 주어진다.

$$-DA\left(\frac{\partial c}{\partial x}\right)_t - DA\left(\frac{\partial^2 c}{\partial x^2}\right)_t dx = -DA\left[\left(\frac{\partial c}{\partial x}\right)_t + \left(\frac{\partial^2 c}{\partial x^2}\right)_t dx\right]$$

따라서 부피 요소에서 용질의 축적 속도는 앞서 말한 두 양의 차이이다.

$$\begin{aligned}\text{부피 요소에서 용질의 축적 속도} &= \text{부피 요소를 나가는 용질의 속도} - \text{부피 요소로 들어가는 용질의 속도}\\ &= -DA\left(\frac{\partial c}{\partial x}\right)_t + DA\left[\left(\frac{\partial c}{\partial x}\right)_t + \left(\frac{\partial^2 c}{\partial x^2}\right)_t dx\right]\\ &= DA\left(\frac{\partial^2 c}{\partial x^2}\right)_t dx \qquad (19.15)\end{aligned}$$

축적 속도에 대한 식을 구하는 또 다른 접근 방법이 있다. 시간이 경과함에 따라 부피 요소 내 용질의 농도는 확산의 결과로 꾸준히 증가한다. 이 증가 속도는 부피 요소와 시간에 따른 농도 변화의 곱, 즉$(\partial c/\partial t)_x(Adx)$로 주어진다. 이 두 개의 용질

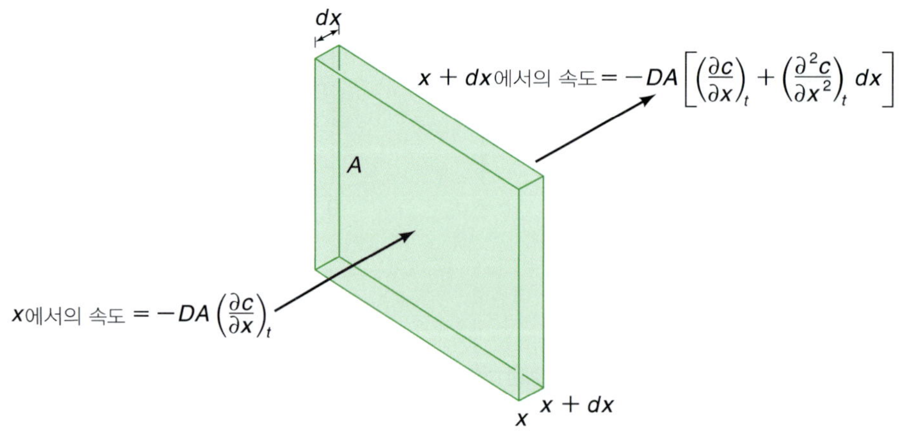

그림 19.11
확산 과정 중에 부피 요소 Adx 안에 용질이 축적되는 속도

축적 속도를 같게 놓으면 다음과 같다.

$$\left(\frac{\partial c}{\partial t}\right)_x = D\left(\frac{\partial^2 c}{\partial x^2}\right)_t \tag{19.16}$$

식 19.16은 **확산에 관한 Fick 제2법칙**(Fick's second law of diffusion)으로 알려져 있다. 이 법칙은 원점으로부터 x만큼 떨어진 곳에서의 시간에 따른 농도 변화는 시간 t에서 x 방향에 따른 농도 기울기의 변화량에 확산 계수를 곱한 값이 된다는 것을 말해 준다.

식 19.16이 확산에 대한 기본식이다. 그러나 실제 계에 적용하기 위해서는 적분을 한다. 실험 측정으로부터 D 값을 얻기 위해서는 적절한 **경계 조건**(boundary condition)을 적용해야 한다. 만일 그림 19.10에서 액체 기둥의 길이가 무한하다고 가정하면, 전 실험 과정 동안 꼭대기와 바닥의 용질 농도는 0과 c_0로 변화가 없을 것이다. 따라서 다음 경계 조건을 적용할 수 있다.

경계 조건은 상자 속 입자에 관해 설명하면서 처음 소개되었다.

$t = 0$ 일 때	$c = 0$	$x > 0$ 에 대해
	$c = c_0$	$x < 0$ 에 대해
$t = t$ 일 때	$c \to 0$	$x \to +\infty$ 일 때
	$c \to c_0$	$x \to -\infty$ 일 때

위에 주어진 경계 조건을 이용한 식 19.16의 해는*

$$c = \frac{c_0}{2}\left(1 - \frac{2}{\sqrt{\pi}}\int_0^{\beta} e^{-\beta^2} d\beta\right) \tag{19.17}$$

여기서

$$\beta = \sqrt{\frac{x^2}{4Dt}}$$

식 19.17을 사용하여 t 시간 동안 확산이 일어난 후, 원점으로부터 x만큼 떨어진 곳에서의 용질 농도를 계산할 수 있다. 그림 19.10b는 식 19.17의 결과를 시간에 대하여 그림으로 보여 준다. 식 19.17을 다음과 같은 미분형으로 나타낼 수도 있다

$$\left(\frac{\partial c}{\partial x}\right)_t = -\frac{c_0}{\sqrt{4\pi Dt}} e^{-x^2/4Dt} \tag{19.18}$$

식 19.18를 이용하여, x에 대한 농도 기울기 $(\partial c/\partial x)_t$ 변화의 그림을 시간에 따라 그릴 수 있다(그림 19.10c).

확산 계수를 정확하게 측정하는 것은 쉽지 않다. 확산 과정에서 각 지점에서의 농

---

* 더 자세한 것은 Tanford, C. *Physical Chemistry of Macromolecules*, John Wiley & Sons. New York(1961), p. 354 참조

도 기울기 측정에는 굴절률 측정과 같은 광학적 방법이 일반적으로 사용된다. 생물학적 거대 분자의 확산 계수 측정에는 레이저 산란을 이용할 수 있다.* 여기서는, 정확도는 다소 떨어지지만 간단하게 D 값을 측정하는 방법을 설명하고자 한다. 식 19.18로부터 원점($x=0$)에서의 농도 기울기는 다음과 같이 주어진다.

$$\left(\frac{\partial c}{\partial x}\right)_t = -\frac{c_0}{\sqrt{4\pi Dt}} \tag{19.19}$$

따라서 Fick 제1법칙(식 19.14)을 다음과 같이 다시 쓸 수 있다.

$$\frac{dn}{Adt} = -D\left(\frac{\partial c}{\partial x}\right)_t \tag{19.20}$$

여기서 dn은 dt 시간 동안 경계(면적 A)를 가로질러 확산된 용질의 분자수이다. 따라서

$$\left(\frac{\partial c}{\partial x}\right)_t = -\frac{dn}{ADdt} \tag{19.21}$$

식 19.19와 19.21로부터 다음 결과를 얻을 수 있다.

$$dn = \frac{ADc_0}{\sqrt{4\pi D}}\frac{dt}{\sqrt{t}} \tag{19.22}$$

$t=0$와 $t=t$($n=0$와 $n=n$) 구간에서 적분하면 다음 식을 얻는다.

$$n = \frac{ADc_0}{\sqrt{4\pi D}}\left(2\sqrt{t}\right) \tag{19.23}$$

따라서 확산 계수 D는 다음과 같이 주어진다.

$$D = \frac{n^2\pi}{A^2c_0^2t} \tag{19.24}$$

특수 제작된 용기를 사용하면 확산 실험 후 용매 기둥을 완전히 제거할 수 있으며, 농도 c의 균일한 용액이 만들어지도록 저어줄 수 있다. 용매 기둥의 높이가 h라면

$$n = cAh$$

이 식을 식 19.24의 n에 대입하면 다음 식이 얻어진다.

$$D = \frac{c^2h^2\pi}{c_0^2t} \tag{19.25}$$

---

* S. B. Dubin, J. H. Lunacek, and G. Benedek, *Proc Natl. Acad. Sci.* U.S.A. **57**, 1164(1967) 참조

표 19.3 298 K 물속에서 분자들의 확산 계수(D)

분자	$D(10^{-9}\ m^2\ s^{-1})$
에탄올	1.10
요소	1.18
글루코스	0.57
설탕	0.46
마이오글로빈	0.113
헤모글로빈	0.069
DNA(송아지 가슴샘)	0.0013

따라서 시간 t 후의 농도 c를 측정하고 초기 농도 c_0를 알면 D 값을 계산할 수 있다. 두 가지 점을 유의할 필요가 있다. 첫째, 경계 조건으로 액체 기둥이 무한히 긴 것으로 가정하였으나, 실제로는 그렇게 만들 수는 없다. 그러나 t가 짧으면 양 극단에서의 용질 농도는 실험이 끝날 때까지 c_0와 0에 가깝게 유지할 수 있다. 둘째, 엄밀하게 말하자면 확산 계수는 농도에 의존하므로, 매우 묽은 용액을 사용하여 실험하는 것이 좋다. 표 19.3에 몇몇 분자들의 확산 계수를 수록하였다. 분자가 클수록 그 움직임은 느릴 것으로 예측된다. 표 19.3의 자료가 이 예측을 정성적으로 확인해 준다.

확산 실험에서는 주어진 시간 t 동안에 용질 분자가 처음 위치로부터 이동한 거리를 결정하는 것이 중요하다. 확산은 특정한 한 방향으로만 일어나지만, 개별 분자의 운동은 무작위로 일어나며 예측할 방법은 없다. 따라서 분자들이 이동한 평균 또는 알짜 거리 $\bar{x}$는 0이다. 이러한 이유로 다음과 같이 정의된 평균 제곱(mean-square) 거리 $\overline{x^2}$를 고려할 필요가 있다(식 19.18 참조).

$$\overline{x^2} = \frac{\int_{-\infty}^{+\infty} x^2 \left(\frac{dc}{dx}\right) dx}{\int_{-\infty}^{+\infty} \left(\frac{dc}{dx}\right) dx}$$

이 표준 적분은 Handbook of Chemistry and Physics에 수록되어 있다. 결과는 다음과 같다.

$$\overline{x^2} = 2Dt$$

따라서 제곱 평균근(root-mean-square) 거리 $\sqrt{\overline{x^2}}$는 다음과 같이 주어진다.

$$x_{\text{rms}} = \sqrt{\overline{x^2}} = \sqrt{2Dt} \tag{19.26}$$

식 19.26은 평균 확산 거리를 추산하게 해 주는, 단순하지만 매우 유용한 관계식이다.

액체 용액에 대해서는 용매 매질에 의한 마찰력이 용질 분자의 확산에 영향을 미칠 것으로 생각할 수 있다. 1905년에 Einstein은 다음과 같은 정량적 관계식(Einstein-Smoluchowski 반응으로 알려진)을 제안하였다.

$$D = \frac{k_B T}{f} \tag{19.27}$$

여기서 k_B는 Boltzmann 상수, f는 용질 분자의 마찰 계수이다. f의 단위는 N s m^{-1}이다. 따라서 f에 용질 분자 속도를 곱하면 용매에 의해 입자에 가해지는 저항 마찰력(뉴턴 단위로)이 얻어진다. 영국의 물리학자 George Gabriel Stokes 경(1819~1903)은 구형 입자의 경우에 해당하는 다음 식을 제시하였다.

$$f = 6\pi\eta r \tag{19.28}$$

여기서 η는 용매의 점도이고, R은 분자의 반지름이다. 식 19.28은 Stokes 법칙으로 알려져 있다.* 이제 식 19.27은 다음과 같이 된다.

$$D = \frac{k_B T}{6\pi\eta r} \tag{19.29}$$

이 식을 Stokes-Einstein 식이라고 한다. 식 19.27 또는 19.29는 확산 계수의 물리적 해석을 가능하게 한다. $k_B T$ 항은 분자의 열에너지나 운동 에너지에 대한 값인 반면, f 또는 η는 확산에 대한 점성 저항에 대한 값이다. 이들 두 개의 상반되는 값의 비율이 용액 내에서 용질 분자가 얼마나 쉽게 확산되는지를 결정한다.

식 19.29는 D와 η 두 가지 모두를 알고 있을 때 분자의 반지름을 측정하는 방법을 제시해 준다. 그러나 Stokes 법칙은 이상적인 식임을 알고 있어야만 한다. 나아가, 분자가 공과 같이 취급될 정도로 충분히 대칭적이라 할지라도, 대부분의 분자들은 용액 내에서 어느 정도 용매화되기 때문에 측정된 반지름이 반드시 실제 반지름과 일치하지는 않는다. 이 경우 측정된 반지름은 종종 실제 반지름보다 크게 얻어지는 경향이 있다.

예제 19.2

25°C 물속에서 요소 분자가 확산에 의해 1시간 동안 이동한 평균 제곱근 거리를 계산하시오.

답

요소의 확산 계수는 1.18×10^{-9} m^2 s^{-1}이다(표 19.3 참조). 식 19.26으로부터

$$\sqrt{\overline{x^2}} = \sqrt{2(1.18 \times 10^{-9}\ m^2\ s^{-1})(3600\ s)}$$
$$= 2.9 \times 10^{-3}\ m = 2.9\ mm$$

* Stokes 법칙은 비구형 분자들에게도 적용된다. 비구형 분자의 경우, 같은 부피의 구형 분자에 비해 마찰 계수가 더 크다. 이것은 부피가 같을 경우, 구 모양일 때 표면적이 더 작아지므로 마찰 저항도 작아지기 때문이다.

COMMENT
액체 내에서는 확산이 물질을 먼 거리로 이동시키는 효과적 방법이 아니다. 생명체는 세포 정도 크기(지름이 약 10^{-2} mm)의 짧은 거리 이동에 확산을 이용한다.

예제 19.3

300 K 물속에서 반지름 1.5 Å인 구형 분자의 확산 계수를 계산하시오.

답
식 19.29가 필요하다. 자료는

$$k_B = 1.381 \times 10^{-23} \text{ J K}^{-1}$$
$$T = 300 \text{ K}$$
$$\eta = 0.00101 \text{ N s m}^{-2}$$
$$r = 1.5 \times 10^{-10} \text{ m}$$

따라서

$$D = \frac{(1.381 \times 10^{-23} \text{ J K}^{-1})(300 \text{ K})}{6\pi(0.00101 \text{ N s m}^{-2})(1.5 \times 10^{-10} \text{ m})}$$
$$= 1.5 \times 10^{-9} \text{ J N}^{-1} \text{ m s}^{-1}$$
$$= 1.5 \times 10^{-9} \text{ m}^2 \text{ s}^{-1}$$

19.5 액정

결정성 고체의 고도로 질서정연한 상태와 액체의 무질서한 분자 배열 사이에는 뚜렷한 차이가 있다. 결정성 얼음과 액체 상태 물이 서로 다른 것이 그 예이다. 그러나 어떤 종류의 물질들은 질서정연한 배열을 하려는 경향이 너무 크기 때문에 용융된 결정이 먼저 **준결정**(mesomorphic) 또는 **파라 결정**(paracrystalline) **상태**로 불리는 젖빛 액체를 형성하는데, 이 상태에서는 결정의 특성이 나타난다. 더 높은 온도에서 이 젖빛 유체는 보통 액체와 같이 거동하는 투명한 액체로 순간적으로 변화된다. 이러한 물질들을 **액정**(liquid crystal)이라고 한다.

액체 결정성을 나타내는 분자들은 보통 긴 막대 구조로 되어 있다. 다음과 같은 '용융' 또는 전이점을 갖는 *para*-azoxyanisol(PAA)이 한 예이다.

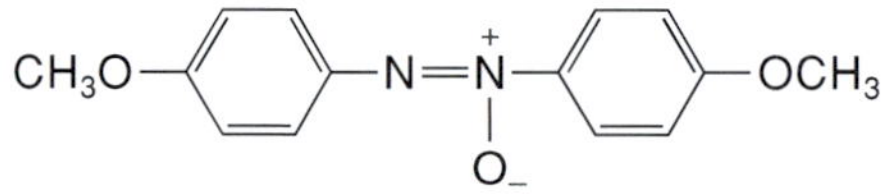

$$CH_3O-C_6H_4-N{=}\overset{+}{N}(O^-)-C_6H_4-OCH_3$$

$$\text{고체} \xrightarrow{118°C} \text{준결정} \xrightarrow{136°C} \text{액체}$$

액정은 **온도 전이형**(열방성, thermotropic)과 **농도 전이형**(친액성, lyotropic)이라고 하는 두 가지 형태가 알려져 있다. 열방성 액정은 일정 온도 영역에서 액정상을 보이며, 친액성 액정은 두 가지 이상의 성분으로 이루어져 있으며 일정한 농도 범위에서 액정 성질을 보인다.

열방성 액정

열방성 액정들은 고체가 가열될 때 형성된다. 이들은 **스멕트**(smectic), **네마트**(nematic), **콜레스테릭**(cholesteric)이라는 세 가지 부류로 세분된다. 그림 19.12는 스멕트 및 네마트 구조의 도식적 그림을 보여 준다. 스멕트 액정에서는 분자의 긴 축이 결정층의 면과 수직이다. 층들이 서로 자유롭게 미끄러지기 때문에 이들 물질들은 구조적으로 2차원 고체의 성질이 있다. 광학적으로는 스멕트 액정도 수정과 같은 3차원 결정과 같은 특성이 있다. 네마트 액정은 질서가 조금 덜하다. 네마트 액정의 분자들도 그들의 긴 축을 따라 서로 평행하게 배열되기는 하지만 층으로 분리되어 있지는 않다.

콜레스테롤(R=–OH) 자체는 액정이 아니다.

콜레스테릭 액정은 분자의 긴 축이 결정층에 평행하다는 것을 제외하면, 분자들이 층 안에 배열된다는 점에서 스멕트 상과 유사하다(그림 19.13). 콜레스테릭 액정은 여러 종류의 콜레스테롤 에스터에 의해 형성된다.

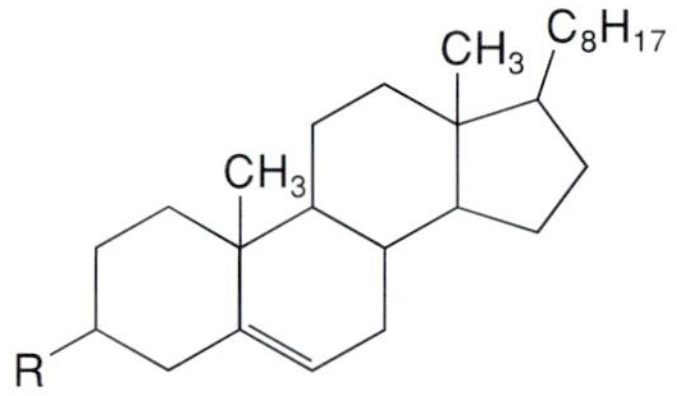

CH_3 C_8H_{17} CH_3 R

여기서 R은 에스터기이다. 한 개의 층 내에서는 분자들이 네마트 상에서의 분자들처럼 배향된다. 그림 19.13에서 볼 수 있는 것처럼, 분자 배향의 방향이 나선 형태로 회전한다. 콜레스테릭 상의 나선의 거리(한 번의 완전한 나선에 필요한 거리)는 일반적으로 가시광선의 파장과 대략 같은 정도의 크기를 갖는다. 따라서 이 상들은 결정이 X선을 반사시키는 것과 매우 유사한 방법으로 빛을 반사시킨다. 이 현상은 나비 날개에서 관찰되는 것과 같이, 각도에 따라 다른 색깔로 보인다. 흥미롭게도 콜레스테롤 유도체들의 라셈 혼합물은 콜레스테릭 상을 형성하지 않으나 순수한 광화학 이성질체는 콜레스테릭 상을 형성한다. 따라서 이 계는 카이랄성을 지닌다.

모든 형태의 액정에서 보통의 액체와 구분되는 한 가지 성질은 비등방성

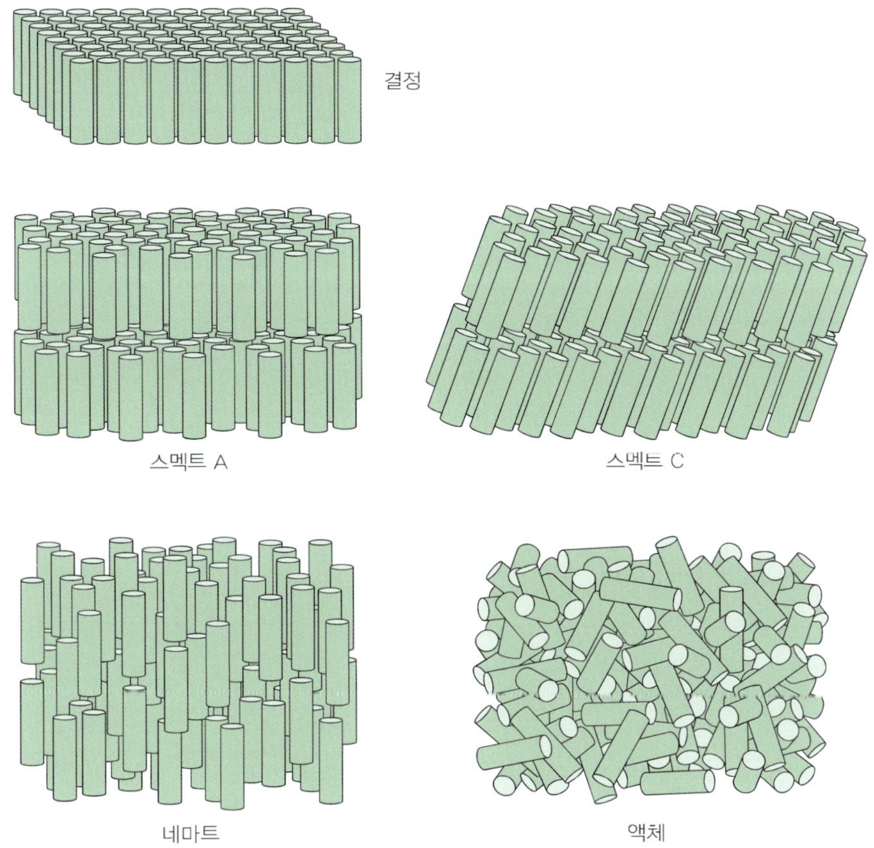

그림 19.12
두 가지 형태의 액체 결정상: 스멕트와 네마트. 스멕트 상은 여기에서 보인 스멕트 A와 스멕트 C를 포함하여 여러 변종들이 있다. 단순화하기 위하여 액체 결정상의 모든 분자들이 동일한 기울기를 갖는 것으로 묘사되었다. 실제로는 각각의 상 안에서 경사각이 일정 범위로 변할 수 있다. 스멕트 A와 스멕트 C는 2차원 고체처럼 행동한다. 네마트 액정은 1차원 고체처럼 행동한다. 비교를 위하여 완벽하게 질서정연한 결정 고체 상태와 완벽하게 임의적인 액체 상태를 나타내었다.

(anisotropy)이다. 예를 들어 액체 사염화 탄소에서 분자의 배향은 완전하게 무작위적이므로 공간상 모든 방향이 동등하다. 결과적으로 공간상 한 방향을 따라서 측정된 어떤 물성도 다른 방향을 따라 측정된 물성과 똑같다. 따라서 이러한 액체를 통과하는 음속을 측정한다면, 측정이 이루어지는 방향과 무관하게 같은 결과를 얻게 될 것이다. 방향과 무관하게 같은 결과를 얻는 성질을 **등방성**(isotropy)이라 하며, 이러한 성질을 갖는 매질을 **등방성 상**(isotropy phase)이라고 한다. 모든 액체와 기체는 등방성이다. 반면에 액정(또한 결정성 고체)은 질서 있는 구조로 인하여 물성에 방향성이 있다. 액정의 분자 배향에 따라서 음속은 x, y, z축을 따라 변한다. 이 성질을 **비등방성**(anisotropy, 등방성이 없음을 의미함)이라 하며, 액정 상을 **비등방성 상**(anisotropy phase)이라고 한다.

그림 19.12에서 액정상의 분자들은 동일한 배향 또는 기울기를 갖는 것으로 묘사되어 있으나 실제로는 잘 정의된 평균 경사각을 중심으로 상당한 변화가 있다. 분자

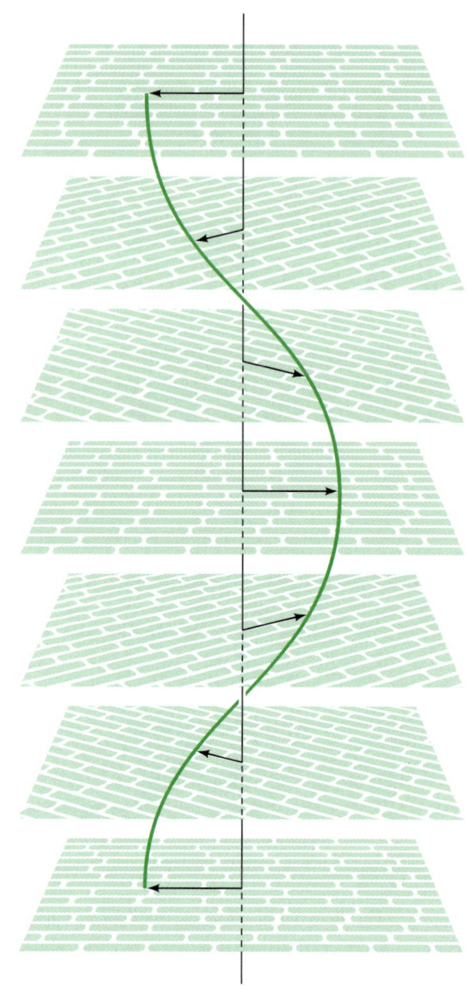

그림 19.13
콜레스테릭 액정 상은 2차원 고체처럼 행동한다. 분자 배향의 방향이 나선 형태로 회전한다. 배향 방향은 결국 처음 방향으로 돌아오며 이후 나선 형태가 계속한다. 나선의 주기(나선의 높낮이라고 함)는 수백 나노미터 길이이며 온도에 매우 민감하다.

축과 원하는 배향 방향, 즉 지시자(director)의 방향과 분자축 사이의 각을 특정한 분자의 경사각으로 정의한다.

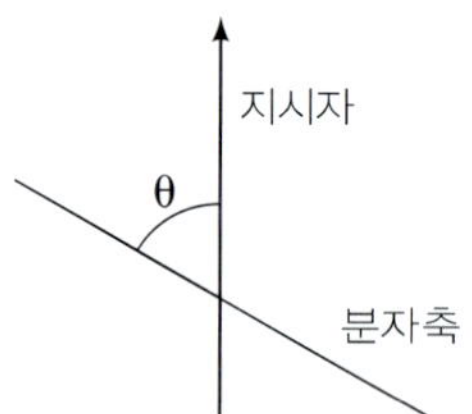

그러나 각 θ 대신 함수 $(3\cos^2\theta^{-1})/2$가 질서도를 나타내기 위해 사용된다. 만일 분자들이 완벽하게 배열된다면 $\theta = 0°$이고 $\cos 0° = 1$이므로 함수 값은 1이다. 등방성 액체의 경우 배향이 완전히 무질서하므로 이 함수 값은 0이다. 액정의 **질서 변수**(order parameter, S)는 이 함수의 평균으로 정의된다. 즉

$$S = \left\langle \frac{3\cos^2\theta - 1}{2} \right\rangle \tag{19.30}$$

여기서 ⟨ ⟩ 부호는 평균을 나타낸다. 대부분의 액정상에서 S는 일반적으로 0.3과 0.9 사이의 값이며 온도 증가에 따라 감소한다.

열방성 액정의 응용. 열방성 액정은 과학, 기술, 의료용으로 많이 응용된다. 콜레스테릭 상에서의 나선 거리는 온도나 전기장과 같은 외부 변수에 매우 민감하다. 결과적으로 나선 거리에 따라 달라지는 콜레스테릭 액정의 색깔은 매우 작은 온도 범위에서도 변화한다. 이러한 이유로 이들 액정은 민감한 온도계로 사용하기에 알맞다. 예를 들어 야금학에서 액정들은 금속의 응력, 열원, 전도 경로를 검출하는 데 사용된다. 의학적으로는 인체의 특정 부위의 온도를 측정하는 데 액정을 사용할 수 있다. 이 기법은 감염이나 종양 성장(예를 들어 유방 종양)을 치료하는 데 있어서 중요한 진단 도구가 되었다. 국부 감염이나 종양이 대사 속도를 증가시킴으로써 영향을 받은 조직의 온도가 높이지기 때문에 액정 박막의 색깔 변화로부터 온도 차이를 감지하여 의사가 감염이나 종양의 존재 여부를 판단할 수 있도록 도와 준다.

네마트 액정의 비등방성은 빛이 지시자를 따라서 편광되어 지시자에 수직으로 편광된 빛과는 다른 속도로 전파되도록 한다. 그림 19.14는 시계나 계산기 등에서 친숙한 흑백 디스플레이가 어떻게 작동되는지를 보여 준다. 액정 셀의 상판 및 하판 표면에는 산화 인듐(In_2O_3)으로 도핑된 투명한 산화 주석(SnO_2)이 발라져 있으며,

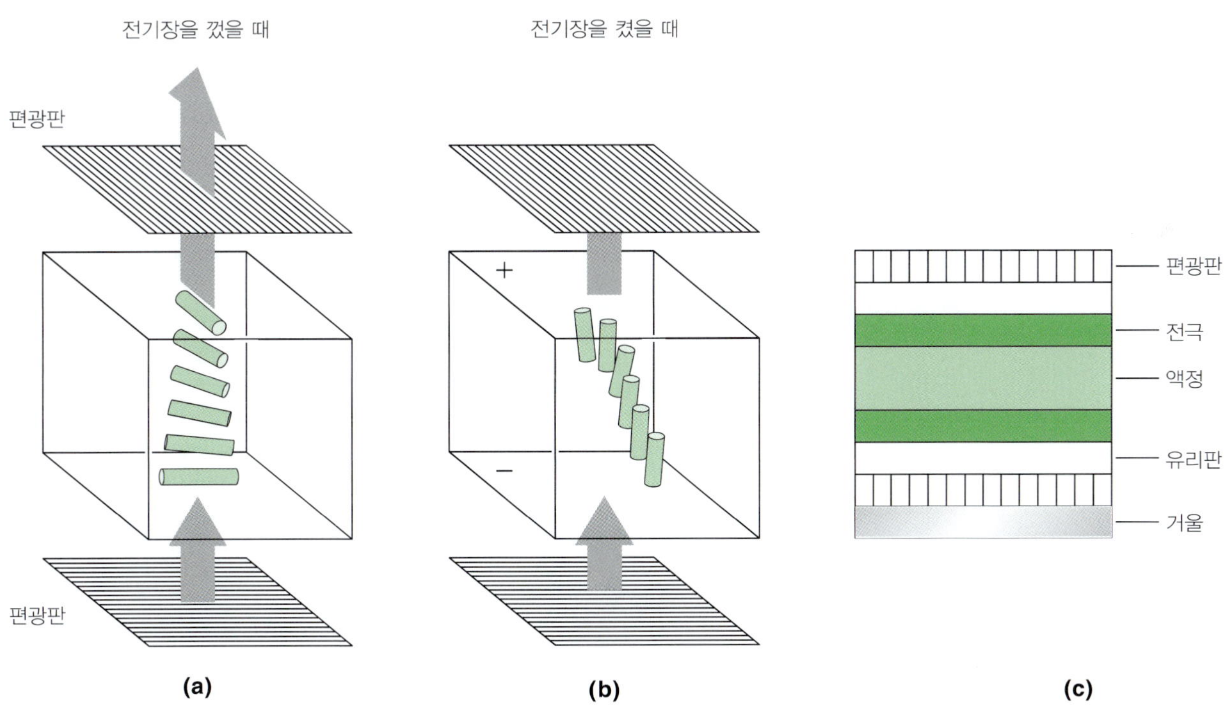

그림 19.14
네마트 액정을 이용한 흑백 디스플레이. 셀의 바닥과 윗면에 접하고 있는 분자들은 서로에게 수직으로 배열되어 있다. (a) 이 두 표면 사이에서의 분자 배향의 뒤틀림 정도는 빛의 편광면이 90° 회전되도록 조절됨으로써 편광이 윗 편광판을 통과할 수 있도록 한다. 결과적으로 셀은 투명하게 나타난다. (b) 전기장이 가해질 때 분자들은 장의 방향을 따라 배향되고, 빛의 편광면은 더 이상 윗 편광판을 통과할 수 없게 되어 셀이 어둡게 된다. (c) 액정 디스플레이의 단면

네마트 상 내에서 분자들이 서로 90°가 되도록 선택적으로 배향시킨다. 이 방법으로 액정 속의 분자들은 '뒤틀리게' 된다(그림 19.14a). 이 뒤틀림을 적절하게 조절하면, 빛의 편광면을 90° 회전시킴으로써 빛이 두 개의 편광판(서로 90°로 배열된)을 통과하여 지나가도록 할 수 있다. 이 형태에서는 디스플레이가 투명하게 나타난다. 전기장이 가해지면(그림 19.14b) 네마트 분자들을 전기장 방향을 따라 배열하게 하는 토크(비틀림 또는 회전)가 생긴다. 이 상태에서는 입사하는 편광이 상부 편광판을 통과할 수 없게 되어 셀은 어둡게 나타난다. 시계와 계산기에서 반사면은 하부 편광판 아래에 위치한다. 전기장이 없으면 반사된 빛이 두 개의 편광판을 통과하여 지나가므로 셀은 상부로부터 투명하게 보인다. 전기장이 가동되면 위로부터 입사되는 빛이 반사면에 도달하기 위해 통과해야 하는 하부 편광판을 지나갈 수 없게 되어 셀은 어둡게 된다. 통상 약 10 μm 두께(1 μm$=10^{-6}$ m)의 네마트 층을 가로질러서 수 볼트가 가해진다. 전기장이 켜지고 꺼짐에 따라 분자들이 정렬되고 해제되는 데 필요한 응답 시간은 밀리초 범위 이내이다(1 ms$=10^{-3}$ s).

요즘 컴퓨터, 휴대폰, 텔레비전 등에 들어가는 평판 디스플레이는 박막 트랜지스터 액정 디스플레이(TFT LCD, thin-film transister liquid crystal display) 기술을 사용하여 넓은 영역의 색상을 표현하고 있다.

친액성 액정

친액성 액정은 두 개 또는 그 이상 화합물의 혼합물인데, 그중 하나는 보통 물과 같은 극성 분자이다. 폴리-γ-벤질-L-글루탐산염과 폴리-β-벤질-L-아스파트산염을 포함하는 몇 가지 합성 폴리펩타이드는 물, 다이메틸폼아마이드 또는 피리딘에 용해될 때 콜레스테릭 액정과 유사한 구조를 형성한다. 친액성 액정의 두 번째 형태는 인산지질을 함유하고 있으며 질서 있는 막 구조를 형성한다. 친액성 액정은 생물계에서 뿐만 아니라 세척용품에서 계면 활성제로서도 중요하다.

■ Key Equations

Reynolds 수 $= \dfrac{2Rv\rho}{\eta}$	(층흐름 대 난류)	(19.4)
$Q = \dfrac{\pi P R^4}{8\eta L}$	(Poiseuille 법칙)	(19.5)
$\gamma = \dfrac{rh\rho g}{2\cos\theta}$	(모세관 상승법)	(19.12)
$J = -D\left(\dfrac{\partial c}{\partial x}\right)_t$	(확산에 대한 Fick 제1법칙)	(19.14)
$\left(\dfrac{\partial c}{\partial t}\right)_x = D\left(\dfrac{\partial^2 c}{\partial x^2}\right)_t$	(확산에 대한 Fick 제2법칙)	(19.16)
$x_{\text{rms}} = \sqrt{\overline{x^2}} = \sqrt{2Dt}$	(확산에서 제곱 평균근 거리)	(19.26)
$D = \dfrac{k_B T}{f}$	(Einstein-Smoluchowski 관계식)	(19.27)
$f = 6\pi\eta r$	(Stokes 법칙)	(19.28)
$D = \dfrac{k_B T}{6\pi\eta r}$	(Stokes-Einstein 식)	(19.29)

부록 19.1

식 19.13의 유도

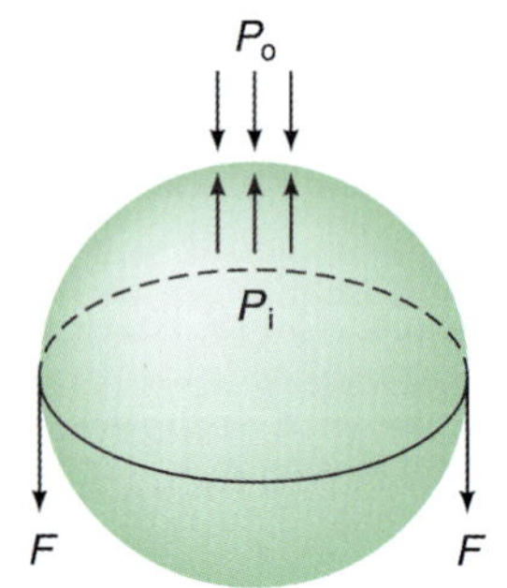

그림 19.15
비누 거품의 모양을 유지하기 위해서는 내부 힘과 외부 힘이 균형을 이루어야 한다.

반지름 r인 비누 거품을 생각해 보자. 거품이 구 모양을 유지하기 위해서는 내부 힘이 외부 힘과 균형을 이루어야만 한다. 그림 19.15는 두 개의 반구로 나누어진 거품을 보여 준다. 위쪽의 반구를 보면 외부 힘 외에도 표면 장력의 결과로 아래쪽으로 향하는 힘 F가 있음을 알게 된다. 이 표면력은 표면 장력과 원주의 곱으로 주어진다(표면 장력이 N m^{-1} 단위를 가짐을 기억하라). 그러면 아래쪽으로 향하는 전체 힘은

$$F = P_o(\pi r^2) + 2(2\pi r\gamma) \qquad (1)$$

여기서 P_o는 외부 압력이고, πr^2은 단면적이다. 별도의 인자 2는 거품이 내부 층과 외부 층으로 되어 있기 때문에 포함된다. 위쪽으로 향하는 전체 힘은 $P_i(\pi r^2)$인데, 여기서 P_i는 내부 압력이다. 따라서 평형에서는

$$P_i(\pi r^2) = P_o(\pi r^2) + 2(2\pi r\gamma) \qquad (2)$$

즉

$$P_i - P_o = \frac{4\gamma}{r} \qquad (3)$$

기포는 한 층으로만 이루어져 있으므로 위 식은 다음과 같이 된다.

$$P_i - P_o = \frac{2\gamma}{r} \qquad (4)$$

이것이 식 19.13이다. 거품이 작을 경우(r이 작을 때) 차이 (P_i-P_o)는 크지만, r이 증가함에 따라 그 차이가 감소한다.

참고문헌

책

Chandrasekhar, S., *Liquid Crystals*, 2nd ed., Cambridge University Press, New York, 1992.
Collings, P. J., *Liquid Crystals*, Princeton University Press, Princeton, NJ, 1990.
Collings, P. J., and M. Hird, *Introduction to Liquid Crystals*, Taylor & Francis, Bristol, PA, 1997.
Tabor, D., *Gases, Liquids, and Solids*, 3rd ed., Cambridge University Press, New York, 1991.
Vogel, S., *Life in Moving Fluids*, Princeton University Press, Princeton, New Jersey, 1994.
Walton, A. J., *The Three Phases of Matter*, 2nd ed., Oxford University Press, New York, 1983.

논문

일반

"The Structure of Liquids," J. D. Bernal, *Sci. Am.* August 1960.
"The Tensile Strength of Liquids," R. E. Apfel, *Sci. Am.* December 1972.
"The Fluid Phases of Matter," J. A. Barker and D. Henderson, *Sci. Am.* November 1981.
"A Two-Dimensional Model of a Liquid: The Pair-Correlation Function," M. Contreras and J. Valenzuela, *J. Chem. Educ.* **63**, 7 (1986).
"Reappearing Phases," J. Walker and C. A. Vanse, *Sci. Am.* May 1987.
"Why is Mercury a Liquid?" L. J. Norrby, *J. Chem. Educ.* **68**, 110 (1991).

점도

"Negative Viscosity," V. P. Starr and N. E. Gaut, *Sci. Am.* July 1970.
"Life at Low Reynolds Number," E. M. Purcell, *Am. J. Phys.* **45**, 3 (1977).
"Aneurysms," K. Johansen, *Sci. Am.* July 1982.
"How Microorganisms Move Through Water," G. T. Yates, *Am. Sci.* **74**, 358 (1986).
"A Polymer Viscosity Experiment with No Right Answer," L. C. Rosenthal, *J. Chem. Educ.* **67**, 78 (1990).
"Do Cathedral Glasses Flow?" E. D. Zanotto, *Am. J. Phys.* **66**, 392 (1998).

표면 장력

"Surface Tension in the Lungs," J. A. Clements, *Sci. Am.* December 1962.
"Convection," M. G. Verlade and C. Normand, *Sci. Am.* July 1980.
"Aqueous Foams," J. H. Aubert, A. M. Kraynik, and P. B. Rand, *Sci. Am.* May 1986.
"Walking on Water," R. B. Suter, *Am. Sci.* **87**, 154 (1999).
"A Demonstration of Surface Tension and Contact Angle," H. D. Gesser and P. Krause, *J. Chem. Educ.* **77**, 58 (2000).
"Using Surface Tension Measurements to Understand How Pollution Can Infuence Cloud Formation, Fog, and Precipitation," S. D. Brooks, M. Gonzales, and R. Farias, *J. Chem. Educ.* **86**, 838 (2009).

확산

"Measurement and Interpretation of Diffusion Coefficients of Proteins," L. J. Gosting, *Advan. Protein Chem.* **11**, 429 (1956).
"A Quantitative Diffusion Experiment for Students," M. De Paz, *J. Chem. Educ.* **46**, 784 (1969). [See also *J. Chem. Educ.* **47**, A204 (1970).]
"Molecular Volumes and the Stokes-Einstein Equation," J. T. Edward, *J. Chem. Educ.* **47**, 261 (1970).

"The Diffusion Coefficient of Sucrose in Water," P. W. Linder, L. R. N'assimbeni, A. Polson, and A. L. Rodgers, *J. Chem. Educ.* **53**, 330 (1976).
"A Spectrophotometric Method for Measuring Diffusion Coefficients," J. Irina, *J. Chem. Educ.* **57**, 676 (1980).
"A Practical and Convenient Diffusion Apparatus: An Undergraduate Physical Chemistry Experiment," B. Clifford and E.-I. Ochiai, *J. Chem. Educ.* **57**, 678 (1980).
"Surface Diffusion," R. Gomer, *Sci. Am.* August 1982.
"Measurement of Diffusion Coefficients," J. E. Crooks, *J. Chem. Educ.* **66**, 614 (1989).
"A Laser Refraction Method for Measuring Liquid Diffusion Coefficients," M. E. King, R. W. Pitha, and S. F. Sontum, *J. Chem. Educ.* **66**, 787 (1989).
"Diffusion Confusion," L. C. Davis, *J. Chem. Educ.* **73**, 824 (1996).
"Learning Molecular Diffusion. A Laboratory Experiment," *Chem. Educator* [Online] **10**, 283 (2005) DOI 10.1333/s00897050935a.

액정

"Liquid Crystals," J. L. Ferguson, *Sci. Am.* August 1964.
"Liquid Crystals and Their Roles in Inanimate and Animate Systems," G. H. Brown, *Am. Sci.* **60**, 64 (1972).
"Liquid Crystals for Electro-optical Displays," G. Elliot, *Chem. Brit.* **9**, 213 (1973).
"Electronic Numbers," A. Sobel, *Sci. Am.* June 1973.
"Three Liquid-Crystal Teaching Experiments," J. R. Lalanne, and F. Hare, *J. Chem. Educ.* **53**, 793 (1976).
"Imposed Orientation of Dye Molecules by Liquid Crystals and an Electric Field," N. Sadlej-Sosnowska, *J. Chem. Educ.* **57**, 223 (1980).
"Liquid Crystals—The Chameleon Chemicals," G. H. Brown, *J. Chem. Educ.* **60**, 900 (1983).
"Liquid Crystals: A Colorful State of Matter," G. H. Brown and P. P. Crooker, *Chem. Eng. News* **61**(5), 24 (1983).
"Preparation and Properties of Cholesteric Liquid Crystals," G. Patch and G. A. Hope, *J. Chem. Educ.* **62**, 454 (1985).
"Liquid-Crystal Displays: Fabrication and Measurement of a Twisted Nematic Liquid-Crystal Cell," E. R. Waclawik, M. J. Ford, P. S. Hale, J. G. Shapter, and N. H. Voelcker, *J. Chem. Educ.* **81**, 854 (2004).
"Colors in Liquid Crystals," G. Lisensky and E. Boatman, *J. Chem. Educ.* **82**, 1360A (2005).
"Synthesis and Physical Properties of Liquid Crystals: An Interdisciplinary Experiment," G. R. Van Hecke, K. K. Karukstis, H. Li, H. C. Hendargo, A. J. Cosand, and M. M. Fox, *J. Chem. Educ.* **82**, 1349 (2005).
"Liquid Crystals Activity," D. L. Lewis and M. Warren, *J. Chem. Educ.* **83**, 1602 (2006).
"Liquid Crystals Activity Revisited," V. M. Petruševski, *J. Chem. Educ.* **84**, 1429 (2007).

문제

점도

19.1 기체의 점도는 온도가 높아짐에 따라 증가하지만(식 2.22 참조) 액체의 점도는 온도가 높아지면 감소한다. 그 이유를 설명하시오.

19.2 293 K에서 물이 Ostwald 점도계를 흘러내리는 시간이 342.5초이고, 같은 부피의 유기 용매의 경우는 271.4초이다. 유기 액체의 점도를 물의 점도에 비교하여 계산하시오. 유기 용매의 밀도는 0.984 g cm^{-3} 이다.

19.3 반지름이 2.0×10^{-4} cm인 모세관 안의 혈액 흐름에 대해 37°C 층흐름의 최대 속도를 계산하시오(혈액 전체의 밀도는 약 1.2 g cm^{-3}이다).

19.4 지름이 2.4×10^{-5} m인 소동맥의 혈액 흐름 속도가 2.6×10^{-3} m s^{-1}이다. 소동맥의 길이가 5.0×10^{-3} m일 때 한쪽 끝에서 다른 쪽 끝까지의 압력 강하 ΔP를 계산하시오.

19.5 액체의 점도는 일반적으로 온도가 높아지면 감소한다. 경험적으로 얻은 식은 $\log \eta = A/T + B$이다. 물에 대한 다음 자료로부터 상수 A와 B를 구하시오.

T(K)	273	293	310	373
η(P)	0.01787	0.0101	0.00719	0.00283

19.6 Reynolds 수(식 19.4 참조)가 단위가 없음을 보이시오.

19.7 Reynolds 수(식 19.4)의 정의로부터 293 K에서 반지름이 0.60 cm인 관을 따라 흐르는 물이 층흐름을 보일 때 v의 최댓값을 계산하시오.

19.8 안쪽 반지름이 0.12 cm이고 길이가 26 cm인 원통형 관을 통과하는 어떤 액체의 흐름 속도가 88초 동안 364 cm^{3}이고, 도관 양 끝 사이의 압력 강하는 57 torr이다. 액체의 점도를 계산하시오. 이 흐름은 층흐름인가?(액체의 밀도는 0.98 g cm^{-3}이다.)

표면 장력

19.9 물은 유난히 큰 표면 장력을 갖는다. 그 이유를 설명하시오.

19.10 액체의 표면 장력이 온도가 높아짐에 따라 감소하는 것에 대해 분자 수준의 해석을 제시해 보시오.

19.11 지름 0.10 cm인 유리 모세관을 **(a)** 293 K의 물(접촉각 10°)과, **(b)** 298 K의 수은(접촉각 170°) 속에 넣었다. 각 모세관 내 액체의 상승 높이를 계산하시오.

19.12 에탄올과 수은은 모두 온도계에 사용된다. 이런 두 가지 형태의 온도계에서 액체 메니스커스의 차이를 설명하시오.

19.13 127°C에서 액체 나프탈렌의 표면 장력은 0.0288 N m^{-1}이고, 같은 온도에서의 밀도는 0.96 g cm^{-3}이다. 3.0 cm의 액체 상승을 일어나게 할 수 있는 모세관의 최대 반지름은 얼마인가?(접촉각은 0이라 가정하시오.)

19.14 20°C에서 퀴놀린(quinoline)의 표면 장력은 아세톤의 표면 장력의 2배이다. 퀴놀린의 모세관 상승이 2.5 cm라면, 같은 모세관에서 아세톤의 상승은 얼마이겠는가?(접촉각은 모두 0으로 가정하시오. 20°C에서 퀴놀린과 아세톤의 밀도는 각각 1.09 g cm^{-3}, 0.79 g cm^{-3}이다.)

19.15 안지름이 0.40 mm인 모세관을 20°C 수은 용기에 수직으로 집어넣었다(그림 19.7b 참조). 접촉각이 146°일 때 수은의 모세관 강하를 계산하시오(수은의 밀도는 13.6 g cm^{-3}이다).

19.16 안지름이 1.4 mm와 1.0 mm인 두 개의 모세관을 밀도 0.95 g cm^{-3}인 액체 속에 집어넣었다. 두 관의 모세관 상승 차이가 1.2 cm였다면 액체의 표면 장력은 얼마인가?(접촉각은 0으로 가정하시오.)

확산

19.17 글루코스의 확산 계수는 5.7×10^{-10} m^2 s^{-1}이다. 글루코스 분자가 **(a)** 10,000 Å과 **(b)** 0.10 m 확산되는 데 필요한 시간을 계산하시오.

19.18 298 K 물속에서 설탕의 확산 계수는 0.46×10^{-5} cm^2 s^{-1}이고, 같은 온도에서 물의 점도는 0.0010 N s m^{-2}이다. 이 자료들을 사용하여 설탕 분자의 유효 반지름을 계산하시오.

19.19 표 19.3에 수록된 확산 계수를 사용하여 마이오글로빈과 헤모글로빈의 반지름과 분자 부피를 계산하시오. 이 결과로부터 어떤 결론을 도출할 수 있는가?

19.20 많은 고체 시스템에 대하여 확산 계수들이 측정되었다. 20°C 납 속에서 비스무트의 확산 계수가 1.1×10^{-16} cm^2 s^{-1}이라면, 비스무트 원자가 1.0 cm 이동하는 데 걸리는 시간(연 단위로)은 얼마인지 계산하시오.

19.21 37°C에서 점도가 1 poise(0.10 N s m^{-2})인 막에 있는 분자량 80,000 g인 단백질의 확산 계수는 얼마인가? 이 단백질이 1.0초 동안 이동한 평균 거리는 얼마인가?(이 단백질은 무수 화합물이며, 밀도가 1.4 g cm^{-3}인 강체구(rigid sphere)로 가정하시오.)

추가 연습문제

19.22 반지름이 r_1과 r_2($r_2 > r_1$)인 두 개의 비누 거품이 잠금 꼭지(stopcock)가 장착된 관으로 연결되어 있다. 잠금 꼭지를 열었을 때 거품들의 크기가 어떻게 변화될지 예측해 보시오.

19.23 수영 코치들은 가끔 물로 막힌 귀에 알코올(에탄올) 한 방울을 떨어뜨리면 "물이 빠지다"고 제안한다. 분자 관점에서 이에 대해 설명해 보시오. [출처: "EcoChem.", J. A. Campbell, J. *Chem. Educ*. 52, 655(1975).]

19.24 298 K 물에서 일산화 탄소–헤모글로빈 착물의 확산 계수는 0.062×10^{-9} m^2 s^{-1}이고, 더욱 점도가 큰 세포질에서의 확산 계수는 겨우 0.013×10^{-9} m^2 s^{-1}이다. 이런 착물이 박테리아 세포 3.0 mm 길이를 이동하는 데 얼마나 걸리겠는가?

19.25 오존(O_3)은 금과 백금을 제외한 모든 보통 금속들을 산화시킬 수 있는 강력한 산화제이다. 오존에 관한 쉬운 테스트는 오존과 수은의 반응에 기초를 두고 있다. 오존에 노출되면(관을 통해 자유롭게 흐르는 대신) 수은이 흐릿해져 보이게 되고 유리관에 달라붙는다. 균형 반응식을 쓰시오. 오존과의 상호 작용에 의해 수은의 어떤 성질이 변하였는가?

19.26 피하 주사기가 점도 1.6×10^{-3} N s m^{-2}의 용액으로 채워져 있다. 주사기의 피스톤 면적은 7.5×10^{-5} m^2, 바늘의 길이는 0.026 m이며, 바늘 내부 반지름은 4.0×10^{-4} m이다. 정맥 내의 계기 압력은 1850 Pa(14 mmHg)이다. 1.2×10^{-6} m^{3}의 용액이 4.0초 이내에 주사될 수 있기 위해서 피스톤에 가해져야 하는 힘을 뉴턴 단위로 계산하시오.

19.27 유기 액체의 막이 그림 19.6과 비슷한 사각형 철사틀을 채우고 있다. **(a)** 철사틀의 폭이 9.0 cm이며 피스톤을 움직이는 데 7.2×10^{-3} N의 힘이 필요하다면, 액체의 표면 장력을 계산하시오. **(b)** 이 막을 0.14 cm 잡아 늘이는 데 사용된 일은 얼마인가?

19.28 20°C 1몰의 물을 4.16×10^{-3} m 반지름의 구형 물방울들로 분할하는 데는 필요한 일은 얼마인가? [Hint: 구의 부피는 $(4/3)\pi r^3$, 표면적은 $4\pi r^2$이며, r은 구의 반지름이다.)(물의 밀도는 1.0 g cm^{-3}이다.)

19.29 유체를 통과하여 낙하하는 부피가 V인 구는 아래쪽 방향으로 mg 만큼의 중력을 받는데, 여기서 m은 구의 질량, g는 중력 가속도이다. 그와 동시에 낙하를 저지하는 힘은 마찰력(식 19.28 참조)과 $m_f g$로 주어지는 위쪽 방향으로의 부력이다. 여기서 m_f는 부피 V인 유체의 질량이다. 20°C 물속에서 반지름이 1.2 mm, 밀도가 7.8 g cm^{-3}인 강철공의 최종 낙하 속도를 계산하시오. 이 계산을 근거로, 액체의 점도를 측정할 수 있는 실험을 고안해 보시오.

19.30 공기 중에서 산소의 확산 계수는 0.20 cm^2 s^{-1}이다. 산소의 물속에서의 확산 계수는 약 10^4배 작다. **(a)** 이들 확산 계수가 크게 차이 나는 이유를 설명하시오. **(b)** 동물 세포의 대부분은 유체 속에 잠겨 있기 때문에 세포에 O_2를 전달하고 CO_2를 가져가기 위해서는 헤모글로빈과 같은 분자 및 순환계를 필요로 한다(공기와 물속에서 CO_2의 확산 계수는 산소의 확산 계수와 그 크기가 비슷하다). 식물에는 순환계가 없음에도 불구하고 어떻게 O_2와 CO_2 기체들이 효율적으로 이송되는지를 설명하시오. **(c)** 곤충들은 순환계를 가지고 있으나 헤모글로빈 같은 분자는 가지고 있지 않다. CO_2와 O_2의 물 속 확산 계수를 고려한다면 공포영화에서 종종 볼 수 있는 것과 같이 개미, 벌, 바퀴벌레들이 사람 크기로 성장할 수 있다고 생각하는가?

19.31 액정의 경우, θ는 지시자와 분자축 간의 각도이다. 질서 변수 S가 0.5가 되기 위해서 필요한 각도 θ를 구하시오.

19.32 온도가 T, 압력이 P인 조건에서, 안지름이 d인 모세관을 농도가 c인 수용액에 넣었다. 용액이 모세관을 타고 h 높이만큼 올라왔다면, 이때 h를 더 증가시킬 수 있는 방법을 5가지 이상 기술하시오.

19.33 콜레스테롤이 쌓여서 어떤 환자의 심장에 있는 전하행동맥(anterior descending artery)의 반지름이 12% 정도 좁아졌다. 동맥을 따라서 정상 혈류 흐름을 유지하기 위해서 가해 주어야 하는 압력 강하를 % 단위로 구하시오.

19.34 소금쟁이가 어떻게 물 위를 '걸을' 수 있는지 설명하시오.

20장 통계 열역학

함께 모여 있어야 안전함.

양자 역학은 원자와 분자의 에너지 준위를 어떻게 계산하고(적어도 원칙적으로는), 분광학적으로 측정할 수 있는지 알려주었다. 반면에 열역학은 거시계를 다룬다. 어떻게 원자와 분자의 에너지 준위에 대한 지식을 사용하여 본체(bulk) 물질을 설명할 수 있을까? 통계 열역학으로 그 답을 얻을 수 있다. 통계 열역학은 미시계와 물질의 특성 사이의 연결 고리가 된다.

먼저 Boltzmann 분포 법칙을 유도하는 것부터 시작하자. 이 유도 과정을 통해 분배 함수의 개념을 이해할 수 있을 것이다. 분해 함수는 모든 열역학적 양과 평형 상수를 계산하는 데 사용될 수 있다.

20.1 Boltzmann 분포 법칙

N개의 입자로 이루어진 계에서, 에너지가 ε_0인 입자는 n_0개, 에너지 ε_1인 입자는 n_1개, 등이 있다고 가정하자. 숫자 n_0, n_1, ...에는 두 가지 제한 조건이 있다. 첫째, 서로 다른 에너지 준위를 차지하는 입자수의 합은 전체 입자의 수가 되어야 한다.

$$n_0 + n_1 + n_2 + \cdots = \sum_i n_i = N \tag{20.1}$$

입자의 총수는 변할 수 없기 때문에, 식 20.1은 다음과 같이 미분 형태로 쓸 수 있다.

$$dN = \sum_i dn_i = 0 \tag{20.2}$$

또 다른 제한 조건은 다음과 같이 계의 에너지 E와 관련이 있다.

$$E = n_0\varepsilon_0 + n_1\varepsilon_1 + \cdots = \sum_i n_i\varepsilon_i \tag{20.3}$$

앞에서와 비슷하게, E는 상수이므로

$$dE = \sum_i \varepsilon_i dn_i = 0 \tag{20.4}$$

각각의 ε_i는 고정되어 있으므로 $d\varepsilon_i = 0$인 것에 유의하라.

열평형에서 W개의 미소 상태(microstate)로 이루어진 최고 확률 분포(most probable distribution)가 존재한다는 것을 4.7절에서 배웠다. 그러나 W는 매우 큰 수이므로, ln W에서 최댓값을 찾는 것이 W에서 찾는 것보다 수학적으로 더 편리하다. 식 4.29에 자연로그를 취하면

$$\begin{aligned} \ln W &= \ln N! - \ln \prod_i n_i! \\ &= \ln N! - \sum_i \ln n_i! \end{aligned} \tag{20.5}$$

여기에서 '$\ln \prod_i n_i!$'는 '$\sum_i \ln n_i$'가 되는 것에 주목하라. N이 매우 큰 수라는 것은 모든 n_i 값들도 역시 크다는 것을 의미한다. 따라서 Stirling 근사(Stirling's approximation) [스코틀랜드 수학자 James Stirling(1692~1770)의 이름에서 따옴]를 적용할 수 있다.

많은 공학용 계산기에는 $x!$ 함수키가 있다. $x=5$와 $x=50$을 사용하여 식 20.6을 시험해 보시오.

$$\ln x! = x \ln x - x \tag{20.6}$$

이제 식 20.5는 다음과 같이 된다.

$$\ln W = N \ln N - N - \sum_i (n_i \ln n_i - n_i) \tag{20.7}$$

ln W는 최댓값이고 N은 상수이므로 다음과 같다.

$$\left(\frac{\partial \ln W}{\partial n_i}\right) = 0 = -\sum_i \ln n_i$$

즉

$$d \ln W = -\sum_i \ln n_i dn_i = 0 \tag{20.8}$$

식 20.8을 풀기 위하여 Lagrange의 미정 승수법(Lagrange's method of undetermined multiplier) [프랑스 수학자 Joseph Louis Lagrange(1736~1813)의 이름에서 따옴]이라고 하는 수학적 기법을 적용한다. 각각의 제한 조건(식 20.2와 20.4)에 상수를 곱하고 이를 주 방정식(식 20.8)에 더한다. 변수(dn_i 값)는 모두 독립적인 것으로 다루고, 계산의 마지막에 상수 값들을 구한다. 이 절차를 적용하여 식 20.2에 α를 곱하고 식 20.4에 β를 곱한 후, 이들을 식 20.8에 더하면 최종 방정식에 도달한다.

$$-\sum_i \ln n_i dn_i + \alpha \sum_i dn_i + \beta \sum_i \varepsilon_i dn_i = 0$$

즉

$$\sum_i (-\ln n_i + \alpha + \beta \varepsilon_i) dn_i = 0 \tag{20.9}$$

이제 dn_i 값은 모두 독립적으로 변할 수 있으므로(적절한 α와 β 값을 사용하여), $d \ln W=0$을 만족시킬 수 있는 유일한 방법은 각 i 값에 대해 다음을 충족하는 것이다.

$$-\ln n_i + \alpha + \beta\varepsilon_i = 0 \tag{20.10}$$

식을 정리하면

$$\ln n_i = \alpha + \beta\varepsilon_i$$

즉

$$n_i = e^{\alpha}e^{\beta\varepsilon_i} \tag{20.11}$$

α 값을 구하기 위하여, 임의로 가장 낮은 에너지 준위 $\varepsilon_0=0$으로 놓는다. 식 20.11은 이제 다음과 같다.

$$n_0 = e^{\alpha} \tag{20.12}$$

e^{α}는 단시 숫사이므로 α는 단위가 없는 양이라는 것을 알 수 있다.

β 값을 구하기 위하여 Boltzmann 방정식(식 4.30)으로부터 시작한다.

$$\begin{aligned} S &= k_B \ln W \\ &= k_B\left[\ln N! - \sum_i \ln n_i!\right] \\ &= k_B\left[N \ln N - N - \sum_i (n_i \ln n_i - n_i)\right] \end{aligned} \tag{20.13}$$

식 20.11로부터

$$\ln n_i = \alpha + \beta\varepsilon_i \tag{20.14}$$

식 20.14를 식 20.13에 대입하면

$$\begin{aligned} S &= k_B\left[N \ln N - \sum_i n_i(\alpha + \beta\varepsilon_i)\right] \\ &= k_B(N \ln N - \alpha N - \beta E) \end{aligned} \tag{20.15}$$

이제, 에너지 E는 열역학적 내부 에너지 U와 동일한 것으로 간주할 수 있다. 앞에서 임의로 $\varepsilon_0=0$으로 놓았다. 그러므로 E에서 U의 값을 구하려면, $E=U-U_0$로 적어야 한다. 여기서 U_0는 절대 영도에서의 내부 에너지이다. 식 5.9에 따르면

$$dU = TdS - PdV$$

따라서

$$\left(\frac{\partial U}{\partial S}\right)_V = T$$

또는

$$\left(\frac{\partial S}{\partial U}\right)_V = \frac{1}{T} \tag{20.16}$$

식 20.15로부터

U_0는 상수이므로 $dE = dU$이다.

$$\left(\frac{\partial S}{\partial E}\right)_V = -\beta k_B = \left(\frac{\partial S}{\partial U}\right)_V = \frac{1}{T}$$

그러므로

$$\beta = -\frac{1}{k_B T} \tag{20.17}$$

식 20.17과 20.12를 식 20.11에 대입하면

$$\begin{aligned} n_i &= n_0 e^{\beta \varepsilon_i} \\ &= n_0 e^{-\varepsilon_i / k_B T} \end{aligned} \tag{20.18}$$

이고, 입자의 총수 N은 다음과 같이 나타낼 수 있다.

$$N = \sum_i n_i = n_0 \sum_i e^{-\varepsilon_i / k_B T} \tag{20.19}$$

식 20.18을 식 20.19로 나누면

$$\frac{n_i}{N} = \frac{e^{-\varepsilon_i / k_B T}}{\sum_i e^{-\varepsilon_i / k_B T}} \tag{20.20}$$

을 얻는데, 이는 Boltzmann 분포 법칙의 한 형태이다. 예를 들면 에너지 상태 2와 1에 있는 입자수의 비율은 다음과 같다.

$$\begin{aligned} \frac{n_2}{n_1} &= \frac{e^{-\varepsilon_2 / k_B T}}{e^{-\varepsilon_1 / k_B T}} \\ &= e^{-(\varepsilon_2 - \varepsilon_1)/k_B T} = e^{-\Delta\varepsilon / k_B T} \end{aligned} \tag{20.21}$$

여기서 $\Delta\varepsilon = \varepsilon_2 - \varepsilon_1$이다. 식 20.21은 2장에서 소개된 Boltzmann 분포 법칙의 또 다른 형태이다(식 2.33 참조).

식 20.21은 미분화도(degeneracy)를 고려하지 않고 유도되었다. 실제로는 종종 여러 상태가 같은 에너지를 갖는 경우가 있다. 예를 들어 g_i 개의 상태가 같은 에너지 ε_i를 가지면, 그 에너지 준위의 미분화도는 g_i가 되며, 식 20.18은 다음과 같이 된다.

$$n_i = n_0 g_i e^{-\varepsilon_i/k_B T} \tag{20.22}$$

이제 Boltzmann 분포 법칙(식 20.21)은 다음과 같은 형태가 된다.

$$\frac{n_2}{n_1} = \frac{g_2 e^{-\varepsilon_2/k_B T}}{g_1 e^{-\varepsilon_1/k_B T}}$$

$$= \frac{g_2}{g_1} e^{-\Delta\varepsilon/k_B T} \tag{20.23}$$

20.2 분배 함수

식 20.19에서 나오는 합은 이론적으로 대단히 중요한 것으로서, **분배 함수**(partition function) q라고 한다. q는 다음과 같이 주어진다.

$$q = \sum_i e^{-\varepsilon_i/k_B T} \tag{20.24}$$

여기서 ε_i는 상태 i의 에너지이고, 합은 모든 상태에 대해 이루어진다. 이 정의에 의하면 q는 단지 숫자이므로 단위가 없다는 것을 알 수 있다. 앞에서 언급한 것처럼 여러 상태가 한 에너지 준위에 해당될 수 있으므로, 보통 다음과 같이 적는다.

$$q = \sum_i g_i e^{-\varepsilon_i/k_B T} \tag{20.25}$$

여기서 i는 에너지 준위의 표식이고, g_i는 미분화도이다.

분배 함수는 통계 열역학에서 기본적인 역할을 한다. 이것은 주어진 온도에서 분자가 열적으로 도달할 수 있는 상태의 수를 나타내며, 여러 가지 열역학 성질을 계산하는 데 사용될 수 있다. 식 20.25에 따르면 절대 영도($T=0$)에서 분자는 단지 바닥 상태에만 있을 수 있으므로 $q=g_0$이고, 만약 바닥 상태가 미분화되지 않았다면 $q=1$이다. 다른 극단에서 $T \to \infty$일 때 q는 분자에 있는 상태들의 총수에 접근하는데, 보통 이 값은 무한대이다.

분배 함수는 열역학과 양자 역학을 연결하는 고리이다.

예제 20.1

어떤 한 계는 세 개의 에너지 준위 0, 2.00×10^{-21} J, 8.00×10^{-21} J로 이루어져 있고, 이들의 미분화도는 각각 1, 3, 5이다. 300 K에서 이 계의 분배 함수를 구하시오.

답

먼저, $k_B T$ 항의 값을 구한다.

$$k_BT = (1.381 \times 10^{-23}\ \text{J K}^{-1})(300\ \text{K})$$
$$= 4.14 \times 10^{-21}\ \text{J}$$

계의 분배 함수는 식 20.25로 주어진다.

$$q = g_0 e^{-\varepsilon_0/k_BT} + g_1 e^{-\varepsilon_1/k_BT} + g_2 e^{-\varepsilon_2/k_BT}$$
$$= 1 + 3\exp(-2.00 \times 10^{-21}\ \text{J}/4.14 \times 10^{-21}\ \text{J})$$
$$+ 5\exp(-8.00 \times 10^{-21}\ \text{J}/4.14 \times 10^{-21}\ \text{J})$$
$$= 1 + 3 \times 0.617 + 5 \times 0.145$$
$$= 3.58$$

분배 함수의 중요성은 원칙적으로 여러 가지 열역학 함수를 계산하는 데 사용될 수 있다는 것이다. 이를 설명하기 위하여 q를 사용하여 계의 에너지 E에 대한 식을 유도해 보자. 분자당 평균 에너지는 다음과 같이 주어진다.

$$\frac{E}{N} = \frac{\sum_i n_i \varepsilon_i}{\sum_i n_i} \tag{20.26}$$

즉

$$E = \frac{N\sum_i n_i \varepsilon_i}{\sum_i n_i}$$

위 식의 오른쪽에서 분자와 분모를 상수 n_0로 나누고 식 20.18을 이용하면

$$E = \frac{N\sum_i n_i \varepsilon_i / n_0}{\sum_i n_i / n_0} = \frac{N\sum_i \varepsilon_i e^{-\varepsilon_i/k_BT}}{\sum_i e^{-\varepsilon_i/k_BT}} = \frac{N\sum_i \varepsilon_i e^{-\varepsilon_i/k_BT}}{q} \tag{20.27}$$

에너지 E는 부피의 함수이다.

식 20.24로부터 부피가 일정한 조건에서 T에 대하여 q의 편미분을 취하면

$$\left(\frac{\partial q}{\partial T}\right)_V = \left[\frac{\partial(\sum_i e^{-\varepsilon_i/k_BT})}{\partial T}\right]_V$$
$$= \frac{1}{k_BT^2}\sum_i \varepsilon_i e^{-\varepsilon_i/k_BT} \tag{20.28}$$

식을 정리하면

$$\sum_i \varepsilon_i e^{-\varepsilon_i/k_BT} = k_BT^2\left(\frac{\partial q}{\partial T}\right)_V \tag{20.29}$$

식 20.29를 식 20.27에 대입하면

$$E = \frac{Nk_BT^2\left(\frac{\partial q}{\partial T}\right)_V}{q} \tag{20.30}$$

다음 관계를 이용하면

$$\frac{\left(\frac{\partial q}{\partial T}\right)_V}{q} = \left(\frac{\partial \ln q}{\partial T}\right)_V$$

식 20.30을 다음과 같이 쓸 수 있다.

$$E = Nk_BT^2\left(\frac{\partial \ln q}{\partial T}\right)_V \tag{20.31}$$

기체 1몰에 대하여 $k_BN_A = R$이므로

$$\bar{E} = RT^2\left(\frac{\partial \ln q}{\partial T}\right)_V \tag{20.32}$$

식 20.32는 어떤 온도 T에서 계 1몰의 에너지를 알려 준다.

E의 의미를 이해하기 위하여, 가장 낮은 에너지를 0(즉 $\varepsilon_0 = 0$)으로 선택한 것에 주목하라. $T = 0$에서 q는 상수이고, 이것의 온도에 대한 도함수는 0이다. 즉 $E = 0$이다. 이제 부피가 일정한 조건에서 계에 열을 가하면 더 위의 에너지 준위들이 점유되고 에너지도 이에 상응하여 증가한다. 그러나 일을 하지 않았으므로(부피는 일정하게 유지된 것에 주의하라), 이 에너지의 증가는 내부 에너지 U이다. 따라서 E는 다음과 같이 쓸 수 있다.

$$E = U - U_0 \tag{20.33}$$

여기서 U_0는 $T = 0$ K에서의 내부 에너지이다. 이제 식 20.32는 다음과 같이 나타낼 수 있다.

$$\bar{U} - \bar{U}_0 = RT^2\left(\frac{\partial \ln q}{\partial T}\right)_V \tag{20.34}$$

식 20.34는 어떤 열역학적 양(U)과 분배 함수 사이의 연결을 보여 준다. 이것은 통계 열역학의 많은 유용한 결과들 중의 하나이다.

20.3 분자 분배 함수

어떤 열역학적 양을 계산하려면, 먼저 분자계의 분배 함수를 구해야 한다. 분자 한 개에 대한 경우를 살펴보면, i번째 상태의 에너지 ε_i는 여러 운동에 대한 에너지의 합으로 주어진다.

$$\varepsilon_i = (\varepsilon_i)_{\text{trans}} + (\varepsilon_i)_{\text{rot}} + (\varepsilon_i)_{\text{vib}} + (\varepsilon_i)_{\text{elec}} \tag{20.35}$$

여기서 아래 첨자는 각각 병진(translational), 회전(rotational), 진동(vibrational), 전자(electronic) 운동을 나타낸다. 병진 운동을 제외하고, 다른 운동들은 서로 완전하게 독립적이지는 않다. 따라서 식 20.35는 근사식이지만, 대부분의 경우 충분히 정확하다. 식 20.35를 식 20.24에 대입하면 분자 분배 함수를 얻는다(편의상 아래 첨자 i는 생략한다).

$$\begin{aligned} q &= \sum \exp[-(\varepsilon_{\text{trans}} + \varepsilon_{\text{rot}} + \varepsilon_{\text{vib}} + \varepsilon_{\text{elec}})/k_{\text{B}}T] \\ &= \sum \exp(-\varepsilon_{\text{trans}}/k_{\text{B}}T) \times \sum \exp(-\varepsilon_{\text{rot}}/k_{\text{B}}T) \\ &\quad \times \sum \exp(-\varepsilon_{\text{vib}}/k_{\text{B}}T) \times \sum \exp(-\varepsilon_{\text{elec}}/k_{\text{B}}T) \\ &= q_{\text{trans}} q_{\text{rot}} q_{\text{vib}} q_{\text{elec}} \end{aligned} \tag{20.36}$$

그러므로 분자 분배 함수는 개별 분배 함수들의 곱이다. 다음 단계는 q_{trans}, q_{rot}, q_{vib}, q_{elec}에 대한 식을 유도하는 것이다.

병진 분배 함수

분자의 병진 에너지를 구하기 위하여 10장에서 소개한 일차원 상자 속의 입자 모형을 사용하자. 일차원의 계에 대하여, 입자의 에너지는 식 10.50으로 주어진다.

$$E_n = \frac{n^2h^2}{8mL^2} \quad n = 1, 2, 3, \ldots$$

그러므로 병진 분배 함수는 다음과 같이 나타낼 수 있다.

$$q_{\text{trans}} = \sum_{n=1}^{\infty} e^{-(n^2h^2/8mL^2k_{\text{B}}T)} \tag{20.37}$$

만약 L이 거시적 규모의 길이라면, 병진 에너지 준위는 서로 매우 가깝다(그림 2.14 참조). 결과적으로 위의 합은 적분으로 바꿀 수 있다.

$$q_{\text{trans}} = \int_0^{\infty} e^{-(n^2h^2/8mL^2k_{\text{B}}T)}\,dn \tag{20.38}$$

식을 간단히 하기 위하여 다음과 같이 치환을 한다.

$$x^2 = \frac{n^2h^2}{8mL^2k_{\text{B}}T}$$

즉

$$x = \frac{nh}{(8mk_BT)^{1/2}L}$$

x를 n에 대하여 미분하면

$$\frac{(8mk_BT)^{1/2}L}{h}dx = dn$$

이제 식 20.38은 다음과 같이 된다.

$$q_{trans} = \frac{(8mk_BT)^{1/2}L}{h}\int_0^\infty e^{-x^2}dx \tag{20.39}$$

식 20.39의 정적분을 계산하면 $\sqrt{\pi}/2$이고, 따라서

$$q_{trans} = \frac{(2\pi mk_BT)^{1/2}L}{h} \tag{20.40}$$

3차원에서 병진 분배 함수는

$$q_{trans}^3 = \left[\frac{(2\pi mk_BT)^{1/2}L}{h}\right]^3 = \frac{(2\pi mk_BT)^{3/2}V}{h^3} \tag{20.41}$$

여기서 용기의 부피 $V=L^3$이다.

예제 20.2

298 K에서 부피가 1.00 m^{3}인 용기에 있는 헬륨 원자 1개의 병진 분배 함수를 구하시오.

답

식 20.41을 이용한다. 상수는 다음과 같다.

$$m = 4.003 \text{ amu} \times 1.661 \times 10^{-27} \text{ kg amu}^{-1} = 6.649 \times 10^{-27} \text{ kg}$$

$$k_B = 1.381 \times 10^{-23} \text{ J K}^{-1}$$

$$T = 298 \text{ K}$$

$$h = 6.626 \times 10^{-34} \text{ J s}$$

3차원에서 병진 분배 함수는

$$q^3{}_{trans} = \frac{[2\pi(6.649 \times 10^{-27} \text{ kg})(1.381 \times 10^{-23} \text{ J K}^{-1})(298 \text{ K})]^{3/2}(1.00 \text{ m}^3)}{(6.626 \times 10^{-34} \text{ J s})^3}$$

$$= 7.75 \times 10^{30}$$

이때 환산 인자 1 J=1 kg m^2 s^{-2}를 사용하였다.

COMMENT
분배 함수가 매우 큰 것은 열적으로 도달할 수 있는 병진 에너지 상태의 수가 아주 큰 것을 의미한다. 이것은 거시적 용기에서는 병진 에너지 준위가 매우 밀집되어 있기 때문이다.

회전 분배 함수

11.2절에서 이원자 분자의 회전 에너지에 대한 식을 유도하였다(식 11.43).

$$E_{\text{rot}} = \frac{J(J+1)h^2}{8\pi^2 I} \qquad J = 0, 1, 2, \ldots$$

각각의 회전 에너지 준위는 $(2J+1)$의 미분화도를 가지므로 각 준위마다 $(2J+1)$개의 상태가 존재한다. 미분화도를 포함한 회전 분배 함수는 다음과 같이 주어진다.

$$q_{\text{rot}} = \sum_{J=0}^{\infty}(2J+1)e^{-J(J+1)h^2/8\pi^2 I k_B T}$$

바닥 상태에서 $J=0$이므로, 위의 합에서 첫 번째 항은 1이 된다. $J=1, 2, \ldots$,인 다음 항에 대해서

$$q_{\text{rot}} = 1 + 3e^{-2h^2/8\pi^2 I k_B T} + 5e^{-6h^2/8\pi^2 I k_B T} + \cdots \tag{20.42}$$

불행하게도 이 수열의 합은 해석적으로 구해지지 않는다. 그러나 적당히 무거운 원자를 포함하고 있는 분자(즉 관성 모멘트 I가 비교적 큰 분자)의 경우, 비교적 높은 온도에서 합은 다음 적분으로 대체할 수 있다.*

$$q_{\text{rot}} = \int_0^{\infty}(2J+1)e^{-J(J+1)h^2/8\pi^2 I k_B T}dJ \tag{20.43}$$

위의 적분은 적절히 치환을 하고, Handbook of Chemistry and Physics의 표준 적분을 참조하여 값을 구할 수 있다. 그 결과는 다음과 같다.

$$q_{\text{rot}} = \frac{8\pi^2 I k_B T}{h^2} \tag{20.44}$$

그러나 대칭성을 고려하면 식 20.44는 다음과 같이 수정되어야 한다.

$$q_{\text{rot}} = \frac{8\pi^2 I k_B T}{\sigma h^2} \tag{20.45}$$

* 가장 가벼운 원자인 수소를 포함하는 이원자 분자 기체는 예외이다.

여기서 σ는 **대칭수**(symmetry number)라고 하며, 분자의 질량 중심을 지나는 어떤 축에 대해서 360° 또는 그 이하로 회전시켰을 때 구별할 수 없게 배향되는 방법의 수이다. 동핵 이원자 분자, 예를 들어 N≡N은 두 개의 구별할 수 없는 배향(180°와 360° 회전)을 가지므로, $\sigma=2$이다. 대칭수는 분배 함수에 기여하는 서로 다른 항들의 수를 같은 인자만큼 감소시킨다. 반면에, Br−Cl은 Cl−Br과 구별이 가능하므로(360° 회전만 구별할 수 없다) $\sigma=1$이다.

진동 분배 함수

이원자 분자를 조화 진동자로 간주하면 진동 에너지는 다음과 같고(식 11.54 참조),

$$E_{\text{vib}} = (\upsilon + \tfrac{1}{2})h\nu \qquad \upsilon = 0, 1, 2, \ldots$$

영점 에너지는 1/2 $h\nu$이다. 가장 낮은 에너지를 0으로 놓는 것이 더 편리하므로 다음과 같이 적는다.

$$E_{\text{vib}} = (\upsilon + \tfrac{1}{2})h\nu - \tfrac{1}{2}h\nu = \upsilon h\nu$$

이때 E_{vib}는 $\upsilon=0$인 준위로부터 측정된다. 진동 분배 함수는 다음으로 주어진다.

$$\begin{aligned} q_{\text{vib}} &= \sum_{\upsilon=0}^{\infty} e^{-\upsilon h\nu/k_{\text{B}}T} \\ &= 1 + e^{-h\nu/k_{\text{B}}T} + e^{-2h\nu/k_{\text{B}}T} + e^{-3h\nu/k_{\text{B}}T} + \cdots \end{aligned} \tag{20.46}$$

식 20.46은 기하급수 형태이므로(부록 A 참조),

$$q_{\text{vib}} = 1 + x + x^2 + x^3 + \cdots$$

여기서 $x = e^{-h\nu/k_{\text{B}}T}$이다. 병진이나 회전의 경우와는 다르게, 진동 에너지 준위들 사이의 간격은 실온에서 보통 $k_{\text{B}}T$와 비교하여 크다. 즉 $h\nu > k_{\text{B}}T$이다. 이때는 기하급수에 대하여 다음 공식을 적용할 수 있다.

$$1 + x + x^2 + x^3 + \cdots = \frac{1}{1-x} \qquad |x| < 1$$

이제 식 20.46은 다음과 같다.

$$q_{\text{vib}} = \frac{1}{1 - e^{-h\nu/k_{\text{B}}T}} \tag{20.47}$$

다원자 분자처럼 여러 개의 진동 모드가 있다면 모든 q_{vib} 값의 곱을 취해야 한다. 이때 각 q_{vib}는 각자의 고유한 ν 값을 가진다(문제 20.11 참조). 진동 분배 함수는 실온에서 보통 1에 가까운데($h\nu/k_{\text{B}}T > 1$), 이것은 오직 바닥 상태만 열적으로 도달할 수 있다는 것을 의미한다.

예제 20.3

300 K와 3000 K에서 일산화 탄소의 q_{vib}를 구하시오. CO의 기본 진동수는 $6.40 \times 10^{13}\ s^{-1}$이다.

답

먼저 300 K에서 $h\nu/k_BT$를 계산한다.

$$\frac{h\nu}{k_BT} = \frac{(6.626 \times 10^{-34}\ \text{J s})(6.40 \times 10^{13}\ \text{s}^{-1})}{(1.381 \times 10^{-23}\ \text{J K}^{-1})(300\ \text{K})} = 10.24$$

식 20.47로부터

$$q_{vib} = \frac{1}{1 - e^{-10.24}} = 1.00004$$

3000 K에서

$$\frac{h\nu}{k_BT} = \frac{(6.626 \times 10^{-34}\ \text{J s})(6.40 \times 10^{13}\ \text{s}^{-1})}{(1.381 \times 10^{-23}\ \text{J K}^{-1})(3000\ \text{K})} = 1.024$$

이제 다음을 얻는다.

$$q_{vib} = \frac{1}{1 - e^{-1.024}} = 1.56$$

COMMENT

300 K에서 q_{vib}는 1에 매우 가까우므로 유일하게 도달할 수 있는 진동 상태는 바닥 상태이다. 3000 K로 온도가 올라가면(분자는 해리되지 않는다고 가정하고), 많은 수의 더 높은 진동 상태들이 열적으로 도달될 수 있고, q_{vib}는 1보다 상당히 큰 값이 된다.

전자 분배 함수

전자 분배 함수는 다음과 같이 주어진다.

$$q_{elec} = \sum_i g_i e^{-\varepsilon_i/k_BT} = g_0 e^{-\varepsilon_0/k_BT} + g_1 e^{-\varepsilon_1/k_BT} + g_2 e^{-\varepsilon_2/k_BT} + \cdots \tag{20.48}$$

앞에서 했던 것처럼, 바닥 전자 준위의 에너지를 0으로 간주한다. 즉 $\varepsilon=0$이므로

$$q_{\text{elec}} = g_0 + g_1 e^{-\varepsilon_1/k_BT} + g_2 e^{-\varepsilon_2/k_BT} + \cdots \tag{20.49}$$

바닥과 들뜬 전자 에너지 준위 사이의 간격은 실온에서 일반적으로 매우 크므로 $\Delta\varepsilon >> k_BT$, 식 20.49에서 첫 번째 항 다음의 나머지 항은 온도가 5000 K 이하일 때는 q_{elec}에 거의 기여하지 않는다. 대부분의 이원자 분자의 경우, 바닥 전자 상태는 미분화되어 있지 않으므로 $g_0=1$이다. 중요한 예외는 삼중항 바닥 상태를 가지고 있고, $g_0=3$인 O_2이다.

O_2의 미분화도는 $(2S+1)$, 즉 $(2\times1+1)=3$이다.

20.4 분배 함수를 이용한 열역학적 양의 계산

여러 분배 함수들에 대한 식을 유도하였으므로, 원자와 분자계에 대한 열역학적 양을 계산할 준비가 되었다. 이 절에서는 내부 에너지, 열용량, 엔트로피를 집중적으로 다루고, 다음 두 절에서는 화학 평형과 화학 반응 속도론의 전이 상태 이론에 대하여 논의할 것이다.

내부 에너지와 열용량

두 가지 간단한 계, 즉 일원자 기체와 이원자 분자 기체를 고려하여 2.9절에서 얻은 결과와 비교하자.

일원자 기체. 회전과 진동 운동이 없는 일원자 기체인 아르곤(Ar)을 생각해 보자. 따라서 단지 병진 운동만 고려하면 된다. q_{trans}에 대한 식(식 20.41)을 식 20.34에 대입하면, 1몰의 기체에 대하여

아르곤은 바닥 상태가 단일항($g_0=1$)이므로 전자 운동은 열용량에 아무런 기여도 하지 못한다.

$$(\overline{U}-\overline{U}_0)_{\text{trans}} = RT^2\left[\partial\left(\frac{\ln(2\pi mk_BT)^{3/2}V}{h^3}\right)\Big/\partial T\right]_V$$

$$= RT^2\left(\frac{3}{2}\frac{1}{T}\right)$$

$$= \frac{3}{2}RT$$

몰열용량 $\overline{C}_V$는 다음과 같이 주어진다(식 2.32 참조).

$$\overline{C}_V = \left[\frac{\partial(\overline{U}-\overline{U}_0)}{\partial T}\right]_V = \frac{3}{2}R$$

이것은 에너지 등분배 정리로부터 얻은 결과와 같다.

이원자 기체. 질소(N_2)와 같은 이원자 기체에 대해서는 병진, 회전, 진동 운동이 열용량에 기여하는 바를 살펴보아야 한다. 병진 운동에 의한 기여는 일원자의 경우와 같다. 즉

$$(\overline{C}_V)_{\text{trans}} = \frac{3}{2}R$$

회전 운동에 대해서는 식 20.45를 식 20.34에 대입한다.

$$\begin{aligned}(\overline{U} - \overline{U}_0)_{\text{rot}} &= RT^2\left[\frac{\partial \ln(8\pi^2 I k_B T/\sigma h^2)}{\partial T}\right]_V \\ &= RT^2\left(\frac{1}{T}\right) \\ &= RT\end{aligned}$$

따라서

$$(\overline{C}_V)_{\text{rot}} = \left[\frac{\partial(\overline{U} - \overline{U}_0)}{\partial T}\right]_V = R$$

$\overline{C}_V$에 대한 진동 운동의 기여를 구하기 위해 식 20.47로부터 시작한다.

$$q_{\text{vib}} = \frac{1}{1 - e^{-h\nu/k_B T}}$$

여기서 두 가지 극한의 경우를 생각해 보자. 낮은 온도에서는 $h\nu/k_B T >> 1$이다. $T \to 0$인 극한에서는 $e^{-h\nu/k_B T} \to 0$이므로 $q_{\text{vib}} = 1$이다. 그러므로 $\overline{U} - \overline{U}_0 = 0$이고($q_{\text{vib}}$는 상수이므로), $(\overline{C}_V)_{\text{vib}} = 0$이 된다. 예상했던 것처럼, 실온이나 그 이하의 온도에서 분자 진동은 열용량에 기여하지 못한다. T가 커서 $h\nu/k_B T << 1$인 다른 극한에서는 $e^{-h\nu/k_B T}$ 항을 다음과 같이 전개할 수 있다(부록 A 참조).

$$e^{-h\nu/k_B T} = 1 - \frac{h\nu}{k_B T} - \frac{1}{2}\left(\frac{h\nu}{k_B T}\right)^2 - \cdots$$

$(h\nu/k_B T)^2$과 이후의 고차항들을 무시하면

$$q_{\text{vib}} = \frac{1}{1 - (1 - h\nu/k_B T)} = \frac{k_B T}{h\nu}$$

이제

$$\begin{aligned}(\overline{U} - \overline{U}_0)_{\text{vib}} &= RT^2\left[\frac{\partial \ln(k_B T/h\nu)}{\partial T}\right]_V \\ &= RT\end{aligned}$$

이고

$$(\overline{C}_V)_{\text{vib}} = \left[\frac{\partial(\overline{U} - \overline{U}_0)}{\partial T}\right]_V = R$$

이는 에너지 등분배 정리와 일치한다.

엔트로피

계의 엔트로피를 분배 함수로 나타내기 위하여 식 20.15로부터 시작한다. $\beta = -1/k_BT$이므로

$$\begin{aligned} S &= k_B(N \ln N - \alpha N - \beta E) \\ &= k_B\left(N \ln N - \alpha N + \frac{E}{k_BT}\right) \end{aligned} \tag{20.50}$$

이때 α에 대한 식이 필요하다. 식 20.12에 자연로그를 취하면

$$\alpha = \ln n_0 \tag{20.51}$$

식 20.19로부터

$$n_0 = \frac{N}{\sum_i e^{-\varepsilon_i/k_BT}} = \frac{N}{q} \tag{20.52}$$

식 20.52를 식 20.51에 대입하면

$$\alpha = \ln N - \ln q \tag{20.53}$$

α에 대한 이 식을 식 20.50에 대입하면, 다음과 같이 쓸 수 있다.

$$\begin{aligned} S &= k_B\left(N \ln N - N \ln N + N \ln q + \frac{E}{k_BT}\right) \\ &= k_B \ln q^N + \frac{E}{T} \\ &= k_B \ln Q + \frac{E}{T} \end{aligned} \tag{20.54}$$

여기는 Q는 **정준 분배 함수**(canonical partition function)로, 다음과 같이 주어진다.

정준(canonical)은 '어떤 규칙, 즉 규범을 따라서'를 의미한다.

$$Q = q^N \tag{20.55}$$

따라서 N개 입자의 정준 분배 함수는 개별 분자 분배 함수의 곱이다. 이제 식 20.54를 사용하여 일원자와 이원자 기체의 몰엔트로피를 계산할 수 있다.

일원자 기체. 앞에서와 마찬가지로, 병진 분배 함수만 고려하면 된다. 그러나 식 20.54는 고체와 같이 N개의 독립적이고 **구분 가능한**(distinguishable) 입자에 적용된다. 기체에서는 구성 분자나 원자는 한곳에 국한되어 있지 않으므로 **구분 불가능**(indistinguishable)하다. 이러한 이유로 식 20.55는 다음과 같이 수정되어야 한다(이에 대한 타당성은 부록 20.1 참조).

$$Q = \frac{q^N}{N!} \tag{20.56}$$

Stirling 근사를 $\ln N! = N \ln N - N \ln e$로 나타내면 $N! = (N/e)^N$이고, 식 20.56은 다음과 같이 된다.

$$Q = \left(\frac{qe}{N}\right)^N \tag{20.57}$$

q^3_{trans}에 대한 식 20.41을 사용하여

$$Q_{\text{trans}} = \left[\frac{(2\pi m k_B T)^{3/2} Ve}{Nh^3}\right]^N \tag{20.58}$$

식 20.58을 식 20.54에 대입하면 다음을 얻는다.

$$S_{\text{trans}} = k_B N \ln\left[\frac{(2\pi m k_B T)^{3/2} Ve}{Nh^3}\right] + \frac{E_{\text{trans}}}{T} \tag{20.59}$$

식 20.59는 다음 단계를 거쳐 더 정연한 형태로 정리할 수 있다. 첫째로 기체 1몰에 대해 $N = N_A$이고, $k_B T = R$이다. 둘째로, 열용량을 논의할 때 배운 것처럼, $\bar{E}_{\text{trans}} = (\bar{U} - \bar{U}_0)_{\text{trans}} = (\frac{3}{2})RT$이다. 따라서 $\bar{E}_{\text{trans}}/T = (\frac{3}{2})R$이므로 $R \ln e^{3/2}$으로 쓸 수 있다. 셋째로, 이상 기체로 가정하면,

$$PV = nRT = RT = k_B N_A T \qquad (n = 1)$$

따라서

$$\frac{V}{N_A} = \frac{k_B T}{P} \tag{20.60}$$

변경한 이 모든 것을 통합하여 식 20.59를 1몰당 엔트로피로 바꾸어 주면 다음과 같은 결과가 얻어진다.

$$\bar{S}_{\text{trans}} = R \ln\left[\frac{(2\pi m k_B T)^{3/2}}{h^3} \frac{k_B T}{P} e^{5/2}\right] \tag{20.61}$$

식 20.61은 Sackur–Tetrode 식 [독일의 물리화학자 Otto Sackur(1880~1914)와

네덜란드의 물리학자 Hugo Martin Tetrode(1895~1931)의 이름에서 따옴]이라고 한다. 한 예로서, 1 bar와 298 K에서 아르곤의 몰엔트로피를 구해 보자. 필요한 상수값은 다음과 같다.

$$m = 39.95 \text{ amu} \times 1.661 \times 10^{-27} \text{ kg amu}^{-1} = 6.636 \times 10^{-26} \text{ kg}$$

$$k_B = 1.381 \times 10^{-23} \text{ J K}^{-1}$$

$$T = 298 \text{ K}$$

$$h = 6.626 \times 10^{-34} \text{ J s}$$

$$P = P^\circ = 1 \text{ bar} = 10^5 \text{ N m}^{-2}$$

식 20.61의 각 항을 따로 계산하는 것이 편리하다.

$$\frac{(2\pi m k_B T)^{3/2}}{h^3} = \frac{[2\pi(6.636 \times 10^{-26} \text{ kg})(1.381 \times 10^{-23} \text{ J K}^{-1})(298 \text{ K})]^{3/2}}{(6.626 \times 10^{-34} \text{ J s})^3}$$

$$= 2.44 \times 10^{32} \text{ m}^{-3}$$

$$\frac{k_B T}{P} = \frac{(1.381 \times 10^{-23} \text{ J K}^{-1})(298 \text{ K})}{10^5 \text{ N m}^{-2}}$$

$$= 4.11 \times 10^{-26} \text{ m}^3$$

마지막으로, 몰엔트로피는

$$\overline{S}_{\text{trans}} = (8.314 \text{ J K}^{-1} \text{ mol}^{-1}) \ln[(2.44 \times 10^{32} \text{ m}^{-3})(4.11 \times 10^{-26} \text{ m}^3)\, e^{5/2}]$$

$$= 154.8 \text{ J K}^{-1} \text{ mol}^{-1}$$

이고, 이것은 제3법칙 엔트로피(154.8 J K^{-1} mol^{-1})와 매우 잘 일치한다.

비슷한 방법으로 계산하면, 1 bar와 298 K에서 네온의 몰엔트로피는 146.3 J K^{-1} mol^{-1}이다. 네온과 아르곤에 대한 엔트로피 값의 차이는 다음과 같이 설명할 수 있다. 상자 속의 입자 모형에 의하면, 에너지 준위 사이의 간격은 질량에 반비례한다(식 10.50 참조). 아르곤은 더 무거운 기체이므로 병진 에너지 준위가 더 밀집되어 있으며, 같은 온도에서의 네온과 비교하여 더 큰 q_{trans} 값을 가진다.

이원자 기체. 질소를 예로 들어보자. 질소의 엔트로피에는 병진, 회전 및 진동 운동의 세 가지 운동이 기여한다. N_2에 Sackur−Tetrode 식을 사용하여 $\overline{S}_{\text{trans}}=150.4$ K^{-1} mol^{-1}을 얻는다.

엔트로피에 대한 회전 운동의 기여를 구하기 위하여 식 20.54로부터 시작한다.

$$S_{\text{rot}} = k_B \ln Q_{\text{rot}} + \frac{E_{\text{rot}}}{T}$$

분자의 내부 운동을 다루고 있으므로 병진 운동에 대해서 했던 것과는 달리, 여기서 Q_{rot}에 대한 보정 인자 $N!$는 필요하지 않은 것에 유의하라. 이원자 분자는 2개의 회전 자유도를 가지므로 1몰의 기체에 대하여,

$$\bar{S}_{rot} = R \ln q_{rot} + R \quad (Q_{rot} = q_{rot}^{N_A},\ \bar{E}_{rot} = RT)$$

식 20.45로부터

이원자 분자는 직선형이므로 하나의 관성 모멘트 I를 갖는다.

$$q_{rot} = \frac{8\pi^2 I k_B T}{\sigma h^2}$$

N_2의 결합 길이는 1.09 Å, 즉 1.09×10^{-10} m이다. N 원자의 질량은 14.01 amu $\times 1.661 \times 10^{-27}$ kg amu^{-1}, 즉 2.327×10^{-26} kg이다. 식 11.23을 사용하여 N_2의 환산 질량을 구하면

$$\mu = \frac{m_1 m_2}{m_1 + m_2} = \frac{m}{2} = \frac{2.327 \times 10^{-26}\ \text{kg}}{2}$$
$$= 1.164 \times 10^{-26}\ \text{kg}$$

이고, 관성 모멘트는

$$\begin{aligned} I &= \mu r^2 \\ &= (1.164 \times 10^{-26}\ \text{kg})(1.09 \times 10^{-10}\ \text{m})^2 \\ &= 1.38 \times 10^{-46}\ \text{kg m}^2 \end{aligned}$$

이다. 그러므로

$$\begin{aligned} q_{rot} &= \frac{8\pi^2 (1.38 \times 10^{-46}\ \text{kg m}^2)(1.381 \times 10^{-23}\ \text{J K}^{-1})(298\ \text{K})}{(2)(6.626 \times 10^{-34}\ \text{J s})^2} \\ &= 51.1 \end{aligned}$$

N_2는 동핵 이원자 분자이므로 $\sigma = 2$로 놓은 것에 유의하라. 이제 다음의 결과를 얻는다.

$$\begin{aligned} \bar{S}_{rot} &= R \ln 51.1 + R \\ &= 41.0\ \text{J K}^{-1}\ \text{mol}^{-1} \end{aligned}$$

마지막으로 S_{vib}를 구하자. 다시 식 20.54가 필요하다. 먼저 식 20.31로부터

$$E = N k_B T^2 \left(\frac{\partial \ln q}{\partial T} \right)_V$$

1몰의 N_2에 대하여, 식 20.54는 다음과 같이 된다.

$$\overline{S}_{\text{vib}} = R \ln q_{\text{vib}} + RT\left(\frac{\partial \ln q_{\text{vib}}}{\partial T}\right)_V \qquad \left(Q_{\text{vib}} = q_{\text{vib}}^{N_A}\right) \tag{20.62}$$

식 20.47로부터

$$q_{\text{vib}} = \frac{1}{1 - e^{-h\nu/k_B T}}$$

따라서

$$\ln q_{\text{vib}} = -\ln(1 - e^{-h\nu/k_B T}) \tag{20.63}$$

그리고

$$\left(\frac{\partial \ln q_{\text{vib}}}{\partial T}\right)_V = \frac{h\nu}{k_B T^2}\frac{e^{-h\nu/k_B T}}{1 - e^{-h\nu/k_B T}} = \frac{h\nu}{k_B T^2}\frac{1}{e^{h\nu/k_B T} - 1} \tag{20.64}$$

식 20.63과 20.64를 식 20.62에 대입하면

$$\overline{S}_{\text{vib}} = -R \ln(1 - e^{-h\nu/k_B T}) + R\frac{h\nu}{k_B T}\frac{1}{e^{h\nu/k_B T} - 1} \tag{20.65}$$

N_2의 진동 파수는 2360 cm^{-1}이다. 따라서 진동 운동의 진동수는

$$\begin{aligned} \nu = c\tilde{\nu} &= (3.00 \times 10^{10}\ \text{cm s}^{-1})(2360\ \text{cm}^{-1}) \\ &= 7.08 \times 10^{13}\ \text{s}^{-1} \end{aligned}$$

그러므로

$$\frac{h\nu}{k_B T} = \frac{(6.626 \times 10^{-34}\ \text{J s})(7.08 \times 10^{13}\ \text{s}^{-1})}{(1.381 \times 10^{-23}\ \text{J K}^{-1})(298\ \text{K})} = 11.4$$

식 20.65에서 $h\nu/k_B T$의 값으로 11.4를 사용하면, $(1-e^{-h\nu/k_B T}) \approx 1$인 것을 알 수 있다. 따라서 식 20.65의 오른쪽의 첫 번째 항은 0이 되고, 두 번째 항은 근사적으로 1×10^{-3} K^{-1} mol^{-1}이다. 그러므로 298 K에서 진동 운동은 열용량에 아주 미미하게 기여한다.

N_2의 총 몰엔트로피는 이 모든 기여의 합으로 주어진다. 즉

$$\begin{aligned} \overline{S} &= \overline{S}_{\text{trans}} + \overline{S}_{\text{rot}} + \overline{S}_{\text{vib}} \\ &= 150.4\ \text{J K}^{-1}\ \text{mol}^{-1} + 41.0\ \text{J K}^{-1}\ \text{mol}^{-1} + 1 \times 10^{-3}\ \text{J K}^{-1}\ \text{mol}^{-1} \\ &= 191.4\ \text{J K}^{-1}\ \text{mol}^{-1} \end{aligned}$$

이것은 제3법칙 엔트로피(191.6 J K^{-1} mol^{-1})와 잘 일치한다. 작은 차이는 이론에 어떤 결함이 있기 때문이 아니라, 반올림 오차에 의한 것이다.

20.5 화학 평형

이 절에서는 분배 함수를 사용하여 열역학 평형 상수에 대한 식을 유도하고, 간단한 예에 적용해 본다.

A와 B 사이의 평형을 생각해 보자. 이들의 에너지 준위를 그림 20.1에 나타내었다.

$$A \rightleftharpoons B$$

A 또는 B의 i번째 상태에 있는 분자수는 다음과 같이 주어진다(식 20.18 참조).

$$n_i = n_0 e^{-\varepsilon_i/k_B T}$$

만약 각 분자가 가장 낮은 에너지 준위에만 있을 수 있다면, 평형 상수는 다음으로 주어진다.

$$K = \frac{n_B}{n_A} = e^{-\Delta\varepsilon_0/k_B T} \tag{20.66}$$

여기서 $\Delta\varepsilon_0$는 그림 20.1에서처럼 가장 낮은 에너지 준위 사이의 에너지 차이이다. 대부분의 경우처럼 분자가 더 높은 에너지의 다른 준위에도 도달할 수 있으면, 평형 상수는 분배 함수를 사용하여 나타내어야 한다.

$$K = \frac{q_B}{q_A} e^{-\Delta\varepsilon_0/k_B T} \tag{20.67}$$

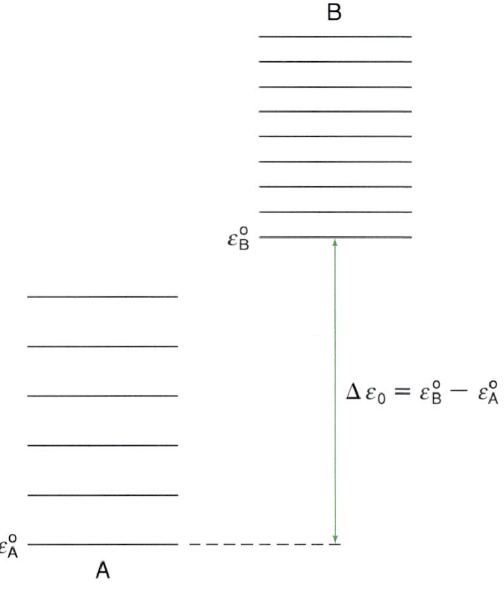

그림 20.1

화학 평형에 있는 두 화학종 A와 B의 에너지 준위. $\Delta\varepsilon_0$는 A와 B의 가장 낮은 에너지 준위 사이의 차이이다.

그림 20.1에서 평형 상수에 영향을 미치는 요인들에 대한 통찰력을 얻을 수 있다. 그림에 나타난 대로 반응 A → B는 흡열 반응이다. 그러나 B의 에너지 준위 사이의 간격이 더 좁다. 식 $\Delta_r G° = -RT \ln K$와 $\Delta_r G° = \Delta_r H° - T\Delta_r S°$을 이용하여 다음과 같이 나타낼 수 있다.

$$K = e^{-\Delta_r H°/RT} e^{\Delta_r S°/R}$$

$\Delta_r H°$(흡열) 값이 0보다 크므로 평형 상수를 작게 하지만, B의 에너지 준위가 밀집되어 있으므로 $\Delta_r S°$ 값은 큰 양수가 되어 평형에서 B가 선호된다.

이제 다음의 기체 평형계를 생각해 보자.

$$a\text{A}(g) \rightleftharpoons b\text{B}(g)$$

식 8.7과 8.8로부터

$$\Delta_r G° = -RT \ln K_P$$

$$K_P = \frac{(P_\text{B}/1\text{ bar})^b}{(P_\text{A}/1\text{ bar})^a}$$

여기서

$$\Delta_r G° = bG°_\text{B} - aG°_\text{A}$$

다음 목표는 분배 함수를 사용하여 $\Delta_r G°$(그러므로 K_P)에 대한 식을 유도하는 것이다. 식 20.54에서 시작하면

$$S = k_\text{B} \ln Q + \frac{E}{T}$$

$$= k_\text{B} \ln Q + \frac{U - U_0}{T} \tag{20.68}$$

Helmholtz 에너지의 정의와 식 20.68로부터

$$A = U - TS$$

$$= U_0 - k_\text{B} T \ln Q$$

즉

$$A - U_0 = -k_\text{B} T \ln Q \tag{20.69}$$

식 20.69는 절대 영도에서 $A_0 = U_0$임을 보여 준다. Gibbs 에너지($G = H - TS$)와 엔탈피($H = U + PV$)의 정의 및 식 20.69를 사용하고, 이상 기체로 가정하면 다음과 같이 쓸 수 있다.

$$\begin{aligned} G &= A + PV \\ &= A + Nk_BT \quad (nN_A = N,\ Nk_B = nR) \\ &= U_0 - k_BT \ln Q + Nk_BT \end{aligned} \tag{20.70}$$

기체 상태에서 구분 불가능한 분자에 대하여, Q는 식 20.56으로 주어진다.

$$Q = \frac{q^N}{N!}$$

Stirling 근사를 적용하여 식 20.70을 다음과 같이 쓸 수 있다.

$$\begin{aligned} G &= U_0 - k_BT[N \ln q - \ln N!] + Nk_BT \\ &= U_0 - k_BT[N \ln q - N \ln N + N] + Nk_BT \\ &= U_0 - Nk_BT \ln \frac{q}{N} \end{aligned} \tag{20.71}$$

1몰의 양($N=N_A$)과 표준 상태 조건하에서

$$\overline{G}^\circ = \overline{U}_0^\circ - RT \ln \frac{q}{N_A} \tag{20.72}$$

여기서 N_A는 Avogadro 수와 Avogadro 상수 둘 다 나타내기 위하여 사용되었다.

식 20.72에서 N_A는 단지 6.022×10^{23}(단위 없음)인 것에 유의하라. 이제 표준 Gibbs 에너지 변화는 다음과 같이 쓸 수 있다.

$$\begin{aligned} \Delta_r G^\circ &= b\overline{G}_B^\circ - a\overline{G}_A^\circ \\ &= b\overline{U}_{0,B}^\circ - a\overline{U}_{0,A}^\circ - RT \ln \frac{(q_B/N_A)^b}{(q_A/N_A)^a} \\ &= \Delta U_0^\circ - RT \ln \frac{(q_B/N_A)^b}{(q_A/N_A)^a} \\ &= -RT \ln \left(\frac{q_B^b}{q_A^a} N_A^{-\Delta n} e^{-\Delta U_0^\circ/RT} \right) \end{aligned} \tag{20.73}$$

여기서 $\Delta U_0^\circ = b\overline{U}_{0,B}^\circ - a\overline{U}_{0,A}^\circ$이고, $\Delta n = b - a$이다. 식 20.73을 식 8.7과 비교하면,

$$K_P = \frac{q_B^b}{q_A^a} N_A^{-\Delta n} e^{-\Delta U_0^\circ/RT} \tag{20.74}$$

이제 식 20.74를 1000 K에 있는 다음의 평형계에 적용해 보자.

$$\mathrm{Na_2}(g) \rightleftharpoons 2\mathrm{Na}(g)$$

평형 상수를 계산하기 위하여, 먼저 식 20.74를 편의상 세 부분으로 나눈다.

Part I: q_B^b/q_A^a

소듐 원자의 분배 함수는 병진과 전자 분배 함수의 곱이다.

$$q_{Na} = q_{trans}^3 q_{elec}$$

이상 기체를 가정하면, 병진 분배 함수는 다음과 같이 주어진다.

$$q_{trans}^3 = \frac{(2\pi m k_B T)^{3/2} V}{h^3}$$

$$= \frac{(2\pi m k_B T)^{3/2} (RT/P)}{h^3} \quad [V = nRT/P = RT/P(1\text{몰의 경우})]$$

다음 값들을 사용하여,

$$m = 22.99 \text{ amu} \times 1.661 \times 10^{-27} \text{ kg amu}^{-1}$$
$$= 3.819 \times 10^{-26} \text{ kg}$$

$$k_B = 1.381 \times 10^{-23} \text{ J K}^{-1}$$

$$T = 1000 \text{ K}$$

$$R = 8.314 \text{ J K}^{-1} \text{ mol}^{-1}$$

$$h = 6.626 \times 10^{-34} \text{ J s}$$

$$P = P^\circ = 1 \text{ bar} = 10^5 \text{ N m}^{-2}$$

다음을 얻는다.

$$q_{trans}^3 = 5.452 \times 10^{31}$$

소듐 원자는 $3s$ 오비탈에 홀전자 1개가 있다. 그러므로 이중항($S=\frac{1}{2}$)이고, 따라서 $q_{elec}=g_0=(2S+1)=2$이다. 소듐 원자의 분배 함수는 다음과 같다.

$$q_{Na} = (5.452 \times 10^{31}) \times 2$$
$$= 1.090 \times 10^{32}$$

Na_2의 분자 분배 함수는

$$q_{Na_2} = q_{trans}^3 q_{rot} q_{vib} q_{elec}$$

병진 분배 함수를 계산하기 위하여, 앞에서 Na에 대해 주어진 상수들을 사용하고, $m= m_{Na_2} = 2m_{Na} = 2\times 3.819\times 10^{-26}$ kg $=7.638\times 10^{-26}$ kg으로 놓으면 다음 결과를 얻게 된다.

$$q_{trans}^3 = 1.542 \times 10^{32}$$

식 20.45에 따르면, 회전 분배 함수는 다음과 같다.

$$q_{rot} = \frac{8\pi^2 I k_B T}{\sigma h^2}$$

Na_2의 환산 질량은 $(m_{Na}/2) = 1.91 \times 10^{-26}$ kg이고, 결합 길이는 3.078 Å, 즉 3.078×10^{-10} m이다. 따라서 관성 모멘트는 1.81×10^{-45} kg m^{2}이다(식 11.23 참조). 그러므로

$$q_{rot} = \frac{8\pi^2(1.81 \times 10^{-45}\ \text{kg m}^2)(1.381 \times 10^{-23}\ \text{J K}^{-1})(1000\ \text{K})}{(2)(6.626 \times 10^{-34}\ \text{J s})^2} \times \frac{\text{J}}{\text{kg m}^2\ \text{s}^{-2}}$$
$$= 2248$$

Na_2는 동핵 이원자 분자이므로 $\sigma = 2$로 놓은 것에 유의하라.

진동 분배 함수를 계산하기 위한, Na_2의 진동 파수는 159.1 cm^{-1}이다. 먼저 $h\nu/k_BT$를 계산하면,

$$\frac{h\nu}{k_BT} = \frac{hc\tilde{\nu}}{k_BT} = \frac{(6.626 \times 10^{-34}\ \text{J s})(3.00 \times 10^{10}\ \text{cm s}^{-1})(159.1\ \text{cm}^{-1})}{(1.381 \times 10^{-23}\ \text{J K}^{-1})(1000\ \text{K})}$$
$$= 0.229$$

식 20.47로부터

$$q_{vib} = \frac{1}{1 - e^{-h\nu/k_BT}}$$
$$= \frac{1}{1 - e^{-0.229}}$$
$$= 4.89$$

Na_2의 바닥 상태는 단일항$(S = 0)$이므로, $q_{elec} = g_0 = (2S + 1) = 1$이다.

마지막으로 정리하면,

$$\frac{q_{Na}^2}{q_{Na_2}} = \frac{(1.090 \times 10^{32})^2}{(1.542 \times 10^{32})(2248)(4.89)(1)} = 7.01 \times 10^{27}$$

Part II: $N_A^{-\Delta n}$

$$\Delta n = 2 - 1 = 1$$

이므로

$$N_A^{-\Delta n} = (6.022 \times 10^{23})^{-1}$$
$$= 1.661 \times 10^{-24}$$

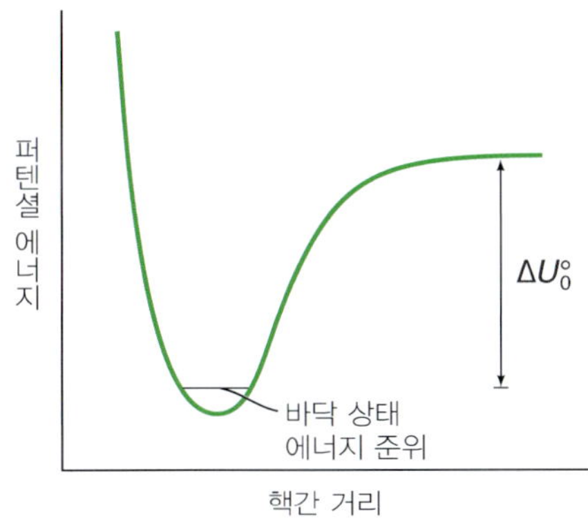

그림 20.2
ΔU_0°는 Na_2의 결합 해리 에너지와 같다.

Part III: $e^{-\Delta U_0^\circ/RT}$

ΔU_0°는 두 개의 Na 원자와 Na_2 분자의 가장 낮은 에너지 준위 간의 차이로, Na_2의 해리 에너지에 해당한다(그림 20.2). 실험적으로 이 양은 70.4 kJ mol^{-1}인 것으로 밝혀졌다. 그러므로

$$\begin{aligned} e^{-\Delta U_0^\circ/RT} &= \exp\left[-\frac{70.4 \times 1000 \text{ J mol}^{-1}}{(8.314 \text{ J K}^{-1} \text{ mol}^{-1})(1000 \text{ K})}\right] \\ &= 2.10 \times 10^{-4} \end{aligned}$$

이제 Part I, II, II를 결합하면, 식 20.74를 이용하여 1000 K에서 K_P의 값을 계산할 수 있다.

$$\begin{aligned} K_P &= (7.01 \times 10^{27})(1.661 \times 10^{-24})(2.10 \times 10^{-4}) \\ &= 2.45 \end{aligned}$$

이것은 실험적으로 측정한 평형 상수와 잘 일치한다. K_P는 단위가 없는 것에 유의하라.

20.6 전이 상태 이론

마지막 절에서는 앞에서 얻은 결과를 적용하여 속도 상수 k에 대한 식을 유도할 것이다. 15.7절에서 처음 소개되었던 반응에서 시작하자.

$$\text{A} + \text{B} \rightleftharpoons \text{X}^\ddagger \xrightarrow{k} \text{C} + \text{D}$$

A와 B의 농도에 대한 활성화물의 농도비인 평형 상수는 식 20.67에 따라 다음과 같이 쓸 수 있다.

$$K^\ddagger = \frac{[\text{X}^\ddagger]}{[\text{A}][\text{B}]} = \frac{q^\ddagger}{q_\text{A} q_\text{B}} e^{-\Delta E_0/RT} \qquad (20.75)$$

여기서 ΔE_0는 활성화물과 반응물의 (1몰당) 영점 에너지 사이의 차이이다. 식 20.75

는 재배열하면 다음과 같이 된다.

$$[X^{\ddagger}] = [A][B]\frac{q^{\ddagger}}{q_A q_B}e^{-\Delta E_0/RT} \tag{20.76}$$

$q^{\ddagger}$는 활성화물의 분배 함수인 것에 유의하라. 분자 A가 N_A개의 원자로 이루어져 있으며, 분자 B는 N_B개의 원자로 이루어져 있다면, 활성화물에는 (N_A+N_B)개의 원자가 있어야 한다. 활성화물이 비선형 구조로 되어 있다면, 3개의 병진 자유도, 3개의 회전 자유도, $[3(N_A+N_B)-6]$개의 진동 자유도를 가진다. 이들 진동 모드 중의 하나는 다른 성격을 가지는데, 이것은 생성물을 형성하기 위하여 활성화물이 분리되게 하는 진동 모드에 해당되기 때문이다. 그러므로 이것은 $h\nu/k_BT << 1$인 느슨한 진동이다. 940쪽의 과정을 따라서 유도하면, 이 진동 모드의 분배 함수는 $k_BT/h\nu$인 것을 알 수 있다. 활성화물의 분배 함수는 다음과 같이 쓸 수 있다.

$$q^{\ddagger} = q_{\ddagger}\frac{k_BT}{h\nu} \tag{20.77}$$

여기서 $q_{\ddagger}$는 나머지 진동 분배 함수들의 곱이다. 이제 식 20.76은 다음과 같이 된다.

$$[X^{\ddagger}] = [A][B]\frac{k_BT}{h\nu}\frac{q_{\ddagger}}{q_A q_B}e^{-\Delta E_0/RT} \tag{20.78}$$

반응 속도는 시간에 따른 $[X^{\ddagger}]$의 변화, 즉 $\nu[X^{\ddagger}]$이므로 다음과 같이 쓸 수 있다.

$$\begin{aligned}\text{속도} &= \nu[X^{\ddagger}] \\ &= [A][B]\frac{k_BT}{h}\frac{q_{\ddagger}}{q_A q_B}e^{-\Delta E_0/RT}\end{aligned}$$

그리고 속도$=k$[A][B]로 정의되는 속도 상수는 다음으로 주어진다.

$$k = \frac{k_BT}{h}\frac{q_{\ddagger}}{q_A q_B}e^{-\Delta E_0/RT} \tag{20.79}$$

이 식에서의 인자

$$\frac{q_{\ddagger}}{q_A q_B}e^{-\Delta E_0/RT}$$

는 활성화물과 반응물 간의 평형 상수에 대한 식 20.75의 인자와 닮은 것을 주목하라. 다른 점은 $q_{\ddagger}$에서 활성화물이 깨어지는 과정이 생략되었다는 것이다. 식 20.75의 평형 상수는 활성화물의 완전한 분배 함수로 이루어져 있다. 수정된 평형 상수(즉 $q^{\ddagger}$ 대신 $q_{\ddagger}$를 사용하여)를 다음과 같이 정의할 수 있다.

$$K^{\ddagger} = \frac{q_{\ddagger}}{q_A q_B}e^{-\Delta E_0/RT} \tag{20.80}$$

따라서 식 20.79는 다음과 같이 된다.

$$k = \frac{k_B T}{h} K^{\ddagger} \tag{20.81}$$

전이 상태 이론에 대한 이 식은 734쪽에서 간략하게 설명하였으며, 이제 열역학적으로 완벽하게 기술할 수 있게 되었다.

충돌 이론과 전이 상태 이론의 비교

15장에서 반응물이 원자인 경우에는 충돌 이론으로 속도를 정확하게 예측할 수 있지만, 반응에 분자가 관여하면 상당한 편차가 발생한다고 설명하였다. 전이 상태 이론에 따른 분배 함수를 적용하면 이 차이를 이해하는 데 도움이 된다. 다음의 두 가지 경우를 생각해 보자.

경우 1. 원자들 간의 반응. 원자 A와 B 사이의 반응을 생각해 보자.

$$\text{A} + \text{B} \rightleftharpoons \text{X}^{\ddagger} \longrightarrow \text{생성물}$$

각 원자는 3개의 자유도를 가지고 있다. 활성화물은 3개의 병진 자유도와 2개의 회전 자유도를 가지고 있다. 보통의 이원자 분자라면 1개의 진동 자유도를 가졌을 것이다. 그러나 활성화물이므로 이 진동 모드는 활성화물의 분해에 해당되므로 이에 대응되는 분배 함수는 생략된다. 그러므로 활성화물의 분배 함수는

$$\begin{aligned} q_{\ddagger} &= q_{\text{trans}}^3 q_{\text{rot}} \\ &= \frac{[2\pi(m_A + m_B)k_B T]^{3/2}}{h^3}\left(\frac{8\pi^2 I k_B T}{h^2}\right) \end{aligned}$$

이다. 여기서 m_A와 m_B는 원자 A와 B의 질량이고, I는 활성화물의 관성 모멘트이다. 관성 모멘트는 μd_{AB}^2으로 주어진다. 여기서 μ는 환산 질량 $[m_A m_B/(m_A+m_B)]$이고, d_{AB}는 결합 길이이다. A와 B의 병진 분배 함수는

$$q_A = \frac{(2\pi m_A k_B T)^{3/2}}{h^3}, \quad q_B = \frac{(2\pi m_B k_B T)^{3/2}}{h^3}$$

모든 병진 분배 함수는 단위 부피 (m^{-3})에 해당하는 값이다.

이다. 식 20.79에 따르면, 속도 상수는

$$\begin{aligned} k_{\text{원자}} &= \frac{k_B T}{h}\frac{q_{\ddagger}}{q_A q_B} e^{-\Delta E_0/RT} \\ &= \frac{k_B T}{h}\left\{\frac{\dfrac{[2\pi(m_A + m_B)k_B T]^{3/2}}{h^3}\left(\dfrac{8\pi^2 \mu d_{AB}^2 k_B T}{h^2}\right)}{\dfrac{(2\pi m_A k_B T)^{3/2}}{h^3}\dfrac{(2\pi m_B k_B T)^{3/2}}{h^3}}\right\} e^{-\Delta E_0/RT} \end{aligned}$$

로 주어진다. 여기서 $k_{원자}$는 원자의 속도 상수이다. 같은 항들을 상쇄하고 정리하면 다음 식을 얻을 수 있다.

$$k_{원자} = d_{AB}^2 \sqrt{\frac{8\pi k_B T}{\mu}} e^{-\Delta E_0/RT} \tag{20.82}$$

식 20.82는 충돌 이론에 따라 유도하였던 식 15.42(여기에서는 $\Delta E_0 = \Delta E_a$)와 같다. 그러므로 이 두 이론은 원자의 경우에 같은 결과를 예측한다.

경우 2. 분자들 간의 반응. 이제 반응물 A와 B가 각각 N_A와 N_B개의 원자를 포함하는 비선형 분자인 좀 더 복잡한 경우를 생각해 보자.

$$A + B \rightleftharpoons X^{\ddagger} \rightarrow \text{생성물}$$

각 분자는 3개의 병진 자유도, 3개의 회전 자유도, $(3N_A - 6)$ 또는 $(3N_B - 6)$개의 진동 자유도를 가진다. 활성화물은 $(N_A + N_B)$개의 원자를 포함한다. 보통의 분자라면 $[3(N_A + N_B) - 6]$개의 진동 자유도를 가졌을 것이다. 그러나 이 진동 모드 중의 하나는 활성화물의 분해에 해당되고, 따라서 $[3(N_A + N_B) - 7]$개의 진동 자유도만이 분배 함수에 포함될 것이다.

비선형 다원자 분자는 3개의 관성 모멘트를 가진다.

$$q_{\ddagger} = q_{\text{trans}}^3 q_{\text{rot}}^3 q_{\text{vib}}^{3(N_A+N_B)-7}$$

식 20.79를 사용하여 속도 상수를 다음과 같이 쓸 수 있다.

$$k_{분자} = \frac{k_B T}{h} \frac{q_{\text{trans}}^3 q_{\text{rot}}^3 q_{\text{vib}}^{3(N_A+N_B)-7}}{q_{\text{trans}}^3 q_{\text{rot}}^3 q_{\text{vib}}^{3N_A-6} \, q_{\text{trans}}^3 q_{\text{rot}}^3 q_{\text{vib}}^{3N_B-6}} e^{-\Delta E_0/RT} \tag{20.83}$$

여기서 $k_{분자}$는 분자의 속도 상수이다. 복잡한 계산을 피하기 위하여 반응물과 활성화물의 병진, 회전, 진동 자유도는 모두 같다고 가정한다. 따라서 식 20.83은 다음과 같이 간단히 된다.

$$k_{분자} \cong \frac{k_B T}{h} \frac{q_{\text{vib}}^5}{q_{\text{trans}}^3 q_{\text{rot}}^3} e^{-\Delta E_0/RT} \tag{20.84}$$

반응물이 원자인 경우 1에서와 비슷한 식을 얻을 수 있다. 다음의 분배 함수와

$$q_A = q_{\text{trans}}^3 \qquad q_B = q_{\text{trans}}^3 \qquad q_{\ddagger} = q_{\text{trans}}^3 q_{\text{rot}}$$

식 20.79를 사용하면 속도 상수는 다음과 같이 주어진다.

$$k_{원자} \cong \frac{k_B T}{h} \frac{q_{\text{trans}}^3 q_{\text{rot}}}{q_{\text{trans}}^3 q_{\text{trans}}^3} e^{-\Delta E_0/RT} \tag{20.85}$$

다시, 활성화물과 원자의 병진 자유도는 같다고 가정하면,

$$k_{원자} \cong \frac{k_B T}{h} \frac{q_{rot}}{q_{trans}^3} e^{-\Delta E_0/RT} \tag{20.86}$$

경우 1과 2의 속도 상수를 비교하기 위하여 식 20.84를 식 20.86으로 나누면

여기서도 ΔE_0는 원자와 분자 모두에서 비슷한 크기라고 가정한다.

$$\frac{k_{분자}}{k_{원자}} \cong \frac{q_{vib}^5/q_{trans}^3 q_{rot}^3}{q_{rot}/q_{trans}^3} = \frac{q_{vib}^5}{q_{rot}^4} \tag{20.87}$$

300 K 근처에서 값을 추정해 보면, q_{vib}는 보통 1에 가까운 반면에, q_{rot}는 10에서 100 사이의 값이라는 것을 알 수 있다. 그러므로 식 20.87에서 분자에 대한 속도 상수가 원자에 대한 속도 상수보다 10^{-4}에서 10^{-8}배 만큼 더 작다는 것을 예측할 수 있다. 이 차이는 실험적으로 측정되는 값과 일치한다. 반면에 충돌 이론은 원자와 분자를 모두 강체구로 다루기 때문에, 분자에 대한 속도 상수가 원자에 대한 속도 상수와 비슷한 것으로 잘못된 예측을 한다. 통계 열역학은 입체 인자(steric factor)를 고려하지 않고도 분자와 원자의 속도 상수 차이를 설명할 수 있다.

Key Equations

$\ln x! = x \ln x - x$	(Stirling 근사)	(20.6)
$\dfrac{n_2}{n_1} = \dfrac{g_2}{g_1} e^{-\Delta\varepsilon/k_B T}$	(Boltzmann 분포 법칙)	(20.23)
$q = \sum_i g_i e^{-\varepsilon_i/k_B T}$	(분배 함수)	(20.25)
$\bar{U} - \bar{U}_0 = RT^2\left(\dfrac{\partial \ln q}{\partial T}\right)_V$	(몰 내부 에너지)	(20.34)
$q^3_{\text{trans}} = \dfrac{(2\pi m k_B T)^{3/2} V}{h^3}$	(3차원 병진 분배 함수)	(20.41)
$q_{\text{rot}} = \dfrac{8\pi^2 I k_B T}{\sigma h^2}$	(회전 분배 함수)	(20.45)
$q_{\text{vib}} = \dfrac{1}{1 - e^{-h\nu/k_B T}}$	(진동 분배 함수)	(20.47)
$q_{\text{elec}} = g_0 + g_1 e^{-\varepsilon_1/k_B T} + g_2 e^{-\varepsilon_2/k_B T} + \cdots$	(전자 분배 함수)	(20.49)
$Q = q^N$	(정준 분배 함수; 구분 가능한 입자)	(20.55)
$Q = \dfrac{q^N}{N!}$	(정준 분배 함수; 구분 불가능한 입자)	(20.56)
$\bar{S}_{\text{trans}} = R \ln\left[\dfrac{(2\pi m k_B T)^{3/2}}{h^3} \dfrac{k_B T}{P} e^{5/2}\right]$	(Sackur−Tetrode 식)	(20.61)
$K_P = \dfrac{q_B^b}{q_A^a} N_A^{-\Delta n} e^{-\Delta U_0^\circ/RT}$	(평형 상수)	(20.74)
$k = \dfrac{k_B T}{h} \dfrac{q_\ddagger}{q_A q_B} e^{-\Delta E_0/RT}$	(속도 상수)	(20.79)

부록 20.1
구분 불가능한 분자에 대한 $Q=q^N/N!$의 타당성

먼저 한 용기 안에 에너지가 a, b, c인 3개의 동일한 분자가 들어 있는 경우를 생각해 보자. 이 분자들의 위치는 3개의 상자에 1, 2, 3으로 번호를 붙여 표시한 것처럼 서로 구분할 수 있다고 가정한다(그림 20.3). 이 상자들은 고체의 격자점으로 생각할 수 있고, 각각의 배열은 하나의 분포에 해당된다. 3개의 상자에 3개의 분자를 분배하는 방법은 6, 즉 3!가지가 있다. 4개의 분자에 대해서는 가능한 분포의 수는 24, 즉 4!이고, N개의 분자에 대해서는 $N!$개의 가능한 분포가 있다.

기체 상태에서는 상황이 다르다. 분자는 한 장소에 국한되어 있지 않기 때문에 모든 위치는 어떤 분자라도 차지할 수 있다. 그러므로 N개의 입자에 대하여 단지 한 개의 분포가 존재하고, 정준 분배 함수(Q)는 분포의 수를 과대하게 계산하는 것을 피하기 위하여 $N!$로 나누어야 한다. 이 결과는 다음과 같이 요약할 수 있다.

$$Q = q^N \text{ (구분 가능한 분자)}$$

$$Q = \frac{q^N}{N!} \text{ (구분 불가능한 입자)}$$

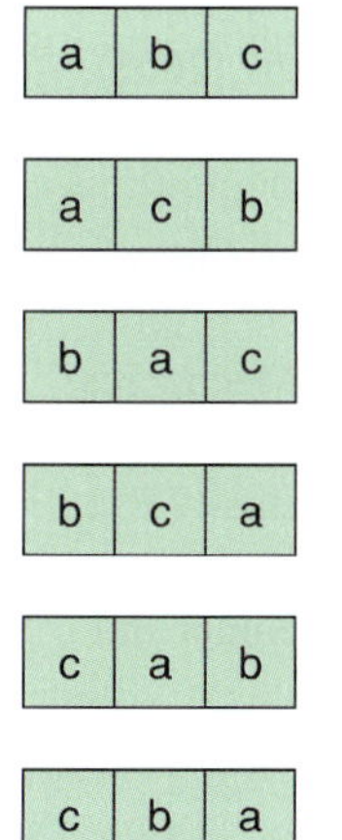

그림 20.3
3개의 상자에 에너지가 a, b, c인 3개의 분자를 분배하는 6가지 방법

참고문헌

책

Guggenheim, E. A., *Boltzmann's Distribution Law*, Interscience, New York, 1959.

Maczek, A., *Statistical Thermodynamics*, Oxford University Press, New York, 1998.

Nash, L. K., *Elements of Statistical Thermodynamics*, Addison-Wesley, Inc., Reading MA, 1968.

Widom, B., *Statistical Mechanics: A Concise Introduction for Chemists*, Cambridge University Press, New York, 2002.

논문

"States, Indistinguishability, and the Formula $S = k \ln W$ in Thermodynamics," J. Braunstein, *J. Chem. Educ.* **46**, 719 (1969).

"Applications of Statistical Mechanics in Molecular Biology," V. A. Bloomfield, *J. Chem. Educ.* **49**, 462 (1969).

"Boltzmann Distribution and Boltzmann Hypotheses," G. C. Lie, *J. Chem. Educ.* **58**, 603 (1981).

"On the Boltzmann Distribution Law," L. K. Nash, *J. Chem. Educ.* **59**, 824 (1982).

"The Stabilization of Atomic Hydrogen," I. F. Silvera and J. Walraven, *Sci. Am.* January 1982.

"The Crystal and Gas Partition Functions and the Indistinguishability of Molecules," E. J. O'Reilly, *J. Chem. Educ.* **60**, 216 (1983).

"Derivation of the Second Law of Thermodynamics from Boltzmann's Distribution Law," P. G. Nelson, *J. Chem. Educ.* **65**, 390 (1988).

"Statistical Mechanical Interpretation of Entropy," P. G. Nelson, *J. Chem. Educ.* **71**, 103 (1994).

"A Statistical Mechanical Analysis of Energy and Entropy," K. Gardner, E. Croker, and S. Basu-Dutt, *Chem. Educator* [Online] **8**, 70 (2003) DOI 10.1333/s00897030648a.

"Introduction of Entropy via the Boltzmann Distribution in Undergraduate Physical Chemistry: A Molecular Approach," E. I. Kozliak, *J. Chem. Educ.* **81**, 1595 (2004).

"An Introduction to Statistical Mechanics," M. M. Francl, *J. Chem. Educ.* **82**, 867 (2005).

"Consistent Application of the Boltzmann Distribution to Residual Entropy in Crystals," E. I. Kozliak, *J. Chem. Educ.* **84**, 493 (2007).

"Deriving the Boltzmann Energy Distribution: An Alternate Approach," L. Eno, *Chem. Educator* [Online] **12**, 215 (2007) DOI 10.1333/s0089707204a.

"An Experimental Approach to Teaching and Learning Elementary Statistical Mechanics," D. C. Ellis and F. B. Ellis, *J. Chem. Educ.* **85**, 78 (2008).

"Overcoming Misconceptions about Configurational Entropy in Condensed Phases," E. I. Kozliak, *J. Chem. Educ.* **86**, 1063 (2009).

"Energy Distributions in Small Populations: Pascal versus Boltzmann," R. W. Kugel and P. A. Weiner, *J. Chem. Educ.* **87**, 1200 (2010).

"The Statistical Interpretation of Classical Thermodynamic Heating and Expansion Processes," S. F. Cartier, *J. Chem. Educ.* **88**, 1531 (2011).

"Quirks of Stirling's Approximation," R. M. Macrae and B. M. Allgeier, *J. Chem. Educ.* **90**, 731 (2013).

문제

20.1 1.5×10^{-22} J 만큼 떨어져 있는 두 에너지 준위 사이의 입자수 비가 0.74이다. 이때 계의 온도는 얼마인가?

20.2 식 20.23의 높은 온도 극한(즉 $T \rightarrow \infty$일 때)은 무엇인가?

20.3 일산화 탄소의 결합 길이가 1.128 Å일 때, **(a)** 300 K, **(b)** 600 K에서 $J=0$에 대한 $J=1$의 입자수 비를 구하시오. **(c)** $T \rightarrow \infty$일 때 이 비의 극한값은 무엇인가?(Hint: 11장의 예제 11.1 참조)

20.4 N_2의 기본 진동 파수는 2360 cm^{-1}이다. 분자 1몰에 대하여 **(a)** 298 K, **(b)** 1000 K에서 $\upsilon=0$과 $\upsilon=1$인 준위에 있는 N_2 분자의 수를 구하시오.

20.5 어떤 한 계는 3개의 에너지 준위, 즉 바닥 준위($\varepsilon_0=0$, $g_0=4$), 첫 번째 들뜬 준위($\varepsilon_1=k_BT$, $g_1=2$), 두 번째 들뜬 준위($\varepsilon_2=4\ k_BT$, $g_2=2$)로 되어 있다. 이 계의 분배 함수를 구하시오. 두 번째 에너지 준위에 대한 확률을 구하시오.

20.6 **(a)** m, **(b)** T가 증가하면 q_{trans}가 증가하는 이유를 설명하시오.

20.7 관계식 $P=-(\partial A/\partial V)_T$로부터 시작하여(5장 부록의 식 12 참조), $P=k_BT(\partial \ln Q/\partial V)_T$임을 보이시오. 아르곤을 일원자 이상 기체로 가정하고, 이상 기체식($PV=nRT$)을 유도하시오.

20.8 결합 길이가 1.275 Å이고, ^1H과 ^{35}Cl의 질량이 각각 1.008 amu와 34.97 amu일 때, 298 K와 1 bar에서 HCl의 엔트로피를 구하시오(진동 파수는 2886 cm^{-1}이다).

20.9 일산화 탄소의 경우, $q_{vib}=5.0$인 온도를 구하시오(진동 파수는 $\tilde{\nu}=2135$ cm^{-1}이다).

20.10 1.00 m^3의 용기에서 1 bar의 압력에 있는 헬륨의 병진 분배 함수를 구하시오. q_{trans}의 값이 큰 것은 이 운동을 고전 역학으로 다룰 수 있다는 것을 의미한다. 그러나 $q_{trans} \leq 10$일 때, 이 운동은 양자 역학적으로 다루어야 한다. 이 변화가 일어나는 온도를 구하시오.

20.11 298 K에서 물 분자의 q_{vib} 값을 계산하시오.(Hint: 그림 11.20 참조)

20.12 다음의 각 분자에 대한 대칭수(σ)의 목록을 작성하시오. Cl_2, N_2O (NNO), H_2O, HDO, BF_3, CH_4, CH_3Cl(Hint: CH_4의 경우 4개의 C−H 결합은 각각 3중 대칭축으로, 각 축에 대해 연속 120°씩 회전시키면 분자를 구별할 수 없다.)

20.13 1274 K에서 다음 반응에 대한 평형 상수를 구하시오.

$$I_2(g) \rightleftharpoons 2I(g)$$

I_2의 결합 길이는 2.67 Å이고, 진동 파수는 213.7 cm^{-1}이다. I_2의 결합 해리 에너지는 149.0 kJ mol^{-1}이다. [Hint: 바닥 전자 상태에서 아이오딘 원자의 미분화도를 계산하려면, $5p$ 오비탈에 홀전자가 1개 있다는 것을 주목하라. 미분화도는 $(2J+1)$로 주어지는데, 여기서 J는 오비탈 각운동량과 스핀 각운동량의 합으로 주어지는 전체 각운동량이다.]

20.14 다음 반응에 대한 $\Delta_r S°$의 근삿값을 계산하시오(몰질량, 관성 모멘트, 진동수의 차이는 무시할 수 있다고 가정하시오).

$$^{16}O_2(g) + {}^{18}O_2(g) \rightarrow 2\ {}^{16}O^{18}O(g)$$

20.15 1.00 bar와 298 K에서 헬륨의 몰엔트로피를 구하고, 943쪽의 본문에 주어진 네온과 아르곤의 몰엔트로피와 비교하시오.

20.16 분배 함수의 물리적 의미를 간략히 설명하시오.

20.17 H_2, O_2, NO_2 분자들 중 어느 것이 **(a)** 298 K에서 전자 분배 함수의 값이 가장 큰가? **(b)** 298 K에서 병진 분배 함수의 값이 가장 큰가?

20.18 보통 주기율표의 2주기에서 N_2에서 F_2로 갈 때 몰엔트로피는 증가할 것으로 예상된다. 그러나 부록 B에 의하면, 실제로 O_2의 몰엔트로피가 F_2에 비해 더 크다. 그 이유를 설명하시오.

부록 A 물리화학에 필요한 수학 및 물리 기본 개념 정리

이 부록에는 물리화학에 필요한 기본 방정식과 공식 등이 정리되어 있다.

수학

지수와 거듭제곱

수를 10의 거듭제곱으로 간편하게 나타낼 수 있다.

$$1 = 10^0$$

$$0.1 = 10^{-1}$$

$$0.00023 = 2.3 \times 10^{-4}$$

$$100 = 10^2$$

$$100{,}000 = 10^5$$

$$3.1623 = 10^{0.5}$$

a^n에서 a를 밑(base), n을 지수(exponent)라고 하며, 'a의 n 제곱(또는 승)'이라고 읽는다. 다음 관계를 알아두자.

연산	예
$a^m \times a^n = a^{m+n}$	$10^{0.2} \times 10^3 = 10^{3.2}$
$(a^m)^n = a^{m \times n}$	$(10^4)^2 = 10^8$
$\dfrac{a^m}{a^n} = a^{m-n}$	$\dfrac{10^3}{10^7} = 10^{-4}$

$a=0$을 제외한 모든 a에 대해 a^0은 1이다. 단, $0^n=0$, 모든 n에 대해 $1^n=1$이다.

로그. 로그의 개념은 지수의 자연스런 확장이다. a를 밑으로 하는 수 x의 로그 값 log x는, $x=a^y$를 만족하는 지수 y와 같은 값이다. 따라서

$$x = a^y$$

이면,

$$y = \log_a x$$

가 된다. 예를 들어 $3^4 = 81$이므로

$$4 = \log_3 81$$

같은 방법으로, 밑이 10인 로그는 다음과 같이 쓸 수 있다.

로그	지수
$\log_{10} 1 = 0$	$10^0 = 1$
$\log_{10} 2 = 0.301$	$10^{0.301} = 2$
$\log_{10} 10 = 1$	$10^1 = 10$
$\log_{10} 100 = 2$	$10^2 = 100$
$\log_{10} 0.1 = -1$	$10^{-1} = 0.1$

밑이 10인 로그를 **상용로그**(common logarithm)라고 한다. 관례에 따라 a의 상용로그는 $\log_{10}a$ 대신 $\log\, a$로 쓴다.

수의 로그 값은 지수가 되므로, 지수와 같은 성질을 갖는다. 다음은 상용로그의 연산을 보여 준다.

로그	지수
$\log AB = \log A + \log B$	$10^A \times 10^B = 10^{A+B}$
$\log \dfrac{A}{B} = \log A - \log B$	$\dfrac{10^A}{10^B} = 10^{A-B}$
$\log A^n = n \log A$	$(10^A)^n = 10^{A \times n}$

밑이 e인 로그를 **자연로그**(natural logarithm)라고 한다. e 값을 Euler 상수라고 하며, 다음과 같이 주어진다.

$$\begin{aligned} e &= 1 + \frac{1}{1!} + \frac{1}{2!} + \frac{1}{3!} + \cdots \\ &= 2.7182818286\cdots \\ &\simeq 2.7183 \end{aligned}$$

물리화학에서 지수함수 $y=e^x$는 매우 중요하게 사용된다. 양변에 자연로그를 취하면,

$$\ln y = x \ln e = x$$

여기서 'ln'은 $\log_e$를 나타낸다. 자연로그와 상용로그의 관계는 다음과 같다. 다음 식을 보자.

$$y = e^x$$

양변에 상용로그를 취하면,

$$\log y = x \log e$$
$$= \ln y \log e$$

$x=\ln\ y$이다. $\log\ e=\log\ 2.7183=0.4343$이므로 다음 관계를 얻을 수 있다.

$$\log y = 0.4343 \ln y$$

또는

$$\ln y = 2.303 \log y$$

간단한 방정식

일차방정식. 일차방정식은 다음과 같다.

$$y = mx + b$$

x에 대해 y를 그리면 기울기가 m이며, y축 절편($x=0$에서의 y 값)이 b가 된다.

이차방정식. 이차방정식은 다음과 같은 식이다.

$$y = ax^2 + bx + c$$

a, b, c는 상수이며 $a \neq 0$이다. x에 대해 y를 그리면 포물선이 얻어진다.

다음과 같은 이차방정식을 생각해 보자.

$$y = 3x^2 - 5x + 2$$

x에 대해 y를 그리면 그림 1과 같이 된다. 이 곡선은 $x=1$과 $x=0.67$에서 x축($y = 0$)과 두 번 교차된다. 또한 근의 공식으로 이 방정식을 풀 수 있다. 방정식을 0($y = 0$)으로 놓고 풀면 근을 구할 수 있다.

$$3x^2 - 5x + 2 = 0$$

$$x = \frac{-b \pm \sqrt{b^2 - 4ac}}{2a}$$

$$= \frac{5 \pm \sqrt{25 - 4 \times 3 \times 2}}{2 \times 3}$$

$$= 1.00 \text{ 또는 } 0.67$$

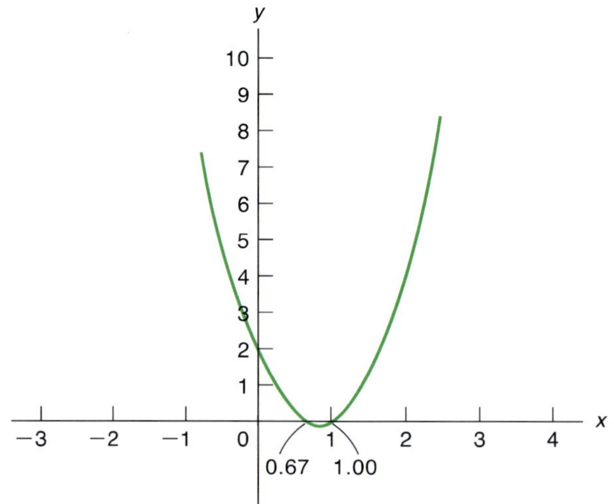

그림 1 $y = 3x^2 - 5x + 2$

평균값

실험에서 측정을 반복하면, 처음 값과 다른 값을 얻게 되는 경우가 많이 있다. 이럴 경우에는 두 수의 평균을 취하는 것이 타당하다. 가장 일반적인 평균값은 **산술평균**(arithmetic mean)이다. 두 값 a와 b의 산술 평균은 $(a+b)/2$가 된다. 측정값이 무작위로 변하지 않는 경우가 있다. 이 경우에는 **기하평균**(geometric mean)을 구해 볼 필요가 있다. 두 값 a와 b의 기하평균은 $\sqrt{ab}$가 된다. 어떤 양 a를 n번 측정할 때, a_i가 i번째 측정한 값이라면 평균은 다음과 같다.

$$\text{산술평균} = \frac{1}{n}\sum_{i=1}^{n} a_i$$

$$\text{기하평균} = \sqrt[n]{a_1 a_2 \cdots a_n} = \left(\prod_{i=1}^{n} a_i\right)^{1/n}$$

급수와 전개식

등차수열

$$1, 2, 3, 4, \ldots$$

또는

$$a, 2a, 3a, 4a, \ldots$$

또는

$$a_{i+1} = a_i + \text{상수}$$

등차수열의 n번째 항은 다음과 같다.

$$a_n = a_1 + (n - 1)d$$

여기서 d를 공차라고 한다.

등차급수

수열에서 각 항의 합을 급수라고 한다.

$$\frac{n}{2}(a_1 + a_n) = a_1 + a_2 + \cdots + a_n$$

등비수열

$$1, 2, 4, 8, \ldots$$

또는

$$a, 2a, 4a, 8a, \ldots$$

또는

$$\frac{a_{i+1}}{a_i} = \text{상수}$$

등비급수

$$\frac{1}{1 - x} = 1 + x + x^2 + x^3 + \cdots \qquad |x| < 1$$

이항 전개

$$(1 + x)^n = 1 + nx + \frac{n(n-1)}{2!}x^2 + \frac{n(n-1)(n-2)}{3!}x^3 + \cdots + x^n$$

지수 전개

$$e^x = 1 + \frac{x}{1!} + \frac{x^2}{2!} + \frac{x^3}{3!} + \cdots$$

$$e^{\pm ax} = 1 + \frac{(\pm ax)}{1!} + \frac{(\pm ax)^2}{2!} + \frac{(\pm ax)^3}{3!} + \cdots$$

삼각함수 전개

$$\sin x = x - \frac{x^3}{3!} + \frac{x^5}{5!} - \frac{x^7}{7!} + \cdots$$

$$\cos x = 1 - \frac{x^2}{2!} + \frac{x^4}{4!} - \frac{x^6}{6!} + \cdots$$

로그 전개

$$\ln(1 + x) = x - \frac{x^2}{2} + \frac{x^3}{3} - \frac{x^4}{4} + \cdots \qquad |x| < 1$$

각과 라디안

일반적으로 각의 척도는 도(degree)이며, 완전한 한 바퀴의 $\frac{1}{360}$로 정의된다. 그런데 물리화학에서는 라디안(radian, rad)이라는 단위를 쓰는 것이 더 편리하다. 라디안과 도의 관계는 다음과 같다. 반지름이 r인 원의 둘레에 있는 한 점을 생각해 보자. 호의 길이(s)는 각 θ와 반지름 r에 비례한다.

$$s = r\theta$$

여기서 θ는 라디안으로 표시되는 각이다. 따라서 1라디안은 호의 길이 s가 반지름 r과 정확히 같을 때, 이에 대응하는 각으로 정의된다.

완전한 한 바퀴를 호라고 생각하면,

$$s = 2\pi r = r\theta$$

즉

$$2\pi = \theta$$

이것은 $\theta=2\pi$ 라디안으로, $\theta=360°$에 해당한다. 따라서

$$1 \text{ rad} = \frac{360°}{2\pi} \simeq \frac{360°}{2 \times 3.1416} = 57.3°$$

바꾸어 쓰면,

$$1° = \frac{2\pi}{360°} \simeq \frac{2 \times 3.1416}{360°} = 0.0175 \text{ rad}$$

라디안은 각의 척도이지만, 물리적인 단위는 없다는 것에 유의해야 한다. 예를 들어 반지름이 5 cm인 원의 둘레는 $2\pi(\text{rad}) \times 5 \text{ cm} = 31.42 \text{ cm}$로 주어진다.

면적과 부피

삼각형. 각 변의 길이가 a, b, c이고 높이가 h(변 a를 밑으로)일 때, 반둘레(semiperimeter, s)는 다음과 같이 주어진다.

$$s = \frac{a + b + c}{2}$$

삼각형의 면적(A)은 다음 값이 된다.

$$A = \tfrac{1}{2}ah = \sqrt{s(s-a)(s-b)(s-c)}$$
$$= \tfrac{1}{2}ab \sin \gamma$$

여기서 γ는 변 c의 반대쪽 각이다. 만약 c가 빗변인 직각삼각형이라면 다음 관계가 있다.

$$c^2 = a^2 + b^2$$

이것을 피타고라스 정리라고 한다.

직사각형. 변의 길이가 a와 b인 직사각형의 면적은 ab가 된다.

평행사변형. 변의 길이가 a와 b이고, 길이가 a인 두 변 사이의 수직 거리가 h인 평행사변형의 면적은 ah가 된다.

원. 반지름이 r인 원의 둘레는 $2\pi r$이고, 면적은 πr^2이다.

구. 반지름이 r인 구의 표면적은 $4\pi r^2$이고, 부피는 $\tfrac{4}{3}\pi r^3$이다.

원통. 반지름이 r이고 높이가 h인 원통의 곡면부 면적은 $2\pi rh$이고, 부피는 $\pi r^2 h$이다.

원뿔. 밑변 반지름이 r이고 비탈 높이가 l인 원뿔의 곡면부 면적은 πrl이다. 수직 높이(꼭짓점에서 밑변까지)가 h이면 원뿔의 부피는 $\tfrac{1}{3}r^2h$가 된다.

연산자

10.7절에서 연산자에 대해 공부하였다. 연산자는 숫자나 함수에 대하여 특정한 계산을 하도록 해 주는 수학적 도구를 말한다. 다음은 연산자의 몇 가지 예이다.

연산자	함수 또는 숫자	최종 연산 결과
log	24.1	$\log 24.1 = 1.382$
$\sqrt{\ }$	974.2	$\sqrt{974.2} = 31.21$
sin	61.9°	$\sin 61.9° = 0.882$
cos	x	$\cos x$
$\dfrac{d}{dx}$	e^{kx}	$\dfrac{de^{kx}}{dx} = ke^{kx}$

미분과 적분

한 개의 변수로 이루어진 함수. 다음은 몇 가지 일반적인 함수의 미분값이다.

$y = f(x)$	dy/dx
x^n	nx^{n-1}
e^x	e^x
e^{kx}	ke^{kx}
$\sin x$	$\cos x$
$\sin(ax+b)$	$a\cos(ax+b)$
$\cos x$	$-\sin x$
$\cos(ax+b)$	$-a\sin(ax+b)$
$\ln x$	$1/x$
$\ln(ax+b)$	$\dfrac{a}{ax+b}$

유용한 적분

$$\int x^n\,dx = \frac{1}{n+1}x^{n+1} + C \qquad \int \cos x\,dx = \sin x + C$$

$$\int \frac{dx}{x} = \ln x + C \qquad \int \ln x\,dx = x\ln x - x + C$$

$$\int \frac{dx}{ax+b} = \frac{1}{a}\ln(ax+b) + C \qquad \int e^x\,dx = e^x + C$$

$$\int \sin x\,dx = -\cos x + C \qquad \int e^{kx}\,dx = \frac{e^{kx}}{k} + C$$

위의 적분들은 모두 부정적분이므로 결과에 상수 C를 포함한다.

물리

역학

역학의 중요한 물리적 양을 요약하였다.

속도. 속도(v)는 시간에 따른 위치의 변화 정도를 말한다.

$$v = \frac{dx}{dt}$$

SI 단위는 m s^{-1}이 된다. **속도**(velocity)와 **속력**(speed)이 서로 바뀌어 사용되기도 하지만, 서로 다른 양이다. 속도는 크기와 방향이 있는 **벡터**(vector) 값이다. 반면에 속력은 크기만 있는 **스칼라**(scalar) 값이다. 2장에도 두 값의 차이에 대한 설명이 있다.

가속도. 가속도(a)는 시간에 따른 속도의 변화 정도를 말하며, SI 단위는 m s^{-2}이다.

$$a = \frac{dv}{dt}$$

선운동량. 물체의 선운동량(p) 또는 단순히 운동량은 질량에 속도를 곱한 양이며, SI 단위는 kg m s^{-1}이다.

$$p = mv$$

각속도와 각운동량. 그림 2와 같이 반지름이 r인 원의 궤도를 따라 운동하는 질량이 m인 입자를 생각해 보자. 만약 입자가 시간 t 동안 각 θ만큼 원을 따라 이동한다면, 각속도 ω는 다음과 같다.

$$\omega = \frac{\theta}{t}$$

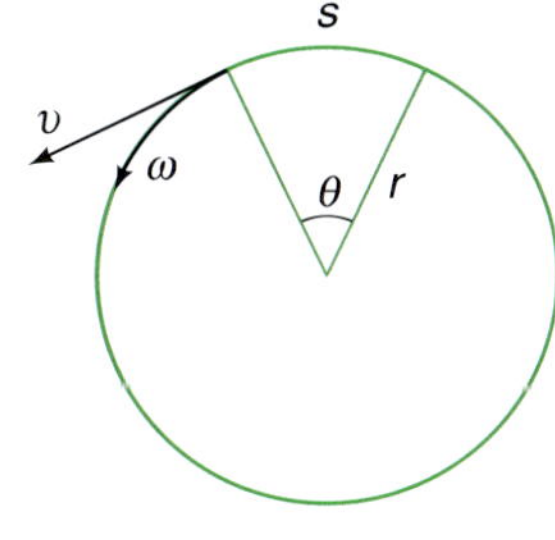

그림 2

여기서 θ는 라디안이고 ω는 rad s^{-1}이다.

각속도와 선속도의 관계는 다음과 같이 유도할 수 있다. 선속도는 입자의 순간 속도로서, 방향은 항상 원의 접선 방향이다. 966쪽의 식으로부터,

$$s = r\theta$$

거리 = 속도 × 시간이므로

$$s = vt$$

따라서

$$r\theta = vt$$

$$\frac{r\theta}{t} = r\omega = v$$

입자의 각운동량은 $m\omega r^2$ 또는 mvr로 주어진다. 각운동량을 $I\omega$로 나타내기도 하는데, I를 원의 중심에 대한 입자의 관성 모멘트라고 하며, mr^2에 해당하는 값이다.

고전 역학에서 각운동량은 연속된 값을 갖는다. 그러나 양자 역학에서는 그 값이 제한되어 있으며, 원자나 분자의 각운동량은 양자화되어 있다. 즉 허용된 값만 각운동량이 될 수 있다. 각운동량이 양자화되어 있다는 것은 10장에서 공부한 Bohr 이론의 기본적인 가설이다.

힘. 잘 알려진 힘(f)의 정의는 Newton의 운동 제2법칙이다.

$$f = ma$$

이 식은 물체에 작용하는 힘은, 물체의 질량에 가속도를 곱한 값이라는 것을 의미한다. 힘의 SI 단위는 뉴턴(N)이다.

$$1\ \text{N} = 1\ \text{kg m s}^{-2}$$

힘은 시간에 따른 운동량의 변화로도 정의할 수 있다.

$$f = \frac{dp}{dt}$$

일. 일(w)은 힘에 거리를 곱한 양이며, 단위는 N m 또는 kg m^2 s^{-2}가 된다.

$$w = fx$$

Newton의 중력 법칙. Newton의 중력 법칙에 따르면, 질량이 m_1과 m_2인 두 물체 사이의 거리가 r일 때, 두 물체 사이에 작용하는 힘은 다음과 같다.

$$f \propto -\frac{m_1 m_2}{r^2}$$

$$= -G\frac{m_1 m_2}{r^2}$$

여기서 G를 만유 인력 상수라고 하며, 그 값은 6.673×10^{-11} N m^2 kg^{-2}이다. (−) 부호는 두 물체 사이에는 **항상** 인력이 작용한다는 것을 의미한다.

부록 B 열역학 데이터

1 bar, 298 K에서 원소와 무기 화합물의 열역학 데이터[a]

물질	$\Delta_f \bar{H}^\circ$ (kJ mol^{-1})	$\Delta_f \bar{G}^\circ$ (kJ mol^{-1})	$\bar{S}^\circ$(J K^{-1} mol^{-1})	$\bar{C}_P^\circ$(J K^{-1} mol^{-1})
$Ag(s)$	0	0	42.7	25.4
$Ag^+(aq)$	105.9	77.1	72.68	—
$AgCl(s)$	−127.0	−109.8	96.2	56.8
$AgBr(s)$	−100.4	−96.9	107.1	52.38
$AgI(s)$	−61.8	−66.3	115.5	54.43
$AgNO_3(s)$	−124.4	−33.41	140.9	93.05
$Al(s)$	0	0	28.32	24.34
$Al^{3+}(aq)$	−524.7	−485	−313	—
$AlCl_3(s)$	−704.2	−628.8	110.67	91.84
$Al_2O_3(s)$	−1675.7	−1582.3	50.9	78.99
$Ar(g)$	0	0	154.8	20.79
$Ba(s)$	0	0	62.5	28.1
$Ba^{2+}(aq)$	−537.6	−560.8	10	—
$BaCl_2(s)$	−858.6	−810.9	123.7	75.31
$BaO(s)$	−548.0	−520.3	72.1	47.3
$BaSO_4(s)$	−1473.2	−1362.2	132.2	101.8
$BaCO_3(s)$	−1213.2	−1134.4	112.1	86.0
$Br_2(l)$	0	0	152.2	75.69
$Br_2(g)$	30.9	3.1	245.5	36.0

[a] 수록된 값들의 주요 출처: *The NBS Tables of Chemical Thermodynamics*, D. O. Wagman et al., *J. Phys. Chem. Ref. Data* 11, Supplement No. 2 (1982). $Li^+(aq)$ 같은 수용액 속의 이온(1 *M*)의 값은, $H^+(aq)$ 이온의 모든 열역학 함수 값을 0이라고 정한 것에 대한 상대적인 값이다.

물질	$\Delta_f \overline{H}^\circ$ (kJ mol^{-1})	$\Delta_f \overline{G}^\circ$ (kJ mol^{-1})	$\overline{S}^\circ$(J K^{-1} mol^{-1})	$\overline{C}_P^\circ$(J K^{-1} mol^{-1})
$Br(g)$	111.7	82.4	175.0	20.8
$Br^-(aq)$	−121.6	−104.0	82.4	—
$HBr(g)$	−36.4	−53.4	198.7	29.12
C(흑연)	0	0	5.7	8.52
C(다이아몬드)	1.90	2.87	2.4	6.11
$CO(g)$	−110.5	−137.3	197.9	29.14
$CO_2(g)$	−393.5	−394.4	213.6	37.1
$CO_2(aq)$	−413.8	−386.0	121	—
$CO_3^{2-}(aq)$	−677.1	−527.8	−56.9	—
$HCO_3^-(aq)$	−692.0	−586.8	91.2	—
$H_2CO_3(aq)$	−698.7	−623.1	191	—
$HCN(g)$	135.1	124.7	201.8	35.9
$CN^-(aq)$	151.6	172.4	94.1	—
$Ca(s)$	0	0	41.6	25.9
$Ca^{2+}(aq)$	−542.8	−553.6	−53.1	—
$CaO(s)$	−635.6	−604.2	39.8	42.8
$Ca(OH)_2(s)$	−986.6	−896.8	83.4	84.52
$CaCl_2(s)$	−795.8	−748.1	104.6	72.63
$CaCO_3$(방해석)	−1206.9	−1128.8	92.9	83.5
$Cl_2(g)$	0	0	223.0	33.93
$Cl(g)$	121.4	105.3	165.2	21.8
$Cl^-(aq)$	−167.2	−131.2	56.5	—
$HCl(g)$	−92.3	−95.3	186.5	29.12
$Cr(s)$	0	0	23.77	23.35
$Cr_2O_3(s)$	−1139.7	−1058.1	81.2	118.74
$CrO_4^{2-}(aq)$	−881.2	−727.8	50.2	—
$Cr_2O_7^{2-}(aq)$	−1490.3	−1301.1	261.9	—
$Cu(s)$	0	0	33.15	24.47
$Cu^+(aq)$	51.9	50.2	−26	—
$Cu^{2+}(aq)$	64.8	65.5	−99.6	—
$Cu_2O(s)$	−168.6	−146.0	93.14	63.6
$CuO(s)$	−157.3	−129.7	42.63	44.35

물질	$\Delta_f \overline{H}^\circ$ (kJ mol^{-1})	$\Delta_f \overline{G}^\circ$ (kJ mol^{-1})	$\overline{S}^\circ$(J K^{-1} mol^{-1})	$\overline{C}_P^\circ$(J K^{-1} mol^{-1})
$CuS(s)$	−53.1	−53.6	66.53	47.82
$F_2(g)$	0	0	202.8	31.3
$F(g)$	79.4	62.3	158.8	22.7
$F^-(aq)$	−329.1	−276.5	−13.8	—
$HF(g)$	−273.3	−275.4	173.5	29.08
$Fe(s)$	0	0	27.2	25.23
$Fe^{2+}(aq)$	−89.1	−78.9	−137.7	—
$Fe^{3+}(aq)$	−48.5	−4.7	−315.9	—
$FeO(s)$	−272.0	−251.4	60.75	49.92
$Fe_2O_3(s)$	−824.2	−742.2	90.0	104.6
$H_2(g)$	0	0	130.6	28.8
$H(g)$	218.2	203.3	114.7	—
$H^+(aq)$	0	0	0	—
$H_3O^+(aq)$	−285.8	−237.2	69.9	—
$OH^-(aq)$	−229.6	−157.3	−10.75	—
$H_2O(g)$	−241.8	−228.6	188.7	33.6
$H_2O(l)$	−285.8	−237.2	69.9	75.3
$H_2O_2(l)$	−187.8	−120.4	109.6	89.1
$He(g)$	0	0	126.1	20.79
$Hg(l)$	0	0	75.9	27.98
$Hg(g)$	60.78	31.8	175.0	20.8
$Hg^{2+}(aq)$	171.1	164.4	−32.2	—
HgO(적색)	−90.8	−58.5	70.29	44.06
$I_2(s)$	0	0	116.13	54.44
$I_2(g)$	62.4	19.3	260.7	36.9
$I^-(aq)$	55.19	51.57	111.3	—
$HI(g)$	26.48	1.7	206.3	29.16
$K(s)$	0	0	64.18	29.58
$K(g)$	89.2	60.7	160.2	—
$K^+(aq)$	−252.4	−283.3	102.5	—
$KOH(s)$	−424.8	−379.1	78.9	68.9
$KCl(s)$	−436.8	−409.1	82.6	51.3

물질	$\Delta_f \overline{H}°$ (kJ mol^{-1})	$\Delta_f \overline{G}°$ (kJ mol^{-1})	$\overline{S}°$(J K^{-1} mol^{-1})	$\overline{C}_P°$(J K^{-1} mol^{-1})
$KClO_3(s)$	−397.7	−296.3	143.1	100.3
$KNO_3(s)$	−494.6	−394.9	133.1	96.3
$Kr(g)$	0	0	164.1	20.79
$Li(s)$	0	0	28.03	23.64
$Li^+(aq)$	−278.5	−293.8	14.23	—
$LiOH(s)$	−487.2	−443.9	50.21	—
$Mg(s)$	0	0	32.68	24.9
$Mg^{2+}(aq)$	−466.9	−454.8	−138.1	—
$MgCO_3(s)$	−1095.8	−1012.1	65.7	75.5
$MgO(s)$	−601.8	−569.6	26.78	37.41
$MgCl_2(s)$	−641.3	−591.8	89.62	71.3
$N_2(g)$	0	0	191.6	29.12
$N(g)$	470.7	455.5	153.3	20.8
$NH_3(g)$	−46.3	−16.6	192.5	35.66
$NH_4^+(aq)$	−132.5	−79.3	113.4	—
$NH_4Cl(s)$	−314.4	−202.87	94.6	—
$N_2H_4(l)$	50.63	149.4	121.2	139.3
$NO(g)$	90.4	86.7	210.6	29.9
$NO_2(g)$	33.9	51.84	240.5	37.9
$N_2O_4(g)$	9.7	98.3	304.3	79.1
$N_2O(g)$	81.56	103.6	220.0	38.7
$HNO_3(l)$	−174.1	−80.7	155.6	109.9
$HNO_3(aq)$	−207.6	−111.3	146.4	—
$Na(s)$	0	0	51.21	28.41
$Na(g)$	107.5	77.0	153.7	20.8
$Na^+(aq)$	−239.7	−261.9	59.0	—
$NaF(s)$	−576.6	−546.3	51.1	46.9
$NaCl(s)$	−411.2	−384.1	72.13	50.5
$NaBr(s)$	−361.06	−348.98	86.82	51.4
$NaI(s)$	−287.8	−286.1	98.53	52.1
$Na_2CO_3(s)$	−1130.9	−1047.7	135.98	110.5
$NaHCO_3(s)$	−947.7	−851.9	102.1	87.6

물질	$\Delta_f \bar{H}^\circ$ (kJ mol^{-1})	$\Delta_f \bar{G}^\circ$ (kJ mol^{-1})	$\bar{S}^\circ$(J K^{-1} mol^{-1})	$\bar{C}_P^\circ$(J K^{-1} mol^{-1})
$NaOH(s)$	−425.6	−379.5	64.46	59.54
$Ne(g)$	0	0	146.3	20.79
$O_2(g)$	0	0	205.0	29.4
$O_3(g)$	142.7	163.4	237.7	38.2
$O(g)$	249.4	231.7	161.0	21.9
P(흰색)	0	0	41.1	23.22
P(적색)	−18.4	12.1	29.3	21.2
$PO_4^{3-}(aq)$	−1277.4	−1018.7	−221.8	—
$P_4O_{10}(s)$	−2984.0	−2697.0	228.86	211.7
$PCl_3(g)$	−287.0	−267.8	311.78	71.84
$PCl_5(g)$	−374.9	−305.0	364.6	112.8
$PH_3(g)$	5.4	13.5	210.2	37.1
S(사방정계)	0	0	31.88	22.59
S(단사정계)	0.30	0.10	32.55	23.64
$SO_2(g)$	−296.1	−300.1	248.5	39.79
$SO_3(g)$	−395.2	−370.4	256.2	50.63
$SO_4^{2-}(aq)$	−909.3	−744.5	20.1	—
$H_2S(g)$	−20.63	−33.56	205.8	33.97
$H_2SO_4(l)$	−814.0	−690.0	156.9	—
$H_2SO_4(aq)$	−909.27	−744.53	20.1	—
$SF_6(g)$	−1209	−1105.3	291.8	97.3
$Si(s)$	0	0	18.83	19.87
$SiO_2(s)$	−910.9	−856.6	41.84	44.43
$Xe(g)$	0	0	169.6	20.79
$Zn(s)$	0	0	41.63	25.06
$Zn^{2+}(aq)$	−153.9	−147.1	−112.1	—
$ZnO(s)$	−348.3	−318.3	43.64	40.25
$ZnS(s)$	−202.9	−198.3	57.74	45.19
$ZnSO_4$	−978.6	−871.6	124.9	117.2

1 bar, 298 K에서 유기 화합물의 열역학 데이터[a]

화합물	상태	$\Delta_f\bar{H}^\circ$ (kJ mol^{-1})	$\Delta_f\bar{G}^\circ$ (kJ mol^{-1})	$\bar{S}^\circ$(J K^{-1} mol^{-1})
아세트산(CH_3COOH)	*l*	−484.2	−389.9	159.8
	aq	−485.8	−396.5	178.7
아세트알데하이드(CH_3CHO)	*l*	−192.3	−128.1	160.2
아세톤(CH_3COCH_3)	*l*	−248.1	−155.4	200.4
아세틸렌(C_2H_2)	*g*	226.6	209.2	200.8
벤젠(C_6H_6)	*l*	49.04	124.5	172.8
	g	82.93	129.7	269.3
벤조산(C_6H_5COOH)	*s*	−385.1	−245.3	167.6
에탄올(C_2H_5OH)	*l*	−277.0	−174.2	161.0
에테인(C_2H_6)	*g*	−84.7	−32.9	229.5
에틸렌(C_2H_4)	*g*	52.3	68.12	219.5
폼산(HCOOH)	*l*	−424.7	−361.4	129.0
포도당($C_6H_{12}O_6$)	*s*	−1274.5	−910.6	210.3
메테인(CH_4)	*g*	−74.85	−50.79	186.2
메탄올(CH_3OH)	*l*	−238.7	−166.3	126.8
프로페인(C_3H_8)	*g*	−103.8	−23.5	269.9
2-프로판올(C_3H_7OH)	*l*	−317.9	−180.3	180.6
설탕($C_{12}H_{22}O_{11}$)	*s*	−2221.7	−1544.3	360.2
요소[$(NH_2)_2CO$]	*s*	−333.5	−197.3	104.6

[a] 수록된 값들의 주요 출처: *The NBS Tables of Chemical Thermodynamics*, D. O. Wagman et al., *J. Phys. Chem. Ref.* Data 11, Supplement No. 2 (1982). 모든 용액의 농도는 1 *M*임.

용어 정리

anti-Stokes 산란(anti-Stokes scattering): Raman 분광법에서 입사한 빛보다 높은 에너지를 갖는 빛이 산란되는 현상. 진동 또는 회전 에너지가 들뜬 상태인 분자로부터 공명 에너지가 전달되어 생긴다.(11.5)

Arrhenius 식(Arrhenius equation): 반응 상수를 지수 앞자리 인자(A)와 활성화 에너지(E_a)의 관계로 나타내는 식
$k = A \exp(-E_a/RT)$ (15.5)

Avogadro 법칙(Avogadro's law): 온도와 압력이 일정할 때, 기체의 부피는 기체의 몰수에 비례한다.(1.5)

Avogadro 상수(Avogadro's constant, N_A): 1 몰 속에 들어 있는 입자의 수. 6.022×10^{23} mol^{-1}(1.4)

Beer-Lambert 법칙(Beer-Lambert law): 특정한 파장에서의 흡광도(A)를 용액의 농도(c)와 셀의 길이(b)의 관계로 나타낸 식. A=εbc가 되며, ε는 그 파장에서 빛을 흡수하는 물질의 몰흡광 계수임.(11.1)

Bohr 반지름(Bohr radius, a_0): 가장 작은 수소 원자 오비탈의 반지름. 0.529 Å임.(10.4)

Boltzmann 분포 법칙(Boltzmann distribution law): 계가 열적 평형 상태에 있을 때(온도는 T), 에너지가 E_i인 상태에 속한 분자의 수를 나타내는 법칙. 두 에너지(E_1과 E_2) 상태에서의 상대적인 분자 점유율(N_2/N_1)을 계산할 때 사용된다.

$$\frac{N_2}{N_1} = \exp[-(E_2 - E_1)/k_B T] \qquad (2.9)$$

Born-Oppeheimer 근사(Born-Oppeheimer approximation): 전자 구조를 계산할 때 핵은 정지되어 있다고 가정하는 근사법. 핵은 전자에 비해 질량이 훨씬 크기 때문에 전자에 비해 속력이 매우 느리다.(13.1)

Bose-Einstein 응축체(Bose-Einstein condensate, BEC): 정수-스핀 입자(보손)로 이루어진 물질의 상태로, 같은 위치와 시간에서 단일 파동 함수로 나타낼 수 있다.(12.7)

Boyle 법칙(Boyle's law): 온도와 양이 일정할 때, 기체의 부피는 압력에 반비례한다.(1.5)

Bragg 방정식(Bragg's equation): 파장이 λ인 X선이 회절될 때, 회절각(θ)과 회절이 일어나는 격자면 사이의 거리(d)와의 관계를 나타내는 식
$n\lambda = 2d \sin\theta \qquad n = 1, 2, 3, \ldots$ (18.2)

Bravais 격자(Bravais lattice): 3차원에서 가능한 14가지의 서로 다른 결정 격자(18.1)

Carnot 순환(Carnot cycle): 연속된 네 가지 가역 과정으로 이루어진 가상의 엔진 순환. 열을 흡수하면서 일어나는 등온 팽창, 단열 팽창, 열을 방출하면서 일어나는 등온 압축, 단열 압축의 네 가지 과정. 이 순환 과정에서 흡수된 열의 일부는 일로 변환된다. Carnot 순환은 엔트로피가 상태 함수라는 것을 보여 주며, 열역학적 효율을 구하는 데 사용된다.(4.3)

Charles 법칙(Charles' law): 압력과 양이 일정할 때, 기체의 부피는 절대 온도에 비례한다.(1.5)

Clapeyron 식(Clapeyron equation): 두 상이 평형 상태에 있을 때, 압력과 온도의 변화 관계를 나타내는 식

$$dP/dT = \Delta\bar{H}/T\Delta\bar{V}$$

Clausius-Clapeyron 식(Clausius-Clapeyron equation): 한 상은 응축상이고 다른 상은 증기(이상 기체)일 경우에 적용되는 Clapeyron 식(5.5)

Coulomb 법칙(Coulomb's law): 전하를 띤 입자 사이에 작용하는 힘에 관한 법칙

$$F = \frac{q_1 q_2}{4\pi\varepsilon_0 r^2} \qquad (7.2)$$

Dalton의 부분 압력 법칙(Dalton's law of partial pressure): 혼합 기체의 압력은 각각의 기체가 독립적으로 있을 때의 압력을 합한 값과 같다.(1.6)

de Broglie 식(de Broglie equation): 운동량이 p인 입자의 파장은 다음 식으로 주어진다. $\lambda = h/p$ (10.5)

Debye-Hückel 한계 법칙(Debye-Hückel limiting law): 이온 세기가 낮은 영역에서, 전해질 용액의 평균 이온 활동도 계수를 구할 수 있는 식(7.5)

Donnan 효과(Donnan effect): 작은 이온은 자유롭게 투과되지만, 고분자 이온은 투과되지 못하는 막의 한쪽에만 고분자 전해질이 있을 경우, 막의 양쪽에서 확산이 가능한 작은 이온의 불균등 평형이 이루어지게 된다. 이를 Donnan 효과라고 한다.(7.6)

Doppler 효과(Doppler effect): 음원(광원)과 관찰자 사이의 상대적인 운동으로 인하여, 관찰되는 음파나 전자기파의 진동수가 변하는 효과(11.1)

einstein: 광자 1몰의 단위(16.1)

Faraday 상수(Faraday constant, *F*): 전자 1몰의 전하량, 96,485 C mol^{-1}

Fick 확산 법칙(Fick's laws of diffusion): 제1법칙은 입자의 선속이 농도 기울기에 비례한다는 것을 말한다. 제2법칙은 입자가 부피 요소의 안이나 밖으로 확산됨에 따라, 부피 요소의 농도가 어떻게 변하는지를 보여 준다.(19.4)

Förster 공명 에너지 전달(Förster resonance energy transfer, FRET): 쌍극자-쌍극자 상호 작용으로, 1~10 Å 범위에 있는 분자 사이에서 일어나는 에너지 전이(14.2)

Fourier 변환(Fourier transform, FT): 시간(또는 위치)의 함수로 나타나는 신호와 진동수의 함수로 나타나는 신호를 서로 변환하는 수학적 테크닉. 현재의 IR과 NMR은 FT를 이용한다.(부록 11.1 및 14.6)

Franck-Condon 원리(Franck-Condon principle): 분자에서의 전자 전이가 매우 빨리 일어나기 때문에, 분자를 이루고 있는 원자들은 전이가 일어나는 동안 정지되어 있다고 가정함. 따라서 전이는 수직으로 일어나며 전이 확률은 진동 파동 함수의 중첩에 비례한다.(14.1)

Gibbs 상 규칙(Gibbs phase rule): 평형 상태에 있는 계에서 자유도(f)의 수, 성분의 수(c), 상의 수(p)의 관계에 관한 규칙. $f = c - p + 2$ (5.5)

Gibbs 에너지(Gibbs energy, *G*): $G = H - TS$로 정의되는 열역학 함수. H, T, S는 각각 엔탈피, 온도, 엔트로피이다. 일정한 압력과 온도하에서 일어나는 변화의 경우, $\Delta G = \Delta H - T\Delta S \leq 0$이면 변화는 자발적으로 일어난다. 등호는 평형 상태에 있다는 것을 말한다.(5.1)

Gibbs-Helmholtz 식(Gibbs-Helmholtz equation): 온도 변화에 따른 Gibbs 에너지 변화를 엔탈피 항으로 나타낸 식(5.4)

Graham 분출 법칙(Graham's law of effusion): 온도와 압력이 일정할 때, 작은 구멍을 통해 일어나는 기체 분자의 분출 속도는 기체 몰질량의 제곱근에 반비례한다.(2.8)

Graham 확산 법칙(Graham's law of diffusion): 온도와 압력이 일정할 때, 기체 분자의 확산 속도는 기체 몰질량의 제곱근에 반비례한다.(2.8)

Hamiltonian 연산자(Hamiltonian operator, $\hat{H}$): 계의 전체 에너지에 해당하는 양자 역학적 연산자. 이 연산자는 Schrödinger 방정식 $\hat{H}\psi = E\psi$에 쓰인다.(10.7)

hartree: 에너지의 원자 단위. $E_h = 2R_H hc$. 1하트리는 바닥 상태 수소 원자의 퍼텐셜 에너지와 비슷한 값이다.(12.6)

Hartree-Fock 방법(Hartree-Fock method): 자체 일관성장 방법으로 다전자 계의 Schrödinger 방정식을 푸는 과정. 전자 한 개와 그 전자를 제외한 모든 전자에 의한 평균 퍼텐셜 에너지로 방정식을 푸는 과정을 반복한다.(12.10)

Heisenberg 불확정성 원리(Heisenberg uncertainty principle): 입자의 운동량과 위치를 동시에 정확히 알 수 없다는 원리. 수학적으로는 $\Delta x \Delta p_x \geq h/4\pi$로 나타낸다.(10.6)

Helmholtz 에너지(Helmholtz energy, *A*): $A = U - TS$로 정의되는 열역학 함수. 일정한 온도와 부피하에서 자발적으로 변화가 일어났다면, 계의 Helmholtz 에너지 변화량은 $\Delta A = \Delta U - T\Delta S \leq 0$이 된다. 등호는 평형 상태에서 성립한다.(5.1)

Henry 법칙(Henry's law): 액체에 대한 기체의 용해도는 기체의 압력에 비례한다.(6.4)

Hermitian 연산자(Hermitian operator): 양자 역학에서, Hermitian 연산자의 고윳값은 실수이다.(10.7)

Hess 법칙(Hess's law): 반응물에서 생성물이 되는 과정이 몇 개의 단계를 거쳐 일어나도 엔탈피 변화량은 같다.(3.6)

Hooke 법칙(Hooke's law): 물체의 복원력(F)은 평형 위치로부터의 변위(x)에 비례한다. $F = -kx$이며, k는 비례 상수로 힘상수라고 한다.(11.3)

Hund 규칙(Hund rule): 쌍을 이루지 않은 전자의 수가 최대가 되도록 부껍질에 전자가 배열될 때 에너지가 가장 낮아진다.(12.7)

Hückel MO 이론(Hückel MO theory): π 전자 에너지와 콘쥬게이션 계의 파동 함수를 계산하는 데 사용되는 준경험적 분자 오비탈 방법(13.8)

Jablonski 도표(Jablonski diagram): 분자의 상대적인 전자 에너지와 이에 관련된 진동 에너지 준위를 나타내는 대략적인 그림. 이 그림은 전자 에너지 준위 간의 복사 및 비복사 전이도 함께 보여 준다.(14.1)

Joule-Thomson 효과(Joule-Thomson effect): 엔탈피가 일정할 때, 기체가 팽창하면서 온도가 변하는 현상(3.6)

Kirchhoff 법칙(Kirchhoff's law): 서로 다른 온도 T_1과 $T_2(T_2 > T_1)$에서의 반응 엔탈피 차이는, 생성물과 반응물을 T_1에서 T_2로 가열할 때의 엔탈피 차이와 같다.(3.7)

Kohlraush 독립 이동 법칙(Kohlraush's law of independent migration): 아주 묽은 전해질 용액에서, 전해질의 당량 전도도는 음이온과 양이온의 당량 이온 전도도의 합과 같다는 법칙(7.1)

Koopman 이론(Koopman's theorem): 전자가 방출될 때의 이온화 에너지는, 그 전자가 속했던 오비탈 에너지의 (−) 값과 같다는 이론. 한 전자가 방출되는 과정에서 남은 전자들이 재배열되기 때문에, 이 이론으로는 근사적인 값만 얻을 수 있다.(14.5)

Krönecker 델타(Krönecker delta, δ_{ij}): $i \neq j$이면 0, $i = j$이면 1이 되는 수학 기호(10.7)

Laplacian 연산자(Laplacian operator, ∇^2): 직교 좌표에서는, $\nabla^2 = \frac{\partial^2}{\partial x^2} + \frac{\partial^2}{\partial y^2} + \frac{\partial^2}{\partial z^2}$ (10.8)

Larmor 진동수(Larmor frequency, ω): 자기장이 가해지는 축에 대한 자기 모멘트의 세차 운동 진동수(14.6)

Le Châtelier 원리(Le Châtelier's principle): 평형 상태에 있는 계에 외부에서 스트레스가 가해지면, 그 스트레스를 해소하여 다시 평형에 도달하는 방향으로 변화가 일어난다는 원리(8.4)

Lewis 구조(Lewis structure): 공유 결합을 나타내는 방법으로, 공유하는 전자들은 선이나 두 점으로, 고립 전자쌍은 각 원자에 두 점으로 표시한다.(13.5)

London 상호 작용(London interaction): 분산 상호 작용(dispersion interaction) 참조

Maxwell 속도 분포(Maxwell distribution of velocity): 특정한 온도의 기체 시료에서, 어떤 속도를 갖는 분자의 상대적인 수를 예측할 수 있게 해 주는 이론적 관계(2.4)

Maxwell 속력 분포(Maxwell distribution of speed): 일정한 온도의 기체 시료에서, 특정한 속력을 갖는 분자의 상대적인 수를 예측할 수 있게 해 주는 이론적 관계(2.4)

Michaelis-Menton 속도론(Michaelis-Menton kinetics): 효소 반응의 속도 법칙으로, 반응의 초기 단계에서는 기질과 효소의 사전 평형이 이루어지고, 효소-기질 복합체가 생성물로 바뀐다는 가정을 하고 있다.(15.12)

Miller 지수(Miller indices, *hkl*): 결정에서 격자면을 분류하여 표시하는 숫자 조합(18.1)

Madelung 상수(Madelung constant): 이온의 전하와 이온 사이의 거리로, 이온성 결정의 격자 에너지를 결정하는 단위 없는 상수(18.4)

Nernst 식(Nernst equation): 전지 전위(E)를 표준 전지 전위($E°$)와 전지 반응에 대한 반응 지수로 나타낸 식(9.3)

Pauli 배타 원리(Pauli exclusion principle): 네 개의 양자수가 모두 같은 전자가 한 원자나 분자에 있을 수 없다는 원리. 엄밀하게는 원자(또는 분자)의 파동 함수는 두

개의 전자가 교환될 때, 반대칭성이 있다는 것을 말한다.(12.7)

Planck 분포 법칙(Planck distribution law): 흑체 복사에서, 파장 또는 진동수별 복사량을 온도의 함수로 나타낸 식(10.1)

Raman 분광법(Raman spectroscopy): 분자 편극도의 변화를 이용하여 분자 운동을 연구하는 빛 산란 기법(11.5)

Raoult 법칙(Raoult's law): 용액을 구성하는 한 성분의 증기 압력(부분 압력)은, 그 성분의 몰분율에 순수한 성분의 증기 압력을 곱한 값으로 주어진다는 법칙(6.4)

Reynolds 수(Reynolds number): 층흐름인지 난류인지를 결정하는 단위가 없는 값(19.2)

Sackur-Tetrode 식(Sackur-Tetrode equation): 이상 기체의 몰엔트로피를 구하는 식(20.4)

Schrödinger 파동 방정식(Schrödinger wave equation, $\hat{H}\psi = E\psi$): 양자 역학의 기본 반응식. 원자나 분자의 파동 함수와 에너지를 구할 수 있다.(10.8)

SI 단위(SI unit): 국제 단위계 참조

Slater 행렬식(Slater determinant): Pauli 배타 원리를 만족하는 파동 함수를 나열하는 행렬 방법(12.7)

Stirling 근사법(Stirling's approximation): N이 매우 큰 양의 정수일 때, $N! = N \ln N - N$으로 어림하는 근사법(20.1)

Stokes 산란(Stokes scattering): Raman 분광법에서, 조사된 빛보다 낮은 에너지의 빛이 산란되는 현상. 분자의 진동이나 회전 운동으로 에너지가 공명 전이되어 생긴다.(11.5)

Trouton 규칙(Trouton's rule): 대부분 액체의 몰증발 엔트로피는 약 88 J K^{-1} mol^{-1}이 된다는 규칙(4.5)

UV 광전자 분광법(ultraviolet photoelectron spectroscopy, UPS): 원자가 전자의 에너지를 연구하는 실험 방법. UV에 의해서 방출되는 광전자의 운동 에너지를 측정한다.(14.5)

van der Waals 식(van der Waals equation): 실제 기체의 거동을, 분자 자체의 부피와 분자 사이에 작용하는 힘을 고려하여 설명하는 상태 방정식

van der Waals 힘(van der Waals force): 분자 사이에 작용하는 약한 힘. 쌍극자-쌍극자, 쌍극자-유도 쌍극자, 분산력 등을 말한다.(17.3)

van't Hoff 식(van't Hoff equation): 온도에 따른 평형 상수의 변화를 반응 엔탈피로 나타낸 식(8.5)

van't Hoff 인자(van't Hoff factor): 용액 속에서 해리되어 실제 존재하는 입자의 수를 용액 속에 넣어준 해리되기 전 입자의 수로 나눈 값(7.6)

Wien 효과(Wien effect): 전위 기울기가 매우 클 때, 전해질의 전도도가 증가하는 효과(7.5)

X선 광전자 분광법(X-ray photoelectron spectroscopy, XPS): 핵심부 전자의 에너지를 연구하는 실험 방법. X선 조사에 의해 방출되는 광전자의 운동 에너지를 측정한다.(14.5)

X선 회절(X-ray diffraction): 결정에 단파장의 X선을 조사하면, 결정 구조 내의 반복되는 원소에 의해 X선이 회절되게 된다. 회절 무늬로부터 분자 구조에 대한 정보를 얻을 수 있다.(18.3)

YAG(yttrium aluminum garnet): Nd^{3+} 이온으로 도핑된 유리 물질로, Nd:YAG 레이저의 이득 매질로 사용된다.(14.3)

π 결합(pi(π) bond): 오비탈이 옆으로 중첩되어 만들어지는 공유 결합. 결합축을 포함하는 면의 위와 아래 부분에서 전자 밀도가 높다.

σ 결합(sigma(σ) bond): 원자들의 오비탈이 결합축을 따라 중첩되어 형성되는 공유 결합. 결합하는 원자들의 결합축을 따라 전자 밀도가 높아진다.(13.5)

가역 과정(reversible process): 평형과 극미세하게 가까운 상태를 유지하면서 일어나는 변화. 이론적으로는 중요하지만, 실험적으로 구현할 수는 없다.(3.1) 반응 속도론에서는 정반응과 역반응이 모두 가능한 반응을 가역 반응이라고 한다.(15.4)

강체 회전자(rigid rotor): 회전에 대한 양자 역학적 모형으로, 회전 반지름이 변하지 않는다.(11.2)

거시 상태(macrostate): 거시적 특성으로 기술되는 계의 상태(4.7)

격자 에너지(lattice energy): 1몰의 고체가 기체 상태의 원자, 분자, 또는 이온으로 변할 때의 엔탈피 변화량(7.3, 18.4)

격자점(lattice point): 결정의 단위 세포를 이루는 원자, 분자, 이온이 있는 위치(18.1)

결맞는(coherent): 레이저와 같이, 전자기파의 위상이 일치하는 것을 나타내는 용어(14.3)

결정 격자(crystal lattice): 원자, 분자, 이온이 규칙적으로 배열되어 있는 삼차원 구조(18.1)

결합 모멘트(bond moment): 화학 결합의 극성 정도. 이원자 분자의 경우 결합 모멘트는 쌍극자 모멘트와 같은 값이며, 전하(크기만 고려)와 두 전하 사이 거리의 곱으로 주어진다.(13.5)

결합 엔탈피(bond enthalpy): 다원자 분자의 화학 결합이 끊어질 때 수반되는 엔탈피 변화량(3.8, 20.1)

결합 차수(bond order): 결합성 분자 오비탈과 반결합성 분자 오비탈에 속한 전자수의 차이를 2로 나눈 값(13.4)

결합 해리 엔탈피(bond dissociation enthalpy): 이원자 분자의 화학 결합이 끊어질 때 수반되는 엔탈피 변화량(3.8)

결합성 분자 오비탈(bonding molecular orbital): 분자를 구성하는 원자 오비탈보다 에너지가 낮은 분자 오비탈(13.4)

경계면 그림(boundary-surface diagram): 원자 오비탈에서 전자 밀도가 높은 영역(약 90%)을 나타내는 그림(12.3)

계(system): 관심이 있는 우주의 한 부분(1.2)

계간 전이(intersystem crossing): 한 전자 상태에서 스핀 다중도가 다른 전자 상태로의 비복사 전이(14.1)

계면 활성제(surfactant): 표면 장력을 줄여 주는 물질 (19.3)

계의 상태(state of the system): 계와 관련된 모든 거시적 변수들(성분, 부피, 압력, 온도 등)의 값(1.2)

고립계(isolated system): 주위와 물질 및 에너지의 교환이 이루어지지 않는 계(1.2)

고립쌍(lone pair): 공유 결합에 사용되지 않는 원자가 전자(13.5)

고온 띠(hot band): 진동 분광 스펙트럼에서, 들뜬 진동 준위로부터의 전이로 나타나는 띠를 말한다.(11.3)

고유 함수(eigenfunction): 수학 연산자로 계산했을 때, 상수를 제외한 다른 값은 변하지 않는 함수(10.7)

고윳값(eigenvalue): 수학 연산자로 고유 함수를 계산한 결과에서, 고유 함수에 곱해지는 상수 값(10.7)

고장성 용액(hypertonic solution): 삼투압이 매우 큰 고농축 용액

공명(resonance): 2개 이상의 Lewis 구조로 특정 분자를 나타내는 것(13.7)

공명 구조(resonance structure): 한 가지 Lewis 구조로 한 분자를 완벽하게 나타낼 수 없을 때, 두 가지 이상의 Lewis 구조의 공명으로 나타내는데 그중의 하나를 말한다.(13.7)

공유 결합(covalent bond): 하나 또는 그 이상의 전자를 공유하여 만들어지는 화학 결합(13.1)

공유 결합 반지름(covalent radium): 공유 결합되어 있는 동일한 두 원자 사이 거리의 반(13.6)

공융점(eutectic point): 이성분 계에서 고체 성분이 녹아 액체가 될 때, 고체와 액체의 조성이 같은 온도(6.6)

관성 모멘트(moment of inertia, *I*): 특정한 선(보통 추의 중심을 지나는 선)으로부터의 수직 거리가 r_i인 위치에 있는 점 질량 m_i의 관성 모멘트는 다음 식으로 주어진다.

$$I = \sum_i mr_i^2 \tag{11.2}$$

관측치(observable): 양자 역학에서, 한 번의 측정으로 값을 결정할 수 있는 양(10.7)

광자(photon): 빛의 입자(10.3)

광전자 증배관(photomultiplier tube, PMT): 광자를 검출하는 장비로, 연속된 전자 증배기를 거치면서 광전자의 수가 급격히 증가한다.(10.2)

광전 효과(photoelectric effect): 특정한 값보다 높은 진동수의 빛을 금속 표면에 조사하면 전자가 방출되는 현상(10.3)

광화학 반응(photochemical reaction): 빛에 의해 반응물 분자의 전자 전이가 일어남에 따라 이루어지는 반응(16.1)

광화학 스모그(photochemical smog): 햇빛 속에서 자동차 배기가스가 반응하여 만들어지는 스모그(16.4)

구면 극좌표(spherical polar coordinate): 원점에서부터의 거리(r), 위도(θ) 및 경도(ϕ)로 나타내는 좌표계(11.2)

구성 요소(component): 계의 가능한 모든 성분을 나타낼 수 있는 성분 변수(독립적으로 바뀔 수 있는 농도)의 최소 수(부록 5.2)

국제 단위계(international system of units, SI): 국제 도량형 총회에서 채택된 미터 단위(1.4)

기댓값(expectation value): 연속된 측정으로 얻어진 값의 평균(10.7)

기본 반응 단계(elementary step): 분자 수준에서의 실제 반응 단계(15.3)

기체 상수(gas constant, *R*): 이상 기체식에 들어 있는 상수. 값은 0.08206 L atm K^{-1} mol^{-1} 또는 8.314 J K^{-1} mol^{-1}이다.

내부 에너지(internal energy, *U*): 계가 갖고 있는 모든 에너지. 병진, 회전, 진동, 전자, 핵에너지, 분자간의 상호작용에 따른 에너지 등을 모두 포함한다.(3.2)

네마트상(nematic phase): 분자들이 서로 평행하게 정렬되어 있지만, 다른 3차원적인 규칙성은 없는 액정상(19.5)

단색화 장치(monochromator): 여러 가지 파장의 빛에서 한 가지 파장의 빛만 분리해내는 장치(14.3)

단열 과정(adiabatic process): 계와 주위 사이의 열 교환 없이 일어나는 과정(3.2)

단일항 상태(singlet state): 전자 스핀이 0인 원자나 분자의 상태($S = 0$)(11.1)

닫힌 계(closed system): 주위와 에너지의 교환은 이루어지지만(주로 열의 형태로 교환됨), 물질의 교환은 일어나지 않는 계(1.2)

대류권(troposphere): 대기의 가장 낮은 영역. 대기 전체 질량의 80%와 수증기의 거의 대부분이 대류권에 모여 있다.(16.2)

대응 원리(correspondence principle): 양자수가 매우 커지는 극단에서는, 양자 역학적 계산 결과가 고전(뉴턴) 역학적 계산 결과와 같아진다는 것(10.9)

대칭 요소(symmetry element): 대칭 조작의 기준이 되는 점, 선, 면(11.4)

대칭 조작(symmetry operation): 분자를 움직였으나 움직이기 전과 구분이 되지 않을 때, 이 이동을 대칭 조작이라고 한다.(11.4)

동형 치환(isomorphous replacement): 한 원소의 원자를 무거운 원소의 원자로 치환시켜 X선 회절 무늬의 변형이 일어나게 하는 기법. 이 방법으로 X선 분석에서 구조 인자의 부호를 결정할 수 있다.(14.1)

등온 과정(isothermal process): 일정한 온도하에서 일어나는 과정(3.5)

등온선(isotherm): 온도가 일정할 때, 다른 변수 사이의 관계를 나타내는 선(1.5)

등장 용액(isotonic solution): 농도가 같아서 삼투압이 같은 용액(6.7)

등흡광점(isobestic point): 흡수 스펙트럼의 특정 파장에서, 두 화학종의 몰흡광 계수 값이 같기 때문에 스펙트럼 세기의 변화가 나타나지 않는 점. 각 성분의 농도가 바뀌어도 흡광도의 변화가 관찰되지 않는다. 하나 혹은 그 이상의 등흡광점이 나타나는 것은 용액 속에서 평형 반응이 일어나고 있다는 것을 의미한다.(14.1)

란타넘족(lanthanides): 4*f* 부껍질에 전자가 부분적으로 채워진 원소 또는 4*f* 부껍질에 전자가 부분적으로 채워진 이온을 쉽게 만드는 원소. 희토류 원소라고 부르기도 한다.(12.8)

레이저(laser): Light Amplification by Stimulated Emission of Radiation의 약자. 레이저 작동을 위해서는 입자수 역전이 일어나야 한다. 즉 낮은 에너지 준위보다 높은 에너지 준위에 더 많은 원자(또는 분자)가 있도록 해 주어야 한다.(14.3)

레이저 유도 형광(laser-induced fluorescence, LIF): laser를 이용하여 전자를 들뜨게 하는 분광학 방법(14.4)

마디(node): 파동 함수의 값이 0이 되는 점, 선, 또는 면(10.9)

마디 정리(nodal theorem): 바닥 상태 파동 함수에는 마디가 없으며, 파동 함수의 에너지는 마디의 수에 비례한다는 이론(10.9)

막전위(membrane potential): 막 양쪽에 있는 이온의 농도 차이로 인해, 막을 사이에 두고 생기는 전압 차(9.7)

모세관 작용(capillary action): 부착력과 응집력의 상대적인 세기에 따라 모세관의 안쪽 벽과 접촉하는 액체의 표면이 높아지거나 낮아지는 현상(19.3)

몰(mole): 탄소-12 동위 원소 12 g(정확히) 속에 들어 있는 탄소 원자의 수와 같은 수의 입자(원자, 전자 등)를 모아 놓은 것(1.4)

몰분율(mole fraction, x): 혼합물에서 한 성분의 몰수를 전체 몰수로 나눈 값(1.6)

몰전도도(molar conductivity, Λ): 몰농도가 c인 용액의 몰전도도는 $\Lambda = \kappa/c$로 주어진다. κ는 비전도율이다.(7.1)

몰질량(molar mass, $\mathscr{M}$): 1몰의 원자, 분자, 또는 다른 입자의 질량(g 또는 kg)(1.4)

몰흡광 계수(molar absorptivity, ε): Beer-Lambert 법칙의 비례 상수. 화합물이 특정한 파장의 전자기파를 흡수하는 정도를 나타내는 척도가 된다.(11.1)

문턱 진동수(threshold frequency): 금속 표면에서 전자를 방출시키기 위한 빛의 최소 진동수(10.3)

미분화(degeneracy, g): 정확히 같은 에너지를 갖는 상태의 수. 한 에너지 준위에 하나 또는 그 이상의 상태가 있을 수 있다.(10.10)

미시 상태(microstate): 구성 입자(원자 또는 분자) 하나하나의 특성에 기초하여 설명되는 계의 상태(4.7)

미시적 가역성의 원리(principle of microscopic reversibility): 평형 상태에서, 모든 단일 단계 반응의 정반응과 역반응 속도가 같다는 원리(15.4)

반감기(half-life, $t_{1/2}$): 반응물의 농도가 초기 농도의 반으로 줄어드는 데 걸리는 시간(15.2)

반결합성 분자 오비탈(antibonding molecular orbital): 분자를 구성하는 원자의 오비탈보다 높은 에너지를 갖는 분자 오비탈(13.4)

반응 메커니즘(reaction mechanism): 생성물에 이르게 되는 일련의 단일 단계 반응(15.3)

반응 속도 상수(rate constant): 반응 속도와 반응물의 농도 사이의 비례 상수(15.2)

반응 차수(reaction order): 속도 법칙에 포함된 모든 물질의 농도의 지수를 합한 값(15.2)

반자기성(diamagnetic): 반자기성 물질의 전자는 모두 쌍으로 존재하며, 자석에 의해 미약하게 밀려난다.(13.5)

반지름 비 규칙(radius-ratio rule): 음이온에 대한 양이온의 반지름. 이 비율로부터 결정 격자 구조와 배위수에 대한 정보를 얻을 수 있다.(18.4)

반투막(semipermeable membrane): 용매나 특정 용질의 분자는 통과하지만, 다른 용질의 분자는 통과하지 못하는 막(6.7)

발색단(chromophore): 특정한 파장의 빛을 흡수하는 분자의 한 부분(14.1)

발열 반응(exothermic reaction): 주위로 열을 방출하며 일어나는 반응(3.6)

방사 방향 분포 함수(radial distribution function): 각에는 관계없이, 핵(원점)으로부터의 거리가 r에서 $r + dr$인 영역에서 전자를 발견할 확률을 나타내는 분포 함수, $4\pi r^2 R(r)^2$(12.3, 19.1)

배위수(coordination number): 결정에서 한 원자(또는 이온)를 둘러싸고 있는 원자(또는 이온)의 수(18.4)

배진동(overtone): 진동 분광법에서, 진동 양자수의 변화가 1보다 더 큰 전이($\Delta v > 1$)(11.3)

변분 원리(variational principle): 변분법의 바탕이 되는 원리. 시도 함수에 대하여 Hamiltonian 연산자로 계산하여 얻은 값(에너지의 기댓값)은, 계의 실제 에너지보다 크거나 같은 값이 된다.(12.9)

변분법(variational method): 변분 원리에 따라 바닥 상태 파동 함수를 계산하는 방법. 에너지의 기댓값이 최소가 되도록 하는 변분 변수(또는 시도 함수의 변수)를 구한다.(12.9)

변수 변환(transfomation of variables): 한 좌표계에서 다른 좌표계로 바꾸어주는 수학적 과정(10.11)

보존(boson): 광자, ^{4}He 원자, Higgs 등과 같이 정수 스핀을 갖는 입자(12.7)

복소수(complex): 수학적으로, 실수와 허수 부분이 포함된 수(10.7)

복합띠(combination band): 진동 분광법에서, 두 개 이상의 진동 모드가 들뜰 때 나타나는 흡수 띠(11.3)

분말법(powder method): 분말 상태의 물질에 단파장의 X 선을 조사하여, 단위 세포에서의 대칭과 그 크기를 연구하는 실험 방법(18.3)

분몰부피(partial molar volume, $\overline{V}_i$): 부피가 매우 큰 용액에 성분 i를 1몰 더했을 때 증가하는 부피 변화량. 단, 온도, 압력 및 다른 성분의 몰수가 일정하게 유지되어야 한다.(6.2)

분자 분배 함수(molecular partition function): 각각의 분자 운동에 따른 분배 함수들을 곱한 함수(20.3)

분배 함수(partition function, q): 분자의 에너지에 해당하는 미시 상태의 수를 나타내는 값. 분자의 분배 함수를 이용하여 계의 모든 열역학적 특성을 유도할 수 있다.(20.2)

분별 증류(fractional distillation): 끓는점 차를 이용하여 용액 중의 액체 성분들을 분리하는 방법(6.6)

분산 상호 작용(dispersion interaction): 전자 분포가 요동함에 따라 두 분자 사이에 생기는 인력. 순간 쌍극자-유도 쌍극자 상호 작용 또는 London 힘이라고도 한다.(17.3)

분자도(molecularity): 단일 반응 단계에서 반응하는 분자의 수(15.3)

분자 오비탈(molecular orbital, MO): 분자에 속한 전자에 대한 파동 함수(13.4)

분자 오비탈 이론(molecular orbital theory): 분자의 전자 구조를 설명하는 이론. 전자들이 분자 전체에 퍼져 있는 분자 오비탈에 속한다고 가정한다. 분자를 이루고 있는 원자들의 원자 오비탈의 선형 결합으로 분자 오비탈이 만들어진다.(13.4)

분출(effusion): 용기를 나누는 벽의 작은 구멍을 통해 높은 압력의 기체가 용기의 한쪽에서 다른 쪽으로 빠져나가는 과정(2.8)

불변 끓음 혼합물(azeotrope): 끓어오르는 기체의 성분이 일정한 액체 혼합물(6.6)

비대칭(ungerade, u): 비대칭 파동 함수는 원점에 대하여 반대칭이다. 즉 원래 파동 함수에 −1을 곱한 함수가 얻어진다.(13.1)

비리알 상태 방정식(virial equation of state): 실제 기체의 상태 방정식. 몰부피 또는 압력의 지수 전개식으로 방정식을 나타낸다.(1.7)

비편재화된 분자 오비탈(delocalized molecular orbital): 두 원자 이상으로 퍼져 있는 분자 오비탈(13.7)

삼분자 반응(termolecular reaction): 세 개의 분자가 관련된 단일 반응 단계(15.3)

삼중항 상태(triplet state): 원자나 분자의 전체 스핀 양자수 S가 $S = 1$인 상태. 따라서 스핀 다중도는 $(2S + 1) = 3$이 된다.(14.2)

삼투압(osmotic pressure, Π): 삼투 현상을 막기 위해 필요한 압력(6.7)

삼투 현상(osmosis): 반투막을 통해 이루어지는 용매 분자의 순 이동을 말하며, 순수한 용매 또는 더 묽은 용액에서 농도가 높은 용액 쪽으로 이동한다.(6.7)

상도표(phase diagram): 물질이 고체, 액체, 또는 기체 상태로 존재하는 조건(온도와 압력)을 보여 주는 그림(5.5)

상(phase): 계의 균일한 부분으로, 계의 다른 부분과 접촉하고 있지만 명확한 경계선이 있다.(5.5)

상자 속 입자(particle in a box): 양자 역학 계의 모형으로, 상자 안(또는 선이나 평면의 경계 안)에서의 퍼텐셜은 0이고, 상자 바깥에서의 퍼텐셜은 무한대이다.(10.9)

상자기성(paramagnetic): 상자기성 물질은 한 개 이상의 홀전자를 갖고 있으며, 자석에 끌림.(13.5)

상태(state): 자연 현상에 대한 자세한 관측을 통하여, 가능한 한 완벽하게 기술된 계의 존재 상황. 온도, 압력 및 성분과 같은 관측값으로 정의되는 열역학적 상태가 그 예다.(3.1)

상태 방정식(equation of state): 계의 유체 상태를 정의하는 n, P, T, V와 같은 변수의 수학적 관계를 나타내는 방정식(1.5)

상태 함수(state function): 계의 상태에 의해 결정되는 값, 상태 함수의 변화량은 경로에 무관하다.(3.1)

선 스펙트럼(line spectrum): 물질이 특정한 파장의 빛만 흡수하거나 방출하여 얻어지는 스펙트럼(10.4)

선택 규칙(selection rule): 허용되거나 금지되는 분광학적 전이에 대한 규칙(11.1)

선험 확률 동등 원리(principle of equation of a priori probability): 계가 열적 평형 상태에 있을 때, 그 상태에 해당하는 모든 미시 상태는 같은 확률로 계를 구성하게 된다는 원리(4.7)

섭동법(perturbation method): 완벽하게 풀리는 단순한 계(상자 속의 입자, 강체 회전자, 조화 진동자, 수소 원자 등)을 이용하여, 복잡한 양자 역학적 계의 에너지와 파동 함수를 구하는 수학적 접근법(12.11)

성층권(stratosphere): 대류권 위로부터 지표면 약 50 km 까지에 해당하는 대기 영역(16.1)

세기 성질(intensive property): 물질의 양에는 관계가 없는 성질(1.2)

소수성 상호 작용(hydrophobic interaction): 물 분자와의 접촉이 최소화되도록 무극성 물질들이 뭉쳐지게 하는 작용(17.4)

속도 결정 단계(rate-determining step): 생성물에 이르게 되는 일련의 단일 반응 단계 중 가장 느린 반응 단계(15.3)

속도론적 동위 원소 효과(kinetic isotope effect): 분자를 구성하는 한 원자가 다른 동위 원소로 치환될 때 나타나는 반응 속도의 변화. 영점 에너지의 변화로 이 효과가 나타난다.(15.8)

속도론적 염 효과(kinetic salt effect): 이온 세기가 용액에서의 반응 속도에 미치는 영향(15.9)

속도 법칙(rate law): 반응 속도를 반응 속도 상수와 반응물의 농도로 나타낸 식(15.2)

수소 결합(hydrogen bond): 쌍극자-쌍극자 상호 작용의 특수한 경우로, 전기 음성도가 높은 원소의 원자와 결합되어 있는 수소 원자와 전기 음성도가 높은 원소의 다른 원자 사이에서 일어난다.(17.4)

수화수(hydration number): 수용액에서 용질 분자나 이온에 결합된 물 분자의 수(7.2)

스멕트 상(smectic phase): 액정의 한 형태로, 분자들의 층이 자유롭게 미끄러져 이동할 수 있다.(19.5)

스펙트럼 복사 에너지 밀도(spectral radiant energy density): 단위 구간의 파장(또는 진동수)에 해당하는 전자기파의 단위 부피당 에너지(10.1)

스핀 다중도(spin multiplicity): S가 전체 스핀 양자수일 때, $(2S+1)$을 스핀 다중도라고 한다.(11.1)

스핀-스핀 상호 작용(spin-spin coupling): 핵 스핀 사이의 상호 작용으로 NMR 스펙트럼의 미세 구조가 얻어진다.(14.6)

신경 전달 물질(neurotransmitter): 신경 말단에서 방출되는 분자로, 다른 신경 또는 근육 세포에 결합하여 그 기능에 영향을 주는 물질(9.7)

쌍극자 모멘트(dipole moment, μ): 분자가 갖고 있는 결합 모멘트의 벡터 합. 분자 극성의 척도임.(13.5)

쌍극자-쌍극자 상호 작용(dipole-dipole interaction): 두 극성 분자의 전기 쌍극자 사이에서 일어나는 정전기적 상호 작용(17.3)

쌍극자-유도 쌍극자 상호 작용(dipole-induced dipole interaction): 극성 분자의 전기 쌍극자와 무극성 분자의 유도 전기 쌍극자(극성 분자에 의한) 사이의 정전기적 상호 작용(17.3)

쌓음 원리(Aufbau principle): 양성자가 핵에 한 개씩 더해져서 원자를 형성하는 것과 같이, 전자가 원자 오비탈에 차례로 더해지는 것을 나타내는 원리(12.8)

악티늄족(actinide): $5f$ 부껍질이 부분적으로 채워졌거나, 부분적으로 채워진 양이온이 쉽게 만들어지는 원소(12.8)

압력(pressure): 단위 면적당 힘(2.1)

압축 인자(compressibility factor, Z): $P\bar{V}/RT$로 주어지는 값. Z값이 1과 차이가 나는 것은, 기체가 이상 기체의 특성에서 벗어남을 나타낸다.(1.8)

액정(liquid crystal): 비등방성의 준결정 상태 액체(19.5)

액체 섬광 계수기법(liquid scintillation counting): 형광을 이용하여 방사성 추적자로 표지된 화합물을 분석하는 방법(14.2)

양자수(quantum number): 특정한 상태에 있는 원자나 분자의 에너지 준위의 특성을 나타내기 위해 사용되는 정수 및 반정수(1/2)(10.9)

양자 수득률(quantum yield, Φ): 흡수된 빛 양자의 수에 대한 생성된 분자수의 비(16.1)

양자 역학(quantum mechanics): 물질, 전자기 복사, 물질과 복사 에너지의 상호 작용에 대한 현대의 이론(10.7)

양자 역학적 터널링(quantum-mechanical tunneling): 입자의 운동 에너지가 퍼텐셜 에너지보다 낮지만, 뛰어넘을 수 없는 퍼텐셜 장벽 안으로(고전 역학적으로 금지된 영역으로), 입자의 파동 함수가 침투하는 현상(10.9)

에너지(energy): 일을 하거나 열을 발생시키는 능력(1.2)

에너지 등분배 정리(equipartition of energy theorem): 분자의 에너지가 모든 종류의 가능한 운동(병진, 회전, 진동) 또는 자유도 사이에 고르게 분포되어 있다는 이론(2.9)

에너지 준위(energy level): 양자화되어 있는 계에서 허용된 에너지. 여러 가지 상태가 한 준위의 에너지를 가질 때, 미분화되어 있다고 한다.

엔탈피(enthalpy, H): 일정한 압력하에서 변화가 일어날 때, 계가 주고받은 열의 양을 나타내는 열역학 함수. $H = U+PV$로 정의된다. U는 내부 에너지이며, P와 V는 각각 계의 압력과 부피이다.(3.3)

엔트로피(entropy, S): 에너지와 물질의 분산 정도를 나타내는 척도(4.2)

역삼투(reverse osmosis): 삼투압보다 높은 압력을 가하여서, 반투막을 통해 농도가 높은 용액에서 낮은 용액으로 용매가 흘러가도록 하는 과정(6.7)

연산자(operator): 한 함수를 다른 함수로 바꾸어줄 수 있는 수학 식. 연산자는 기호 위에 탈자 기호(^)를 써서 나타낸다.(10.7)

연속 반응(consecutive reaction): A → B → C ... 와 같이 연속하여 일어나는 반응(15.4)

연쇄 반응(chain reaction): 한 단계에서 생긴 중간체가 다른 화학종을 공격하여 다른 중간체를 만드는 과정이 반복되는 반응(15.4)

열(heat, q): 계 사이의 온도 차이에 의해 에너지가 전달되는 과정(3.1)

열권(thermosphere): 높은 고도의 대기 영역으로, 고도가 높아지면 온도도 높아진다.(16.2)

열린 계(open system): 물질과 에너지(보통 열의 형태로)를 주위와 교환할 수 있는 계(1.2)

열반응(thermal reaction): 반응 분자의 전자 에너지가 바닥 상태에 있을 때 일어나는 반응. 반응 속도는 반응 분자의 열운동에 의해 결정된다.(16.1)

열역학 제0법칙(zeroth law of thermodynamics): 계 A가 계 B와 열적 평형 상태에 있고, 계 B는 또한 계 C와 열적 평형 상태에 있다면, 계 C도 계 A와 열적 평형 상태에 있게 된다는 법칙(1.3)

열역학 제1법칙(first law of thermodynamics): 에너지는 한 형태에서 다른 형태로 바뀔 수는 있지만 창조되거나 소멸되지 않는다는 것에 대한 법칙. 화학에서는 제1법칙을 일반적으로 $\Delta U = q + w$로 나타낸다. U는 계의 내부 에너지, q는 계와 주위와의 열 교환, w는 주위가 계에 해준 일의 양 또는 계가 주위에 해 준 일의 양을 말한다.(3.2)

열역학 제2법칙(second law of thermodynamics): 고립계의 엔트로피는, 비가역 과정에서는 증가하고 가역 과정에서는 변하지 않는다는 법칙. 엔트로피는 절대로 감소하지는 않는다. 제2법칙은 수학적으로 다음과 같이 나타낼 수 있다.

$$\Delta S_{\text{우주}} = \Delta S_{\text{계}} + \Delta S_{\text{주위}} \geq 0 \quad (4.4)$$

열역학 제3법칙(third law of thermodynamics): 모든 물질은 0보다 큰 엔트로피를 가지며, 절대 0도에서 완전 결정체의 엔트로피는 0이 된다는 법칙(4.6)

열역학(thermodynamics): 열 및 그 외의 에너지의 주고받음을 연구하는 학문(3.1)

열역학적 상태 방정식(thermodynamic equation of state): 온도가 일정할 때, 부피 변화에 따른 계의 내부 에너지 변화를 나타내는 식(부록 6.1)

열역학적 평형 상수(thermodynamic equilibrium constant): 농도 대신에 활동도(용액 속의 용질의 경우)나 퓨가시티(기체의 경우)로 나타낸 평형 상수(8.1)

열역학적 효율(thermodynamic efficiency, η): 열기관이 해 준 일의 양을 흡수한 열로 나눈 값(4.3)

열용량(heat capacity, C): 정해진 물질의 온도를 1도 올리는 데 필요한 에너지(2.9)

열용량 비(heat capacity ratio, γ): C_P/C_V 비율(3.5)

열운동(thermal motion): 무질서하고 혼란스러운 분자 운동. 열운동 에너지가 클수록 온도가 높다.(2.3)

열화학(thermochemistry): 화학 반응 과정에 일어나는 열의 주고받음에 대한 연구(3.6)

염석 효과(salting-out effect): 이온 세기가 커질 때 전해질의 용해도가 감소하는 현상(7.5)

염용 효과(salting-in effect): 이온 세기가 커질 때 전해질의 용해도가 증가하는 현상(7.5)

영점 에너지(zero-point energy): 계가 가질 수 있는 가장 낮은 에너지. 조화 진동자의 경우 영점 에너지는 $\frac{1}{2}h\nu$이다.(10.9)

영차 반응(zero-order reaction): 반응 속도가 반응물의 농도와 무관한 반응(15.2)

영족 기체 핵심부(nobel gas core): 특정 원소의 바로 앞에 있는 비활성 기체 원소의 전자 배치(12.8)

오비탈(orbital): 원사나 분사에서 한 전자의 파동 힘수(12.1)

온실 효과(greenhouse effect): 태양에서 오는 가시광선은 대기를 통과하여 반사되지만, 적외선은 대기 중의 온실기체(특히 CO_2)에 흡수되어 대기와 표면 온도를 상승시킨다. 이것을 온실 효과라고 한다.(16.3)

요술각 회전(magic angle spinning, MAS): 고체 시료를 자기장에 대하여 54.74° 기울어진 축을 중심으로 높은 속력(kHz)으로 회전시켜, 쌍극자 퍼짐 현상을 최소화시키는 방법(14.6)

원심력 상수(centrifugal constant, D): 회전 분광법에서, 결합 길이가 늘어남에 따라 회전 에너지 준위가 바뀌는 것을 나타내는 변수(11.2)

원자가 결합 이론(valence bond theory): 분자의 전자 구조에 대한 이론. 원자 오비탈에 있는 전자들이 쌍을 이루어 결합이 만들어진다고 설명함.(13.3)

원자가 껍질 전자쌍 반발 이론(valence-shell electron-pair repulsion(VSEPR) theory): 전자쌍 사이의 반발에 기초하여, 중심 원자 주위의 공유 및 비공유 전자쌍이 어떻게 배열되는가를 설명하는 이론(13.6)

원자가 전자(valence electrons): 원자의 외각 전자로, 화학 결합에 관여한다.

원자힘 현미경(atomic force microscopy, AFM): 표면과 뾰족한 팁 사이에 작용하는 힘을 스캔하여 표면의 구조를 보는 장비(10.12)

유도 자유 감쇠(free induction decay, FID): 시간에 따라 FT-NMR 신호가 줄어드는 것을 을 말하며, Fourier 변환을 이용하여 진동수의 함수로 바꾸어 준다.(14.6)

유전 상수(dielectric constant, ε): 축전기의 판 사이가 진공일 때의 축전 용량이 C_0이고, 같은 축전기의 판 사이가 특정 물질로 채워졌을 때의 축전 용량을 C라고 하면, 다음 값을 그 물질의 유전 상수라고 한다.

$$\varepsilon = \frac{C}{C_0} \tag{7.2}$$

응집력(cohesion): 비슷한 분자 사이의 인력(19.3)

이분자 반응(bimolecular reaction): 두 분자가 관련된 단일 단계 반응(15.3)

이상 기체식(ideal gas equation): 이상 기체의 압력, 부피, 온도 및 양의 관계를 나타내는 식. $PV = nRT$(R은 기체 상수)(1.5)

이상 용액(ideal solution): 용매와 용질이 Raoult 법칙을 만족하는 용액(6.4)

이상적인 묽은 용액(ideal-dilute solution): 용매는 Raoult 법칙을 만족하고, 용질은 Henry 법칙을 만족하는 용액(6.5)

이온 분위기(ionic atmosphere): 전해질 용액 속의 각 이온 주위에 형성되는 구형의 반대 전하(7.5).

이온 세기(ionic strength, I): 다음과 같이 정의되는 전해질 용액의 특성 $I = 1/2\sum_i mz_i^2$ (7.5)

이온 이동도(ionic mobility): 단위 전기장 당 이온의 속도(7.1)

이온-쌍극자 상호 작용(ion-dipole interaction): 이온과 분자의 전자 쌍극자 사이에서 일어나는 정전기적 상호 작용(17.3)

이온-유도 쌍극자(ion-induced dipole): 이온과 이온에 의해 만들어진 무극성 분자의 유도 쌍극자 사이에서 일어나는 정전기적 상호 작용(17.3)

이온화 에너지(ionization energy, *IE*): 바닥 전자 상태의 독립된 원자나 이온에서, 전자 한 개를 제거하는 데 필요한 최소한의 에너지(12.8)

이차 반응(second-order reaction): 반응 속도가 한 반응물 농도의 제곱에 비례하거나, 두 반응물 농도의 곱에 비례하는 반응(15.2)

인광(phosphorescence): 빛을 받은 물질이 전자기파를 방출하는 현상. 인광의 특성은 수명이 길며(수 초 단위) 방출 준위와 바닥 준위의 스핀 다중도가 다르다는 것이다. 보통 삼중항에서 단일항으로 전이가 일어난다.(14.2)

일(work): 역학에서의 일은 힘에 거리를 곱한 양이다. 열역학에서 가장 흔히 볼 수 있는 일은 기체 팽창(또는 압축)에 의한 일과 화학 전지에서의 전기적인 일 등이 있다.(3.1)

일분자 반응(unimolecular reaction): 한 분자로 이루어진 단일 단계 반응(15.3)

일정 상태 근사법(steady-state approximation): 반응 과정에서, 반응 중간체의 농도가 일정하다고 가정하고 반응 메커니즘을 구하는 근사적인 방법(15.4)

일차 반응(first-order reaction): 반응 속도가 반응물 농도에 비례하는 반응(15.2)

일함수(workfunction, Φ): 금속 표면에서 전자를 방출시키기 위해 필요한 최소한의 에너지(10.3)

임계 온도(critical temperature, T_c): 기체가 액화될 수 있는 최고 온도(1.8)

입자-파동 이중성(particle-wave duality): 입자는 파동의 성질을, 파동은 입자의 성질을 갖고 있다.(10.5)

자기 공명 영상법(magnetic resonance imaging, MRI): 물체의 3차원 이미지를 얻을 수 있는 NMR 기법(14.6)

자발적 과정(spontaneous process): 주어진 조건하에서 저절로 일어나는 과정(4.1)

자유도(degree of freedom): 기체 분자 운동론과 분광학에서는 분자가 병진, 회전, 진동 운동을 하는 방법의 수를 말한다.(2.9) Gibbs 상 규칙에서는, 평형 상태에 있는 상의 수가 바뀌지 않으면서 독립적으로 변할 수 있는 세기 성질 변수(압력, 온도, 성분)의 개수를 말한다.(부록 6.1)

자유 에너지 감소 과정(exergonic process): Gibbs 에너지가 감소하는 과정으로($\Delta G < 0$), 열역학적으로 자발적인 과정이다.(5.1)

자유 에너지 증가 과정(endergonic process): Gibbs 에너지가 증가하는 과정으로($\Delta G > 0$), 열역학적으로 일어나기 어려운 과정이다.(5.1)

자체 일관성 장 법(self-consistent field method): 반복되는 계산을 통하여 다전자 원자 또는 분자의 파동 함수를 구하는 방법(12.10)

작용 스펙트럼(action spectrum): 빛의 파장에 따라 변하는 계의 광화학적 반응이나 효율을 나타낸 흡수 스펙트럼(16.1)

잔여 엔트로피(residual entropy): 물질이 절대 0도에서 갖게 되는 엔트로피. 결정 구조가 완벽하지 않아서 생긴다.(4.8)

저장성 용액(hypotonic solution): 낮은 삼투압의 묽은 용액(6.7)

전기 음성도(electronegativity, χ): 화학 결합에서 원자가 전자를 자기 쪽으로 잡아당기는 상대적인 능력(13.5)

전도도(conductance, C): 전해질 용액의 이온이 전류를 흐르게 하는 능력의 척도. 주어진 매질의 면적이 A이며 길이가 ℓ일 때, $C = \kappa A/l$로 주어진다. κ는 비전도율임.(7.1)

전이 금속(transition metal): d 부껍질에 전자가 부분적으로 채워진 원소 또는 d 부껍질에 전자가 부분적으로 채워진 이온을 쉽게 만드는 원소(12.8)

전이 상태(transition state): 활성화물 참조

전이 쌍극자 모멘트(transition dipole moment): 분광학적 전이 과정에서의 전자 전하 이동으로 나타나는 쌍극성 특성의 척도(11.1)

전자 배열(electron configuration): 원자나 분자의 각 오비탈에 전자가 분포되어 있는 상태(12.7)

전자 친화도(electron affinity, EA): 기체 상태의 원자에 전자 1개가 더해져 음이온이 만들어질 때의 에너지 변화 값에 (−)를 취한 값(12.8)

전자기 복사(electromagnetic radiation): 전자기파 형태로 방출되거나 흡수되는 복사(10.1)

전자기파(electromagnetic wave): 서로 수직인 전기장 성분과 자기장 성분으로 된 파동(10.1)

전환수(turnover number): 효소가 기질로 포화되어 있을 때, 1초 동안에 효소 분자 1개와 반응하는 기질 분자의 수(15.12)

절대 영도(absolute zero): 이론적으로 도달할 수 있는 최저 온도. 0 K(1.5)

절대 영도 온도 단위(absolute zero temperature scale): 절대 0도를 최저 온도로 설정한 온도 단위(1.5)

점군(point group): 분자에 적용되는 모든 대칭 조작의 종류에 따른 분자의 대칭성 분류(11.4)

점대칭(gerade, g): 점대칭 파동 함수는 원점을 중심으로 대칭이다. 함수를 다시 반전시키면 원래 함수로 돌아온다.(13.1)

점도(viscosity): 유체가 흐름에 저항하는 정도에 대한 척도(2.7)

정규화 상수(normalization constant): 함수가 정의되는 전 영역에 대해 적분했을 때의 값이 1이 되도록 함수에 곱해 주는 값. 정규화된 함수는 확률 밀도 함수로 사용될 수 있다.(10.7)

정준 분해 함수(canonical partition function): 계의 모든 분자 분배 함수의 곱(20.3)

정상 상태(stationary state): 시간이 지나도 변화하지 않는 상태(10.7)

제곱 평균근 속도(root-mean-square velocity): 모든 분자의 속력을 제곱한 값의 평균에 대한 제곱근(2.4)

조밀 채움 구조(closed-packed structure): 동일한 구로 이루어진 층을 쌓아 만든 3차원 구조. 조밀 채움 구조에서 각 구의 배위수는 12가 된다.(18.4)

조화 진동자(harmonic oscillator): Hooke 법칙을 만족하는 물체. 분자의 진동 운동에 대한 연구에서, 분자는 근사적으로 양자 역학적 조화 진동자라고 가정한다.(11.3)

주사 터널 현미경(scanning tunneling microscopy, STM): 아주 가는 탐침의 끝과 전도성 표면 사이에서 일어나는 전자의 터널 효과를 이용한 현미경. 원자 수준의 해상도로 표면의 이미지를 얻을 수 있다.(10.12)

주위(surroundings): 계를 제외한 우주 전체(1.2)

준결정 상태(mesomorphic phase): 고체와 액체의 중간 성질을 갖고 있는 상태. 파라 결정(paracrystalline) 상태라고도 한다.

줄(Joule, J): 뉴턴(N)×미터(m)로 주어지는 에너지의 단위(1.4)

중간권(mesosphere): 지구 대기의 성층권과 열권 사이(16.2)

중간체(intermediate): 단일 단계 반응으로 나타낸 반응 메커니즘에는 표시되지만, 전체 균형 화학 반응식에는 표시되지 않는 물질(15.3)

지수 앞자리 인자(pre-exponential factor, A): Arrhenius 식에서 지수 항 앞에 있는 인자(15.7)

지표표(character table): 특정한 점군에 속한 분자의 운동에 대한 표현의 수학적 집합(11.4)

직교정규(orthonormal): 두 파동 함수가 정규화되어 있으며 서로 직교할 때, 즉 다음의 관계를 만족할 때, 직교정규화되어 있다고 말한다.

$$\int \psi_i^* \psi_j d\tau = \delta_{ij} \qquad (10.7)$$

진동 반응(oscillating reaction): 하나 또는 그 이상의 중간체 농도가 시간 또는 공간에 따라 주기적으로 변하는 반응(15.10)

짝진 반응(coupled reaction): 자유 에너지가 증가하는 반응이 자유 에너지가 감소하는 반응과 짝지어져서 일어나는 과정. 생물학적 짝진 반응은 효소에 의해 조절된다.(8.6)

체류 시간(residence time): 분자가 공기 중에 존재하는 평균 시간(16.2)

초고속 과정(ultrafast process): pico, femto, atto 초 정도에서 일어나는 매우 빠른 과정(14.4)

초임계 유체(supercritical fluid): 임계 온도보다 높은 온도에 있는 물질의 상태(1.8)

촉매(catalyst): 자체는 소비되지 않으면서 반응 속도를 높여 주는 물질(15.12)

촉매 반응 상수(catalytic rate constant, kcat): 전환수(turnover number) 참조

총괄성(colligative property): 용질의 종류에 관계없이, 용질 입자의 수에 의해서만 결정되는 용액의 성질(6.7)

최고 점유 분자 오비탈(HOMO): 최고 점유 분자 오비탈(13.4)

최대 반응 속도(maximum rate, V_{max}): 모든 효소가 기질과 결합하고 있을 때의 효소 반응 속도(15.12)

최빈 속력(most probable speed): 주어진 온도의 기체에서 가장 많은 수의 분자가 갖고 있는 속력(2.4)

최저 비점유 분자 오비탈(LUMO): 최저 비점유 분자 오비탈(13.4)

축전용량(capacitance, C): 축전기의 양쪽 도체 사이에 걸리는 전위에 대한 전하의 비(부록 7.1)

충돌 빈도(collision frequency, Z_1): 단위 시간당 한 분자의 충돌 횟수(2.5)

친액성 상(lyotropic phase): 두 성분 이상의 혼합물로 이루어진 액정 상으로, 한 성분은 물과 같은 극성 물질이다.(19.5)

켤레 복소수(complex conjugate): i를 $-i$로 바꾼 복소수. $i = \sqrt{-1}$ (10.7)

콜레스테르 상(cholesteric phase): 스멕트 상과 같이 분자들이 층으로 배열되어 있지만, 분자의 긴 축이 층에 평행한 액정(19.5)

크기 성질(extensive property): 물질의 양에 따라 변하는 성질(1.2)

탄성 충돌(electric collision): 충돌 과정에서 물체 전체의 병진 운동 에너지가 내부의 회전이나 진동 운동 에너지로 전달되지 않는 충돌(2.1)

터널 현상(tunneling): 양자 역학적 터널 현상 참조

통계 열역학(statistical thermodynamics): 많은 수의 분자로 이루어진 집합의 평균적인 운동에 기초하여 열역학적 특성을 설명하는 이론(20.1)

투석(dialysis): 반투막을 통해 이루어지는 확산을 이용하여, 몰질량이 작은 용질을 용액에 첨가하거나 제거하는 과정(8.5)

파라 결정 상태(paracrystalline phase): 준결정 상태(mesomorphic phase) 참조

파수(wavenumber, $\tilde{\nu}$): 단위 길이에 들어 있는 파의 수. 일반적인 단위는 cm^{-1}이다.(6.7)

퍼텐셜 에너지 곡선(potential-energy curve): 계(분자)를 구성하는 원자들의 좌표에 따른 계의 퍼텐셜 에너지 변화를 보여 주는 그림(3.7)

퍼텐셜 에너지 표면(potential-energy surface): 원자들의 상대적인 위치가 가능한 모든 범위에서 변할 때의 퍼텐셜 에너지 그림(15.6)

페르미온(fermion): 전자, 양성자, 중수소 원자 등과 같이 반정수(1/2)의 스핀을 갖고 있는 입자(12.7)

편극도(polarizability, α): 원자(또는 분자)의 전자 밀도가 일그러지기 쉬운 정도. 수학적으로는 가해진 자기장(E)의 세기와 유도 쌍극자 사이의 비례 상수를 말한다.

$$\mu_{유도} = \alpha E \qquad (17.3)$$

평균 이온 활동도 계수(mean ionic activity coefficient, $\gamma_\pm$): 용액 속 이온이 이상적인 거동으로부터 벗어나는 정도를 나타내는 지표(7.4)

평균 자유 행로(mean free path, λ): 한 분자가 다른 분자와 충돌한 후 다음 충돌까지 이동하는 거리의 평균값(3.5)

평형 증기 압력(equilibrium vapor pressure): 특정한 온도에서 액체와 증기가 평형을 이루고 있을 때의 증기 압력. 단순히 증기 압력이라고도 한다.(1.8)

표면 장력(surface tension): 액체의 표면적을 단위 면적만큼 증가시킬 때 필요한 에너지(19.3)

표준 반응 엔탈피(standard enthalpy of reaction, $\Delta_r H°$): 특정 온도에서 표준 상태의 반응물에서 표준 상태의 생성물이 만들어질 때의 엔탈피 변화량(3.7)

표준 상태(standard state): 열역학적 양들을 정의하는 기준이 되는 상태. 특정한 온도에서, 고체와 액체의 표준 상태는 1 bar의 압력하에 있는 순수한 물질 상태를 말한다. 특정한 온도에서, 이상 기체의 표준 상태는 압력이 1 bar인 순수한 기체를 말한다.(3.6)

표준 생성 몰 Gibbs 에너지(standard molar Gibbs energy of formation, $\Delta_f \overline{G}°$): 특정한 온도와 표준 상태(1 bar)에서, 화합물을 구성하고 있는 각 원소로부터 화합물이 1몰이 만들어질 때의 Gibbs 에너지 변화량(5.3)

표준 생성 몰엔탈피(standard molar enthalpy of formation, $\Delta_r H°$): 특정한 온도와 표준 상태(1 bar)에서, 화합물을 구성하고 있는 각 원소로부터 화합물 1몰이 만들어질 때의 엔탈피 변화량(3.6)

표준 수소 전극(standard hydrogen electrode): 다음과 같은 반쪽 반응이 가역적으로 일어나는 전극

$$H^+(1\,M) + e^- \rightleftharpoons \tfrac{1}{2}H_2(g)$$

H_2의 압력은 1 bar이고 H^+ 이온 농도가 1 M일 때의 전극 전위를 0 V로 정하였다.(9.2)

표준 환원 전위(standard reduction potential): 표준 상태에서의 환원 반쪽 반응에 대한 물질의 전극 전위(9.2)

퓨가시티 계수(fugacity coefficient, γ): 기체의 퓨가시티(f)와 압력(P)을 관계지어 주는 계수 (P): $f = \gamma P$.(8.1)

퓨가시티(fugacity, f): 기체의 퓨가시티는 열역학적인 유효 압력을 말한다.(8.1)

허수(imaginary): i ($i = \sqrt{-1}$)가 포함된 수(10.7)

형광(fluorescence): 물질이 빛을 받는 동안에 전자기파가 방출되는 현상. 형광의 특징은 바닥 상태와 들뜬 상태의 스핀이 같고(일반적으로 단일항), 수명이 10^{-9}초 정도로 짧다는 것이다.(14.2)

형광제(fluor): 방사능을 UV-가시광선으로 바꾸어 주는 섬광 검출기에 사용되는 형광 분자(14.2)

혼성 오비탈(hybrid orbital): 한 원자에 속한 서로 다른 원자 오비탈로부터 만들어지는 오비탈(13.6)

혼성화(hybridization): 한 원자에 속한 비슷한 에너지의 원자 오비탈들이 혼합되어, 공간에서의 분포가 다른 일련의 원자 오비탈들이 만들어지는 과정(13.6)

홀로그래피(holography): 결맞는 레이저 빛을 이용하여 3차원 영상을 만드는 기법(14.3)

홀로그램(hologram): 홀로그래피 방법으로 만든 영상(14.3)

화학적 이동(chemical shift, δ): 조사하는 물질의 핵과 표준 물질 핵의 NMR 공명 주파수 차이를 표준 물질 핵의 NMR 공명 주파수로 나눈 값(14.6)

화학 전위(chemical potential, μ): 분몰 Gibbs 에너지. i번째 성분의 화학 전위는 다음과 같이 정의한다.

$$\mu_i = (\partial G/\partial n_i)_{T,P,n_j}$$

Gibbs 에너지로 순수한 물질의 자발적 변화 방향을 예측할 수 있는 것과 같이, 혼합물의 자발적 변화 방향은 화학 전위로 예측할 수 있다.(6.2)

확률 밀도 함수(probability density function): 특정한 위치에서 전자와 같은 입자를 발견할 가능성을 수학적으로 나타낸 양자 역학의 함수

확산(diffusion): 분자의 운동 특성에 따라, 한 기체의 분자들이 다른 기체의 분자들과 점진적으로 섞이는 현상.(2.8) 농도 기울기에 따른 입자의 이동(19.4)

확산 계수(diffusion coefficient, D): 특정한 온도에서 특정한 매질의 주어진 농도 기울기에 따라 물질이 확산되는 속도를 나타내는 계수(19.4)

확산 지배 반응(diffusion-controlled reaction): 반응 분자의 확산 속도에 의해 반응 속도가 결정되는 반응(15.10)

확률 밀도 함수(probability density function): 특정한 위치에서 전자를 발견할 확률처럼, 양자역학에서 입자를 발견할 가능성을 나타내는 함수(10.7)

환산 질량(reduced mass, μ): 두 입자의 질량이 m_1과 m_2일 때, 환산 질량은 다음과 같이 정의된다.

$$\frac{1}{\mu} = \frac{1}{m_1} + \frac{1}{m_2} \quad (11.2)$$

활동도(activity, a): 이상적인 거동에서 벗어나는 정도를 고려한 열역학적 유효 농도(6.5)

활동도 계수(activity coefficient, γ): 용액이 이상적인 거동으로부터 벗어나는 정도를 나타내는 지표. 활동도를 농도에 관련지어 준다.(6.5)

활동 전위(action potential): 자극에 의해 순간적으로 변하는 신경이나 근육 세포 표면 전위(9.7)

활성화물(activated complex): 반응물이 생성물로 바뀌는 과정에서 만들어지는 높은 에너지의 중간체. 전이 상태라고도 한다.(15.7)

활성화 에너지(activation energy, E_a): 화학 반응이 일어나기 위해 필요한 최소한의 에너지(15.5)

활성화 자리(active site): 효소 분자가 기질에 결합하여 촉매 반응이 일어나는 자리(15.12)

회전 상수(rotational constant, B): 회전 분광 스펙트럼에서, 인접한 두 준위 사이의 전이에 의한 띠들의 간격은 $2B$가 된다.(11.2)

회전 진동(rovibrational): 회전과 진동 전이(또는 에너지 준위) 동시에 일어나는 것(11.3)

회전 진동 전자(rovibronic): 회전, 진동 및 전자 전이(또는 에너지 준위)가 동시에 일어나는 것(11.3)

효소(enzyme): 단백질이나 RNA 분자 형태의 생물학적 촉매(15.2)

휘발성(volatile): 물질의 증기 압력이 큼.(6.7)

흡광 감소 현상(hypochromism): 풀려 있던 DNA 사슬이 이중 나선 형태로 결합되면서, 260 nm UV 빛의 흡수가 감소되는 현상. 이 현상은 DNA 분자의 풀림과 재결합 과정을 추적하는 데 이용된다.(14.1)

흡열 반응(endothermic reaction): 주위에서 열을 흡수하며 일어나는 반응(3.6)

희토류 금속(rare earth metal): 란타넘족 참조

힘(force): 뉴턴 제2법칙에 따라, 힘은 질량에 가속도를 곱한 값이다.(1.2)

힘상수(force constant, k): 복원력과 물체의 이동 거리(x) 사이의 비례 상수. 조화 진동자의 경우 Hooke 법칙($F = -kx$)에 따른다. 화학 결합 강도의 척도가 된다.(11.3)

문제에 대한 답

1장

1.6 32.0 g mol^{-1}
1.8 2.98 g L^{-1}
1.10 **(a)** 1.1×10^{-7} mol L^{-1}, **(b)** 18 ppm
1.12 **(a)** 0.85 L
1.14 **(a)** 4.9 L, **(b)** 6.0 atm, **(c)** 0.99 atm
1.16 N_2O
1.18 3.2×10^7 molecules; 2.5×10^{22} molecules
1.20 O_2: 28%; N_2: 72%
1.24 N_2: 88.9%; H_2: 11.1%
1.26 13 days
1.28 349 mmHg
1.30 0.45 g
1.32 4.8%
1.38 $P_T = 1.02$ atm, $P_{Ar} = 0.30$ atm, $P_{He} = 0.720$ atm, $x_{Ar} = 0.29$, $x_{He} = 0.71$
1.42 $P_c = 50.4$ atm, $T_c = 565$ K, $\overline{V}_c = 0.345$ L mol^{-1}
1.54 **(a)** 1.09×10^{44} molecules, **(b)** 1.18×10^{22} molecules, **(c)** 2.6×10^{30} molecules, **(d)** 2.4×10^{-14}; 3×10^8 molecules
1.56 **(b)** 0.54 atm
1.64 $x_{CH_4} = 0.789$, $x_{C_2H_6} = 0.211$
1.66 CH_4
1.68 46.6 m
1.70 45°C

2장

2.4 0.29 atm
2.6 6.07×10^{-21} J; 3.65×10^3 J mol^{-1}
2.8 460 K
2.10 42.6 K
2.14 N_2: 1.33×10^4 m; He: 9.31×10^4 m
2.16 $c_{rms} = 2.8$ m s^{-1}, $\bar{c} = 2.7$ m s^{-1}
2.20 $c_{rms} = 431$ m s^{-1}, $c_{mp} = 352$ m s^{-1}, $\bar{c} = 397$ m s^{-1}
2.26 3.53×10^{-8} m; 7.70×10^{31} collisions L^{-1} s^{-1}
2.28 12.0 K
2.30 At 1.0 atm: $Z_1 = 3.4 \times 10^9$ collisions s^{-1}, $Z_{11} = 4.0 \times 10^{34}$ collisions m^{-3} s^{-1}. At 0.10 atm: $Z_1 = 3.4 \times 10^8$ collisions s^{-1}, $Z_{11} = 4.0 \times 10^{32}$ collisions m^{-3} s^{-1}
2.32 466.2 m s^{-1}; 4.04 Å
2.36 4
2.38 0.43%
2.40 **(a)** 4.39×10^{21} molecules s^{-1}, **(b)** 2.70 min
2.44 7.25×10^{-21} J for all cases
2.46 H_2: 20.79 J K^{-1} mol^{-1}; CO_2: 20.79 J K^{-1} mol^{-1}; SO_2: 24.94 J K^{-1} mol^{-1}
2.48 Rotational: 0.89; vibrational: 5.4×10^{-6}; electronic: 0
2.54 **(a)** 61.3 m s^{-1}, **(b)** 4.57×10^{-4} s, **(c)** 328 m s^{-1}
2.56 Escape velocity $= 1.1 \times 10^4$ m s^{-1}. He: 1.15×10^3 m s^{-1}; N_2: 435 m s^{-1}
2.58 16.3
2.66 CH_4

3장

3.4 **(a)** −112 J, **(b)** −230 J
3.6 -2.3×10^3 J
3.10 $\Delta U = 0$, $q = -20$ J
3.14 $\Delta U = 0$, $\Delta H = 0$ for both **(a)** and **(b)**
3.20 0.71 atm
3.22 50.8°C
3.26 Linear
3.34 **(a)** 207 K, **(b)** 226 K
3.36 24.8 kJ g^{-1}; 603 kJ mol^{-1}
3.38 25.0°C
3.40 **(a)** −2905.6 kJ mol^{-1}, **(b)** 1452.8 kJ mol^{-1}, **(c)** −1276.8 kJ mol^{-1}
3.42 **(a)** −167.2 kJ mol^{-1}, **(b)** −229.6 kJ mol^{-1}
3.44 −337 kJ mol^{-1}
3.46 −23.2 kJ mol^{-1}
3.48 500 J mol^{-1}
3.50 −197 kJ mol^{-1}
3.52 1.9 kJ mol^{-1}
3.54 −238.7 kJ mol^{-1}
3.56 0
3.58 **(b)** 79.4 kJ mol^{-1}
3.60 −2758 kJ mol^{-1}; −3119.4 kJ mol^{-1}
3.66 2.8×10^3 g
3.68 1.19×10^4 K
3.72 **(a)** −65.2 kJ mol^{-1}, **(b)** −9.4 kJ mol^{-1}
3.74 47.8 K; 4.1×10^3 g
3.76 7.60%
3.78 9.90×10^8 J; 305°C
3.80 4.10 L
3.86 **(a)** 561 J, **(b)** 810 J
3.88 0; −285.8 kJ mol^{-1}

4장

4.6 5.52×10^3 J
4.14 $\Delta U = 43.34$ kJ, $\Delta H = 46.44$ kJ, $\Delta S = 126.2$ J K^{-1}
4.16 4.5 J K^{-1}. Same
4.18 **(a)** 75.0°C, **(b)** $\Delta S_A = 22.7$ J K^{-1}, $\Delta S_B = -20.79$ J K^{-1}, $\Delta S_T = 1.9$ J K^{-1}
4.20 0.36 J K^{-1}
4.22 **(a)** $\Delta S_{sys} = 5.8$ J K^{-1}, $\Delta S_{surr} = -5.8$ J K^{-1}, $\Delta S_{univ} = 0$. **(b)** $\Delta S_{sys} = 5.8$ J K^{-1}, $\Delta S_{surr} = -4.15$ J K^{-1}, $\Delta S_{univ} = 1.7$ J K^{-1}
4.24 0
4.26 **(a)** −543.8 J K^{-1} mol^{-1}, **(b)** −117.0 J K^{-1} mol^{-1}, **(c)** 284.4 J K^{-1} mol^{-1}, **(d)** 19.4 J K^{-1} mol^{-1}
4.28 **(a)** $\Delta S_{sys} = 5.8$ J K^{-1}, $\Delta S_{surr} = -5.8$ J K^{-1}, $\Delta S_{univ} = 0$. **(b)** $\Delta S_{sys} = 5.8$ J K^{-1}, $\Delta S_{surr} = -3.4$ J K^{-1}, $\Delta S_{univ} = 2.4$ J K^{-1}
4.30 $\Delta_r S° = 24.6$ J K^{-1} mol^{-1}, $\Delta S_{surr} = -607$ J K^{-1} mol^{-1}, $\Delta S_{univ} = -582$ J K^{-1} mol^{-1}
4.34 **(a)** 9.134 J K^{-1} mol^{-1}, **(b)** 11.53 J K^{-1} mol^{-1}, **(c)** 13.38 J K^{-1} mol^{-1}
4.40 0.20 J K^{-1}
4.42 $\Delta U = -1.25 \times 10^3$ J, $\Delta H = -2.08 \times 10^3$ J, $\Delta S = -15.1$ J K^{-1}
4.44 340°C
4.48 **(a)** 35 kJ, **(c)** 202 kJ
4.52 4×10^{-13} s
4.54 25.5 J K^{-1}
4.56 55 J K^{-1}
4.58 113400. 75600

5장

5.2 979.1 K
5.4 2.48 kJ mol^{-1}
5.6 −75.9 kJ mol^{-1}
5.8 **(a)** $\Delta_r H^\circ = 1.90$ kJ mol^{-1}, $\Delta_r S^\circ = -3.3$ J K^{-1} mol^{-1}, **(b)** 1.4×10^4 bar
5.10 −3198.4 kJ mol^{-1}
5.18 −2.20 K
5.26 88.9 torr
5.30 $\Delta H^\circ = -11.5$ kJ mol^{-1}, $\Delta G^\circ = 12.0$ kJ mol^{-1}
5.40 -6.24×10^3 J

6장

6.2 2.28 *M*
6.4 5.0×10^2 *m*; 18.3 *M*
6.8 10 *m*
6.10 **(a)** 11.53 J K^{-1}, **(b)** 50.45 J K^{-1}
6.14 2.6×10^{-4} mol kg^{-1}
6.20 0.85
6.22 $a = 0.9149$, $\gamma = 0.994$
6.26 **(b)** 67.2 mmHg, **(c)** $x^{v}_{ethanol} = 0.64$, $x^{v}_{propanol} = 0.36$
6.28 0.9261 *M*
6.36 $P^*_A = 1.9 \times 10^2$ mmHg, $P^*_B = 4.1 \times 10^2$ mmHg
6.38 **(a)** $x_A = 0.524$, $x_B = 0.476$, **(b)** $P_A = 50$ mmHg, $P_B = 20$ mmHg, **(c)** $x_A = 0.71$, $x_B = 0.29$, $P_A = 68$ mmHg, $P_B = 12$ mmHg
6.42 3.5 atm
6.54 **(b)** 1.5 L mol^{-1}
6.56 7.2×10^5 g mol^{-1}
6.58 −14 kJ
6.64 O_2: 8.7 mg $(kg\ H_2O)^{-1}$; N_2: 14 mg $(kg\ H_2O)^{-1}$

7장

7.2 1.5×10^2 Ω^{-1} mol^{-1} cm^2
7.4 390.71 Ω^{-1} mol^{-1} cm^2
7.6 2.8 Ω^{-1} mol^{-1} m^2
7.8 **(a)** 2.5×10^{-3} g L^{-1}, **(b)** 3.9×10^{-4} g L^{-1}
7.10 5.6×10^4 J mol^{-1}
7.12 **(a)** 5.1×10^{-5} *M*, **(b)** $[Oxa^{2-}] = 3.0 \times 10^{-7}$ *M*, $[Ca^{2+}] = 0.010$ *M*
7.14 **(a)** 0.10 *m*; 0.69, **(b)** 0.030 *m*; 0.67, **(c)** 1.0 *m*; 9.1×10^{-3}
7.16 $m_\pm = 0.32$ *m*, $a_\pm = 0.041$, $a = 7.0 \times 10^{-5}$
7.18 24.8 Å
7.20 4%
7.22 0.30 *M*; −0.55°C
7.24 **(a)** 0.150 atm, **(b)** 0.072 atm
7.26 1×10^{-14}
7.30 **(a)** 0.68, **(b)** $\gamma_+ = 0.88$, $\gamma_- = 0.32$

8장

8.2 **(a)** 0.49, **(b)** 0.23, **(c)** 0.036, **(d)** >0.036 mol
8.4 **(b)(i)** 1.4×10^5, **(ii)** CH_4: 2 atm; H_2O: 2 atm; CO: 13 atm; H_2: 38 atm
8.6 **(a)** $K_c = 1.07 \times 10^{-7}$, $K_P = 2.67 \times 10^{-6}$, **(b)** 22 mg m^{-3}
8.8 1.74×10^5 J mol^{-1}
8.10 2.59×10^4 J mol^{-1}
8.12 $\Delta_r G^\circ$/kJ mol^{-1}: 23, 11, 0, −11, −23
8.14 $K_P = 0.116$, $\Delta_r G^\circ = 5.33 \times 10^3$ J mol^{-1}
8.16 **(b)** 575 K
8.20 NO_2: 0.96 bar; N_2O_4: 0.21 bar
8.28 1.1×10^{-5}
8.32 **(b)** $\Delta_r G^{\circ\prime} = 18.13$ kJ mol^{-1}. $\Delta_r G = -10.3$ kJ mol^{-1} for both conventions.
8.34 2.6×10^{-9}
8.38 $\Delta_r H^\circ = -39$ kJ mol^{-1}, $\Delta_r S^\circ = -1.3 \times 10^2$ J K^{-1} mol^{-1}
8.40 $[NH_3] = 0.042$ *M*, $[N_2] = 0.086$ *M*, $[H_2] = 0.26$ *M*
8.42 1.3 atm
8.44 4.0
8.46 **(a)** 0.075, **(b)** 5.6×10^{-3}, **(c)** 0.039. Not as effective.
8.48 157 mmHg

9장

9.2 1.125 V; 1.115 V
9.6 0.531 V
9.8 **(a)** $E^\circ = 0.913$ V, $\Delta_r G^\circ = -1.76 \times 10^5$ J mol^{-1}; $K = 7.34 \times 10^{30}$, **(b)** 0.824 V, -1.59×10^5 J mol^{-1}, 7.12×10^{27}, **(c)** 0.736 V, -3.55×10^5 J mol^{-1}; 1.60×10^{62}
9.10 0.50 bar
9.12 2.55; -2.32×10^3 J mol^{-1}
9.14 0.010 V
9.18 **(a)** −59.2 mV, **(b)** 5.92×10^{-8} C cm^{-2}, **(c)** 3.69×10^{11} K^+ ions cm^{-2}, **(d)** 6.022×10^{19} ions
9.20 **(b)** 4.2
9.24 Hg_2^{2+}
9.26 $\Delta_r G^\circ = 1.19 \times 10^4$ J mol^{-1}, $K = 8.30 \times 10^{-3}$
9.28 **(b)** 2.92×10^{16}, **(c)** 0.428 V
9.32 Na: $E^\circ = -2.71$ V; F_2: $E^\circ = 2.87$ V
9.34 **(a)** 0.222 V, **(b)** 0.781
9.38 1.09 V
9.40 **(a)** 0.038 V, **(b)** Anode: 0.36 *M*, Cathode: 1.74 *M*

10장

10.2 5.66×10^{-19} J
10.4 2.34×10^{14} Hz, 1.28×10^3 nm
10.10 1×10^6 m s^{-1}
10.12 7.9×10^{-36} m s^{-1}
10.18 4.11×10^{23}
10.20 59.5094 cm. Radio frequency
10.28 **(a)** Orthogonal, **(b)** orthogonal, **(c)** orthogonal, **(d)** not, **(e)** not
10.30 **(a)** Normalized, **(b)** not, **(c)** normalized, **(d)** not, **(e)** normalized
10.36 $N = 6$: 354 nm; $N = 8$: 490 nm; $N = 10$: 626 nm
10.38 **(a)** 1×10^{-3}, **(b)** 0.002
10.42 3.16×10^{-34} J s. Vector points "down", perpendicular to the plane of the ring
10.44 $m = 0$, $u = 0$ m s^{-1}, 0%*c*; $m = 1$, $u = 1.2 \times 10^8$ m s^{-1}, 39%*c*; $m = 2$, $u = 2.3 \times 10^8$ m s^{-1}, 77%*c*
10.46 273 nm
10.48 419 nm
10.50 3.1×10^{19}
10.52 419 nm
10.56 2.75×10^{-11} m
10.58 2.8×10^6 K
10.62 1.1 mm. Microwave
10.64 **(a)** ψ_1: $\langle x \rangle = \frac{a}{2}$, $\langle x^2 \rangle = a^2\left(\frac{1}{3} - \frac{1}{2\pi^2}\right)$, $\langle p \rangle = 0$, $\langle p^2 \rangle = \frac{\hbar^2\pi^2}{a^2}$
(b) ψ_2: $\langle x \rangle = \frac{a}{2}$, $\langle x^2 \rangle = a^2\left(\frac{1}{3} - \frac{1}{8\pi^2}\right)$, $\langle p \rangle = 0$, $\langle p^2 \rangle = \frac{4\hbar^2\pi^2}{a^2}$
10.66 **(a)** B: 4 → 2; C: 5 → 2. **(b)** A: 41.1 nm; B: 30.4 nm. **(c)** 2.18×10^{-18} J
10.68 **(a)** $E_m = m^2 \times 17{,}640$ cm^{-1} **(b)** 5.29×10^4 cm^{-1}

10.72 $n_i = 5$ to $n_f = 3$
10.74 3×10^8 m s^{-1}
10.76 3.87×10^5 m s^{-1}

11장

11.2 2.2×10^4 cm^{-1}; 6.7×10^{14} s^{-1}
11.4 **(a)** 100%, **(b)** 76%, **(c)** 0.0025%
11.8 **(a)** 8×10^{11} s^{-1}, **(b)** 2×10^{10} s^{-1}
11.10 3.43×10^{-22} J; 17.3 cm^{-1}
11.12 **(a)** 2.7×10^{-12} s, **(b)** 0.16 s
11.14 63%
11.16 266 nm
11.20 0.88 cm^{-1}
11.22 **(a)** 1.64×10^{-46} kg m^2, **(b)** 6.78×10^{-23} J, **(c)** 1.02×10^{11} s^{-1}
11.26 $^{13}C^{16}O$: 1.10188×10^{11} s^{-1}; $^{12}C^{18}O$: 1.09768×10^{11} s^{-1}
11.28 **(a)** 3, **(b)** 7, **(c)** 9, **(d)** 30
11.30 3.5×10^2 N m^{-1}
11.36 H_2
11.38 2627 cm^{-1}
11.46 Rayleigh: 633 nm, very strong; Stokes: 675 nm, much weaker; anti-Stokes: 596 nm, even weaker still
11.50 **(c)** 0.109 Å, **(d)** 8.58%, **(e)** 0.0480 Å, 4.24%
11.62 **(a)** 1, **(b)** 1, **(c)** 2, **(d)** 1, **(e)** 3, **(f)** 1, **(g)** 1, **(h)** 3
11.64 Zero-point energy: $T_2 < DT < D_2 < HT < HD < H_2$. Dissociation energy: $H_2 < HD < HT < D_2 < DT < T_2$
11.70 $\ell = 2$, $m_\ell = -1$, $E = 3\hbar^2/I$, $|L| = \hbar\sqrt{6}$, $L_z = -\hbar$
11.72 ρ_λ: J m^{-4}; ρ_ν: J s m^{-3}

12장

12.4 Two, at $r = 230$ pm and $r = 510$ pm
12.10 1.058 Å
12.14 0.649
12.16 4.17×10^2 kJ mol^{-1}
12.18 343 nm. UV
12.24 $E_\phi = 0.209\dfrac{h^2}{mL^2}$, $E_{true} = 0.125\dfrac{h^2}{mL^2}$, E_ϕ is 67% larger than E_{true}
12.26 $\langle E\rangle_{variational} = \dfrac{k}{2c^2} = \sqrt{2}\dfrac{\hbar}{2}\sqrt{\dfrac{k}{m}} = \sqrt{2}\langle E\rangle_{real}$
12.30 $\dfrac{h^2}{8ma^2} + \dfrac{c}{2}$
12.32 $\dfrac{h}{2}\sqrt{\dfrac{k}{\mu}}$
12.36 $E_\phi = \dfrac{21h^2}{4\pi^2 mL^2} = 0.532\,\dfrac{h^2}{mL^2}$, $E_{exact} = \dfrac{2^2h^2}{8mL^2} = 0.500\,\dfrac{h^2}{mL^2}$, and for an electron in a 0.8-nm box: $E_\phi = 241$ kJ mol^{-1}, $E_{exact} = 227$ kJ mol^{-1}
12.38 $\tilde{R}_H = 109737.3$ cm^{-1}, $\tilde{R}_\mu = 109677.5$ cm^{-1}, $\tilde{R}_D = 109707.3$ cm^{-1}
12.40 419 nm

13장

13.4 $1/\sqrt{2 + 2S}$
13.32 **(a)** sp^3d^2, **(b)** T-shaped
13.36 Two ethylene: $E = 4\alpha + 4\beta$; butadiene: $E = 4\alpha + 4.48\beta$; cyclobutadiene: $E = 4\alpha + 4\beta$. Butadiene has the lowest π energy.

14장

14.10 1.2 s. Phosphorescence
14.14 Quartet
14.18 1225 nm
14.22 355 nm, 266 nm, both are UV
14.24 40 mJ, 5 MW, 1.2×10^{17}
14.30 6.546 *eV*, 4.787 *eV*, 1.697 *eV*
14.32 533.7 *eV*, 402.7 *eV*, 285.4 *eV*, core
14.34 4.0 ppm
14.38 **(a)** One singlet, **(b)** one triplet and one quartet, **(c)** one singlet, **(d)** one doublet, **(e)** one singlet, one triplet, one quartet
14.40 **(a)** 7.05 T, **(b)** methyl protons: 700 Hz, aromatic protons: 2150 Hz, **(c)** 60 MHz: $\delta_{methyl} = 2.33$ ppm, $\delta_{aromatic} = 7.17$ ppm. 300 MHz: $\delta_{methyl} = 2.33$ ppm, $\delta_{aromatic} = 7.17$ ppm. The same.
14.46 310 nm
14.48 3.32×10^{-4} mol L^{-1}
14.50 **(a)** 8×10^{11} s^{-1}, **(b)** 2×10^{10} s^{-1}
14.56 **(a)** ^{1}H: 1.33×10^{-25} J; ^{13}C: 3.34×10^{-26} J, **(b)** ^{1}H: 200 MHz; ^{13}C: 50.3 MHz, **(c)** 11.7 T
14.58 **(b)** 2×10^6 s^{-1}, **(e)** 59 atm

15장

15.2 6.2×10^{-6} M s^{-1}
15.4 0.99
15.6 **(a)** 1.21×10^{-4} yr^{-1},**(b)** 2.1×10^4 yr
15.8 Second order. $k = 0.42$ M^{-1} min^{-1}
15.10 First order. 1.19×10^{-4} s^{-1}
15.12 3.6 s
15.18 47.95 g
15.22 **(a)** Rate = $k[NO]^2[H_2]$, **(b)** 0.38 M^{-2} s^{-1}
15.26 10^{11} s^{-1}; 4.5×10^{10} s^{-1}; 2.0×10^2 s^{-1}
15.30 $A = 3.38 \times 10^{16}$ s^{-1}, $E_a = 100$ kJ mol^{-1}
15.32 371°C
15.34 298 K
15.36 $E_a = 13.4$ kJ mol^{-1}, $\Delta H^{\circ\ddagger} = 10.8$ kJ mol^{-1}, $\Delta S^{\circ\ddagger} = -29.3$ J K^{-1} mol^{-1}, $\Delta G^{\circ\ddagger} = 19.8$ kJ mol^{-1}
15.46 $V_{max} = 1.3 \times 10^{-5}$ M min^{-1}, $K_M = 1.2 \times 10^{-3}$ M, $k_2 = 3.3$ min^{-1}. Both plots give the same values.
15.48 **(a)** 898 K, **(b)** 76.4 kJ mol^{-1}
15.50 56.2 min
15.52 6.71×10^9 M^{-1} s^{-1}
15.54 **(a)** 3.50×10^{-2} min^{-1}, **(b)** $E_a = 110$ kJ mol^{-1}
15.58 1.4×10^{-11} s^{-1}; 1.6×10^3 yr; 3.0×10^{10} s^{-1}
15.66 **(a)** 2.5×10^{-5} M s^{-1}, **(b)** 2.5×10^{-5} M s^{-1}, **(c)** 8.3×10^{-6} M
15.70 $A = 6.03 \times 10^5$ M^{-1} s^{-1}, $E_a = 79.0$ kJ mol^{-1}, $\Delta S^{\circ\ddagger} = -155$ J K^{-1} mol^{-1}, $\Delta H^{\circ\ddagger} = 70.4$ kJ mol^{-1}
15.74 **(a)** 1.13×10^{-3} M min^{-1}, **(b)** 6.83×10^{-4} M min^{-1}; 8.8×10^{-3} M
15.76 1.3×10^{11} M^{-1} s^{-1}

16장

16.2 266 kJ einstein^{-1}
16.4 0.022; 3.11×10^5 J
16.6 2.23×10^{-10} s, 2.01×10^{-2} s
16.10 3.1 s
16.18 1.2×10^{-11} M s^{-1}
16.22 3.8×10^{37} molecules; 3.0×10^{12} kg
16.26 434 nm
16.30 165 kJ mol^{-1}
16.34 4.6
16.36 **(c)** 3.01×10^{10} mol
16.38 5.2×10^{-8} m; 1.4×10^{-5} m
16.42 18

17장

17.12 **(a)** 1.70 Å, **(b)** 5.1×10^{-4}
17.20 0
17.30 **(a)** 2.98 Å, **(b)** -7.60×10^{-2} kJ (mol dimer)$^{-1}$, **(c)** Not stable at 300 K

18장

18.2 1.7 Å
18.4 0.220 mn
18.6 2.86 Å; 2.70 g cm^{-3}
18.10 2 atoms
18.12 6.22×10^{23} mol^{-1}
18.14 458 pm
18.16 XY_3
18.18 1.68 g cm^{-3}
18.20 1021 kJ mol^{-1}
18.30 **(a)** 4 each, **(b)** 9.59×10^{-22} g, **(c)** 5.61×10^{-8} cm
18.32 -844 kJ mol^{-1}

19장

19.2 7.88×10^{-4} N s m^{-2}
19.4 3×10^3 N m^{-2}
19.8 5.7×10^{-3} N s m^{-2}; yes
19.14 1.7 cm
19.16 0.20 N m^{-1}
19.18 4.7 Å
19.20 1.4×10^8 yr
19.24 0.35 s
19.26 0.23 N
19.28 7.1×10^{-4} J

20장

20.4 **(a)** $n_0 = 6.02 \times 10^{23}$; $n_1 = 6.75 \times 10^{18}$, **(b)** $n_0 = 5.82 \times 10^{23}$; $n_1 = 1.95 \times 10^{22}$
20.8 186.5 J K^{-1} mol^{-1}
20.10 7.75×10^{30}; 3.53×10^{-18} K
20.12 Cl_2: 2; N_2O: 1; H_2O: 2; HDO: 1; BF_3: 3; CH_4,: 12; CH_3Cl: 3
20.14 11.53 J K^{-1} mol^{-1}

찾아보기

ㄱ

ㄴ

ㄷ

ㄹ

ㅁ

ㅂ

ㅅ

ㅇ

ㅈ

ㅊ

ㅋ

ㅌ

ㅍ

ㅎ

A

B

C

D

E

F

G

H

I

J

K

L

M

N

O

P

R

S

T

V

W

기타

| 역 자 |

김유권 아주대학교 자연과학대학 화학과 교수

김창민 경북대학교 자연과학대학 화학과 교수

김학진 충남대학교 자연과학대학 화학과 교수

이영식 경희대학교 응용과학대학 응용화학과 교수

정병서 인천대학교 자연과학대학 화학과 교수

이공학도를 위한 물리화학

PHYSICAL CHEMISTRY for the Chemical Sciences

|저　　자 Raymond Chang, John W. Thoman, Jr.
|역　　자 김창민 외
|발 행 인 김지영
|발 행 처 자유아카데미
|주　　소 경기도 파주시 회동길 37-42
파주출판도시
|전　　화 031-955-1321
|팩　　스 031-955-1322
|전자우편 main@freeaca.com(대표)
editor@freeaca.com(편집)
crm@freeaca.com(영업)
|홈페이지 www.freeaca.com
|등　　록 제406-2003-017호, 1980. 7. 12
|제1판1쇄 2015년 11월 30일 발행
|제1판3쇄 2023년 2월 10일 발행
|정　　가 48,000원

Printed in Korea
ISBN 979-11-5808-031-0 93430

Values of Some Fundamental Constants

Constant	Value
Atomic mass unit (amu)	$1.660\ 538\ 921 \times 10^{-27}$ kg
Avogadro's constant (N_A)	$6.022\ 141\ 29 \times 10^{23}$ mol^{-1}
Bohr radius (a_0)	$5.291\ 772\ 1092 \times 10^{-11}$ m
Boltzmann constant (k_B)	$1.380\ 6488 \times 10^{-23}$ J K^{-1}
Electron charge (e)	$1.602\ 176\ 565 \times 10^{-19}$ C
Electron mass (m_e)	$9.109\ 382\ 91 \times 10^{-31}$ kg
Faraday constant (F)	96485.3365 C mol^{-1}
Gas constant (R)	8.314 4621 J K^{-1} mol^{-1}
Neutron mass (m_n)	$1.674\ 927\ 351 \times 10^{-27}$ kg
Permittivity of vacuum (ε_0)	$8.854\ 187\ 817 \times 10^{-12}$ C^2 N^{-1} m^{-2}
Planck constant (h)	$6.626\ 069\ 57 \times 10^{-34}$ J s
Proton mass (m_p)	$1.672\ 621\ 777 \times 10^{-27}$ kg
Rydberg constant ($\tilde{R}_H$)	109737.315 685 39 cm^{-1}
Speed of light in vacuum (c)	299 792 458 m s^{-1} (exactly)

Pressure of Water Vapor at Various Temperatures

Temperature/°C	Water Vapor Pressure/mmHg
0	4.58
5	6.54
10	9.21
15	12.79
20	17.54
25	23.77
30	31.84
35	42.26
40	55.36
45	71.88
50	92.59
55	118.15
60	149.51
65	187.69
70	233.85
75	289.26
80	355.34
85	433.66
90	525.94
95	634.04
100	760.00

Useful Conversion Factors

$1 \text{ Å} = 10^{-8} \text{ cm} = 10^{-10} \text{ m} = 0.1 \text{ nm} = 100 \text{ pm}$

$1 \text{ atm} = 760 \text{ torr} = 1.01325 \times 10^5 \text{ Pa} = 101.325 \text{ kPa} = 1.01325 \text{ bar}$

$1 \text{ bar} = 1 \times 10^5 \text{ Pa} = 100 \text{ kPa} = 0.986923 \text{ atm}$

$1 \text{ cal} = 4.184 \text{ J (defined)}$

$1 \, e\text{V} = 1.60218 \times 10^{-19} \text{ J} = 96.4853 \text{ kJ mol}^{-1}$

$1 \text{ L atm} = 101.325 \text{ J}$

At 298 K, $k_B T = 207.1 \text{ cm}^{-1} = 2.478 \text{ kJ mol}^{-1}$

$R = 8.314 \text{ J K}^{-1} \text{ mol}^{-1} = 0.08206 \text{ L atm K}^{-1} \text{ mol}^{-1} = 0.08314 \text{ L bar K}^{-1} \text{ mol}^{-1}$

Some Commonly Used Non-SI Units

Unit	Quantity	Symbol	Conversion Factor
Angstrom	length	Å	$1 \text{ Å} = 10^{-10} \text{ m} = 100 \text{ pm}$
Calorie	energy	cal	$1 \text{ cal} = 4.184 \text{ J}$
Debye	dipole moment	D	$1 \text{ D} = 3.3356 \times 10^{-30} \text{ C m}$
Gauss	magnetic field	G	$1 \text{ G} = 10^{-4} \text{ T}$
Liter	volume	L	$1 \text{ L} = 10^{-3} \text{ m}^3 = 10^3 \text{ cm}^3$
Torr	pressure	torr	$1 \text{ torr} = 1.3332 \times 10^{-3} \text{ bar} = \frac{1}{760} \text{ atm}$

Index of Important Figures and Tables

The Greek Alphabet

Α	α	alpha
Β	β	beta
Γ	γ	gamma
Δ	δ	delta
Ε	ε	epsilon
Ζ	ζ	zeta
Η	η	eta
Θ	θ	theta
Ι	ι	iota
Κ	κ	kappa
Λ	λ	lambda
Μ	μ	mu
Ν	ν	nu
Ξ	ξ	xi
Ο	ο	omicron
Π	π	pi
Ρ	ρ	rho
Σ	σ	sigma
Τ	τ	tau
Υ	υ	upsilon
Φ	φ	phi
Χ	χ	chi
Ψ	ψ	psi
Ω	ω	omega